MORPHOLOGIE VÉGÉTALE.

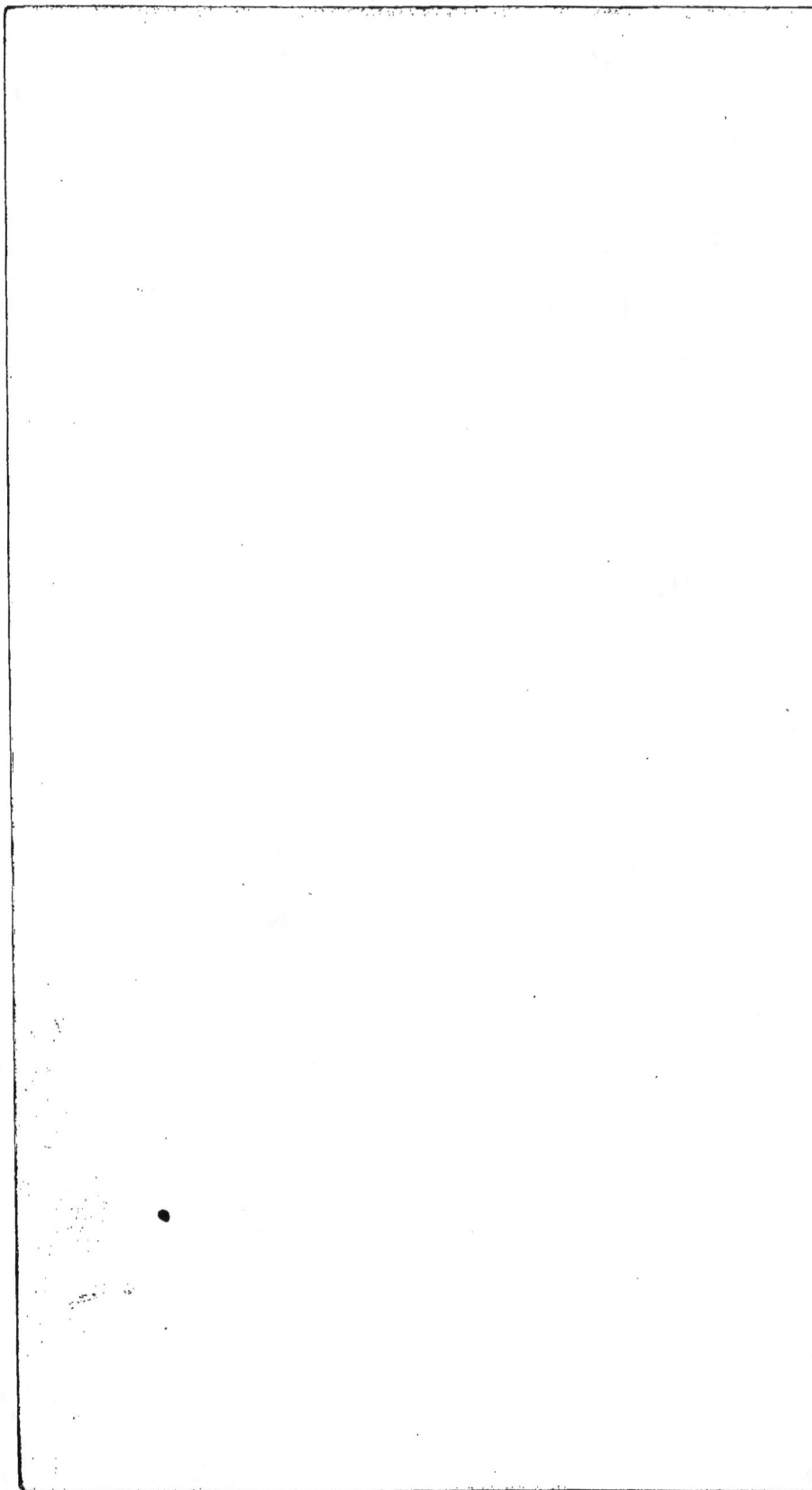

LEÇONS

DE BOTANIQUE

COMPRENANT PRINCIPALEMENT

LA MORPHOLOGIE VÉGÉTALE,

LA TERMINOLOGIE,
LA BOTANIQUE COMPARÉE, L'EXAMEN DE LA VALEUR DES CARACTÈRES
DANS LES DIVERSES FAMILLES NATURELLES, ETC.,

PAR

AUGUSTE DE SAINT-HILAIRE,

MEMBRE DE L'ACADÉMIE DES SCIENCES DE L'INSTITUT DE FRANCE, PROFESSEUR A LA FACULTÉ
DES SCIENCES DE PARIS,
CHEVALIER DE LA LÉGION D'HONNEUR ET DE L'ORDRE DU CHRIST,
DES ACADÉMIES DE BERLIN, ST-PÉTERSBOURG, LISBONNE ; C. L. C. DES CURIEUX DE LA NATURE ;
DE LA SOCIÉTÉ LINNÉENNE DE LONDRES, D'HISTOIRE NATURELLE DE GENÈVE, BOTANIQUE D'ÉDIMBOURG,
MÉDICALE DE RIO-JANEIRO, HISTORIQUE ET GÉOGRAPHIQUE BRÉSILIENNE,
PHILOMATHIQUE DE PARIS, DES SCIENCES D'ORLÉANS, ETC., ETC.

. . . . Quanquam multas observaverim plantas
et sedulo quidem, tamen non confido me semper
veritatem invenisse. . . . . et cautus sum in sententia
mea proferenda. LINK.

PARIS,

P.-J. LOSS, LIBRAIRE-ÉDITEUR,

RUE HAUTEFEUILLE, 10.

1840.

. . . . Mit der unbedeutendesten Anzahl von Organen, die grœsste Mannichfaltigkeit zu bewirken, ist eine Haupteigenschaft der organischen Natur. . . .

AGARDH.

. . . . . Au lieu d'une science circonscrite, je trouve un champ immense, où le moindre végétal me fournit des sujets nombreux de réflexion...... Je sens auprès de moi, à mes côtés, une intelligence et une sagesse qui excitent toute mon admiration.

VAUCHER.

AVERTISSEMENT.

Toutes les fois que j'ai publié quelque ouvrage spécial, j'ai scrupuleusement cité les écrivains auxquels j'ai emprunté quelque chose; mais dans ce livre destiné à embrasser un vaste ensemble je ne pourrais présenter, le plus souvent, que des citations vagues ou même inexactes, parce que j'ai été sans cesse obligé d'y fondre le résultat de mes propres observations avec celui de mes lectures. Je me bornerai donc à donner, à la fin du volume, la liste des écrits que j'ai plus ou moins consultés pendant que je m'occupais de ce travail; j'ai eu principalement recours à ceux de MM. de Mirbel, de Candolle, Turpin, Ludolph-Christian Treviranus, Kunth, Link, Lindley, Gottlieb-Wilhelm Bischoff. Que ces savants observateurs reçoivent ici le témoignage de ma reconnaissance!

DISCOURS PRÉLIMINAIRE.

Parmi les corps qui nous environnent, les uns, bruts et inertes, sont privés de mouvement et de vie; ils ne naissent point, ils se forment; ils ne se nourrissent pas, ils s'agglomèrent; ils ne meurent point, ils se décomposent. Les autres, au contraire, naissent pourvus d'organes destinés à des fonctions diverses; ils vivent, se nourrissent, se développent, et, avant de se décomposer, ils meurent. Les premiers sont les corps inorganiques, les seconds les corps organisés. Corps inorganiques et organisés.

Ceux-ci, cependant, n'atteignent pas tous le même degré de perfection : il en est qui, doués de sensibilité, le sont en même temps de diverses qualités qui semblent être la conséquence de la faculté de sentir; appelés à éviter la douleur et à rechercher le plaisir, ils peuvent à volonté se transporter d'un lieu dans un autre; toute espèce de nourriture ne leur convient point, ils savent choisir celle qui leur est pro- Animaux et végétaux.

pre, et, risquant de ne pas toujours rencontrer des aliments capables de s'assimiler à leur substance, ils les déposent dans une cavité intérieure qui leur sert en quelque sorte de magasin ; enfin, ayant un centre de nutrition et de vie, ils peuvent rarement être séparés en plusieurs parties, favorisées chacune d'une vie individuelle : ce sont les animaux. Les plantes, au contraire, paraissent ne point avoir le sentiment de leur existence, et sont étrangères à la souffrance et au plaisir ; elles restent fixées au sol qui les a vues naître ; elles absorbent, sans aucun acte de volonté, les matières inorganiques qui les entourent, ne les déposent point dans une cavité particulière, et, dépourvues d'individualité proprement dite, elles peuvent être multipliées par la division des parties qui les composent.

Limites peu tranchées entre le règne animal et le règne végétal.

Entre les corps organisés et inorganiques, les limites sont bien tranchées ; mais les plantes et les animaux, ou, pour m'exprimer comme on le fait assez généralement, le règne végétal et le règne animal se nuancent par des dégradations presque insensibles, et, chose digne de remarque, ce sont les espèces les moins parfaites des deux règnes qui tendent à les rattacher l'un à l'autre. Quelques auteurs ont même été jusqu'à croire que certaines plantes, d'un ordre inférieur pouvaient se changer en animaux, ou des animaux se métamorphoser en plantes à peu près comme l'insecte qui, à différents âges, revêt des formes différentes ; mais rien jusqu'ici n'a entièrement justifié ces assertions, et elles sont repoussées par les botanistes les plus habiles et par les observateurs les plus familiarisés avec l'usage du microscope. Sans admettre donc dans toute sa rigueur cette définition que l'immortel Linné a donnée des trois règnes : *Lapides crescunt, vegetabilia crescunt et vivunt, animalia crescunt, vivunt et sentiunt*, nous devons convenir que jusqu'ici il n'en a point été proposé qui soit en même temps aussi simple, aussi vraie et aussi imposante. Définition des trois règnes.

Des noms différents ont été donnés à l'histoire naturelle de chacun des trois règnes. La *botanique* est celle des végétaux. Cette science si vaste embrasse la connaissance de toutes les plantes qui couvrent notre globe depuis le *Protococcus*, qui se présente réduit à une simple cellule, jusqu'aux arbres gigantesques des forêts primitives. Non-seulement elle traite des plantes considérées isolément, mais encore elle nous apprend à les comparer entre elles, et elle nous enseigne les divers avantages que les végétaux peuvent procurer à notre espèce. Botanique.

Si nous étudions un végétal en lui-même, indépendamment de ses rapports avec d'autres végétaux, et comme s'il était seul dans la nature, nous apprendrons d'abord à connaître, à l'aide du scalpel et des verres grossissants, sa structure élémentaire et la nature de ses tissus. Portant nos regards sur son extérieur, nous apercevrons ses divers organes, nous en distinguerons les formes, nous verrons qu'elles se nuancent par des dégradations insensibles, et nous reconnaîtrons que leur position respective a été déterminée par les lois de la symétrie la plus admirable. La connaissance du tissu des or- Du végétal considéré isolément.

ganes, celle de leurs formes extérieures, celle enfin de leur situation relative nous conduiront naturellement à rechercher quelle est leur destination, et les phénomènes de la vie végétale ne tarderont pas à nous être dévoilés.

D'après ce que je viens de vous dire, il est clair que l'on peut diviser en trois branches la science du végétal considéré isolément. L'*organographie* nous apprendra quelles sont la forme et la symétrie de ses organes, l'*anatomie* nous fera connaître la structure de ses tissus, et la *physiologie* nous révélera les fonctions des diverses parties qui le composent. Complément inséparable de ces trois branches de la science, la *terminologie*, enfin, nous enseignera le langage technique dont elles sont obligées de faire usage.

Organographie, anatomie et physiologie végétales.

Terminologie.

Des végétaux considérés dans leur ensemble.

Mais il s'en faut bien qu'une seule espèce de plantes croisse sur notre globe ; une foule de végétaux aussi différents par leurs dimensions que par leurs formes le couvrent et l'embellissent. Il saurait beaucoup, sans doute, celui qui aurait suivi dans toutes ses phases la vie d'une plante unique ; mais quel est le botaniste qui voulût borner ses études même à l'espèce la plus brillante, lorsque tant d'autres frappent ses regards? Le plaisir qu'il aura éprouvé, en observant la première qu'il a cueillie, l'excitera à en observer d'autres, et les différences qui existent entre elles, nouveau sujet de recherches, seront aussi pour lui une source de nouvelles jouissances.

Cependant le botaniste ne vit point isolé ; bientôt

il sentira le besoin de communiquer le résultat de ses études à ceux qui cultivent la même science que lui, et il voudra aussi apprendre d'eux ce qu'ils auront pu découvrir. Il est donc nécessaire que, pour se faire comprendre et pour entendre les autres à son tour, il connaisse les noms qui ont été imposés aux plantes, objets de ses recherches. Il faut, de plus, que, s'il en trouve de nouvelles, il sache les rattacher à la *nomenclature* consacrée par la science, et qu'il puisse les signaler par des descriptions exactes et méthodiques.

Classification.

Mais ce serait en vain que le botaniste saurait nommer les plantes, et peindre par des mots leur port et leurs caractères, si, au milieu des innombrables espèces qui croissent sur notre globe, il n'avait quelque moyen facile pour faire arriver ceux qui consulteront ses livres aux plantes qu'ils désireront connaître d'une manière plus spéciale. Afin donc de leur épargner des études désespérantes, il partagera successivement en plusieurs groupes les diverses espèces du règne végétal, et, par l'exclusion répétée d'un certain nombre d'entre eux, il conduira son élève à chaque plante, isolée de toutes les autres.

En groupant, ou, pour m'exprimer d'une manière plus technique, en classant les végétaux, le botaniste n'aura songé d'abord qu'à en faciliter la détermination; il aura recherché uniquement les caractères qui les séparent. Mais bientôt il reconnaîtra que, si telle plante diffère tout à la fois d'une autre plante par ses dimensions, son port, ses fleurs, ses

Affinités botaniques.

fruits et son feuillage, elle ne se distingue d'un grand nombre que par quelqu'une de ses parties. Il concevra alors que l'étude des différences ne peut constituer la science tout entière, puisqu'il existe aussi des ressemblances. Celles-ci, il les étudiera à leur tour, et il cessera d'attacher de l'importance aux classifications qui ne mènent qu'à la distinction des espèces, lorsqu'il aura reconnu que l'ensemble des plantes dont notre globe est couvert a été distribué par la nature elle-même en divers groupes aussi immuables qu'elle. Alors s'offrira à ses regards enchantés le tableau du règne végétal, tel qu'il est véritablement, non plus composé de parties isolées et éparses, mais nuancé avec un art merveilleux et riche des plus admirables harmonies.

Double but de la science du règne végétal considéré dans son ensemble.

D'après tout ce que je viens de vous dire, il est clair que la science du règne végétal, considéré dans son ensemble, a un double but. D'un côté, elle nous apprend à distinguer les plantes par des noms qui leur sont propres, et par des descriptions claires et exactes; et, d'un autre côté, elle nous enseigne à les grouper, soit à l'aide de moyens artificiels, soit plutôt d'après les rapports que la nature a établis entre eux. La *taxonomie* est cette partie de la science qui traite des principes de la classification. Par le mot de *phytographie*, les botanistes entendent l'art de nommer et de décrire les plantes, conformément à certaines règles introduites par le temps, les convenances, le bon sens et la logique. J'ai à peine besoin de vous dire qu'à ces deux branches de la science, la taxonomie et la phytographie, s'en rat-

Taxonomie.

Phytographie.

tachent nécessairement deux autres, d'abord la *littérature botanique* et ensuite la *synonymie*, mot par lequel on entend la série des noms, soit vulgaires, soit scientifiques, que chaque plante a reçus à différentes époques et chez les différents peuples. Synonymie.

La taxonomie et la phytographie constituent ce qu'on appelle la *botanique proprement dite*. Mais les parties de chaque science sont liées d'une manière intime, comme le sont les sciences elles-mêmes, expression d'un ensemble incommensurable. Pour la facilité de nos études, nous sommes obligés d'introduire, dans chaque branche des connaissances que nous cultivons, des divisions et des subdivisions sans cesse répétées; cependant, il faut le dire, la nature tend toujours à confondre les limites de ces différentes coupes, qui ne font, en réalité, qu'attester la faiblesse de notre intelligence. Ainsi, comme je vous l'ai montré plus haut, il existe la plus étroite connexion entre l'anatomie, la physiologie et l'organographie; mais, d'un autre côté, la connaissance des affinités et des différences qui se trouvent entre les végétaux n'en a pas moins avec l'organographie, puisque c'est dans les organes que se trouvent ces différences et ces rapports. Il nous sera donc indispensable de considérer l'organographie comme une partie intégrante de la botanique proprement dite, quoiqu'elle puisse être, nous devons l'avouer, réclamée par la physiologie; ou, pour mieux dire, la science de la plante isolée et celle du règne végétal considéré dans son ensemble ont une base commune, l'organographie.

Botanique proprement dite.

Rapports des différentes parties de la science.

Botanique appliquée.

Mais ce n'est pas seulement comme des êtres organisés d'une manière merveilleuse, et liés entre eux par des rapports admirables, que les végétaux méritent de devenir l'objet de nos études. Assiégé par des besoins toujours renaissants, l'homme, pour les satisfaire, a tâché de trouver des ressources dans les corps dont il se voyait environné. Il ne lui fallait aucun effort pour cueillir le fruit suspendu sur sa tête, ou l'herbe fixée au sol qu'il foulait sous ses pieds; il est donc vraisemblable que c'est aux plantes qu'il a demandé d'abord des aliments, un abri et des remèdes contre ses souffrances. Une foule de végétaux, successivement interrogés par lui ont en quelque sorte répondu à son appel; leur organisation s'est trouvée en harmonie avec la sienne, et il a pu les faire servir à son usage. Il est clair que si le botaniste ne dédaigne pas le Champignon microscopique, l'Algue réduite à la simple cellule, l'inutile et obscur Lichen qui s'étend comme une tache sur le roc escarpé, il doit, à plus forte raison, connaître les végétaux qu'il fait servir à son usage. Non-seulement il doit étudier l'organisation et les caractères de ces végétaux, comme ceux de toutes les autres plantes; mais il faut qu'il sache en quoi consistent les rapports qui existent entre eux et notre espèce. Cette partie si importante de la science porte le nom de *botanique appliquée*, et se divise d'après la nature des applications auxquelles on peut soumettre les plantes usuelles, objets de son domaine. Certains végétaux employés par l'homme en santé servent à ses besoins, et contribuent à ses plaisirs; d'autres exercent sur l'homme malade une heureuse influence. L'histoire naturelle de ces derniers s'appelle la *botanique médicale;* celle des premiers la *botanique économique,* qui se subdivise en *botanique agricole, forestière, horticulturale, industrielle, etc.,* suivant qu'elle embrasse plus spécialement, soit les plantes de grande et petite culture, soit les arbres de nos forêts, de nos parcs et de nos allées, soit les espèces qui embellissent nos jardins et nos serres, ou celles que les arts savent nous présenter sous différentes formes, etc.

Malgré les rapports qu'ont entre elles les diverses parties de la science, elles peuvent être enseignées séparément.

Je vous ai montré que l'organographie formait tout à la fois le fondement de la physiologie et de la botanique proprement dite ; je pourrais ajouter que la nomenclature répand de la clarté sur toutes les parties de la science, que la botanique agricole et l'horticulturale se rattachent essentiellement à la physiologie, et qu'enfin les diverses branches de la botanique appliquée se lient les unes aux autres d'une manière si intime, que l'on ne saurait tracer entre elles de limites tant soit peu précises. Il serait donc impossible d'exposer les principes d'une des parties de la botanique, sans faire quelques excursions sur le domaine des autres. Cependant on conçoit très-bien qu'on n'a pas toujours besoin de parler des fonctions des organes, quand on veut faire connaître leurs formes, leur symétrie et les différenees qu'ils offrent dans les diverses plantes, comme aussi il est facile de dévoiler les mystères de la physiologie et de l'anatomie végétales, indépendamment des classifications méthodiques.

Depuis quelques années, la science a marché avec tant de rapidité, elle embrasse aujourd'hui tant de détails, qu'il est devenu nécessaire d'en diviser l'enseignement, à moins de le condamner à rester superficiel.

Plan de l'ouvrage; histoire des transformations que subissent les organes des plantes à mesure qu'elles se développent.

Ici je crois devoir vous indiquer de quelle manière j'ai conçu celui que je dois vous offrir; et le plan que je m'efforcerai de suivre.

Sortie des enveloppes de la semence, la plante élève au-dessus du sol sa tige faible encore et ses cotylédons épais et charnus. Des feuilles paraissent bientôt, rapprochées et presque entières; d'autres feuilles naissent ensuite plus éloignées les unes des autres, et plus divisées que les premières; on aperçoit le bourgeon à leur aisselle tutélaire; les rameaux se développent, s'étendent, et donnent à la plante les formes les plus gracieuses et les plus pittoresques. Cependant, au sommet des branches se montrent les bractées, parties moins découpées que les feuilles, et quelquefois colorées comme les fleurs. Celles-ci viennent enfin étaler à nos yeux toute leur magnificence, soutenues par leur faible pédoncule, et composées d'un calice protecteur en forme de coupe, d'une corolle élégante, ornée des plus brillantes couleurs, de grêles étamines, destinées à féconder les organes femelles, et d'un ovaire qui, surmonté d'une faible colonne, renferme dans une ou plusieurs cavités les ovules ou jeunes semences.

Qui pourrait croire que des parties dont les formes se ressemblent si peu, et dont les fonctions sont si différentes, ont quelque chose de commun entre elles ! Quel homme, étranger à la comparaison des êtres, ne sourirait pas si, lui présentant la feuille du Bananier et l'ovaire de la Rose, on lui disait que ce n'est là qu'un même organe modifié de diverses manières ! Et cependant, pour peu que nous ne bornions pas notre examen à une plante unique et que nous en rapprochions un certain nombre, nous verrons les intervalles se combler, les différences disparaître, et nous n'apercevrons plus que des nuances. Alors il faudra bien reconnaître que la tige se répète dans le rameau, celui-ci dans le pédoncule, dans l'axe qui traverse le fruit et même dans le faible cordon qui soutient les ovules ; alors les cotylédons et les écailles du bourgeon naissant ne seront plus pour nous que les feuilles d'une tige qui n'a pas encore la vigueur qu'elle doit bientôt acquérir ; les bractées ne seront que des feuilles moins développées que celles du milieu de la tige, et nous en verrons d'autres plus altérées encore dans le calice, la corolle, les étamines et les ovaires. La tige, débile à sa naissance, est arrivée par degrés à l'apogée de la force et du développement ; graduellement aussi elle est, comme tous les êtres organisés, revenue, par épuisement, au point où, dans son origine, elle était par faiblesse. Ses productions ont suivi les phases de son existence : d'abord faibles et rapprochées, elles se sont ensuite écartées les unes des autres et développées avec vigueur ; puis, affaiblies de nouveau, elles se sont rapprochées une seconde fois, et elles ont paru dans la fleur, avec tous les symptômes de l'appauvrissement et de l'altération.

Je vous ferai passer en revue les parties de la plante, mais je ne les isolerai point; vous les verrez, en quelque sorte, les unes dans les autres. En vain la feuille, véritable protée, semblera vouloir échapper à nos recherches par ses métamorphoses, nous saurons la reconnaître au milieu des déguisements les plus étranges; nous la retrouverons jusque dans ces glandes à peine visibles que l'on a désignées sous le nom de *disque* ou de *nectaire*. Je n'étalerai point devant vous une foule de petites merveilles sans lien, sans harmonie; je vous montrerai une seule, une immense merveille qui se reproduit sous mille faces diverses. Grandeur et simplicité dans l'ensemble, variété infinie dans les détails, tel est le cachet que l'auteur de la nature a imprimé à ses œuvres: puissé-je être digne de reproduire à vos yeux quelques traits affaiblis d'un tableau si admirable.

Théorie de la métamorphose des plantes conçue par Linné.

Ce n'est point à nos contemporains qu'est due l'idée fondamentale dont l'enseignement que j'ai à vous présenter doit être en partie le développement: elle fut conçue par ce génie immortel qui, d'un coup d'œil rapide, embrassa l'univers et classa tous les êtres, qui découvrit une foule de vérités, qui en pressentit une foule d'autres, et dont une phrase, brillante étincelle, a souvent mieux valu que de nombreux volumes; qui non-seulement fut naturaliste, mais encore poëte, de cette haute poésie, traduction du langage sublime que la nature parle aux hommes dans ses œuvres. A la fin du *Philosophia botanica*, est un chapitre de quelques lignes intitulé *Metamorphosis plantarum*, où l'on trouve cette phrase : *Principium florum et foliorum idem est*, phrase développée d'une manière admirable dans un autre écrit qui fait partie des *Amœnitates academicæ*, et porte pour titre *Prolepsis plantarum.*

Mais les disciples de Linné, qui se découvraient en prononçant le nom de leur maître, le comprenaient à peine ; ils admiraient en lui ce qui était peut-être le moins digne d'admiration, et l'aphorisme si remarquable que je viens de vous citer passa inaperçu.

Longtemps après, un écrivain dont l'Allemagne s'honore en offrit le commentaire le plus élégant et le plus ingénieux. Son livre eut le même sort que la phrase de Linné, il fut dédaigné comme elle; les savants ne le lurent point, et s'imaginèrent que, sorti de la plume d'un poëte, il ne pouvait offrir qu'une rêverie écrite du style faussement poétique du *Connubium Floræ*, ou des *Amours des plantes.* C'était bien mal connaître le génie de Goëthe, ce flexible génie qui prenait toutes les formes, et choisissait toujours celle qui convenait le mieux au sujet qu'il avait à traiter; qui, dans une œuvre merveilleuse qu'on voudrait brûler et relire, sait nous faire entendre tour à tour les célestes harmonies du chœur des anges, le grincement sardonique de l'auteur du mal, le bruit confus de la populace qui se presse, et les cris déchirants que le remords arrache à une infortunée coupable. Lorsque Goëthe voulut écrire sur la science, il fut grave comme la science elle-même ; il avait offert des modèles pour plusieurs genres de compositions littéraires ; il en offrit un pour les com-

Développée par Goëthe.

positions scientifiques. Si la *Métamorphose des plantes* ne fut point goûtée d'abord, c'est qu'elle avait paru trop tôt, c'est que l'auteur avait devancé son siècle.

Jussieu avait préparé les esprits à l'admettre.

Cependant, tandis qu'on oubliait le livre de Goëthe, de bons esprits mûrissaient en France, pour comprendre cet écrivain, ou s'élever à des conceptions analogues aux siennes; ils y étaient préparés par un admirable ouvrage, le *Genera plantarum* d'Antoine Laurent de Jussieu. Ce que fit Goëthe en 1790, pour les organes de la plante isolée, Jussieu l'avait fait, une année auparavant, pour l'ensemble du règne végétal. En classant les plantes d'après toutes leurs ressemblances, il prouve sans cesse qu'entre les différents groupes il n'y a que des nuances insensibles; il se plaît à montrer les liens qui unissent les classes, les ordres et les genres les plus éloignés les uns des autres; on dirait que quelquefois il met une sorte de coquetterie à dévoiler certaines affinités qu'on ne soupçonnait pas, et à faire sentir que le règne végétal est un vaste réseau dont les fils s'entre-croisent de mille et mille manières. Jussieu ne se borne pas à détailler les rapports intimes que les plantes ont entre elles; il indique souvent ceux de quelques-uns des organes d'une même plante ou du même organe dans plusieurs espèces : ainsi il nous parle des étamines comme d'une partie de la fleur presque identique avec les pétales; les pièces du calice sont pour lui de petites feuilles; et il nous fait voir avec complaisance comment l'axe grêle et allongé de la panicule du Chanvre devient le réceptacle concave et élargi des fleurs du Figuier, en se raccourcissant dans le Houblon, s'étalant dans le *Dorstenia*, et se creusant dans l'*Ambora*. Goëthe n'eût pas dit autre chose; il n'aurait pas mieux dit. Devenu le guide de ceux qui cultivaient l'histoire naturelle, le *Genera plantarum* les accoutuma peu à peu à ne plus voir de coupes brusquement tranchées dans le règne organique; et, de 1810 à 1825, des botanistes habiles, sans s'être entendus, sans connaître les écrits du poëte allemand, arrivèrent chez nous à peu près au même résultat que lui. C'est en vain que le génie qui franchit les intervalles proclame la vérité, si le siècle n'est point encore façonné pour la comprendre; mais lorsqu'elle s'approche pas à pas, à la suite du temps, tous l'aperçoivent à la fois, et alors elle porte des fruits. La théorie de Goëthe avait été bien longtemps négligée; et, depuis dix ans, il n'a peut-être pas été publié un seul livre d'organographie ou de botanique descriptive qui ne porte l'empreinte des idées de cet écrivain illustre.

Je ne le dissimulerai cependant point : cette théorie, qui explique d'une manière si satisfaisante les phénomènes de l'organisation extérieure du végétal, est accompagnée d'un danger que Goëthe lui-même n'avait pas craint de signaler, et auquel il n'a pas su toujours échapper entièrement. Le botaniste qui ne voudrait voir qu'un seul côté des choses, elle pourrait facilement le conduire à prendre l'analogie pour l'identité, et même à rejeter des différences de fonctions aussi certaines qu'importantes, parce qu'elles seraient le résultat d'organes qu'il ne distinguerait

Dangers de cette théorie.

plus; elle pourrait, en un mot, le conduire à l'*amorphe*, suivant l'expression un peu étrange du poëte de Francfort ; et, il faut le dire, mieux vaudrait mille fois ne faire que distinguer. Borner tous ses efforts à cette dernière opération de l'esprit, c'est ressembler à l'homme qui, sans regarder l'ensemble d'un noble édifice, irait porter une faible lumière sur chaque rosace, sur chaque feuille d'acanthe, pour les contempler tour à tour ; ne plus rien distinguer, c'est imiter celui dont les yeux ne s'ouvriraient devant un palais magnifique que pour y voir un triste amas de pierres. Le premier saurait, du moins, admirer les beautés de détail ; toutes seraient perdues pour le second.

Comment on doit la concevoir.

Où la nature a établi des rapports, je tâcherai de vous les faire sentir ; où elle a laissé des différences, je vous les montrerai. Si, par exemple, nous trouvons dans le *Berberis* des épines à la place qu'occupent ordinairement les feuilles, je ne vous dirai point qu'elles sont les mêmes que ces dernières ; je vous les indiquerai comme des organes qui, appendiculaires aussi bien que la feuille, ont revêtu des formes insolites, et qui, dans d'autres circonstances, auraient pu revenir aux formes accoutumées. Un second exemple vous rendra, je l'espère, ma pensée plus sensible. Constamment excitée par l'humidité et la chaleur, la végétation des bois vierges ne se repose, pour ainsi dire, jamais, et comme fleurir est le terme de la vie végétale, des arbres qui produisent sans cesse des rameaux et des feuilles ne doivent donner que fort rarement des fleurs : ainsi un *Noblevillea Gestasiana* qui en avait fourni d'élégantes, resta ensuite cinq ans sans en rapporter de nouvelles ; mais s'il était survenu quelque sécheresse, les sucs seraient arrivés à l'extrémité des branches moins abondants et plus élaborés, et, au lieu de feuilles vigoureuses, on aurait vu paraître des calices, des pétales, des étamines et des carpelles. Des influences différentes amènent, dans les organes qui auraient pu être semblables, des modifications diverses, et, dès qu'ils ne sont point modifiés de la même manière, ils cessent d'être identiques. Telle est la seule manière dont je vous exposerai les principes de la *morphologie*, c'est-à-dire l'organographie expliquée par les transformations auxquelles sont soumises les parties des végétaux. Ce n'est pas moi qui vous présenterai dans l'œuvre de la nature la confusion et le hasard, lorsque je vois partout l'ordre le plus admirable et les plus ravissantes harmonies.

Morphologie végétale.

Je ne me contenterai pas de vous faire connaître les différences qui se manifestent dans les développements d'une même plante, suivant qu'ils s'opèrent à une époque de faiblesse, d'énergie ou d'appauvrissement. Je vous indiquerai aussi les modifications dont les organes sont susceptibles dans les différents végétaux, et j'insisterai principalement sur celles qui caractérisent les groupes auxquels une heureuse métaphore a fait donner le nom de familles.

Symétrie.

Mais ce n'est point encore à cet examen que se bornera ma tâche. Sous quelque forme qu'ils se présentent, qu'ils soient écartés les uns des autres, ou qu'ils soient rapprochés, les organes latéraux de la plante ne sont point jetés au hasard sur sa tige ou sur ses rameaux. Un ordre inaltérable a présidé à leur arrangement, et de là est résultée la plus admirable symétrie.

Depuis un certain nombre d'années, ce mot a été inscrit mille fois dans les ouvrages de botanique; mais on l'a trop souvent confondu avec celui de régularité, et peut-être n'en a-t-on point donné encore une définition bien rigoureuse.

La symétrie, prise dans un sens général, est, si je ne me trompe, l'ordre dans la disposition respective des parties. Elle dérive d'un principe immuable et infini, dont nous trouvons l'image en nous-même; mais la nature diversifiée des êtres ne saurait évidemment admettre un arrangement uniforme dans les parties qui les composent. Je vous ferai connaître la loi si simple qui constitue spécialement la symétrie de la fleur, et, comme vous allez le voir, elle nous conduira à d'utiles conséquences.

Si les fleurs ne déviaient en aucune manière de la symétrie générale, cette variété, qui fait notre admiration continuelle, se changerait en une triste monotonie. Des retranchements et des répétitions viennent donc en apparence troubler l'ordre primitif; mais dès qu'il reste, dans une fleur, plusieurs séries d'organes, la symétrie y subsiste toujours, et elle nous conduira, quelque incomplètes que ces séries puissent être, à retrouver ce qui manque à l'aide de ce qui existe. Ainsi celui qui cultive la science des végétaux peut, à l'inspection d'une fleur incomplète, dire ce dont elle est privée, indiquer avec exactitude la place des parties qui ne se sont point développées chez elle, et montrer ce qu'aurait été cette fleur, si elle n'eût éprouvé aucune suppression.

Botanique comparée.

Le peu que je viens de vous dire sur ce sujet montre assez déjà que c'est principalement par des déviations de symétrie, ou, pour mieux dire, par des répétitions et des retranchements, que les fleurs diffèrent entre elles. Chaque fleur pourrait donc servir à toutes les autres d'objet de comparaison; mais, si nous prenions pour type une fleur très-compliquée, ou réduite à une expression très-simple, nos comparaisons seraient souvent fort difficiles, puisque leurs termes seraient eux-mêmes des déviations d'un type général. Je ne crois point que celui-ci existe, dans toute sa perfection, chez aucune plante connue. Cependant certaines espèces s'en rapprochent de très-près, et, quand même il n'en serait pas ainsi, nous pourrions sans peine le recomposer, par cet artifice qu'employa un peintre célèbre pour avoir le modèle d'une beauté parfaite, celui d'en prendre les traits partout où il les trouvait dispersés. Notre type offrira tous les développements dont les fleurs sont susceptibles, mais sans répétition aucune, et quand nous lui comparerons une fleur quelconque, nous saurons s'il manque quelque chose à cette dernière, ou si elle offre des multiplications.

Cette opération seule nous conduirait à avoir une idée juste de l'organisation de chaque genre et de chaque espèce considérés isolément; mais, si nous l'étendons, nous arrivons à des résultats encore bien plus satisfaisants pour l'esprit et bien plus utiles pour la science. Supposons un instant qu'on nous présente trois plantes, et que nous ayons de l'incertitude sur leurs rapports mutuels; il nous suffira, pour lever tous nos doutes, de rapprocher du type ces plantes l'une après l'autre, et si deux d'entre elles s'éloignent moins de celui-ci que la troisième, ce sont elles qu'il faudra mettre ensemble. C'est ainsi que, pour classer, d'après leur taille, trois hommes qui même seraient fort éloignés les uns des autres, il suffirait de rapprocher chacun d'eux d'une mesure commune.

Tels sont en abrégé les principes fondamentaux de cette partie de la *botanique comparée* qui ne nous montre plus uniquement les rapports des organes d'une même plante ou ceux du même organe dans plusieurs végétaux; mais qui, pour ainsi dire, met tout à la fois en regard les diverses pièces de deux ou plusieurs fleurs d'espèces différentes. Cette subdivision de la science nous présentera, avec l'exercice le plus séduisant pour notre intelligence, la solution d'une foule de problèmes, et fera disparaître à nos yeux une partie de l'empirisme qui a presque toujours présidé à l'établissement des affinités botaniques.

Utilité de l'organographie végétale et de la botanique en général;

Je vous ai dit en quoi consiste la science dont je me propose de vous développer les principes; vous en montrer en peu de mots le but et l'utilité, ce sera le complément aussi naturel qu'indispensable de ce discours.

par rapport à l'agriculture;

Puisque toutes les parties de la botanique se rattachent à l'organographie, il est clair que leur utilité rejaillit sur cette dernière. Il faut nécessairement savoir distinguer les organes pour étudier leurs fonctions ; ainsi les avantages que l'agriculture et l'horticulture retirent chaque jour de la physiologie, c'est réellement à l'organographie qu'elles en sont redevables, ou, pour mieux dire, l'une et l'autre se confondent pour prêter à l'agriculteur leur appui tutélaire. Sans elles, son art n'est plus qu'un aveugle empirisme : il en est des plantes comme des hommes ; pour les élever et les bien diriger, il faut les connaître.

Je ne dirai certainement pas que celui qui se consacre à l'art de guérir a un besoin indispensable d'approfondir tous les mystères de la vie végétale; mais ce n'est point à l'époque où nous sommes parvenus qu'un médecin peut ordonner un remède sans savoir auquel des trois règnes il doit le rapporter ; et il aura, ce me semble, un moyen de plus pour bien comprendre l'organisation animale, s'il cherche un objet de comparaison dans celle des végétaux. Qu'on attribue à une plante quelque propriété ignorée pendant longtemps, il ne reconnaîtra la vérité, sans faire de dangereuses expériences, que s'il a étudié les végétaux, s'il sait les comparer entre eux, et saisir leurs rapports avec sagacité. par rappor à la médecine.

Il est des circonstances où le botaniste le plus étranger à la médecine peut aussi avoir le bonheur de contribuer à la guérison de ses semblables ou à celle des animaux qui nous rendent tant de services. Il sait que les végétaux organisés de la même manière, présentent en général les mêmes propriétés ; que l'on prescrive une Labiée trop difficile à rencontrer, il en indiquera une autre dont les effets seront également salutaires ; veut-on une antiscorbutique, il peut choisir parmi les Crucifères ; demande-t-on quelque amère, il présentera une Gentiane. Combien de fois, conduit par ces analogies que la science nous découvre, n'ai-je pas, au milieu des déserts de l'Amérique, indiqué des plantes mucilagineuses dans des cas où la nécessité s'en faisait sentir ; et pourtant j'ignorais leur nom, je ne les avais pas même aperçues jusqu'alors. La science a consigné dans ses annales un fait que je ne puis m'empêcher de vous citer : Une maladie s'était déclarée parmi les bestiaux de la Laponie ; on la croit sans remède, et le cultivateur voit avec désespoir disparaître les ressources de sa famille. Linné arrive ; bientôt il a découvert la source du mal, une plante vénéneuse en est l'unique cause ; et, en conseillant aux colons rassurés d'éloigner leur bétail du *Cicuta virosa*, l'illustre botaniste arrête les ravages d'un fléau redoutable. Peut-être n'ai-je point été inutile à mes semblables, lorsque j'ai soumis aux principes rigoureux de la science l'examen des plantes que les Brésiliens emploient pour le soulagement de leurs maux, et je regrette que de cruelles souffrances m'aient forcé d'interrompre le livre où je consignais le résultat de cette partie de mes recherches (1).

Utilité de la botanique pour l'introduction des végétaux exotiques.

Sans cesse au milieu des végétaux, le botaniste sait ce qui convient à chacun d'eux, où ils se plaisent le plus quand ils sont abandonnés à eux-mêmes, quelle est l'exposition qu'ils recherchent, la température qu'ils aiment ; et il peut ensuite instruire le

(1) Plantes usuelles des Brésiliens, à Paris, chez Grimbert.

cultivateur à suivre les traces de la nature. Si, après avoir étudié longtemps les plantes de son pays, il parcourt des contrées lointaines, l'analogie le conduira à découvrir les végétaux utiles qui réussiront le mieux dans sa patrie. Qu'ils sont loin de nous ces temps où la Marjolaine, la Violette et le Romarin ornaient seuls les jardins de nos rois ! Le parterre le plus modeste réunit aujourd'hui plusieurs végétaux des cinq parties du monde ; les rivages de nos fleuves, les bosquets de nos jardins, et jusqu'à nos forêts, attestent de tous côtés les travaux d'infatigables botanistes, comme l'utilité de la science qu'ils cultivent.

Il ne faut point cultiver les sciences dans l'unique but de trouver des applications immédiates.

Mais, dira-t-on, il s'en faut bien que les recherches auxquelles on les voit se livrer avec une si grande ardeur obtiennent toujours un résultat aussi utile. Je ne le nierai point ; je sais que la botanique est loin de présenter une utilité constamment immédiate. Mais si c'est un reproche que l'on puisse lui faire, on peut le faire aussi à toutes les autres branches des connaissances humaines. A Dieu ne plaise que je ne bénisse point ceux qui ont trouvé dans les sciences des applications utiles à nos besoins ! Cependant, il faut le dire, c'est bien rarement lorsqu'on en cherche, qu'on parvient à en découvrir quelqu'une, et les hommes qui n'ont pas voulu autre chose, sont presque toujours restés en arrière. Marchons dans la route des sciences en poursuivant la vérité pour elle-même, et tôt ou tard les applications arriveront à sa suite, car une vérité conduit à une autre, et elles aussi sont des vérités.

Utilité morale

Mais fussions-nous bien sûrs de ne jamais rendes sciences et en particulier de la botanique.

contrer une application nouvelle, ce ne serait point un motif pour abandonner la voie que nous suivons. Trop souvent, il faut le dire, on ne conçoit les travaux des hommes que lorsqu'ils aboutissent à des jouissances matérielles; mais cultiver son esprit, étendre le cercle de ses idées, n'est-ce donc pas aussi une jouissance? N'en est-ce pas une que de connaître la vérité? et quelle science nous la montre entourée de plus de charmes que la botanique? Les objets qu'elle livre à nos recherches sont ceux qui contribuent le plus à embellir notre globe. Comme nous ils vivent, ils se développent, ils multiplient, et nous pouvons rechercher ce qu'il y a de plus intime dans leur admirable structure, sans avoir sous les yeux le spectacle affligeant de la souffrance.

Tandis que d'autres parties de l'histoire naturelle exigent des collections rassemblées à grands frais, partout des végétaux s'offrent gratuitement au botaniste. L'Océan a ses Algues, les eaux douces sont peuplées de Naïades et de *Potamogeton*, les antres des rochers se tapissent de Fougères, et des Lichens s'étendent sur nos murailles en plaques bigarrées. Je ne puis, sans un plaisir mêlé de bien des regrets, me rappeler les jours où seul, presque sans livres, peu soucieux de l'avenir, je me livrais à l'étude des plantes qui m'entouraient; elles étaient peu nombreuses, mais combien de sujets d'observation m'offrait une seule espèce! Je la suivais dans toutes les phases de son existence; je l'épiais au moment où les premières feuilles s'échappent de l'enveloppe protectrice; je voyais sa tige s'élever, ses feuilles s'étendre, ses fleurs s'épanouir ; je recherchais la position de ses ovules, je suivais les métamorphoses qui s'opèrent dans le carpelle pour qu'il devienne un fruit ; je disséquais la graine, j'étudiais l'embryon, et souvent j'avais le bonheur de découvrir quelques-uns de ces moyens secrets qu'emploie la nature prévoyante pour faciliter la fécondation, répandre les semences et conserver l'espèce. Une plante commune, revue mille et mille fois, m'instruisait souvent plus que des recherches faites au milieu des herbiers les plus riches et des bibliothèques. Il existe, dans une petite ville du bas Languedoc, un simple jardinier (1) dont l'éducation a été celle que l'on reçoit dans les plus humbles écoles, et auquel notre langue est même restée presque étrangère ; cet homme s'est mis à étudier les plantes qui croissent autour de lui ; une d'elles a surtout fixé son attention (2), il l'a transportée dans son jardin, il a suivi ses développements pendant plus de trois années, et à ses yeux s'est déroulée une série de phénomènes que personne n'avait observés jusqu'alors.

Combien de fois la botanique n'a-t-elle pas adouci les plus cuisants chagrins ! Ce fut dans cette science que Rousseau, jouet de lui-même, trouva un remède contre les cruelles chimères qui l'obsédaient sans cesse. Séduite par les charmes des plantes, son imagination leur prêta des qualités qu'il désespérait de rencontrer chez les hommes ; elles devinrent pour lui

(1) M. Esprit Fabre.

(2) Le *Marsilea Fabri*.

de véritables amies, et furent le sujet de ces lettres admirables qui auraient pu suffire pour assurer sa gloire. Ceux qui cultivent la science des végétaux n'ont-ils pas quelque droit de concevoir un certain orgueil, lorsqu'ils songent que deux des plus grands écrivains dont s'honorent la France et l'Allemagne furent de grands botanistes, l'auteur du *Faust* et celui de l'*Émile !*

Comme à toutes les situations, la botanique présente à tous les âges des ressources et des plaisirs. En même temps qu'elle s'élève pour l'homme qui réfléchit au rang des sciences les plus philosophiques, elle peut offrir à l'enfance une récréation également utile au développement de ses forces et de son intelligence. Pour le vieillard qui la cultiva jadis, elle sera la source des plus doux souvenirs ; elle pourra quelquefois suspendre ses regrets et charmer ses misères. Celui qui le premier introduisit en France l'enseignement méthodique de l'organographie et de la physiologie, le vénérable auteur du *Flora Atlantica* (1), frappé de cécité, se plaisait à se faire conduire autour de ces plates-bandes enrichies par ses soins de mille fleurs diverses ; sa main débile, en touchant les plantes qu'il avait étiquetées, et qu'autrefois il observait avec tant de plaisir, savait les reconnaître, son imagination les lui représentait parées de tous leurs charmes, et il bénissait la science qui, après avoir embelli ses premières années, et répandu sur sa vie tout entière un éclat si brillant, avait encore des consolations pour sa vieillesse et ses jours de souffrances.

(1) M. Desfontaines.

LEÇONS

DE

BOTANIQUE.

CHAPITRE I.

RÉSUMÉ DE L'HISTOIRE MORPHOLOGIQUE DU VÉGÉTAL.

Si, faisant abstraction de ces végétaux d'un ordre inférieur, qui, à tort peut-être, excitent moins notre intérêt que les autres, nous considérons seulement ceux qui se montrent à nos yeux parés de feuilles et de fleurs, nous verrons que, fixés au sol, ils s'y enfoncent d'un côté, tandis que, du côté opposé, ils s'élèvent vers le ciel. Nous concevrons donc, dès le premier instant, que le végétal, soumis à une sorte de polarité, se compose de deux systèmes, l'un descendant ou souterrain, l'autre aérien ou ascendant. Au premier appartiennent les racines, au second les tiges. Systèmes descendant et ascendant.

Le point intermédiaire entre ces deux systèmes porte le nom de collet (*collum*), et se trouve tantôt au-dessus, tantôt au-dessous du sol. Ce n'est pas un organe particulier, mais plutôt la limite de deux organes. De ce même point, le végétal croît, comme je viens de le dire, en sens opposé; mais, comme il s'affaiblit à mesure qu'il se développe, et s'épuise d'un côté et de l'autre, il forme réellement deux cônes réunis par leur base, surface géométrique sans aucune épaisseur. Collet.

Ce n'est pas seulement à ces deux forces opposées qu'obéit le végétal dans ses développements ; il est encore soumis à une troisième force, celle d'expansion horizontale. Si nous examinons une tige, nous verrons qu'à mesure qu'elle s'élève vers le ciel, elle projette, latéralement et par intervalles, des organes fort différents d'elle-même, qui en font tout l'ornement. Ici donc nous avons encore un double système : un axe et des appendices, ou si l'on veut, le système axile et l'appendiculaire ; le premier comprenant la tige et ses représentants, le second les feuilles et cette suite d'organes qui n'en sont que des modifications. Le point de la tige, ordinairement un peu saillant, d'où s'échappent les organes appendiculaires, porte le nom de nœud vital (*nodus*), et l'on appelle entre-nœud (*internodium*) ou mérithalle (*merithallus*) la portion de tige comprise entre deux nœuds vitaux. Ceux-ci ne donnent pas toujours immédiatement naissance à cette lame étalée que nous appelons la feuille (*folium*) ; le plus souvent cette dernière n'est que l'expansion de plusieurs fibres rapprochées, dont la réunion forme un corps plus ou moins arrondi, plus ou moins filiforme, que l'on appelle le pétiole (*petiolus*) ou vulgairement la queue de la feuille.

Systèmes axile et appendiculaire.

Nœuds vitaux.

Entre-nœuds.

Feuilles.

Pétiole.

Deux erreurs à éviter.

Le peu que je viens de vous dire sur les développements des végétaux suffira déjà pour vous prémunir contre deux graves erreurs sans cesse répétées dans les livres des botanistes ; l'une qui consiste à considérer l'organe inférieur comme produit par le supérieur, et l'autre à indiquer les organes appendiculaires comme insérés sur leur axe commun. Puisque la végétation du système aérien va toujours se continuant de bas en haut, il est clair que l'organe supérieur ne peut donner naissance à l'organe inférieur. D'un autre côté, comme tous les organes latéraux sont une expansion de la tige ou de ses représentants, on ne doit raisonnablement employer que dans un sens métaphorique le terme d'insertion (*insertio*) qui, dans le sens propre, indique l'action d'enfoncer un corps dans un autre.

Il ne faudrait point s'imaginer que les organes appendiculaires, ou, si l'on veut, les feuilles, naissent de la tige sans aucun ordre : ou elles se présentent solitaires sur un plan horizontal, et alors on les dit alternes (*folia alterna*); ou elles sont placées deux à deux sur le même plan, se faisant face l'une à l'autre, et on les nomme opposées (*f. opposita*); ou enfin plusieurs feuilles entourent la tige comme une couronne, et, dans ce cas, on les appelle verticillées (*f. verticillata*). Disposition des feuilles.

Les feuilles alternes peuvent, au premier coup-d'œil, nous paraître éparses et, pour ainsi dire, jetées au hasard sur leur axe; mais, en les examinant avec quelque attention, on s'aperçoit bientôt qu'elles sont disposées en spirale; et, partant d'une feuille quelconque, on arrive, après un ou plusieurs tours de spire, à une autre feuille qui se trouve placée plus ou moins exactement au-dessus de la première, d'où il résulte qu'un certain nombre de feuilles, auquel on donne le nom de cycle (*cyclus*), embrasse nécessairement toute la circonférence de la tige. D'après ceci, on pourrait croire que dans les plantes à feuilles verticillées, telles que les *Rubia*, chaque verticille de feuilles entourant la tige est un cycle dont les pièces sont très-rapprochées, ou, si l'on veut, qu'un cycle de feuilles alternes est un verticille à pièces écartées les unes des autres; cependant il n'en est réellement pas ainsi. Les feuilles d'un cycle peuvent se rapprocher, sans doute, de manière à imiter le verticille; mais, dans une plante à feuilles vraiment verticillées, plusieurs spirales entourent la tige concurremment, et chaque feuille d'un même verticille fait partie d'une spirale particulière. Les feuilles alternes peuvent donc se comparer à un ruban qui s'élèverait autour d'un axe, et les feuilles verticillées à plusieurs rubans qui embrasseraient l'axe en tournant parallèlement tous ensemble. Si l'on réduisait à une seule les feuilles de chacun des verticilles d'une tige à feuilles verticillées, on aurait encore une spirale, et, par conséquent, le verticille véritable n'est point un cycle contracté, mais en quelque sorte, une feuille multipliée.

Histoire des organes appendiculaires de la plante, depuis les cotylédons jusqu'aux bractées.

Les deux systèmes que je vous ai fait connaître, l'axile et l'appendiculaire, se montrent déjà dans la graine. Nous voyons, chez elle, tantôt une seule, tantôt plusieurs petites feuilles attachées à une petite tige. Ces feuilles, appelées cotylédons (*cotyledones*), sont presque toujours sans aucune découpure. Production d'un être encore faible, les feuilles qui naissent au-dessus des cotylédons restent ordinairement entières comme eux, ou à peine des dents se montrent sur leurs bords. Cependant, peu à peu, le végétal acquiert de la force; alors il tend à se diviser davantage, ses feuilles se découpent, et elles arrivent même quelquefois jusqu'à former des espèces de branches. Mais, parvenue à un certain degré de développement, la plante commence à perdre de sa vigueur; ses feuilles se divisent de moins en moins; elles deviennent successivement plus petites; leur lame sort immédiatement de la tige; et, comme tous les êtres organisés, le végétal se rapproche, par épuisement, de l'état où il était à sa naissance, par une suite naturelle de sa faiblesse. Presque toujours nuancées par des dégradations successives avec les feuilles du milieu de la tige, les supérieures semblent en différer tellement, lorsqu'on les en rapproche sans avoir égard aux intermédiaires, que les botanistes ont cru devoir les distinguer par un nom spécial, celui de bractées (*bracteæ*) ou feuilles florales, c'est-à-dire les plus voisines de la fleur.

Ce n'est pas seulement l'absence de division chez les

organes latéraux, qui est amenée par l'épuisement du végétal, comme elle avait été d'abord produite par la faiblesse; le rapprochement des parties est encore un symptôme de la faiblesse et de l'épuisement. Un léger intervalle sépare les cotylédons des feuilles qui naissent immédiatement au-dessus d'eux, et, très-souvent, des espèces de rosettes, arrondies et étalées, sont formées chez les plantes, par les premières feuilles très-rapprochées qui s'échappent de la tige. Mais, comme je vous l'ai dit, cet état de faiblesse ne dure pas toujours; lorsque la tige a pris de la vigueur, les entre-nœuds s'allongent, et les feuilles plus divisées s'écartent davantage les unes des autres. Cependant l'époque de l'épuisement ne tarde pas à arriver à son tour, et en même temps que les feuilles se rapetissent et changent de forme, elles se rapprochent de plus en plus par le raccourcissement des entre-nœuds. Enfin, de leur extrême rapprochement résulte une suite de cycles contractés, qui se superposent, se touchent et semblent être de véritables verticilles. Ainsi se forme la fleur, résumé de la plante, qui met un terme à la végétation épuisée, et n'est point sans analogie avec ces rosettes que nous avons vues, à la naissance de la tige, se former au-dessus du collet. Histoire des entre-nœuds de la tige; comment se forme la fleur.

Le premier verticille de la fleur, qui porte le nom de calice (*calyx*), se nuance souvent avec les bractées, comme celles-ci se nuancent elles-mêmes, par des intermédiaires, avec les feuilles les plus développées du milieu de la tige. Composé de folioles plus petites, plus menues que les bractées, le calice conserve cependant presque toujours cette couleur verte qu'ont les feuilles de la tige; mais, immédiatement au-dessus de lui, s'élève un autre verticille appelé corolle (*corolla*), dont les feuilles, connues sous le nom de pétales (*petala*), sont bien plus délicates encore que celles du calice, et perdent la couleur verte pour revêtir les teintes Des six verticilles floraux.

les plus brillantes, comme elles prennent souvent les formes les plus élégantes ou quelquefois les plus bizarres. Ces deux premiers verticilles forment les enveloppes florales proprement dites (*integumenta floralia*), et semblent destinés par la nature à en protéger deux autres d'un ordre bien plus important, qui viennent au-dessus d'eux. Le troisième verticille ressemble encore moins au second que celui-ci ne ressemble au premier, et, en prenant des formes entièrement différentes, les pièces dont il est composé changent aussi de fonctions. Ces pièces, appelées étamines (*stamina*), sont les organes mâles de la plante, et offrent un filet (*filamentum*) surmonté d'une bourse, appelée anthère (*anthera*), qui contient le pollen, ou poussière fécondante (*pollen*). Au-dessus des étamines, peuvent se trouver un quatrième et un cinquième verticille formés par les pièces du disque ou les nectaires, organes fort petits et peu visibles (*nectaria*, *discus*); mais il arrive fréquemment qu'un de ces verticilles ne se développe pas, et souvent même ils manquent tous les deux. Cependant la végétation, avant de s'épuiser entièrement, reprend quelque énergie. Le dernier verticille, celui des organes femelles, qui s'élève au-dessus des nectaires, est plus facile à observer qu'eux, et les parties qui le composent s'éloignent bien moins du type foliacé. Cependant les petites feuilles qui forment ce verticille ne sont point étalées comme celles de la tige; pliées dans leur milieu, elles rapprochent leurs bords l'un de l'autre, forment une sorte de coque, et enveloppent, pour les protéger, les ovules ou jeunes semences destinés à perpétuer la plante. Les feuilles carpellaires, c'est ainsi que l'on nomme les pièces du verticille femelle, se prolongent chacune en un filet, appelé style (*stylus*), qui n'est que la continuation de leur nervure moyenne; et ordinairement, à l'extrémité du style, se trouve le stigmate (*stigma*), partie dépourvue d'épiderme, organisée pour transmettre à la jeune semence la matière fécondante contenue dans les grains de pollen. Quand cet acte est consommé, les organes mâles, devenus inutiles, se flétrissent et tombent ordinairement avec la corolle. Le plus souvent, au contraire, le calice persiste autour du jeune fruit, et le protége tandis qu'il prend de l'accroissement. Enfin, lorsque le fruit est mûr, les semences s'en dégagent, et, confiées à la terre, elles perpétuent et multiplient l'espèce, par le développement de l'embryon qu'elles contiennent.

Les systèmes axile et appendiculaire réunis dans le carpelle.

Tant que nous avons eu des verticilles d'organes appendiculaires, il est évident que nous avons dû avoir aussi un axe pour les soutenir; mais il ne faut pas s'imaginer que cet axe s'arrête au point où naît le verticille des feuilles carpellaires, il s'élève réellement beaucoup au-dessus de ce point. Les feuilles carpellaires, pliées sur elles-mêmes, se dressent, se collent dans toute leur longueur à l'axe prolongé, et reçoivent, dans leur cavité protectrice, les ovules, dernières productions de cet axe, qui doivent être comparés, comme nous le verrons bientôt, à de petits rameaux que termine un bourgeon. Ce n'est même pas avec la cavité produite par les feuilles carpellaires repliées que finit l'axe central, il s'étend au delà de cette cavité, et confondu avec l'extrémité prolongée de ces mêmes feuilles, il contribue à former les styles et les stigmates qui, pour ainsi dire, couronnent toute la fleur. Ainsi ce qu'on nomme carpelle ou pistil simple (*carpellum, pistillum simplex*) offre l'union des deux systèmes, l'axile et l'appendiculaire, ou, si l'on veut, l'union de la feuille carpellaire et d'un prolongement de l'axe.

D'après ce que je viens de vous dire, vous voyez que la fleur se compose de six verticilles superposés : 1° le calice; 2° la corolle; 3° les étamines ou organes mâles; 4° et 5° deux rangs de nectaires; 6° enfin les carpelles ou organes fe-

3

melles, formés chacun d'un ovaire, d'un style et d'un stigmate. Vous voyez aussi que ces verticilles sont disposés, en rayonnant, autour d'un axe commun qui n'est que le prolongement de la tige.

Preuves de l'analogie des organes de la fleur avec les feuilles proprement dites.

Si nous nous contentions de comparer, par exemple, l'étamine presque capillaire et à peine visible de la Berce ou de la Ciguë avec leurs feuilles larges et découpées, nous ne pourrions, sans doute, croire à l'analogie de ces organes; mais déjà nous avons vu que les feuilles de la tige éprouvaient des altérations successives depuis le milieu de sa longueur jusqu'à son sommet, et qu'elles se nuançaient avec les bractées par d'insensibles dégradations. Celles-ci se nuancent de même avec le calice, et l'étude de plusieurs espèces de plantes, des Nymphéacées, par exemple, nous montre les mêmes nuances entre le verticille calicinal et les pétales, ceux-ci et les étamines. Chaque verticille a les plus grands rapports avec celui qui le précède, et, en amenant par la culture une surabondance de sucs dans un végétal, on fait disparaître les altérations successives qu'un affaiblissement graduel occasionne ordinairement dans les différents verticilles floraux. Tout le monde sait que, dans les Roses, les OEillets, les Renoncules, des pétales peuvent naître là où devraient naturellement se trouver des étamines, et qu'ainsi se forment ces fleurs doubles, l'ornement de nos parterres. On a vu les pièces de la corolle du *Ranunculus abortivus* se changer en calice. Enfin, où se développent communément des carpelles, on trouve quelquefois un organe mâle. La transformation peut aller bien plus loin encore; car il arrive, dans certaines circonstances, que de véritables feuilles paraissent à la place des pétales, des étamines et des carpelles. En recevant de nouveaux sucs, l'axe de la fleur, extrémité de la tige altérée par l'épuisement, peut aussi reprendre sa forme et son aspect primitifs; et ainsi, du sein de la Rose appelée vulgairement prolifère, s'élance une tige véritable chargée de feuilles verdoyantes. Le jardinier peut, comme il lui plaît, produire, chez les arbres fruitiers, des fleurs ou des rameaux feuillés. Enfin, dans les forêts primitives des contrées équinoxiales, il est des arbres qui fleurissent très-rarement, parce que la végétation, sans cesse excitée par l'humidité et la chaleur, éprouve, sous ces heureux climats, des repos fort rares, et qu'elle va se continuant toujours avec une vigueur égale, tandis que la fleur n'est réellement, comme je vous l'ai dit, que la dernière production d'une vie qui s'épuise et va finir. Si l'analogie des organes floraux avec les véritables feuilles est démontrée par le changement des formes d'un verticille supérieur en celles de verticille inférieur, changement que Goethe appelle *métamorphose descendante* ou *rétrograde*, elle ne l'est pas moins par le changement contraire ou la *métamorphose anticipée*, due à un degré d'affaiblissement plus prononcé encore que celui d'où résultent les fleurs à l'état habituel, c'est-à-dire la *métamorphose normale*. A la place des feuilles, on a vu plus d'une fois chez la Tulipe des jardins, le Lis et la Rose à cent feuilles, se montrer des pétales colorés, comme ceux de la fleur elle-même. Des calices deviennent une corolle dans une variété du *Primula acaulis*, et enfin, à la place ordinaire de la corolle, on a souvent trouvé des étamines.

Métamorphose descendante, anticipée, normale.

Explication du mot métamorphose.

Je n'ai pas besoin de vous dire que le nom de métamorphose, donné par Linné, Goethe et une foule d'autres aux altérations graduelles des organes appendiculaires des plantes, ne doit être pris que dans un sens métaphorique. Par le mot métamorphose on entend, dans le langage ordinaire, la transformation d'un corps en un autre corps entièrement différent, comme quand les poëtes nous racontent que Procné fut métamorphosée en hirondelle et Syrinx en roseau : il n'en est pas ainsi d'une feuille qui, une fois développée, n'éprouve aucun changement notable; mais celles qui doivent venir au-dessus d'elle représenteront ses formes avec des modifications successives. Les métamorphoses des plantes déjà indiquées par Linné ont été traitées avec plus ou moins de détail, plus ou moins de bonheur par Goethe, R. Brown, de Candolle, Turpin, Link, Lindley, etc., et leur étude doit faire le fondement d'une organographie philosophique.

Il ne faut pas croire que toutes les fleurs soient exactement modelées sur celle dont je vous ai expliqué la composition. C'est un type que j'ai voulu vous offrir, et à ce type qui, à de légères différences près, existe réellement dans la nature, peuvent se rattacher toutes les formes de fleurs que la mobilité de l'organisation végétale produit tantôt par des *défauts de développement*, tantôt par des *adhérences*, tantôt par des *excès de production ou dédoublements*, tantôt enfin par des *métamorphoses* et par des *déplacements d'organes*. En comparant avec le type la fleur que vous étudiez, vous pouvez juger ce qui lui manque, ou ce qu'elle offre de plus. Mais vainement voudrait-on établir cette comparaison, si l'on ne recourait à la loi si importante qui constitue toute la symétrie de la fleur, celle de l'alternance. Cette loi veut que, toutes les fois qu'il ne s'est présenté aucune perturbation, les pièces d'un verticille floral ne correspondent point à celles des deux verticilles inférieur et supérieur, mais que chacun réponde à l'intervalle qui se trouve entre deux des pièces des verticilles les plus voisins, ou, pour m'exprimer en termes techniques, qu'elle alterne avec ces pièces. Ainsi le second verticille ou la corolle doit alterner avec le premier, c'est-à-dire avec le calice; les étamines alterneront avec la corolle, et seront opposées au calice; le premier rang de nectaires alternera avec les étamines et le

Fleur-type.

De quelle manière une fleur peut différer du type.

Loi de l'alternance.

calice, et sera opposé à la corolle; enfin les carpelles alterneront avec le second rang de nectaires, les étamines et le calice, opposés en même temps au premier rang de nectaires et à la corolle. Mais, lorsque nous voyons opposition, au lieu d'alternance, nous devons dire qu'il y a répétition du même verticille ou suppression d'un verticille quelconque, et c'est alors qu'en comparant avec le type symétrique la fleur où nous apercevons des défauts de symétrie, et appelant en même temps l'analyse à notre secours, nous découvrirons la véritable nature de tous les genres d'altération, et nous pourrons recomposer, en quelque sorte, les fleurs le plus étrangement déguisées; exercice éminemment philosophique qui, par la solution des plus intéressants problèmes, nous conduira à la connaissance des différences et des affinités végétales ou la *botanique comparée*. Je me contenterai de vous donner un exemple. Vous savez que le type présente inférieurement un calice verdâtre, des pétales colorés alternes avec les pièces de ce calice, et des étamines opposées à ces dernières et alternes avec les pétales : que nous trouvions dans une fleur de *Chenopodium* des étamines immédiatement opposées aux pièces d'une enveloppe verte, nous pourrons dire, sans une longue étude, qu'ici la corolle ne s'est pas développée.

Botanique comparée.

L'examen de la disposition des parties de la fleur dans le bouton, ou, si l'on veut, de la préfloraison, montre souvent avec évidence que le verticille calicinal n'est autre chose qu'un cycle fort contracté; mais il est bien clair que, si la spirale se continuait sans interruption, il n'y aurait pas alternance, puisque les cycles étant de cinq pièces, par exemple, la sixième doit retomber sur la première; l'alternance ne peut donc être que le résultat d'une spirale nouvelle, et par conséquent, la fleur serait composée d'autant de spirales, ou, si l'on veut, de portions de spirale qu'elle présente de verti-

Chaque verticille floral est une portion de spirale.

Comparaison du verticille de feuilles avec ceux des organes floraux.

cilles. Dans l'alternance des pièces d'un verticille de feuilles véritables avec celles du verticille supérieur (ex. *Galium*, *Asperula*), nous ne devons voir qu'une image infidèle de ce qui se passe dans la fleur, puisque ces mêmes verticilles ne sont point, comme je vous l'ai dit, des cycles contractés, mais une répétition de la feuille solitaire.

Ce qu'est la tige simple.

Jusqu'à présent, j'ai considéré la tige des plantes comme étant parfaitement simple, et se développant sans ramification, depuis les cotylédons jusqu'à la fleur. Mais la simplicité des tiges, quoiqu'elle caractérise beaucoup d'espèces, n'est réellement due qu'à un défaut d'énergie vitale; et certains groupes de plantes, qui, dans nos contrées si froides, n'offrent que des axes parfaitement simples, présentent sous les tropiques des ramifications nombreuses. De chaque nœud vital, à l'aisselle de la feuille, naît un bourgeon (*gemma*); souvent celui-ci avorte, mais bien souvent aussi il devient une branche (*ramus*) qui s'étend, se ramifie à son tour et se termine par une fleur comme la plante-mère. Cette dernière est donc réellement répétée autant de fois qu'elle produit des rameaux, et autant de fois que ceux-ci en produisent à leur tour; aussi, pour être rigoureusement exact, il ne faudrait pas dire, avec les botanistes, que la plante se divise en rameaux, mais qu'elle se multiplie.

Rameaux.

Pédoncules.

Cependant l'épuisement successif qui raccourcit les entre-nœuds de la tige, et altère graduellement les formes de ses organes appendiculaires ou foliacés, n'agit pas moins sur ses rameaux. Quand la tige-mère commence à s'affaiblir, les branches perdent aussi de leur vigueur, elles s'étendent moins, et celles enfin qui naissent à l'aisselle de ces feuilles dégénérées, qu'on appelle bractées, se trouvent réduites à un axe fort grêle, souvent extrêmement court, à peine visible, nu ou chargé de feuilles rudimentaires et bientôt terminé par une fleur. C'est à ces rameaux, ainsi raccourcis et presque avortés, que les botanistes ont donné le nom de pédoncules (*pedunculus*); ce sont eux qu'on appelle vulgairement la queue de la fleur, et que d'habiles observateurs nomment rameaux floraux. La manière dont ces rameaux sont disposés sur la tige ou sur ses branches bien développées porte le nom d'inflorescence (*inflorescentia*). Inflorescence.

Ce ne serait point ici le lieu de vous faire connaître toutes les nuances que présentent les plantes dans l'arrangement de leurs fleurs ou leur inflorescence; mais quelques mots suffiront pour vous donner une idée des principales. Des diverses espèces d'inflorescence. Qu'à l'aisselle d'une feuille bien développée se présente uniquement un rameau floral, nous aurons une inflorescence axillaire (*infl. axillaris*). Si la tige se termine par une suite de petites bractées, et que chacune de celles-ci accompagne une fleur portée par un rameau excessivement court, nous dirons que les fleurs sont disposées en épi (*spica*). Si nous supposons cet épi refoulé de haut en bas et gagnant en largeur ce qu'il perd en hauteur, nous aurons des fleurs placées sur un réceptacle commun, ou, si l'on aime mieux, disposées en capitule (*capitulum*). Qu'au contraire, les rameaux presque nuls de l'épi prennent quelque longueur, nous aurons une grappe (*racemus*); qu'ils se ramifient de diverses manières, nous aurons une panicule, un thyrse ou un corymbe (*panicula, thyrsus, corymbus*). Enfin, que la tige se termine par des bractées rapprochées en verticille et qu'à l'aisselle de chacune il naisse un rameau, nous aurons une ombelle qui sera simple ou composée (*umbella simplex, composita*), suivant que le rameau se terminera par une fleur ou qu'il se ramifiera à son tour. Ce qui est fort essentiel pour la connaissance véritable des inflorescences, c'est de ne point confondre les évolutions successives qui les ont formées. Nécessité de ne pas confondre les divers degrés de végétation.

Un grand nombre de plantes ne fleurissent et ne fructifient qu'une fois, celles, par exemple, qui naissent et meurent dans le cours d'une année, et que pour cette raison l'on appelle annuelles. Ces plantes, qui, toutes, sont des herbes, n'éprouvent aucun repos dans leur végétation, et quand un bourgeon naît à l'aisselle de leurs feuilles, il se développe aussitôt et se prolonge sans interruption, quoique d'une manière plus ou moins active, depuis sa naissance jusqu'au moment où il périt. Les arbres, au contraire, fructifient pendant de longues années; mais tous ne végètent point d'une manière absolument semblable. Ceux qui naissent dans les contrées humides et très-chaudes se développent à peu près, sans interruption, comme nos plantes annuelles; d'autres sont arrêtés dans leur végétation, soit par le froid, soit par une extrême sécheresse. Chez ces derniers, le bourgeon né du nœud vital à l'aisselle de la feuille, reste à peu près stationnaire jusqu'à l'année suivante, et, dans son évolution, il représente peut-être encore mieux la plante à laquelle il doit son origine que le bourgeon de la plante annuelle ne représente cette plante elle-même. Des écailles sèches, dures, couvrent les bourgeons de nos arbres, et les protégent contre les rigueurs de l'hiver; mais ces écailles ne sont autre chose que les premières feuilles du bourgeon lui-même, feuilles avortées ou réduites au pétiole, qui indiquent toute la faiblesse de l'individu naissant et retracent celle que la plante-mère montrait à son origine.

Plantes annuelles.

Arbres.

Bourgeons.

Écailles du bourgeon.

Il n'est personne qui ne sente que les bourgeons ont, avec les graines, la plus grande ressemblance. Les uns et les autres multiplient également la plante; mais le bourgeon se développe sans fécondation, tandis que la graine a besoin d'être fécondée; de lui-même le bourgeon se sépare rarement de la plante-mère, la graine s'en sépare toujours; celle-ci multiplie l'espèce, le bourgeon multiplie l'individu.

Comparaison du bourgeon avec la graine.

Dans le tableau général où je viens de vous présenter les développements successifs des végétaux, je vous ai uniquement parlé de ceux qui ont des feuilles modifiées plus ou moins, qui offrent des organes sexuels et se multiplient par des graines fécondées, renfermant un embryon pourvu d'un ou plusieurs cotylédons ou feuilles séminales; mais toutes les plantes ne présentent pas ces caractères. Il en est qui, souvent, sont réduites au seul axe, ou du moins chez lesquelles il n'existe ni fécondation, ni organes sexuels, et qui se multiplient à l'aide de corps reproducteurs, dépourvus de cotylédons, tantôt répandus dans la substance de la plante-mère, tantôt renfermés dans des espèces de boîtes, et assez analogues à des bourgeons détachés. Ces plantes, parmi lesquelles il faut ranger les Algues, les Champignons, les Lichens, les Fougères, etc., ont été longtemps nommées cryptogames, c'est-à-dire à noces cachées, parce qu'on cherchait inutilement les organes générateurs qu'on croyait exister chez elles comme chez les autres végétaux; quand on a cru reconnaître que ces organes leur manquaient entièrement, on les a appelées agames, c'est-à-dire sans noces; on leur a aussi donné le nom de cellulaires, parce que leur tissu, plus simple que celui des autres plantes, ne présente souvent que des cellules; le défaut d'embryon proprement dit leur a fait appliquer, par certains auteurs, le nom d'inembryonées; enfin M. Antoine Laurent de Jussieu les a nommées acotylédones, parce que leurs corps reproducteurs ne montrent point ces feuilles primordiales qu'on observe chez l'embryon des plantes douées de la faculté de se reproduire par la fécondation. Plantes acotylédones.

Celles-ci, dont je vous ai déjà indiqué les principaux caractères, ont été nommées phanérogames, c'est-à-dire à noces manifestes, par opposition avec les cryptogames ou les agames. Mais toutes les plantes pourvues d'organes Plantes phanérogames.

Plantes monocotylédones. sexuels, n'atteignent pas un égal degré d'expansion. Les unes, moins développées, offrent un seul cotylédon qui renferme, dans une cavité presque close, le rudiment de la jeune tige et de ses organes appendiculaires : on les appelle monocotylédones ou unilobées. Les autres, au contraire, beaucoup plus complètes, ont deux cotylédons opposés ou quelquefois plusieurs cotylédons verticillés, entre lesquels la jeune tige et ses feuilles restent presque toujours libres : on nomme ces dernières plantes bilobées ou dicotylédones.

Plantes dicotylédones.

Différences qui existent entre les monocotylédones et les dicotylédones. S'il n'y avait entre les deux classes dont je viens de vous parler d'autre différence que celle du nombre des cotylédons, nous ne songerions point à les distinguer; mais, avec cette différence, en coïncident beaucoup d'autres non moins importantes. Il faut même se garder de croire que, pour connaître si une plante est monocotylédone, il soit nécessaire de l'épier au moment de la germination ou de disséquer sa graine; le botaniste tant soit peu exercé pourra, au premier coup d'œil, décider à quelle classe chaque plante appartient. Non-seulement la structure de la tige n'est point la même dans les monocotylédones et les dicotylédones, mais encore les premières présentent plus rarement des branches; leurs feuilles sont le plus souvent engaînantes à la base et sillonnées par des nervures parallèles; enfin les parties des différents verticilles de leurs fleurs ne passent point le nombre trois ou ses premiers multiples. Les dicotylédones, au contraire, sont presque toujours rameuses; leurs feuilles, rarement engaînantes, n'ont point de nervures parallèles; le nombre cinq et ses multiples caractérisent le plus souvent leurs verticilles floraux; enfin leur aspect indique, en général, un degré de vigueur et de développement que n'atteignent point les monocotylédones.

Intermédiaires. Il ne faudrait pas s'imaginer cependant que ces trois classes, les acotylédones, les monocotylédones, les dicotylédones, soient exactement tranchées : rien ne l'est dans la nature, tout s'y nuance ; c'est une vérité que la suite de ces leçons vous démontrera sans cesse.

qui unissent les acotylédones, les monocotylédones et les dicotylédones.

Une série d'intermédiaires rattache le *Protococcus*, simple cellule, à la Fougère et aux Marsiléacées, celles-ci établissent un passage entre les acotylédones et les monocotylédones ; et les Cycadées, auxquelles nous devons le sagou, forment, pour ainsi dire, un lien entre les trois classes (1).

(1) Obligé de présenter dans ce chapitre l'histoire du végétal tout entier, je n'y suis point entré dans des éclaircissements que les commençants réclameront peut-être ; ils les trouveront dans les chapitres qui vont suivre.

CHAPITRE II.

LA PLANTE CONSIDÉRÉE DANS SON ENSEMBLE.

Avant de vous indiquer les modifications dont chaque organe est susceptible, je vous dirai les principales différences que l'on remarque entre les végétaux considérés dans leur ensemble.

Différences que présentent les végétaux considérés dans leur ensemble.

Tous n'ont pas la même durée; tous ne fleurissent pas à la même époque; tous ne croissent point dans le même milieu, ni sous la même latitude. Il y a plus encore : à une distance égale de l'équateur, les uns préfèrent les lieux arides, d'autres les terrains fertiles; ceux-ci croissent dans les forêts, ceux-là dans les endroits découverts. Enfin les végétaux ne peuvent être indifféremment appliqués à tous les besoins de l'homme; il en est que nous employons à notre nourriture; d'autres servent à la guérison de nos souffrances; il en est d'autres que les arts mettent à profit de différentes manières.

Je commencerai par vous entretenir des différences que les végétaux présentent entre eux relativement à leur durée.

§ I. — *Durée.*

Un grand nombre de plantes ne parcourent pas, dans le cercle de leur existence, l'année tout entière; elles germent au printemps et meurent avant le retour de l'hiver : on les appelle plantes annuelles (*plantæ annuæ*). Quelques-unes voient deux printemps, et on les nomme pour cette raison plantes bisannuelles (*pl. biennes*); celles-ci ne produisent guère, durant la première année, qu'une rosette de feuilles voisine du sol ; ces feuilles se dessèchent ordinairement à l'approche de la mauvaise saison; au second printemps, la tige s'allonge, elle fructifie, et la plante meurt ensuite comme les végétaux annuels. Les espèces dont la durée ne s'étend pas au delà de deux ou trois ans, portent le nom d'herbes (*herbæ*); leur tige est en général molle, aqueuse, et résiste peu aux efforts qu'on fait pour la briser. D'autres plantes au contraire donnent des fleurs et des fruits pendant un grand nombre d'années; on les nomme vivaces (*pl. perennes*). Parmi ces dernières, il en est qui, plus voisines des herbes et appelées communément de ce même nom, ne prolongent leur existence que par une portion d'elles-mêmes végétant sous la terre; et, chez elles, on voit tous les ans se renouveler la partie qui s'élevait au-dessus du sol et a porté des fleurs et des fruits : c'est à tort que l'on dit de ces plantes qu'elles sont vivaces par les racines, car, ainsi que vous le verrez plus tard, leurs prétendues racines sont des tiges souterraines, et leurs tiges annuelles de simples rameaux. Chez d'autres plantes vivaces, une tige fort courte, presque toujours également souterraine, donne naissance à une touffe de rameaux d'une consistance dure et ligneuse, qui ont plus de trois à quatre pieds, et ne dépassent guère trois à qua-

Plantes annuelles.

Pl. bisannuelles.

Herbes.

Plantes vivaces.

Ce que sont les plantes dites vivaces par les racines.

Arbrisseaux.

tre fois la hauteur d'un homme, qui portent pendant plusieurs années, des fleurs et des fruits, et que l'on a appelés des tiges, parce qu'on n'a point fait attention à la tige véritable qui les produit. Ces plantes vivaces portent le nom d'arbrisseaux (*frutices*). Celui de sous-arbrisseaux (*suffrutices*) a été donné aux espèces qui ne s'élèvent guère audessus de trois pieds, et qui ordinairement ne portent point de bourgeons écailleux. Pour la plupart des botanistes, un sous-arbrisseau n'est réellement qu'un arbrisseau plus petit; mais quelques-uns ont appliqué le premier de ces noms aux plantes dites communément vivaces par les racines et annuelles par leur tige. Les plantes vivaces les plus remarquables sont les arbres (*arbores*), végétaux, ligneux et gigantesques dont le tronc unique, toujours simple dans sa partie la plus basse, se ramifie à une certaine hauteur, étendant au loin ses branches et son feuillage.

Sous - arbrisseaux.

Arbres.

Les plantes annuelles emploient rarement à parcourir le cercle de leur existence la belle saison tout entière, et il en est même qui germent, se développent, fructifient et meurent dans l'espace de quelques semaines, telles que certaines espèces printanières, le *Draba verna*, le *Saxifraga tridactylites*, le *Chamagrostis minima*. Il y a plus : l'existence de la même espèce peut être abrégée ou rendue plus longue par des circonstances plus ou moins favorables ; par une humidité plus ou moins grande, une chaleur plus ou moins intense. On sentira cependant qu'il n'y a rien d'absolument inexact à convenir que la plante qui naît et meurt dans la même année, s'appellera annuelle, et qu'on appellera bisannuelles celles à qui il faudra deux printemps, avant de parvenir au dernier terme de leur existence. Mais il est des végétaux, surtout sous les tropiques, qui se comportent, dans le cours de leurs développements, absolument comme nos plantes annuelles, et qui pourtant vivent bien

Les expressions de plantes annuelles et bisannuelles peu rigoureuses.

davantage. Je puis citer, entre autres, ces Bambous qui font, dans les forêts primitives, l'admiration du voyageur. Il faut à ces herbes immenses plusieurs années pour qu'elles puissent élever jusqu'à cinquante ou soixante pieds, leur tige souvent presque aussi dure que le bois, et parvenir à l'époque de leur floraison. Mais, quand elles ont porté des fruits, elles se dessèchent et meurent comme la Graminée la plus humble de nos climats si froids, comme le *Chamagrostis minima* ou l'*Aira præcox*, plantes presque éphémères. La première fois que j'entrai dans une forêt entièrement formée de l'espèce de Graminée appelée vulgairement *Toboca*, j'éprouvai un véritable ravissement en voyant ces tiges d'un aspect presque aérien, qui, hautes de quarante à cinquante pieds, se courbaient en arcades élégantes, se croisaient en tous sens, entremêlaient leurs immenses panicules et laissaient entrevoir l'azur foncé du ciel à travers un feuillage étalé comme un tapis à jour; alors la plante était en fleur; je repassai quelques mois plus tard, la forêt avait disparu: dans l'intervalle, les fruits avaient succédé aux fleurs; ils avaient mis un terme à la végétation de la plante; ses tiges s'étaient desséchées, elles s'étaient brisées, et il n'en restait plus que des débris gisant sur le sol. D'après tout ceci, il est clair que des différences de durée, souvent fort variables, caractérisent assez mal les plantes, du moins hors de notre zone, et qu'il est plus rationnel de distinguer les espèces qui fleurissent une seule fois pour mourir ensuite, et celles qui portent des fruits pendant plusieurs années. Avec M. de Candolle, nous donnerons aux premières le nom de monocarpiennes (*pl. monocarpeæ*), et aux secondes celui de polycarpiennes (*pl. polycarpeæ*).

Plantes monocarpiennes et polycarpiennes.

Mais cette division même est loin d'être parfaite. Telles plantes équinoxiales, le Ricin et la Belle-de-nuit (*Ricinus communis, Mirabilis Jalapa*), sont polycarpiennes en

Division des plantes en monocarpiennes et polycarpiennes fort imparfaite.

Amérique, qui, chez nous, meurent après avoir donné des fruits une seule fois. Le *Cuphea Balsamona*, espèce du Brésil, excessivement commune, présente souvent, dans le même coin de terre, des tiges monocarpiennes et d'autres polycarpiennes. Le *Cuphea ligustrina*, autre espèce brésilienne, est, sous les tropiques, un sous-arbrisseau qui se ramifie hors de terre; au delà des tropiques, près du Rio de la Plata, ce n'est plus qu'une plante à tige souterraine produisant, chaque année, un rameau simple qui s'élève au-dessus du sol et simule une tige annuelle. Il y a plus : le rameau qui se développe tous les printemps sur l'arbre de nos climats peut, jusqu'à un certain point, être assimilé à une plante annuelle sur laquelle naîtront à leur tour d'autres plantes annuelles, et l'arbre tout entier présente réellement une sorte de polypier composé d'une suite de générations superposées. Enfin il est permis de dire que, dans la plante vivace, chaque rameau terminé par une fleur est monocarpien; car un rameau véritable ne fleurit jamais qu'une fois, puisque la fleur est le terme de la végétation. Au reste, si la division des plantes en monocarpiennes et polycarpiennes n'est point exactement rigoureuse, il faut nous en prendre à la nature elle-même, qui, nuançant tous les êtres, repousse sans cesse les coupes que la faiblesse de notre esprit nous force d'introduire dans la science, coupes rigoureuses seulement pour le milieu de l'intervalle compris entre leurs limites.

§ II. — *Patrie.*

Après avoir considéré l'ensemble du végétal relativement à la durée de son existence, je vais vous faire connaître de quelle manière on indique les différences qui résultent pour les plantes, des lieux où elles végètent. On conçoit sans peine que toute organisation ne peut être également en harmonie avec tous les agents extérieurs. Les diverses espèces de plantes ne croissent point indifféremment sous la même latitude ; elles ne naissent pas indifféremment dans le même milieu, à des hauteurs semblables et dans les mêmes terrains. Elles peuvent donc être distinguées relativement à leur habitation (*habitatio*) ou leur éloignement de l'équateur, et relativement à leur station (*statio*), c'est-à-dire les lieux divers où elles croissent sous un même parallèle. Habitation et station.

Des noms empruntés à la géographie font connaître, dans des limites plus ou moins étendues, l'habitation des plantes ; ainsi on les dira équinoxiales, extratropicales, hyperboréennes, américaines, européennes, asiatiques, méditerranéennes et ainsi de suite (*pl. equinoxiales, extratropicæ, hyperboreæ, americanæ, europææ, asiaticæ, mediterraneæ*). Noms qui servent à faire connaître l'habitation.

Dans la station, nous devons distinguer les milieux, les terrains et les hauteurs. Ce qu'on doit distinguer dans la station.

Les milieux dans lesquels végètent les plantes sont l'air, la terre et l'eau. Il est assez rare qu'elles vivent dans un seul de ces milieux ; le plus souvent elles végètent à la fois dans la terre par leurs racines et dans l'air ou dans l'eau par leur tige ; et souvent encore une partie de leur tige et de leurs feuilles se trouve plongée dans l'eau, tandis que l'autre partie s'élève au-dessus du sol. Sans avoir égard aux différences secondaires, on dit qu'une plante est terrestre (*pl. terrestris*), quand elle végète en tout ou en partie dans un sol qui n'est point recouvert d'eau, et aquatique (*pl. aquatica*), lorsqu'elle vit dans l'eau en tout ou en partie. Milieux. Plantes terrestres. Plantes aquatiques.

Si des plantes habitent la mer, on les appelle marines (*pl. marinæ*), et on les dit simplement aquatiques quand elles vivent dans l'eau douce. Parmi celles-ci, les unes préfèrent les Les diverses sortes de plantes aquatiques.

fleuves, d'autres les lacs, d'autres les fontaines, et on les nomme en latin *fluviales, lacustres, fontinales.* Si elles sont entièrement recouvertes par les eaux, on les appelle submergées, en latin *submersæ, demersæ;* on dit émergées (*emersæ*) celles dont une partie s'élève au-dessus de l'eau, nageantes (*natantes*) celles qui se soutiennent à la surface du fluide, et flottantes (*fluitantes*) celles qu'on voit entre deux eaux.

Les diverses sortes de plantes terrestres.

Parmi les plantes terrestres, quelques-unes vivent entièrement sous la terre, comme la Truffe (*Tuber cibarium*), et portent le nom de souterraines (*subterraneæ*); d'autres, élevant leur tige au-dessus du sol, préfèrent soit un terrain sablonneux, soit une terre argileuse, soit les rochers ou les murs qui ne sont pour le végétal que des roches factices, soit enfin les fumiers ou les décombres. Les expressions latines d'*arenariæ, argillosæ, rupestres, murales, fumetariæ, ruderales*, indiquent les diverses plantes dont il s'agit ici, et l'on sent qu'à ces noms l'on peut en ajouter beaucoup d'autres, suivant les nuances de terrain où vit plus particulièrement chaque espèce.

Si, ne considérant plus d'une manière aussi déterminée la nature du sol, on veut distinguer les végétaux qui, souvent fort différents par leurs caractères, se plaisent néanmoins dans les mêmes lieux, on appellera *pratenses* ceux dont se composent les prairies, *campestres* ceux qui croissent dans les lieux incultes et découverts, et *sylvaticæ* les espèces que l'on trouve dans les bois; le nom d'*arvenses* se donnera aux plantes quand elles naîtront dans les champs cultivés, et le nom de *vineales* lorsqu'elles croîtront dans les vignes.

Patrie originaire des plantes qui naissent dans les champs et les vignes.

J'ai à peine besoin de vous dire que les espèces nées spontanément dans les champs ou les vignes ne sont cependant point indigènes au terrain qui les produit. Lorsqu'un champ de blé, par exemple, était encore en friche, on n'y trouvait ni Bluets, ni Coquelicots, ni Agrostemmes (*Centaurea Cyanus*, *Papaver Rhœas*, *Agrostemma Gythago*). Les semences de ces herbes ont été sans doute originairement apportées d'Asie en Europe, avec celles du Froment; les unes et les autres se sèment encore ensemble, et le Coquelicot et le Bluet ne vivent qu'avec le Blé, parce qu'exotiques comme lui, ils ne pourraient non plus végéter dans notre pays ailleurs que dans un terrain préparé par la culture. Comme la formation de notre Flore européenne, telle qu'elle est aujourd'hui, remonte à une époque où les hommes, uniquement occupés de leurs besoins matériels, ne songeaient point à rassembler des matériaux pour l'histoire des plantes, le raisonnement seul démontre ce que je viens de vous dire des végétaux qui, chez nous, croissent spontanément dans les terrains cultivés. Mais ce raisonnement est entièrement confirmé par les faits que j'ai moi-même observés dans l'Amérique du Sud. Là aussi certaines plantes se trouvent à peu près exclusivement dans les lieux cultivés, et doivent nécessairement être appelées *arvenses*; mais, comme ces plantes appartiennent au midi de l'Europe, il est bien clair qu'elles auront été introduites par les conquérants espagnols ou portugais, avec les légumes ou les céréales. Le *Ranunculus muricatus*, par exemple, si commun dans les champs cultivés du Rio de la Plata, est une espèce des lieux humides de l'Europe méridionale.

Hauteur.

Comme on ne rencontre pas les mêmes végétaux à la même hauteur, on a été obligé de distinguer ceux des plaines, *planitiçæ*; ceux des collines, *collinæ*; des montagnes qui ne s'élèvent pas jusqu'à la ligne des neiges éternelles, *montanæ*; des monts qui atteignent cette ligne, *alpinæ*.

Rien de tranché entre les divisions fondées sur les

Ici encore il n'y a rien de bien tranché; car la ligne des neiges va toujours s'abaissant, à mesure que les montagnes

différences de hauteur.

se rapprochent du pôle, et les plantes alpines finissent par devenir des plantes de plaines. Le *Betula nana*, qui, en Suisse, croît au sommet du Brocken, se retrouve en Laponie, presque au niveau de la mer. Le Framboisier (*Rubus Idæus*) croît naturellement dans le voisinage de Hambourg; il ne naît point spontanément aux environs d'Orléans, et, pour qu'il y donne des fruits, il est nécessaire de le planter dans des lieux ombragés; à Montpellier, il est entièrement rebelle à la culture, et pour le retrouver, en allant vers le midi, il est nécessaire de s'élever à peu près au tiers ou à la moitié du Canigou. MM. Humboldt et Bonpland ont découvert l'*Escallonia floribunda*, à 1,400 toises, par le 4e degré de lat. S.; je l'ai retrouvé par le 21e dans un pays élevé, mais pourtant infiniment plus bas que les Andes; il est commun, à peu près, entre les 24° 50′ et les 25° 50′, dans les Campos Geraes, pays encore assez haut; enfin, lorsqu'on le revoit au Rio de la Plata, vers le 35e degré, c'est au niveau de l'Océan. En général, on peut établir que les hauteurs auxquelles on trouve une même espèce sont en raison inverse de la distance de l'équateur.

Rien de tranché dans les divisions fondées sur les différences de milieu.

Les divisions fondées sur la différence des milieux ne sont pas mieux tranchées que celles qui sont basées sur les différences de hauteur.

Quelques plantes aquatiques vivent entièrement dans l'eau; d'autres, comme nous l'avons vu, ont une tige submergée et des racines attachées au sol; d'autres enfin élèvent au-dessus du liquide des fleurs élégantes, telles que les *Nymphæa*, les *Menyanthes*, les *Utricularia*. Sous le rapport de la station et de la manière de végéter, ces dernières se nuancent déjà avec les espèces qui, comme le *Sisymbrium amphibium* L. (*Nasturtium amphibium* Br.) ou le *Polygonum amphibium*, vivent également bien dans l'eau et dans les terrains humides, et que, pour cette raison, on nomme plantes amphibies (*plantæ amphibiæ*); enfin, toujours pour ce qui regarde la station, les plantes de marais, de tourbières, de prairies humides, celles des bords des rivières et des rivages de la mer (*pl. paludosæ*, *torfaceæ*, *ripariæ*, *maritimæ* ou *littorales*), forment un lien entre les amphibies et les terrestres proprement dites.

Influence des milieux sur les formes végétales.

Plus il y a de différences entre les milieux où croissent les plantes, plus est grande aussi celle qui existe dans leurs formes et leurs caractères. A trois ou quatre exceptions près, il ne croît dans les eaux de la mer que des agames appartenant toutes à la famille des Algues, si différentes des autres végétaux pour l'aspect et pour les caractères. Les eaux douces nourrissent aussi des Algues; cependant on y voit fleurir un grand nombre de phanérogames, et si plusieurs d'entre ces dernières se rattachent à des genres en partie composés de végétaux terrestres, d'autres forment des familles qui, telles que les Potamophiles, les Alismacées, les Nymphéacées, n'ont point de représentants sur les parties de la terre qui ne sont pas recouvertes d'eau.

Influence de la station.

La station a aussi une telle influence sur la végétation, qu'à la seule physionomie un botaniste un peu exercé saura distinguer si une plante a végété sur les bords de la mer, si elle est née à l'ombre des grands bois, sur des collines arides ou dans les régions alpines. De longs entrenœuds, des feuilles souvent un peu molles, une certaine flaccidité lui feront aisément reconnaître les plantes des forêts; des feuilles sèches, des tiges roides, assez souvent épineuses, l'aideront à distinguer celles des collines; à leur taille naine jointe à la grandeur de leurs fleurs, il reconnaîtra les plantes alpines, et, quand il verra des végétaux un peu glauques, généralement succulents et à feuilles charnues, il dira qu'ils ont pris naissance sur les bords de la mer. Celui qui aura herborisé dans les forêts gigantesques de l'Amérique méridionale et dans les *Campos* ou lieux découverts, se trompera rarement quand il aura à prononcer sur la station des plantes qui croissent dans l'une ou l'autre de ces régions si différentes.

Influence de l'habitation.

La distance plus ou moins grande de l'équateur n'a pas moins d'influence sur la végétation. Lorsqu'à la chaleur se joint l'humidité, c'est sous les tropiques que les plantes atteignent le plus haut degré de développement, et qu'elles présentent le plus de richesse et de variété dans les formes ; mais, à mesure que l'on s'éloigne de la ligne équinoxiale, on voit les végétaux diminuer de grandeur et surtout leurs espèces devenir moins nombreuses. On doit sentir cependant que, dans la coïncidence des formes avec les stations et les habitations, il est impossible qu'il y ait rien de tranché, car les végétaux sont soumis à la fois à des influences qui entre elles n'offrent jamais exactement les mêmes proportions, mais qui varient et se combinent de mille manières.

Vraies et fausses parasites.

Toutes les plantes ne croissent pas dans les divers milieux que je vous ai indiqués. Il en est quelques-unes qui prennent naissance sur les corps organisés, et que, pour cette raison, on nomme parasites. Les unes, parasites véritables (*parasiticæ veræ*), vivent aux dépens des végétaux sur lesquels elles se sont développées, telles, par exemple, que le Gui et la Cuscute (*Viscum album*, *Cuscuta*). D'autres, au contraire, appelées fausses parasites (*parasiticæ spuriæ*), simplement fixées sur d'autres plantes, n'en tirent point leur nourriture, et vivent de l'humidité superficielle, par exemple les Mousses, les Lichens, certaines Orchidées. Au nombre des fausses parasites, on compte encore les plantes qui croissent sur les corps organiques privés de la vie. Parmi les vraies et les fausses parasites on peut distinguer celles qui naissent à la surface des autres plantes, et celles qui croissent dans leur intérieur. On peut aussi classer les parasites d'après l'organe sur lequel elles vivent plus spécialement ; les racines, l'écorce ou les feuilles.

§ III. — *Saisons.*

Plantes printanières, d'été, d'automne et d'hiver.

Si les plantes ne peuvent toutes végéter dans le même milieu, toutes ne fleurissent pas non plus à la même époque de l'année. On dit qu'elles sont printanières, d'été, d'automne ou d'hiver (*plantæ vernæ, æstivales, autumnales, hyemales*), selon que leurs fleurs se développent dans l'une ou l'autre des quatre saisons. Mais ici encore il n'y a rien d'absolu ; l'hiver finit d'autant plus promptement que l'on se rapproche davantage des tropiques, et, comme l'on sait, c'est toujours la chaleur qui active la végétation. La même plante fleurit en hiver à Montpellier, qui, sur les bords du Rhin, ne donne des fleurs qu'au milieu du printemps, et si nous allons jusqu'à Naples, la différence sera bien plus sensible encore. Le 1er avril 1816, je laissai à Brest les Pêchers sans feuilles et sans fleurs ; le 8 avril, ceux de Lisbonne avaient entièrement fleuri, et il en était de même du *Cercis Siliquastrum*, de plusieurs espèces de *Lathyrus*, de *Vicia*, d'*Ophris*, de *Juncus*, etc. ; le 25, à Madère, je trouvai les Pêches déjà nouées et le Froment en épis ; le 29, à Ténériffe, on faisait la moisson, et les Pêches avaient presque atteint une maturité parfaite (1).

La même espèce ne fleurit pas dans tous les pays à la même époque.

§ IV. — *Usages.*

Puisque nous n'appliquons pas indifféremment aux mêmes usages les végétaux dont nous tirons parti, il est clair que

(1) Histoire des plantes les plus remarquables du Brésil, etc.

nous pouvons les distinguer suivant les rapports qu'ils ont avec ceux de nos besoins auxquels ils doivent satisfaire. Ainsi nous appellerons alimentaires les plantes qui servent à notre nourriture, fourragères celles que nous donnons à nos animaux domestiques, médicinales les espèces qui nous fournissent des remèdes, économiques celles que nous employons dans nos arts (*pl. alimentariæ, pabulariæ, medicinales, œconomicæ*); divisions qui pourraient elles-mêmes être subdivisées, parce que nos besoins sont très-multipliés et nos arts bien plus variés encore.

Plantes alimentaires, fourragères, médicinales et économiques.

§ V. — *Qualités communes à toute la plante.*

Les plantes ne diffèrent pas seulement entre elles par leur durée, les lieux et les terrains où elles croissent et les ressources qu'elles nous fournissent ; considérées dans leur ensemble, elles peuvent encore être distinguées sous plusieurs autres rapports, et les botanistes qui cherchent à faire connaître les espèces ne sauraient mieux y réussir qu'en rassemblant, au commencement de leurs descriptions, les caractères qui conviennent à chaque plante tout entière. Il est bon, par conséquent, de dire si l'espèce qu'on décrit est gélatineuse, telle que la Trémelle, subéreuse comme plusieurs Bolets (*Tremella* L. *Boletus* L.), membraneuse telle que les Algues, coriace, cornée, filamenteuse, molle, dure ou lactescente (*pl. gelatinosæ, suberosæ, membranaceæ, coriaceæ, filamentosæ, molles, duræ, lactescentes*), expressions qui, empruntées au langage vulgaire, ne demandent aucune explication.

Caractères propres à la plante tout entière.

Sans être le résultat de qualités communes à tout le végétal, le port cependant (*habitus, facies*) embrasse son ensemble. Il résulte des formes et de la direction propre des parties de la plante les plus apparentes combinées avec leur disposition relative. Le même port ou, si l'on veut, la même phy-

Port.

sionomie se rencontre à peu près dans toutes les espèces de quelques familles, de celles surtout qui appartiennent aux monocotylédones, telles que les Graminées, les Palmiers, les Liliacées; mais une multitude d'autres ordres, non moins naturels, n'ont point une physionomie qui leur soit propre; le port est plus souvent uniforme dans le même genre; il l'est presque toujours dans la même espèce. S'il varie singulièrement dans une foule de familles, d'un autre côté, une physionomie absolument semblable caractérise souvent des végétaux qui n'ont aucun rapport dans leur organisation; ainsi le *Tillandsia usnoïdes*, plante monocotylédone, a l'aspect d'un Lichen, et le *Tristicha hypnoïdes*, espèce vraisemblablement dicotylédone, celui d'une Mousse. Certains ports sont très-prononcés et frappent au premier coup d'œil, tels que celui des *Cecropia*, des divers groupes de *Cactus*, de l'*Araucaria Brasiliensis*, etc.; d'autres, au contraire, ont quelque chose de vague qu'il est fort difficile de bien rendre par des mots. Le botaniste doit cependant faire tous ses efforts pour peindre, dans ses descriptions, la physionomie des plantes, car souvent elle les fait mieux reconnaître que l'étude pourtant si importante de leurs organes les plus essentiels. Si, par exemple, on a su donner une idée exacte de l'aspect du Saule pleureur ou du Bananier (*Salix Babylonica; Musa sapientum, Paradisiaca*) à celui qui n'a jamais vu ces plantes, il les reconnaîtra bien plus facilement, quand elles s'offriront à ses regards, que si on lui avait fait lire l'analyse la plus détaillée de leurs étamines et de leurs pistils.

§ VI. — *Sexes.*

La réunion des sexes dans la même fleur ou leur séparation s'indique aussi par des mots qu'on applique au végétal tout entier; ainsi l'on dit d'une espèce qu'elle est herma-

Plantes hermaphrodites, monoïques, dioïques et polygames.

phrodite (*pl. hermaphrodita*), quand les fleurs de tous les individus réunissent les deux sexes; monoïque (*pl. monoïca*), lorsque sur le même pied se trouvent des fleurs où l'on ne voit que des étamines, et d'autres où l'on ne voit que des pistils; dioïque (*pl. dioïca*), quand les fleurs mâles et femelles sont réparties entre des pieds différents; enfin le nom de polygame (*pl. polygama*) s'applique aux espèces qui présentent, soit sur le même pied, soit sur des pieds différents, des fleurs mâles, femelles et hermaphrodites.

CHAPITRE III.

ORGANES ACCESSOIRES DES PLANTES.

Parmi les différences qui frappent le plus, lorsque l'on jette les yeux sur l'ensemble d'une plante, on peut compter surtout celles qui résultent des organes dont sa surface est revêtue. Ainsi, quand il voudra peindre une espèce qui aura excité son attention, l'homme le plus étranger à la botanique ne manquera jamais de dire si elle est couverte d'un léger duvet ou d'une laine épaisse, si elle est lisse ou armée d'aiguillons. Avant donc de vous faire connaître avec détail les organes essentiels des végétaux, je vous parlerai de ces parties accessoires qui émanent de leur épiderme ou de leur écorce, et modifient leur surface, savoir : les glandes, les poils, les aiguillons, et j'y joindrai les stomates et les lenticelles qui se manifestent aussi sur l'épiderme, sans cependant en être des expansions. Comme les poils et les glandes ne couvrent pas toujours la plante entière, je trouve un avantage à vous les faire connaître dès à présent; c'est de n'être pas obligé de vous en entretenir chaque fois que j'aurai à vous parler en particulier d'un des organes essentiels de la plante ; de la tige, des feuilles, du calice, de la corolle, des étamines et des carpelles.

§ I. — *Stomates.*

Description des stomates.

Les stomates (*stomata*) se voient très-rarement à l'œil nu, et on ne les découvre parfaitement qu'au microscope. Ils présentent sur l'épiderme une ouverture ordinairement allongée et bordée d'un renflement annulaire, ensemble qui rappelle très-bien la forme d'une boutonnière. Quelques observateurs ont pensé qu'il n'y avait réellement pas d'ouverture entre les deux renflements qui bordent les stomates, et qu'une illusion d'optique avait pu seule faire croire à l'existence d'une interruption dans le tissu de la cuticule. Je n'examinerai point cette question qui appartient spécialement à l'anatomie végétale, je me contenterai de vous dire que des stomates se trouvent en général sur les parties vertes des plantes, principalement sur les feuilles et surtout à leur surface inférieure ; qu'on en voit aussi fort souvent sur les stipules, les calices, les fruits non charnus et les écorces herbacées, mais que les racines, les parties submergées et les fruits charnus n'en présentent jamais.

Sur quelles parties des plantes on les trouve.

Résultat de la présence des stomates sur les organes des plantes.

La présence des stomates communique une teinte un peu terne aux parties qui en sont pourvues ; aussi le dessous des feuilles où ils se rencontrent plus communément qu'à leur surface supérieure est-il moins brillant que cette dernière. L'illustre Brown attribue à l'existence des stomates sur les deux surfaces des feuilles ce défaut de lustre qui rend si remarquable l'aspect des forêts de la Nouvelle-Hollande.

Ce qu'on doit penser des caractères tirés des stomates pour la détermination des espèces.

On a essayé d'employer les différences qui existent entre les stomates des diverses plantes pour aider à distinguer ces dernières. Toutes les parties des végétaux doivent faire sans doute le sujet des études des botanistes ; mais, quand on n'aura d'autre but que celui de conduire à la détermination des espèces et des genres, on fera bien d'employer des caractères faciles à saisir, si l'on ne veut pas éloigner de la plus aimable des sciences, ceux principalement qui commencent à l'étudier.

On a longtemps appelé les stomates *glandes miliaires, glandes corticales, glandes cutanées.* Mais, que le stomate soit formé par une ouverture, ou qu'il présente seulement une portion non modifiée d'épiderme entre des bords proéminents, il est bien clair que le nom de glande ne saurait lui convenir. Il me semble qu'on ne peut non plus, malgré un certain aspect glanduleux, donner ce nom aux proéminences des bords du stomate, car elles se sont formées dans l'intérieur même du tissu et paraissent devoir leur origine à de grandes cellules pleines de petits grains. Noms impropres donnés aux stomates.

§ II. — *Glandes vraies et fausses; verrues; papilles; papules.*

En général le nom de glandes (*glandulæ*) a été appliqué, d'après des ressemblances apparentes, à des portions d'organes ou des modifications d'organes qui souvent n'ont aucune analogie. Il devrait être réservé pour indiquer des expansions de l'épiderme formées par une ou plusieurs cellules et qu'aucun vaisseau ne traverse, dont la consistance est charnue, la forme ordinairement plus ou moins arrondie, et qui le plus souvent excrètent une liqueur particulière. Ce que sont les véritables glandes.

Tantôt les glandes naissent immédiatement de l'épiderme, et alors on les dit sessiles (*sessiles*); tantôt elles sont portées par une soie ou un poil, et on les appelle pédicellées (*pedicellatæ*) (ex. bords du calice de l'*Hypericum montanum*, fig. 1); elles sont fort rarement linéaires (*lineares*), plus souvent orbiculaires (*orbiculares*), ovales (*ovatæ*), hémisphériques (*hemisphæricæ*) ou globuleuses (*globosæ*). C'est aux sécrétions Leur forme.

opérées par les glandes qu'un grand nombre de végétaux doivent cette humeur visqueuse qui enduit leur surface.

On donne à l'espèce de glandes dont je viens de vous entretenir le nom de glandes proprement dites, glandes superficielles ou cellulaires (*glandulæ veræ, superficiales, cellulares*), afin de les distinguer des fausses glandes (*glandulæ spuriæ*), c'est-à-dire les glandes vésiculaires (*vesiculares*), qui sont des réservoirs de sucs, et les (*vasculares*), qui ne sont autre chose que des organes avortés.

Les fausses glandes distinguées en vésiculaires et vasculaires.

Il faut regarder, comme une simple modification des glandes proprement dites ou superficielles, les verrues (*verrucæ*), dont la consistance est plus solide, plus dure que la leur, et qui ne sécrètent aucun suc. Ces caractères sont peu tranchés, car les glandes proprement dites n'ont pas toujours la même consistance pendant l'entière durée de la plante, et il arrive qu'après avoir laissé échapper d'abord une humeur visqueuse, elles finissent par ne plus rien excréter. Le mot verrue est, au reste, peu employé par les botanistes.

Verrues.

Au nombre des modifications des glandes superficielles, il faut encore mettre les papilles (*papillæ*), petites protubérances très-rapprochées qu'on observe sur certaines surfaces, et les papules (*papulæ*), proéminences plus prononcées et succulentes, telles qu'on en voit sur le *Mesembryanthemum glaciale*. Les papules ne s'observent guère que chez les plantes grasses, et ce mot est encore moins usité que celui de verrues.

Papilles.

Papules.

Après vous avoir fait connaître les glandes superficielles qui, comme je vous l'ai dit, n'offrent aucun vaisseau, et émanent uniquement de l'épiderme, je vous dirai quelque chose des fausses glandes. Celles qu'on appelle glandes vésiculaires ne sont autre chose que des cellules qui, placées

Ce que sont les fausses glandes dites vésiculaires.

sous l'épiderme, font partie du parenchyme, et servent de réservoir à différents sucs tantôt colorés et tantôt sans couleur, tels que les huiles éthérées, les gommes et les résines. Ces cellules, distendues par la matière qu'elles renferment, forment des proéminences à la surface de la partie du végétal où elles sont enfoncées. Quand elles sont petites, on dit que cette surface est ponctuée (*punctatus*); elle l'est de rouge, de jaune ou de noir (*luteo-coccineo-nigro-punctatus*), suivant la couleur que le suc lui communique; enfin, lorsque celui-ci est incolore, et que les cellules où il est contenu font partie d'organes appendiculaires peu épais, tels que les feuilles et les calices, ces organes paraissent marqués de points transparents, et alors on les désigne en latin par l'épithète de *pellucido-punctatus*. Les glandes vésiculaires caractérisent des genres tout entiers, tels que les Orangers, les Mille-pertuis, les Rues, etc. (*Citrus, Hypericum, Ruta*). Il faut bien se donner de garde de confondre les glandes vésiculaires, réservoirs de sucs stationnaires, et les vaisseaux du latex, réservoirs fort différents où les sucs ont, à ce que l'on assure, un mouvement continuel de translation.

D'autres fausses glandes sont, comme je vous l'ai dit, les vasculaires, qui diffèrent des superficielles en ce qu'elles n'offrent point une simple expansion de l'épiderme et que les vaisseaux qui les traversent mettent leur substance en communication avec l'intérieur du végétal. Elles sont sessiles ou soutenues par un support épais; quelquefois elles ont une forme globuleuse, plus souvent celle d'une coupe ou d'un bouclier. Ces glandes ne sont point des organes particuliers; elles sont le rudiment, l'indication, si je puis m'exprimer ainsi, d'organes qui n'ont pu se développer. Leur figure est toujours à peu près la même, quoiqu'elles remplacent tantôt un organe et tantôt un autre; mais l'ana-

Ce que sont les fausses glandes dites vasculaires.

logie et surtout leur position montrent assez quel est l'organe qu'elles représentent. Si, par exemple, j'en trouve deux ou quatre sur le pétiole des feuilles d'un *Passiflora* (ex. *Passiflora alata*, fig. 2), je dirai qu'elles sont le rudiment de deux ou quatre folioles avortées, parce que des folioles peuvent seules se développer sur un pétiole, et qu'il existe réellement des Passiflores à trois folioles. Sur le bord de la feuille elle-même, je dirai qu'elles en remplacent les dents, parce que là il ne saurait véritablement y avoir autre chose que des dentelures, et il est des cas où je ne puis presque savoir si je dois décrire une dentelure ou une glande. Que deux glandes vasculaires se trouvent l'une à droite, l'autre à gauche du pétiole de la feuille d'un *Qualea*, je dirai qu'elles sont des stipules mal développées, parce que des deux côtés d'un pétiole de feuille il n'y a jamais que des stipules, et, pour peu que je jette les yeux sur le *Noblevillea Gestasiana*, je verrai aux côtés du pétiole, sur un même rameau, tantôt des glandes et tantôt des stipules développées. Lorsqu'au sommet d'un filet semblable à celui des étamines ordinaires je trouve une glande, il est clair que je ne puis la considérer que comme une anthère avortée. Les glandes que je trouverai entre les étamines et les carpelles seront les pièces d'un disque; si elles se soudent entre elles, j'aurai un anneau glanduleux, et si, en outre, elles se soudent encore avec le fond du calice, celui-ci me semblera enduit d'une matière glanduleuse. Enfin, si au centre de la fleur je trouve un corps glanduleux, il est clair qu'il ne saurait être autre chose qu'un ovaire mal développé.

Intermédiaire entre les glandes vraies, vasculaires et vésiculaires.

Dans le plus grand nombre de cas, on peut aisément décider si une glande doit être considérée comme superficielle ou comme le résultat de l'avortement d'un organe et par conséquent vasculaire. Cependant, ici encore, rien n'est parfaitement tranché. Certaines glandes des bords de la feuille, du calice et de la corolle semblent appartenir autant aux superficielles qu'aux vasculaires ; et l'observateur le plus attentif sera souvent forcé de rester indécis. Enfin les papilles et les papules forment une sorte d'intermédiaire entre les glandes véritables ou superficielles et les vésiculaires.

§ III. — *Poils ; aiguillons.*

Afin de vous apprendre à distinguer les véritables glandes des organes qui ont été confondus avec elles, je me suis écarté quelques instants du sujet que je voulais spécialement traiter, savoir : les parties qui émanent du seul épiderme, ou tout au plus de l'écorce. J'y reviens pour vous parler des poils (*pili*). Ceux-ci sont des expansions allongées et menues, simples ou rameuses, tantôt renflées à leur base, tantôt égales dans toute leur longueur, ou amincies par degrés, formées par plusieurs cellules mises bout à bout ou par une cellule unique.

Ce que sont les poils.

Les poils se trouvent occasionnellement sur toutes les parties des plantes, et même dans les cavités de leurs pétioles et de leur tige ; mais c'est le plus ordinairement sur cette dernière, sur les rameaux et les feuilles qu'on les observe. Quand une seule des deux surfaces de la feuille en est pourvue, c'est presque toujours l'inférieure, et on les voit surtout sur les nervures.

Où ils se trouvent.

Ils semblent destinés à défendre les organes qui en sont couverts contre les piqûres des insectes, à garantir ces organes des impressions de l'atmosphère et à empêcher une transpiration trop abondante. Ce qui tend à prouver que les poils sont des organes protecteurs, c'est qu'ils revêtent principalement les parties les plus tendres et les plus délicates du végétal, telles que les bourgeons, les sommités de tiges,

Leur destination.

5

les feuilles encore très-jeunes : déjà ils ont atteint toute leur croissance, lorsqu'à peine ces mêmes parties commencent à grandir; celles-ci, devenues plus solides, ont moins besoin d'eux, et souvent alors ils tombent, ou, s'ils persistent, ils se trouvent écartés les uns des autres par l'extension de l'organe qu'ils revêtent, et qui ne peut plus naturellement être aussi velu : ils ne sont pas moins nombreux, mais ils sont répandus sur une plus grande surface. D'un autre côté, il faut bien qu'il existe de grands rapports entre les poils, l'atmosphère et la lumière; car non-seulement les parties exposées à l'air sont celles qui deviennent, le plus ordinairement, velues, mais encore les poils se trouvent, en général, moins communément chez les plantes qui croissent à l'ombre ou dans des terrains gras et humides; ils disparaissent tout à fait de la surface des individus étiolés, et, au contraire, on en voit de fort nombreux sur ceux qui ont poussé dans les lieux secs, aérés et exposés au soleil; enfin la même espèce peut être velue ou sans poils, suivant qu'elle est née sur une colline découverte ou dans un bois frais et ombragé.

Rapports des poils avec l'atmosphère et la lumière.

Des différentes sortes de poils.

Un grand nombre de poils sont évidemment excréteurs (*pili excretorii*). Ainsi on en voit qui se terminent par une glande humide, ou qui portent à leur extrémité une gouttelette visqueuse; et, quand on irrite ceux des Orties (*Urtica*) et de quelques Euphorbiacées, ils laissent échapper une liqueur brûlante. Mais les poils qui paraissent à nos yeux simplement lymphatiques (*pili lymphatici*), et auxquels on a donné ce nom, ne sont peut-être pas moins excréteurs que les autres; car ils ont la même origine, et sont organisés de la même manière. Les poils en navette du *Malpighia urens* donnent passage à une humeur caustique; ceux des autres Malpighiacées présentent aussi la forme singulière d'une navette; comment croire qu'il ne soient pas également excréteurs? Je pense que, jusqu'à ce qu'on ait fait sur ces organes des observations plus précises, on ne doit point les classer d'après des différences de fonctions qui peut-être ne sont pas réelles, et qu'il vaut mieux employer, pour les grouper, des nuances de formes, généralement assez faciles à saisir.

On a nommé simples (*simplices*) les poils formés par une seule cellule (*f.* 3), et articulés ou cloisonnés (*articulati*, *phragmigeri*, *septigeri*) ceux qui en présentent plusieurs superposées longitudinalement (*f.* 4). Mais ces expressions ne sauraient être conservées ; car, d'un côté, on appelle communément simples les parties qui ne sont point rameuses, et, d'un autre côté, le mot articulé ne convient pas à un organe où il n'y a aucun point de séparation proprement dite ; comme aussi le terme de cloisonné semble devoir être réservé aux fruits où il existe des cloisons. Je crois donc qu'il faudrait appeler unicellulés (*unicellulati*) les poils où l'on ne découvre qu'une cellule (*f.* 3), et pluricellulés (*pluricellulati*) ceux où l'on en voit plusieurs. D'ailleurs les uns et les autres présentent, dans leur forme, à peu près les mêmes modifications, si ce n'est pourtant que, chez les pluricellulés, les cellules, susceptibles de s'amincir aux extrémités, communiquent à l'ensemble du poil un aspect plus ou moins noueux ou celui d'une portion de chapelet ; et de là les expressions latines de *pili nodosi*, *torulosi*, *moniliformes*.

Les poils sont appelés bulbeux (*bulbosi*) quand leur base est renflée, et glandulifères (*glanduliferi*) quand ils portent une glande à leur extrémité. Rarement ils sont cylindriques (*cylindrici*) ; plus souvent ils sont subulés ou en alêne (*subulati*) (*f.* 3 et 4) ; quelquefois leur pointe se courbe en forme d'hameçon (*pili uncinati*, *hamosi*) ; ou bien leur sommet se renfle pour former une tête (*pili capitati*) ou une massue (*pili clavati*).

S'ils n'offrent aucune ramification, c'est alors que véritablement on doit les appeler simples (*simplices*) (*f.* 3, 4); et, au contraire, on dira qu'ils sont rameux (*ramosi*) quand ils auront deux ou plusieurs branches (*f.* 6, 7, 8). Que leurs divisions, au nombre de deux, soient coniques et placées sur une même ligne horizontale, on aura des poils en navette (*pili malpighiacei*) (*f.* 5); qu'elles se redressent plus ou moins, l'on aura des poils fourchus ou en Y (*pili bifurcati*) (*f.* 6); si elles sont au nombre de trois, partant d'un seul point, le poil sera trifurqué (*p. trifurcati*); quand les deux branches d'un poil fourchu se divisent elles-mêmes en deux autres branches, on dit qu'il est dichotome (*pili dichotomi*) (*f.* 7); les poils sont dentés (*dentati*), lorsque, dans toute leur longueur, se succèdent des branches très-courtes et presque avortées; que plusieurs rameaux naissent de la base d'un poil, et aient une position presque verticale, on le dit fasciculé (*pili fasciculati*); si, au-dessous de son extrémité supérieure, ses branches forment autour de lui un ou plusieurs cercles, il est verticillé (*p. verticillati*); que les divisions naissent vers le sommet, le poil est en pinceau ou en goupillon (*pili penicilliformes*) (*f.* 8); le poil est glochidé (*pili glochidati*), quand ses divisions, encore terminales, sont courtes et courbées en hameçon (*f.* 9); si les branches, naissant près de la base du poil, s'étalent horizontalement, on dira que le poil est étoilé (*pili stellati*) (*f.* 10); enfin, que les rameaux des poils étoilés se soudent entre eux, il se formera des écailles discoïdes, fixées par le centre, tellement différentes des poils ordinaires, par leur aspect, que la plupart des botanistes les ont prises pour des organes distincts et leur ont donné le nom de paillettes ou d'écailles (*lepides, squamæ*), mots que les modernes ont bien fait de changer en ceux de *pili scutati*, poils en écusson (*f.* 11).

Paillettes des Fougères.

Les poils se modifient encore de plusieurs autres manières. Chez les Fougères, par exemple, des cellules ne se superposent pas toujours uniquement une à une; plusieurs cellules se rapprochent souvent les unes des autres, en formant une surface plane, et alors on a des écailles ou paillettes (*paleæ*) de formes diverses qui, par une singularité fort remarquable, reflètent quelquefois les couleurs de l'arc-en-ciel.

Qu'au lieu d'une couche unique de cellules accolées il s'en agglomère un grand nombre dans tous les sens, alors se forme un aiguillon (*aculeus*), tel qu'on en voit, par exemple, sur les Rosiers et sur les Ronces (Ex. *Rubus fruticosus*, *f.* 12). Les aiguillons qui s'endurcissent bientôt ont une base élargie; ils sont plus ou moins coniques, souvent courbés, et se terminent par une pointe aiguë et piquante; ils sont, pour les plantes, une sorte d'arme défensive, bien plus puissante contre certains animaux que les poils proprement dits. Simple modification de ces derniers, ils peuvent, comme eux, naître sur toutes les parties aériennes des plantes; cependant je ne crois pas que l'on en voie sur les étamines et les pétales, organes trop délicats pour leur donner naissance. Quand on les trouve disposés deux à deux, on les appelle géminés (*aculei geminati*); si plusieurs sont rapprochés les uns des autres, on les dit fasciculés (*fasciculati*). Les nuances qui se manifestent dans leur forme, en général assez peu nombreuses, se rendent par des expressions généralement empruntées au langage vulgaire; ainsi on dit qu'ils sont courbés (*curvi*) (*f.* 12), ou droits (*recti*), coniques (*conici*), subulés (*subulati*) (ex. ceux du sommet de la tige du *Rubus glandulosus*, *f.* 13), comprimés (*compressi*), etc.

Aiguillons.

Il faut bien se donner de garde de confondre les aiguillons avec les épines (*spinæ*); les premiers, purement celluleux et superficiels, doivent leur origine à l'épiderme ou tout au plus, à l'écorce; les secondes, traversées par des

Les aiguillons ne doivent point être confondus avec les épines.

fibres ligneuses, tiennent au tissu intime de la plante, et sont ou des extrémités mal développées de tiges et de rameaux, comme dans le Prunier sauvage (*Prunus spinosa*), ou des feuilles et des stipules métamorphosées comme chez le *Berberis* et le *Pictetia*. Le Rosier sauvage a des aiguillons; le Jujubier a des épines (*Rosa canina*, *Zizyphus sativa*).

Faux poils.

Si l'on doit soigneusement distinguer les épines des aiguillons, il ne faut pas davantage prendre pour des poils les arêtes des Graminées (*aristæ*), qui sont des prolongements de la nervure moyenne de leurs glumes. Malgré les noms de poils et de soies qui ont été donnés, comme nous le verrons plus tard, aux nervures sans parenchyme des calices des Composées, il ne faut pas non plus prendre ces organes appendiculaires avortés pour des poils véritables.

Étrilles. Soies. Cils.

Des modifications de poils beaucoup moins remarquables que les paillettes et les aiguillons, ont cependant reçu des noms particuliers. Ainsi on a appelé étrilles (*strigæ*) de petits poils rudes, renflés à leur base et couchés sur la surface qu'ils revêtent; on a donné le nom de soies (*setæ*) tantôt à des poils plus roides, moins transparents que les autres, et tantôt au poil unique qui se trouve quelquefois au sommet des organes appendiculaires; enfin on a nommé cils (*cilia*) les poils qui bordent les diverses parties du végétal.

Les organes accessoires se nuancent entre eux.

Nous trouvons certainement des différences extrêmement grandes entre les organes superficiels que je viens de vous faire connaître, lorsque nous examinons seulement ceux auxquels peuvent convenir certaines définitions rigoureuses; mais tous ces organes se nuancent, et l'on pourrait dire qu'il n'y a qu'un organe superficiel plus ou moins modifié. En comparant avec le poil simple et unicellulé, les écailles arrondies qu'on appelle *lepides*, personne ne voudrait croire que ces dernières sont des poils, et cependant l'étude des intermédiaires ne peut, à cet égard, laisser aucun doute; les papules lient les poils aux glandes; le poil bulbeux peut être considéré comme une glande chargée d'un poil, et la glande pedicellée comme un poil glandulifère; enfin on trouve fréquemment sur un même rameau tous les passages possibles entre le simple poil et l'aiguillon le plus robuste (ex. *Rubus glandulosus*, *f.* 13).

Plusieurs sortes de poils sur une même surface.

Il ne faut pas croire non plus qu'une surface velue ou cotonneuse soit toujours couverte d'une seule espèce de poils. Comme, chez les animaux, des poils fort longs en cachent souvent de plus petits mêlés avec eux; le poil simple croît à côté du rameux, et le glandulifère visqueux à côté de celui qui semble ne point sécréter de fluides.

Disposition relative des poils et des aiguillons.

Ordinairement on ne découvre aucun ordre dans la disposition réciproque des poils et des aiguillons. Cependant il est, principalement chez les fleurs, des poils qui se montrent placés avec régularité; et si, le plus souvent, les aiguillons sont complétement épars, c'est des seuls angles de la tige qu'ils naissent dans le *Rubus fruticosus* (*f.* 12), et au-dessous des feuilles dans le *Ribes Uva crispa*.

Valeur des caractères tirés des poils, des glandes et des aiguillons.

Parmi les plantes qui ont entre elles le plus de rapports, les unes sont chargées de poils et les autres en sont dépourvues; aussi ne doit-on considérer la présence et l'absence de ces organes que comme des caractères spécifiques et souvent même des caractères de variété. Ici, cependant, la famille des Gentianées présente une exception, car, en général, elle ne comprend que des plantes sans poils. Dans la forme de ces organes, on trouve assez généralement plus de constance que dans leur présence, ou leur plus ou moins de rapprochement : les Malvacées ont toutes des poils étoilés; les Malpighiées des poils en navette. Les glandes sont moins communes que les poils, et n'ont pas même autant de valeur que ces derniers. Quant aux aiguillons, ils sont fort rares relativement au grand nombre de végétaux qui couvrent notre globe; une foule de familles de plantes n'en présentent aucun; à la vérité, on en rencontre très-communément dans un petit nombre de genres, tels que *Rubus, Rosa, Zanthoxylum;* mais je doute qu'il y ait un genre qui en présente, sans aucune exception, dans toutes les espèces et les variétés qu'il comprend.

§ IV. *Mots employés pour peindre les modifications que les organes superficiels font éprouver à la surface qu'ils revêtent.*

On emploie des expressions différentes pour peindre les modifications que les diverses sortes d'organes superficiels font éprouver à la surface qu'ils revêtent. Quand une surface ne présente ni poils ni inégalités, on lui donne le nom de lisse (*lævis*), et la seule absence de poils apparents s'indique par le mot glabre, en latin *glaber*. Souvent une plante ne paraît point velue, et pourtant on sent de petites aspérités lorsqu'on passe ses parties entre les doigts; cette impression est quelquefois produite par la base des poils qui se sont détachés, ou plus souvent par des poils extrêmement courts, que l'on n'aperçoit bien qu'à l'aide de loupes très-fortes: les mots *scaber* et *asper* ont été consacrés pour désigner les surfaces rudes au toucher. Une surface glabre peut être en même temps rude au toucher (*scaber*); mais il est évident qu'à l'épithète de *lævis*, lisse, on ne peut jamais joindre celle de *scaber*. On appelle pubescente (*pubescens*) une surface couverte de poils courts, mous et peu pressés; poilue (*pilosus*) celle qui est parsemée de poils longs et écartés; velue (*villosus*) celle où l'on voit des poils assez longs, mous, blancs et rapprochés; l'épithète de soyeuse (*sericeus*) s'applique à la partie revêtue de poils longs, couchés et brillants; une

Surfaces glabres, lisses, pubescentes, poilues, velues, etc.

surface est hérissée, quand ses poils sont droits et roides, et, dans ce cas, le mot *hirtus* s'emploie pour désigner ceux qui sont assez courts, *hirsutus* des poils plus longs, et *hispidus* ceux qui sont longs et plus roides; le mot cotonneux (*tomentosus*) s'applique à un duvet composé de poils assez courts, mous et entre-croisés; *lanatus* (laineux) s'emploie lorsque les poils sont longs, couchés, pressés, crépus, mais peu feutrés; velouté (*velutinus, holosericeus*), quand le duvet est court et doux au toucher comme du velours; arachnoïde (*arachnoïdeus*), lorsque les poils sont longs, très-fins, fort mous et qu'ils imitent, par leur entre-croisement, la toile d'une araignée : *strigosus* indique la présence des poils appelés *strigæ*, *setosus* des soies, *ciliatus* des cils, *papillosus* celle des papilles, *papulosus* des papules, *glandulosus* des glandes, *verrucosus* des verrues, *aculeatus* des aiguillons, *lepidotus* des poils en boucliers; enfin on dit d'une partie qu'elle est barbue, quand elle se termine par un simple bouquet de poils (*barbatus*), et ciliée (*ciliatus*), quand ses bords sont garnis de cils. Par opposition, on se sert du mot *inermis* pour dire d'une plante qu'elle est sans aiguillons, et du mot *glandulosus*, qu'elle est sans glandes. Quelques autres termes ont été imaginés pour peindre des nuances intermédiaires; mais, entre elles, il en existe d'autres encore, et doublât-on le dictionnaire déjà si volumineux de la terminologie, le botaniste qui décrit hésiterait souvent encore pour savoir quelles expressions il doit choisir, tant l'auteur de la nature a mis de variété dans ses œuvres.

§ V. — *Lenticelles.*

Bien différentes des aiguillons, des poils et des glandes, les lenticelles (*lenticellæ*) n'ont aucune influence sur l'aspect général des plantes. Ce sont des points proéminents qui se montrent d'une manière irrégulière à la surface des arbres et des arbrisseaux de la classe des dicotylédones. Quoiqu'elles ne frappent point au premier abord, elles sont pourtant si faciles à distinguer sur l'écorce encore jeune, qu'il suffit souvent aux jardiniers de considérer celle-ci, pour reconnaître à quelle espèce appartiennent certains arbres dépouillés de leurs feuilles.

Les lenticelles n'avaient point échappé aux botanistes du dernier siècle, et Guettard, en particulier, les appelait glandes lenticulaires. En 1826, elles devinrent le sujet des observations de M. de Candolle, qui leur donna le nom qu'elles portent aujourd'hui, et soutint qu'elles étaient le bourgeon de ces racines adventives que certaines circonstances font naître sur la tige et les rameaux. M. L. C. Treviranus, ayant ensuite porté son attention sur le même sujet, reconnut les lenticelles pour des organes superficiels, sans aucune communication avec le tissu intime de la plante, et auxquels par conséquent les racines adventives ne devaient point leur origine. Plus récemment, M. Hugo Mohl, après s'être livré à de profondes recherches sur les parties extérieures des arbres, le liége et le faux liége, a positivement déclaré que les lenticelles n'étaient en aucune manière une production du bois, et il ajoute qu'on doit voir en elles une formation subéreuse due à une excroissance du parenchyme cortical intérieur.

Modifications qu'éprouvent les lenticelles pendant la durée de leur existence.

Tantôt vers la fin de la première année, tantôt dans les années suivantes, dit M. Mohl, la cuticule se déchire longitudinalement par-dessus les lenticelles, qui alors se changent en verrues souvent partagées en deux lèvres par un sillon; et, tandis que la surface de ces verrues est le plus ordinairement colorée en brun, leur substance se montre, jusqu'à une certaine profondeur, sèche, friable et subéreuse. A mesure que la circonférence du rameau devient plus grande, les lenticelles s'étendent en largeur, et elles arrivent à devenir des stries transversales. Enfin, sur de vieilles tiges, lorsque l'écorce produit du liége ou du faux liége, c'est dans les lenticelles que commence le déchirement, et bientôt on ne peut plus les reconnaître; ou bien, lorsque les parties extérieures de l'écorce tombent sous la forme d'écailles, les lenticelles tombent avec ces écailles, et l'on n'en trouve plus aucune trace.

§ VI. — *Excrétions.*

Ce ne sont pas seulement les organes superficiels qui modifient la surface des plantes, elle l'est souvent encore par les substances qui s'échappent de leur tissu. Une poussière glauque très-fine, très-fugace, revêt les feuilles du Chou (*Brassica oleracea*), des *Mesembryanthemum* et d'un grand nombre de plantes grasses. Comme elle est d'une nature cireuse, elle empêche ces feuilles d'être mouillées, et, diminuant l'intensité de leur couleur, elle leur fait prendre cette teinte grisâtre ou glauque qu'elle a elle-même. C'est elle qui couvre nos Prunes, et que l'on désigne vulgairement sous le nom de fleur. On a donné en latin le nom de *pruina* à la poussière glauque, et celui de *pruinosus* aux surfaces qui en sont revêtues. Poussière glauque.

Une foule de plantes ou seulement quelques-unes de leurs parties sont enduites d'une humeur gluante. Cette humeur est souvent sécrétée par les glandes et les poils, mais souvent on l'observe sur des parties qui, comme un grand nombre de bourgeons, ne présentent aucun organe superficiel, et alors, sans doute, elle s'échappe par des pores inappréciables à nos moyens d'observation. Les noms de *viscidus* et de *viscosus* s'appliquent aux surfaces visqueuses, et on leur donne celui de *glutinosus*, quand la liqueur sécrétée est très-tenace. Humeur visqueuse.

Souvent elle l'est assez pour retenir les insectes, et de là les noms de *muscicapa* et *muscipula* donnés par Linné à certaines plantes visqueuses. J'ai rapporté d'Amérique des échantillons de *Cuphea viscosissima* couverts de petites mouches qui ont péri embarrassées dans la liqueur abondante excrétée par les poils de cette espèce. Mais aucune plante peut-être n'est plus visqueuse que la Graminée appelée *Melinis minutiflora* par les botanistes, et *Capim gordura* (herbe à la graisse), par les Mineiros : lorsqu'on a brûlé une forêt vierge pour cultiver le terrain qu'elle ombrageait, le *Capim gordura* s'empare bientôt de ce terrain ; tyran ambitieux, il fait disparaître tous les autres végétaux, et l'on ne peut traverser les campagnes qu'il couvre, sans avoir ses vêtements enduits d'une humeur gluante et fétide.

Poussière farineuse.

Il ne faut pas confondre avec les excrétions qui modifient la surface des plantes une poussière farineuse qui couvre les feuilles du *Chenopodium album* et de quelques espèces voisines. Cette poussière est formée par de petites cellules qui émanent de l'épiderme, mais qui s'en détachent très-facilement. Elle pourrait être rangée parmi les glandes et les papules.

CHAPITRE IV.

SYSTÈME AXILE.

Après vous avoir dit ce que sont les parties accessoires du végétal, je passerai en revue ses parties essentielles, c'est-à-dire son axe et les appendices qui en émanent. Je commencerai par l'axe, qui, chez les plantes d'un ordre inférieur, existe souvent seul; sans lequel, au contraire, il est impossible de supposer qu'il existe des organes appendiculaires, et que l'on peut considérer comme un centre de vie.

L'axe végétal ne croît point dans une direction unique; il s'allonge en deux sens opposés, et offre par conséquent deux systèmes, l'un supérieur ou la tige, l'autre inférieur ou la racine (*f.* 19). Le point intermédiaire entre les deux systèmes porte le nom de collet (*collum*), mot par lequel on ne prétend pas indiquer une partie distincte, mais qui simplement désigne la surface véritablement géométrique où se réunissent les deux systèmes. Quelquefois le collet se reconnaît, surtout dans la jeunesse de la plante, à une différence de grosseur entre la tige et la racine, mais plus souvent il est

Deux systèmes dans l'axe végétal.

Collet.

impossible de déterminer avec une parfaite précision où il se trouve placé. Cependant, quand il existe des organes foliacés au-dessous du sol, nous pouvons dire, avec certitude, que le collet est aussi caché sous la terre, car il est toujours inférieur à ces organes. Il ne faut pas croire que ce point se trouve nécessairement placé immédiatement au-dessous des cotylédons ou premières feuilles; souvent il existe plus bas que ceux-ci un espace assez considérable qui appartient au système supérieur.

CHAPITRE V.

RACINES.

§ Ier. — *Des racines en général et particulièrement de celles qui croissent sous la terre.*

Les anciens botanistes appelaient racines (*radices*) toutes les parties des plantes qui vivent sous la terre, et telle est encore l'idée des hommes étrangers à l'étude de la phytologie. Mais il est bien clair que la seule différence des milieux ne peut constituer une différence d'organes ; et, si nous trouvons, dans une portion d'axe cachée sous le sol, des caractères semblables à ceux de la partie de l'axe qui s'élève au-dessus de la terre, nous devons dire qu'il y a identité. Cherchons donc ce qui distingue la racine de la tige, dans ces plantes presque innombrables où les deux parties de l'axe, l'inférieure et la supérieure, placées à peu près verticalement par rapport au sol, ne permettent pas de doutes sur leur véritable nature. D'un côté, la partie que l'on s'accordera à nommer tige tend à s'élever vers le ciel ; elle montre, par intervalles, de petits renflements ou nœuds vitaux symétriquement disposés, et, de ces derniers, l'on voit s'échapper des

Comparaison des racines avec la tige.

organes appendiculaires foliacés, parfaitement développés ou rudimentaires, qui accompagnent un bourgeon né à leur aisselle. D'un autre côté, la partie à laquelle on donnera, sans hésiter, le nom de racine, s'enfonce dans la terre ; elle n'offre à sa surface ni renflements vitaux disposés symétriquement, ni organes appendiculaires foliacés, ni bourgeons axillaires, et ses ramifications sont toujours ou presque toujours disposées sans ordre. A présent que nous avons des définitions rigoureuses de la tige et de la racine, nous les appliquerons, comme une pierre de touche, à tous les cas douteux, et, presque toujours, elles feront disparaître nos incertitudes.

Pour achever de fixer vos idées sur la tige et la racine, je vais entrer dans quelques détails de plus, en continuant la comparaison que j'ai commencée, et, après vous avoir fait connaître plus spécialement la racine, je passerai à la tige.

Les racines fixent la plante au sol, et y puisent des sucs nutritifs et réparateurs. Leurs ramifications s'étendent de haut en bas, tandis que celles des tiges croissent de bas en haut. Souvent ces dernières sont articulées ; les racines ne le sont jamais ; elles ne peuvent même l'être, car, dans l'axe végétal, des articulations ne se manifestent qu'aux nœuds vitaux. On ne trouve sur les racines ni aiguillons, ni stomates, ni lenticelles, et si quelquefois elles portent des poils, ils sont toujours unicellulés. Elles n'éprouvent aucune de ces transformations qui changent si souvent la tige, les branches et les feuilles ; et ainsi jamais on ne voit les fibres radicales devenir des épines, comme cela arrive aux extrémités épuisées de la tige et des rameaux. Si ce n'est à leur extrémité, les racines n'ont généralement point une couleur verte : on pourrait croire qu'elles doivent l'absence de cette couleur à la seule privation de lumière et d'air qui résulte du milieu où elles ont coutume de végéter ; mais il n'en est réellement pas ainsi : en effet, les racines des Jacinthes qu'on élève dans des carafes transparentes conservent leur couleur blanche ; celles des Orchidées parasites, quoique simplement collées à la surface des arbres, prennent tout au plus une teinte grisâtre ; celles enfin de l'Aroïde, appelée Cipô d'Imbé, descendent souvent d'une hauteur de 50 à 60 pieds pour arriver jusqu'à la terre, et parfaitement libres dans cette immense longueur ; elles ne sont pourtant que brunes et luisantes.

Tout ce que je vous ai dit de la tige et des racines prouve bien suffisamment que ce sont des parties fort différentes. Quelques naturalistes, cependant, les ont déclarées presque identiques ; et, pour appuyer cette opinion, ils ont cité les résultats d'une singulière expérience tentée par l'illustre Duhamel. Ce physiologiste avait retourné un arbre, en plantant ses branches dans la terre, et bientôt il vit les racines se couvrir de feuilles, en même temps que des fibres radicales naissaient des anciennes branches. Mais, comme le dit très-bien M. de Candolle, cette expérience, loin de prouver que les racines et les rameaux sont des parties identiques, tendrait plutôt à démontrer le contraire. Ici il est indispensable que j'entre dans quelques explications. Le tissu des plantes renferme des germes cachés, des embryons latents, comme disent quelques naturalistes, et lorsqu'il est irrité et placé dans des circonstances favorables, ces germes se développent adventivement, au dehors, en racines ou en bourgeons, suivant la nature du milieu environnant. Ainsi, qu'on entoure une branche d'une terre humide, il en sortira des racines ; et qu'une portion de grosse racine se trouve exposée à l'air, comme cela arrive souvent, on y verr anaître des bourgeons. La feuille d'une plante grasse enfoncée dans la terre projette des fibres radicales, et,

L'expérience d'un arbre retourné ne prouve pas que les racines et les rameaux soient identiques.

Embryons latents.

Racines et bourgeons adventifs.

comme l'a dit Hedwig, lorsqu'on met en herbier les feuilles de l'*Eucomis regia*, de jeunes bulbes naissent souvent de leur tissu irrité, aptes à multiplier la plante. Ce sont des phénomènes du même genre qui se manifestent dans les arbres retournés. Les embryons latents des rameaux ne peuvent, dans la terre, se développer en bourgeons et paraissent, sous la forme de racines, comme les embryons latents des anciennes racines exposées à l'air se développent en bourgeons feuillés. Mais il n'y a ici aucune espèce de transformation ; d'un côté périssent les fibres radicales dont l'extrémité pompait originairement les sucs de la terre, et, d'un autre côté, périssent également les feuilles et les bourgeons qui existaient sur les branches lors du retournement ; les racines et les bourgeons actuels sont des productions adventives entièrement nouvelles.

Ce qu'est la racine, quand elle commence à se développer.

Toutes les fois qu'une racine commence à se développer, elle se présente sous la forme d'une espèce de pivot qui prolonge inférieurement la base de la tige ; mais cette première production ne continue pas toujours à se développer ; souvent elle périt, et un faisceau de racines nouvelles prend bientôt sa place. C'est ce qui arrive généralement dans les monocotylédones, et je crois que toutes les fois qu'on trouve des racines en faisceau chez les dicotylédones, les Renoncules, par exemple, cette multiplicité est due également à la destruction de la racine première (1), comme il naît adventivement une foule de rejets du tronc de l'arbre qui a été coupé.

La première racine périt souvent.

Racine à base unique ; racine à base multiple.

Mais quelles qu'aient été les racines à leur origine, il est clair que, quand elles sont adultes, on peut les distinguer en deux classes, celles à base unique (*radix stirpata*) (ex. : *Senecio vulgaris*, *f.* 15), et celles à base multiple (*rad. multiceps* ;

(1) Cela est incontestable pour la Ficaire.

composita) (ex. *Poa annua*, *f.* 16). Les premières sont plus souvent rameuses (*rad. ramosæ*) ; les secondes plus souvent simples (*rad. simplices*).

Corps de la racine; branches radicales.

Le tronc principal d'une racine à base unique s'appelle le corps de la racine, le pivot, la racine primaire (*radix primaria*). Les ramifications de toute espèce de racine portent le nom de branches radicales (*rami radicis*).

Fibrilles; chevelu.

On donne celui de fibrilles (*fibrillæ*) à de petits filets menus, probablement toujours cylindriques, qui émanent de la racine ou de ses branches, et dont l'ensemble constitue ce qu'on nomme vulgairement *le chevelu*. Quelques botanistes ont cru que les fibrilles devenaient des branches radicales ; mais, selon Duhamel, elles périssent chaque année comme les feuilles elles-mêmes. Sans se prononcer sur cette opinion, Link reconnaît que les fibrilles ne se changent point en branches radicales ; il recommande de ne pas les confondre avec ces dernières, souvent très-ténues ; il leur trouve la plus grande analogie avec les poils, et les considère comme des espèces de papilles allongées capables, aussi bien que les véritables racines, de pomper les sucs de la terre.

Spongiole.

Une fonction si importante n'est point remplie par la racine tout entière, mais par son extrémité seule, qui a reçu le nom de spongiole (*spongiola*). Il ne faut pas voir dans la spongiole un organe spécial ; c'est un tissu continu avec la racine, mais qui, plus récent, offre une consistance plus molle, ne se compose que de cellules, et qui souvent est garni de papilles et dépourvu d'épiderme.

Sous quels rapports peuvent être considérées les racines.

Les racines peuvent être considérées, par rapport à leur durée, leur consistance, leur direction propre ou relative, leur forme et leur surface.

Durée.

Comme les plantes entières, les racines se distinguent en annuelles, bisannuelles et vivaces (*rad. annua*, *biennis*, *perennis*).

Consistance.

On peut également les distinguer d'après leur consistance, et dire qu'elles sont ligneuses (*lignosæ*), charnues (*carnosæ*), creuses (*cavæ*), solides (*solidæ*).

Direction relative.

Quoiqu'elles s'enfoncent généralement dans la terre, leur direction n'est cependant pas exactement la même dans toutes les espèces. On les dit perpendiculaires ou pivotantes (*perpendiculares*), quand elles descendent verticalement; obliques (*obliquæ*), quand elles dévient à droite ou à gauche; horizontales (*horizontales*), lorsqu'elles s'étendent presque parallèlement au sol; enfin descendantes (*descendentes*), lorsque, après avoir été d'abord horizontales, elles se courbent pour descendre perpendiculairement.

Direction propre.

Dans chacune de ces directions, qui ne sont que relatives, ou du moins dans la plupart d'entre elles, les racines en ont une absolue, également variable, celle qui se rapporterait à un axe qu'on supposerait passer par les deux extrémités du corps radiculaire. Ainsi elles peuvent être droites (*r. rectæ*), c'est-à-dire sans déviation dans toute leur longueur; courbées (*curvatæ*), flexueuses ou en zigzag (*flexuosæ*), ou enfin contournées (*contortæ*).

La forme conique est celle qui se rencontre le plus souvent chez les racines. Cependant elles peuvent encore être cylindriques (*cylindricæ*); elles peuvent être tubéreuses (*tuberosæ*), c'est-à-dire présenter des renflements plus ou moins arrondis; elles sont fusiformes ou en fuseau (*fusiformes*), napiformes ou en toupie (*napiformes*), épaissies (*incrassatæ*), arrondies (*rotundæ*), noueuses ou renflées par intervalles (*nodosæ*). Je dois vous prévenir cependant que les formes renflées dont je viens de vous faire l'énumération n'appartiennent peut être pas toutes à la racine proprement dite, mais qu'il en est que pourrait réclamer cette partie du système supérieur placée entre les cotylédons et le collet véritable. J'aurai occasion de revenir bientôt sur ce point important.

Forme.

Quant à différentes formes que je ne vous indique point, et qui cependant ont été attribuées aux racines, elles appartiennent, sans aucun doute, à des tiges souterraines auxquelles le nom de racine a été pendant longtemps donné à tort, et qui sont évidemment garnies d'organes appendiculaires.

Surface.

La surface des racines varie suivant les espèces aussi bien que leur forme. Les unes sont lisses (*læves*); d'autres ridées (*rugosæ*), tubéreuses (*tuberculosæ*), ou annulées (*annulatæ*).

Aucune racine n'offre plusieurs angles; il s'en montre un seul sur celle du *Polygala Senega*, plante médicinale, et il a fait donner à cette racine le nom de carénée (*carinata*).

Racines à base multiple moins variables dans leur forme que celles à base unique.

Les racines à base multiple offrent, dans l'ensemble de leurs formes, beaucoup moins de variations que celles à base unique, et présentent généralement un faisceau de fibres ou de productions charnues plus ou moins fusiformes. Dans le premier cas, on les appelle fibreuses (*fibrosæ*) (ex. *Poa annua*, *f.* 16); dans le second, fasciculées (*fasciculatæ*) (ex. *Ficaria Ranunculus*, *f.* 17). Quelquefois les racines qui composent le faisceau présentent des fibres plus ou moins semblables à des cordes, et alors on les dit funiformes (*funiformes*); c'est ce qui a lieu pour le *Pandanus*, les Palmiers, le *Dracæna*. Quelquefois encore elles sont courtes, fortement entrelacées, charnues quoique filiformes, comme dans l'*Ophris Nidus avis* L., et on les appelle en latin *grumosæ*, mot qui a été traduit, en langage technique, par celui de grumeuses.

Caractères tirés des racines de peu d'usage pour la détermination des plantes.

Tels sont les principaux caractères distinctifs des racines: ils sont, en général, de peu d'usage pour la détermination des plantes, parce que souvent ils varient dans la même espèce, qu'on ne peut pas toujours se procurer les racines des végétaux dont on a facilement obtenu les rameaux et les fleurs, et qu'elles se conservent mal dans les collections. Peut-être, cependant, les modernes, il faut le dire, ont-ils beaucoup trop négligé la distinction spécifique des racines, bien plus étudiées par les botanistes anciens, qui, voyant en elles de puissants remèdes, et leur attribuant, selon les espèces, des propriétés fort différentes, devaient faire des efforts pour ne pas les confondre.

Presque toutes les plantes sont pourvues de racines.

Si l'on excepte certaines cryptogames, tous les végétaux sont pourvus de racines. Cette partie des plantes sert à les fixer à la terre ou quelquefois à d'autres corps, et elles y puisent, comme vous le savez, des sucs nutritifs et réparateurs. Pour quelques espèces, cependant, les racines ne remplissent que la première de ces fonctions. D'énormes Cierges végètent avec vigueur plantés dans des caisses dont la terre, peu profonde, n'est jamais arrosée. Au milieu d'une contrée où six mois se passent sans qu'il tombe jamais de pluie, j'ai vu, durant la sécheresse, d'autres *Cactus* chargés de fleurs se soutenir sur des rochers brûlants, à l'aide de quelques faibles racines enfoncées dans l'humus desséché qui s'était introduit dans des fentes étroites.

Les racines ne servent quelquefois qu'à fixer les plantes au sol ou à d'autres corps.

Leurs dimensions ne sont pas toujours en rapport avec celles de la tige et des branches.

Cependant, comme la plupart des plantes se nourrissent principalement par le moyen de leurs racines, on pourrait s'imaginer que celles-ci sont toujours en rapport avec la grandeur des tiges et des branches. Mais il n'en est réellement pas ainsi. Les Palmiers et les Pins (*Palmæ, Pini*) ont des racines peu volumineuses relativement à leur prodigieuse élévation, tandis que les racines de certaines plantes herbacées, par exemple, celles de la Luzerne et de la Bryone (*Medicago sativa, Bryonia dioïca*) deviennent énormes, comparées à la tige.

Volume des racines assez généralement en rap-

Dans une même espèce, cependant, le volume des racines est assez généralement en rapport avec celui des branches;

ainsi, par exemple, plus les rameaux d'un Chêne (*Quercus robur*) seront nombreux, plus il aura de racines, et en même temps celles-ci seront plus développées du côté où les branches le seront davantage. Mais pourtant une foule de circonstances tendent à modifier cette règle générale. De deux individus de la même espèce et du même âge, celui-là aura les racines plus ramifiées qui aura été planté dans la terre la plus meuble. Que la racine d'un Pin maritime (*Pinus maritima*), espèce propre aux terrains sablonneux, rencontre un banc de glaise, elle cesse de pivoter comme elle faisait auparavant; elle s'arrête et projette au-dessus de la glaise, qu'elle ne peut pénétrer, une sorte de faisceau de fibres. Lorsqu'une racine rencontre un filet d'eau, elle se ramifie en fibrilles innombrables, et forme ce que les jardiniers appellent *queue de renard;* les Saules (*Salix*) plantés au bord des eaux fournissent sans cesse des exemples de ces productions, et les conduits en terre qu'on place dans les jardins sont souvent obstrués par le développement des fibres qui, s'insinuant par la plus faible ouverture, se ramifient bientôt en un épais chevelu.

port avec celui des branches dans une même espèce.

Queue de renard.

§ II. — *Racines des parasites; racines aériennes.*

Vous savez déjà que les racines des végétaux tendent généralement à s'enfoncer dans la terre. On a cité les espèces parasites et surtout le Gui (*Viscum album*) comme une exception à cette loi; mais elle me semble plutôt confirmée qu'intervertie par la végétation de ces plantes. Le Gui ne vit point sur la terre, il puise sa nourriture dans les branches des arbres et y enfonce ses racines; que sa graine tombe à la partie supérieure ou à la partie inférieure d'un rameau, elle y germe également, et souvent il arrive que la tige regarde

Le Gui ne fait pas exception à la loi qui régit la direction des racines la terre et la racine le ciel ; mais il faut remarquer que la branche d'un arbre est pour le Gui ce que la terre est pour les autres plantes ; sa racine s'y plonge, parce qu'elle y trouve sa nourriture, comme celles des autres végétaux pénètrent de plus en plus dans la terre qui leur offre des sucs ; par une force vitale qui échappe à nos moyens d'observation, ces diverses racines se dirigent également, de plus en plus, vers le milieu qui leur convient, ainsi que les branches et les fleurs se tournent du côté où elles trouvent le plus d'air et de lumière.

Racines cramponnantes.

La racine du Gui dont je viens de vous parler et celles des autres parasites ont été appelées cramponnantes (*rad. adligans*), parce qu'elles servent à fixer ces végétaux aux corps sur lesquels ils vivent ; mais il est difficile de subdiviser, d'une manière satisfaisante, les racines dont il s'agit ; car chacune des espèces chez lesquelles elles se rencontrent a, pour ainsi dire, une manière de végéter qui n'appartient qu'à elle, et, si j'ose m'exprimer ainsi, des mœurs qui lui sont propres.

Celles du Gui.

Parmi les parasites dont les racines pénètrent immédiatement dans l'intérieur d'autres végétaux, je me contenterai de vous citer le Gui. Cette plante, dont je vous ai déjà parlé tout à l'heure, enfonce ses racines dans le liber d'une branche d'arbre, et, à mesure qu'il devient bois, elles s'y incorporent et se fondent, pour ainsi dire, avec lui ; mais, au-dessus de ces premières racines, devenues inutiles, il s'en forme de nouvelles, qui s'introduisent dans le nouveau liber, et ainsi de suite jusqu'à ce que le Gui ou la branche périsse.

du *Lathræa squamaria*.

Les racines du *Lathræa squamaria* ne s'introduisent pas immédiatement dans celles des arbres aux dépens desquels la plante est destinée à végéter ; mais c'est dans la terre même qu'elles s'allongent avant de parvenir au point où elles doivent se fixer; la tige du *Lathræa* est souterraine et couverte de feuilles en forme d'écailles; de leur aisselle partent des fibres radicellaires qui viennent s'implanter sur la racine de quelque arbre voisin, à l'aide d'un tubercule terminal; ce tubercule perce l'écorce de la racine sur laquelle il s'est fixé, il pénètre dans l'aubier, y détermine diverses productions morbides, et s'arrête brusquement là où commencent les couches du vieux bois.

Racines aériennes.
Celles de la Cuscute.
du Lierre.
de la Liane meurtrière.
du Cipó d'Imbé.

D'autres racines, avant d'arriver aux corps qui leur fournissent leur nourriture, sont d'abord libres dans l'atmosphère, et portent, pour cette raison, le nom d'aériennes (*rad. aereæ*). Je citerai d'abord la Cuscute (*Cuscuta*). Sa première racine périt bientôt, et la plante entière périrait avec elle, si la nature n'avait pourvu à sa conservation, en faisant naître sur sa tige débile et sans feuilles des racines supplémentaires; celles-ci, espèces de verrues appelées suçoirs (*haustorium*), se collent aux plantes voisines, et puisent dans leur substance des sucs nutritifs. Le Lierre (*Hedera helix*) reste enraciné; mais sa tige, trop faible pour se soutenir elle-même, s'appuie contre les arbres ou les vieilles murailles, et s'y cramponne à l'aide d'un nombre prodigieux de petites racines. L'arbre des forêts primitives qui porte, au Brésil, le nom de *Cipó matador* ou *Liane meurtrière* a un tronc aussi droit que ceux de nos Peupliers; mais, trop grêle pour se soutenir isolément, il trouve un support dans un arbre voisin plus robuste que lui; il se presse contre sa tige à l'aide de racines aériennes, qui, par intervalles, forment un cercle autour d'elle; il s'assure et peut défier les ouragans les plus terribles. Le *Cipó d'Imbé*, autre plante des forêts vierges, appartenant à la famille des Aroïdes, croît à une hauteur prodigieuse sur le tronc des arbres les plus élevés; sa souche embrasse leur circonférence, et forme autour d'eux une sorte de couronne, d'où s'élèvent des rameaux tortueux ; la marque des feuilles qui autrefois couvrirent ces rameaux les fait ressembler à autant de serpents ; une touffe de feuilles nouvelles, grandes et sagittées les surmonte, et enfin de la partie inférieure de la plante pendent d'immenses fibres radicales, droites comme des fils à plomb.

du Rhizophora mangle.

On a rangé parmi les aériennes les racines du *Rhizophora Mangle*, arbre qui croît en Amérique, dans les terrains vaseux des bords de l'Océan ; mais, chez les individus que j'ai observés sur la côte du Brésil, et ceux que M. Turpin a vus aux Antilles, les racines étaient réellement bien différentes de toutes celles dont je vous ai entretenus tout à l'heure. Lorsque j'arrivai près de Villa da Victoria, dans la province du Saint-Esprit, je vis sur le rivage des *Rhizophora* d'une hauteur assez considérable pour cette espèce ; leur tronc ne commençait qu'à huit ou dix pieds au-dessus de la vase ; là il donnait naissance à de grosses fibres radicales qui allaient chercher le sol, et l'arbre semblait porté en l'air sur des espèces de cordes obliquement tendues. Je n'ai point suivi cet arbre dans les diverses phases de son existence ; mais il me semble qu'on peut seulement expliquer sa végétation singulière, en supposant que sa première racine s'est détruite, après que des racines adventives se sont échappées au-dessus d'elle de la partie inférieure de la tige ; que cette partie s'est oblitérée à son tour avec les racines qu'elle avait fait naître ; qu'une portion de tige plus élevée a également produit des racines bientôt détruites de la même manière, et que des formations et des destructions successives n'ont cessé de se répéter, jusqu'à ce que la tige se soit trouvée portée par de longues racines adventives à une élévation considérable au-dessus du sol.

Expression de racines aériennes peu précise.

Les divers exemples que je viens de vous citer suffisent pour prouver combien est peu précise la dénomination de

racines aériennes; car, parmi celles ainsi appelées, il en est qui sont pour la plante un simple moyen d'appui, tandis que chez d'autres, comme la Cuscute, elles seules forment les organes de la nutrition. Quelques-unes appartiennent peut-être au système descendant; mais la plupart, quoique descendantes elles-mêmes, sont réellement des productions du système ascendant, c'est-à-dire de la tige et des rameaux, ainsi que cela a lieu pour la Cuscute et en partie pour le *Lathræa squamaria*. Ces dernières racines sont le développement de bourgeons latents placés dans des circonstances favorables, et portent le nom d'accessoires (*rad. accessoriæ*). Racines accessoires.
Comme nous le verrons un peu plus tard, les racines accessoires caractérisent les espèces à rejets rampants, telles que les Fraisiers, le Lierre terrestre (*Fragaria*, *Glechoma hederacea*), et sont un moyen de multiplication que la nature a ménagé à ces plantes. Elles naissent le plus souvent des nœuds vitaux comme les feuilles elles-mêmes.

Exostoses du *Cupressus disticha*.
Je ne terminerai point ce qui concerne les racines sans vous dire un mot des singulières productions qui naissent de celles du *Cupressus disticha* L. ou Cyprès chauve, arbre magnifique qui croît naturellement dans l'Amérique septentrionale, et que l'on a essayé de naturaliser en France. Ces productions commencent à se montrer au-dessus du sol, lorsque la plante est déjà adulte; grossissant peu à peu, elles parviennent à la hauteur de deux pieds et demi à trois pieds, et alors elles ressemblent à des bornes. On ne peut, ce me semble, les considérer que comme des excroissances ou exostoses; et, comme elles vivent dans l'air, il s'en échapperait sans doute des bourgeons adventifs, si la nature du tissu des plantes conifères, au nombre desquelles il faut ranger le *Cupressus disticha*, ne s'opposait au développement des germes cachés qui donnent naissance à ces sortes de bourgeons.

CHAPITRE VI.

TIGES.

Je vous ai montré le système inférieur du végétal dans les racines, je vous montrerai à présent le supérieur dans la tige et ses organes appendiculaires (*fig.* 19).

Ce qu'est la tige. La tige, comme vous le savez déjà (*p.* 28), est l'axe de ce système, et pourrait, non sans raison, être comparée à la colonne vertébrale des animaux. Elle est, comme vous le savez encore (*p.* 28), garnie par intervalles et avec symétrie, de nœuds ou proéminences plus ou moins sensibles d'où s'échappent des appendices foliacés, et des bourgeons susceptibles de se développer en rameaux ou axes secondaires semblables à elle-même.

§ Ier. — *Des tiges proprement dites ou aériennes.*

Tous les végétaux phanérogames, sans exception, ont une tige. Dans les livres élémentaires on distingue, il est vrai, les plantes pourvues d'une tige ou caulescentes (*plantæ caulescentes*), et les plantes sans tiges ou acaules (*plantæ acaules*), et l'on ajoute que, chez ces dernières, les feuilles naissent de la racine. Mais la tige seule peut produire des feuilles; par conséquent il y a contradiction à dire qu'une plante qui a des feuilles est acaule. Les prétendues plantes acaules sont celles où la tige est très-courte et les feuilles très-rapprochées, ou bien encore celles dont la tige, en grande partie cachée sous la terre, ne laisse voir au-dessus du sol que sa partie supérieure (ex. *Primula sinensis*, *f.* 151. *Primula officinalis* *f.* 22). Toutes les fois donc que, dans les ouvrages descriptifs, vous trouverez une plante désignée par le mot *acaulis*, ne voyez dans cette expression qu'une simple métaphore indiquant tantôt une tige que l'on ne voit pas, parce qu'elle est souterraine, tantôt un axe raccourci, dont les nœuds et les organes foliacés sont très-rapprochés et restent voisins de la racine. Il est même une foule de cas où les auteurs ont été embarrassés pour savoir s'ils emploieraient le mot *acaule* ou le mot *caulescent*, parce qu'on trouve des tiges de toutes les dimensions possibles; et certaines espèces dites positivement acaules, telles que le *Carduus acaulis*, l'*Onopordon acaule*, le *Carlina acaulis*, peuvent, étant placées dans des circonstances favorables, s'allonger et devenir caulescentes.

Toutes les plantes phanérogames pourvues d'une tige.
Ce qu'on doit entendre par plante acaule.

Les tiges ne varient pas seulement dans leurs dimensions, elles diffèrent encore par leur durée, leur consistance, leur forme et leur direction : je vous les ferai connaître successivement sous ces divers rapports.

Par quels caractères les tiges peuvent différer entre elles.

Il serait rationnel de n'employer, dans tous les cas, que le mot tige (*caulis*), et de distinguer par des épithètes les modifications dont cette partie est susceptible. Mais le langage botanique, pas plus que les langues vulgaires, n'a été formé d'une manière systématique; à mesure que l'on a cru un

Des diverses sortes de tiges.

mot nécessaire on l'a créé, et la vanité des botanistes leur a fait croire beaucoup trop souvent à cette nécessité. Ce qui est plus fâcheux encore, c'est qu'ils se sont mal entendus entre eux sur le sens des mêmes expressions, et de là est née une confusion souvent inextricable. Le mot *tige* (*caulis*) me paraît devoir être conservé comme générique, pour désigner toute espèce d'axe primaire; mais on a aussi proposé le mot *cormus*, que d'autres ont appliqué aux seules cryptogames, et enfin le mot *stirps*. La tige des arbres, et en particulier des arbres dicotylédons, est assez généralement distinguée par le mot tronc (*truncus*) (ex. *Robinia Pseudacacia*, *f.* 18); celui de *caulis*, pris dans un sens limité, s'applique aux sous-arbrisseaux, aux arbrisseaux et surtout aux herbes (ex. *Cheiranthus maritimus*, L. *Malcomia maritima*, *Br.* *f.* 19); celui de chaume (*culmus*) désigne la tige des Graminées, qui est ordinairement cylindrique, presque toujours creuse et garnie de nœuds épais et annulaires, desquels naissent les feuilles (ex. *Kœleria villosa* *f.* 20). Quelquefois on a donné le nom de *calamus* aux tiges sans nœuds et assez molles des Cypéracées, des Joncées et des Restiacées. La plupart des auteurs ont appelé stipe (*stipes*) un tronc simple, vivace, feuillé au sommet seulement et appuyé sur des racines multiples, tel qu'est celui des monocotylédones arborescentes, par exemple, des *Palmiers* (*f.* 21) et des *Yuccas*; mais d'autres botanistes ont substitué à ce mot celui de *caudex*. Quelques-uns, au contraire, ont donné ce dernier nom aux tiges souterraines, d'autres enfin l'ont appliqué à peu près à toutes les tiges qui ne sont point appuyées sur une racine unique et rameuse, par conséquent tout à la fois aux troncs des monocotylédones arborescentes, aux tiges rampantes et souterraines, et à celles également souterraines qui se réduisent à un seul entre-nœud épais et tubéreux.

Les tiges, comme la plante entière, peuvent être appelées

annuelles, bisannuelles et vivaces (*caulis annuus, biennis, perennis*), selon qu'elles durent un an, deux ans ou davantage; mais il est bien évident qu'on ne doit point leur appliquer les mots de monocarpiennes et polycarpiennes, car un axe ne saurait jamais donner de fleur qu'une fois, puisque la fleur, comme je vous l'ai dit (*p.* 31), est le terme de la végétation; et si une plante, prise dans son ensemble, peut être polycarpienne, c'est-à-dire donner des fleurs et des fruits plusieurs fois, c'est uniquement par une succession d'axes qui émanent les uns des autres. Une tige qui porte une fleur à son extrémité peut être appelée terminée (*caulis determinatus*) (*f.* 162), parce qu'au delà de cette fleur et du fruit qui doit lui succéder, on ne peut plus rien concevoir; mais, comme certaines tiges ne donnent jamais immédiatement des fleurs, qu'elles projettent toujours des feuilles, qu'aucune cause précise n'arrête leur développement, et que des sucs, y arrivant sans discontinuation, pourraient les prolonger à l'infini, on les nomme indéterminées (*caulis indeterminatus*) (*f.* 23). J'aurai l'occasion de revenir sur ce point d'organographie, qui est de la plus grande importance pour la distinction des inflorescences.

Durée des tiges.

Après avoir dit quelque chose de la durée des tiges, je passerai à leur consistance. Les tiges arborescentes qui vivent un nombre d'années plus ou moins considérable et forment un bois solide s'appellent ligneuses (*caulis lignosus*). On donne le nom d'herbacées (*herbaceus*) aux tiges molles et faciles à briser des herbes annuelles et bisannuelles, ainsi qu'à celles des plantes faussement appelées vivaces par les racines, et dont une portion, véritablement annuelle, s'élève seule au-dessus du sol. L'application de ces mots ne souffre ordinairement aucune difficulté; cependant il est aussi des cas où le botaniste peut éprouver quelque embarras. Ainsi je vous donnerais une

Leur consistance.

idée fausse de la tige légère de certains Bambous (*Bambusa*) monocarpiens, si je vous disais qu'elle est ligneuse; et pourtant je ne puis guère appeler cette même tige herbacée, puisqu'elle est assez solide pour qu'on en fasse des échelles. Dans nos climats, les tiges des plantes dites à racines vivaces sont toujours herbacées; sous les tropiques, il en est qui ont également une consistance molle, mais d'autres ne sont pas moins solides que celles de nos arbrisseaux, et enfin on en voit qui, pour la dureté, tiennent le milieu entre les herbacées et les ligneuses. Une tige peut devenir succulente (*succulentus*), soit par l'épaississement de l'écorce, comme celle des *Sempervivum*, des Ficoïdes (*Mesembryanthemum*), des *Cactus* et de quelques Euphorbes, soit par l'épaississement de la moelle, comme dans certains *Cacalia* et autres Composées.

L'état intérieur de la tige doit naturellement contribuer beaucoup à sa consistance. On dit qu'une tige est pleine (*plenus, solidus*), quand elle n'offre aucune cavité interne, et en particulier qu'elle est médulleuse (*medullosus*), quand la moelle y abonde, comme dans l'*Helianthus annuus* et le *Sambucus Ebulus*. Une tige est, au contraire, fistuleuse, lorsque, par l'oblitération de la moelle, il s'y forme une cavité longitudinale tantôt continue, tantôt coupée par des diaphragmes; dans ce dernier cas, on se sert plus particulièrement de l'épithète de cloisonné (*loculosus*).

On peut dire, dans un sens général, que la consistance des tiges est en rapport avec leur durée; ainsi les tiges annuelles sont herbacées et les vivaces sont ligneuses. Mais, si l'on compare ces dernières espèces entre elles, on ne trouvera plus que leur solidité soit en raison directe de la faculté qu'elles ont de végéter pendant un temps plus ou moins considérable. Le Tilleul (*Tilia Europæa*, L.) est un des arbres de l'Europe que l'on cite pour sa longévité, et tout le monde sait que son bois est peu compacte. On prétend que la vie du Baobab (*Adansonia digitata*), arbre dont les tissus sont également assez tendres, se prolonge plusieurs milliers d'années.

La consistance ligneuse ou herbacée de la tige se rencontre souvent uniforme dans toutes les plantes de la même famille; ainsi un grand nombre de groupes naturels ne comprennent que des arbres ou des arbrisseaux, tels que les Amentacées, les Orangers, les Vignes, les Myrtées, etc., tandis que d'autres n'offrent que des herbes comme les Restiacées, les Iridées, les Primulacées, les Lentibulariées, les Caryophyllées; mais aussi il existe des familles où l'on trouve tout à la fois des herbes, des arbrisseaux et même des arbres, et, dans ces familles, c'est tantôt le nombre des plantes herbacées et tantôt celui des plantes ligneuses qui l'emportent. Le plus souvent, un genre est entièrement composé de plantes herbacées, ou il l'est sans exception d'espèces ligneuses; cependant on trouve des genres qui comprennent à la fois des espèces ligneuses et des plantes herbacées. D'autres caractères de consistance, quoique beaucoup moins importants, se rencontrent cependant quelquefois, avec une grande constance, dans la même famille; ainsi toutes les Cactées et les Ficoïdes ont une tige succulente, et, à l'exception du Sucre, du Maïs (*Saccharum officinarum, Zea Mays*) et de quelques autres, toutes les Graminées ont une tige fistuleuse (*fistulosus*, *p.* 96).

Ce qui frappe bien plus, dans les tiges, que leur consistance, ce sont leur grosseur et leur élévation. Sans parler des cryptogames, la tige des autres végétaux présente toutes les dimensions, depuis quelques lignes jusqu'à cent trente à cent soixante pieds. En traversant le Rio Claro, rivière de la province de Goyaz, j'aperçus, sur une pierre, une plante qui n'avait pas plus de trois lignes, et que je pris

Leurs dimensions.

d'abord pour une Mousse; c'était cependant une espèce phanérogame pourvue d'organes sexuels comme nos Chênes et nos Hêtres; c'était un *Tristicha*, genre de la famille des Podostémées : à côté de lui des arbres gigantesques élevaient à cent pieds leur cime majestueuse.

Rien n'est également plus variable que la grosseur des tiges. Celles du *Tristicha hypnoïdes* et du *Scirpus acicularis* n'ont que l'épaisseur d'un cheveu; les tiges de plusieurs de nos plantes printanières, du *Chamagrostis minima*, du *Saxifraga Tridactylites*, du *Draba verna*, atteignent tout au plus la grosseur d'un fil, et l'on trouve des *Adansonia* qui ont 60 à 90 pieds de circonférence. La hauteur des tiges est assez généralement en rapport avec leur grosseur. Cependant il est à cette loi une foule d'exceptions. Des *Adansonia* de 50 pieds de circonférence ne s'élèvent pas à plus de 70 pieds. Certaines Cactées, grosses comme la tête d'un enfant, n'ont guère que 6 à 7 pouces de la base au sommet, tandis que des Cuscutes américaines répandent sur l'herbe des savanes leurs tiges longues de deux à trois pieds, semblables à des écheveaux de fils d'or entremêlés; un grand nombre de lianes s'élèvent aussi haut que des arbres au tronc large et vigoureux, et, sans l'appui de ces arbres, leur tige grêle ne pourrait se soutenir.

Ceux qui décrivent les plantes doivent tâcher d'indiquer le terme moyen ou les deux extrêmes de leur grosseur et de leur élévation; c'est une des meilleures manières de les peindre à l'imagination et de les faire reconnaître.

Les grosseurs doivent être désignées par des mesures connues ou des comparaisons; dans ce dernier cas, on prend pour terme le bras de l'homme, la plume de la poule, de l'oie, du corbeau; ou bien encore on appelle capillaires (*capillaceus*) les tiges qui ont l'épaisseur d'un cheveu; sétacées (*setaceus*), l'épaisseur d'une soie; filiformes (*filiformis*), celle d'un fil; souvent aussi on se sert des épithètes d'épais (*crassus*), mince (*tenuis*), débile (*debilis*), qui ne sont que l'expression d'une comparaison générale, et n'ont pas besoin d'explication. Quant à la hauteur des tiges, on l'indique plus généralement par des mesures fixes; cependant on se sert aussi des termes comparatifs et vagues de gigantesque (*giganteus*), grand (*magnus*), médiocre (*mediocris*), petit (*parvus*), humble (*humilis*, *demissus*), nain, très-petit (*pumilus*, *pygmæus*, *nanus*, *pusillus*, *perpusillus*).

Si nous nous contentons de comparer entre elles, d'une manière générale, les tiges annuelles et les vivaces, nous trouverons que leur élévation s'accorde assez communément avec la durée de leur existence; mais la même proportion ne paraît plus se rencontrer parmi les seules tiges ligneuses.

Puisqu'il y a des rapports entre la consistance et la hauteur des tiges; qu'en général les herbes ne s'élèvent pas autant que les arbres; que, d'un autre côté, il existe des familles naturelles, qui ne comprennent que des plantes où la tige est ligneuse, et qu'il en existe d'autres où elle est constamment herbacée, il est évident que, chez ces dernières, le maximum de l'élévation ne sera jamais le même que dans les familles formées de végétaux ligneux. Chez celles qui se composent uniquement d'herbes, les dimensions de la tige ne dépassent généralement point d'assez étroites limites; ainsi il est des groupes dont les espèces ont tout au plus de quelques pouces à deux ou trois pieds, et d'autres où le maximum de grandeur est à peine la taille d'un homme. Quant aux familles de végétaux ligneux, elles peuvent, comme je vous l'ai dit, nous offrir des espèces dont la hauteur atteint jusqu'à 130 ou 160 pieds; mais ces familles ne sont pas, comme celles qui se composent seulement de plantes herbacées, renfermées, pour leurs dimensions, dans d'étroites limites. Celle des Myrtées, par exemple, offre tous les degrés possibles de grandeur, depuis quelques pouces jusqu'à plus de cent pieds; et, dans un même genre, du groupe des Amentacées de Jussieu, nous trouvons le Chêne gigantesque de nos forêts (*Quercus robur* L.), et le *Quercus coccifera*, qui parvient à peine à deux ou trois pieds de haut. Cette différence de dimensions, qui s'observe dans quelques familles de plantes décidément ligneuses, existe aussi chez les Graminées, puisque, parmi elles, on trouve le *Chamagrostis minima*, haut d'un à deux pouces, et des Bambous (*Bambusa*) hauts de 60 pieds; et, cependant, la tige de ces derniers n'est point réellement ligneuse; mais, comme je vous l'ai déjà fait observer, on ne peut pas dire non plus qu'elle soit herbacée. Sous quelque face qu'on envisage la nature, on n'y voit que des nuances, des entrecroisements, jamais rien de tranché.

Leurs formes. Sans avoir autant d'influence que l'élévation ou la grosseur sur l'aspect des tiges, leurs formes contribuent pourtant beaucoup à les faire distinguer entre elles.

Le stipe ou tige simple des monocotylédones arborescentes, des Palmiers et des *Yucca*, par exemple, est en général cylindrique (*cylindricus*); la tige des dicotylédones présente communément un cône ou une pyramide dont l'arête est fort peu inclinée (*caulis conicus*), et il en est de même de celles d'un grand nombre de monocotylédones, surtout quand elles sont rameuses. Quoiqu'une tige aille en diminuant insensiblement de grosseur de la base au sommet, quelquefois cependant on lui donne en français le nom de cylindrique, lorsque ses contours ne présentent aucun angle; mais cette expression est ici peu convenable et devrait être remplacée par celle d'arrondie (*teres*). Une tige peut être comprimée (*compressus*); elle peut être aussi à deux angles aigus et deux faces arrondies, et alors on la désigne en latin par le mot *anceps*. La tige anguleuse (*angulatus*) (*f.* 12) prend le nom de triangulaire, quadrangulaire, etc. (*triangularis, quadrangularis, pentangularis, sexangularis*), lorsqu'elle a trois, quatre, cinq ou six angles aigus, et on lui donne le nom de trigone, tétragone, pentagone (*trigonus, tetragonus, etc.*), quand ses angles sont mousses. Lorsqu'une tige est creusée de sillons, on la dit sillonnée (*sulcatus*), et on l'appelle striée (*striatus*), lorsqu'elle est relevée de petites lignes saillantes et longitudinales; enfin on nomme ailée (*alatus*) celle qui est garnie d'expansions foliacées. Plusieurs Cactées ont une tige arrondie et marquée de côtes comme un Melon. Chez quelques Palmiers, le stipe se renfle vers le milieu; chez d'autres, il se resserre à une petite distance de la base. Le *Barrigudo* ou *Ventru*, arbre des *catingas* de la province des Mines, connu des botanistes sous le nom de *Chorisia ventricosa*, est, comme certaines colonnes, plus renflé au milieu qu'à la base, tandis qu'à sa partie supérieure, il va en diminuant à la manière d'un fuseau; dans toute sa longueur, le tronc qui atteint une grande élévation ne présente pas un seul rameau, et son extrémité seule se termine par un petit nombre de branches presque horizontales. Les énormes troncs d'une espèce de Figuier sauvage (*Ficus*) des forêts de l'Amérique s'étendent en lames obliques qui semblent les soutenir comme des arcs-boutants.

Ces formes remarquables fixent l'attention, dès le premier abord; mais celles qui ne sont pas aussi tranchées, et c'est le plus grand nombre, influent moins sur la physionomie des plantes, et ne contribuent pas autant à les faire distinguer entre elles que des différences de direction.

Je vous ai dit que les tiges tendaient à s'élever vers le ciel; mais elles ne croissent pas toujours dans une direction exactement verticale, ou, pour parler en termes techniques, Leur direction.

elles ne sont pas toujours dressées (*caulis erectus*) ; quelquefois elles sont obliques (*obliquus*) ; plus souvent, après avoir décrit une courbe à leur base, elles se redressent à leur extrémité, et alors on les dit ascendantes (*ascendens*) ; quand, après s'être un peu élevées, elles retombent par débilité, elles sont décombantes (*decumbens*) ; celles qui s'étendent sur la terre et ne se redressent que tout à fait à leur extrémité, sont appelées couchées (*procumbens, prostratus*) ; souvent, étant couchées, elles se fixent à la terre, à l'aide de racines qui s'échappent de leurs nœuds vitaux, et alors on les nomme rampantes (*repens*).

Il arrive souvent qu'une tige, sans ramper sur la terre, est cependant trop faible pour se soutenir d'elle-même. Alors quelque corps qui s'élève au-dessus du sol lui prête son appui, et tantôt elle s'enroule autour de lui en formant une spirale, tantôt elle s'y cramponne, soit à l'aide de racines aériennes, soit par le moyen de vrilles, organes métamorphosés dont je vous entretiendrai plus tard. Dans ce dernier cas, on la dit grimpante (*caulis scandens*) ; dans le premier, on la nomme volubile (*volubilis*). La torsion se fait en deux sens, de gauche à droite ou de droite à gauche (*dextrorsùm, sinistrorsùm volubilis*), en supposant la spirale montante, et sa convexité tournée, à son départ, du côté de l'observateur : le *Convolvulus sepium* (*f.* 28 *a*), comme cela arrive le plus souvent, tourne de gauche à droite ; l'*Humulus Lupulus* (*f.* 28 *b*) de droite à gauche. Il est à remarquer que chacune de ces deux directions reste constamment la même dans chaque espèce, et qu'elle résiste aux efforts que l'on fait pour la changer. Les lianes qui produisent, dans les forêts primitives, les accidents les plus variés, et qui communiquent à ces forêts les beautés les plus pittoresques, sont des plantes ligneuses, les unes grimpantes, les autres volubiles. Ce sont des Bignonées, des *Bauhinia*, des *Cissus*, des Hippocratées, etc. ; et, si toutes ont besoin d'un appui, chacune a pourtant un port qui lui est propre. Quelques lianes ressemblent à des rubans ondulés; d'autres se tordent ou décrivent de larges spirales; elles pendent en festons, serpentent entre les arbres, s'élancent de l'un à l'autre, les enlacent et forment des masses de feuilles et de fleurs où l'observateur a souvent peine à rendre à chaque végétal ce qui lui appartient.

Le Lierre, les Chèvrefeuilles, la Clématite (*Hedera Helix*, *Lonicera Periclymenum*, *Clematis Vitalba*) sont à peu près les seules espèces qui, sous notre climat, représentent les lianes des contrées équinoxiales; mais ils n'en offrent qu'une bien faible image. Au reste, nous trouvons, dans les plantes rampantes de notre Flore, tout humbles qu'elles sont, des sujets d'étude assez intéressants pour nous dédommager de la privation d'une végétation plus pompeuse. Je vais vous faire connaître la vie de ces plantes par des exemples empruntés à quelques-unes d'entre elles qui croissent, pour ainsi dire, sous nos pas.

Histoire des plantes rampantes.

La Lysimaque monnoyère (*Lysimachia nummularia*), si commune dans les fossés et les bois humides, a de longues tiges rampantes et tout à fait couchées, garnies de feuilles arrondies auxquelles elle doit son nom. Après la floraison, la tige continue à croître; mais les feuilles qu'elle émet alors sont beaucoup plus petites et plus rapprochées que celles qui accompagnent les fleurs. Des fibres radicales accessoires, fort nombreuses, naissent au-dessous de ces feuilles, et fixent à la terre la pousse de l'année, ainsi que l'avait été celle de l'année précédente. Mais, tandis que la tige s'étend d'un côté, la portion opposée, due aux pousses les plus anciennes, se dessèche et s'oblitère. Ainsi, chaque année, la plante va toujours s'avançant d'un côté, tandis qu'elle se détruit du côté opposé, et, au bout d'un certain nombre d'années, il ne restera plus rien des pousses primitives.

C'est toujours une Lysimaque monnoyère, mais ce n'est plus celle qui était sortie de la graine. Cependant, tandis qu'elle s'allongeait, la tige a successivement émis des rameaux qui ont végété comme elle ; lorsque la partie de la plante qui les portait vient à se dessécher, leur base se dessèche également, alors ils n'ont plus rien de commun avec la plante-mère, ils en sont séparés et vivent d'une vie qui leur est propre ; à leur tour, ils donnent naissance à d'autres rameaux qui se détacheront également d'eux, et, par cette multiplication, qui se fait en progression géométrique, un seul pied de Lysimaque pourrait, indépendamment des multiplications par graines, couvrir en peu d'années d'individus distincts un espace de terrain extrêmement considérable.

La végétation du *Glechoma hederacea*, ou Lierre terrestre, plante qui fleurit au printemps, et est commune le long des haies, diffère peu de celle de la Lysimaque monnoyère. Sa tige et ses rameaux sont rampants ; mais, au moment de la floraison, ils ont l'extrémité redressée. Après cette époque, ils prennent un accroissement sensible ; entraînés par leur poids, ils se couchent sur la terre, et, dans l'espace de quelques mois, ils s'allongent souvent de plus de deux pieds. Les feuilles qui naissent après celles qui accompagnaient les fleurs sont plus grandes et plus écartées ; ensuite il en paraît d'autres, plus écartées encore, qui insensiblement diminuent de grandeur, et d'autres enfin, toujours plus petites et plus rapprochées, qui, quelquefois même, ne se développent qu'imparfaitement. D'abord, au-dessous de celles-ci, et ensuite au-dessous des précédentes, il pousse des fibres radicales accessoires qui garantissent pour l'avenir une vie particulière aux rameaux et aux extrémités des tiges, tandis que d'autres rameaux plus anciens se séparent de la plante-mère en se desséchant vers leur base, et forment ainsi des individus distincts. Ici finit, en quelque sorte, l'histoire de la végétation de chaque année. Au printemps qui suit, l'extrémité couchée des tiges et des branches émet des jets redressés destinés à porter des fleurs ; ces jets se coucheront ensuite et s'allongeront comme les précédents, et il sort, pour multiplier la plante, de nouveaux rameaux de l'aisselle des anciennes feuilles qui ont persisté pendant l'hiver.

Tout le monde a indiqué, avec raison, une tige rampante dans la Véronique officinale (*Veronica officinalis*) qui végète, à quelques nuances près, comme le Lierre terrestre et la Lysimaque monnoyère ; mais on s'est trompé lorsqu'on a dit, sans aucune explication, que la Véronique petit-chêne (*Veronica Chamædrys*), plante commune dans nos bois, avait une tige droite. Ce qu'on a indiqué comme une tige entière n'est réellement que la partie supérieure de la plante. Cette partie dressée est précédée d'une autre qui rampe sur la terre, et offre, à de courts intervalles, des vestiges de feuilles desséchées et des fibres radicales. Avec un peu d'attention, on se convaincra bientôt que la partie rampante est la pousse de l'autre printemps précédée des restes de la végétation d'une troisième année plus ancienne, et l'on en conclura qu'après la floraison la partie actuellement redressée se couchera à son tour, pour donner, au printemps suivant, naissance à un prolongement également redressé. D'après ceci, il est clair qu'au bout de trois ans, s'il y a toujours une Véronique, du moins il ne reste plus rien de la plante primitive ; et ensuite, chaque année, une pousse nouvelle se développe, tandis qu'une plus ancienne s'oblitère.

Après trois années, il ne subsiste également rien d'une pousse de *Veronica officinalis*, et d'autres observations tendent à me prouver qu'il en est de même de toutes les plantes rampantes et progressives.

§ II. *Des tiges souterraines ou rhizomes.*

Ce qui distingue les tiges souterraines des racines.

Les tiges rampantes me conduisent naturellement à vous parler des tiges souterraines ou rhizomes (*rhizoma*) qui se nuancent avec elles. Ces dernières ont été longtemps prises pour des racines, parce qu'elles croissent sous la terre. Mais, comme je vous l'ai déjà fait observer (*p.* 79), il est contraire à toutes les règles de la logique de déclarer que deux parties sont différentes parce qu'elles croissent dans deux milieux différents; or je trouve, sur les prétendues racines dont il s'agit, des organes appendiculaires foliacés, ou même les débris des feuilles qui se sont développées au-dessus du sol; donc, ce sont de véritables tiges. A la vérité, les nœuds des tiges souterraines donnent naissance à des fibres radicales; mais il en naît également des tiges rampantes, et personne pour cela ne s'est avisé de faire de ces dernières des racines. Certaines tiges souterraines sont presque superficielles; si, par la pensée, vous les élevez de quelques lignes, vous avez une tige rampante, et enfin, d'un même pied de *Lycopus Europæus*, il naît à la fois des rameaux simplement rampants et d'autres souterrains.

Les tiges souterraines distinguées entre elles par leur direction ou leur ressemblance avec les tiges ordinaires et les racines, par leur forme et leur consistance.

On peut distinguer les tiges souterraines d'après leur position perpendiculaire, oblique ou horizontale (*caulis subterraneus perpendicularis, obliquus, horizontalis*); d'après leur ressemblance plus ou moins grande avec une tige ordinaire ou une racine (*caulis subterraneus cauliformis, radiciformis*); d'après leur forme cylindrique ou conique (*cylindricus, conicus*), et enfin d'après leur consistance.

Mais la végétation des organes appendiculaires des tiges souterraines ne s'opère pas toujours de la même manière, et c'est là ce qui établit entre elles la principale différence. En effet, tantôt on ne trouve sur la tige souterraine que des débris de feuilles qui se sont développées au-dessus du sol, et tantôt on n'y voit que des feuilles avortées qui, nées dans la terre, se présentent sous la forme d'écailles. Des exemples encore empruntés à des plantes très-communes vous feront sentir la différence.

Tiges souterraines dont les fleurs se développent au-dessus du sol; celles dont les organes foliacés restent sous la terre.

Histoire des tiges souterraines dont les feuilles se développent au-dessus du sol.

Au sommet de la prétendue racine du *Primula officinalis* (*f.* 22), on voit un bouquet de feuilles qui s'étale sur la terre; au centre du bouquet se trouve le bourgeon qui se développera l'année suivante, et, à l'aisselle d'une ou de plusieurs des feuilles actuelles, naît un pédoncule florifère. Après la floraison, les feuilles se dessèchent, mais leur base reste sur la tige, et des fibres radicales accessoires naissent à leur aisselle. Chaque année, la tige s'allonge sous la terre, de l'espace qu'occupaient les feuilles desséchées, mais en même temps son extrémité opposée s'oblitère peu à peu, et cette destruction a dû nécessairement commencer par la véritable racine, celle qui s'est montrée après la germination.

Beaucoup de plantes aquatiques végètent comme le *Primula officinalis.* Je me contenterai de vous citer le *Menianthes trifoliata* ou Trèfle d'eau, et le *Butomus umbellatus* ou Jonc fleuri.

Ce qu'on appelle tige dans la première de ces plantes (*f.* 23) est un pédoncule axillaire; ce qu'on a appelé racine est une véritable tige qui, dans toute sa longueur, a porté des feuilles dont on voit très-distinctement la place, qui, vers son sommet, porte encore les débris du pétiole des feuilles moins anciennes, et dont l'extrémité est terminée par les nouvelles. Les feuilles ont de longs pétioles engaînants à leur base, qui est très-élargie, et qui non-seulement embrasse tout le tour de la tige, mais encore revient un peu sur elle-même; aussi la trace que les feuilles laissent sur la tige forme-t-elle une espèce de bourrelet annulaire, plus élargi d'un côté que de l'autre. Les racines véritables sont de longs filets cylindriques, ordinairement simples, qui partent des nœuds vitaux.

La prétendue tige du *Butomus umbellatus* est encore un pédoncule ou rameau florifère qui naît à l'aisselle d'une feuille. La tige véritable est souterraine et rampante; de sa surface inférieure, elle projette un grand nombre de racines accessoires, et, à sa surface supérieure, elle donne naissance aux feuilles disposées sur deux rangs. Un bourgeon terminal, en se développant, allonge la tige chaque année, tandis qu'elle s'oblitère peu à peu par l'extrémité opposée.

La destruction successive de l'un des bouts des tiges souterraines, dont je viens de vous entretenir, le fait paraître comme tronqué ou rongé avec les dents; et de là le nom de *radix præmorsa* (*f.* 22), racine mordue, que les anciens botanistes avaient donné aux tiges dont il s'agit.

Jusqu'à présent je vous ai entretenus des tiges souterraines, dont toutes les feuilles se sont montrées à la surface du sol et qui en portent les débris. Je vais à présent vous faire connaître celles dont les feuilles restent tout entières sous le sol même, et sont réduites à l'état d'écailles. Ici encore, des exemples me feront mieux comprendre.

Histoire des tiges dont les feuilles restent rudimentaires sous le sol.

On a dit que le *Scirpus palustris* (*f.* 24), plante de nos marais, avait une racine rampante d'où naissaient des tiges en touffe. Lorsqu'on arrache la plante dans le moment de la floraison, on trouve, au milieu de la touffe de tiges un bourgeon assez épais, revêtu d'écailles et continu avec la prétendue racine. Ce bourgeon commence à se développer souvent même à l'époque de la floraison, et il prolonge la racine en suivant la même direction. De distance en distance il est articulé, et, à chaque articulation ou nœud, il émet une écaille engaînante, comme le sont toutes les feuilles des Cypéracées, famille à laquelle appartient la plante dont il s'agit. On voit que nous avons ici des organes foliacés ;

donc la partie prise pour une racine est une tige. Les racines véritables sont des fibres qui naissent des articulations, et les prétendues tiges sont des pédoncules axillaires. Chaque année un nouveau bourgeon se développe, et la prétendue racine se trouve composée d'une suite de développements appartenant à plusieurs années, et résultant chacun d'un bourgeon terminal.

Ici je ne puis m'empêcher de vous faire observer combien a été négligée, jusqu'à ces derniers temps, la botanique comparée. On a dit d'une partie des espèces du genre *Scirpus* qu'elles avaient, comme le *Scirpus palustris*, des racines rampantes (*f.* 24); et des autres, qu'elles avaient des racines fibreuses, comme, par exemple, le *Scirpus multicaulis* (*f.* 25). La seule différence qu'il y ait entre ces deux plantes consiste en ce que, dans la première, une touffe de pédoncules fleuris est précédée d'un grand nombre d'articulations fort écartées, ce qui a dû nécessairement produire de très-longues souches; tandis que, chez le *Scirpus multicaulis*, les nœuds sont très-rapprochés, la tige, par conséquent fort courte, et les pédoncules florifères, ainsi que les fibres radicales, en espèce de faisceau.

Vous avez vu qu'un grand nombre de tiges souterraines, dont les feuilles sont épigées (*folia epigæa*), ou placées au-dessus du sol, se prolongent à l'aide d'un bourgeon feuillé qui peut les continuer indéfiniment, c'est-à-dire qu'elles sont indéterminées (*c. subterr. indeterminatus*). Les tiges des *Scirpus* et autres plantes analogues ont aussi un bourgeon terminal, et diffèrent seulement des premières, en ce que leurs organes foliacés restent au-dessous du sol ou sont hypogés (*f. hypogæa*).

Tiges souterraines indéterminées.

Je vais vous faire connaître à présent la végétation des plantes dont la tige souterraine, se terminant par des fleurs, ne peut, par conséquent, être indéfiniment prolongée et

Tiges souterraines déterminées; leur histoire.

doit être dite déterminée (*c. subterr. determinatus*). Que nous cueillions un *Carex* (ex., *Carex divisa, f.* 26), nous avons une tige feuillée à la base et couronnée par un ou plusieurs épis de fleurs : ici la plante doit finir. Si je l'arrache, je trouve la partie aérienne de la tige précédée d'une autre partie qui rampe sous la terre, chargée à ses nœuds de fibres radicales et d'écailles foliacées. Des bourgeons également écailleux naissent de l'aisselle de ces dernières ; ils s'étendent dans la terre jusqu'au printemps de l'année suivante, et alors ils s'élèvent au-dessus du sol, en formant des jets dressés dont les feuilles se nuancent avec les écailles de la partie souterraine. Bientôt, cependant, ces feuilles se dessèchent ; mais au milieu d'elles était un bourgeon qui se développe, l'année d'après, pour produire des feuilles à sa base et des fleurs à son sommet. Celles-ci mettent un terme à la végétation de l'individu ; mais il se perpétue par le moyen des bourgeons qui naissent de sa base. D'après tout ce que je viens de vous dire, il est clair que, lorsqu'on arrache au printemps une touffe de *Carex*, on la trouve composée de pousses ou rameaux souterrains de l'année ; de rameaux de deux ans, souterrains à la base et terminés par une partie épigée garnie de feuilles ; de rameaux de trois ans, en partie souterrains et terminés par des fleurs ; enfin des restes de rameaux plus anciens privés de vie et s'acheminant vers la destruction. Il ne faut pas croire que la végétation que je viens de vous faire connaître appartienne aux seuls *Carex* ; elle est celle d'une foule d'autres monocotylédones auxquelles on a attribué des racines rampantes ; elle est même celle de beaucoup d'espèces de la même classe dont on a dit que les racines étaient fibreuses et qui diffèrent des premières uniquement parce que leurs rameaux souterrains sont fort courts et leurs fibres radicales, par conséquent, fort rapprochées.

Aux exemples de tiges souterraines que je viens de vous donner, je vais en ajouter un troisième, qui nous présentera encore un autre mode de végétation. Je l'emprunterai à une dicotylédone, l'*Euphorbia dulcis* (*f.* 27), espèce assez commune dans les bois de la France. On a dit que cette espèce avait une tige droite ; mais la partie que nous voyons au-dessus du sol n'est réellement que l'extrémité d'une autre partie continue avec elle, qui végète sous la terre, pourvue à la fois de nœuds vitaux, d'écailles foliacées et de fibres radicales. Lorsque la plante est en fleurs, on trouve à la base de la portion aérienne et dressée de sa tige, du côté opposé à la partie souterraine, un bourgeon écailleux et axillaire, qui s'étend sous la terre, émet des fibres radicales, et, l'année suivante, se prolonge à son tour en une autre tige aérienne. Celle-ci meurt, comme sa mère, après la floraison ; mais la plante se perpétue toujours de la même manière par des bourgeons axillaires qui parcourent toutes les phases de leur existence dans l'intervalle compris entre deux printemps ; et, lorsque l'on arrache avec précaution un pied d'*Euphorbia dulcis*, on trouve sa prétendue racine rampante formée d'une suite de souches dont chacune se termine par la base de la partie dressée et aérienne qui portait les fleurs. Ces souches ne sont autre chose que des rameaux nés les uns des autres, et puisque chacun a vécu une année, on pourrait, si aucun ne se détruisait, calculer, par leur nombre, l'âge de la plante, depuis le moment de sa germination jusqu'à celui où on l'a arrachée.

Tout ce que je vous ai dit ici de l'*Euphorbia dulcis* ne lui est point particulier, mais se retrouve, à de légères nuances près, dans une foule de dicotylédones.

Je vous ai indiqué les différences qui s'observent dans les tiges souterraines ou rhizomes : si les unes, comme vous l'avez vu, offrent des feuilles toutes épigées ; d'autres

Comparaison des diverses espèces de tiges souterraines.

ont des organes appendiculaires, tous cachés sous le sol, et il en est qui portent à leur base souterraine des feuilles décolorées et rudimentaires, tandis qu'à leur extrémité supérieure elles donnent naissance à des feuilles étalées sur la terre et parfaitement développées ; tant il est vrai que partout nous ne trouvons que des nuances. D'un autre côté, pour peu que nous comparions entre eux les trois modes de végétation qu'indépendamment de la nature des feuilles je vous ai fait connaître chez les tiges dont il s'agit, nous trouverons que celle de l'*Euphorbia dulcis* (*f.* 27) et des autres dicotylédones analogues est annuelle, et que, dans leur prétendue racine vivace, il n'y a réellement de vivant que la pousse actuellement fleurie, avec le bourgeon qui achèvera son développement l'année suivante ; nous trouverons que les *Carex* (*f.* 26) et beaucoup d'autres monocotylédones parcourent en trois années les phases de leur existence, et enfin que les *Scirpus* (*f.* 24, 25), les *Primula* (*f.* 22), le *Menianthes* (*f.* 23), dont les fleurs sont axillaires et le bourgeon terminal, peuvent se prolonger indéfiniment. L'*Euphorbia dulcis* (*f.* 27), les *Carex* (*f.* 26), et autres plantes de même sorte, ont, comme je vous l'ai dit, des tiges déterminées dont la végétation est limitée par l'apparition de la fleur ; les *Scirpus* ont une tige indéterminée. Une souche souterraine de l'*Euphorbia dulcis* offre une suite de générations nées les unes des autres ; la souche du *Scirpus* ou du *Primula* peut être la continuation indéfinie de la première génération.

Comparaison des tiges souterraines avec les aériennes.

Ces dernières plantes et leurs analogues végètent à peu près de la même manière que le stipe des Palmiers et des *Yucca* qui s'allonge par le moyen d'un bourgeon terminal toujours feuillé, tandis que l'*Euphorbia dulcis* et les *Carex* végètent presque comme les plantes à tiges aériennes, annuelles et bisannuelles.

§ III. *Des bulbes, des tubercules et des tubérosités.*

Une foule de botanistes ont aussi rangé parmi les racines les bulbes (*bulbus*) et les tubercules (*tubera*) que l'on trouve sous la terre comme les véritables racines. Examinons jusqu'à quel point cette opinion est fondée.

Une bulbe est un corps plus ou moins arrondi, composé 1° d'un plateau charnu et un peu conique qui inférieurement donne naissance à des racines ; 2° de tuniques charnues portées par le plateau et serrées les unes contre les autres ; 3° d'un bourgeon ou gemme, plus ou moins central, également porté par le plateau, protégé par les tuniques et formé de feuilles et de fleurs rudimentaires (ex. *Narcissus Tazetta*, *f*. 29). Ce que sont les bulbes.

Il est clair que nous avons ici, avec des racines, un axe et des organes appendiculaires ; donc la bulbe n'est point une racine ; c'est une plante entière, formée, comme toutes les autres, de deux systèmes, l'un descendant et l'autre supérieur, et puisque le plateau porte des tuniques, des feuilles et des fleurs, c'est une véritable tige. Cette tige a peu de hauteur, sans doute ; mais la nature nous offre, comme je vous l'ai dit, des tiges de toutes les grandeurs, et si des différences de dimension modifient un organe, elles ne suffisent point pour en changer la nature. Supposons un instant que, par la pensée, nous refoulions sur elle-même une tige quelconque ou, encore mieux, une tige souterraine, elle s'élargira, les entre-nœuds se raccourciront, les feuilles se rapprocheront, les anciennes desséchées couvriront les nouvelles, et nous aurons une bulbe.

De même que nous avons des tiges souterraines proprement dites qui peuvent se continuer indéfiniment par le moyen d'un bourgeon terminal, feuillé, et d'autres tiges également souterraines qui ne durent qu'un temps limité,

Bulbes déterminées et indéterminées.

parce que des fleurs terminales mettent un terme à leur existence ; de même aussi nous avons des bulbes qui peuvent durer indéfiniment, parce que leur inflorescence est latérale, et nous en avons d'autres qui, ayant une inflorescence terminale, ne subsistent qu'un temps limité. Nous avons, pour m'exprimer en termes techniques, des tiges souterraines et des bulbes déterminées (*bulbi determinati*), des tiges souterraines et des bulbes indéterminées (*bulbi indeterminati*).

Je vous ai offert des exemples de tiges souterraines des deux espèces; pour vous faire mieux comprendre la nature des bulbes, je vous donnerai actuellement un exemple des développements successifs de la bulbe déterminée et un exemple de celle dont l'existence peut se prolonger indéfiniment, fournissant toujours latéralement des fleurs et des fruits.

Exemple de la bulbe indéterminée.

La bulbe du *Galanthus nivalis* ou Perce-neige(*f.* 30, 31) a la forme d'une poire, et présente à son centre deux feuilles et un support chargé de fleurs. Si nous la disséquons, nous trouvons sous les tuniques extérieures brunes, membraneuses et desséchées, deux autres tuniques fraîches, succulentes, qui sont cylindriques, sans aucune fente et parfaitement embrassantes; enfin, après celles-ci, il y en a une troisième qui, fendue d'un côté et seulement demi-cylindrique, n'embrasse qu'à demi la pousse de l'année qui vient ensuite. Cette pousse est composée d'une gaîne fort longue, des deux feuilles embrassées par la gaîne et du support des fleurs placé entre les deux feuilles. La gaîne est entière, embrassante dans toute sa longueur, membraneuse au sommet et charnue à son origine; la première feuille, plane dans presque toute sa longueur, présente cependant à sa base une petite gaîne entière qui embrasse parfaitement la base de la feuille la plus intérieure; celle-ci n'offre qu'une gaîne incomplète qui enveloppe seulement la moitié de la base du support des fleurs, et enfin, tout à fait au centre, sur le sommet du plateau de la bulbe, on aperçoit la gemme feuillée qui se développera l'année suivante, et est destinée à perpétuer la plante. En comparant la pousse de l'année avec les trois tuniques qui l'enveloppent, il est impossible de ne pas reconnaître, dans la première de ces tuniques, la base d'une gaîne semblable à celle de la pousse actuelle ; dans la seconde tunique également embrassante, la base aussi embrassante de la première feuille ; et enfin, dans la troisième tunique semi-embrassante, la base semi-embrassante de la troisième feuille. Il est donc évident que les trois tuniques fraîches de la bulbe du *Galanthus nivalis* appartenaient à la pousse de l'année précédente, et qu'elles formaient la base de sa gaîne et de ses deux feuilles, ou, pour mieux dire, de ses trois feuilles, car la gaîne n'est réellement qu'une feuille avortée. Il est clair aussi que les tuniques extérieures membraneuses et desséchées appartiennent à une troisième année, et, par conséquent, la bulbe du *Galanthus nivalis* se trouve entièrement renouvelée tous les trois ans. Enfin, puisque le plateau de la bulbe se termine par un bourgeon feuillé, il est évident encore que le support des fleurs est un rameau latéral né à l'aisselle d'une des deux feuilles.

Je passe actuellement à un exemple de bulbe déterminée. Exemple de la bulbe déterminée.
Si j'arrache, dans le moment de la floraison, un pied de Tulipe sauvage (*Tulipa sylvestris*), je trouve une bulbe allongée et en forme de poire de laquelle sort la tige qui est feuillée, et se termine par une fleur jaune. En disséquant cette bulbe, je la trouve composée de quatre tuniques, dont deux extérieures sont très-brunes et desséchées, et dont les deux intérieures, coriaces et membraneuses, sont sur le point de se dessécher aussi. Au centre de la bulbe vient la tige continue avec le sommet du plateau qui n'est véritablement que sa

base, et comme cette tige se termine par la fleur, il est bien clair que la bulbe, après la floraison, doit périr sans retour. Cependant la nature la perpétue à l'aide d'un bourgeon latéral ou caïeu (*bulbulus*) qui se développe sous la tunique la plus intérieure, à côté de la tige, et qui, étant très-gros, forme à lui seul la masse presque entière de la bulbe. Ce caïeu se compose de deux feuilles rudimentaires ou tuniques parfaitement engaînantes, l'une membraneuse, l'autre charnue, et d'une masse centrale, composée d'autres tuniques entièrement soudées, non-seulement entre elles, mais encore avec la jeune tige. Après la floraison, la plante mère se détruit; le caïeu s'en détache; il commence à jouir d'une vie particulière, et, au printemps d'après, il se développe.

Comparaison des bulbes déterminées et indéterminées avec les deux mêmes espèces de tiges souterraines.

Vous voyez, par l'exemple de la Tulipe sauvage, que la bulbe déterminée végète absolument comme la tige souterraine et déterminée des *Carex*, de l'*Euphorbia dulcis* et de tant d'autres espèces; qu'elle vit un temps limité; qu'elle périt ensuite sans retour, mais qu'elle se perpétue toujours par des productions latérales, véritables rameaux axillaires. Par l'exemple du *Galanthus nivalis*, vous voyez, au contraire, que sa bulbe indéterminée, comme la tige des *Scirpus* et autres plantes analogues et comme celle des plantes rampantes, peut se perpétuer indéfiniment par le bourgeon feuillé et terminal. Il serait même possible que la bulbe du *Galanthus nivalis*, la tige souterraine du *Scirpus palustris*, la tige rampante du *Glechoma*, que nous pouvons trouver dans un de nos bois, fussent la continuation toujours immédiate de la première de ces plantes qui a paru sur notre globe; tandis que nous ne pouvons arracher une bulbe déterminée de Tulipe sauvage ou une tige déterminée d'*Euphorbia dulcis*, qui, si elles ne proviennent pas de graines restées longtemps stationnaires, ne soient le résultat d'autant de générations successives que l'on peut compter d'années depuis la création de la première Tulipe ou du premier pied d'*Euphorbia dulcis*.

Comparaison des bulbes avec les Palmiers.

On a comparé la végétation des bulbes avec celle des Palmiers ; mais cette comparaison est tout à fait inexacte, lorsqu'il s'agit de bulbes déterminées ; puisque les Palmiers ont des tiges indéterminées, et se continuent indéfiniment par leur bourgeon feuillé et terminal, tandis que la fleur, qui se montre bientôt chez les bulbes déterminées, borne leur existence à un temps fixe. Au contraire, si, comme nous l'avons vu (p. 112), les tiges souterraines et indéterminées peuvent déjà s'assimiler aux Palmiers pour leur manière de végéter, à plus forte raison peut-on comparer à ceux-ci les bulbes indéterminées ; car ces bulbes ont toujours une position verticale comme les Palmiers, tandis que les tiges souterraines et indéterminées prennent le plus souvent une direction horizontale. Tous les Palmiers n'ont pas 60 et 70 pieds de hauteur ; on en voit qui n'en ont que dix ou même deux ou trois ; enfin il en existe sur la côte du Brésil une espèce appelée *Guriri* (*Allagoptera* Neuw. Schrad. *Diplothemum* Mart.), dont la tige est entièrement souterraine, dont les feuilles fort petites sont étalées sur la terre, et dont le régime est réduit aux dimensions d'un épi de Maïs : la végétation de ce Palmier est, à de légères nuances près, celle de la Jacinthe (*Hyacinthus orientalis*). D'après tout ce que je viens de vous dire, vous voyez que, quant à la manière de végéter, il y a plus de rapport entre la Jacinthe et un Palmier qu'entre elle et la Tulipe.

Différence entre la végétation des bulbes et des tiges souterraines indéterminées et celle des Palmiers.

Il y a cependant une différence que je dois vous signaler, entre la végétation des bulbes indéterminées, celle des tiges souterraines et horizontales également indéterminées, et celle des Palmiers. A mesure que les tiges souterraines et les bulbes se prolongent, les parties anciennes se détruisent, tandis que la partie nouvelle, favorisée par le milieu où elle vit, émet des racines qui lui assurent une vie particulière : chez les Palmiers au contraire les racines persistent.

Différence entre la végétation des tiges souterraines indéterminées et celle des bulbes indéterminées.

Je dois aussi vous signaler une différence entre la végétation des tiges souterraines indéterminées et celle des bulbes également indéterminées. Chez les unes et les autres, de nouvelles parties se forment, comme vous l'avez vu, pendant que les plus anciennes se détruisent, et la plante se trouve entièrement renouvelée au bout de trois ans. Mais les tiges souterraines indéterminées, détruites par une extrémité, prolongées par l'autre, vont toujours changeant de place, dans le sens de l'horizon, et les bulbes indéterminées, au contraire, se détruisant par tous les points de la circonférence, à mesure qu'elles augmentent par le centre, restent dans la même direction verticale. Les bulbes déterminées sont les seules qui, se propageant par des bourgeons ou caïeux latéraux, changent de place dans le sens horizontal, mais chaque année, du court espace seulement qui se trouve entre la circonférence de la bulbe et le point presque central où naît le caïeu, c'est-à-dire à peu près du demi-diamètre de la plante mère.

La bulbe déterminée non développée et la bulbe indéterminée de l'année sont des bourgeons; la bulbe indéterminée qui a fleuri n'en est pas un.

On a dit que les bulbes étaient des bourgeons. Cela est très-vrai pour les bulbes déterminées non développées et les bulbes indéterminées de l'année, puisque les bourgeons sont, comme ces bulbes, le rudiment d'une tige et de ses organes appendiculaires. Mais une bulbe indéterminée qui a déjà fleuri n'est plus un bourgeon seulement ; c'est un bourgeon porté par une tige qui a porté des feuilles. Ce n'est pas plus un bourgeon que le Palmier de plusieurs années n'en est un lui-même.

Tuniques.

Jusqu'ici je ne vous ai parlé qu'occasionnellement des tuniques des bulbes. Cependant vous avez pu voir que celles de la bulbe du *Tulipa sylvestris* étaient des rudiments de feuilles, et que celles du *Galanthus nivalis* étaient des bases de feuilles dont la partie supérieure s'est oblitérée. Telle est la nature des tuniques de toutes les bulbes : ce sont ou des feuilles rudimentaires, ou la base épaissie et persistante des anciennes feuilles. Toutes les tuniques d'une bulbe, ou du moins une partie d'entre elles, commencent par être charnues, ou féculentes, et l'on peut les considérer comme des réservoirs de matières nutritives destinés à alimenter le jeune bourgeon qu'elles protégent.

Forme des bulbes.

Toutes les bulbes n'ont pas la même forme. Les unes sont presque globuleuses (*bulbus subglobosus*); d'autres sont ovoïdes ou allongées (*ovatus, elongatus*) ; d'autres ont la forme d'une toupie (*bulbus turbinatus*); et quelques-unes enfin celle d'une cloche (*bulbus campaniformis*).

Les bulbes classées d'après la nature de leurs tuniques.

La nature des tuniques établit aussi entre les bulbes des différences fort sensibles. Lorsque les tuniques, comme dans l'Oignon et la Jacinthe (*Allium Cepa, Hyacinthus orientalis*), naissent de cercles concentriques, embrassent toute la périphérie du plateau, ou au moins une grande partie de cette périphérie, et s'enveloppent les unes les autres, la bulbe prend le nom de tuniquée (*bulbus tunicatus*) (*f.* 29, 31); on l'appelle écailleuse (*bulbus squamosus*), quand elle se compose, comme celle du Lis, d'écailles étroites qui se recouvrent à la manière des tuiles d'un toit, et n'occupent chacune, dans la périphérie du plateau, qu'un espace peu considérable (ex. *Lilium candidissimum* *f.* 32) ; enfin la bulbe est réticulée (*reticulatus*), quand les tuniques, probablement par la destruction d'une partie de leur substance, présentent une sorte de réseau fibreux et à jour.

Bulbes solides.

Les trois espèces de bulbes que je viens de vous faire connaître s'appellent du nom commun de bulbes feuillées (*bulbus foliosus*), parce qu'elles se composent d'organes foliacés parfaitement distincts. Il en est d'autres que, par opposition à ces dernières, on appelle solides (*bulbus solidus*), et que je vais vous faire connaître à leur tour.

Je vous ai dit que, dans le caïeu de la Tulipe sauvage (*T. sylvestris*), les tuniques intérieures, soudées avec la tige, ne formaient qu'un seul tout ; mais vous avez vu que, dans le cours du développement de la plante, ces parties se dessoudaient et devenaient distinctes. Chez certaines bulbes, la séparation n'a jamais lieu que pour les tuniques extérieures, les intérieures ne se séparent point, et ces dernières, unies avec la base de la tige, présentent une masse épaisse et compacte; ce sont là les bulbes solides. La Tulipe n'est pas la seule plante qui tende à nuancer ces bulbes avec les feuillées. Il est entre les deux sortes de bulbes une foule d'autres passages : je me contenterai de vous citer les *Ornithogalum nutans* L. et *umbellatum* L., plantes printanières de notre pays, qui présentent, chez leurs bulbes, des tuniques dont les limites se reconnaissent facilement, quoiqu'on ne puisse, sans déchirement, séparer l'une d'elles de sa voisine.

Chez certaines bulbes solides et déterminées, celle du Safran (*Crocus sativus*), par exemple (*f.* 33), où la soudure des parties permet difficilement, à l'aisselle des tuniques, le développement du bourgeon latéral, celui-ci ne se montre communément que tout à fait au sommet de la bulbe : là, n'éprouvant aucune gêne, il croît, s'étend, devient bulbe à son tour, et bientôt aussi large que la plante-mère, il semble placé sur elle comme un grain de chapelet sur un autre grain ; cependant, à mesure qu'il grossit, la bulbe mère se fane, se détruit, et après la floraison de la seconde bulbe, un bourgeon se développe au sommet de celle-ci pour la remplacer elle-même l'année suivante. Cette succession de bulbes qui naissent ainsi les unes sur les autres leur a fait donner le nom très-expressif de bulbes superposées (*bulbi superpositi*).

Bulbes solides superposées.

Bulbes solides non superposées.

Il ne faut pas croire que toutes les bulbes solides et déterminées se multiplient par superposition. Il en est, la Colchique d'automne (*Colchicum autumnale*), par exemple, chez lesquelles le bourgeon axillaire se développe à l'aisselle des tuniques extérieures non soudées, et qui, par conséquent, se propagent de la même manière que les bulbes déterminées et tuniquées. Ces dernières, comme on l'a vu, se succèdent dans le sens de l'horizon; les superposées dans le sens vertical.

Dans quelles classes de plantes se trouvent les bulbes tuniquées et solides.

Les bulbes feuillées se trouvent uniquement chez les monocotylédones; et, dans cette grande classe, l'on n'en voit guère hors du groupe des Liliacées, tel qu'il avait été conçu par Tournefort. Il existe, au contraire, des bulbes solides, non-seulement chez les monocotylédones, mais encore chez les dicotylédones.

Les bulbes solides qui présentent une masse compacte forment le passage des bulbes proprement dites aux tubercules et aux tubérosités.

Ce qu'on a généralement appelé tubercules et tubérosités.

On a généralement appelé ainsi tous les corps renflés, charnus ou féculents, que l'on a trouvés dans la terre; mais, sous ces noms, l'on a confondu des parties souvent fort différentes.

Tubercules appartenant à la tige ou aux rameaux.

Toutes les fois que nous voyons, sur le tubercule, des bourgeons et des organes foliacés disposés symétriquement et plus ou moins rudimentaires, nous devons dire, sans aucune hésitation, qu'il appartient à la tige ou aux rameaux; mais dans ce cas-là même, tous les tubercules ne sont pas identiques. Ainsi la Pomme de terre (*f.* 141) et le Topinambour (*Solanum tuberosum*, *Helianthus tuberosus*) sont, comme je vous le dirai plus tard, des extrémités renflées de rameaux souterrains; on doit voir, dans les tubercules de l'*Orobus tuberosus* ou du *Phleum nodosum*, la base des entre-nœuds d'une tige souterraine, et, au contraire, les tubercules de l'*Adoxa moschatellina* sont des sommets d'entre-nœuds augmentés de la base des pétioles avortés.

Quand nous ne trouvons point d'organes foliacés sur un renflement souterrain, nous devrions, ce semble, pouvoir dire toujours qu'il appartient à la racine; cependant d'habiles botanistes pensent qu'il n'en est pas ainsi, et, dans cette circonstance encore, nous aurions une preuve de l'impossibilité de donner des définitions applicables à tous les cas, impossibilité due nécessairement à des transitions qui, en quelque sorte, fondent entre eux les organes des plantes, comme d'autres transitions fondent les genres et les familles. Dans les racines à base multiple ou celles qui se ramifient beaucoup, les renflements appartiennent sans aucun doute à des fibres radicales fort développées, ainsi qu'on en peut voir des exemples dans le *Ficaria Ranunculus* (*f.* 17), l'*Asphodelus ramosus*, le *Convolvulus Batatas*. Mais lorsque le renflement souterrain est simple et solitaire, comme dans le *Cyclamen europæum* (*f.* 166), le *Corydalis bulbosa*, le *Raphanus sativus*, etc., la même certitude n'existe plus. Je vous ai dit que les cotylédons n'étaient pas nécessairement la limite de la tige et de la racine, et vous en aurez une preuve suffisante en examinant le Haricot (*Phaseolus vulgaris*) à la première époque de sa vie; car alors vous verrez ses feuilles primordiales élevées au-dessus du sol par un axe de plusieurs pouces. Cet axe inférieur aux cotylédons et qui, non développé, faisait déjà partie de l'embryon dans la semence, a été appelé radicule (*radicula*), parce qu'on l'a considéré comme une jeune racine. Si cependant il végète de bas en haut, il est clair qu'il n'est point une racine véritable, et puisqu'il n'existe rien au-dessous de lui, il faudrait le considérer comme le premier entre-nœud de la tige qui, commençant de même que tous les autres entre-nœuds, sans organes appendiculaires foliacés, en fournirait à son extré-

Tubercules appartenant, sans aucun doute, aux racines.

Opinions des botanistes sur les renflements souterrains et sans nœuds vitaux des plantes dont la racine est à base unique.

mité supérieure seulement ; les vraies racines, productions postérieures à la formation complète de la jeune plante dans la graine, seraient dues à la germination. Supposons à présent que l'axe, qui a élevé les cotylédons du Haricot au-dessus du sol, se renflât immédiatement au-dessous de ces derniers, il est incontestable que nous ne dirions pas que c'est la racine qui est renflée; devons-nous le dire, quand le renflement s'opère dans un axe analogue, quoique souterrain, comme chez le Radis? Duhamel et Turpin ne le pensent point; ils croient que, dans tous les cas, la radicule appartient au système ascendant, ainsi que les renflements qui s'y manifestent, qu'elle est toujours le premier entre-nœud de la tige, et que toujours les racines naissent de cet entre-nœud, comme nous voyons souvent des fibres radicales sortir d'entre-nœuds appartenant bien décidément à la tige. Dans ce système, la différence qui existe entre le Radis et la Pomme de terre (*S. tuberosum*) consisterait en ce que cette dernière, qui fait partie d'un rameau et est chargée d'organes appendiculaires, présente un grand nombre d'entre-nœuds dont aucun ne peut être le premier du végétal, tandis que le Radis offrirait un seul entre-nœud et toujours le premier de la plante. Je ne dois pas vous dissimuler cependant que cette manière de considérer les renflements souterrains et sans nœuds vitaux des plantes dont la racine est à base unique n'a point été admise par tous les botanistes; on a même été jusqu'à dire que, si la radicule des Haricots élevait leurs cotylédons au-dessus du sol, c'est que faible encore, elle trouvait dans la solidité de la terre un obstacle qui la repoussait au dehors.

Tubercules des Orchidées.

Les anciens botanistes considéraient tous comme des racines les tubercules des Orchidées indigènes, et, parmi les modernes, les uns les ont mis au nombre des tiges souterraines et les autres au nombre des racines. Si l'on arrache, au moment de la floraison, un pied d'*Orchis morio* (*f.* 34) ou *mascula*, on trouvera, au-dessous de la tige feuillée et fleurie, un faisceau de racines, et, un peu plus bas encore, deux tubercules charnus, ovoïdes et arrondis à leur extrémité. L'un des deux est continu avec la tige; l'autre l'est avec un bourgeon né d'elle latéralement. Après la floraison, la tige se dessèche, et son tubercule se flétrit peu à peu; pendant ce temps, le tubercule latéral prend de l'accroissement; des racines se montrent au-dessus de lui, le bourgeon qu'il porte se développe pour produire une tige nouvelle qui doit fleurir au printemps, et, de la base de celle-ci, naît un nouveau bourgeon; végétation qui est exactement celle des tiges souterraines annuelles et des bulbes déterminées, par exemple, de l'*Euphorbia dulcis* et du *Tulipa sylvestris*. Le tubercule est évidemment un corps descendant et sans organes foliacés; or ce sont là les caractères des racines; cependant on ne peut guère admettre qu'un corps épais et très-obtus puisse pomper les sucs de la terre. Mais s'il est difficile de considérer rigoureusement comme des racines les tubercules parfaitement arrondis des *Orchis morio*, *mascula* et de tant d'autres, je retrouve des moyens de succion dans l'*Orchis bifolia* (*f.* 35), puisque, ovoïde et épais comme les précédents, il est terminé par un filet conique semblable aux fibres radicales ordinaires, et que, par conséquent, il ne diffère réellement pas de tant d'autres racines renflées. Certains tubercules d'*Orchis* que l'on a appelés palmés (*palmati*) (ex. *Orchis odoratissima f.* 36), parce qu'ils se divisent en plusieurs filets, ont encore plus de moyens de succion. Ici donc, il est difficile de ne pas voir de véritables racines; et, puisque les bulbes sans filets terminaux sont organisées et placées comme celles à filets, je les regarderai aussi comme des racines; mais des racines dont l'extrémité avorte, dont la destination change, et qui, se gorgeant de sucs pendant que la plante mère s'épuise, les fournissent ensuite à la plante nouvelle.

Les bulbes terminées par des filets auront une double destination ; elles feront l'office de racines et seront en même temps des réservoirs de sucs.

Pour empêcher qu'on ne confondît des parties entièrement différentes, je crois qu'il serait bon de conserver l'expression de tubercule (*tuber, tuberculum*) aux seuls renflements souterrains qui, étant des portions de tiges ou de rameaux, appartiennent au système supérieur ou ascendant, et de donner le nom de tubérosité (*tuberositas*) à tous les renflements que l'on doit rapporter au système descendant, ou si l'on veut aux racines. Application des mots tubercule et tubérosité.

Je me suis beaucoup étendu sur les parties souterraines des plantes, et principalement sur les diverses tiges qui végètent sous le sol, non-seulement parce qu'elles ont été trop peu observées, mais encore parce qu'elles fournissent le sujet d'étude le plus intéressant. Chaque espèce à tige souterraine et rampante, chaque espèce bulbeuse a, pour ainsi dire, une manière de végéter et des habitudes qui lui sont propres. Si je ne craignais de m'exprimer avec trop de hardiesse, je dirais presque que ces plantes ont des mœurs.

§ IV. — *Des anomalies que présente quelquefois la tige.*

Après avoir passé en revue les modifications que la tige peut offrir constamment dans la même espèce, et souvent dans le même genre, je vous en indiquerai d'autres, celles qu'on ne rencontre qu'accidentellement, et qui doivent être dites anomales, l'exostose (*exostosis*), la division ou partition (*partitio*) et la fasciation (*fasciatio*).

Les exostoses, aussi appelées loupes ou madrures, sont des protubérances qui s'élèvent de la tige et des branches des vieux arbres exposés à l'air libre. On a cru longtemps Exostoses.

qu'elles étaient dues aux piqûres des insectes et à des influences atmosphériques; mais les modernes s'accordent à les considérer comme des branches qui ne se sont point développées au dehors, qui sont restées sous l'écorce et ont été successivement recouvertes par des couches de nouveaux bois. Les loupes acquièrent une grande dureté; et, de la disposition de leurs fibres, il résulte des veines et des figures diversement colorées qui les font rechercher des ébénistes. De nombreux bourgeons adventifs naissent souvent des exostoses, et se développent en une touffe de rameaux menus qui restent stériles et, détournant les sucs de la plante, pourraient être nuisibles aux arbres fruitiers, si on n'avait pas soin de les retrancher. L'ensemble de ces petites branches a été appelé par les botanistes polycladie (*polycladia*); et les Allemands ont donné le nom de nœud de sorcier (*zauberknote*) à la loupe et à ses branches.

Partition.

Par la partition ou la division, on entend le partage d'une tige en deux axes formant une bifurcation. Les exemples de cette anomalie ne sont pas extrêmement rares chez la Tulipe, la Jacinthe (*Tulipa Gesneriana*, *Hyacinthus orientalis*) et d'autres monocotylédones. Il faut bien se donner de garde de confondre avec les rameaux véritables les espèces de branches qui résultent de la partition. Dans celle-ci, il y a partage du même axe, et par conséquent aucune des deux branches n'est née de l'autre, tandis que le rameau véritable appartient à une autre évolution que la tige, et naît à l'aisselle d'une feuille. L'anomalie dont il est question rentre dans les dédoublements dont je vous entretiendrai plus tard, et offre réellement une division: au contraire, il y a multiplication dans la production des branches véritables. Toute division indique un plus grand degré d'énergie, et telle est probablement la cause de la partition.

Fasciation.

La fasciation est un aplatissement qui s'opère dans la

tige, sans aucune compression artificielle, comme on en voit des exemples dans une foule de plantes, telles que la Chicorée sauvage, le Pin maritime (*Cichorium Intybus*, *P. maritima*), etc. Sur les tiges fasciées (*caules fasciati*) se montre toujours un nombre insolite de bourgeons, de feuilles et de fleurs qui les ont souvent fait considérer comme une sorte de merveille. Linné croyait que la tige fasciée était formée par la soudure de plusieurs tiges ; mais il n'en est réellement pas ainsi, car elle peut naître d'une graine unique ; elle est ordinairement arrondie à la base, et ne s'aplatit que par degrés. Pour d'autres botanistes, cette singulière production ne serait point le résultat de la soudure de plusieurs tiges, mais celui de la soudure de plusieurs rameaux : une telle opinion ne saurait non plus être admise, puisqu'on trouve des tiges fasciées chez les Narcisses et les Fritillaires (*Narcissus*, *Fritillaria*) qui ne se ramifient point; les jeunes pousses toujours simples de l'Olivier (*Olea europæa*) se montrent souvent aplaties; enfin certaines tiges fasciées ont des rameaux fasciés aussi bien qu'elles-mêmes. L'aplatissement est l'état habituel de plusieurs tiges, celles, par exemple, de diverses espèces de *Cactus*, et il est devenu constant dans nos jardins chez le *Celosia cristata*, auquel il a fait donner le nom de *Crête-de-coq*. Je croirais, avec M. Link, que c'est le premier degré de la partition ; on voit des tiges fasciées qui commencent à se partager, et d'autres qui sont divisées jusqu'à une certaine profondeur.

CHAPITRE VII.

NOEUDS VITAUX.

Je vous ai fait connaître la tige; à présent je vous entretiendrai des nœuds vitaux (*nodi*) qui en forment une partie bien importante, puisque, sans eux, il n'y a point d'organes appendiculaires. C'est des nœuds vitaux que s'échappent les feuilles et les appendices qui en sont des modifications, tels que les cotylédons, les bractées, et les parties de la fleur; ce sont eux qui, à l'aisselle des feuilles, produisent les bourgeons, rudiments des rameaux.

Ce que sont les nœuds vitaux.

Il arrive assez fréquemment que le nœud vital ne fournit qu'une feuille mal développée ou réduite à l'état d'écaille; mais il est rare que sa feuille avorte entièrement. L'avortement du bourgeon est moins rare; cependant presque toujours on en retrouve le rudiment qu'un défaut d'énergie laisse stationnaire. Les faibles Graminées de nos froides contrées restent ordinairement sans rameaux; il en naît souvent un grand nombre à l'aisselle de la même feuille chez les Bambous (*Bambusa*) de l'Amérique équinoxiale.

Quelquefois rien ne distingue le nœud du reste de l'axe

végétal ou la tige, si ce n'est l'apparition de la feuille ; mais plus souvent il forme une proéminence plus ou moins sensible.

Ordinairement il n'occupe qu'une petite partie de la périphérie de l'axe ; assez souvent aussi il en occupe environ la moitié, et la feuille qui émane de lui prend le nom de semi-embrassante ou semi-amplexicaule (*semiamplexicaulis*) ; ou bien encore il fait complétement le tour de l'axe, et alors s'il donne naissance à une feuille unique, elle ou son pétiole sont dits embrassants ou amplexicaules (*amplexicaulis*). Dans ce dernier cas, la feuille ou le pétiole sont appelés engaînants (*vaginans*), lorsqu'ils enveloppent la tige comme une gaîne. Le nœud lui-même prend le nom de partiel (*nodus partialis*), s'il n'embrasse pas toute la circonférence de la tige, et, dans le cas contraire, il est annulaire ou périphérique (*annularis, periphœricus*).

Nœuds partiels et périphériques ; feuilles semi-embrassantes, embrassantes, engaînantes.

Quand les nœuds qui entourent la tige sont sensiblement proéminents, on la dit noueuse (*caulis nodosus*), et la tige noueuse prend le nom de géniculée (*geniculatus*), lorsqu'elle se courbe brusquement à ses nœuds.

Tige noueuse géniculée.

Souvent la tige se brise sans peine au-dessus de chaque nœud, et alors on l'appelle articulée (*caulis articulatus*), mot qui signifie susceptible de se séparer en diverses pièces ou articles. Cette facilité avec laquelle certaines tiges se rompent au-dessus des nœuds tient vraisemblablement à ce que, dans cet endroit, leur tissu est d'une organisation plus récente, et que là, par conséquent, il doit être plus faible. Les tiges où l'on observe des feuilles opposées sont celles qui sont le plus souvent articulées, parce que, d'un côté comme de l'autre, il y a faiblesse dans leur organisation ; mais, avec le temps, les articulations prennent de la consistance, et telle tige qui a été articulée dans sa jeunesse cesse de l'être au bout d'un certain temps.

Tige articulée.

Position respective des nœuds vitaux.

La position respective des nœuds qui n'occupent qu'une petite partie de la circonférence de la tige n'est point la même dans toutes les plantes : Ou, sur un plan horizontal, il s'en trouve un seul, comme dans le Laurier (*Laurus*); ou il y en a deux placés l'un devant l'autre, comme dans le Lilas (*Syringa*); ou enfin il en existe plusieurs qui forment autour de l'axe une sorte de cercle ou de couronne, ainsi qu'on peut le voir chez le *Lysimachia vulgaris*. Dans le premier cas, on les dit alternes (*nodi alterni*); dans le second, ils sont opposés (*nodi oppositi*); dans le troisième on les appelle verticillés (*nodi verticillati*), et leur ensemble prend le nom de verticille (*nodorum verticillus*). Les nœuds d'un même verticille sont appelés ternés, quaternés, quinés, sénés, octonés (*nodi terni, quaterni, seni, octoni*), suivant qu'ils se trouvent au nombre de trois, quatre, cinq, six ou huit.

Productions du nœud partiel; celles du nœud périphérique.

Le nœud partiel ne fournit jamais qu'une feuille; mais il n'en est pas ainsi du périphérique. Chez celui-ci cependant la force d'expansion n'est pas toujours la même; tantôt il produit une seule feuille solitaire et embrassante, tantôt il en produit deux qui sont opposées, et tantôt il en fournit plusieurs. Une foule de feuilles opposées, celles des Labiées, par exemple, sont unies à leur base par une sorte de bride plus ou moins sensible qui indique assez un nœud vital périphérique (*f.* 81), et, chez d'autres, celles qu'on a appelées connées (*folia connata*), on dirait une seule feuille plus ou moins fendue à droite et à gauche (*f.* 82, 83). La même chose à peu près s'observe chez un très-grand nombre de feuilles verticillées qui, comme celles des *Rubia* et des *Galium*, ne laissent voir entre elles aucune lacune. Il y a donc réellement deux sortes de véritables verticilles de feuilles (*verticilli veri*), celui qui résulte d'un verticille de nœuds et celui qui est produit par un nœud unique et périphérique. Dans le premier cas, il existe plusieurs productions; dans le second, il n'y en a, pour ainsi dire, qu'une très-énergique, et si nous ne faisons attention qu'à l'origine des productions, nous devons affirmer qu'il y a moins de différence entre le verticille de feuilles des *Galium* et la feuille à pétiole engaînant qu'entre cette dernière et celle du Laurier. Si nous jetons les yeux sur l'*Asperula Taurina*, nous verrons qu'une seule des quatre feuilles de ses verticilles offre un bourgeon à son aisselle, et ces bourgeons uniques sont disposés en spirale parfaitement régulière, comme le seraient ceux d'une tige à feuilles solitaires et alternes.

Différences et ressemblances qui existent entre le verticille de feuilles produit par un nœud périphérique et celui qui résulte d'un verticille de nœuds.

Lorsqu'au milieu d'une tige il émane, d'un nœud périphérique, des feuilles verticillées, il a pu, à la base de la même tige, lorsqu'elle était encore faible et sans énergie, naître seulement des feuilles opposées ; mais je ne crois pas que, quand les feuilles verticillées partent d'un nœud périphérique, la faiblesse ou l'appauvrissement puissent amener jamais une feuille unique ; et par ces mêmes causes, au contraire, le verticille de nœuds peut être réduit à deux ou même à un seul, comme des *Polygala* et des *Cuphea* nous en fournissent des exemples.

Cependant il n'en est pas moins vrai qu'en réalité il n'y a peut-être pas une très-grande différence entre le nœud périphérique produisant des feuilles verticillées et plusieurs nœuds disposés en verticille ; car si, dans le premier, il n'existe point de lacunes entre les productions, dans le verticille de nœuds il n'y en a que de très-faibles. On peut même, en théorie, considérer le verticille périphérique d'où naissent plusieurs feuilles comme un verticille de nœuds qui se sont confondus, et les feuilles connées comme des feuilles intimement soudées ensemble.

Entre-nœuds.

La portion d'axe qui s'étend d'un nœud à l'autre, quand ils sont solitaires sur un même plan, ou de deux nœuds opposés à deux autres nœuds opposés, ou bien encore d'un verticille de nœuds à un autre verticille, porte le nom d'entre-nœud (*internodium*), auquel certains auteurs ont voulu substituer celui de mérithale (*merithalus*).

Faux verticille.

L'extrême raccourcissement des entre-nœuds, causé par un défaut d'énergie vitale, peut amener les nœuds à se rapprocher tellement qu'ils semblent placés dans un même cercle et forment un faux verticille (*verticillus spurius*). Comme alors l'entre-nœud existe toujours, quoique peu appréciable à nos sens, il est évident qu'il y a autant de nœuds que d'organes appendiculaires; tandis que, s'il peut en être ainsi, quand les organes résultent d'un véritable verticille de nœuds, nous pouvons pourtant, comme dans les *Rubia* et les *Galium*, avoir un verticille d'organes appendiculaires avec un seul nœud, mais qui alors est périphérique.

Autant d'organes appendiculaires que de nœuds dans le faux verticille; souvent le contraire chez les vrais verticilles.

De tout ce qui précède, il faut conclure que des verticilles d'organes appendiculaires peuvent se former par deux causes entièrement différentes. La vigueur produit les verticilles véritables, résultat de nœuds réellement verticillés ou de nœuds périphériques; l'affaiblissement produit les faux verticilles, résultat du rapprochement de plusieurs nœuds.

Verticilles d'organes appendiculaires formés par deux causes différentes.

Une même plante peut offrir les uns et les autres. A l'apogée de ses développements, elle fournira de véritables verticilles émanant de verticilles de nœuds, puis elle ne produira plus que des feuilles alternes, et une faiblesse plus grande encore amènera les verticilles floraux.

Il n'est pas même nécessaire d'aller jusqu'à la fleur, dernière expression de l'affaiblissement des organes appendiculaires, pour avoir des verticilles par rapprochement ou faux verticilles. Nous en voyons déjà un ou plusieurs dans cette réunion de petites feuilles altérées, à laquelle on a donné le nom de collerette. Il y a plus : nous avons aussi des verticilles de véritables feuilles, produits par le simple rapprochement, chez la Fritillaire impériale (*Frit. imperialis*) et divers *Alstrœmeria* dont les tiges, à leur origine, portent des feuilles alternes. Au reste, il n'est pas excessivement difficile de distinguer les faux verticilles de feuilles, des véritables; car les premiers, n'étant formés que par le rapprochement de feuilles en réalité alternes, ne peuvent présenter qu'une spirale, tandis que les autres en offrent plusieurs qui tournen parallèlement autour de la tige.

Comment on peut distinguer les faux verticilles de feuilles des véritables.

Si les nœuds sont périphériques, il est bien clair qu'ils doivent être superposés; mais, puisque les partiels sont disposés en spirale, ils ne peuvent jamais être placés dans une même ligne verticale, lorsqu'ils sont alternes, ni jamais sur deux rangs, lorsqu'ils sont opposés (1).

Il n'est pas moins vrai cependant que les feuilles, production des nœuds partiels, se tournent souvent du même côté (*folia secunda*), par une inclinaison plus ou moins sensible, soit parce qu'elles cherchent la lumière, soit pour toute autre cause; mais les nœuds restent certainement toujours alternes ou opposés.

Feuilles tournées du même côté.

Quelquefois un défaut d'énergie vitale ne permet point à des nœuds de se développer dans la partie supérieure de la tige la plus voisine de la fleur, et alors, entre celle-ci et les dernières feuilles, on voit un long intervalle entièrement dépourvu d'organes appendiculaires. Dans ce cas, les botanistes ont dit que la fleur était portée par un pédoncule terminal (*pedunculus terminalis*); mais, comme le nom de pédoncule indique généralement un rameau axillaire, c'est-à-dire une production de seconde génération, il est clair qu'à moins de vouloir confondre toutes

Ce qu'on doit entendre par un pédoncule terminal.

(1) V. la p. 39 et le chapitre intitulé *Disposition géométrique des feuilles*.

les idées, nous ne devons point le donner à une portion d'axe qui fait partie d'une génération première. Lors donc que l'extrémité d'une tige présente un long intervalle sans nœuds et par conséquent sans organes appendiculaires, nous devons dire simplement que cette tige est nue à sa partie supérieure (*caulis supernè nudus*).

CHAPITRE VIII.

FEUILLES.

Les nœuds vitaux me conduisent naturellement à vous parler des appendices qui en émanent, et qui, outre la feuille, sont : les cotylédons, les bractées, le calice, les pétales, les étamines, les nectaires, les carpelles et les téguments séminaux; organes qui ont, il est vrai, des formes très-variées et souvent remplissent même des fonctions fort différentes, mais qui ne sont pourtant que des modifications d'un seul type, c'est-à-dire de la feuille proprement dite.

Organes appendiculaires, modification d'un seul type.

Dès 1750, Linné avait déjà proclamé cette vérité; Goëthe l'a démontrée dans son admirable *Traité de la Métamorphose des Plantes,* publié en 1790. Longtemps cet ouvrage fut considéré comme le fruit d'une imagination poétique; mais, pendant qu'on l'oubliait, les esprits mûrissaient pour le comprendre et, de 1810 à 1825, des Français qui n'avaient jamais lu le livre des *Métamorphoses* et ne communiquaient

Métamorphose des plantes.

point entre eux, MM. Pelletier-Sautelet, de Candolle, Dunal, Turpin, arrivèrent, chacun de leur côté, aux mêmes résultats que l'auteur de *Faust*. La doctrine de cet illustre écrivain est aujourd'hui professée par la plupart des botanistes, et de longues observations m'ont convaincu qu'elle seule, vraie et philosophique, pouvait expliquer les phénomènes de l'organographie végétale et les lier entre eux, en répandant sur cette partie de la science un charme inexprimable (V. le Discours préliminaire, p. 12).

Histoire morphologique des organes appendiculaires.

Les cotylédons, presque toujours entiers, se fondent, pour ainsi dire, avec les feuilles qui naissent immédiatement au-dessus d'eux; ces dernières ont plus de vigueur et souvent commencent déjà à se diviser davantage; d'autres souvent plus découpées, viennent ensuite, et la feuille parvient au plus haut degré de l'expansion. Mais l'épuisement arrive à son tour; peu à peu la tige perd quelque chose de sa force; elle devient plus grêle, les feuilles qu'elle produit sont plus petites et moins découpées; les bractées naissent, puis les folioles calicinales et enfin les autres parties de la fleur, toutes nuancées avec les cotylédons et les feuilles les plus développées par des dégradations insensibles. En vous parlant de la fleur, je reviendrai avec détail sur ces altérations successives; mais je vais d'abord vous entretenir de la feuille proprement dite regardée avec raison comme le type des organes appendiculaires, puisque c'est par faiblesse et par épuisement qu'ils s'écartent de sa forme habituelle (1).

(1) Quelques botanistes d'un haut mérite ont pensé que tout végétal était uniquement composé de feuilles qui, réunies par la partie inférieure, formaient ce que nous appelons la tige. L'examen de cette théorie appartient à l'anatomie végétale, et n'est pas du ressort de cet ouvrage. Mais, quand elle serait reconnue pour vraie, il faudrait toujours admettre, dans les plantes, des parties libres s'étalant au dehors, et une

On peut dire en général de tous les organes appendiculaires, quelle que soit leur place sur la tige, que ce sont des lames qui s'échappent des nœuds vitaux, et doivent leur origine à un ou plusieurs faisceaux de fibres le plus souvent bientôt ramifiées, et dont les branches laissent entre elles des espaces remplis de tissu cellulaire. Définition des organes appendiculaires en général.

Les feuilles proprement dites sont plus spécialement les organes de la végétation des plantes; les feuilles de la fleur, ceux de la fructification. Les premières sont généralement vertes, plus développées et plus divisées que les autres; enfin elles offrent presque toujours un bourgeon à leur aisselle, et presque jamais on n'en voit naître à l'aisselle des feuilles de la fleur. Telles sont les principales différences qui existent entre les unes et les autres; mais ces différences disparaissent plus ou moins dans une foule de cas, et ne sauraient fournir des définitions rigoureuses. Feuilles proprement dites.

§ 1er. — *Du pétiole et de ses modifications.*

Souvent les faisceaux de fibres qui s'échappent du tissu vasculaire de la tige pour former la feuille, se ramifient au point même ou ils s'élancent du nœud vital; souvent aussi

partie commune à toutes, leur servant de support, par conséquent des axes et des appendices; il serait toujours indispensable d'indiquer par un nom particulier le support commun, et l'on ne pourrait mieux faire, ce me semble, que de conserver, dans notre langue, celui de tige, que des siècles ont consacré; enfin, de quelque manière qu'on expliquât l'origine du support commun des parties libres, il faudrait bien reconnaître que lui et ces mêmes parties passent par des phases de faiblesse, d'énergie et d'appauvrissement. Il est donc bien clair que la théorie nouvelle, fût-elle admise, ne changerait rien à la botanique pratique et descriptive, ni même à l'enseignement de la morphologie.

ils restent encore rapprochés dans un certain espace. Dans le premier cas, on dit que la feuille est sessile (*folium sessile*); dans le second, on dit qu'elle est pétiolée (*f. petiolatum*). Le pétiole (*petiolus*) est le faisceau devenu libre, mais non épanoui, qui doit donner naissance à la partie lamelliforme de la feuille. Cette dernière partie porte le nom de limbe ou de lame (*limbus, lamina*).

Pétiole, limbe; feuilles sessiles et pétiolées.

Quelquefois toutes les feuilles d'une plante sont sessiles; rarement toutes sont pétiolées. Le pétiole diminue de longueur à mesure que la plante s'épuise, et les feuilles les plus voisines de la fleur arrivent presque à être sessiles. Si nous comparons deux plantes entre elles, nous ne pouvons dire, de ce que l'une a des feuilles sessiles et l'autre des feuilles pétiolées, que la première est moins vigoureuse. Mais, si nous comparons deux feuilles de la même plante, nous pouvons assurer que la pétiolée a été produite par une partie de la tige plus vigoureuse que celle qui a donné naissance à la sessile.

Ce qu'indiquent dans une même plante l'absence et la présence du pétiole.

Tantôt les pétioles sont fort longs, tantôt ils sont fort courts, et souvent il est impossible de décider d'une manière rigoureuse si la feuille doit être appelée sessile ou pétiolée. Dans ce dernier cas, comme dans une foule d'autres, on joint en latin le mot *sub* à l'épithète dont on se sert, et l'on dit *folium subsessile* ou *folium subpetiolatum*. Ce mot *sub*, que vous trouverez sans cesse employé dans les descriptions par ceux même des botanistes qui ont prétendu donner des définitions toujours rigoureuses, prouverait seul qu'il n'y a rien de tranché dans la nature.

Intermédiaires entre la feuille sessile et la feuille pétiolée.

Quelquefois le pétiole est cylindrique (*teres*), comme dans la Capucine (*Tropæolum majus*); souvent il est semi-cylindrique (*semiteres*), comme dans la Clématite (*Clematis Vitalba*), et plus ordinairement encore il présente dans son milieu une sorte de rainure ou de gouttière (*canaliculatus*). Très-rare-

Forme du pétiole.

ment il se renfle (*pet. inflatus*) comme dans la Macre ou Châtaigne d'eau (*Trapa natans*).

Presque toujours sa surface la plus large est parallèle à l'horizon, et par conséquent tournée dans le même sens que le limbe de la feuille qu'il maintient dans une position plus ou moins immobile. Cependant il arrive quelquefois qu'il est comprimé (*compressus*), et qu'en même temps sa surface la plus large, au lieu d'être continue avec la lame, y aboutit à angle droit; alors il la soutient mal, et opposant au vent ses deux côtés élargis, il fléchit tantôt d'un côté, tantôt de l'autre, et l'on voit la feuille trembloter, comme cela a lieu dans le Bouleau et plusieurs Peupliers (*Betula, Populus*). Feuilles tremblotantes.

La direction du pétiole est généralement droite; cependant ceux des Clématites et des Fumeterres (*Clematis, Fumaria*) s'entortillent souvent autour des corps environnants, et contribuent à empêcher ces plantes débiles de retomber sur la terre, leur rendant ainsi le même service que les vrilles proprement dites rendent, comme nous le verrons plus tard, à certaines Légumineuses. Direction du pétiole.

Je vous ai dit que, tantôt les nœuds vitaux n'occupaient qu'une petite partie de la périphérie de la tige, et que tantôt ils faisaient le tour de cette dernière. Dans le premier cas, le pétiole est nécessairement étroit; dans le second, il embrasse toute la tige (*pet. amplexicaulis*), soit par sa base seulement, comme cela arrive chez un assez grand nombre de dicotylédones, telles que la plupart des Renoncules et des Ombellifères, soit depuis son origine jusqu'au limbe, ainsi que cela a lieu chez les Graminées, les Cypéracées, etc. Pétioles embrassants.

On trouve toutes les nuances possibles entre les pétioles qui occupent le moins de place sur la tige et ceux qui en font le tour. Quelquefois même, dans une seule pousse, certaines feuilles ont des pétioles parfaitement embrassants et d'autres qui n'embrassent la tige qu'à moitié. Je vous en ai déjà donné un exemple dans le *Galanthus nivalis* (*f.* 30, 31).

Quand le pétiole n'est embrassant qu'à sa base, ses fibres s'inclinent obliquement de droite et de gauche vers sa partie moyenne, de sorte que, dans son ensemble, il présente un triangle plus ou moins prononcé (ex. *Ranunculus Monspeliacus*, *f.* 37; *Angelica Razulii*, *f.* 38), terminé par une bande étroite. Chez les monocotylédones, le pétiole, né d'un nœud périphérique, n'est quelquefois aussi que triangulaire; mais plus souvent il forme une gaîne parfaite (*vagina*) (ex. *Poa annua*, *f.* 40), parce que, dans ces plantes, les fibres ont une plus grande tendance à suivre une direction longitudinale. Les Cypéracées ont une gaîne entière; la plupart des Graminées l'ont entièrement fendue (*f.* 39, 40), et d'autres l'ont fendue dans une partie de sa longueur. Dans l'*Olyra*, le *Pharus* et le *Bambusa* (ex. *Bambusa arundinacea*, *f.* 39), genres de la famille des Graminées, la gaîne, brusquement rétrécie, se termine par un véritable pétiole, et forme ainsi un passage entre les gaînes ordinaires et les pétioles plus ou moins embrassants des Renoncules et des Ombellifères.

Gaîne.

Celle des *Carex*.

On a dit que, dans certains *Carex*, la gaîne finissait par se déchirer en réseau. La séparation des parties s'y fait à la vérité d'une manière très-régulière; mais il n'en résulte pas de réseau véritable. Voici la différence qui existe entre les espèces à réseau prétendu et d'autres où le déchirement s'opère irrégulièrement. Dans le *Carex acuta*, qui fait partie de ces derniers, la portion de la gaîne opposée au limbe se compose d'un tissu cellulaire égal et très-serré; aussi, lorsque la tige, en prenant de l'accroissement, oblige la gaîne qui l'entoure à s'ouvrir, celle-ci se sépare en lambeaux irréguliers. La partie de la gaîne du *C. paludosa*, opposée au limbe, présente, au contraire, un tissu cellulaire fort lâche, traversé dans son milieu par une fibre longitudinale à laquelle aboutissent, à angle aigu, d'autres fibres qui lui sont d'abord presque parallèles, et partent des bords de la portion de la gaîne inférieure au limbe : quand la tige grossit, elle fait effort sur la gaîne ; le tissu cellulaire se déchire et s'oblitère, mais les fibres persistent, et plus la tige prend d'accroissement, plus la portion de la gaîne inférieure au limbe attire, étant repoussée, les fibres latérales, et les force à s'écarter de la fibre moyenne.

§ II. — *De la feuille réduite au pétiole.*

Si les pétioles se nuancent entre eux, ils ne se nuancent pas moins avec le limbe de la feuille.

Quelquefois, dès la base, ils s'épanouissent, à droite et à gauche, en une lame foliacée, pour se rétrécir ensuite, et alors on dit qu'ils sont auriculés (*petiolus auriculatus*). Le pétiole du *Lathyrus sylvestris* (*f.* 41) présente de chaque côté, dans toute sa longueur, une expansion foliacée; séparé de la lame, celui de l'Oranger (*Citrus Aurantium*, *f.* 42) ou mieux encore du *Citrus Histrix*, ressemblerait encore à une petite feuille; enfin, dans le *Dionæa Muscipula* (*f.* 43), la partie irritable forme seule le limbe, et la partie foliacée inférieure à la première est, comme Willdenow l'a dit depuis longtemps, un véritable pétiole. On donne le nom d'ailés (*petioli alati*) à ceux qui sont ainsi bordés d'expansions foliacées.

Pétiole auriculé.

Le pétiole de la singulière plante appelée *Nepenthes distillatoria* (*f.* 45) est ailé à la base, puis il cesse de l'être, il se courbe, et se termine par une sorte d'urne que ferme un couvercle et qui est remplie d'une eau pure. Dans l'urne, il m'est impossible de voir autre chose que la partie supérieure d'un pétiole ailé dont les bords se sont soudés, et je ne vois

Comparaison des pétioles ailés les uns avec les autres; explication de la feuille du *Nepenthes*.

dans le couvercle de l'urne que le limbe de la feuille. Si je pouvais à cet égard concevoir le doute le plus léger, il serait bientôt levé par les analogies les plus frappantes. Le pétiole du *Nepenthes* est ailé à sa base, il n'est pas surprenant qu'il le soit aussi au sommet. Les deux bords des pétioles ont en général de la tendance à se rapprocher, puisque ceux-ci sont en gouttière; que je suppose à présent les bords ailés du pétiole du *Citrus Histrix* ou du *Dionæa* rapprochés et soudés, j'aurai la feuille du *Sarracenia* (*f.* 44), formée d'une urne allongée véritable pétiole, et d'un couvercle véritable lame; que j'allonge à présent le pétiole du *Sarracenia*, en le rétrécissant au milieu, et laissant ses bords libres à la partie inférieure, j'aurai presque exactement la feuille du *Nepenthes* (*f.* 45).

Pétiole sans limbe.

Dans les plantes dont je viens de vous parler, le pétiole est démesurément élargi, et le limbe a perdu de sa grandeur dans la même proportion. Chez d'autres, le premier se développe seul, et alors on a des pétioles sans limbe, comme nous avons vu qu'il existait des lames sans pétiole (feuilles sessiles, p. 138). Il est enfin des espèces qui offrent en même temps des feuilles à lame pétiolée et d'autres réduites au simple pétiole; comme il existe, ainsi que nous l'avons vu, des espèces où se trouvent à la fois des lames sans pétiole et d'autres petiolées.

Comparaison des feuilles réduites au pétiole avec celles qui se composent d'un pétiole et d'une lame.

Les plantes qui ont, avec des feuilles complètes, des pétioles sans lame, nous aideront à découvrir la véritable nature des organes foliacés de certaines espèces, tous réduits au seul pétiole. Chez certaines Ombellifères (ex. *Pimpinella magna*, *f.* 46), je trouve, vers le milieu de la tige, une lame découpée, portée par un pétiole rétréci au sommet, à peu près triangulaire et embrassant à la base; au-dessus de ces feuilles, j'en trouve d'autres où la partie rétrécie du pétiole n'existe plus et où le limbe est devenu plus simple; enfin j'en trouve dans le voisinage des fleurs qui ne présentent que la partie triangulaire et où je ne vois plus de lame; il est clair que si, dans quelques espèces de la même famille, je vois seulement des organes appendiculaires simples et embrassants, je dois dire que ce sont des feuilles réduites au pétiole : c'est là ce qui arrive chez les *Buplevrum* (ex. *Buplevrum Pyrenaicum, f.* 47). Les Cypéracées ont généralement un pétiole engaînant avec un limbe étalé; mais souvent (ex. *Carex extensa, f.* 48), dans la partie inférieure de leur tige encore débile, le limbe se raccourcit déjà beaucoup; enfin plus bas, il disparaît entièrement, et il ne reste que la gaîne : chez certaines espèces (ex. *Scirpus palustris, f.* 49) où je trouve uniquement des gaînes, je dirai, sans hésiter, que ce sont des pétioles. J'éprouve quelque étonnement en ne voyant dans les Acacias de la Nouvelle-Hollande (ex. *Acacia fragrans, f.* 52) qu'une longue feuille simple à la place de ces folioles si nombreuses qui caractérisent généralement les Mimosées (ex. *Acacia eburnea, f.* 50); mais que je jette un coup-d'œil sur l'*Acacia heterophylla* (*f.* 51), bientôt la vérité me sera dévoilée, car, avec des feuilles supérieures simples et en forme de lame, cette plante en a d'autres inférieures qui, à l'extrémité d'un pétiole lamelliforme, présentent un grand nombre de folioles : où je ne trouverai qu'une simple lame, il est évident que je dois voir un pétiole dont les folioles ne se sont point développées. Les *Oxalis* ont des feuilles composées d'un pétiole canaliculé et de trois folioles : j'ai trouvé au Brésil une espèce de ce genre, l'*Oxalis buplevrifolia*, dont les feuilles sont simples et linéaires; leur ressemblance avec celles des Acacies de la Nouvelle-Hollande me les fit, au premier coup-d'œil, considérer comme des pétioles dilatés, et bientôt je fus confirmé dans cette opinion par la découverte d'individus qui, avec des feuilles simples, en avaient d'autres parfaitement semblables aux premières, mais chargées au sommet d'une, deux ou trois petites folioles presque avortées. Ces considérations me portent naturellement à ne voir que des pétioles dilatés dans les feuilles du *Lathyrus Nissolia* (*f.* 53) qui, au lieu d'être composées, comme celles de toutes les Légumineuses de nos contrées, sont linéaires et semblables à celles des *Gramen*. Je regarderai aussi comme des pétioles sans lame les feuilles étroites et linéaires du *Ranunculus gramineus*, si différentes des feuilles souvent très-découpées des autres Renoncules.

Moyens de distinguer les pétioles sans lame, d'une lame véritable.

Je vous ai dit que, lorsque des organes avortaient, il se montrait souvent à leur place des corps glanduleux qui, étant vasculaires, ne doivent point être confondus avec les véritables glandes toujours celluleuses. Ces corps rudimentaires se retrouvent quelquefois sur les pétioles sans limbe, et ils peuvent nous aider à reconnaître la véritable nature de ces derniers. Mais nous avons encore un moyen de la deviner, lors même que les glandes n'existent pas, et que l'avortement est complet.

Malgré la dilation qui s'opère chez la plupart des pétioles dont le limbe ne se développe pas, ils conservent cependant quelque chose de la nature des pétioles ordinaires. Au lieu de s'étendre et de se ramifier, leurs fibres marchent parallèlement et les font ressembler à des feuilles de Graminées, circonstance qui a fait plus d'une fois donner aux espèces dont les feuilles sont réduites à des pétioles dilatés, les noms de *gramineus* et *graminifolius*.

Dans ces derniers temps, on a cru devoir indiquer par un mot particulier, celui de *phyllodium*, les pétioles dilatés dont le limbe ne se développe pas ; mais je crois qu'il serait peu philosophique d'admettre ces termes nouveaux qui ne désignent que des modifications d'organes ou même de portions d'organes ; la science est bien assez embarrassée de mots inutiles, malheureusement consacrés par le temps et par l'usage.

Quelquefois, malgré l'avortement de la lame, le pétiole ne change point de forme, comme cela arrive dans le *Lebeckia nuda* et dans l'*Indigofera juncea*, et alors on dit que la plante est sans feuilles (*planta aphylla*). Mais plus souvent, comme vous l'avez vu, l'avortement du limbe coïncide avec la dilatation du pétiole, et ici vous avez un exemple de cette loi de balancement ou de compensation, qui ne régit pas moins le règne végétal que le règne animal, et qui veut que, quand un organe avorte, l'organe voisin prenne plus de développement.

Plantes aphylles.

Loi de balancement.

On a demandé si les feuilles de certaines monocotylédones, telles que celles des *Bromelia* et des *Agave*, parfaitement homogènes dans toute leur longueur, n'étaient point des pétioles sans lame. Il est certain que, comme nous voyons, sur un même pied d'*Alisma natans* ou de Sagittaire (*Sagittaria sagittifolia*), des feuilles aériennes composées d'un limbe et d'un pétiole, et d'autres qui naissent sous l'eau et sont parfaitement homogènes et linéaires, nous devons dire que ces dernières sont réduites au seul pétiole. D'un autre côté, quand je trouve, dans le *Galanthus nivalis* (*f.* 30, 31), un limbe linéaire, plane, homogène, et une gaîne fort courte et embrassante, je ne puis m'empêcher de reconnaître que, malgré sa brièveté, cette gaîne est un pétiole analogue à celui également engaînant des Graminées et des Cypéracées ; mais, sur le même pied, à côté des feuilles ainsi pétiolées, j'en trouve d'autres où il n'existe plus de gaîne et qui sont seulement embrassantes à leur base ; ces dernières ne sont certainement point de simples pétioles, et je ne vois pas en quoi elles diffèrent des *Agave* et des *Aloe*. Voici cependant un autre rapprochement qui tendrait à nous faire considérer comme des pétioles les feuilles de ces

Ce que sont les feuilles longues et homogènes des *Bromelia*, des *Agave* et autres monocotylédones analogues.

plantes. Les tiges gigantesques des Bambous, courbées en arcades élégantes, sont ornées, à leurs nœuds, de rameaux chargés de feuilles, et celles-ci présentent, avec une gaîne, un limbe lancéolé; mais la plante n'a pas toujours été telle que je viens de vous la décrire; elle ressemblait d'abord à une lance droite et aiguë, elle n'avait point de rameaux, et offrait à chacun de ses nœuds une large écaille sans limbe, qui est bientôt tombée, et à laquelle ont succédé les rameaux nés dans son aisselle : cette écaille est certainement une gaîne sans limbe; et, il faut le dire, elle a une grande analogie avec les feuilles des *Agave* et des *Aloe.* Nous avons donc de puissantes raisons pour considérer ces dernières comme des feuilles sans pétiole et d'autres pour les regarder comme des pétioles sans limbe. Tout ceci nous ramènera à une conclusion à laquelle nos observations précédentes nous ont déjà tant de fois conduits. C'est que des définitions rigoureuses ne conviennent jamais qu'aux milieux; que la nature s'y dérobe sans cesse par des intermédiaires, et que les organes ou les parties d'organes se nuancent par des dégradations insensibles. Quand on arrive aux limites, il ne faut plus chercher à distinguer ce qui ne se distingue véritablement pas. Les appendices de la tige des *Agave* sont des organes foliacés; voilà ce que je puis dire avec certitude; et déjà, lorsque je décide que, dans les Acacies de la Nouvelle-Hollande, les appendices ne sont que des pétioles, je dois en même temps reconnaître que ces pétioles diffèrent bien peu d'une lame, puisque foliacés et élargis, ils remplissent les mêmes fonctions qu'une lame véritable, qu'ils contribuent à la nutrition de la plante, et servent à l'exhalation des gaz qu'elle renferme.

Ce que je viens de dire des feuilles des *Aloe* et des *Agave*, je puis le répéter surtout pour les appendices que l'on a

Écailles.

nommés écailles (*squamæ*) à cause de leur consistance sèche et membraneuse, tels qu'on en voit sur un grand nombre de tiges souterraines et sur plusieurs tiges aériennes, sur les *Lathræa* (ex. *Lathræa clandestina*, *f.* 55), les *Orobanche* (*f.* 54), le *Linum junceum*, la Cuscute, les Asperges (ex. *Asparagus acutifolius*, *f.* 56), le *Ruscus aculeatus*, etc. Dois-je voir dans ces écailles des pétioles sans lame ou des lames sans pétiole, je ne saurais le décider; ce sont des organes appendiculaires, qui, émanant des nœuds vitaux de la tige, occupent la place qu'ont ailleurs les feuilles véritables, ou, pour m'exprimer en d'autres termes, ce sont des feuilles mal développées, des rudiments de feuilles; voilà tout ce que je puis dire avec certitude.

§ III. — *De la lame et des nervures.*

Le limbe proprement dit est, comme je vous l'ai fait voir, formé par l'expansion d'un ou plusieurs faisceaux de fibres dont les ramifications laissent entre elles des intervalles que remplit du parenchyme. Étalé en lame mince, il a nécessairement deux faces, l'une supérieure (*pagina superior*) tournée vers le sommet de la tige, et l'autre inférieure (*pagina inferior*) qui regarde sa base. La première est ordinairement plus lisse, plus luisante, moins chargée de poils, d'un vert plus foncé, et manque souvent de stomates. La seconde est communément plus velue; les nervures, dont je vous entretiendrai tout à l'heure, s'y montrent d'une manière plus saillante; elle offre des stomates, et elle est moins colorée que la supérieure, parce que son épiderme, pellicule transparente, adhère mal au parenchyme sous-jacent, plein de globules verts. Le point où les deux surfaces de la

Les deux faces de la feuille, son bord, sa base et son sommet.

feuille se rencontrent forme le bord de cette dernière (*margo*); la partie la plus voisine du pétiole est la base du limbe (*basis*); l'extrémité opposée en est le sommet (*apex*). La description d'une feuille ne sera évidemmment complète que lorsqu'elle aura fait connaître ces diverses parties.

En passant du pétiole ou, quand il n'existe pas, de la tige dans le limbe ou la lame, les faisceaux fibreux prennent le nom de nervures (*nervi*). Presque toujours une de ces dernières, plus prononcée et immédiatement continue avec le pétiole ou avec son milieu, traverse la lame dans sa partie moyenne et la divise en deux parties égales ou presque égales : on la nomme nervure moyenne, côte moyenne (*costa media, nervus medius*). Les nervures secondaires ou latérales (*nervi secundarii, laterales*) sont celles qui émanent immédiatement de la nervure moyenne ou naissent avec elle de la base de la lame; dans le premier cas, on les appelle plus spécialement nervures transversales (*nervi transversales*), et dans le second, nervures longitudinales (*nervi longitudinales*). Les ramifications des nervures secondaires portent le nom de nervures tertiaires ou veines (*nervi tertiarii, venæ*), et enfin les dernières ramifications celui de veinules (*venulæ*).

Nervures.

Je ne dois point omettre de vous dire que les nervures secondaires, lorsqu'elles sont longitudinales (*f.* 58), se présentent toujours en nombre pair; il y en a autant d'un côté de la nervure moyenne que de l'autre côté, et, par conséquent, le nombre total des nervures, cette dernière y comprise, est nécessairement impair.

La nervure moyenne est, comme je vous l'ai dit, presque toujours plus prononcée; les secondaires le sont moins, et ainsi de suite jusqu'aux dernières, qui se perdent dans le tissu. Au point où naissent les nervures, elles sont généralement plus sensibles, elles vont en diminuant de diamètre, depuis leur base jusqu'à leur sommet. Quelquefois on ne les aperçoit point à l'extérieur de la feuille; plus souvent elles y dessinent un réseau d'une couleur pâle. En général elles sont plus proéminentes à la surface inférieure du limbe, et souvent elles sont indiquées à la surface supérieure par des lignes enfoncées.

Nervation.

Différences qu'elle établit entre les monocotylédones et les dicotylédones.

La disposition des nervures dans les feuilles ou, comme disent les botanistes, la nervation (*nervatio*) a une grande importance; car, en général, elle contribue à faire distinguer au premier aspect les monocotylédones des dicotylédones. Ainsi les nervures des premières partent le plus souvent ensemble de la base de la feuille, et la traversent dans sa longueur, droites et serrées les unes contre les autres (ex. *Amaryllis vittata*, *f.* 57). Dans les dicotylédones, au contraire, des nervures secondaires naissent assez généralement de la côte moyenne (ex. *Fagus sylvatica*, *f.* 59), et, lorsqu'il en part plusieurs ensemble de la base du limbe, elles sont moins nombreuses que chez les monocotylédones, et réunies par des veines diversement anastomosées (ex. *Melastoma cornifolia*, Rich., *f.* 58). Je n'ai pas besoin de vous rappeler que lorsque, chez les dicotylédones, on trouve des feuilles à nervures fines et parallèles, on doit presque toujours dire que ce sont des pétioles élargis dont le limbe a avorté. D'ailleurs, malgré les différences très-sensibles que je viens de vous indiquer et qui se rencontrent dans le plus grand nombre de cas, il n'y a pourtant pas de limites parfaitement tranchées entre la nervation des monocotylédones et celle des dicotylédones; en effet, les *Musa*, les *Arum*, les *Dioscorea*, les *Smilax*, les *Alstrœmeria* sont bien certainement des monocotylédones, et ces plantes ont, les unes, des nervures qui naissent d'une côte moyenne comme les barbes d'une plume, les autres, un très-petit nombre de nervures longitudinales unies entre elles par des veines anastomosées, d'autres enfin des nervures transversales avec des longitudinales convergentes.

Classification des nervures.

Je vous ai fait connaître les deux principales dispositions des nervures ; mais ensuite il se rencontre une foule de modifications secondaires qui se nuancent de diverses façons, et qu'on essayerait vainement de soumettre à une classification rigoureuse. Je vous indiquerai cependant celle qui peut-être serait la moins imparfaite. Ou plusieurs nervures longitudinales partent, comme je vous l'ai dit, de la base même de la feuille; ou bien des nervures transversales naissent des deux côtés d'une nervure moyenne, se rendant de cette dernière vers le bord. Dans le second cas, elles sont disposées comme les barbes d'une plume, et, pour cette raison, on appelle la feuille penninerviée (*folium penninervium, f.* 59), quels que soient le nombre des nervures latérales et l'angle qu'elles forment avec la moyenne, qu'elles divergent ou convergent plus ou moins, qu'elles n'atteignent point le bord de la feuille ou parviennent jusqu'à lui, de quelque manière enfin que les réunissent les veines et les veinules qui s'étendent de l'une à l'autre. Dans le premier cas, celui où des nervures naissent du pétiole avec la côte moyenne, il peut arriver qu'elles soient droites, qu'elles soient arquées et convergentes, ou bien encore qu'elles s'étendent en divergeant. Quand elles sont droites, comme cela a lieu dans la plupart des monocotylédones, elles ne diffèrent point ou diffèrent peu de la moyenne ; elles sont nombreuses, rapprochées, et enfin presque parallèles, ce qui a fait nommer la feuille rectinerviée (*fol. rectinervium, f.* 57). Lorsque les nervures longitudinales sont arquées et convergentes, la feuille porte le nom de curvinerviée (*fol. curvinervium*); souvent alors les nervures se montrent fort nombreuses, mais souvent aussi elles se présentent en nombre déterminé, et on dit la feuille trinerviée, quinquénerviée, septem-novemnerviée (*fol. trinervium*, ex. *Melastoma cornifolia*, Rich., *f.* 58, *quinque-septem-novemnervium*), suivant que l'on compte 3, 5, 7 ou 9 nervures, la moyenne et de chaque côté un nombre égal de secondaires. Si, enfin, au lieu de converger, les nervures s'étendent en divergeant plus ou moins ou même en rayonnant, la feuille est appelée digitinerviée (*f. digitinervium*) (ex. *Tropæolum majus*, *f.* 61). Mais ce qui vous prouvera combien cette classification, quoique établie sur une très-large base, est pourtant peu rigoureuse, c'est qu'il se trouve une foule de feuilles où l'on voit en même temps des nervures qui partent de la côte moyenne et d'autres qui naissent du pétiole avec cette dernière. Les nervures longitudinales d'autres feuilles ne commencent pas précisément à leur base, mais elles s'échappent de la côte moyenne à peu de distance de cette même base (*fol. triplinervium*, ex. *Melastoma multiflora*, Rich., *f.* 60, *quintuplinervium*, *septuplinervium*, *etc.*, feuille triplinerviée, quintuplinerviée, etc.). Il y a plus encore : on ne saurait décider si, dans certaines plantes, les nervures latérales partent de la base de la côte moyenne, ou si elles naissent avec elle du pétiole. Les feuilles à nervures arquées, mais très-nombreuses, des *Convallaria* et surtout des *Tradescantia*, nuancent les curvinerviées avec les rectinerviées. Enfin l'on trouve des feuilles à nervures longitudinales dont les extérieures divergent et dont les intérieures sont plus ou moins convergentes.

Je vous ai indiqué les principaux noms que les botanistes ont donnés aux feuilles considérées d'après leur nervation : on en a imaginé d'autres encore ; mais il est mieux, ce me semble, de recourir à des périphrases qui peuvent peindre toutes les nuances, que d'employer des mots barbares qui indiquent seulement un petit nombre de modifications.

Quoi qu'il en soit, la disposition des nervures a la plus Influence de la nervation sur la forme des feuilles.

grande influence sur la forme des feuilles; ainsi une feuille où les nervures seront droites et parallèles sera nécessairement linéaire (v. p. 156), et celle où elles s'étendent en rayonnant aura nécessairement une forme orbiculaire ou à peu près orbiculaire (l. c.). De deux feuilles où les nervures seront disposées de la même manière, l'une pourra être entière et l'autre plus ou moins profondément divisée; mais leur périphérie sera toujours à peu près la même. En un mot, l'on peut dire que les nervures des feuilles forment la charpente de ces dernières ou, si l'on veut, leur squelette.

Squelette des feuilles.

Certains insectes, en rongeant tout le parenchyme des feuilles, laissent quelquefois ce squelette à découvert; on peut aussi l'obtenir par la macération, ou en frappant sur la feuille avec une brosse rude à coups légers et multipliés; enfin la nature elle-même nous offre des squelettes de feuilles dans quelques-unes de celles qui naissent sous les eaux. Chez le *Cabomba* et le *Ranunculus aquatilis* (*f.* 62), on voit des exemples frappants de ces feuilles aquatiques appelées disséquées par les botanistes (*f. dissecta*), et celles de l'*Hydrogeton fenestralis* (*f.* 63), plante de Madagascar, présentent uniquement des nervures et des veines qui, s'anastomosant à angle droit, forment une sorte de châssis à jour.

Feuilles où le parenchyme manque par intervalles

Dans toutes ces feuilles, le parenchyme manque entièrement; mais il en est d'autres, comme celles de certaines Aroïdes, où il ne manque que par intervalles, et qui semblent avoir été rongées par les insectes : on les appelle feuilles pertuses (*folia pertusa*). Ces lacunes, au reste, ne forment point un caractère constant. On a observé au jardin des plantes de Paris qu'elles ne se retrouvaient plus chez les individus souffrants et maladifs, et qu'on pouvait les multiplier en procurant à la plante une plus grande énergie vitale. Il faut les considérer comme la première ébauche de ces découpures, qui, faisant exception chez les monocotylédones, caractérisent un nombre assez considérable d'Aroïdes.

Celles où le défaut de parenchyme se montre à l'extrémité des nervures.

Il arrive souvent aussi qu'un défaut de parenchyme se montre à l'extrémité de la nervure moyenne; alors la feuille se trouve terminée par une pointe, et on l'appelle mucronée, quand la pointe est assez sensible (*f. mucronatum*), et apiculée (*apiculatum*) lorsqu'elle l'est moins. Le défaut de parenchyme peut aussi se manifester à l'extrémité des nervures latérales, et alors on a une feuille épineuse sur les bords (*f. spinosum*), comme cela arrive dans plusieurs Chardons (*Carduus, Cnicus*).

Cause de l'absence du parenchyme à l'extrémité des nervures des feuilles mucronées et épineuses.

On peut se demander si la pointe terminale et les pointes latérales, au lieu d'être dues à un épuisement qui empêcherait le parenchyme de se développer autour d'elles, ne le seraient pas plutôt à un excès d'énergie qui développerait outre mesure la côte moyenne et les nervures latérales. L'analogie peut seule, jusqu'à un certain point, résoudre le problème. Je serais plus porté à regarder les pointes des feuilles comme le résultat de l'épuisement que celui de la vigueur; parce que la culture qui procure aux plantes des sucs plus abondants tend, en général, à faire disparaître les piquants et les épines.

Feuilles chez lesquelles il y a excès de parenchyme.

Tandis que certaines feuilles manquent de parenchyme, d'autres, au contraire, en ont plus qu'il n'en faut pour remplir l'espace qui se trouve entre leurs nervures, et alors il se forme des proéminences à leur surface. On donne à ces feuilles le nom de *ridées* (*folia rugosa*, ex. *Phlomis fruticosa*, *f.* 51), et on les appelle boursouflées (*folia bullata*), quand les proéminences sont plus sensibles. Il arrive quelquefois que, le milieu du limbe ne changeant pas, l'excès du parenchyme se montre seulement au bord de la feuille, et alors on dit qu'elle est crépue (*f. crispum*). Quelques-unes le sont naturellement, comme celles du *Malva crispa*, qui servent à l'ornement de nos desserts, du *Mentha crispa*, du *Mentha undulata*, etc.; mais on produit facilement ce caractère par la culture, comme le Céleri (*Apium graveolens*), le Cresson alénois (*Lepidium sativum*), le Chou (*Brassica oleracea*) en fournissent des exemples.

Nervation des feuilles grasses.

Au lieu de s'étendre sur une surface plane, les nervures des feuilles grasses se développent souvent en tous sens, comme nous le verrons plus tard. Nous trouvons, en quelque sorte, une ébauche de cette organisation dans ces productions coniques et piquantes qui, au dehors, s'échappent du tissu même des nervures de quelques feuilles, et les font paraître plus ou moins hérissées d'épines (*spinæ foliares*, Mirb.). Ce sont des expansions de même nature qui s'élèvent sur les feuilles d'une charmante variété de Chou (*Brassica oleracea*) cultivée dans quelques parties du désert de Minas, et dont la réunion imite une forêt de petits arbres dépouillés de leur feuillage.

§ IV. — *Forme des feuilles.*

Diversité dans la forme des feuilles.

La nature s'est plu à répandre dans la forme des feuilles la plus étonnante variété. Plus de quarante mille espèces de plantes ont été décrites, et il n'en est pas deux dont les feuilles soient parfaitement semblables. On s'étonne de cette diversité merveilleuse, lorsque l'on parcourt les herbiers, ou que l'on passe en revue les plates-bandes d'un jardin de botanique. Mais, il faut le dire, la méthode que nous sommes obligés d'introduire dans l'arrangement de nos collections en bannit les contrastes, qui donnent tant de charmes à la variété. Ce sont eux surtout qui transportent le naturaliste, lorsque, traversant les contrées équinoxiales, il voit rapprochées les unes des autres des milliers de formes qui n'ont entre elles qu'un trait de ressemblance, l'élégance et la grâce; lorsqu'il voit le feuillage délicat des Mimoses s'agiter au-dessus de la feuille gigantesque des Scitaminées, ou la Fougère, mille fois découpée, croître sur le tronc des *Eugenia* avec les Bromélies et les *Tillandsia* aux feuilles roides et immobiles.

Il y a bien plus encore : nous ne trouvons pas dans la nature deux feuilles exactement semblables, et quelquefois le même individu en réunit qui se ressemblent beaucoup moins que celles de deux espèces entièrement différentes. Le sommet et la base d'une foule de tiges portent des feuilles entières, et leur milieu des feuilles profondément découpées. Le Mûrier à papier (*Broussonetia papyrifera*) a des feuilles les unes en cœur et les autres lobées. Celles du *Ranunculus aquatilis* (*f.* 62) sont réduites à de simples nervures, quand elles croissent sous l'eau, et elles ont une forme arrondie quand elles se développent à sa surface.

Malgré le peu de constance que les feuilles présentent dans leurs formes, il n'en est pas moins vrai que ce sont encore elles qui établissent entre les espèces les différences les plus faciles à saisir. Quand on veut indiquer seulement les caractères les plus saillants d'une espèce, on se contente généralement de décrire les feuilles du milieu de la tige; dans une description complète, il faut distinguer celles du milieu, de la base et du sommet. Des noms ont été donnés aux diverses modifications des formes de la feuille; je vais vous faire connaître les principales.

Une surface comprise entre deux portions d'ellipse plus ou moins allongées, telle est la forme de feuille la plus commune. Lorsque les deux bords sont presque parallèles et que la

Principales modifications des formes de la feuille.

surface comprise entre eux est étroite, la feuille est linéair (*f. lineare*); cette feuille prend le nom de subulée (*f. subu latum*), quand elle se termine insensiblement en pointe, e l'on donne en particulier le nom de feuilles en aiguill (*f. acerosum*) à celles qui, étant subulées, offrent une consis tance dure et persistent l'hiver, comme chez les Pins, le Genévriers, les Melèzes (*Pinus, Juniperus, Larix*). La feuill ensiforme (*f. ensiforme*), qui a la figure d'un glaive et se bords parallèles à la tige, est canaliculée à sa base, puis se deux moitiés se rapprochent, et enfin elles se soudent pa leur surface supérieure : alors, comme l'a remarqué M. Nau din, le bord supérieur se trouve formé par les deux bord réunis, le bord inférieur et le milieu du dos, et, par conséquent, les deux faces larges sont chacune l'une des moitiés de la surface inférieure. Une feuille peut avoir la forme d'une faux (*f. falcatum*), ou celle d'une spatule (*f. spathulatum*). La feuille oblongue (*f. oblongum*) est celle dont la largeur est à la longueur à peu près comme un à trois. L'elliptique (*f. ellipticum*) offre à peu près la forme que ce mot indique. La feuille ovée (*ovatum*) présente la coupe longitudinale d'un œuf, et a sa plus grande largeur à la base ; l'obovée (*obovatum*) a la même forme et la plus grande largeur au sommet. On appelle lancéolée (*f. lanceolatum*) celle qui, formée, comme les précédentes, par des portions d'arc, va en diminuant insensiblement du milieu vers les deux extrémités. Les feuilles sont aussi quelquefois orbiculaires (*f. orbiculare, orbiculatum*), rarement en forme de coin ou cunéiformes (*f. cuneiforme*), et plus rarement triangulaires (*f. triangulare*), rhomboïdales ou quadrangulaires (*f. rhombeum, quadrangulare*).

Différences que peut présenter le sommet des feuilles.

Tantôt une feuille s'arrondit à son sommet, et on dit qu'elle est obtuse (*f. obtusum*); tantôt elle est aiguë (*f. acutum*); tantôt ses deux bords changent de direction à leur extrémité pour se prolonger en une languette, et on dit qu'elle est acuminée (*f. acuminatum*); quelquefois, enfin, au lieu d'un prolongement, elle offre une échancrure plus ou moins profonde, et on la désigne en latin par les expressions de *f. retusum, f. emarginatum*.

Une feuille peut aussi être, à sa base, aiguë, obtuse, acuminée ou cunéiforme, c'est-à-dire en forme de coin (*f. basi acutum, obtusum, acuminatum, cuneiforme*). Quand cette même base est échancrée en deux lobes, et qu'en même temps le limbe est ovale, on dit que la feuille est cordiforme ou en cœur (*f. cordatum*). Si, avec une échancrure semblable, la feuille est arrondie au sommet, on l'appelle réniforme (*f. reniforme*). Une feuille aiguë, qui se prolonge à sa base en deux lobes également aigus, parallèles au pétiole, ou au moins peu divergents, est sagittée (*f. sagittatum*); elle est hastée (*f. hastatum*), quand les deux lobes sont perpendiculaires au pétiole. Celles que peut offrir la base.

Une feuille peltée (*fol. peltatum*) est celle dont le pétiole se trouve attaché vers le milieu de la lame (ex. la Capucine, *Tropæolum majus*, *f.* 61) : que dans une feuille arrondie, comme celle de beaucoup de Malvacées et de Géraniées, les deux lobes très-rapprochés qui descendent le long du pétiole, au dessous de son sommet, se soudent entre eux, nous aurons une feuille peltée.

Les feuilles, comme je vous l'ai dit, sont généralement formées de deux moitiés semblables séparées par la côte moyenne; cependant il en est qui montrent, entre leurs moitiés, quelque inégalité, principalement à la base (*f. basi inæquilaterum*). Une moitié de la feuille de l'Orme (*Ulmus campestris*) commence toujours plus près de l'origine du pétiole que la moitié opposée; dans le Micocoulier (*Celtis australis*), comme dans plusieurs *Grewia*, se montre une semblable inégalité, et le genre *Begonia* en fournit des exemples extrêmement remarquables. Les folioles des feuilles composées ont fort souvent un côté plus développé que l'autre, et c'est toujours l'extérieur, naturellement le moins gêné des deux.

§ V. — *Découpures des feuilles.*

Tantôt la feuille ne présente aucune espèce de division, et alors on l'appelle simple et entière (*simplex et integrum*, ex. *Viburnum Tinus, f.* 64), tantôt elle se partage en ramifications chargées de petites feuilles articulées, et on l'appelle composée (*f. compositum*, ex. *Colutea arborescens*, *f.* 70). Mais, entre ces deux extrêmes, on trouve, en quelque sorte, toutes les nuances possibles. La feuille peut n'avoir que des dents sur les bords. Elle peut se partager en divisions aiguës ou obtuses qui n'atteignent pas la moitié de sa largeur ou de sa longueur. Ses divisions peuvent s'étendre au delà de la moitié; et enfin, allant plus loin encore, elles peuvent ne laisser aucune portion de parenchyme entre elles et la côte moyenne ou la base de la feuille. De là il n'y a qu'un pas pour arriver aux feuilles composées. Supposons, en effet, que les fibres vasculaires qui passent de la côte moyenne dans les divisions parfaitement distinctes d'une feuille découpée se resserrent auparavant en petits pétioles, comme cela a lieu chez la feuille simple pour la formation de sa lame, nous aurons une feuille composée.

Toutes les nuances possibles entre la feuille simple et entière et la feuille composée.

Je vous ai dit que les lacunes qui se trouvent dans les feuilles de certaines Aroïdes étaient un indice d'énergie vitale. Un botaniste bien justement célèbre avait, au contraire, soupçonné qu'elles provenaient d'un défaut de vigueur, et de là il avait conclu que c'était aussi par épuisement que les lanières des feuilles divisées se trouvaient séparées les unes des autres;

mais, en supposant même un instant que les lacunes des Aroïdes annonçassent un état d'appauvrissement, il ne faudrait point croire qu'il en est de même des découpures des feuilles. La division dans les parties des végétaux est généralement un symptôme d'énergie vitale. Parmi les phanérogames, les monocotylédones sont les plantes le moins richement organisées, et jamais elles n'ont de feuilles composées. Les végétaux dicotylédons qui, dans le milieu de leur tige, lorsqu'ils sont pleins de vigueur, produisent des feuilles très-découpées, n'en produisaient que de simples ou de presque simples à leur naissance, lorsqu'ils étaient encore débiles, et ce sont des feuilles simples ou presque simples que, par épuisement, ils émettront encore dans le voisinage de la fleur. Une foule de plantes qui, dans un terrain convenable, ont des feuilles découpées, n'en donnent plus que d'entières, quand elles lèvent dans un sol peu fertile, sur les murs ou sur le bord des chemins. Enfin, par la culture, on fait naître des feuilles ou des folioles laciniées chez des arbres qui, tels que le Hêtre et le Sureau (*Fagus sylvatica, Sambucus niger*), en ont naturellement d'entières.

La division dans les parties des végétaux, symptôme de vigueur.

De tout ce que je viens de dire, il ne faudrait pas conclure que, de deux plantes, dont l'une a des feuilles entières et l'autre des feuilles composées, la première est toujours la plus vigoureuse. La conclusion serait inexacte, lors même que l'on se bornerait à comparer deux pousses annuelles ; il n'y a personne, en effet, qui ne reconnaisse qu'il y a plus d'énergie vitale dans la pousse du Bananier que dans la Sensitive (*Mimosa pudica*) ou le *Tribulus terrestris.* Mais, si nous rapprochons isolément deux feuilles, l'une simple et l'autre composée, nous devons dire que celle-ci a obéi à une force de développement qui ne s'est point manifestée chez la première, et lorsque nous avons sous les yeux deux feuilles détachées d'un même individu, nous pouvons assurer que

Comparaison des feuilles entières et divisées dans une même plante et dans des espèces différentes.

la plus découpée a été produite par une partie de la tige où celle-ci avait plus de vigueur.

Divisions des feuilles modelées sur la disposition des nervures.

Les divisions des feuilles, s'opérant entre les nervures, doivent toujours se modeler sur la disposition de ces dernières. Dans une feuille où les nervures partent en rayonnant du pétiole, comme d'un centre commun, les découpures seront rayonnantes; elles seront disposées comme les barbes d'une plume dans celle où les nervures naissent latéralement de la côte moyenne; elles s'étendront du sommet à la base de la feuille, quand les nervures seront longitudinales.

Comme les différences que les feuilles présentent dans leurs découpures contribuent singulièrement à faire distinguer les diverses espèces de plantes, je vais revenir sur les différents modes de découpures que je n'ai fait que vous indiquer en passant. Je commencerai par les dentelures (*dentes*), qui sont les divisions des feuilles les moins profondes.

Dentelures des feuilles.

On dit qu'une feuille est dentée (*f. dentatum*), lorsqu'elle a des dents aiguës avec des sinus arrondis. On la dit crénelée (*f. crenatum*), quand, au contraire, avec des dentelures arrondies, elle a des sinus aigus. Enfin elle est dentée en scie (*f. serratum*), quand les sinus et les dents sont aigus et tournés vers le sommet de la feuille (ex. *Phillyrea latifolia, f.* 65). Il arrive quelquefois que les dents ou les crénelures sont elles-mêmes dentées ou crénelées, et alors la feuille est deux fois dentée, deux fois crénelée ou deux fois dentée en scie (*f. duplicato-dentatum, duplicato-crenatum, duplicato-serratum*). Lorsque les dents sont profondes et très-inégales et les sinus aigus, la feuille est incisée (*f. incisum*). Quand, au lieu de dents, l'on voit des découpures un peu plus profondes, larges et obtuses, avec des sinus également larges et obtus, on dit que la feuille est sinuée (*f. sinuatum*).

On appelle lobes (*lobi*) des découpures arrondies qui ne s'étendent pas jusqu'au milieu de la feuille, et entre lesquelles sont des sinus aigus. Une feuille est lobée (*f. lobatum*) quand elle présente des lobes, ce qui n'arrive que lorsqu'elle est plus ou moins arrondie dans l'ensemble de sa circonférence (ex. *Erodium malacoides*, *f.* 66). La feuille lobée peut avoir deux, trois, quatre, jusqu'à neuf lobes, et on l'appelle bilobée, trilobée, quadrilobée, quinquélobée, etc. (*folium bilobum*, *trilobum*, *quadrilobum*, *quinquelobum*). Lobes.

Des divisions aiguës qui ne s'étendent pas au delà du milieu de la surface de laquelle elles émanent, et qui sont séparées par des sinus aigus, s'appellent lanières (*laciniæ*), et l'on appelle fendues (*f. fissum*) les feuilles qui offrent cette sorte de découpure. Elles sont bifides, trifides, quadrifides, quinquéfides, multifides, selon qu'elles offrent deux, trois, quatre, cinq ou un plus grand nombre de lanières (*folium bifidum*, *trifidum*, *quadrifidum*, *quinquefidum*, *multifidum*). Chez ces feuilles, les divisions s'étendent du sommet à la base, si les nervures courent longitudinalement de la base de la feuille à son sommet; ou bien elles s'étendent du bord vers le milieu, si les nervures sont placées comme les barbes d'une plume. Dans le premier cas, la feuille est palmée (*f. palmatum*); dans le second, elle est pinnatifide (*f. pinnatifidum*) (ex. *Cichorium Intybus*, *f.* 67). Lorsque la division terminale d'une feuille pinnatifide est fort grande, ou, pour mieux dire, lorsque la feuille reste indivise à son sommet dans un espace assez considérable, on la dit en lyre ou lyrée (*f. lyratum*), et l'on appelle roncinées (*f. runcinatum*) les feuilles pinnatifides dont les divisions se dirigent de haut en bas. Une feuille pinnatifide peut avoir ses divisions découpées de la même manière qu'elle l'est elle-même, et alors on dit qu'elle est *bipinnatifide* (*f. bipinnatifidum*). Le nom de lacinié (*laciniatum*) est en quelque sorte générique, et s'ap- Lanières.

plique aux feuilles divisées en lanières irrégulières plus ou moins profondes.

Segments.

Lorsque les divisions d'une feuille s'étendent au delà du milieu de la partie d'où elles naissent, on les appelle segments (*segmenta, divisuræ*); on dit que cette feuille est partite (*f. partitum*, ex. *Sysimbrium vimineum*, L. — *Diplotaxis viminea*, DC., *f.* 68), et l'on a des feuilles bipartites, tripartites, quadripartites, multipartites (*f. bipartitum, tripartitum, quadripartitum, multipartitum*), suivant qu'elles se composent de deux, trois, quatre ou plusieurs découpures profondes. Souvent la feuille partite est plus ou moins arrondie, et alors ses découpures divergent plus ou moins ou même sont rayonnantes, comme ses nervures elles-mêmes, alors toujours longitudinales (feuille palmatipartite, *folium palmatipartitum*). Quand, au contraire, les nervures sont placées transversalement à la manière des barbes d'une plume, la feuille est pinnatipartite (*folium pinnatipartitum*). On l'appelle pédiaire ou pédatipartite (*f. pedatum, pedatipartitum*), lorsque son pétiole se divise en trois nervures divergentes dont les deux latérales se subdivisent du côté intérieur seulement, et que chacune de ces nervures secondaires ou tertiaires parcourt une division profonde. Il arrive souvent que les découpures d'une feuille partite sont partites elles-mêmes : pour exprimer ce caractère, on se sert d'une périphrase, si la feuille est arrondie ; et, si elle est pinnatipartite, elle devient bipinnatipartite, tripinnatipartite (*bi-tripinnatipartitum*), selon que ces divisions sont une ou deux fois profondément découpées.

La plupart des auteurs n'emploient que le mot de partite pour désigner toutes les feuilles qui ne sont pas composées, mais dont les découpures s'étendent au delà du milieu, quelle que soit la profondeur de ces dernières. M. de Candolle, pour plus de précision, a réservé l'expression de partite aux feuilles dont les découpures vont au delà du milieu, mais sont jointes les unes aux autres par des portions de parenchyme, et il a donné le nom de feuille coupée (*f. sectum*) à celles dont les segments vont jusqu'à la base ou jusqu'à la côte moyenne. En adoptant ce mot, il est clair qu'on doit, suivant la nature de chaque espèce de feuilles, le modifier de la même manière que le mot partite, et qu'il faut appeler feuille palmatiséquée (*f. palmatisectum*) celle dont les divisions s'étendent de haut en bas, jusqu'à la base; pinnatiséquée (*f. pinnatisectum*), celle où elles vont jusqu'à la côte moyenne (ex. *Tagetes erecta*, f. 69); bipinnatiséquée, tripinnatiséquée (*f. bipinnatisectum*, *tripinnatisectum*), celles dont les découpures sont elles-mêmes deux ou trois fois coupées, et ainsi de suite.

La feuille composée (ex. *Colutea arborescens*, *f.* 70) présente un degré de plus d'expansion que la feuille coupée; car, non-seulement ses divisions sont distinctes, mais encore elles naissent généralement d'un petit pétiole partiel semblable à celui d'une feuille simple; elles sont articulées sur la partie qui les porte, et elles ressemblent exactement à de petites feuilles. Ici cependant encore il n'y a rien de tranché; on trouve tous les passages entre la feuille partite et la feuille composée, et, dans plusieurs cas, si nous disons qu'une plante a des feuilles coupées ou des feuilles composées, c'est que nous savons qu'elle appartient à une famille où, le plus ordinairement, on trouve, soit des feuilles coupées, soit des feuilles composées : ainsi, dans les cas douteux, on appelle coupées les feuilles des Rosacées ou des Ombellifères, parce que les végétaux de ces familles ont, en général, des feuilles coupées, et l'on dit toujours qu'une Légumineuse a des feuilles composées, parce que ce sont des feuilles composées que l'on observe communément chez les Légumineuses. Il est cependant facile de sentir qu'il y a ici abus de l'analogie : de ce

La feuille partite nuancée avec la feuille composée.

qu'une plante a plusieurs des caractères d'une autre plante, ce n'est pas une raison pour en conclure qu'elle les a tous; rien n'est moins philosophique que de vouloir toujours renfermer la création dans les limites tranchées de nos cadres méthodiques; il faut dire ce qui est, et ne pas craindre d'avouer ses doutes lorsqu'on en éprouve; ils ne naissent pas toujours de la faiblesse de notre esprit; souvent ils sont l'expression de l'œuvre même de la nature, qui n'a jamais voulu laisser sur les limites de ses tableaux de traits fortement prononcés.

§ VI. — *Détails sur les feuilles composées.*

Les découpures des feuilles composées (*f.* 70, 72) ont été appelées des folioles ou pinnules (*foliola*, *pinnulæ*). Le pétiole qui les supporte toutes a été nommé pétiole commun (*petiolus communis*), et l'on a appelé pétiolule (*petiolulus*) celui de chaque foliole; enfin on a donné le nom d'axe de la feuille (*rachis*) à la côte moyenne qui, divisée en pétiolules, porte les folioles, et l'on a un axe primaire (*rachis primaria*) et des axes secondaires (*rachis secundaria*) dans les feuilles où ce n'est pas la côte moyenne continue avec le pétiole qui porte immédiatement les folioles, mais où elles sont portées par des côtes ou nervures latérales émanées de la côte moyenne (*f.* 71).

Parties de la feuille composée.

Les folioles des feuilles composées, tout en se rapprochant, en général, de l'ellipse, varient cependant par la forme chez les différentes espèces: elles varient bien davantage encore par la grandeur, car celles de certaines Mimosées ont à peine deux ou trois lignes, et, dans l'*Affonsea juglandifolia*, autre Mimosée que j'ai découverte en Amérique, les folioles atteignent près d'un pied. Une semblable diversité ne se rencontre pas dans la nervation des folioles, car elles sont constamment penninerviées.

Forme des folioles.

Leurs dimensions.

Quant à l'axe, il ne porte aucune expansion foliacée, lorsque le pétiole n'en porte pas non plus; si, au contraire, celui-ci est ailé, l'axe l'est également (*rachis alata*); mais, dans ce cas, il se distingue du pétiole, parce qu'il y a rétrécissement dans l'expansion aux points où il y a articulation, c'est-à-dire là où naissent les folioles.

Axe ailé.

Lorsque les nervures qui donnent naissance aux folioles partent toutes de la côte moyenne, ou lorsqu'elles naissent toutes immédiatement du pétiole, on dit que la feuille est simplement composée (*f. simpliciter compositum, f.* 70); on dit que les feuilles sont décomposées (*f. decompositum*, ex. *Gleditschia triacanthos, f.* 71), quand les pétiolules et les nervures moyennes des folioles émanent de nervures longitudinales ou latérales secondaires; enfin la feuille est triplement composée (*f. supradecompositum*), lorsque les folioles sont portées par des nervures tertiaires.

Feuilles simplement composées, décomposées, triplement composées.

D'après ce que je viens de vous dire, la feuille simplement composée peut l'être de deux manières; comme les feuilles partites et coupées sont aussi de deux manières coupées ou partites, c'est-à-dire suivant que les nervures secondaires sont longitudinales ou transversales; ou, pour m'exprimer avec une exactitude plus rigoureuse, selon qu'elles naissent toutes du pétiole comme la moyenne, ou qu'elles partent de cette dernière. En effet, ces deux principaux systèmes de nervures déterminent toujours le système des divisions, quelle que soit la profondeur de ces dernières.

Deux sortes de feuilles simplement composées, déterminées par la disposition des nervures.

Lorsque, dans une feuille simplement composée, les nervures secondaires partent immédiatement du pétiole, la feuille peut être à trois, à cinq, à sept, à neuf folioles, suivant le nombre des nervures qui leur donnent naissance. On l'appelle feuille ternée ou trifoliolée (*folium ternatum, trifoliolatum*), quand elle a trois folioles, comme dans les Trèfles (*Trifolium*) ou les *Oxalis*, et digitée (*f. digitatum*), quand elle en a da-

Feuilles ternées, feuilles digitées.

vantage, comme dans les Lupins ou le Marronnier d'Inde (*Lupinus, Æsculus Hippocastanum*). Lorsqu'on veut spécifier le nombre de folioles dont se compose la feuille digitée, on dit qu'elle est quinquéfoliolée, septifoliolée, etc., c'est-à-dire à cinq ou sept folioles (*foliolum quinquefoliolatum, septemfoliolatum*).

Les folioles des feuilles ternées et des feuilles digitées en nombre pair par avortement.

Il est clair que la feuille composée, soit ternée, soit digitée, doit toujours avoir un nombre impair de folioles, puisque toute feuille est partagée en deux moitiés égales ou presque égales par une nervure moyenne, et que, quand les nervures secondaires sont longitudinales, il y en a autant d'un côté que de l'autre. Ainsi une feuille à deux folioles, comme celle du *Zygophyllum fabago* (*f. binatum*), est une feuille à trois folioles où manque l'intermédiaire; et une feuille à quatre folioles (*f. quaternatum*) naissant toutes au sommet du pétiole est une feuille à cinq folioles dont la cinquième ne s'est pas développée. Ces défauts de développement, au reste, sont suffisamment démontrés par la place que laisse vide la foliole qui manque, ou même par une pointe ou moignon plus ou moins sensible, qui se montre à l'endroit où devrait se trouver cette même foliole, si elle avait pu naître.

Feuilles pennées.

Si la feuille simplement composée, au lieu d'avoir des nervures secondaires longitudinales, en a de latérales, alors les folioles sont disposées sur l'axe commun comme les barbes d'une plume, et l'on dit que la feuille est pennée ou ailée (*folium pinnatum*).

Tantôt les folioles d'une feuille pennée sont opposées, et tantôt elles sont alternes (*folium oppositè pinnatum, folium alternè pinnatum*). Dans le second cas, on compte le nombre des folioles, et l'on appelle la feuille bifoliolée, trifoliolée, quadrifoliolée (*folium bifoliolatum, trifoliolatum, etc.*). Dans le premier cas, on compte simplement le nombre de paires de folioles (*jugum*), et l'on dit que la feuille est à deux, à trois, à quatre paires (*folium bijugum*, *trijugum*, *quadrijugum*, etc.). Une feuille ailée, par conséquent à nervures latérales, peut avoir trois folioles, comme celle à nervures longitudinales ; mais, chez cette dernière, les folioles naissent toutes ensemble du sommet du pétiole, et, chez la première, les folioles latérales, naissant de nervures transversales, se trouvent placées nécessairement au-dessous de la foliole terminale. La plupart des *Oxalis* ont trois folioles digitées, résultat de nervures longitudinales ; les *Medicago*, les *Ononis* (*f.* 77) ont des feuilles ailées à trois folioles, dont deux sont le résultat de nervures transversales. Au reste, par la même raison qu'il est souvent difficile de déterminer, dans les feuilles entières, si les nervures secondaires émanent du pétiole, comme la moyenne, ou si elles naissent de la base de cette dernière, il l'est souvent aussi de décider si une feuille à trois folioles est ailée ou digitée.

Diverses espèces de feuilles décomposées déterminées par la disposition des nervures.

La feuille décomposée, où, comme je vous l'ai dit, les folioles sont portées par des nervures secondaires, est susceptible des mêmes modifications que la feuille partite, la feuille coupée et la feuille composée, c'est-à-dire que ses nervures secondaires peuvent être rayonnantes, longitudinales ou latérales.

Quand les nervures secondaires sont latérales, et par conséquent disposées comme les barbes d'une plume, et que les tertiaires devenues folioles sont disposées de la même façon, on dit que la feuille est deux fois pennée (*bipinnatum*, *duplicato-pinnatum*), comme dans le *Gleditschia triacanthos*, *f.* 71) ; lorsque, au contraire, on a des nervures longitudinales qui naissent du sommet du pétiole, et qui, étant au nombre de trois, se divisent chacune en trois autres, on a une feuille deux fois ternée (*folium biternatum* ou *duplicato-ternatum*).

Il existe aussi un grand nombre de feuilles décomposées

qui, pour ainsi dire mixtes, telles que celles du *Mimosa sensitiva* et du *Mimosa pudica*, présentent, avec des nervures secondaires longitudinales, des nervures latérales devenues folioles, ou, si l'on aime mieux, qui ont des axes digités à folioles ailées : ces feuilles sont appelées digitées-pennées (*f. digitato-pinnatum*), et l'on dit en particulier qu'elles sont pennées-conjuguées, pennées-ternées, pennées-quaternées (*f. pinnato conjugatum, pinnato-ternatum, pinnato-quaternatum*), suivant que leurs nervures pennées ou axes sont au nombre de deux, de trois ou de quatre. Quand le nombre des axes portant des folioles est pair, il est bien clair qu'une nervure intermédiaire ne s'est point développée, puisque le nombre des nervures longitudinales est toujours impair ; c'est ce qui arrive aussi, comme nous l'avons vu, pour les feuilles simplement composées.

Feuilles triplement composées distinguées entre elles par la disposition de leurs nervures.

Les feuilles triplement composées (*supradecompositum*) sont celles dont les folioles sont portées par les nervures tertiaires, ou, si l'on aime mieux, dont les folioles sont le résultat de nervures quaternaires. Ces feuilles sont encore, suivant la disposition de leurs nervures, soumises aux mêmes modifications que les partites, les coupées, les pennées et les décomposées. Ainsi l'on a des feuilles triplement conjuguées, triplement ternées, triplement pennées (*f. trigeminatum, triternatum, tripinnatum*).

Feuilles des palmiers.

On avait cru que les feuilles des Palmiers, ailées ou palmées, devaient leurs folioles ou divisions à des déchirures à peu près analogues à celles qui s'opèrent dans les feuilles du Bananier exposées au grand vent ; mais il n'en est point ainsi. M. Hugo Mohl a constaté, par des observations faites au microscope, que, dans l'origine, une sorte de duvet unissait entre elles ces divisions réellement organiques, et que, par leur accroissement, elles s'écartaient ensuite les unes des autres. Cependant, s'il n'y a pas ici de déchirement, il n'en est pas moins vrai que cette union primitive, qui ensuite disparaît, forme un intermédiaire entre l'absence totale de division et la séparation qui se manifeste dès la naissance de la feuille.

§ VII. *Vrilles. Feuilles unifoliolées.*

Dans l'état de développement complet, une feuille composée est toujours terminée par une foliole (ex. *Onobrychis supina, f.* 72), comme une feuille pinnatifide l'est par un lobe; mais il arrive fort souvent que cette foliole avorte, et alors la feuille se termine par une pointe ou filet plus ou moins long, qui est l'extrémité de l'axe ou *rachis*. Souvent ce filet se contourne, il s'accroche aux corps voisins, il les entoure, et alors il prend le nom de vrille (*cirrhus*). La vrille est simple (*cirrhus simplex*) (ex. *Orobus tuberosus, f.* 73), quand l'extrémité de l'axe avorte seule; mais, quand le parenchyme des folioles latérales supérieures avorte aussi, et qu'il ne reste que leur côte moyenne, on a une vrille rameuse, et l'on dit que la vrille est bifide, trifide, multifide (*cirrhus bifidus, trifidus, multifidus*), suivant qu'elle est à deux, trois (ex. *Lathyrus Tingitanus, f.* 74), ou un plus grand nombre de branches, ou, pour mieux dire, suivant qu'elle est le résultat de l'avortement de deux, de trois ou de plusieurs folioles. Le plus souvent, dans les espèces à feuilles pourvues de vrilles, les folioles supérieures sont les seules qui ne se développent point; mais, dans le *Lathyrus* (*Aphaca, f.* 75), il ne s'en développe aucune, et la feuille tout entière se trouve réduite à un filet sans parenchyme, ou, si l'on veut, la feuille tout entière n'est qu'une vrille. Ce qu'est la vrille chez les feuilles.

Les feuilles où la foliole terminale n'avorte point sont

Feuilles pennées avec ou sans impaire.

dites ailées ou pennées avec une impaire (*f. impari-pinnatum*), et l'on appelle pennées sans impaire (*folium pari-pinnatum*) celles où avorte la foliole terminale. Je n'ai pas besoin de vous dire que les feuilles bicomposées et triplement composées peuvent avoir, comme celles simplement composées, chaque division pennée avec ou sans impaire, terminée ou non par une vrille.

Vrilles des *Smilax*.

Chez les *Smilax* (ex. *Smilax aspera*, *f.* 76), on trouve au-dessous de la feuille deux vrilles sur le pétiole. Cette portion d'organe ne saurait donner naissance à autre chose qu'à des folioles; ainsi, c'est comme des rudiments de folioles que doivent être considérées les deux vrilles dont il s'agit. Par conséquent, tandis que, chez les Légumineuses, les folioles supérieures avortent souvent, ce sont, au contraire, les inférieures qui restent rudimentaires chez les *Smilax*. Les feuilles de ces plantes sont réellement une ébauche de la feuille composée, ébauche qui tend à rattacher la classe des monocotylédones, où les organes appendiculaires sont généralement si simples, aux dicotylédones qui présentent le plus de développement dans les organes de la végétation.

Accord parfait de toutes les parties des végétaux.

D'après tout ce que j'ai eu occasion de vous dire jusqu'à présent, vous voyez que les principales différences qui existent entre les plantes résultent d'avortements plus ou moins prononcés ou de développements plus ou moins sensibles. De là il ne faudrait pourtant pas conclure qu'un hasard capricieux préside à la formation des végétaux, et qu'en procurant aux plantes des sucs plus ou moins abondants on ferait rentrer les espèces les unes dans les autres. Nous pouvons, par la culture, changer en rameaux feuillés les épines du Néflier et du Prunier; nous pouvons métamorphoser en pétales les étamines de la Rose ou de l'Œillet, faire avorter les semences de la Banane, du Raisin ou du *Berberis*, et gorger de sucs délicieux la Pêche ou la Poire; mais, quelque mobile que soit l'organisation végétale, il est, pour chaque espèce, des limites de modification qui ne sauraient être dépassées dans aucune circonstance. Excès ou défaut, voilà ce qui constitue, il est vrai, les différences qui se manifestent entre les espèces végétales; mais, dans tous les organes, l'excès ou le défaut sont dans une harmonie parfaite avec les conditions générales de l'existence de chaque espèce. Ainsi les dernières folioles des feuilles de l'Acacia (*Robinia Pseudacacia*) ne se changent point en vrilles accrochantes, son tronc vigoureux n'a pas besoin de vrilles pour se soutenir; chez les *Orobus*, les tiges sont généralement droites, mais, comme en même temps elles sont fort grêles, leurs feuilles ont déjà des vrilles simples qui, dans certains cas, peuvent ne pas être inutiles; la tige des *Vicia*, des *Lathyrus*, des *Pisum* serait, au contraire, trop débile pour se maintenir dans une direction verticale, les dernières folioles de leurs feuilles avortent et deviennent des vrilles fortes et rameuses qui, s'accrochant aux corps les plus voisins, empêchent la plante de tomber sur la terre et d'y pourrir. En général, les Composées ou Synanthérées présentent une tige droite et ferme; des vrilles leur seraient inutiles, elles n'en portent point. Dans le seul genre *Mutisia*, quelques espèces ont des tiges débiles et fort longues, qui ramperaient sur le sol si la nature ne leur eût donné un moyen de se soutenir verticalement comme leurs congénères; les feuilles de ces espèces sont découpées, jusqu'à la côte moyenne, en segments semblables aux folioles de notre Vesce des haies (*Vicia sepium*); les derniers de ces segments avortent, et, à leur place, naissent des vrilles accrochantes. Les Composées et les Légumineuses sont des plantes dont la fructification est extrêmement différente; mais, comme je viens de vous le dire, quelques Composées se trouvent soumises aux mêmes conditions d'existence que certaines Légumineuses, et, par une harmonie dont la nature s'est réservé le secret, ces Composées perdent entièrement l'aspect de leurs congénères, pour prendre celui des Légumineuses qui végètent comme elles. Toutes les plantes à tiges débiles ne se soutiennent point, sans doute, à l'aide de portions de feuilles réduites à la côte moyenne et métamorphosées en vrilles; la nature a varié ses moyens pour parvenir à des résultats semblables; mais partout nous trouvons, dans les végétaux, cet accord parfait de toutes les parties de l'organisation, que l'illustre Cuvier nous a si bien fait voir dans le règne animal.

Je vous ai montré la foliole terminale des feuilles composées avortant pour produire des vrilles. Souvent, au contraire, ce sont les folioles latérales qui avortent et la terminale qui se développe seule. Nous avons déjà eu des exemples de deux folioles latérales réduites à l'état de vrille dans le genre *Smilax*; chez diverses Légumineuses à feuilles ternées ou ailées avec une impaire, telles que l'*Ononis Natrix* (*f.* 77) et l'*Anthyllis vulneraria*, plantes communes dans nos campagnes, le défaut de développement est souvent complet. Après avoir produit, dans la partie vigoureuse de leur tige, plusieurs folioles à leurs feuilles, ces plantes n'en produisent plus qu'une seule vers leur sommet épuisé; mais, dans cette foliole unique, on retrouve encore le caractère des feuilles composées, puisqu'elle est articulée à sa base, tandis que la lame des véritables feuilles simples ne l'est jamais. Ici nous trouvons, sur une même tige, des feuilles à plusieurs folioles et d'autres à une foliole unique, mais toutes également articulées; lorsque ensuite, sur une plante, le Citronnier (*Citrus Medica*, *f.* 79), par exemple, nous voyons constamment des pétioles terminés par une feuille articulée, nous devons naturellement dire que cette feuille n'est autre chose que la foliole unique d'une feuille composée chez laquelle ne

Feuilles réduites à une foliole.

se seront point développées les folioles latérales. Les feuilles ainsi réduites à une seule foliole prennent le nom de feuilles unifoliolées (*folia unifoliolata*).

Dans l'*Ononis Natrix* (*f.* 77), je trouve tout à la fois des feuilles à trois folioles et des feuilles à une seule. Chez l'*Ononis variegata* (*f.* 78), l'avortement va plus loin encore, car cette plante n'a jamais qu'une foliole articulée, et, comme il arrive souvent que cette dernière avorte, la feuille se trouve réduite au seul pétiole garni de stipules larges et adhérentes. Au reste, vous savez déjà qu'il n'est pas rare que la lame des feuilles ne se développe pas, et c'est uniquement par occasion que je suis revenu à cette particularité de l'organisation végétale.

Un avortement moins complet que celui de la lame entière donne un aspect particulier aux feuilles du *Sarcophyllum carnosum* (*f.* 80), plante du cap de Bonne-Espérance. Ses feuilles étroites et linéaires sont articulées au-dessus de leur milieu et terminées par une petite pointe. Je ne puis dire ici que la feuille entière soit un pétiole, car un pétiole n'est jamais articulé dans sa longueur; au point de l'articulation finit nécessairement le pétiole, et l'articulation elle-même indique suffisamment la place de deux folioles qui ne se sont pas développées, comme la pointe indique un avortement terminal; mais la partie qui se trouve au-dessus d'un pétiole et porte les folioles est un axe, ou si l'on veut, une nervure moyenne : donc la feuille du *Sarcophyllum* est un pétiole surmonté d'un axe dont les folioles ne se sont pas développées, et, ce qui confirme entièrement cette manière de voir, c'est que la plante dont il s'agit appartient à la famille des Légumineuses, et que toutes les plantes de cette famille ont des feuilles articulées.

Feuilles du *Sarcophyllum carnosum*.

§ VIII. — *Feuilles grasses. Feuilles réduites à l'état d'épines.*

Je vous ai parlé jusqu'ici des feuilles les plus communes, celles qui présentent une surface plane ou presque plane, qui, étant très-minces, contiennent fort peu de sucs, et dont les nervures s'étendent en longueur ou en largeur. D'autres, au contraire, ont une épaisseur plus ou moins sensible, avec une consistance charnue, et sont gorgées de sucs : ce sont celles qu'on nomme grasses (*f. crassa*). Parmi ces dernières, on en trouve qui se rapprochent des feuilles ordinaires, et ont évidemment deux faces et un bord ; mais aussi il s'en rencontre dont les nervures s'étendent en tous sens et qui, au lieu d'être aplaties, présentent un limbe cylindrique (*f. teres*, *cylindricum*) ; semi-cylindrique (*f. semiteres*, *semicylindricum*) ; triquètre ou à trois faces (*triquetrum*) ; deltoïde (*deltoïdeum*) ; en forme de sabre, c'est-à-dire à trois faces, un peu caréné et courbé de dedans en dehors (*f. acinaciforme*) ; en forme de doloire (*dolabriforme*), c'est-à-dire à trois angles, rétréci à la base et élargi à son sommet, qui est bossu au dos et comprimé, etc.

Ce que sont les feuilles ; feuilles grasses.

Dans les feuilles grasses, il est souvent fort difficile de déterminer la limite des deux surfaces, et par conséquent de dire ce qu'on doit appeler le bord. Chez ces mêmes feuilles, on ne voit point de nervures à l'extérieur, et souvent la dissection elle-même ne permet pas de distinguer des nervures dans le tissu où elles se fondent, pour ainsi dire, au milieu des cellules gorgées de sucs. Il est à remarquer que, lorsque les feuilles sont grasses, les tiges sont également succulentes ; le *Passerina hirsuta* et quelques autres plantes forment à cette espèce de loi des exceptions très-rares. Trois familles se composent entièrement de plantes à feuilles grasses, savoir : les Cactées, les Crassulacées et les Ficoïdes. Quelques espèces à feuilles succulentes se trouvent aussi disséminées dans d'autres groupes; c'est principalement parmi les plantes maritimes qu'on les rencontre.

Feuilles fistuleuses; feuilles cloisonnées.

Sans être grasses, certaines feuilles de monocotylédones offrent pourtant des contours arrondis. Très-souvent, comme dans l'Oignon (*Allium Cepa*) et d'autres *Allium*, la moelle de ces feuilles s'oblitère, et elles deviennent creuses (*f. fistulosum*). Quelquefois c'est seulement par intervalles que la substance intérieure disparaît, et, par intervalles, elle acquiert plus de solidité; des espèces de diaphragmes se forment transversalement, et alors la feuille a été très-improprement appelée articulée, nom qu'elle doit échanger contre celui de cloisonnée (*f. loculosum*, ex. *Juncus lampocarpus*).

Feuilles transformées en épines.

Des organes appendiculaires qui forment, pour ainsi dire, l'extrême opposé des feuilles grasses sont les épines sèches et ligneuses que l'on voit sur la tige des *Berberis*. Ces épines émanent des nœuds vitaux, et, à leur aisselle, naissent des bourgeons qui se développent en rameaux raccourcis chargés de feuilles véritables. Peut-être serait-il ridicule de les appeler des feuilles; mais elles occupent la place que celles-ci occupent ordinairement; ce ne sont point des feuilles proprement dites, mais des feuilles transformées en épines. Celles bien développées des rameaux portent souvent à leur bord des pointes qui déjà montrent une tendance à cette transformation; il arrive même qu'on trouve chez les *Berberis* des feuilles qui, d'un côté devenues épines, présentent encore, de l'autre, la consistance d'une feuille ordinaire; et il ne serait pas très-difficile d'arriver, par des intermédiaires, de la feuille épineuse et sèche du *Berberis vulgaris* à celle gorgée de sucs des *Mesembryanthemum* ou des *Stapœlia*.

§ IX. — *Dimensions des feuilles.*

Dimensions des feuilles très-variables.

Il n'y a pas moins de diversité dans la longueur et la largeur des feuilles que dans leur forme, car on en trouve de toutes les dimensions, depuis une demi-ligne jusqu'à quinze ou vingt pieds. Quelquefois leur grandeur est proportionnée à celle de la tige ; ainsi le Chou-palmiste (*Areca oleracea*), avec un tronc de cent cinquante à cent soixante-dix pieds, présente des feuilles de dix pieds de longueur dont le pétiole creux et renflé forme une sorte de vase qui peut contenir jusqu'à huit bouteilles de liquide. Mais, si cette coïncidence des dimensions de la tige et des feuilles s'observe assez généralement chez les Palmiers, elle est infiniment plus rare dans les autres familles de plantes : la feuille de la Patience sauvage (*Rumex aquaticus*) couvrirait plusieurs centaines de fois celle du Mélèze (*Larix Europæa*), et l'on trouverait dans la feuille du Bananier (*Musa sapientum*) mille fois plus de matière végétale que dans celle du Cèdre du Liban (*Larix cedrus*).

Peu de constance dans l'accord des dimensions de la tige et des feuilles.

§ X. — *Position des feuilles.*

Jusqu'ici je vous ai uniquement entretenus des feuilles considérées isolément ; j'ai à peine besoin de vous dire de quelle manière elles peuvent être placées sur la tige, car je vous l'ai déjà indiqué en vous parlant des nœuds vitaux, et vous savez que les feuilles peuvent être alternes, opposées

Feuilles alternes,

ou verticillées (*f. alterna, f.* 149; *opposita, f.* 148; *verticillata, f.* 91). On dit en particulier de celles en verticilles qu'elles sont ternées, quaternées, quinées, disposées par six ou par huit (*f. terna, quaterna, quina, sena, octona*), suivant le nombre qu'offre le verticille. Enfin on appelle feuilles distiques (*disticha*) celles qui émanent de nœuds alternes et placés sur deux rangs.

opposées, verticillées ; distiques.

Les feuilles que l'on a nommées éparses (*folia sparsa*) sont des feuilles alternes et par conséquent en spirale (p. 29), mais qui, au premier coup-d'œil, semblent disposées sans ordre, soit parce qu'elles sont fort rapprochées, soit à cause de l'avortement de quelques-unes d'entre elles.

Celles dites éparses.

Les auteurs décrivent aussi certaines feuilles comme étant fasciculées ou en faisceau (*f. fasciculata*); mais cette expression est encore moins rigoureusement exacte que celle d'éparses. Les feuilles dites fasciculées naissent solitaires, mais sur des rameaux fort raccourcis, et si elles paraissent en faisceau, c'est uniquement parce qu'elles sont très-rapprochées. Souvent aussi, sous le nom de feuilles fasciculées, on a confondu la feuille de la tige et celles nées à son aisselle d'une branche peu développée, ou, pour mieux dire, on a confondu des productions appartenant à deux générations différentes. Les feuilles en faisceau du *Berberis* appartiennent à un court rameau qui a poussé à l'aisselle de l'épine; les feuilles fasciculées du Mélèze (*Larix Europæa*) sont la pousse de l'année d'une branche extrêmement raccourcie qui souvent est le résultat de plusieurs pousses successives. Dans les feuilles géminées des Pins (*Pinus*), on ne doit voir autre chose non plus que la production d'un rameau avorté, sur lequel ces feuilles sont réellement solitaires et alternes.

Celles dites fasciculées.

Quand les feuilles sont opposées, une sorte de petite bride, comme vous le savez déjà (p. 130), s'élève souvent entre elles et les réunit (ex. *Phlomis fruticosa, f.* 81). Cette bride peut prendre une largeur fort sensible (ex. *Dipsacus laciniatus*, *f.* 82); quelquefois même elle arrive à être à peu près de niveau avec le bord des deux expansions opposées, et on dirait alors une feuille unique traversée par la tige dans le milieu de sa longueur. Ces sortes de feuilles portent le nom de con-

Feuilles connées;

nées (*f. connata*, v. *p.* 130), et l'on appelle perfoliée (*caulis perfoliatus*) la tige dans laquelle elles semblent être enfilées. Le Chèvrefeuille des jardins (*Lonicera Caprifolium*) et le *Crassula perfoliata* (*f.* 83) fournissent des exemples remarquables de feuilles connées. Ces feuilles sont, comme le pétiole embrassant des Ombellifères et des Renoncules, la production unique d'un nœud vital périphérique; mais c'est une production qui s'épanche d'une autre manière que les pétioles embrassants. Étalé au lieu d'être appliqué contre la tige et non fendu à sa base, le pétiole périphérique et sans lame du *Buplevrum rotundifolium* (*f.* 84) a reçu le nom de feuille perfoliée (*f. perfoliatum*).

Les feuilles sont portées tantôt par les faces et tantôt par les angles des axes qui leur donnent naissance. Celles des Labiées émanent toujours des faces; celles du *Galium cruciatum* toujours des angles.

Assez souvent on voit au-dessous de chaque feuille une lame foliacée qui, continue avec elle et adhérente à l'axe, s'étend en manière d'aile jusqu'à la feuille inférieure. Les feuilles qui présentent ce caractère ont été appelées décur-

décurrentes;

rentes (*f. decurrentia*), comme pour indiquer que la feuille descend sur l'axe; mais la végétation procède de bas en haut, et non de haut en bas; ce n'est point la feuille qui se prolonge sur la tige en une aile foliacée, c'est cette aile qui se continue dans le limbe de la feuille par lequel elle est terminée. L'aile est, en réalité, la partie inférieure de la feuille qui ne s'est point encore dégagée de l'axe, et chaque entre-nœud ne s'étend pas de la lame d'une feuille décurrente à une autre lame, mais de la partie inférieure de chaque aile à la partie inférieure de l'aile voisine.

On dit que les feuilles sont caulinaires (*f. caulina*), quand elles sont portées par la tige, et raméales (*f. ramea*) par les rameaux. Dans une foule de livres vous trouverez des feuilles décrites comme une production du collet de la racine et appelées pour cette raison radicales (*f. radicalia*). Vous savez déjà (p. 77) que le collet de la racine est la surface sans épaisseur qui unit le système aérien et le système descendant; des feuilles ne peuvent naître de cette surface, toutes émanent de la tige; cependant il est bon de conserver le mot de feuilles radicales pour celles qui sont très-voisines de la racine, et qui, par la forme, diffèrent souvent des autres. Dans les plantes appelées acaules ou sans tige, on disait que les feuilles étaient radicales; mais nous savons que les prétendues plantes acaules sont tout simplement des plantes à courtes tiges (p. 93), et encore ici, par conséquent, les feuilles radicales seront des feuilles nécessairement fort rapprochées de la racine.

Caulinaires et raméales.

Celles dites radicales.

Les feuilles sont ordinairement, par rapport à l'axe qui les porte, dans une position horizontale ou presque horizontale. Cependant il est à cette loi de nombreuses exceptions. On trouve un grand nombre de feuilles plus ou moins obliques (*f. obliqua*), et quelques autres presque verticales (*f. verticalia*). Dans ce dernier cas, elles appliquent souvent leur surface supérieure contre l'axe qui les porte (*f. adpressa*), et lorsqu'en même temps elles sont fort rapprochées les unes des autres, l'inférieure recouvre de sa surface supérieure une partie de la surface inférieure de celle qui se trouve au-dessus; ces feuilles placées, pour ainsi dire, comme les tuiles d'un toit, sont celles qu'on appelle imbriquées (*f. imbricata*). Quelquefois le pétiole est trop faible pour soutenir le limbe dans une position horizontale, et

Feuilles horizontales, obliques, verticales, imbriquées;

pendantes. alors la feuille devient pendante (*folia pendentia*). Quand une plante souffre, ses feuilles s'inclinent aussi fort souvent vers le sol; c'est ce qu'on peut observer chez les Balsamines et les Reines-Marguerites (*Impatiens Balsamina, Aster Sinensis*) qu'on vient de transplanter. La sécheresse est une des principales causes qui rendent les feuilles pendantes; lorsque, durant un des hivers si chauds et si secs des tropiques, je traversais les bois dépouillés qu'on appelle *catingas*, je n'y vis d'autre plante en fleur qu'une petite Acanthée dont les feuilles pendantes attestaient la langueur; à la fin de l'été, le *Galeopsis Ladanum*, si commun dans les plaines de la Beauce, n'a plus que des feuilles inclinées vers le sol : un peu d'eau leur rendrait une position horizontale.

Tout ce qui précède semblerait devoir me conduire à vous parler ici de la disposition spirale des feuilles sur la tige; mais, comme, sous ce rapport, les bourgeons nés à leur aisselle sont soumis aux mêmes lois qu'elles, et que les bractées, feuilles altérées, ne sont point placées autrement que les feuilles véritables, je vous entretiendrai à la fois de la position géométrique de tous les organes de la végétation, immédiatement avant de passer à ceux de la fructification.

§ XI. — *Durée des feuilles.*

Feuilles persistantes; feuilles caduques. Dans sa jeunesse, la feuille tient assez fortement à la tige; mais peu à peu l'adhérence devient moindre, une articulation se forme, la feuille se détache et tombe. Quelques feuilles cependant ne s'articulent jamais, et par conséquent elles se flétrissent sur la tige, elles s'oblitèrent peu à peu, mais ne tombent pas; c'est ce qui arrive chez plusieurs Palmiers, le *Primula officinalis*, etc. Les folioles des feuilles ailées de plusieurs Astragales (*Astragalus*) tombent; mais le pétiole reste fortement attaché à la tige, et l'axe des folioles qui le termine devient une pointe dure et épineuse. Les feuilles qui s'articulent sur la tige et tombent portent le nom de caduques (*f. caduca*); les autres doivent être appelées persistantes (*f. persistentia*).

Parmi les feuilles caduques, il en est qui tombent dans l'année même où elles sont nées ; d'autres ne se détachent que l'année suivante ou même, comme celles des Conifères, restent sur la plante durant plusieurs années.

Quand des feuilles ne tombent point dans l'année où elles se sont développées, elles se rencontrent nécessairement avec les pousses de l'année suivante. Les arbres qui sont dans ce cas ne sont, par conséquent, jamais entièrement dépouillés, et c'est là ce qui leur a fait donner le nom spécial d'arbres verts, tels que la plupart des Conifères, le Buis, le Houx, l'Oranger, etc. Arbres verts.

Lorsqu'on s'éloigne des tropiques, le nombre des arbres verts va en diminuant dans une progression rapide. A Porto-Allegre, par le 30e degré de latitude sud, je trouvai, dans la saison la plus froide, les arbres presque tous chargés de feuilles; à Saint-Francisco de Paula, près Rio-Grande, par le 34e degré, à peu près le tiers des végétaux ligneux avaient perdu les leurs, et enfin, à deux degrés plus au sud, vers Jerebatuba et Chuy, un dixième des arbres seulement conservaient leur feuillage. A Montpellier, les campagnes, en hiver, ne sont déjà plus dépouillées de verdure, et Lisbonne, Madère et Ténériffe offrent un nombre d'arbres toujours verts bien plus considérable encore.

Il ne faut pas croire, cependant, que, sous les tropiques, tous les arbres soient toujours verts. Même dans les gigantesques forêts qui bordent la côte du Brésil, et où la végétation est maintenue dans une activité continuelle par ses deux agents principaux, la chaleur et l'humidité, il existe des arbres, tels que certaines Bignonées, qui, chaque année, perdent, comme les nôtres, toutes leurs feuilles à la fois, mais immédiatement après ils se couvrent de fleurs, et bientôt reparaît leur feuillage. Je vous parle ici des bois qui croissent dans celles des régions équinoxiales où, comme chez nous, les pluies et la sécheresse n'ont point d'époque déterminée. Mais, dans les pays où à six mois de pluies continuelles il succède six mois d'une sécheresse non interrompue, il est des bois qui, chaque année, restent, pendant un temps considérable, entièrement dépouillés de verdure, et le voyageur qui les traverse est brûlé par les feux ardents de la zone équinoxiale, en ayant sous les yeux la triste image de nos hivers. On a vu la sécheresse se continuer deux années, et les arbres rester deux années sans feuillage.

§ XII. — *Du degré de constance qu'ont dans les familles naturelles les divers caractères tirés de la feuille.*

Moins de constance dans la forme des feuilles que dans l'absence ou la présence des découpures.

La forme des feuilles est très-rarement semblable dans toutes les plantes de la même famille. L'absence ou la présence des découpures a bien plus de constance, et les divisions, comme je vous l'ai déjà fait observer, ont souvent d'autant plus de profondeur qu'il se manifeste dans l'ensemble des divers groupes une plus grande force d'expansion. La plupart des familles monocotylédones ont des feuilles simples; aucune n'en a de composées. Les dicotylédones apétales n'en présentent non plus jamais de composées et assez rarement de découpées. Chez les dicotylédones monopétales, on n'en voit point encore de composées, mais un grand nombre d'espèces en ont de découpées. Enfin, parmi les dicotylédones polypétales, on trouve des familles formées entièrement ou en partie de feuilles composées, telles que les Rutacées, les Térébinthacées et les Légumineuses.

Position des feuilles assez généralement constante dans la même famille.

Il est des familles où l'on trouve tout à la fois des feuilles alternes et des feuilles opposées; mais, en général, la position des feuilles a beaucoup de constance dans la même famille. Aucune monocotylédone n'a de feuilles opposées. Parmi les dicotylédones, les Plantaginées, les Plombaginées, les Chicoracées, les Sapotées, les Malvacées, les Renonculacées, les Magnoliées, les Berbéridées en offrent constamment d'alternes, et l'on en voit toujours d'opposées chez les Labiées, les Gentianées, les Dipsacées, les Caryophyllées, etc. Les Salicariées et les Polygalées, au contraire, présentent tout à la fois, et souvent sur le même individu, des feuilles alternes, opposées et verticillées. Les Rubiacées européennes sont toutes à feuilles verticillées; celles d'Amérique presque toutes à feuilles opposées.

CHAPITRE IX.

STIPULES.

Définition des stipules.

Les feuilles me conduisent naturellement à vous parler des stipules (*stipulæ*), qui sont des appendices foliacés placés quelquefois entre l'axe et la feuille elle-même, beaucoup plus souvent à droite et à gauche du pétiole ou du limbe. Dans le dernier cas, les stipules portent le nom de latérales (*stipulæ laterales*); dans l'autre, celui d'axillaires (*stip. axillares*). Je commencerai par vous entretenir des premières.

§ Ier. *Des stipules latérales.*

Dimensions des stipules latérales.

En général, les stipules latérales sont petites (ex. *Lathyrus Nissolia*, *f.* 86; *Vicia variegata*, *f.* 87); cependant il y a certains cas où elles prennent un développement considérable, comme dans le *Lathyrus pratensis* (*f.* 88), et surtout le Pois cultivé (*Pisum sativum*). Chez le *Lathyrus Aphaca* (*f.* 76), où la feuille est réduite à un simple filet, les stipules atteignent aussi une grandeur remarquable, et elles offrent une preuve de la réalité de cette loi de balancement, qui veut que, quand un organe avorte, l'organe voisin se développe outre mesure. Accompagnée de ses deux grandes stipules découpées, la feuille du *Viola tricolor* (*f.* 90) ressemble à une feuille tripartite. Les *Dorycnium* ont des feuilles presque sessiles et à trois folioles; leurs stipules sont à peu près aussi grandes que ces dernières, et, au premier coup d'œil, elles feraient croire que la feuille est quinée ou même en faisceau (*Dorycnium suffruticosum*, *f.* 89).

Dans un grand nombre de plantes, les stipules n'ont pas autant de consistance que la feuille; il n'est même pas rare d'en trouver de membraneuses, de scarieuses, et d'autres qui, comme celles du *Noblevillea Gestasiana* (*f.* 85), sont réduites à de simples glandes. Souvent aussi elles ne sont pas moins fermes que la feuille elle-même, et l'on en voit qui se transforment en épines, telles, par exemple, que celles du Câprier (*Capparis spinosa*, *f.* 92) et des *Robinia*. Leur consistance.

Si, comme les feuilles, les stipules peuvent se changer en épines, comme elles aussi, elles se métamorphosent quelquefois en vrilles (ex. *Cucumis Colocynthis*, *f.* 93). Ce ne sont pas des feuilles que les vrilles des Cucurbitacées, puisqu'elles existent conjointement avec les feuilles, et l'on ne doit pas non plus les considérer comme des rameaux ou des pédoncules, car elles ne sont point placées à l'aisselle de la feuille. Le seul organe qui naisse à côté de celle-ci, c'est une stipule; donc la vrille des Cucurbitacées est une stipule véritable. Mais, a-t-on dit, les vrilles de ces plantes ne sont point des stipules, parce qu'elles sont souvent continues avec une côte qui s'élève de la tige, et parce qu'on ne voit point, dans d'autres familles, de stipules unilatérales. Les rejets du Châ- Stipules latérales métamorphosées en vrilles.

taignier (*Castanea vulgaris*) présentent, au-dessous de leurs stipules, des côtes extrêmement sensibles, et le même caractère se retrouve évidemment chez divers Astragales (*Astragalus*). Des deux stipules, l'une est, dans quelques plantes, moins développée que l'autre, comme vous le verrez bientôt (p. 187), et de là il n'y a qu'un pas pour arriver à un avortement complet. Mais, au reste, cet avortement n'a pas toujours lieu, car j'ai observé au jardin des plantes de Paris une Cucurbitacée dont la feuille était accompagnée de deux vrilles. Enfin Adanson dit que son genre *Elaterium* présente, non pas une vrille chargée de feuilles et pouvant, par conséquent, être considérée comme un rameau feuillé, mais *une petite stipule en forme de languette triangulaire.*

Nervation des stipules.

Généralement beaucoup plus contractées, plus étroites que la feuille qu'elles accompagnent, les stipules présentent aussi une nervation moins ramifiée et plus souvent longitudinale.

Toutes les feuilles ordinairement stipulées, quand les inférieures le sont.

Ordinairement une espèce qui a des stipules à la partie inférieure de sa tige en offre dans toute sa longueur; cependant la Capucine (*Tropæolum majus*) forme une exception à cette espèce de règle, car elle n'a de stipulées que les deux feuilles qui s'élèvent immédiatement au-dessus des cotylédons.

Les stipules sont presque toujours sessiles.

Forme des stipules latérales.

Elles prennent, dans les diverses espèces de plantes, des formes qui peuvent être indiquées par les expressions dont on se sert pour peindre celle des feuilles. Cependant, comme leur croissance est généralement gênée du côté intérieur, c'est-à-dire celui où elles touchent à la feuille, elles se développent mal ou ne se développent pas du tout de ce même côté, et, au lieu d'être en cœur, ovales ou réniformes, elles ne sont que semi-cordiformes, semi-ovales, semi-réniformes (*semicordatæ, semiovatæ, semireniformes*). Des stipules semi-hastées et semi-sagittées (*semihastatæ, semisagittatæ*) sont très-communes dans la famille des Légumineuses (ex. *Vicia variegata, f.* 87).

Une stipule latérale est presque toujours semblable à la stipule voisine. Cependant il est à cette règle quelques exceptions. L'*Ervum monanthos* ou Jaraude, plante fourragère de la famille des Légumineuses, a deux stipules dont l'une est étroite, linéaire et acérée, et l'autre élargie et profondément divisée en découpures sétacées.

Similitude presque générale des stipules de la même feuille.

Tantôt les stipules latérales sont parfaitement libres (*liberæ*), comme celles du Charme (*f.* 94) ou du Chêne (*Carpinus Betulus*, *Quercus robur*, L.); tantôt elles adhèrent au pétiole dans une portion plus ou moins considérable de leur longueur (*stipulæ petiolo adnatæ*), comme chez les Ronces, les Trèfles et les Roses (ex. *Rubus collinus, f.* 95; *Rosa centifolia, f.* 96).

Stipules latérales libres.

Il arrive aussi que, dans la partie inférieure d'un rameau, les stipules sont soudées au pétiole, et que plus haut, quand la plante a pris une plus grande force d'expansion, elles deviennent libres. Les expressions de *caulinæ* et *petiolares*, dont on s'est quelquefois servi pour distinguer les stipules libres de celles qui adhèrent au pétiole, sont entièrement défectueuses, parce qu'elles tendent à faire croire que les stipules n'ont pas toujours la même origine, tandis qu'elles peuvent naître uniquement de la tige.

Les stipules latérales s'étendent plus ou moins à la circonférence de cette dernière; dans quelques espèces, elles en font presque le tour; dans d'autres, elles le font entièrement; dans d'autres enfin elles se rencontrent au point qui fait face au pétiole, et elles s'y soudent.

Stipules latérales s'étendant plus ou moins à la circonférence de la tige.

Un genre de soudure différent de celui dont je viens de vous entretenir, se montre chez les stipules des plantes à feuilles opposées. Celles d'une des deux feuilles rencontrant, par leurs bords extérieurs, les bords extérieurs des deux

Soudure des stipules chez les feuilles opposées.

autres stipules, une soudure s'opère, et il se forme une sorte de gaîne. Dans certaines Géraniées (ex. *Geranium malacoides*, *f.* 97), on aperçoit encore quatre découpures qui indiquent le sommet de quatre stipules soudées à la base. Chez une foule de Rubiacées, de la division des Spermacocées (ex. *Spermacoce rubrum*, *f.* 98), on ne peut découvrir aucune limite entre les quatre stipules, et l'on ne voit que deux feuilles qui semblent naître d'une gaîne par laquelle la base de chaque entre-nœud se trouve embrassée. Dans ce dernier cas, nous avons réellement une expansion unique; mais on doit en dire autant, comme nous l'avons vu, toutes les fois que le nœud est périphérique, et les différences sembleraient n'exister que dans la manière dont la production du nœud se trouve divisée.

Durée des stipules latérales.

Lorsque les stipules latérales adhèrent au pétiole, elles suivent sa destinée; elles tombent avec lui, s'il est de sa nature de se détacher de la tige; et, s'il est persistant, elles persistent aussi. Elles peuvent également persister quand elles sont libres; mais plus souvent alors elles tombent avant la feuille, et souvent même elles sont tellement caduques qu'elles se détachent au moment où le bourgeon se développe. C'est ce qui arrive pour celles du Charme, du Chêne *Carpinus*, *Quercus*) et de la plupart des autres Amentacées de Jussieu.

Leur nature.

On doit naturellement demander ce qu'est, dans le système organique des végétaux, ce genre d'expansion. Si j'examine une feuille de Rosier du Bengale (*Rosa Bengalensis*), par exemple, je vois qu'elle et ses stipules naissent du même nœud vital, et, lorsque je la détache, je trouve sur ce nœud une cicatrice unique et linéaire sur laquelle je vois trois faisceaux de fibres, dont l'un, plus gros, placé entre les deux autres, se continuait dans le milieu de la feuille, et dont les deux autres se continuaient dans les stipules. Si, à présent, je détache de son nœud un pétiole plus ou moins embrassant, je vois sur la tige une cicatrice semblable, avec cette différence que plus le pétiole aura de largeur, ou, si l'on veut, plus le nœud sera périphérique, plus je trouverai d'indices de faisceaux dont le plus gros sera toujours, comme chez le Rosier du Bengale, l'intermédiaire passant dans le milieu de la feuille. Un pétiole dilaté et une feuille avec ses stipules ont donc la même origine; ils naissent également d'un seul nœud vital, et commencent leur développement de la même manière. La seule différence consiste en ce que, dans la plupart des pétioles embrassants, les faisceaux latéraux, prenant une direction oblique, vont se rapprocher du faisceau intermédiaire de la feuille, tandis que, pour les feuilles stipulées, les faisceaux latéraux marchent parallèlement au faisceau intermédiaire, qu'ils restent droits et deviennent libres plus ou moins promptement. Il y a tendance à la réunion dans les premiers, à la séparation dans les seconds. Les stipules nées du même nœud que la feuille en sont une répétition latérale, une sorte de dédoublement, à peu près semblable à celui qui, comme nous verrons plus tard (*V.* le chap. *Symétrie*), s'opère souvent dans les organes de la fleur. Sans énergie chez les *Qualea*, le dédoublement n'y produit que des glandes vasculaires; ailleurs ses résultats se rapprochent de plus en plus de la feuille, et il finit par la répéter presque sans aucune différence, comme, par exemple, dans les *Dorycnium*, les *Rubia* et les *Galium* (les fig. suivantes retracent la série des développements offerts par les stipules : *Noblevillea Gestasiana*, *f.* 85; *Lathyrus Nissolia*, *f.* 86; *Vicia variegata*, *f.* 87; *Lathyrus sylvestris*, *f.* 88; *Dorycnium suffruticosum*, *f.* 89; *Rubia tinctorum*, *f.* 91). Les feuilles dédoublées ou stipules remplissent les mêmes fonctions que les feuilles qu'elles multiplient; elles ont également des stomates, et quelquefois des bourgeons naissent à leur aisselle.

Il est si vrai que les stipules et les pétioles embrassants ont une grande analogie, que l'on admettrait certainement des feuilles stipulées chez quelques espèces d'Ombellifères, si ces espèces composaient seules toute la famille, et que, par un abus d'analogie, on n'eût pas dit qu'aucune Ombellifère ne devait avoir des stipules, parce que le plus grand nombre de ces plantes n'ont qu'un pétiole embrassant.

Stipelles.

Des expansions de même nature que les stipules latérales, mais de bien moindres dimensions, s'observent à droite et à gauche des folioles de plusieurs feuilles composées, et ont reçu le nom de stipelles (*stipellæ*). Elles ne paraissent pas mériter une très-grande attention; cependant elles tendraient à confirmer l'analogie que certains botanistes ont indiquée entre la feuille composée et le rameau.

§ II. — *Des stipules axillaires.*

Origine des stipules axillaires.

Après vous avoir entretenus des stipules latérales, je vais vous parler des axillaires (*axillares*), celles qui se trouvent placées à l'aisselle des feuilles, et qui y sont communément solitaires. On a dit que ces stipules étaient formées par la soudure de deux latérales unies par leurs bords intérieurs; mais on ne saurait admettre cette hypothèse. En effet, on conçoit que deux stipules latérales, en se rapprochant beaucoup, puissent, à leur bord extérieur, contracter adhérence l'une avec l'autre, comme cela arrive chez le *Trifolium montanum* ou l'*Ononis parviflora*; mais si elles sont vraiment latérales, c'est-à-dire nées, l'une à gauche, l'autre à droite de la feuille, il est bien clair qu'à leur origine elles ne sauraient passer devant cette dernière : produites par le même plan que la feuille, on ne peut les trouver entre celle-ci et la tige.

Le genre *Drosera* va nous montrer jusqu'à la dernière évidence la nature des stipules axillaires. Dans la plupart des espèces de ce genre, que l'on dit acaules, parce que la tige y est fort courte, on observe des stipules axillaires qui semblent naître de la base de la feuille (ex. *Drosera Anglica*, *f.* 99); mais elles ne sont que soudées avec cette base; car, dans le *Drosera graminifolia* (*f.* 100), la stipule axillaire n'a plus rien de commun avec le pétiole; elle est placée devant lui, naissant immédiatement de la tige, libre, parfaitement distincte et unique, du moins en apparence. Donc il y a des stipules véritablement axillaires, et ces stipules ne sont point formées de la soudure de deux stipules latérales; ce sont des organes qui naissent du nœud vital sur un plan plus rapproché de la tige que la feuille elle-même, et tandis que les stipules ordinaires doivent leur origine à un dédoublement latéral de la feuille, la stipule axillaire peut être considérée comme en étant un dédoublement plus intérieur et parallèle: les stipules latérales étendent le plan de la feuille; la stipule axillaire le répète. Nous verrons plus tard que ces deux sortes de dédoublements se rencontrent également dans les organes floraux (*V.* le chap. intitulé : *Symétrie*).

Nous avons vu que, quand les stipules sont placées à droite et à gauche de la feuille, c'est-à-dire dues à un dédoublement latéral, elles s'étendent plus ou moins sur la tige, et qu'elles peuvent l'entourer (p. 187). Il en est de même des stipules axillaires dues à un dédoublement parallèle. Dans le *Drosera graminifolia* (*f.* 100), la stipule n'occupe qu'une partie de la circonférence de la tige; chez le *Ficus elastica* (*f.* 101), où nous avons également une stipule axillaire, elle fait exactement le tour de l'axe; elle n'est interrompue dans aucun point de sa surface; elle recouvre le bourgeon, elle Stipules axillaires périphériques.

le protége, et, produite par tous les points d'un nœud vital périphérique, elle laisse sur la tige une empreinte circulaire qui passe au devant de la feuille.

Stipules axillaires les unes libres, les autres soudées avec la feuille.

Je vous ai dit que la stipule axillaire de certains *Drosera* (*f.* 99), qui n'occupe qu'une partie de la circonférence de la tige, était soudée avec la base de la feuille, tandis que celle du *Drosera graminifolia* (*f.* 100) restait parfaitement libre. Il en est de même des stipules axillaires périphériques. Celle du *Ficus elastica* (*f.* 101) ne contracte aucune adhérence avec la feuille : dans les *Polygonum* et les *Rumex* (ex. *Polygonum lapathifolium*, *f.* 102), la stipule périphérique est, suivant les espèces, plus ou moins soudée avec le pétiole de la feuille.

Ochrea.

Plusieurs botanistes ont donné le nom de cornet (*Ochrea*) aux stipules axillaires et engaînantes; mais, comme ce mot a été défini d'une manière assez vague et appliqué avec incertitude, je crois qu'il est bon de le remplacer par des périphrases susceptibles d'être modifiées, suivant les espèces que l'on veut décrire.

Nous trouvons dans tous les organes appendiculaires des végétaux une tendance à la régularité qui se manifeste chez les feuilles, par ce partage en deux portions égales que détermine la nervure moyenne, et, chez les stipules latérales, par leur existence double. Si le cornet, ou, pour mieux dire, la stipule axillaire et engaînante des Polygonées semble être simple (*f.* 102), il est bien évident que celle également axillaire, mais ouverte, du *Melianthus major* (*f.* 103), est double. Généralement, en effet, les organes simples sont imparinerviés ou traversés dans leur milieu par une nervure moyenne; au contraire, la stipule du *Melianthus* est parcourue par deux nervures écartées l'une de l'autre, qui appartiennent nécessairement à deux stipules différentes, souvent même tout à fait distinctes à leur sommet. Le *Magnolia grandiflora* a des

Stipules axillaires probablement toujours doubles.

stipules axillaires et libres qui recouvrent le bourgeon comme un éteignoir, de la même manière que celles du *Ficus elastica;* ces stipules semblent être d'une seule pièce; cependant, comme aux deux points, l'un extérieur, l'autre intérieur, opposés au milieu de la lame, on trouve un sillon longitudinal où la substance est plus transparente, où le tissu est moins solide, où la séparation se fait plus aisément, je crois qu'ici encore on peut voir dans la stipule, en apparence unique, deux stipules soudées l'une avec l'autre par les deux bords. L'existence de deux stipules axillaires ne laisse aucun doute dans les *Gomphia;* car toutes deux sont parfaitement distinctes jusqu'à la base et tombent séparément. De tout ceci on conclurait peut-être avec raison que les stipules axillaires sont toujours doubles comme les latérales, et que des soudures plus ou moins intimes les font seules paraître simples.

Dans le cas de dédoublement parallèle, la partie dédoublée la plus vigoureuse ou la feuille est le plus ordinairement placée à l'extérieur; cependant le contraire arrive quelquefois. Chez une foule d'*Astragalus* (ex. *Astragalus Onobrychis, f.* 104), ce ne sont pas les stipules qui se trouvent plus rapprochées de la tige que la feuille : on voit cette dernière entre l'axe et les stipules. Stipules quelquefois extérieures.

§ III. — *De la ligule.*

On a assuré qu'il n'existait jamais de stipules chez les monocotylédones. Ainsi que je vous l'ai déjà dit, il y a réellement dans cette vaste classe peu de plantes stipulées; cependant il est certain qu'on trouve chez les *Potamogeton* des stipules axillaires très-apparentes. Le pétiole du *Potamogeton natans* (*f.* 105) n'embrasse qu'une petite partie de la périphérie de la tige ; mais entre lui et cette dernière se trouve une longue stipule embrassante et membraneuse. Supposons un instant que ce pétiole s'élargisse, qu'il fasse, comme la stipule, le tour de la tige, qu'il devienne ainsi une sorte de gaîne, et que la stipule axillaire se soude avec lui dans une grande partie de sa longueur, alors nous aurons un pétiole terminé par une languette membraneuse. Tel est l'organe que, chez les Graminées, plantes monocotylédones comme les *Potamogeton*, on a appelé ligule (*ligula*, ex. *Poa trivialis*, *f.* 107), et qui s'élève à la base du limbe de leur feuille terminant leur gaîne du côté intérieur. On a longtemps méconnu l'origine de la ligule; d'après tout ce que je viens de vous dire, nous ne pouvons plus douter que ce ne soit le sommet libre d'une stipule axillaire soudée plus bas avec toute la longueur de la gaîne. Certaines espèces, telles que le *Lamarckia aurea* (*f.* 106), où la partie membraneuse dépasse non-seulement le sommet de la gaîne, mais encore la limite des bords de cette dernière, me paraissent démontrer, jusqu'à la dernière évidence, la réalité de la soudure.

Origine des ligules.

La ligule affecte des formes assez différentes dans les diverses espèces de Graminées, et peut contribuer beaucoup à les faire distinguer entre elles. Tantôt elle est courte (*ligula brevis*), tantôt elle est allongée (*elongata*); on en voit d'aiguës (*acuta*, *f.* 106), d'obtuses (*obtusa*) ou même de tronquées (*truncata*); il en existe d'entières (*integra*), d'échancrées (*emarginata*), de bifides (*bifida*), de déchirées (*lacera*), de ciliées (*ciliata*), ou enfin de poilues (*pilosa*).

Leur forme.

L'*Ochrea* des Polygonées et la ligule des Graminées, si nous ne la bornons pas à sa seule partie libre, sont des organes semblables; ce sont également des stipules axillaires émanées d'un nœud périphérique et doublant une feuille. La seule différence qu'il y ait entre la stipule axillaire des

Comparaison de l'*Ochrea* des Po-

Polygonées et celle des Graminées consisterait en ce que la première est moins soudée avec le pétiole et entière, l'autre plus soudée et libre en ses deux bords.

lygonées avec la ligule des Graminées.

On peut soupçonner, comme nous l'avons vu, que la stipule des Polygonées et tant d'autres stipules axillaires sont formées de deux parties soudées : le même soupçon peut être formé avec d'autant plus de fondement pour les ligules que, dans une foule d'espèces, on en voit réellement deux parfaitement distinctes jusqu'au point où elles se soudent avec la feuille. C'est dans ce cas que la ligule a été appelée fendue, bifide.

La ligule probablement formée de deux parties soudées.

§ IV. — *Caractères tirés des stipules; fonctions de ces organes.*

Je ne me contenterai pas de vous avoir fait connaître les diverses sortes de stipules ; je veux encore vous dire, en peu de mots, si les caractères qu'elles présentent ont quelque constance dans les différentes familles naturelles, et quelles fonctions elles ont à remplir.

L'absence ou la présence des stipules forme un caractère constant, ou à peu près constant, dans la plupart des familles, et qui, par conséquent, a beaucoup d'importance. Elles sont fort rares chez les monocotylédones ; elles sont également rares chez les dicotylédones apétales et les monopétales ; et, au contraire, on trouve chez les polypétales un grand nombre de groupes qui en sont pourvus. Comme je vous l'ai dit, les latérales sont bien plus communes que les axillaires. Les premières caractérisent spécialement la famille des Rosacées, celles des Malvacées, des Violacées et des Légumineuses ; les secondes, les genres *Gomphia* et *Drosera*, la

Valeur des caractères formés par les stipules.

famille des Polygonées et les Magnoliées proprement dites. La ligule en particulier se trouve chez toutes les Graminées. Les Cucurbitacées ont généralement des stipules latérales et en forme de vrilles; les Amentacées de Jussieu en offrent de libres et de caduques. La forme et la consistance fournissent de bons caractères d'espèces et quelquefois de genres.

Fonctions des stipules.

On ne peut pas dire que les stipules soient constamment des organes protecteurs; mais il est évident que, dans une foule de cas. elles ne sont pas autre chose. Chez les Amentacées, par exemple, on les trouve à peu près entièrement développées, lorsque la feuille est encore presque rudimentaire; elles la recouvrent, l'embrassent, la mettent à l'abri, et souvent elles tombent ou se flétrissent, aussitôt que l'organe qu'elles défendaient n'a plus besoin d'elles. Dans plusieurs plantes, telles que le *Melianthus major*, le *Magnolia grandiflora* et le *Ficus elastica* (*f.* 101), elles font plus encore; elles forment un cône parfaitement clos qui recouvre tout le bourgeon comme une sorte de coiffe, et le garantit puissamment des influences atmosphériques et de la piqûre des insectes.

CHAPITRE X.

BRACTÉES.

§ Ier. — *Des bractées isolées.*

Ce que sont les bractées.

Comme je vous l'ai déjà dit, lorsque la tige déterminée a porté au plus haut degré sa force d'expansion, elle commence à montrer moins d'énergie. Peu à peu ses feuilles perdent leur pétiole, elles se découpent moins, elles diminuent de grandeur, elles changent de forme; enfin, par une suite de dégradations souvent insensibles, les supérieures arrivent à être tellement différentes des inférieures, que les botanistes ont cru devoir les désigner par un nom particulier, celui de bractées (*bracteæ*), mot extrêmement commode pour les descriptions.

On peut dire que les bractées sont les dernières feuilles de la tige ou du rameau, celles qui avoisinent le plus la fleur.

Ce sont elles qui forment le passage le plus immédiat des parties de cette dernière aux organes appendiculaires les mieux développés.

Leur forme. La forme des bractées varie suivant les diverses espèces de plantes. En général, cependant, elles sont petites, sessiles, entières, quelquefois membraneuses ou scarieuses, assez souvent colorées.

Lorsque les feuilles du milieu de la tige sont engaînantes, ou qu'elles ont des stipules adhérentes au pétiole, les bractées n'offrent presque toujours qu'une gaîne ou un pétiole garni de stipules; et, par épuisement, elles reviennent ainsi au même genre d'altération que la faiblesse avait amené chez le rameau, pour produire les écailles, premières feuilles le plus souvent réduites à la partie inférieure. Quelquefois les bractées se terminent par une soie dépourvue de parenchyme, autre signe d'épuisement, ou même elles se transforment entièrement en épines.

Celles des *Marcgravia* et des *Norantea*. Dans les genres *Marcgravia* et *Norantea*, les bractées se présentent sous la forme d'un capuchon ou d'une sorte d'éteignoir ouvert obliquement à la partie inférieure, et rempli, chez le *Norantea Adamantium*, d'une gouttelette d'eau amère. Le *Norantea Goyazensis* nous dévoile parfaitement la nature de ces singuliers organes. Dans cette espèce, les feuilles supérieures colorées en pourpre noir, comme les bractées elles-mêmes, ont leurs bords repliés en dedans; les bords des bractées inférieures sont non-seulement rapprochés, mais ils se soudent à la partie supérieure, encore parfaitement distincts dans une grande partie de leur longueur; enfin, chez les bractées plus élevées, la soudure s'étend davantage et le capuchon se forme. Je vous ai montré précédemment des feuilles dont les pétioles sont soudés par leurs bords; vous voyez qu'il en existe aussi qui sont soudés par le bord de leur lame.

Quand les fleurs terminales avortent, il arrive quelquefois que, par une sorte de compensation ou de balancement, les dernières bractées, à l'aisselle desquelles ces fleurs auraient dû naître, se développent outre mesure, et alors nous voyons paraître, au sommet d'une grappe ou d'un verticille de fleurs, cette couronne (*coma*) que nous admirons dans l'Ananas et la Fritillaire impériale (*Bromelia Ananas*, *Fritillaria imperialis*).

Couronne terminale.

Souvent aucun bourgeon ne se développe à l'aisselle de la bractée (*bracteæ vacuæ*); plus souvent, quelle que soit sa petitesse, elle accompagne un pédoncule, c'est-à-dire un rameau dont les appendices (*b. fertiles*) sont réduits aux organes floraux. Quelquefois, comme chez les Crucifères (*f.* 170) ou les plantes à ombelle, elle avorte entièrement, et alors le rameau qui devait naître à son aisselle est seul produit par le nœud vital.

Bractées accompagnant un bourgeon; celles qui n'en ont point à leur aisselle.

Défaut complet de développement

Certains botanistes ont eu l'idée de donner le nom de bractée à toutes les feuilles qui accompagnent une fleur, et de le refuser à celles, appelées vides ou stériles, qui ne présentent à leur aisselle aucune production. Mais, s'il n'y avait jamais de changement dans la forme des feuilles d'une même plante, il est bien clair qu'on n'aurait point eu l'idée d'imaginer le mot de bractée; pourquoi donc l'emploierait-on, quand la feuille qui accompagne la fleur ne diffère pas des autres, comme dans le *Veronica agrestis* (*f.* 176) ou le *V. hederæfolia*? et, d'un autre côté, si nous refusons d'en faire usage, lorsque, par manque d'énergie, le bourgeon axillaire ne se développe pas à l'aisselle d'une feuille que l'épuisement a rendue entièrement différente des autres, nous n'aurons pas de moyen de faire sentir les différences, si ce n'est par de longues périphrases. Au lieu donc d'admettre une distinction fondée sur des circonstances accessoires, il vaut mieux continuer à appeler bractée toute

On ne doit point changer l'acception du mot bractée.

feuille voisine de la fleur et altérée par l'épuisement, et, avec M. de Candolle, l'on pourra, si l'on veut, indiquer sous le nom de feuilles florales (*fol. floralia*), les feuilles qui, sans avoir éprouvé d'altération sensible, accompagnent pourtant une fleur.

Position des bractées.

Puisque les feuilles sont tantôt alternes, tantôt opposées et tantôt verticillées, il est bien clair que l'une ou l'autre de ces trois dispositions doit se rencontrer chez les bractées qui représentent les feuilles. En général, les bractées conservent, dans chaque espèce, la même disposition que les feuilles proprement dites ont au-dessous d'elles; ainsi les Labiées (ex. *Salvia clandestina*, *f.* 108), dont les feuilles sont opposées, ont aussi des bractées opposées, et l'on trouve des bractées verticillées chez les Éricacées, dont les feuilles sont disposées en verticille. Quelquefois cependant des plantes à feuilles verticillées n'ont plus que des bractées opposées, comme le *Galium valantioides*, ou même des feuilles alternes, comme certains *Polygala* (ex. *Polygala distans*, *f.* 109); et, d'un autre côté, des tiges à feuilles alternes peuvent avoir des bractées opposées ou verticillées, ainsi que le *Campanula Erinus* (*f.* 111) et les *Euphorbia* (ex. *Euphorbia segetalis*, *f.* 110) en offrent souvent des exemples. Dans le premier cas, des feuilles réellement verticillées passent aux nœuds supérieurs, à l'état de feuilles opposées ou alternes, parce que la force d'expansion n'est plus la même; dans le second cas, les bractées deviennent alternes ou opposées par l'extrême raccourcissement des entre-nœuds; mais alors l'on n'a réellement qu'une fausse opposition et de faux verticilles. Des phénomènes, en apparence contraires, sont produits par la même cause, l'appauvrissement.

Ce qu'on doit penser des trois bractées qui accompagnent certaines fleurs.

Une fleur peut être accompagnée de trois bractées verticillées appartenant au même axe qu'elle, lorsque la plante tout entière présente des organes appendiculaires verticillés (ex. *Erica multiflora*, *f.* 112). Mais souvent, lorsqu'on a dit, comme dans les Amaranthacées, les Polygalées, les Vacciniées, qu'au-dessous de la fleur il y avait trois bractées (*flos tribracteatus*), on a confondu deux générations différentes; une des trois bractées, qui se trouve intermédiaire, étant la feuille de l'axe primaire, et les deux autres, qui sont latérales, appartenant au pédoncule ou rameau raccourci né à l'aisselle de cette même feuille (ex. *Gaylussacia Pseudo-vaccinium*, *f.* 113; *Polygala vulgaris*, *f.* 114; *Iresine celosioïdes*, *f.* 115. Quelquefois aussi, mais beaucoup plus rarement, trois prétendues bractées appartiennent à une seule génération et naissent du même nœud vital; c'est la feuille avortée réduite au pétiole, et les deux stipules qui l'accompagnent. Dans ce dernier cas, lorsqu'il y a adhérence entre les stipules et le pétiole, la bractée semble simplement trilobée, et alors le pétiole est le lobe intermédiaire et les stipules les deux lobes latéraux.

Retour de la bractée à l'état de feuille ordinaire.

L'aspect seul de quelques plantes suffit pour montrer à l'observateur le plus superficiel que les bractées ne sont autre chose que des feuilles altérées par l'épuisement, et dont les formes, souvent si différentes de celles des feuilles véritables, se nuancent avec ces dernières formes par des dégradations insensibles. Mais, s'il fallait une preuve de plus pour faire sentir cette vérité, on la trouverait encore dans la facilité avec laquelle les bractées retournent aux formes de la feuille véritable chez les monstruosités développées par une nutrition abondante.

Si les bractées se nuancent par d'insensibles dégradations avec les feuilles des parties les plus vigoureuses de la tige, dans bien des cas, on les voit également se nuancer avec le calice.

Folioles calicinales nuancées avec les bractées.

Vous savez déjà que cette enveloppe n'est qu'un verticille de feuilles altérées par l'épuisement, comme les bractées qui viennent au-dessous de lui. Il arrive souvent que l'épuisement est à peine plus sensible dans le calice que dans les bractées, et alors on a de la peine à distinguer de ces dernières les folioles calicinales. Les *Camelia* et les *Berberis* fournissent des exemples de ces fleurs où les bractées se confondent avec les feuilles du calice. Dans ce cas, cependant, on a souvent un moyen pour reconnaître ce qui appartient au calice et ce qu'on doit appeler bractées, c'est de remonter à la corolle, et de compter comme folioles calicinales les pièces alternes avec les pétales et en nombre égal au leur. Mais, il faut le dire, ce moyen est difficilement applicable à certaines fleurs, qui offrent une suite assez nombreuse de petites feuilles superposées, presque toutes semblables et également colorées. Ici, il serait peut-être mieux de décrire simplement le nombre de ces feuilles, et leurs différences à peine sensibles, que de s'obstiner à fixer entre-elles des limites bien tranchées que la nature n'a pas voulu y mettre.

§ II. — *Des bractées réunies en calicule, en involucre, en périclıne et en cupule.*

Il arrive souvent que les bractées, rapprochées par l'extrême raccourcissement des entre-nœuds, se recouvrent les unes les autres comme les tuiles d'un toit, et que les dernières, plus rapprochées encore, arrivent à former un faux verticille. Très-souvent aussi le verticille se forme sans être précédé de bractées imbriquées. Dans les deux cas, les bractées, ainsi rapprochées, prennent des noms particuliers, suivant les modifications qu'elles présentent dans leur réunion.

Calicule. Elles forment un calicule (*caliculus*), quand elles se pressent contre le calice d'une fleur unique, comme dans l'OEillet (ex. *Dianthus Monspeliacus*, *f.* 116). Leur ensemble prend le nom d'involucre ou de collerette (*involucrum*), quand elles s'étalent et accompagnent plusieurs fleurs dont elles restent ordinairement plus ou moins écartées, comme chez les Euphorbes (ex. *Euphorbia serrata*, *f.* 119) et les Ombellifères. Qu'entourant encore plusieurs fleurs, elles prennent une position verticale, ainsi que cela arrive dans les Composées, nous aurons un péricline (*periclinium*) (ex. *Centaurea collina*, *f.* 118). Enfin, que des bractées imbriquées se soudent intimement, qu'elles forment un corps dur et compacte, nous aurons une cupule (*cupula*) (ex. *Quercus robur*, L., *f.* 117).

Involucre.

Péricline.

Cupule.

Je viens de vous donner des définitions qui conviennent exactement à un très-grand nombre d'enveloppes formées par des bractées; mais il est, entre les diverses formes que je vous ai fait connaître, une foule d'intermédiaires qui échappent à nos distinctions rigoureuses. Les bractées verticillées des Passiflores (ex. *Passiflora alata*, *f.* 120) ont pris le nom d'involucre, parce qu'elles sont étalées et placées à quelque distance du calice, et cependant elles ne correspondent qu'à une fleur, comme les calicules des *Dianthus* (*f.* 106). Dans certaines Composées, le péricline ne renferme non plus qu'une fleur; mais d'ailleurs il ressemble tellement aux autres péricliness, qu'il est impossible de lui refuser ce nom. Enfin beaucoup de botanistes ont même pensé et je crois, avec raison, qu'il y avait des différences trop peu tranchées entre l'involucre proprement dit et le péricline pour qu'on pût adopter cette dernière expression, et ils n'ont voulu admettre que celle d'involucre.

Intermédiaires.

On a dit, à la vérité, que, dans les cas douteux, il fallait consulter l'analogie, mais trop souvent on en a mal compris l'usage, et elle n'a plus été qu'un moyen de nous faire illu-

Abus de l'analogie.

sion sur les défauts de nos définitions rigoureuses. Ainsi on a trouvé dans l'OEillet d'Inde (*Tagetes patula, f.* 121) et le Noisetier (*Corylus Avellana, f.* 122) une enveloppe formée d'un seul rang de bractées verticales soudées, et l'on a dit que celle du Noisetier était une cupule, parce qu'on trouve effectivement des cupules dans les plantes voisines du Noisetier, comme on a dit que l'enveloppe de l'OEillet d'Inde, plante composée, était un péricline, parce que la famille des Composées présente ordinairement des péricline. N'aurait-il pas été plus philosophique d'indiquer par un même nom la même nuance de modification, quelque part qu'elle se rencontre, que d'indiquer par des noms différents des choses absolument semblables, et cela uniquement parce qu'elles sont accompagnées de différences très-réelles? Les Noisetiers et les OEillets d'Inde présentent entre eux les plus grandes différences, sans doute; mais, si un organe est absolument semblable dans ces plantes, pourquoi ne pas le désigner par le même mot? pourquoi, en se servant d'expressions différentes, quand il n'y a aucune différence réelle, faire disparaître, aux yeux du commençant, un de ces points de contact que la nature s'est plu souvent à établir entre les espèces les plus éloignées, comme pour nuancer, dans tous les sens, l'admirable tableau qu'elle a exposé à nos yeux?

Difficulté de distinguer en certains cas l'involucre du calice.

S'il est difficile, pour ne pas dire impossible, de distinguer, dans certains cas, la bractée isolée de la feuille calicinale, il ne l'est guère moins, dans d'autres circonstances, de dire bien exactement ce qui doit être appelé involucre et ce qu'on doit nommer calice. Il est bien évident, sans doute, qu'un verticille ne sera point un calice, mais un involucre, si entre lui et les étamines je trouve deux autres verticilles dont l'un alors doit nécessairement être le calice et l'autre la corolle. Cependant, lorsque j'aurai à vous entretenir du calice en particulier, je vous montrerai qu'une même famille, un même genre, offrent des exemples de tous les passages possibles.

Quand on dit que le calice renferme une seule fleur, et que l'involucre en contient plusieurs, on fait une définition bien tranchée qui semblerait, au premier coup-d'œil, d'une application facile. Mais le seul exemple du genre *Anemone* prouve qu'il n'en est pas toujours ainsi, puisque, dans ce genre, des folioles placées à la même distance des fleurs en renferment tantôt une, comme dans l'*A. coronaria*, et tantôt plusieurs, comme dans l'*A. narcissiflora*. La pluralité de fleurs dans un involucre est due à un développement de bourgeons nés à l'aisselle des bractées qui composent ce même involucre. Tout organe appendiculaire est, comme je vous l'ai dit (p. 128), prédisposé à avoir un bourgeon à son aisselle, et c'est par défaut d'énergie dans la partie génératrice que ce bourgeon ne se développe point; quand la tige donne naissance aux feuilles calicinales, elle manque de vigueur, elle va finir; par conséquent, on ne doit point s'étonner si des bourgeons ne se développent pas à leur aisselle, et il n'est point étonnant non plus que souvent il ne s'en développe pas davantage aux feuilles de l'involucre, qui sont si voisines de celles du calice, et qui, comme elles, sont le produit d'une partie de la tige presque épuisée.

Je ne dois pas manquer de vous faire observer que, dans un involucre uniflore, toutes les parties qui s'élèvent au-dessus de lui sont la continuation du développement qui l'a produit lui-même (*f.* 116, 120), ou, pour mieux dire, l'involucre et la fleur appartiennent à la même génération. Mais, dans un involucre pluriflore, il y a des fleurs de deux générations différentes (*f.* 118); l'intermédiaire, comme l'involucre, appartient à la tige mère, et les fleurs latérales appartiennent à des tiges de seconde génération ou rameaux, résultat de bourgeons nés à l'aisselle de l'involucre.

Deux génération différentes dans l'involucre pluriflore.

Je vais à présent vous faire connaître les expressions que les botanistes ont appliquées aux diverses modifications d'involucre; je vous indiquerai ensuite celles dont ils se servent pour peindre les différentes sortes de péricline, autre modification de l'involucre.

Folioles, écailles.

Les pièces qui composent, soit un involucre, soit un péricline, portent le nom de folioles ou d'écailles (*foliola, squamæ*), suivant qu'elles se rapprochent plus ou moins de la nature des feuilles véritables.

Diverses sortes d'involucres.

On appelle involucre propre ou uniflore (*involucrum proprium, uniflorum*; ex. *Passiflora alata*, *f.* 120) celui qui, se nuançant avec les calicules (*f.* 116), contient une seule fleur, et involucre commun ou multiflore (*involucrum commune multiflorum*, *f.* 118) celui qui en renferme plusieurs. Quand les folioles d'un involucre se soudent, comme dans le genre *Buplevrum* (ex. *Buplevrum stellatum*, *f.* 124), on dit qu'il est monophylle (*monophyllum*); il est, au contraire, polyphylle (*polyphyllum*; ex. *Astrantia major*, *f.* 123), quand il se compose de folioles parfaitement distinctes. Il est bien clair qu'avec les involucres monophylles, verticilles complets, on ne doit pas confondre les involucres qui, réduits à une seule foliole, comme cela arrive chez certaines Ombellifères (ex. *Æthusa Cynapium*, L., *f.* 127), n'occupent qu'une très-petite portion de la périphérie de l'axe.

Lorsqu'au lieu d'une fleur il naît, à l'aisselle de chaque foliole de l'involucre, un rameau qui, à son tour, porte un nouvel involucre d'où émanent les fleurs, le premier involucre porte le nom d'universel (*involucrum universale*) ou simplement d'involucre (*involucrum*) (*f.* 183), et le second celui d'involucre partiel ou involucelle (*involucrum partiale, involucellum*). Les Ombellifères fournissent de nombreux exemples de ces deux sortes d'involucres. Chez les Euphorbes (*f.* 119), on voit les rameaux se diviser et se subdiviser plusieurs fois, accompagnés, au point de leur origine commune, d'involucres successivement primaires, secondaires, tertiaires et composés de folioles étalées et distinctes, jusqu'à ce qu'enfin les folioles qui enveloppent immédiatement les fleurs, très-petites, sans force d'expansion, se soudent pour ne plus offrir qu'un seul corps dont la forme est à peu près celle d'une cloche et qui semble un calice.

Dans la description complète d'une plante, il faut indiquer le nombre des folioles de l'involucre aussi bien que leur forme. Les modifications que celle-ci est susceptible d'éprouver sont moins nombreuses que celles qui s'observent chez les feuilles proprement dites, et peuvent être exprimées par les termes employés pour ces dernières.

Diverses sortes de périclines.

Le péricline présente des modifications à peu près analogues à celles qu'on observe chez l'involucre. Tantôt il se compose d'un seul rang de folioles, et alors on le dit simple (*periclinium simplex*); tantôt il est formé de deux rangs, et on l'appelle double (*duplex*, *biseriale*); quelquefois on voit à sa base de petites folioles avortées, et l'on dit qu'il est caliculé (*caliculatum*); bien plus souvent il se compose d'écailles qui se recouvrent comme les tuiles d'un toit, et on le nomme imbriqué (*imbricatum*, *f.* 118). Il peut avoir trois, cinq ou un plus grand nombre de folioles (*periclinium triphyllum*, *pentaphyllum*, *polyphyllum*), et contenir un nombre de fleurs plus ou moins considérable (*periclinium uniflorum*, *biflorum*, *triflorum*, *multiflorum*). Il est rarement étalé; beaucoup plus souvent cylindrique, conique, ovoïde ou ventru (*cylindricum*, *conicum*, *ovoideum*, *ventricosum*); enfin il devient épineux, quand l'extrémité de ses folioles, privée de parenchyme, se présente sous la forme d'une épine, comme on en voit des exemples dans les Chardons (*Carduus*). Ces mêmes folioles peuvent être libres ou soudées; dans ce dernier cas, on dit que le péricline est monophylle (*mono-*

phyllum) (ex. *Tagetes patula, f.* 121), et l'on ajoute qu'il est partite, fendu ou denté (*partitum, fissum, dentatum*), suivant qu'il offre des folioles libres jusqu'à la base, jusqu'au milieu ou au sommet seulement; mais toutes ces expressions sont évidemment défectueuses, puisqu'elles sont fondées sur cette idée fausse, que le péricline est formé d'une pièce unique plus ou moins fendue du sommet à la base, tandis qu'en réalité il se compose de plusieurs feuilles soudées plus ou moins de la base vers la partie supérieure.

Chaque fleur que l'on voit dans un péricline doit naturellement naître à l'aisselle d'une feuille ou bractée; mais, comme ici, il y a un défaut d'énergie vitale porté aussi loin que possible, et un extrême rapprochement de toutes

Paillettes.

les parties, les bractées se développent encore plus mal que celles du péricline et deviennent des paillettes (*paleæ*), étroites, membraneuses, incolores et transparentes. Souvent même elles se trouvent réduites à des lanières déchiquetées qui les font ressembler à des poils, ou même elles avortent entièrement. Quelquefois elles n'avortent point; mais elles se soudent entre elles par les bords, et alors chaque fleur se trouve nichée dans une petite loge comme dans le *Syncarpha;* quelquefois elles se soudent avec le calice et semblent faire partie de la fleur, ainsi que cela arrive chez le *Scolymus angiospermus;* quelquefois, enfin, elles se soudent tout à la fois entre elles et avec le calice, et alors on ne voit plus qu'un seul corps compacte creusé de fossettes séminifères et surmonté de petites corolles, comme dans le genre *Pomax*.

De même que le passage des feuilles aux bractées se fait par des dégradations insensibles, de même aussi on voit les folioles du péricline ou de l'involucre des Composées se nuancer insensiblement avec les paillettes de l'axe ou réceptacle des fleurs (*receptaculum commune*). Chez plusieurs de ces plantes, les folioles intérieures du péricline se confondent avec les paillettes du réceptacle, et parmi celles-ci, les extérieures, ressemblent plus aux folioles de l'involucre que les supérieures plus pressées et produites par la portion la moins vigoureuse de l'axe.

§ III. — *De la spathe.*

Une modification de bractées que je ne dois point passer sous silence, c'est la spathe (*spatha*) qu'il est facile de distinguer des bractées proprement dites, parce qu'avant l'épanouissement de la fleur elle l'enveloppe tout entière, et que souvent même elle enveloppe à la fois toutes les fleurs qui terminent la tige ou le pédoncule (ex. *Arum maculatum*, *f.* 126). Ce que sont les spathes.

Les spathes se rencontrent uniquement chez les monocotylédones, telles que les Aroïdes, les Liliacées, les Palmiers, et ne sont qu'une feuille à base engaînante réduite à sa gaîne. Par leur coloration ou leur consistance souvent membraneuse, elles indiquent assez leur état d'altération; cependant il n'est pas rare d'en voir de fort grandes, comme, par exemple, dans les *Arum* et les *Pothos*; celles des Palmiers, longues souvent de plusieurs pieds, rétrécies aux deux bouts et élégamment courbées, ressemblent à de petites nacelles.

Quand la spathe présente une pièce ou feuille unique, on l'appelle univalve (*f.* 126); et on la nomme bivalve ou multivalve (*bivalvis, multivalvis*) lorsqu'elle se compose de plusieurs pièces (ex. *Allium oleraceum*, *f.* 127). Chez une foule de plantes la spathe univalve présente, dans l'origine, une enveloppe unique; mais cette enveloppe est formée Leurs diverses espèces.

par la soudure de deux bractées opposées, et, ce qui le prouve, c'est qu'elle est parinerviée. Dans plusieurs espèces, le *Narcissus poeticus*, par exemple, la fleur, en se développant, ne rompt la spathe que d'un côté, et celle-ci se trouve être univalve; dans d'autres espèces, au contraire, telles que le *Pancratium Illyricum*, les fleurs, très-nombreuses, forcent les deux bractées organiques à se séparer entièrement, et alors la spathe devient à deux valves. La spathe renferme tantôt une seule fleur et tantôt deux ou plusieurs (*uniflora*, *multiflora*). Dans le dernier cas, chaque fleur est souvent enveloppée de sa spathe particulière, et l'on a deux ordres de spathes, comme l'on a deux degrés de végétation : la spathe qui embrasse à elle seule l'ensemble des fleurs appartient à la tige mère, et prend le nom de spathe universelle (*universalis*); celles, au contraire, qui n'enveloppent qu'une fleur latérale appartiennent à une seconde génération, et prennent le nom de spathes partielles (*spathæ partiales*).

Glumes. Parmi les bractées, il faut encore ranger la glume (*gluma*), réunion de deux petites feuilles alternes et distiques qui, dans les Graminées, accompagnent tantôt la fleur unique appelée épillet uniflore, et tantôt ce groupe de fleurs que l'on nomme épillet multiflore (*spicula, uniflora, multiflora*). En traitant de l'inflorescence et plus tard de la fleur des Graminées, je reviendrai sur la glume avec plus de détail.

Dans la famille des Cypéracées, voisine des Graminées, on trouve un genre, les *Carex*, où l'organe femelle, séparé des organes mâles, est entouré d'une enveloppe membraneuse qui reste ouverte au sommet seulement, et que l'on appelle utricule (*utriculus*), à cause de sa forme. De savants botanistes ont cherché à prouver, par d'ingénieux rapprochements, que cet utricule n'était autre chose qu'une bractée soudée par ses bords. Il est très-vrai que les organes appendiculaires ont, en général, de la tendance à se replier de dehors en dedans ; parfaitement soudées par leurs bords, les feuilles du *Dischidia Rafflesiana* forment des outres gonflées d'air ; nous avons vu que les bractées du *Marcgravia* et du *Norantea*, soudées de la même manière dans une grande partie de leur longueur, présentent la forme d'un capuchon, et si les paillettes du *Scolymus angiospermus*, qui embrassent étroitement les ovaires des fleurs de cette plante, avaient leurs bords soudés, au lieu de les avoir rapprochés seulement d'une manière intime, elles imiteraient fidèlement l'utricule du *Carex*. Cependant, je dois vous le dire, M. Kunth a prouvé de la manière la plus satisfaisante l'analogie des utricules avec la paillette supérieure des Graminées, et si, comme le pense M. R. Brown, cette paillette est formée de la réunion de deux folioles appartenant à un verticille floral extérieur (1), il résulterait peut-être, de l'analogie indiquée par Kunth, que l'utricule, au lieu d'être une bractée unique, serait formée, à peu près comme l'avait dit Lindley, de la soudure de deux folioles.

(1) L'opinion de M. Brown vient d'être confirmée par les belles observations de M. Schleiden.

CHAPITRE XI.

BOURGEONS.

Après vous avoir montré, dans les diverses sortes de bractées, les premières altérations de la feuille, je devrais peut-être mettre sous vos yeux celles qui plus prononcées encore, s'opèrent pour produire successivement le calice, la corolle, les étamines et les carpelles; mais, comme je vous ai déjà fait connaître l'axe de la plante ou sa tige, je ne veux point laisser en arrière ce que j'ai à vous dire sur les bourgeons et ensuite sur les rameaux, qui ne sont que le développement des bourgeons eux-mêmes, qui multiplient la tige, qui sont des axes comme elle, mais des axes appartenant, en quelque sorte, à une autre génération.

Ce qu'il faut entendre par le mot bourgeon.

Vous savez déjà que les nœuds vitaux ne produisent pas seulement des feuilles, mais qu'à l'aisselle de celles-ci ils donnent naissance à des gemmes ou bourgeons (*gemmæ*). Il est nécessaire, pour vous épargner des confusions et des embarras, de vous prévenir que, sous ce nom, certains auteurs ont souvent désigné le rameau récemment développé, la pousse nouvelle ou scion, et que d'autres ont désigné seulement les premières feuilles du bourgeon véritable, celles qui, réduites à l'état d'écailles, lui servent d'enveloppe protectrice chez les arbres de nos climats. Par les mots bourgeon ou gemme, on doit entendre le rudiment du rameau et de ses organes appendiculaires, ou bien encore celui d'un prolongement de la tige. Le bourgeon, toujours terminal, qui continue la tige après un temps d'arrêt, appartient à un premier degré de végétation (*Syringa vulgaris, f.* 128 a) : celui qui présente le rudiment du rameau, toujours latéral, au contraire, appartient à un second degré de végétation (*f.* 128 b); il commence une génération nouvelle, il ne prolonge point la tige, il la multiplie. C'est de ce dernier que je veux d'abord vous entretenir. Deux sortes de bourgeons.

§ Ier. — *Des bourgeons latéraux.*

Tout nœud vital paraît destiné à donner naissance à un ou plusieurs bourgeons placés entre la feuille et la tige, et, si le bourgeon ne se développe pas toujours, peut-être au moins en existe-t-il toujours une légère ébauche. J'ai, du moins, retrouvé cette ébauche, toutes les fois que je l'ai cherchée avec quelque attention. Les Graminées qui naissent sous les tropiques, douées d'une grande énergie vitale, sont le plus souvent rameuses; celles de nos climats, grêles et débiles, sont presque toujours simples; mais il n'en est pas moins vrai qu'à l'aisselle de la feuille des plus humbles de ces plantes, comme, par exemple, du *Poa annua,* j'ai toujours aperçu un bourgeon auquel il n'eût fallu, pour se développer, qu'un peu plus de vigueur. Il est arrivé plus Tout nœud vital destiné à donner naissance à un bourgeon.

d'une fois que les botanistes avaient d'abord décrit comme simples des plantes qu'ils ont ensuite été surpris de trouver rameuses; dans un terrain maigre, les bourgeons de ces plantes étaient restés stationnaires ou peut-être même ne s'étaient pas montrés du tout; ils se sont allongés dans un sol fertile.

Où les bourgeons se développent le moins souvent.

Comme l'avortement des bourgeons indique dans la plante un défaut d'énergie, il doit naturellement s'en développer moins souvent à l'aisselle des bractées qu'à celle des feuilles proprement dites, et, excepté dans certains cas de monstruosité, il ne s'en montre jamais à l'aisselle des folioles calicinales, des corolles et des étamines, qui sont des organes appendiculaires plus altérés encore que les bractées.

Les cotylédons de la graine et les écailles du bourgeon des arbres sont des organes foliacés que la faiblesse rend analogues, chez la plante qui commence, à ceux qui émanent de la plante qui va finir. Aussi ne voit-on pas non plus de branches se développer à l'aisselle des écailles et des cotylédons; je ne dirai pourtant pas que jamais il ne s'y trouve de bourgeon, car j'en ai vu sous le pétiole des cotylédons du Chêne (*Quercus robur*, L.), et même d'espèces beaucoup moins vigoureuses; mais alors ce bourgeon reste stationnaire comme celui des feuilles de nos Graminées et de tant d'autres plantes.

Le bourgeon, né du même nœud vital que la feuille, est toujours placé du côté intérieur par rapport à cette dernière. Cependant il ne se montre pas exactement au même point dans toutes les espèces. Quelquefois il naît un peu sur le côté ou au-dessus du pétiole; quelquefois, au contraire, c'est dans l'intérieur de ce dernier qu'il s'échappe du nœud: alors il se trouve entièrement recouvert et emboîté, comme cela arrive dans le Platane (*Platanus*, *f.* 129), et il ne peut devenir libre que par la chute de la feuille. Chez l'*Ornithoga-*

lum stenopetalum, chaque feuille cache, dans sa base dilatée et coriace, un corps charnu et féculent qui n'est réellement qu'une autre feuille dont la substance ne pouvant s'étendre en longueur s'est concentrée dans un petit espace en s'y épaississant; une cavité ménagée à l'intérieur de ce corps contient la gemme destinée à s'ouvrir un passage, l'année suivante, pour produire de nouvelles feuilles, de nouvelles fleurs, et continuer ainsi la plante.

Le peu de coïncidence entre leur position et celle des rameaux développés.

Puisque les bourgeons naissent des nœuds vitaux à l'aisselle des feuilles, ils doivent avoir sur la tige une position semblable à celle de ces dernières; mais il est fort rare qu'à cause des avortements si souvent répétés le même ordre se maintienne pour les rameaux. Ainsi un bourgeon s'allongera avec vigueur, plusieurs autres avorteront ensuite; ou bien, après des développements multipliés, se manifesteront des avortements, et ces divers phénomènes se répéteront sans aucune régularité. Quelquefois, cependant, une véritable symétrie préside à la succession des développements et des avortements. Ainsi, dans le *Cuphea diosmoides*, plante charmante du District des diamants, dont les feuilles sont généralement opposées ou verticillées, les bourgeons tour à tour avortent entièrement ou se développent en un court faisceau de feuilles; et, par conséquent, avec des feuilles et des entre-nœuds opposés, on a ici des rameaux alternes. Je reviendrai sur le même sujet dans le chapitre suivant, et je le traiterai sous d'autres rapports.

Bourgeons accessoires.

Le plus souvent il naît un seul bourgeon à l'aisselle de chaque feuille; cependant il s'en développe quelquefois plusieurs entre la tige et la feuille de plusieurs Liliacées : il y a déjà un grand nombre d'années, M. J. de Tristan en a compté jusqu'à cinq à l'aisselle de l'*Aristolochia Sipho*; depuis on a fait des observations analogues sur d'autres espèces, et l'on a donné le nom de bourgeons accessoires (*gemmæ ac-*

cessoriæ) à ceux qui paraissent ainsi auprès du bourgeon principal.

Chez les plantes herbacées, en général, et chez un grand nombre d'arbres des contrées équinoxiales, dont la végétation n'éprouve aucun repos, le bourgeon reste nu (*gemma nuda*), et s'étend peu à peu, à mesure que les sucs y arrivent. Quelques arbrisseaux indigènes, dont les développements sont arrêtés par la rigueur du froid, ont aussi des bourgeons entièrement nus, c'est-à-dire dont les premières feuilles sont aussi peu avortées que les autres (ex. *Viburnum Lantana, f.* 130). Mais il n'en est pas de même de la plupart des arbres et des arbustes de nos forêts. La feuille paraît sur le rameau naissant, et, avec elle, son bourgeon axillaire; mais ce bourgeon prend peu d'accroissement pendant l'année qui l'a vu naître; les feuilles avortées, qui s'y montrent les premières, ne s'étalent point; elles se recouvrent les unes les autres, et, se desséchant, devenant dures et coriaces, se changeant en écailles, elles forment, pour celles qui doivent paraître au-dessus d'elles, une enveloppe protectrice (*gemma clausa*, bourgeon écailleux; ex. *Syringa vulgaris, f.* 129).

Bourgeons nus.

Bourgeons écailleux.

La nature, qui veille avec tant de soin à la conservation des espèces et des individus, ne s'est pas contentée de fournir aux bourgeons, dans leurs écailles desséchées, une enveloppe qui les protége contre la rigueur de l'hiver; elle en a recouvert quelques-uns d'une matière cireuse imperméable à l'eau; elle en a garni d'autres d'une bourre épaisse; d'autres ont été enduits par elle d'une substance gluante et résineuse, ceux, par exemple, de l'Aune et des Peupliers (*Alnus, Populus*). Les écailles des bourgeons sont généralement si serrées les unes contre les autres, que l'eau ne peut trouver entre elles aucun passage, et quelques bourgeons, dont on avait pris soin d'enduire la base de ver-

Précautions prises pour la conservation des bourgeons.

nis, ont pu rester très-longtemps sous le liquide sans éprouver la moindre altération.

On s'imagine généralement qu'il n'y a que les arbres de nos climats rigoureux qui soient pourvus de bourgeons écailleux; mais il n'en est réellement pas ainsi. Dans celles des contrées équinoxiales où l'année se partage également entre les pluies et la sécheresse, cette dernière interrompt la végétation pendant six mois, comme elle est chez nous interrompue par le froid de l'hiver. Chez nous, le bourgeon stationnaire, restant nu, serait détruit par les gelées; là il le serait par l'excessive chaleur. Pour le garantir de ces deux extrêmes, la nature a employé le même moyen, et, dans les déserts du S.-Francisco, des écailles protégent le bourgeon contre les feux du soleil, comme, dans la Finlande et la Norwége, des écailles le défendent de la rigueur du froid.

Bourgeons écailleux dans les contrées tropicales.

Je vous ai dit qu'au sommet de la tige ou des branches les feuilles épuisées étaient souvent réduites à un pétiole ou à des stipules. Les écailles des premières feuilles du rameau, arrêtées dans leur développement, par une extrême faiblesse, n'offrent souvent non plus que des ébauches d'organes. Les espèces à feuilles pétiolées, telles que le Marronnier d'Inde et les Groseilliers (*Æsculus Hippocastanum, Ribes*), ont souvent pour écailles des organes foliacés réduits au simple pétiole; celles à feuilles stipulées, comme le Hêtre et les Saules (*Fagus, Salix*), ne présentent souvent, dans leurs écailles, que des rudiments de stipules, et, enfin, celles où les stipules sont soudées au pétiole offrent, comme les Rosiers, des écailles composées tout à la fois du rudiment de deux stipules latérales et de celui du pétiole intermédiaire, ainsi que cela arrive plus tard aux bractées des mêmes plantes. On donne aux écailles le nom de *tegmenta* ou *squamæ*; on appelle en particulier pétiolacées (*tegmenta petiolacea*)

Ecailles.

Différences qu'elles présentent.

celles qui ne sont que des pétioles avortés ; on nomme stipulacées (*stipulacea*) celles qui présentent de simples rudiments de stipules, et enfin on désigne par le nom de fulcracées (*fulcracea*) celles qui sont formées par des pétioles rudimentaires garnis de stipules. Souvent, quand les feuilles de la plante sont sessiles, ou quelquefois même lorsqu'elles sont pétiolées, les écailles du bourgeon offrent l'ébauche d'un limbe de feuille, et alors on leur donne le nom de foliacées (*tegmenta foliacea*). Dans quelques arbres, tels que les Magnoliers, plusieurs Figuiers (ex. *Ficus elastica*, *f.* 101), les *Cecropia*, les stipules coniques et engaînantes des feuilles forment, chacune à leur tour, comme je vous l'ai déjà dit (p. 191, 192), l'enveloppe du bourgeon ; les stipules de la dernière feuille recouvrent à elles seules, comme un éteignoir, la gemme tout entière ; elles tombent ; la feuille qu'elles recouvraient immédiatement paraît au dehors, sa stipule enveloppe la gemme à son tour, et ainsi de suite, jusqu'à ce que la végétation s'arrête.

Bourgeons sessiles ;

Le plus souvent les écailles naissent à la base même de l'axe du bourgeon, qui alors est appelé sessile (*gemma sessilis*, *f.* 128). Quelquefois, comme dans l'Aune, cet axe s'allonge avant de produire des organes foliacés, et, dans ce cas, on dit que le bourgeon est pétiolé (*gemma petiolata*, ex. *Alnus glutinosa*, *f.* 131). Mais, puisque, par le mot pétiolé, on entend ordinairement le support de la feuille, c'est-à-dire une portion d'organe appendiculaire, il est clair que le mot *pétiolé* est ici très-mal appliqué ; car le prétendu pétiole des bourgeons dits pétiolés n'est autre chose que le premier entre-nœud d'un rameau, entre-nœud qui peut-être n'est pas sans analogie avec la radicule de l'embryon des semences (p. 122).

pétiolés.

Le plus souvent le bourgeon écailleux est le rudi-

Presque toujours un bourgeon écailleux offre le rudiment d'un seul rameau et de ses feuilles. Chez les Pins, cependant, le bourgeon présente, sous une enveloppe commune, celui de plusieurs rameaux; mais alors il n'y a point une génération unique : il en existe deux, un bourgeon primaire et des bourgeons secondaires nés de lui, qui ont chacun leur enveloppe particulière. ment d'un seul rameau.

Forme des bourgeons.

La forme des bourgeons écailleux n'est pas la même dans toutes les plantes. Il en est de globuleux, d'ovoïdes, d'oblongs (*gemma globosa, ovata*, ex. *Syringa vulgaris, f.* 128, *oblonga*). Les différences qu'ils offrent dans leur ensemble, et celles que présentent les écailles dont ils sont composés, coïncident assez généralement avec d'autres différences, et Linné avait même cru que l'on pouvait fonder une méthode pour les arbres, sur les caractères des bourgeons. L'importance des principaux de ces caractères n'a rien, au reste, qui doive étonner, car la position des bourgeons est la même que celle des feuilles, et nous savons déjà que la position des feuilles est constante dans un grand nombre de familles. Nous savons aussi que l'absence ou la présence des stipules a généralement beaucoup d'uniformité dans les groupes naturels, et les seuls bourgeons suffisent pour indiquer si la plante est stipulée ou dépourvue de stipules.

Importance des caractères tirés des bourgeons.

Que le bourgeon soit nu ou écailleux, les feuilles rudimentaires dont il se compose tendent à y occuper le moins de place possible : elles s'y pressent, s'y replient, et se recouvrent les unes les autres; mais on sent que la manière dont elles s'emboîtent, ou, comme disent les botanistes, la préfoliation (*præfoliatio, vernatio*), doit nécessairement dépendre de la manière dont elles sont placées sur la tige, de leur forme et de la disposition de leurs nervures. Cela est si vrai que, quand on voit des feuilles sur un rameau, on pourrait souvent dire quelle a dû être leur préfoliation. Il est donc évident que les différences offertes par cette dernière peuvent avoir, pour la détermination des espèces et des

Préfoliation

genres, une grande importance, puisqu'elles sont le résultat d'autres différences qui en ont généralement beaucoup. Ainsi il y a bien plus d'uniformité dans la préfoliation des monocotylédones que dans celle des dicotylédones, parce qu'il y a aussi une plus grande uniformité chez les premières pour la disposition respective de leurs feuilles développées et celle de leurs nervures. L'arrangement des jeunes feuilles dans le bourgeon des dicotylédones est susceptible d'une foule de modifications; cependant, comme l'a très-bien fait observer M. de Candolle, on peut les faire rentrer toutes dans les trois classes suivantes : ou les jeunes feuilles n'offrent ni courbures ni plicatures sensibles, et sont uniquement appliquées les unes sur les autres; ou elles sont pliées ou courbées, de manière que leur sommet s'applique sur leur base; ou, enfin, elles sont pliées ou roulées sur leur nervure longitudinale qui reste droite. C'est à cette dernière classe que se rapporte la préfoliation du plus grand nombre de plantes; c'est elle aussi qui offre le plus de subdivisions.

§ II. — *Du bourgeon terminal.*

Dans ce qui précède je vous ai fait connaître les bourgeons latéraux qui, nés à l'aisselle des feuilles d'une tige, sont le commencement d'une seconde génération; mais, quand nous jetons les yeux sur un rameau, nous voyons qu'outre ceux-là il y en a encore un autre à l'extrémité de la branche (*f.* 128 a). Ce dernier n'est point, comme les latéraux (128 b), le rudiment d'une génération nouvelle; il est continu avec la branche-mère; il en fait partie, et a été formé seulement par un temps d'arrêt qui a eu lieu dans ses développements. Ainsi, dans une branche, nous pourrons avoir des bour-

Ce qu'est le bourgeon terminal.

geons tous parfaitement semblables; mais il n'en est pas moins vrai que le terminal appartiendra à une génération plus ancienne que les latéraux. Si de deux graines nées dans le même fruit nous en semons une qui donne des semences à son tour, celles-ci seront semblables à la semence de l'année précédente que nous aurons réservée, mais elles appartiendront à une génération plus récente. Telle est la différence qui existe entre les bourgeons latéraux d'une branche et son bourgeon terminal. D'ailleurs tout ce que je vous ai dit de la forme des premiers, de la nature de leurs écailles et de la préfoliation des organes appendiculaires qu'ils renferment, est également applicable aux bourgeons terminaux.

§ III. — *Des bourgeons adventifs.*

Jusqu'ici je vous ai entretenus des bourgeons régulièrement disposés, les terminaux qui continuent la tige et les latéraux axillaires qui la multiplient. Je dois vous parler aussi de ceux qui, dans certains cas, se montrent sur la plante sans aucune régularité, en dehors des nœuds vitaux, et que l'on nomme adventifs (*gemmæ adventitiæ*). Il paraît que chaque portion du végétal renferme dans sa substance une multitude de germes cachés qui n'attendent, pour se développer, que des circonstances favorables (p. 81). Les causes qui amènent le développement de ces germes sont l'irritation, la chaleur, l'humidité et une déviation des sucs qui, ne pouvant suivre leur route accoutumée, affluent sur des points où ils n'étaient point destinés à se porter avec autant d'abondance. Les tiges, les rameaux et même les feuilles sont susceptibles de produire des bourgeons adven-

Ce qu'est le bourgeon adventif.

tifs. Que l'on coupe la tête d'un Saule (*Salix*), d'un Peuplier (*Populus*) ou même d'une plante annuelle, une foule de bourgeons naîtront, sans ordre, de différents points de la tige. MM. Turpin et Poiteau ont vu des bourgeons se développer sur les feuilles succulentes de l'*Ornithogalum thyrsoides* mises en herbier, et Hedwig a remarqué, il y a déjà longtemps, qu'en pressant, entre des morceaux de papier gris, les feuilles de l'*Eucomis regia*, on pouvait faire naître une multitude de bulbilles capables de propager l'espèce. Les jardiniers savent tous que, lorsqu'on place sur une terre un peu humide les feuilles de la plante grasse appelée *Rochea falcata*, on y fait naître des bourgeons qui peuvent fournir de nouveaux individus. En coupant en plusieurs morceaux une bulbe d'*Ornithogalum nutans*, L., M. Pelletier a obtenu une foule de petits caïeux. M. Naudin a trouvé, en Sologne, un pied de *Drosera intermedia* dont une feuille portait deux individus de la même espèce réduits aux proportions de la plus petite miniature. Enfin, sur les feuilles du *Cardamine pratensis*, qui, pourtant, contiennent peu de sucs, M. Henri de Cassini a vu se former de petits tubercules qui n'étaient autre chose que des bourgeons naissants.

Chez la plupart des plantes, les bourgeons adventifs se forment accidentellement, et un grand nombre d'individus ont péri sans en jamais produire. Mais il est quelques espèces pour lesquelles ils forment un moyen constant de reproduction. Chaque printemps, des fleurs se montrent, sans ordre, sur les rameaux et la tige des vieux individus du *Cercis Siliquastrum*, et j'ai vu, dans le jardin botanique de Montpellier, un pied de cette espèce qui paraît avoir été planté, sous Henri IV, par Richer de Belleval, et dont le tronc décrépit se couvre, chaque année, d'une multitude de fleurs. Accoutumé à voir les fruits du Cerisier (*Cerasus*) pendre à l'extrémité de ses jeunes branches, le voyageur s'étonne, lorsque, dans les jardins de Saint-Paul et du District des diamants, il aperçoit de vieux troncs d'arbres, ceux du *Jaboticabeira* (*Eugenia cauliflora*), couverts, depuis leur naissance jusqu'à leur sommet, de fruits noirs semblables à nos Cerises. Il m'est impossible d'expliquer la réapparition constante et périodique des bourgeons adventifs dans quelques plantes; elle doit être le résultat de cette force vitale qui se manifeste si diversement dans les différentes espèces, qui constitue en quelque sorte leurs mœurs, et qui échappe à nos moyens d'observation.

CHAPITRE XII.

RAMEAUX.

La branche ou rameau (*ramus*) se forme par le développement du bourgeon.

§ Ier. — *Des rameaux aériens.*

S'il est exposé à l'air extérieur et garni d'écailles, le bourgeon passe l'hiver, garanti, par ces dernières, des rigueurs du froid; mais, quand la chaleur du printemps vient rendre à la plante sa force d'expansion longtemps engourdie, la branche naissante se dégage de ses enveloppes, elle s'allonge, et se couvre bientôt de feuilles et de fleurs. Ses premières feuilles, c'est-à-dire ses écailles, étaient petites, mal développées; d'autres paraissent ensuite qui montrent plus d'énergie; d'autres se développent davantage

Comparaison des rameaux avec la tige.

encore, et la force d'expansion arrive enfin à son apogée ; mais bientôt cette force commence à diminuer, et le rameau revient, par épuisement, à peu près au point où il était d'abord par faiblesse.

Vous voyez donc que la vie d'une branche est absolument la même que celle de la tige dont elle est la répétition. C'est une tige nouvelle qui naît de la première, en passant par l'état de bourgeon, à peu près comme une tige naît d'une autre en passant par l'état de graine. Une tige venue de graine reçoit ses sucs immédiatement de la terre ; ceux qui nourrissent le rameau passent par la plante mère : voilà peut-être la principale différence.

Quant à la feuille, lorsqu'elle sort du bourgeon, on la voit s'élargir et s'allonger avec assez de régularité. Mais il paraît que c'est à la partie supérieure que l'accroissement se fait le plus tôt, et que c'est cette partie qui reste le plus promptement stationnaire. Ainsi les feuilles et les organes qui les représentent croîtraient, jusqu'à un certain point, de la même manière que nos ongles et nos cheveux. C'est du moins ce dont m'a convaincu l'étude très-attentive du développement des pétales des Résédas. MM. Dunal et de Candolle ont fait des marques, à des intervalles égaux, sur de jeunes feuilles de Graminées, et ils ont vu que les marques supérieures conservaient entre elles la même distance, tandis que les inférieures s'écartaient davantage les unes des autres. Développement des feuilles.

Comme le rameau n'est que la répétition de la tige, il doit avoir la même forme qu'elle, ou du moins celle qu'elle avait, avant d'avoir été changée par des accroissements successifs. Ainsi les différences qu'on observe entre les tiges des végétaux de diverses espèces, on les retrouve chez leurs rameaux, et les mêmes expressions peuvent être employées pour les peindre. Forme des rameaux.

Une parfaite ressemblance n'existe cependant pas toujours entre la tige et ses branches. Certaines tiges s'aplatissent, celles de quelques *Cactus* par exemple (ex. *Cactus Opuntia, f.* 132), et il en est de même de leurs rameaux. Un phénomène semblable s'observe dans le *Ruscus aculeatus* (*f.* 133) ou Petit-Houx et les *Xylophylla* (ex. *X. speciosa, f.* 157), mais seulement chez les rameaux, et comme ces derniers sont courts, ils prennent, en s'élargissant, la figure d'une feuille. La ressemblance des rameaux du Petit-Houx avec les feuilles véritables est si grande, qu'au commencement du siècle dernier il n'y avait aucun botaniste qui ne les eût appelés des feuilles; mais il est réellement impossible à l'observateur attentif de les considérer comme tels, puisqu'ils naissent eux-mêmes à l'aisselle d'une feuille avortée, et qu'ils portent des fleurs, caractères qui ne sauraient appartenir qu'aux branches. Il est à remarquer que, chez les tiges aplaties, comme chez les rameaux qui présentent le même caractère, les feuilles sont toujours petites ou avortées; ainsi, d'un côté, il y a excès, et, de l'autre, défaut de développement, nouvel exemple de ces balancements d'organes non moins fréquents dans le règne végétal que dans le règne animal.

Rameaux dilatés.

Si, dans quelques plantes, les rameaux se dilatent outre mesure, chez d'autres ils restent grêles; leur bourgeon terminal avorte; ils deviennent pointus à leur extrémité endurcie, et se changent en une épine acérée (*spina*, ex. *Mespilus Oxyacantha, f.* 134). Mais qu'on procure à une plante naturellement épineuse des sucs plus abondants, l'on verra ses rameaux s'étendre, se développer, finir par un bourgeon, et par conséquent les épines disparaître. Le Néflier (*Mespilus Germanica*), épineux dans les bois et dans les haies, ne l'est plus dans la terre fertile de nos jardins.

Épines.

Les rameaux n'ont pas, dans toutes les plantes, la même

direction par rapport à la tige. Quelquefois ils sont serrés contre elle (*rami adpressi*), ou bien, sans la toucher, ils ont cependant une direction presque droite (*rami erecti*). Souvent ils forment avec elle un angle de 45 degrés, et on les dit ouverts (*patuli, patentes*) ; l'on se sert des mots très-ouvert, horizontal (*patentissimi, horizontales*), pour indiquer que leur angle est de 90 degrés ; lorsque étant horizontaux ils se croisent à angle droit, on les appelle brachiés (*brachiati*); enfin on les nomme divariqués (*divaricati*), si, étant encore très-ouverts, ils s'écartent brusquement en tous sens. Ceux qui, d'abord horizontaux, prennent bientôt une direction verticale, reçoivent le nom d'ascendants (*ascendentes*). Quelquefois les rameaux, comme ceux du *Bouleau* (*Betula alba*), s'inclinent en formant un arc, et alors on les désigne en latin par les expressions de *deflexi, reclinati*. Plus rarement, ils sont tout à fait pendants, comme dans le *Salix Babylonica* (*penduli*). S'ils sont longs, faibles et grêles, on dit qu'ils sont en verge (*rami virgati*)

Direction des rameaux.

Dans une même espèce, l'ensemble des rameaux conserve toujours à peu près la même direction. Mais, si nous n'examinons qu'un individu, nous trouverons qu'en général les branches supérieures sont plus droites que les inférieures. Celles-ci, chez les grands arbres, s'étalent presque toujours horizontalement, afin d'aller chercher l'air et la lumière. Ce sont aussi, en général, les branches inférieures des arbres qui sont les plus longues et les plus grosses, parce qu'elles sont nées les premières.

De même que des rameaux se développent sur cette dernière, de même des rameaux peuvent se développer sur d'autres rameaux. Souvent plusieurs générations naissent successivement les unes des autres, dans le cours de quelques mois, de quelques jours même ; quelquefois, au contraire, chaque génération est due à une année. Pour se faire une idée

Générations successives de rameaux.

juste des plantes, il est extrêmement essentiel de ne pas confondre leurs diverses générations, et, malgré des apparences souvent trompeuses, on parvient aisément à ce but, lorsqu'on se rappelle que tout axe né sur un autre, à l'aisselle d'une feuille soit rudimentaire, soit parfaitement développée, appartient à une autre génération.

Les rameaux nés de la tige s'appellent primaires (*r. primarii*); ceux qui s'échappent de ces derniers portent le nom de secondaires (*r. secundarii*) et ainsi de suite; enfin on appelle ramules (*ramuli*) les dernières ramifications de la plante, à quelque évolution qu'elles appartiennent.

Cime des arbres.

L'ensemble des branches qui couronnent les arbres porte le nom de cime (*coma*). Ce n'est point à leur tronc que les grands végétaux doivent l'aspect souvent si pittoresque qui les caractérise, mais à leur cime. Non-seulement la forme de cette dernière varie dans les diverses espèces; mais souvent encore elle change dans le même individu à ses différents âges; la cime de l'*Araucaria Brasiliensis*, lorsqu'il est jeune encore, présente une sorte de pyramide; elle devient ensuite une boule, puis enfin un immense plateau parfaitement égal où arrivent toutes les branches, quoique partant de hauteurs fort différentes. Quelquefois, comme dans les Pins, le tronc se retrouve parfaitement continu jusqu'au sommet de la cime, et on lui donne en latin le nom d'*excurrens;* beaucoup plus souvent les sucs se distribuent également entre lui et les branches, il se perd en quelque sorte au milieu d'elles, on ne peut plus l'en distinguer, et alors, dans le langage technique, on le désigne par l'expression de déliquescent (*truncus deliquescens*). La cime des arbres présente quelquefois une étendue immense. Cortez, avec toute sa petite armée, trouva un abri sous un Cyprès chauve (*Cupressus disticha*, L.). Il existe à Neustadt, dans le Wurtemberg, un Tilleul (*Tilia Europæa*, L.) dont la cime, soutenue par cent six colonnes, occupe un espace d'environ quatre cents pieds; et j'ai vu moi-même à Zoffengen, en Suisse, deux Tilleuls qui, plantés l'un à côté de l'autre, communiquent à l'aide d'un plancher soutenu par leurs branches, et sur lequel la jeunesse du pays venait encore, il y a peu d'années, danser chaque dimanche. Ce n'est pas seulement dans les bonnes terres qu'on rencontre des arbres remarquables par le diamètre de leur cime : tous les ans je retrouve auprès de la ferme des Aronières en Sologne, l'un des pays les plus stériles de la France, un Chêne séculaire dont les branches couvrent un espace de plus de trois cents pieds de tour.

§ II. — *De la vraie et de la fausse dichotomie.*

Quand les feuilles d'une plante sont opposées, sa tige et chacune de ses branches devraient naturellement être terminées par trois bourgeons, l'un intermédiaire de première génération, continu avec la tige elle-même, et les deux autres de seconde génération, nés a l'aisselle des deux feuilles supérieures. Mais il est rare que ces trois bourgeons se développent à la fois; souvent les deux latéraux avortent, et le terminal seul prend de l'accroissement; souvent aussi c'est le terminal qui avorte, et les deux latéraux continuent à végéter. Quand les trois bourgeons se développent, l'on a une tige ou un rameau trifurqué (*caulis, ramus trifurcatus*); quand l'intermédiaire avorte, l'on a une branche ou une tige bifurquée (*bifurcatus*). Que les rameaux de la tige trifurquée se ramifient de la même manière qu'elle s'est ramifiée, nous aurons une tige deux fois trifurquée; que les rameaux d'une tige bifurquée se ramifient chacun de la

Tige ou branche bifurquée, trifurquée.

même façon que la tige, nous en aurons une deux fois bifurquée. Enfin on dit la tige trichotome ou dichotome (*caulis dichotomus, trichotomus*), selon qu'elle va toujours se trifurquant ou se bifurquant jusqu'à sa dernière ramification.

Tige dichotome, trichotome.

On appelle dichotomie ou trichotomie (*dichotomia, trichotomia*) la disposition qui résulte d'une bifurcation ou d'une trifurcation répétée. On donne aussi le nom de dichotomie à l'angle qui se trouve au point de départ des rameaux d'une tige dichotome ou trichotome.

Dichotomie; trichotomie.

Dans la dichotomie formée seulement par deux branches, il se trouve souvent un axe avorté ou réduit à la fleur, celui qui aurait dû se développer, s'il n'y avait eu aucun obstacle, soit naturel, soit artificiel. Quand, au contraire, la tige est trifurquée ou trichotome, il ne peut rien y avoir à l'aisselle de ses branches, car alors le développement est complet.

Il ne faudrait pas s'imaginer que toute plante à feuilles opposées procède nécessairement, dans sa croissance, par trifurcation ou même par bifurcation. Le Frêne (*Fraxinus excelsior*), l'Olivier (*Olea Europæa*), le Marronnier d'Inde (*Æsculus Hippocastanum*) nous offrent, chaque jour, des preuves du contraire. Une foule de bourgeons avortent chez ces arbres, et ceux qui se développent n'observent le plus souvent entre eux aucun ordre régulier. Des tiges exactement dichotomes ou trichotomes sont loin d'être très-communes; celles du *Viscum album*, du *Valerianella olitoria* (*f.* 135), de l'*Erythræa pulchella* sont dichotomes; le *Mirabilis Jalapa* (*f.* 136) nous fournit un exemple de la trichotomie.

Je dois vous faire observer que, dans la plante dichotome, la tige véritable n'existe réellement plus dès les premières ramifications; sans cela, il n'y aurait pas dichotomie. D'un

Plusieurs géné-

autre côté, chez les tiges ou les branches trichotomes, les trois premières branches collatérales n'appartiennent jamais à la même génération, comme ne sauraient non plus appartenir à la même les neuf qui viennent au-dessus des trois premières. De celles-ci l'intermédiaire sera de première génération et les deux autres de seconde. Des neuf suivantes, l'intermédiaire de la trifurcation moyenne, continuation de la tige, sera encore de première génération, les deux intermédiaires des deux trifurcations latérales seront de seconde génération, et enfin les quatre latérales de ces deux mêmes trifurcations seront de troisième génération. Ou, pour m'exprimer d'une manière plus claire : tout axe, continuation de la tige mère, de quelque étage de végétation qu'il dépende, appartiendra nécessairement à la première génération ; tout rameau né immédiatement de la tige ou de ses continuations formera la seconde génération, et tout rameau né des rameaux primaires appartiendra à la troisième. Il est extrêmement essentiel que vous vous familiarisiez avec ces idées, parce qu'elles seules peuvent vous donner la clef d'une foule de phénomènes et en particulier des diverses sortes d'inflorescences. (*V. les figures* 135 *et* 136, *où l'ordre des générations est indiqué par des chiffres.*)

rations à distinguer dans les plantes dichotomes et trichotomes.

Déjà elles me conduisent à vous signaler une erreur grave qui se trouve dans tous les ouvrages descriptifs, et dont les miens ne sont point exempts. Chez une foule d'espèces, on a vu plusieurs axes s'élever ensemble au-dessus de la terre, et l'on a dit qu'elles avaient plusieurs tiges. Mais il ne saurait en être ainsi ; que l'on dissèque une graine, on y trouvera toujours un axe unique, et, quand la plante lève, ce n'est jamais qu'avec cet axe. De l'aisselle des organes appendiculaires les plus inférieurs de ce dernier, il pourra s'élever des rameaux qui l'égaleront bientôt en grosseur et en longueur (ex. *Veronica hederæfolia*, *f.* 139, 138), ou bien encore l'axe principal pourra avorter, et les rameaux pourront, par une sorte d'usurpation, s'accroître à ses dépens, ou enfin des bourgeons adventifs produiront des résultats semblables; mais, dans tous les cas, il y aura nécessairement deux générations. Ainsi, comme l'a dit M. Roeper, les plantes appelées multicaules (*pl. multicaules*) sont tout simplement des plantes rameuses dont les branches, à peu près égales, naissent ensemble de la base de la tige. Souvent même il arrive qu'une plante à tige solitaire (*caulis solitarius*), la première année, devient multicaule la seconde, parce que toute la partie qui, la première, s'est développée au-dessus du sol, s'est desséchée à la fin de l'automne, après avoir donné des fruits, et que, sur le court tronçon qui est resté vivace sous la terre, il naît ensemble un nombre plus ou moins considérable de branches en apparence semblables à autant de tiges.

Plantes multicaules.

Une usurpation végétale, à peu près analogue à celle d'où résultent les espèces multicaules, donne lieu à un phénomène que nous ne saurions expliquer non plus, si nous n'avions une idée juste de l'ordre des générations chez les plantes. Ce que je vous ai dit plus haut vous montre assez qu'il n'y a pas de véritable dichotomie (*dichotomia legitima*) sans feuilles opposées. Cependant nous trouvons quelquefois aussi des plantes à feuilles alternes qui se terminent par une bifurcation. L'exemple du *Geum urbanum* (*f.* 137) va nous montrer ce qui se passe alors. Dans cette espèce, les feuilles sont alternes et écartées, et les rameaux doivent naturellement avoir une disposition semblable. Lors donc que la plante suit la marche ordinaire de la végétation, sa tige s'élève parfaitement droite, chargée de branches qui, moins vigoureuses qu'elle, s'écartent de droite et de gauche. Mais il n'en est pas toujours ainsi : il arrive souvent qu'une partie des sucs destinés à la tige se portent vers le dernier rameau,

Ce qu'est la fausse dichotomie.

et, dans ce cas, non-seulement celui-ci s'écarte en divergeant, mais la tige, chassée de sa véritable place, diverge plus ou moins en sens contraire du rameau, selon qu'elle conserve sur lui plus ou moins de supériorité; enfin, si les sucs se distribuent également entre la tige et la branche, l'une et l'autre deviennent égales en vigueur; elles prennent la même inclinaison, et une bifurcation se forme.

Mais, tandis que, dans la dichotomie véritable, deux branches nées à l'aisselle de deux feuilles opposées appartiennent également à un second degré de végétation, nous avons deux degrés différents dans la fausse dichotomie, celle que je viens de vous faire connaître (*dichotomia spuria*): une des branches, quoique inclinée, est la continuation de la tige, et appartient au premier degré, et l'autre, véritable rameau né de la tige elle-même à l'aisselle d'une feuille, appartient au second degré. Surtout pour l'étude des inflorescences, il est bien essentiel de ne point confondre la fausse dichotomie avec la véritable, et pour cela, nous avons un moyen bien facile : dans la véritable, les deux divisions sont des branches dont chacune est née à l'aisselle d'une feuille qu'elle doit offrir à sa base; dans la fausse dichotomie, au contraire, une seule des divisions est un rameau, et une seule doit être accompagnée d'une feuille.

Malgré l'égalité d'inclinaison, de longueur et de grosseur, nous avons aussi, dans la fausse dichotomie, un moyen de distinguer la branche de la tige; c'est la première qui est nécessairement accompagnée de la feuille, puisqu'elle a pris naissance à l'aisselle de cette dernière; la tige n'a point de feuille à sa base, et est opposée à celle de sa branche. (*La fausse dichotomie est expliquée par la figure* 137, *où l'ordre des générations se trouve indiqué par des chiffres.*)

§ III. — *Des rameaux rampants et des rameaux souterrains.*

Jusqu'ici je vous ai entretenus des rameaux aériens ; je vous dirai à présent quelque chose de ceux qui, appartenant à des tiges vivaces, rampantes ou souterraines, rampent comme elles sur la terre ou végètent sous le sol. Par anticipation, je vous ai déjà parlé de ces rameaux (p. 104), et vous savez qu'ils ne sont pas moins dignes d'être étudiés que la tige qui les porte. Cependant, au milieu des diverses modifications qui se manifestent dans leurs développements, on retrouve toujours la série des phénomènes que je vous ai déjà fait connaître pour la tige elle-même (p. 112), et qui sont de deux sortes, selon que le rameau est déterminé ou indéterminé (*ramus determinatus, indeterminatus*).

Rameaux rampants et souterrains indéterminés ;

S'il est indéterminé, il s'étend, comme je vous l'ai dit (p. 95), par son bourgeon terminal, tandis que la partie qui a commencé son existence, celle qui le rattache à la tige, se dessèche et pourrit au bout de quelque temps ; se trouvant ainsi entièrement séparé de la plante mère, il vit alors d'une vie qui lui est propre, et peut fournir d'autres rameaux destinés à se séparer de lui à leur tour et à le multiplier. Si, au contraire, le rameau vivace, souterrain ou rampant, est déterminé (*ramus determinatus*), la floraison met bientôt un terme à son existence ; mais, pendant qu'il s'achemine vers ce terme, d'autres rameaux se développent à l'aisselle de ses feuilles ; ces derniers s'assurent une vie particulière par le moyen des racines accessoires qu'ils émettent ; ils fleurissent et meurent, mais ils sont remplacés par les branches qu'ils ont produites à leur tour. Dans le premier cas, le même rameau peut se continuer indéfiniment ; dans le second, après

déterminés.

un rameau en vient un autre né de lui, et les générations se succèdent rapidement, à peu près comme une plante annuelle à tige droite remplace, par le moyen des graines, une autre tige annuelle.

Ce que je viens de vous dire des rameaux qui rampent sur la terre me conduit naturellement à vous entretenir des coulants (*flagella*), des propacules (*propacula*) et des jets (*stolones*), trois sortes de rameaux rampants qui diffèrent entre eux par des nuances si légères, que l'on conçoit à peine qu'on ait pu leur imposer des dénominations différentes : je vais vous les faire connaître successivement.

Coulants.

Quand nous jetons les yeux sur un Fraisier (*Fragaria vesca*, *f.* 140) qu'on a laissé végéter en liberté, nous voyons que de sa base il s'échappe de longs filets grêles et sans feuilles, qui, s'étendant sur la terre, vont se rattacher à d'autres pieds de Fraisier unis à d'autres encore par des filets semblables. Pour peu que nous suivions la végétation de la plante, nous ne tarderons pas à reconnaître que chaque filet a commencé par être un bourgeon né à l'aisselle d'une feuille très-voisine de la terre, et qu'il n'est, par conséquent, autre chose que le commencement d'un rameau : il s'est singulièrement allongé, avant que les jeunes feuilles qui le terminent se soient développées ; mais, après avoir pris toute son extension, il s'est redressé, ses organes appendiculaires se sont étalés au-dessus du sol, fort rapprochés les uns des autres; des fibres radicales se sont développées à sa partie inférieure, et un nouveau Fraisier s'est formé, qui, de la même manière, a donné à son tour naissance à d'autres Fraisiers, et qui se séparera de la plante mère par la destruction de sa propre base. Ainsi le coulant proprement dit du Fraisier se compose du premier entre-nœud ou des deux premiers entre-nœuds fort longs d'un rameau dont les entre-nœuds suivants sont très-courts. On a considéré les coulants qui se succè dent dans une même direction, séparés par des touffes, comme formant une seule tige qui émettrait par intervalles des feuilles et des racines; mais il n'en est réellement pas ainsi : chaque coulant avec sa touffe est un rameau qui émane d'un autre rameau, et l'on doit compter autant de degrés de végétation, ou, si l'on veut, de générations, qu'il y a de coulants et de touffes.

Dans les *Sempervivum* (ex. *Sempervivum tectorum*, *f.* 141), on n'a pas vu, ordinairement du moins, plusieurs rameaux sortir les uns des autres, et former une ligne alternativement composée de touffes et de filets; on n'y a vu qu'une rosette de feuilles serrées à l'extrémité d'un filet grêle et rien au delà; et, pour cette légère différence, on a imaginé un mot, celui de propacule (*propaculum*). Mais ce qui se passe chez le Fraisier a lieu aussi, quoique dans un espace de temps un peu plus long, chez les *Sempervivum*. Chaque rosette d'un individu de ce genre fournira à son tour des filets et des rosettes; cependant, presque toujours cela aura lieu seulement lorsqu'elle se sera détachée de la plante mère par la destruction de son propre filet ou, pour mieux dire, de la base du rameau dont elle fait partie. Ainsi une végétation plus ou moins prompte constitue réellement la seule différence que l'on ait signalée entre le coulant et le propacule; et celle qui existe encore ne mériterait pas plus que la première d'être indiquée par un nom particulier, car elle consiste uniquement en ce que, d'une touffe de Fraisier à l'autre touffe, il y a tout au plus une feuille ou une écaille foliacée sur le coulant, et que, par conséquent, celui-ci ne forme qu'un ou au plus deux entre-nœuds, tandis que le filet qui unit deux rosettes se compose de plusieurs entre-nœuds, puisqu'il présente plusieurs feuilles.

Propacules.

Je vais vous montrer qu'à un mode de développement analogue à celui des coulants et des propacules sont dus les

Jets. jets (*stolones*), que l'on définit comme étant des branches ou tiges secondaires et rampantes nées du collet d'une plante dressée. Un exemple emprunté à une espèce commune me fera, je l'espère, facilement comprendre. La tige fleurie de la Bugle (*Ajuga reptans*, *f.* 142) est droite, mais elle offre à sa base des jets qui, rampants dans une partie de leur longueur, se redressent à leur extrémité comme des candélabres. Ces jets sont certainement des rameaux, puisqu'ils sont sortis de l'aisselle des feuilles de la tige. Après que celle-ci a donné ses fleurs, quelques fibres radicales poussent au-dessous de l'extrémité redressée de chaque jet; bientôt cependant la tige mère, devenue inutile, se flétrit, et avec elle se dessèche également la partie rampante du jet; mais la portion qui est pourvue de fibres radicales continue à végéter, jouissant alors d'une vie particulière. Au printemps suivant, cette portion vivante se prolonge, dans une direction verticale, en une tige droite et fleurie, et de l'aisselle des feuilles radicales de cette dernière naissent de nouveaux rejets rampants qui se séparent à leur tour de leur mère pour perpétuer l'espèce. Les rejets de l'*Ajuga reptans* ne présentent point à leur extrémité une rosette aussi serrée que ceux des *Sempervivum* : voilà la seule différence.

La Pomme de terre et le Topinambour. La Pomme de terre (*f.* 143) et le Topinambour (*Solanum tuberosum*, *Helianthus tuberosus*) ne sont autre chose que les extrémités renflées de rameaux qui rampent sous le sol, comme les jets rampent à sa surface. Que la tige parfaitement droite de la Pomme de terre provienne du développement d'une graine ou de celui d'une bouture, c'est toujours dans la terre que se développe sa partie inférieure. Sur cette partie souterraine naissent des feuilles rudimentaires, et, à leur aisselle, naissent des rameaux qui s'étendent horizontalement dans la terre, chargés eux-mêmes de feuilles avortées. Ces rameaux sont d'abord très-grêles; mais, à leur extrémité, ils se renflent, ils se remplissent de fécule, et la Pomme de terre se forme, chargée comme le rameau dont elle est la continuation, de feuilles rudimentaires et, à leur aisselle, de bourgeons qui, développés, fournissent une tige droite comme la plante mère elle-même. Il arrive quelquefois que le rameau souterrain, voisin de la surface du sol, l'atteint à son extrémité; alors il ne se renfle point, et, au lieu d'un tubercule, il produit un bourgeon de feuilles en rosette qui végéterait à la manière de la partie dressée des jets de la Bugle rampante. Donc la Pomme de terre doit la fécule abondante dont elle est formée à l'avortement de ses feuilles, qui, sous le sol, ne pourraient se développer qu'imparfaitement, et dont la substance s'est, par balancement, reportée sur l'axe.

Turions; *soboles*. Je dois vous dire que l'on a appelé turions (*turio*) les bourgeons pâles, charnus et succulents qui, nés sous la terre, s'élèvent bientôt au-dessus du sol (ex. *Pæonia biloba*, *f.* 144), et que l'on a nommé en latin *soboles* ceux qui, avant de végéter à l'air libre, s'étendent sous la terre en un jet rampant assez allongé (ex. *Carex divisa*, *f.* 145). Les pousses souterraines se distinguent constamment des tiges et des rameaux aériens, en ce que leurs organes appendiculaires demeurent toujours à l'état de rudiment, et n'ont point de pétiole; qu'ils se présentent sous la forme d'écailles décolorées, et ne s'étendent jamais en feuilles vigoureuses, vertes et découpées. Ici, cependant, il n'y a point encore de limites rigoureusement tranchées, car les tiges des Orobanches (*f.* 54), qui naissent au-dessus du sol, ne portent que des écailles, et le botaniste à qui l'on apporterait, pour la première fois, un pied de *Monotropa hypopithys*, croirait certainement, en voyant ses organes appendiculaires mal développés, charnus, d'un jaune serin, qu'ils ont végété au-dessous du sol.

§ IV. — *Des caïeux.*

Vous savez que les bulbes sont des tiges fort raccourcies, chargées de feuilles très-rapprochées ; vous savez encore que les déterminées se perpétuent à l'aide d'un bourgeon né à l'aisselle d'une de leurs feuilles, et que, lorsqu'elles ne proviennent pas immédiatement d'une graine, elles doivent être considérées comme un rameau (p. 113-119). Mais les bulbes indéterminées, outre le bourgeon terminal qui va les continuant toujours, en produisent aussi de latéraux, qui, s'organisant comme elles, doivent la répéter de la même manière qu'un rameau répète sa tige, et qui, comme elles, fleuriront et se continueront indéfiniment à leur tour. Ces bourgeons latéraux, connus non-seulement des botanistes, mais encore des jardiniers, sous le nom de caïeux (*bulbulus*), se détachent de leur mère par la destruction d'une partie d'elle-même, comme les rameaux d'une tige rampante et indéterminée finissent aussi par se séparer d'elle. Qu'il naisse par exemple, un caïeu à l'aisselle d'une feuille de la Jacinthe (*Hyacinthus orientalis*, *f.* 146), l'année suivante, il se trouvera sous les tuniques fraîches, puisque ces tuniques sont la base des feuilles de l'année précédente ; la troisième année, il sera sous les tuniques sèches et extérieures, car c'est là ce que seront devenues les tuniques fraîches de la seconde année ; et enfin, quand ces mêmes tuniques s'oblitéreront avec la partie du plateau qui les porte, le caïeu se séparera naturellement de sa mère ; il produira des racines, et vivra d'une vie particulière. La tige monocarpienne du *Saxifraga granulata*, plante printanière fort commune, n'est que le développement d'un caïeu analogue à celui des Lilia-

Ce que sont les caïeux.

cées à bulbe déterminée, et elle-même se perpétue par le moyen d'autres caïeux nés à l'aisselle de ses feuilles les plus basses, et non, comme on l'a écrit, par ses fibres radicales.

Chez les plantes bulbeuses et déterminées, où le plateau de la bulbe se prolonge au-dessus du sol en une véritable tige, ce n'est pas toujours uniquement à l'aisselle des feuilles radicales que naissent des caïeux; il s'en développe souvent aussi à l'aisselle des feuilles qui poussent sur la partie aérienne de la tige (ex. *Lilium bulbiferum, f.* 147). Les caïeux sont des bourgeons, et il n'est pas bien surprenant que le bas et le haut d'une même tige en produisent de semblables.

Bulbilles. Ceux qui se développent à l'aisselle des feuilles de la tige ne sont point retenus par les parties environnantes, comme ceux qui naissent à l'aisselle des feuilles radicales; ils se détachent d'eux-mêmes, tombent sur la terre, y poussent des racines et multiplient la plante. Je vous ai dit que les bourgeons différaient des semences parce qu'ils restaient fixés à la plante sur laquelle ils sont nés, et parce que n'étant point, comme les semences proprement dites, le résultat de la fécondation, ils continuaient la première évolution, au lieu d'en présenter, dans leur sein, une toute nouvelle. Les caïeux d'une tige aérienne ne sont pas non plus le produit de la fécondation; mais, ainsi que les graines, ils se séparent de la plante, pour végéter d'une vie particulière: par conséquent, on peut les considérer comme intermédiaires entre les graines et les bourgeons, et ils achèvent de confirmer l'analogie des premières avec les derniers.

Non-seulement des caïeux peuvent naître hors de la terre, à l'aisselle de feuilles aériennes; mais, dans plusieurs plantes, comme l'*Allium vineale*, le *Polygonum viviparum*, le *Poa alpina*, le *Poa bulbosa*, on en voit souvent se développer à la place des fleurs, ou du moins à l'aisselle de quelques-uns des organes floraux. L'*Agave vivipara*, herbe gigantesque, dont on se sert en Amérique pour faire des clôtures, offre presque toujours à ses immenses panicules un nombre prodigieux de caïeux d'une grosseur remarquable; ceux qui naissent ainsi à la place des fleurs prouvent assez que, si ces dernières ne sont point des bourgeons, puisqu'elles se composent d'organes entièrement développés, elles ont, du moins, avec les bourgeons, une très-grande analogie.

Les caïeux qui naissent ailleurs que sur les bulbes elles-mêmes, c'est-à-dire à l'aisselle de feuilles aériennes ou à la place des fleurs, ont reçu le nom particulier de bulbilles (*bulbilli*). Mais je ne sais s'il est bien utile de représenter par des dénominations différentes des parties absolument semblables, et qui ont presque la même origine.

CHAPITRE XIII.

PÉDONCULES.

La tige, comme vous le savez déjà (p. 95), est indéterminée, si, produisant toujours des feuilles, elle ne donne des fruits et des semences que par l'intermédiaire de rameaux raccourcis d'une autre évolution que la sienne. Vous savez aussi qu'elle est déterminée lorsqu'une fleur, résultat de la transformation des organes appendiculaires, vient mettre un terme à sa végétation. Le rameau nous offre une exacte répétition de la tige ; il est donc bien clair qu'il doit être déterminé ou indéterminé comme elle (*ramus determinatus, indeterminatus*).

Dans le premier cas, il peut produire d'abord des feuilles, puis des bractées, feuilles déjà altérées, puis des fleurs, série d'autres feuilles plus altérées encore. Mais souvent il est trop faible pour donner naissance à une longue suite d'organes passant, par degrés, de la faiblesse à la vigueur et de la vigueur à l'épuisement. Épuisé dès son origine, il ne produit que des organes appauvris comme lui-même, c'est-à-dire des bractées et des verticilles floraux. Dans ce cas, il ressemble si peu à un rameau ordinaire, que les botanistes lui ont donné un nom particulier, indispensable pour les descriptions, celui de pédoncule (*pedunculus*), nom qui remplace celui de *queue de la fleur*, employé dans le langage vulgaire.

§ I. — *Des pédoncules proprement dits.*

On pourrait définir le pédoncule un rameau déterminé, grêle et raccourci, qui, par appauvrissement, est réduit à ne porter que la fleur ou tout au plus des bractées avec elle. Définition du pédoncule.

Le rameau dont les organes appendiculaires ne sont que des verticilles floraux peut quelquefois se développer si peu, que, presque à son origine, il donne déjà naissance à la fleur, et qu'il se trouve, par conséquent, réduit à n'être que l'axe de cette dernière. Dans ce cas, on dit que la fleur est sessile à l'aisselle de la feuille (*flos sessilis*), comme on dit que la feuille est sessile quand sa lame est portée sur la tige, sans l'intermédiaire d'un pétiole. La fleur sessile.

Entre la fleur vraiment sessile et le rameau feuillé terminé par une fleur, on trouve tous les intermédiaires possibles. Pour peu qu'on prenne une série d'espèces, on voit le rameau se raccourcir graduellement, et, en même temps, ses feuilles diminuer de vigueur ; celles-ci arrivent à n'être qu'une ou deux faibles bractées, et enfin l'on n'a plus qu'une fleur sessile. Dans une foule de cas, on ne sait même si l'on doit dire que la fleur est sessile ou pédonculée (*fl. pedunculatus*), et alors on est forcé de se servir d'une expression mixte : *flos subsessilis*, *flos subpedunculatus*, fleur presque sessile, presque pédonculée, genre d'expression qui, en trahissant l'embarras où les botanistes se trouvent sans cesse, montre que la nature procède toujours par transition.

Tout ce que je viens de vous dire vous prouve qu'à moins d'un avortement fort rare il n'y a point de pédoncule sans fleur. Ainsi, quand on a écrit autrefois qu'un pédoncule était le support d'une fleur, on ne s'est point trompé; mais on n'a pas remarqué que tous les supports de fleurs n'étaient point identiques; on a beaucoup trop généralisé, et l'on a oublié ce qui constitue la science véritable, savoir, la comparaison.

Confusion causée par la définition du mot pédoncule.

Cette définition, le pédoncule est le support de la fleur, tout exacte qu'elle est en apparence, a cependant introduit une grande confusion dans la science. En effet, quand on a vu un rameau axillaire réduit à ne porter que des verticilles floraux, comme dans le *Veronica agrestis* ou le *Lysimachia Nummularia* (*f.* 148), on a dit que c'était un pédoncule; quand on a vu qu'au sommet d'une tige feuillée il y avait, comme dans beaucoup d'Ombellifères, la Carotte, par exemple (*Daucus Carota*, *f.* 149), une partie dépourvue de feuilles, on l'a encore appelée un pédoncule, et, lorsqu'on a trouvé une partie semblable au sommet d'un rameau feuillé à la base (*Pyrethrum Parthenium*, *f.* 150), le mot de pédoncule a aussi été employé, avec cette différence, cependant, que l'on a dit, dans les deux derniers cas, que les pédoncules étaient terminaux (*ped. terminales*), et, dans le premier, que le pédoncule était latéral (*ped. lateralis*). Ainsi le pédoncule latéral est un rameau, c'est-à-dire un axe secondaire tout entier; le pédoncule terminal peut être ou une portion d'axe primaire, c'est-à-dire de tige, ou une portion de rameau; par conséquent, sous ce nom de pédoncule, on désigne des axes de deux générations différentes, et, sous celui de pédoncule terminal en particulier, tantôt une portion d'axe primaire et tantôt une portion d'axe secondaire. La formation de la langue botanique, comme celle de toutes les autres langues, a précédé l'examen philosophique : prétendre la réformer, ce serait vouloir rendre inutiles une foule de livres où l'on a employé les termes qui la composent ; mais il est indispensable de donner une interprétation rigoureuse de ces termes, et de prémunir ceux qui étudient contre les erreurs auxquelles ils pourraient les conduire.

§ II. — *De la hampe.*

Le mot hampe (*scapus*) a fait naître presque autant de confusion que le mot pédoncule. D'après une définition vague que Linné avait donnée de ce mot, et les applications qu'il en avait faites, on l'a employé pour désigner tous les supports florifères qui partent du milieu d'une rosette de feuilles radicales, et qui en même temps sont nus ou chargés de quelques bractées. Il s'est trouvé que le plus souvent ce genre de support appartenait à des tiges souterraines ou très-raccourcies et en même temps indéterminées, comme cela a lieu chez le *Galanthus nivalis* (*f.* 30), les *Primula* (ex. *P. Sinensis*, *f.* 151), les *Drosera* ; or, dans les plantes à tiges indéterminées, les fleurs ne sont jamais terminales ; par conséquent, la hampe n'y est qu'un rameau ou un véritable pédoncule axillaire. Mais quelquefois aussi le support presque nu qui s'élève du milieu d'une rosette de feuilles radicales s'est trouvé dépendre d'une tige déterminée, et alors ce qu'on a nommé hampe n'a été que la partie supérieure de cette même tige (ex. *Pterotheca Nemausensis*, Cas. — *Andriala Nemausensis*, L., *f.* 152). Ainsi le mot hampe a désigné tantôt une portion d'axe primaire ou de première végétation, et tantôt un axe secondaire tout entier. Des auteurs, frappés de cette incohérence, ont donné le nom de pédoncule axillaire, les uns à l'axe secondaire entier, et les autres à la portion

Confusion occasionnée par le mot hampe.

d'axe primaire. Je crois qu'au milieu de cette confusion, ce qu'il y a de mieux à faire, c'est de conserver le mot de hampe aux pédoncules des tiges souterraines ou très-raccourcies et en même temps vivaces, et de dire tout simplement, des tiges déterminées qui ne portent point d'organes appendiculaires entre les feuilles radicales et les fleurs, qu'elles sont nues dans cet intervalle (*caulis superne nudus*).

Dans quel cas on doit employer ce mot.

§ III. — *Des pédoncules supra-axillaires, pétiolaires, épiphylles, oppositifoliés, alaires et intrafoliacés.*

Vous savez que le pédoncule est un rameau, c'est connaître la position qu'il doit nécessairement avoir sur la tige, car un rameau ne saurait naître que d'un nœud vital à l'aisselle d'une feuille.

Cependant on voit des pédoncules qui se détachent de la tige au-dessus de la feuille, d'autres qui sont opposés à cette dernière, d'autres qui partent du pétiole, et enfin quelques-uns qui semblent devoir leur origine au bord ou au milieu d'une feuille. Dans ces divers cas, des soudures, des avortements, des dilatations extraordinaires, phénomènes si fréquents dans l'organisation mobile des végétaux, nous font seuls illusion, et un examen attentif va bientôt nous montrer que les pédoncules placés sur la tige au-dessus de la feuille ou bien sur le pétiole sont réellement axillaires; que ceux portés en apparence par des feuilles le sont réellement par des rameaux; enfin que les prétendus pédoncules opposés à la feuille sont des extrémités de tiges. Je vais successivement passer en revue ces apparentes anomalies.

Pédoncule dit supra-axillaire;

Si le pédoncule semble naître de la tige au-dessus de la

feuille ou être, comme l'on dit dans le langage technique, supra-axillaire (*pedunculus suprafoliaceus, supra-axillaris*), c'est qu'il a été entraîné par la force de la végétation, ou qu'il s'est soudé avec la tige, dans tout l'espace compris entre l'aisselle de la feuille et le point où il semble commencer. On a dit que c'était cette dernière cause qui éloignait de la feuille le pédoncule du *Menispermum Canadense* (*f.* 153), mais il n'en est réellement point ainsi. Dans cette plante, deux bourgeons naissent l'un au-dessus de l'autre, l'inférieur avorte, et c'est le supérieur, nécessairement plus éloigné de la base de la feuille, qui, se développant, devient le pédoncule.

Lorsque ce support est pétiolaire (*ped. petiolaris*), c'est-à-dire lorsqu'il paraît émaner du pétiole de la feuille, comme dans le *Thesium ebracteatum* (*f.* 154), il est encore né du même nœud vital que celle-ci, mais il s'est soudé dans une partie de sa longueur avec le pétiole.

Que la feuille soudée soit sessile, ou que la soudure s'étende au delà du pétiole, alors le pédoncule paraîtra tirer son origine de la feuille elle-même, et pour cette raison on le dit épiphylle (*pedunculus foliaris, epiphyllus*). Ainsi le pédoncule des fleurs du Tilleul (*Tilia Europæa*, L., *f.* 155) semble sortir du milieu de la bractée; mais l'examen le plus superficiel suffit pour montrer que, depuis la base de cette dernière, il est soudé avec la nervure moyenne, et que ce n'est pas au point où il devient libre qu'est en réalité son commencement.

Il arrive aussi, comme vous le savez déjà (p. 226), que, lorsqu'il semble émaner d'une feuille, ainsi que cela a lieu chez le *Ruscus aculeatus* (*f.* 156) et les *Xylophylla* (ex. *X. speciosa*, *f.* 157), la prétendue feuille est un véritable rameau qui, par suite de cette loi des balancements dont les exemples sont si multipliés, s'est dilaté outre mesure. Dans ces plantes, la feuille de la tige se réduit à une faible membrane; par compensation, le rameau né à son aisselle prend un élargissement considérable, et sa dilatation fait avorter à leur tour les feuilles qui émanent de lui et restent aussi réduites à une membrane; les pédoncules naissent de l'aisselle de cette dernière, et, par conséquent, il n'y a ici que des apparences trompeuses et nulle exception à la règle générale; mais, si nous partons de la tige mère, la fleur du *Ruscus aculeatus* ou des *Xylophylla* (*f.* 156 et *f.* 157) appartiendra toujours au moins à la troisième génération, et, dans une autre plante, le *Spartium junceum* (*f.* 158), par exemple, le pédoncule pourra former facilement la seconde génération. Quand la dilatation du rameau se fait également d'un côté et de l'autre du nœud vital, celui-ci reste sur le milieu du rameau dilaté ou de la prétendue feuille; c'est ce qui arrive dans le *Ruscus aculeatus* (*f.* 156). Lorsqu'au contraire la dilatation s'opère entre les nœuds, ceux-ci sont rejetés sur les bords de la feuille prétendue, et alors on les appelle *marginaux* (*pedunculi marginales*, ex. *X. speciosa*, *f.* 157).

marginaux;

On a dit aussi que les pédoncules étaient épiphylles dans les *Phyllanthus*, où l'on a cru voir des feuilles composées chargées d'un grand nombre de fleurs; mais, chez ces plantes, les feuilles sont aussi peu composées que celles du reste de la famille des Euphorbiacées, à laquelle appartient le genre *Phyllanthus*; ces prétendues feuilles composées sont des rameaux fort grêles, à feuilles simples et alternes, à l'aisselle desquelles se développent les fleurs.

oppositifolié;

Quand le pédoncule est opposé à la feuille ou oppositifolié (*ped. oppositifolius*; ex. *Solanum dulcamara*, *f.* 159), la vérité est moins facile à découvrir; mais, dans ce cas-là même, elle ne peut échapper à l'observateur attentif. Il ne tardera pas à s'apercevoir que le prétendu pédoncule opposé est véritablement continu avec la tige, et qu'il en est le sommet; tandis que la partie qu'on prendrait, au premier coup d'œil, pour la tige véritable, appartient en réalité à un second degré de végétation, en un mot qu'elle est le résultat de l'allongement d'un bourgeon axillaire, c'est-à dire un rameau : la tige mère a avorté, et la branche, véritable usurpatrice, a pris sa place, en se développant outre mesure. Ici se manifeste le même phénomène que dans la fausse dichotomie, avec cette différence que le sommet de tige qui semble un pédoncule opposé à la feuille cède entièrement sa place au rameau, tandis que, dans la fausse dichotomie, la branche ne fait que partager cette place. Chez certaines espèces, telles que l'*Abutilon terminale*, et surtout le *Cuphea muscosa*, plante faible et sans énergie vitale, il arrive souvent que le rameau usurpateur ne se développe pas ou se développe mal (*f*. 160, 161); alors toute illusion disparaît, et l'on voit bien évidemment que le prétendu pédoncule opposé à la feuille n'est que le sommet de la tige.

Quand les feuilles sont opposées, souvent un rameau se développe outre mesure à l'aisselle de chacune, et une bifurcation se forme; alors, par compensation, le sommet de la tige mère avorte, il cesse de porter des feuilles, il ne porte plus qu'une fleur, et semble un pédoncule placé entre deux branches divergentes (ex. *Stellaria Holostea*, *f*. 162) : ce sont ces sommets de tige avortés et réduits à porter uniquement des verticilles floraux, que l'on a nommés en latin *pedunculi alares*, et en français pédoncules alaires. alaires;

Il arrive quelquefois aussi que l'une des deux branches avorte entièrement, que l'autre se développe outre mesure, en prenant, par une direction droite, la place de la tige; et alors le sommet avorté de cette dernière, faux pédoncule, se trouve appliqué ou à peu près appliqué contre un des deux côtés du rameau développé outre mesure et placé à une égale distance des deux feuilles; c'est ce qui arrive dans les

Asclepias, chez une foule de *Cuphea*, l'*Arenaria lateriflora*, etc. (*f.* 163), où l'on a dit qu'il y avait des pédoncules intrafoliacés ou intrapétiolaires (*pedunculi interfoliacei*, *interpetiolares*), c'est-à-dire pédoncules placés entre les feuilles ou les pétioles. Que nous retranchions l'un des deux rameaux entre lesquels se trouve le pédoncule alaire à une seule fleur d'un *Stellaria*, et que nous redressions un peu l'autre rameau, nous aurons un pédoncule intrafoliacé; ou bien, si l'on veut, supprimons dans certains *Apocynum* l'une des branches de la bifurcation, nous produirons la plus parfaite image du pédoncule intrafoliacé et multiflore d'un *Asclepias*.

Intrafoliacés.

§ IV. — *Détails divers.*

Direction propre des pédoncules.

La direction propre des pédoncules varie suivant les espèces, et, sous ce rapport, on observe chez eux à peu près les mêmes modifications que chez les rameaux; mais bien plus souvent il leur arrive de se courber au sommet, et alors la fleur devient plus ou moins inclinée. Ils ne présentent pas seulement des positions différentes dans les différentes plantes; ils changent souvent de direction pendant le cours de leur existence. Celui de certaines espèces, courbé durant la floraison, se redresse après la chute du calice; et, au contraire, celui du *Glechoma hederacea*, d'abord droit, s'incline quand la corolle est tombée, comme s'il voulait répandre sur la terre les semences mûres dont le calice est rempli. Dans le *Trifolium subterraneum* (*f.* 164), le pédoncule fait plus que se courber; il s'enfonce dans la terre, et, après la floraison, il s'y fixe à l'aide des bractées ou des calices auxquels il a donné naissance et qui se développent en espèce de racines. Le *Linaria Cymbalaria* (*f.* 165) végète sur les murs; ses pédoncules, après la chute de la corolle, s'allongent outremesure, et vont cacher dans les trous de la muraille les graines qui doivent y germer. Le pédoncule du *Cyclamen Europœum* (*f.* 166), droit pendant la floraison, se contourne en spirale, durant la maturation du fruit; celui, au contraire, des fleurs femelles du *Vallisneria spiralis* (*f.* 167), tordu avant leur épanouissement, se déroule, s'allonge, pour les porter à la surface de l'eau, et, quand elles ont été fécondées, il se roule une seconde fois, et attire sous les eaux le fruit qui va mûrir. Ces divers phénomènes ne sont point le résultat d'une action mécanique; ils sont produits par cette force vitale inappréciable à nos moyens d'observation, qui se modifie de différentes manières dans les différentes espèces de plantes : il est impossible de n'y pas reconnaître les plus admirables harmonies.

Le plus souvent les pédoncules sont cylindriques; quelquefois aussi ils sont comprimés, mais ils ne le sont pas toujours dans toute leur longueur; il peut leur arriver de ne l'être qu'à leur base, et alors l'aplatissement, comme on en a la preuve chez beaucoup de Liliacées, n'est dû qu'à la pression exercée par les parties voisines. Leur forme.

Si certains pédoncules s'aplatissent, celui des Anacardes, au contraire, se renfle, pendant son accroissement, de la manière la plus remarquable, et finit par imiter nos Poires ou nos Pêches (ex. *Anacardium occidentale*, *f.* 168, 169). Ainsi, chez les Anacardes, la partie qu'on appelle la *Noix d'Acajou* est le fruit véritable, et celle qui porte le nom de *Pomme d'Acajou*, quoique beaucoup plus large que ce fruit, n'est autre chose qu'un pédoncule démesurément développé. Cet état du pédoncule est le même que celui des fruits où les tissus sont gorgés de sucs; c'est une espèce d'anasarque naturelle et héréditaire un peu analogue à celle qu'un état morbide développe chez les animaux.

La longueur du pédoncule varie singulièrement aux différentes époques de son existence. Avant que la fleur se soit épanouie, il est souvent plus court que la feuille ou la bractée qui le protége, et qui, une fois développée, reste à peu près stationnaire; puis il devient égal à elle, et enfin, après la chute des pétales, il parvient à la dépasser. On peut observer à la fois toutes ces différences chez le même individu, et par conséquent il faut, autant qu'il est possible, éviter de prendre pour caractère distinctif des espèces la longueur relative du pédoncule et de la feuille.

Pédoncules colorés.

Étant, comme la fleur, le résultat de l'épuisement du végétal, le pédoncule offre souvent des symptômes d'altération semblables à ceux qui se manifestent chez elle. Ainsi, dans une foule de plantes, il se peint des mêmes couleurs que la corolle, et contribue à l'embellissement de l'individu dont il fait partie.

Durée du pédoncule.

Le rameau véritable se prolonge et se multiplie; le pédoncule, au contraire, qui porte une fleur, terme de la végétation, se dessèche avec elle ou, du moins, avec le fruit qui succède à la fleur.

Pédoncules métamorphosés en épines.

Chez un grand nombre d'espèces, cependant, le pédoncule, tout desséché qu'il est, persiste sur la tige, et, dans ce cas, il peut même lui arriver de prendre, après la floraison, la forme d'une véritable épine, ainsi que cela a lieu pour l'axe des feuilles de certains *Astragalus*.

Les pédoncules du *Mesembryanthemum spinosum* et ceux du bas de la grappe de l'*Alyssum spinosum* (*f.* 170) deviennent épineux par l'avortement de la fleur, comme les rameaux de l'Aubépine et du Néflier le deviennent par celui du bourgeon terminal. Dans d'autres plantes, telles que le *Cardiospermum Halicacabum* ou l'*Urvillea glabra* (*f.* 171), c'est en vrilles que se métamorphosent les pédoncules sur lesquels il ne s'est point développé de fleurs.

D'autres plantes ont un pédoncule articulé (*ped. articulatus*, ex. *Asparagus officinalis*, *f.* 172) qui se sépare de la tige à l'époque de la maturité du fruit. Chez d'autres, la désarticulation devance même la chute de la corolle ; c'est ce qui a lieu principalement pour les pédoncules des fleurs mâles devenues inutiles après la fécondation, et, quand cela arrive également pour les fleurs femelles ou hermaphrodites, il est bien évident qu'il ne saurait y avoir de reproduction : nous voyons la terre jonchée des fleurs encore fraîches du Marronnier d'Inde (*Æsculus Hippocastanum*) dont le pédoncule s'est promptement désarticulé, et à peine si, sur une grappe de Marronnier chargée de nombreuses corolles, un ou deux pédoncules persistent pour porter des fruits. Pédoncules articulés.

Un pédoncule peut être articulé, soit un peu au-dessus de sa base, soit au milieu de sa longueur, soit, enfin, au-dessus de son milieu. Comme il n'est pas rare de voir une articulation à l'endroit où le pédoncule naît de la tige, et qu'on en peut voir aussi aux points où le pédoncule lui-même vient à se ramifier, on a pensé que, quand le pédoncule était articulé entre sa base et son sommet, il y avait indication d'une production nouvelle, et que toute la partie supérieure à l'articulation devait être considérée comme appartenant à un autre degré de végétation que la partie inférieure. Dans ce cas, il faudrait supposer que des bractées devaient naître à l'articulation, qu'elles ont avorté, qu'avec elles a avorté le sommet du pédoncule, et qu'un pédoncule latéral a pris la place du pédoncule mère. Ne serait-il pas bien plus naturel de considérer un pédoncule articulé comme présentant, ainsi que tous les autres pédoncules, un seul degré de végétation, et de croire que l'articulation indique un nouvel entre-nœud à la base duquel des nœuds vitaux, opposés ou verticillés, n'auront point, faute d'énergie, émis d'organes appendiculaires? Un rameau d'Œillet (ex. *Dianthus attenuatus*, *f.* 173) présente une suite d'entre-nœuds articulés; si nous supposons que les feuilles avortent, nous aurons un axe semblable aux pédoncules qui nous occupent.

§ V. — *Des pédicelles.*

Si l'articulation d'un pédoncule n'indique nullement deux axes, il n'en est pas moins vrai qu'elle indique le point où il pourrait en naître un second, puisque là est un nœud vital. Ainsi que les rameaux proprement dits, tout pédoncule est susceptible de se ramifier ; il suffit, pour cela, qu'il se compose de plus d'un entre-nœud, ou, si l'on aime mieux, qu'il offre des nœuds vitaux, et que les bourgeons n'avortent pas.

Un pédoncule ne portant ce nom que parce qu'il n'émet point de feuilles entièrement développées, et offrant déjà en lui tous les symptômes de l'épuisement, ne pourra produire que d'autres pédoncules plus épuisés encore qu'il ne l'est lui-même. Quand le pédoncule se ramifie, on réserve ce nom à l'axe de première végétation, et l'on donne le nom de pédicelles (*pedicelli*) aux rameaux qui portent immédiatement les fleurs. Quelquefois aussi, mais par abus, on nomme pédicelles des pédoncules de première génération, lorsqu'ils sont courts et fort grêles.

CHAPITRE XIV.

RÉSULTATS DU DÉVELOPPEMENT DES BOURGEONS ÉCAILLEUX.

A présent que vous savez ce que peuvent devenir, en se développant, les bourgeons en général, je crois pouvoir revenir sur ceux qu'avec raison l'on appelle écailleux (*gemmæ tectæ*), et vous les faire envisager relativement aux différences que présentent les organes nés au-dessus des écailles.

Vous n'ignorez pas que ces bourgeons, production des arbres de nos climats, ne se développent point dans l'année même où ils commencent, mais qu'ils restent stationnaires jusqu'au printemps suivant. Quand le rameau d'un arbre doit être indéterminé et ne produire que des feuilles, on dit que le bourgeon qui en est l'abrégé est à feuilles ou à bois (*gemma foliifera*). Lorsque le rameau doit être déterminé, c'est-à-dire finir par des fleurs, il peut cependant donner des feuilles à sa base; alors le bourgeon est mixte (*gemma mixta*). Enfin il est à fruits ou à fleurs, quand il

Bourgeons à feuilles;

mixtes;

ne doit en sortir qu'un rameau à peu près réduit à des organes floraux (*gemma florifera, fructifera*).

à fleurs.

Intermédiaires.

Ici encore, il n'y a cependant rien de bien tranché. Les écailles, comme vous le savez, ne sont autre chose que des feuilles avortées, mais le défaut de développement n'est jamais aussi sensible chez les supérieures que chez les inférieures, et, dans bien des cas, les premières diffèrent si peu des feuilles véritables, qu'on ne sait si le bourgeon doit être appelé mixte ou simplement à fleurs; enfin, dans certains individus, on trouve tout à la fois des bourgeons à fleurs et d'autres décidément mixtes.

Manière de distinguer les diverses sortes de bourgeons.

Dans nos arbres fruitiers, les bourgeons à bois, ceux d'où sortent les branches sans fleurs que les jardiniers appellent *gourmandes*, se reconnaissent à leur forme allongée et pointue; les bourgeons à fruits se reconnaissent à leur forme arrondie, et enfin les bourgeons mixtes à leur forme intermédiaire.

Rameaux bisannuels.

De même qu'une tige herbacée déterminée peut végéter deux ou trois ans avant de donner les fleurs et les fruits qui doivent mettre un terme à son existence, de même aussi le rameau ligneux et déterminé qui sort d'un bourgeon à écailles peut ne pas arriver à son terme, c'est-à-dire à la fleur, dans l'année même où il a commencé à se développer; dans ce cas, un nouveau bourgeon écailleux se forme à son extrémité, c'est-à-dire au point où la végétation éprouve un temps d'arrêt, et c'est de ce bourgeon que sort la fleur. Chez le Bouleau (*Betula alba*), dit M. J. de Tristan, le rameau de l'année se termine par le bourgeon d'où sortiront les fleurs l'année suivante : mais ici se présente une singularité assez remarquable, ce sont des fleurs mâles qui naissent du bourgeon terminal; quant aux femelles, elles naissent des bourgeons qui, dans le courant de l'année précédente, ont paru à l'aisselle des feuilles dont le bourgeon à fleurs mâles était précédé; par conséquent ici, les fleurs mâles et les fleurs femelles appartiennent à deux générations différentes, et les femelles reçoivent la fécondation des mâles, dernier résultat de la génération même qui les a produites.

Plusieurs générations dans le bourgeon qui contient plusieurs fleurs.

Lorsque d'un bourgeon mixte ou simplement à fruits il sort plusieurs fleurs pédonculées ou sessiles, il est bien évident que ce bourgeon renfermait plusieurs générations à la fois; car, ainsi que je vous l'ai démontré, il ne saurait y avoir plus d'un axe dans une disposition de fleurs quelconque, sans que l'un naisse de l'autre.

Dans ceux de nos arbres où il existe des bourgeons à fleurs, tels que les Pêchers (*Amygdalus Persica*, L.), et les Amandiers (*Amygdalus communis*), ils se développent ordinairement avant ceux à feuilles. On voit ce même phénomène se reproduire chez les arbres des tropiques, qui, par la sécheresse, perdent leurs feuilles au mois de mars, pour ne les reprendre qu'en octobre; mais ici, à cette première singularité s'en joint une autre qui n'est pas moins remarquable : non-seulement les bourgeons à fleurs se développent avant ceux à feuilles, mais encore ils n'attendent point, pour se développer, que les premières pluies soient tombées; c'est avant le retour si désiré de la saison des eaux qu'on voit une profusion de fleurs brillantes couvrir les arbres du désert de Minas, qui n'ont point encore repris leurs feuilles. Ce fait pourrait confirmer l'opinion de M. de Candolle, qui pense que, quand les bourgeons à fleurs se développent avant ceux à feuilles, c'est qu'ils sont nourris par des sucs accumulés, l'année précédente, dans leur voisinage. On pourrait demander, cependant, si quelque chose indique l'existence de ces dépôts de sucs, et pourquoi il ne s'en forme pas aussi bien dans le voisinage des bourgeons à feuilles que dans celui des bourgeons à fleurs.

Développement du bourgeon à fleur antérieur à celui du bourgeon à feuille.

17

CHAPITRE XV.

DISPOSITION GÉOMÉTRIQUE DES FEUILLES.

Vous connaissez les bourgeons, les rameaux et les feuilles; je vous dirai maintenant quelques mots de la disposition de ces derniers sur la tige. Ce sera vous indiquer en même temps celle des bourgeons et des rameaux, puisque, naissant à l'aisselle des feuilles, ils doivent nécessairement être placés comme elles.

Histoire des recherches des botanistes relatives aux dispositions des feuilles.

Bonnet fut le premier qui s'occupa sérieusement de la position des organes appendiculaires sur leur axe. La plupart des faits qui sont devenus le sujet des études de quelques-uns de nos contemporains ne lui échappèrent pas ; mais il ne sut point les généraliser, et ses observations demeurèrent, pour ainsi dire, enfouies dans ses livres. Après Bonnet, l'étude de l'arrangement des feuilles sur la tige fut longtemps négligée par les botanistes, et il y a à peine douze ou quinze ans que MM. Schimper et Alexandre Braun commencèrent à s'en occuper d'une manière spéciale. Le dernier publia, en 1831, comme *Introduction à l'étude de la disposition des feuilles*, un immense *Mémoire sur celles des écailles des cônes de Pins*; et depuis, il n'a cessé d'approfondir la même matière. Cependant, tandis qu'elle absorbait ses méditations et celles de M. Schimper, deux Français, MM. L. et A. Bravais, sans avoir aucune connaissance des recherches qui se faisaient en Allemagne, se livraient aussi à l'examen de l'arrangement des feuilles, et ils arrivèrent à des résultats à peu près semblables à ceux qu'avait obtenus M. Alexandre Braun. Je vais tâcher de vous faciliter l'intelligence des découvertes de ces savants observateurs.

§ Ier. — *De la spirale simple.*

Je vous ai déjà dit (p. 29) que, lors même qu'au premier coup d'œil elles semblent éparses, les feuilles ne sont point jetées au hasard sur la tige ou sur les rameaux. Si, par exemple, nous considérons avec attention une branche gourmande de Pêcher (*Amygdalus Persica*, L.) ou un jet vigoureux de *Populus balsamifera*, nous reconnaîtrons bientôt que les feuilles s'en échappent de manière à former une spirale parfaitement régulière; que, partant d'une feuille quelconque et parcourant la spirale, on arrive toujours à une sixième feuille qui recouvre à peu près la première, et enfin que c'est après deux tours de spire qu'on trouve cette sixième feuille. Telle est la disposition qui a reçu le nom de quinconce (*situs quincuncialis*). Le quinconce.

Il ne faut pas s'imaginer qu'elle soit la seule que l'on rencontre chez les végétaux. Il est certaines dispositions où, pour trouver une feuille qui en recouvre une autre, nous n'avons pas besoin d'en compter cinq et deux tours de Autres dispositions.

spire ; tandis que, dans un grand nombre, on compte plus de deux tours de spire, et plus de cinq feuilles.

Disposition distique.

L'arrangement le plus simple est celui que nous présentent les feuilles distiques, celles qui, comme vous savez (p. 177), sont à la fois alternes et placées sur deux rangs. Il est bien clair, en effet, qu'ici la troisième feuille sera insérée immédiatement au-dessus de la première ; donc deux feuilles nous suffisent pour arriver à cette troisième, et il est absolument impossible qu'elles fournissent plus d'un tour de spire.

Le cycle.

Dans toute disposition, on appelle cycle (*cyclus*) un système de feuilles chez lequel, après un certain nombre de tours de spire, on trouve une feuille qui recouvre celle d'où l'on est parti. La feuille qui recouvre ainsi la première commence un nouveau cycle.

D'après ce que je vous ai dit tout à l'heure, il est évident qu'un cycle peut comprendre un ou plusieurs tours de spire et un nombre de feuilles plus ou moins considérable. Deux choses sont donc à considérer dans le cycle : le nombre de feuilles qui le composent, et le nombre de tours de spire que forment ces mêmes feuilles.

Manière de le désigner.

Pour faire connaître la nature d'un cycle quelconque, on indique par une fraction les deux nombres qui doivent nécessairement le caractériser. Le dénominateur exprime le nombre de feuilles que le cycle comprend, et le numérateur celui des tours de spire : ainsi la fraction 2/5 représentera le quinconce, et la fraction 1/2 la disposition distique.

Il ne faut pas croire que ce mode de désignation soit arbitraire : en effet, en même temps que la fraction indique le nombre de feuilles et celui des tours de spire, elle indique aussi la distance qui existe, dans le sens horizontal, d'une des feuilles du cycle à la feuille la plus voisine, ou, comme l'on dit, la divergence (*divergentia*). Si, par la pensée, nous rapprochons, dans un même plan horizontal, toutes les feuilles d'un cycle, il est clair qu'elles formeront un cercle autour de la tige, et la distance de l'une à l'autre sera déterminée par l'arc qui mesurerait l'angle dû à deux plans passant à la fois par les feuilles et l'axe géométrique de la tige. Quand les feuilles sont distiques, nous avons un tour de spire et deux feuilles; donc ces deux feuilles, ramenées dans un même plan, se partageraient le cercle ou 360 degrés; par conséquent il y a 180 degrés entre une feuille et l'autre, par conséquent encore la distance qui se trouve entre les deux est véritablement exprimée par la fraction 1/2. Supposons que, dans le quinconce, il n'y ait, avec les cinq feuilles, qu'un tour de spire, la mesure de l'angle qui séparerait deux des feuilles serait évidemment la cinquième partie du cercle ou 72 degrés; mais les cinq feuilles fournissent réellement deux tours de spire : donc la distance de l'une d'elles à la plus voisine est de 144 degrés, ou les deux cinquièmes du cercle. En résumé, la distance de deux feuilles d'un même cycle, dans un plan horizontal, ou, si l'on aime mieux, l'angle de divergence (*angulus divergentiæ*) de ces feuilles, peut être exprimé par une fraction dont le numérateur indique le nombre de tours de spire compris dans le cycle, et le dénominateur le nombre de feuilles; et, si l'on désirait substituer à la fraction un nombre entier équivalent, il suffirait de multiplier 360 ou la mesure du cercle par cette même fraction : dans un cycle de huit feuilles et trois tours de spire, la divergence pourra être également indiquée par 3/8 ou 135 degrés. La divergence.

Les diverses dispositions que les feuilles peuvent affecter ne se rencontrent pas aussi fréquemment les unes que les autres. Les plus ordinaires sont celles que représenteraient les fractions 1/2, 2/5, 3/8. On observe moins communément Les divergences qui sont les plus communes et celles qui sont les plus rares.

les dispositions exprimées par 1/3, 5/13, 8/21, 13/34, 21/55.

Série qui indique les divergences habituelles.

On peut établir en général que la divergence habituelle des feuilles alternes est un des termes de la série

1/2, 1/3, 2/5, 3/8, 5/13, 8/21, etc.;

série dans laquelle, si l'on excepte les deux premières fractions, chacune a son numérateur formé de l'addition des numérateurs des deux précédentes, et son dénominateur de l'addition de ceux de ces deux mêmes fractions.

Autres différences qui peuvent se rencontrer dans la disposition des feuilles.

Les différences qui résultent du nombre des feuilles et des tours de spire ne sont pas les seules que l'on rencontre. Chez certaines plantes, la spirale tourne de droite à gauche, et, chez d'autres, elle tourne de gauche à droite. Le sens de la spirale peut être le même dans la tige et les rameaux; il peut, au contraire, changer en passant d'un rameau à celui qui en émane, ou même d'un cycle à l'autre, sur le même axe.

Non-seulement l'arrangement des feuilles varie dans les diverses plantes; mais encore il est susceptible de varier dans le même individu. Ces changements, que l'on attribue à une torsion plus ou moins sensible, dérivant d'une disposition primordiale quelconque, ne sauraient s'effectuer que dans certaines limites; de sorte qu'une disposition étant donnée, on peut calculer quelles sont les combinaisons qui sont susceptibles d'en dériver.

§ II. — *Des spirales secondaires et de la spirale génératrice.*

Dans le Pêcher et le Peuplier, que je vous ai cités plus haut, on ne voit qu'une spirale; mais il n'en est pas ainsi de toutes les plantes. Si nous jetons les yeux sur les *Sedum* à feuilles plus ou moins cylindriques, sur un grand nombre d'Euphorbes, l'*Isatis tinctoria*, certains *Linum*, les jeunes tiges et les jeunes branches de diverses Conifères, certains bourgeons, etc., nous remarquerons que plusieurs spirales s'étendent à droite et à gauche, les unes à côté des autres, et que toutes celles qui courent dans le même sens sont parfaitement parallèles. Pour peu, cependant, que nous examinions ces spirales avec attention, chez l'*Euphorbia Characias*, par exemple, nous ne tarderons pas à reconnaître que chacune d'elles est loin d'embrasser toutes les feuilles de la tige, qu'il faut leur ensemble pour comprendre ces feuilles sans exception. et que, par conséquent, les spirales parallèles ne sauraient être de même nature que celle du Pêcher, qui, à elle seule, embrasse la totalité des organes appendiculaires d'un même axe. Poussant notre examen plus loin, nous reconnaîtrons encore qu'outre toutes ces spirales qui nous ont frappés d'abord, il en est une autre beaucoup moins apparente qui nous avait échappé : celle-ci, que l'on doit représenter par la fraction 8/21, comprend bien réellement toutes les feuilles de la tige, et par conséquent c'est elle qui est l'analogue de la spirale du Pêcher, et non, comme je vous l'ai déjà dit, l'une des spirales incomplètes que nous avions aperçues les premières.

Ce qu'on entend par spirale génératrice et spirales secondaires; origine de ces dernières.

Les *Sedum* à feuilles étroites et cylindriques peuvent nous éclairer sur l'origine de celles-ci. Les jeunes pousses de ces plantes nous offrent, en effet, plusieurs spires incomplètes très-prononcées, marchant les unes à droite et les autres à gauche; mais, à mesure que la tige croît et que les entre-nœuds s'allongent, les spires incomplètes deviennent moins sensibles, et par conséquent elles sont le simple résultat de l'extrême rapprochement des parties. Si une tige à plusieurs spirales incomplètes était formée d'une matière élastique, nous ferions à volonté paraître et disparaître ces spirales, en laissant la tige dans un état naturel ou en l'allongeant.

De tout ceci, il résulte qu'avec des feuilles alternes nous n'avons jamais qu'une seule spirale organique, et que les nombreuses spirales que nous voyons dans plusieurs plantes sont produites par des circonstances réellement indépendantes de la manière dont sont insérées les feuilles. On donne à la spirale organique le nom de spirale génératrice (*linea spiralis primaria*), parce que d'elle émanent réellement toutes les autres, et l'on appelle celles-ci spirales secondaires (*lineæ spirales secundariæ*); le nombre secondaire (*numerus secundarius*) indique combien il y a sur une tige ou un rameau de spirales secondaires égales et parallèles, et la divergence secondaire (*divergentia secundaria*) est la distance qui sépare, dans ces spirales, les deux feuilles les plus voisines.

Rapports de la spirale génératrice avec les spirales secondaires.

Si, dans l'*Euphorbia Characias*, nous numérotons successivement, de bas en haut et en commençant par l'unité, toutes les feuilles de la spirale génératrice, il n'y aura pas sur la tige une feuille qui ne porte son numéro. Mais ce n'est pas seulement la spirale génératrice que nous voyons sur la tige; nous y apercevons, dès le premier abord, deux spirales secondaires parallèles et égales, beaucoup plus apparentes que la génératrice elle-même. Or nous savons que toute spirale secondaire ne comprend qu'une partie des feuilles de la tige, et nous avons ici deux spirales parallèles et égales pour la tige tout entière; donc elles doivent se partager l'ensemble des feuilles par égale portion. Si, à présent, nous cherchons quels sont les numéros de chacune des deux spirales, nous trouvons sur l'une 1, 3, 5, 7, etc., et sur l'autre 2, 4, 6, 8, etc.; par conséquent, la différence d'un chiffre à l'autre dans chacune des deux spirales se trouve indiquer le nombre de ces dernières. Avec un peu plus d'attention, nous découvrons encore, sur la même tige, trois autres spirales secondaires et parallèles qui l'embrassent, comme les deux premières, et portent, l'une, les numéros 1, 4, 7, 10, etc., la seconde, 2, 5, 8, 11, etc., et la troisième, 3, 6, 9, 12, etc. Ces séries de numéros, étant confondues, offriraient, sans interruption, la suite naturelle des nombres, c'est-à-dire ceux de la spirale génératrice, et nous voyons qu'ici encore il y a, dans chacune des trois spirales parallèles, entre deux nombres consécutifs, une différence égale au nombre des spirales. Poussant plus loin notre examen, nous apercevons cinq autres spirales égales et parallèles comprenant l'ensemble des feuilles de la tige, et nous trouvons qu'une différence de cinq existe entre les numéros de chacune d'elles. D'après tout ceci, il est clair que les numéros des deux feuilles voisines d'une spirale secondaire quelconque nous présentent toujours une différence égale au nombre des spirales parallèles dont elle fait partie. De là résulte cette loi : que, *sans connaître la spirale génératrice, on peut trouver les numéros d'une spirale secondaire quelle qu'elle soit, pourvu qu'on ait compté le nombre des spirales qui lui sont parallèles.*

Comment on trouve les numéros des spirales secondaires sans connaître la génératrice.

Rien n'est plus facile que de se rendre raison de cette loi. En effet, les feuilles étant alternes, il est évident que, si nous avons, pour toutes, deux spirales parallèles, et que la première de celles-ci commence par le numéro 1, la seconde commencera par le numéro 2, puis l'alternance exigera que le numéro 3 se trouve sur la première, 4 sur la seconde, et toujours de même. Que trois spirales, s'élevant concurremment, se partagent les feuilles d'une manière égale, et que la première commence par 1, la seconde, d'après ce que nous venons de voir, portera le numéro 2, et la troisième commencera par 3, puisque, si ce numéro était inscrit sur la première ou la seconde spirale, l'alternance serait troublée ou les spirales deviendraient inégales; ensuite, comme il n'y a que trois spirales, il faudra que 4 se trouve être la seconde feuille de la première spirale, 5 la seconde feuille de la seconde spirale, et ainsi de suite. Ainsi, chaque fois que nous reviendrons à l'une des spirales, nous aurons nécessairement passé par les deux autres, si nous en avons trois, et par les quatre autres si nous en avons cinq; donc chaque numéro de la même spirale se composera du précédent et de celui qui indique le nombre total des spirales; conséquence d'où résulte naturellement la loi que je viens de vous faire connaître.

Comment on retrouve la spirale génératrice au milieu des spirales secondaires.

Dans une foule de plantes, nous pouvons, avec plus ou moins de peine, découvrir, à la simple vue, la spirale génératrice, au milieu des spirales secondaires; mais il n'en est pas toujours ainsi. Les écailles des cônes de Pin ou de Sapin (*Pinus*, *Abies*) et les folioles des involucres d'une foule de Composées, serrées les unes contre les autres, ne nous laissent plus voir que des spirales qui nécessairement doivent être secondaires; car, si nous en comptons les pièces, nous trouvons qu'elles ne forment qu'une petite partie de celles qui entrent dans la composition du cône ou de l'involucre. Mais nous savons que toute spirale secondaire résulte d'une spirale génératrice, et qu'elle n'est due qu'à l'extrême rapprochement des parties; ici donc il doit encore exister une spirale génératrice, et, quoique nous ne l'apercevions pas, nous pourrons la découvrir par l'application de la loi que nous avons formulée tout à l'heure.

Je prendrai pour exemple le cône du *Pinus maritima*. Si je jette les yeux sur ce cône, je vois que, de gauche à droite, s'élèvent parallèlement treize spirales secondaires qui embrassent tout le cône; je vois que, de droite à gauche, il s'en élève huit un peu moins apparentes que les premières; j'aperçois encore d'autres groupes de spirales, mais ils ne sont plus aussi faciles à distinguer. (V. *la figure du cône du* Pinus maritima, *à la planche qui offre des exemples des di-*

verses sortes de fruits : des lignes vertes indiquent, dans cette figure, les spirales par 13, *et des lignes rouges celles par* 8.) Je place le numéro 1 sur une des écailles les plus voisines du pédoncule; sachant que les numéros des pièces d'une spirale secondaire quelconque doivent laisser entre eux une différence égale au nombre des spirales parallèles dont celle-là fait partie, je puis facilement procéder au numérotage d'une des treize spirales, qui tournent de gauche à droite; j'écris 14 sur l'écaille la plus voisine du numéro 1, et j'ai ainsi 13 de différence entre les deux premiers numéros; l'écaille suivante sera nécessairement marquée 27, la suivante portera le numéro 40, une autre le numéro 53, et ainsi de suite, jusqu'à ce que l'opération soit complète. Je me trouve avoir alors tous les numéros d'une des treize spirales parallèles dont l'ensemble embrasse le cône tout entier, et, comme on va le voir, les numéros de cette spirale me serviront successivement de point de départ pour marquer les pièces des spirales qui, au nombre de huit, s'élèvent de droite à gauche. Ces huit spirales, embrassant tout le cône, comme les treize premières, doivent nécessairement croiser celles-ci, et, par conséquent, chaque écaille déjà numérotée, de la spirale par 13, fait nécessairement partie d'une des spirales par 8. Pour trouver les numéros de ces dernières, je pars d'un de ceux que je connais déjà, le numéro 1, par exemple; j'y ajoute 8, et j'ai 9 que j'inscris sur la première d'une de mes spirales par 8; puis j'inscris 17, 25, 33, 41, 49 (v. *la figure citée plus haut*), et ainsi de suite, jusqu'à ce que je sois parvenu au sommet du cône. La seconde écaille de la spirale par 13, qui porte le chiffre 14, sera mon second point de départ, et j'inscrirai successivement 22, 30, 38, 46, 54, 62, etc. La troisième écaille, 27, me conduira à 35, 43, 51, et ainsi de suite. En procédant de cette façon, je n'aurai cependant point encore numéroté toutes mes écailles; car je me serai élevé de la spirale par 13 jusqu'au sommet du cône, et les écailles qui se trouvent entre cette spirale et le pédoncule seront restées sans numéro, ou, pour mieux dire, je n'aurai numéroté, dans les spirales par 8, que la partie qui se trouve au-dessus de la spirale par 13, ma ligne de départ. Les numéros deviennent de plus en plus forts, en s'élevant de la base d'une tige, d'un rameau, ou d'un cône vers leur sommet; ainsi j'ajouterai successivement les différences, si je marche vers l'extrémité supérieure du cône; mais il est évident que je dois les retrancher, si je me dirige vers le pédoncule où se trouve le numéro 1. Partant donc du second numéro de la spirale par 13 qui est 14, afin de parfaire, en descendant, la seconde spirale par 8, je retrancherai 8 de ce nombre 14, et j'inscrirai 6. (V. *la même figure.*) Le troisième numéro de ma spirale par 13, c'est-à-dire 27, me fournira successivement 19, 11, 3, et je continuerai ainsi, jusqu'à ce que toutes les écailles de mon cône se trouvent numérotées. Suivant alors la série des numéros 1, 2, 3, 4, etc., j'aurai la spirale génératrice.

En résumé, pour la trouver sur une tige, un cône, un involucre, une agrégation d'ovaires, où on ne saurait la decouvrir d'abord, on compte les spirales secondaires les plus apparentes marchant parallèlement de gauche à droite, et ensuite les plus apparentes qui tournent parallèlement de droite à gauche; on inscrit le numéro 1 sur une des feuilles ou des écailles les plus voisines du pédoncule, et ensuite on numérote toutes les pièces d'une des spirales de gauche, en ajoutant successivement d'abord au numéro 1, puis à ceux qui doivent en résulter, le nombre des spirales parallèles dont fait partie celle que l'on numérote. Quand les pièces de cette spirale ont leurs numéros, on part du premier pour suivre, en montant, la spirale de droite à laquelle il doit appartenir, et l'on inscrit successivement sur les écailles de cette spirale un numéro composé du précédent et du nombre qui représente celui de toutes les spirales parallèles tournant de ce même côté; puis on répète la même opération, prenant pour points de départ, l'un après l'autre, tous les numéros de la spirale de gauche numérotée la première. Pour achever le numérotage, on part toujours de la même spirale de gauche afin de descendre vers le pédoncule, et au lieu de faire à ses divers numéros des additions successives, on retranche le même nombre que l'on avait d'abord additionné, lorsque l'on montait vers le sommet du cône, de la tige ou de l'involucre. Quand toutes les pièces portent un numéro, la spirale génératrice se trouve indiquée par la série naturelle des nombres 1, 2, 3, etc.

Nous savons que dans le quinconce la sixième feuille recouvre la première; si donc celle-ci est numérotée 1, l'autre portera le numéro 6, et pour connaître le nombre de feuilles qui se trouvent entre les deux, ou, pour mieux dire, celui des feuilles du cycle, il nous suffira de retrancher la première de la sixième, ce qui nous donnera 5. Dans notre cône de *Pinus maritima*, nous trouvons aussi une série d'écailles qui se correspondent dans des lignes à peu près droites, par exemple 1, 22, 43, 64, 85, etc., etc.; par conséquent, nous devons dire qu'entre les écailles 1 et 22 il y a un cycle, comme entre 22 et 43, et par conséquent encore, le cône du *Pinus maritima* doit présenter des cycles de vingt et une écailles. (V. *la figure du cône de* P. maritima *déjà citée : les séries d'écailles qui se correspondent en lignes à peu près droites sont indiquées par des points rouges.*)

Le cycle dans les cônes de Pins.

Pour donner ici l'expression du cycle tout entier, il nous faudrait connaître encore combien de tours de spire ont parcourus les écailles jusqu'à la 22e; comme nous avons seulement la représentation parfaite du quinconce, quand nous savons qu'il comprend, avec cinq feuilles, deux tours de spire. M. Braun a trouvé que, lorsqu'on connaît le nombre des pièces d'un cycle, on parvient à savoir quel est celui des tours de spire, en retranchant de ce nombre celui qui le précède parmi les dénominateurs de la série fractionnaire que je vous ai indiquée plus haut, savoir 1/2, 1/3, 2/5, 3/8, 5/13, etc. Si, dans cette série, il y avait une lacune entre 1/3 et 3/8, et que nous sussions seulement qu'il y a cinq feuilles dans le quinconce, il est bien clair que la fraction dont 5 devrait être le dénominateur ne pourrait se trouver qu'entre 1/3 et 3/8; nous retrancherions 3 de 5, et nous aurions 2, qui effectivement est le numérateur de la fraction destinée à peindre le quinconce. Procédant de même pour le cône du *Pinus maritima*, et ôtant 13 de 21, nous aurions 8 pour le nombre de tours de spire que les écailles parcourent, avant que nous arrivions à la 22e, et par conséquent le cycle de ce même cône doit être représenté par la fraction 8/21. Le nombre des tours de spire nous est indiqué plus simplement encore par le dénominateur de la fraction qui précède la plus voisine de celle dont le dénominateur serait le nombre de feuilles que nous connaissons : la fraction qui, dans la série, précède la plus voisine de 2/5 est 1/2; le dénominateur de cette dernière fraction est 2, et ce même nombre se trouve être le numérateur de 2/5. Toujours pour parvenir au même but, nous avons un troisième moyen plus simple même que les précédents : c'est de chercher, parmi les dénominateurs de la série, celui qui représente le nombre qui nous est connu des feuilles d'un cycle quelconque; le numérateur correspondant à ce dénominateur désignera nécessairement les tours de spire de ce même cycle.

D'autres considérations naissent de l'examen que nous avons fait plus haut. Les spirales par 13 sont les plus visibles dans le cône du *P. maritima* (V. *la figure*), et comprennent le plus petit nombre d'écailles ; celles par 8 embrassent un plus grand nombre d'écailles et sont plus inclinées ; les autres spirales sont plus inclinées encore, de moins en moins faciles à découvrir, et embrassent un plus grand nombre de pièces ; enfin la génératrice, qui les comprend toutes, est presque horizontale. De là nous conclurons qu'une spirale se rapprochera d'autant plus de cette dernière qu'elle sera plus inclinée, moins facile à distinguer, et qu'elle comprendra un nombre plus considérable de pièces ; et *vice versâ*.

Les pièces des spirales secondaires d'autant plus éloignées les unes des autres que ces spirales se rapprochent davantage de la génératrice.

Les écailles des spirales par 13 se touchent par le côté le plus large, celles des spirales par 8 par le plus étroit ; en un mot, l'éloignement où sont l'un de l'autre les centres des pièces d'une même spirale est d'autant plus grand que la spirale est plus inclinée, qu'elle comprend plus de pièces, et se rapproche davantage de la génératrice. Donc, si celle-ci est si difficile à apercevoir, c'est non-seulement parce que les pièces du cône, prises toutes ensemble, sont très-rapprochées, mais parce que, dans cette même génératrice, elles sont très-écartées les unes des autres.

L'ensemble des séries droites d'un cône comprend toutes ses écailles.

Nous avons vu tout à l'heure, dans le cône du *Pinus maritima,* une série d'écailles 1, 22, 43, 64, etc., à peu près placées les unes au-dessus des autres. Mais il s'en faut que cette série de feuilles correspondantes soit la seule qu'offre notre cône (v. *la figure*) ; un examen un peu attentif nous en découvrira 20 autres, en tout 21, toutes à peu près droites, parallèles et composées de pièces superposées. Ici nous devons remarquer que le nombre 21, celui des séries droites, est également le nombre des feuilles de chaque cycle ; que les pièces des 21 séries forment exactement entre elles l'arrangement appelé quinconce par les jardiniers, et que les 21 séries embrassent toutes les feuilles du cône. La disposition 2/5 va encore nous éclairer sur ces différents points. Si nous supposons deux cycles dans une tige soumise à cette disposition, ce ne sera pas seulement la sixième feuille qui en recouvrira une autre; la septième recouvrira la seconde, la huitième la troisième, la neuvième la quatrième, et enfin la dixième la cinquième; ou, pour mieux dire, chacune des feuilles d'un des deux cycles recouvrira une feuille de l'autre cycle; et, comme nous avons ici cinq feuilles par cycle, nous devons avoir aussi cinq rangées de feuilles. Avec 2, 3, 5, 13 feuilles par cycle, nous trouverions autant de rangées droites et parallèles; or, dans notre cône, il existe 21 écailles par cycle, donc il doit y avoir aussi 21 rangées. D'un autre côté, puisque chaque rangée droite présente les feuilles correspondantes de tous les cycles, et qu'il y a autant de rangées droites que de feuilles dans chaque cycle, l'ensemble des rangées comprendra nécessairement toutes les feuilles de la tige. Enfin, comme, dans un cycle, chaque feuille est sur un autre plan que la précédente et celle qui suit, ou, si l'on veut, comme ces feuilles alternent entre elles, nous devons avoir, dans l'ensemble des rangées droites d'un cône ou d'une tige, l'image du quinconce des jardiniers, qui présente des rangées droites et parallèles d'arbres où chacun de ceux d'une rangée alterne avec deux autres de la rangée voisine.

Feuilles curvisériées; feuilles rectisériées.

En vous parlant des séries de feuilles correspondantes dans le quinconce, j'ai eu soin de vous dire qu'elles n'étaient qu'à peu près droites. (V. *la figure*.) MM. Bravais ont remarqué effectivement que, si, dans certaines plantes, telle pièce en recouvrait exactement une autre, chez une foule d'espèces, au contraire, la première feuille de chaque cycle ne correspondait jamais absolument à la première du cycle inférieur, qu'elle se rejetait un peu sur le côté, et que, par conséquent, l'ensemble des premières feuilles de tous les cycles d'une même disposition ne pouvait alors former une ligne droite. C'est d'après cette distinction que MM. Bravais ont cru devoir classer les feuilles, relativement à la disposition géométrique, en curvisériées et rectisériées (*folia curviseriata, rectiseriata*).

Spirales formées par les feuilles alternes et les feuilles verticillées.

Jusqu'ici je ne vous ai entretenus que des spirales formées par des feuilles alternes. Il n'y a aucune différence réelle, quand le raccourcissement des entre-nœuds fait paraître les organes appendiculaires opposés ou verticillés, c'est-à-dire quand nous avons une fausse opposition ou de faux verticilles. (*V.* p. 132.) Mais lorsque l'opposition et les verticilles sont vrais, ou, si l'on veut, lorsqu'ils sont le résultat d'un seul nœud périphérique ou de plusieurs nœuds naissant certainement dans un même cercle, on a alors, comme vous le savez déjà (p. 29), plusieurs spirales courant parallèlement ensemble; et retranchant, avec ordre, trois feuilles, dans une suite de verticilles de quatre, par exemple, nous formerions une spirale unique analogue à toutes celles dont je vous ai entretenus. Chacune des spirales d'une tige à feuilles vraiment verticillées ne comprend, il est vrai, qu'une partie des feuilles de cette tige, comme les spirales secondaires d'une foule de *Sedum* ou de l'*Euphorbia Characias*, prises une à une, embrassent uniquement une portion des organes appendiculaires des mêmes plantes; mais ces dernières spirales restent incomplètes, tandis que chacune des premières forme, isolée, un ensemble parfait, comparable à la spirale génératrice des tiges à feuilles alternes.

Je ne m'étendrai pas davantage sur la disposition géométrique des feuilles; je ne pourrais le faire sans dépasser les limites qui me sont indiquées par la nature de cet ouvrage. Ceux qui voudront approfondir l'intéressant sujet que je me suis contenté d'effleurer pourront avoir recours aux mémoires de MM. Schimper, Braun, L. et A. Bravais. Ces savants ont ajouté une branche à la botanique, la *phyllotaxis* ou *botanométrie;* ils ont ouvert une nouvelle route, il ne leur reste plus qu'une tâche à remplir, celle de rendre cette route accessible à un plus grand nombre de botanistes.

CHAPITRE XVI.

INFLORESCENCE.

Ce que je vous ai dit des pédoncules et des pédicelles, c'est-à-dire des rameaux raccourcis, simples ou ramifiés, qui sont réduits à ne porter que des bractées et des verticilles floraux, me conduit naturellement à vous parler de l'inflorescence (*inflorescentia*), mot par lequel on entend la disposition qu'ont les fleurs dans chaque espèce de plantes.

Dans ce sens, le mot inflorescence est pris comme un mode, c'est-à-dire d'une manière abstraite; mais par inflorescence, on entend aussi, avec MM. Turpin et Rœper, l'ensemble des axes simples ou ramifiés qui ne portent que des bractées et des fleurs, ou, pour parler plus rigoureusement, cette partie des rameaux et des tiges qui ne présente d'autres axes que des axes floraux; et, par une conséquence naturelle, on dit un rameau de l'inflorescence (*ramus inflorescentiæ*), pour désigner un des axes qui composent l'inflorescence elle-même. Cependant, comme il est une foule

Définition du mot inflorescence.

de cas où la partie de la plante qui porte des fleurs se confond avec celle qui porte des feuilles, l'expression d'inflorescence, prise autrement que d'une manière abstraite, est souvent très-vague; mais il n'en est pas moins vrai qu'il est commode de l'employer dans le langage descriptif de la même manière que MM. Turpin et Roeper.

Fleur unique et terminale.

Lorsque aucun rameau parfait ou réduit à l'état de pédoncule ne se développe à l'aisselle des feuilles d'une tige, et qu'elle porte une fleur unique, cette fleur est nécessairement terminale. Ici nous avons l'inflorescence la plus simple, et nous disons que la tige est uniflore, ou, si l'on aime mieux, que la fleur est unique et terminale (*flos solitarius terminalis*), comme, par exemple, dans les différentes espèces de Tulipe (ex. *Tulipa Gesneriana*, *f.* 174).

Rameaux uniflores à fleur terminale.

Si, de l'aisselle des feuilles d'une tige, il naît des rameaux simples chargés de feuilles absolument semblables à celles de la tige elle-même, et qu'ils se terminent par une fleur, nous aurons des rameaux uniflores à fleur terminale (ex. *Dianthus Monspeliacus*, *f.* 175). Chacun de ces rameaux, pris isolément, pourra être assimilé à une tige simple chargée d'une fleur terminale; mais, si nous comparons l'ensemble de deux plantes, l'une à tige simple uniflore, et l'autre à rameaux simples et également uniflores, nous trouverons que, dans la première, il n'y a qu'une évolution, tandis qu'il y en a deux dans la seconde, ou que la première porte une fleur de première évolution et l'autre des fleurs d'un second développement.

Inflorescence axillaire.

Supposons actuellement qu'au lieu de rameaux bien prononcés, la tige ne porte, à l'aisselle de ses feuilles, que des rameaux raccourcis et sans feuilles véritables, ou, pour mieux dire, des pédoncules, on dira que l'inflorescence est axillaire ou que les fleurs sont axillaires (*flos axillaris*), comme cela arrive dans le *Veronica agrestis* (*f.* 176), les *Lysimachia Nummularia* ou *nemorum*.

Que les feuilles du sommet de la tige se rapprochent, qu'elles changent de forme et deviennent des bractées, nous aurons une grappe (*racemus*), comme dans le *Digitalis purpurea* et le *Convallaria maialis* (*f.* 177). Grappe.

Que les pédoncules se raccourcissent et deviennent presque nuls, nous aurons des épis, comme dans plusieurs Plantains (ex. *Plantago major*, *f.* 178) et certains *Polygala*. Épi.

A présent, supposons que l'on refoule de haut en bas l'axe de l'épi, et qu'il rentre, pour ainsi dire, en lui-même, chargé de ses fleurs, il est évident que celles-ci formeront une sorte de tête plus ou moins arrondie, suivant que le refoulement aura été plus ou moins sensible. C'est là ce qu'on appelle un capitule (*capitulum*), comme on en voit dans le *Globularia vulgaris* ou le *Dipsacus pilosus* (*f.* 179). Capitule.

Si ce refoulement a lieu dans la grappe, les fleurs se trouveront pédicellées sur leur réceptacle (*receptaculum inflorescentiæ*), nom que l'on donne à l'axe déprimé ou écrasé, et, au lieu d'une tête, nous aurons une ombelle simple (*umbella simplex*, ex. *Allium angulosum*, *f.* 180). Ombelle simple.

Dans ces diverses inflorescences, les fleurs axillaires, la grappe, l'épi, le capitule et l'ombelle simple, il n'existe que deux degrés de végétation; mais l'inflorescence peut en présenter d'autres encore. Deux degrés de végétation seulement dans l'inflorescence axillaire, la grappe, l'épi, le capitule, l'ombelle simple.

Souvent les pédoncules se ramifient plus ou moins de fois d'une manière inégale, et nous avons alors des panicules (*panicula*, ex. *Comesperma Kunthiana*, *f.* 181). Panicule.

Si les rameaux du milieu de la panicule sont plus allongés que ceux de la base et du sommet, ou qu'étant resserrée elle prenne une forme allongée ou ovoïde, on lui donne le nom de thyrse (*thyrsus*), qui a été appliqué à l'inflorescence de la Vigne, du Troëne, du Marronnier d'Inde et du Lilas (*Vitis* Thyrse.

vinifera, Ligustrum commune, Æsculus Hippocastanum, Syringa vulgaris).

Lorsque les rameaux se raccourcissent à mesure qu'ils se rapprochent davantage du sommet de l'inflorescence, et que, partant de points différents, ils aboutissent tous à peu

Corymbe.

près au même point, l'on a un corymbe (*corymbus*, ex. *Mespilus Oxycantha, f.* 182).

Quand les rameaux d'une ombelle simple se ramifient eux-mêmes à leur sommet de la même manière que s'est

Ombelle composée.

ramifié l'axe qui les porte, on a une ombelle composée (*umbella composita*, ex. *Cachris lævigata, f.* 183).

Si la tige se termine par une fleur et ne peut, par conséquent, se continuer, mais que, de deux feuilles ou bractées opposées placées à sa base, il naisse des rameaux qui s'élèvent au-dessus d'elle, et que ceux-ci présentent le même mode de développement que la tige, continuant ainsi par

Cyme.

dichotomie, on a une cyme (*cyma*), comme chez un grand nombre de Caryophyllées (ex. *Lychnis Flos cuculi, f.* 184).

Dans ce dernier mode d'inflorescence, les rameaux laissent au-dessous d'eux la fleur qui termine la tige; mais, si nous supposons qu'ils se raccourcissent et qu'ils n'arrivent pas à une hauteur différente de la sienne, nous aurons un

Fascicule.

fascicule (*fasciculus*, ex. *Dianthus Carthusianorum, f.* 185).

Glomérule.

Les glomérules (*glomerulus*) enfin seraient des cymes tellement contractées et à ramifications si peu apparentes, que les fleurs sembleraient presque sessiles et disposées en capitules.

Je vais à présent vous donner des détails plus étendus sur chacune de ces inflorescences; je tâcherai de vous faire connaître les modifications intermédiaires qui les nuancent et les font, pour ainsi dire, rentrer les unes dans les autres.

§ I. — *Des fleurs axillaires.*

Ce mode d'inflorescence n'est susceptible d'aucune modification très-sensible. Il est bien clair que la disposition respective des feuilles sur la tige entraînerait nécessairement une disposition semblable dans les fleurs, s'il n'y avait jamais aucun défaut de développement : ainsi les fleurs axillaires se dérouleraient en spirale de la même manière que les feuilles, et elles seraient toujours alternes, opposées ou verticillées, suivant la position de ces dernières ; mais, s'il est impossible qu'elles deviennent opposées quand les feuilles sont alternes, elles peuvent, par avortement, être alternes, quand les feuilles sont opposées ou verticillées. Elles sont opposées, comme les feuilles, dans le *Lysimachia Nummularia* (*f.* 148); elles sont verticillées, comme les feuilles, dans le *Convallaria verticillata* (*f.* 186); mais, dans plusieurs *Cuphea*, on voit, avec des feuilles opposées ou verticillées, des fleurs alternes, parce qu'il ne se développe pas de boutons floraux à toutes les aisselles. Le *Vinca rosea* a des fleurs alternes avec des feuilles opposées (*f.* 187).

Position des fleurs axillaires conforme à celle des feuilles, quand il n'y a point d'avortement.

Fleurs axillaires alternes avec des feuilles opposées ou verticillées.

Les fleurs ne peuvent être verticillées que quand les feuilles le sont aussi, comme dans l'*Hippuris vulgaris* et le *Convallaria verticillata* (*f.* 186). C'est donc à tort que l'on a appelé verticilles (*verticilli*) les paquets de fleurs, à pédoncules courts ou même nuls, des plantes de la famille des Labiées (ex. *Lamium album*, *f.* 190). Ces paquets de fleurs naissent seulement à l'aisselle des feuilles opposées de ces plantes, et laissent nus les deux côtés de la tige carrée où il n'y a pas de feuilles; par conséquent, il n'existe réellement pas ici de verticilles, et, si l'on a employé ce mot, c'est que les

Faux verticille de fleurs.

fleurs très-nombreuses se rejettent sur les deux côtés nus de la tige, et semblent souvent les entourer, ainsi qu'elles entourent les côtés d'où elles naissent. Comme le mot verticille, pris dans ce sens, a été consacré par une multitude de descriptions, je ne prétends point le proscrire absolument; mais il est essentiel que vous ne confondiez pas l'inflorescence qu'il représente avec la véritable disposition verticillée.

Fleurs axillaires géminées ou agrégées.

Vous savez déjà (p. 215) que plusieurs bourgeons peuvent naître de l'aisselle d'une feuille. Si ces bourgeons se développent en verticilles floraux, on peut avoir des fleurs axillaires géminées ou agrégées. M. Roeper a donné des exemples de ces fleurs nées de plusieurs bourgeons à l'aisselle des feuilles, et j'ai observé moi-même deux fleurs bien distinctes à l'aisselle des feuilles de l'inflorescence du *Gnidia tomentosa*, du *Jasminum officinale* (*f.* 188), etc. Chez les *Rumex* se trouve, sous les stipules avortées de l'inflorescence, un demi-verticille de fleurs pédicellées; à la partie inférieure de la panicule, il existe, outre ce demi-verticille de fleurs, un rameau qui en est entouré, et l'on peut reconnaître assez aisément que ce n'est point la base du rameau qui porte les fleurs du demi-verticille, mais que le rameau et les fleurs sont des productions distinctes et appartenant, par conséquent, à des bourgeons différents : dans le *Rumex Acetosella*, j'ai vu qu'avec le grand rameau il y en avait encore un autre le plus souvent extrêmement raccourci, d'où naît le demi-verticille de fleurs basilaires (*f.* 189); les deux rameaux n'émanent point l'un de l'autre, ils sont contemporains, et par conséquent ici il y a eu originairement deux bourgeons. A l'aisselle des feuilles du *Linaria Cymbalaria* (*f.* 165), on trouve aussi deux productions indépendantes l'une de l'autre, émanant de deux bourgeons, dont l'un plus intérieur, ou, si l'on aime mieux, plus élevé sur la tige, s'est développé en un rameau presque avorté et l'autre en une fleur axillaire.

Au reste, sans une très-grande habitude de l'observation des plantes, on pourrait facilement prendre, pour le résultat de plusieurs bourgeons, des fleurs portées par un seul rameau axillaire très-raccourci, et il est même des cas où l'analogie et une exacte comparaison peuvent uniquement nous fournir quelque lumière. Ainsi, à l'aisselle des feuilles du *Lamium album* (*f.* 190) ou du *L. hirsutum,* je trouve une touffe de fleurs extrêmement serrées, bien certainement sessiles et même un peu soudées par leur base avec celle de la feuille Si toutes les Labiées avaient leurs fleurs ainsi disposées, il serait certainement déraisonnable de dire que, dans ces plantes, il n'y a pas plusieurs bourgeons axillaires, et que leurs fleurs sont la production d'un rameau extrêmement raccourci; mais, dans le *Thymus vulgaris,* le *Melissa Calamintha* (*f.* 191) et tant d'autres Labiées, les fleurs sont évidemment portées par un pédoncule commun; je vois, de plus, que sur chaque pédoncule il y a une fleur continue avec lui, qui se développe la première, et sur le côté de laquelle sont les autres fleurs; or je retrouve un arrangement semblable dans les fleurs sessiles du *Lamium album* et tant d'autres espèces : donc il est naturel que je dise qu'ici nous n'avons pas eu plusieurs bourgeons, mais un seul, duquel est résulté un pédoncule pluriflore qui est resté, pour ainsi dire, intérieur.

Fleurs agrégées en apparence.

§ II. — *De la grappe et du corymbe simple.*

On peut définir la grappe (*racemus*) une réunion de fleurs portées par des pédoncules à peu près égaux qui nais-

Définition de la grappe.

sent chacun à l'aisselle d'une bractée le long d'un axe commun, ou qui quelquefois sont nus à leur base (ex. *Convallaria maialis*, *f.* 177).

Comme la grappe diffère de l'inflorescence axillaire uniquement en ce que les feuilles y sont modifiées par l'épuisement et que, par la même cause, elles se rapprochent davantage les unes des autres, on conçoit aisément qu'il puisse y avoir des plantes où, l'altération se faisant graduellement, les feuilles inférieures de l'inflorescence soient absolument semblables à celles de la tige, et où, par conséquent, il y ait réellement tout à la fois inflorescence axillaire et grappe. C'est ce qu'on voit chez une foule de plantes. Dans ce cas, les botanistes descripteurs ont éludé la difficulté en se servant

Grappe feuillée; de l'épithète *foliosus* (feuillé), pour indiquer la grappe dont la partie inférieure offre encore des feuilles au lieu de bractées. Par opposition, lorsque la transformation des feuilles en bractées s'opère sans transition et que la grappe ne porte que des bractées, on la désigne par l'épithète de *bracteatus* (chargé de bractées, *f.* 177), et enfin par celle d'*ebracteatus*

nue; ou *nudus* (nu, *f.* 193), quand aucune production foliacée ne s'est développée à la base des pédicelles.

Il arrive aussi que les nœuds vitaux ne se rapprochent que par degrés, et qu'il y a une distance sensible entre ceux de la partie inférieure de la grappe. On dit, dans ce cas,

interrompue; qu'elle est interrompue (*racemus interruptus*), ou plusieurs fois interrompue (*multoties interruptus*).

Quelquefois, comme j'ai déja eu occasion de vous le dire (p. 199), les productions axillaires cessent de se montrer au sommet de la grappe; des feuilles s'y développent, et alors on

terminée par une touffe de feuilles; la désigne par l'expression de *racemus comosus*, c'est-à-dire terminée par une touffe de feuilles. C'est ce qu'on voit dans les *Eucomis*. Ici nous retrouvons un exemple de cette loi de balancement ou de compensation qui régit l'organisation végétale aussi bien que l'organisation animale. Les pédoncules et les fleurs ont disparu; les bractées prennent plus d'extension, et deviennent des feuilles. On applique encore le mot de *comosus* à la grappe dont les fleurs supérieures, fort rapprochées, sont portées par de longs pédoncules réunis en touffe, comme cela arrive dans le *Muscari comosum* : autre exemple d'un balancement d'organes; les pédoncules sont bien plus développés, mais la fleur l'est beaucoup moins et reste stérile.

terminée par des pédoncules allongés.

Autres modifications de la grappe.

La grappe peut être plus ou moins longue (*longus, elongatus*), ou bien plus ou moins courte (*brevis*); pauciflore (*pauciflorus*) ou multiflore (*multiflorus*); quand elle a peu de flexibilité, on la dit roide (*strictus*); lorsque ses fleurs sont tournées du même côté, on la dit en latin *secundus*; elle est droite (*rectus*) ou flexueuse (*flexuosus*); dressée (*erectus*), inclinée à un degré plus ou moins sensible (*nutans, cernuus*) ou pendante (*pendulus*). Je ferai observer que ces derniers mots doivent s'appliquer à la direction de l'axe, ou, si l'on aime mieux, à l'ensemble de la grappe, et qu'il faut aussi, dans la botanique descriptive, indiquer en particulier celle des pédoncules, car on sent qu'avec un axe dressé on peut avoir des pédoncules inclinés ou pendants.

Grappe participant du corymbe.

— Il arrive, dans les Crucifères, qu'au commencement de la floraison les fleurs inférieures, soutenues par des pédoncules déjà fort développés, arrivent au même niveau que les fleurs supérieures encore en bouton, et supportées alors par des pédoncules fort courts; mais, à mesure que la plante se développe, les entre-nœuds s'allongent, les fleurs supérieures s'éloignent des inférieures, et une véritable grappe se forme (ex. *Sisymbrium obtusangulum*, DC., *Erucastrum obtusangulum*, Rchb., *f.* 192, 193). Comme on a donné le nom de corymbe aux inflorescences où les fleurs sont placées toutes à peu près au même niveau, on pourrait presque dire qu'il y a ici d'abord corymbe et ensuite grappe. On pourrait même dire qu'avant que la grappe soit entièrement formée il y a tout à la fois grappe dans le bas et corymbe dans le haut. La différence n'est donc véritablement ici que transitoire ; le développement complet aboutit, en définitive, à la grappe, et, par conséquent, il serait peu rationnel de ne pas conserver ce dernier nom. Ce qu'on peut faire lorsqu'on veut caractériser une inflorescence de ce genre, c'est de recourir à un de ces artifices imaginés par les botanistes descripteurs pour peindre les nuances intermédiaires, c'est de ne point indiquer substantivement la disposition florale, mais de la désigner par un adjectif composé appliqué au mot fleur : *corymboso-racemosus* (*flores corymboso-racemosi*), adjectif que nous ne pourrions malheureusement rendre dans notre langue que par une longue périphrase : grappe participant du corymbe.

Quelquefois la grappe, se trouvant composée d'un petit nombre de fleurs, ne saurait s'allonger beaucoup, et, comme en même temps les pédoncules inférieurs sont plus longs

Corymbe simple.

que les supérieurs, l'ensemble de l'inflorescence présente au sommet, sinon une surface aplatie, du moins une forme hémisphérique. Ici on peut, sans inconvénient, se servir, avec les auteurs, des mots corymbe simple (*corymbus simplex*). Le *Cerasus Mahaleb* et le *Pyrus communis* fournissent des exemples de cette modification de la grappe.

Souvent on a décrit des pédoncules comme étant biflores, triflores, quadriflores (*pedunculi biflori, triflori, quadriflori*).

Pédoncules biflore, triflore, etc.

Ce sont toujours des grappes, mais des grappes plus raccourcies encore que les corymbes simples. Les genres *Orobus*, *Vicia*, *Lathyrus* fournissent des exemples de ces grappes réduites, pour ainsi dire, à l'expression la plus simple.

§ III. — *De l'épi, du chaton, du spadix et de l'épillet.*

L'épi (*spica*) est un assemblage de fleurs sessiles qui naissent à l'aisselle d'une bractée, le long d'un axe commun, ou qui quelquefois restent nues à leur base (ex. *Plantago major*, *f.* 178). Définition de l'épi.

Par cette définition, on voit que l'épi se distingue de la grappe, uniquement parce que ses fleurs sont sessiles, au lieu d'être pédonculées. Mais une fleur sessile, comme vous le savez déjà, n'est point une fleur sans pédoncule, c'est une fleur où le pédoncule est extrêmement court, et, comme on peut trouver toutes les nuances entre les pédoncules décidément allongés et ceux dont la longueur ne saurait, pour ainsi dire, être appréciée, il est clair qu'il n'existe pas de limite bien tranchée entre l'épi et la grappe, et plusieurs auteurs français ont même confondu ces deux sortes d'inflorescence. L'épi comparé avec la grappe.

Les nuances que j'ai signalées dans la grappe se retrouvent, en général, dans l'épi; mais les formes géométriques y sont communément plus prononcées, ce qui résulte du peu d'éloignement où les fleurs sont de l'axe, et de ce qu'en général elles sont plus rapprochées les unes des autres: ainsi on distingue assez nettement dans l'épi les formes cylindrique (*sp. cylindrica*), ovoïde (*ovata*) et conique (*conica*). Les diverses formes que l'épi peut offrir.

L'épi, et il en est de même de la grappe, peut être lâche (*sp. laxa*) ou compacte (*compacta, conferta, densa*), et, lorsque les points d'attache sont tellement rapprochés, que les fleurs se reportent les unes sur les autres, à peu près comme les tuiles d'un toit, on dit que l'épi est imbriqué (*imbricata*) (*f.* 178). Du rapprochement très-fréquent des bractées dans l'épi, il résulte que l'on peut, dès le premier coup d'œil, voir que celles-ci et, par conséquent, les fleurs nées à leur aisselle sont disposées de manière à former plusieurs sortes de spirale.

Quelques modifications de l'épi, dues presque entièrement à des circonstances indépendantes de l'inflorescence, ont reçu des noms particuliers; ce sont le chaton (*amentum*) et le spadix (*spadix*).

Chaton. Le chaton est un épi court, articulé à sa base, et composé de fleurs unisexuelles et incomplètes, séparées par des bractées à peu près égales entre elles (ex. *Corylus Avellana, f.* 194). Cette inflorescence est celle de la famille des Amentacées de Jussieu. Les modifications de l'épi se retrouvent à peu près dans le chaton; cependant il en est quelques-unes qui tiennent à sa nature même, et qui, par conséquent, lui sont particulières. Ainsi, comme il est de l'essence d'un chaton d'offrir des fleurs unisexuelles, un chaton peut être femelle ou mâle (*amentum masculum, femineum*). Les plantes à chatons sont, pour la plupart, arborescentes, et vous savez déjà (p. 255) qu'il existe des arbres dont les bourgeons simplement à fleurs se développent avant ceux à feuilles, tandis que d'autres qui ont des bourgeons mixtes, c'est-à-dire feuillés à la base et terminés par des fleurs, doivent naturellement commencer par donner des feuilles. Quand les chatons, produit de bourgeons à fleurs, se montrent avant que les feuilles se soient développées, on dit que les chatons sont précoces (*amentum præcox*), comme dans le Tremble, le Noisetier, le Saule marceau (*Populus tremula, Corylus Avellana, Salix caprea*); lorsqu'au contraire les feuilles se développent chez un bourgeon mixte à la base d'un rameau terminé par un chaton, et que, par conséquent, celui-ci paraît après les feuilles, on l'appelle *tardif* (*amentum serotinum*); enfin le chaton est dit contemporain (*coœtaneum*), si les bourgeons à feuilles se développent en même temps que ceux à fleurs. Ces distinctions, bien tranchées pour plusieurs espèces, le sont si peu pour d'autres, qu'on a été obligé de caractériser certains chatons par l'expression de *subcoætaneum* (presque contemporain).

Spadix.

Le spadix est un épi dont l'axe est charnu, dont les fleurs sont unisexuelles, enfoncées dans l'axe, et qui, dans sa jeunesse, est enveloppé par cette espèce de grande bractée que l'on nomme spathe (*spatha*). Il peut y avoir des spathes sans spadix, mais il n'y a point de spadix sans spathe. Cette inflorescence appartient exclusivement aux monocotylédones; on la rencontre dans les Aroïdes (ex. *Arum maculatum*, *f.* 195), les Palmiers, quelques Graminées. Tantôt l'axe du spadix est entièrement couvert de fleurs; tantôt il n'en porte pas jusqu'au sommet, comme on peut en voir un exemple dans l'*Arum maculatum* ou *Pied-de-veau* (*f.* 195). L'épuisement est sans doute la seule cause qui amène cette nudité de la partie supérieure de l'axe des *Arum*; c'est ainsi que le sommet de l'axe multiflore d'un épillet de Graminée, dépourvu d'organes appendiculaires, se trouve souvent réduit à une sorte de moignon.

Inflorescence des Conifères.

Quelques auteurs ont fait entrer dans le catalogue des inflorescences le cône ou strobile (*strobilus*) des Conifères. Les fleurs femelles des plantes de cette famille offrent sans doute les particularités les plus remarquables; mais il n'y a réellement rien qui distingue d'une manière bien tranchée un chaton proprement dit de l'inflorescence destinée à devenir un cône: c'est pendant la maturation des graines que se manifeste la différence qui consiste surtout en ce que les feuilles carpellaires, étalées dès l'origine, selon Robert Brown, prennent la consistance d'écailles dures et ligneuses; par conséquent, il faut ranger le cône parmi les fruits composés, et, à l'époque de la fleur, ce qui un jour sera un cône doit être décrit comme un chaton, de même que nous appelons également ovaire le jeune fruit de la fleur de la Campanule (*Campanula*), et le jeune fruit de la fleur du Pommier, quoique le premier doive un jour devenir une capsule et le second une pomme.

Épillets et épis des Graminées et des Cypéracées.

On a vu, dans certaines Graminées et dans certaines Cypéracées, les petits groupes de fleurs que l'on a appelés épillets, disposés sans pédoncule le long d'un axe commun; et, trompé par une ressemblance apparente, on a attaché le nom d'épi à ce genre d'inflorescence. Mais vous allez reconnaître qu'ici encore on a réellement confondu, comme l'a montré M. Turpin, des évolutions tout à fait différentes. Pour qu'il y eût analogie, il faudrait que ce qu'on a appelé épillet dans les épis des Graminées fût, quant au degré d'évolution, l'analogue d'une fleur de Polygala ou de Réséda (*Polygala, Reseda*); mais celle-ci appartient à une seconde évolution, tandis que la fleur de l'épillet, dans l'épi d'une Graminée, appartient à une troisième.

Afin de vous faire comprendre cette vérité, il est nécessaire que je vous dise d'abord ce qu'on entend par le mot épillet (*spicula*).

Lorsque nous jetons les yeux sur une tige fleurie de Graminée, nous voyons ses étamines et ses styles s'échapper du milieu d'une foule de petits groupes de folioles (*f.* 196, 198, 200) très-rapprochées et disposées sur deux rangs. Ce sont ces petits groupes qui portent le nom d'épillets, et un épillet est uniflore, biflore ou multiflore (*spicula uniflora, biflora, multiflora*), selon qu'il comprend une, deux ou plusieurs fleurs.

Si nous prenons isolément un des épillets dits uniflores (ex. *Agrostis alba*, *f.* 196; — *id.*, *f.* 197, *où les parties ont été artificiellement écartées les unes des autres, afin qu'on puisse connaître leur position respective*), nous y verrons deux bractées extérieures (*f.* 197 *a a*) (la glume, *gluma*) qui embrassent deux autres folioles (*même fig.* *b b*) (*paleæ, glumella*), au-dessus desquelles se trouvent deux petites paillettes unilatérales (*paleolæ, c*) et les organes sexuels (*d*). Que nous observions ensuite ce qu'on a nommé épillet multiflore, là nous trouvons l'épillet uniflore répété plusieurs fois, mais sans sa glume, le long d'un axe commun chargé à sa base d'une glume commune à toutes les fleurs. Dans l'épillet uniflore, nous n'avons qu'un degré de végétation; au contraire, dans l'épillet multiflore, nous en avons deux, c'est-à-dire qu'avec l'axe de chaque fleur nous avons celui qui les porte toutes, et, par conséquent, l'épillet multiflore et l'épillet uniflore ne doivent point être assimilés l'un à l'autre (ex. *Bromus mollis, f.* 198 ; —*id.*, 199 *expliquant la précédente par l'écartement des parties* : a, *l'axe de l'épillet;* b, *la glume;* c, *les fleurs*). L'épillet uniflore peut être comparé à la fleur terminale et solitaire; l'épillet multiflore isolé, à ce qu'on appelle épi dans les autres plantes. Or, comme une réunion d'épillets attachés à un axe commun forme l'épi des Graminées (ex. *Triticum pungens, f.* 200, 201), cette inflorescence n'est point l'analogue de celle à laquelle on donne le même nom dans la plupart des autres familles.

On doit même faire une distinction dans un épi formé, comme celui du *Triticum pungens*, d'épillets latéraux et d'un épillet terminal; car tous n'appartiennent pas au même degré de végétation. Le terminal continue, par son axe, celui de l'épi, et les axes des épillets latéraux ne sont que des branches de cet axe; ainsi les fleurs de l'épillet terminal sont de la deuxième génération, et celles des épillets latéraux appartiennent à la troisième, à partir de l'axe de l'épi.

Il y a plus encore : les *Lolium* (ex. *Lolium perenne, f.* 202, 203) ont des épis chargés, de droite et de gauche, d'épillets multiflores et sessiles dont la glume (*f.* 203, b) est univalve. Cette glume n'appartient pas à l'axe de l'épillet (*c*); elle est une production immédiate de l'axe commun de l'épi (*a*), et chaque axe latéral (*c*) portant des fleurs formées de glumelles et d'organes sexuels est un bourgeon développé à l'aisselle de la même glume, feuille de première évolution ; mais ce bourgeon se compose d'un axe commun (*c*) et des axes latéraux de chaque fleur (*d*), et offre, comme l'épillet multiflore tout entier d'un *Bromus* et d'un *Poa*, deux degrés de végétation ; par conséquent, en y comprenant la glume univalve, nous avons dans l'épillet du *Lolium* trois degrés de végétation, c'est-à-dire un de plus que chez les *Poa* et les *Bromus*. Ce qui prouve évidemment que, dans le premier de ces genres, la glume univalve n'appartient pas au même degré de végétation que l'axe commun des fleurs, c'est que, lors de la maturation des fruits, l'axe commun des fleurs se détache avec les glumelles et ces mêmes fruits, tandis que la glume persiste sur l'axe général de l'épi.

Je dirai, pour me résumer, que l'épi des Graminées présente trois degrés de végétation ou trois axes successifs au lieu de deux ; que, dans le même épi, les épillets latéraux et les terminaux ne sauraient être assimilés, puisque les mêmes parties y représentent des degrés de végétation différents ; enfin que, dans un même épillet, il peut se présenter tout à la fois des organes de trois évolutions différentes, la feuille et son bourgeon ramifié.

Dans les Cypéracées, où les fleurs, séparées par une simple bractée qui offre à peu près la consistance d'une écaille, sont attachées à un axe commun, l'on a aussi des épillets multiflores (*f.* 24, 25, 26). Pris isolément, chaque épillet offre, comme celui des Graminées, deux degrés de végétation, et il y a aussi, comme dans les Graminées, trois degrés de végétation, quand les épillets attachés à un axe commun forment un épi. Souvent chez les Cypéracées il n'existe qu'un seul épi terminal (*f.* 24, 25, 49) ; continuation de l'axe primaire, il peut être assimilé à l'épillet terminal des épis à plusieurs épillets de Graminées ou de Cypéracées.

D'après ce que je viens de vous dire, il est clair que l'on s'est conformé aux définitions rigoureuses de la terminologie, lorsque, supprimant pour les Cypéracées le mot d'épillet, on l'a changé en celui d'épi ; mais alors il faudrait faire le même changement pour les Graminées ; il faudrait aussi imaginer une expression nouvelle pour désigner l'inflorescence qu'on appelle aujourd'hui un épi chez les Graminées et les Cypéracées, car il serait bien étrange, ce me semble, de dire que des épis sont disposés en épi ; enfin il faudrait distinguer par des mots différents l'épillet uniflore et l'épillet multiflore, puisque, si celui-ci est un épi, l'autre est, comme vous l'avez vu, une simple fleur solitaire et terminale. Je pense qu'il est sans inconvénient d'adopter la terminologie consacrée par la plupart des auteurs, pourvu qu'on se fasse une idée bien juste des caractères qu'elle représente.

Forme des épillets et autres caractères.

L'épillet pluriflore des Graminées est composé de fleurs alternes disposées sur deux rangs, et de là il résulte que le plus souvent il est aplati. Dans les Cypéracées, il l'est plus rarement, parce que les fleurs sont moins souvent disposées sur deux rangs. D'ailleurs la grandeur des épillets et leur forme varient dans les deux familles, suivant les espèces. Il en est de linéaires (*spicula linearis*), de lancéolés (*spic. lanceolata*), d'oblongs (*sp. oblonga*), d'ovoïdes (*sp. ovata*). Le plus souvent il s'en trouve un seul sur un nœud vital ; quelquefois ils sont géminés, ternés, fasciculés (*spiculæ solitariæ, geminæ, ternæ, fasciculatæ*), mais alors il est essentiel de distinguer si ceux qui sont ainsi rapprochés appartiennent au même degré de végétation, ou s'ils sont le produit de plusieurs degrés. Ordinairement ils sont hermaphrodites (*spiculæ hermaphroditæ*) ; mais souvent aussi il s'en trouve de mâles (*sp. masculæ*) ou de femelles (*sp. femineæ*); il y en a même où il ne se développe aucun organe sexuel, et on les dit neutres (*neutræ*).

Ce qu'on appelle involucre chez certaines Graminées.

Il arrive qu'outre les parties qui constituent essentiellement l'épillet on en trouve d'autres que, chez certaines Graminées, on a appelées des involucres (*involucrum*); mais ces prétendus involucres ne sont point des productions appendiculaires ou feuilles de l'axe primaire qui porte l'épillet, les involucres du *Taraxacum vulgare* et de l'*Anemone narcissiflora*, par exemple, sont des feuilles du pédoncule commun des fleurs. Dans les Graminées, les involucres appartiennent à un autre degré de végétation que l'axe primaire de l'épi; ceux des *Panicum* sont des pédoncules d'épillets à l'extrémité desquels aucune fleur ne s'est développée; ceux des *Cynosurus* sont de véritables rameaux ou axes chargés d'organes appendiculaires réduits à l'état de bractées. Ce qu'on peut réellement assimiler à un involucre dans les épillets des Graminées, quand ils sont multiflores, c'est la glume, puisqu'elle naît au-dessous de toutes les fleurs produites par le même axe qu'elle. Quant à la glume des épillets uniflores, elle doit être assimilée à un calicule.

Les épillets ne sont pas toujours disposés en épi; ils sont susceptibles de former une foule d'inflorescences diverses. Ainsi il y a des épillets en panicule, en ombelle ou en tête (*spiculæ paniculatæ, umbellatæ, capitatæ*), et il est clair que, dans toutes ces inflorescences, il y aura toujours un degré de végétation de plus que dans l'inflorescence analogue formée de simples fleurs, puisqu'il est de l'essence de l'épillet d'être composé de deux degrés de végétation.

Axe de l'épi et de la grappe.

Après vous avoir entretenus de la grappe et de l'épi, je dois vous dire quelque chose de l'axe (*rachis, axis*), qui constitue la partie principale de ces deux inflorescences, celle dont les autres émanent. Tantôt il est arrondi dans ses contours (*teres*), tantôt il est comprimé (*compressa*), ou anguleux (*angulosa*). Souvent il est droit (*recta*), mais on en trouve aussi de flexueux ou en zigzag (*flexuosa*). Certains axes de Graminées, plus minces au-dessus de chaque nœud vital, vont en augmentant graduellement d'épaisseur jusqu'au sommet de l'entre-nœud, et présentent ainsi une suite d'entre-nœuds plus minces à la base et plus épais au sommet, ou, si l'on veut, d'étranglements et de dilatations.

§ IV. — *Du capitule.*

On a donné le nom de capitule à un assemblage de fleurs sessiles ou faiblement pédonculées, qui, attachées à un axe très-raccourci, forment une sorte de tête sphérique ou hémisphérique (*capitulum*, ex. *Dipsacus pilosus*, *f.* 179). Définition du capitule.

Il est clair, d'après cette définition, que le capitule, généralement plus analogue à l'épi qu'à la grappe, peut cependant avoir des rapports avec cette dernière, lorsque ses fleurs sont portées par un pédoncule d'une longueur appréciable, et il y a même des cas où il est difficile de décider de laquelle des deux inflorescences le capitule se rapproche le plus. Rapports du capitule avec l'épi et la grappe.

Comme la différence qui existe entre la grappe, l'épi, le capitule tient uniquement à la longueur plus ou moins prononcée des supports primaires et secondaires, on sent qu'on ne saurait fixer entre eux des limites précises. Aussi a-t-on admis des grappes spiciformes (*racemi spiciformes*), des épis globuleux (*spicæ globosæ*) et des capitules ovoïdes, ovoïdes-oblongs ou même spiciformes (*capitulum ovatum*, *ovato-oblongum*, *spiciforme*). Ces expressions, réellement peu logiques, ne témoignent cependant point contre les botanistes; elles prouvent seulement l'embarras où les jettent sans cesse ces nuances intermédiaires qui tendent à lier toutes les formes végétales. Quelquefois aussi on a employé des termes peu rigoureux, conduit par le désir de ne pas introduire une sorte de bigarrure dans la description des espèces de certains genres; ainsi on a dit du *Polygonum Bistorta*, qu'il avait des fleurs en épi cylindrique, et du *Trifolium spadiceum*, que les siennes étaient en têtes oblongues; en réalité, l'inflorescence est la même dans ces espèces; mais les *Polygonum* ont tous des épis; la plus grande partie des *Trifolium* ont des capitules.

Quoi qu'il en soit, la définition que je vous ai donnée du capitule doit vous empêcher de le confondre avec certaines inflorescences fort ramifiées dont les branches sont extrêmement raccourcies, et dans lesquelles les fleurs sont serrées les unes contre les autres. Il n'est personne qui, au premier abord, ne prenne pour un capitule l'inflorescence des *Statice maritima* et *plantaginea*, et qui ne s'étonne en même temps de trouver dans le *Statice Limonium* une très-grande panicule. Mais que l'on examine avec quelque attention les prétendus capitules du *St. maritima*, on verra qu'ils sont composés de branches florifères très-courtes, à la vérité, mais, d'ailleurs, exactement semblables à celles du *St. Limonium*. Ainsi former deux genres des *St. Limonium* et *maritima*, d'après de telles différences, c'est à peu près comme si l'on en faisait deux des *Plantago Lagopus* et *media*, uniquement parce que l'un a des épis très-courts et l'autre des épis allongés; c'est séparer ce que la nature a uni de la manière la plus intime.

Capitules nus; d'autres accompagnés d'une collerette.

Souvent le capitule véritable est nu à sa base (*cap. nudum*); souvent aussi, il est accompagné d'une sorte de collerette de bractées (*bracteatum*), comme dans les Dipsacées (ex. *Dipsacus pilosus*, *f.* 179), les Globulaires, les Composées.

Les personnes étrangères à la botanique ont coutume de considérer l'inflorescence tout entière des plantes de cette dernière famille comme une fleur unique, et elles disent communément une fleur de Pâquerette, de Seneçon, de Reine-Marguerite. Mais il n'en est pas moins certain que chacune de ces prétendues fleurs offre la réunion d'un très-grand nombre de fleurs véritables pourvues d'une manière plus ou moins complète de leurs parties constituantes, sessiles sur un axe fort court, et disposées en tête plus ou moins prononcée : c'est là réellement un capitule. A la vérité, nous n'avons pas un involucre à la base de tous les capitules, comme cela a lieu dans les Composées ; nous n'avons pas non plus, comme chez un grand nombre d'entre elles, un axe tellement déprimé qu'il s'étale pour former un plateau élargi, plane, ou même convexe ; mais le dernier de ces caractères n'appartient pas aux Composées sans exception, et le premier se retrouve dans les capitules d'une foule de plantes qui ne font point partie de cette famille. On peut, si l'on veut, convenir que l'inflorescence de toutes les Composées sera désignée par un des noms si multipliés qu'ont proposés les auteurs, tels qu'*Anthodium*, *Calathis*, *Calathium*, *Cephalanthium*, etc.; cependant je ne vois pas la nécessité d'adopter plusieurs noms pour désigner à peu près la même chose, et je crois qu'avec M. Lessing, l'un des botanistes qui ont écrit avec le plus de succès sur les plantes de la famille dont il s'agit, on peut se servir du mot capitule pour les Composées comme pour les Dipsacées. Capitule des Composées.

L'axe des Composées, auquel on a le plus souvent donné le nom de réceptacle commun ou simplement réceptacle (*receptaculum commune*, *receptaculum*), est susceptible d'une foule de modifications différentes. Quelquefois il s'élève

Réceptacle commun

grêle et cylindrique, à la manière de celui des épis (*receptaculum cylindricum*, ex. *Anthemis mixta*, *f.* 204); bien plus souvent il se raccourcit en même temps qu'un épaississement plus ou moins sensible compense sa brièveté, et il devient, suivant les genres et les espèces, oblong (ex. *Anthemis incrassata*, *f.* 205), ovoïde, conique (ex. *Anthemis maritima*, *f.* 206), hémisphérique (*recept. oblongum, ovatum, conicum, hemisphæricum*); enfin, diminuant encore de longueur, il s'élargit toujours, il arrive à former une sorte de plateau, et alors il est plus ou moins convexe (ex. *Anthemis Triumfetti au.*, *f.* 207), plane (ex. *Centaurea nigra*, *f.* 208), ou même concave (ex. *Carlina vulgaris*, *f.* 209) (*recept. convexum, planum, concavum*). L'Artichaut (*Cynara Scolymus*) n'est autre chose que l'axe ou le réceptacle des fleurs d'une Composée entouré de ses bractées.

Les fleurs des Composées rarement pédicellées.

Très-rarement les fleurs des Composées sont sensiblement pédicellées, comme dans le *Podosperma* de Labillardière ; plus souvent elles ont un pédicelle très-court qu'on ne distingue point de la fleur, mais dans lequel pénètre une petite pointe née du réceptacle ; souvent aussi elles s'enfoncent dans des cavités plus ou moins profondes, et alors le réceptacle peut être, jusqu'à un certain point, assimilé à l'axe d'un spadix.

Surface du réceptacle commun.

Le réceptacle doit naturellement porter la trace des fleurs dont il a été chargé, et cette trace est nécessairement en rapport avec la manière dont elles étaient attachées; ainsi il est tantôt ponctué, tantôt tuberculeux, tantôt marqué de fossettes plus ou moins profondes (*recept. punctatum, tuberculosum, faveolatum, favosum*).

§ V. — *De l'inflorescence du Figuier et autres plantes analogues* (hypanthodium).

Il arrive, dans certaines plantes, que l'axe, sans être couvert de bractées, comme celui des Composées, s'aplatit pourtant plus ou moins; qu'ailleurs il forme la cupule, ou que même il enveloppe entièrement les fleurs, en prenant la figure d'une poire. Cette inflorescence, quoique peu différente du capitule, mériterait bien autant que d'autres modifications d'être indiquée par un nom spécial; cependant, comme elle ne se rencontre que dans un petit nombre de genres de la famille des Urticées et de celle des Monimiées, on n'a point admis les noms d'*hypanthodium* et de *cœnanthium* qui ont été proposés pour la désigner, et l'on décrit, comme réceptacle commun, le pédoncule dilaté à son sommet ou axe modifié qui porte les fleurs. Il y a déjà plus d'un demi-siècle (1786), l'illustre Lamarck avait essayé de montrer par quelles admirables et singulières dégradations l'axe de la Mûre devient cette enveloppe qui forme la partie principale de la Figue. Pliez sur lui-même le réceptacle cupuliforme des fleurs d'un *Dorstenia* (ex. *Dorstenia Brasiliensis*, *f.* 210), vous aurez celui encore ouvert du *Mithridatea* (ex. *Mithridatea quadrifida*, *f.* 211). Rapprochez les bords de ce dernier, vous verrez naître une Figue (*Ficus carica*, *f.* 212). Lamarck se trompait sans doute lorsqu'il croyait qu'en renversant cette dernière on aurait une inflorescence d'*Artocarpus* ou de *Morus*; mais il est incontestable qu'on produirait cette inflorescence (ex. *Morus alba*, *f.* 213), si l'on pouvait élever le réceptacle étalé du *Dorstenia*, pour lui faire prendre en longueur ce qu'il a gagné en largeur en quelque sorte d'une

Ce qu'on a appelé *hypanthodium*.

Toutes les nuances possibles entre l'*hypanthodium* et l'épi, dans la famille des Urticées.

manière insolite, et de la Mûre il n'y a que de faibles modifications pour arriver à l'*Urtica pilulifera*, au Houblon (*Humulus Lupulus, f.* 214, 215), et ensuite au Chanvre (*Cannabis*).

Ces dégradations insensibles, qui nous conduisent si bien de l'axe du Chanvre au plateau profondément concave de la Figue, prouvent assez que cette dernière, malgré les folioles qui la terminent, n'est point formée, comme on l'a dit, par la réunion de quatre feuilles. Elle est continue avec son pédoncule; on voit que celui-ci, pour la former, se dilate graduellement; enfin elle est chargée de fleurs, et un rameau raccourci, comme est une fleur, ne peut naître d'un organe appendiculaire. Les rameaux et les tiges portent des feuilles, les feuilles ne portent ni tiges ni rameaux. La Figue n'est donc pas plus un assemblage de feuilles que le fond de l'Artichaut ou le réceptacle de la Reine-Marguerite.

Les petites feuilles qui ferment la Figue, terminales seulement en apparence.

A la vérité, les petites feuilles qui ferment la Figue peuvent un instant embarrasser l'organographe, car elles semblent terminales, et jamais des feuilles ne terminent exactement un axe. Mais, comme l'a très-bien remarqué M. F. de Girard, la partie vraiment terminale de la Figue n'en est point le bord, elle en est le fond. Par des dégradations insensibles, nous passons des longs épis du *Veronica spicata* (*f.* 219) ou *spuria* au capitule d'un *Anthemis* (*f.* 204, 205, 206) ou d'une Globulaire (*Globularia*), chez lesquels les parties terminales ne sont évidemment point celles des bords, mais bien celles qui se trouvent au sommet de l'axe. De nouvelles nuances nous conduisent insensiblement de l'axe cylindrique ou conique de l'*Anthemis* (*f.* 204, 206) au réceptacle large et concave des Artichauts (*Cynara*) ou du *Carlina vulgaris* (*f.* 209), dont le milieu sera bien évidemment encore occupé par les fleurs terminales, ou sera, si l'on veut, le véritable sommet d'un axe aplati. Personne ne refusera d'admettre qu'il en est de même pour le réceptacle du *Dorstenia* (*f.* 210), et la Figue est, en quelque sorte, un réceptacle de *Dorstenia* à bords repliés de dehors en dedans. S'il pouvait rester quelques doutes, ils seraient bientôt levés par l'inspection du réceptacle des *Brosimum*, genre voisin du Figuier. Ce réceptacle, globuleux et charnu, porte des fleurs mâles à sa surface extérieure, et, de son sommet un peu concave, naît une fleur femelle ; que l'on suppose la cavité plus profonde, il est clair que la fleur femelle ne serait pas, pour cela, moins terminale, et l'on aurait alors une espèce de Figue. Dans le véritable fruit du Figuier, les folioles en apparence terminales, et celles extrêmement nombreuses qui naissent à l'intérieur au-dessous des premières, sont donc les bractées du bord d'un réceptacle aplati, et elles peuvent être assimilées aux folioles de l'involucre de l'Artichaut ou du Soleil annuel (*Cynara Scolymus*, *Helianthus annuus*).

§ VI. — *De l'ombelle simple.*

Définition de l'ombelle simple.

Une ombelle simple (*umbella simplex*) est celle où des pédoncules assez allongés semblent partir du même point, et forment, par leur réunion, une surface ordinairement convexe (ex. *Allium angulosum*, *f.* 180).

Le plus ou moins de longueur des axes primaires et secondaires forme la différence qui existe entre l'épi, le capitule, la grappe, le corymbe simple et l'ombelle simple.

Si, par la pensée, nous refoulons sur lui-même l'axe d'un épi, nous aurons, comme je vous l'ai déjà dit, un capitule; que nous raccourcissions l'axe d'une grappe, nous aurons un corymbe simple; et, si nous refoulons une grappe chargée d'assez longs pédoncules, nous verrons paraître une ombelle simple. Ainsi, quoique ces inflorescences présentent un aspect fort différent, le plus ou moins de longueur des axes primaires et secondaires forme la différence principale qui les distingue, et il existe des plantes dont l'inflorescence flotte, en quelque sorte, entre l'ombelle et le corymbe. Celle du *Pyrus communis* a été tout à la fois rapportée à l'ombelle et au corymbe.

L'ombelle simple, tantôt nue, tantôt garnie d'une spathe ou d'un involucre.

L'ombelle simple est tantôt nue à sa base, comme dans le *Coronilla varia*, tantôt garnie d'une spathe, comme dans les *Allium*, et tantôt accompagnée d'un involucre, comme chez les *Hydrocotyle*, les *Primula*, les *Androsace* (*umbella nuda, spathata, involucrata*).

Suivant que le nombre de ses fleurs est plus ou moins considérable, on la dit pauciflore ou multiflore (*umb. pauciflora, multiflora, f.* 180). Elle est lâche (*laxa*) quand ses pédoncules laissent de l'espace entre eux, comme dans le *Primula officinalis* (*f.* 22), et serrée (*umb. densa, conferta*) quand ils sont fort rapprochés, comme dans l'*Allium Sphærocephalum*. Enfin, suivant la longueur relative des pédoncules qui la composent, elle devient convexe (*umb. convexa*), ex. *Asclepias Syriaca*, ou plane (*umb. plana*), ex. *Allium ursinum*.

Ombelle simple tantôt bulbifère, tantôt capsulifère dans les Ails.

Chez les *Allium*, dont l'inflorescence est en ombelle simple, il arrive souvent qu'à la place des fleurs il se développe des bulbilles. Pour distinguer les espèces où se manifeste ce dernier caractère, on dit que leur ombelle est bulbifère (*umb. bulbifera*), et l'on appelle capsulifères les espèces où l'on ne voit que des fleurs, puis des capsules (*umb. capsulifera*).

§ VII. — *Passage de l'inflorescence simple à l'inflorescence composée.*

Jusqu'à présent je ne vous ai entretenus que des inflorescences qui offrent deux axes, je vais vous parler à présent de celles où l'on en voit davantage. Mais ici, comme ailleurs, il n'y a encore rien de tranché. Ainsi, à la partie inférieure d'une grappe et même d'un épi, où l'énergie vitale est moins épuisée, on trouve quelquefois des pédoncules ramifiés, tandis que la partie supérieure reste parfaitement simple. Suivant même que l'individu est plus ou moins vigoureux, on peut voir dans certaines espèces, le *Rubus fruticosus*, par exemple, des grappes ou des panicules. Il arrive aussi que les axes secondaires, tout en se ramifiant, s'allongent pourtant fort peu; alors on a réellement une panicule; mais la forme étroite et allongée, qui appartient à la grappe véritable, se conserve encore, et l'on dit que la grappe est composée (*racemus compositus*).

Grappes et épis où les pédoncules inférieurs sont ramifiés et les supérieurs simples.

Grappes et panicules dans la même espèce.

Grappe composée.

§ VIII. — *De l'ombelle composée.*

L'inflorescence qui se rapproche réellement le plus de celle à deux axes est l'ombelle composée (*umbella composita*); car jamais elle n'en offre plus de trois. C'est celle où des pédoncules nés au même point fournissent eux-mêmes, à leur sommet, plusieurs pédicelles qui partent également d'un même point pour arriver à peu près à la

Définition de l'ombelle composée.

Rayons de l'ombelle.

même hauteur (ex. *Cachris lævigata*, *f.* 183). On appelle rayons de l'ombelle (*radii*) ses branches primaires, et l'ombellule (*umbellula*) ou ombelle partielle est la petite ombelle qui termine chacun des rayons. L'ombellule isolée correspond à l'ombelle simple, et celle-ci, répétée à l'extrémité de chacun des rameaux ou rayons qui la composent, deviendrait une ombelle composée.

Ombellule.

Axe primaire impossible à découvrir au milieu des rayons de l'ombelle.

Comme les rayons de l'ombelle sont souvent très-nombreux, qu'ils agissent les uns sur les autres, que tous divergent plus ou moins, et que l'énergie végétative se répartit entre eux à peu près également, il est presque impossible de découvrir quel est celui qui représente l'axe primaire, ou même d'assurer que cet axe n'avorte pas entièrement. Je serais tenté de croire que, dans le même individu, il peut ou se développer ou avorter, suivant la direction que prennent les sucs de la plante. L'examen du Cerfeuil (*Anthriscus Cerefolium*) fera certainement naître, dans l'esprit de l'observateur attentif, les doutes que j'exprime ici.

L'ombelle composée, susceptible de diverses modifications.

L'ombelle est dite pédonculée (*umb. pedunculata, f.* 183), quand elle naît à l'extrémité d'un support qui offre une certaine longueur; elle est sessile (*sessilis*), quand cette longueur est à peu près inappréciable. Tantôt elle offre un grand nombre de rayons, et tantôt elle est un peu garnie (*umb. multiradiata, pauciradiata*). Elle est serrée, compacte ou composée d'un petit nombre de rayons écartés (*umb. compacta, densa, rara*). Celle du *Daucus Carota* est plane, lorsqu'elle porte des fleurs; mais il est clair qu'elle n'offrirait point une surface aplatie, si ses rayons extérieurs divergents n'étaient pas plus grands que les autres : pendant la maturation des fruits, ces mêmes rayons perdent leur direction oblique pour en prendre une droite, et alors l'ombelle devient nécessairement concave.

Dans l'état normal, on devrait trouver une bractée à la

base de chacun des rayons de l'ombelle, puisque ces rayons ne sont autre chose que les rameaux d'un axe fort raccourci; mais souvent ces bractées ne se développent pas, ou bien il ne s'en développe qu'une partie. L'extrême rapprochement des bractées de l'ombelle, quand elles existent, en fait un véritable involucre (*involucrum*), et, dans ce cas, on dit que l'ombelle est pourvue d'une collerette ou qu'elle est involucrée (*umbella involucrata*, *f.* 183), comme l'on dit qu'elle est nue (*nuda*) quand l'involucre ne s'est point développé.

Ombelle tantôt involucrée et tantôt nue.

Ce que je viens de dire de l'ombelle convient également à l'ombellule dont les pédicelles, comme les rayons de l'ombelle, représentent un rameau, et, par conséquent, l'on a aussi des ombellules nues et d'autres accompagnées d'un involucre (*umbellulæ nudæ*, *umbellulæ involucratæ*).

Ombellules tantôt nues, tantôt involucellées.

Pour la commodité des descriptions, on se sert des mots involucelle et involucellé (*involucellum*, *involucellatus*), quand il s'agit des ombellules, et, s'il n'y a pas de différence, quand nous considérons l'involucre et l'involucelle uniquement par rapport aux rameaux qu'ils accompagnent, il y en a une très-réelle quand nous les considérons relativement au degré d'évolution dont ils dépendent. L'involucre est une réunion de bractées qui appartiennent à une première évolution, tandis que l'involucelle appartient à une évolution secondaire; l'involucre se compose des feuilles mères de l'ombelle et naît sur son support; l'involucelle est formé des feuilles mères de l'ombellule.

Comparaison de l'involucelle avec l'involucre.

Il semblerait que la plante, étant plus épuisée au point où elle produit les pédicelles de l'ombellule qu'à celui où elle donne naissance aux rayons de l'ombelle, les bractées devraient plus souvent manquer à la base de la première qu'à celle de la seconde. Cependant il n'en est pas ainsi : on n'a point d'ombellules nues avec des ombelles munies d'une collerette; mais il arrive fort souvent que l'ombellule

Des involucelles sans involucres; point d'involucres sans involucelles.

est involucellée, tandis que l'ombelle est entièrement nue. Dans ce dernier cas, l'énergie de la plante s'est entièrement portée sur les rayons qui ont encore une évolution à fournir, tandis que le développement tertiaire ne va pas au delà du pédicelle.

Folioles de l'involucre presque toujours fort différentes des feuilles de la tige.

Dans la plupart des ombelles, les folioles de l'involucre et de l'involucelle sont petites, simples, étroites, aiguës, et ne rappellent en aucune manière les feuilles de la tige, souvent si grandes et si divisées La Carotte, cependant (*Daucus Carota*), retrace la forme de ses feuilles caulinaires dans les folioles de son involucre, et, dans celles des *Heracleum*, ventrues, concaves, et quelquefois terminées par d'autres petites folioles analogues à celles de la tige, il est impossible de ne pas voir un pétiole engaînant dont le limbe a avorté.

Plantes chez lesquelles on trouve des ombelles simples et des ombelles composées.

L'ombelle composée ne s'observe que dans deux familles, celles des Ombellifères et des Araliées. On voit, au contraire, des ombelles simples dans un assez grand nombre de groupes naturels, mais il ne s'en rencontre exclusivement dans aucun.

§ IX. — *Du corymbe composé.*

Définition du corymbe.

Le corymbe composé (*corymbus compositus*) est celui où l'axe de l'inflorescence se divise et se subdivise à différentes hauteurs, mais où les fleurs arrivent toutes à une hauteur plus ou moins égale, en formant une surface plane ou convexe (ex. *Mespilus Oxyacantha*, *f.* 182).

L'ombelle composée n'offre jamais, comme je l'ai dit, que trois degrés de végétation; mais le corymbe composé peut en offrir un plus grand nombre.

Il affecte quelques modifications de forme que les botanistes descripteurs font bien de signaler ; il est simplement rameux (*ramosus*), ou l'est extrêmement (*ramosissimus*), serré (*densus, coarctatus*), ou lâche (*laxus*), etc.

Modifications dont le corymbe est susceptible.

Le corymbe se rencontre dans diverses familles. Il caractérise la plupart des plantes de cet immense groupe de Composées qui lui doit son nom, les Corymbifères (*f.* 150). Cependant il est à remarquer que, dans ce groupe, il y a réellement un double mode d'inflorescence ; ce ne sont pas, en effet, les fleurs qui sont immédiatement en corymbe, elles sont en capitule, c'est-à-dire en épi raccourci, mais l'ensemble des capitules est disposé en corymbe.

Dans quelles plantes on le rencontre.

§ X. — *De la panicule.*

Lorsque l'axe de l'inflorescence projette des rameaux ramifiés, qui, partant de différentes hauteurs, arrivent à des hauteurs différentes, sans jamais dépasser l'axe primaire, on a une panicule (*panicula*) (ex. *Comesperma Kunthiana*, *f.* 181).

Définition panicule.

On pourrait dire, en comparant l'ombelle, le corymbe et la panicule (*f.* 183, 182, 181), que, dans la première, les rameaux de l'inflorescence partent du même point pour arriver au même niveau ; que, dans le corymbe, ils partent de différents points, et parviennent à une hauteur à peu près égale ; enfin, que, dans la panicule, ils naissent de points différents, et s'élèvent à des hauteurs diverses.

Les inflorescences à plusieurs degrés de végétation comparées entre elles.

Toutes les panicules n'offrent pas la même inflorescence dans leurs rameaux ; il n'y a point ou presque point de disposition florale qui ne se retrouve dans la panicule. Ainsi il

Toutes les dispositions florales offertes par les rameaux de la panicule.

est des panicules, comme celles du *Rumex Acetosa*, de l'*Anthericum ramosum*, dont les rameaux présentent des grappes, d'autres où ils offrent des épis, des corymbes, des ombelles, des cymes et des glomérules.

Thyrse.

Lorsque la panicule a une forme ovoïde, on lui donne le nom de *thyrse* (*thyrsus*); mais cette modification ne méritait guère d'être désignée par un nom spécial. Il en est une foule d'autres qui ont autant d'importance, et que l'on n'a pourtant pas cherché à distinguer par des dénominations particulières.

Modifications dont la panicule est susceptible.

La panicule est simple (*simplex*), comme dans le *Bromus mollis*, quand elle n'offre qu'un fort petit nombre de branches; elle peut aussi être très-rameuse, comme celle de l'*Avena flavescens* et de l'*Agrostis alba*; plus ou moins penchée (*cernua, nutans*), comme dans le *Panicum Italicum* et le *Bromus tectorum*. Elle peut être resserrée (*coarctata*); elle devient même spiciforme (*spiciformis*), quand ses branches sont tellement rapprochées de l'axe primaire qu'elle prend la forme d'un épi. Au contraire, ses rameaux peuvent s'étaler plus ou moins (*pan. patens, patentissima*); ils vont jusqu'à s'écarter les uns des autres à angle obtus, et alors on la nomme divariquée (*divaricata*).

La panicule se rencontre dans une foule de familles; mais c'est principalement dans celle des Graminées qu'elle est commune.

§ XI. — *De la Cyme.*

Comment Linné et Jussieu ont défini la cyme.

Linné et ceux qui l'ont suivi considéraient la cyme (*cyma*) comme une inflorescence dont les premiers rameaux partent du même point, tandis que les autres n'observent aucun ordre, et ils décrivaient, comme ayant une cyme, presque toutes les Crassulacées et la tribu des Sambucinées, qui fait partie de la famille des Caprifoliacées. Jussieu définit la cyme à peu près comme Linné ; mais cette inflorescence lui parut rentrer tellement dans les autres dispositions florales, qu'il ne l'indiqua qu'une fois dans son admirable livre, et encore la combina-t-il avec l'indication d'une autre inflorescence, car il ne dit pas des fleurs du *Sempervivum, flores cymosi,* mais *flores corymboso-cymosi.* Les modernes, au contraire, d'abord Link, et ensuite Roeper, de Candolle et plusieurs autres ont étendu le mot de cyme à toutes les inflorescences qui résultent d'une dichotomie ; ainsi, d'après ces auteurs, la plupart des Caryophyllées, les Valérianées, les Euphorbes auraient des cymes, comme les Sambucinées et les Crassulacées.

Définition des modernes.

Mais que nous comparions l'inflorescence de ces diverses plantes pour la forme seulement, ou que nous remontions jusqu'à l'origine organique, nous trouverons des différences sensibles.

La cyme dans les diverses familles auxquelles on a attribué cette inflorescence ;

Quant à la forme, il y a déjà assez peu d'analogie entre la disposition des fleurs chez le *Sambucus nigra* (*f.* 218) et le *Sedum acre* (*f.* 217), par exemple ; mais il y en a bien moins encore entre l'inflorescence de ces plantes et celle du *Lychnis Coronaria* (*f.* 216), du *Campanula Erinus* ou de l'*Erythræa Centaurium.*

La disposition organique de ces inflorescences diffère bien davantage encore. En effet, si je prends le *Lychnis Coronaria* (*f.* 216), je trouve un axe primaire terminé par une seule fleur, tandis que, par une sorte d'usurpation, les deux rameaux qui naissent des feuilles opposées situées au-dessous de cette fleur s'élèvent beaucoup plus haut qu'elle, forment une fourche et se bifurquent eux-mêmes, terminés chacun par une fleur qui occupe l'angle de la dichotomie ; de manière

dans le *Lychnis Coronaria* ;

que l'ensemble de l'inflorescence forme une sorte d'éventail où, à chaque nouvelle évolution, le nombre des bifurcations va toujours en doublant. Ici, il y a dichotomie véritable, parce que les feuilles sont opposées, et qu'il naît un rameau de chacune de celles qui accompagnent la fleur, ou, pour mieux dire, les rameaux de la bifurcation appartiennent également à une seconde évolution, tandis que l'axe primaire n'a plus d'autre représentant que la fleur de la dichotomie.

dans le *Sedum acre*;

Mais il n'en est pas de même dans le *Sedum acre*, dont la tige se termine pourtant aussi par une bifurcation. Chez cette plante (*f.* 217), il n'existe pas de fleurs dans la bifurcation, un seul des deux rameaux est accompagné d'une feuille, et il ne saurait y avoir de dichotomie véritable, puisque toutes les feuilles sont alternes, et que, par conséquent, deux rameaux ne peuvent naître du même point de la tige; celle des deux branches qui sort de l'aisselle d'une feuille est bien réellement un rameau, celle, au contraire, qui n'a point de feuille à sa base ne peut être que la tige. Ainsi, tandis que la bifurcation du *Lychnis* appartient tout entière à une seconde évolution, celle du *Sedum acre* appartient par moitié à deux évolutions différentes, l'une primaire et l'autre secondaire; et, si, dans le *Lychnis*, il y a *dichotomie véritable*, il y a *fausse dichotomie* dans le *Sedum acre*. Les sucs de la plante se sont partagés à peu près également entre le dernier rameau et le sommet de la tige qui a été forcé de s'incliner comme lui. Supposons un instant que le partage eût été inégal, et que la tige eût eu, à son extrémité, plus de vigueur que le rameau, elle se serait maintenue sans déviation dans une direction droite; le rameau, plus faible, aurait seul dévié de la verticale, et l'on n'aurait pas eu de bifurcation. De tout ceci il résulte que les premières branches de l'inflorescence établissent des différences notables entre le *Lychnis Coronaria* et le *Sedum acre;* mais d'autres non moins sensibles se presentent ensuite, car, tandis que la cyme du *Lychnis Coronaria* est formée d'une série d'axes qui fournissent chacun deux branches, chaque rameau de l'inflorescence chez le *Sedum acre* est une grappe scorpioïde, c'est-à-dire, comme vous le verrez bientôt, une suite d'axes entés les uns sur les autres, et dont chacun ne fournit que la branche qui le prolonge immédiatement.

Voyons à présent ce qu'est une inflorescence de Sureau *Sambucus Ebulus* (*Sambucus nigra, f.* 218) : là nous allons trouver de nouvelles différences. Les fleurs très-nombreuses y arrivent à peu près à la même hauteur, comme celles d'une ombelle; au sommet du pédoncule sont cinq axes très-rapprochés, quatre opposés par paire et un intermédiaire central; celui-ci se continue, et, à des intervalles assez longs, il produit encore des étages de rameaux opposés ou verticillés. Il est bien clair que l'axe central est la continuation de la tige ou de sa branche, et que les quatre latéraux sont des rameaux : ainsi, dans l'ensemble des cinq axes, nous avons deux degrés de végétation; nous en avons également deux aux second et troisième étages qui naissent plus haut de l'axe central, et les branches de ces étages appartiennent à un second degré de végétation, comme celles du premier étage, ou, pour mieux dire, tous les verticilles de rameaux (*f.* 218, *b*), naissant latéralement de l'axe central (même *f. a*) appartiennent également au second degré de végétation. Comme les feuilles du Sureau sont simplement opposées et non verticillées, il n'est guère vraisemblable que les quatre branches inférieures soient nées du même nœud vital; et effectivement, avec quelque attention, on découvre facilement que deux sont réellement supérieures et partent d'un autre nœud que les inférieures. Il y a réellement ici, comme dans le *Lychnis*

dans le Sureau

Coronaria, opposition dans les rameaux de l'inflorescence; mais de grandes modifications se manifestent; d'abord l'axe primaire et central n'est pas réduit à une fleur unique, il se prolonge en plusieurs entre-nœuds, et, par une singularité fort remarquable, ces entre-nœuds sont tour à tour fort rapprochés et fort écartés. Si, à présent, nous jetons les yeux sur chacune des quatre branches inférieures de la cyme, nous les voyons se ramifier à leur tour (même *f. c*); à une hauteur assez considérable, elles se bifurquent extérieurement, et, à la base de la bifurcation, du côté intérieur, c'est-à-dire celui qui regarde le centre de l'inflorescence, naît une touffe latérale de branches plus grêles et beaucoup plus courtes que les deux extérieures. Ici il est difficile de ne pas voir la répétition de ce que nous avons déjà observé sur l'axe primaire de l'inflorescence considérée dans son ensemble, c'est-à-dire un axe central primaire et d'autres opposés et très-rapprochés; mais l'axe primaire (par rapport à la partie de l'inflorescence dont il s'agit) et les rameaux du côté intérieur, gênés dans leur développement, par la place qu'ils occupent, ont pris une position oblique relativement aux deux branches extérieures; en même temps ils sont restés petits et grêles, et de là vient qu'au premier coup d'œil ils semblent être une végétation d'un autre ordre, comme appliquée latéralement sur la végétation extérieure (1).

Ce qu'on doit penser du mot cyme.

D'après les différences que je viens d'indiquer entre diverses inflorescences auxquelles on a également donné le nom de cyme, on serait tenté de croire qu'avec Jussieu il

(1) Les caractères que j'ai indiqués dans le *Lychnis Coronaria*, le *Sedum acre*, et le *Sambricus nigra* ne sont pas tous d'une constance parfaite; des différences dans la nature du sol et dans les diverses circonstances qui peuvent influer sur la végétation amènent souvent des modifications plus ou moins sensibles dans le nombre et le développement des parties.

serait mieux de faire disparaître ce nom. Cependant, lorsqu'on s'est fait une idée juste des dispositions florales auxquelles on l'a appliqué, on peut, ce me semble, continuer à s'en servir pour se mettre en harmonie avec une foule d'auteurs auxquels nous devons d'estimables ouvrages de descriptions.

Ceci est vrai, surtout pour les cas où le mot de cyme a été consacré par Linné et ceux qui l'ont suivi ; car, du moins à ma connaissance, les botanistes descripteurs ne l'ont pas encore employé dans le sens très-étendu qui lui a été donné par MM. Link, Roeper, de Candolle, et dans un livre qui porte le nom de ce dernier écrivain, et qui est postérieur à celui où il a appliqué le mot cyme à l'inflorescence des Caryophyllées et des Euphorbes, on trouve cette dernière encore décrite de la même manière qu'elle l'avait été plus anciennement.

§ XII. — *Des différentes manières de considérer l'inflorescence.*

J'ai tâché de vous faire comprendre ce que sont réellement les diverses sortes d'inflorescences distinguées par Linné et par la plupart de ceux qui ont décrit des plantes ; mais vous avez pu voir que la grappe, l'épi, le capitule, le corymbe, la panicule, etc., ne différaient véritablement que par des modifications assez légères, et que nos définitions pouvaient être souvent d'une application difficile. Frappés de cette vérité, des esprits philosophiques ont tâché de faire disparaître le vague qui règne dans la distinction des inflorescences, et de la fonder sur des considérations moins superficielles. Leurs efforts les ont conduits à la connaissance d'une

Vague qui règne dans la distinction des inflorescences.

foule de vérités qui avaient échappé à leurs devanciers ; mais le vague est resté, parce que nulle part la nature n'a établi rien de bien tranché, et que l'on arrive toujours, en dernière analyse, à de simples nuances, sous quelque point de vue que l'on considère les êtres.

Classification tirée des divers degrés de végétation

M. Turpin est le premier qui ait bien distingué les différents degrés de végétation dans l'inflorescence, et, sans cette considération, il n'y aurait véritablement qu'empirisme dans la distinction des dispositions florales. Mais, si on peut donner une idée plus juste de l'origine des diverses inflorescences, en les envisageant sous ce point de vue, il n'en est pas moins vrai que le nombre des degrés de végétation ne suffirait pas pour établir une classification satisfaisante dans cette partie de la botanique, ou qu'il pourrait uniquement servir à caractériser les divisions premières de cette classification. Comme je vous l'ai dit, la fleur solitaire et terminale appartient seule à l'inflorescence formée d'un axe unique. L'épi, la grappe, l'ombelle simple présentent des différences de forme trop sensibles pour être entièrement confondus, et font également partie de l'inflorescence à deux axes. L'ombelle composée est une inflorescence à trois axes; mais il y a aussi des panicules à trois axes qu'il faudrait, par conséquent, séparer des autres panicules. Enfin, dans la même espèce, le nombre des axes peut augmenter ou diminuer selon que l'individu a plus ou moins de vigueur : ainsi les fleurs du *Rubus fruticosus* sont généralement en panicule; mais il arrive aussi qu'elles sont en grappe, et il n'est pas rare de voir quelques-uns des pédoncules inférieurs d'une grappe produire des rameaux.

Classification fondée sur l'homogénéité et la dissemblance des degrés de végétation dans une même inflorescence.

M. Link a proposé de diviser les inflorescences en homogènes et hétérogènes, suivant que les fleurs d'une même inflorescence appartiendraient toutes au même degré de végétation ou à des degrés différents. Ainsi la grappe, l'épi, le capitule seraient des inflorescences homogènes, parce que toutes les fleurs y terminent des axes secondaires, et la panicule, au contraire, qui porte des fleurs de divers degrés de végétation, serait une inflorescence hétérogène. Cette manière de considérer la disposition des fleurs est extrêmement ingénieuse, sans doute ; mais elle fait aussi peu disparaître le vague qui règne entre les diverses inflorescences qu'une classification fondée sur le nombre des axes (1). Si, par exemple, la continuation directe du pédoncule ne s'est point développée dans une ombelle, cette inflorescence est homogène, et, si le pédoncule s'y est continué, elle est hétérogène ; or nous savons qu'il est une foule de cas où, sous ce rapport, la vérité ne saurait être indiquée avec une entière certitude (V. p. 302).

Inflorescence divisée en définie ou centrifuge, indéfinie ou centripète.

Une autre considération a frappé M. Roeper, botaniste, dont les écrits trop peu nombreux sont marqués au coin d'une profonde originalité. Vous savez déjà que les tiges et les branches, ou, si l'on veut, les axes végétaux sont terminés ou indéterminés, suivant qu'ils portent une fleur à leur extrémité, ou qu'ils n'en doivent jamais produire. Une inflorescence comprend un seul ou plusieurs axes, et, puisqu'il n'y a point d'inflorescence sans fleur, il est bien évident que l'inflorescence terminale et solitaire est terminée, ou, comme a dit M. Roeper, définie. Mais, dans l'inflorescence à plusieurs axes, l'axe primaire peut se terminer par une fleur, ou être destiné à n'en porter jamais, et, par conséquent, nous pouvons avoir ici des inflorescences terminées ou définies, ou bien des inflorescences indéterminées ou indéfinies. M. Roeper a reconnu qu'il y avait

(1) Dans la deuxième édition de son savant et ingénieux ouvrage, *Elementa philosophiæ botanicæ*, M. Link a renoncé à la division des inflorescences en homogènes et hétérogènes, et a adopté, à quelques modifications près, les idées de MM. Roeper et de Candolle.

inflorescence définie toutes les fois qu'il se présentait une suite de bifurcations avec une fleur dans les dichotomies, et, comme M. Link, il a donné le nom de cyme à cette inflorescence. Lorsque les rameaux de la cyme sont fort raccourcis, et que les fleurs forment une sorte de tête, il a dit qu'il y avait *fascicule* (*fasciculus*); et enfin il a nommé *glomérule* (*glomerulus*) l'inflorescence où se montre la même disposition, mais avec des fleurs sessiles. Quant à l'inflorescence indéfinie, elle a été indiquée, par le savant auteur allemand, dans l'épi, la grappe, le capitule, l'ombelle et la panicule. Ensuite il a établi ce principe : dans l'inflorescence définie, la fleur de l'axe primaire s'épanouit la première; dans l'inflorescence indéfinie, la floraison commence par les fleurs inférieures. Enfin il a appelé développement centrifuge celui de l'inflorescence définie, et centripète celui de l'inflorescence indéfinie (*inf. centrifuga*, *centripeta*). M. de Candolle est venu après M. Roeper, et, ayant reconnu qu'une même inflorescence pouvait être indéfinie par l'axe primaire et définie par l'axe secondaire, il a établi une troisième division, celle des inflorescences mixtes (*inf. mixta*).

Le travail de MM. Roeper et de Candolle a singulièrement fait avancer la connaissance des inflorescences; leurs principes sont généralement justes, mais la nature se soustrait toujours, par des exceptions, aux lois que notre esprit symétrique lui trace si rigoureusement. Quelques réflexions sur le système que je viens de vous exposer vous convaincront de cette vérité, que M. H. de Cassini avait cru devoir formuler, en disant qu'il n'y avait d'autre loi constante dans la nature que celle qui voulait qu'il n'y en eût aucune sans exception.

Dans l'inflorescence indéfinie, l'axe primaire ne se termine pas, à la vérité, par une fleur, mais il finit par des feuilles avortées et un moignon de tige. Or on dit que, si la plante recevait des sucs suffisants, ce moignon se couvrirait de feuilles, et pourrait se prolonger indéfiniment. Que la même chose arrive pour la fleur, nous aurons des résultats semblables; car la fleur n'est qu'un rameau raccourci par l'appauvrissement, et, en procurant des sucs très-abondants à une plante, on peut l'empêcher de fleurir. Dans l'inflorescence indéfinie, le rameau se termine par un moignon; mais il arrive aussi que, dans les Euphorbes, plantes à inflorescence définie, on trouve un moignon à la place d'une fleur. Donc, en dernière analyse, il n'y a pas une très-grande différence entre les deux inflorescences.

La distinction en inflorescence centrifuge et inflorescence centripète est séduisante sans doute; cependant elle me semble plutôt devoir être prise dans un sens figuré que dans un sens réel. Chez les espèces dichotomes, les rameaux, qui végètent encore lorsque la tige s'est arrêtée, doivent naturellement s'éloigner d'elle; d'autres rameaux, nés sur ces derniers, s'écartent également d'eux, et ainsi de suite. Telle est la marche générale de la nature, et nous la retrouvons réellement dans l'inflorescence dite centripète. A la vérité, si nous prenons le corymbe naissant d'une Crucifère, nous voyons qu'il forme une surface à peu près circulaire, que les fleurs de la circonférence se développent d'abord, puis celles qui viennent ensuite, et ainsi jusqu'au centre; mais nous devons remarquer que c'est l'extrême raccourcissement des entre-nœuds qui, avant le développement, donne à cette inflorescence une forme circulaire, que ces entre-nœuds s'allongent à mesure que les fleurs s'épanouissent, que le corymbe devient un épi, et que ces développements qui semblaient s'étendre de la circonférence au centre se succédaient réellement de bas en haut.

Il est incontestable que, dans l'inflorescence définie ou

dichotomique, la fleur qui termine l'axe primaire s'épanouit la première, ce qui s'explique très-facilement par l'allongement du rameau qui n'est point encore arrivé à son dernier terme, lorsque l'axe primaire, limité à un court espace, a déjà dû se développer tout entier. Mais l'inflorescence du Lilas (*Syringa vulgaris*) et celle du Troëne (*Ligustrum vulgare*) sont aussi définies, puisqu'une fleur termine l'axe primaire, et cependant cette fleur est bien loin de s'épanouir la première. Voici, en particulier, ce qui a lieu dans le Troëne. Cet arbrisseau a des panicules à rameaux opposés, terminés chacun par une courte grappe, et l'axe primaire, aussi bien que les rameaux, porte une fleur à son extrémité; les fleurs de la base de chaque rameau s'ouvrent les premières; après elles, s'ouvre la fleur qui termine l'axe primaire; mais celle-ci s'épanouit ordinairement avant les deux paires de fleurs qui lui sont inférieures. Ainsi nous avons ici, contre les principes qui ont été établis, des panicules avec une inflorescence définie et une inflorescence définie où la floraison ne commence point par la fleur terminale. Au reste, comme la panicule est assez longue, il n'est pas surprenant que les fleurs inférieures des rameaux arrivent au développement avant la fleur terminale, quoique celle-ci appartienne à l'axe primaire et les autres à des axes secondaires; mais tout à fait au sommet, la marche habituelle doit naturellement reprendre son cours, et la fleur du premier degré de végétation s'épanouit avant celles de second degré qui se trouvent immédiatement placées au-dessous d'elle (1).

Les exceptions que je viens de vous indiquer ne sont pas les seules qui existent; des plantes extrêmement communes nous en fourniront d'autres encore.

(1) Quelques-uns des caractères de détail de la floraison du Troëne ne sont pas d'une constance parfaite.

Chez le *Rubus fruticosus*, il y a tantôt grappe et tantôt panicule, et cependant l'inflorescence est définie; mais ici la floraison commence par la fleur terminale.

Dans la cyme (Linné) du *Viburnum Tinus*, l'axe primaire se termine par une fleur; mais ce n'est point elle qui s'ouvre la première, c'est constamment une de celles qui terminent les axes secondaires, et plusieurs des fleurs dont les axes tertiaires sont couronnés s'épanouissent avant un certain nombre d'autres fleurs appartenant au second degré de végétation.

La grappe du *Lilium candidissimum* finit par deux fleurs collatérales, dont l'une, née à l'aisselle d'une bractée, est le produit d'un pédoncule, et dont l'autre sans bractées appartient à la tige. Comme cette dernière fleur s'épanouit après les autres, nous avons encore deux exceptions au principe établi, une grappe avec une inflorescence définie, et une inflorescence indéfinie, où, comme chez le Troëne, la fleur terminale ne s'épanouit pas la première.

M. de Candolle a dit que, dans certaines Dipsacées, la floraison commençait par le milieu de l'épi. Ceux des *Orchis*, suivant M. Pelletier-Sautelet d'Orléans, commencent à fleurir, tantôt par le bas, tantôt au-dessus du milieu, et cette différence, s'observant même entre deux espèces très-voisines, les *Orchis fulva* et *Simia*, peut contribuer à les faire distinguer l'une de l'autre.

Si nous prenons isolément un capitule ou épi contracté de Corymbifère, nous remarquerons que les fleurs se développent de bas en haut, comme cela arrive le plus ordinairement dans les épis; mais que nous considérions l'ensemble de l'inflorescence, nous trouverons que le capitule qui termine l'axe primaire se développe avant ceux des rameaux, ce qui est conforme à la marche ordinaire de la végétation. Cependant il arrive aussi, et je ne saurais me l'expliquer, que le capitule qui termine de longs rameaux s'épanouit avant celui de l'axe primaire et central.

La véritable nature des inflorescences déguisée par diverses causes.

La véritable nature des inflorescences est sans cesse déguisée par des suppressions totales, par des avortements plus ou moins sensibles, par des usurpations plus ou moins multipliées, plus ou moins puissantes, et quelquefois par des soudures ou des multiplications de bourgeons : une foule d'inflorescences méritent une étude spéciale, parce que non-seulement telle ou telle circonstance isolée peut nous cacher la vérité, mais qu'elle peut l'être encore par plusieurs circonstances réunies et diversement combinées. Tâchons de nous rendre compte de tous les phénomènes, portons un œil scrutateur sur toutes les causes d'illusion, décrivons tout ce qui s'offre à nos regards, faisons-nous une idée juste des termes que nous employons; mais ne repoussons point une terminologie que des hommes de génie ont créée et qu'une foule d'excellents livres ont consacrée depuis près de cent ans.

§ XIII. — *De l'inflorescence relative.*

Inflorescence terminale; inflorescence axillaire;

Jusqu'ici j'ai considéré l'inflorescence d'une manière isolée; elle doit l'être aussi par rapport à l'ensemble de la plante. Ainsi elle est terminale (*inf. terminalis*) quand elle se trouve placée à l'extrémité de la tige et des rameaux; on la dit axillaire (*inf. axillaris*) quand elle naît immédiatement à l'aisselle des feuilles. Dans le premier cas, elle met un terme à l'axe primaire qui la porte; dans le second, l'axe primaire est indéterminé, et les métamorphoses qui amènent l'inflorescence commencent dès la base du rameau qui en est l'axe. Le seul genre *Veronica* nous offre des exemples de l'une et l'autre inflorescence; celle du *Ve-*

ronica spicata (*f.* 219) est terminale; celle des *Veronica Chamædrys et Beccabunga* (*f.* 220) naît immédiatement de l'aisselle des feuilles, tandis que l'axe primaire se prolonge en un bourgeon feuillé.

Quelques auteurs ont indiqué une inflorescence radicale; mais vous savez qu'un rameau chargé de ses organes appendiculaires ne saurait être produit que par une tige ou par un autre rameau; ainsi une fleur ne peut naître d'une racine, et par conséquent les expressions de fleurs radicales, inflorescence radicale (*fl. radicalis*, *infl. radicalis*) ne doivent être admises que comme une sorte de figure. Une inflorescence radicale est, en réalité, celle qui se développe près de la racine, soit à l'aisselle des feuilles inférieures d'une tige aérienne d'une certaine longueur, comme dans le *Vinca herbacea*, soit sur une tige fort courte, comme celle du *Viola odorata*, ou bien encore sur une tige tout à fait souterraine, ainsi que cela a lieu chez la Clandestine (*Lathræa clandestina*). radicale;

Chez les plantes réellement dichotomes, il y a ordinairement, dans la bifurcation, une fleur qui n'est autre chose, comme vous savez (p. 230), que la terminaison de l'axe primaire. Il peut arriver qu'au lieu d'une fleur unique on trouve un axe ramifié, et que l'on ait une grappe ou une panicule. Je vous ai déjà dit (p. 249) que les botanistes donnaient le nom assez bizarre d'alaire (*alaris*) aux prétendus pédoncules, terminaison de tige, qui se trouvent dans les dichotomies (*f.* 162, 184) : toute inflorescence qui se développe entre deux rameaux opposés et divergents porte aussi le nom d'inflorescence alaire (*infl. alaris*). alaire;

Je vous ai expliqué (p. 246-250) ce qu'il fallait entendre par des pédoncules supra-axillaires, pétiolaires, foliaires ou épiphylles, oppositifoliés, intrafoliacés. Mes explications peuvent s'appliquer également aux inflorescences qui ont reçu supra-axillaire, pétiolaire, épiphylle, oppositifoliée, intrafoliacée.

les mêmes noms (*infl. supra-axillaris, petiolaris, foliaris seu epiphylla, intrafoliacea seu intrapetiolaris*); car toute inflorescence qui n'est point la continuation directe de la tige n'est que la production d'un pédoncule. Ainsi l'inflorescence supra-axillaire est celle dont l'axe primaire se soude avec la tige; dans l'inflorescence pétiolaire, cet axe se trouve soudé avec le pétiole; l'épiphylle est celle où il se soude avec le limbe de la feuille elle-même, ou bien encore celle qui part d'un véritable rameau dilaté à la manière d'une feuille; enfin, si nous réduisons l'inflorescence alaire à un seul des deux rameaux et au sommet de tige imparfaitement développé et chargé de fleurs, nous aurons une inflorescence intrafoliacée ou intrapétiolaire.

§ XIV. — *De la grappe scorpioïde.*

Ce qu'est la grappe scorpioïde.

Vous savez aussi que le pédoncule ou, si l'on veut, l'inflorescence opposée à la feuille n'est autre chose qu'une extrémité de tige qui s'est mal développée, et dont un rameau axillaire a usurpé la place (p. 248). Il est nécessaire que je revienne sur ce phénomène d'organographie, pour vous faire comprendre une inflorescence dont je ne vous ai point encore entretenus, la grappe scorpioïde (*racemus scorpioides*). Souvent il arrive que l'usurpation se répète un très-grand nombre de fois; que, sur l'axe primaire et mal développé, il naît un rameau qui en usurpe la place et se termine par une fleur; que bientôt un second rameau, également terminé par une fleur, usurpe la place du premier, et ainsi de suite, de manière qu'il se forme une grappe composée d'autant de degrés de végétation, d'autant de petits axes entés les uns sur les autres qu'il y a de fleurs. Dans ces grappes, longue série d'usurpation, les fleurs sont alternes, ordinairement disposées sur deux rangs et attachées d'un seul côté de leur axe commun ; et comme celui-ci, réellement formé d'axes mis bout à bout, est roulé avant le développement à la manière d'une queue de scorpion, les botanistes ont ici très-heureusement appliqué l'expression de scorpioïde. Ce genre de grappe caractérise la famille des Borraginées, et on le retrouve dans des Solanées, des Crassulacées ainsi que des Cistées.

Il serait sans doute fort difficile de concevoir l'explication que je viens de donner, si l'on se contentait de jeter les yeux sur une grappe scorpioïde de *Myosotis* (*f.* 221, 222), par exemple, où il ne se développe aucune feuille, et où les fleurs, fort rapprochées, simulent une réunion à peu près semblable à celle qui forme les grappes des Digitales (*Digitalis*) ou des Résédas (*Reseda*). Mais, que l'on prenne une tige de *Nemophylla phaceloides*, *f.* 223), on y verra clairement le sommet de la tige réduit à un long pédoncule uniflore et opposé à une grande feuille; on verra ce sommet de tige forcé à l'obliquité par le rameau usurpateur qui a pris sa place; à une distance assez considérable, on verra ce même rameau donner naissance à une feuille alterne avec la première, et obligé de s'incliner à son tour pour faire place à un second rameau né de l'aisselle de la feuille; peu à peu les rameaux entés les uns sur les autres laisseront entre eux moins de distance, et l'on verra se former la grappe scorpioïde.

Pourquoi les fleurs de la grappe scorpioïde ne sont point disposées en spirale.

Si les fleurs, dans ce genre de grappe, ne sont point disposées en spirale, de la même manière que les autres productions de la tige, c'est qu'elles ne naissent pas d'un axe commun, mais que chacune d'elles commence en quelque sorte une spire nouvelle. Si elles sont alternes, c'est que la feuille du rameau alterne toujours avec celle de sa tige ou du ra-

Pourquoi elles sont alternes.

meau qui remplace cette dernière, et qu'ici nous avons une suite de rameaux naissant les uns des autres. Enfin, de

Pourquoi elles sont disposées sur deux rangs.

cette suite de rameaux alternes doivent nécessairement résulter deux rangs peu distincts, à la vérité, quand la distance d'une fleur à l'autre l'est beaucoup, mais très-prononcés lorsque les fleurs sont fort rapprochées les unes des

Cause de la courbure de la grappe scorpioïde.

autres. Quant à la courbure de la grappe, elle tient probablement à ce qu'un corps menu et flexible, s'il est dans toute sa longueur plus pesant d'un côté que de l'autre, se courbera toujours du côté où il l'est le moins; et la grappe se déroule à mesure qu'elle fleurit, parce que les axes qui se développent tendent, en général, à prendre une position droite.

Comparaison de la cyme dichotomique avec la grappe scorpioïde.

La grappe scorpioïde et la cyme dichotomique ont cela de commun qu'elles se composent également d'axes formés de deux entre-nœuds depuis leur origine jusqu'à la fleur, l'un qui s'arrête après les feuilles, et l'autre après le premier organe floral; mais il y a cette différence entre les deux genres d'inflorescence que, dans la grappe scorpioïde, il n'y a qu'une feuille sur un même plan, et que, par conséquent, il ne peut y avoir qu'une seule série d'axes, tandis que, dans la cyme, chaque axe fournissant deux feuilles opposées, les axes doivent se multiplier indéfiniment par une progression géométrique qui commence à l'unité.

Diverses inflorescences formées par des grappes scorpioïdes.

Dans un même genre, souvent dans une même espèce, les grappes scorpioïdes se combinent de différentes manières par des avortements, des usurpations, peut-être même des partitions, pour former une inflorescence commune qui tantôt est une cyme plus ou moins composée dans le sens que Linné a attaché à ce mot, tantôt une sorte de corymbe et tantôt une panicule.

Exemples fournis par les *Myosotis*;

Ainsi, dans le *Myosotis arvensis*, souvent la tige se termine par une grappe, en même temps que d'autres grappes naissent à l'aisselle des feuilles supérieures, et, comme celles-ci sont ordinairement alternes, on a alors une grappe terminale et plusieurs grappes axillaires (*f.* 221); mais souvent aussi la dernière branche partage également avec le sommet de la tige les sucs de la plante, et il se forme une bifurcation, fausse dichotomie, dont une branche est l'extrémité de la tige et l'autre un simple rameau (*f.* 222).

L'inflorescence de l'*Hydrophyllum Virginianum*, plante à feuilles alternes, est une cyme scorpioïde plusieurs fois bifurquée, le plus souvent nue, mais où quelquefois les branches de la bifurcation inférieure sont accompagnées d'une feuille. Dans ce dernier cas, celle des branches qui sort de l'aisselle de la feuille est évidemment le rameau, et par conséquent l'autre sera la tige. Ce qui arrive à la bifurcation inférieure doit évidemment avoir lieu pour les autres, et toutes appartiendront à deux degrés de végétation. Nous savons ainsi comment se compose dans cette plante chaque bifurcation, et, quand nous ne trouverons pas de feuilles à la bifurcation inférieure, il est bien évident que nous devrons dire encore que l'une des branches est la tige et l'autre le rameau. Nous pourrons même déterminer, par le moyen de l'alternance des feuilles, quel est l'axe primaire; car, partant de la dernière feuille développée sur la tige, nous devons savoir que la branche de la bifurcation qui est le rameau doit se trouver du côté opposé à celui où est cette feuille. Absolument comme j'ai expliqué l'inflorescence de l'*Hydrophyllum Virginianum*, on pourrait expliquer celle du *Sedum album*, plante qui, avec des feuilles alternes, présente aussi une suite de bifurcations plusieurs fois répétées, bifurcations dont les branches primaires sont tantôt accompagnées d'une feuille et tantôt entièrement nues.

par l'*Hydrophyllum Virginianum*;

L'*Echium strictum*, à feuilles alternes, comme la précédente, présente des panicules composées de grappes scor-

par l'*Echium strictum*.

pioïdes simples et axillaires. J'ai vu une de ces inflorescences, moins vigoureuse, se terminer par une simple bifurcation, avec une fleur dans la dichotomie. Ici cette fleur était évidemment la terminaison de l'axe primaire, et les branches de la bifurcation étaient des rameaux nés à l'aisselle de deux feuilles devenues presque opposées par le raccourcissement de l'entre-nœud qui devait les séparer. Une autre panicule plus énergique m'a offert un axe primaire qui se trifurquait au sommet en branches deux fois bifurquées. Dans les branches de la trifurcation, il était impossible de n'en pas reconnaître deux pour des rameaux nés à l'aisselle de feuilles alternes très-rapprochées, et la troisième, nue à sa base, pour la continuation de la tige. Des deux branches de chacune des premières bifurcations, l'une feuillée à sa base était le rameau, et l'autre nue était la continuation de la branche de la trifurcation. Quant aux branches de la seconde bifurcation, toutes deux nées à l'aisselle d'une bractée étaient des rameaux, et l'axe qui leur avait donné naissance se continuait dans la dichotomie en une fleur isolée ou un simple moignon.

Ce qu'est l'épi dans les Caryophyllées.

Les Caryophyllées présentent, comme vous savez (p. 307), des cymes dans le sens que Link et Roeper ont attaché à ce mot, c'est-à-dire une suite de dichotomies avec une fleur dans chaque bifurcation. On a décrit, il est vrai, des épis dans plusieurs *Silene;* mais ces épis ne sont, en réalité, que des cymes en partie avortées, et qui deviennent de véritables grappes scorpioïdes où la vérité est encore un peu plus masquée que dans les plantes dont je viens de vous entretenir. Prenons pour exemple le *Silene paradoxa* (*f.* 224). Les bifurcations inférieures se développent entièrement; mais bientôt il n'y a plus de bifurcation, et l'une des branches de la dernière existante se prolonge en un long épi composé de fleurs écartées, alternes, tournées du même côté et accompagnées à leur base de bractées scarieuses. Chacune de ces fleurs n'est que le sommet d'un axe accompagné de deux bractées comme dans toute dichotomie; mais ici une seule des deux branches de la dichotomie s'est développée, et, après avoir aussi fourni une fleur, elle verra à son tour sa place usurpée par une branche née de l'une de ses deux bractées. Ce qui prouve, jusqu'à la dernière évidence, ce que je dis ici, c'est que, dans les premières bifurcations, au-dessous de l'épi, il y a un rameau qui, beaucoup moins long et plus grêle que l'autre, est déjà l'annonce d'un avortement complet.

Comparaison de la grappe scorpioïde des plantes à feuilles alternes avec celle des espèces à feuilles opposées.

D'après tout ce qui précède, il est clair que, dans les grappes scorpioïdes des plantes à feuilles alternes, comme les Borraginées et les Crassulacées, il y a simplement implantation d'une suite d'axes appartenant à des degrés de végétation différents, tandis que dans les grappes scorpioïdes des espèces vraiment dichotomes, ou, si l'on veut, à feuilles opposées, il y a, avec l'usurpation répétée, l'avortement d'un des deux rameaux, et comme cet avortement a lieu alternativement à la bractée droite et à la bractée gauche, les fleurs doivent nécessairement être alternes. Dans les grappes scorpioïdes des Borraginées, il y a simplement développement incomplet; dans celles des *Silene*, il y a tout à la fois défaut complet de développement pour l'un des axes secondaires et développement incomplet pour l'axe primaire.

La feuille supérieure ou inférieure au sommet de tige avorté.

On conçoit très-bien que, dans l'état le plus ordinaire, lorsqu'il y a usurpation, le rameau usurpateur se trouve exactement placé entre la tige avortée et la feuille à l'aisselle de laquelle il a pris naissance, et que celle-ci, devant son origine à la tige, se trouve attachée au-dessous du rameau, ou, si l'on veut, que la feuille soit, comme l'on s'exprime communément, opposée à l'inflorescence. Il peut arriver, cependant, que la tige soit inférieure à la feuille, et que celle-ci semble tirer son origine du rameau ; ou bien encore que ce soit le sommet avorté de la tige, faux pédoncule, qui se montre supérieur à la feuille. Dans le premier cas, celle-ci se soude par sa base avec le rameau ; dans le second, c'est l'extrémité de la tige ou le faux pédoncule qui se soude.

Bifurcation supérieure à la feuille.

Des bifurcations qui, chez les plantes à inflorescence scorpioïde, telles que les Borraginées, se montrent au-dessus d'une feuille, indiquent bien clairement aussi la soudure de la tige et du rameau, soudure dont un sillon montre parfaitement la place dans l'*Anchusa angustifolia*.

Bractées latérales dans les grappes scorpioïdes.

On comprend moins facilement pourquoi, dans les grappes scorpioïdes de certaines Borraginées, la bractée, au lieu d'être opposée au pédoncule, se trouve placée latéralement par rapport à lui, de manière que ce dernier semble sortir de l'aisselle d'un des bords de cette même bractée. Mais, si l'on jette les yeux sur celle-ci, on reconnaît, à deux lignes qui s'élèvent sur l'axe, qu'elle a commencé beaucoup plus bas que l'endroit où elle devient libre, et qu'elle a, dans l'étendue de sa partie soudée, éprouvé une certaine torsion, se portant ainsi vers la base du pédoncule de la fleur, qui lui-même a dû être soudé de son côté, et a pu aussi, dans sa soudure, éprouver un certain changement de direction.

Les bractées dans les *Helianthemum*.

Dans les *Helianthemum* se présente une double difficulté : non-seulement la bractée n'est point opposée à la fleur, non-seulement elle est placée latéralement par rapport à cette dernière, mais encore, tout en conservant sa position latérale, elle se montre sinon toujours, du moins fort souvent sur un plan plus élevé qu'elle. Sa position supra-florale pourrait s'expliquer par la soudure du pétiole avec l'axe. Quant à la position latérale, je l'expliquerais d'une autre manière que dans les Borraginées. Chez les Cistées, les feuilles ne sont point toujours solitaires comme celles des

Borraginées, elles sont souvent accompagnées de stipules. Dans l'état normal, la feuille devrait être exactement opposée au pédoncule, et, par rapport à celui-ci, les deux stipules seraient latérales. Que, par l'appauvrissement qui accompagne les développements terminaux, la feuille véritable et l'une des stipules avortent, il nous restera un organe foliacé unique et latéral qui, véritable stipule, sera en apparence une petite feuille. Pour peu que l'on se donne la peine de comparer les bractées de la grappe scorpioïde de l'*Helianthemum vulgare* avec les stipules des feuilles caulinaires, on sera frappé de la ressemblance parfaite. Les *Cistus*, genre si voisin des *Helianthemum*, n'ont point de stipule, et leurs fleurs ne sont pas accompagnées de bractées latérales.

Pédoncules unilatéraux dans la grappe ordinaire.

Il ne faut pas croire que, toutes les fois que les pédoncules sont unilatéraux, il y ait inflorescence scorpioïde; si ceux des Utriculaires nageantes (*Utricularicæ natantes*) suivaient leur direction naturelle, il faudrait souvent que les fleurs de ces plantes s'épanouissent dans l'eau, et alors la fécondation pourrait ne point avoir lieu. J'ai reconnu, dans l'*Utricularia oligosperma*, que la nature avait paré à cet inconvénient, en douant les pédoncules de la faculté de se recourber brusquement à leur origine, de manière qu'ils deviennent verticaux et que la corolle peut ainsi s'épanouir à l'air libre.

Il y a aussi de véritables grappes, comme celle du *Digitalis purpurea*, où les pédoncules véritablement placés tout autour de la tige se courbent du même côté, par une force qui échappe à nos moyens d'observation. Ce qu'il y a de fort remarquable, c'est que les pédoncules du *Myosotis palustris* ou du *M. arvensis* (*f.* 222), après avoir été tous naturellement tournés d'un même côté, se dirigent en sens contraire, durant la maturation des graines, par une courbure de 180 degrés.

CHAPITRE XVII.

FLEURS.

Ce qu'est la fleur.

Nous avons vu la plante diminuer de vigueur, nous avons vu ses feuilles devenir plus entières, se rétrécir, se changer en bractées, nous avons vu les branches se métamorphoser en pédoncules; nous arrivons à leur fleur, la partie la plus brillante du végétal, et le gage de sa reproduction.

La fleur, comme vous le savez déjà (p. 31, 95), est le terme de la végétation de la tige ou du rameau; elle se compose des productions appendiculaires de l'extrémité de l'une ou de l'autre avec cette extrémité elle-même; elle est le résultat d'un bourgeon terminal métamorphosé; enfin elle offre une réunion de feuilles plus ou moins altérées disposées autour d'un axe commun en cercles ou verticilles superposés, qui ne sont autre chose que des portions de spirale fort resserrées; elle est, pour mieux dire, l'abrégé de la plante.

Définition de la fleur.

Les anciens auteurs attachaient une grande importance à donner, indépendamment de ces considérations qui leur étaient étrangères, une définition bien exacte de la fleur ; mais cette définition est difficile à trouver, parce que la nature n'offre rien de tranché, et qu'il existe tout à la fois des fleurs où les organes sexuels sont entourés de plusieurs enveloppes propres et d'autres où ils restent nus, des fleurs qui n'offrent autre chose qu'un seul organe sexuel, et d'autres qui étalent, avec une magnifique corolle, des étamines et des pistils en nombre si considérable qu'on ne pourrait presque les compter. Cependant, si l'on voulait absolument une définition rigoureuse de la fleur, abstraction faite de toute idée théorique, on pourrait dire qu'elle consiste en un ou plusieurs organes sexuels nus ou pourvus d'enveloppe, ou bien en une ou plusieurs enveloppes florales sans organes sexuels.

Fleur complète ; fleur incomplète.

Dans les fleurs réellement complètes (*flos completus*), nous avons six ordres de verticilles, c'est-à-dire de pièces soit libres, soit soudées, disposées autour de l'axe commun, en portions de spirale très-raccourcie : ce sont le calice, la corolle, les étamines, deux rangs de nectaires et les carpelles. Souvent un ou plusieurs de ces verticilles ne se développent pas. Quelquefois aussi le développement est plus sensible encore que dans l'état rigoureusement normal, et l'on a un double calice, plusieurs corolles superposées, des étamines et des carpelles multiples. Une fleur est incomplète (*flos incompletus*), quand il lui manque un ou plusieurs des quatre verticilles considérés comme les plus essentiels, savoir, le calice, la corolle, les étamines et les carpelles. Dans ces quatre verticilles n'est pas compris le disque ou nectaire qui manque extrêmement souvent ; et, si une fleur a des organes sexuels femelles et mâles, des pétales et un calice, elle est considérée comme complète, quoiqu'elle soit sans nectaire. La Rose, l'OEillet et la Renoncule (*Rosa, Dianthus, Ranunculus*) sont des fleurs complètes ; le Populage (*Caltha*) est une fleur incomplète, parce qu'il n'a qu'une corolle ; les Anserines (*Chenopodium*) sont des fleurs incomplètes, parce qu'elles n'ont qu'un calice.

Fleur nue ;

Il arrive quelquefois que non-seulement la corolle, mais encore le calice ne se développent pas. Alors les organes sexuels n'ont aucune enveloppe, et l'on dit que la fleur est nue (*flos nudus*). C'est ce qui a lieu pour le Frêne (*Fraxinus excelsior*).

hermaphrodite, unisexuelle ;

mâle, femelle, neutre ;

monandre, diandre ;

monogyne, digyne.

De même qu'on distingue les fleurs par l'absence ou le nombre des verticilles destinés à revêtir les organes sexuels, on les distingue aussi par la réunion, la séparation, l'absence ou le nombre de ces mêmes organes. Une fleur est hermaphrodite (*flos hermaphroditus*), quand elle présente les deux sexes à la fois, et unisexuelle, quand elle n'offre que l'un des deux ; on la dit mâle ou femelle (*flos masculus, femineus*), lorsqu'on veut indiquer si ce sont des étamines ou des pistils qu'elle renferme ; neutre (*flos neuter*), quand les organes sexuels ne s'y sont point développés comme dans plusieurs Composées ; *monandre, diandre, triandre, polyandre* (*flos mono-di-tri-polyandrus*), lorsqu'on veut faire connaître qu'elle est à une, deux, trois ou un grand nombre d'étamines ; monogyne, digyne, trigyne, polygyne (*flos monogynus, digynus, trigynus, polygynus*), quand c'est le nombre des pistils que l'on prétend signaler.

Fleur monoïque, dioïque ou polygame ; expressions inexactes.

Je n'ai pas besoin de vous faire sentir qu'il n'est point exact de dire une fleur monoïque, dioïque ou polygame, car ces mots indiquent, à proprement parler, si les sexes sont séparés sur des pieds différents ou sur le même pied, ou bien encore si, sur le même pied, on trouve à la fois des fleurs unisexuelles et hermaphrodites ; or, à l'inspection d'une fleur mâle, par exemple, il est impossible de décider si on l'a recueillie sur une plante qui portait uniquement d'autres fleurs mâles comme elle, ou si elle a été produite par un individu chargé en même temps de fleurs, soit femelles, soit hermaphrodites. Il faut la plante entière pour étudier cet ordre de caractères, et, par conséquent, c'est à elle que doivent être rapportées les expressions de monoïque, dioïque et polygame.

Réceptacle de la fleur.

L'axe qui donne naissance aux verticilles de la fleur porte le nom de réceptacle (*receptaculum*). Qu'il s'allonge et laisse quelques intervalles entre les différents verticilles ; que, par son raccourcissement, il les présente presque confondus ; qu'il reste grêle, se creuse en coupe ou s'arrondisse en sphéroïde, c'est toujours le même organe, c'est toujours la portion terminale d'une tige ou d'un rameau.

Gynécée ; androcée.

Pour avoir des points exacts de comparaison entre les diverses fleurs, il est utile de diviser les verticilles en deux ordres : le verticille des organes femelles ou pistils, et ceux plus inférieurs formés, l'un des organes mâles, et les autres des parties qui ont avec eux le plus d'analogie, savoir, la corolle et les nectaires. On a donné le nom de gynécée (*gynæceum*) au premier de ces verticilles, et celui d'androcée (*androceum*) à la réunion des derniers ; dénominations qu'il est bon d'adopter, mais qui n'en sont pas moins très-impropres, car les mots gynécée et androcée indiquent la place des organes femelles ou mâles, et non ces organes eux-mêmes. Pour plus de clarté, l'androcée a été distingué en extérieur et intérieur (*andr. exterius, interius*) ; le premier qui comprend la corolle et les étamines, le second qui se compose du nectaire simple ou double.

Androcée extérieur ; androcée intérieur.

Nombre des parties de la fleur chez les monocotylédones et chez les dicotylédones.

Le nombre des parties qui constituent les verticilles floraux distingue essentiellement les deux grandes classes des monocotylédones et des dicotylédones. Sauf les avortements, c'est toujours, ou presque toujours trois et ses multiples pour les monocotylédones. Chez les dicotylédones, au contraire, on trouve le plus ordinairement cinq et ses multiples, quelquefois deux et ses multiples, et fort rarement trois. Il est à remarquer que, quand ce dernier nombre se rencontre parmi les dicotylédones, c'est souvent dans les genres d'une organisation très-élevée, tels que la Ficaire (*Ficaria*) et l'Anémone ; mais alors il est accompagné de multiplications qui établissent une sorte de compensation. Ce nombre se présente cependant sans aucune autre multiplication que chez les carpelles, dans le genre *Casalea*, qu'on ne peut éloigner des Renoncules (*Ranunculus*) ; et, par l'intermédiaire de ce genre, les Renonculacées, une des familles les plus élevées dans l'organisation végétale, se trouvent avoir d'intimes rapports avec une famille de monocotylédones, les Alismacées.

Position des fleurs relativement au pédoncule.

La plupart des fleurs sont horizontalement placées relativement au pédoncule. Cependant, parmi les irrégulières, on en trouve beaucoup qui ont une position plus ou moins oblique, ou même presque verticale ; je pourrais citer, entre autres, des *Linaria*, des *Antirrhinum*, des *Genlisea*. Dans les fleurs horizontales, les pièces des diverses portions de spirale sont tellement rapprochées qu'elles forment presque des cercles ; dans les fleurs obliques, il est clair que la spirale s'est allongée davantage, et que les parties d'un même verticille, quoique soudées entre elles, sont cependant nées du réceptacle, à des points moins rapprochés que dans la fleur horizontale.

Dimensions des fleurs.

Depuis le *Brayera*, l'*Alchemilla Aphanes*, ou le *Pelletiera*, dont les fleurs n'ont pas une ligne de diamètre, jusqu'à cette *Aristoloche* (*Aristolochia*) des bords du Rio-Magdalena, qui a des calices assez grands pour tenir lieu de bonnets, les diverses espèces de végétaux présentent, dans leurs fleurs, presque toutes les dimensions possibles.

Il ne faut pas croire que les dimensions de la fleur soient en rapport avec celles des végétaux qui la produisent. Quelques arbres de l'Amérique, de l'Afrique et de l'Inde, tels que les *Magnolia*, les *Liriodendrum*, les *Chorisia*, les *Bignonia*, les *Bombax*, offrent, à la vérité, des fleurs aussi grandes que celles de nos Lis ou de nos Digitales ; mais la plupart des grands végétaux des forêts d'Europe portent des fleurs tellement petites qu'elles échappent ordinairement à ceux qui ne font point une étude spéciale de la botanique. La fleur du Chêne (*Quercus robur*, L.) ne peut s'étudier qu'à l'aide d'une forte loupe, et celle des *Crocus* ou de la Colchique (*Colchicum*), qui croissent humblement aux pieds de cet arbre majestueux, a plusieurs pouces de longueur. Si même nous nous bornons à comparer entre elles les fleurs des plantes soit tout à fait annuelles, soit annuelles par leurs parties aériennes seulement, nous trouverons de semblables différences. Le Blé de miracle (*Triticum turgidum*), qui meurt entre deux printemps, s'élève souvent plus haut que la taille d'un homme, et n'a pas des fleurs proprement dites de plus de deux à trois lignes, tandis que le *Gentiana acaulis*, qui souvent n'atteint pas de deux à trois pouces, offre, dans sa fleur seule, plus de la moitié de cette longueur. Une même famille, un même genre peuvent quelquefois présenter de très-grandes différences dans les dimensions de leurs fleurs ; nous cultivons pour leur beauté la Giroflée jaune, la Julienne, le Gazon d'Olympe (*Cheiranthus Cheiri*, *Hesperis matronalis*, *Cheiranthus maritimus*), plantes de la famille des Crucifères, et nous ne saurions distinguer, sans le secours des verres grossissants, les parties de la fleur du *Cardamine impatiens*, espèce de la même famille. Le *Dianthus Caryophyllus* fait l'admiration des fleuristes : on aperçoit à peine la fleur du *Dianthus prolifer*.

Si nous prenons pour objet de comparaison les classes secondaires de Jussieu, nous trouverons que ses apétales, y compris la plupart de ses diclines, présentent généralement les fleurs les plus petites et les moins apparentes. On peut, à la vérité, voir avec quelque plaisir un *Gomphrena* ou un *Amaranthus*, à côté d'un Œillet ou d'une Renoncule; mais il ne faut pas oublier que nous pouvons admirer dans la Renoncule ou l'Œillet la fleur isolée, tandis que, pour attirer notre attention, il faut, dans un *Celosia* ou un *Amaranthus*, une inflorescence tout entière.

Il est à remarquer que les fleurs sont, en général, d'autant plus nombreuses sur une même plante, qu'elles sont plus petites : on pourrait à peine compter celles d'un *Arundo*, d'un *Typha*, d'un *Chenopodium*; les *Amaryllis*, les *Fritillaria*, les *Gentiana*, les Narcisses, les Œillets n'en ont qu'un petit nombre, souvent même ils n'en ont qu'une seule.

Par l'exemple du *Gentiana acaulis*, nous avons vu tout à l'heure qu'une grande partie du végétal peut être formée par la fleur. Elle nous offre toujours des symptômes d'affaiblissement, soit dans la soudure de ses parties, soit dans leur plus grande ténuité, leur extrême rapprochement ou leur coloration; mais il n'en est pas moins vrai que, fort souvent, la métamorphose des organes ne se fait point d'une manière graduée et dans une progression mathématique. S'il n'en était pas ainsi, nos campagnes seraient souvent privées de leur plus bel ornement, la variété, et l'auteur de la nature n'a pas seulement établi une harmonie parfaite entre les parties d'un même être; chaque être est en rapport avec ceux qui l'entourent; il n'est qu'une portion d'un ensemble incommensurable où tout est accord et harmonie.

Couleurs des fleurs.

Un grand nombre de fleurs n'ont rien qui attire les regards; mais il en est une foule d'autres qui charment nos yeux par l'élégance de leurs formes et surtout par l'éclat de leurs couleurs. Chez les dicotylédones apétales, les diverses parties de la fleur sont généralement d'une teinte verte et uniforme. La même couleur se retrouve aussi dans les différents verticilles floraux d'un assez grand nombre de monocotylédones, ou, du moins, les deux verticilles extérieurs y sont nuancés de la même manière : à l'exception du pollen, toutes les parties de la fleur du Lis (*Lilium candidissimum*) sont à peu près également blanches. Il n'en est pas ainsi des monopétales et des polypétales. Presque toutes présentent un calice vert et une corolle d'une autre couleur. Comme cette dernière est la partie de la plante qui attire les regards, c'est par sa couleur que, dans le langage habituel, on distingue la fleur tout entière ; ainsi l'on dit qu'une fleur est rouge, jaune ou violette, lorsque ses pétales présentent ces diverses teintes, quoique d'ailleurs son calice soit vert et ses filets blanchâtres.

La plupart des fleurs sont à peu près inodores ; mais il en est qui embaument l'air des parfums les plus délicieux. Souvent la fleur est la seule partie odorante du végétal, comme dans la Violette de mars et le Réséda des jardins (*Viola odorata*, *Reseda odorata*). Souvent aussi les parties qui l'ont précédée dans l'ordre de la végétation sont également odorantes ; mais l'odeur des feuilles s'épure en quelque sorte en passant dans la corolle, et y devient à la fois plus suave et plus intense. Le calice de l'Oranger (*Citrus Aurantium*) a une odeur plus délicate que ses feuilles ; c'est encore la même odeur qu'on retrouve dans la corolle et les étamines, mais elle y a acquis le dernier degré de perfection et de suavité. Leur odeur.

Les plantes à fleurs odorantes sont généralement plus communes dans les pays secs que dans les contrées humides. Un parfum balsamique de Thym et de Lavande s'échappe sous les pas de celui qui gravit les collines arides du Languedoc et de la Provence. En admirant la végétation qui s'élève, orgueilleuse et gigantesque, sous le climat humide des environs de Rio-Janeiro, on ne peut s'empêcher de regretter des plantes odorantes ; mais qu'on s'éloigne de la mer, qu'on s'enfonce dans ces *campos* où une longue sécheresse vient, chaque année, ralentir la vie végétale, on y trouvera une foule d'*Hyptis* aromatiques, on y respirera les parfums qu'exhalent les beaux thyrses du *Salvertia convallariodora* (1).

Je vous ferai connaître isolément chacun des verticilles floraux, et ensuite je vous indiquerai leur position relative qui seule pourra nous fournir les éléments d'une des branches les plus importantes de la botanique comparée ; mais, avant de vous dire en détail ce qui compose la fleur, je dois vous montrer ce qu'elle est avant son entier épanouissement.

(1) J'ai dédié cette plante à feu M. Augustin-Amable Dutour de Salvert, auquel m'unissaient les liens de la parenté et ceux de l'amitié la plus tendre. Nous avions commencé ensemble nos études botaniques ; mais M. de Salvert, doué d'une facilité merveilleuse, m'aurait bientôt dépassé, s'il avait pu consacrer plus de temps à la science. C'est à lui que sont dus les dessins qui accompagnent mon *Mémoire sur la formation de l'embryon du Tropæolum et sa germination* (dans les *Annales du Muséum d'histoire naturelle*, vol. XVIII, p. 461), et la plupart de ceux qui sont joints à mon *Mémoire sur les plantes auxquelles on attribue un placenta libre* (Paris, 1816), et à celui *sur les Cucurbitacées et les Passiflorées* (*Mémoires du Muséum d'histoire naturelle*, vol. V, p. 304, et vol. IX, p. 190). Nous avons aussi publié ensemble, dans les *Mémoires du Muséum d'histoire naturelle* (vol. II, p. 393), des *Observations sur le genre* Glaux, et dans le *Journal de botanique de M. Desvaux* (vol. II, p. 158 ; année 1813), la *Description d'une Digitale* dont l'hybridité paraît bien constatée. L'extrême amabilité de M. de Salvert, son esprit conciliant, sa bonté inaltérable, l'ont fait regretter de tous ceux qui le connaissaient, et surtout des habitants du pays qu'il avait administré comme un père pendant plusieurs années.

CHAPITRE XVIII.

BOUTONS.

La fleur, partie terminale d'une tige ou d'un rameau, naît d'un bourgeon, comme toute extrémité de rameau ou de tige; mais on donne le nom particulier de bouton (*alabastrum*) au bourgeon dont le développement doit donner naissance à une fleur. Ainsi l'on peut dire que le bouton est la fleur tout entière avant l'épanouissement, et il se compose uniquement des parties de la fleur, ou, si l'on veut, des organes de la fructification. Définition du bouton.

C'est en ceci que consiste la différence qui existe entre le bouton et le bourgeon à fleurs : celui-ci peut présenter plusieurs fleurs, ou, si l'on veut, il peut présenter des parties appartenant à plusieurs degrés de végétation, tandis que le bouton ne contient que des organes qui tous appartiennent au même degré ; ou bien, s'il arrive que le bourgeon ne renferme qu'une fleur, il offre au-dessous d'elle des organes Comparaison du bouton avec le bourgeon à fleurs.

qui ne se rapportent point à ceux de la fructification, savoir, des feuilles, des bractées ou des écailles, feuilles mal développées, qui extérieurement, enveloppaient les fleurs avant leur épanouissement.

Mais ici encore il n'y a rien de tranché : les organes de la végétation et ceux de la fructification n'ont à peu près que des limites conventionnelles. Si le calice est l'enveloppe extérieure des étamines et des pistils, il est bien vraisemblable qu'en même temps il participe aux fonctions que les feuilles ont à remplir. Il n'est personne, d'un autre côté, qui ne regarde le calicule de l'OEillet (*Dianthus, f.* 116) comme faisant partie de son bouton, et ce calicule se compose de bractées, feuilles généralement moins altérées que les folioles du calice, et que l'on rapporte, comme vous savez, aux organes de la végétation.

Le botaniste n'aura cependant aucun doute pour ce qui regarde les Composées. On dit, dans le langage ordinaire, un bouton de Souci ou de Reine-Marguerite; mais il n'en est pas moins vrai que, dans une tête de Composée, épi abrégé qui présente deux degrés de végétation, comme ceux des Véroniques, il y a réellement autant de boutons qu'il existe de fleurettes.

§ I. — *De la forme des boutons.*

Comme les bourgeons véritables, les boutons présentent des formes différentes dans les différentes espèces. Ils sont globuleux dans la Mauve et le Bon-Henri (*al. globosum*), ovoïdes dans la Rose ou le *Clematis Viticella* (*f.* 230) (*al. ovatum*), allongés dans l'OEillet (*cylindrico-oblongum*), en massue dans le Lilas ou le *Jasminum fruticans* (*f.* 226) (*al. clavatum*). En général, leur forme est déterminée par celle du calice, davantage encore par celle de la corolle et, de plus, par la disposition relative des parties avant leur entier épanouissement. Ainsi le bouton du *Butomus umbellatus* est nécessairement ovoïde-aigu, parce que les parties de l'enveloppe florale s'y appliquent droites les unes sur les autres, et qu'elles sont ovales et terminées en pointe. La Rose a aussi un bouton pointu et ovoïde, et cependant ses pétales sont obtus; mais, avant l'épanouissement, ils se recouvrent réciproquement par un de leurs bords, et de cette espèce de torsion qui se termine au-dessus de l'ensemble des organes sexuels, il doit nécessairement résulter un corps ovoïde et pointu. Dans les plantes où la corolle présente un tube couronné par une coupe ou un limbe aplati, telles que le Lilas et les Jasmins (ex. *Jasminum fruticans*, *f.* 225 et 226), le limbe replié sur lui-même formera le sommet d'une massue dont la partie inférieure sera le tube. Le bouton de l'Oranger est cylindrique et obtus, parce que les pétales qui le composent sont obtus et linéaires (*f.* 227, 228). Chez les Papilionacées, où le plus grand pétale, appelé étendard, orbiculaire, ovale ou arrondi, est ordinairement arqué de dedans en dehors, et où, avant l'épanouissement, il se plie en deux, pour envelopper les autres parties de la fleur, le bouton aura la figure d'un croissant (ex. *Coronilla glauca*, *f.* 229, 230). Je crois qu'en général, à l'inspection de la fleur, on pourrait, sans beaucoup de peine, déterminer la forme du bouton.

La forme du bouton expliquée.

Il ne faut pas s'imaginer cependant que cette forme reste constamment la même, depuis l'instant où l'on commence à apercevoir le bouton jusqu'à celui où il se développe. Ses contours doivent tendre à se modifier sans cesse, parce que

Forme du bouton différente aux diverses époques de son développement.

l'accroissement des diverses parties dont il se compose se fait d'une manière fort inégale.

§ II.—*Des parties qui, dans le bouton, se montrent au-dessus du calice.*

Examen d'une classification des boutons.

On a voulu distinguer les boutons en deux classes, ceux où la corolle se montrerait au-dessus du calice et ceux où elle serait entièrement contenue dans cette enveloppe. Je crois qu'à quelques exceptions près, comme celles fournies par diverses Ombellifères, il y a un moment où le calice ou bien l'involucre paraît seul à l'extérieur, et un moment où la corolle se voit en dehors, sans être, pour cela, entièrement épanouie. Il est certain, cependant, que les pétales ne se montrent pas, chez toutes les plantes, à la même époque de l'épanouissement du bouton. La différence tient, je crois, à la grandeur relative du calice et de la corolle. Les pétales de l'Oranger restent moins longtemps dans le calice que ceux de l'Œillet, parce que, relativement au calice, ils ont une longueur plus grande que les pétales de l'Œillet.

Le style des Plantains et les étamines des *Metrosideros* dans le bouton.

Bien avant que la corolle s'élève, dans le bouton des Plantains, au-dessus du calice, le style qui, chez ces plantes, est fort allongé, se montre hors de l'enveloppe calicinale. Les étamines rouges des *Metrosideros* s'ouvrent un passage entre les pétales, d'une couleur verte, et se montrent à l'extérieur quelque temps encore avant d'être parfaitement développées.

§ III. — *De la préfloraison.*

De même que, dans le bourgeon, les feuilles se recouvrent et s'enveloppent de diverses manières, de même aussi l'arrangement des parties de la fleur varie dans le bouton suivant les familles, et même suivant les genres. On donne le nom d'estivation, de préfloraison (*æstivatio, præfloratio*) à la disposition qu'affectent dans le bouton les organes floraux.

Chaque organe a dans le bouton une direction propre et une direction relative. Je vous entretiendrai d'abord de la première. Direction propre; direction relative des organes dans le bouton.

Le plus souvent les parties du calice n'offrent aucun pli dans le bouton; quelquefois, cependant, le limbe tout entier se roule sur lui-même en manière de bourrelet (ex. *Centranthus ruber*, *f.* 270), ou bien les bords rentrent en dedans comme une cloison incomplète, ainsi que cela arrive chez le *Clematis Viticella* (*f.* 231, 232) (*præf. induplicativa*, DC), si tant est que l'enveloppe florale unique des Clématites doive être considérée comme un calice. En général, les pétales sont également sans pli; mais, dans plusieurs plantes, telles que les Pavots (ex. *Papaver Rhœas*, *f.* 233), l'*Hydrocharis Morsus ranæ*, le *Bignonia Catalpa*, où ils ont peu de consistance et prennent un grand développement relativement à l'enveloppe calicinale, ils se chiffonnent sans aucune régularité (*præf. corrugativa*); dans les Ombellifères, les bords de chaque pétale se replient de dedans en dehors de manière que la rencontre des bords de deux pétales forme, à l'extérieur, une petite lame, et que l'ensemble du bouton en présente cinq (*præf. reduplicativa*) (ex. *Seseli tortuosum*, *f.* 234, 235); les cinq lames exté-

Direction propre du calice ;

des pétales ;

rieures du bouton des Campanules sont formées, au contraire, par le milieu des parties de la corolle, pliée sur elle-même de l'extérieur à l'intérieur (ex. *Campanula Trachelium, f.* 236, 237); le *Solanum Dulcamara* se plie de la même façon, cependant les deux portions des pétales se rapprochent beaucoup moins; d'autres *Solanum* se plient également par leur milieu, mais c'est de dedans en dehors, de manière à former, à leur partie moyenne, une gouttière extérieure, et, en même temps, leurs bords se reportent, de dehors en dedans, vers la nervure moyenne. Souvent les étamines sont dans le bouton, parfaitement droites; mais il arrive aussi que leur filet se courbe plus ou moins, soit en zigzag, soit en crosse, ou qu'il se plie de dehors en dedans, comme chez les Plantains (*præf. implicativa*); plusieurs Mélastomées ont un calice qui n'adhère au jeune fruit que par d'étroites cloisons placées de distance en distance, et, avant l'épanouissement de la fleur, l'anthère, pour ainsi dire pendante, se cache dans les logettes formées par ces cloisons. Quant aux styles, ils sont, dans le bouton, le plus souvent dressés; ceux même qui, comme chez les Caryophyllées et tant d'autres plantes, s'étalent et divergent après l'épanouissement de la fleur, se montrent, avant cette époque, droits et appliqués les uns contre les autres.

des étamines;

des styles.

Mots imaginés pour exprimer la direction propre fort peu utiles.

On a imaginé des mots pour exprimer les diverses modifications qu'offre, dans le bouton, la direction propre du calice, des pétales et des étamines. Ces modifications ne doivent sans doute point échapper à l'organographe; mais elles ne se présentent pas assez souvent, et n'ont pas assez d'importance pour qu'il soit nécessaire d'y attacher des expressions qui fatigueraient inutilement la mémoire.

Ce qu'est la direction relative des organes floraux dans le bouton.

La direction relative des organes floraux dans le bouton est celle que chaque partie d'un verticille affecte par rapport aux autres parties du même verticille. C'est cette direction qui plus particulièrement porte le nom de préfloraison.

La préfloraison est dite valvaire (*præfloratio valvaris*), quand les parties d'un même verticille sont placées les unes à côté des autres, sans se recouvrir en aucune manière, ainsi que cela a lieu pour le calice de la Mauve, de l'*Hibiscus* (ex. *H. liliiflorus*, *f.* 238, 239) et pour la corolle des *Asclepias*. A cette préfloraison doit être rapportée celle de la plupart des fleurs de Liliacées, et, si on l'a indiquée sous un nom particulier, celui d'alternative (*alternativa*), c'est que l'on a pris pour une enveloppe unique deux verticilles vraiment distincts, dont les parties doivent nécessairement alterner, et qui tous les deux sont valvaires. C'est aussi à la préfloraison valvaire que doit être rapportée celle des corolles de Campanules (*f.* 236, 237) dont chaque partie est, comme je vous l'ai dit, pliée dans le milieu de dehors en dedans. Préfloraison valvaire ;

Lorsque chaque partie recouvre, d'un côté, la partie voisine, tandis que, de l'autre côté, elle-même est recouverte par une autre partie, la préfloraison est tordue (*contorta*); c'est ce qui a lieu pour la corolle des *Nerium*, des *Echites*, des *Linum* (ex. *Linum Narbonense*, *f.* 240, 241), de l'*Hibiscus Syriacus*. Les deux verticilles floraux et alternes des *Anemone* ont chacun une préfloraison tordue. tordue ;

On appelle préfloraison quinconciale (*præf. quincuncialis*) celle où l'on voit deux parties extérieures, deux intérieures, et une cinquième intermédiaire, qui, d'un côté, est recouverte par l'une des deux extérieures, et de l'autre côté recouvre le bord de l'une des deux intérieures. Les calices de la Rose, de l'OEillet, des *Cistus* (*f.* 242, 243) fournissent des exemples de cette préfloraison très-commune. quinconciale ;

Quand chaque partie embrasse de ses bords ceux de la imbriquée ;

partie plus intérieure, on dit que la préfloraison est imbriquée (*præf. imbricativa*) : les pétales des Véroniques fournissent un exemple de cette préfloraison.

vexillaire ;

Dans le bouton des Papilionacées, plantes à fleurs irrégulières, la carène est recouverte par les ailes, qui se regardent par leur face, et l'étendard, le plus grand de tous les pétales, plié dans son milieu de dehors en dedans, embrasse étroitement ces pétales. Cette préfloraison a été appelée vexillaire (*præf. vexillaris, f.* 229).

cochléaire.

Lorsque la corolle est irrégulière et à deux lèvres, la supérieure, dans le bouton, recouvre l'inférieure, qui se replie de bas en haut, ou, si l'on veut, de dehors en dedans. C'est ce qu'on voit dans les Labiées et un grand nombre de Scrophularinées (*præfl. cochlearis,* ex. *Salvia lamiifolia, f.* 244, 245).

Telles sont les principales sortes de préfloraison. Le botaniste descripteur ne négligera aucune de celles qui caractérisent les familles ou les genres qu'il est appelé à traiter ; mais il fera presque toujours mieux de les peindre par des périphrases susceptibles de se prêter à toutes les modifications possibles, que de les indiquer par des mots étrangers à la langue, qui ne peuvent jamais être employés que dans un nombre de cas limités, et dont l'application a varié fort souvent.

La direction relative des parties de la fleur dans le bouton se complique souvent de la direction propre.

La disposition relative des parties d'un verticille floral ou la préfloraison proprement dite se complique souvent de la disposition propre ; mais, au milieu de cette complication, il faut tâcher de retrouver le type de la première, qui est réellement la plus importante. Que les bords des parties rentrent en dedans, comme dans le *Clematis Viticella* ; qu'ils se replient en dehors, comme dans la Carotte (*Daucus Carota*) ; que le milieu du pétale se creuse en gouttière, comme dans plusieurs *Solanum*, qu'il ressorte en aile, comme dans les Campanules, je vois toujours chez ces plantes la préfloraison valvaire. Que les pétales se recouvrent latéralement sans aucun pli, parce qu'ils sont distincts, comme dans le *Nerium*; ou bien que, soudés, ils se recouvrent en se doublant, comme dans les *Datura* et les *Convolvulus*, je reconnaîtrai également une préfloraison tordue. On doit, sans doute, observer les modifications accessoires qui peuvent accompagner la préfloraison; mais je ne crois pas qu'il faille les désigner par des mots particuliers qui, comprenant aussi le type, fassent oublier ce dernier; ou, si l'on veut absolument des dénominations spéciales pour indiquer les différences de toute nature, je désirerais qu'ici elles fussent exprimées par deux mots, l'un rappelant le véritable type, l'autre la modification que lui fait éprouver la direction propre.

Ce qui doit surtout intéresser l'organographe, c'est la recherche des causes qui amènent les différences que l'on observe, soit dans la direction propre, soit dans la direction relative des enveloppes florales.

Causes des différences que présente dans le bouton la direction propre des enveloppes florales.

Les premières de ces différences résultent évidemment du plus ou moins d'extension que prennent les parties de ces enveloppes, de l'accroissement relatif de la corolle et du calice, ou de celui du limbe de la corolle par rapport à son tube.

Dans le bouton très-jeune, les pétales du Pavot ne présentent aucun pli; mais bientôt ils s'allongent et s'élargissent d'une manière sensible, et comme les deux folioles calicinales les tiennent étroitement renfermés, le développement ne saurait s'opérer sans qu'il se forme un grand nombre de plis.

Les pétales du *Solanum Dulcamara*, étroits et soudés seulement à la base, offrent une préfloraison valvaire, et sont à peine un peu courbés de dehors en dedans. Dans d'autres espèces de *Solanum*, où la soudure s'étend davantage et où les pétales sont fort larges par rapport au tube, il est bien clair qu'ils devaient être pliés dans le bouton.

Une foule de plantes à corolle en cloche ont un tube étroit à la base et bientôt largement dilaté. Dans le bouton qui n'offre pas de la base au sommet une différence de grosseur très-sensible, il fallait nécessairement qu'il y eût des plis.

On peut dire, en général, qu'une préfloraison étant donnée, les parties qui débordent les limites possibles de cette préfloraison doivent former des plis. Si nous réduisons, par la pensée, les pétales d'une Gentiane à d'étroites lanières qui ne dépassent pas en largeur la base du tube, nous n'aurons aucun pli.

Quand une corolle tubuleuse à sa base est plus large à sa partie supérieure, il peut, à la vérité, ne pas y avoir de pli dans la préfloraison; mais il faut alors que la partie plus large n'offre, comme dans les Jasmins (*Jasminum officinale, fruticans*), aucune trace de soudure (*f.* 225, 226), et que les pétales, libres dans cette partie, puissent librement chevaucher les uns sur les autres. Soudons les pétales du limbe d'une corolle de Jasmin, nous aurons des plis dans le bouton.

Les parties qui, dans la préfloraison, rentrent en dedans, étant privées du contact de l'air et de la lumière, restent ordinairement plus minces, moins colorées et moins velues que les parties extérieures. C'est ainsi que se forment les bandes roses de la fleur du Liseron des champs (*Convolvulus arvensis*), celles plus bleues de la Belle-de-jour (*Convolvulus tricolor*), ou celles presque vertes et comme foliacées de la Gentiane d'automne (*Gentiana Pneumonanthe*). Ces bandes ne sont que les portions de corolle qui, dans le bouton, se montraient à l'extérieur.

Causes des différences que présente dans le bouton la direction relative des enveloppes florales.

Je viens de rechercher ce qui constitue les différences que présente, dans la préfloraison, la direction propre des parties du calice ou de la corolle. Quant à celles qu'offre la direction relative, elles ne sauraient avoir d'autre cause que les différences de l'arrangement spiral auquel les parties sont soumises, et qui peut être modifié par une irrégularité plus ou moins prononcée.

La préfloraison quinconciale est celle qui présente les caractères les plus évidents de l'arrangement spiral. La manière ingénieuse dont M. Ad. de Jussieu a expliqué cette préfloraison en fournit clairement la preuve. L'axe de la fleur est un véritable cône. Supposons (*f.* 243) que, du sommet à la base de ce cône, on tire cinq lignes droites également écartées les unes des autres, et qu'une spirale s'étende aussi du sommet à la base du cône, en coupant successivement les cinq lignes droites. Sur un des points d'intersection, plaçons une foliole, puis mettons-en successivement une, de deux en deux, sur les autres points. Après deux tours de spirale, il y aura une foliole sur chacune des lignes droites, et si nous plaçons une sixième foliole, elle se trouvera immédiatement au-dessus de la première. Mais l'axe conique de la fleur est extrêmement court et les folioles sont fort rapprochées : que ces dernières s'élargissent assez pour se rencontrer, nous en aurons deux extérieures (*f.* 243, n°s 1 et 2), une tout à la fois demi-extérieure et demi-intérieure (*même fig.*, n° 3), et deux tout à fait intérieures (*même fig.*, n°s 4 et 5). Or c'est là ce qui constitue la véritable préfloraison quinconciale, telle que nous la voyons dans le calice des Roses et des Cistes. Pour arriver au résultat que nous avons obtenu, nous avons été obligés de sauter successivement, dans nos insertions, par-dessus une des cinq lignes qui descendent du sommet à la base de l'axe conique de la fleur ; nous avons donc mis entre deux insertions deux cinquièmes de la circonférence de notre cône. Or tous ces caractères sont ceux de la disposition que Bonnet a appelée quinconce pour les feuilles caulinaires ; ainsi la préfloraison quinconciale n'est que l'analogue le plus exact du quinconce des feuilles de la tige. Dans le quinconce, comme dans la préfloraison quinconciale, il nous faut deux tours de spire pour arriver à une feuille qui puisse retomber sur la première; les deux tours sont ensemble également composés de cinq feuilles, et il existe entre une feuille et sa voisine deux cinquièmes de la circonférence de la tige.

Au premier abord, il est absolument impossible de retrouver une disposition spirale dans la préfloraison valvaire (*f.* 238, 239), où toutes les parties sont exactement placées les unes à côté des autres sans aucun chevauchement, et nous ne pouvons voir dans cette préfloraison que le verticille. Cependant, si nous considérons que, dans la préfloraison quinconciale, où il y a bien certainement deux tours de spire, les deux parties extérieures semblent exactement placées sur une même ligne, il est à croire que la préfloraison valvaire est également le résultat d'une spirale, mais d'une spirale dont les parties sont tellement rapprochées, qu'elle n'est plus appréciable à nos sens, et se montre avec l'apparence d'un cercle. Ce qui tend à confirmer cette opinion, c'est que les folioles de l'OEillet (*Dianthus*) se sont tellement rapprochées, qu'elles se sont soudées dans une grande partie de leur longueur; mais, dans leur partie supérieure et libre, on observe encore la préfloraison quinconciale.

Si, dans la préfloraison tordue (*f.* 239, 240), l'une des parties était tout à fait extérieure, on verrait, dans cette préfloraison, la spirale la plus simple; mais une suite de parties qui toutes, sans exception, se recouvrent d'un côté, ne présente pas plus l'image d'une spirale que la préfloraison valvaire, et il faut former les mêmes conjectures pour l'une que pour l'autre. Lorsque, dans la préfloraison tordue, les pétales sont irréguliers, comme ceux du *Nerium* et de plusieurs Malvacées, ou comme le sont au sommet ceux du *Gentiana Pneumonanthe*, on pourrait même croire que cette préfloraison n'est autre chose que la valvaire, dans laquelle la portion de chaque pétale qui constitue son irrégularité a été forcée de se porter sur le pétale voisin.

Il est permis de croire cependant, avec M. Dunal, qu'il peut exister dans la fleur des verticilles bien véritables. C'est lorsque les feuilles sont verticillées, ainsi que cela a lieu dans le groupe des *Stellatæ*, qui appartient à la famille des Rubiacées. Les parties de la fleur ne sont que des feuilles métamorphosées, pourquoi ne retrouverait-on pas chez elles la même disposition que chez les feuilles de la tige? Cette similitude semblerait d'autant plus vraisemblable pour les *Galium*, les *Asperula*, les *Sherardia*, que leur calice et leur corolle offrent une préfloraison valvaire, celle qui s'éloigne le plus de la spirale.

§ IV. — *Le sommet du bouton.*

Jusqu'à présent je me suis contenté de vous entretenir de la direction propre et de la direction relative des bords du calice et des pétales; actuellement je vous dirai quelques mots de leur sommet.

Vous savez qu'originairement les parties du calice se touchent toutes à leur extrémité supérieure, et qu'elles recouvrent les pétales, mais que, tôt ou tard, elles s'écartent pour laisser échapper ces derniers; c'est là, du moins, ce qui arrive presque toujours : cependant il est quelques exceptions à cette espèce de règle. Dans le *Bignonia Catalpa*, les folioles du calice sont tellement soudées, qu'on n'aperçoit entre elles aucune trace de soudure, et qu'il ne se forme jamais d'ouverture à leur sommet; lors de l'épanouissement, elles

Calice du *Bignonia Catalpa*.

ne se séparent point, une déchirure s'opère, et c'est ainsi que les organes intérieurs de la fleur arrivent à la lumière. Dans les *Calyptranthes*, où l'ovaire adhère à la base du calice, les folioles de celui-ci sont soudées également de la manière la plus intime, sans aucune ouverture terminale; elles ne se séparent point à l'époque de l'épanouissement; mais, immédiatement au-dessus de l'endroit où elles se confondent avec l'ovaire, elles se rompent transversalement, si ce n'est en un seul point; par leur réunion, elles forment une sorte de couvercle ou d'opercule qui se renverse en dehors, et l'ensemble du calice ressemble alors à une boîte à charnière que l'on aurait ouverte. L'opercule calicinal des *Eucalyptus* se forme de la même manière que celui des *Calyptranthes*, mais il se détache entièrement. De la soudure des folioles du calice de l'*Escholtzia*, il résulte aussi un opercule; mais, comme l'adhérence est moindre d'un côté entre deux des folioles, il se forme de ce côté, lors de la déhiscence, une fente longitudinale.

Opercule calicinal des *Calyptranthes*; des Eucalyptus; De l'Escholtzia.

Tantôt, dans le bouton, les pétales laissent entre eux un espace à leur sommet, et tantôt ils se touchent par leur extrémité supérieure. Ils adhèrent si fortement au sommet dans les *Phyteuma*, qu'ils restent encore soudés par cette partie, lors même qu'ils sont déjà depuis longtemps séparés par leurs bords (1).

Adhérence de l'extrémité des pétales dans les *Phyteuma*.

(1) Un mémoire de MM. Schleiden et Vogel, qui me parvient depuis que ceci est imprimé (*Entwickelungsgeschichte der Leguminosenblüthe*), me prouve que ces habiles observateurs sont d'accord avec moi sur les causes que j'ai assignées aux différences présentées par la préfloraison (v. p. 347).

CHAPITRE XIX.

CALICE.

Je vous ai fait voir les diverses parties de la fleur dans le bouton ; je vous les montrerai actuellement avec plus de détail dans la fleur complète épanouie, me réservant de revenir plus tard sur les suppressions de verticilles qui ont lieu si souvent.

Le calice n'est point, comme on l'a dit, l'enveloppe de la fleur, puisqu'il en fait partie ; il en est le premier verticille ; il est la première production de l'axe floral, l'enveloppe la plus extérieure des organes sexuels. Définition du calice.

Il se distingue des bractées parce qu'il forme plus ordinairement le verticille, et qu'il ne se développe point de bourgeons à l'aisselle des feuilles qui le composent. Il diffère de la corolle par sa consistance moins délicate et sa couleur généralement verte. Comment il se distingue des bractées et de la corolle.

§ Ier. — *Analogie du calice avec les bractées, la corolle et les feuilles.*

Telles sont, du moins, les distinctions qui conviennent au plus grand nombre de cas; mais nous devons avouer qu'on ne saurait les appliquer à tous, que les limites et la nature du calice, généralement très-faciles à reconnaître, donnent lieu quelquefois à des incertitudes, et que l'on arrive à un point où nos définitions deviennent évidemment insuffisantes ou artificielles.

Déjà nous avons vu que, dans la disposition quinconciale, le calice ne forme pas un verticille unique. Les familles qui, par l'étendue de leurs développements, occupent le rang le plus élevé dans le règne végétal, telles que les Ternstromiées, les Dilléniacées, les Guttifères, les Marcgraviées, offrent à leur calice des folioles superposées, en nombre plus ou moins considérable; on en compte huit ou neuf dans le *Camellia*: celles des *Berberis* se confondent avec les bractées; celles enfin des genres *Arrudea* et *Empedoclea*, très-nombreuses et imbriquées, simulent par leur réunion un involucre de Composée.

Analogie du calice avec les bractées.

Il y a, sans doute, un grand nombre de bractées à l'aisselle desquelles un bourgeon se développe; mais il en est beaucoup d'autres qui restent stériles, comme le sont les folioles calicinales. D'un autre côté, si nous jetons les yeux sur l'enveloppe extérieure de l'*Anemone Hepatica* (*f.* 247), nous dirons que c'est un calice, et l'analogie nous conduira à regarder comme tel les trois folioles inférieures à l'enveloppe pétaloïde des *Anemone Coronaria* (*f.* 249), *Pulsatilla* et *nemorosa*, et celles enfin des fleurs de l'*A. narcissiflora* (*f.* 248) qui pourtant offrent des fleurs à leur aisselle; ou, si nous commençons notre examen par l'*Anemone narcissiflora*, nous pourrons être conduits à regarder comme des bractées réunies en involucre le calice de l'*Anemone Hepatica*, et ensuite celui de la Ficaire (*f.* 246) et des Renoncules. Il est de la dernière évidence que, chez toutes ces plantes, l'enveloppe florale inférieure est de même nature ; mais, dans un cas, il naît des fleurs à l'aisselle des feuilles qui la composent, et dans les autres il ne s'en montre aucune.

On peut dire à peu près la même chose du verticille extérieur des Nyctaginées. Le botaniste qui n'aurait vu d'autre plante de cette famille que le *Mirabilis Jalapa* ne songera certainement jamais à regarder comme un involucre son enveloppe florale extérieure composée d'un seul verticille de folioles vertes et soudées, qui alternent avec les parties de l'enveloppe intérieure colorée et pétaloïde. Si, ensuite, dans une enveloppe absolument semblable, le même botaniste trouve plusieurs fleurs chez les *Boerhaavia* et les *Pisonia*, genres qui appartiennent également aux Nyctaginées, il dira certainement que des bourgeons peuvent naître quelquefois à l'aisselle de folioles calicinales. Qu'on veuille ensuite lui persuader que, parce qu'il y a plusieurs fleurs dans l'enveloppe du *Boerhaavia*, celle du *Mirabilis* est un involucre, il répondra, sans aucun doute, que ce qui se passe dans le premier de ces genres ne change en aucune manière ce qui a lieu dans le second; que, d'après nos définitions rigoureuses, il doit appeler calice l'enveloppe extérieure du *Mirabilis*, et involucre celle du *Boerhaavia*, mais qu'il n'en reste pas moins démontré que le verticille inférieur de la fleur peut quelquefois produire des bourgeons à l'aisselle des feuilles qui le composent, et que, par conséquent, la distinction que nous établissons entre l'involucre ou les bractées et le calice ne peut être considérée comme parfaitement naturelle.

Analogie du calice avec la corolle.

Si les folioles calicinales se nuancent avec les bractées, elles se nuancent également avec la corolle. Le calice des *Helianthemum* est beaucoup moins vert que leurs feuilles; les bords du calice sont blanchâtres dans un grand nombre de plantes, et rouges dans l'*Helleborus fœtidus*. Chez les *Polygala*, les folioles calicinales intérieures sont colorées comme des pétales, et d'une consistance également ténue. Le calice de la Grenade (*Punica Granatum*) et celui des *Fuchsia* sont entièrement rouges, celui des *Delphinium* et de l'*Aconitum Napellus* est bleu, le calice est jaune dans l'*Helleborus hyemalis* et l'*Ulex*, rose dans l'*Helleborus niger*, blanc dans l'*Aphanostemma*. Enfin il existe une si grande ressemblance entre certains calices et le second verticille de la fleur, que Linné leur avait donné le nom de corolle, ceux, par exemple, du *Trollius*, de l'*Aquilegia*, de l'*Isopyrum* et des *Helleborus*.

Le calice intermédiaire entre les bractées et la corolle.

De tout ceci, il résulte que le calice forme une nuance entre les bractées et la corolle. Il se compose de feuilles plus altérées, plus métamorphosées que les bractées, et moins altérées que la corolle : ce ne sont plus tout à fait des bractées; ce ne sont point encore des pétales.

Analogie du calice avec feuilles.

Tout, dans le calice, ramène à l'idée de son analogie avec les feuilles. Non-seulement il est de couleur verte, mais il a, comme les feuilles, des vaisseaux et des trachées; il offre des stomates comme les feuilles, et quand celles-ci ont des glandes et des poils, il en présente qui sont de même nature. Sa nervation a de la ressemblance avec celle des feuilles placées au-dessous de lui, et une surabondance de nourriture a fait quelquefois d'une foliole calicinale une feuille véritable. Enfin, dans l'état habituel, les deux folioles extérieures du calice de la Gentiane des champs (*Gentiana campestris*) ne diffèrent des feuilles de la tige, ni pour la forme, ni pour les dimensions, et, si, chez d'autres espèces de plantes, la ressemblance est beaucoup moins parfaite, souvent, du moins, on retrouve en miniature, dans les folioles calicinales, l'organisation des feuilles caulinaires. Je citerai pour exemple la Rose à cent feuilles (*Rosa centifolia*, *f.* 250). Les deux parties extérieures de son calice quinconcial élargies, lancéolées, acuminées, sont garnies à droite et à gauche de très-petits appendices foliacés et se terminent souvent par une expansion de même nature : qui pourrait ne pas voir ici une feuille chargée de ses folioles, mais moins profondément découpée que celles de la tige, parce qu'elle a moins de vigueur?

Le développement des parties moindre à mesure qu'elles s'élèvent sur la spirale.

Ici se présente encore un fait assez remarquable, c'est qu'à mesure que les parties s'élèvent sur le quinconce, le développement devient moindre, et les organes ressemblent moins à la feuille; la foliole calicinale intermédiaire de la Rose à cent feuilles n'est plus garnie que d'un côté de petits appendices foliacés, les deux folioles supérieures n'ont qu'un filet terminal sans appendice et sont, par conséquent, réduites à une partie moyenne dilatée. C'est l'ensemble du phénomène que je viens de rappeler qui a donné lieu à l'énigme latine bien connue :

Quinque sumus fratres, unus barbatus et alter,
Imberbesque duo, sum semi-berbis ego.

Sachant que, dans la Rose à cent feuilles, chacune des deux divisions calicinales intérieures n'est autre chose que la partie moyenne d'une feuille, je dois dire qu'il en est de même pour toutes les divisions du calice de la Rose du Bengale (*R. Bengalensis*, *f.* 251), chez lesquelles on ne voit souvent autre chose qu'une base élargie terminée par une longue pointe. Enfin, dans les folioles calicinales de la Ronce, qui sont également élargies et terminées par une pointe, l'analogie doit me montrer les mêmes parties que dans les folioles de la Rose du Bengale, puisque les feuilles de la Ronce ont, comme la Rose, des feuilles composées.

Ces altérations graduées que vous venez de voir s'opérant de bas en haut dans le calice de la Rose à cent feuilles, il ne faut pourtant pas croire que vous les retrouviez dans les organes appendiculaires de tous les végétaux et en particulier dans leur calice. Je vous ai déjà fait observer que la métamorphose des plantes s'effectuait souvent d'une manière brusque, et il est très-vraisemblable qu'on ne serait point arrivé à en concevoir l'idée, si l'on s'était borné à l'étude de certaines espèces. Les écailles qui terminent l'involucre des *Centaurea* sont toujours plus longues que les inférieures. Dans une foule de cas, les bractées restent infiniment plus petites que les folioles calicinales, comme la famille des Labiées, les Violettes et surtout les Utriculaires nous en fournissent des exemples; et les dimensions des feuilles calicinales du *Gentiana utriculosa* vont même jusqu'à surpasser celles des feuilles caulinaires. Des cinq folioles des *Davilla*, l'inférieure est extrêmement petite, les deux intermédiaires médiocres, les deux supérieures fort grandes. Dans les *Polygala*, les folioles calicinales supérieures ont, à cause de leur développement très-sensible, reçu un nom particulier, celui d'ailes (*alæ*). Les folioles des *Camellia* augmentent de grandeur à mesure qu'elles se rapprochent de la corolle. Mais si, dans ces différents cas et une multitude d'autres, nous voyons les organes se développer davantage, à mesure qu'ils s'élèvent sur l'axe de la fleur, l'altération se trahit en même temps par un rapprochement extrême, par une coloration plus ou moins prononcée, par des soudures et la ténuité des tissus. Les folioles calicinales supérieures du *Camellia*, plus grandes que les inférieures, ont une teinte plus pâle; les ailes des *Polygala*

La métamorphose des plantes s'effectue souvent d'une manière brusque.

Quand les organes supérieurs sont plus développés que les inférieurs, l'altération se montre de quelque autre manière.

sont décidément colorées. Si les bractées des Utriculaires et d'une foule de Labiées sont plus petites que les parties de leur calice, celles-ci sont soudées et les premières libres. Les écailles supérieures de l'involucre des *Centaurea* sont, à la vérité, sensiblement plus longues que les inférieures; mais, en même temps, elles offrent des symptômes d'étiolement et de faiblesse. Beaucoup plus grandes que les bractées du pédoncule, les folioles calicinales de la Violette (*Viola*) sont rapprochées en verticille et un peu soudées entre elles.

§ II. — *De la composition du calice.*

Dans l'état de développement le plus complet, le calice se compose de folioles parfaitement distinctes, et même, comme nous venons de le voir, disposées sur deux ou plusieurs rangs; mais souvent il arrive que ces folioles se rapprochent et se soudent plus ou moins par leurs bords. Quand les folioles restent distinctes, on dit que le calice est polyphylle (*polyphyllus*) (ex. *Ranunculus Monspeliacus*, *f.* 252); et spécialement qu'il est diphylle, tri-quadri-quinquéphylle (*di-tri-quadri quinquephyllus*), suivant que les folioles sont au nombre de deux, de trois, de quatre, de cinq ou davantage; si elles se soudent à la base seulement, on dit que l'enveloppe calicinale est bipartite, tri-quadri-quinquépartite (ex. les *Phlox*, *f.* 253) et multipartite (*calix bi-tri-quadri-quinque-multipartitus*); lorsqu'elles se soudent jusqu'à moitié, ou à peu près, le calice devient bi-tri-quadri-quinqué multifide (*calix bi-tri-quadri-quinque-multifidus*, ex. *Silene conica*, *f.* 254); que la soudure se prolonge presque jus-

Calice polyphylle ;

partite ;

fendu,

qu'au sommet des folioles, l'enveloppe calicinale n'est plus que bi-tri-quadri-quinquédentée (ex. *Silene Italica*, f. 255) (*calyx bi-tri-quadri-multidentatus*); enfin elle est entière (*calyx integer*) quand la soudure est complète.

Denté; entier.

Dans un calice soudé, la partie où l'adhérence s'est opérée s'appelle le tube (*tubus*); la partie où les folioles sont restées libres porte le nom de *limbe* (*limbus*), et l'on nomme gorge ou entrée du tube (*faux*) l'endroit où la soudure commence (*f.* 253, 254, 255).

Tube. Limbe. Gorge.

En général, la soudure confond les parties de telle manière, qu'on ne saurait les disjoindre sans déchirement; cependant il est des cas où elle est très-légère, et où des lacunes se montrent d'elles-mêmes par intervalles, comme dans les *OEnothera* (*f.* 259). Ce fait seul suffirait pour dévoiler la véritable nature des calices monophylles.

Lacunes entre les pièces d'un calice soudé.

Depuis un assez petit nombre d'années on a exhumé le mot de sépales (*sepala*) qui avait été imaginé par Necker pour indiquer les folioles du calice, et qui avait été longtemps oublié. Si ce mot barbare et difficile à employer, à cause de sa ressemblance avec le mot pétale, avait été créé par Linné ou Jussieu, avant qu'on eût les idées que nous professons aujourd'hui, on se serait bien certainement empressé de le répudier, pour mettre à sa place quelques dénominations qui rappelassent la véritable nature du calice. Mais de telles dénominations étaient déjà employées par tout le monde, celles de folioles calicinales (*foliola calycina*); elles étaient les meilleures possible; on a voulu leur en substituer d'autres, et l'on a prouvé que changer ce n'est pas toujours mieux faire. Conservons donc la manière de s'exprimer qui avait été consacrée par les deux réformateurs de la science, et qui montre que ces grands hommes avaient pressenti, relativement à la nature de la fleur, les vérités que nous pouvons démontrer aujourd'hui; ou, si l'exemple nous

Ce qu'on doit penser du mot sépale.

oblige à adopter le mot sépale, comme l'homme qui parle le mieux est souvent entraîné, par ceux qui l'entourent, à employer, dans le langage habituel, des locutions défectueuses, reconnaissons du moins qu'en ce point ceux qui nous ont précédés avaient mieux fait que nous.

Il faut avouer, cependant, qu'ils se mettaient en contradiction avec eux-mêmes lorsque, admettant plusieurs folioles dans le calice, ils le considéraient comme un organe unique qui pouvait se découper plus ou moins profondément. C'est à cette idée fausse qu'est dû le mot calice, qui signifie une espèce de coupe, et ne rappelle aucune sorte de composition. C'est à elle que sont dues les expressions bien plus défectueuses de lanières, découpures, lobes ou dents (*laciniæ, divisuræ, lobi, dentes*), par lesquelles on a indiqué les parties libres des folioles d'un calice soudé, suivant qu'elles ont plus ou moins d'étendue. C'est cette même idée qui a fait dire d'un calice qu'il est monophylle (*calyx monophyllus, f.* 253, 254, 255) ou à une feuille, s'il est soudé en un seul corps, et qu'il est partite, fendu ou denté, selon que la soudure a gagné plus ou moins d'espace. La nature a formé des adhérences qui procèdent de bas en haut, et notre terminologie indique des découpures qui s'étendraient du sommet vers la base. Il serait, au reste, bien facile d'éviter les expressions dont je viens de vous montrer l'inexactitude, en disant que les folioles de tel ou tel calice sont soudées; qu'elles le sont à base; qu'elles le sont jusqu'à moitié, jusqu'au tiers, jusqu'au quart supérieur, ou qu'elles le sont entièrement; mais, quand des termes ont été consacrés par une foule de bons livres, il y aurait peut-être, comme j'ai déjà eu l'occasion de vous le dire, de graves inconvénients à les rejeter, et, dès que l'on en connaît bien la véritable valeur, on cesse réellement d'y attacher le sens qu'elles présentent au premier abord. Pour peindre les phénomènes

Idées fausses des anciens botanistes sur la composition du calice.

Calice monophylle.

astronomiques dont nous sommes témoins tous les jours, nous employons les locutions les plus fausses, et personne de nous ne croit au sens qu'elles offrent littéralement.

Calice régulier ; Quand les folioles calicinales présentent la même forme avec les mêmes dimensions, et, lorsque, soudées, elles le sont toutes à la même hauteur, ou bien encore, si, étant inégales, elles se trouvent disposées avec symétrie, on dit que le calice est régulier (*regularis*), comme dans l'Oranger (*f.* 227), la Renoncule (*f.* 252), le Lin et le Fraisier. Il est, au contraire, irrégulier (*irregularis*), lorsque ces conditions, ou au moins une ou deux d'entre elles ne sont point remplies, ainsi que cela a lieu dans le *Trifolium rubens* (*f.* 256), le *Pisum sativum*, le *Scrophularia verna*, le *Thymus Serpyllum*.

irrégulier ;

Si le calice a un nombre impair de parties et qu'elles ne soient pas égales entre elles, il est toujours irrégulier. Il peut être régulier lorsque le nombre de ses parties est pair, et que, pourtant, elles sont inégales ; mais il faut alors que les plus grandes soient égales en nombre aux plus petites, que les premières soient semblables entre elles, que les secondes le soient également, et qu'elles alternent les unes avec les autres, ou, pour m'exprimer d'une manière plus succincte, qu'elles soient symétriques. Ainsi le *Trifolium rubens* (*f.* 256) a un calice irrégulier, parce que ce calice a cinq folioles, dont une plus grande ; le *Marrubium commune* (*f.* 257), au contraire, quoique avec des dents inégales, a un calice régulier, parce que ces dents sont au nombre de dix, que les cinq plus petites sont semblables entre elles, et qu'elles alternent avec les cinq plus grandes, qui sont aussi égales entre elles. Ce que je dis ici du *Marrubium* pourrait aussi s'appliquer au calice à dix parties des Fraisiers et des Potentilles (*f.* 258).

régulier avec des parties inégales ;

Si un calice peut être régulier avec des parties inégales, il peut aussi être irrégulier avec des parties égales, lorsque,

irrégulier avec des parties égales.

comme chez certains *Datura* et les *OEnothera* (ex. *OEnothera grandiflora*, *f.* 259), il est beaucoup moins soudé entre deux des folioles qu'entre les autres (*cal. hinc longitrorsum fissus*; calice fendu longitudinalement d'un côté). Il faut dire cependant que, dans ce cas, l'irrégularité est d'un ordre tout à fait secondaire. C'est l'égalité ou la symétrie qui constitue la véritable régularité, et, si cette dernière est troublée en apparence par une soudure inégale, elle n'en subsiste pas moins dans l'ordre organique.

Au reste, on trouve toutes les nuances possibles entre la régularité la plus parfaite et l'irrégularité la plus prononcée. Les épithètes latines de *subirregularis* et *subregularis* expriment, pour ainsi dire, les dernières limites de l'irrégularité; il n'en reste plus d'autre à employer ensuite que *regularis*.

Toutes les nuances possibles entre la régularité la plus parfaite et l'irrégularité la plus sensible.

Une inégalité de soudure, beaucoup plus commune que celle d'où résulte le calice fendu longitudinalement d'un côté, est l'inégalité qui produit le calice bilabié ou à deux lèvres (*cal. bilabiatus*, ex. *Melissa Nepeta*, *f.* 260). Dans un tel calice, toujours composé de cinq folioles, deux d'entre elles, d'un côté, et trois de l'autre, sont soudées dans une longueur plus considérable que les deux phalanges ou lèvres (*labia*) ne le sont entre elles. Une foule de plantes à fleurs irrégulières ont un calice à deux lèvres. Tantôt la lèvre à trois folioles est la supérieure (*labium superius*), c'est-à-dire la plus élevée par rapport à l'horizon comme dans les Labiées; tantôt elle est inférieure (*lab. inferius*) comme chez les Légumineuses. Quelquefois les folioles de chaque lèvre se soudent entre elles depuis la base jusqu'au sommet, et alors on a des lèvres entières, c'est ce qui arrive dans les *Scutellaria* (*labia integra s. indivisa*, ex. *Scutellaria galericulata*, *f.* 261); ou bien encore l'une d'elles est entière, et l'autre est bi ou tridentée.

Calice bilabié;

Si nous jetons les yeux sur le calice de l'*Origanum Majorana* (*f.* 262), nous pourrons le prendre pour une bractée étalée. Mais d'autres *Origanum* (ex. *O. vulgare*, *f.* 264) nous offrent un calice à deux lèvres, et l'*Origanum Dictamnus* (*f.* 263) une sorte de cornet. Dans celui ci, il est évident que toutes les folioles se sont soudées intimement, et que, d'un côté, la soudure n'a eu lieu entre deux des folioles que jusqu'à la moitié environ. Si elle ne s'était pas effectuée du tout, nous aurions eu un calice bractéiforme (*cal. bracteiformis*), comme celui de l'*Or. Majorana*.

bractéiforme.

Par une singularité fort remarquable, une régularité apparente peut résulter d'une excessive irrégularité. Si l'on jette les yeux sur la fleur de l'*Ulex nanus* (*f.* 265), on trouvera son calice composé de deux folioles distinctes et parfaitement semblables. Une telle organisation doit surprendre celui qui sait que, dans tout le groupe des Papilionacées auquel appartient le genre *Ulex*, le calice est tubuleux et offre deux lèvres, dont la supérieure à deux dents et l'inférieure à trois. Mais, avec quelque attention, on reconnaîtra qu'il y a également deux dents à la foliole supérieure de l'*Ulex nanus* et trois à l'inférieure; ainsi le calice, dans cette plante, est réellement à deux lèvres, qui ne sont point soudées entre elles, et il faut qu'il y ait une grande inégalité entre les folioles organiques pour que deux, d'un côté, et trois de l'autre, produisent des parties semblables.

Une régularité apparente résultant d'une extrême irrégularité.

§ III. — *Des nervures calicinales.*

Les folioles du calice conservent, le plus souvent, des nervures faciles à distinguer, et, comme chez les feuilles véritables, la nervure moyenne est ordinairement la plus saillante. Dans les calices soudés, cette nervure forme souvent une côte sensible, comme les Labiées en offrent de nombreux exemples (*calyx nervius*). Souvent aussi une nervure se forme au point où deux folioles se soudent, et alors on a dix nervures, cinq qui parcourent le milieu des folioles et cinq alternes qui se trouvent au point de rencontre. On appelle en latin *cal. quinquenervius* le calice à cinq folioles, où il n'y a de bien apparent que la nervure moyenne des folioles, et *decemnervius* (*f.* 257) celui où se montrent, en outre, des nervures latérales. Un assez grand nombre de feuilles véritables ont aussi des nervures sur leurs bords.

Calice à cinq nervures ; calice à dix nervures.

Le plus souvent, les deux nervures marginales se confondent et forment un seul corps ; mais, quand la soudure est moins intime, comme dans le calice des *OEnothera*, on distingue très-bien les deux nervures, et l'on voit entre elles une petite rigole.

Nervures marginales quelquefois distinctes.

Les nervures longitudinales des folioles soudées déterminent souvent des angles dans le calice, comme on peut en voir des exemples chez les *Lamium*, les *Phlomis*, le *Datura Stramonium*, le *Primula officinalis*, et l'on dit alors que l'enveloppe calicinale est anguleuse ou prismatique (*cal. angularis*, *prismaticus*).

Calice prismatique.

De même qu'une pointe se montre le plus souvent à l'extrémité des feuilles véritables, de même aussi la nervure moyenne des folioles calicinales peut se prolonger au delà des bords, et les folioles sont apiculées, mucronées, épineuses (*foliola apiculata*, *mucronata*, *spinosa*), suivant que la pointe est plus ou moins longue, plus ou moins aiguë, plus ou moins piquante.

Dans un genre brésilien de la famille des Labiées (*Peltodon*), les pointes terminales du calice se replient sur elles-mêmes de dehors en dedans, puis s'étalent tout à fait au sommet comme une sorte de disque. C'est là ce qui arrive dans beaucoup de styles, et cela nous aidera plus tard à expliquer la nature de cet organe.

La pointe terminale est produite par une absence partielle du parenchyme. Quelquefois cette absence est complète, et le calice, réduit alors aux nervures moyennes, ne présente, comme cela a lieu dans quelques Acanthées, que des espèces d'arêtes ou d'épines.

Chez les Composées, où les fleurs, très-rapprochées, sont déguisées, dans tous leurs verticilles, par des soudures et des avortements, la partie supérieure et libre du calice, qui prend le nom d'aigrette (*pappus*), ne présente souvent que des espèces d'écailles ou de paillettes membraneuses ou scarieuses (*pap. paleaceus*, ex. *Catananche cærulea*, *f.* 266); ailleurs se montrent de simples nervures, qui en portent de latérales, comme une plume garnie de ses barbes (*pap. plumosus*, ex. *Carduus Monspessulanus*, *f.* 267); ailleurs encore les barbes disparaissent, et l'on ne voit plus que des nervures droites qui ressemblent à des poils (*pap. pilosus*, ex. *Eupatorium cannabinum*, *f.* 268); dans d'autres espèces ce ne sont plus que deux ou trois soies plus ou moins roides et épineuses (*pap. aristatus*, ex. *Bidens bipinnata*, *f.* 269); chez d'autres, on n'aperçoit que des membranes soudées en une étroite couronne (*pap. membranaceus*); enfin il arrive que la partie libre disparaît entièrement, et l'on dit que l'aigrette est nulle (*pap. nullus*). Tant que la corolle des Valérianes ou du *Centranthus ruber* (*f.* 270, 271) n'est pas tombée, la partie libre du calice reste roulée sur elle-même en manière de bourrelet, de dehors en dedans; mais, pendant la maturation de l'ovaire, le bourrelet se déroule et s'étend en une aigrette plumeuse et élégante. Dans le *Scabiosa columbaria*, plante voisine des Valérianes, la partie libre du calice est réduite à cinq arêtes.

Aigrette.

Le plus souvent, on trouve un sinus aigu ou obtus, au point où s'arrête la soudure de deux folioles calicinales; mais quelquefois la nervure marginale et intermédiaire se prolonge chez les calices soudés, comme la nervure moyenne, et alors on a dix dents dans un calice à cinq folioles. C'est là ce qui arrive pour le calice à dix côtes des *Marrubium* (*f*. 257).

La nervure marginale quelquefois prolongée comme la moyenne.

§ IV. — *Des divisions des folioles calicinales; de la forme du calice, de ses dimensions et de sa direction.*

Quelquefois les folioles d'un calice sont divisées, comme cela arrive si souvent aux feuilles caulinaires, et alors, quand elles se soudent, il se trouve à la partie supérieure et libre plus de parties qu'il n'y a de folioles : on en voit un exemple dans le calice tubuleux du *Phlomis tuberosa*, où deux dents se montrent entre chaque paire de pointes. Les cinq pointes sont la continuation des cinq nervures moyennes des folioles; et des deux dents intermédiaires entre deux pointes, l'une appartient à une des folioles, et l'autre à la foliole voisine. L'élégant calice du *Chamelaucium plumosum* paraît être à vingt-cinq folioles étalées et plumeuses; mais il n'est réellement qu'à cinq profondément quinquépartites. Si l'on ne faisait point attention aux divisions qui peuvent se manifester ainsi chez les folioles calicinales, on trouverait quelquefois, entre les parties du calice et celles de la corolle, un désaccord qui n'existe réellement pas.

Folioles calicinales quelquefois divisées.

Les folioles calicinales libres offrent, suivant les espèces de plantes, toutes les formes qu'on observe dans les feuilles caulinaires, si ce n'est peut-être celle d'un cœur. Mais, quand ces folioles sont soudées, il est bien clair que les

Forme des folioles calicinales isolées.

mêmes formes ne peuvent se présenter dans leur intégrité; aussi les calices monophylles n'ont-ils, en général, que des découpures semi-lancéolées, semi-ovées, etc. (*divisuræ semi-lanceolatæ, semi-ovatæ*, etc.).

Forme du calice pris dans son ensemble.

La forme du calice pris dans son ensemble varie suivant les genres et les espèces; elle est généralement bien plus prononcée lorsque les folioles sont adhérentes que quand elles sont distinctes. Le calice peut être cupuliforme ou en forme de coupe comme dans l'Oranger (*f.* 226), globuleux comme dans le *Geramium macrorrhizum*, conique comme dans le *Silene conica* (*f.* 254), urcéolé ou en forme de burette, tel que celui de l'*Hyosciamus niger*, turbiné ou en toupie, comme celui du *Rhamnus Frangula*, campanulé ou en cloche, comme dans le *Phaseolus vulgaris*; le calice du *Molucella spinosa* est infundibuliforme ou en entonnoir, celui du *Silene Armeria* en massue; celui des OEillets est cylindrique; on le dit tubulé ou tubuleux, quand on veut simplement exprimer qu'il imite la forme d'un tube sans indiquer les modifications de cette forme (*cal. cupuliformis, globosus, urceolatus, turbinatus, campanulatus, infundibuliformis, clavatus, cylindricus, tubulosus*.

On voit des calices renflés (*inflatus*), tels que ceux du *Silene conica*, des *Physalis*, de l'*Affonsea*; on en voit de comprimés (*compressus*), comme ceux des *Rhinanthus* et des *Pedicularis*.

Un calice d'une forme assez remarquable est celui des *Smithia*. Sa partie supérieure est exactement formée comme le calice entier de toutes les Papilionacées; mais au-dessous on trouve un corps cylindrique qui atteint quelquefois environ deux pouces, qu'il est impossible de ne pas prendre, au premier coup d'œil, pour un pédoncule, et qui n'est, en réalité, que la partie inférieure et tubuleuse du calice au fond de laquelle on trouve le pistil.

Dimensions du calice.

La longueur du calice change suivant les genres et les

espèces; il peut être très-court, simplement court, de longueur médiocre, long ou très-long (*cal. brevissimus, brevis, mediocris, longus, longissimus*). Ses dimensions sont susceptibles d'être considérées de deux manières; elles peuvent l'être soit par rapport aux autres organes de la fleur, soit relativement à l'ensemble des calices connus. On comprend sans peine que, dans une fleur de moins d'une ligne, telle que celle du *Pelletiera verna*, le calice sera extrêmement petit, si on le compare aux calices connus; mais il sera très-grand, si on le considère uniquement dans la fleur à laquelle il appartient, puisqu'il dépasse tout à la fois les pétales, les étamines et l'ovaire. Ce que le botaniste descripteur a de mieux à faire pour donner une idée exacte d'une fleur, c'est d'indiquer en centimètres et en millimètres les dimensions des divers organes qui la composent.

Les calices varient aussi dans leur direction. Ils sont plus généralement droits dans les fleurs régulières, et plus souvent courbés dans les irrégulières. Un calice est connivent (*cal. connivens*), lorsque ses folioles s'inclinent dans la fleur les unes vers les autres, comme dans le *Ceanothus Americanus*. On le dit fermé quand ses folioles, étant distinctes, se touchent par leurs bords, ainsi que cela a lieu chez un grand nombre de Crucifères, entre autres les *Cheiranthus*; on le dit étalé (*patens*) quand les folioles dévient de la ligne droite, par exemple dans les *Sinapis*; très-étalé (*patentissimus*), si elles forment avec l'axe un angle de 45 degrés, par exemple chez la plupart des Renoncules (*f.* 252), les *Camellia*, les Fraisiers; réfléchi (*reflexus*), s'il se rejette en arrière, et qu'il montre en dehors sa surface supérieure, comme celui du *Ranunculus bulbosus*. Sa direction.

Le calice, se composant de plusieurs feuilles modifiées, ne saurait être une continuation terminale du pédoncule; il en est une production latérale ou appendiculaire. Il n'en est Il n'est point la continuation du pédoncule.

pas moins vrai, cependant, qu'ordinairement il semble, au premier coup d'œil, continuer le pédoncule (*cal. pedunculo continuus*), et Jussieu avait même cru que la continuité du calice avec le pédoncule était un des caractères distinctifs du premier. Mais cette trompeuse apparence tient, je crois, à ce que les folioles calicinales doivent être, comme la plupart des feuilles plus étroites à la base qu'au milieu, à ce qu'elles sont généralement ascendantes, et surtout à ce que l'on ne voit point la continuation réelle du pédoncule, c'est-à-dire le réceptacle de la fleur, lorsqu'on regarde celle-ci à l'extérieur. Au reste, il serait inexact de dire, même en ayant égard uniquement aux apparences, que le calice est toujours continu avec le pédoncule; il ne l'est évidemment point, quand ses folioles, étant libres, sont étalées, comme dans les *Papaver*, les Renoncules, les *Camellia*, un grand nombre de Crucifères, et lorsque, étant soudées, elles sont aussi étalées, au moins à leur base, comme dans l'*Affonsea*, les *Physalis*, le *Primula Sinensis*, le *Robinia Pseudacacia*. Dans ce dernier cas, on dit que le calice est tronqué à la base (*cal. basi truncatus*), expression très-inexacte, qui indique une simple apparence.

Ce que sont les calices appelés tronqués.

§ V. — *Des expansions calicinales.*

Souvent les calices présentent des bosses, des éperons, des appendices de diverses formes (*calyx basi gibbus, appendiculatus, calcaratus; calycinum foliolum seu calycina foliola basi gibba, saccata, calcarata*). Le calice monophylle du *Teucrium Botrys* est bossu à la base. Les sinus de celui de plusieurs Campanules, du *C. medium*, par exemple, qui est également monophylle, sont garnis d'un appendice descendant. Deux des folioles parfaitement libres du *Biscutella auri-*

Diverses sortes d'expansions calicinales.

culata forment une bosse à leur naissance. Une des folioles du calice polyphylle du *Delphinium* se prolonge en éperon. On voit également un éperon au calice de la Capucine, et la foliole supérieure de celui des *Aconitum* se creuse en manière de casque. Enfin le calice du *Scutellaria* présente, au-dessous de sa lèvre supérieure, une protubérance semi-orbiculaire, creuse en dedans, en forme de bouclier, qui a fait donner à ce genre le nom sous lequel il est connu des botanistes.

Origine de diverses expansions.

Toutes ces expansions n'ont point la même origine. L'éperon du calice des *Delphinium* est un prolongement qui appartient uniquement à sa foliole supérieure; celui de la Capucine, au contraire, est formé par les prolongements soudés de trois folioles. Dans les *Pelargonium*, genre voisin des Capucines, c'est la foliole supérieure qui seule se prolonge; mais elle ne se produit point à l'extérieur; elle se soude avec le pédoncule, et elle forme un tube appliqué contre cet organe. L'appendice de chaque sinus du *Campanula Medium* est dû à la soudure de deux lobes qui appartiennent aux deux folioles voisines; la foliole, libre et isolée, serait lancéolée et présenterait de droite et de gauche un lobe descendant de son milieu, à peu près analogue à ceux d'une feuille sagittée : supposons que cinq feuilles sagittées se soudent inférieurement par leurs bords, nous aurons à peu près un calice de *C. Medium*.

Nuances successives d'expansions calicinales dans la famille des Renonculacées.

Une même famille, celle des Renonculacées, présente, dans plusieurs des genres qui la composent, des nuances successives d'expansions calicinales. Les folioles du calice de la Ficaire (*Ficaria Ranunculoides*) sont épaissies à leur base; celles des Adonides et de la Ratoncule (*Adonis, Myosurus*) descendent un peu au-dessous de leur point d'attache; je vois un éperon très-prononcé dans les Pieds-d'alouette (*Delphinium*).

Rapports des appendices calicinaux avec les parties florales intérieures.

Les bosses ou appendices des folioles calicinales ne paraissent avoir aucun rapport avec les organes floraux intérieurs dans l'*Impatiens* et le *Tropæolum*. Mais il est bien évident qu'en certains cas il existe une parfaite coïncidence de structure entre ces expansions et les verticilles plus élevés. Inférieurement, les deux pétales des *Delphinium* se prolongent chacun en un appendice qui va se cacher dans l'éperon calicinal. Chez les *Aconitum*, la foliole du calice, en forme de casque, reçoit, dans sa concavité, les deux pétales supérieurs tout entiers. Deux petites écailles, qui appartiennent au disque, descendent dans la bosse de chacune des deux folioles appendiculées du *Biscutella auriculata*. L'espèce de bouclier creux qui émane de la lèvre supérieure du calice des *Scutellaria* semble inutile dans la jeunesse de la fleur; mais il finit par recevoir une portion des deux divisions supérieures du fruit qui, à l'époque de la maturité, n'auraient pu tenir dans le calice réduit à un tube régulier.

Ce qu'on doit penser des folioles les plus petites du calice des Potentilles, des Fraisiers, etc.

Il faut bien se donner de garde de confondre avec les expansions dont je viens de parler les très-petites folioles qui, dans les Potentilles (*f.* 258), les Fraisiers, les Tormentilles, alternent avec d'autres folioles plus grandes. Comme j'aurai occasion de vous le dire plus tard, la position des grandes folioles relativement à la corolle démontre évidemment qu'elles seules sont les véritables folioles calicinales. L'analogie des feuilles du calice avec celles de la tige va nous faire connaître ce que doivent être les petites folioles. On sait que les feuilles caulinaires des plantes dont il s'agit sont accompagnées de stipules; il m'est impossible de ne pas voir également des stipules dans les petites folioles calicinales alternes avec les grandes. Cependant, dira-t-on, chaque feuille est garnie de deux stipules, placées l'une à droite, l'autre à gauche; donc il devrait s'en trouver deux entre deux folioles calicinales, tandis que nous n'en voyons qu'une, et qui plus est, elle a une nervation impaire, comme toutes les feuilles possibles, et n'indiquant qu'on organe simple; mais souvent, chez les Fraisiers, les petites folioles sont bifides à leur sommet, et elles présentent deux nervations impaires accolées; par conséquent, nous avons bien, dans ce cas, deux folioles, ou plutôt deux stipules, et, lorsqu'il ne s'en développe qu'une, c'est sans doute à cause de l'affaiblissement de la plante et de l'extrême rapprochement des parties. L'analogie doit me montrer aussi des stipules dans les très petites dents du *Geum urbanum*, plante du même groupe que les Fraisiers et les Potentilles, et également stipulée.

Dans les *Helianthemum*, on trouve au calice trois grandes folioles intérieures tordues dans la préfloraison, et deux petites extérieures appliquées avant l'épanouissement sur les intérieures et qui émanent de leurs bords. Nous savons que les *Helianthemum* sont stipulés, et je vous ai déjà montré que chacune de leurs bractées n'est que la stipule d'une feuille qui ne s'est pas développée; or les deux folioles extérieures du calice sont absolument semblables aux bractées; donc ce ne sont aussi que des stipules, comme d'ailleurs le prouve suffisamment leur position.

Ce qu'on doit penser des deux petites folioles extérieures du calice des *Helianthemum*.

Ici se présente une considération que je ne dois pas omettre. Les stipules caulinaires naissent à la base du pétiole, ou se soudent avec lui; mais on ne les voit pas soudées avec la feuille elle même; par conséquent, on pourrait considérer comme étant analogue à un pétiole la partie pourtant dilatée et soudée des folioles calicinales qui, dans les *Geum* et les *Helianthemum*, par exemple, est inférieure aux stipules calicinales.

Comme il est impossible de ne pas reconnaître pour des stipules les folioles calicinales les plus petites des Fraisiers,

Calice extérieur de certaines Malvacées.

des *Helianthemum*, des Potentilles, on pourrait croire que, dans les Malvacées, famille où les feuilles sont stipulées comme celles de ces plantes, ce qu'on a appelé un calice extérieur (*calyx exterior*, *f.* 238), est également formé par des stipules; mais il n'en est réellement pas ainsi. On conçoit que, quand plusieurs feuilles stipulées sont placées l'une à côté de l'autre dans un même cercle, la stipule d'une feuille se soude avec celle de la feuille voisine; mais les deux stipules d'une même feuille ne sauraient se souder ensemble, puisque celle-ci se trouve entre elles; par la même raison, il se peut encore moins que toutes les stipules se soudent ensemble extérieurement, tandis que toutes les feuilles se rejetteraient sur un rang intérieur; or nous avons deux rangs bien distincts dans les Malvacées à double calice. Au milieu des avortements et des adhérences que l'affaiblissement amène chez la fleur, il n'est pas étonnant qu'il se trouve dans un calice à folioles stipulées moins de stipules qu'il n'y en aurait à l'état normal; mais il ne saurait y en avoir plus du double, puisque la feuille la plus développée est uniquement accompagnée de deux stipules; cependant on voit des *Hibiscus* dont le calice intérieur est à cinq folioles, et l'extérieur à douze; donc celles-ci ne sont point des stipules.

Il semblerait naturel qu'après vous avoir montré que le calice extérieur des *Malva*, des *Pavonia*, des *Hibiscus*, etc., ne doit point être assimilé aux folioles calicinales les plus petites des Potentilles, etc., je vous fisse connaître sa véritable nature; mais je ne le pourrais sans vous entretenir de la position respective des organes floraux en général, et il est bon qu'auparavant nous les ayons tous passés en revue. Alors je vous dirai aussi ce qu'on doit penser du calice extérieur des *Dipsacus* et des Scabieuses.

Il est cependant une question qui se présente assez naturellement, et à laquelle je puis déjà répondre. On demandera peut-être si le calice extérieur des Malvacées est une production de plus, et, par conséquent, un signe de plus grand développement, ou si, au contraire, il doit être considéré comme le résultat de la métamorphose anticipée (v. p. 35) des feuilles qui se trouvent immédiatement au-dessous du calice véritable. A ne consulter que le raisonnement, l'on serait tenté d'adopter cette dernière opinion ; cependant, quand nous voyons un calice simple chez les *Sida*, plantes très-voisines des *Malva* à double calice, mais généralement moins vigoureuses, du moins dans leurs fleurs ; quand nous voyons le *Malva rotundifolia*, espèce plus faible que le *Malva sylvestris*, avoir un calice extérieur beaucoup moins prononcé que le sien ; lorsque nous voyons enfin que les *Hibiscus*, où le calice extérieur se compose d'un grand nombre de folioles libres, sont généralement des arbrisseaux vigoureux et à très-grandes fleurs, il nous est impossible de ne pas regarder le calice extérieur comme un développement de plus.

§ VI. — *De la durée du calice et de son utilité.*

Les folioles calicinales, ainsi que celles de la tige, tantôt se détachent de leur axe avant d'être flétries, et tantôt y restent attachées, quoiqu'elles ne végètent plus. Quand le calice tombe avant l'épanouissement de la fleur, comme dans les Pavots (*Papaver*), on l'appelle caduc (*caducus*) ; on le dit tombant ou passager (*deciduus*), comme dans la plupart des Crucifères et les Renoncules (*Ranunculus*), lorsqu'il se détache en même temps que la corolle, ou du moins après la fécondation ; enfin il est persistant (*persistens*), lorsqu'il

Calice caduc ; tombant ; persistant.

reste fixé à son axe, pendant la maturation du fruit, ainsi que cela arrive dans une foule d'espèces, de genres et même de familles, telles que les Plantaginées, les Primulacées, les Labiées, les Borraginées, les Caryophyllées, les Violacées, les Légumineuses.

On sent qu'il ne saurait exister de limites bien précises entre un calice caduc et un calice tombant, et, au contraire, il semblerait qu'il ne peut y avoir d'intermédiaire entre le calice qui tombe et celui qui persiste. Cependant il est des calices qui tout à la fois persistent et tombent; leur partie supérieure se sépare horizontalement de la base, comme si on l'avait retranchée artificiellement, et la base reste fixée au pédoncule jusqu'à la maturité du fruit; c'est ce qui arrive chez le *Datura Stramonium*.

Calice persistant à la base seulement.

Lorsque le calice persiste, il prend toujours plus ou moins d'accroissement depuis l'instant où il s'épanouit avec le reste de la fleur jusqu'à celui où il se dessèche. Cette augmentation de grandeur est quelquefois très-sensible, comme dans la Belladone (*Atropa Belladona*) et les *Physalis*, et alors on dit que le calice est croissant (*calyx accrescens*); ou bien, si on veut comparer ce qu'il est autour du fruit, avec ce qu'il était dans la fleur, on se sert en latin des expressions de *calyx fructifer auctus*. Dans quelques plantes, l'enveloppe calicinale, en grandissant d'une manière notable, devient membraneuse, elle dépasse en tous sens le fruit qu'elle enveloppe, et forme autour de lui une sorte de vessie (*cal. vesiculosus*). C'est ce que l'on voit dans un assez grand nombre de Trèfles, entre autres le *Trifolium fragiferum*, dont les calices renflés, pressés les uns contre les autres, rappellent, par leur réunion, la forme d'une fraise. C'est ce qu'on voit encore chez les *Physalis* où l'enveloppe calicinale devient, après la floraison, huit ou dix fois plus grande qu'elle n'était dans la fleur, et

Calice croissant; vésiculeux.

se teint de la même couleur que le fruit lui-même, en jaune, par exemple, dans le *Physalis Peruviana*, et en rouge dans l'*Alkekengi*.

Le calice tantôt articulé et tantôt sans articulation.

Nous savons que les feuilles tombent ou persistent, suivant qu'elles sont articulées sur la tige ou qu'elles ne le sont pas. De même, le calice est caduc, quand il est articulé sur le pédoncule; il est persistant, si l'articulation manque; enfin il se partage horizontalement au-dessus de sa base, lorsque l'articulation s'est formée dans la substance des folioles elles-mêmes. Ce qu'il y a d'assez remarquable, c'est que les feuilles caulinaires composées sont les seules qui se désarticulent à d'autres endroits qu'au point d'attache de leur pétiole, et qu'on ne trouve point de feuilles composées parmi les plantes dont le calice se désarticule entre son sommet et son point d'attache.

La persistance du calice importante dans certains groupes; peu importante dans d'autres.

La persistance du calice étant constante dans certaines familles, telles que les Labiées, paraîtrait y coïncider nécessairement avec d'autres caractères, et, par conséquent, elle y aurait une grande importance. Mais il ne saurait en être ainsi chez d'autres groupes, les Renonculacées, par exemple; car de deux genres excessivement voisins qui leur appartiennent, l'*Eranthis* et l'*Helleborus*, le premier a le calice caduc et l'autre l'a persistant. Il y a plus encore: la famille des Crucifères nous offre deux espèces du même genre qui ne se distinguent guère que par la caducité et la persistance du calice, l'*Alyssum campestre* et le *calycinum*.

Je ne dirai point que la présence du calice est toujours indispensable à la conservation du fruit, puisque dans un assez grand nombre d'espèces il tombe après la fécondation; que, tout en persistant chez l'*Androsæmum*, il se réfléchit pendant la maturation du péricarpe et des graines, et qu'enfin ce qui reste de l'enveloppe calici-

Le fruit souvent protégé par le calice pendant la maturation.

nale du *Datura Stramonium*, au lieu de se presser contre la capsule, se renverse en arrière. Cependant il y a une foule de cas où il est impossible de ne pas reconnaître que le calice est en rapport avec l'ovaire, et que, lui servant d'enveloppe, il le protége, tandis que celui-ci passe à l'état de fruit. Durant la fécondation, le calice de la plupart des Alsinées (1) et de beaucoup d'autres plantes est étalé horizontalement; mais bientôt ses folioles se rapprochent et forment une voûte au-dessus de l'ovaire qui mûrit caché par elles. Chez un grand nombre de Labiées des poils naissent au sommet du tube calicinal (*f.* 264); tant que la corolle ne tombe point, ils ont une direction forcée, retenus entre elle et la paroi du tube; mais aussitôt que la corolle se détache, ils prennent leur position naturelle, s'étendent horizontalement de tous les points de la surface à laquelle ils sont attachés, se rencontrent, s'entremêlent et rendent impénétrable aux plus petits insectes l'entrée du tube au fond duquel reposent les portions de fruit. Les deux folioles supérieures du calice du *Davilla rugosa*, ouvertes comme les trois autres, pendant la floraison, se rapprochent peu à peu après l'émission du pollen, s'appliquent l'une contre l'autre et recouvrent l'ovaire; elles croissent avec lui, se creusent, prennent une consistance crustacée, et ont bientôt l'apparence d'une capsule bivalve; l'ovaire grossit, protégé par elles; à l'époque de la maturité, elles s'ouvrent, le fruit tombe et ensuite elles se referment.

La dissémination des graines quelquefois favorisée par le calice.

Les calices ne sont pas toujours étrangers non plus à la dissémination des graines. Il en est qui, couverts de petits crochets, contribuent à répandre les semences, après les avoir garanties. Une Urticée du Brésil, que je nomme *Elasticaria*, présente un calice à trois parties charnues et cylin-

(1) Les Alsinées sont une simple tribu des Caryophyllées.

driques qui restent infléchies, à peu près comme les doigts de notre main lorsque nous les plions ; le jeune fruit grossit au milieu d'elles ; lorsqu'il est mûr, elles se redressent avec élasticité, elles le rencontrent et le lancent au loin.

Je pourrais vous montrer le calice devenant, après la floraison, ligneux dans le *Trapa natans*, et charnu chez d'autres plantes ; mais je me réserve de vous entretenir de ces métamorphoses, lorsque j'aurai à vous parler du fruit auquel elles rattachent, d'une manière si intime, l'enveloppe calicinale.

CHAPITRE XX.

COROLLE.

Définition de la corolle.

La corolle, dans l'ordre de la végétation, se présente, chez la fleur complète, après le calice et avant les étamines; elle est le second verticille de la fleur et l'enveloppe immédiate des organes sexuels.

Ce qui la distingue du calice et des étamines.

Vous savez déjà qu'elle se distingue du calice parce qu'elle est d'un tissu plus délicat et qu'elle est colorée. Elle diffère des étamines par une forme entièrement différente de la leur; elle en diffère en ce qu'elle n'offre qu'une surface égale ou à peu près égale, sans loges ou compartiments intérieurs; qu'elle ne contient de pollen dans aucune de ses parties (1), et ne peut, par conséquent, contribuer, au moins d'une manière immédiate, à la fécondation des germes.

(1) Je signalerai deux exceptions fort remarquables en parlant des étamines.

Nous avons vu, cependant, que quelques calices avaient la même ténuité qu'ont ordinairement les corolles, et étaient également colorés. Je puis ajouter que la corolle du *Stapelia*, loin d'être mince et délicate, offre une consistance épaisse et charnue, que celle du Tulipier (*Liriodendrum Tulipifera*) est coriace, et que d'autres corolles ont une couleur verte comme la plupart des calices, par exemple la Vigne (*Vitis*), les *Cissus*, les *Zanthoxylum*, plusieurs Rhamnées, des Térébinthacées, des Araliées, quelques *Gonolobus*. J'ajouterai enfin que, dans une foule de monstruosités fournies par le *Teucrium Chamædrys*, le *Vinca minor*, le *Campanula rapunculoides*, etc., on a vu la corolle perdre ses formes et se métamorphoser en calice.

Comment elle se nuance, dans certains cas, avec le calice.

On ne trouve pas aussi souvent des exemples de passages insensibles entre les étamines et les corolles qu'entre celles-ci et les calices; cependant les *Atragene* nous en offrent un assez remarquable, et, si, dans les *Nymphæa*, le calice se nuance avec les pétales, ceux-ci, en se rétrécissant peu à peu, se nuancent bien mieux encore avec les étamines.

Elle se nuance quelquefois avec les étamines.

La corolle ne forme pas plus que le calice un organe simple; c'est une réunion plus ou moins intime de feuilles métamorphosées et assez rapprochées pour paraître placées dans le même cercle. L'analogie de ces feuilles, auxquelles on donne le nom de pétales (*petala*), avec les feuilles véritables est si frappante, qu'elle n'a point échappé aux hommes les plus étrangers à la botanique; elle a été, en quelque sorte, consacrée par les expressions vulgaires de *feuilles de la Rose*, *effeuiller une Rose*, et, longtemps avant qu'on eût conçu l'idée de la métamorphose des plantes, Duhamel disait déjà que les pétales étaient dans la fleur ce que sont sur la tige les feuilles ordinaires.

Composition de la corolle.

Les pétales, comme les feuilles véritables, présentent une sorte de charpente formée par des nervures. L'une d'elles les

Nervation des pétales.

parcourt dans leur milieu (*nervus medius*, nervure moyenne), et par conséquent ils sont imparinerviés. Souvent, dans ceux de petites dimensions, on ne découvre que cette nervure, soit qu'il n'existe réellement qu'elle, soit que les autres, extrêmement déliées, ne se laissent point apercevoir au milieu du tissu cellulaire qui les entoure. Comme les nervures latérales des feuilles, celles des pétales, quand elles existent, ou naissent de la moyenne, ou partent avec elle de la base du pétale. Dans le premier cas, les nervures peuvent être disposées comme les barbes d'une plume, et les pétales sont penninerviés (*petala penninervia*); ou beaucoup plus souvent elles naissent de la base de la moyenne à des points fort rapprochés, et s'écartent les unes des autres à peu près en éventail (*pet. palminervia*, pétales palminerviés). Dans le second cas, c'est-à-dire lorsque les nervures latérales partent, avec la moyenne, de la base du pétale, elles sont au nombre de deux, de quatre, ou davantage; elles s'étalent encore comme les branches d'un éventail (*petala digitinervia*, pétales digitinerviés), et leur ensemble pourrait se comparer à la cime d'un arbre dont le tronc déliquescent (v. p. 228) aurait été retranché au-dessous des rameaux; ou, plus rarement, elles s'élèvent droites et à peu près parallèles (*petala rectinervia*, pétales rectinerviés). Chez les pétales palminerviés et digitinerviés, les nervures sont souvent fort nombreuses et laissent mal distinguer la moyenne au milieu d'elles. Il ne faut pas croire, cependant, que, lorsqu'on voit un grand nombre de nervures parcourir le pétale, toutes aient nécessairement commencé avec lui, parfaitement distinctes; il peut arriver qu'il n'y en ait, en réalité, que trois principales, qui bientôt se divisent à angle très-aigu. C'est en général ce genre de ramifications qui est le plus commun pour les nervures secondaires; ainsi, quand des nervures très-fines s'étendent dans un pétale large et arrondi, on voit, pour peu qu'on les considère avec quelque attention, qu'un grand nombre d'entre elles ne sont que des branches qui naissent les unes des autres, bifurquées ou trifurquées de manière qu'au premier aspect elles semblent parallèles. Quoi qu'il en soit, vous voyez, d'après ce que je vous ai dit plus haut, que l'on retrouve, dans les pétales, les principaux modes de nervation que nous a montrés la feuille (v. p. 148-152). Nous avons des pétales rectinerviés, mais qui n'offrent que des nervures peu nombreuses; nous en avons de penninerviés, lorsque étant allongés et pointus au sommet, comme ceux des *Lythrum*, ils se rapprochent de la forme la plus commune parmi les feuilles; les pétales entièrement parcourus par plusieurs nervures qui s'étendent en éventail nous rappellent la feuille digitinerviée, et ceux où des nervures naissent de la moyenne à des points fort rapprochés les uns des autres ont de l'analogie avec les feuilles mixtinerviées. Nous avons vu (p. 181) que les diverses sortes de nervation que l'on remarque chez les feuilles se nuançaient entre elles de plusieurs manières; on peut en dire autant de celles que je vous ai signalées chez les pétales. Les penninerviés se rattachent par des intermédiaires aux palminerviés, ceux-ci se lient plus intimement encore avec les digitinerviés, et il est même une foule de cas où il est extrêmement difficile, pour ne pas dire impossible, de déterminer avec certitude si plusieurs nervures partent ensemble de la base du pétale, ou bien si elles émanent d'une souche commune. La nervation des pétales détermine la forme de ces organes, comme celle des feuilles détermine la leur. Les pétales rectinerviés doivent naturellement être à peu près linéaires; vous savez déjà que ceux qui sont penninerviés se rapprochent de la forme ordinaire aux feuilles également penninerviées; les digitinerviés sont arrondis et sans onglet sensible; les palminerviés sont communément onguiculés. Je ne dois point terminer cet article sans vous dire que, quel que soit le nombre des nervures répandues dans les pétales, il procède, suivant M. Mirbel, d'un nombre primitif qui est trois et qu'on retrouve toujours, dit le même auteur, à l'origine de chaque pétale; observation qui contribue à prouver que les caractères les plus importants comme les moins essentiels tendent à s'entre-croiser : cinq est le nombre-type de la fleur des dicotylédones, et, dans la composition d'une des parties les plus importantes de cette fleur, nous trouvons le nombre trois, type des monocotylédones.

§ Ier. — *Des pétales isolés.*

Parties du pétale.

Comme dans les feuilles, il faut distinguer, dans les pétales, la base, le sommet, les bords, la surface supérieure ou la face, et l'inférieure ou le dos (*basis, apex, superficies superior seu facies, sup. inferior s. dorsum*). Les premières de ces expressions s'entendent assez d'elles-mêmes; la surface supérieure est celle qui se rapproche le plus des étamines et des ovaires; la surface inférieure ou le dos regarde le côté intérieur du calice. On peut dire aussi le côté extérieur et le côté intérieur des pétales ou de la corolle, prenant pour point de comparaison les ovaires qui, placés au sommet de l'axe de la fleur, semblent en former le centre.

Si, sous beaucoup de rapports, les calices se rapprochent des feuilles plus que les pétales, ceux-ci cependant présentent un caractère que l'on n'observe jamais chez les calices. Les folioles calicinales sont toujours sessiles, tandis qu'un grand nombre de pétales sont pétiolés comme les feuilles, c'est-à-dire que, fort rétrécis à leur base, ils se dilatent à leur sommet. Chez les pétales, le pétiole porte le nom d'onglet (*unguis*), et la partie dilatée celui de lame (*lamina*).

Onglet; lame.

De même que les feuilles caulinaires pétiolées ne le sont pas au même degré, de même aussi on trouve tous les intermédiaires entre les pétales sans onglet et ceux qui en sont pourvus. Les pétales sessiles (*pet. sessila*, *f.* 272, — *pétale sessile* du Rosa Bengalensis *comparé à la feuille sessile* du Phillyræa latifolia, *f.* 273) sont plus communs que les onguiculés (*pet. unguiculata*, *f.* 274, — *pétale de l'*Arabis Alpina *comparé à la feuille* du Pyrola chlorantha, *f.* 275). Ceux-ci sont particulièrement prononcés dans le groupe des véritables Caryophyllées. En jetant les yeux sur plusieurs genres de cette famille où le calice est long et tubuleux, tels que les *Dianthus* et les *Silene*, on pourrait croire que l'onglet s'est formé par une sorte d'étiolement, mais il n'en est pas ainsi. Avant la floraison, le pétale sessile et l'onguiculé ont été également renfermés dans le calice; et chez le *Coronilla Emerus*, l'onglet de plusieurs des pétales s'élève beaucoup au dessus d'un calice assez court qui n'a pu influer sur son allongement.

Forme des pétales.

La forme des pétales se montre beaucoup plus variée que celle des folioles calicinales. On doit examiner d'abord si elle est régulière ou irrégulière, et ensuite on passe aux autres modifications qu'elle est susceptible d'offrir. Un pétale isolé est régulier (*petalum regulare*, ex. *Camellia Japonica*, *f.* 276), lorsque ses deux moitiés repliées l'une sur l'autre dans leur longueur se recouvrent exactement; dans le cas contraire, il est irrégulier (*p. irregulare*, ex. l'un des pétales de l'*Orobus vernus*, *f.* 277). On trouve des pétales linéaires, on en trouve d'oblongs, d'elliptiques, de lancéolés, d'ovales, d'arrondis, de cordiformes, de cunéiformes, de spatulés, comme les feuilles caulinaires (*petala linearia*, *oblonga*, *elliptica*, *lanceolata*, *ovata*, *orbicularia*, *cordata*, *cuneata*, *spathulata*); mais, en outre, ces organes peuvent affecter une foule de formes qu'on chercherait inutilement chez les feuilles et qui souvent sont si singulières, qui se modifient de tant de façons, qu'il vaut mieux les peindre par des périphrases, qu'essayer de les rendre par un seul adjectif. On peut cependant distinguer encore, par des termes spéciaux, les pétales qui se creusent plus ou moins, comme les concaves (*concava*) du *Berberis*, les naviculaires (*navicularia*) du *Blumenbachia insignis*, ceux en forme de cuiller (*cochleariformia*) du *Ceonanthus Americanus*. On peut aussi distinguer de la même manière les pétales qui se présentent plus ou moins doublés, comme les tubuleux de l'*Helleborus viridis* (*pet. tubulosa*), les bilabiés des *Nigella* (*pet. bilabiata*), ceux en casque des *Aconitum* (*pet. galeata*), ceux en cornet des Ancolies (*pet. cucullata*).

Leurs découpures.

Si les pétales offrent beaucoup plus de diversité dans leur forme que les folioles calicinales, ils en présentent aussi plus qu'elles dans leurs découpures; mais en même temps ils ne sont pas susceptibles de se diviser autant que les feuilles véritables, car les parties de ces dernières se partagent souvent plusieurs fois, et l'on ne rencontre qu'un seul ordre de divisions dans les pétales. On voit des pétales échancrés, comme dans le *Philadelphus coronarius*, le *Dianthus prolifer*, plusieurs *Geranium*; de crénelés, tels que ceux du *Linum usitatissimum*; de dentés, comme ceux du *Dianthus barbatus*; de dentés en scie, comme dans le *Dianthus Armeria*; de laciniés, dans le *Lychnis Flos cuculi*; de frangés, chez le *Dianthus Alpestris*; de bifides, dans le *Draba verna*; de trifides, dans l'*Hypecoum procumbens*; de bipartites, tels que ceux des *Stellaria*, et enfin de pinnatifides, dans le seul genre *Schizopetalum* (*pet. emarginata*, *crenata*, *dentata*, *serrata*, *laciniata*, *fimbriata*, *bifida*, *trifida*, *tripartita*, *pinnatifida*). Des pétales entiers (*petala integra*) se rencontrent, sans exception, dans quelques familles; les différents modes de découpures servent à distinguer plusieurs genres;

dans d'autres, on voit les divisions varier suivant les espèces.

Quand des pétales d'une consistance mince ont été plissés dans le bouton, ils conservent encore des plis après l'épanouissement de la fleur, et on les dit chiffonnés (*petala corrugata*); on en trouve des exemples dans les genres *Papaver*, *Lythrum*, *Cuphea*, *Diplusodon*. Pétales chiffonnés.

Plusieurs pétales offrent des appendices de différentes formes (*pet. appendiculata*): ici c'est un éperon qui descend au-dessous du point d'attache du pétale, comme dans l'un de ceux de la Violette et tous ceux de l'*Aquilegia* ou chez deux seulement du *Delphinium* (*petala calcarata*); là c'est une sorte de duplicature ou d'écaille, comme dans les Résédas; ailleurs ce sont des franges élégantes qui se montrent au sommet de l'onglet, comme dans le genre *Lychnis* (*squamæ, lamellæ*). Une foule d'Ombellifères présentent au milieu de leurs pétales une espèce de lame perpendiculaire qui, comme une bride, tient leur sommet infléchi. Dans plusieurs *Polygala*, un des pétales se termine par une crête finement découpée (*crista*). J'aurai occasion de vous faire connaître plus tard quelle est la véritable nature de ces diverses productions. Appendices des pétales.

Dans différents genres, les pétales sont étalés (*pet. patula*); dans d'autres, ils s'inclinent sous différents angles; et, en formant une série composée des *Potentilla*, des *Malva*, des *Linum*, des *Citrus*, des *Almeidea*, des *Geum*, des *Hermannia*, on aurait à peu près tous les degrés d'inclinaison depuis la ligne horizontale jusqu'à la verticale. Il y a même certains pétales qui se rejettent en arrière, tels que ceux de l'*Aralia arborea* (*pet. reflexa*). Direction des pétales.

Si nous considérons isolément l'onglet des pétales, nous le trouverons susceptible aussi de différentes sortes de modifications. Tantôt il se termine brusquement (*f.* 277), tan- Modifications de l'onglet.

tôt il passe à l'état de lame par des dégradations insensibles (*f.* 274); tantôt il est plus long, tantôt il est plus court que cette dernière; tantôt la lame se continue dans le même plan que lui, tantôt elle se plie, elle s'étale et forme avec l'onglet un angle de 90 degrés, comme chez les Œillets. C'est dans les Hermanniées, tribu des Malvacées, qu'il présente les particularités les plus remarquables. J'ai décrit, dans le *Buttneria*, un pétale élargi, cuculliforme, se prolongeant en une languette souvent simple, et, dans le *Guazuma*, un pétale à peu près de même sorte, chargé d'une languette bifide : la partie inférieure et élargie est évidemment l'onglet, et il est impossible de ne pas voir une lame simple, bifide ou trifide dans la languette; mais ici la nature a procédé en sens contraire des cas ordinaires, c'est la lame qui s'est rétrécie, et, par compensation, l'onglet a pris une largeur insolite.

§ II. — *Des pétales libres réunis en corolle.*

Nombre des pétales dans la corolle.

Le nombre des pétales varie dans les diverses espèces de fleurs, depuis l'unité jusqu'à douze et davantage. Comme nous le verrons plus tard, il y a toujours défaut de développement, quand une corolle ne présente qu'un pétale, et il y a toujours excès, ou, pour mieux dire, multiplication, quand il s'en trouve plusieurs rangs (v. le chap. intitulé *Symétrie*). L'unité et les nombres deux et trois ne caractérisent qu'un petit nombre de genres. Le nombre quatre est commun dans la famille des Borraginées; cinq caractérise plusieurs familles tout entières; six se trouve chez les Salicariées. On dit qu'une corolle est dipétalée comme dans le *Circæa Lutetiana*, tripétalée comme dans le genre *Casalea*, tétrapétalée dans les Onagres (*OEnothera*), pentapétalée dans la Rose ou l'OEillet, hexapétalée dans le *Lythrum Salicaria*, suivant qu'elle se compose de deux, trois, quatre, cinq ou six pétales (*cor. dipetala, tripetala, tetrapetala, pentapetala, hexapetala*).

Corolle régulière; corolle irrégulière.

Un pétale isolé est régulier, comme je vous l'ai dit, lorsque ses deux moitiés, pliées l'une sur l'autre dans leur longueur, se recouvrent exactement (*f.* 272, 276), et irrégulier, au contraire, quand elles sont dissemblables (*f.* 277, 280). Par une conséquence naturelle du même principe, on a appelé régulière une corolle dont tous les pétales sont semblables (*cor. regularis*, ex. *Cheiranthus Cheiri*, *f.* 278), et irrégulière (*c. irregularis*, ex. *Pelargonium cordifolium*, *f.* 279) celle qui se compose de pétales qui ne sont point parfaitement égaux pour la grandeur et pour la forme. Une corolle à pétales irréguliers peut être régulière, quand tous présentent absolument la même irrégularité. Ainsi, dans certains *Sida*, chaque pétale a la figure d'un S, et pourtant la corolle est régulière, parce que cette même figure se répète exactement autant de fois qu'il y a de pétales. Le *Fagosia sulphurea* nous fournit un exemple du même genre (*f.* 280, 281).

Classification des corolles par Tournefort.

Tournefort distinguoit autrefois les corolles régulières à plusieurs pétales en cruciformes, caryophyllées et rosacées, et les irrégulières en anomales et papilionacées (*corolla, flos cruciformis; corolla caryophyllea, fl. caryophylleus; cor. rosacea, fl. rosaceus; cor. anomala, flos anomalus, cor. papilionacea, fl. papilionaceus*). Les cruciformes, composées de quatres pétales en croix (*f.* 278), appartiennent à la famille des Crucifères de Jussieu; les rosacées devaient avoir des pétales disposés en cercle à la manière de ceux de la Rose, comme cela a lieu dans les Renoncules, la Quintefeuille (*Potentilla repens*), la Potentille printanière (*P. verna*, *f.* 287) et la Pivoine (*Pæonia officinalis*); les caryophyllées différaient des rosacées, parce que leurs pétales sortent du fond d'un calice tubuleux, supportés par de longs onglets, comme la famille du même nom en fournit de nombreux exemples (ex. *Silene Italica*, *f.* 289); les anomales enfin étaient celles qui ne peuvent être rangées dans aucune des classes qui précèdent, ni dans celle dont je vais vous parler tout à l'heure (ex. *Pelargonium cordifolium*, *f.* 279). Ces dénominations ont été à peu près abandonnées parce qu'on les a trouvées trop vagues, et qu'on a mieux aimé peindre par des phrases et des descriptions une foule de nuances qu'un mot seul ne saurait rendre. La seule expression de papilionacée représentait une forme bien tranchée, et elle seule a été conservée.

Corolle papilionacée.

Une corolle papilionacée (*f.* 230) se compose de cinq pétales inégaux; l'un supérieur ou plus voisin de l'axe de l'inflorescence, seul régulier, ordinairement plus grand que les autres et redressé, qu'on appelle étendard (*vexillum*); deux inférieurs, qui, perpendiculaires au premier, enveloppent les organes sexuels, et dont la réunion porte le nom de carène (*carina*), parce qu'effectivement tous les deux ensemble présentent la forme de cette partie d'un vaisseau; enfin deux intermédiaires qui sont plus ou moins appliqués contre la carène, et qu'on nomme les ailes (*alæ*, *f.* 230, 277). Le premier de ces pétales est sessile, ou supporté par un onglet court; les autres en ont un beaucoup plus prononcé. Tous d'ailleurs offrent une multitude de nuances différentes. L'étendard est droit ou recourbé, allongé ou arrondi, entier ou échancré, presque toujours beaucoup plus ample que les ailes, quelquefois leur égal en grandeur. Les ailes ordinairement oblongues, munies d'une dent à leur base, portées latéralement par leur onglet, sont plus longues ou plus courtes que la carène. Les pétales de cette dernière ne diffèrent pas infiniment des ailes; ils présentent un demi-cercle ou une demi-ellipse; ils sont obtus au sommet ou très-pointus; droits ou quelquefois tordus en spirale, comme dans les *Dolichos* et les *Phaseolus*. Presque toujours les couleurs varient dans une même fleur papilionacée; l'étendard qui, lors de la préfloraison, enveloppe les autres pétales, et est, avant eux, exposé à l'influence de la lumière, est aussi le plus coloré, et la carène qui occupe le centre du bouton l'est moins que les ailes. Des fleurs papilionacées caractérisent un immense groupe auquel elles donnent leur nom, et qui fait partie de la famille des Légumineuses. Par d'insensibles nuances on arrive des Papilionacées les plus irrégulières aux plantes de la même famille qui offrent une parfaite régularité.

§ III. — *Des pétales soudés.*

Corolle monopétale; corolle polypétale.

Nous avons vu deux feuilles opposées se souder par leur base, des bractées s'entre-greffer pour former un involucre monophylle, les folioles calicinales se souder en coupe ou en tube : très-souvent aussi les pétales se soudent entre eux par leurs bords. La corolle, formée par leur mutuelle adhérence, n'offre plus qu'un même tout, et c'est en un seul temps qu'elle se détache de son réceptacle. Les anciens botanistes, y voyant une pièce unique, l'ont appelée corolle monopétale c'est-à-dire à un seul pétale (*corolla monopetala*), et, par opposition, ils ont donné le nom de polypétale (*c. polypetala*) à la corolle dont les parties n'offrent aucune soudure. La dernière de ces expressions est rigoureusement exacte, l'autre ne l'est pas ; mais ici peut s'appliquer encore ce que j'ai déjà eu l'occasion de vous dire plusieurs fois : le terme de monopétale est consacré depuis un très-grand nombre d'années; nous savons aujourd'hui quel sens il faut lui attribuer, et il y aurait plus d'inconvénients que d'avantages à y substituer, comme on le propose, le mot gamopétale (*c. gamopetala*), dont la seule supériorité, due à sa composition étymologique, ne saurait être sentie par les personnes qui ne sont pas versées dans l'étude du grec.

La corolle monopétale est une corolle polypétale soudée.

Une foule de faits prouvent assez que la corolle monopétale est presque identique avec la polypétale, et que la différence consiste uniquement dans une soudure organique plus ou moins prononcée. La famille des Rutacées présente généralement des corolles polypétales; cependant on trouve des pétales cohérents ou agglutinés dans le genre *Galipea*, qui appartient à cette famille, et le genre *Ticorea*, le plus voisin du *Galipea*, offre une corolle décidément monopétale. Chez plusieurs Papilionacées, la corolle est à cinq pétales distincts comme ceux d'un grand nombre de Légumineuses régulières, et la carène en offre deux simplement rapprochés, portés chacun par son onglet; chez d'autres Papilionacées, il n'y a plus que quatre pétales, la carène en présente un seul, mais il a deux onglets, ce qui n'arrive jamais quand un pétale est décidément simple. La plupart des Cucurbitacées ont une corolle monopétale bien prononcée; quelques *Cucurbita* en offrent une dont la forme est semblable à celle des autres, mais dont les parties sont si peu soudées, qu'on distingue parfaitement leurs limites du moins au sommet, et enfin le *Momordica Senegalensis* a cinq pétales parfaitement distincts. Les *Trifolium*, comme les autres Papilionacées, sont généralement polypétales; le *Trifolium pratense* a une corolle qui ne diffère aucunement de celle des autres espèces; cependant, avec quelque attention, on voit que les pétales qui la composent adhèrent les uns aux autres par leur base. Dans les *Poly-*

gala, il existe trois pétales soudés; mais les limites de ces pétales sont tellement faciles à reconnaître, qu'on ne sait trop si l'on doit donner le nom de monopétale ou celui de polypétale à la corolle qu'ils forment par leur réunion. Le genre *Pelletiera* est habituellement à trois pétales parfaitement libres; entre une foule de fleurs, j'en ai trouvé une où les pétales s'étaient soudés et formaient une corolle monopétale à trois divisions. D'un autre côté, dans l'*Anagallis arvensis*, le *Solanum tuberosum*, le *Convolvulus arvensis*, le *Phlox amœna*, le *Rhodora Canadensis*, l'*Azalea nudiflora*, le *Campanula Medium*, plantes à corolle habituellement monopétale, on a vu quelquefois des pétales entièrement libres. J'ai moi-même trouvé deux fleurs de *Convolvulus Cantabrica* dont les corolles présentaient cinq parties distinctes presque jusqu'à la base et taillées de telle manière, que, soudées artificiellement, elles eussent repris la forme ordinaire des corolles monopétales de *Convolvulus* (*f.* 282, 283). Tant de faits prouvent suffisamment, ce me semble, que la corolle monopétale n'est qu'une réunion de pétales soudés; mais, s'il était possible que l'on conservât encore quelques doutes, ils seraient bien certainement levés par les belles observations de M. Schleiden, qui déclare avoir toujours vu, chez le bouton naissant, des pétales parfaitement distincts, comme le sont aussi, dans l'origine, dit le même botaniste, les folioles calicinales.

Les pétales peuvent présenter tous les degrés de soudure, depuis celle qui unit à peine la base de la corolle des *Ilex*, jusqu'à la soudure parfaitement complète, qui forme un capuchon des pétales du *Marcgravia umbellata*.

Vous savez déjà que, jusqu'à nos jours, les botanistes considéraient la corolle monopétale comme une pièce unique; partant de cette idée fausse, ils ont imaginé, pour peindre les diverses adhérences des pétales entre eux, une terminologie analogue à celle qu'ils ont consacrée pour les calices, c'est-à-dire que procédant, en quelque sorte, en sens contraire de la nature, ils ont vu des découpures formées de haut en bas, là où il ne fallait voir que des soudures s'étendant plus ou moins de bas en haut. On a donc dit qu'une corolle était partite ou partagée, lorsqu'elle n'est soudée qu'à la base (ex. *Anagallis fruticosa*, *f.* 284); fendue, quand la soudure s'étend à peu près jusqu'à moitié, et que les sinus, ainsi que les parties libres, sont plus ou moins aigus (ex. *Campanula limoselloides*, *f.* 285); lobée, quand les parties qui restent libres sont obtuses; dentée, lorsqu'elles sont très-courtes (ex. *Gaylussacia centunculifolia*, Aug. S.-Hil. et Gir., *f.* 286) (*corolla partita, fissa, lobata, dentata*). Toujours, d'après les mêmes principes, on a dû dire les lanières, les divisions, les lobes et les dents de la corolle (*laciniæ, divisuræ, lobi, dentes*). Enfin une corolle a été appelée bi-tri-quadri-quinquépartite, etc., bi-tri-quadri-quinquéfide, etc., bi-tri-quadri-quinquélobée, bi-tri-quadri-quinquédentée (*cor. bi-tri-quadri-quinquepartita*, etc., *bi-tri-quadri-quinquefida*, etc., *bi-tri-quadri-quinqueloba*, *bi-tri-quadri-quinquedentata*), suivant que ses pétales, plus ou moins soudés, sont au nombre de deux, trois, quatre, cinq ou davantage. Toute cette terminologie est en elle-même extrêmement défectueuse; mais nous pouvons nous y conformer, puisque nous en connaissons le véritable sens; il y aurait bien plus d'inconvénients à en imaginer une autre qui nous mettrait en désaccord avec tous les auteurs qui nous ont précédés.

Ce qu'on doit entendre par les mots partite, fendu, lobé, denté, appliqués à la corolle monopétale.

Nous avons vu qu'un pétale libre pouvait être plus ou moins découpé. Dans la corolle monopétale ou soudée, toute division n'indique donc pas nécessairement un pétale. En général, celles qui sont formées par la partie terminale et moyenne sont plus grandes que les autres. Dans les cas qui, d'abord, paraissent douteux, la corrélation du calice avec la corolle et l'analogie ont bientôt éclairé l'observateur.

Nervation de la corolle monopétale.

Puisque la corolle monopétale n'est qu'une réunion de pétales soudés, elle doit naturellement offrir des nervures dans les pièces dont elle se compose. Ces dernières, comme les pétales libres, sont traversées par une nervure moyenne, et offrent, quoique d'une manière généralement beaucoup moins prononcée, les mêmes sortes de nervation que les pétales libres et distincts. L'existence d'un long tube dans les corolles monopétales fait cependant que les nervures se montrent, chez elles, beaucoup plus souvent parallèles, dans une grande partie de leur longueur, qu'elles ne le sont chez les corolles polypétales. Vous savez que, dans les calices monophylles, il n'est pas rare de trouver entre les folioles soudées une nervure très-marquée : tantôt aussi les corolles monopétales offrent une nervure entre les pièces qui les composent, et tantôt on n'en voit aucune. On a cité les Composées et les Primulacées comme offrant seules des nervures entre les pièces soudées de leur corolle monopétale; mais ce caractère existe encore dans d'autres corolles où la petitesse des parties l'a dérobé aux yeux des observateurs.

Corolle monopétale tantôt régulière et tantôt irrégulière.

La corolle monopétale est régulière ou irrégulière (*cor. regularis, irregularis*), suivant que les parties dont elle se compose sont égales ou inégales, et qu'elles sont soudées d'une manière inégale ou uniforme. Une corolle monopétale peut cependant, comme cela a lieu pour les calices, offrir des divisions inégales et être régulière; c'est lorsque les grandes et les petites sont, entre elles, en nombre égal, que les premières sont parfaitement semblables, que les petites, de leur côté, le sont également, et qu'elles alternent les unes avec les autres. Ainsi la corolle d'un assez grand nombre de Gentianes a des lobes fort inégaux, et cependant elle est régulière, parce que cinq de ces lobes sont plus grands, cinq plus petits, et qu'entre deux grands se trouve un petit et *vice versâ*. Je suis tenté de croire que chaque pétale organique des Gentianes dont il s'agit est terminé par trois lobes, un grand intermédiaire et deux petits latéraux, et que, dans la corolle soudée, chaque petit lobe appartient par moitié à deux pétales. Je reviendrai plus tard sur ce sujet.

Nous avons vu qu'une corolle polypétale pouvait être régulière, quoique composée de pétales irréguliers, lorsque ceux-ci étaient parfaitement semblables entre eux. Ce principe peut s'appliquer aux corolles monopétales. Chaque division de la corolle des *Vinca*, des *Nerium*, des *Echites* est irrégulière; mais leurs divisions forment un ensemble régulier, parce que toutes ont exactement la même grandeur et la même forme.

Forme de la corolle monopétale régulière.

La corolle monopétale régulière affecte une foule de formes différentes : elle est globuleuse (*cor. globosa*), comme dans l'*Andromeda polifolia*; ovoïde (*ovata*), comme dans l'*Erica cinerea* ou le *Gaylussacia centunculifolia*, A. S.-H. et Gir., *f.* 286; urcéolée, c'est-à-dire renflée dans le milieu et rétrécie à son entrée (*cor. urceolata*), ainsi que cela a lieu dans le *Vaccinium Myrtillus*; campanulée ou en forme de cloche (*c. campanulata*), comme celle des *Campanula* et du *Linnæa borealis*.

La corolle monopétale régulière tubulée; ses parties; les modifications qu'elle offre.

Souvent elle se rétrécit inférieurement en un tuyau égal, et s'élargit au sommet de diverses manières. Le tuyau qui est cylindrique (*cylindricus*), ou rarement prismatique (*prismaticus*), porte le nom de tube (*tubus*), la partie élargie celui de limbe (*limbus*); et l'on donne le nom de gorge (*faux*) à l'entrée du tube. Celui-ci a une longueur plus ou moins sensible; il est large ou étroit, grêle ou ventru (*tubus gracilis, ventricosus*), et même quelquefois filiforme (*filifor-*

mis). Le limbe peut être plane (*planus*), comme dans le *Myosotis palustris*, ou concave (*concavus*), comme dans le *Primula officinalis*; il peut être dressé (*erectus*) tel que celui du *Cerinthe major*, étalé (*patens*), ainsi que cela a lieu dans la Pervenche (*Vinca*), ou réfléchi (*reflexus*), comme dans le *Cyclamen*; enfin il admet les mêmes genres de divisions que la corolle tout entière, et peut être partite ou divisé jusqu'à l'entrée du tube, fendu, lobé ou denté de diverses manières (*limbus partitus, fissus, lobatus, dentatus*). La gorge est également susceptible de quelques modifications; elle se rétrécit ou se dilate (*faux angustata, ampliata*), et quelquefois elle se montre prismatique (*prismatica*), quand même le corps du tube forme le cylindre.

Quand on veut simplement faire entendre qu'inférieurement une corolle forme le tube, on la dit tubulée (*tubulata*); lorsque le tube est allongé, on l'appelle tubuleuse (*tubulosa*). Parmi les corolles tubulées, il faut distinguer celle qui est en massue (*cor. clavata*), la corolle infundibuliforme ou en entonnoir (*infundibuliformis*), comme dans les *Pulmonaria* et le *Nerium Oleander*, l'hypocratériforme (*hypocrateriformis*), dont le tube est plus ou moins long et le limbe plane ou peu concave, par exemple, chez les *Vinca* ou le *Primula elatior* (*f.* 290); enfin la corolle en roue (*c. rotata*), qui a le tube fort court et le limbe étalé, comme celle des *Galium* et des *Anagallis* (ex. *Anagallis fruticosa*, *f.* 288, 284).

Les diverses formes de la corolle monopétale nuancées entre elles.

Il ne faut pas s'imaginer que ces diverses formes soient toujours bien tranchées; elles se nuancent, au contraire, par des dégradations insensibles. La corolle globuleuse passe à l'ovoïde et à l'urcéolée; il n'y a point de limites entre la corolle tubulée et celle qui ne l'est pas; il n'en existe pas davantage entre la campanulée et l'infundibuliforme, celle-ci et l'hypocratériforme, cette dernière et la corolle en roue. Au milieu d'une terminologie dont l'exactitude est sans cesse mise en défaut par la nature elle-même, les botanistes ont souvent caractérisé la même forme par des expressions différentes, ou des formes différentes par la même expression ; ils sont continuellement obligés de recourir à des mots composés qui indiquent des intermédiaires, ou bien ils modifient l'épithète principale par d'autres épithètes.

Les formes de la corolle polypétale se retrouvent dans la corolle monopétale.

Quoi qu'il en soit, il est impossible de ne pas voir, dans les diverses nuances des corolles globuleuses, ovoïdes, urcéolées ou campanulées, une réunion de pétales sessiles, et, dans les corolles plus ou moins tubulées, un assemblage de pétales onguiculés. Si, par la pensée, nous soudons les diverses corolles polypétales que je vous ai fait connaître, nous aurons des monopétales que vous connaissez également. La corolle rosacée soudée par ses onglets à peine sensibles deviendra une corolle en roue (ex. *Potentilla verna*, *f.* 287 ; — *Anagallis fruticosa*, *f.* 288) ; la corolle caryophyllée sera hypocratériforme (ex. *Silene Italica*, *f.* 289 ; — *Primula elatior*, *f.* 290), et, en soudant les pétales du Lin (*Linum*), de la Mauve (*Malva*) ou de l'*Oxalis*, nous formerons une corolle campanulée (ex. *Oxalis bipartita*, *f.* 291 ; — *Campanula Trachelium*, *f.* 292). Ceci achève de nous démontrer la presque identité des deux sortes de corolles.

Queues.

Comme les pétales libres, ceux qui sont soudés à une hauteur plus ou moins considérable peuvent être aigus ou obtus. Mais les corolles monopétales régulières de quelques Apocynées présentent une particularité qu'on n'observe point chez les polypétales ; leurs divisions se terminent par des espèces de queues (*laciniæ caudatæ*) qui quelquefois ont plusieurs pouces de long.

Forme de la corolle monopétale irrégulière.

Je ne vous ai encore entretenus que des corolles monopétales régulières. Des formes non moins variées et souvent fort bizarres se rencontrent parmi les irrégulières.

Non-seulement ces dernières, suivant les genres et les

espèces, offrent, dans leurs parties, des différences de figure et de grandeur plus ou moins sensibles ; mais très-souvent encore leurs soudures s'étendent plus entre certaines parties qu'entre les autres.

C'est l'inégalité de soudure qui, comme nous l'avons vu, produit les calices bilabiés ; c'est également à elle que sont dues les corolles à deux lèvres, où trois pétales d'un côté et deux de l'autre sont beaucoup plus soudés que les deux groupes ne le sont entre eux. Toutes les corolles à deux lèvres sont tubulées ; ces corolles, d'ailleurs, présentent entre elles une foule de différences, mais pourtant elles peuvent être à peu près ramenées à deux formes principales, la corolle labiée proprement dite et la personnée.

La corolle labiée (*labiata*) ou plutôt bilabiée (*bilabiata*) est celle dont le limbe offre deux divisions principales ou lèvres placées presque toujours l'une au-dessus de l'autre, et dont le tube reste ouvert (ex. *Rosmarinus officinalis*, *f.* 293 ; *Melissa Calamintha*, *f.* 191 ; *Lamium album*, *f.* 190). C'est la lèvre supérieure (*labium superius*), ainsi nommée à cause de sa position, qui est composée de deux pétales, et l'inférieure qui l'est de trois ; mais souvent les deux pétales de la première sont tellement soudés qu'elle paraît entière (*lab. superius integrum*), comme dans les *Lamium* (*f.* 190) ; et souvent aussi le pétale moyen de la lèvre inférieure est divisé, ce qui peut la faire paraître quadrilobée, comme dans les *Stachys*. La lèvre supérieure ascendante dans le *Betonica officinalis* (*ascendens*), et étalée (*patens*) dans plusieurs *Lonicera*, est beaucoup plus souvent droite à sa base, ensuite portée en avant et plus ou moins courbée en voûte (*labium porrectum, concavum, fornicatum*), comme dans les *Salvia*, le *Galeobdolon*, les *Lamium* (*f.* 190) ; elle est plane, presque plane ou comprimée (*planum, compressum*) ; sa forme est également fort variable ; ses deux pétales dans les *Marrubium*

Corolle labiée.

ne sont guère soudés que jusqu'à moitié (*lab. sup. bifidum*), et chez d'autres genres ils ne laissent entre eux qu'une échancrure (*lab. sup. emarginatum*); tantôt cette même lèvre est écartée de l'inférieure, tantôt elle se porte sur elle, comme dans les *Rhinanthus* ou les *Phlomis* (*lab. sup. incumbens*). La lèvre inférieure offre aussi de grandes différences, suivant les genres et les espèces; les trois pétales qui la forment, soudés dans une longueur plus ou moins sensible, la font paraître tripartite chez les *Leonurus*, trifide chez les *Galeobdolon*, trilobée dans le *Melitis* (*lab. inf. tripartitum, trifidum, trilobum*); ses divisions latérales (*lobi*, *laciniæ laterales*) sont généralement plus petites que l'intermédiaire (*lobus intermedius, lacinia intermedia*), dans les *Lamium* ce sont deux dents étroites qu'on aperçoit à peine, et on a dit fort inexactement de ces plantes que leur lèvre inférieure était à deux lobes, et que l'entrée du tube était, de droite et de gauche, garnie d'une dent (*labium inferius bilobum, faux utrinque margine dentata*); la lèvre inférieure est, en général, plane; mais, dans les *Stachys*, ses deux divisions latérales sont réfléchies (*lobi laterales reflexi*), le lobe ou pétale moyen est très-concave dans les *Nepeta* et les *Hyptis* (*lobus medius concavus*), il l'est encore, mais moins, dans le *Salvia pratensis*; ce même lobe, généralement échancré, est simplement crénelé (*crenatus*) dans les *Nepeta*, il est tout à la fois échancré et crénelé dans l'*Hyssopus*. La corolle labiée caractérise la plupart des plantes de la famille qui portent le même nom, et, en outre, un certain nombre de genres épars dans d'autres familles.

Corolle personnée.

La corolle personnée ou en masque (*corolla personata*, ex. *Linaria triphylla*, *f.* 296) diffère de la bilabiée, parce que l'entrée de son tube est fermée par une saillie de la lèvre inférieure appelée palais (*palatum*); d'ailleurs elle est également tubulée et à deux lèvres composées, la supérieure, de deux pétales, et l'inférieure de trois. Le palais se forme de dehors en dedans : ainsi c'est la face des pétales soudés, ou, si l'on veut, le côté intérieur de la corolle qui lui donne naissance, et, tandis que ce côté intérieur se relève en bosse, il laisse un creux à l'extérieur; mais une autre circonstance accompagne cette singulière expansion ; elle se fait du bas vers le haut, de sorte que le palais, en s'élevant, se montre tout à fait en dehors, et que le sommet de la lèvre reste au-dessous de lui, devenant horizontal ou réfléchi. Dans le *Pinguicula Lusitanica*, il existe réellement un palais ; mais il échappe facilement à l'observation, parce qu'il est petit, horizontal, et ne s'élève point au-dessus du limbe peu découpé. Le palais des corolles personnées n'offre qu'un petit nombre de modifications peu remarquables ; mais on en retrouve qui le sont davantage dans la soudure plus ou moins prolongée de leurs pétales organiques, dans la forme de ceux-ci et dans leur direction. La corolle personnée se trouve dans la famille des Lentibulariées et dans celle des Scrophularinées.

Outre les corolles personnées et labiées, on a encore indiqué, parmi celles à deux lèvres, la corolle ringente ou en gueule (*corolla ringens*) ; mais, comme les uns ont appliqué ce nom à des corolles bilabiées qui seulement sont fendues davantage, que d'autres en font un simple synonyme du mot personné, et qu'on a été jusqu'à l'admettre sous ces deux acceptions dans certains ouvrages, je crois qu'il est bon de le faire disparaître de la terminologie. Corolle dite ringente.

Je vous ai montré, dans les corolles à deux lèvres, des inégalités de soudures très-prononcées ; il en est qui le sont davantage encore. On avait dit que, dans les *Ocymum*, la corolle était renversée (*corolla resupinata*), parce que sa lèvre supérieure, loin d'être plus étroite que l'inférieure, est, au contraire, beaucoup plus large ; mais, dans ces plantes, comme Exemples de très grandes inégalités de soudures dans la corolle monopétale.

l'a fait observer M. Moquin, les deux pétales qui, chez les autres Labiées, se soudent intimement avec l'inférieur, se sont soudés bien davantage avec les deux supérieurs, et ont laissé l'inférieur isolé; de sorte que la lèvre supérieure, au lieu d'être formée de deux pétales, l'est réellement de quatre, et l'inférieure, au lieu d'en offrir trois, n'en présente qu'un seul. Nous allons voir maintenant ce qui se passe chez les *Teucrium*, genre de la famille des Labiées, non moins anomal que celui dont je viens de vous entretenir. Entre les deux pétales supérieurs, petits et aigus des *Teucrium* (ex. *Teucrium brevifolium*, *f.* 294), la soudure s'arrête assez bas, et ils sont beaucoup plus soudés avec les autres qu'ils ne le sont entre eux; de là il résulte que ces deux mêmes pétales, séparés l'un de l'autre, se trouvent en quelque sorte entraînés par la lèvre inférieure, ou, pour mieux dire, il n'existe réellement ici qu'une lèvre à cinq divisions. Un grand nombre de Lobéliacées ont une corolle à deux lèvres; mais le défaut de soudure est souvent complet entre les deux pétales organiques de la lèvre supérieure, et la corolle semble fendue d'un côté (ex. *Lobelia fulgens*, *f.* 295); chez ces plantes les deux lèvres se conservent, parce que les pétales supérieurs ne sont pas assez soudés avec les autres pour être entraînés par ceux-ci du même côté qu'eux. Dans le genre *Scævola*, très-voisin des Lobéliacées, il n'y a non plus aucune soudure entre les deux pétales supérieurs; d'ailleurs la soudure de ces pétales avec les autres, et des autres entre eux, est égale, et la forme de tous est la même; séparés du côté supérieur, ils se jettent nécessairement ensemble du côté inférieur, et présentent une corolle régulière fendue d'un côté et étalée presque à la manière d'un éventail.

Corolle des composées.

Ce sont des différences de soudure qui constituent principalement les trois sortes de fleurs, ou, comme on dit communément en employant un diminutif, les trois sortes de fleurons (*flosculi*) qu'on observe dans l'immense famille des Composées. Lorsque la corolle est irrégulière et à deux lèvres, on dit que les fleurons sont bilabiés (*flosculi bilabiati*) ; si elle est régulière, et que ses pétales organiques soient soudés en entonnoir à une égale hauteur, les fleurons sont tubuleux (*flosculi tubulosi*, *f.* 297). Enfin, quand, les pétales étant encore égaux, les deux supérieurs n'adhèrent l'un à l'autre que vers leur base, mais qu'en même temps ils se soudent, dans presque toute leur longueur, avec les autres pétales, comme ceux-ci entre eux, on donne aux fleurons le nom de ligulés (*flosculi ligulati*), parce qu'ils offrent réellement la forme d'une languette étalée et dentée finement (*f.* 299). Vous remarquerez que, dans ces expressions, on substitue avec assez d'impropriété le tout à la partie ; car, lorsqu'il s'agit seulement de la corolle, on indique des fleurs tout entières. Mais il est bien plus inexact encore de se servir des mots *semiflosculus*, *flos semiflosculosus* (demi-fleurons, fleurs semi-flosculeuses), pour désigner les corolles ligulées, car ces corolles sont aussi complètes que les tubuleuses. Toute cette terminologie si défectueuse est un reste de celle de Tournefort, qui, considérant comme des fleurs les capitules des Composées, indiquait les corolles partielles comme des fleurons, lorsqu'elles sont régulières (*flosculi*), et qui, voyant les fleurons faire le tour des organes sexuels, devait se croire autorisé à appeler demi-fleurons les corolles qui ne les enveloppent qu'à moitié. Tournefort, d'après sa manière de voir, distinguait ses fleurs composées en flosculeuses (*flores flosculosi*), celles dont l'involucre ne contient que des fleurons (ex. *Ageratum conizoides*, *f.* 297, 298) ; en semi-flosculeuses, celles qui offrent uniquement des demi-fleurons (*fl. semiflosculosi*) (ex. *Pterotheca Nemaucensis*, *f.* 152), et, en radiées enfin (*fl. radiati*), celles qui ont des demi-fleurons à la circonférence et des fleurons sur le reste du réceptacle (ex.

Bellis perennis, *f.* 299, 300). Ces expressions peuvent tout au plus être conservées dans le langage usuel, mais elles doivent être bannies de celui de la science, puisqu'un capitule de Composée n'est point une fleur unique ; et on ne doit pas dire davantage, en parlant d'un fleuron isolé, que c'est une fleur flosculeuse (*flos flosculosus*), car ce terme, en lui-même insignifiant, ne peut être ici employé que par opposition à celui si inexact de *flos semiflosculosus*. Je suis loin, cependant, de prétendre qu'il faille entièrement exclure de la terminologie botanique les mots *flosculosus* et *semiflosculosus*; mais on ne doit les appliquer qu'au capitule. Ainsi on dira capitule flosculeux, semiflosculeux (*capitulum flosculosum*, *semiflosculosum*), pour indiquer les capitules composés de fleurons tubuleux ou ligulés, et capitule radié (*cap. radiatum*), pour désigner ceux qui renferment des fleurons inégaux entre eux, c'est-à-dire ligulés ou bilabiés à la circonférence, et tubuleux sur le reste du réceptacle ; enfin à ces expressions on pourra ajouter celle de capitule labiatiflore (*capitulum labiatiflorum*) lorsque l'on voudra faire entendre que des fleurs toutes bilabiées sont placées sur le réceptacle. Après avoir ainsi exprimé de quelle nature sont les fleurs renfermées dans le capitule, on n'aura plus que quelques légers détails à donner sur la corolle, et l'on évitera de substituer à ce dernier nom celui de *flosculus*. Les expressions de bilabié, tubuleux, ligulé, appliquées aux capitules (*capitulum bilabiatum*, *tubulosum*, *ligulatum*), seraient moins convenables que celles qui précèdent, parce qu'elles peuvent ici présenter un double sens.

Les seules Composées suffiraient pour vous donner un exemple des deux sortes d'irrégularité que je vous ai indiquées. Quand leur corolle est bilabiée, il y a inégalité dans les pétales organiques ; quand elle est ligulée, l'irrégularité procède d'un défaut de soudure.

Au reste, entre les corolles monopétales régulières et les irrégulières, on trouve toutes les nuances possibles. L'irrégularité est beaucoup moins sensible dans les *Verbascum* que dans une foule de genres voisins; et on ne la soupçonne même pas dans le *Gentiana Pneumonanthe*, où pourtant une très-grande attention peut la faire découvrir.

Les corolles monopétales régulières nuancées avec les irrégulières.

Nous avons vu que, parmi les corolles polypétales, il y en avait où tous les pétales se prolongeaient au-dessous du point d'attache en une sorte de tube que l'on nomme éperon (*calcar*), et d'autres où un seul pétale présentait ce prolongement. Il n'est point, à ma connaissance, de corolle soudée ou monopétale dont tous les pétales soient éperonnés, du moins à l'état habituel; mais, dans la famille des Scrophularinées et celle des Lentibulariées, on trouve un grand nombre de plantes où l'un des cinq pétales, l'intermédiaire de la lèvre inférieure, se prolonge en éperon (corolle éperonnée, *corolla calcarata*, ex. *Linaria triphylla*, *f.* 296); chez d'autres, le prolongement est beaucoup moins long, beaucoup moins pointu, et ce n'est plus qu'une bosse (corolle gibbeuse, *corolla gibba*). De deux genres de la famille des Scrophularinées, extrêmement voisins, l'un, l'*Antirrhinum*, n'a qu'une bosse; et l'autre, le *Linaria*, a un éperon, ce qui prouve combien il y a peu de différence entre l'éperon et la bosse. De même que l'éperon calicinal des *Delphinium* reçoit dans sa concavité un prolongement des deux pétales voisins; de même, dans le genre *Viola*, un appendice dorsal de deux des étamines va s'enfoncer dans l'éperon du pétale appendiculé; mais je ne sache pas qu'il y ait aucune corrélation entre l'éperon des monopétales et les parties du verticille supérieur. Comme chez les polypétales, cette espèce d'appendice varie dans les monopétales pour la forme, la direction et la longueur.

Corolle éperonnée; corolle gibbeuse.

Plusieurs corolles polypétales, telles que celles des *Silene*,

Couronne.

offrent, au sommet de l'onglet de leurs pétales, et, par conséquent, à la base de leur lame, une sorte d'appendice droit et découpé (*lamella*). Que l'on suppose ces pétales soudés entre eux, l'on aura un tube terminé par une sorte de couronne (*corona*) droite, frangée et élégante. C'est ce qu'on peut observer dans le *Nerium Oleander*.

Écailles.

Une foule de corolles monopétales présentent, à l'entrée de leur tube, des espèces d'écailles qui, souvent, la bouchent, et mettent à couvert les parties que le tube renferme : leur consistance est à peu près semblable à celle de la corolle elle-même; cependant elles ont fort souvent plus d'épaisseur. Elles sont placées tantôt exactement au-dessous des divisions et tantôt entre elles : dans le premier cas, elles ont souvent beaucoup de rapport avec la couronne des pétales des *Silene;* dans le second, on ne trouve jamais leur analogue chez les corolles polypétales. Ces écailles, dont je vous ferai connaître la nature plus tard, portent, en latin, le nom de *squamæ*, *squamulæ*, *fornices* : on les observe dans le *Samolus*, chez plusieurs Sapotées, principalement dans les Borraginées, et l'on distingue les genres de cette dernière famille, en disant des uns qu'ils ont l'entrée du tube nue (*faux nuda*), et des autres, qu'ils l'ont garnie d'écailles, ou, comme cela arrive le plus ordinairement, fermée par des écailles (*faux squamulis s. fornicibus obsessa, faux fornicibus clausa*).

Pétales adhérents à leur sommet.

Je vous ai montré des corolles soudées à leur base; il en est aussi quelques-unes qui offrent à leur sommet une adhérence plus ou moins sensible. Celle des *Phyteuma* est non-seulement soudée à la base et, par conséquent, monopétale; mais, comme j'ai déjà eu occasion de vous le dire, ses pétales organiques sont intimement unis à leur extrémité supérieure. Parmi les polypétales, je puis nommer la Vigne (*Vitis vinifera*), dont les pétales, libres à la base, offrent à leur sommet une véritable adhérence : ceux du *Syzygium* et des *Caryophyllus* ont encore été cités comme soudés en forme de capuchon. On a dit, de plus, que dans le *Calyptranthes* le capuchon était formé tout à la fois par le calice et les pétales ; mais ici il y a erreur, du moins pour le *Calyptranthes aromatica* ; car, si l'on n'y voit point de pétales, ce n'est pas parce qu'ils sont soudés avec le calice, mais parce que la séparation de l'opercule avec le reste de l'enveloppe calicinale se fait au-dessous du point où la corolle est insérée, et que celle-ci reste dans l'opercule ou tombe lorsque le calice se déchire.

§ IV. — *Détails divers.*

Épines et vrilles chez les pétales.

Nous avons vu les feuilles, les stipules, les calices se métamorphoser en épines. Si les pétales n'éprouvent pas, dans toute leur étendue, un changement semblable, quelques-uns cependant, tels que ceux du *Cuviera*, se terminent par une pointe épineuse. Mais ce n'est pas la seule métamorphose dont la corolle soit susceptible ; il en est encore une autre qu'elle peut éprouver, comme tous les organes que je vous ai cités plus haut. Déjà une foule de pétales, soudés ou non soudés, se courbent ou s'enroulent ; une des lèvres de la belle Composée, appelée *Stiftia aurea*, extrêmement longue, fait sur elle-même plusieurs tours de spirale, comme un ruban sur sa bobine ; les longs prolongements qui terminent les parties de la corolle de plusieurs Apocynées se tordent sans se rouler sur eux-mêmes ; enfin, dans le *Strophanthus hispidus*, espèce de la même famille, on voit ces prolongements atteindre jusqu'à sept pouces, et, transformés en vrilles à peu près comme les feuilles du *Lathyrus Aphaca* ou les stipules des Cucurbitacées, s'entortiller autour des branches voisines. Ces expansions diffèrent des épines qui prolongent assez souvent la nervure moyenne des feuilles véritables et des folioles calicinales, non-seulement en ce qu'elles n'en ont point la dureté, mais en ce qu'elles ne sont pas réduites à la seule nervure moyenne, et que, de droite et de gauche, elles offrent encore du parenchyme.

Couleur de la corolle.

La couleur des corolles ne contribue pas moins que leur forme à la beauté des fleurs; elle peut varier depuis le blanc le plus pur jusqu'au pourpre noir; mais le noir sans mélange et les diverses combinaisons de noir et de blanc parfaitement purs ne se sont encore jamais vus sur aucun pétale. La surface inférieure de ces feuilles modifiées, comme celle des feuilles véritables, n'est pas aussi brillante et d'une teinte aussi foncée que la supérieure. Celle-ci est quelquefois luisante et vernissée comme dans plusieurs *Ranunculus*, quelquefois veloutée comme dans la Pensée (*Viola tricolor*) et l'Oreille-d'Ours (*Primula Auricula*), beaucoup plus souvent mate. Chez la Ficaire (*Ficaria ranunculoides*), la partie des pétales qui était luisante dans le bouton devient mate dans la fleur épanouie, et la partie qui était mate, avant l'épanouissement, devient ensuite luisante. Tantôt la teinte d'une corolle tout entière est à peu près uniforme; tantôt la couleur varie dans les différents pétales d'une même corolle; tantôt, enfin, le même pétale est de diverses couleurs. Une fleur peut changer plusieurs fois de teinte aux différentes époques de sa vie; quelques Crucifères, l'*Hibiscus mutabilis* et l'*Hortensia* nous en fournissent des exemples frappants : j'ai trouvé au Brésil une Mélastomée (*Rhexia mutabilis*, Aug. S.-Hil.) dont les fleurs nombreuses présentaient, sur un même pied, diverses nuances de couleur, suivant l'époque à laquelle elles s'étaient épanouies. La même espèce de plante peut offrir des fleurs de diverses couleurs; il n'est aucun botaniste qui, dans ses herborisations, n'ait trouvé des fleurs blanches sur le *Viola odorata*, sur des Campanules, l'*Erica cinerea*, le *Thymus Serpyllum*, le *Jasione montana*, etc., où communément on en voit de bleues, de violettes et de roses; j'ai observé des corolles couleur de chair dans l'*Echium vulgare* et l'*Ajuga Genevensis*, qui ordinairement en ont de bleues, etc.; tout le monde sait enfin combien la culture nous procure de variétés de couleur dans l'Oreille-d'Ours (*Primula Auricula*), l'OEillet (*Dianthus Caryophyllus*), la Renoncule, les Pavots, les *Dahlia*, etc. Il est cependant des fleurs dont la couleur ne varie jamais; on a métamorphosé en pétales les étamines du *Ranunculus acris*, et il est toujours resté du même jaune. Cette dernière couleur est, en général, une de celles qui changent le moins; le bleu et le rouge sont, au contraire, fort variables; mais il est à remarquer qu'en général le bleu ne passe point au jaune, comme le jaune ne passe point au bleu, quoiqu'on puisse les trouver ensemble dans une même corolle, ainsi que le *Convolvulus tricolor* et les *Myosotis* en fournissent des exemples. Si, chez beaucoup d'espèces, la couleur de la corolle est susceptible de varier, il en est une foule d'autres où elle ne change jamais. Dans le même genre, on peut trouver une ou plusieurs couleurs; et, dans le premier cas, c'est le plus souvent le jaune qui se présente. Il est rare de rencontrer ensemble dans le même genre le jaune et le bleu, cependant cette espèce de règle n'est point sans exception : ainsi le *Scabiosa succisa* a les fleurs bleues et le *centaurioides* les a jaunâtres; les *Centaura Cyanus* et *montana* présentent des corolles bleues, le *collina* et le *diffusa* en ont de jaunes; le *Viola biflora* a des pétales jaunes, une foule d'autres espèces en ont de bleus; les genres *Gentiana, Linum* et *Anchusa* offrent à la fois des espèces bleues et d'autres jaunes, et si, dans les *Linum*, nous faisons deux sections des espèces jaunes et de celles qui sont bleues, c'est uniquement pour la commodité de l'étude. Excepté peut-être quelques familles à corolles vertes, il n'en est pas une où toutes les espèces présentent la même couleur ; cependant le purpurin se montre le plus souvent chez les Labiées et les Bruyères, le bleu chez les Campanulacées, le jaune chez les Hypéricinées, chez les Chicoracées, et la teinte générale d'un pays se ressent assez souvent de la couleur des genres qui y donnent le plus de fleurs ; ainsi le jaune domine dans nos prairies à cause de nos Renoncules, et le bleu dans celles de quelques parties méridionales du Brésil à cause des *Eryngium*. Schubler a calculé que, parmi les 2726 plantes phanérogames de la Flore d'Allemagne, il y en avait 601 à fleurs verdâtres, 667 jaunes, 536 blanches, 489 rouges, 210 bleues, 6 noirâtres ou grisâtres ; il a reconnu que la couleur blanche devenait plus commune à mesure qu'on s'avance vers le pôle, et enfin que, sur 499 plantes phanérogames, il y en avait en Laponie 178 de verdâtres et 109 de blanches. Ces calculs sont, sans doute, intéressants ; néanmoins ils ne nous donnent pas l'exacte proportion des diverses sortes de couleurs dans les corolles, car ils embrassent à la fois les fleurs qui en sont pourvues et celles qui n'en ont pas.

Grandeur relative de la corolle et du calice.

Nous savons déjà que souvent le calice prend plus de développement que les bractées. En général, la corolle est aussi plus grande que le calice ; cependant elle peut lui être égale ou même être moins grande, comme on en voit surtout des exemples dans les fleurs très-petites. C'est avec précaution qu'il faut indiquer la différence relative des deux enveloppes, quand elles ne diffèrent pas beaucoup pour la grandeur ; car le calice croît encore, lorsque la corolle est déjà stationnaire. Si, ordinairement, cette dernière est plus ample que les folioles calicinales, quoique plus élevée sur l'axe de la fleur, il y a, comme vous le savez (p. 334, 356), une sorte de compensation dans sa coloration et dans la ténuité de son tissu.

La coloration des organes est un symptôme de maladie et de dépérissement, comme le prouvent les feuilles rouges et jaunes qui, en automne, se détachent des arbres, comme le prouve encore la couleur verte que prennent les organes de la fleur, lorsque, sans doute par une surabondance de sucs, ils retournent à leur forme originaire, celle de la feuille.

La durée des corolles est fort inégale : il y en a qui se conservent plusieurs jours sur leur réceptacle, et qui, pendant cet intervalle, restent toujours ouvertes, ou s'ouvrent et se ferment tour à tour ; d'autres, au contraire, tombent le jour même où elles se sont épanouies. Celles des Lins et des Cistes durent à peine quelques heures ; celles du *Vitis vinifera* et des *Thalictrum* se détachent au moment même où elles viennent de s'ouvrir. L'*Helianthemum guttatum*, extrêmement commun dans les champs de la Sologne, produit un grand nombre de fleurs dont les jolis pétales s'étalent au matin, et, vers midi, couvrent déjà la terre, ce qui, dans le pays, a valu à la plante le nom de *Grille-midi*. Durée de la corolle.

Tandis que la plus grande partie des calices se dessèchent autour du fruit, presque toutes les corolles, articulées à leur point d'attache, tombent plus tôt ou plus tard, après la fécondation. Le plus souvent elles sont encore fraîches lorsqu'elles se détachent ; mais il arrive aussi qu'alors elles sont déjà flétries, comme dans les *Lathyrus*, les *Vicia* et les *Pisum*. Pour exprimer la durée relative de leur existence, on se sert des mots que l'on applique au calice. Ainsi la corolle du *Lobelia urens*, des Campanules (*Campanula*), des *Erica*, du *Trifolium badium*, est dite persistante (*cor. persistens*), parce qu'on la trouve encore autour du fruit ; celle de la plupart des fleurs est tombante (*decidua*) ; elle est caduque (*caduca*) dans quelques pavots (*Papaver*) et le *Myriophyllum spicatum*.

Nous avons vu que la base de certains calices persistait,

tandis que la partie supérieure tombe en se séparant d'elle transversalement. La même chose arrive pour quelques corolles. Celle des Orobanches et des *Rhinanthus* se détache tant soit peu au-dessus de sa base, qui reste autour de l'ovaire, et semble être un nectaire. La corolle des *Mirabilis*, ovoïde et charnue à son origine, se resserre brusquement pour former un entonnoir; après la fécondation, l'entonnoir se détache, la partie ovoïde persiste autour de l'ovaire, s'endurcit, se ride transversalement, et, unie au fruit, elle simule une semence.

Valeur des caractères tirés de la corolle.

On peut tout à la fois puiser dans la corolle des caractères de variétés, d'espèces, de familles et de classes. Des nuances de couleurs distinguent les variétés; des différences dans la grandeur et dans la surface, ainsi que de légères modifications de forme, distinguent les espèces; des différences de forme très-prononcées, l'absence ou la présence des éperons, des écailles, de la couronne, constituent les genres. La régularité ou l'irrégularité caractérisent des familles tout entières: les Plombaginées, les Primulacées, les Jasminées, les Borraginées, les Malvacées, les Cistées, les Rosacées ont des corolles régulières; les Lentibulariées, les Schrophularinées, les Labiées, les Violacées en ont d'irrégulières; cependant on trouve quelquefois un ou deux genres irréguliers jetés, pour ainsi dire, dans une famille régulière, et *vice versâ*, tels que l'*Echium* parmi les Borraginées, le *Coris* parmi les Primulacées, le *Disandra* chez les Scrophularinées, etc. Des corolles polypétales ne se trouvent presque jamais parmi les monopétales, ni des monopétales parmi les polypétales. Malgré les changements innombrables que les modernes ont tentés dans la série linéaire, aucun n'a osé mêler ces grandes classes, et, après le nombre des cotylédons, des considérations tirées de l'absence ou de la présence de la corolle, de la soudure ou de la distinction des pétales me paraissent être le plus beau lien d'un arrangement naturel des familles; ou, si l'on aime mieux, les divisions primaires, secondaires et tertiaires de la méthode de Jussieu sont les moins imparfaites possible.

CHAPITRE XXI.

ORIGINE ET CAUSES DE L'IRRÉGULARITÉ DANS LES DEUX PREMIERS VERTICILLES DE LA FLEUR.

Vous savez ce qui fait qu'un calice et une corolle sont réguliers ou irréguliers. Je ne passerai pas au troisième verticille de la fleur sans vous avoir indiqué l'origine de l'irrégularité dans les deux premiers verticilles et sans avoir recherché les causes de cette irrégularité.

§ I. — *Origine de l'irrégularité.*

Pendant longtemps on a pu croire que les botanistes qui choisissaient la régularité pour terme de leurs comparaisons cédaient seulement au désir de les rendre plus faciles, et que regarder les formes irrégulières comme une déviation d'un type régulier, c'était se laisser aller à des idées métaphysi-

La régularité n'est point un type arbitraire.

ques à peu près étrangères à l'étude des plantes. Mais on a fini par remonter à l'origine des choses; et, aujourd'hui, nous devons reconnaître que, quand M. Alfred Moquin a écrit, d'après des considérations théoriques, qu'il existait un type régulier antérieur au type irrégulier, il n'a fait que devancer l'observation. En effet, M. Schleiden, étudiant le bouton qui commence à poindre, s'est convaincu que les pièces des deux premiers verticilles, c'est-à-dire du calice et de la corolle, étaient, dans l'origine, non-seulement distinctes, mais encore parfaitement régulières.

Les pièces les plus développées d'un calice ou d'une corolle sont les moins voisines de la régularité primitive.

Puisqu'une corolle et un calice commencent par être réguliers, il est clair que la régularité n'est pas un terme de comparaison que nous puissions choisir à notre gré, et que, sans des inégalités d'accroissement plus ou moins sensibles, nous n'aurions que des enveloppes florales parfaitement régulières. De là il résulte que les pièces les plus développées d'un calice ou d'une corolle sont celles qui se rapprochent le moins de la régularité primitive, et que les moins développées, au contraire, sont les plus voisines de cette même régularité.

L'irrégularité ne provient pas d'un excès d'accroissement dans les parties les plus développées; fleurs péloriées.

Cependant, pour que certaines parties prennent moins d'accroissement que d'autres, il faut nécessairement qu'elles aient été arrêtées dans leur développement par quelque cause; et, si cette cause n'eût pas existé, nous aurions eu des verticilles dont toutes les pièces eussent été semblables aux plus développées. On pourrait demander, à la vérité, s'il n'y a pas eu plutôt excès de développement dans quelques pièces que défaut chez les autres; mais, si l'irrégularité provenait d'un excès d'accroissement, et que les parties les moins développées fussent à l'état normal, toutes deviendraient semblables à ces dernières quand, par quelque circonstance, une fleur irrégulière retourne à la régularité. Or c'est, au contraire, la forme des pièces les plus développées que prennent alors toutes les autres. Il arrive assez souvent que les corolles du *Linaria vulgaris* se régularisent, se pélorient, comme disent les botanistes. Dans ce cas, les cinq pétales deviennent à peu près semblables au pétale moyen de la lèvre inférieure qui est le plus développé, et ils sont éperonnés comme lui : donc c'est ce pétale qui, dans la fleur irrégulière, était le seul normal. Le *Linaria vulgaris* n'est pas l'unique plante à fleurs irrégulières qu'on ait trouvée à l'état de réguralité. Plusieurs espèces d'*Antirrhinum*, de *Viola*, de *Digitalis*, le *Chelonia barbata*, le *Linaria spuria*, etc., se sont pélorieés, et tous leurs pétales avaient alors la forme du pétale le plus développé de la corolle irrégulière.

Pourquoi les pétales d'une corolle pélorieé peuvent ne pas atteindre le développement auquel parvient le pétale correspondant de la corolle irrégulière.

Il paraît, à la vérité, que chacun des pétales d'une corolle pélorieé peut ne pas atteindre le degré de développement auquel parvient le pétale correspondant de la corolle régulière; mais il n'est pas étonnant que, quand plusieurs des pétales sont gênés dans leur développement, le seul qui ne le soit pas prenne plus d'accroissement qu'il ne ferait si les sucs étaient répartis avec égalité.

Puisque, dans toute corolle irrégulière, quelques-uns des pétales ne se développent qu'incomplétement, il faut bien que d'autres arrivent à peu près à l'état de développement auquel ils sont susceptibles de parvenir, quand ils ne rencontrent aucun obstacle, c'est-à-dire à l'état normal. Sans cette différence, en effet, il n'y aurait pas d'irrégularité.

§ II. — *Place qu'occupent dans les fleurs irrégulières les pétales les plus développés.*

Le pétale ou les pétales à l'état normal occupent toujours une place semblable dans chaque espèce, et cette place reste fort souvent la même dans le même genre et la même famille.

Je n'examinerai pas où se trouvent situés les pétales normaux dans les corolles irrégulières à deux, quatre et six pétales, parce qu'elles sont trop peu nombreuses pour nous offrir des moyens de généralisation, et que les résultats qui nous seraient offerts auraient peu d'importance. Par des raisons semblables, je laisserai de côté les corolles pentapétales, chez lesquelles trois ou quatre pièces plus développées sont égales entre elles. Je me contenterai de vous dire comment est placé, dans les fleurs à cinq pétales libres ou soudés, celui qui seul est plus développé que tous les autres, et ensuite comment le sont, chez les fleurs aussi pentapétales, deux pièces plus développées et parfaitement égales.

Où est placé dans la fleur pentapétale le pétale le plus développé.

Dans le premier cas, qui est le plus ordinaire, le pétale le plus développé se trouve du côté extérieur, au point le moins rapproché de l'axe de l'inflorescence : c'est là ce qui arrive chez presque toutes les corolles monopétales irrégulières, labiées, personnées ou anomales, telles que celles des Lentibulariées, des Labiées, des Orobanchées, des Acanthées, des Scrophularinées, etc., ainsi que dans les corolles polypétales des Polygalées. A l'espèce de loi que je viens de vous faire connaître, il y a cependant de nombreuses exceptions. Dans l'*Utricularia anomala* et d'autres espèces du même genre, les *Trigonia*, les *Viola* (1), les Papilionacées, le pétale le plus développé se voit au point le plus rapproché de l'axe ; mais, par un retour assez singulier vers la règle générale, chez les *Clitoria*, les *Arachis* et le *Trifolium resupinatum*, plantes papilionacées, on retrouve l'étendard à la

(1) Si, au premier coup-d'œil, le contraire paraît avoir lieu chez les *Viola*, c'est uniquement à cause de la courbure du pédoncule.

la place la plus voisine de l'axe, et par conséquent à celle qu'occupe dans les Labiées le pétale communément appelé la division moyenne de la lèvre inférieure.

Où se trouvent placés dans les fleurs pentapétales deux pétales semblables plus développés que les autres.

Lorsque, dans une corolle à cinq pétales, il y en a, au lieu d'un seul, deux semblables plus développés que les autres, c'est, le plus ordinairement, au côté supérieur, c'est-à-dire le plus voisin de l'axe, qu'ils sont placés, comme les Résédacées en fournissent des exemples. Mais, si ce caractère paraît constant dans la famille que je viens de citer, il n'en est pas de même de tous les groupes où on le rencontre; car, à côté d'espèces où deux pétales supérieurs sont plus développés, on en trouve souvent d'autres où un seul, plus développé que tous, est inséré au point le plus éloigné de l'axe. Au reste, le mélange de ces deux sortes de positions dans le même groupe n'infirme réellement ni l'une ni l'autre; mais la première l'est d'une manière remarquable par l'exception très-complexe que nous présentent le *Galeobdolon luteum* et l'*Utricularia reniformis*. Le second de ces végétaux a une corolle personnée, et l'autre une labiée; par conséquent, ils ne devraient offrir qu'un pétale plus développé (p. 415), et non-seulement ils en ont deux, mais encore ces deux, au lieu d'être placés au point le plus voisin de l'axe, le sont à la lèvre inférieure, sur les côtés de l'intermédiaire, beaucoup moins développée qu'eux.

§ III. — *Causes de l'irrégularité.*

Cause de l'irrégularité dans un grand nombre d'ombelles, de corymbes, de capitules, de faux corymbes.

Sachant de quelle manière s'est formée l'irrégularité, nous devons naturellement désirer d'en connaître la cause. Si nous jetons les yeux sur une foule d'ombelles, de corymbes, de capitules ou de faux corymbes, il nous viendra certainement à l'esprit que le défaut de développement tient à la pression qu'exercent les parties les unes sur les autres ; car, dans ces inflorescences dont le centre nous offre une régularité parfaite, les pétales les plus développés, ceux qui, chez quelques fleurs, constituent l'irrégularité, se trouvent à la circonférence, la seule place où l'accroissement a pu s'opérer en toute liberté. Une presssion égale a agi sur les corolles du centre, et il en est résulté une parfaite régularité ; mais ces corolles, quoique régulières, n'ont absorbé qu'une partie des sucs qu'elles eussent reçus dans d'autres circonstances, et ceux-ci ont dû nécessairement refluer vers la circonférence ; ainsi les fleurs du centre sont réellement restées au-dessous des limites naturelles du développement, et les autres les ont dépassées. D'un autre côté, la substance nutritive, une fois détournée vers les pétales extérieurs des fleurs de la circonférence, a souvent continué à suivre la même route, et il en est résulté des avortements dans les verticilles supérieurs de ces mêmes fleurs.

Explication de la différence relative des développements dans les corolles pentapétales à un pétale plus développé que les autres.

La gêne causée par l'extrême rapprochement des parties peut encore expliquer, ce me semble, pourquoi, lorsque le seul pétale extérieur est plus développé que les autres dans les corolles irrégulières pentapétales, labiées et personnées (*f.* 293, 296), les deux pétales supérieurs sont égaux entre eux, et les deux intermédiaires aussi égaux. Dans ces corolles, les pétales supérieurs étant alternes avec l'axe de l'inflorescence, celui ci a dû, nécessairement, avoir sur tous les deux une influence égale ; cette influence, quoique moindre, a dû se faire sentir aussi d'une manière uniforme chez les deux pétales intermédiaires également éloignés des deux supérieurs, et, en suivant le même raisonnement, on trouverait encore pourquoi l'intermédiaire, plus développé que tous, est toujours égal dans ses deux moitiés.

Il faut bien cependant que la cause que nous venons

d'assigner à l'irrégularité soit souvent dominée par quelque autre cause qui nous échappe ; car, sous des influences semblables à celles où les pétales les plus développés se voient à l'extérieur, nous pouvons trouver le plus de développement du côté où il y a le plus de pression. Nous voyons même une régularité parfaite dans des inflorescences fort compactes, où, ordinairement, l'irrégularité se manifeste à l'extérieur, ou bien une grande irrégularité chez des plantes qui nous offrent une fleur solitaire à l'extrémité d'une hampe allongée. Dans le *Lysimachia Ephemerum*, les fleurs sont régulières, quoique disposées en grappe très-serrée; une foule de Composées ont les corolles de la circonférence qui restent libres à l'extérieur, aussi peu développées que celles du centre, pourtant très-rapprochées; certains calices sont plus développés du côté de l'axe de l'inflorescence que du côté extérieur, tandis que le contraire a lieu pour la corolle; comme vous le savez déjà, le plus grand pétale se trouve être, chez les Papilionacées, le plus voisin de l'axe; chez une foule de *Phlomis*, de *Lamium*, de *Marrubium*, etc., dont les faux verticilles comprennent des fleurs nombreuses, la pression doit agir, dans le milieu des verticilles, bien autrement qu'à la circonférence, et cependant les fleurs sont toutes semblables; enfin, au sommet de la hampe fort longue des *Pinguicula*, nous trouvons une fleur unique, et pourtant très-irrégulière. Il nous est donc impossible, dans une foule de cas, d'expliquer la régularité ou l'irrégularité par une cause purement mécanique; pourquoi voudrions-nous y voir autre chose que l'empreinte de ce cachet de variété, dont la puissance créatrice a marqué les espèces qu'elle a répandues sur notre globe; diversité qu'elle a offerte à notre admiration, et dont elle s'est réservé le secret merveilleux. Nous ne songeons point à expliquer, par des causes mécaniques et extérieures, la différence des feuilles du

Veronica agrestis et du *Veronica hederæfolia*, ou celles qui nous sont offertes par le nombre et la forme de leurs graines.

M. Ad. Brongniart a fait observer que la régularité coïncidait le plus souvent avec la préfloraison valvaire, et l'irrégularité avec la quinconciale et les autres préfloraisons. Ainsi, quels que soient les causes qui amènent la régularité ou l'irrégularité, nous devons conclure qu'elles doivent nécessairement avoir, comme je vous l'ai déjà dit (p. 343), une grande influence sur l'arrangement des parties dans le bouton naissant.

CHAPITRE XXII.

ÉTAMINES.

Ce que sont les étamines.

Le verticille qui se montre dans la fleur au-dessus de la corolle est celui des étamines (*stamina*); ce sont les organes mâles de la plante (*organa mascula*). On trouve des espèces phanérogames auxquelles manquent, soit la corolle, soit le calice ou même l'une et l'autre enveloppe; il n'en est pas qui soient sans étamines, ou du moins sans ce qu'elles présentent de plus essentiel.

Parties de l'étamine.

Ces organes, dans l'état le plus complet (*f.* 301), se composent du filet (*filamentum*) et de l'anthère (*anthera*).

Filet.

Le premier est un support ordinairement menu et filiforme, au sommet duquel l'anthère se trouve placée.

Anthère.

Celle-ci, seule partie indispensable de l'étamine, est une sorte de petite bourse, qui renferme le pollen ou poussière fécondante (*pollen*), et se compose le plus souvent de deux loges parallèles (*loculi*). La portion de l'anthère qui, plus ou moins continue avec le filet, se trouve entre les deux loges, porte le nom de connectif (*connectivum*); ces dernières sont formées de deux valves (*valvæ, valvulæ*) inégales entre elles, et dont la rencontre s'appelle suture (*sulcus, sutura*), noms qui, comme nous le verrons, ont été, d'après de fausses analogies, empruntés au fruit mûr. Lorsque le pollen s'échappe de l'anthère, les valves se séparent par le milieu de la suture, et on voit alors, dans la loge, une cloison (*septum*) qui, naissant de sa partie intérieure, ou, si l'on veut, la plus voisine du connectif, s'étend plus ou moins vers la suture et l'atteint rarement. Il est nécessaire de distinguer, dans l'anthère, le dos et la face (*dorsum, facies*). C'est au dos qu'est communément attaché le filet, il est plus égal que la face, et l'on n'y distingue ordinairement point les loges (ex. *Pilocarpus pauciflorus, f.* 302). La face est opposée au dos; les loges s'y dessinent en relief, laissant entre elles un sillon plus ou moins profond; la suture se porte plus de son côté que de celui du dos, et, par conséquent, la plus étroite des deux valves est celle qui tient à la face (*la même étamine, f.* 301). Les côtés ou les bords de l'anthère (*latera*) sont naturellement intermédiaires entre la face et le dos. Afin de bien s'entendre, et d'avoir des points fixes pour déterminer les positions relatives, il faut prendre la largeur de l'anthère (*latitudo*) du point d'attache à ses deux bords, et la *longueur* (*longitudo*) en sens contraire : c'est ainsi que nous considérons la longueur et la largeur de la feuille, dont l'etamine n'est, comme nous le verrons, qu'une modification.

Après avoir passé en revue celles que peut éprouver l'étamine elle-même, considérée dans son ensemble, j'entrerai successivement dans quelques détails sur le filet et sur l'anthère; je vous entretiendrai des soudures que l'on observe souvent dans le verticille staminal, et je vous dirai quelques mots du pollen.

§ I. — *Les étamines considérées dans leur ensemble.*

Nombre des étamines.

Le nombre des étamines varie suivant les espèces, et surtout les genres et les familles, depuis un jusqu'à environ cent; mais, comme il n'a rien de fixe dans une même espèce, quand il passe une vingtaine, on se contente de dire alors que les étamines sont nombreuses, très-nombreuses ou en nombre indéfini (*st. crebra, creberrima, indefinita*).

Leur longueur relative.

Elles peuvent être égales ou inégales entre elles (*st. æqualia, inæqualia*) : elles sont presque toujours, ou peut-être toujours, plus ou moins inégales, quand leur nombre est plus considérable que celui des parties de la corolle ou du calice; elles sont égales ou inégales, lorsque leur nombre est le même que celui des pétales ou des folioles calicinales. S'il s'en trouve quatre, dont deux plus grandes que les deux autres, on les appelle didynames (*didynama, f.* 293, 294), et on les dit tétradynames (*tetradynama, f.* 344), lorsqu'étant au nombre de six, quatre d'entre elles sont plus grandes et deux plus petites.

Non-seulement les étamines peuvent être inégales, mais encore elles peuvent présenter dans la même fleur de grandes différences de forme, ainsi que cela arrive dans les *Ornithogalum*, les *Cassia*, les *Fumaria*.

Leur position respective.

Lorsque leur nombre est le même que celui des parties du calice et de la corolle, on les trouve toujours placées sur un seul rang (*uniserialia*); elles le sont sur deux ou plusieurs rangs, lorsque leur nombre dépasse celui des parties de l'une ou de l'autre enveloppe florale (*bi-multiserialia*); mais il est à observer que les deux rangs sont quelquefois tellement rapprochés, qu'ils semblent en former un seul. Plus tard j'aurai occasion de revenir, et sur l'inégalité des étamines, et sur leur disposition en série simple ou multiple. (V. le chap. intitulé *Symétrie.*)

Leur direction.

On trouve les étamines généralement étalées (*st. patentia*), lorsque les enveloppes florales le sont aussi, et dressées (*erecta*), lorsque ces dernières présentent la même direction, au moins dans une partie de leur longueur. Les étamines sont étalées dans le *Potentilla verna,* comme le calice et comme la corolle; elles sont dressées chez les *Dianthus,* parce que, dans ces dernières plantes, le calice et les onglets des pétales, dressés eux-mêmes, ne permettent pas aux organes plus intérieurs de s'écarter à droite ou à gauche. D'ailleurs, entre la ligne presque horizontale et la verticale, les étamines peuvent prendre toutes les positions possibles.

Quelquefois, par un défaut de développement dans une partie de leur verticille, elles se trouvent placées d'un seul côté de la fleur (*st. unilateralia*). Plus souvent le verticille est complet; mais toutes s'inclinent du même côté, comme celles des *Reseda,* surtout dans la jeunesse de la fleur, ou comme celles des *Hemerocalis* et du *Dictamnus*.

Distance qu'elles offrent entre elles.

Tantôt elles se rapprochent les unes des autres (*approximata*), et tantôt elles s'écartent (*distantia*) : quand elles sont fort nombreuses, on les trouve toujours rapprochées, comme dans les Renoncules, ou même imbriquées, comme dans les Anones et les *Magnolia;* mais, lorsqu'elles sont en petit nombre, la distance qu'elles laissent entre elles varie suivant les espèces, dépendant de leur propre largeur ou de la forme des enveloppes florales. Dans un tube très-étroit, elles sont nécessairement très-rapprochées; elles doivent être écartées, lorsqu'elles occupent beaucoup moins de place que les pétales entre lesquels elles sont placées, par exemple, chez le *Parnassia palustris.* Dans le *Pelletiera,* elles se trouvent nécessairement distantes, parce qu'elles sont attachées aux pétales, éloignés eux-mêmes les uns des autres. Souvent leur extrême rapprochement tient à la forme circulaire du tube auquel elles sont fixées : qu'on examine, par exemple, celles des *Primula*, sans altérer les enveloppes florales, elles paraîtront se toucher, et réellement elles se touchent par leurs anthères ; mais, si on ouvre artificiellement le tube de la corolle duquel elles émanent, et qu'on l'étale, on verra qu'en réalité il y a entre elles une distance assez sensible.

Leurs dimensions comparées à celles des enveloppes florales.

Les étamines ont une longueur moindre ou plus grande que la corolle ou le calice, ou bien encore elles sont égales à ces enveloppes (*st. corolla, calyce longiora, breviora ; st. corollæ, calici æqualia*). Quand la corolle ou le calice présente un tube, et que les étamines ne le dépassent pas, on dit qu'elles sont incluses (*st. inclusa*); lorsqu'au contraire on les en voit sortir, on les dit exsertes (*st. exserta*).

Soudure des étamines entre elles.

De même que les folioles calicinales et les pétales se soudent souvent par leurs bords, de même aussi les étamines peuvent se souder entre elles. Il n'y a quelquefois qu'une sorte d'agglutination, comme dans certaines Rutacées américaines (*st. agglutinata, cohærentia*); mais plus souvent la soudure est telle, qu'une séparation ne saurait avoir lieu sans déchirement. Quelquefois la soudure s'étend si peu, comme dans l'*Anagallis arvensis*, qu'on l'aperçoit à peine ; ailleurs, elle devient plus sensible, et comprend le quart, le tiers des filets, ou même elle les comprend tout entiers. Tantôt chaque filet est soudé avec le filet voisin, et tous ensemble forment ou une couronne ou un tube ; tantôt ils ne sont soudés que par groupes ou par phalanges (*phalanges*). Quand tous les filets sont soudés entre eux, on dit que les étamines sont monadelphes (*st. monadelpha*);

...s, quand elles forment deux phalanges, ... (st. *diadelpha*; *polyadelpha*), quand elles en ...ntage. Les étamines des *Oxalis* (ex. *Oxalis con-* ..., *f.* 303), des *Linum*, des Malvacées et des *Polygala* s... monadelphes; celles des *Fumaria* sont diadelphes; la plupart des Papilionacées ont aussi des étamines diadelphes, car, sur dix, elles en présentent neuf soudées ensemble et une parfaitement libre (ex. *Amicia glandulosa, f.* 304); les *Melaleuca* (ex. *M. hypericifolia, f.* 305), les *Hypericum*, les Orangers, offrent des étamines polyadelphes. Pour la commodité des descriptions, on désigne sous le nom d'*androphore* (*androphorum*) la partie soudée des filets; ainsi l'on dit que l'androphore est cupuliforme, campanulé, tubuleux, etc. (*andr. cupuliforme, campanulatum, tubulosum*, etc.), suivant qu'il offre la forme d'une coupe, d'une cloche, d'un tube, etc. Il faut considérer comme un androphore le corps orbiculaire et terminé par une languette latérale qui se trouve entre les pétales et l'ovaire chez les *Lecythis*, et qui est chargé d'étamines, les unes fertiles et les autres stériles. Androphore.

Ce n'est pas toujours par les filets que les étamines sont réunies entre elles, elles peuvent l'être aussi par les anthères : l'adhérence est faible dans les Violettes, elle est beaucoup plus sensible chez les Composées. On donne le nom de syngénèses ou de synanthérées aux étamines unies par leurs anthères, et on étend ce nom aux plantes chez lesquelles se trouvent de telles étamines.

S'il y a des espèces qui offrent des filets soudés, et d'autres dont les anthères présentent ce même caractère, il s'en trouve aussi quelques-unes où la soudure s'est étendue tout à la fois aux filets et aux anthères, telles que les Lobélies (ex. *Lobelia fulgens, f.* 295) et les Cucurbitacées.

Il serait absolument impossible que, dans les fleurs complètes, les étamines se soudassent autrement que par le[s] bords, puisqu'au milieu d'elles se trouvent les organes femelles; mais, dans les fleurs mâles, elles peuvent se souder entièrement. Les deux étamines du *Salix monandra* semblent former une étamine unique. Dans les *Phyllanthus* et les *Cissampelos*, les quatre étamines n'offrent, au centre de la fleur, qu'un filet grêle terminé par un disque élargi autour duquel sont rangées quatre anthères uniloculaires. Une Euphorbiacée du Brésil (*Fragariopsis scandens*, ASH.) m'a offert, dans sa fleur mâle, sept anthères à une loge placées sur un support commun, charnu et arrondi comme une très-petite fraise. Il faut se donner de garde de prendre, pour une anthère à plus de deux loges, celles des plantes où les étamines sont entièrement soudées.

§ II. — *Du filet.*

Forme du filet. Le filet des étamines (*filamentum*) est le plus souvent grêle et menu, cependant il varie beaucoup pour la forme; on le trouve capillaire dans les Graminées et les Plantains, filiforme dans les *Dianthus*, subulé dans le *Butomus umbellatus*, en massue dans le *Thalictrum aquilegifolium* (*fil. capillare, filiforme, subulatum*).

Le plus souvent il est arrondi dans ses contours (*teres*); mais aussi il peut s'aplatir et s'élargir plus ou moins : celui des *Erodium* (ex. *E. geoides*, *f.* 324) est plane et membraneux (*planum, membranaceum*); ceux des Campanules (*Campanula*) et des *Asphodelus*, dilatés à la base, forment au-dessus de l'ovaire une sorte de voûte (*fil. forni-*

catum); chez l'*Ornithogalum nutans*, L., on trouve des filets aplatis et forts dilatés dans toute leur longueur (*fil. dilatatum*), et, par degrés, on arrive à avoir un véritable pétale chargé d'une anthère, comme dans les *Canna* (ex. *C. Indica*, *f.* 332) et les *Marantha* (*fil. petaloideum*).

Filets à trois pointes.

Quelquefois un filet élargi est divisé au sommet en trois dents ou pointes plus ou moins profondes, dont l'intermédiaire porte l'anthère, comme chez plusieurs *Allium* (*fil. tricuspidatum*). Tantôt les trois divisions sont à peu près égales, tantôt celle du milieu est beaucoup plus longue, par exemple dans l'*Alyssum calycinum*; tantôt, enfin, on ne voit, comme dans l'*Ornithogalum nutans*, L., que deux dents latérales entre lesquelles est placée l'anthère (*fil. bifidum*), mais alors l'intermédiaire peut être regardé comme extrêmement courte. Dans l'*Allium sativum*, une des dents terminales se prolonge en un filet capillaire qui tend à se tordre comme une vrille délicate (*f.* 306).

Appendices du filet.

Quand un filet n'est point dilaté, il arrive quelquefois que, soit à sa base, soit à son sommet, il donne naissance à une très-courte branche à peu près de la même épaisseur que lui : dans le premier cas, on dit que le filet est éperonné, ou qu'il est chargé, à sa base, d'une dent ou d'un processus latéral (*fil. calcaratum, basi appendiculatum, processu basi instructum*), comme dans le Romarin (*Rosmarinus officinalis*, *f.* 307), le Basilic (*Ocymum Basilicum*), le *Phlomis tuberosa*; dans le second cas, on dit qu'il est fourchu, bifurqué (*fil. bifurcum, furcatum*), par exemple, dans les *Crambe* et les *Prunella* (ex. *Prunella grandiflora*, *f.* 308). Bientôt j'aurai occasion de vous faire connaître la nature véritable de ces expansions.

Bientôt aussi je vous dirai ce qu'il faut penser d'un genre d'expansion fort différent qu'on observe chez les étamines de quelques plantes. Une écaille, plus ou moins dilatée se prolonge, parfaitement nue à l'une de ses surfaces, depuis la base jusqu'au sommet ; mais, de son dos, c'est-à-dire le côté tourné vers la corolle, ou de sa face, le côté tourné vers le pistil, s'échappe, plus haut ou plus bas, un filet plus ou moins grêle qui porte l'anthère à son sommet. Le filet naît du dos de l'anthère chez les *Simaba* (ex. *S. ferruginea*, *f.* 309), et de la face dans les *Borago* (ex. *Borago officinalis*, *f.* 310). Suivant la forme de la production parallèle au véritable filet, les botanistes descripteurs ont dit que celui-ci était chargé d'une écaille, qu'il était ailé, ou bien qu'il était corniculé ou muni d'un bec (*fil. squamâ auctum*, *fil. alatum*, *fil. corniculatum*, *rostratum*) : la première expression, par exemple, a été employée pour les *Simaba*; la dernière pour les *Borago*.

Filets dentés ;

Sans aucune expansion, il arrive quelquefois que le filet est, dans toute sa longueur, relevé de petites dents (*denticulatum*), ou alternativement renflé et resserré (*nodosum*, *torulosum*) ; mais ces caractères sont fort rares.

articulés.

Certains filets sont incontestablement articulés dans leur longueur (*fil. articulatum*). Mais il faut bien se garder de confondre, avec les filets où un changement de direction dans les tissus forme une articulation évidente, ceux dont la partie supérieure s'inclinerait brusquement, et qu'il faudrait appeler géniculés (*fil. geniculatum*). Si l'on prenait pour un simple filet le support tout entier de l'étamine des *Euphorbia*, il faudrait le dire articulé ; mais on sait que, dans ce genre, chaque étamine constitue une fleur, et R. Brown, conduit par d'heureuses analogies, considère la partie inférieure à l'articulation comme un pédoncule, et la partie supérieure comme le filet véritable : dans des plantes très-voisines des Euphorbes, j'ai moi-même trouvé plusieurs étamines au-dessus de l'articulation, j'ai trouvé aussi immédiatement au-dessus d'elle un calice avec plusieurs étamines ;

cependant, comme j'ai vu, dans une espèce également très-voisine, un intervalle fort sensible entre l'articulation et le calice, je crois qu'on est autorisé à penser qu'elle n'indique pas nécessairement la place du calice (1).

Direction du filet.

Très-souvent le filet est parfaitement droit (*rectum*, *f.* 301); dans d'autres cas, il est plus ou moins courbé (*curvatum*), et tantôt sa courbure se fait de dehors en dedans (*fil. incurvum*, *f.* 304), tantôt elle se fait de dedans en dehors (*fil. recurvum*); il peut aussi être flexueux (*flexuosum*), comme dans le *Cobœa scandens*, ou tortu, comme dans l'*Acanthus mollis* (*tortum*); enfin, lorsqu'il est entraîné par le poids de l'anthère, il devient pendant (*pendulum*), ainsi que cela arrive dans les Graminées. Comme le filet forme, en général, la partie la plus considérable de l'étamine, et que, chargé de l'anthère, il détermine souvent, par sa propre direction, celle de cette dernière, on peut appliquer à l'étamine tout entière des caractères qui, en réalité, appartiennent plus particulièrement à lui. Ainsi on dit très-bien des étamines courbées en dedans, des étamines courbées en dehors, des étamines ascendantes (*st. incurva, recurva, ascendentia*), quoique ces diverses directions soient seulement celles du filet; à plus forte raison, dira-t-on des étamines pendantes (*st. pendula*), puisque le filet ne saurait être pendant sans que l'anthère le soit également.

Sa longueur.

La longueur des filets varie suivant les genres et les espèces : ils sont fort longs dans les Lis, les *Fuchsia*, les *Amaryllis*, les *Dianthus*; et généralement courts dans les Primulacées, les Borraginées, les Jasminées. Leur petitesse peut même devenir telle, qu'on les aperçoive à peine, et alors, cessant d'en tenir compte, on dit que l'anthère est

(1) Ceci explique un passage de l'un de mes écrits, qui a été obscurci par des fautes de copiste. (V. *Plantes usuelles des Brésiliens.*)

sessile ou sans filet (*anthera sessilis*); mais il est si difficile de fixer des limites entre l'anthère à court filet et l'anthère sessile, que l'une et l'autre ont été également attribuées à la Violette.

Sa couleur.

Ordinairement le filet des étamines est d'un blanc plus ou moins pur; cependant il n'est pas rare non plus qu'on le trouve coloré, et alors sa teinte est celle de la corolle ou du calice, ou au moins d'une partie de ces enveloppes : les filets sont rouges dans le *Fuchsia coccinea*, bleus dans le *Scilla campanulata*, jaunes dans le *Ranunculus acris*, noirâtres dans l'*Anemone Coronaria*, etc.

§ III. — *De l'Anthère.*

L'anthère attachée au filet, expressions figurées.

Pour se faire une idée juste de l'anthère, il ne faut point l'isoler du filet; il faut les considérer tous les deux comme ne formant qu'un seul tout, et assimiler, comme nous verrons plus tard que les principes de la science l'exigent, l'une à la lame d'un pétale, l'autre à son onglet. Ainsi, quand je vous parlerai de la manière dont l'anthère est attachée au filet, vous ne considérerez ces expressions que comme une sorte de figure destinée à rendre plus facilement ma pensée.

Connectif.

Intermédiaire entre les deux loges de l'anthère, le connectif est la partie de cette dernière qui continue le plus immédiatement le filet. Lorsque la continuité est plus ou moins parfaite, et qu'aucun rétrécissement sensible ne s'opère au point où le filet se dilate pour produire l'anthère, celle-ci est nécessairement immobile (*anthera immobilis, continua; connectivum continuum*); elle est, au contraire, mobile ou versatile (*mobilis, versatilis*), soit lorsqu'il y a articulation entre le filet et elle, soit, bien plus souvent encore, lorsque le filet se rétrécit d'une manière très-sensible au point où il la supporte.

Anthère mobile ou immobile.

Comment l'anthère est attachée au filet.

Tantôt l'anthère mobile ou immobile prolonge immédiatement le filet qui, par conséquent, est fixé à sa base (*anth. basi affixa*, ex. *Davilla flexuosa*, *f.* 311); tantôt il est attaché à son dos (ex. *Caryocar Brasiliense*, *f.* 312), soit plus haut, soit plus bas (*anth. apice*, *sub apice*, *medio*, *infra medium*, *supra basim affixa*). Ici, il faut se mettre en garde contre une cause d'erreur qui se présente fréquemment : le filet peut réellement être fixé à la base du connectif; mais il n'est pas rare qu'en même temps les loges de l'anthère descendent plus bas que ce dernier, l'anthère semble alors fendue ou bifide (*anth. basi bifida*), et si les prolongements des loges sont très-rapprochés, c'est par le dos que l'anthère, au premier abord, semble être attachée. Quelquefois, comme dans la Tulipe et la Capucine (ex. *Tulipa Gesneriana*, *f.* 313), un trou se forme dans la base du connectif, et le filet, extrêmement aminci à son sommet, va s'y enfoncer.

Le connectif prolongé au-dessous du point d'attache ;

Lorsque le filet est véritablement fixé au dos de l'anthère, ou, si l'on veut, à celui du connectif, ce dernier se prolonge nécessairement au-dessous du point d'attache, et quelquefois même il ne s'arrête pas au point où se terminent les loges de l'anthère (*conn. basi productum*); ainsi, dans les étamines fertiles du *Ticorea febrifuga* (*f.* 314), on le voit descendre au-dessous des loges en un appendice charnu et en forme de cœur; chez les Mélastomées, il y a toujours, au delà de l'anthère, un prolongement plus ou moins sensible; souvent ce prolongement forme un long appendice filiforme, arqué et bilobé à son extrémité, et le filet tient à l'appendice et non à l'anthère proprement dite (ex. *Melastoma heterophylla*, Desr., *f.* 315).

Ce n'est pas toujours de haut en bas que se prolonge le

connectif, il peut aussi se prolonger de bas en haut, et alors il forme, au-dessus de l'anthère, un appendice plus ou moins sensible (*conn. apice productum*). Ce caractère, très-commun, se rencontre principalement chez les anthères sessiles; mais on l'observe souvent aussi chez celles qui sont pourvues d'un filet. Dans un grand nombre d'Anonacées, le prolongement terminal du connectif est charnu et tronqué (*conn. apice producto truncatum*, ex. *Xylopia grandiflora*, *f.* 316); chez les Violacées, c'est une membrane souvent colorée et pétaloïde, quelquefois plus grande que l'anthère elle-même (*Noisettia Roquefeuillana*, *f.* 317); chacune des cinq étamines des Composées présente également, à son sommet, une membrane fournie par l'extrémité du connectif, et, dans la préfloraison, les cinq membranes rapprochées au-dessus du style semblent lui servir d'abri.

prolongé au-dessus de l'anthère;

Mais, d'un autre côté, de même qu'à la base de l'anthère le connectif, loin de se prolonger, s'arrête souvent avant d'atteindre l'extrémité des loges, de même, au sommet, celles-ci restent libres, quand le connectif ne s'est pas étendu aussi loin qu'elles; alors l'anthère est échancrée (*f.* 312) ou bifide au sommet, suivant que le connectif s'est arrêté plus ou moins bas (*anthera apice emarginata*, *bifida*). Il peut même arriver qu'il n'atteigne ni le sommet ni la base des loges, et on dit alors que l'anthère est échancrée ou bifide aux deux extrémités (*anth. apice basique emarginata*, *bifida*).

n'atteignant pas le sommet de l'anthère;

Les deux modes de prolongement que je vous ai montrés jusqu'à présent dans le connectif agissent longitudinalement, c'est-à-dire dans le sens du filet. Il en est un autre que je vais vous faire connaître : dans la plupart des anthères, le connectif est plus ou moins étroit et tient les loges peu écartées; cependant, en suivant une série d'espèces, on le voit par degrés se raccourcir, devenir plus large et s'étendre à droite et à gauche perpendiculairement au filet, éloignant ainsi de plus en plus les deux loges l'une de l'autre, et devenant plus large que long. Ainsi il les tient déjà assez écartées chez le *Melissa grandiflora* (*f.* 336), les *Stemodia palustris* et *gratiolæfolia*, le *Thymus Patavinus* (*f.* 337); davantage encore dans les *Lacistema*; et enfin, dans une foule de Sauges (ex. *Salvia pratensis*, *f.* 340), c'est un long filet horizontal qui, articulé sur le filet proprement dit, s'y meut comme une balançoire sur son pivot, offrant, d'un côté, une loge remplie de pollen, et, de l'autre, une loge avortée. s'étendant horizontalement;

En écartant les loges de l'anthère l'une de l'autre, le connectif ne prend pas toujours une position parfaitement horizontale. Les deux parties qui s'étendent au-dessus du filet se redressent un peu dans le *Lacistema pubescens*, pour former une espèce d'Y, et la bifurcation est bien plus sensible encore dans le *Stemodia trifoliata* (*f.* 339), parce que les deux portions de connectif y sont plus redressées (filet bifurqué, *fil. bifurcatum*). Il ne faudrait pourtant pas croire, d'après ceci, que, dans le filet bifurqué des *Prunella* (*f.* 308), les deux branches, l'une anthérifère et l'autre nue, soient les deux parties redressées d'un connectif étendu à droite et à gauche, car la branche chargée de l'anthère se termine par un véritable connectif en forme de demi-lune, vers le sommet duquel le filet a son point d'attache, et l'anthère elle-même est bien certainement à deux loges, tandis qu'elle ne devrait en avoir qu'une si la branche nue représentait la moitié du connectif. Puisque dans les Mélastomées (*f.* 315) il y a aussi deux loges entre lesquelles passe le connectif avant de produire son long appendice, il est bien clair que celui-ci n'est pas non plus formé, comme l'est celui des Sauges, par une dilatation du connectif dans le sens de sa largeur, et que, par conséquent, l'extrémité de ce même appendice ne représente nullement une loge avortée. bifurqué;

Avant d'aller plus loin, je dois vous faire remarquer qu'il faut bien se donner de garde de confondre les anthères que l'extension de leur connectif rend horizontales, ou, si l'on veut, transversales (*anth. horizontales, transversæ*), avec celles dont la position naturelle est intervertie par la courbure ou la torsion plus ou moins sensible du filet. Une foule d'étamines, chez les Scrophularinées, offrent des anthères horizontales ou à peu près telles, parce que leur filet s'est plus ou moins courbé. Les Orobanches ont aussi des anthères transversales, à cause de l'inclinaison du filet : dans un individu où les pétales ne s'étaient point soudés, cette inclinaison avait cessé, et les anthères étaient devenues verticales.

Éperonné. Non-seulement le connectif peut se prolonger de haut en bas ou de bas en haut, et s'étendre dans sa largeur; mais encore celui des deux étamines des Violacées qui répondent au pétale éperonné se prolonge souvent, à son dos, en un appendice plus ou moins long (connectif éperonné, anthère éperonnée, *connectivum calcaratum, anthera calcarata*). Cet appendice, cependant, n'émane pas toujours du connectif; celui-ci n'est que la partie de l'étamine qui continue le plus immédiatement le filet, et quelquefois l'appendice naît en même temps de la base du connectif et du sommet du filet, comme aussi quelquefois il naît tout entier de celui ci (*f.* 317). Il est à remarquer, au reste, qu'à mesure que les fleurs des Violacées se régularisent, et que l'éperon du pétale disparaît, ceux des deux anthères supérieures disparaissent aussi ; ce n'est plus qu'un tubercule placé sur le filet dans l'*Ionidium lanatum*, un simple épaississement dans l'*Ionidium Ipecacuanha*, et on n'en trouve aucune trace dans les *Conohoria*.

Forme du connectif. Vous savez déjà que le connectif, généralement linéaire et très-étroit, est pourtant susceptible de prendre, en largeur, une extension plus ou moins considérable : il peut devenir oblong, ovale, orbiculaire, semi-orbiculaire, prendre la figure d'un croissant ou celle d'une hache (*connect. oblongum, ovatum, orbiculare, semiorbiculare, lunulatum, securiforme*). Sa forme influe nécessairement sur l'ensemble de l'anthère, et, quand elle n'est pas très-prononcée, on ne fait guère attention qu'à celle de cette dernière.

On a dit que le connectif était nul dans certaines anthères (*conn. nullum*) : cela peut être vrai, comme nous le verrons des anthères uniloculaires ; mais, dès qu'il y a deux loges, il faut nécessairement qu'elles soient unies d'une manière quelconque, et la partie qui en fait un seul tout ne saurait être autre chose que le connectif, quelque mince qu'elle soit, quelque peu d'étendue qu'elle puisse avoir. Dans les *Erica*, les deux loges sont entièrement distinctes, si ce n'est tout à fait à leur base, au point où est attaché le filet : cette faible adhérence ne peut être due qu'à un rudiment de connectif.

Forme des loges de l'anthère.

Comme cette partie de l'anthère, les loges généralement allongées passent cependant, dans une série d'espèces, de la forme linéaire à la forme globuleuse ; mais il en est d'un grand nombre de ces nuances comme de celles qu'offre le connectif lui-même, on ne les indique, dans les ouvrages descriptifs, que lorsqu'elles sont très-prononcées. Presque toujours la forme des loges se reporte à celle de l'anthère, ou, pour mieux dire, la forme de l'anthère est déterminée par celle des loges et celle du connectif.

Forme des anthères considérées dans leur ensemble.

L'anthère peut être linéaire, oblongue, elliptique, lancéolée, ovoïde, presque globuleuse (*anth. linearis, oblonga, elliptica, lanceolata, ovata, subglobosa*). On en trouve aussi de sagittées, de réniformes, de cordiformes dans leur ensemble ou à leur base seulement, et même de peltées (*anth. sagittata, reniformis, cordiformis, basi cordata, peltata*).

Celles des Cucurbitacées sont linéaires et forment des zigzags (*anth. sinuosa, meandriformis*). L'anthère est didyme (*didyma*) lorsque ses loges sont arrondies ou à peu près arrondies, que le connectif ne s'y rattache que par un point, et qu'elles semblent être deux anthères plus ou moins accolées, par exemple dans les Euphorbes; elle est tétragone (*anth. tetragona*) quand ses deux côtés sont aussi larges que son dos et sa face, comme dans les *Solanum*, les *Gomphia*, les *Luxemburgia*.

Appendice de l'anthère.

De même que le filet et le connectif sont susceptibles de s'étendre en divers appendices, de même aussi les loges de l'anthère peuvent en offrir de différentes formes, soit au sommet, soit à la base. Ce sont tantôt des soies, tantôt de petites pointes, des espèces de cornes ou de crêtes. Chaque loge dans les *Orobanche*, les *Euphrasia*, un grand nombre de Composées, offre à sa base une petite pointe ou une soie. Dans la famille des Éricacées, y compris les Vacciniées, ces appendices se présentent, tant au sommet qu'à la base, avec des formes très-variées. Chez le *Vaccinium Vitis idæa*, chaque loge, à son extrémité supérieure, se rétrécit en un tube long et étroit. Dans les Mélastomées, les deux loges, à leur sommet, se fondent en un seul tuyau. Les botanistes descripteurs ont coutume d'appliquer ces divers caractères à l'ensemble de l'anthère, et disent, suivant les cas, qu'elle est, soit au sommet, soit à la base, à deux pointes, à deux soies, à deux cornes ou bien à une seule, etc. (*anthera basi seu apice bicuspidata, bisetosa, bicornis, unicornis, etc.*).

Position respective des loges de l'anthère.

Je vous ai dit que les loges de l'anthère étaient ordinairement parallèles entre elles; mais, quand le connectif ne les réunit qu'à la base ou au sommet, dans une faible partie de leur longueur, ou que ses bords, étant obliques, tendent à se rencontrer, elles sont forcées de prendre, suivant les espèces, tous les degrés de divergence (*loculi divergentes*), comme la famille des Labiées et celle des Scrophularinées en fournissent des exemples ; elles arrivent même à se trouver placées horizontalement au sommet du connectif (*loc. horizontales, transversi*) ; là, souvent leurs sommets se touchent, et surtout, après l'émission du pollen, on a de la peine à distinguer s'il y a deux loges ou une seule ; enfin, dans les Lentibulariées, ce n'est plus qu'un simple resserrement, et l'anthère est vraiment uniloculaire (*anth. unilocularis*), ailleurs elle n'offre qu'une loge sans aucun resserrement, comme dans les Conifères, les Amaranthacées (ex. *Gomphrena macrocephala, f.* 319) et les Polygalées (ex. *Polygala corisoides, f.* 318).

Anthère uniloculaire.

Dans les anthères à une seule loge, il ne saurait, en réalité, y avoir de connectif, puisque ce dernier doit être la partie qui sépare deux loges ; mais, par une sorte d'analogie qui n'est point sans fondement, comme nous le verrons plus tard, on appelle encore connectif la partie terminale et dilatée du filet qui supporte l'anthère uniloculaire. Lorsque le filet, chargé, à son sommet, d'une anthère à une seule loge, ne se dilate en aucune manière, comme cela a lieu chez les *Polygala* ou l'*Adoxa Moschatellina*, on dit que le connectif est nul (*conn. nullum*), et, dans de semblables cas, cette expression est de la plus rigoureuse exactitude.

L'anthère biloculaire réduite à une loge ne doit pas être comparée à l'anthère uniloculaire véritable.

L'anthère biloculaire peut être réduite à une seule loge par l'avortement de la loge opposée ; mais, dans ce cas, on ne saurait la confondre avec la véritable anthère uniloculaire. En effet, elle sera nécessairement incomplète et irrégulière, tandis que l'anthère uniloculaire, bien développée, est aussi régulière que celle qui, ayant deux loges, n'a éprouvé aucun avortement. On ne doit pas plus comparer l'anthère uniloculaire véritable à une seule des loges de l'anthère biloculaire, qu'un pétale ne doit l'être à la moitié d'un autre pétale. L'anthère uniloculaire est, comme nous le verrons, plus métamorphosée que celle à deux loges; mais elle offre un tout aussi complet.

Dimensions de l'anthère uniloculaire.

Les dimensions de l'anthère uniloculaire doivent s'entendre de la même manière que celles de l'anthère à deux loges. Dans celle-ci, le point d'attache forme, comme vous savez, le milieu de la largeur, si c'est dans le dos qu'il se trouve; ou bien ce milieu sera un point moyen correspondant à l'attache, si l'anthère est fixée par la base. Les deux mêmes modes d'annexion se retrouvent dans l'anthère uniloculaire, qui tantôt est attachée par un seul point de son dos, comme dans les Amaranthacées (*f.* 319), tantôt l'est par sa base (*f.* 318), comme dans les Polygalées; et, par conséquent, nous avons les mêmes moyens de déterminer sa largeur.

Ce qu'on doit penser des anthères à plus de deux loges.

Nous avons vu que non-seulement il y avait des anthères à deux loges, mais encore des anthères uniloculaires. Quelquefois les cloisons, ordinairement incomplètes, s'avancent tellement dans les premières, qu'elles les font paraître à quatre loges, comme cela arrive pour le *Tetratecha*; dans ce cas, l'anthère n'est quadriloculaire qu'en apparence; mais il existe des anthères bien réellement à quatre loges (*anth. quadrilocularis*), comme celles du *Persea gratissima* (*f.* 323) et d'autres Laurinées. Chez ces plantes, cependant, les loges ne peuvent être exactement assimilées à celles des anthères biloculaires, telles qu'elles sont ordinairement; en effet, l'anthère du *Persea* comparée aux autres, offre, comme elles, un dos, une face, des bords et un connectif placé au milieu de sa surface; mais l'espace qui, dans les anthères ordinaires, serait occupé par une seule loge, l'est ici par deux placées obliquement l'une au-dessus de l'autre. Les anthères de plusieurs Orchidées, partagées en quatre ou huit logettes par des diaphragmes membraneux, les uns longitudinaux et les autres transversaux, paraissent avoir quelque analogie avec celles du *Persea gratissima*.

La plupart des anthères ont la face tournée du côté du pistil; cependant il en est aussi qui l'ont vers les pétales. Dans le premier cas, on dit les anthères introrses (*anth. introrsæ, anticæ*); dans le second, on les dit extrorses (*anth. extrorsæ, posticæ*, ex. *Casalea ascendens, f.* 320). Il est essentiel de les étudier à une époque encore peu avancée pour savoir quelle est leur véritable position relative, car quelquefois elle est bientôt changée, comme cela arrive pour la direction propre, par la torsion ou même par une légère courbure du filet. Ainsi, lorsqu'on observe la fleur ouverte d'une Grenadille (*Passiflora*), on y voit des anthères extrorses, c'est-à-dire dont la face est tournée vers les enveloppes florales; mais qu'on se donne la peine d'ouvrir un bouton, on reconnaîtra qu'elles y sont introrses : la partie supérieure du filet est beaucoup plus grêle que l'inférieure, et en même temps la portion de l'anthère qui se trouve au-dessus du point d'attache est plus longue, et, par conséquent, plus lourde que celle qui est au-dessous : avant l'épanouissement de la fleur, l'anthère se trouve maintenue dans sa position naturelle par l'enveloppe florale qui l'entoure; mais, aussitôt que cette enveloppe s'étale, la partie de l'anthère supérieure au point d'attache agit par son poids sur le sommet aminci du filet; un mouvement de bascule s'opère, le sommet du filet se renverse, la portion supérieure de l'anthère se jette en arrière, se tourne vers le sol, et alors celle-ci devient extrorse d'introrse qu'elle était naturellement. C'est aussi par la courbure de l'extrémité supérieure du filet que les anthères des *Oxalis*, qui naturellement sont tournées vers le pistil, finissent par regarder les pétales (*f.* 303). Une semblable courbure fait que, dans l'*Euphrasia lutea*, les deux petites épines qui naissent de la base de l'anthère semblent, après l'émission du pollen, s'élever de son sommet.

Anthère introrse; anthère extrorse.

Histoire des anthères de la Grenadille, des *Oxalis* et de l'*Euphrasia lutea*.

Ordinairement les loges des anthères s'ouvrent latérale-

Déhiscence de l'anthère.

ment par une fente longitudinale de laquelle résultent deux valves (*anth. longitrorsum dehiscens, rima longitudinali dehiscens*), et que la suture indiquait avant la déhiscence (*dehiscentia*), c'est-à-dire l'acte par lequel les valves se séparent pour laisser échapper le pollen. Mais quelquefois la fente ne s'étend pas dans toute la longueur de l'anthère; on la voit s'arrêter à peu de distance de la base, descendre seulement jusqu'au milieu ou s'éloigner à peine du sommet (*anth. apice, usque ad medium, fere usque ad basim lateraliter dehiscens*), et il arrive même qu'au delà du point où elle s'arrête, on ne peut découvrir aucune suture. Chez des Ericacées, on aperçoit seulement un trou latéral et oblong; dans les *Solanum* et les *Gomphia* (ex. *Gomphia glaucescens*, *f.* 321), chaque loge s'ouvre au sommet par un pore (*anth. apice biporosa*). Le long tuyau terminal auquel aboutissent les deux loges des anthères des Mélastomées présente, à son extrémité supérieure, une ouverture unique par laquelle s'échappe le pollen (*anth. apice uniporosa*, *f.* 315). Dans le *Laurus nobilis* et les *Berberis* (ex. *Berberis glaucescens*, *f.* 322), la valve antérieure se détache tout entière avec élasticité, et elle reste fixée seulement au sommet de l'anthère (*anth. a basi ad apicem dehiscens, valvula cujusvis loculi elastice solubili*). Chez le *Persea gratissima* (*f.* 323), il arrive pour chacune des quatre loges la même chose que pour les deux loges du *Laurus nobilis* et d'autres espèces de *Laurus*.

D'après ce qui précède, il est assez clair que c'est dans le sens de la longueur, telle que je vous l'ai définie, que s'ouvrent généralement les anthères, et non dans leur largeur. On a dit, à la vérité, d'une foule d'anthères uniloculaires et continues avec le filet, que leur déhiscence était transversale; mais, dans ces cas, c'est l'anthère qui est placée transversalement sur le filet, et la déhiscence n'en est pas moins longitudinale, c'est-à-dire qu'elle s'étend d'un bout de l'anthère à l'autre. Pour que la déhiscence fût vraiment transversale (*anth. transverse dehiscens*), il faudrait qu'elle s'opérât dans la largeur de l'anthère, ou, si l'on aime mieux, par une fente qui s'étendrait du connectif ou du filet au bord. On a cité des exemples de cette déhiscence dans l'*Alchemilla*, le *Lavandula*, le *Lemna*, le *Securinega*.

Les anthères, dans toutes les fleurs, ne s'ouvrent pas à la même époque de leur existence; il en est qui laissent échapper le pollen dans le bouton, et d'autres lorsque la fleur est épanouie. Celles de plusieurs plantes attendent, pour s'ouvrir, que les organes femelles aient atteint leur entier développement, et d'autres s'ouvrent avant même que ces organes soient parfaitement formés. Dans certaines fleurs, elles laissent échapper le pollen à peu près toutes à la fois ; chez le *Parnassia palustris*, au contraire, chaque filet s'incline à son tour vers le pistil, l'anthère s'ouvre, lance la poussière fécondante, et le filet reprend sa position première. Les étamines qui, dans le *Glaucium*, s'ouvrent le plus tôt, sont, suivant Vaucher, les plus voisines du centre de la fleur; ce sont les plus éloignées dans les *Helleborus*.

Changements qui s'opèrent dans l'anthère après la déhiscence.

Il ne faut pas attendre que l'anthère soit ouverte, si l'on veut avoir une idée juste de sa forme. Tout change chez elle après l'émission du pollen; elle se rétrécit, elle se rapetisse, et souvent ses deux valves intérieures se reportent l'une sur l'autre, et la font paraître triangulaire. Après la déhiscence, les filets, dans l'*Adoxa Moschatellina*, semblent terminés par un petit plateau; deux lèvres se forment à l'extrémité des anthères des *Monnina*; celles des *Chironia* se tordent comme un fil; celles du *Spiranthera* se roulent de dedans en dehors, à peu près comme un ruban sur sa bobine; celles enfin des *Stachys* se jettent hors de la corolle.

La plupart des anthères sont jaunes, mais on en trouve

Couleur des anthères. qui présentent d'autres teintes; celles du *Pavia rubra* sont d'un jaune rouge ; on en voit de rouges dans les Pêchers, de rouges-violettes dans l'Aubépine, de noires dans plusieurs Pavots; l'anthère unique de l'*Orchis mascula* est purpurine.

Les étamines n'atteignent pas toujours le degré de perfection qui doit essentiellement les constituer. Dans les fleurs femelles du *Zanthoxylum*, les anthères existent souvent encore, mais ne contiennent point de pollen (*anth. effetæ*); au sommet du filet de plusieurs des étamines des *Ticorea* et des *Gratiola*, on ne voit qu'une glande arrondie au lieu d'une anthère; chez les *Camarea*, deux des étamines offrent à leur extrémité une masse globuleuse, chiffonnée et pétaloïde (*st. imperfecta*); ailleurs enfin, comme dans les fleurs femelles de plusieurs plantes unisexuelles, rien ne retrace l'anthère, et l'on ne trouve plus qu'un filet absolument stérile (*filam. sterilia, stam. castrata*). Mais, dans ce dernier cas, on se méprendra aussi peu sur la nature du filet qu'on se méprendrait sur celle des mamelles chez les animaux mâles ou du doigt postérieur chez les Gallinacés. Si je vois, dans les *Geranium*, dix étamines fertiles à filets aplatis, et qu'ensuite, dans l'*Erodium* (ex. *E. geoides*, *f.* 324), genre à peine différent des *Geranium*, je trouve, avec cinq étamines fertiles, cinq corps sans anthère, absolument semblables à cinq des filets anthérifères des *Geranium*, et placés de la même manière, je dirai que ce sont cinq filets dont les anthères ne se sont point développées. Si je vois dans le *Verbena Jamaicensis* deux filaments grêles, et qu'à la même place je découvre dans le *Verbena Pseudogervao*, espèce fort voisine, deux étamines bien complètes, je dois dire que, dans la première de ces plantes, les étamines se trouvent réduites à de simples filets. En général, lorsqu'il n'y aura qu'un filament où j'ai coutume de voir un filament et une

Anthères avortées.

anthère, je dirai que celle-ci ne s'est pas développée ; et, quand, à cette même place, il se présentera une écaille, une expansion pétaloïde, un pétale, je reconnaîtrai que c'est une étamine métamorphosée de diverses manières. Plus tard j'aurai occasion de revenir sur ce sujet.

Soudure des filets stériles avec les fertiles.

De même que des étamines toutes fertiles peuvent, comme nous le savons (p. 424), se souder entre elles, de même aussi il arrive souvent que, lorsqu'il y a, dans une fleur, des filets sans anthère et d'autres fertiles, ils se soudent entre eux, et, comme les fertiles sont toujours alternes avec les stériles, on a des androphores (p. 425), où, entre deux anthères, on voit un espace qui n'en offre aucune. Dans le genre *Erodium* (*f.* 324), l'androphore présente des filets alternativement fertiles et stériles semblables entre eux ; mais, dans d'autres plantes monadelphes, les filets stériles prennent, comme je vous ai dit, un aspect pétaloïde; ils se découpent de différentes manières, et c'est là ce qui donne naissance à ces androphores diversement divisés des Amaranthacées (ex. *Gomphrena macrocephala*, *f.* 319), et des Buttnériées (ex. *Buttneria celtoides*, *f.* 325), qu'on serait presque tenté de prendre pour une corolle chargée d'anthères. Ces androphores sont aussi peu dus à la soudure d'un corps intérieur qui n'existe réellement point, que celui des *Erodium*, ou, si l'on aime mieux, celui des *Linum*, chez lequel le filet stérile, au lieu d'être dilaté comme dans les *Buttneria*, se trouve réduit à une simple dent (1).

(1) Voyez, dans le chapitre intitulé *Symétrie*, le paragraphe *du dédoublement*.

§ IV. — *Du pollen.*

Je vous ai fait connaître le filet et l'anthère ; je vous dirai actuellement quelque chose de la poussière connue sous le nom de pollen, qui se trouve renfermée dans cette dernière.

Origine du pollen.

Elle naît dans des utricules qui forment la substance intérieure de l'anthère, et, en général, chaque utricule en fournit quatre grains (*grana pollinis*). Les utricules polliniques (*utriculi pollinici*), c'est ainsi qu'on les appelle, finissent par se séparer ; elles se déchirent, s'oblitèrent, et le pollen devient parfaitement libre. L'anthère s'ouvre, et il s'échappe, aidé par l'hygroscopicité de la lame intérieure des valves, aidé par le mouvement que le vent imprime à la fleur, et par les insectes qui viennent chercher dans la corolle le nectar dont ils se nourrissent. Le pollen du *Broussonetia papyrifera*, pour sortir de ses loges, n'a pas besoin d'un secours étranger ; il s'élance brusquement en jets élégants et vaporeux.

Quoique les grains de pollen cessent, avant l'ouverture de l'anthère, d'être prisonniers dans la cellule où ils ont pris naissance, il ne faut pourtant pas croire que ceux d'une même cellule soient toujours séparés les uns des autres. Tantôt ils adhèrent encore, mais une pression légère suffit pour les séparer, comme cela arrive dans l'*Iris flavescens*, les *Epilobium hirsutum*, *montanum* ; tantôt l'adhérence est assez considérable pour que les grains ne puissent être séparés sans une forte pression, ou même pour qu'ils deviennent inséparables.

Nombre prodigieux de ses grains.

Les anthères contiennent généralement une quantité prodigieuse de grains de pollen. L'éclatante blancheur du Lis est ternie par la poussière abondante qui se répand sur son calice. Au lever du soleil, on voit, dit Duhamel, le pollen s'élever, comme un brouillard, des champs de blé qui entrent en fleur. Celui qui s'échappe du Cyprès (*Cupressus sempervirens*) est si abondant, qu'on l'a quelquefois pris pour de la fumée ; et le pollen des Sapins (*Abies excelsa*), mêlé à l'eau du ciel, a fait croire qu'il tombait quelquefois des pluies de soufre.

Cette poussière presque impalpable, que l'on ne remarquerait point à l'œil nu, si ses grains étaient isolés, présente dans chacun d'eux, vu au microscope, l'organisation la plus merveilleuse et des formes souvent très-singulières.

Leur composition.

Un grain de pollen se compose d'une membrane et beaucoup plus ordinairement de deux, l'une intérieure et l'autre extérieure, qui renferment la *fovilla*. Celle-ci consiste en un liquide mucilagineux dans lequel nagent des granules et des gouttelettes d'huile.

Leur forme.

Les grains de pollen sont à une seule membrane dans les Asclépiadées, à trois chez un grand nombre de Conifères, et à deux dans les autres plantes. Quand il existe deux membranes, comme cela arrive le plus souvent, ou l'extérieure, dit M. Mohl, est sans plis et sans pores (ex. *Jatropha panduræfolia*, *f.* 326), ou elle présente des plis longitudinaux (ex. *Sherardia arvensis*, *f.* 327), ou elle présente des pores (ex. *Salsola scoparia*, *f.* 328) (1), ou enfin elle offre tout à la fois des pores et des plis. D'ailleurs la forme des grains varie d'une foule de manières : il en est d'arrondis, d'ovoïdes, d'ellipsoïdes, de triangulaires, etc. ; il en est qui montrent des papilles, des tubercules ou de petites épines, qui ont la surface en réseau ou marquée de petits points, etc. (*grana pollinis globosa, ovata, elliptica, triangularia, papillosa, tuberculata, muricata, spinulosa, reticulata, punctata, etc.*).

Les formes à un seul pli longitudinal, dit encore M. Mohl, dominent chez les monocotylédones, et celles à trois plis et

(1) Les trois fig. citées ici sont empruntées à M. Mohl.

à trois pores se trouvent exclusivement chez les dicotylédones. Ainsi le nombre trois, qui est le type des monocotylédones, se trouve ici uniquement affecté aux dicotylédones. D'ailleurs les mêmes formes se rencontrent dans des familles fort différentes, et une classification fondée sur les formes du pollen rapprocherait des plantes qui n'ont entre elles aucune affinité. Il est sans doute des familles, telles que les Graminées, les Cypéracées, les Thymélées, les Protéacées, les Onagraires, etc., qui ont un pollen semblable dans toutes les espèces qui les composent; mais, en même temps, M. Mohl a trouvé que souvent la forme du pollen variait d'une manière très-sensible dans les genres d'une même famille ou les espèces d'un même genre, et que, chez plusieurs plantes, la même anthère contenait des grains de pollen de figure assez différente.

Le pollen des Orchidées et celui des Asclépiadées méritent une attention particulière.

Pollen des Orchidées.

Chez les premières, les grains sont souvent tellement agglutinés, qu'ils forment une seule masse d'une consistance analogue à la cire (*massæ pollinis solidæ*, *ceraceæ*); souvent aussi ils sont parfaitement distincts, mais pourtant unis par un réseau de petits fils élastiques (*massæ pulvereæ*, *granulatæ*); enfin voici ce qu'on observe chez la plupart de nos Orchidées indigènes : Lorsqu'on jette les yeux sur la seule anthère fertile des *Orchis* (ex. *Orchis militaris*, *f.* 329), ou des *Ophris*, on ne trouve point ses deux loges remplies d'une poussière semblable à celle de la plupart des étamines; on voit dans chacune d'elles une masse plus ou moins ovoïde, dont le gros bout est tourné vers le sommet de la loge, et qui, à son extrémité inférieure amincie, est portée par une espèce de pédicelle (*stipes*, *caudicula*, *processus filiformis*) d'une consistance élastique, d'une couleur ambrée, porté lui-même sur une glande plus ou moins aplatie. Ici les masses ne sont ni compactes, ni formées de grains simples et distincts entre eux; elles présentent une suite de petits corps anguleux unis par un réseau très-élastique continu avec le pédicelle, et chaque corps, formé par quatre grains de pollen, est le produit tout entier d'une cellule pollinique (*massæ lobulatæ*). Tantôt la même glande porte les deux pédicelles, tantôt il y en a une pour chacun (*f.* 329); tantôt on la voit nue, et tantôt elle est renfermée dans une sorte de petit capuchon. Quoiqu'elle soit libre après l'épanouissement de la fleur, elle a appartenu originairement à la partie antérieure du style; le capuchon, quand il existe, a été son épiderme, et lorsqu'il n'existe pas, c'est que des sucs visqueux, arrivant plus tôt que chez les espèces à capuchon, ont empêché celui-ci de se former. Quant au pédicelle du pollen, il n'offrait encore qu'un liquide d'une consistance crémeuse, lorsque les grains étaient tout formés et déjà solides : l'examen attentif de l'*Ophris apifera* m'a montré que ce liquide était sécrété par la glande qui, quand il devient concret, doit lui servir d'appui; il ne trouve d'autre issue pour s'échapper que l'espèce de canal formé par la base de la loge de l'anthère, et qui est resté vide; chaque gouttelette nouvellement sécrétée refoule nécessairement la gouttelette précédente vers le pollen; d'abord la liqueur ne s'est vue que dans l'espèce de canal où elle se métamorphose en pédicelle, puis elle s'infiltre entre les grains libres auparavant; enfin elle se solidifie, modelée en pédicelle au-dessous des grains de pollen, et ensuite unissant ceux-ci en un réseau de filets ténus d'autant plus faibles que les grains sont plus éloignés de la glande. Si la masse des grains est bipartite, c'est qu'entre eux, comme le montre l'*Orchis mascula*, s'est interposée la cloison de la loge qui, avant la déhiscence, s'étendait jusqu'à la suture, et qui ensuite s'est retirée ou oblitérée, de manière qu'on en aperçoit à peine quelque vestige lors de l'épanouissement de la fleur, époque très-postérieure à l'ouverture des loges.

Pollen des Asclépiadées.

Quoique fort éloignée de la famille des Orchidées, celle des Asclépiadées a cependant avec elle les plus grands rapports pour tout ce qui est relatif au pollen. Dans les *Asclepias*, les filets très-courts sont soudés entre eux, et les anthères libres s'appliquent contre les côtés d'un stigmate large, épais et pentagone. Chaque loge renferme une masse de pollen compacte qui a l'apparence de la cire. Aux angles du stigmate se trouve, entre chaque paire d'étamines, un petit corps ovoïde, cartilagineux, de couleur brune (*retinaculum*) (ex. *Asclepias phytolaccoides*, *f.* 330) (1), duquel émanent deux filets qui, l'un à droite et l'autre à gauche, vont se rattacher aux deux masses polliniques les plus voisines (*processus laterales, crura*); de sorte qu'à l'aide de ses filets appendiculaires, chacun des cinq corps cartilagineux tient suspendues deux masses de pollen appartenant à deux anthères différentes, comme la languette d'une balance tient suspendus le fléau et les bassins. M. Brown a reconnu que chaque masse présentait un ensemble continu de cellules dans chacune desquelles se trouvait un grain de pollen un peu anguleux à une seule membrane. Quant aux cinq corps et à leurs filets appendiculaires, ils émanent du stigmate, comme la glande et le pédicelle des masses polliniques des Orchidées. Ils n'existent point encore, comme je m'en suis convaincu par l'examen de l'*Asclepias Curassavica*, lorsque, dans le bouton très-jeune, l'anthère fermée ne présente à son intérieur qu'une substance molle et crémeuse; plus tard, deux petits corps, de consistance molle, paraissent à chacun des angles du stigmate, sécrétés par eux, et de ces corps s'échappe, dans deux rigoles qui descendent vers les loges les plus voisines des deux anthères contiguës, une

(1) Fig. empruntée à M. Brown.

substance également molle ; les deux petits corps finissent par s'unir et se solidifier ; la substance molle qui les a continués se concrète comme eux, et, modelée sur les rigoles où elle s'est écoulée, elle devient à droite et à gauche un filet qui, en se solidifiant, s'unit aux masses polliniques.

§ V. — *De la nature des étamines.*

Vous connaissez les principales modifications dont les étamines sont susceptibles, il est temps que je vous dévoile leur véritable nature.

Celui qui n'aurait vu que des étamines de Rose ou de Renoncule repousserait bien certainement comme absurde l'idée de les assimiler à des feuilles ou même à des pétales. Mais déjà vous savez que, dans une fleur de *Nymphæa*, on trouve tous les passages possibles entre les pétales et les étamines bien caractérisées. Une nourriture abondante prive les fleurs de nos jardins de leurs organes mâles, et les métamorphose en d'élégants pétales. Rien ne ressemble moins aux amples cornets éperonnés, qui forment la corolle de l'Ancolie, que ses étamines si petites et si grêles ; cependant la culture met à la place de ces dernières des pétales en cornet terminés par un éperon, et, pour que nous ne puissions point nous tromper sur la presque identité de ces organes, nous pouvons voir dans une même fleur toutes les nuances possibles entre l'étamine et le cornet : d'abord une des lèvres de celui-ci devient plus grêle ; plus près des pistils, un rudiment d'anthère se présente à l'extrémité de cette même lèvre ; toujours plus près, le filet et l'anthère sont déjà formés, mais un *processus* dorsal du connectif nous rappelle encore

L'étamine est un pétale métamorphosé.

le cornet ; puis ce *processus* disparaît, et nous n'avons plus qu'une simple bosse ; enfin celle-ci disparaît à son tour, et l'étamine se montre telle qu'elle est dans la fleur simple et sauvage. Quelquefois, chez la Rose, on voit la partie inférieure du pétale se contracter et former un onglet ; au-dessus de celui-ci, dans un autre pétale, la lame se contracte également, mais d'un seul côté ; une matière jaune se forme dans la substance de cette moitié chiffonnée de la lame, et nous avons un organe tout à la fois demi-pétale et demi-étamine (*f.* 331) ; de là, il n'y a qu'un pas pour arriver à l'étamine complétement formée. Mais il n'est pas même nécessaire de chercher des exemples dans des plantes que la culture altère accidentellement. A l'état habituel, l'organe fécondant se montre, chez les *Canna*, pétale d'un côté, et réduit de l'autre à une simple anthère uniloculaire (*Canna Indica*, *f.* 332). Tout ceci prouve jusqu'à la dernière évidence que l'étamine n'est autre chose qu'un pétale métamorphosé, et, comme celui-ci est une feuille, l'étamine n'en est également qu'une. La feuille affaiblie devient un pétale ; plus affaiblie encore, elle devient une étamine.

Rapports des parties de l'étamine avec celles de la feuille et du pétale.

A présent, tous les faits que je vous ai montrés, pour ainsi dire sans aucun lien, vont se dérouler à vos yeux pleins de vie et d'intérêt. Le filet de l'étamine, c'est l'onglet du pétale ou le pétiole de la feuille ; l'anthère, c'est le limbe de cette dernière ou la lame du pétale ; la substance qui se trouve entre les deux surfaces de la feuille, ou, si l'on veut, le mésophylle, devient la poussière fécondante, et la partie moyenne de la feuille, dont la substance n'éprouve aucune altération, fait le connectif.

Nous voyons clairement le pollen se former, de la manière que je viens de vous indiquer, dans le bord de ceux des pétales du *Nymphæa* et de la Rose (*f.* 331), où la métamorphose commence à s'opérer. Si nous voulons peindre dans nos descriptions compassées les organes qui, chez le *Bocagea viridis* (*f.* 333), portent la poussière fécondante, nous dirons que ce sont des étamines pétaloïdes; mais, en réalité, ces étamines sans filets, et parfaitement arrondies, ne diffèrent nullement des pétales ordinaires, si ce n'est qu'au-dessus de leur milieu leur substance intérieure s'est, sur deux lignes de peu d'étendue, changée en pollen; chez cette plante, l'altération n'a été que locale, elle n'a affecté qu'une très-petite portion de l'organe appendiculaire, qui est réellement resté pétale. Comme on voulait absolument trouver dans toutes les plantes des étamines, ou du moins des anthères, on a dit que le *Viscum album* avait une anthère adnée au pétale (*anth. adnata*); mais, pour qu'il en fût ainsi, il faudrait qu'il y eût tout à la fois pétale et anthère, et ici il n'existe réellement qu'une corolle (*f.* 334) dont la substance s'est, à de petits intervalles, changée en pollen, de manière à faire paraître alvéolée la surface intérieure des pétales. Il y a plus encore : dans une plante brésilienne de la même famille que le *Viscum album*, plante où trois pétales sont soudés à leur base, je cherchais vainement les étamines, lorsque je m'aperçus que le pollen était niché dans un pore qui se trouve à l'extrémité pointue de chaque pétale (*Castrea falcata*, *f.* 335); et, par conséquent, ici, bien plus clairement encore que dans le *Viscum*, c'est le pétale qui tient lieu d'étamine, ou, pour mieux dire, une très-petite portion de la substance intérieure du pétale s'est changée en pollen. Dans les étamines ordinaires, la métamorphose est plus complète : voilà la différence.

Métamorphose du mésophylle en pollen.

Quand chaque moitié du pétale devient une loge pollinifère, et que le milieu n'éprouve aucune altération, on a une étamine, comme elles sont le plus souvent, à deux loges parallèles, séparées par un connectif (*f.* 301); que les deux bords supérieurs du pétale éprouvent seuls un changement

Comment se forment les différentes sortes d'anthères.

dans leur intérieur, on aura une anthère à loges divergentes; que la substance intérieure se métamorphose au sommet seulement, l'anthère sera uniloculaire et terminale; il y aura encore connectif lorsque, dans ce cas, le changement sera partiel, et le connectif disparaîtra quand toute la lame deviendra pollinifère (*f.* 318). Si la métamorphose ne s'opère pas à la partie supérieure du pétale, comme dans les Violacées et les Anones (*f.* 316, 317), on aura ce qu'on appelle un *connectif prolongé au sommet*; si, au contraire, elle ne s'opère point à la partie inférieure, comme dans le *Ticorea febrifuga*, (*f.* 314) et les Mélastomées (*f.* 315), on dira que le *connectif est prolongé à la base*; expressions essentiellement défectueuses et seulement fondées sur des apparences grossières.

A chaque pas que nous allons faire, en revenant sur les observations que je vous ai présentées, nous retrouverons toujours, dans les étamines, les feuilles et les pétales.

Comparaison des diverses sortes d'étamines avec des pétales et des feuilles analogues.

Ceux-ci sont ordinairement plus longs que larges, et il en est de même de la plupart des anthères; à la vérité, on en voit parmi ces dernières qui sont plus larges que longues, dans les *Salvia* (*f.* 340), le *Thymus Patavinus* (*f.* 337), le *Melissa grandiflora* (*f.* 336), etc.; mais diverses plantes et surtout des Passiflorées présentent dans leurs feuilles un caractère semblable (ex. *Hedysarum Vespertilionis*, *f.* 338; *Aristolochia bilobata*, *f.* 341). Nous avons des feuilles échancrées à la base et au sommet, nous en avons de bifides et de bipartites: rien n'est si commun qu'une anthère échancrée, qu'une anthère bifide, une anthère bipartite. Par une singularité assez remarquable, ce dernier caractère se présente chez les Bruyères avec des feuilles entières: c'est avec des feuilles également entières que nous avons des pétales bipartites chez les *Stellaria*.

Toutes les formes propres aux feuilles et aux pétales se rencontrent également chez les étamines. Il n'est pas jusqu'à ce prolongement terminal et linéaire des pétales de certaines Apocynées que nous ne voyions dans celui des anthères des Mélastomées (*f.* 315).

Nous avons des feuilles sans pétiole, des pétales sans onglet, des anthères sessiles. Ces dernières peuvent être continues avec le filet ou articulées avec lui, comme les feuilles sont continues ou articulées avec leur support. Le pétiole se trouvera au milieu d'une feuille, si les lobes de sa base se soudent entre eux à l'aide d'une substance intermédiaire, comme cela a lieu dans celles dites peltées (*f.* 61), ou, si l'on veut, celles du *Buplevrum perfoliatum* (*f.* 84) : c'est aussi ce qui arrive pour les anthères, qui semblent avoir leur filet attaché à leur dos et non à leur base ; on trouve une preuve de cette assertion dans les Mélastomées, où le prolongement basilaire du connectif reste encore bifide à son extrémité (*f.* 315).

C'est le plus souvent à leur partie inférieure que se soudent les étamines, aussi bien que les pétales ; mais ceux-ci, dans la carène des Papilionacées, se soudent souvent par leur lame, tandis que leurs onglets restent libres, comme les étamines des Composées s'unissent seulement par leurs anthères, et, si nous avons des pétales entièrement soudées dans les Marcgraviées, nous trouvons des étamines qui ne le sont pas moins chez les Lobéliacées (*f.* 295).

Des écailles, des feuilles, des bractées sont réduites à un simple pétiole ; des anthères se trouvent réduites au filet.

Les feuilles, les bractées, les pétales tombent ou persistent ; il en est de même des étamines.

A présent que nous connaissons ces organes, nous allons voir quelle importance ont leurs divers caractères pour rapprocher les plantes les unes des autres.

Valeur des caractères fournis par les étamines.

Si des genres qui présentent le même nombre d'étamines n'ont souvent, d'ailleurs, aucun rapport entre eux, comme le prouve suffisamment le système de Linné, il n'en est pas moins vrai qu'un nombre égal d'organes mâles se rencontre dans une foule de familles : les Scitaminées et les Cannées ont une seule étamine fertile; on n'en trouve également qu'une dans la plupart des Orchidées et des Vochisiées ; deux étamines caractérisent la famille des Jasminées ; trois, celle des Iridées et presque toute celle des Graminées ; quatre, celle des Plantaginées ; le nombre cinq est général dans les Primulacées, les Apocynées, les Convolvulacées, les Ombellifères ; six, dans les Liliacées ; dix se trouvent chez la plupart des Caryophyllées ; un nombre indéfini chez les Magnoliers et les Guttifères. L'inégalité des étamines est un excellent caractère de famille : les Orobanchées, la plupart des Labiées et des Scrophularinées, ont des étamines didynames ; presque toutes les Crucifères sont tétradynames. La forme des filets et leur attache sur l'anthère offrent de bons caractères de genres. La position des anthères, relativement au pistil, est constante dans les familles naturelles : toutes les Renonculacées, toutes les Anonées ont les anthères extrorses ; toutes les Crucifères, toutes les Caryophyllées les ont introrses. On trouve des caractères de genres dans les diverses expansions du connectif et la figure des anthères : un connectif prolongé au sommet s'observe dans toute la famille des Violacées ; les anthères sont à peu près semblables dans toute celle des Mélastomées. Un grand nombre de familles offrent constamment deux loges à leurs anthères ; quelques autres n'en offrent qu'une. Le mode de déhiscence peut caractériser des genres et des familles. L'union des étamines par leurs filets n'a qu'une importance variable ; celle des anthères entre elles caractérise l'immense famille des Composées.

CHAPITRE XXIII.

DISQUE.

Nous avons passé en revue les trois premiers verticilles de la fleur, savoir : le calice, la corolle et les étamines; nous arrivons au quatrième, c'est-à-dire au disque (*discus*) ou nectaire (*nectarium*).

Définition du mot disque.

On donne ces noms à tout verticille, sous quelque forme qu'il se présente, complet ou incomplet, qui se trouve entre les étamines et l'ovaire.

Formes sous lesquelles le disque se présente.

Organes appendiculaires comme les folioles calicinales et les pétales, les pièces du nectaire ou disque se présentent aussi quelquefois avec une apparence foliacée ou plutôt pétaloïde, plus ou moins prononcée (*f.* 342—343). Cependant, lorsque l'axe de la fleur produit le disque, son énergie vitale est presque épuisée; ce qui, chez quelques plantes, est encore une sorte de petit pétale, n'est déjà plus, chez d'autres, qu'une écaille qu'on aperçoit seulement avec le secours de la loupe ; enfin, dans le plus grand nombre d'espèces, les parties du disque se trouvent réduites à l'expression la plus faible à laquelle puissent arriver les organes appendiculaires et foliacés ; elles arrivent, comme nous avons déjà vu que cela avait quelquefois lieu pour les stipules, à n'être que des glandes (*f.* 344). Au delà de ce terme, il n'y a plus que la suppression totale dont une foule de plantes nous fournissent des exemples.

Dans l'*Eupomatia laurina*, les pièces pétaloïdes du nectaire ou disque sont assez grandes pour séparer entièrement les étamines de l'organe femelle. Lorsque, pour la première fois, j'étudiai le genre *Helicteres* (ex. *H. Sacarolha*, *f.* 342-343, a *corolle*, b *gynophore*, c *pièces de disque*), je m'étonnai de ce que, après avoir vu des pétales immédiatement au-dessus du calice, j'en trouvais encore entre les étamines et les ovaires ; ce n'était autre chose que les pièces du disque. L'*Aquilegia* offre aussi un rang de petits pétales chiffonnés, entre les étamines et les ovaires. Dans le *Biscutella auriculata*, nous trouvons quatre écailles extrêmement petites. Les *Sedum* ont un disque composé de cinq glandes ; une foule de Crucifères en ont un à quatre glandes (ex. *Cheiranthus Cheiri*, *f.* 344).

Soudure des parties du disque.

De même que les folioles calicinales, les pétales et les étamines se soudent par leurs bords, de même aussi les pièces du disque peuvent contracter adhérence entre elles, et il est bien plus commun de trouver des disques soudés que des disques formés de pièces libres. La soudure a lieu lorsque le disque est parvenu au dernier degré d'altération, c'est-à-dire quand il est devenu glanduleux : elle n'est point encore complète dans les *Cissus*, où l'on distingue quatre lobes ; dans les *Cobæa*, où l'on en voit cinq (*f.* 348) ; les *Ticorea* (ex. *T. jasminiflora*, *f.* 345), où il existe cinq dents ; le *Spiranthera*, où il y en a dix; elle est parfaitement complète chez les Véroniques, les Scrophulaires, les *Almeidea* (ex. *A. rubra*, *f.* 346), dont les disques sont entiers à leur sommet.

Dans le dernier cas, ce verticille forme un bourrelet, un anneau, une cupule ou une sorte de tube, suivant que ses parties organiques ont plus ou moins de longueur. Chez le *Veronica Beccabunga*, il atteint déjà le quart de celle de l'ovaire; il en atteint la moitié dans l'*Almeidea rubra* (*f.* 346); il est à peine plus court dans le *Galipea pentagyna*, et de là on arrive au *Pæonia Moutan* (*f.* 347), où il enveloppe entièrement les ovaires.

Sa direction.

Le nectaire ou disque ne prend pas toujours une direction droite, il peut s'étaler horizontalement comme, par exemple, dans le *Cobæa* (ex. *C. scandens*, *f.* 348); c'est ainsi que nous voyons les pétales droits dans l'Oranger et étalés dans les Potentilles. Le nectaire étalé est moins commun que celui en anneau ou en cupule.

Causes des erreurs dans lesquelles on est tombé relativement au disque.

Tout ce que je viens de vous dire vous montre suffisamment qu'il en est du nectaire ou disque comme du calice et de la corolle; que ce n'est point un seul corps, mais une réunion de plusieurs organes naissant, dans un même cercle, de l'axe de la fleur. On est tombé, relativement à ce verticille, dans une foule d'erreurs, parce qu'on ne l'a point suffisamment considéré comme formé de plusieurs pièces quand elles étaient soudées, et qu'on a trop isolé ces mêmes pièces lorsqu'elles étaient libres.

Suppression d'un nombre plus ou moins considérable de pièces appartenant au disque.

Il est très-vrai qu'il y a des disques à une seule glande, tels que ceux du *Scutellaria galericulata*, de l'*Orobanche uniflora*, du *Melampyrum cristatum* (*f.* 349), de quelques *Polygala*; mais il en est de ces disques comme du pétale unique de l'*Amorpha* ou de la seule étamine du *Salvertia* et du *Callisthene*. Ces divers organes, réduits à l'unité, ne forment point un verticille entier, ce ne sont que les portions d'un verticille dont les autres parties ne se sont pas développées, et ont laissé une place vide dans le cercle qu'elles auraient occupé. Il manque aussi trois pièces au nectaire de la Pervenche, qui offre uniquement deux glandes opposées; il manque également deux pièces à celui de plusieurs Crucifères, qui ne présente aussi que deux glandes.

Le disque formé quelquefois d'un verticille double.

Si nous avons des disques réduits à un seul organe, nous en avons aussi qui se composent de deux verticilles, comme les genres *Arbutus* et *Gualteria* en fournissent des exemples. Ainsi, de même que l'androcée extérieur est formé de deux verticilles, la corolle et les étamines, de même aussi on peut en trouver deux dans l'androcée intérieur ou disque, et alors on compte cinq verticilles, depuis le calice inclusivement jusqu'aux pistils. Je me borne ici à consigner ce fait, il ne nous sera pas inutile quand j'aurai à traiter de la botanique comparée.

Si le disque doit être considéré comme une réunion d'étamines déguisées.

On a dit que le disque n'était qu'un assemblage d'étamines déguisées. On pourrait représenter aussi la corolle comme un calice déguisé, et dire la même chose des étamines, par rapport à la corolle. Je crois qu'il est plus juste encore de peindre chacun de ces verticilles comme une réunion de feuilles, d'autant plus altérées qu'elles se rapprochent davantage du pistil; mais il est certain que, si un verticille éprouve un excès de développement, c'est de la forme du verticille qui lui est inférieur qu'il tendra à se rapprocher, comme, s'il éprouve quelque altération, il se rapprochera davantage du verticille qui lui est supérieur. En procurant des sucs abondants au *Stachys lanata*, nous multiplions son calice; par la culture, les étamines du *Ranunculus acris* deviennent de brillants pétales; il est naturel qu'on trouve quelquefois le disque du *Pæonia Moutan*, du *Citrus Aurantiacum*, de l'*Aquilegia vulgaris*, du *Citrus vaginatus*, en partie métamorphosé en étamines.

Le disque a été confondu avec une foule d'autres organes, et ce n'est que depuis un très-petit nombre d'années que l'on a commencé à en avoir une idée juste. Si, indépendamment des positions relatives, nous attachons le nom de disque à certaines formes particulières, celle, par exemple, de la glande ou de la cupule glanduleuse, il est incontestable que nous confondrons des choses fort différentes; car, de même que l'on trouve des glandes à la place des stipules, on en peut trouver aussi à la place qu'occupent ordinairement les étamines. Admettant que *tous les organes appendiculaires, libres ou soudés, qui se trouvent entre les étamines et l'ovaire, forment le disque*, vous ne prendrez jamais pour tel le verticille des étamines et celui des pétales, quelque forme qu'ils affectent; mais, je dois vous le dire, si cette définition nous empêche de confondre avec le disque des organes qui ne lui appartiendraient point, elle ne nous donne pas les moyens de reconnaître tout ce qui lui appartient réellement : pour y parvenir, il faut avoir recours à la botanique comparée, dont, plus tard, je vous résumerai les principes.

Comment on peut le distinguer des organes avec lesquels on l'a confondu.

Ma définition, telle qu'elle est, peut cependant déjà vous empêcher de considérer comme un disque des filets stériles d'étamines, lorsqu'ils sont, comme dans les *Erodium* (*f.* 324), les Amaranthacées (*f.* 319) et les Buttneriées (*f.* 325), soudés en un même androphore avec les fertiles. Elle ne vous permettra pas non plus de prendre pour un disque la base épaissie de certains androphores. Elle peut aussi vous empêcher de confondre avec le disque, ainsi qu'on l'a fait si souvent, la portion de l'axe de la fleur qui supporte le pistil, et qui quelquefois présente, comme le disque lui-même, une consistance glanduleuse.

Après vous avoir fait connaître avec détail le quatrième

verticille de la fleur, je crois qu'il convient de vous dire quelque chose du nom que je lui donne ici.

Observations sur le mot disque.

Sous celui de nectaire, Linné comprenait non-seulement le véritable disque, mais encore une foule d'autres organes ; les modernes lui ont souvent reproché cette confusion avec sévérité; mais ils n'ont pas assez remarqué que l'immortel Suédois faisait entièrement abstraction de la place occupée par ses nectaires, et qu'il voulait seulement réunir, sous une même dénomination, les parties réellement très-nombreuses qui sécrètent la liqueur sucrée appelée le nectar. Adanson, après avoir critiqué Linné avec amertume sur l'application trop étendue qu'il avait faite du mot nectaire, proposa celui de disque, et il ne s'aperçut pas qu'il s'en servait pour désigner aussi des parties fort différentes : le quatrième verticille de la fleur, certains androphores de consistance glanduleuse et la portion du réceptacle souvent également glanduleuse qui supporte l'ovaire. Les modernes ont appliqué à peu près de la même manière qu'Adanson, les uns le mot nectaire, et les autres celui de disque; mais, comme le premier de ces mots a été rendu à sa signification primitive par Soyer-Willemet et par Johann Gottlob Kurr, et que le dernier est plus généralement admis, c'est à lui, je crois, qu'il faut s'en tenir, en en bornant l'emploi au quatrième verticille de la fleur, et en regrettant qu'il peigne si mal les organes tantôt pétaloïdes et tantôt en cupule, qu'il doit indiquer. Les expressions de *phycostème* et de *perigynium* avaient été heureusement appliquées, la première par M. Turpin, et la seconde par M. Link; mais les botanistes ont cru devoir rejeter le mot *phycostème* comme signifiant autre chose que ce qu'il doit exprimer, et *perigynium* comme pouvant être trop facilement confondu avec le terme de *perigynus* consacré dans un autre sens par Antoine Laurent de Jussieu. On ne pouvait non plus admettre les expressions de *prolongements du torus* ou axe, dont s'est servi M. de Candolle, parce qu'elles sont bien moins un nom qu'une définition ; et je ne sais s'il convient mieux de dire du disque, qu'il est un prolongement du réceptacle, que d'appliquer la même façon de parler à la corolle et au calice, ou de dire que les feuilles sont un prolongement de la tige.

Comment on doit désigner les parties du disque.

De même que nous disons une foliole calicinale et un pétale pour désigner les organes appendiculaires, dont la réunion forme le calice et la corolle ; de même il ne semblerait pas inutile d'avoir un mot pour indiquer chacune des parties du disque, et l'on pourrait consacrer ici l'expression de lépale (*lepalum*), en la limitant au seul verticille du disque ; cependant, comme les organes qui composent ce même verticille sont d'une consistance et d'une forme très-variables, il vaut peut-être encore mieux les désigner simplement, dans les descriptions, par leur consistance et par leur forme, et dire que le disque se compose de tant d'expansions pétaloïdes, de tant d'écailles ou de tant de glandes, etc.

Du degré de constance que présente l'absence ou la présence du disque.

Quoi qu'il en soit, l'absence du disque est constante dans beaucoup de familles, et sa présence l'est également dans quelques autres. Il est des familles où ce verticille caractérise seulement des genres ; enfin il existe des genres, tels que les *Polygala*, où quelques espèces présentent un disque, tandis que les autres en sont dépourvues.

CHAPITRE XXIV.

RÉCEPTACLE DE LA FLEUR.

Il serait naturel qu'après avoir passé en revue les quatre premiers verticilles de la fleur ou l'androcée, je vous entretinsse du cinquième, c'est-à-dire des pistils ou gynécée; mais, comme la connaissance de ce verticille est essentiellement liée à celle du réceptacle de la fleur, je commencerai par vous dire quelque chose de ce dernier.

Ce qu'on entend par les mots réceptacle de la fleur.

Nous savons qu'une fleur est une réunion de verticilles d'organes appendiculaires attachés à un axe commun, qui n'est que la continuation du pédoncule; cet axe, c'est le réceptacle de la fleur (*receptaculum floris*).

Sur le milieu de la tige d'un *Galium*, les verticilles de feuilles laissent entre eux des entre-nœuds assez longs; vers le sommet de la tige, ces entre-nœuds sont déjà beaucoup plus courts; supposons-les assez contractés pour que les verticilles se touchent, nous aurons une image de la fleur. Ici, il arrive pour les organes appendiculaires ce qui a lieu dans les inflorescences pour les fleurs tout entières : l'axe d'un épi moins allongé n'est plus que celui d'un capitule ; encore plus raccourci, il devient un plateau dont la fleur centrale eût été la plus élevée dans un épi bien développé. Chez la plupart des fleurs, l'axe ou réceptacle est, de même, tellement raccourci qu'il ne forme plus qu'un plateau dont le verticille central, celui des pistils, serait le plus élevé, si les entre-nœuds, actuellement d'une longueur presque inappréciable, en prenaient une plus sensible (ex. *Bocagea viridis*, *f.* 355).

Différents degres de raccourcissement dans le réceptacle de la fleur.

Il ne faut pas croire cependant que le réceptacle soit toujours réduit à n'être qu'une surface plane. La nature ne procède point ainsi ; avant d'arriver au raccourcissement le plus complet, elle semble avoir essayé, dans une suite d'espèces, tous les degrés possibles de raccourcissement. Il n'y a point d'intervalle entre les différents verticilles de la fleur des Renoncules, des *Casalea* (ex. *C. ascendens*, *f.* 354), des Tormentilles, des Potentilles, des Ronces et du Fraisier ; mais la partie du réceptacle qui porte les ovaires est presque cylindrique ou globuleuse chez les premières de ces plantes, elle est hémisphérique chez le *Tormentilla erecta*, ovoïde dans le *Potentilla repens*, conique dans le *Rubus cæsius* et le *Fragaria vesca*. Dans plusieurs Anonées, où il n'y a pas non plus d'entre-nœuds entre les différents verticilles, le réceptacle présente au-dessus des pétales un cylindre qui porte les étamines, et au-dessus du cylindre un cône chargé des pistils. Chez les véritables Caryophyllées (ex. *Lychnis Viscaria*, *f.* 351), un entre-nœud se montre entre le premier verticille et le second, ou, si l'on veut, le calice et la corolle ; mais celle-ci, les étamines et les ovaires sont ensuite rapprochés comme dans les autres fleurs. Le calice et la corolle des *Helicteres* naissent, au contraire, presque du même point, et ensuite un long entre-nœud les sépare de étamines et des pièces du disque (ex. *H. Sacarolha*, *f.* 342 343). Dans le *Spiranthera*, les Simaroubées (ex. *Simaba ferruginea*, *f.* 352), plusieurs Crucifères, plusieurs Légumineuses (ex. *Astragalus bidentatus*, *f.* 353), les *Capparis*, c'est entre les étamines et le pistil que se trouve un entre-nœud. Enfin, dans le *Cleome pentaphylla* (*f.* 350), on voit un réceptacle qui, à sa base, forme un plateau sur lequel, à peu de distance du calice, est attachée la corolle; au-dessus de celle-ci, le réceptacle se rétrécit comme un pédoncule et présente un long entre-nœud; au sommet de ce dernier se montrent les étamines; un nouvel entre-nœud se forme, et, à son extrémité supérieure, il porte le pistil: ainsi, dans cette plante, nous avons, par un retour sensible vers l'état habituel des axes à feuilles verticillées, à peu près autant d'entre-nœuds bien marqués que nous avons de verticilles.

Noms donnés aux divers modes d'allongement que peut présenter le réceptacle.

L'examen le moins approfondi a dû faire reconnaître le long entre-nœud au-dessus duquel s'élève le pistil dans les *Cleome* (*f.* 350) ou les *Capparis*, et Linné l'a appelé *stipes*, nom qu'il appliquait, comme nous l'avons vu, à tous les genres de supports, de quelque nature qu'ils fussent. Quant aux entre-nœuds moins visibles du réceptacle de la fleur, ils sont restés longtemps inaperçus, et ce n'est que dans ces derniers temps qu'on a commencé à reconnaître leur existence et à les décrire; mais alors on est tombé dans un autre extrême. Chaque modification du réceptacle prolongé, quelque légère qu'elle soit, a reçu un nom différent, et souvent la même modification a été nommée de plusieurs manières. On a dit gynophore, carpophore, métrophore (*gynophorum*, *carpophorum*, *metrophorum*), pour désigner, en général, un réceptacle prolongé; ce réceptacle n'était-il terminé que par un ovaire, il s'est appelé técaphore, basigyne ou gynobasium (*tecaphorum, basigynium, gynobasium*) ; supportait-il plusieurs pistils, il a été un polyphore (*polyphorum*) ; quand l'axe ou réceptacle, comme dans les *Lychnis* (*f.* 351), a offert un entre-nœud entre le calice et la corolle, et qu'ensuite les autres verticilles se sont trouvés rapprochés, on a dit qu'il y avait antrophore (*antrophorum*) ; lorsque l'entre-nœud, qui sépare souvent les étamines du pistil, s'est montré grêle, comme dans le *Trifolium filiforme*, l'*Astragalus bidentatus* (*f.* 353), le *Vicia Pannonica*, les *Capparis*, il a été appelé podogyne ou gynopode (*podogynium, gynopodium*) ; le mot *torus* a été confusément appliqué, tout à la fois, au disque et au réceptacle ; enfin celui de gonophore (*gonophorum*) a désigné une partie du réceptacle chargée des étamines. Ces noms ont eu un moment l'avantage d'attirer l'attention sur des parties trop peu connues; mais, à présent que l'étude de la morphologie nous a dévoilé la véritable organisation de la fleur, nous devons nous hâter de les bannir de notre mémoire; ils n'appartiennent plus aujourd'hui qu'à l'histoire de la science. La fleur est la miniature de ce que nous avons vu sur la tige ; elle nous offre la continuation d'une admirable merveille, et non mille petites merveilles isolées et confuses.

Il est cependant indispensable, pour la clarté des descriptions, d'avoir un mot qui nous aide à faire distinguer le réceptacle allongé du réceptacle plane. Celui de gynophore a été le plus généralement employé, et c'est lui seul qu'il faut conserver, en le modifiant, suivant les genres et les espèces, par des épithètes différentes. Ce que l'on n'a pas assez fait, et ce que j'ai beaucoup trop négligé moi-même, c'est d'indiquer clairement, quand, sur un réceptacle allongé, les verticilles ne sont point séparés par un entre-nœud sensible, ou quand il existe entre eux des entre-nœuds très-prononcés. Lorsque les étamines et les ovaires Gynophore.

sont en grand nombre, comme dans les Renonculacées, le Magnoliers, les Anonées, il serait difficile que le réceptacle ne s'allongeât pas pour les recevoir (*f.* 354); mais, en réalité, il y a moins de différence entre le réceptacle de ces plantes, où les étamines se pressent contre les ovaires et un réceptacle plane, qu'entre ce dernier et celui, par exemple, du *Spiranthera* ou de l'*Alyssum campestre*, où il existe un entre-nœud appréciable à nos sens.

On a recommandé de ne point confondre avec les autres réceptacles allongés celui très-grêle que l'on a appelé podogyne (*f.* 353), parce que, a-t-on dit, c'était un rétrécissement de l'ovaire. Mais la végétation ne procède pas de haut en bas, elle s'étend de bas en haut, et, du moins dans les *Capparis*, les Crucifères et les *Cleome*, le podogyne est aussi peu un rétrécissement de l'ovaire que le pédoncule un rétrécissement du calice.

Le gynophore et le disque ne doivent pas être confondus.

Deux parties que l'on a trop souvent confondues, et qu'il est nécessaire de distinguer avec soin, si l'on veut se rendre intelligible, ce sont le disque et le réceptacle allongé ou gynophore, qui, quelquefois, comme le disque, est d'une consistance glanduleuse. Il ne faut jamais oublier que le premier appartient au système appendiculaire, comme le second au système axile; que, par conséquent, l'un est le produit de l'autre, et que tout corps intermédiaire entre les étamines et le pistil, et qui n'est pas le réceptacle, est un disque. D'après ceci, il est clair qu'on s'est servi d'expressions essentiellement inexactes, quand on a dit qu'un ovaire naissait du disque ou qu'il reposait sur lui (*ovarium disco insidens, e disco enatum*). Il peut y avoir assez peu d'intervalle entre le disque et l'ovaire pour qu'au premier coup d'œil l'un semble porté sur l'autre; mais il n'en est pas moins vrai que tous deux sont le produit d'un axe commun, et il n'est pas plus exact de faire naître un ovaire d'un disque ou de le placer dessus, que de prétendre qu'un verticille de *Galium* a pris naissance sur un autre verticille.

Le réceptacle de la fleur peut se creuser au lieu de s'allonger.

Nous avons vu plusieurs verticilles éloignés les uns des autres sur le réceptacle du *Cleome pentaphylla* (*f.* 350); ailleurs il ne s'est plus présenté à nos yeux qu'un seul entre-nœud appréciable (*f.* 351, 352, 353), et enfin nous sommes arrivés à un plateau chargé de verticilles concentriques (*f.* 355). Mais, ainsi que le réceptacle commun des fleurs devient, dans les Composées et les Urticées, de convexe plane, et de plane concave ou profondément creux, de même aussi le réceptacle de la fleur se creuse par degrés; dans les *Xylopia*, la partie chargée des étamines dépasse les ovaires, et forme autour d'eux une cupule élevée; dans la Rose, le réceptacle se creuse profondément, et, modelé sur le calice, il prend la forme d'une poire. On pourrait être tenté de prendre pour un androphore l'espèce de cupule qui porte les étamines des *Xylopia*; mais il n'en est pas ainsi, non-seulement parce que les étamines sont articulées sur la cupule, mais encore parce que chacune d'elles, isolée, est absolument semblable à celles des *Anona*, des *Rollinia*, des *Guatteria*, où il n'y a certainement aucun androphore.

Dans le *Nelumbium*, un entre-nœud large et épais s'élève en cône renversé au-dessus des pétales et des étamines; mais, dans ce cône, il y a une dépression profonde pour chaque pistil. La Fraise nous offre déjà une faible image de cette organisation, car chacun des pistils y est un peu enfoncé dans le réceptacle charnu, qui, dépouillé des organes femelles, semble légèrement alvéolaire.

Nous savons que, dans un épi de Véronique, la fleur vraiment supérieure est la plus élevée; et que dans la Figue, au contraire, la supérieure est celle qui occupe le fond de ce fruit (*f.* 212). De même, le pistil le plus élevé sur le réceptacle allongé du *Myosurus* ou de la Renoncule est évidemment le supérieur ; tandis que dans la Rose, où le réceptacle s'est, en quelque sorte, renfoncé en lui-même, le pistil le plus élevé se trouvera à la partie la plus creuse du réceptacle. Le doigt d'un gand peut nous offrir une image sensible de ce qui se passe ici : dans l'état ordinaire, le sommet de ce doigt est évidemment à la partie supérieure et la base à la partie la plus voisine de la main; que je renfonce ce même doigt en lui-même, le véritable sommet se trouvera à la partie la plus creuse, et la partie véritablement la plus basse deviendra, en apparence, la plus élevée.

Valeur des caractères tirés du réceptacle.

La forme du réceptacle n'offre pas de différences assez sensibles pour qu'on en tire de bons caractères de famille ; cependant on peut dire que l'existence d'un long réceptacle, où se distinguent sans peine un ou plusieurs entre-nœuds, est générale chez les Capparidées. Il est aussi fort ordinaire de trouver un entre-nœud plus ou moins visible au-dessous du pistil des Crucifères et des Légumineuses. On peut encore établir, comme une conséquence nécessaire du grand nombre d'étamines et de pistils, que, chez les familles très-élevées dans la série des développements, les Renonculacées, les Magnoliers, les Anonées, le réceptacle est communément allongé. Enfin, combiné avec une autre modification dont j'aurai plus tard occasion de vous entretenir, l'allongement de l'entre-nœud qui porte le pistil est général chez les Labiées.

CHAPITRE XXV.

PISTILS.

Le verticille qui couronne le réceptacle de la fleur et occupe le centre de cette dernière, est celui des organes femelles, autrement dits carpelles ou pistils simples (*carpellum; pistillum simplex*). Ce verticille, appelé gynécée (*gynæceum*), met un terme à la végétation de la fleur, comme la fleur tout entière met un terme à la végétation de la tige ou du rameau. Verticille central de la fleur.

§ 1er. — *De la composition des pistils.*

Si nous prenons une fleur de *Crassula rubens* (*f.* 356), nous trouvons à la circonférence un verticille de cinq folioles calicinales, plus intérieurement un autre de cinq pétales, ensuite cinq étamines, puis un disque de cinq glandes, et enfin, au centre, un dernier verticille complet, formé aussi de cinq corps entièrement libres, dont chacun présente au sommet un filet terminé par une glande, et inférieurement une cavité qui contient de jeunes semences attachées longitudinalement, du côté le plus voisin du centre de la fleur. Chacun de ces corps est un carpelle ou pistil simple; la partie qui renferme les jeunes semences est l'ovaire (*ovarium*), le filet est le style (*stylus*), la glande, le stigmate (*stigma*); enfin la portion de l'ovaire à laquelle sont intérieurement attachées les jeunes graines ou ovules (*ovula*) est le placenta (*placenta*).

Le carpelle ou pistil simple et ses parties.

Ce que nous voyons au verticille des organes femelles ou gynécée du *Crassula rubens*, nous le retrouverions à celui de toutes les plantes où ce même verticille est complet et formé de parties distinctes.

Nous devons dire, en général, que tout carpelle, c'est-à-dire tout organe libre, faisant partie d'un gynécée ou verticille femelle, se compose de l'ovaire, du style et du stigmate; que l'ovaire est la partie inférieure et creuse du carpelle qui renferme les jeunes semences ou ovules; qu'il a le dos (*dorsum*) tourné vers les enveloppes florales, et le ventre (*venter*) vers le milieu de la fleur; que le style est une sorte de colonne qui s'élève au-dessus de l'ovaire; que le stigmate est la partie terminale ou presque terminale du style, qui, glanduleuse ou du moins humide et sans épiderme, est destinée à recevoir le pollen. On peut trouver des carpelles sans style; mais le stigmate et l'ovaire constituent essentiellement l'organe femelle et ne manquent jamais.

Ce que je vous ai montré dans le *Crassula rubens* suffit pour prouver que chaque carpelle est, dans le gynécée, ce qu'une étamine est dans son verticille, un pétale dans la corolle et une foliole dans le calice; c'est un des organes isolés du verticille femelle, comme l'étamine est l'organe isolé du verticille mâle ou le pétale un organe détaché de la corolle.

Le carpelle est dans le gynécée ce que le pétale est dans la corolle.

Nous avons vu que les pièces dont se compose, soit le calice, soit la corolle, soit le verticille des étamines ou le disque, se soudaient souvent entre elles. Il en est de même des parties qui forment le verticille femelle. Ici cependant il y a une différence : les folioles calicinales, les pétales, les étamines, comprenant au milieu d'eux d'autres verticilles, et ne pouvant se rencontrer que par leurs bords, doivent former une couronne ; mais il n'en est pas de même des organes femelles ; ils terminent l'axe de la fleur, et rien ne s'oppose à ce qu'ils se soudent par tous les points de leur surface, si ce n'est, comme on le conçoit aisément, par la partie qu'ils présentent au dehors, c'est-à-dire le dos (*f.* 360). D'autres circonstances accompagnent nécessairement cette soudure. L'ovaire d'un carpelle n'offre point une surface plane, puisqu'il renferme les ovules ; c'est un corps plus ou moins arrondi dans ses contours ; or plusieurs corps ainsi formés et rangés en cercle autour d'un centre commun doivent, lorsqu'ils exercent quelque pression les uns sur les autres, s'amincir en coin ou en biseau de la circonférence au centre, et c'est ce qui, par exemple, arrive effectivement pour les cinq ovaires des *Sedum album* et *reflexum*, parfaitement libres, mais pourtant fort rapprochés les uns des autres ; si ces cinq ovaires qui sont oblongs se fussent soudés, ils auraient formé tous ensemble une sorte de cylindre, chacun d'eux eût été un segment de ce cylindre, et la rencontre des cinq segments par leur angle interne eût formé un axe. A de légères nuances près, cela a lieu sans exception pour tous les ovaires soudés d'un verticille complet d'organes femelles.

Soudure des carpelles.

Comme chaque carpelle ou pistil simple présente une loge unique dans son ovaire, il est bien clair que le pistil composé

Pistil composé. (*pistillum compositum*), formé de la soudure de plusieurs carpelles, offrira autant de loges rayonnantes (*loculus, loculamentum*) qu'il est entré de carpelles dans sa composition

Loges. (*f.* 357, 363). Non-seulement chaque loge sera séparée de la voisine par une des deux portions latérales de son carpelle, qui, rendues planes ou à peu près planes par la pression, s'étendent de la circonférence au centre, mais encore elle en sera séparée par la portion semblable et contiguë du carpelle voisin. Ainsi nous aurons, entre deux loges, une séparation

Cloison. ou cloison (*dissepimentum*) qui, dans son épaisseur, appartiendra par moitié à deux carpelles, et chaque pistil composé, lorsqu'il sera formé de plus de deux carpelles, présentera autant de cloisons rayonnantes que de loges également rayonnantes. Par conséquent, nous pouvons définir les cloisons des lames, qui, formées par des portions de carpelle soudées entre elles, divisent l'ovaire composé (*ovarium compositum*), en autant de loges qu'il existe d'ovaires simples dans sa composition. Quand donc nous trouverons dans un ovaire des séparations qui n'offriront point ces caractères, nous dirons que ce sont de fausses cloisons (*dissepimenta*

Fausses cloisons. *spuria*), et, si nous voulons désigner d'une manière spéciale les cloisons qui résultent de deux portions de carpelle soudées et rentrent dans l'intérieur de l'ovaire, nous les appellerons, par opposition aux cloisons fausses, des cloisons véritables (*dissep. legitima*). J'ajouterai que, puisque les organes d'un même verticille sont toujours rangés côte à côte et que la soudure des uns avec les autres se fait longitudinalement, les cloisons véritables d'un pistil composé doivent toujours être verticales, et ainsi toute séparation transversale ou, si l'on veut, horizontale (*dissep. transversum, horizontale*) sera nécessairement une cloison fausse.

De même que la soudure des folioles calicinales, des pétales et des étamines s'étend plus ou moins du bas vers le haut, de même aussi on voit la soudure des carpelles prendre, suivant les genres et les espèces, différents degrés de force et d'étendue. Elle est à peine sensible dans quelques plantes; ailleurs elle s'étend jusqu'à moitié, jusqu'aux deux tiers, jusqu'aux trois quarts, laissant encore parfaitement libres des têtes ou sommets coniques plus ou moins longs (ex. *Nigella arvensis*, *f.* 357); enfin elle arrive à comprendre toute la longueur des ovaires (ex. *Agrostemma gythago*, *f.* 358). Mais ce n'est pas seulement dans ce sens qu'elle se forme : elle peut aussi s'étendre du centre à la circonférence, et alors elle dessine des lobes (ex. *Sida aurantiaca*, *f.* 359) ou des côtes, selon qu'elle a gagné plus ou moins de largeur. Quand enfin les ovaires sont soudés à la fois dans toute leur longueur et dans toute leur largeur, ils ne font qu'un seul tout dont les parties originaires ne se distinguent plus à l'extérieur (ex. *Arbutus densiflora*, *f.* 360).

Les carpelles peuvent se souder dans une étendue plus ou moins considérable.

Ce n'est pas seulement par les ovaires que se soudent les carpelles; souvent la soudure comprend encore leurs styles, et ceux-ci, comme les ovaires eux-mêmes, peuvent être unis à la base seulement, jusqu'à la moitié, aux deux tiers, aux trois quarts; ils peuvent enfin comprendre les stigmates eux-mêmes, et alors il n'y a plus en apparence qu'un pistil (ex. *trois styles libres dans le* Silene Cisplatensis, *f.* 361; *soudés jusqu'à plus de moitié dans le* Fritillaria Meleagris, *f.* 362; *entièrement soudés dans le* Scilla amœna, *f.* 363).

La soudure peut comprendre non-seulement les ovaires, mais encore les styles et les stigmates.

Si très-souvent les carpelles se soudent uniquement par leurs ovaires et offrent des styles et des stigmates parfaitement libres, quelquefois aussi ce sont les styles et les stigmates qui seuls se soudent entre eux. C'est là ce qui arrive dans la famille des Apocynées, celle des Asclépiadées, les Simaroubées (ex. *Simarouba ferruginea*, *f.* 352) et plusieurs Cuspariées. De même, dans certaines Légumineuses, les pétales

Les styles soudés quand les ovaires sont libres.

de la carène se soudent par leurs lames, tandis que les onglets restent libres; et les étamines des Composées, libres par leurs filets, s'unissent par leurs anthères.

Le verticille des carpelles souvent incomplet.

Nous savons que, quelquefois, dans un verticille de pétales ou d'étamines, un ou plusieurs de ces organes ne se développent point, et que le verticille reste incomplet. La même chose arrive bien plus fréquemment encore pour les carpelles, parce qu'au point du réceptacle où naissent ces organes, l'énergie vitale est, pour ainsi dire, arrivée au dernier degré d'épuisement. Entre des verticilles incomplets de pétales ou d'étamines et un verticille incomplet de carpelles, il y a cependant une grande différence : dans les premiers, la symétrie des pièces restantes continue souvent à subsister relativement aux autres verticilles, et alors on retrouve sans peine la place de celles qui manquent (V. le chap. intitulé, *Symétrie*); au contraire, dans un verticille incomplet de carpelles, les pièces restantes s'arrangent toujours régulièment aux dépens de la place qu'auraient occupée celles qui manquent, et les premières sont opposées, s'il en reste deux, ou verticillées, s'il en reste davantage. Ainsi, dans les *Polygala*, où il n'y a que trois pétales, ils sont rangés du même côté de la fleur, et une lacune m'indique bien clairement la place de ceux qui ne se sont point développés, aussi bien que la position qu'ils auraient eue relativement aux autres verticilles ; au contraire, dans un *Solanum*, dans un *Pedicularis*, dans un *Verbascum* (ex. *V. nigrum*, *f.* 364), où l'on sait, comme nous le verrons plus tard, que, sur cinq carpelles, il en manque trois, les deux restants, qui, dans l'état normal, n'auraient jamais pu être opposés, sont pourtant devenus tels; de cinq carpelles, il n'en est resté que trois dans le *Paliurus aculeatus*, et ils sont régulièrement verticillés. Quand le verticille des carpelles est réduit à l'unité (ex. *Delphinium Consolida*, *f.* 365), ce qui arrive extrêmement souvent, le seul carpelle qui se développe devient central ou à peu près central, tandis que le pétale unique du *Noblevillea*, du *Qualea*, de l'*Amorpha*, est nécessairement toujours latéral, parce qu'au-dessus de lui se trouvent d'autres verticilles dont il est impossible qu'il usurpe la place.

Le calice, la corolle, les étamines et le disque, ne sont pas seulement soumis à des retranchemens partiels, ils peuvent ne se développer en aucune manière : il en est de même du verticille des carpelles, et c'est cette suppression totale qui constitue les fleurs mâles. En général, cependant, on trouve dans ces fleurs quelque indice du pistil, comme dans les fleurs femelles on trouve souvent des indices d'étamines : tantôt c'est un petit ovaire creux, mais presque flétri ; tantôt c'est un simple filet, tantôt une petite masse charnue et sans cavité. Les filets qu'on voit dans les *Arum*, au-dessus des carpelles, ne sont certainement pas autre chose que des rudiments de pistil.

La suppression totale des carpelles constitue les fleurs mâles.

Si, fort souvent, il n'existe dans une fleur qu'un carpelle, ou que même il ne s'en trouve pas du tout, souvent aussi on en voit un très-grand nombre (ex. *Casalea ascendens*, *f.* 354). Dans ce dernier cas, ils n'offrent point, comme les corolles multiples, des verticilles superposés, mais une disposition spirale où les parties sont extrêmement rapprochées, comme celles d'un cône de Pin ou de Mélèze. Le plus souvent, les carpelles en nombre indéfini restent libres, ainsi que cela a lieu dans les Renoncules, les Anémones ou les Fraisiers ; mais quelquefois on les voit se souder plus ou moins, comme dans plusieurs Anonées.

Le calice et la corolle sont très-souvent composés de parties dissemblables, et par conséquent ils peuvent être irréguliers ; au contraire, l'irrégularité est fort rare au verticille carpellaire : cependant les *Valerianella* et les *Antirrhinum* nous en fournissent des exemples.

Nombre des cloisons dans les ovaires composés.

Je vous ai dit que, quand il y avait plus de deux carpelles, le nombre des cloisons était égal au leur (*f.* 357, 362); lorsqu'au contraire il y en a seulement deux, il ne se trouve jamais qu'une cloison (*f.* 364). Dans un verticille de trois, quatre ou cinq carpelles, chacun d'eux ne peut être soudé avec le voisin que par un côté, et par conséquent l'ensemble doit présenter autant de moitiés de cloisons que de côtés, ou autant de cloisons que de carpelles. Dans un verticille réduit à deux carpelles, ils se font face et ne sauraient former qu'une cloison, puisqu'ils sont soudés à la fois par les deux côtés.

Pendant longtemps les botanistes restèrent étrangers à la théorie que je viens de vous développer. Dès 1790, Goëthe en avait jeté les premiers fondements dans son livre de la *Métamorphose des Plantes;* mais, comme je vous l'ai déjà dit, cet ouvrage ne parut aux savants qu'une rêverie ingénieuse, et il fut négligé. Cependant le *Genera plantarum* d'Antoine-Laurent de Jussieu accoutuma peu à peu les botanistes à repousser les coupes brusquement tranchées; ces transitions ménagées si heureusement, que leur avait montrées Jussieu dans le règne végétal tout entier, ils finirent par les chercher dans la plante isolée, et de bons esprits, qui n'avaient aucune connaissance des écrits de Goëthe, arrivèrent à peu près au même résultat que lui. M. Dunal proposa le mot *carpelle* pour distinguer le pistil simple du pistil composé; cette expression fut généralement adoptée, et une révolution s'opéra dans la carpologie (*carpologia*), ou la connaissance des pistils et des fruits.

Explication de la terminologie admise par les botanistes.

Si, pendant un grand nombre d'années, on prit pour un seul tout, soit le calice monophylle, soit la corolle monopétale, à plus forte raison dut-on s'imaginer que le pistil composé était un organe unique. Mais ici on alla beaucoup plus loin que pour les autres verticilles de la fleur; car jamais il n'est arrivé qu'on ait assimilé le pétale isolé à une corolle entière, et l'on confondit le pistil simple avec le composé. Dans le premier, on voyait un ovaire uniloculaire ou à une seule loge (*ovarium uniloculare, f.* 365), et, dans le second, on en voyait un à deux, trois, quatre, cinq ou plusieurs loges (*ovarium uni-bi-tri-quadri-quinque-multiloculare, f.* 364, 361, 360). Par une conséquence naturelle, quand la soudure des ovaires ne s'étend pas de la base jusqu'au sommet, on a dit que l'ovaire était à deux, trois, quatre ou plusieurs têtes (*ovarium bi-tri-quadri-multicephalum*), ou bien encore qu'il était partite ou fendu (*ovarium partitum, fissum, f.* 357). Lorsque, dans la largeur, il n'y a soudure qu'à la partie tout à fait antérieure, l'ovaire a été appelé didyme, tridyme, ou bien à deux, trois ou cinq coques (*ovarium di-tridymum; ovarium di-tricoccum*); si l'adhérence s'étend davantage, et que les carpelles puissent cependant encore être bien distingués, on a dit que l'ovaire était lobé, ou plus spécialement à deux, trois, quatre, cinq ou plusieurs lobes (*ovarium lobatum, bi-tri-quadri-quinque multilobatum, f.* 362, 359); et, si une petite portion de la largeur des carpelles est seule restée libre, l'ovaire a été à trois, à quatre, à cinq, à plusieurs côtes (*ovarium tri-quadri-quinque multicostatum*). Quand les ovaires des carpelles se sont soudés, et que leurs styles sont restés libres, on a dit qu'il y avait un ovaire unique et plusieurs styles (*ovarium unicum; styli plures, f.* 358); lorsque les styles se sont soudés à leur base, il y a eu un style partite; il a été fendu si la soudure s'est étendue davantage (*f.* 362), et les termes numériques, combinés avec ces expressions, ont indiqué en même temps le nombre des styles *stylus bi-tri-quadri-quinque-multipartitus; stylus bi-tri-quadri-quinque multifidus*. Il en a été de même pour les stigmates; cette portion d'organes a été partite, fendue, lobée, dentée (*stigma partitum, fissum, lobatum*, *dentatum*), suivant le degré de soudure auquel elle a été soumise. Enfin, quand l'union des carpelles a été complète, on a dit du pistil composé, comme du pistil simple, qu'il était à un seul ovaire entier, à un seul style, à un seul stigmate; dans ce cas, l'indication du nombre des loges a pu seule montrer la différence, et c'est uniquement lorsque les carpelles ont été libres qu'on a reconnu qu'il y avait plusieurs pistils, comme dans les Renoncules et les Anémones.

Il est clair que toute cette terminologie est radicalement défectueuse. Si l'on voulait mettre le langage descriptif d'accord avec la théorie, il faudrait n'employer le terme de pistil que pour désigner l'ensemble plus ou moins soudé du verticille carpellaire, et jamais le carpelle isolé, ou pistil simple; il faudrait indiquer le nombre des carpelles (*carpellum unicum, carpella* 2, 3, 4, *etc., plura*), dire s'ils sont distincts ou soudés (*carpella distincta, coalita*), et ensuite faire connaître le degré de la soudure. Ainsi, pour peindre trois carpelles dont les ovaires seraient soudés jusqu'au milieu, et les styles libres, on pourrait dire en latin : *Carpella tria : ovaria usque ad medium coalita; styli distincti*; si les trois carpelles étaient entièrement soudés, et que les styles le fussent seulement jusqu'à moitié, on dirait : *Carpella tria : ovaria in unum plane coalita; styli usque ad medium coaliti*, et ainsi de suite. Mais je n'ai point moi-même adopté ce mode de s'exprimer dans les descriptions que j'ai publiées jusqu'ici; l'ancienne terminologie peint parfaitement les apparences; elle n'exclut point les explications qu'on peut en donner, et, comme l'a fort bien dit M. de Mirbel, *lorsque, dans une science, on est d'accord sur les idées, la langue dont on se sert pour les exprimer n'importe guère*. Le puritanisme n'est, à cet égard, qu'amour-propre ou pédanterie.

Comment il faudrait s'exprimer pour être d'accord avec la vérité.

§ II. — *De la nature du carpelle.*

Vous savez à présent comment se composent les pistils : je vais vous faire connaître la véritable nature du carpelle.

Le carpelle est une feuille métamorphosée.

Puisque cet organe est, dans son verticille, ce que sont, dans les leurs, la foliole calicinale, le pétale, l'étamine, et que nous devons voir en ceux-ci une feuille métamorphosée, nous avons déjà une forte induction pour croire que le carpelle n'est pas non plus autre chose.

Preuve de cette vérité.

Dans un grand nombre d'espèces de *Croton*, j'ai vu une étamine centrale à la place qu'occupe ordinairement le pistil; et chez une foule de plantes que la culture rend plus vigoureuses, les carpelles, comme tout le monde sait, deviennent des pétales; mais il n'est pas même nécessaire de recourir à des métamorphoses pour se convaincre de l'extrême analogie de ces organes avec les feuilles. Tandis que, dans la fleur, les étamines atteignent le dernier degré du développement, parce que c'est dans la fleur qu'elles remplissent les fonctions qui leur sont dévolues, les carpelles n'y sont, pour ainsi dire, que dans l'enfance, et alors, à la vérité, leur ressemblance avec la feuille n'est jamais bien sensible; qu'on examine les carpelles du *Colutea arborescens* et surtout du *Sterculia platanifolia* (*f.* 366), lorsqu'ils ont acquis toute leur croissance, qu'ils sont devenus des péricarpes et se sont ouverts pour laisser échapper les graines, on sera étonné de leur ressemblance avec l'organe appendiculaire de la tige. Mais qu'était cette feuille que représente si bien le carpelle du *Sterculia platanifolia* avant qu'il se fût ouvert? C'était, comme tous les autres carpelles, une sorte de coque parfaitement close, où l'on voyait deux sutures opposées *(sutura exterior seu dorsalis, sutura interior seu ventralis)*, l'une du côté extérieur de la fleur et l'autre du côté intérieur, à laquelle étaient, sur deux rangs, attachées les semences ; lorsque la coque s'est ouverte et étalée, la déhiscence s'est opérée par la suture intérieure ou ventrale, celle-ci a cessé d'exister, et la suture extérieure ou dorsale s'est montrée ce qu'elle est réellement, une nervure moyenne placée à distance égale des deux bords chargés de graines.

Tout ici prouve jusqu'à la dernière évidence qu'un carpelle est une feuille pliée sur elle-même dans son milieu, dont les bords soudés se sont chargés de graines, et qui, comme toutes les feuilles, a sa face tournée vers l'axe de la plante, en même temps que son dos est tourné vers l'extérieur.

Un autre exemple va nous rendre bien plus sensible encore la nature du carpelle et de ses diverses parties. A l'état sauvage, le Merisier présente dans sa fleur un carpelle unique : si l'on examine celle d'un Merisier double, on verra, au milieu de cette multitude de pétales blancs comme la neige qui la rendent si belle, deux ou trois petites feuilles vertes, ordinairement dentées comme celles de la tige dont elles offrent la miniature (*f.* 367); ces petites feuilles sont pliées par leur milieu de dehors en dedans, elles présentent leur dos à l'extérieur, et leurs bords sont rapprochés, mais sans aucune soudure : la plante n'était pas tout à fait assez affaiblie pour produire de véritables carpelles; ce qu'elle nous montre, c'est, en quelque sorte, cet organe retournant à l'état de feuille; c'est, pour mieux dire, le carpelle entièrement dévoilé. Il est encore ici une circonstance importante que je ne dois pas omettre : ces petites feuilles que nous voyons occuper la place des pistils ne sont pas, comme celles de la tige, simplement aiguës; elles se terminent par un long filet qui porte une glande à son extrémité. Pour peu que nous recherchions l'origine de ce filet, nous voyons avec certitude qu'il n'est pas autre chose que le prolongement de la nervure moyenne, et, comme il ne diffère en aucune façon d'un style de carpelle, pas plus que sa glande terminale ne diffère d'un grand nombre de stigmates, nous pouvons dire en général que, si l'ovaire est le limbe de la feuille séminifère, le style est la nervure moyenne plus ou moins prolongée.

Ce que le raisonnement, l'analogie et l'étude des métamorphoses viennent de nous démontrer jusqu'à la dernière évidence, l'observation directe l'a confirmé. En effet, MM. Guillard frères, Schleiden et Vogel, étudiant le bouton naissant, se sont convaincus que les carpelles s'y montrent étalés comme de véritables feuilles, et que les parties se soudent seulement à mesure qu'elles grandissent (1).

§ III. — *De l'ovaire uniloculaire formé de plusieurs carpelles soudés bord à bord, et des trois diverses sortes de placentas.*

Pour avoir des carpelles étalés, dont les deux bords ne se soudent point, et qui, par conséquent, se rapprochent encore plus que les autres des feuilles de la tige, il n'est pas nécessaire de recourir à des plantes métamorphosées par la culture. Dans l'état habituel, une foule de fleurs nous offrent, chez un pistil composé, des feuilles carpellaires qui, quoique soudées entre elles, restent étalées à peu près comme de véritables

Tous les intermédiaires possibles entre l'ovaire uniloculaire formé de plusieurs feuilles carpellaires étalées et l'ovaire multiloculaire ; cloisons incomplètes.

(1) Je dois faire remarquer que dans le carpelle fermé les nervures latérales n'ont plus la même direction que dans les feuilles de la tige, ni même dans la petite feuille carpellaire ouverte du Merisier à fleurs doubles.

feuilles, et nous trouvons, en outre, tous les intermédiaires possibles entre les ovaires à feuilles dont les deux bords sont soudés l'un avec l'autre et ceux à feuilles entièrement étalées. Chez quelques espèces, les carpelles d'un même pistil, encore fortement pliés de dehors en dedans, se soudent, comme à l'ordinaire, par leurs côtés rentrants; mais les deux bords séminifères de chaque carpelle, quoique très-rapprochés, n'adhèrent pourtant point l'un à l'autre, et, si l'on doit dire qu'il existe encore des loges, du moins elles ne sont pas fermées du côté de l'axe; ailleurs, les carpelles se plient beaucoup moins, et nous n'avons plus que des cloisons incomplètes (*dissepimenta incompleta*, ex. *Hypericum linoides*, *f.* 368), qui, suivant les espèces, s'avancent jusqu'aux deux tiers, jusqu'à la moitié, jusqu'au quart du rayon du pistil; plus souvent encore les feuilles indiquent, à la vérité, par leur courbure des lobes extérieurs, mais les cloisons disparaissent tout à fait et il n'y a bien évidemment qu'une loge; souvent, enfin, les carpelles s'étalent encore davantage, chacun d'eux adhère à son voisin par la seule extrémité de ses bords, les lobes extérieurs disparaissent, et nous avons alors dans tout l'ensemble de l'ovaire un seul contour arrondi sans aucune déviation, comme celui d'une cuve formée de l'assemblage de plusieurs douves (ex. *Passiflora gratissima*, *f.* 369). Les seuls genres *Hypericum* et *Sauvagesia* suffisent pour nous donner une idée de toutes ces nuances qui achèvent de nous montrer ce qu'est véritablement le carpelle. L'ovaire uniloculaire du *Parnassia palustris* est composé de quatre carpelles presque étalés, celui des *Drosera* et des *Viola* de trois, celui des Crucifères, de la plupart des Gesnériées et des Orobanchées de deux; enfin M. Brown regarde, comme étant un seul carpelle étalé, un organe qui, dans les Conifères, avait été considéré par d'autres botanistes comme appartenant aux enveloppes florales. Je crois aussi que l'ovaire uniloculaire des Plombaginées est composé de cinq carpelles ; Brown a démontré que celui des Composées était formé de deux, j'ai prouvé la même chose pour le *Littorella*, et il doit en être de même des *Chenopodium*, etc.

Il est bien évident que, quand les carpelles étant étalés n'adhèrent plus que par l'extrémité de leurs bords et que l'ovaire composé est devenu uniloculaire, les ovules ne peuvent se présenter disposés comme ils l'étaient dans l'ovaire multiloculaire. Pour mieux vous faire connaître la différence, je vais vous donner, sur leur position dans ce dernier ovaire, quelques détails qui n'ont pu trouver leur place jusqu'à présent.

Vous savez déjà que la partie à laquelle sont attachés les ovules dans l'intérieur du carpelle porte le nom de placenta (*placenta*), plus généralement adopté que ceux de trophosperme, sporophore, spermophore (*trophospermum*, *sporophorum*, *spermophorum*), qui ont été proposés également. Dans un pistil composé de plusieurs carpelles soudés, chacun en particulier, par ses deux bords, et ensuite soudés entre eux par les côtés, il est clair qu'un axe central résulte nécessairement des bords unis de tous les carpelles, et qu'ainsi cet axe ou columelle (*columella*) comprendra six ou dix bords, par exemple, si le pistil est à trois ou à cinq carpelles (*f.* 361, 362, 363, 357, 359). Il est clair aussi que, chaque carpelle portant, comme je vous l'ai dit, des ovules à la partie la plus voisine de l'axe, il doit se former, par la soudure des carpelles entre eux, autant de placentas rangés autour de ce même axe qu'il y a de loges et de cloisons (*mêmes fig.*). Les placentas ainsi disposés portent le nom d'axiles (*placentæ axiles*), expression que souvent l'on traduit, en disant que les ovules sont attachés dans l'angle interne des loges (*ovula angulo interno affixa*).

Columelle.

Placentas axiles.

Nous avons vu que les bords soudés des carpelles du *Ster-*

culia platanifolia (*f.* 366) portaient l'un et l'autre des ovules ; mais cette organisation n'est point particulière au *Sterculia* ; sans aucune peine on la reconnaîtra dans les carpelles d'une foule de plantes. Les placentas axiles sont donc généralement doubles, c'est-à-dire qu'ils présentent des ovules fournis, du moins en apparence, les uns par un bord et les autres par l'autre bord de chacun des carpelles. Mais, si les carpelles s'étalent pour former un pistil composé uniloculaire, les deux bords du même carpelle s'éloigneront nécessairement l'un de l'autre, et, avec eux, les ovules dont chaque bord est chargé. Cependant, tandis que les deux bords d'un même carpelle se sépareront, chacun d'eux restera soudé avec le bord le plus voisin du carpelle contigu, et, comme chaque bord porte des ovules, nous verrons se former des groupes d'ovules dont chacun appartiendra à deux carpelles. Alors, comme vous le savez déjà, il n'y aura plus d'axe, plus de cloison, plus de loges distinctes ; on ne verra qu'une cavité commune à tous les carpelles, et, comme ils se seront étalés et que leurs bords se trouveront au pourtour de l'ovaire composé, il est clair que c'est à ce pourtour que se trouveront les ovules eux-mêmes, ou, pour mieux dire, ils seront attachés à la paroi intérieure de l'ovaire devenu uniloculaire (*f.* 369). Les placentas ainsi disposés sont, pour cette raison, appelés pariétaux (*placentæ parietales*) : ainsi l'on dit que la Violette et les Passiflores ont trois placentas pariétaux, et que l'Orobanche en a deux.

Placentas pariétaux.

L'ovaire composé uniloculaire (*ovarium uniloculare compositum*) présente, comme l'ovaire multiloculaire, autant de placentas que de carpelles (*f.* 368, 369) ; mais, dans les ovaires multiloculaires (*f.* 357, 363), chaque placenta axile est fourni par un même carpelle, tandis que, dans l'ovaire composé uniloculaire, chaque placenta pariétal appartient à deux carpelles différents : dans l'un et l'autre, le placenta est double, mais la composition n'est pas la même. Attachés du côté de l'axe dans les ovaires multiloculaires (*f.* 359, 363), les ovules auront nécessairement le côté opposé au point d'attache ou leur dos tourné vers la circonférence; dans l'ovaire composé uniloculaire où ils sont attachés à la circonférence, ils auront ce même côté tourné vers l'axe rationnel, celui qu'on supposerait traverser l'ovaire, à défaut d'un axe réel (*f.* 369).

Position de l'ovule dans l'ovaire multiloculaire et dans l'ovaire composé uniloculaire.

Lorsque les carpelles ne se seront pas entièrement étalés, et qu'ils formeront des cloisons incomplètes ou, si l'on veut, des demi-cloisons, l'extrémité de celles-ci présentera évidemment les deux bords les plus voisins de deux feuilles carpellaires contiguës (*f.* 368); ce sera, par conséquent, à cette même extrémité que se trouveront les placentas, et chacun d'eux sera composé par moitié, absolument comme les placentas décidément pariétaux (*f.* 369), d'ovules appartenant à un carpelle, et d'autres ovules fournis par un autre carpelle. Il est bien clair que si nous trouvons, relativement au degré de déploiement, toutes les nuances entre le pistil composé uniloculaire et le pistil multiloculaire, nous aurons aussi toutes les nuances entre les placentas axiles et les pariétaux. Les placentas seront presque axiles, quand les bords des carpelles, sans être soudés, s'écarteront fort peu l'un de l'autre; ils seront presque pariétaux, quand les carpelles seront peu pliés, et que, par conséquent, les cloisons n'auront qu'une faible largeur.

Toutes les nuances entre les placentas axiles et les pariétaux.

Ici, il est nécessaire que je vous mette en garde contre une confusion qui résulte des idées fausses que l'on a eues longtemps sur les pistils, et de la terminologie qui en a été la conséquence. Quand je coupe transversalement l'ovaire du carpelle unique du *Delphinium consolida* (*f.* 365), ou, si l'on veut, un carpelle détaché du verticille carpellaire du *Crassula rubens* (*f.* 356), je trouve dans la loge, nécesssaire-

De très-grandes différences entre l'ovaire uniloculaire, résultat d'un seul carpelle, et l'ovaire composé uniloculaire.

ment unique, des ovules attachés sur deux rangs, du côté de l'ovaire qui regarde l'axe de la fleur; en ce cas, on a dit, absolument comme pour les pistils composés de carpelles étalés, que l'ovaire était uniloculaire et le placenta pariétal; mais il est évident que, dans les deux sortes d'ovaires, les mêmes expressions peignent des choses fort différentes, quoique semblables en apparence. En effet, si les ovules, dans l'ovaire du carpelle isolé, sont attachés à sa paroi, il n'en est pas moins vrai que tous sont le produit de la même feuille, tandis que le placenta pariétal de l'ovaire uniloculaire composé est toujours fourni par les bords de deux feuilles différentes. Quoiqu'au premier abord l'ovaire uniloculaire, à placenta pariétal du simple carpelle (*f.* 365), ait moins de ressemblance avec l'ovaire multiloculaire à placentas axiles (*f.* 363) qu'avec l'ovaire à une seule loge et à placentas pariétaux (*f.* 369), il n'en est pas moins vrai qu'il est beaucoup plus rapproché du premier, ou, pour mieux dire, il n'est, en quelque sorte, qu'une portion détachée du premier sans aucune espèce d'altération. Au reste, on peut bien facilement distinguer, de l'ovaire uniloculaire à placentas pariétaux, l'ovaire du carpelle simple; celui-ci, en effet, ne peut jamais avoir qu'un placenta pariétal, puisqu'il est formé par une seule feuille, et l'autre, composé de plusieurs feuilles, doit nécessairement avoir plusieurs placentas.

Pour empêcher de confondre l'un des organes isolés d'un verticille carpellaire avec le verticille tout entier libre ou soudé, on a, avec juste raison, admis le mot carpelle, proposé par M. Dunal. On rendrait l'étude de la carpologie bien plus rationnelle, et l'on donnerait bien plus de clarté aux écrits relatifs à cette partie de la botanique, si, avec le même auteur, on cessait d'appliquer le mot ovaire tout à la fois à la coque séminifère du carpelle et aux coques multiples d'un pistil composé. Le mot ovelle (*ovellum*) peut remplir ce but : il serait, relativement à celui d'ovaire, ce que le mot filet est à celui d'androphore. Ovelle.

Outre les placentas axiles et les pariétaux, il y en a d'une troisième sorte, dont je dois vous entretenir. Si j'ouvre l'ovaire arrondi d'une Santalacée, d'une Myrsinée, d'une Primulacée, je n'y découvre aucune trace de cloison; je n'y trouve qu'une loge, et, au centre de celle-ci, je vois une colonne droite et égale dans les *Thesium*, bientôt épanchée un peu au-dessus de sa base, en une masse charnue chez les Primulacées (ex. *Samolus Valerandi*, *f.* 382), et chargée, chez les uns et les autres, d'ovules plus ou moins nombreux. Cette colonne séminifère porte le nom de placenta central libre (*placenta centralis libera*); cependant, si elle n'a jamais cessé de mériter celui de central, il est incontestable qu'elle n'a pas toujours été libre; en effet, avant la fécondation, elle se prolongeait en un filet qui s'enfonçait dans l'intérieur du style, mais qui, ensuite, se brise, s'oblitère, et dont souvent il ne reste bientôt plus qu'une trace peu sensible.

§ IV. — *De la nature des placentas.*

Je vous ai fait connaître la nature de l'ovaire et celle du style. Le placenta central libre nous aidera, je l'espère, à découvrir celle des placentas en général.

Dans les ovaires qui offrent ce genre de placenta, ceux des *Primula*, des *Anagallis*, des *Samolus* (*f.* 382), par exemple, les feuilles carpellaires sont seulement soudées par l'extrémité de leurs bords, elles sont verticillées autour du placenta central comme les pétales le sont sur le réceptacle de la fleur, elles ne portent point les ovules et n'ont même

Nature du placenta central libre.

aucun contact avec eux. Ces derniers sont le produit du placenta central, qui continue le réceptacle floral, comme celui-ci continue le pédoncule, ou, pour mieux dire, il n'y a qu'un axe depuis l'origine du pédoncule jusqu'à ce filet qui termine le placenta et pénètre dans le style. Les bourgeons, comme vous le savez, naissent de l'axe, soit tige, soit rameau : dans l'ovaire uniloculaire à placenta central libre, les ovules, simple modification du bourgeon, naissent également de l'axe, puisque le placenta central forme l'extrémité de l'axe. Ici tout est clair, rien de compliqué, rien d'anomal; cette marche, que la végétation a suivie sur la tige, nous la retrouvons en tout point dans les diverses parties de la fleur : l'axe y produit, comme la tige elle-même, les bourgeons et les organes appendiculaires.

Si, dans les ovaires à placenta central, la nature ne s'écarte en rien du plan général qu'elle s'est tracé, il n'est guère probable qu'elle en ait adopté un tout différent pour les autres ovaires. Nous voyons, il est vrai, dans une foule de plantes, les ovules attachés sur les deux bords du carpelle; mais ces bords ne sont point amincis, comme ceux de la feuille ordinaire, au contraire ils présentent dans leur longueur un épaississement plus ou moins prononcé, et, par conséquent, il y a ici autre chose que le simple bord. L'*Asclepias nigra* peut nous rendre tout ceci extrêmement sensible. Dans son carpelle les jeunes graines sont attachées à l'épaississement dont je viens de parler, et qui règne longitudinalement d'un côté du carpelle; cependant celui-ci mûrit, il finit par s'ouvrir (*f.* 370), il s'étale, ses bords s'écartent l'un de l'autre, et, en se séparant, ils se détachent, sans le moindre déchirement, d'un filet qui reste entre eux : ce filet était la partie épaissie de l'ovaire; quand il devient libre, toutes les semences y restent fixées, et l'on voit bien clairement qu'elles sont nées de lui et non

Nature des placentas axiles.

des bords mêmes du fruit. Les feuilles carpellaires du Merisier à fleurs doubles (*f.* 367) ont, comme nous l'avons vu, deux bords pliés vers l'axe de la fleur, elles sont terminées par un long style et un stigmate, et cependant elles ne nous offrent point d'ovules. Donc, pour produire ceux-ci, la feuille et ses bords ne suffisent point ; il faut encore cet épaississement que l'on observe, en général, dans les jeunes carpelles, et qui devient le long filet libre et séminifère de l'*Asclepias nigra*. Puisque, dans l'ovaire de cette plante et tant d'autres ovaires analogues, ce ne sont point les bords qui fournissent les ovules, par quelle partie pourraient-ils être produits, si ce n'est, comme dans les ovaires à placenta central libre, par des prolongements de l'axe ? Ils ne doivent point leur origine au système appendiculaire, il faut bien qu'ils la doivent au système axile.

Chez les ovaires à placenta central libre, les feuilles carpellaires sont restées étalées à la circonférence de l'ovaire, et ne se sont point soudées avec l'axe séminifère ; dans une foule d'autres ovaires, elles se sont avancées jusqu'à cet axe, et il y a eu adhérence entre eux. Les Caryophyllées ont tantôt un ovaire à plusieurs loges, avec des placentas axiles, et tantôt un placenta central libre au milieu d'un ovaire uniloculaire (ex. *Lychnis dioica*, *f.* 383) ; celui-ci, étant très-jeune, a offert, comme l'ovaire multiloculaire, plusieurs loges et des cloisons formées par les bords rentrants des feuilles, mais ces bords étaient tellement fugaces, qu'ils se sont bientôt oblitérés, et l'ensemble des placentas est resté au centre pour former une colonne chargée des ovules : si ces derniers avaient été produits par le bord des feuilles, ils se seraient nécessairement détachés lors de la destruction de ce bord ; mais il n'en a pas été ainsi, ils sont restés fixés à un placenta central qui offre une organisation merveilleuse, et c'est là qu'ils doivent mûrir ; ainsi ils ne dépendaient point de la feuille carpellaire, et il est évident que la colonne du placenta central, qui leur a donné naissance, continue l'axe de la fleur et le pédoncule, comme celui des Primulacées (*f.* 382) ou des Myrsinées.

Je vous ai montré que, dans les ovaires à placentas axiles ou pariétaux, il y avait toujours autant de placentas que de carpelles, et qu'en outre chaque placenta était généralement double; or nous savons à présent que toute partie chargée des ovules ou, pour mieux dire, tout placenta doit son origine au système axile et n'en est qu'un prolongement; donc il est clair que, lorsqu'il y a des placentas axiles ou pariétaux, l'axe de la fleur, après avoir donné naissance aux feuilles carpellaires, doit, pour produire les ovules, se diviser, par une sorte de partition (V. p. 126), et fournir un nombre de branches double de celui des carpelles, ou égal au leur, mais qui, dans ce dernier cas, sont susceptibles de donner des placentas doubles. Ainsi, quand je vous ai dit que, chez les ovaires multiloculaires, il y avait un axe ou columelle auquel se rattachaient les ovules, et qui était formé des bords de tous les carpelles dont se composaient ces ovaires, j'ai indiqué de simples apparences. La columelle est, en réalité, formée de branches qui prolongent l'axe de la fleur, soudées avec les bords des carpelles, et ces branches sont en nombre double de celui de ces derniers ou égal au leur.

Nature de la columelle.

M. Mirbel a su distinguer, il y a longtemps, les deux cordons qui composent chaque placenta du Lis, il a su reconnaître que, dans d'autres espèces, il n'y en avait qu'un pour chaque placenta, et il a désigné les cordons sous le nom de nervules (*nervuli*); mais je crois qu'à ce nom doit être préféré celui, plus ancien encore, de cordon pistillaire (*chorda pistillaris*), dû à M. Correa da Serra, ce botaniste

Cordons pistillaires.

aussi ingénieux que savant, qui, à une époque déjà éloignée de nous, avait dit que *les graines se montraient placées sur les cordons pistillaires comme les bourgeons le sont sur les branches de l'arbre.*

Nombre des cordons pistillaires dans les divers placentas.

Vous venez de voir que je partageais l'opinion de M. Mirbel, et que je ne croyais pas qu'il y eût toujours deux cordons pour chaque placenta, quoique ceux-ci se montrent le plus souvent doubles ou à deux lobes : si on voulait toujours admettre un cordon pour chaque bord de carpelle, au moins faudrait-il reconnaître que ces cordons se soudent souvent par paire de la manière la plus intime et de diverses façons. Il est impossible de considérer comme un assemblage de plusieurs cordons le placenta central libre de l'ovaire à cinq feuilles carpellaires des Primulacées et des Myrsinées. Diverses columelles d'ovaires multiloculaires n'offrent évidemment qu'un ensemble unique. Dans le *Berberis vulgaris*, et sans doute dans un grand nombre de plantes à carpelles distincts, un seul cordon appartient aux deux bords du carpelle (ex. *Asclepias nigra*, *f.* 370). Celui du *Lathyrus Cicera*, à peu près en forme de fer à cheval, répond aux deux bords du carpelle simple et est opposé à la loge. Chez les *Convolvulus*, le *Linaria Cymbalaria*, l'*Antirrhinum Orontium*, le *Juncus squarrosus*, et une foule d'autres espèces à deux ou plusieurs carpelles soudés, il n'y a qu'un nombre de cordons égal à celui de ces derniers : le cordon, dans l'ovaire biloculaire, est opposé aux deux bords contigus de deux carpelles différents, ou il est placé entre les deux bords du même carpelle, et, lorsqu'il y a plus de deux loges, il se trouve l'être à l'extrémité de chaque cloison, fournissant des ovules aux deux loges voisines, de sorte que le placenta de chaque loge dépend en quelque sorte de deux cloisons. Les Ombellifères n'ont que deux cordons avec deux carpelles, et tantôt chaque cordon est commun à deux bords contigus de deux carpelles différents, tantôt il appartient en commun aux deux bords du même carpelle.

Quoi qu'il en soit, il est bien clair, d'après tout ce qui précède, qu'il y a dans le carpelle simple deux parties bien différentes l'une de l'autre, l'axe et l'appendice, tandis que tout autre organe, détaché des verticilles floraux, est simplement appendiculaire. Un carpelle offrant à la fois un axe, des bourgeons et une feuille unique, est la plante bien plus contractée encore que la fleur tout entière; c'est la plante réduite à la plus simple expression possible. Puisqu'elle comprend plusieurs parties, elles doivent nécessairement être distinguées : le carpelle est l'ensemble de la feuille, de l'axe et des bourgeons; l'axe, comme vous le savez déjà, porte le nom de cordon pistillaire; la feuille isolée de l'axe doit être désignée sous celui de feuille carpellaire ou ovarienne (*folium carpellare*). Employer ces dernières expressions pour le carpelle tout entier, ce serait introduire la confusion dans la science. Rien n'est si facile que de reconnaître les feuilles carpellaires des Crucifères; mais, comme vous le verrez bientôt, c'est uniquement par une comparaison attentive qu'on parvient à distinguer ce qui constitue l'ensemble de chacun de leurs carpelles. Il y a plusieurs feuilles carpellaires dans les Primulacées ; on y voit un seul axe.

Le carpelle composé de la feuille carpellaire et d'un prolongement de l'axe de la fleur.

Nature des placentas pariétaux.

Dans les ovaires multiloculaires à placentas axiles, les branches de l'axe floral, qui forment ces placentas, s'élèvent droites et sans déviation, le plus souvent soudées les unes avec les autres; mais, lorsque les placentas sont pariétaux, il est bien évident qu'elles doivent s'écarter pour aller joindre les bords des feuilles carpellaires qui, n'étant plus réunies au centre de l'ovaire, s'étalent à la circonférence. On peut concevoir une idée grossière de ce qui se passe ici, en liant un faisceau de fils par les deux extrémités; dans l'état ordinaire, il représentera la columelle; si nous refoulons l'un vers l'autre les deux bouts attachés, les fils s'écarteront en décrivant une courbure, et nous donneront une image des placentas pariétaux.

Je crois vous avoir prouvé jusqu'à l'évidence que tous les placentas étaient dus à une continuation du système axile, et que les cordelettes, dont ils sont composés ou dont ils sont le résultat, étaient susceptibles de s'écarter du centre à la circonférence : les doutes, si l'on pouvait en conserver quelques-uns, achèveront de se dissiper, lorsque, par des coupes successives, on aura vu l'axe, duquel émane l'ovaire uniloculaire à placentas pariétaux du *Passiflora palmata* ou du *Reseda luteola*, se diviser en branches qui, à mesure qu'elles s'élèvent, s'éloignent de plus en plus de leur tronc, donnant naissance aux placentas. Il n'est pas même nécessaire de recourir à ce moyen anatomique pour acquérir le dernier degré de conviction : lors de la maturité du fruit de l'*Argemone Mexicana* (*f.* 371), les feuilles carpellaires se détachent; mais les cordelettes qui ont donné naissance aux graines persistent, et l'on voit très-clairement qu'elles ne sont autre chose que l'axe partagé en rameaux divergents.

Dans d'autres Papavéracées et chez les Crucifères, l'axe, parfaitement entier à sa base, se divise bien évidemment en deux branches qui passent dans l'ovaire et se réunissent de nouveau à leur sommet pour former le style, imitant ainsi une sorte de châssis fermé aux deux bouts : ce sont les deux branches du châssis, ou, si l'on veut, les deux cordons pistillaires qui portent les ovules ; les feuilles carpellaires sont manifestement indépendantes du châssis ; on suit facilement leur contour tout entier sur le châssis lui-même, et, lors de la maturité, elles se détachent, laissant le châssis chargé de semences et surmonté du style, qui est resté intact (ex. *Chelidonium majus*, *f.* 372). Cette organisation, qui a embarrassé les botanistes, est réellement la plus simple possible; c'est celle d'un ovaire à deux carpelles et à deux placentas pariétaux. Retranchons par la pensée un des carpelles de l'ovaire à trois carpelles et à trois placentas du *Passiflora gratissima* (*f.* 369), les deux restants s'appliqueront l'un sur l'autre par leurs bords, ils se regarderont face à face, deux cordons pistillaires s'étendront entre eux, et nous aurons, à quelques différences près, en réalité peu essentielles, l'ovaire du *Chelidonium majus*, où l'axe se divise en deux cordons séminifères contre lesquels s'appliquent les carpelles. Donnons, au contraire, à celui-ci un carpelle de plus, et nous verrons paraître l'ovaire du *Passiflora gratissima.* Supposons à présent que nous pussions rapprocher l'un de l'autre les deux cordons écartés et seminifères du *Chelidonium majus*, et, avec eux, ses deux feuilles carpellaires, nous verrions se former un ovaire à deux loges; refoulons sur lui-même un ovaire biloculaire, nous éloignerons ses feuilles carpellaires et ses cordons, et nous verrons paraître un ovaire plus ou moins analogue à celui du *Chelidonium.*

On ne s'étonnera pas, sans doute, de ne trouver que deux cordons pistillaires dans cette plante; car, s'il y a des espèces où l'on voit un cordon pour chaque bord de feuille carpellaire, une foule d'autres, comme je vous l'ai dit (p. 491), présentent un seul cordon pour les bords contigus de deux feuilles différentes. D'ailleurs, la structure du pistil des Crucifères, si voisines du *Chelidonium majus*, montre assez, ce me semble, que chez elles il existe deux cordons soudés en un seul. Nous avons, dans ces dernières (ex. *Cardamine chenopodifolia*, *f.* 373. — *Pour faire mieux comprendre la structure du fruit des Crucifères, on l'a figuré mûr*), comme dans le *Chelidonium majus*, un châssis composé de deux cordons et de deux feuilles carpellaires appliqués sur le châssis; mais, tandis qu'il n'existe aucun corps entre les

Structure du pistil des Crucifères.

deux cordons du *Chelidonium*, et que son ovaire est tout à fait uniloculaire, nous trouvons dans les Crucifères un diaphragme membraneux qui s'étend d'un cordon à l'autre, et partage l'ovaire en deux loges. Non-seulement les cordons fournissent des ovules à l'une ou l'autre loge, mais encore, comme l'a très-bien prouvé Robert Brown, le diaphragme est double et, par conséquent, ne saurait résulter que de quatre cordons organiques. Il ne doit point être considéré comme une cloison véritable, puisque nous savons que toute cloison vraie est formée par le côté rentrant des feuilles carpellaires, tandis que dans les *Farsetia*, les *Lunaria*, les *Draba* et tant d'autres espèces, nous voyons, avec la dernière certitude, la limite de la feuille carpellaire sur le bords des cordons; il émane donc des cordons eux-mêmes, et est évidemment analogue au tissu qui unit les deux bords du carpelle fermé, ou, pour mieux dire, les deux cordons soudés avec ces bords. Dans le carpelle fermé, le tissu n'a d'autre étendue que celle qui est strictement nécessaire pour souder les bords accolés; dans les Crucifères, les cordons sont éloignés l'un de l'autre, et nécessairement il faut que le tissu prenne plus de largeur. Mais, si nous prenons deux carpelles fermés opposés l'un à l'autre, nous aurons une portion de tissu pour réunir la paire de cordons appartenant à chacun des carpelles, et, par conséquent, deux portions pour les deux carpelles : or nous trouvons chez les Crucifères un diaphragme double; donc il doit y exister aussi quatre cordons.

Quant aux diaphragmes ou fausses cloisons des Crucifères, ils ne sauraient avoir une grande importance, puisqu'ils ne se trouvent point dans l'ovaire du *Chelidonium*, qui est organisé, d'ailleurs, comme celui de ces plantes, qu'ils se composent tantôt d'un simple tissu cellulaire et tantôt de vaisseaux avec des cellules, et qu'il n'est pas rare de les voir se détruire promptement.

Ce que je vous ai dit de la fausse cloison des Crucifères est entièrement confirmé par ce qui se passe chez le *Glaucium corniculatum,* plante très-voisine du *Chelidonium majus.* Dans la première de ces plantes, comme dans la seconde, l'axe de la fleur se divise en deux branches, qui sont chargées d'ovules, et contre lesquelles s'appliquent les feuilles carpellaires; mais, chez le *Glaucium,* les deux branches ne restent pas toujours séparées; entre les deux rangs d'ovules nés de chaque branche, se développe un tissu spongieux, les deux bandes de tissus prennent de l'accroissement, s'étendent, s'avancent l'une vers l'autre, se rencontrent, se soudent, et une cloison se forme, bien évidemment analogue à celle des Crucifères, et certainement indépendante des feuilles carpellaires.

Différences qui résultent dans l'ovaire des Crucifères du plus ou moins de courbure des feuilles carpellaires.

Quoi qu'il en soit, les feuilles carpellaires des Crucifères présentent, relativement à leur fausse cloison, des différences notables et qu'il est bon de vous faire connaître. Elles peuvent s'étaler plus ou moins, et elles peuvent plus ou moins se rapprocher par leurs bords. Lorsqu'elles sont étalées, il est bien évident que la cloison qui s'étend d'un de leurs bords à l'autre bord leur est égale en largeur, et qu'elle occupe le plus grand diamètre de l'ovaire; si, au contraire, les feuilles carpellaires se courbent, qu'elles se plient dans leur milieu, que leurs bords se rapprochent, la cloison devient plus étroite qu'elles, et, en même temps, elle se trouve placée dans le sens le plus étroit de l'ovaire. Que ces mêmes feuilles, simplement concaves dans beaucoup d'espèces, carénées dans d'autres, arrivent à être tellement pliées qu'elles aient leurs moitiés presque appliquées l'une sur l'autre, comme dans les *Biscutella,* il est clair que la cloison disparaîtra presque à force d'être étroite, et qu'alors l'ovaire différera à peine de ceux appelés didymes, ou, si l'on veut, de deux ovaires accolés faisant partie d'autant de pistils simples. Quand les feuilles carpellaires sont étalées ou, si l'on veut, planes, et que la cloison occupe la plus grande largeur de l'ovaire, on a dit qu'elle leur était parallèle, ou qu'elle était parallèle aux valves qui les représentent dans le fruit (*dissepimentum valvulis parallelum, f.* 373) ; lorsqu'au contraire elle s'est trouvée placée dans la moindre largeur de l'ovaire, entre deux feuilles carpellaires pliées, on a dit qu'elle était opposée ou contraire aux valves (*dissep. valvulis oppositum, contrarium*). En réalité, la position du diaphragme, relativement aux feuilles carpellaires, ne change point; il est constamment placé entre ces mêmes feuilles et parallèle à leur milieu; la seule chose qui change, c'est la direction propre de ces dernières.

Ce qu'on doit entendre quand on dit de l'ovaire biloculaire à cloison véritable qu'il est comprimé latéralement ou qu'il l'est par le dos.

Ce que nous venons de voir dans les ovaires à fausses cloisons des Crucifères se retrouve à peu près dans les ovaires biloculaires formés de deux carpelles fermés opposés et soudés présentant une cloison véritable. Que ces carpelles ne soient soudés que par leur suture ventrale, il n'y aura pas, à proprement parler, de cloison sensible, et c'est alors qu'on les dira didymes (*didyma*); qu'ils se soudent par une portion un peu plus considérable, une cloison se formera, et elle deviendra d'autant plus large que la soudure s'étendra davantage. Si la partie soudée de chaque carpelle est notablement moins large que la partie non soudée, la cloison se trouvera dans le sens de l'ovaire le plus étroit; elle sera, au contraire, dans le sens le plus large, si la partie soudée est à peu près égale à la partie non soudée. Dans le premier cas, on a dit que l'ovaire était comprimé latéralement, et, dans le second, qu'il l'était par le dos (*ov. a latere compressum,* ex. *Conium moschatum,* HBK., *f.* 374 ; *ov. a dorso compressum,* ex. *Ferula Tolucensis, f.* 375).

A présent que vous connaissez la composition du verticille capillaire, libre ou soudé, complet ou incomplet, et la nature du carpelle, je vais entrer, sur les diverses parties de ce dernier et sur celles du pistil composé, dans quelques détails qui n'ont pu trouver place jusqu'à présent. Je commencerai par l'ovaire, et je finirai par le style et le stigmate.

§ V. — *Détails sur l'ovaire.*

L'ovaire du carpelle simple est toujours plus ou moins irrégulier, parce qu'il est formé de deux moitiés de feuille pliées sur elles-mêmes, et que chacune de ces moitiés ne peut être régulière (*ov. regulare*, *irregulare*). L'ovaire composé, au contraire, peut être régulier ou irrégulier; irrégulier, comme cela arrive assez rarement (ex. *Antirrhinum*), quand il est formé de feuilles carpellaires dissemblables; régulier, quand il l'est de plusieurs feuilles égales entre elles. L'irrégularité seule ne suffirait donc pas pour nous faire distinguer s'il y a, dans un ovaire, une ou plusieurs feuilles carpellaires; mais, toutes les fois que nous voyons un ovaire régulier, nous pouvons dire avec certitude qu'il est composé de plusieurs feuilles. Ainsi, quoique les *Plantago* et le *Littorella* n'aient en apparence qu'un style, leur ovaire doit être composé de plus d'une feuille carpellaire, puisqu'il est régulier.

Ovaire régulier ou irrégulier.

L'ovaire du carpelle simple et celui du pistil composé présentent dans leur forme un assez grand nombre de modifications; ils peuvent être comprimés ou déprimés, c'est-à-dire aplatis de droite à gauche ou de haut en bas (*ov. compressum, depressum*); ils peuvent être globuleux, ovoïdes, elliptiques, cylindriques, oblongs, en cœur renversé, en cône renversé, etc. (*ov. globosum, ovatum, ellipticum, cylindricum, oblongum, obcordatum, obconicum*, etc.). La forme

Forme de l'ovaire.

de l'ovaire simple est le résultat de celle de la feuille carpellaire ; la forme de l'ovaire composé est due à celle des carpelles qui sont entrés dans sa composition.

On peut établir comme une règle générale que les ovaires sont toujours arrondis, au moins dans quelques parties de leurs contours; cependant j'ai trouvé une exception à cette règle. La fleur femelle d'une Euphorbiacée de l'Amérique (*Accia scandens*, ASH.) m'avait offert sur un petit cube un gros corps ovoïde surmonté de quatre bandes stigmatiques disposées en X ; je pris d'abord le cube pour un gynophore, et le corps ovoïde pour l'ovaire; mais ayant inutilement cherché dans celui-ci des loges et des ovules, je coupai le petit cube, et je fus surpris d'y voir quatre loges et de jeunes semences : c'était là, par conséquent, le véritable ovaire, et le gros corps ovoïde était le style.

Je vous ai dit que l'ovaire composé offrait des coques, des lobes ou des côtes, suivant que les carpelles dont il est formé étaient plus ou moins soudés entre eux. Chaque lobe est souvent, en outre, creusé, dans son milieu, d'un sillon qui répond au milieu de la feuille carpellaire, ou, si l'on veut, à sa côte moyenne; alors on a un nombre de lobes double de celui des carpelles, et chaque lobe se trouve formé, d'un côté, par la rencontre des deux carpelles, et, de l'autre, par le sillon. Il arrive même quelquefois que le sillon a plus de profondeur que les angles qui résultent de la rencontre des carpelles, et l'on voit, dans la famille des Asphodélées, des ovaires à six lobes et à trois carpelles, où les limites de ces derniers ne sauraient être bien déterminées par la seule inspection des contours extérieurs. Dans quelques *Allium*, trois portions de cercle, d'une consistance glanduleuse, s'étendent horizontalement autour de l'ovaire, embrassant chacune deux des six lobes, et, ce qui est assez remarquable, c'est que la même portion n'unit pas les deux lobes d'un même

Lobes de l'ovaire.

carpelle, mais deux lobes dont l'un appartient à un des carpelles, et l'autre à celui qui est le plus voisin.

Cloisons qui, arrivées à l'axe, se reportent vers la circonférence de l'ovaire.

Nous savons qu'en général la loge d'un carpelle se forme par la soudure de l'extrémité des bords de la feuille carpellaire. Il n'en est cependant pas toujours exactement ainsi : il peut arriver que les deux côtés de la feuille commencent à se souder à un point plus voisin de son milieu que ne l'est le véritable bord, et, dans ce cas, les parties appartenant aux deux côtés qui outre-passent ce même point rentrent en dedans repliées vers le milieu de la feuille, et soudées entre elles (ex. 376). Tantôt la partie rentrante est à peine sensible; tantôt elle s'avance jusqu'au quart, au tiers, à la moitié de la loge, et elle peut même arriver presque jusqu'à la côte moyenne de la feuille carpellaire, formant dans le milieu de la loge une sorte de fausse cloison incomplète (*dissepimentum incompletum, spurium*). Ordinairement les deux extrémités séminifères des parties rentrantes ne sont point soudées; elles s'étalent, en formant une sorte de T avec la fausse cloison qu'elles terminent, ou elles se roulent sur elles-mêmes en manière de volute (*f.* 376). Ici, comme dans les ovaires ordinaires, la seule partie chargée des ovules est le placenta ; mais les botanistes ont quelquefois décrit toute la partie rentrante comme un placenta lamelliforme (*placenta lamelliformis*), ou même ils ont dit que le placenta était stipité, c'est-à-dire porté par un support (*pl. stipitata*). Ceux-là se sont montrés moins inexacts qui ont indiqué le placenta qui s'avance du ventre vers le dos du carpelle comme éloigné de la paroi de l'ovaire par une lame (*plac. ab axi, mediante lamina, remota*). Le mieux est de peindre, en pareil cas, ce qui est réellement, de dire que le bord séminifère des carpelles rentre en dedans (*margines carpelli seminiferi introflexi*), et de déterminer jusqu'à quel point il s'avance.

Je viens de vous montrer comment, dans le carpelle isolé, les bords séminifères se reportaient quelquefois vers le milieu de la feuille carpellaire. J'ai à peine besoin de vous dire que, dans l'ovaire composé, la même chose peut se répéter autant de fois qu'il entre d'ovaires simples dans sa composition (ex. *Arbutus densiflora, f.* 360). Le genre *Cyclanthera* (ex. *Hort. Par.*), qui appartient à la famille des Cucurbitacées, nous offre un carpelle unique dont les côtés se replient en dedans et portent le placenta presque à la paroi de la feuille carpellaire (1) : cette même organisation se répète dans chacun des trois carpelles du *Cucumis* et du *Cucurbita* (ex. *Cucurbita Pepo, f.* 377), et c'est ainsi que se forme l'ovaire de ces plantes, et probablement de la plupart des autres Cucurbitacées.

D'après tout ce qui précède et ce que vous avez vu plus anciennement, il est évident que la feuille carpellaire nous offre tous les degrés possibles de courbure, depuis celle qui n'est qu'une inclinaison légère jusqu'à celle qui, faisant rentrer en dedans une portion de la feuille, porte ses bords vers le dos du carpelle et la fait même revenir vers son ventre par un demi-tour de spirale. Ainsi nous avons absence totale de cloison par défaut de courbure (*f.* 369), et une courbure extrême nous donne, avec des cloisons véritables, de fausses cloisons incomplètes (*f.* 377). Mais les véritables cloisons incomplètes (*f.* 368), formées par des portions de deux feuilles carpellaires accolées, s'avancent de l'extérieur à l'intérieur, tandis que les fausses cloisons, résultat de bords rentrants, doivent leur origine à un seul carpelle et s'avancent de dedans en dehors.

Comparaison des véritables cloisons incomplètes avec les fausses cloisons incomplètes.

(1) Ce caractère se voit avec la plus grande facilité dans une espèce brésilienne (*Elisea Brasiliensis*, ASH., *f.* 376), dont l'ovaire, à un seul carpelle, comme celui du *Cyclanthera*, se change, lors de la maturité, en un fruit capsulaire.

Avec les cloisons incomplètes véritables, dues à un défaut de courbure qui n'a pas permis aux bords des carpelles de s'avancer jusqu'au centre du jeune fruit, il ne faut pas confondre certaines cloisons qui, comme dans le *Limosella aquatica* ou les genres *Sauvagesia*, *Lavradia* et *Telephium*, ne se montrent que dans la partie la plus basse de l'ovaire, de manière que celui-ci est inférieurement à plusieurs loges et uniloculaire à sa partie supérieure (ex. *Un carpelle détaché du fruit tricarpellé du* Lavradia elegantissima, *f.* 378). Ici il est bien évident que le défaut de cloison à la partie supérieure n'est pas dû à ce que les feuilles carpellaires seraient pliées à la base plus qu'au sommet, car alors elles présenteraient nécessairement une sorte de cornet ouvert. Il n'y a donc que deux suppositions à faire : ou les cloisons se sont oblitérées dans la partie supérieure de l'ovaire, ou bien les feuilles carpellaires sont inégales dans leur longueur. Si, à la rigueur, on peut admettre la première supposition pour le *Limosella aquatica*, il faut bien certainement la rejeter pour les *Lavradia* et les *Sauvagesia*, puisque, dans plusieurs espèces appartenant à ce genre, on trouve des ovules au-dessus des cloisons, à la partie où les bords ne s'avancent point vers le centre, et que les ovules indiquent toujours la limite naturelle de la feuille carpellaire. Il faut donc reconnaître que, dans ces mêmes plantes, les feuilles carpellaires sont trilobées à lobes inférieurs plus larges que l'intermédiaire. Si nous supposons une feuille trilobée de Lierre ou d'Hépatique (*f.* 379) soudée par les bords de ses deux lobes inférieurs, le lobe supérieur plus étroit sera à peine courbé ; et si, de trois feuilles ainsi soudées nous composons un seul ensemble, il sera analogue à l'ovaire composé de plusieurs espèces de *Lavradia* et de *Sauvagesia*.

Cloisons incomplètes au sommet, complètes à la base.

Consistance des cloisons.

Les différences que je vous ai fait connaître dans les cloisons de l'ovaire sont presque les seules qu'elles présentent ; j'ajouterai seulement que toutes n'ont pas une épaisseur semblable, et qu'il y en a même qui ne sont qu'une membrane ténue. Il n'est pas étonnant, au reste, que les cloisons aient moins de consistance que le dos de l'ovaire, privées, comme elles le sont, de l'influence de la lumière et de l'air extérieur.

Moyen de distinguer les véritables cloisons des cloisons fausses.

Nous savons que les cloisons véritables (*dissepimenta legitima*) sont toujours formées par les côtés soudés de deux feuilles carpellaires ; ce caractère les distingue essentiellement des fausses cloisons (*dissepimenta spuria*), qui sont, comme plusieurs exemples vous l'ont déjà montré, des expansions d'une autre nature. Mais, comme il n'est pas toujours facile de s'assurer de la structure organique de toute lame ou saillie que l'on voit s'avancer dans l'intérieur de l'ovaire, on peut, pour savoir si l'expansion dont on s'occupe est une cloison véritable, recourir à l'examen de sa position par rapport au style ou au stigmate. Il est, en effet, une règle générale, c'est que toute cloison vraie alterne avec les styles, les stigmates ou les lobes stigmatiques, tandis que les fausses cloisons répondent à ces portions d'organes, ou, pour mieux dire, se trouvent dans le même plan qu'elles. Les cloisons, bien certainement véritables, du *Colchicum*, par exemple, alternent avec les styles : nous savons que les diaphragmes des Crucifères, ainsi que les expansions formées par les bords des carpelles, revenant de l'axe vers la circonférence, sont de fausses cloisons, et les unes comme les autres sont placées dans le même plan que les stigmates.

La loi de l'alternance des styles ou des stigmates avec les cloisons véritables ne saurait admettre d'exception, parce qu'elle dérive nécessairement de la structure même du carpelle. Le style, dans la plupart des cas, est en effet, comme nous l'avons vu, le prolongement de la nervure moyenne de la feuille carpellaire, et les cloisons sont formées par les côtés de cette feuille; or toute nervure moyenne est placée entre les deux côtés de la feuille, ou, si l'on veut, elle alterne avec eux; par conséquent, les styles ou les stigmates qui continuent la nervure ne peuvent qu'être alternes avec les cloisons.

L'alternance indispensablement nécessaire des styles avec les cloisons véritables va nous faire reconnaître un genre de cloison fausse dont je ne vous ai pas encore entretenus.

Fausses cloisons des *Linum*.

L'ovaire de certains *Linum* nous présente, avec cinq styles, dix cloisons et autant de loges à un seul ovule. Cinq des cloisons alternent seules avec le style, et sont, par conséquent, les seules véritables. Quant aux cinq autres, l'étude d'un grand nombre d'espèces de *Linum* nous dévoilera facilement leur nature. Chez ces espèces, les cloisons fausses n'atteignent point l'axe, et ne portent aucune semence; exactement intermédiaires entre les véritables cloisons, émanant de la partie moyenne du carpelle, ou, si l'on aime mieux, de sa nervure médiane, elles ne sont évidemment qu'un *processus* de celle-ci, et, lorsque nous trouvons dix cloisons complètes, c'est que les cinq *processus* se sont étendus jusqu'à l'axe central. De fausses cloisons produites par des expansions de la nervure moyenne se présentent rarement; mais il y en a pourtant quelques exemples.

Le *Datura Stramonium* nous en fournit un; mais, chez cette plante, il existe une complication qu'il est bon que je vous fasse connaître. Elle présente, avec un style unique, un stigmate à deux lobes, un ovaire à quatre loges et au-

Fausses cloisons du *Datura Stramonium*.

tant de cloisons disposées en croix, dont deux sont entièrement nues, et dont les deux autres portent deux placentas vers leur milieu, l'un qui se porte dans la loge de droite, et l'autre dans celle de gauche, de sorte qu'on voit un placenta dans chacune des quatre loges (*f.* 380). Il est bien clair que, n'ayant ici que deux lobes stigmatiques, nous ne pouvons avoir que deux carpelles ; or deux carpelles soudés ne sauraient former qu'une cloison et deux loges ; ainsi deux des quatre cloisons que nous voyons sont fausses, et les deux autres n'en sont réellement qu'une seule qui s'est trouvée partagée par le croisement des premières. Les cloisons chargées de placentas correspondent aux stigmates, et par conséquent ce ne sont pas les véritables : la cloison vraie sera celle qui traverse tout l'ovaire sans porter d'ovules et ne paraît d'abord composée de deux cloisons qu'à cause de sa rencontre avec les deux autres. Un cordon pistillaire, placé à l'origine des deux placentas, nous indique naturellement la limite de deux bords d'une feuille carpellaire ; ainsi la partie de chaque cloison séminifère qui s'étend depuis la cloison nue, ou depuis l'axe jusqu'aux ovules, est nécessairement formée par les deux bords rentrants d'un des carpelles qui, non soudés à leur extrémité, forment un placenta double en s'écartant à droite et à gauche, et la portion qui s'étend du placenta double au dos du carpelle ne peut être qu'un *processus* de la nervure moyenne de ce dernier. Ainsi les cloisons séminifères du *Datura Stramonium* sont formées tout à la fois de deux demi-cloisons incomplètes de nature fort différente et soudées bout à bout (a, *f.* 380, *les deux cloisons vraies et leurs placentas ;* b, *les deux processus de la nervure moyenne de la feuille carpellaire*).

Nous avons vu que la columelle, continuation du réceptacle de la fleur, s'élevait entre les feuilles carpellaires : ordinairement elle s'arrête, au moins en apparence, au point où commencent les styles ; cependant, chez les *Geranium*, les *Erodium*, les *Pelargonium*, elle se prolonge, sans discontinuité, au delà des loges, dans une partie de la longueur

La columelle prolongée au delà des loges de l'ovaire.

des styles, les tenant ainsi séparés les uns des autres, jusqu'au point où ils paraissent se souder immédiatement.

Dans d'autres plantes, au contraire, l'axe se trouve réduit, comme nous allons le voir, à la dimension la plus courte possible. En général, les styles couronnent l'ovaire simple ou composé; mais, lorsqu'on jette les yeux sur les Labiées, les Borraginées, les Ochnacées et quelques espèces éparses dans d'autres familles, on est étonné d'y voir plusieurs loges distinctes et entièrement nues, symétriquement rangées autour d'un style unique sur un réceptacle commun (ex. *Gomphia nana*, *f.* 381). Ce réceptacle, ainsi chargé des loges et du style, a été appelé gynobase (*gynobasis*) dans les Ochnacées, et microbase dans les Labiées (*microbasis*); mais, comme ces deux termes représentent une seule modification d'organe, on n'a conservé que le premier. Nous allons tâcher de découvrir ce que peut être le gynobase. Un ovaire ordinaire chargé d'un style présente un système complet organisé pour la nutrition et la fécondation; mais il est bien évident que chacune des quatre loges d'une Labiée, formant en apparence un ovaire distinct, n'offre point un semblable système, puisqu'il ne porte pas de style. Ces prétendus ovaires se rattachent donc tous au style unique placé entre eux; ils forment un même ensemble, et chacun est évidemment ce qu'est une loge relativement à l'ovaire ordinaire. Mais, dans celui-ci, les loges, les ovules, le style se rattachent à la columelle ou axe central; donc le gynobase, chargé des mêmes parties, est réellement aussi une columelle. Celle-ci, dans l'état ordinaire, s'élève verticalement comme la tige qu'elle prolonge; devenue gynobase, elle s'étend dans le sens horizontal. Le gynobase est donc une columelle déprimée, comme l'est le plus souvent le réceptacle de la fleur, ou, pour parler d'une manière plus rigoureusement exacte, c'est une columelle imparfaitement développée. Supposons que le gyno-

Gynobase.

base d'une Labiée fût composé d'une matière molle et ductile, et que nous tirassions le style de bas en haut, nous verrions les prétendus ovaires devenir droits, de couchés qu'ils étaient; avec eux s'élèverait le gynobase; il prendrait une position verticale, et ne serait plus qu'une columelle ordinaire. Cette hypothèse, je l'ai vue se réaliser dans une monstruosité du *Gomphia oleæfolia;* pour les Borraginées, elle se réalise constamment dans le genre *Heliotropium* et le *Borago Africana,* et pour les Labiées dans tous les *Teucrium* et les *Ajuga.* Ces plantes ne peuvent être séparées de leur famille respective, et pourtant l'on y voit quatre lobes dressés, quatre cloisons, quatre loges, une columelle verticale surmontée d'un style, et dans chaque loge un ovule suspendu à la paroi la plus voisine de la columelle. Par la pensée, refoulons tout cet appareil de haut en bas; nous aurons un ovaire gynobasique, comme en supposant que nous pussions tirer de bas en haut le style d'un gynobase, nous avons eu un ovaire ordinaire.

Il est à remarquer que la partie appelée gynobase dans les Ochnacées et les Labiées s'élève comme une petite colonne, tandis que le gynobase des Borraginées est d'une épaisseur à peine sensible. Il ne faut réellement au gynobase que celle absolument nécessaire pour permettre à la substance fécondante, quelle qu'elle soit, de passer du style à l'ovule, attaché dans sa loge tout près de la base de celui ci, et, par conséquent, on est, par la seule comparaison des Borraginées avec les Labiées et les Ochnacées, autorisé à croire que ce qui, dans le gynobase de ces dernières, dépasse inférieurement l'épaisseur du gynobase des Borraginées, n'appartient véritablement plus à cette partie. Mais il ne saurait y avoir de doute à cet égard; car, dans l'*Ajuga Genevensis* et les *Teucrium Botrys* et *Scordium*, où il n'existe pas de gynobase, le pistil est, comme chez les au-

Union du gynobase et du gynophore.

tres Labiées, soutenu par une petite colonne; j'ai également retrouvé une colonne dans la monstruosité du *Gomphia oleæfolia*, où l'ovaire présentait une vraie columelle, et enfin, dans le *Gomphia hexasperma*, on distingue facilement, après la floraison, la partie, vraiment gynobasique, devenue globuleuse, de la colonne sur laquelle elle est placée. Le gynobase, columelle déprimée, est une partie essentielle de l'ovaire; or nous savons que, dans une foule de cas, un entre-nœud, d'une longueur notable, appelé gynophore (p. 465), sépare les uns des autres les différents verticilles de la fleur, et, en particulier, les étamines de l'ovaire; donc nous avons dans les Ochnacées et les Labiées un gynophore et un gynobase tout à la fois, et nous ne trouvons qu'un gynobase dans les Borraginées, ou du moins le gynophore y est à peine sensible.

Le gynobase nuancé avec les columelles ordinaires.

La nature, comme nous l'avons vu mille fois, procède toujours par transition. L'existence du gynobase est certainement bien évidente dans la plupart des Borraginées et des Labiées; mais, si elle l'est également dans quelques espèces du genre *Gaudichaudia*, le *G. linearis* la présente comme douteuse, et j'ai trouvé une espèce où l'ovaire est traversé par un axe longitudinal. Il existe même des plantes, telles que les *Convolvulus* et les Cuscutes, où, avec des cloisons, soit complètes, soit incomplètes, on trouve une ébauche de gynobase. Les ovules, en effet, ne sont point, dans ces plantes, attachés à la cloison que traversent pourtant les cordons pistillaires au nombre de deux; ils le sont au fond de la loge, qui est de consistance glanduleuse, et, par conséquent, il faut, pour la fécondation, qu'il y ait une communication des cordons pistillaires avec les ovules par-dessous la surface du fond de la loge. Ce fond est donc analogue au gynobase des Labiées, et, par conséquent, nous avons ici tout à la fois un axe ou des cordons pistillaires longitudinaux et un gynobase; ou, pour mieux dire, l'axe déprimé à sa base s'élève ensuite; ou bien encore, avant que les fibres qui fournissent les cordons pistillaires se dégagent du réceptacle commun des organes de la fleur, ils émettent des rameaux qui, traversant le fond glanduleux de l'ovaire, donnent naissance aux ovules.

On a dit qu'il n'existait point de gynobase chez les monocotylédones; mais cette assertion manque d'exactitude. Si l'ovaire de quelques *Allium*, le *fragrans* et le *nigrum*, par exemple, se compose, comme celui de tant d'autres Asphodélées, de trois lobes extérieurs, de trois loges, d'une columelle surmontée d'un style et d'ovules en nombre indéfini attachés dans l'angle interne des loges, une foule d'autres espèces n'ont point de columelle; leur style, porté en apparence sur le sommet de l'ovaire, est attaché au fond d'une cavité cylindrique que les lobes laissent entre eux, et qu'il remplit comme l'épée son fourreau; enfin leurs ovules, au lieu d'être fixés dans l'angle interne des loges, le sont au point le plus voisin du style, sur le fond épaissi de ces dernières. Il est bien évident que cette partie charnue qui forme le fond des loges, et porte tout à la fois les feuilles carpellaires, les ovules et le style, est absolument semblable au gynobase des Labiées, et n'est, comme lui, qu'une columelle horizontale et mal développée. Supposons, un instant, qu'au lieu d'être libres et indépendants les uns des autres, les carpelles d'une Ochnacée se fussent soudés entre eux, on aurait eu un ovaire absolument semblable à celui des *Allium rubellum*, *nutans*, *multiflorum*, *sphærocephalum*, *angulosum*, *roseum*, *ursinum*, *Porrum*, etc., et où le style, attaché sur le gynobase, se serait trouvé resserré entre les lobes comme dans une gaîne. Ici, encore, il n'y a rien de tranché, car on trouve des espèces, telles que l'*A. oleraceum* et le *pallens*, qui, intermédiaires entre celles

Gynobase dans les monocotylédones.

à gynobase et celles à columelle, présentent un style engaîné dans une cavité centrale, mais où la cavité ne s'étend point jusqu'à la base des lobes de l'ovaire, où, par conséquent, il existe une courte columelle et où les ovules sont attachés à cette columelle dans l'angle interne des loges.

Après vous avoir fait connaître les diverses modifications qui peuvent s'opérer dans les cloisons et les columelles, j'entrerai dans quelques nouveaux détails sur les placentas.

Placentas non proéminents; placentas proéminents et charnus.

Tantôt ils sont simplement indiqués par la place qu'occupent les ovules; tantôt ils forment des lignes longitudinales plus ou moins élevées; tantôt enfin les cordons pistillaires projettent, dans les loges, des masses proéminentes et charnues de différentes formes. C'est à ces masses épaisses, qui, le plus souvent, portent de nombreux ovules, que l'on donne plus particulièrement le nom de placenta (*f.* 364, 380), et, quand il n'en existe aucune trace, on dit, dans le langage descriptif, que les ovules sont attachés à telle ou telle partie de l'ovaire sans placenta particulier (*ovula absque placenta peculiari affixa*).

Les placentas proéminènts et charnus (*placentæ prominentes, crassæ, carnosæ*), souvent sans aucune division,

Placentas proéminents ordinairement bilobés.

sont fréquemment aussi bilobés et participent à cette disposition que cette partie a, en général, à se montrer double; ceux qui émanent de l'angle interne des trois loges du *Campanula persicifolia* se composent, depuis le sommet de cet angle jusqu'à sa moitié, de deux lobes parfaitement distincts, mais qui, au-dessus de la moitié de la loge, se confondent et descendent jusqu'au fond de l'ovaire, en une seule masse libre et en cône renversé.

Place qu'occupe le placenta proéminent.

Tantôt le placenta proéminent n'occupe dans sa loge qu'une très-petite place, tantôt il en remplit toute la cavité. Chez les plantes où l'ovaire est biloculaire et, par conséquent, à une seule cloison, les placentas s'étendent plus ou moins sur cette dernière (*f.* 364), et quelquefois ils la couvrent presque entièrement; les *Plantago* en ont bien certainement deux avec une cloison et deux loges; mais on a cru qu'il y avait chez eux un placenta central libre dans une loge unique, parce que chacun des deux existants couvre une grande partie de la cloison, qu'on aperçoit à peine ce que celle-ci conserve de libre, qu'elle est fort mince et se brise très-aisément. Il arrive souvent que les placentas, quoique fort larges, ne tiennent que par un point à la partie de laquelle ils émanent; ainsi ceux du *Campanula glomerata*, attachés tout à fait au sommet de l'angle interne des loges, descendent parfaitement libres jusqu'au fond de ces dernières, en formant un cône renversé.

La manière dont ils sont souvent attachés.

La forme des placentas proéminents est assez variable; ils sont, le plus ordinairement, hémisphériques, mais on en voit aussi d'elliptiques, de coniques ou semi-coniques, d'oblongs et de linéaires (*placentæ prominentes hemisphæricæ, ellipticæ, conicæ, semiconicæ, oblongæ, lineares*). Appliqués dans les ovaires biloculaires, contre la cloison dont la surface est plane, ils ne sont convexes que du côté extérieur (*f.* 364), et ne peuvent présenter que des moitiés de solides réguliers, de sphère, de cône ou de cylindre.

Leur forme.

Ce ne sont pas seulement les placentas axiles qui peuvent être proéminents, épais et charnus; on en trouve de pariétaux qui présentent les mêmes caractères. Ceux des Pavots, au nombre de quatre à vingt, naissent d'épais cordons pistillaires qui constituent la charpente de l'ovaire; ils présentent la figure d'une lame ou d'un coin, s'avancent vers le centre du péricarpe, s'y rencontrent souvent et forment de fausses cloisons sur la nature desquelles on ne saurait se méprendre, puisqu'elles n'alternent point avec les stigmates.

Le placenta pariétal peut être charnu et proéminent.

Nous avons donc, soit dit en passant, une quatrième espèce de fausses cloisons à ajouter aux trois autres que vous connaissez déjà, et qui correspondent, comme ces dernières, aux stigmates ou aux lobes stigmatiques. Comme je n'en connais aucune autre sorte dans l'ovaire, du moins encore jeune, je vais, en peu de mots, vous rappeler leurs caractères, et vous les présenter d'une manière comparative; ce sera un moyen de vous les faire mieux connaître. Ou les fausses cloisons doivent leur origine à un parenchyme qui s'étend d'un cordon pistillaire à l'autre entre les deux bords des feuilles ovariennes, ce qui a lieu chez les Crucifères; ou elles résultent d'une expansion de la nervure médiane, comme dans les *Linum*; ou elles sont formées par les bords des carpelles qui, rentrant dans les loges, se reportent du centre à la circonférence; ou enfin elles le sont par des placentas pariétaux, qui s'étendent de la circonférence au centre.

Quatre sortes de fausses cloisons.

Les placentas proéminents et charnus, soit pariétaux, soit axiles, sont des expansions, en grande partie celluleuses, des cordons pistillaires, et nous allons voir qu'une organisation à peu près semblable se retrouve dans le placenta central, libre et en même temps épais des Primulacées et des Myrsinées. Chez ces plantes, une sorte de pédicule assez grêle et cylindrique, continuation de l'axe de la fleur et du pédoncule, s'élève au centre de la loge unique de l'ovaire, et bientôt un corps charnu, le plus souvent globuleux ou ovoïde, naît du sommet du pédicule; il le déborde, s'épanche autour de lui, et se termine par un filet grêle qui s'enfonce dans l'intérieur du style (*f.* 382). Ce corps épais porte seul les ovules; c'est lui seul qui forme le placenta, et, par conséquent, il est analogue aux placentas proéminents et charnus, soit pariétaux, soit axiles. Mais, puisque ceux-ci naissent des cordons pistillaires, le

Comparaison du placenta central libre avec les placentas axiles ou pariétaux.

pédicule du placenta central libre doit être assimilé à ces mêmes cordons : or nous savons qu'il est une continuation de l'axe ; ainsi nous trouverions ici une raison de plus, si nous en avions besoin, pour prouver que les cordons pistillaires sont également la continuation de l'axe de la fleur, soit qu'on les trouve à la circonférence de l'ovaire, soit qu'ils en traversent le centre à l'extrémité des cloisons. Il y a cependant une différence entre le placenta central libre, épais et charnu, et ceux de même nature qui naissent de la paroi d'un ovaire uniloculaire ou de l'axe d'un ovaire à plusieurs loges ; c'est que ceux-ci, appuyés d'un côté contre un autre corps, ne peuvent guère être convexes que du côté opposé à ce corps, tandis que le placenta central libre des Primulacées, naissant au centre d'une loge unique, et n'étant gêné en aucune manière, s'arrondit également dans tous ses contours. Une autre différence existe encore : le filet qui, chez les Primulacées et les Myrsinées, met le placenta en communication avec le style, naît du sommet du placenta, et c'est de celui du cordon pistillaire qu'il émane dans les plantes à placentas pariétaux ou axiles.

Je vous ai déjà dit que les Primulacées, les Myrsinées et les Lentibulariées n'étaient pas les seules familles où l'on trouvât des placentas libres et centraux, qu'il en existait encore chez les Caryophyllées, les Portulacées, les Salicariées, les Santalacées ; mais l'organisation des uns et des autres est loin d'être la même. Celui des Caryophyllées (ex. *Lychnis dioica*, *f*. 383), en forme de colonne, se compose d'autant de filets blancs extérieurs et écartés qu'il y a de styles, et, de plus, d'une substance verte placée au milieu d'eux ; de celle-ci, dans chacun des intervalles que les filets laissent entre eux, naissent deux rangées longitudinales d'ovules ; la substance verte s'arrête souvent fort loin du sommet de la loge, et, où elle cesse, il n'y a plus d'ovules ;

quant aux filets, ils s'élèvent jusqu'au sommet de la loge; là ils se confondent, puis ils se divisent de nouveau pour pénétrer chacun dans le style qui lui correspond; et, après la fécondation, ils se brisent au-dessus du tissu vert interposé. Le placenta des Portulacées, en forme de colonne, comme celui des Caryophyllées, en diffère pourtant en plusieurs points; cinq filets s'élèvent du fond de l'ovaire uniloculaire des *Portulaca* (ex. *P. pilosa*, *f.* 384), aucune substance n'est interposée entre eux, ils sont simplement appliqués les uns contre les autres, portent des ovules à peu près dans les deux tiers de leur longueur, se confondent pour pénétrer dans le style, et, se divisant de nouveau, passent dans les cinq branches de ce dernier; dans le *Montia*, les trois filets ne portent des ovules que tout à fait à leur base, et, chez les *Claytonia*, ils sont soudés en un seul. Les *Cuphea*, genre de la famille des Salicariées (ex. *Cuphea viscosissima*, *f.* 385), ont un placenta libre et en forme de colonne, qui présente d'autres particularités; au lieu d'être central, il se trouve rejeté contre la paroi de l'ovaire, il n'atteint point le sommet de celui-ci et ne correspond pas à la base du style; mais, un peu au-dessous de son extrémité supérieure, naissent deux filets blancs, parfaitement distincts, qui, s'élevant obliquement, vont s'enfoncer dans le style, et représentent à peu près l'effet que produit la bride entre les mains du cavalier. Si le placenta globuleux ou ovoïde des Primulacées (*f.* 382) a beaucoup de rapport avec ceux qui, axiles ou pariétaux, sont en même temps proéminents et charnus, le placenta, en forme de colonne, offre la plus grande analogie avec l'ensemble des placentas non proéminents et de la columelle des ovaires à plusieurs loges. Je vous ai dit qu'en général les placentas de ces ovaires paraissaient être chacun le produit de la moitié des deux cordons pistillaires les plus voisins; l'organisation des Caryophyllées uniloculaires confirme cette opinion. Si, en effet, nous supposons que, dans le *Lychnis dioica* (*f.* 383), les cinq cloisons que semblent supposer ses cinq styles existassent réellement, il est bien clair qu'elles ne tomberaient pas sur les filets blancs, puisqu'ils se continuent dans les styles, et que ceux-ci alternent toujours avec les cloisons; ces dernières tomberaient donc nécessairement entre les deux rangs longitudinaux de chacun des cinq groupes d'ovules, et ainsi il y aurait dans chaque loge des ovules appartenant par moitié à deux groupes ou, pour mieux dire, à deux cordons pistillaires.

Les placentas occupent quelquefois toute la surface de la cloison ou le milieu de la feuille carpellaire.

Vous savez que les placentas et les ovules correspondent généralement à l'extrême bord des feuilles carpellaires; cependant il n'en est pas toujours ainsi. Dans les carpelles distincts des Butomées, les ovules couvrent toute la paroi de la loge. Ceux des Nymphéacées sont attachés aux cloisons, et celles-ci sont bien certainement véritables, car elles alternent avec les stigmates. Dans chacune des deux loges des Bignoniacées les semences naissent dans les angles formés par la rencontre de la cloison et de la partie non rentrante de l'ovaire. L'ovule unique de chaque carpelle de l'*Astrocarpus sesamoides* est porté par le milieu de la feuille carpellaire, et non par l'un de ses bords. Dans l'ovaire à cinq loges du *Vasconcellea* ASH., l'angle des loges reste entièrement vide, et les placentas sont pariétaux, c'est-à-dire portés, comme l'ovule de l'*Astrocarpus*, par le milieu de la feuille carpellaire. Il en est de même d'une foule de *Mesembryanthemum* que je propose de distinguer des autres sous le nom de *Renatea*; et, comme nous ne devons jamais rien trouver dans la nature de brusquement tranché, le *Mesembryanthemum liguliforme* unit les vrais *Mesembryanthemum* aux *Renatea*, car, dans la même loge, il présente à la fois des placentas axiles et des pariétaux. Puisque les cordon[s] pistillaires d'où émanent les placentas et les ovules ne sont dans toutes les positions qu'ils affectent, qu'une continua[-]tion du système axile, il est bien évident qu'il est asse[z] égal qu'ils se combinent avec les bords ou le milieu de[s] feuilles carpellaires.

Caractères tirés des ovaires.

Le nombre et la structure des ovaires fournissent de[s] caractères excellents de genres et souvent de familles. L[e] verticille symétrique de carpelles libres, c'est-à-dire ce[-]lui où ils sont égaux en nombre aux pièces du calice (1) est assez rare, et ne caractérise qu'une famille entière, celle des Crassulacées (*f.* 356). Une foule de familles excluent un nombre de carpelles libres dépassant celui des pétales; mais celles qui sont le plus élevées dans l'ordre des développements présentent, avec des genres à carpelles soudés, d'autres genres qui en offrent de libres, et en même temps de très-nombreux. Plusieurs familles, telles que les Liliacées, les Géraniées proprement dites, et une foule de genres épars, offrent des verticilles complets d'ovaires soudés. L'ovaire réduit à trois loges, par suppression de deux, se rencontre très-fréquemment; celui qui n'en a que deux, par la suppression de trois, caractérise entièrement la plupart des familles de monopétales. Parmi les polypétales, il caractérise les Ombellifères, les Saxifragées et un grand nombre de genres particuliers. L'unité de carpelle ne trouve d'exception parmi les Légumineuses que dans le genre *Affonsea* (2) et un très-petit nom-

(1) Les pistils doivent être divisés, ainsi que les fruits, en symétriques et en asymétriques; mais, comme ces considérations exigent quelque connaissance de la symétrie de la fleur, je les développerai plus tard dans le chapitre intitulé *Fruit*.

(2) Ce genre se distingue des *Inga*, non-seulement par ses 5 carpelles, mais encore par son calice vésiculeux.

bre d'espèces isolées. Des plantes qui n'auraient point un placenta central libre, plus ou moins épais et charnu, ne pourraient appartenir ni aux Primulacées, ni aux Myrsinées, ni aux Lentibulariées. Le placenta en forme de colonne se trouve dans les Caryophyllées, les Salicariées et les Portulacées; mais il n'est général dans aucune de ces familles. Une multitude de groupes n'admettent que des placentas axiles; un petit nombre n'en veut que de pariétaux, tel que les Grossulariées, les Passiflorées, les Papavéracées, les Samydées, les Bixinées; et quelques-uns admettent tout à la fois des placentas pariétaux et d'autres axiles, tels que les Cistées. Le gynobase est presque général dans les Labiées, les Borraginées, les Ochnacées; mais pourtant ces familles admettent quelques genres dont la columelle est bien développée. Une foule de familles ne présentent pas de placentas proéminents et charnus : on en trouve de tels dans plusieurs autres, mais ils n'y existent point sans exception; ainsi, à côté des Véroniques, qui ont un placenta proéminent, on trouve le *Sibthorpia*, dont les ovules sont immédiatement attachés au milieu de la cloison sur deux rangs accolés; ainsi l'*Euphrasia officinalis* a ses ovules disposés comme dans le *Sibthorpia*, et ceux de l'*Euphrasia Odontites* émanent d'un placenta oblong et assez proéminent. La seule espèce de fausse cloison qui ait une constance parfaite dans toute une famille est celle qui se trouve chez les Crucifères, et en même temps elle n'appartient qu'à ces plantes.

§ VI. — *Détails sur les styles.*

Après vous avoir donné des détails sur la structure de l'ovaire, je dois naturellement passer au style.

Celui-ci, le plus souvent, n'occupe qu'une très-faible partie de la surface du premier, et est parfaitement distinct; mais quelquefois, comme dans l'*Impatiens noli me tangere* et les Tulipes, tous les deux se fondent, pour ainsi dire, l'un dans l'autre, et l'on dit alors que le style est continu avec l'ovaire (*st. ovario continuum*).

Le style ordinairement distinct de l'ovaire, quelquefois continu avec lui.

Celui du carpelle simple présente un faisceau central de fibres vasculaires entouré de cellules. Fidèle à son origine, le style composé est formé d'autant de faisceaux placés autour d'un centre médullaire ou souvent d'un canal vide, qu'il est entré, dans sa formation, de styles simples.

Structure du style.

Ces derniers peuvent être arrondis ou aplatis ((*st. teres, campressus*); mais ils ne présentent jamais de côtes ni d'angles, ni de cannelures. Le style composé est arrondi quand ceux qui entrent dans sa formation sont intimement soudés entre eux, et il offre, comme l'ovaire, des côtes plus ou moins prononcées, lorsque la soudure a été dans la largeur plus ou moins incomplète (*st. costatus*). Vous savez que, dans le sens de la longueur, la soudure des carpelles n'entraîne pas nécessairement celle des styles, et réciproquement; mais, dans celui de la largeur, il y a, en général, des rapports entre le degré de soudure des deux parties; ainsi l'ovaire des *Tropæolum* est formé de trois carpelles qui restent distincts depuis la circonférence jusqu'à l'axe, et leurs trois styles laissent entre eux des angles profonds. L'ovaire de l'*Anagallis* est arrondi dans ses contours; son style est cylindrique.

Ses contours.

Ainsi que vous le savez déjà, le style composé répond toujours à l'axe géométrique de l'ovaire, ou, si l'on veut, il est central (*stylus centralis*); le style simple, au contraire, est plus ou moins latéral (*st. lateralis*), comme nous pouvons le voir dans la famille des Rosacées. Souvent cette position latérale est à peine sensible; mais quelquefois elle

Style latéral; style basilaire.

devient telle, que c'est presque de la base de l'ovaire que le style prend naissance, et alors on le dit basilaire (*stylus basilaris*), comme cela arrive dans l'*Alchemilla*, l'*Hirtella*, le *Chrysobalanus* (ex. *Alchemilla vulgaris*, *f.* 386).

Dans ce dernier cas, il est bien clair que le sommet géométrique de l'ovaire n'en est pas le sommet organique, car ce dernier doit toujours être le point d'où part le style, puisque le style est la continuation du sommet de la feuille. Mais, dira-t-on, comment se fait-il qu'une partie de la feuille vienne à s'élever au-dessus de son sommet? Il faut se rappeler que les plantes à style basilaire sont en même temps stipulées; or nous savons que, dans les bourgeons de certains arbres, dont les feuilles sont munies de stipules, on trouve, pour écailles, des feuilles mal développées réduites à deux stipules adnées au pétiole (*V.* p. 217); supposons que la nervure de celui-ci se prolonge, et que les deux stipules se soudent entre elles par leurs bords, nous aurons une coque absolument semblable, pour la forme, au pistil des *Alchemilla*. Certaines écailles sont des feuilles dont le limbe avorte par faiblesse; le carpelle des *Alchemilla* est une feuille où il avorte par appauvrissement.

Le sommet organique de l'ovaire n'est pas toujours son sommet géométrique.

Nature de l'ovaire à style basilaire.

Quand il y a plusieurs styles libres, soit entièrement, soit dans une partie de leur longueur, ils s'étalent, deviennent divergents ou même réfléchis (*styli divergentes, patuli, reflexi*); le style simple peut être, au contraire, infléchi (*st. inflexus*), comme dans plusieurs Légumineuses, c'est-à-dire, incliné vers le centre de la fleur, ou, si l'on aime mieux, du côté auquel sont attachés les ovules; il va même jusqu'à devenir presque horizontal (*st. horizontalis*), comme dans les *Lathyrus*. Le style simple et le composé peuvent être également dressés (*st. erectus*), ou arqués (*arcuatus*); le dernier est plus particulièrement susceptible de se montrer flexueux (*flexuosus*), ascendant (*ascendens*) ou décliné (*de-*

Direction propre des styles simples et composés; leur direction relative.

clinatus), c'est-à-dire abaissé sur la partie inférieure de la fleur. Diverses modifications de courbure sont communes aux deux espèces de styles, parce qu'on trouve des enveloppes florales irrégulières dans les plantes à style simple, comme dans celles à style composé, et que, le plus souvent, c'est l'irrégularité de la corolle qui détermine celle du style. La carène des Papilionacées force le style qu'elle enveloppe à s'incliner; celui de la plupart des Orobanchées, des Labiées et des Scrophularinées se courbe avec la lèvre supérieure de la corolle qui gêne ses développements, et, dans les *Dolichos* et les *Phaseolus*, où la carène se contourne en spirale, le style est forcé de se contourner comme elle. Parmi les styles diversement courbés, je puis vous citer encore ceux qui présentent la forme d'un S, ceux qui forment l'hameçon ou se roulent sur eux-mêmes (*st. sigmoideus*, *hamatus*, *circinalis*), et qui sont plus souvent simples que composés.

La courbure des styles n'est pas toujours due à l'irrégularité de la corolle.

Quoique l'irrégularité de la corolle ait une très-grande influence sur la courbure des styles, je suis loin de prétendre qu'il n'y en ait que de droits dans les fleurs régulières. Ceux qui sont libres sur un ovaire multiloculaire se courbent très-souvent, en même temps qu'ils divergent (*styli recurvi*), comme cela se voit chez les Caryophyllées. Le style composé du *Citrus*, est arqué, au milieu d'une fleur régulière, et ceux du *Nigella* sont tordus, quoique aucune autre partie de la fleur ne le soit comme eux. Quelquefois le style éprouve une légère torsion dont on ne s'aperçoit qu'avec une attention extrême; mais il est essentiel de ne pas laisser échapper ce caractère, qui peut modifier entièrement la position relative du stigmate et des autres parties de la fleur, comme une faible torsion de la tige altère la nature de la spirale à laquelle elle se trouve soumise. Le style de l'*Amygdalus communis* se tord un peu plus ou un peu moins; mais ce changement

Torsion des styles.

de direction resterait, sans doute, inaperçu s'il n'était révélé par celui qu'il détermine dans le sillon qui s'étend du stigmate vers l'ovaire.

Les styles peuvent être épais ou filiformes (*st. crassus, filiformis*). Le plus souvent ils sont cylindriques ou, du moins, égaux dans leur longueur (*stylus cylindricus, æqualis*); mais les coniques sont communs chez les Ombellifères (*styli conici*); ailleurs on en trouve de subulés, d'ovoïdes, de turbinés ou en forme de toupie, de claviformes ou en massue, et d'infundibuliformes ou en forme d'entonnoir (*st. subulatus, ovoideus, turbinatus, clavatus, infundibuliformis*); quelques-uns sont rétrécis à leur base seulement, d'autres le sont à la base et au sommet (*st. basi angustior, utrinque attenuatus*); ceux de quelques Labiées sont, tout à fait à leur origine, d'une excessive ténuité (*ima basi angustata gracillimus*). Quelques-uns sont réellement articulés; d'autres semblent l'être, parce qu'ils se dilatent immédiatement au-dessus du point d'attache. Celui des *Geum* est géniculé, c'est-à-dire plié brusquement avec articulation (*st. geniculatus*); ceux des *Canna* et des *Iris* sont pétaloïdes (ex. *Iris Susiana*, *f.* 393). Leur forme.

Un style peut être long, très-long, court ou très-court (*st. longus, longissimus, brevis, brevissimus*), soit par rapport à l'ovaire qui le porte, soit comparativement à la généralité des autres styles; il est inclus (*inclusus*) lorsqu'il ne s'élève pas au-dessus de l'enveloppe florale où il est renfermé, il est sortant (*exsertus*) lorsqu'il la dépasse. Leur longueur.

Je ne reviendrai pas sur les divers degrés de soudure que peuvent présenter les styles; je me bornerai à ajouter que très-souvent on a pris ceux-ci pour distincts, lorsqu'en réalité ils étaient, comme dans les *Drosera*, soudés à la base, et lorsqu'on aurait dû dire, en employant la terminologie con- Styles soudés à la base.

sacrée par l'usage, qu'il y avait un seul style très-profondément divisé (*stylus profunde partitus*).

Divisions des styles.

Il faut se donner de garde de prendre pour des styles soudés les divisions d'un même style, telles qu'on en rencontre dans un petit nombre de genres, par exemple, les *Drosera* et les *Euphorbia* (ex. *E. segetalis*, *f.* 390). Toutes les fois, en effet, que des défauts de développement ne viennent point troubler la symétrie organique, ou, si l'on aime mieux, toutes les fois qu'un ovaire composé est parfaitement régulier (*f.* 357, 361), on ne saurait y voir qu'un nombre de styles égal à celui des loges et des cloisons, ou du moins des placentas et des feuilles carpellaires, puisque ordinairement, comme nous le savons, le style est le prolongement de la nervure moyenne de ces mêmes feuilles. Or, dans les *Euphorbia* (*f.* 390), nous avons trois loges; par conséquent, nous ne pouvons y trouver plus de trois styles organiques, et nous ne devons pas en avoir davantage chez les *Drosera* dont l'ovaire uniloculaire offre trois placentas pariétaux. Si donc, dans ces genres, il existe six branches chargées de stigmates, c'est que chaque style s'y est divisé. Ainsi dans le genre *Guazuma* on voit le pétale terminé par un filet bifurqué (*f.* 391); supposons ce pétale plié par ses bords, nous aurons une coque terminée par un style bifide comme un carpelle d'*Euphorbia*. Peut-être aussi le nombre des divisions de chaque style a-t-il ici quelque rapport avec celui des cordons pistillaires auxquels répondent les placentas; si, en effet, nous avons dans les *Euphorbia* des styles à deux branches et à deux stigmates, nous trouvons, chez ces plantes, deux cordons pistillaires pour chaque placenta.

Ce qu'il y a de réellement essentiel dans l'organisation du style, c'est la communication des cordons et des placentas avec les stigmates. Le style, comme nous le verrons plus tard, est si peu indispensable, que souvent il n'existe pas (*stylus nullus*); il ne fait réellement qu'allonger la route que doit parcourir la substance fécondante, pour parvenir aux ovules; mais, établissant une communication entre ceux-ci et les stigmates, il est bien clair qu'il doit être, à plus forte raison, en contact avec les cordons pistillaires, puisque ces derniers donnent seuls naissance aux jeunes graines. Cette communication, je vous l'ai montrée dans les ovaires à placenta central libre de plusieurs familles, les Myrsinées, les Primulacées (*f.* 382), les Lentibulariées, les Caryophyllées (*f.* 383), les Portulacées (*f.* 384), les Salicariées *f.* 385), et elle existe également dans les plantes où le pistil est à deux ou plusieurs loges. Les Ombellifères et les Scrophularinées offrent, dans l'axe de leur ovaire biloculaire, deux cordons qui se réunissent au sommet pour pénétrer dans le style; lors même que la cloison du *Plantago* s'est brisée de droite et de gauche, les deux placentas, qui alors forment une seule masse libre, tiennent pourtant encore à l'ovaire par le filet qui passe de leurs cordelettes dans le style; M. Mirbel a vu que celui du Lis reçoit l'extrémité des six cordons pistillaires réunis deux à deux; une observation semblable a été faite par M. Roeper sur les *Euphorbia;* enfin Robert Brown décrit les deux cordons des Composées comme suivant les parois de l'ovaire et se soudant au point où ils entrent dans le style. Par conséquent, lorsque celui-ci est le sommet prolongé de la feuille carpellaire, il s'opère dans sa substance une fusion des systèmes axile et appendiculaire, fusion qui prépare l'acte de la fécondation, et se répète dans cet acte pour perpétuer la plante.

Communication des cordons pistillaires avec les styles.

Le système axile et le système appendiculaire confondus dans le style.

Mais cette dernière fusion est seule indispensable, et, puisque le style est uniquement un véhicule destiné peut-être à une plus grande élaboration de fluides, on sent qu'il n'importe guère en soi-même qu'il soit le prolongement de la feuille carpellaire, ou qu'il ait une autre origine.

Deux sortes de styles; ceux qui prolongent à la fois le système axile et le système appendiculaire; ceux qui prolongent seulement le système axile.

Aussi voyons-nous évidemment que, chez les Crucifères (*f.* 373) et les Papavéracées, il n'a rien de commun avec la feuille carpellaire. Je vous ai montré que, dans la première de ces familles et dans le *Chelidonium* (*f.* 372), l'axe de la fleur se divisait en deux branches ou cordons pistillaires qui donnent naissance aux ovules; que ces branches se réunissaient à leur sommet, formant ainsi une sorte de châssis; enfin que les deux feuilles carpellaires étaient appuyées sur ce châssis, mais indépendantes de lui. Comme on distingue parfaitement le contour de ces dernières, il est facile de voir que leur milieu ne se prolonge en aucune façon; cependant il existe un style; mais, pour peu qu'on se donne la peine de suivre les cordons pistillaires qui se montrent à l'extérieur du jeune fruit, on reconnaîtra, sans la moindre peine, que le style est le prolongement direct des cordons pistillaires soudés au sommet, et par conséquent ici les deux systèmes, l'axile et l'appendiculaire, restent distincts jusqu'à l'extrémité de la plante. Ainsi nous avons, dans les végétaux en général, deux espèces de styles; les uns beaucoup plus nombreux, qui sont formés par le prolongement de la nervure moyenne des feuilles carpellaires dans laquelle vient se fondre l'extrémité du système axile; les autres qui le sont par ce seul système, ou, pour m'exprimer plus clairement, par le seul prolongement des cordons pistillaires. En vous disant que l'ovaire des *Passiflora* (*f.* 369), réduit à deux carpelles, deviendrait celui d'un *Chelidonium*, j'ai ajouté que, cependant, quelque différence resterait encore; cette différence on la trouverait dans les styles, ceux des premiers étant le résultat du prolongement de la nervure moyenne des feuilles carpellaires, ceux des seconds étant dus au seul système axile. Outre les Crucifères et les Papavéracées, on peut encore compter, parmi les plantes qui offrent cette dernière espèce de style, le *Lavatera trimestris*, peut-être toutes les Malvées et les Graminées.

Une observation que j'ai à vous présenter encore sur l'autre sorte de styles achèvera de vous la faire connaître.

Quelquefois la nervure moyenne des feuilles de la tige se prolonge, réduite aux seules fibres qui la composent, et formant une épine; mais, plus souvent encore, elle se présente accompagnée, de droite et de gauche, d'un peu de parenchyme, et c'est alors que la feuille est dite acuminée. Nous avons aussi vu ce dernier caractère dans plusieurs Apocynées dont les pétales sont terminés par un ruban étroit; nous allons le retrouver encore dans le style qui est également le prolongement d'une feuille. Il est bien évident que les styles des Iris (ex. *I. Susiana*, *f.* 393), semblables à des pétales et larges de plusieurs lignes, ne sont pas réduits à la seule nervure. Certaines Renonculacées où les carpelles libres contiennent plusieurs ovules, ont un style fort large qui pourrait même se comparer plutôt à l'extrémité d'une feuille aiguë qu'à celle d'une feuille acuminée, car il est continu avec l'ovaire, et c'est insensiblement qu'il devient plus étroit.

Le style souvent formé non-seulement par la nervure moyenne, mais encore par un parenchyme qui l'accompagne des deux côtés.

En même temps que la feuille carpellaire se courbe sur elle-même, pour former la cavité de l'ovaire, son prolongement, lorsqu'il est garni de quelque parenchyme, se plie avec elle, pour former le style. Ce caractère se montre, avec la dernière évidence, dans l'*Helleborus fœtidus*, et il est ailleurs moins sensible ou plus sensible, suivant que la nervure prolongée est plus ou moins nue; une petite fente en révèle la dernière expression dans le style de l'*Amygdalus communis*. Comme vous le savez déjà, la columelle des ovaires des Géraniées se prolonge, parfaitement distincte, dans une partie de la longueur des styles; chacun de ceux-ci se replie sur lui-même; ses deux bords se soudent, laissant entre eux une petite loge vide, et contractant adhérence avec la columelle; les côtés de tous les styles se soudent aussi les uns avec les autres pour former des cloisons, et, en un mot, il arrive ici absolument la même chose que pour les feuilles carpellaires. Cette faculté qu'ont les styles de se replier sur eux-mêmes, comme la base du carpelle, nous aidera bientôt à expliquer ce qui se passe chez les stigmates.

Valeur des caractères tirés des styles.

La soudure ou l'entière séparation des styles forme de bons caractères de familles. On trouve des styles plus ou moins soudés dans la plupart des groupes fournis par la classe des monopétales; une plante qui n'aurait pas de styles libres ne serait point une Caryophyllée. Quant au degré de soudure, il est extrêmement variable, et l'on ne peut, en général, y attacher une grande importance. Des styles lamellés dans leur partie terminale libre se présentent uniformément dans certains genres et dans la famille tout entière des Bignoniacées. Il n'y a pas de variations très-importantes dans la forme des styles, et, quand il s'en rencontre de sensibles, c'est souvent dans le même genre, comme les Violettes et les *Polygala* nous en offrent des exemples. La division des styles est constante dans les *Euphorbia* et les *Drosera;* mais il ne faut pas attacher à ce caractère une trop grande importance; car, dans certains *Oxalis*, on trouve tantôt des styles divisés dont chaque branche porte son stigmate, et tantôt des styles parfaitement entiers.

§ VII. — *Détails sur le stigmate.*

On donne ce nom, comme je vous l'ai dit, à la partie du pistil dépourvue d'épiderme, garnie de glandes ou de papilles et ordinairement humide, qui est destinée à recevoir la poussière fécondante.

On trouve le stigmate toujours placé sur le style, lorsque celui-ci existe ; il naît immédiatement sur l'ovaire, et on le dit sessile (*stigma sessile*) quand il n'y a pas de style, c'est-à-dire quand la nervure moyenne de la feuille carpellaire ne s'est point prolongée. Il s'en faut qu'il existe toujours des limites bien tranchées entre lui et la partie de laquelle il émane, parce que les papilles ne deviennent que par degrés sensibles et nombreuses.

Tantôt le stigmate prolonge le style et présente des contours comme tous les corps solides ; tantôt il naît simplement à la surface d'une portion du style. Deux sortes de stigmates.

Dans le premier cas, on le dit complet (*stigma completum*), on peut déterminer sa forme, et il se montre à l'extrémité du style (*stig. terminale*, ex. *Mirabilis Jalapa*, *f.* 387). Le plus souvent alors il est hémisphérique ou globuleux ; il peut être aussi discoïde, oblong, en massue, cylindrique, conique, subulé, en hameçon (*stigma hemisphæricum, globosum, discoideum, oblongum, clavatum, cylindricum, conicum, subulatum, hamatum*). Il est aigu ou obtus (*stig. acutum, obtusum*), plus court ou plus long que le style (*stig. stylo brevius, longius*), continu avec celui-ci, plus large ou plus étroit que lui (*stig. stylo continuum, stylo angustius, latius*). Un long stigmate subulé termine le style extrêmement court de l'*Hippuris vulgaris*. Dans le *Rumex scutatus*, on trouve trois styles, à peine soudés à leur base, qui se réfléchissent sur les angles de l'ovaire, et, passant entre les étamines, vont porter le stigmate qui les termine contre les pièces extérieures du calice : chacun des trois stigmates forme un plateau triangulaire et frangé qui se soude ordinairement avec l'enveloppe calicinale, et de là résulte la prompte rupture des branches du style qui, retenues par leur extrémité, Le stigmate complet.

ne sauraient s'élever avec l'ovaire lorsqu'il prend de l'accroissement.

Un stigmate complet se rencontre également dans les pistils simples et les composés. On peut trouver un petit trou central dans celui des premiers, mais ce caractère est beaucoup plus fréquent chez les seconds. Souvent aussi on observe dans le stigmate complet du pistil composé un ou plusieurs sillons plus ou moins sensibles : c'est là le dernier signe de la distinction organique des carpelles ; le sillon du stigmate des Crucifères (*f.* 373) contribue à montrer que chacune des deux branches du cordon pistillaire se compose de deux moitiés qui correspondent par paire à chacune des deux feuilles du jeune fruit. Quand les sillons disparaissent, une régularité parfaite et la pluralité des loges ou des placentas peuvent seules faire reconnaître celle des carpelles.

Le stigmate superficiel.

Le stigmate superficiel (*stigma superficiale*), au lieu de prolonger plus ou moins le pistil comme le stigmate complet, se montre seulement à la surface d'une partie quelconque du style ou de l'ovaire, et peut être caractérisé par la nature de ses papilles, sujettes, comme celles des stigmates complets, à présenter, suivant les genres et les espèces, des modifications de forme ou d'expansion ; d'ailleurs on sent qu'aucun des termes dont on se sert pour désigner les corps solides ne saurait convenir au stigmate superficiel. Quelquefois ils sont terminaux (*stig. superficiale terminale*) comme dans l'*Allium ursinum* et un grand nombre de Labiées où on les découvre, non sans peine, à la surface étroite de l'extrémité tronquée des styles (ex. *Lamium Garganicum*, *f.* 488 ; *a*, seule surface stigmatique) ; beaucoup plus souvent ils sont placés latéralement sur ces derniers (*stig. laterale superficiale*, ex. *Anemone Hepatica*, *f.* 389).

Stigmate superficiel terminal.

Stigmate superficiel latéral.

Excepté chez quelques Papilionacées, c'est toujours du

côté du style qui regarde le centre de la fleur que naissent les stigmates latéraux.

Comment se forme le stigmate superficiel latéral.

Je vous ai dit qu'un grand nombre de styles se courbaient sur eux-mêmes comme la feuille carpellaire qu'ils terminent; mais, tandis que celle-ci ne se déploie qu'à la maturité des graines, le style s'ouvre déjà de très-bonne heure de dedans en dehors, et peut-être, en plusieurs cas, ne se ferme-t-il jamais. L'ouverture se fait à la face du style, c'est-à-dire du côté de l'axe; elle se montre en général comme une petite fente d'autant moins étroite qu'elle s'éloigne davantage de son origine, et il n'est pas rare qu'à leur extrémité les styles s'étalent entièrement ou presque entièrement. Quand le stigmate est latéral, tantôt il se montre aux lèvres ou sur les bords de la fente, comme dans beaucoup de Composées; tantôt il semble s'échapper entre les lèvres de la fente; tantôt encore il revêt toute la superficie intérieure de la partie ouverte des styles. Lorsque cette partie est courte, mince et entièrement étalée, comme cela arrive pour les styles soudés dans presque toute leur longueur, on dit que le stigmate est lamellé (*stig. lamellatum*, *f.* 385). Ainsi que je vous l'ai déjà indiqué en passant, il arrive ici à peu près la même chose que dans certaines Labiées brésiliennes (*Peltodon*), où la nervure, garnie de parenchyme, qui prolonge les folioles calicinales, s'étale à son extrémité pour former une sorte de lame discoïde. Le stigmate terminal de l'*Amygdalus communis* présente une sorte de disque fendu d'un seul côté; cette fente, qui correspond à celle peu sensible du style, est l'indice de ce déploiement qui ailleurs poduit une lame.

L'étude des parties de la fleur dans le bouton prouve qu'ordinairement le stigmate latéral se forme par degrés. C'est au sommet du style que se montrent les premières glandes stigmatiques, puis elles s'étendent de plus en plus vers l'ovaire. De nombreux exemples de ce mode de formation nous sont fournis par les Caryophyllées. Les stigmates latéraux, épais et étalés, du *Myriophyllum spicatum* ne présentent d'abord qu'une petite touffe de glandes qui augmente peu à peu à mesure que les organes se développent.

Le stigmate complet, le superficiel terminal et le superficiel latéral, nuancés entre eux.

En vous indiquant trois sortes de stigmates, le complet terminal, le superficiel terminal et le superficiel latéral, je n'ai point prétendu qu'ils fussent toujours parfaitement distincts. Ils se nuancent entre eux, et il y a des cas où il est fort difficile de décider si un stigmate est complet ou superficiel terminal. Enfin certains stigmates superficiels latéraux sont tellement épais, qu'on pourrait facilement croire qu'ils sont complets. Ainsi le style fort court de l'*Hippophae rhamnoides* semble terminé par un stigmate complet, cylindrique et vermiculaire, cinq à six fois plus long que lui; mais l'examen des pistils encore jeunes prouve que ce stigmate est vraiment latéral, que l'épiderme fendu du style a laissé échapper une substance stigmatique qui, s'épanchant de dedans en dehors, a forcé ce même épiderme de se recourber, et l'a caché entièrement.

Comme les botanistes ne pouvaient préciser d'une manière rigoureuse la forme des stigmates latéraux, ils ont confondu avec eux la partie du style qui les supporte, et sont tombés dans une foule d'erreurs. Chaque style organique a naturellement son stigmate; mais on sent que, quand plusieurs styles sont soudés dans une partie de leur longueur, et que la soudure amène la rencontre de leurs stigmates latéraux, il peut paraître n'y avoir qu'un stigmate; on a dit, en conséquence, que cette partie d'organe était partite, fendue, lobée (*stig. partitum, fissum, lobatum*), suivant que les styles étaient soudés plus ou moins; c'est seulement quand les branches d'un style composé n'étaient point stigmatiques dans toute leur longueur que la

Les stigmates superficiels latéraux trop souvent confondus avec la partie des styles qui les porte.

pluralité des stigmates a été admise, et souvent même on a décrit au hasard, comme stigmates ou parties de stigmate, ce qui se présentait au delà du tronc simple d'un style composé, ou ce qui, dans un style, se montrait sous quelque forme insolite. Ce qu'il y a de mieux à faire ici, c'est, je crois, de dire jusqu'à quel point, dans un style composé, s'est étendue la soudure des styles organiques, de bien déterminer la forme des parties restées libres, et d'indiquer quelle portion de leur surface s'est couverte de papilles stigmatiques. Je crois aussi qu'il faudrait entièrement bannir l'expression vague de stigmate simple (*stig. simplex*), qui, dans le siècle dernier, a été trop souvent la ressource des observateurs superficiels.

Ce qu'il faut faire pour décrire avec exactitude les stigmates latéraux.

Je ne vous citerai point cette foule de parties qui, n'étant pas dépourvues d'épiderme et ne pouvant recevoir le pollen, doivent être rendues au style; je me bornerai à vous dire deux mots du prétendu stigmate pelté des Pavots. Sur l'espèce de bouclier qui termine l'ovaire de ces plantes (ex. *Papaver orientale, f.* 392), il n'y a de stigmatiques que les rayons de glandes qui s'étendent du centre à la circonférence, et qui sont en nombre égal à celui des placentas; par conséquent, tout le bouclier lui-même n'est point un stigmate, et, puisqu'il supporte les stigmates véritables, ce doit être nécessairement un style.

Le prétendu stigmate pelté des Pavots.

Il faut aussi se donner de garde de confondre avec les stigmates des poils qui, souvent, les accompagnent et sont portés par le style. Tels sont ceux qui se trouvent sur les deux bords du long style aplati du *Plantago* et du *Littorella*, plantes chez lesquelles le véritable stigmate est tout à fait terminal. Tels sont encore ces poils que l'on voit dans les Composées, et qui ont été nommés, par M. Henri de Cassini, poils balayeurs (*pili collectores*), à cause des fonctions qu'ils remplissent dans l'acte de la fécondation.

Il ne faut pas confondre avec le stigmate les poils des styles.

En général, on a peu de peine à distinguer les stigmates; cependant il en est quelques-uns que l'on ne reconnaîtrait pas sans un examen attentif. Ainsi, lorsqu'on jette les yeux sur les fleurs des *Iris* (ex. *I. Susiana*, *f.* 393), on y voit trois styles qui, soudés à leur base, sont pétaloïdes et bifides dans leur partie libre : au premier aspect, on n'aperçoit, chez ces styles, rien de stigmatique ; mais en les observant avec attention, on découvre à leur dos ou, si l'on veut, à leur surface postérieure, celle qui regarde l'extérieur de la fleur, une petite duplicature; et c'est à la face, c'est-à-dire au côté intérieur de celle-ci, que, dans les *Iris fetidissima* et *Susiana* (*f.* 393, a), j'ai trouvé le stigmate que d'autres ont cru voir au point de rencontre du style et de la duplicature. Cette dernière ne commence pas au point où elle devient libre; on peut la suivre facilement jusqu'à la base soudée des styles, et elle s'explique aisément par cette sorte de pliure que je vous ai montrée, si fréquente dans les styles : celui des *Iris* est à trois divisions, dont l'intermédiaire est plus courte que les deux autres latérales; ces dernières, pour se rejoindre, se plient en avant de la troisième, la recouvrent, se soudent avec elle et laissent encore entre elles deux une sorte de petit sillon que l'on voit à l'œil nu.

Stigmate des *Iris*.

Non-seulement il existe des plantes où le stigmate ne s'aperçoit pas au premier abord; mais on en cite quelques-unes chez lesquelles on ne l'a pas encore découvert. Dans le nombre prodigieux d'espèces que j'ai analysées depuis le commencement de mes études botaniques, je n'en ai trouvé que deux où je n'ai pu apercevoir cette partie de l'organe femelle. Tirer de là des conséquences contre la réalité de la fécondation, ce serait raisonner d'une manière peu logique; je me bornerai à dire que je n'ai pas observé, sans doute, avec assez de persévérance.

Le stigmate n'a pas encore été découvert dans quelques plantes.

Je vous ai fait connaître précédemment les rapports des

stigmates avec les cloisons ; je vous indiquerai à présent ceux qu'ils ont avec les placentas. Toutes les fois que le stigmate prolonge la nervure moyenne de la feuille carpellaire et que les placentas sont placés sur les bords de cette feuille, il est bien clair qu'il doit y avoir alternance entre le premier et les seconds (ex. *Passiflora gratissima, f.* 369), puisque les bords de toute feuille alternent avec son milieu. Cependant, si ceux de la feuille carpellaire se replient l'un contre l'autre, ils doivent nécessairement alors faire face à la nervure moyenne, et, en ce cas, les placentas seront, en apparence, opposés aux stigmates (*f.* 361). Ainsi lorsque, je le répète, les ovules se trouvent placés le long des bords des feuilles carpellaires, soit dans le carpelle simple, soit dans l'ovaire multiloculaire, les stigmates et les placentas sembleront opposés, quoique réellement alternes, et, dans l'ovaire à plusieurs feuilles carpellaires plus ou moins étalées et à placentas pariétaux, il y aura alternance entre ceux-ci et les premiers, ou, pour mieux dire, les uns et les autres montreront sans déguisement leur position naturelle. J'ai à peine besoin de vous dire qu'une combinaison toute différente doit se présenter lorsque le placenta occupe le milieu de la feuille carpellaire, comme cela a lieu dans le *Vasconcellea*, l'*Astrocarpus* et le *Renatea* (*V.* p. 515) : alors c'est nécessairement au-dessous du style et du stigmate que doivent se trouver les ovules. Les différentes lois que je viens de vous signaler peuvent, dans des cas douteux, nous faire reconnaître la véritable position des placentas et des ovules. L'ovaire fort comprimé de l'Orme (*Ulmus campestris, f.* 411) est à deux styles qui continuent ses bords, et par conséquent ceux-ci forment le milieu de chacune des deux feuilles dont le pistil se compose ; mais c'est dans le bord même qu'est attaché l'ovule, donc il l'est au milieu de la feuille carpel-

Rapports des stigmates avec les placentas.

laire. La même chose peut être dite du Mûrier (*Morus nigra, alba*).

Les Pavots (ex. *Papaver orientale*, *f.* 392) forment une exception aux lois que je viens de vous faire connaître, puisque leurs stigmates rayonnants sont placés immédiatement au-dessus des placentas pariétaux, et que, cependant, chacun de ceux-ci naît entre les deux bords voisins de deux feuilles carpellaires. Mais il est à remarquer qu'ici, comme dans les Crucifères, les stigmates appartenant entièrement au système axile ne prolongent point la feuille carpellaire, qu'ils sont indépendants d'elle, qu'ils couronnent immédiatement le cordon pistillaire et les placentas, enfin que ceux-ci ne suivent point le contour tout entier de la feuille carpellaire et restent à côté d'elle. Si les cordons pistillaires se fussent allongés davantage, on aurait eu un style comme dans l'*Argemone* (*f.* 371) et le *Meconopsis*.

Valeur des caractères tirés des stigmates.

Les stigmates dépendent trop des styles pour que leurs caractères ne rentrent pas souvent dans ceux de ces derniers. Le stigmate complet et terminal et le terminal superficiel se rencontrent à la fois dans les familles les plus naturelles. Le terminal complet et le latéral superficiel nous sont aussi offerts par les mêmes groupes, ceux où les styles sont soudés dans une grande partie de leur longueur. La seule famille des Labiées présente des stigmates superficiels terminaux, et d'autres latéraux et superficiels, soit qu'ils garnissent les lèvres des deux branches fendues du style composé, soit qu'ils couvrent la surface intérieure tout entière de ces mêmes branches étalées. D'un autre côté, des stigmates latéraux se rencontrent, sans exception, dans toute la famille des Caryophyllées, et l'absence de ce caractère m'a servi autrefois à en séparer les *Linum* et à jeter les fondements de la petite tribu distinguée depuis sous le nom d'Elatinées. La disposition des poils qui accompagnent quelquefois les stigmates coïncide, chez les Composées, avec des caractères fort importants; la présence des mêmes organes est presque générale chez les Campanulacées, et une touffe de poils qui s'étendent en voûte au-dessus du stigmate sert à faire distinguer le genre *Vicia*. Une sorte de collerette cartilagineuse qui entoure et dépasse le stigmate caractérise la famille des Goodenoviées (1).

(1) Comme on retrouve, dans quelques écrits très-récents, entre autres, un beau mémoire de l'illustre Brown, des observations sur le genre *Mesembryanthemum* qui sont indiquées ici (p. 515, 533), je crois devoir rappeler, pour me mettre à l'abri de tout reproche, que ces observations sont dues originairement à feu M. Dutour de Salvert; qu'elles ont été signalées, en 1816, dans mon *Mémoire sur les plantes auxquelles on attribue un placenta central libre* (p. 50, 83), et que je les ai reproduites avec beaucoup de détails dans mon *Deuxième mémoire sur les Résédacées* imprimé dans les *Mémoires de l'Académie des sciences* (vol. XV, p. 313), et dont une seconde édition, purgée de fautes typographiques, a été publiée à Montpellier en 1837. Dans la similitude des observations de M. Brown avec celles de M. de Salvert et les miennes, je dois voir, au reste, la garantie la plus flatteuse de notre exactitude.

CHAPITRE XXVI.

OVULE.

Nous avons étudié les organes de la végétation, nous avons vu la plante fleurir; nous arrivons à la dernière de ses productions, à l'ovule.

Celui-ci est au placenta ce que sont les bourgeons à la tige et à la branche. Comme eux il se compose d'un axe et d'organes appendiculaires, et, comme eux, il est un gage de reproduction; mais ici s'arrêtent les ressemblances. Si le bourgeon multiplie l'individu, c'est en le continuant; au contraire, l'évolution de l'individu finit dans l'ovule, et ce dernier périrait sans avoir reproduit, si, par le concours simultané de deux sortes d'organes, c'est-à-dire par la fécondation, une évolution nouvelle ne commençait en lui. Le bourgeon répète l'individu; l'ovule est destiné à perpétuer l'espèce, et peut donner naissance à la variété. Excepté dans quelques cas rares, le premier ne se détache pas spontanément de la plante qui lui a donné naissance; le second se

Comparaison de l'ovule avec le bourgeon.

séparera de la plante mère, si toutes les phases de son existence se succèdent sans perturbation, s'il devient une graine. Il est, en un mot, le rudiment de cette dernière; il est la graine dans l'ovaire.

L'état d'ovule n'a donc rien de permanent. Depuis l'instant où cette partie de la plante vient de naître jusqu'à celui où elle peut jouir d'une vie particulière, de continuels changements s'opèrent en elle, et il est impossible de déterminer d'une manière précise quand finit l'ovule, et quand la graine commence. Nous disons sans cesse, une graine jeune encore, une graine qui n'est pas mûre.

§ I. — *Des développements de l'ovule.*

Résumé historique.

Dans le dix-septième siècle, Grew et Malpighi avaient déjà étudié, avec un succès merveilleux, les développements de l'ovule; mais, pendant une grand nombre d'années, on n'observa plus que la graine mûre, celle qui est susceptible de germer, et c'est seulement depuis l'année 1806 jusqu'à nos jours que M. Turpin, moi-même, MM. Tréviranus, Dutrochet, et surtout MM. Brown, Brongniart fils, Mirbel, Schleiden et Wydler avons repris ce sujet de recherche trop longtemps abandonné. Parmi les divers écrits où il a été traité dans ces derniers temps, je dois surtout vous citer les mémoires de M. Mirbel, intitulés : *Recherches sur la structure et les développements de l'ovule*. On peut, sans doute, ajouter des faits à ceux qui ont été exposés par cet illustre naturaliste; peut-être, au milieu d'observations très-difficiles à faire, lui a-t-il échappé quelques légères erreurs, mais son travail restera toujours comme un des plus parfaits modèles qui puissent être offerts aux botanistes.

Si nous ouvrons l'ovaire lors de la fécondation, nous verrons sur le placenta un ou plusieurs petits corps, tantôt globuleux, tantôt ovoïdes, tantôt oblongs, ou qui présentent la forme d'une cornue : ce sont les ovules (*ov. globosum, ovatum, oblongum, virgulæforme*). Souvent ils sont attachés, sans intermédiaire, à la partie qui leur a donné naissance, et quelquefois même on les voit enfoncés dans le placenta, ainsi que cela a lieu chez les Primulacées et les Myrsinées ; très-souvent aussi ils sont fixés à l'aide d'un filet presque toujours grêle. Ce filet a reçu les noms de cordon ombilical, podosperme et funicule (*chorda pistillaris, podospermum, funiculus*). Quand il manque, l'ovule est sessile (*ov. sessile*), comme nous avons vu que la fleur et la feuille étaient sessiles, lorsque la première est sans pédoncule et la seconde sans pétiole. Le point par lequel l'ovule est attaché, soit immédiatement au placenta, soit au cordon ombilical, s'appelle le hile ou l'ombilic (*hilum, umbilicus*).

Où l'on voit les ovules.

Cordon ombilical.

Hile.

Les botanistes qui décrivent les plantes se contentent d'indiquer la forme de l'ovule, telle qu'elle est à l'époque de la fécondation, mais alors s'est déjà opérée une partie des métamorphoses qu'il doit subir.

Premiers développements de l'ovule.

L'ovule est originairement une petite masse celluleuse, dépourvue d'enveloppes et d'ouverture. Sur le placenta du bouton naissant, il se montre comme une proéminence légère ; mais bientôt il grandit, et prend la forme d'un mamelon ou d'un cône (ex. *Cucumis Anguria*, *f.* 394). C'est là le Nucelle (*Nucleus*), la partie la plus importante de l'ovule, celle où l'embyron doit se développer un jour. Cependant, un peu au-dessous de l'extrémité du nucelle (*f.* 395 d) ne tardent pas à se développer deux petits bords circulaires, l'un intérieur, l'autre extérieur, qui ne sont

Nucelle.

autre chose que les enveloppes de l'ovule (*même fig.* b, c). C'est à l'extérieure qu'est attaché le cordon ombilical (*même fig.* a); au fond de cette même enveloppe est fixée l'intérieure, et au fond de celle-ci le nucelle. Le point où l'enveloppe intérieure est attachée à l'extérieure s'appelle chalaze (*chalaza*); c'est l'endroit où les vaisseaux du funicule, après avoir traversé l'enveloppe extérieure, passent dans l'intérieure et dans le nucelle; c'est un hile intérieur. Les deux enveloppes ont reçu des botanistes une foule de noms différents; M. de Mirbel, en particulier, a appelé l'extérieure primine (*même fig.* b) et l'intérieure secondine (c) (*primina, secundina*); et, au contraire, M. Schleiden nomme premier tégument (*integumentum primum*) l'enveloppe intérieure, et second tégument (*int. secundum*) l'extérieure, parce qu'il pense que c'est après l'autre que celle-ci prend naissance. L'ouverture de la primine porte le nom d'exostome ou micropyle extérieur (*même fig.* e); celle de la secondine s'appelle endostome ou micropyle intérieur (f) (*exostoma, endostoma; micropyle exterior, micropyle interior*).

Chalaze.

Primine; secondine.

Exostome; endostome.

Quoiqu'une foule d'ovules se présentent avec les deux téguments, il ne faut pas croire que ceux-ci existent toujours. Souvent un seul se développe, comme dans le Cyprès, le Noyer, les Composées, les Lobéliacées, les Campanulacées, etc.; assez souvent aussi le nucelle, comme dans les genres *Dipsacus* et *Asclepias*, reste nu, et constitue à lui seul l'ovule tout entier. Lorsque les deux enveloppes existent à la fois, le nucelle, en grossissant, s'élève bientôt au-dessus de la secondine d'une manière sensible, comme celle-ci s'élève au-dessus de la primine; l'ouverture de l'une et de l'autre éprouve un élargissement très-notable, et alors l'ovule tout entier peut se comparer à un gland renfermé à sa base dans une double cupule. Mais cet état n'est que

La primine et la secondine n'existent pas toujours.

Suite des développements de l'ovule.

transitoire ; la primine et la secondine croissent à leur tour plus que le nucelle, elles l'enveloppent, leur orifice se rétrécit peu à peu, et elles finissent par ne laisser au-dessus de lui qu'une ouverture très-étroite (*f.* 397).

Ovules orthotropes, campulitropes, anatropes.

Dans l'origine, le sommet du nucelle, la base de la secondine et celle de la primine ou le hile, pourraient être traversés par un axe rectiligne. Certains ovules conservent toujours cette direction, et portent le nom d'orthotropes ou d'atropes (*ov. orthotropum, atropum*, ex. *Tradescantia Virginica, f.* 395), mais on n'en trouve de semblables que dans un très-petit nombre de plantes, telles que le Noyer, les Polygonées et une partie des Urticées. Quant aux autres, ils dévient plus ou moins de la ligne droite et de différentes manières, suivant les genres et les familles. Il en est qui, tout entiers, se courbent sur eux-mêmes en forme de rein, rapprochant ainsi du hile le sommet de leur nucelle : ces ovules, dont la famille des Légumineuses, celles des Crucifères et des Caryophyllées, fournissent de nombreux exemples, portent le nom de campulitrope (*ov. campulitropum*) (ex. *Cheiranthus Cheiri*, *f.* 396 ; b *primine*, d *nucelle*). D'autres, les anatropes, par la courbure graduelle de la base de leur axe, se rapprochent peu à peu du cordon ombilical, et, après avoir décrit un demi-cercle, le rencontrent, se soudent avec lui et le confondent, en quelque sorte, dans leur substance (*ov. anatropum*, ex. *Aristolochia Clematis*, *f.* 397 b *primine* ; e *exostome et endostome très-rapprochés*, a *cordon ombilical soudé avec la primine*) ; souvent le cordon, ainsi soudé, se montre comme une proéminence extérieure, mais souvent aussi il ne se laisse point apercevoir ; la partie soudée du cordon porte le nom raphé (*raphe*). Quand l'embryon est atrope ou campulitrope, il est bien clair que le hile et la chalaze ne sont point distincts, puisque la primine, la secondine et le nucelle viennent

Raphé.

immédiatement les uns au-dessus des autres; mais, comme dans l'embryon anatrope, il y a confusion de la partie supérieure du cordon avec la primine, et que nous ne considérons comme le hile que le point où le cordon devient libre, le hile se trouve nécessairement éloigné de la chalaze, et celle ci devient distincte. Pour mieux vous faire comprendre la différence qui existe entre les ovules atrope, campulitrope et anatrope, j'emprunterai à M. Roeper, en la modifiant un peu, une comparaison vulgaire. Représentons-nous, dans un couteau de poche, la lame comme l'ovule, et le manche comme le cordon ombilical : si le couteau est ouvert, nous aurons l'image de l'ovule atrope, où l'ombilic et le sommet du nucelle sont dans un même axe rectiligne; fermons le couteau, la lame et le manche, rentrant l'une dans l'autre, nous montreront l'ovule anatrope non-seulement replié sur le cordon, mais encore soudé avec lui; supposons, à présent, que la lame du couteau ouvert soit courbée comme une faucille, ce sera l'embryon campulitrope. Ici, comme ailleurs, il n'y a rien de tranché; on trouve tous les passages entre les trois directions que je viens de vous faire connaître : elles se nuancent, elles se combinent entre elles, et souvent des inégalités d'accroissement très-sensibles leur font subir les plus singulières modifications, comme cela arrive dans les Primulacées, les Myrsinées et les Plantains.

Les trois sortes d'ovules nuancées entre elles.

Nous avons vu la primine et la secondine s'étendre sur le nucelle, nous avons vu l'ovule changer de direction; c'est à présent dans l'intérieur de ce dernier que s'opéreront les phénomènes les plus remarquables. Ils varient suivant les plantes; ils sont très-difficiles à étudier à cause de l'extrême petitesse des objets, et, par conséquent, il ne faut pas s'étonner que les observateurs ne soient pas toujours d'accord sur les diverses circonstances qui les accom-

Fin des développements de l'ovule.

pagnent. Je vais vous faire connaître les faits les plus essentiels. Pendant que l'ovule prend de l'accroissement, une cavité se forme dans l'intérieur du nucelle; alors ce n'est plus qu'une sorte de sac, et, dans cet état, il a reçu le nom de tercine (*tercina*). Tantôt, dit Mirbel, ce troisième sac se fond et s'évanouit sans qu'on en retrouve la moindre trace; tantôt il s'applique contre la surface interne de la secondine, ou même il s'y soude visiblement, comme celle-ci, un peu plus tôt, s'est soudée avec la primine. Enfin nous arrivons à la dernière des enveloppes qui se montrent dans l'ovule, celle qu'on nomme sac embryonnaire (*sacculus embryonalis*) ou quelquefois quintine (*quintina*, ex. *Myrica pensylvanica*, *f.* 398, a *cordon ombilical*; b *primine et secondine confondues ensemble*; c *sac embryonnaire*; d *embryon naissant*). Mirbel la regarde comme une production particulière; selon Schleiden, le sac embryonnaire qui, dit-il, existe dans toutes les phanérogames, doit sa formation à une des cellules du nucelle qui s'étend outre mesure; Wydler n'ose trancher la question, et demande si la paroi immédiate du sac ne serait pas tout simplement le nucelle lui-même. Au reste, si l'on n'est point d'accord sur l'origine du sac embryonnaire, il ne saurait y avoir de doute sur sa destination; c'est dans son intérieur que l'embryon se développe.

Tercine.

Sac embryonnaire.

Pour étudier avec détail toutes les transformations que je vous ai indiquées d'une manière succincte, il faut être doué d'une grande patience, avoir l'habitude des dissections les plus délicates, et s'aider d'excellents microscopes; mais une simple loupe peut suffire, quand on veut se borner à observer quelques-uns des principaux développements extérieurs. Ainsi, dès 1815, sans le concours du microscope, j'avais reconnu que, dans l'*Iris fetidissima*, à l'époque de la floraison, les ovules sessiles et ovoïdes cylindri-

Développements de l'ovule de l'*Iris fetidissima* et de celui de l'*Asphodelus ramosus*.

ques présentaient, à côté du point d'attache où ils sont comme tronqués, une petite pointe obtuse et un peu transparente; que cette pointe était l'extrémité libre d'un corps intérieur qui avait la forme d'une bouteille (le nucelle), et que ce corps était renfermé dans une enveloppe épaisse où il n'était fixé que par un point opposé au hile (ovule campulitrope). Toujours sans microscope, j'avais vu, dans l'*Asphodelus ramosus*, très-longtemps avant la floraison, une enveloppe extérieure former, sur la base du nucelle, une très-petite calotte; j'avais vu celle-ci s'accroître obliquement, s'étendre sur le nucelle, dépasser, à l'époque de l'épanouissement, la moitié de sa longueur, le revêtir en tous sens lors de la chute des enveloppes florales, et un peu plus tard adhérer à sa surface.

Nature de l'ovule.

Le botaniste étranger à l'étude comparative des changements qui s'opèrent dans les diverses parties du végétal aurait de la peine, sans doute, à s'expliquer la composition de l'ovule; mais, quand on a su retrouver la tige dans le rameau, et ce dernier dans la fleur pédonculée, ou même dans la fleur sessile, on ne verra l'ovule que comme une branche en miniature composée de son axe et d'organes appendiculaires. Le placenta, comme nous le savons déjà, continue et représente la tige; ses rameaux sont les ovules. Tantôt des feuilles naissent de la base du rameau, c'est l'ovule sessile; tantôt la jeune branche offre un assez long intervalle entre le point où elle prend naissance et ses premiers appendices; c'est l'ovule porté par le cordon ombilical : celui-ci peut être comparé à un premier entre-nœud sans feuille, au prétendu pédicelle du bourgeon de l'Aune, ou à la radicule des embryons. La primine et la secondine sont les organes appendiculaires du jeune rameau, et nous offrent l'image des gaînes d'une foule de monocotylédones; c'est surtout à leur naissance, lorsqu'elles ont peu de vigueur, que ces plantes, déjà moins vigoureuses que les dicotylédones, produisent des gaînes au lieu de feuilles ; il n'est pas étonnant que l'axe de l'ovule, le moins vigoureux de tous les axes, ne donne aussi naissance qu'à des gaînes. Le point où l'axe de l'ovule produit la première gaîne, c'est le hile ; celui où il produit la seconde, la chalaze ; si nous supposons un instant que le calice et la corolle soient chacun un seul organe appendiculaire, le point d'attache du pédoncule sur le calice sera le hile, le point d'attache de la corolle sera la chalaze. Le nucelle longtemps fermé, et qui ne se creuse dans son intérieur que par oblitération, représente évidemment le moignon plus ou moins sensible par lequel finit tout axe indéterminé ; nous pouvons le comparer au prolongement charnu qui termine le spadix des *Arum*, et qui peut aussi se creuser intérieurement ; la spathe de l'*Arum* rappellerait la secondine. Mais ici s'arrêtent les ressemblances : le nucelle a une autre destination que les axes ordinaires ; son tissu, comme le dit Schleiden, se modifie pour servir au développement de l'embryon, de même que celui de la feuille s'est modifié pour devenir une anthère et donner naissance au pollen. Quant aux directions diverses que l'ensemble de l'ovule est susceptible de prendre, nous les retrouverons également dans la branche ; l'ovule atrope est un rameau droit ; le campulitrope un rameau courbé dont les appendices très-rapprochés se courberaient avec leur axe ; l'anatrope, la partie feuillée d'une branche repliée sur sa base dépourvue de feuilles, ou, si l'on veut, la fleur pendante à l'extrémité de son pédicelle, ou bien encore des cotylédons, s'appliquant sur la radicule (1).

(1) Les fig. citées dans ce paragraphe sont empruntées à M. de Mirbel.

§ II. — *De la position de l'ovule dans l'ovaire.*

Jusqu'ici je vous ai entretenus seulement de la direction propre de l'ovule ; nous avons encore à étudier celle qu'il a dans l'ovaire. Elle est susceptible de varier de cinq manières principales. Si l'ovule est fixé au fond de la loge, et que son sommet regarde celui du péricarpe, on le dit dressé (*ov. erectum*, ex. *Urtica urens*, *f.* 399) ; lorsqu'au contraire il est attaché au sommet de la loge, et que le sien est tourné vers le fond de cette dernière, on le dit renversé ou inverse (*ov. inversum*, ex. *Viburnum Tinus*, *f.* 403). Un ovule est ascendant (*ov. ascendens*, ex. *Cardiospermum anomalum*, *f.* 401), lorsque, naissant d'un placenta axile ou pariétal, il dirige son sommet vers le haut de l'ovaire ; il est, au contraire, suspendu (*ov. suspensum*, ex. *Krameria grandiflora*, *f.* 402), lorsque, étant également fixé à un placenta pariétal ou axile, il pend vers le fond de la loge ; enfin quand le point d'attache est également éloigné des deux bouts de l'ovule, ou que celui-ci adhère au placenta par le milieu de sa longueur, on l'appelle péritrope (*ov. peritropum*, ex. *Caryocar Brasiliense*, *f.* 404).

Ovule dressé, renversé, ascendant, suspendu, péritrope.

L'ovule attaché au fond d'un ovaire uniloculaire est évidemment la continuation de l'axe de la fleur, et par conséquent du pédoncule. Quand, au contraire, il existe des placentas axiles ou pariétaux, ce sont eux qui continuent l'axe floral, et les ovules dont ils sont chargés appartiennent à une seconde génération ; ainsi l'ovaire uniloculaire à un seul ovule dressé peut être comparé, quant au degré d'évolution, à une inflorescence terminale, et les ovules qui naissent d'un placenta pariétal doivent l'être à une inflorescence axillaire où les bractées ne se sont pas développées,

L'ovule unique et dressé d'un ovaire uniloculaire comparé, relativement au degré d'évolution, aux ovules des placentas axiles et pariétaux.

à la grappe des Crucifères, par exemple. De ceci il résulte que l'ovaire à une seule loge renfermant un seul ovule dressé est le type le plus simple : lui seul suffirait pour prouver, si cela était encore nécessaire, que les ovules ne naissent point des feuilles carpellaires ; car son ovule est absolument indépendant de celles-ci ; il naît du centre de la fleur et répond à son axe.

Plusieurs ovules attachés au fond de la loge d'un ovaire uniloculaire.

Dans des cas fort rares (ex. *Celosia cristata*), plusieurs ovules naissent du fond de la loge d'un ovaire uniloculaire ; mais alors il est bien clair que tous n'appartiennent pas à la même évolution ; un seul peut continuer l'axe de la fleur, les autres sont des rameaux. Ce faisceau d'ovules peut être comparé à une ombelle simple.

Ovule récliné.

Souvent on voit, dans un ovaire à une seule loge, un ovule suspendu au sommet d'un long cordon ombilical, plus ou moins courbé, qui naît du fond de la loge. On a donné le nom de réclinés (*ov. reclinatum*) aux ovules qui présentent ce caractère, comme dans les *Chenopodium*, les *Scleranthus*, le *Corrigiola*, les *Plumbago* (ex. *P. Zeylanica*, *f.* 400) ; mais il est bien évident que l'ovule récliné ne diffère de l'ovule dressé que par la longueur de son cordon ombilical ; raccourcissons ce dernier, rendons l'ovule sessile ou presque sessile, nous aurons un ovule dressé.

Position naturelle de l'ovule suspendu.

Il n'en est pas des ovules ascendant et suspendu comme de l'ovule dressé ; ils appartiennent nécessairement à une seconde génération, puisqu'ils émanent de placentas qui représentent la première. La position naturelle de l'ovule attaché à un placenta serait d'être ascendant, comme le sont la plupart des rameaux ; mais, quand il naît très-près du sommet de l'ovaire, il n'aurait pas la place de se développer, s'il ne s'inclinait vers le fond de la loge. Quelquefois, comme dans le *Sedum album* et le *Sisymbrium pyrenaicum*, le cordon ombilical est véritablement ascendant ;

mais, se courbant ensuite, il force le sommet de la jeune graine de se tourner vers le fond de la loge. Plus souvent le cordon ou la semence elle-même s'inclinent au point où ils s'échappent du placenta, et alors l'ovule est vraiment suspendu.

Ce qu'on doit penser de l'ovule dit renversé.

C'est bien certainement comme une modification de cette sorte d'ovule que celui dit renversé ou inverse doit être considéré. En effet, on ne saurait concevoir qu'un ovule puisse naître du point diamétralement opposé au style, puisque là doit se trouver une columelle centrale, ou bien que, s'il n'y a pas de columelle, et, par conséquent, point de placentas axiles, les placentas doivent être pariétaux, c'est-à-dire nécessairement latéraux par rapport à la base du style. Il me semble donc impossible qu'un ovule inverse soit autre chose qu'un ovule suspendu, tellement rapproché du point qui correspond au style, qu'il paraît descendre de ce dernier. Il est également des ovules ascendants, tels que celui du *Ranunculus sceleratus*, que l'on croirait dressés, parce qu'ils sont attachés à la paroi du péricarpe, très-près du fond de la loge : à l'époque de la floraison, les ovules du *Rhamnus Frangula* semblent fixés au fond des loges de l'ovaire ; mais, un peu plus tard, quand celui-ci a grandi, on voit sans peine qu'ils sont nés de la cloison.

L'ovule péritrope intermédiaire entre l'ascendant et le suspendu.

L'ovule péritrope est intermédiaire entre l'ascendant et le suspendu, et une légère inégalité d'accroissement peut le faire pencher vers l'ascendance ou la suspension ; aussi les botanistes descripteurs sont-ils quelquefois obligés de se servir des expressions composées, *peritropo-ascendens*, *peritropo-suspensum*, qui indiquent assez qu'ici encore il n'y a rien d'absolument tranché.

Position des ovules variable, quand ils sont en nombre indéfini.

Quand les ovules naissent en grand nombre d'un même placenta, leur position n'a souvent rien de bien déterminé, et peut éprouver des variations dans le même ovaire.

Il n'en est pas ainsi des ovules en nombre défini : la manière dont ils se dirigent par rapport à l'ovaire offre assez généralement une grande constance dans les genres et les familles naturelles, et quelquefois même elle a aidé à fixer la place de certaines plantes, sur les rapports desquelles on avait conçu des doutes. Un ovule dressé se rencontre, sans exception, chez les Polygonées, les Composées, les Thymélées, et contribue à grouper celles des Urticées qui se ressemblent le plus. Le renversement de l'ovule rapproche les Globulariées des Dipsacées. La suspension caractérise les Ombellifères, les Polygalées, les Jasminées, les Euphorbiacées, les Myoporinées; l'ascendance distingue les Célastrinées, et tend à séparer les Pomacées des autres Rosacées.

Position des ovules en nombre défini, généralement constante dans les familles naturelles.

Chez quelques genres, tels que l'*Hippocastanum*, l'*Almeidea* et le *Spiranthera*, où l'ovaire est à plusieurs loges, dont chacune contient deux ovules attachés dans l'angle interne au milieu de la longueur de la loge, l'un des deux a le sommet dirigé vers celui de cette dernière, et l'autre a le sien tourné vers le fond du péricarpe (ex. *Almeidea lilacina*; *f.* 405). De cette manière, ils se partagent la cavité où ils se trouvent placés, et peuvent s'y développer sans la moindre gêne. Il est clair qu'ici la même loge présente un ovule ascendant et un autre suspendu ; mais cette double direction et les circonstances qui l'accompagnent sont aussi constantes dans la même espèce et dans le même genre que le sont ailleurs la suspension ou l'ascendance de tous les ovules.

Un ovule ascendant et un autre suspendu dans les loges d'un même ovaire.

D'après ce que je viens de vous dire, il ne faudrait pourtant pas croire que la direction des jeunes semences, relativement au péricarpe, ne varie jamais dans la même famille, lorsqu'ils sont en nombre défini. Dans le seul genre *Ranunculus*, l'un des plus naturels qui existent, l'ovule est tantôt dressé, du moins en apparence, tantôt ascendant, péritrope ou même suspendu. On ne citerait pas

La position des ovules en nombre défini variable dans quelques cas.

un seul caractère botanique qui soit d'une constance parfaite.

Je vous ai entretenus de la direction des jeunes semences par rapport à l'ovaire ; je vais actuellement vous dire quelques mots de leur position respective.

Position respective des ovules.

Quand des ovules naissent en grand nombre sur un placenta épais et charnu, ils semblent épars ; mais il est à croire qu'avec de l'attention on trouverait que leur disposition respective est plus ou moins soumise aux lois qui régissent l'arrangement des feuilles et des bourgeons sur les rameaux et sur la tige. S'il n'existe pas de placenta particulier, et que les ovules soient immédiatement attachés aux cordons pistillaires, ils forment ordinairement deux séries parallèles. Dans le même cas, cependant, on peut trouver aussi plus de deux séries ; mais j'ai reconnu que, chez le *Narcissus poeticus* et diverses Caryophyllées, où il semble y avoir plusieurs séries, il n'en existait réellement que deux ; que l'excessif rapprochement des ovules en forçait un certain nombre à sortir de leur rang et à se rejeter sur les côtés ; enfin que les ovules détachés ne laissaient réellement sur les cordons pistillaires que deux rangées parallèles de cicatrices. Ces observations montrent que les ovules sont plus souvent disposés en série double que ne le ferait croire un examen superficiel (1).

(1) Ceux qui ne connaissent que certains ouvrages modernes seront peut-être surpris de voir les *Scleranthus* indiqués dans ce paragraphe comme ayant un ovaire uniloculaire et monosperme. Dès 1791, Gaertner avait montré que Linné s'était trompé, en attribuant contre l'opinion de Haller, Dillen et Adanson deux graines à ces plantes. Brown, en 1810, fit voir que l'ovaire était, comme le fruit, uniloculaire et monosperme ; enfin, en 1816, je revins sur le même sujet (*Mém. plac.*) et prouvai que l'ovule unique était récliné dans une loge également unique.

CHAPITRE XXVII.

RAPPORTS NUMÉRIQUES DES PARTIES DU PISTIL.

A présent que nous connaissons les différentes parties du pistil, nous allons examiner s'il existe entre elles des rapports de nombre bien constants, et en quoi ils consistent.

§ Ier. — *Rapports numériques des parties du pistil à ovaire multiloculaire.*

Rapports numériques des loges du style et du stigmate dans l'ovaire multiloculaire.

Nous savons que, dans tout ovaire composé de plusieurs loges, chacune est formée par les bords repliés d'une feuille carpellaire, et que la nervure prolongée de chaque feuille doit fournir un style; par conséquent, l'ovaire multiloculaire doit offrir un nombre égal de feuilles carpellaires, de styles et de loges (*f.* 357). Il est vrai que souvent on voit un ovaire multiloculaire surmonté d'un style en apparence unique (*f.* 363), et que, d'un autre côté, il existe des plantes telles que les Euphorbes, dont l'ovaire a moins de loges qu'elles n'ont de stigmates et de branches à leur style (*f.* 390); mais, comme je vous l'ai déjà fait voir, nous pouvons, en rapprochant un certain nombre d'espèces, trouver toutes les nuances entre des styles parfaitement distincts et d'autres où la soudure s'étend jusqu'aux stigmates ; ainsi nous devons dire, quand nous rencontrons un ovaire à plusieurs loges avec un style unique et un seul stigmate, que ceux-ci sont formés de la réunion de plusieurs stigmates et de plusieurs styles. Lorsque, au contraire, le nombre des branches de ces derniers dépasse celui des loges, il est bien évident qu'il y a eu division dans les styles organiques ; ils ne se sont point ramifiés, parce que les seuls axes peuvent produire des rameaux; mais, étant une portion d'organes appendiculaires, ils se sont partagés, comme peuvent le faire tous les appendices. Lors donc que, dans un *Scilla* (ex. *Sc. amœna*, *f.* 363) par exemple, je trouve un ovaire à cinq loges et un style unique, je dois dire que celui-ci est formé de la réunion de cinq styles ; et, quand au sommet de l'ovaire triloculaire d'un Euphorbe (*f.* 390) je verrai un tronc commun extrêmement court d'où partent trois branches qui, chacune, en fournissent deux terminées par un stigmate, je dirai que là il y a trois styles soudés tout à fait à leur base et ensuite partagés en deux. De tout ceci il résulte que du nombre réel des stigmates et du nombre apparent des styles on ne peut rien conclure pour le nombre des loges de l'ovaire ; qu'au contraire on doit conclure de celui des loges au nombre des styles organiques ; enfin que le nombre des stigmates même organiques n'indique point combien il y a de styles organiques et de loges, puisque chaque division d'un style peut avoir son stigmate.

Rapports des parties du pistil des Labiées ; sa véritable structure

Ici s'élève naturellement une question. On conçoit que les deux ou trois styles d'un ovaire à autant de loges puissent se souder ensemble, de manière à en former, en apparence, un seul ; mais, comme je trouve dans les Labiées quatre loges parfaitement distinctes avec un style à deux branches seulement, ne dois-je pas croire que deux autres styles ont avorté d'une manière complète ? La conclusion serait, sans doute, très-admissible, s'il existait quelque exemple bien constaté d'un avortement semblable ; mais on n'en peut point citer, et par conséquent M. de Gingins de Lassaratz a raisonné conformément aux principes d'une saine logique, quand il a dit que, puisque les monopétales à deux styles plus ou moins soudés avaient, en général, deux loges seulement, l'ovaire des Labiées, plantes monopétales, devait être considéré comme étant à deux lobes divisés profondément. Ce qui prouve combien, dans les sciences naturelles, l'analogie a de puissance et nous fournit de ressources, c'est que les conclusions du raisonnement de M. de Gingins ont été pleinement confirmées par l'observation directe. En effet, M. Schleiden a reconnu, dans des boutons très-jeunes de plantes labiées, où les parties n'étaient pas encore soudées, qu'il n'existait bien réellement que deux feuilles carpellaires.

Dans un ovaire ordinaire, chaque style correspond au milieu de la feuille carpellaire, et si deux lobes venaient à partager les carpelles par le milieu, le style correspondrait à l'angle formé par les deux lobes ; or, chez les Labiées, une des deux branches du style répond à l'intervalle qui existe entre les deux lobes supérieurs de l'ovaire, tandis que l'autre branche répond à l'intervalle qui se trouve entre les inférieurs ; donc les deux lobes supérieurs appartiennent à la même feuille carpellaire, et les deux inférieurs à l'autre feuille. Ici donc les feuilles carpellaires seraient parallèles aux deux lèvres et à l'axe de l'inflorescence ; or c'est là précisément ce qui arrive dans les Scrophularinées, qui, comme les Labiées, ont une corolle à deux lèvres; par conséquent, nous avons une nouvelle induction pour croire que l'ovaire des Labiées n'est formé que de deux feuilles carpellaires, et l'une se composerait des deux lobes supérieurs, ceux qui répondent à la lèvre également supérieure, tandis que l'autre serait formée des deux lobes inférieurs.

On a pensé que, dans les Labiées, les deux lobes devaient être considérés comme des parties de la feuille soulevée par les ovules, lorsque ceux-ci prennent de l'accroissement; mais je ne puis concevoir comment, dans ce cas, les lobes deviendraient distincts. Nous savons (p. 506) que, chez les genres *Ajuga* et *Teucrium*, l'ovaire n'est point, comme celui des autres Labiées, à quatre lobes entièrement séparés les uns des autres, mais qu'il présente, conformément à l'organisation la plus commune, une columelle centrale surmontée du style, à laquelle se rattachent longitudinalement les quatre lobes séparés par autant de cloisons; or des coupes de l'*Ajuga chamæpitys* montrent évidemment que chaque loge est, comme tous les carpelles, formée par deux bords repliés de dehors en dedans, et que chacune des quatre cloisons est, par conséquent, double. Une telle organisation ne peut évidemment pas s'expliquer par des boursouflures dues à l'accroissement de l'ovule; on ne peut en rendre raison qu'en admettant que chaque feuille carpellaire est profondément bipartite, et que ses parties se seront comportées chacune comme se comporte la feuille entière quand elle est simple. Sans cette explication, il serait absolument impossible de concevoir comme étant le résultat de deux feuilles les quatre lobes des *Scutellaria* attachés, par un seul point, à un gynobase qui n'est nullement déprimé, mais qui s'élève à peu près vertical et en forme de colonne. Si deux de ces lobes sont ensemble fournis par une feuille unique, elle doit être partagée en deux folioles comme celle du *Zygophyllum Fabago* ou des *Copaifera.* Ce que je dis ici des *Teucrium* et des *Ajuga* peut également s'appliquer à celles des Verbénacées dont l'ovaire est à quatre loges, puisque cet ovaire est organisé comme celui des *Teucrium*, et présente également un style à deux stigmates.

Aucune relation de nombre entre les loges d'un ovaire multiloculaire et leurs ovules.

Parce qu'il existe des relations numériques très-déterminées entre les styles organiques et les loges d'un ovaire pluriloculaire, il ne faudrait pas croire que des relations du même genre doivent lier les mêmes parties et les jeunes semences. Chaque loge d'un ovaire pluriloculaire peut renfermer un à plusieurs ovules, et l'observation directe peut seule en faire connaître le nombre. On a indiqué comme étant vides quelques-unes des loges de certains ovaires. Une tige peut ne pas produire de branches; ainsi il n'y a aucune raison pour croire qu'un cordon pistillaire ne puisse point rester sans ovules. Je dois dire, cependant, que, dans deux des loges du *Valerianella dentata* que l'on peut facilement croire vides, je suis parvenu à découvrir un ovule extrêmement petit, avorté dès son origine.

§ II.—*Rapports numériques des parties du pistil à ovaire uniloculaire.*

S'il n'est pas toujours très-facile de résoudre les problèmes qu'offrent les rapports numériques des diverses parties du pistil à ovaire pluriloculaire, il l'est peut-être moins encore de trouver la solution de ceux de même nature qui naissent de l'étude des pistils où l'ovaire est à une seule loge.

Un ovaire uniloculaire peut être, comme nous l'avons vu,

formé d'une ou plusieurs feuilles carpellaires (*f.* 369). Souvent le nombre des styles indique celui de ces feuilles (*même fig.*); mais nous savons déjà qu'il peut y avoir ici des causes d'erreur, puisque plusieurs styles organiques sont susceptibles de se souder en un seul, et que quelquefois on voit un style vraiment unique se diviser. Cependant, si nous ne pouvons toujours sans peine découvrir exactement le nombre de feuilles carpellaires dont se compose l'ovaire à une loge, il n'est pas du moins aussi difficile de dire s'il est à une seule ou à plusieurs feuilles : ces dernières, en effet, n'ont jamais de contours parfaitement rectilignes ; et, quand une seule se recourbe sur elle-même, pour former le carpelle, celui-ci ne saurait être parfaitement régulier, car le côté traversé par la nervure moyenne sera plus droit que celui qui sera dû aux bords réunis (ex. *Pisum sativum*, *f.* 406). Mais que nous rapprochions plusieurs feuilles par leurs bords, nous aurons nécessairement un ensemble régulier (ex. *Chenopodium murale*, *f.* 407). Ainsi tout ovaire uniloculaire où se montre quelque irrégularité (*f.* 365, 406, 408) est formé d'une feuille unique ; il l'est, au contraire, de plusieurs feuilles quand il se présente avec une régularité parfaite (*f.* 399, 400, 407) ; et, pour déterminer le nombre de ces feuilles, il faut, dans les plantes où les styles ne sont pas entièrement soudés, examiner leur nombre. Comme les *Chenopodium* (*f.* 407), les *Ulmus* (*f.* 411), les *Morus* ont un ovaire uniloculaire non-seulement régulier, mais encore surmonté de deux styles, il est évident que cet ovaire est formé de deux feuilles : le *Ficus Carica* (*f.* 408, 409), dont le style est tantôt simple et tantôt à deux branches, n'a, au contraire, qu'une feuille à son ovaire ; car celui-ci est moins arrondi du côté où est attaché son style un peu latéral, et, puisque ce dernier est le prolongement d'une feuille unique, il n'est que divisé quand il offre deux branches.

Comment déterminer si l'ovaire à une loge comprend une ou plusieurs feuilles carpellaires.

Rapports de nombre entre les diverses parties du pistil des Graminées.

L'irrégularité que l'on découvre manifestement dans l'ovaire d'un grand nombre de Graminées prouve assez qu'il est formé d'une seule feuille carpellaire : il peut donc paraître assez étrange que cet ovaire soit surmonté non pas d'un style unique et divisé, mais bien de deux styles parfaitement distincts dès leur origine. Une observation qu'a publiée M. Schleiden nous aidera à expliquer cette irrégularité. Cet auteur dit avoir vu, dans le bouton extrêmement jeune des Graminées, la feuille carpellaire parfaitement étalée et accompagnée de sa ligule : la feuille fournit un style, la ligule en fournit deux; mais le premier avorte, les deux autres seuls se développent. Nous savons que les ligules ne sont que des stipules axillaires; or nous avons vu (p. 192), par l'exemple du *Melianthus major*, que celles-ci étaient formées de deux parties accolées : la stipule du *Melianthus* est souvent bifide à son sommet; la ligule des Graminées l'est souvent aussi; donc il n'est pas étonnant qu'elle se prolonge en deux styles. Les *Bromus* confirment, d'ailleurs, ce que dit M. Schleiden de la composition double de la feuille carpellaire; car, dans l'ovaire de ces plantes, les styles sont latéraux, ou, si l'on aime mieux, une portion de l'ovaire s'élève derrière eux au-dessus de leur base : qui ne verrait ici la ligule et l'extrémité libre de la feuille placées l'une devant l'autre?

Comment découvrir le nombre des feuilles carpellaires dans l'ovaire uniloculaire qui en comprend plusieurs.

Nous savons à présent que l'ovaire irrégulier est composé d'une seule feuille carpellaire, et que l'ovaire régulier uniloculaire en comprend plusieurs; nous savons aussi que, quand il y a plusieurs styles parfaitement distincts depuis le sommet de l'ovaire, il suffit de les compter pour savoir quel est le nombre des feuilles carpellaires, toujours égal à celui des styles organiques; mais, malheureusement, ce petit calcul devient impossible, comme je vous l'ai déjà indiqué, quand les styles et les stigmates sont soudés d'une manière intime. Alors, pour découvrir la vérité, il faudrait remonter à la naissance des organes et les observer avant qu'ils se soudent; mais, quand on ne peut recourir à ce moyen très-difficile, on attend que le fruit mûr, en s'ouvrant, montre, par la séparation des feuilles, combien il en entre dans sa formation; et, s'il ne s'ouvre jamais, on n'a d'autre ressource que l'analogie.

Rapports du nombre des ovules avec celui des feuilles carpellaires dans l'ovaire à une seule loge.

L'ovaire uniloculaire, qu'il soit à une feuille ou à plusieurs, peut également renfermer un ou plusieurs ovules.

Je doute que l'ovule bien réellement dressé et continuant l'axe se trouve dans l'ovaire formé d'une seule feuille carpellaire; mais on peut le rencontrer avec deux feuilles, comme dans les *Salsola*, avec trois, comme dans les *Rumex*, quatre, comme dans le *Spinacia*, ou cinq, ainsi que cela a lieu dans les *Statice*.

Lorsque, dans un ovaire uniloculaire régulier, à deux styles et, par conséquent, à deux feuilles, on ne trouve point un ovule dressé, les cordons pistillaires, nécessairement pariétaux, peuvent aussi être au nombre de deux, et alors la loge contient toujours plusieurs ovules fournis, les uns par un des cordons, et les autres par le cordon opposé : c'est là ce qui a lieu dans les Bixinées, les *Chelidonium* (*f.* 372), et les *Corydalis*. A la vérité, comme les *Fumaria* n'ont qu'une graine dans leur fruit, et qu'on croirait, au premier aspect, que leur ovaire n'a qu'un ovule, ces plantes sembleraient infirmer la règle de la coïncidence de plusieurs ovules avec deux cordons dans l'ovaire uniloculaire; mais un examen attentif montrera bientôt chez les *Fumaria officinalis et Vaillantii*, par exemple (*f.* 410), quatre ovules attachés, deux par deux, aux cordons pistillaires, et dont trois, beaucoup plus petits que le quatrième, avortent bientôt d'une manière complète.

Il est incontestable, cependant, qu'il peut y avoir un seul

ovule dans un ovaire uniloculaire à deux feuilles et à deux styles ; mais, dans ce cas, il n'existe qu'un cordon pistillaire. Je vais vous citer plusieurs exemples de cette structure. L'ovaire comprimé de l'*Ulmus campestris* (*f.* 411), du *Morus alba*, du *Cannabis sativa*, de l'*Humulus Lupulus*, plantes de la famille des Urticées, est régulier et à deux styles, par conséquent à deux feuilles carpellaires ; sa loge unique contient un seul ovule attaché, un peu au-dessous de son sommet, à l'un des deux angles, formé par la compression du péricarpe ; enfin, dans cet angle seul, l'on voit un cordon pistillaire pariétal, celui duquel émane l'ovule ; mais, immédiatement au-dessus du point d'attache de celui-ci, le cordon se divise en deux branches, dont l'une se rend dans l'un des deux styles, et l'autre dans le style voisin. Je vous dirai, en passant, que cette organisation nous fournit de nouveaux exemples du passage du cordon pistillaire par le milieu de la feuille carpellaire (v. p. 515) ; en effet, dans l'*Ulmus*, le *Morus*, etc., l'angle formé par la compression de l'ovaire répond au style, ou, pour mieux dire, le style continue cet angle ; or le style est l'extrémité du milieu de la feuille, ou, si l'on veut, de sa côte moyenne ; donc la feuille s'est ici pliée dans son milieu, et celui-ci est représenté par l'angle de compression ; mais c'est dans cet angle que s'étend le cordon pistillaire, par conséquent il est bien réellement placé dans le milieu de la feuille carpellaire.

CHAPITRE XXVIII.

NECTAR.

Après avoir passé en revue toutes les parties de la fleur, je crois devoir vous dire quelque chose d'une sécrétion qui lui doit son origine, et qui porte le nom de nectar (*nectar*).

Il n'est personne qui ne sache qu'on trouve dans la corolle du Chèvrefeuille, de la Primevère officinale, du Trèfle des prés, et d'une foule d'autres plantes, une liqueur sucrée et d'un goût agréable ; c'est là le nectar.

Quelles parties de la fleur sécrètent le nectar.

Suivant les familles, les genres et les espèces, cette liqueur est sécrétée, tantôt par le calice, comme dans la Capucine; tantôt par les pétales, comme dans les Renonculacées; par les étamines, comme chez les Plombaginées; par l'ovaire, comme dans les Jacinthes. On a besoin d'attention pour ne point, dans une foule de cas, attribuer la production du nectar à des organes qui lui sont étrangers; ainsi, au premier abord, on croirait souvent que c'est le calice, comme dans l'Amandier, ou l'ovaire, comme dans les Ombellifères, qui sécrète la liqueur sucrée, tandis qu'elle est réellement fournie par le quatrième verticille de la fleur, c'est-à-dire le disque soudé avec ces mêmes parties.

Il s'en faut bien que le nectar soit constamment sécrété par l'organe tout entier; une faible portion de l'organe est souvent la seule qui soit nectarifère. Ainsi, chez les pièces pourtant fort grandes de l'enveloppe florale des Fritillaires, il n'y a qu'une fossette qui laisse échapper le nectar: en général, les parties qui le sécrètent sont glanduleuses; aussi est-il le plus souvent fourni par le disque, verticille qui, ordinairement réduit à la dernière expression, se présente sous la forme d'une ou plusieurs glandes.

Ce qui les caractérise.

Puisqu'une foule d'organes différents ou de simples portions d'organes peuvent fournir du nectar, il est clair qu'il doit être fort difficile d'indiquer des caractères applicables à tout appareil nectarifère, si ce n'est la production même de la liqueur sucrée. Cependant on doit dire que les parties qui sécrètent le nectar sont toujours lisses et sans poils, et, comme vous venez de le voir, on peut ajouter qu'en général elles ont une consistance glanduleuse.

Récipients du nectar.

L'organe duquel découle cette liqueur n'est pas toujours, vous le savez déjà, celui où on la trouve, du moins avec le plus d'abondance. Certaines parties auxquelles on a donné le nom de récipients du nectar (*nectarotheca, receptaculum nectaris*) sont destinées à recevoir cette même liqueur, et en sont, pour ainsi dire, les réservoirs; ce sont, en général, les fossettes, les bosses, les éperons que l'on remarque dans une foule de corolles. Assez souvent aussi, la même partie sécrète le nectar et lui sert de récipient.

D'après tout ce qui précède, il est bien clair qu'aucun

appareil particulier n'est destiné à la sécrétion du nectar; par conséquent, comme j'ai déjà eu l'occasion de vous le dire (p. 460), il y aurait de l'inconvénient à donner le nom de nectaire (*nectarium*) à tel ou tel verticille floral. Néanmoins, dans une dissertation spéciale où il ne serait question que du nectar, on pourrait, à l'exemple de Kurr, appliquer le nom de nectaire à toutes les parties de la fleur qui sécrètent une liqueur sucrée, abstraction faite de leur position et de leur véritable nature.

Quel nom on peut leur appliquer.

Le nectar n'est point indispensable aux végétaux; car, sur cent quatre-vingt-quatre familles, M. Kurr n'a reconnu la présence d'organes nectarifères que dans quatre-vingt-quatre; et, d'ailleurs, une foule de plantes, auxquelles le même botaniste, ainsi que M. Desvaux, avait enlevé leurs nectaires, n'en ont pas moins porté des semences fertiles. Cependant, comme la sécrétion de la liqueur s'opère, en général, dans le voisinage de l'ovaire; qu'elle commence très-rarement avant l'émission du pollen, et assez rarement avant l'épanouissement de la fleur; que chez la plupart des plantes elle se fait avec plus d'abondance pendant la fécondation, et enfin qu'elle cesse aussitôt que le fruit commence à se développer, il est assez vraisemblable qu'elle a quelques rapports médiats ou immédiats avec le développement des ovaires et des ovules. Les feuilles inférieures de la tige aident à la végétation des supérieures; ainsi il est bien naturel de croire que chaque verticille floral, surtout quand il est d'une consistance glanduleuse, participe au développement du verticille placé au-dessus de lui, et le quatrième verticille ou disque doit d'autant plus facilement contribuer à la nourriture du verticille voisin, qu'il est généralement gorgé de substance alimentaire.

Malgré quelques observations équivoques, je ne puis croire que le nectar qui s'est déjà échappé des organes floraux soit ensuite résorbé pour aller nourrir ou exciter les parties voisines; il serait, ce me semble, plus raisonnable de le considérer, avec M. Dunal, comme une sorte d'excrément formé par les matières surabondantes. Ce liquide, ajoute le même auteur, offre des différences selon les espèces de plantes qui le produisent, et il participe à leurs propriétés générales. C'est au nectar que nous devons le miel des abeilles, et, comme nous le verrons bientôt, il joue souvent dans la fécondation un rôle important, quoique secondaire.

CHAPITRE XXIX.

FÉCONDATION.

La fécondation, chez les plantes, est l'action qu'exercent les uns sur les autres les étamines et les pistils pour produire des semences capables de perpétuer l'espèce.

Puisque les pistils renferment les ovules, rudiments des graines, ce sont eux qui doivent être les organes femelles, et, par conséquent, les étamines sont les organes mâles.

§ I. — *Résumé historique.*

L'existence des sexes, chez les végétaux, ne fut point entièrement inconnue des anciens; mais l'idée qu'ils en eurent, vague et confuse, n'eut d'autre fondement que des observations populaires, auxquelles vinrent se rattacher L'existence des sexes dans les végétaux soupçonnée par les anciens;

quelques rêveries poétiques et les vaines théories d'une philosophie toute spéculative.

oubliée au moyen âge ;

Durant le moyen âge, on ne songea point aux sciences d'observation.

A la renaissance des lettres, la botanique fut cultivée sans doute; mais alors elle formait une des parties les plus essentielles de l'art de guérir : dans les plantes, on cherchait des remèdes, et personne ne pensait à s'occuper de physiologie végétale.

entrevue par les botanistes de la fin du seizième siècle;

Quelques passages de Prosper Alpin, de Clusius, de Césalpin, d'Adam Zaluzian, qui écrivaient à la fin du xvie siècle, ou tout à fait au commencement du xviie, prouvent que ces auteurs n'étaient point entièrement étrangers à la connaissance des sexes dans les végétaux; cependant il ne paraît pas que, sur ce point, leurs idées fussent beaucoup plus précises que celles des anciens.

admise à la fin du dix-septième ;

Ce fut seulement de 1676 à 1700, lorsque les vers grossissants devinrent d'un usage général, que l'on commença à connaître la vérité et à assigner à chacun des deux organes sexuels ses fonctions véritables : l'honneur en était réservé à quelques Anglais, Millington, Grew, Bobart et le célèbre Ray. Camerarius, qui écrivit presque en même temps que ce dernier auteur sur le sexe des plantes, traita ce sujet intéressant avec autant d'élégance que de solidité; ce fut lui qui, le premier, imprima le cachet de la science à la doctrine des sexes, et bientôt ses opinions furent embrassées par Burcard, Samuel Morland, Geoffroy et Sébastien Vaillant.

niée par Tournefort ;

Mais, toutes les fois qu'on proclame une vérité nouvelle, elle rencontre des contradicteurs : une polémique s'engagea entre les botanistes, et l'on vit l'illustre Tournefort se ranger parmi ceux qui niaient l'existence des sexes, refusant de prendre les étamines pour autre chose que pour des organes excréteurs.

Cependant tous les doutes allaient être levés. Linné, en 1735, commença à appuyer la doctrine des sexes de toute la force de son génie puissant, et il ne cessa plus de la soutenir jusqu'à la fin de sa vie. Aux observations de ses prédécesseurs, il joignit celles qu'il avait faites lui-même; par son style tout à la fois élevé, poétique et concis, il prêta aux unes et aux autres un charme irrésistible, et il acheva de donner à ses principes une sorte de popularité, en les prenant pour base d'un système qui, également simple et ingénieux, fut adopté par tous les botanistes.

démontrée par Linné;

Au milieu de l'admiration générale, deux ennemis de Linné, Heister et Siegesbeck, cherchèrent à faire entendre leur voix; mais ils ne pouvaient être écoutés, étrangers qu'ils étaient à la matière qu'ils prétendaient traiter.

Parmi ceux qui, depuis Linné, firent contre la doctrine des sexes les objections les plus sérieuses, il faut nommer Spallanzani. Ayant isolé des individus femelles d'Épinard et de Chanvre, il recueillit des semences qui germèrent; on lui objecta que des grains de pollen pouvaient avoir été apportés par le vent ou par les insectes; alors il éleva, dans une serre chaude, au milieu de l'hiver, des pieds de Melon d'eau; il eut soin, dit-il, de retrancher les fleurs mâles, et, cette fois-là encore, il obtint, s'il faut l'en croire, des fruits mûrs et des graines fertiles. Marti et Serafino Volta, qui n'est point le célèbre physicien, répétèrent les expériences de Spallanzani publiées en 1788; mais ils arrivèrent à des résultats différents des siens, toutes les fois qu'ils furent assez heureux pour supprimer toutes les fleurs mâles des plantes monoïques, et celles qui, souvent, dans les dioïques, se trouvent mêlées parmi les fleurs femelles.

révoquée en doute par Spallanzani;

Vers l'époque où Spallanzani combattait la doctrine de Linné, Conrad Sprengel cherchait à la fortifier par ses observations sur le rôle que les insectes jouent dans la fécon-

confirmée par les observations de Conrad Sprengel;

dation des végétaux. Ce patient observateur se rendait seul dans la campagne, et, couché au pied d'une plante, il épiait sans bruit l'instant où l'insecte se posait sur la fleur pour y puiser le nectar, et où, en même temps, il répandait les grains de pollen sur l'organe femelle. Si Sprengel a quelquefois trop généralisé ses idées, il n'en est pas moins vrai qu'on lui doit la connaissance d'une foule de faits curieux qui contribuent à prouver que tout est dans la nature enchaînement et harmonie.

rejetée par quelques modernes;

Cependant l'existence des sexes devait trouver des contradicteurs, même dans notre siècle. Schelver, que Goëthe honora d'un suffrage peu mérité, et qui écrivait, en 1812, rejeta la doctrine de Linné, appuyée par tant de faits et d'analogies, pour en substituer une autre qui ne pouvait attirer l'attention que par sa bizarrerie; il prétendit que le pollen exerçait sur les stigmates une action délétère, et faisait ainsi refluer vers les ovules des sucs qui auraient pu prendre une autre route. Quelques années plus tard (1820), Henschel écrivit sur le même sujet un livre fort obscur, mais où l'on voit pourtant qu'il partageait les étranges opinions de Schelver, et où il dit positivement que la propagation des végétaux est soumise aux mêmes lois que leur accroissement. Les écrits de Schelver et d'Henschel avaient fait quelque bruit en Allemagne; Ludolph-Christian Treviranus les réfuta, et la doctrine de l'existence des sexes sortit de cette polémique, victorieuse et mieux consolidée que jamais.

En même temps qu'Henschel publiait son livre, Turpin en faisait paraître un autre bien différent, son *Iconographie*, où, après avoir développé d'une manière ingénieuse une foule de vérités neuves, il ajoute que le pistil dans lequel on a cru voir l'organe femelle n'est qu'un bourgeon entièrement analogue à celui qui se montre à l'aisselle des feuilles; que l'étamine est un pistil rudimentaire, le filet un gynophore, et chaque grain de pollen un ovule stérile. MM. de Candolle et Roeper ont consacré quelques pages à l'examen de cette théorie; mais on doit se souvenir que, lorsqu'elle fut conçue, Mirbel, Robert Brown, Brongniart fils et Amici n'avaient point encore publié le résultat de leurs recherches sur la formation et les développements du pollen. Les observations de ces botanistes, comme vous le verrez bientôt, ont répandu de nouvelles lumières sur la doctrine de l'existence des sexes.

prouvée jusqu'à la dernière évidence par les observations de R. Brown, Mirbel, Brongniart et Amici.

§ II. — *Preuves de la réalité de la fécondation.*

Quelques faits révélés aux agriculteurs par une longue expérience, et les pratiques en usage parmi ceux de certaines contrées ont dû nécessairement donner l'éveil aux naturalistes sur les fonctions des étamines et des pistils, et servent aujourd'hui à en démontrer la réalité.

Depuis un temps immémorial, les Levantins suspendent des fleurs mâles de Dattier et de Pistachier aux individus femelles des mêmes espèces, et lorsqu'en 1800 la guerre des Français contre les musulmans empêcha les cultivateurs de la basse Égypte d'aller dans le désert chercher des fleurs de Palmiers mâles, les individus femelles ne donnèrent aucun fruit. Puisque les fleurs femelles de ces arbres restent stériles lorsqu'elles ne sont point en contact avec le pollen des fleurs mâles, il est bien évident que celui-ci sert à les féconder.

La réalité de la fécondation démontrée par la pratique et les observations des cultivateurs;

Des jardiniers ignorants, voyant que les *Cucumis Melo* et *sativa* produisaient des fleurs sans ovaire parmi celles qui en sont pourvues, se sont imaginé de retrancher les premières; c'étaient celles qui portaient des étamines, ils n'ont point recueilli de fruits.

Tous les cultivateurs savent que les Raisins avortent, ou, comme ils disent, que la Vigne coule, lorsqu'il pleut trop abondamment pendant qu'elle est en fleur. Le pollen est emporté ou gâté par la pluie; il ne saurait y avoir de fécondation.

Si l'on veut obtenir des fruits du *Ceratonia Siliqua*, il ne faut pas négliger de planter l'un à côté de l'autre un individu mâle et un individu femelle.

Pendant très-longtemps nous n'avons possédé en Europe que la femelle du Saule pleureur, et aucun pied n'a donné de graines fertiles.

Dans un terrain de la Nouvelle-Galles du sud, mis en culture pour la première fois, avaient été semées des graines de Melon et de Gourde; elles levèrent et produisirent des fleurs femelles, mais celles-ci se flétrirent toutes; aucune fleur mâle ne s'était développée avec elles.

On a observé que la cueillette des Cerises manquait beaucoup moins souvent que celle des Poires. Linné voulut en savoir la raison, et il reconnut que les étamines du Cerisier ne s'ouvraient point toutes ensemble, mais que celles du Poirier laissaient échapper le pollen plus simultanément, offrant ainsi à la fécondation moins de chances de succès.

par les expériences des botanistes;

Quand la véritable nature du pollen ne fut plus un mystère pour les botanistes, ils empêchèrent la fécondation ou la produisirent à volonté.

Nous avons déjà vu que Marti et Serafino Volta n'avaient point obtenu de graines fertiles, lorsqu'ils avaient enlevé à des plantes monoïques toutes leurs fleurs mâles, ou isolé des individus femelles de plantes dioïques. Bradley, Delius, Swayne, Phil. Miller, L.-C. Treviranus et plusieurs autres arrivèrent à des résultats semblables. Les expériences tentées sur des espèces hermaphrodites, quoique plus difficiles, ont confirmé celles que l'on avait faites sur les plantes où les sexes sont séparés. Bradley retrancha les étamines de la Tulipe, Linné celles du *Chelidonium corniculatum*, de l'*Albuca major*, de l'*Asphodelus fistulosus*, du *Nicotiana fruticosa*, et ils n'obtinrent aucune semence capable de germer. On alla plus loin encore, on coupa l'un des styles d'un ovaire qui en avait plusieurs, et dans la loge correspondante les ovules avortèrent.

D'un autre côté, Linné, ayant dans ses serres des pieds de *Jatropha*, d'*Antholiza*, de *Cunonia*, qui ne donnaient point de semences, répandit sur leurs fleurs un pollen étranger, et les rendit fertiles. Tout le monde sait l'histoire d'un Palmier femelle qui se trouvait à Berlin, et que Gleditsch féconda avec du pollen qu'il avait fait venir, par la poste, du jardin de Carlsruhe. Des expériences semblables furent tentées à Pise et eurent le même succès. L.-C. Treviranus raconte que l'on féconda artificiellement une des branches d'un individu femelle parfaitement isolé du *Salix caprœa*, et que celle-là seule produisit des semences susceptibles de germer.

Les botanistes ne se sont point contentés de ces expériences : Koelreuter et plusieurs autres ont répandu le pollen d'une espèce sur les pistils d'une autre, et il en est résulté des individus qui participaient plus ou moins du père et de la mère. Les plantes qui résultent ainsi d'une fécondation croisée portent le nom d'hybrides (*pl. hybridæ*); elles sont, dans le règne végétal, ce que sont les mulets parmi les animaux. On produit aisément des hybrides en croisant de simples variétés; il est moins facile d'en obtenir en répandant le pollen d'une espèce sur les pistils d'une autre du même genre; les hybrides qui proviennent de deux espèces de genres différents sont très-rares; des par l'hybridité.

plantes de familles différentes n'en ont jamais fourni. Les croisements réussissent sans peine dans certains genres, tels que les *Digitalis*, les *Verbascum*, *Nicotiana*, *Hibiscus*, etc.; dans d'autres ils n'amènent aucun résultat. Il y a nécessairement des rapports intimes entre l'organisation du pollen et celle des pistils d'une même espèce, et ces rapports doivent diminuer sans doute à mesure que les plantes se ressemblent moins ; ainsi il n'est pas surprenant que l'on puisse croiser plus aisément les variétés que les espèces, et celles-ci que les genres. Ceci nous explique encore pourquoi, lorsqu'un pollen étranger se trouve mêlé à celui de la plante, ce dernier agit sur les pistils plus sûrement que l'autre, et pourquoi, par conséquent, il est indispensable, dans les fécondations artificielles, de retrancher soigneusement toutes les étamines qui appartiennent à la fleur sur laquelle on opère. Il faut donc pour produire l'hybridité une réunion de circonstances qui doivent difficilement se rencontrer d'une manière fortuite; on trouve sans doute, dans la campagne, des plantes qui résultent de la fécondation d'une espèce par une autre; mais ailleurs qu'au milieu de nos serres et de nos jardins, ces productions sont loin d'être communes. En 1832, M. de Candolle comptait seulement quarante hybrides parfaitement constatées, et, dans les nombreuses herborisations que j'ai faites dans les deux mondes, je n'en ai observé qu'une. Nous promenant, M. de Salvert et moi, aux environs de Combronde, dans la Limagne d'Auvergne, nous arrivâmes à un vallon aride et rocailleux, presque entièrement couvert de *Digitalis purpurea* et de *D. lutea*; quelques individus attirèrent notre attention par un aspect particulier, et, les ayant examinés avec soin, nous trouvâmes qu'ils participaient aux caractères des deux espèces parmi lesquelles ils étaient nés; pendant plusieurs années, nous retrouvâmes la même plante, mais elle ne nous offrit jamais que des capsules ridées et des graines avortées qui ressemblaient à de la sciure de bois (1). Tel est, en effet, le caractère des plantes hybrides : comme les mulets, parmi les animaux, elles ne sauraient se perpétuer ; elles peuvent, il est vrai, produire, soit d'elles-mêmes, soit à l'aide de croisements, quelques semences fécondes, mais cette fertilité s'étend tout au plus jusqu'à la quatrième génération. La nature n'a point permis que ses œuvres devinssent le jouet des caprices de l'homme, et qu'il introduisît au milieu d'elles la confusion et le désordre.

§ III. — *Des phénomènes qui accompagnent la fécondation.*

Les faits que je viens de vous détailler suffiraient sans doute pour prouver l'existence des sexes chez les végétaux. Dans les phénomènes qui accompagnent la fécondation nous trouverons d'autres preuves de sa réalité.

Ce qui se passe dans les fleurs avant et pendant la fécondation.

Lorsqu'elle va s'opérer, les parties de la fleur prennent un accroissement si rapide, que quelquefois l'œil pourrait presque en suivre les progrès ; la corolle, qui, dans le bouton, était pâle et chiffonnée, se développe, s'étale et prend les formes les plus élégantes ; elle se pare de brillantes couleurs ; elle exhale des parfums délicieux ; quelquefois une chaleur assez vive se dégage de son sein ; son stigmate se gonfle, il laisse échapper une liqueur visqueuse, l'anthère s'ouvre, le

(1) M. Boreau a retrouvé la même hybride de Digitale, et a observé que non-seulement ses ovaires, mais encore ses anthères étaient inféconds. La digitale hybride de M. de Salvert a été reproduite artificiellement par M. Henslow.

pollen tombe sur le stigmate, il s'y attache; l'ovaire est fécondé.

A cette époque, une irritabilité très-remarquable se manifeste dans les organes sexuels; divers mouvements s'effectuent chez les étamines et facilitent l'émission du pollen. Dans certaines espèces, elles s'approchent toutes ensemble du stigmate, et versent, pour ainsi dire, le pollen sur cet organe; chez d'autres, elles s'inclinent tour à tour et se redressent ensuite. On voit celles de l'*Amaryllis aurea* s'agiter d'une sorte de mouvement convulsif; les filets de la Pariétaire, retenus d'abord par le calice, se redressent avec élasticité et lancent la poussière fécondante. Dans le *Berberis*, les étamines, abritées par les pétales, se tiennent d'abord à quelque distance de l'ovaire; mais qu'un insecte, cherchant le nectar, touche la base de l'une d'elles, elle se contracte, s'incline et frappe de son anthère le stigmate, qu'elle couvre de pollen.

Précautions que la nature a prises pour l'assurer.

Des précautions aussi variées que merveilleuses ont été prises par la nature pour protéger la fécondation et en assurer le succès.

Les plantes qui offrent un grand nombre d'ovaires ont aussi un grand nombre d'étamines.

La carène des Papilionacées recouvre entièrement et garantit leurs organes sexuels; un seul pétale remplit le même but chez les *Polygala*; les deux pièces supérieures de la corolle des Labiées soudées intimement forment la voûte au-dessus de leurs étamines, et chacun des pétales du *Gouania*, creusé en forme de cuiller, sert d'abri à l'organe mâle qui lui est opposé.

Chez une foule de plantes, c'est dans le bouton, lorsque les organes sexuels sont protégés par les enveloppes florales diversement pliées, que la fécondation s'opère. Vous savez que la partie stigmatique du pistil des *Goodenia* (p. 535) est entourée d'une sorte de coupe large et cartilagineuse : dans la fleur épanouie d'une espèce de ce genre, j'avais trouvé la coupe hermétiquement fermée par-dessus le stigmate ; ne comprenant pas comment la fécondation pouvait s'opérer, j'ouvris un bouton, je reconnus que l'émission du pollen avait lieu avant l'épanouissement de la fleur, qu'à cette époque le godet était entièrement ouvert, et qu'il ne se fermait qu'après avoir reçu la poussière fécondante ; je revins à la fleur épanouie, j'ouvris artificiellement son godet, et j'y trouvai une masse épaisse de pollen qui enveloppait le stigmate.

Certaines plantes ont un pistil plus long que les étamines. Si leurs fleurs étaient droites, la poussière fecondante tomberait au fond du calice, et irait difficilement s'attacher au stigmate. Chez ces plantes, le bouton est dressé ; mais peu à peu le pédoncule se courbe, la fleur s'incline, le stigmate se trouve alors au-dessous des étamines, et quand le pollen s'échappe de l'anthère il tombe sur l'organe femelle. Dans les Composées, il est vrai, les fleurs sont rarement pendantes, et cependant le style est plus long que les étamines ; mais il n'en a pas toujours été ainsi : l'organe femelle était encore fort court quand les anthères, soudées en manière de gaîne, avaient déjà pris tout leur développement; le style croît, il s'élève au milieu de la gaîne, et, à mesure qu'il s'allonge, les poils dont il est extérieurement couvert ramassent les grains de pollen, qui de là passent sur le stigmate.

Non-seulement l'inclinaison de la fleur facilite, dans une foule de cas, la communication des organes sexuels, mais elle a encore une autre utilité, elle garantit le pollen du contact de la pluie, qui le ferait avorter. Il suffit de l'approche de la nuit ou d'un temps orageux pour que certaines fleurs s'inclinent vers la terre, ou bien pour qu'elles se ferment.

La tige ou le pédoncule des plantes aquatiques s'allonge jusqu'à ce que la fleur s'élève au-dessus de l'eau, et que la fécondation puisse, sans danger pour le pollen, s'opérer à l'air libre. A la vérité, les fleurs mâles de la Vallisnérie ne sont point portées par leur pédoncule à la surface du liquide; mais elles se détachent de la plante, et, flottant sur l'eau, elles se rassemblent autour des fleurs femelles que le déroulement de leur pédoncule élève, comme je vous l'ai dit (p. 251), jusqu'à l'air atmosphérique.

Vers 1813, des pieds nombreux d'*Alisma natans* et d'*Illecebrum verticillatum* furent surpris par une crue dans les fossés de la Sologne; mais la nature sut prévenir les suites de cet accident; nous observâmes, M. Choutaut et moi, qu'une bulle d'air s'était dégagée de chaque fleur, et que, formant la voûte au-dessus des calices, elle permettait à la fécondation de s'opérer, comme si la plante n'avait point été submergée.

La réunion des organes sexuels dans la même fleur suffit pour écarter la plupart des obstacles qui pourraient s'opposer à la fécondation; mais, si le plus grand nombre de plantes sont hermaphrodites, il se trouve pourtant, comme vous savez, des espèces chez lesquelles les sexes sont séparés. Ici il fallait d'autres précautions pour que l'espèce pût se perpétuer. Dans les plantes monoïques, les organes mâles se trouvent le plus souvent placés au-dessus des femelles, et le pollen tombe facilement sur le stigmate. Les fleurs femelles du *Carex remota* naissent, il est vrai, au-dessus des fleurs mâles; mais les filets des étamines continuent à grandir pendant que l'anthère ne croît plus; ils s'élèvent au-dessus de l'écaille sous laquelle ils sont attachés, ils portent leurs anthères au niveau des fleurs femelles, et celles-ci peuvent aisément être fécondées. En général, les espèces, soit monoïques, soit dioïques, ont des fleurs mâles fort nombreuses et un pollen extrêmement abondant; la terre, comme je vous l'ai dit, est souvent couverte de la poussière fécondante des Conifères et même des Peupliers, des Aunes, des Noisetiers, des Saules. C'est à la fin de l'hiver, lorsque le vent souffle avec le plus de violence, que fleurissent la plupart de nos arbres dioïques; il enlève le pollen, le transporte çà et là, et il en tombe sur les fleurs femelles assez de grains pour que les semences puissent devenir fécondes.

Il est cependant une foule de plantes qui fleurissent dans les temps les plus calmes de l'année, et qui, pour produire des graines fertiles, ont besoin d'une assistance étrangère. Mais qu'un moyen de fécondation vienne à manquer, un autre le remplace, qui n'a pas moins d'efficacité. En même temps que les premières chaleurs raniment la végétation, des myriades d'insectes éclosent ou sortent de l'engourdissement dans lequel l'hiver les avait plongés. Les plantes leur assurent une nourriture abondante, et eux, à leur tour, contribuent à féconder les plantes. La couleur des corolles et peut-être leurs parfums avertissent ces animaux de la présence du nectar; certaines taches leur indiquent plus spécialement la place où ils doivent le trouver; ils pénètrent jusqu'au fond de la fleur, et, en puisant la liqueur sucrée, ils aident le pollen à sortir des anthères et à se répandre sur le stigmate. Il n'est personne qui n'ait vu avec quelle vivacité l'abeille domestique et d'autres espèces du même ordre s'agitent au milieu des étamines et des pistils; les poils dont elles sont hérissées facilitent l'ouverture de l'anthère; leur corps se couvre de pollen, et elles le transportent sur d'autres fleurs pour lesquelles il est indispensable. Conrad Sprengel a observé qu'il y avait des plantes chez lesquelles les organes des deux sexes, quoique placés sous les mêmes enveloppes, n'étaient point susceptibles de participer simultanément à la fécondation ; l'insecte voltige d'une corolle à l'autre, et, dans une même inflorescence, il féconde, suivant les espèces, les pistils des fleurs supérieures avec le pollen des inférieures, ou les fleurs les plus élevées avec le pollen de celles qui sont au-dessous. La Nigelle des champs (*Nigella arvensis*) a des étamines plus courtes que le pistil, la fleur ne se penche jamais, l'anthère, au lieu d'être tournée vers les stigmates, regarde les pétales, les filets se courbent vers ces derniers, et, si les styles se courbent à leur tour comme pour recevoir le pollen, c'est après qu'il s'est échappé des loges où il était renfermé : ici donc semblent se réunir tous les obstacles qui peuvent empêcher la fécondation ; mais, dit Conrad Sprengel, l'abeille, friande du nectar que contiennent les pétales, se glisse entre eux et les étamines, et comme celles-ci s'inclinent vers la corolle, l'insecte reçoit nécessairement le pollen sur la partie supérieure de son corps ; il va se poser ensuite sur une autre fleur de Nigelle, dont les anthères sont déjà vides de pollen, et là, frottant de son dos les styles qui sont tordus et recourbés en dehors, il laisse sur les stigmates la poussière fécondante qu'il avait prise à la première fleur. Les étamines de l'*Aristolochia Sypho* sont placées de manière à ne pouvoir que très-difficilement féconder le pistil : une tipule, selon Schkuhr et Willdnow, pénètre dans le tube garni de poils dirigés de haut en bas ; lorsque cet insecte veut sortir de la fleur, il est arrêté par les poils qui lui présentent leur pointe ; il s'agite, se débat pour recouvrer la liberté, et disperse le pollen qui tombe sur le stigmate ; mais bientôt le tube floral se flétrit, les poils, devenus flasques, pendent le long de ses parois, et le prisonnier redevient libre. Si l'on suspectait l'autorité de Schkuhr, de Willdnow, de Conrad Sprengel, on ne rejettera pas, sans doute, celle d'un des observateurs les plus exacts et les plus profonds de notre époque, de Robert Brown, qui n'a pas craint de déclarer que la fécondation des *Orchis* ne pouvait s'opérer sans le secours des insectes. Dans l'*Eupomatia laurina*, dit encore ce naturaliste, des pétales intérieurs, fort nombreux, interceptent toute communication entre les étamines et les pistils; mais de petits insectes viennent manger ces pétales, et comme ils ne touchent jamais aux organes sexuels, la fécondation s'opère bientôt sans aucun obstacle.

Pendant les six mois de sécheresse, les insectes sont rares dans l'intérieur du Brésil, et cependant quelques fleurs s'épanouissent encore; les oiseaux-mouches, les colibris volent de l'une à l'autre; agitant leurs ailes avec une inconcevable rapidité, ils se soutiennent au-dessus des corolles, ils y enfoncent leur bec effilé pour puiser le nectar, et contribuent nécessairement à la dispersion des grains de pollen.

A tous les faits que je vous ai cités, je pourrais en ajouter beaucoup d'autres; mais ceux-là sont plus que suffisants pour justifier ce que disait M. Henri de Cassini : Si la fécondation des plantes est imaginaire, il faut convenir, du moins, que la nature a tout fait pour que nous crussions à sa réalité.

§ IV. — *Comment la fécondation s'opère.*

Première opinion sur la manière dont la fécondation s'opère.

On s'était imaginé autrefois que les grains de pollen, passant par l'intérieur du style, arrivaient tout entiers aux ovules, pour donner naissance à l'embryon. Plus tard, on crut que ces grains laissaient échapper une substance délicate et subtile à laquelle la fécondation était due, et que l'on

Sentiments des botanistes sur cette question, au commencement du dix-neuvième siècle.

désigna sous les noms de *spiritus* et *d'aura seminalis*. Selon M. de Mirbel, des vaisseaux qu'il appela conducteurs (1808) transmettaient aux ovules l'*aura seminalis*, mais pourtant sans arriver jusqu'au stigmate. A peu près à l'époque où ce savant émettait cette opinion, Turpin reconnut que la fécondation s'opérait par une autre ouverture que le hile, et il donna à cette ouverture le nom de micropyle. Un peu plus tard (1815, 1816), j'admis l'opinion de M. Turpin ; je montrai que l'ombilic n'était pas toujours placé à côté du micropyle, que c'était vers celui-ci qu'était tournée la radicule, et que, pour déterminer la position de cette dernière, il suffisait de connaître celle du micropyle. Comme tous les botanistes français de cette époque, j'avais d'abord adopté l'opinion de Mirbel sur la transmission de l'*aura seminalis*; cependant, n'ayant découvert aucun vaisseau dans les filets qui, du sommet du placenta des *Cuphea*, pénètrent dans le style, j'admis que, dans ces plantes et les Primulacées, l'*aura seminalis* arrivait jusqu'aux ovules par une sorte d'imbibition, opinion qui, généralisée, a été récemment admise par M. Roeper.

Observations d'Amici, Brongniart et Brown.

Quelques années s'étaient écoulées sans qu'aucune observation importante eût répandu de nouvelles lumières sur la fécondation, lorsque MM. Amici, Brongniart fils et Brown publièrent le résultat de leurs curieuses recherches. Ces savants avaient reconnu que les grains de pollen, en contact avec le stigmate, se prolongeaient chacun en un long appendice appelé le boyau ou tube pollinique (*tubus pollinicus*), et que ces tubes s'enfonçaient dans la substance du stigmate, comme des épingles dans une pelote (ex. *Antirrhinum majus*, *f.* 406) (1).

Tube pollinique.

Quand la membrane du pollen est unique, c'est elle qui

(1) Fig. empruntée à M. Brongniart.

naturellement doit se prolonger pour former le boyau; lorsqu'elle est double, il est fourni par l'intérieure, et s'ouvre un passage à travers un des pores de l'extérieure ou une déchirure. Suivant M. Brongniart, le même grain ne se prolonge pas toujours en un seul tube; mais il peut en fournir plusieurs.

Il ne faut pas croire qu'un grossissement très-considérable soit toujours nécessaire pour qu'on puisse découvrir les boyaux polliniques; on les voit sans peine dans quelques espèces, et M. Wydler assure même que, quand ils sont nombreux, on les découvre à l'œil nu dans le *Pockokia Cretica* et le *Melilotus Italica*.

M. Brongniart et beaucoup d'autres croient qu'un tissu particulier, qu'ils nomment conducteur, s'étend depuis le stigmate jusqu'au placenta, et que c'est dans ce tissu que s'enfoncent les boyaux, en s'insinuant entre les cellules qui le composent (méats intercellulaires). Tissu conducteur.

Suivant le même auteur, le tube, après un trajet plus ou moins long, éclaterait au milieu du tissu conducteur, et les granules polliniques, mis à nu, descendraient jusqu'aux ovules, toujours par les méats intercellulaires. M. Amici, au contraire, pense que les boyaux traversent le tissu tout entier, et qu'arrivant jusqu'aux ovules ils se mettent en contact avec eux. Opinion de Brongniart sur la manière dont se fait la fécondation. Celle d'Amici.

Quoi qu'il en soit, si la nature a écarté avec le plus grand soin les obstacles qui pourraient s'opposer au rapprochement des étamines et des pistils, elle n'a pas pris des précautions moins merveilleuses pour mettre en contact l'extrémité du nucelle et le tissu conducteur. Dans une foule de plantes, l'ovule, comme vous savez, se courbe et porte son sommet vers le placenta; chez d'autres, où il est dressé, il s'élève jusqu'à la base du style; dans les *Statice* et les *Plumbago*, une sorte de bouchon descend de celui-ci, et va s'enfoncer Précautions prises par la nature pour mettre en contact le sommet du nucelle et le tissu conducteur.

dans le sommet ouvert de la jeune graine ; enfin chez les *Helianthemum*, où le micropyle et l'ombilic sont éloignés l'un de l'autre, un long cordon ombilical, selon M. Brongniart, élève les ovules, et des espèces de filaments qui descendent du style le mettent en communication avec le nucelle. Chez les Orties, l'ovule, sessile et dressé, atteint le sommet de l'ovaire et peut facilement être fécondé. Dans la Pariétaire, plante voisine de l'Ortie, la jeune graine ne va qu'aux deux tiers de la longueur de la loge ; mais, à son sommet, elle se courbe, et le bout du nucelle se porte contre la paroi du péricarpe, où il tombe sur l'extrémité d'une ligne opaque qui s'étend de la partie supérieure du péricarpe jusqu'à ce point, ne descend pas plus bas et est probablement un tissu conducteur.

Fécondation des Orchidées et des Asclépiadées.

Les botanistes, trouvant dans la fleur des Asclépiadées et dans celle des *Orchis* des masses d'une consistance de cire, au lieu d'un pollen pulvérulent, restèrent, pendant un grand nombre d'années, sans concevoir de quelle manière la fécondation s'opérait chez ces plantes. Mais, comme vous le savez (p. 446), leurs masses polliniques ne sont autre chose qu'une agrégation de grains de pollen analogues à ceux des autres végétaux ; c'est un pollen qui ne s'est pas désuni, ou, pour mieux dire, qui n'a point passé par toutes les phases du développement accoutumé. MM. Brown et Brongniart ont observé que chaque grain, quoique étant resté uni à d'autres grains, pouvait fournir son tube, comme ceux qui sont parfaitement distincts, et qu'une masse pollinique d'*Asclepias*, par exemple, projetait une touffe de tubes (*f.* 330).

Comment on suppose que peut se développer le tube pollinique.

Il est évident que le tube pollinique ne pourrait atteindre le degré d'extension auquel on le voit parvenir, et surtout qu'il n'augmenterait point en diamètre et ne deviendrait pas plus épais, s'il ne prenait, pendant son développement, une nourriture qui, selon Schleiden, lui est fournie peut-être par une sécrétion mucilagineuse émanée du tissu conducteur. Ce qu'il y a de certain, c'est que le grain de pollen, avec son prolongement, ressemble à certaines semences de monocotylédones qui commencent à germer. M. Agardh disait positivement, il y a déjà un certain nombre d'années, que les grains de pollen n'étaient pas autre chose que des embryons germant sur le stigmate.

Opinion de Schleiden sur la fécondation;

Le savant Suédois était arrivé à cette idée, conduit par des analogies fort ingénieuses : Schleiden a tâché récemment d'en montrer la réalité par une suite de faits consignés dans des mémoires qui méritent toute l'attention des amis de la science. Suivant cet habile observateur, le tube pollinique ne contient autre chose que les éléments d'un tissu cellulaire; étant parvenu jusqu'à l'ovule, il traverse l'ouverture que présentent les enveloppes de ce dernier; il pénètre dans le nucelle en s'insinuant entre les cellules, parvient au sac embryonnaire, le repousse, et fait rentrer en elle-même la membrane qui forme celui-ci, comme le doigt d'un gant pourrait être refoulé vers l'orifice du gant. Bientôt l'extrémité du tube pollinique, cachée dans le sac embryonnaire, se renfle; un ou deux cotylédons se développent sur les côtés de cette partie renflée, et l'extrémité elle-même devient la plumule. La partie refoulée par le tube avait nécessairement formé autour de lui une double membrane; tôt ou tard l'intérieure s'oblitère entièrement, et alors c'est réellement dans le sac embryonnaire que se trouve le tube pollinique. Au-dessus du point où il s'est développé, celui-ci se détruit comme la membrane intérieure du sac, l'embryon devient libre, il complète son développement, et l'ovule devient une semence.

confirmée par quelques naturalistes;

Tel est, en abrégé, le résultat des observations de M. Schleiden. Deux savants qui les ont vérifiées, Martius et Wydler, s'accordent avec lui sur les points principaux; ils croient également que le tube pollinique pénètre dans l'ovule; ils admettent que son extrémité devient un embryon, et si les trois observateurs diffèrent de sentiment, ce n'est que dans les détails. M. de Martius pense que le tube ne refoule point le sac embryonnaire, mais qu'il trouve chez le nucelle une cellule prédisposée à le recevoir. Dans aucune des soixante familles sur lesquelles M. Wydler a fait des observations, il n'a pu voir non plus le sac refoulé sur lui-même, mais il lui a semblé, dit-il, que ce même sac communiquait par un canal étroit avec le micropyle, et était ouvert à son extrémité supérieure.

combattue par quelques autres.

Je ne dois point vous dissimuler que ces observations ont trouvé d'habiles contradicteurs. M. de Mirbel pense que l'embryon a pour origine une ou plusieurs cellules qui se forment dans le sac embryonnaire, ou immédiatement dans le nucelle, quand le sac embryonnaire n'existe pas, et qui se présentent sous une forme sphérique, ovoïde ou allongée; il croit que cette cellule simple ou composée, qu'il nomme primordiale, est surmontée d'un prolongement grêle et en forme de tube, et qu'elle se termine par le suspenseur, appendice filiforme qui aboutit au micropyle; il croit que, dans certaines espèces, le rudiment d'embryon préexiste à l'époque où il est devenu possible que le boyau descende dans le pistil, et que l'on a pris pour un seul corps le tube pollinique descendant jusqu'au nucelle et l'embryon, qui, indépendamment de lui, se forme dans l'ovule; il pense enfin que le cambium du pollen vient, en quelque sorte, aviver celui de l'ovule, et que c'est en cela que consiste la fécondation. Tout en reconnaissant aujourd'hui que le boyau se prolonge jusqu'au sommet du nucelle, M. Brongniart croit cependant, avec M. de Mirbel, que l'embryon peut commencer à se former avant le développement des grains de pollen. L. C. Treviranus dit qu'il y a des familles de plantes où il n'a jamais vu de boyau; il fait observer qu'un seul grain de pollen a quelquefois fécondé un grand nombre d'ovules ; enfin il ajoute que les méats intercellulaires n'existent pas toujours, ou qu'ils sont si peu sensibles qu'on ne saurait concevoir comment un corps aussi faible que le tube pollinique peut les parcourir. Espérons que de nouvelles recherches achèveront de lever les doutes que l'on pourrait concevoir encore.

Quoi qu'il en soit, quand même il serait bien reconnu que le tube pollinique devient un embryon, il faudrait encore admettre la réalité de la fécondation chez les végétaux ; car, dans la nouvelle manière de voir, aussi bien que dans l'ancienne hypothèse, la jeune plante serait le résultat du concours de deux organes différents. Il faudrait toujours aussi considérer le pistil comme l'organe femelle, puisque c'est dans son sein que se développent les semences.

§ V. — *Du double point d'attache.*

Tout ce que je vous ai dit sur la fécondation me conduit naturellement à vous entretenir en peu de mots du double point d'attache des ovules de certaines plantes. Il m'est bien démontré qu'après avoir reconnu autrefois que la fécondation s'opérait par le micropyle, j'eus tort, comme l'ont très-bien fait observer MM. Brown et Brongniart fils, de ne point rejeter entièrement l'idée admise par Turpin d'une communication vasculaire entre cette ouverture et le style. Cependant il est incontestable qu'on remarque, dans certains cas, une adhérence très-sensible entre le sommet du núcelle et la partie qui doit le mettre en rapport avec le stigmate, ainsi que M. de Mirbel et moi l'avons fait voir chez

Adhérence entre le sommet du nucelle et la partie qui le met en rapport avec le stigmate.

les Plombaginées et les Euphorbes. Cette adhérence est sensible, surtout dans la fleur ouverte de celles des Urticées où l'ovule, unique et dressé, atteint le sommet de la loge. Elle est telle, comme M. Gaudichaud l'a confirmé, que, dans une espèce américaine, elle a, chez la graine mûre ou presque mûre, une force plus grande que celle du point d'attache principal. Dans la manière de voir de M. Schleiden, cette même adhérence, qui forme réellement un second point d'attache, s'expliquerait aisément par le passage du tube pollinique à travers la base du style et le sommet du nucelle : deux corps traversés par un troisième sont nécessairement unis.

§ VI. — *Des phénomènes qui suivent la fécondation.*

Changements qui s'opèrent après la fécondation dans les diverses parties de la fleur.

Après la fécondation, il n'y a bientôt plus de fleur. La corolle tombe ou se flétrit ; les étamines ont le même sort ; le style se dessèche, et le calice seul croît avec l'ovaire qu'il environne et qu'il protége. Celui-ci augmente peu à peu de volume ; tantôt il devient ligneux, tantôt il s'amincit et n'est bientôt plus qu'une légère membrane ; tantôt il se gorge de sucs dans toute son épaisseur, souvent aussi il prend à l'extérieur une consistance charnue, tandis qu'à l'intérieur il se durcit plus que le bois lui-même ; ordinairement il reste plus ou moins lisse, mais dans certaines espèces on voit se développer, à sa surface, des pointes, des crêtes ou des ailes ; de pâle qu'il était d'abord, il devient vert, et souvent il finit par se peindre des plus vives couleurs. Quelquefois les cloisons se brisent, et bientôt, comme dans les Plantains, au lieu de plusieurs loges, on n'en aperçoit plus qu'une. Chez les Portulacées et les Caryophyllées, les cordons pistillaires se détruisent en partie. Ici les placentas proprement dits se dessèchent et se racornissent ; ailleurs ils se remplissent de sucs. Les téguments qui composent l'ovule se soudent, se confondent, s'amincissent ou croissent de différentes manières, suivant les diverses familles, et souvent il est fort difficile de les retrouver exactement dans ceux de la graine mûre. Le sac embryonnaire contenait, dans l'origine, les éléments d'un tissu cellulaire ; l'embryon se nourrit de cette substance, et tout ce qu'il n'a pu absorber devient le périsperme, corps charnu, farineux ou corné qui entoure l'embryon ou en est entouré, sans avoir avec lui aucune communication vasculaire. On voyait dans l'ovule un filet qui, partant de la radicule, se dirigeait vers le micropyle : ce filet, qui a été appelé le suspenseur par M. de Mirbel, et qui, dans le système de M. Schleiden, serait une portion du boyau, disparaît. L'embryon, parvenu au dernier degré de développement et devenu solide, peut germer : nous n'avons plus d'ovaire, nous n'avons plus d'ovules, mais un fruit et des graines mûres.

De très-grandes inégalités d'accroissement changent quelquefois la forme de l'ovaire de la manière la plus étrange. Tandis que celui de l'*Anacardium* est irrégulièrement orbiculaire et terminé par le style, son fruit réniforme offre la trace du style dans sa partie la plus enfoncée : un des côtés de l'ovaire a peu changé, pendant que l'autre s'est développé outre mesure ; l'ovaire a d'abord été gibbeux ; la partie développée s'est peu à peu élevée au-dessus de la partie presque stationnaire ; elle l'a dépassée de moitié en se recourbant ; le fruit a pris la forme d'un rein, et le style est devenu latéral de terminal qu'il était d'abord. L'ovaire des *Cissampelos* se courbe par degrés, et bientôt il représente un fer à cheval ; le style, autrefois dressé, finit par toucher la base du péricarpe, les deux moitiés de l'ovaire se soudent, et le fruit mûr, ovoïde ou globuleux, se trouve coupé de la

Avortements divers.

base jusque vers le sommet géométrique par une cloison incomplète formée des deux portions soudées du péricarpe.

Des changements plus sensibles encore peuvent s'opérer dans l'intérieur de l'ovaire. Il arrive très-souvent qu'un ou plusieurs ovules avortent constamment dans les mêmes espèces ou les mêmes genres ; alors le seul ovule fécondé finit par occuper toute la cavité de l'ovaire ; et, si celui-ci était à plusieurs loges, ses cloisons, sa columelle, ses ovules stériles se trouvent, à l'époque de la maturité, appliqués contre la paroi du fruit, alors uniloculaire et monosperme. L'ovaire de l'Amandier, du Prunier, du Pêcher contient deux ovules, et, le plus souvent, on ne voit qu'une semence dans leur fruit mûr. Chez le *Callitriche sessilis*, le jeune ovaire est à quatre lobes, et autant de loges monospermes ; deux des quatre ovules avortent toujours ; les autres, en grossissant, font disparaître deux des cloisons, et le fruit n'est plus que biloculaire. L'ovaire du Frêne offre deux loges, dans chacune desquelles deux ovules sont suspendus au sommet d'une cloison étroite ; trois des ovules avortent ; le seul qui ait été fécondé repousse peu à peu la cloison, elle se détache du péricarpe, elle devient libre et ressemble alors à un long filet, qui, partant du fond d'une loge unique, tient suspendue une graine également unique. Dans le Hêtre, on trouve un ovaire à trois loges dispermes ; un seul des six ovules devient fertile, il repousse les cloisons, s'empare de la cavité du fruit, et la semence semble, comme celle du Frêne, suspendue à un long cordon, qui s'élèverait du fond d'une loge unique. La semence du Châtaignier, seule dans la cavité du fruit, est le reste de douze à seize ovules, répartis entre six à huit loges. Ces exemples, auxquels j'en pourrais ajouter une foule d'autres, vous prouveront que, si l'on n'a pas commencé par étudier l'ovaire, on court le risque de n'avoir du fruit qu'une idée incomplète ou même erronée. On est surpris quelquefois des différences que présentent les fruits dans une même famille, les Jasminées, par exemple; ouvrez les ovaires, et vous les trouverez organisés de la manière la plus uniforme. La capsule du *Drymis* n'est point celle des Caryophyllées; mais son ovaire ne diffère nullement de celui des plantes de cette belle famille. Au milieu des Scrophularinées, qui toutes ont une capsule biloculaire et polysperme, se trouve le *Tozzia,* dont le fruit n'a qu'une loge et une graine : qu'on se donne la peine de disséquer l'ovaire, l'on y verra deux loges avec quatre ovules.

On donne le nom de maturation (*maturatio*) à la série des phénomènes qui se manifestent dans l'ovaire après qu'il a été fécondé. La maturité (*maturitas*) met un terme à la maturation : c'est le dernier degré de développement auquel le fruit puisse parvenir.

CHAPITRE XXX.

SOUDURE DES VERTICILLES LES UNS AVEC LES AUTRES ; INSERTION.

Je vous ai fait connaître isolément les différents verticilles dont se compose la fleur ; nous allons à présent étudier les rapports qu'ils ont entre eux.

§ I. — *De la soudure des verticilles.*

Vous savez que les pièces d'un même verticille peuvent se souder par leurs bords : chaque verticille peut également se souder avec le plus voisin.

Souvent la corolle nous semble naître du calice, et les étamines de la corolle ; mais nous savons que les organes appendiculaires émanent toujours de la tige ou des rameaux, et que jamais une feuille ne produit une autre feuille, ni une bractée une autre bractée ; or les organes floraux ne sont que des feuilles modifiées ; donc ils doivent tirer leur origine du réceptacle, qui est la continuation du rameau ou de la tige. Dans une foule de cas, on voit ces organes partir bien réellement du réceptacle ; et lorsque la corolle, par exemple, semble naître sur le calice, elle est nécessairement soudée avec lui dans toute la partie qui s'étend depuis l'axe jusqu'au point d'attache : ce dernier se trouve être tout simplement le point où elle devient libre. Ce que je dis ici de la corolle s'applique également aux étamines, quand elles semblent produites par les pétales, ou au disque, lorsqu'au premier abord on pourrait le prendre pour une production de l'ovaire.

Les organes de la fleur, nés les uns des autres, seulement en apparence, mais véritablement soudés depuis le réceptacle jusqu'à l'endroit appelé leur point d'attache.

Non-seulement un verticille peut être soudé avec le verticille le plus voisin, comme les pétales avec les folioles calicinales, les étamines avec la corolle (ex. *Vinca major*, *f.* 407), le nectaire avec les étamines ou avec l'ovaire ; mais encore on trouve plusieurs verticilles soudés ensemble. Dans les Salicariées, par exemple, les pétales et les étamines semblent naître également du calice : c'est dire assez que les trois verticilles inférieurs de ces plantes sont soudés entre eux. Chez l'Amandier, le Pêcher (*f.* 408), le Prunier, la corolle et les organes mâles sont ensemble portés par l'enveloppe calicinale, et, en outre, un disque glanduleux revêt, comme une sorte d'enduit, le tube que forme cette enveloppe : ici quatre verticilles sont soudés ensemble. Enfin le tube calicinal d'une foule de plantes fait corps avec l'ovaire ; celui-ci semble alors couronné par la partie supérieure et libre du calice, et, au point où cette partie se détache, la corolle, les étamines et le disque se détachent avec elle : dans ce dernier cas, il y a soudure entre tous les verticilles floraux (ex. *Gaylussacia Pseudovaccinium*, *f.* 409).

La soudure possible entre deux ou plusieurs verticilles.

Cependant, dira-t-on peut-être, lorsque l'on coupe transversalement un ovaire couronné par le calice, on ne voit

Preuves de la réalité de la soudure entre les verticilles floraux.

point sur l'aire de la coupe une suite de couches indiquant la succession des verticilles soudés. Cela est très-vrai ; mais il en est de la soudure des verticilles entre eux comme de celle des pièces du même verticille, qui, tellement intime dans certaines plantes, qu'on n'en voit pas la trace, se montre ailleurs assez faible pour que les parties cèdent au moindre effort que l'on fait pour les désunir. Dans plusieurs Liliacées, les contours des étamines se dessinent sur les pièces de l'enveloppe florale, et semblent être simplement appliqués contre elles ; ailleurs elles ne se relèvent point en bosse, mais, sans peine, on peut encore détacher le filet de l'enveloppe ; chez une foule d'espèces, la séparation n'est plus aussi facile, et cependant le filet se distingue de la corolle à son opacité ; dans d'autres plantes, la fusion devient presque entière, mais pour nos sens seulement, puisque, à peu de distance du point où elle a nécessairement commencé, nous voyons reparaître une séparation complète. Rien n'est plus aisé que de reconnaître dans les fleurs mâles d'un grand nombre de Cucurbitacées, à l'extérieur le calice, et à l'intérieur la corolle adhérente à ce dernier. Entre les folioles calicinales de quelques *Goodenia* soudées avec l'ovaire, on voit la corolle colorée soudée plus immédiatement avec lui. A quelque hauteur que s'étende l'adhérence du calice à l'ovaire, elle ne va jamais jusqu'au style, et dans plusieurs Nandirobées, où la partie non adhérente du calice se détache après la fécondation, on voit, sans aucune peine, qu'il y a une couche de plus au-dessous de la cicatrice. Le fruit charnu de diverses Rosacées nous montre assez clairement, dans son épaisseur, les limites du calice adhérant à l'ovaire. Des plantes très-voisines ont les unes un ovaire soudé, les autres un ovaire libre ; celui des *Cyclamen* est un peu soudé ; celui des *Samolus* l'est bien davantage, et, certainement, ces différences ne décideront personne à séparer ces plantes des autres Primulacées. On trouve chez les Saxifragées, les Éricacées, les Ficoïdes, des ovaires soudés, d'autres parfaitement libres, et l'on ne pourrait morceler ces familles sans retomber dans tous les défauts des auteurs systématiques. Dans le *Mespilus Germanica*, les ovaires sont entièrement soudés ; ils ne le sont que par le dos dans le *Mespilus Cotoneaster*. Les enveloppes calicinales des Mélastomées prennent tous les degrés possibles de soudure ; j'ai même vu, dans cette famille, des calices qui ne sont soudés que par intervalles, à l'aide de faibles lames longitudinales ; et si nous comparons ces divers calices, quand ils sont libres en tout ou en partie, à ce qui existe, lorsqu'au premier abord le calice entier semble couronner l'ovaire, nous ne pourrons nous empêcher de reconnaître qu'il y a toujours une seule et même enveloppe depuis le pédoncule jusqu'au sommet du limbe. Enfin, dans certains cas de monstruosité, on a vu chez le *Campanula persicifolia*, le *Daucus Carota*, et autres plantes où le calice semble ordinairement naître du sommet du jeune fruit, on a vu, dis-je, ce même calice devenir libre et partir du pédoncule, ce qui évidemment n'aurait pu arriver s'il était produit par l'ovaire, et que toute sa longueur se fût bornée au limbe.

Comme on croyait autrefois que la partie libre d'un calice soudé inférieurement avec le jeune fruit constituait l'enveloppe calicinale entière, on considérait tout ce qui se trouve au-dessous de cette même partie comme appartenant au seul ovaire, et l'on appelait celui-ci supérieur ou supère, inférieur ou infère (*ovarium superum, inferum*), selon qu'il était distinct du calice ou soudé avec lui. Aujourd'hui que l'on a des idées plus exactes, on dit, dans le premier cas, que l'ovaire est adhérent, et, dans le second, qu'il est libre (*ov. adhærens, liberum*), expressions que l'on peut, à volonté, transporter au calice, en l'appelant libre

Calice ou ovaire libre ; calice ou ovaire adhérent.

ou adhérent, suivant les caractères qu'il présente (*calyx liber, adhærens*).

Ovaire semi-adhérent.

Il peut arriver que l'ovaire ne soit soudé avec l'enveloppe calicinale que jusqu'à moitié ou à peu près; alors on le dit semi-adhérent (*ov. semiadhærens, semiliberum*), comme, en pareil cas, on disait jadis ovaire semi-inférieur (*ov. semiinferum*), et, si la base seule est soudée, on se sert, en latin, des expressions de *basi adhærens*.

Le calice adhérent toujours monophylle.

Le calice adhérent est toujours monophylle. Quand ses folioles sont entièrement soudées entre elles, comme dans quelques Ombellifères et le *Vaccinium Myrtillus*, on ne voit qu'un bord étroit autour de l'ovaire, et l'on dit que le calice est entier (*calyx integer*) : il est à croire que, dans ce cas, le limbe a avorté, et si un tel calice venait à se dessouder, ses parties se présenteraient tronquées à leur extrémité supérieure. Lorsque les folioles restent, à leur sommet, distinctes les unes des autres, tantôt le tube, plus long que le jeune fruit, ne saurait être tout entier soudé avec lui, et, tantôt plus court, il peut être soudé complétement ou seulement en partie.

Ce qu'on doit penser du calice adhérent appelé entier.

Le tube du calice tantôt plus long, tantôt plus court que l'ovaire adhérent.

Vous savez que, dans les calices monophylles et libres, on appelle limbe (*limbus*) la partie des folioles où elles ne sont point soudées entre elles. Chez les calices adhérents, on donne plus d'extension au mot limbe, et on l'applique à toute la partie non soudée de l'enveloppe calicinale, que les folioles y soient entièrement libres ou qu'elles soient en partie soudées entre elles. Dans le premier cas, pour être rigoureusement exact, il faudrait dire que le limbe est partite, et exprimer la longueur relative ou absolue de ses pièces; dans le second, le limbe est presque partite, fendu ou denté, suivant le degré d'étendue qu'a pris la soudure marginale des folioles qui le composent (*calyx adhærens, limbo subpartito, fisso, dentato*).

Le limbe du calice adhérent.

Chez les Cucurbitacées, les Combrétacées, les Dipsacées, où le calice est adhérent, il se rétrécit au-dessus de l'ovaire en un col extrêmement étroit, pour se dilater ensuite de diverses manières (ex. *Combretum Bugi*, *f.* 411). C'est aussi là ce qui arrive chez un grand nombre de Composées : le col y est d'abord extrêmement court; mais, par une sorte d'étiolement qu'amène sans doute la pression réciproque des fleurs, il s'allonge bientôt en un filet très-grêle, qui éloigne de l'ovaire le limbe calicinal réduit à ses nervures, ou, si l'on veut, l'aigrette (*pappus*, p. 364). On donne à ces étroits prolongements du calice des Composées le nom de pédicelle (*stipes, pedicellus*); et l'on dit que l'aigrette est pédicellée, stipitée (*pappus stipitatus, pedicellatus*), ou bien qu'elle est sessile (*pappus sessilis*), selon qu'un col étroit et grêle s'est prolongé entre l'ovaire et l'aigrette, comme dans les *Taraxacum* (ex. *T. officinale*, *f.* 412), les *Barckhausia*, les *Urospermum*, ou qu'elle repose immédiatement sur le jeune fruit, comme dans les *Centaurea*, les *Vernonia* et les *Bidens*.

Rétrécissement du limbe calicinal; aigrette sessile ou stipitée.

Ici je ne puis m'empêcher de vous faire observer encore une fois combien est défectueuse la terminologie consacrée par nos livres. Vous savez déjà que l'on applique le mot de *stipes* à la tige du Palmier; on l'applique aussi au pétiole des Fougères ou au pédicule du Champignon, et enfin nous venons de voir que l'on s'en sert pour indiquer le sommet rétréci d'un tube calicinal. Mais nous connaissons aujourd'hui la véritable nature de ces diverses parties; les dénominations les plus défectueuses ne sauraient nous tromper; aussi ne demanderai-je point une réforme dans la terminologie botanique. Nous ne sommes plus au temps où les hommes qui cultivaient l'histoire naturelle, tous à une grande distance de celui qui sut en changer entièrement la face, se courbèrent sans peine sous l'autorité de son puissant génie. Aujourd'hui une foule de botanistes distingués

Réflexions sur la terminologie.

ont des droits à peu près égaux à devenir réformateurs, et la réforme ne serait qu'une anarchie. Des modernes ont cru bien faire en désignant le rétrécissement du calice des Composées par l'expression de *rostrum;* mais il me semble que la figure qui attribue un pédicule ou un petit pied (*pedicellus, stipes*) à l'aigrette de ces plantes n'est pas plus défectueuse que celle qui donne un bec à leur calice.

Calice des Scabieuses.

Au reste, notre esprit est tellement porté à distinguer, qu'il y a encore moins d'inconvénients, peut-être, à se servir du même nom pour désigner des choses différentes qu'à employer des mots différents pour peindre les mêmes choses. Si nous trouvions dans une Composée un limbe calicinal d'abord rétréci à sa base en un col assez court, et ensuite étendu au sommet en cinq arêtes à peu près semblables à celles des *Bidens*, il ne nous viendrait certainement pas à l'esprit de lui donner un autre nom que celui d'aigrette stipitée (*pappus stipitatus*); mais comme c'est dans les Scabieuses (*Scabiosa*) que nous observons l'aigrette que je viens de décrire, elle n'est plus pour nous qu'un calice (*calyx interior*), et cela parce que ces plantes, toutes voisines qu'elles sont des Composées, n'appartiennent cependant point à cette famille, comme si une ressemblance parfaite entre deux organes pouvait être détruite par les différences qui se montrent chez d'autres organes. De notre manière de nous exprimer, il résulte que celui qui ne connaîtrait les Scabieuses que par les courtes phrases de la plupart de nos Flores, ne se douterait certainement pas qu'elles ont une aigrette stipitée, semblable à celle des Composées. On a cru parer à tous les inconvénients et se rapprocher, autant que possible, de la vérité, lorsqu'on a dit que les Scabieuses avaient un calice en forme d'aigrette (*calyx pappiformis*); mais, en réalité, ces expressions sont plus défectueuses que le seul mot générique d'aigrette, car un calice en forme d'aigrette veut dire un calice qui n'est point une aigrette et qui en a seulement la figure ; or il n'y a point d'aigrette qui ne soit le limbe d'un calice, et un limbe calicinal ne peut imiter une aigrette, sans être, pour cela même, une aigrette véritable.

Tous les verticilles d'une fleur dont le calice est adhérent ne deviennent pas toujours libres à la fois au point où le calice commence à l'être. Chez les Cucurbitacées, la corolle se montre soudée avec la partie non adhérente, mais encore tubuleuse du limbe du calice. Quand la corolle est monopétale, les étamines sont, le plus ordinairement, soudées avec elle, après qu'elle-même est devenue libre. Enfin, souvent la soudure du disque avec l'ovaire se continue, bien au delà de la base du limbe calicinal, jusqu'à celle du style.

Tous les verticilles d'une fleur dont le calice est adhérent ne deviennent pas libres au même point.

Tout ce qui précède vous montre assez qu'il existe des combinaisons de soudure fort variées entre les différents verticilles floraux. Il ne faudrait pas croire cependant que toutes celles qui semblent possibles se rencontrent réellement. Chaque verticille peut, sans doute, être soudé avec celui qui vient immédiatement au-dessus de lui ; mais, si le disque est susceptible de se souder isolément avec l'ovaire, les étamines avec le disque et la corolle avec les étamines, le calice ne se soude point avec la corolle, sans que les étamines participent à la même soudure. A ces trois verticilles peuvent se joindre le disque et même l'ovaire; mais les étamines, le disque et l'organe femelle ne sauraient se souder les uns avec les autres sans la corolle; et la corolle, les étamines, le disque, l'ovaire n'adhèrent point ensemble sans le calice. On doit donc dire, en général, que les adhérences ne s'étendent point du centre à la circonférence de la fleur, mais de la

On ne rencontre pas toutes les combinaisons de soudure.

circonférence vers le centre, et c'est réellement ici le calice qui joue le rôle le plus important.

L'enveloppe calicinale soudée avec le réceptacle.

Ce n'est pas seulement avec la corolle, les étamines, le disque et l'ovaire, mais encore avec le réceptacle que peut se souder l'enveloppe calicinale. Ce cas est cependant fort rare, car il ne se présente que dans les Roses. Chez elles, le calice forme à sa base un tube plus ou moins allongé sur la paroi intérieure duquel on trouve un grand nombre de pistils unicarpellés. Un carpelle n'est, en grande partie, comme vous le savez déjà, qu'une feuille métamorphosée, et le tube calicinal est une agrégation de feuilles; or, je le répète, une feuille n'est jamais portée par une autre feuille; donc il doit nécessairement y avoir ici autre chose que le calice; et que serait-ce, si ce n'est l'organe qui produit toujours les carpelles, comme il produit tous les organes appendiculaires, si ce n'est, en un mot, le réceptacle? Que l'on coupe verticalement le tube calicinal d'une Rose du Bengale (*Rosa Bengalensis*) qui commence à se flétrir, on verra qu'il se compose d'une couche extérieure verte, et d'une autre intérieure blanchâtre; la première, qui se continue dans les folioles devenues libres; la seconde, qui se prolonge à son sommet au delà des folioles pour former, en grande partie, le tube qui, à la base du prolongement, porte à l'extérieur les étamines et les pétales, et qui, intérieurement, est chargé des ovaires. Dans la couche verte et extérieure continue avec les folioles libres, je dois voir le véritable tube calicinal, et il m'est impossible de ne pas reconnaître dans la couche intérieure le réceptacle chargé de tous les organes floraux. Ce réceptacle s'est profondément déprimé, comme chez la Figue s'est déprimé l'axe de l'inflorescence (p. 298); il a également formé une sorte de coupe, et, de plus, il s'est soudé avec le tube calicinal. Comme dans la Figue, le *Dorstenia* et le *Brosimum*, c'est le fond de la coupe qui, chez la Rose, est vraiment le sommet du réceptacle, et le sommet apparent de la coupe, chargé des pétales et des étamines, est, en réalité, sa partie inférieure. Faisons, par la pensée, rentrer en lui-même le réceptacle d'une fleur de Fraisier ou de Potentille, nous aurons une Rose.

On a demandé si le tube calicinal de la Rose n'appartiendrait point tout entier au système axile, et si l'on ne devait pas le considérer comme une dilatation du pédoncule. Je vais tâcher de répondre à ces questions. Nous avons vu (p. 355) que les folioles qui couronnent le tube n'étaient que le limbe d'une feuille ailée; mais, dans une feuille caulinaire de Rosier, il y a autre chose que ce limbe; il y a encore un pétiole accompagné de deux stipules. La seule analogie suffirait pour indiquer que nous devons retrouver dans le tube ce qui manque au-dessus de lui, c'est-à-dire l'ensemble des pétioles soudés, et cette analogie est entièrement confirmée par l'observation. M. George Engelmann et quelques autres ont décrit et figuré des Roses où le tube avait cessé d'exister, où chaque foliole calicinale distincte et sans ovaire présentait, outre son limbe ailé, un pétiole large et en gouttière, et où le réceptacle, au lieu de s'être creusé en coupe, était central, hémisphérique, comme celui de la plupart des fleurs connues, et également chargé des organes appendiculaires.

§ II. — *Insertion.*

Ce qui précède vous montre que, si les organes floraux ont, dans tous les cas possibles, une origine semblable, ils ne se présentent cependant pas attachés toujours à la même partie de la fleur. Vous savez déjà (p. 28) qu'on dit, très-improprement, qu'un organe est inséré sur un autre, quand il en émane, soit réellement, soit en apparence, et qu'on appelle insertion (*insertio*) la position d'une partie quelconque sur une autre partie. Si, dans la fleur, une seule insertion est réellement organique, celle de la corolle, des étamines ou du disque sur le réceptacle, il n'en est pas moins vrai que les autres, dues à des soudures, coïncidant, en général, avec des caractères d'une grande valeur, en ont elles-mêmes une très-grande pour la fixation des rapports des familles et des genres.

Une seule insertion réellement organique.

Convaincu de cette idée, M. Antoine Laurent de Jussieu avait pris pour une des bases fondamentales de sa méthode l'insertion des étamines; et la considérant comme invariable dans une même famille naturelle, il la proclamait un caractère de premier ordre. Suivant lui, il existe trois sortes d'insertion : ou les étamines naissent sous l'ovaire, c'est-à-dire du réceptacle, et alors il les appelle hypogynes; ou elles sont insérées autour de l'ovaire, c'est-à-dire sur le calice, et il les nomme périgynes; ou enfin, elles le sont sur le pistil, et il leur donne le nom d'épigynes (*stamina hypogyna, perigyna, epigyna*). Ayant reconnu que la corolle monopétale porte presque toujours les étamines, mais que l'insertion de cette même corolle peut varier, ce n'est plus, dans les fleurs à corolle monopétale, l'insertion des étamines qu'il examine, mais celle de la corolle elle-même. Pour cette raison, il admet une insertion immédiate (*insertio immediata*), celle qui a lieu chez les plantes apétales et polypétales, où les étamines sont insérées sans intermédiaire sur le réceptacle, le calice ou l'ovaire; et l'insertion médiate propre aux monopétales chez lesquelles la corolle sert, en quelque sorte, d'intermédiaire aux organes mâles (*insertio mediata*).

Les diverses sortes d'insertions admises par Jussieu.

Il est incontestable que l'insertion des étamines a

beaucoup d'importance; cependant, il faut le dire, elle est loin d'être aussi constante que le pensait l'auteur illustre du *Genera Plantarum*. Puisque le calice des *Cyclamen* et celui des *Samolus* est, comme je vous l'ai dit (p. 590), soudé avec l'ovaire, il est bien évident que la corolle de ces plantes ne peut être hypogyne comme dans les autres Primulacées. Le *Bacopa* à ovaire adhérent et à corolle périgyne ne saurait être éloigné des autres Scrophularinées, toutes à corolle insérée sous l'ovaire. A moins d'adopter un système artificiel, on n'écartera pas les Gesnériées, dont l'insertion est périgyne, des Orobanchées, qui ont une insertion hypogyne. Les *Erica* à étamines hypogynes et les *Gaylussacia* à étamines périgynes doivent certainement rester dans le même groupe. Parmi les Portulacées, toutes périgynes, le *Talinum* présente une insertion hypogyne. Les *Arenaria rubra* et *media* ont des étamines périgynes; le *Larbrea aquatica* en a de bien plus décidément périgynes encore, et ces plantes ne pourraient être séparées des Caryophyllées à insertion hypogyne (1). Tandis que le *Viola odorata* nous offre des étamines périgynes, d'autres Violacées ont les leurs insérées sous l'ovaire. Chez les Mimosées, tantôt hypogynes et tantôt périgynes, on trouve souvent aussi une insertion douteuse. Enfin, sans même parler de ces plantes, il est une foule de cas, chez les Malpighiées, par exemple, où l'on ne sait si l'on doit se prononcer pour la périgynie ou pour l'hypogynie, et où l'observateur, comme Jussieu l'a déclaré lui-même, n'a pas d'autre ressource que de prendre l'analogie pour guide.

L'insertion moins constante que ne le croyait Jussieu.

(1) On trouve dans un livre moderne, très-estimable, toute la tribu des Alsinées indiquée comme ayant des étamines périgynes; mais ce ne peut être que le résultat d'une faute d'impression.

L'insertion épigyne inadmissible.

Dans tout ce qui précède, mes observations n'ont eu pour objet que l'insertion hypogyne et l'insertion périgyne; on en peut faire de plus graves encore sur l'épigynie. Le disque, il est vrai, peut être ou entièrement libre, ou uniquement soudé avec le calice, ou encore l'être avec le sommet libre d'un ovaire adhérent, c'est-à-dire, en d'autres termes, qu'il peut être hypogyne, périgyne ou épigyne (*discus hypogynus, perigynus, epigynus*); mais Jussieu n'a nullement songé à l'insertion du disque, et ce dernier est également épigyne dans des plantes auxquelles l'auteur du *Genera* attribue la périgynie, telles que les Éricacées à ovaire adhérent, et dans les Ombellifères, qu'il considère comme épigynes. Il est incontestable encore que, chez quelques familles, l'étamine ou les étamines, étant soudées avec le style, au delà même du point où le calice est devenu libre, semblent, au premier coup d'œil, naître de l'ovaire, et que, par conséquent, elles peuvent être appelées épigynes; mais ces familles sont en fort petit nombre, et la plupart de celles que Jussieu disait épigynes se trouvent réellement l'être aussi peu que toutes ses familles périgynes à ovaire adhérent. Si les Orchidées et les Stylidiées nous offrent une véritable épigynie, les Composées, les Dipsacées, les Rubiacées, les Caprifoliacées, considérées comme épigynes par Jussieu, le sont aussi peu que les Campanulacées, qu'il dit être périgynes; et il n'y a pas plus d'épigynie chez les Ombellifères ou les Araliées que chez ler Saxifragées ou les *Ribes*, que le même auteur rangeait parmi les périgynes. Cependant, pour peu qu'à l'exemple de M. de Candolle nous voulions confondre l'épigynie avec la périgynie, et répartir les familles de la classe des diclines de Jussieu entre les autres classes, nous trouverons, je le répète, dans l'insertion combinée avec l'absence ou la présence de la corolle, la soudure ou la séparation des pétales, le plus beau lien qui puisse unir les familles naturelles (1).

Le plus beau lien des familles naturelles dans la méthode de Jussieu, modifiée par de Candolle.

(1) Je ne dis rien ici des critiques que l'on a faites des mots hypogyne, périgyne et épigyne, ni de ceux par lesquels on a voulu les remplacer. « Quand on a envie de substituer un terme à un autre, a dit, avec beaucoup de raison, M. de Candolle, on peut toujours trouver des prétextes pour le faire; » d'où il faut conclure que les expressions le plus ancienuement consacrées sont celles qui méritent la préférence.

CHAPITRE XXXI.

SYMÉTRIE.

Nous venons de voir que les verticilles floraux pouvaient être libres, ou adhérer les uns aux autres. Dans les deux cas, leur position respective reste toujours la même ; ils sont toujours soumis aux lois d'une invariable symétrie.

§ Ier. — *Considérations générales; comparaison de la symétrie avec la régularité.*

Symétrie et régularité, deux mots qui ne sont point synonymes.

Le mot symétrie a souvent été employé comme synonyme de régularité, non-seulement par les hommes étrangers aux sciences, mais encore par ceux qui les cultivent ; cependant les deux expressions, prises dans un sens rigoureux, sont, en réalité, très-loin de représenter exactement les mêmes choses.

Ce qu'est la régularité.

Un tout est régulier quand les parties qui le composent, placées à égale distance les unes des autres, sont semblables entre elles, ou, du moins, quand il y a similitude entre celles qui se correspondent ; chaque partie, prise isolément, est régulière lorsque ses deux moitiés sont semblables ; des parties irrégulières peuvent, aussi bien que des parties régulières, former un ensemble régulier, puisque, avec les unes comme avec les autres, il peut y avoir similitude et intervalles égaux.

Ce qu'est la symétrie.

La symétrie existe avec ou sans la régularité, car elle n'est autre chose que l'ordre dans la disposition des parties. Formé d'arbres très-inégaux, un quinconce présentera cependant une symétrie parfaite.

Un point de contact entre la régularité et la symétrie.

Quoique l'égalité des intervalles ne soit, comme nous l'avons vu, par l'exemple du calice et de la corolle, qu'un caractère de régularité inférieure à celui de la similitude, il n'en est pas moins vrai que ce caractère tend à rapprocher la régularité de la symétrie, car il est difficile que celle-ci existe sans l'égalité des intervalles. De là vient peut-être que l'on a si souvent confondu la symétrie avec la régularité.

La régularité des êtres en général, modifiée par les convenances et la nature des choses.

Quoique, prise dans un sens général et, pour ainsi dire, métaphysique, la définition que je vous ai donnée de cette dernière soit rigoureusement exacte, il n'est pas moins vrai qu'il n'est pas toujours possible de l'appliquer sans aucune restriction. Les convenances et la nature des choses mettent souvent à la régularité des limites plus ou moins étroites, et le langage usuel a même consacré plusieurs ordres de régularité, puisqu'on dit tous les jours que telle chose est plus ou moins régulière que telle autre. Des exemples me feront mieux comprendre : Tout le monde regarderait comme régulière une façade qui présenterait, au milieu de quatre ouvertures uniquement destinées à recevoir le jour et placées à des distances égales, une entrée beaucoup plus grande; ici, cependant, il y aurait incontestablement inégalité, mais, sans sortir des conditions imposées par la nature des choses, on ne pourrait offrir une régularité plus parfaite. Supposons à présent que nous eussions une corolle à cinq pétales, dont quatre parfaitement semblables et un cinquième plus grand;

ce serait une corolle irrégulière, parce que nous connaissons un grand nombre d'autres corolles qui remplissent bien plus exactement les conditions absolues de la régularité, égalité parfaite d'intervalles et similitude des parties.

La symétrie modifiée par la nature des êtres.

Quant à la symétrie, quoique dérivant, comme je vous l'ai dit (p. 18), d'un principe infini et immuable, elle se modifie nécessairement de mille manières, parce que la nature si variée des êtres ne saurait admettre, dans leurs parties, un arrangement uniforme. Chaque art a sa symétrie ; chaque catégorie de corps organisés a la sienne.

Celle des organes de la fructification formée par l'alternance.

La disposition spirale constitue la symétrie des organes de la végétation ; l'alternance, celle des organes de la fructification.

Ce qu'est l'alternance.

Par ce mot, on entend une disposition d'après laquelle chaque partie d'un verticille se trouve placée entre deux des parties du verticille situé au-dessous de lui. La corolle alternera avec le calice, quand les pétales correspondront aux intervalles qui se trouvent entre les folioles calicinales ; les étamines alterneront avec la corolle, lorsque chacune d'elles sera insérée entre deux des pétales, et ainsi de suite. Une fleur où l'alternance n'offrira aucune perturbation, c'est-à-dire celle dont tous les verticilles alterneront les uns avec les autres, sera parfaitement symétrique.

J'ai à peine besoin de vous dire que chaque verticille, alternant avec celui qui lui est inférieur, alternera nécessairement aussi avec celui qui lui est supérieur. Vous concevrez également que, quand au-dessous d'un verticille il en existe au moins deux autres, les pièces du premier, en alternant avec celles du second, se trouveront nécessairement opposées à celles du troisième, et que si, par exemple, on retranche artificiellement une foliole calicinale, on mettra une étamine à découvert. Ainsi, dans une fleur parfaitement complète et parfaitement symétrique, les étamines alterneraient avec les pétales et seraient opposées aux folioles calicinales ; les pièces du premier disque alterneraient avec les étamines et les folioles calicinales, et seraient opposées aux pétales ; les parties du second disque, alternes avec celles du premier et avec les pétales, seraient opposées aux étamines et aux pièces du calice ; les carpelles, enfin, alterneraient avec les pièces du second disque, les étamines et le calice, et se trouveraient opposés aux pièces du disque inférieur et aux pétales. Par conséquent, la projection de la fleur dicotylédone parfaitement complète et symétrique pourrait être exprimée de la manière suivante :

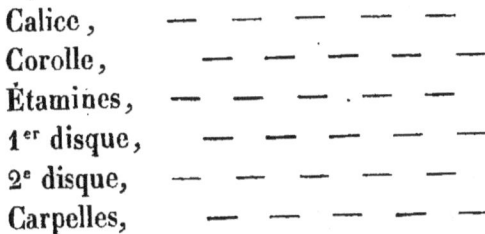

Calice, — — — — —
Corolle, — — — — —
Étamines, — — — — —
1er disque, — — — — —
2e disque, — — — — —
Carpelles, — — — — —

La symétrie peut exister dans les verticilles floraux sans la régularité.

Dans cette image de la fleur, nous ne tenons compte ni de la régularité, ni de l'irrégularité, parce que l'une et l'autre, comme je vous l'ai déjà dit d'une manière générale, peuvent également coïncider avec la symétrie. Les trois verticilles de la Pervenche (*Vinca major*), savoir : le calice, la corolle et les étamines, sont à la fois réguliers et symétriques, parce que les parties de chacun d'eux, semblables et également éloignées les unes des autres, alternent avec celles du verticille immédiatement inférieur. Chez le *Verbascum Thapsus*, la corolle, tout irrégulière qu'elle est, se trouve pourtant dans une symétrie parfaite avec le calice et le verticille staminal, puisqu'elle alterne avec eux. La corolle et le verticille staminal du Lilas (*Syringa vulgaris*) sont réguliers, mais leurs parties n'alternant point n'offrent absolument aucune symétrie.

La disposition symétrique comprend nécessairement deux

verticilles au moins, puisqu'elle est fondée sur l'alternance, et que celle-ci nécessite plus d'un verticille. La régularité, au contraire, peut se manifester dans un seul verticille, indépendamment de tous les autres. Il y a abus de mots et confusion, quand nous indiquons un verticille isolé comme étant symétrique; mais, si nous pouvons dire d'un seul verticille qu'il est régulier, nous pouvons également dire de toute la fleur qu'elle est régulière, quand chacun de ses verticilles présente une régularité parfaite (*flos regularis*).

L'existence d'au moins deux verticilles nécessitée par la symétrie.

L'irrégularité de nombre dans les différents verticilles incompatible avec la symétrie.

La symétrie suppose nécessairement une parfaite égalité de nombre, puisque sans cette égalité l'alternance n'existerait pas; une fleur régulière peut, au contraire, se composer de verticilles dont les uns présentent un certain nombre de parties et les autres un nombre différent. Chacun des quatre verticilles du Lilas (*Syringa vulgaris*) est régulier; donc la fleur tout entière se trouve être régulière; mais le calice et la corolle offrent chacun quatre pièces; le verticille staminal et l'ovaire n'en présentent que deux : ainsi point de symétrie.

Origine de l'alternance.

Nous avons tâché de remonter à l'origine de la régularité (p. 412); nous allons rechercher celle de la symétrie, ou, si l'on veut, de l'alternance, qui est la base de toute disposition symétrique.

Lorsqu'on jette un coup d'œil superficiel sur la fleur, dont les verticilles sont symétriques et ont chacun cinq parties, on est d'abord tenté de croire que l'alternance n'est autre chose que le résultat de la disposition quinconciale; mais un instant de réflexion suffit pour détromper l'observateur. Dans cette disposition, en effet, la sixième feuille se trouve placée au-dessus de la première (p. 259), ou, si l'on veut, lui est opposée; tandis que, chez la fleur symétrique et à cinq parties, il y a alternance entre la première et la sixième. Pour trouver une pièce qui corresponde exactement à une foliole quelconque du calice, il faut que nous parcourions ce verticille tout entier, que nous parcourions la corolle, et que nous arrivions à la première étamine; ce serait donc la onzième pièce qui correspondrait à la première; mais, dans le nombre des fractions qui représentent les dispositions les plus ordinaires aux feuilles (p. 262), nous n'en trouvons point qui aient dix pour dénominateur : c'est déjà là un motif pour nous faire croire que le calice et la corolle ne forment pas un cycle, tandis que les étamines et les pièces du premier disque en composeraient un second, et enfin le second disque et les carpelles un troisième. Cependant d'autres raisons bien plus fortes s'opposent encore à ce que nous considérions la fleur comme une spirale continue comprenant plusieurs cycles. Si les organes de la végétation s'altèrent, c'est ordinairement par des dégradations insensibles; dans la fleur, au contraire, au-dessus d'un verticille de parties souvent parfaitement semblables, nous trouvons un autre verticille formé aussi de pièces semblables entre elles, mais d'une nature tout à fait différente de celle des premières, et le changement de forme et même de fonctions se répète autant de fois qu'il y a de verticilles. Une foule d'analogies nous montrent sans doute des feuilles dans le calice, la corolle, les étamines; cependant, à chaque verticille, nous voyons presque toujours une transformation brusque s'opérer, et, par conséquent, rien ici n'indique la continuité que semblerait exiger une seule spirale formée de plusieurs cycles. Il y a plus : si, à partir d'une des folioles calicinales, il existait dans la fleur une spirale continue, les étamines et la corolle se trouveraient en deux cycles différents, et ce sont précisément les deux verticilles qui ont entre eux le plus de rapports, puisque la corolle ne peut être insérée sur le calice, sans que les étamines présentent la même insertion; et, comme nous le savons, les étamines se montrent toujours soudées avec la corolle monopétale. Toutes les raisons de convenance nous forcent donc à repousser ici l'idé d'une spirale unique, mais à croire plutôt qu'il existe dan la fleur autant de portions de spirale qu'il existe de verti cilles. L'observation vient encore appuyer une conjecture qu semble si bien fondée; car, dans l'*Helleborus niger* et autre plantes analogues, immédiatement au-dessus du verticill des pétales, on voit les étamines commencer brusquemen un grand nombre de portions de spirale, qui s'arrêten d'une manière également brusque au-dessous du verticill des carpelles, simulant les spirales secondaires d'un cône d Pin coupé par la moitié. Avec des organes nouveaux commencerait une portion nouvelle de spirale. Mais quelle est, demanderez-vous, la cause de cette métamorphose, qui se répète subitement et avec tant de constance après un même nombre d'organes? Ici nous ne pouvons pas même former de conjectures raisonnables : c'est une de ces merveilles dont la nature, qui nous a dévoilé tant de choses, a voulu jusqu'ici se réserver le secret.

Quoi qu'il en soit, il ne faut pas nous imaginer que la symétrie se montre sans altération et sans déguisement dans toutes les fleurs. Des multiplications, des dédoublements et des soudures ne font que la voiler; des défauts de développement l'altèrent. Je passerai successivement en revue les trois causes qui peuvent nous la faire méconnaître et celle qui la trouble réellement.

§ II. — *De la symétrie déguisée par les multiplications.*

Chez les plantes très élevées dans l'ordre des développements, telles que les Renonculacées, les Magnoliées, les Anonées, il arrive fréquemment qu'après la formation d'un verticille il existe encore trop d'énergie pour qu'il se forme immédiatement après une métamorphose nouvelle : la même chose se répète plusieurs fois. Dans les Anémones, nous trouvons deux verticilles de pétales ; nous en trouvons bien plus évidemment deux dans les Anones ; nous en comptons jusqu'à sept chez les Magnoliées ; enfin, au lieu de cinq étamines et de cinq carpelles que nous devrions avoir, d'après l'ordre symétrique, chez les Renoncules et tant d'autres plantes analogues, nous en voyons un nombre indéterminé : c'est ce genre de phénomène que l'on doit désigner sous le nom de multiplication (*multiplicatio*).

Ce qu'est la multiplication.

Quand ce sont les carpelles qui se multiplient, et que leur multiplication se fait en nombre indéterminé, comme cela arrive le plus souvent, nous ne trouvons plus chez eux aucune trace d'alternance ; mais à la disposition symétrique qui caractérise les organes floraux vient se substituer celle qui appartient aux organes de la végétation, et nous avons alors une spirale parfaitement continue. Les ovaires, et surtout les fruits d'une foule d'Anonées et de Magnoliées, représentent parfaitement un cône de Pin ; et ceux d'un grand nombre de Renonculacées, ainsi que de plusieurs Rosacées, nous offrent en miniature une image d'autant plus fidèle du cône, qu'ils sont plus nombreux. Ici nous avons une induction de plus en faveur de ce que je vous ai dit sur la disposition des verticilles floraux. Si, quand les ovaires se montrent en grand nombre, nous les trouvons clairement disposés en spirale, il est vraisemblable que cet arrangement existe encore lorsqu'ils sont peu nombreux ; et puisque nous devons voir dans les parties de la fleur autres que les ovaires, comme dans les ovaires eux-mêmes, des feuilles déguisées, il est difficile de croire qu'elles ne soient pas rangées de la même manière qu'eux.

Celle des carpelles en nombre indéterminé ;

Examinons à présent de quelle façon se multiplient les organes mâles. Si, après la floraison, nous jetons les yeux sur la partie cylindrique et allongée qui portait les nombreuses étamines du *Magnolia grandiflora*, nous reconnaîtrons, aux cicatrices laissées par elles, qu'elles formaient une nombreuse série de lignes spirales toutes parallèles; nous reconnaîtrons que ces lignes, commençant brusquement au-dessus des pétales, s'arrêtent brusquement au-dessous des ovaires; nous reconnaîtrons enfin qu'elles imitent exactement les spirales secondaires d'un cône de Pin que l'on aurait coupé. Quoique avec moins de clarté, nous retrouvons le même arrangement chez une foule d'Anonées, où la partie du réceptacle qui porte les étamines est moins longue que dans le *Magnolia grandiflora*. L'analogie nous aide à apercevoir une disposition semblable sur le réceptacle fort court de l'*Eranthis hyemalis*; et, puisque cette disposition devient de moins en moins visible, à mesure que le réceptacle a moins de hauteur, nous devons croire que, lorsqu'elle disparaît à nos yeux, cela tient à une perturbation causée par la dépression du réceptacle. Ici donc nous avons encore, comme pour les ovaires multiples, une disposition spirale, mais une disposition brusquement interrompue, ainsi que l'est (p. 606 et suiv.) chacune des portions de spirale commencées par les différents verticilles de la fleur symétrique.

des étamines en nombre indéfini;

Quand, au lieu de se multiplier en nombre indéterminé, les étamines et les carpelles se multiplient seulement en nombre double, ce qui est infiniment plus rare, leurs verticilles se répètent avec alternance, et, par conséquent, la symétrie florale n'est nullement interrompue; mais, dans ce cas, les deux verticilles, soit d'étamines, soit de carpelles, sont souvent tellement rapprochés, qu'ils semblent n'en former qu'un, et l'analogie seule peut nous conduire à la connaissance de la vérité : c'est ainsi que les folioles du calice des Œillets, quoique bien certainement disposées en spirale, puisque leur préfloraison est le quinconce, sont

des étamines et des carpelles en nombre double;

pourtant, comme vous le savez, soudées dans une grande partie de leur longueur, et peuvent paraître placées sur le même plan.

Cette alternance que nous découvrons dans les verticilles doubles des étamines et des carpelles, nous la voyons bien plus clairement chez les pétales qui, quand ils se multiplient en nombre défini, ce qui arrive le plus ordinairement, sont toujours disposés en verticilles. Ainsi, avec un calice à deux ou trois folioles, nous pouvons avoir deux, trois, quatre verticilles de deux ou trois pétales chacun, et les pièces du verticille inférieur alterneront avec les folioles calicinales, le second verticille alternera avec le premier, le troisième avec le second, et ainsi de suite. Mais, comme nous l'avons dit, on a trop souvent méconnu la véritable disposition des pétales multiples, et, en lisant un grand nombre de descriptions, on pourrait croire qu'il n'y a qu'asymétrie là où règne réellement la symétrie la plus parfaite. des pétales;

On a souvent répété, et j'ai dit moi-même, que la première enveloppe florale des Anémones était à trois folioles, et leur corolle à six pétales; que les Anones avaient également six pétales et un calice composé de trois pièces; enfin qu'avec quatre pétales les *Papaver* et les *Fumaria* offraient un calice formé de deux pièces. Ces divers énoncés sont, sans doute, parfaitement exacts; mais il n'est pas moins vrai que, laissés sans aucune explication, ils peuvent aisément conduire aux plus graves erreurs. Si, avec un calice à deux ou trois folioles, nous avions un seul verticille de quatre ou six pétales, il n'existerait plus d'alternance et, par conséquent, plus de symétrie. Mais il n'en est pas ainsi : les six pétales des *Anona* et des *Anemone* ne forment point un verticille unique, ils forment deux verticilles superposés, dont l'inférieur alterne avec le calice et le supérieur avec l'inférieur ; chez les *Papaver* et les *Fumaria*, la corolle est également double, et les deux verticilles, composés chacun de deux pétales, offrent entre eux et avec le calice une alternance parfaite.

En disant simplement que, chez les *Papaver*, les *Anona* et autres plantes d'une structure analogue, il existe, avec deux ou trois folioles au calice, quatre ou six pétales, on fait une omission dont les conséquences peuvent conduire à des idées très-fausses; mais pourtant on énonce un fait rigoureusement exact. Dans d'autres cas, faute d'avoir reconnu la multiplication dans un ou plusieurs verticilles, on a directement commis des erreurs fort graves. Les *Epimedium*, par exemple, ont été décrits comme ayant quatre folioles calicinales disposées en croix, quatre pétales opposés à ces quatre folioles, et quatre étamines opposées aux pétales : une telle disposition contrarierait tout ce que nous savons de la fleur, mais elle n'est pas réelle : les quatre folioles du calice forment deux verticilles, dont le supérieur alterne avec l'inférieur ; deux verticilles, chacun de deux pétales, alternent entre eux et avec le verticille calicinal supérieur ; les étamines présentent deux verticilles qui continuent l'alternance ; et, au lieu d'une fleur étrange par la disposition de ses parties, on en a une qui confirme, de la manière la plus parfaite, les lois de la symétrie. Comme tant d'autres botanistes, j'ai indiqué, dans les *Berberis*, six pétales et autant d'étamines opposées ; mais, en réalité, la corolle de ces plantes se compose de deux verticilles alternes, chacun de trois pétales, et les étamines sont également réparties en deux verticilles où se conserve l'alternance.

des folioles calicinales.

Quant aux folioles calicinales multiples, tantôt elles sont rangées en verticilles alternes, comme nous venons d'en voir un exemple dans les *Epimedium*, et tantôt elles continuent avec plus ou moins d'évidence l'arrangement spiral propre aux organes de la végétation, ainsi que nous le montrent diverses Ternstromiées, et surtout le genre *Empedoclea.*

La multiplication des organes floraux est évidemment, comme je vous l'ai dit, un signe de vigueur; cependant, si nous comparons un verticille simple de pétales ou de folioles calicinales avec un verticille par multiplication, isolé des autres, nous trouverons que, par une sorte de compensation, il y a plus d'énergie dans le premier que dans le second. En effet, une corolle dont les pièces forment un verticille simple embrasse, sans interruption, toute la périphérie du réceptacle; dans un verticille par multiplication, au contraire, les diverses pièces laissent ordinairement entre elles un espace plus ou moins considérable. Qu'on enlève, par exemple, les deux pétales du verticille supérieur du *Papaver Rhœas,* on verra qu'entre les deux pétales du verticille inférieur il existe, à droite et à gauche, un intervalle très-sensible qui se trouvait masqué par le dos du pétale supérieur alterne. D'après ceci, il n'est pas étonnant qu'on ait pris tant de fois deux verticilles par multiplication pour un verticille simple, quoique les deux verticilles par multiplication, bien réellement insérés sur deux plans distincts, ne forment un cercle, en apparence bien complet, que par leur rapprochement.

Comparaison du verticille simple de pétales ou de folioles calicinales avec le verticille par multiplication isolé des autres.

De tout ce qui précède, on peut déduire les trois principes suivants, extrêmement utiles dans l'application : 1° Quand les pétales sont en nombre multiple de celui des folioles calicinales, ils forment autant de verticilles alternes entre eux et avec le calice que leur nombre total comprend de fois celui des pièces de ce dernier. 2° Les verticilles formés par des pétales multiples, étant évidemment superposés, se distinguent assez aisément les uns des autres; ceux que forment les étamines exactement multiples sont fort rap-

Principes résultant des considérations qui précèdent.

prochés, et peuvent simuler un verticille unique ; mais, dans une fleur où les pétales se trouvent disposés en plusieurs verticilles dont les pièces sont en nombre moitié moindre que celui des étamines, l'analogie nous indique assez qu'il y a chez celles-ci un double verticille : j'ai décrit (*Fl. Bras. mer.*), dans le *Bocagea*, un calice à trois folioles, deux verticilles alternes de chacun trois pétales, six étamines et un gynécée de trois carpelles ; ici il est bien évident que les six étamines forment, ainsi que les pétales, deux verticilles alternes, absolument comme cela a lieu chez les *Berberis*. 3° Lorsqu'au premier abord les pétales semblent opposés aux folioles calicinales et les étamines aux pétales, chaque ordre d'organes n'est point simple, mais il est formé de deux verticilles alternes non-seulement entre eux, mais encore avec celui qui leur est supérieur et celui qui leur est inférieur.

Si des verticilles d'organes fort différents se soudent très-fréquemment entre eux, à plus forte raison ceux d'organes semblables doivent-ils être susceptibles de contracter adhérence les uns avec les autres. Quand cela arrive pour deux rangs de carpelles, ils se confondent, semblent n'en former qu'un seul, et la différence qui existe entre le nombre des carpelles et celui des folioles calicinales peut seule révéler l'existence de la multiplication ; ainsi, chez une fleur où le calice et les pétales seront chacun composés de cinq pièces, et où l'ovaire présentera dix loges, nous dirons qu'il y a multiplication dans les carpelles. Lorsque ce sont deux rangs de pétales ou de folioles calicinales qui se soudent, la partie soudée semble, il est vrai, former un corps unique ; mais, au point où les organes deviennent libres, le double rang reparaît, et l'alternance se manifeste : avec un calice à trois folioles, nous trouvons, dans le *Rollinia*, plante de la famille des Anonées, une corolle monopétale à six lobes, dont trois, chargés, sur le dos, d'une sorte d'aile, sont

Soudure des verticilles par multiplication.

alternes avec les trois autres plus intérieures, et alternent en même temps avec les folioles calicinales ; il est bien clair qu'ici nous avons, comme chez les autres Anonacées, une corolle multiple formée de deux verticilles, mais où ces derniers se sont soudés entre eux.

La soudure des verticilles multiples d'organes semblables se combine quelquefois avec celle des organes d'ordre différent. Dans le *Lythrum Salicaria*, par exemple, nous avons un calice à douze lobes, dont six extérieurs alternent avec les six autres plus intérieurs ; nous avons six pétales périgynes alternes avec les lobes intérieurs du calice, et enfin douze étamines également périgynes, dont six alternent avec les pétales comme les six autres avec les premières : ici deux rangs de folioles calicinales sont soudés entre eux, les pétales le sont avec le calice, et un double rang d'étamines l'est avec la même enveloppe. Peut-être demandera-t-on s'il n'y aurait pas plutôt, dans la plante dont il s'agit, des verticilles simples de douze pièces chacun, avec suppression de la moitié d'entre elles dans le rang des pétales : il nous est impossible de ne pas voir deux verticilles chez une corolle monopétale et ses étamines, et cependant les deux sortes d'organes, alternes dans leur partie libre, sont entièrement confondus à leur base ; chez le *Lythrum Salicaria*, par conséquent, où six lobes calicinaux, alternes avec les six autres, sont plus extérieurs qu'eux, il est bien clair qu'il existe également deux rangs ; nous avons reconnu qu'il y avait deux verticilles de pétales dans les *Rollinia*, où les organes qui forment ces verticilles, confondus à la partie inférieure, se montrent, à leur sommet, disposés sur deux rangs, comme les pétales libres de la corolle des autres Anonées.

C'est chez les plantes qui, par l'absence de toute soudure entre les verticilles floraux, s'élèvent le plus dans la série des développements, les polypétales à insertion hypo-

Le nombre des multiplications diminuant graduellement chez les dicotylédones à mesure que les plantes sont moins élevées dans l'ordre des développements.

gyne, que les multiplications se montrent avec le plus d'évidence et le moins de perturbation. Dans aucune des autres classes de Jussieu, elles ne sont aussi communes parmi les carpelles et les étamines; et si, dans la même classe, elles se montrent moins fréquentes chez les pétales, ceux-ci, du moins, se répètent sans aucune altération. Cependant, il faut le dire, tandis que, chez les polypétales hypogynes, les enveloppes florales se multiplient par verticilles, et que les pièces dont se composent ceux-ci conservent la même forme, ces pièces, d'un autre côté, restent, par le nombre, au-dessous du type ordinaire des dicotylédones. La corolle des Anonées et celle des Magnoliées se composent de plusieurs verticilles, mais chacun d'eux comprend uniquement trois pièces, et, ce qui est fort remarquable, c'est que, de cette manière, les dicotylédones les plus développées se trouvent être précisément celles qui ont le plus de rapport avec les monocotylédones, puisque, chez ces dernières, le nombre trois est le type des verticilles floraux. Il y a plus : lorsque nous descendons dans la série des polypétales hypogynes, et que pourtant nous avons encore des verticilles multiples de pétales ou de folioles calicinales, nous trouvons que le nombre des parties éprouve, dans chacun, une diminution plus sensible. Si, chez les *Berberis*, plantes dont la fleur offre moins de développements que les Anones, chaque verticille comprend encore trois pièces, déjà, dans l'*Epimedium*, genre fort voisin, il n'y en a plus que deux à tous les verticilles; quoique ayant, comme les Magnoliées et les Anonacées, une insertion hypogyne, les *Papaver* et les *Fumaria* sont moins élevés qu'elles dans l'ordre des développements, puisque tous leurs carpelles sont soudés d'une manière intime, et ces plantes offrent uniquement deux pièces aux deux verticilles de leur corolle.

Chez les plantes polypétales à étamines périgynes qui,

dans la série des développements, se présentent au-dessous des polypétales hypogynes, les multiplications ne peuvent pas toujours, à cause des soudures, se manifester avec la même évidence que chez ces dernières. Rares parmi les carpelles, elles deviennent plus communes chez les organes mâles; mais pas autant néanmoins qu'on pourrait le croire, si l'on prenait pour multiples les étamines en nombre indéfini qui, comme nous le verrons bientôt, sont souvent des résultats du phénomène qu'on nomme dédoublement. L'alternance se conserve parfaitement chez les Loasées, plantes polypétales périgynes chez lesquelles les pétales se multiplient souvent; mais presque toujours c'est avec quelque altération que la répétition s'opère. Si les pétales des Ficoïdes sont extrêmement nombreux, d'un autre côté, par leur peu de largeur, ils tendent, plus que les pétales de tant d'autres plantes, à se rapprocher de la forme des étamines; et ce n'est pas sans quelque peine qu'au milieu de tant d'organes pressés les uns contre les autres on démêle l'alternance. Quant aux folioles calicinales, elles forment certainement un double verticille chez une foule de Salicariées: à la vérité, les folioles des deux verticilles se confondent entièrement dans une grande partie de leur longueur; mais, lorsqu'elles deviennent libres, on reconnaît parfaitement qu'il y en a (V. p. 615) un nombre égal d'extérieures et d'intérieures, que celles-ci alternent avec les premières, qu'un rang de pétales alterne avec les intérieures, et que l'alternance, plus ou moins déguisée par des dédoublements, se continue dans un double rang d'étamines.

A mesure que l'on descend dans la série des développements, on voit le nombre des multiplications diminuer. Déjà il ne s'en rencontre plus dans les familles de polypétales qui se rapprochent des monopétales. Chez ces dernières, on ne trouve point d'ovaires en nombre indéfini. La multiplication par verticilles s'observe, il est vrai, chez les carpelles des Éricacées, soit à ovaire libre, soit à ovaire adhérent, mais les deux verticilles, extrêmement rapprochés, se confondent et ne forment qu'un ovaire régulier (*V.* plus haut p. 610). Si, dans quelques cas, le nombre des étamines dépasse celui des folioles calicinales, peut-être l'excédant n'est-il plus que le résultat d'un dédoublement. La multiplication des pétales ne peut se nier dans le *Jacquinia;* mais c'est un cas fort rare. Enfin cette multiplication devient impossible, puisqu'à la suite des monopétales il n'existe que des plantes sans corolle; cependant, chez quelques apétales, les Polygonées, le calice, par une sorte de compensation, semble souvent devenir multiple.

§ III. — *La symétrie déguisée par les dédoublements.*

Définition du dédoublement.

Lorsqu'à la place où, dans un grand nombre de fleurs, il existe un seul organe, nous en voyons, chez d'autres, deux ou plusieurs, nous disons qu'il y a dédoublement (*diremptio*).

Sa nature.

Dans le genre *Diplusodon,* qui appartient à la famille des Salicariées, on trouve deux rangs alternes de folioles calicinales confondues dans la plus grande partie de leur longueur, un rang simple de pétales et douze à quarante étamines: parmi celles-ci, il y en a toujours six qui sont alternes avec les folioles extérieures, réduites, par la soudure, à n'être que de simples dents; quant aux autres, elles alternent avec les premières; mais souvent, à la place où il devrait n'y en avoir qu'une, il s'en trouve de deux à six: dans une espèce, j'ai vu clairement un faisceau de fibres unique se bifurquer et donner naissance à deux filets anthérifères;

donc le dédoublement serait dû à la division ou, si l'on veut, à la partition du faisceau destiné, dans l'ordre rigoureusement symétrique, à ne fournir qu'un organe. C'est ainsi que quelquefois nous voyons, comme je vous l'ai dit (p. 126), la tige de la Tulipe des jardins, simple dans une partie de sa longueur, se partager tout à coup en deux axes, dont chacun se termine par une fleur, et cependant il n'existe, à l'endroit du partage, ni nœud vital, ni feuille, ni bourgeon.

Comparaison de la multiplication et du dédoublement.

Si la multiplication répète les verticilles, le dédoublement répète les organes. Quand ceux-ci résultent de la multiplication, ils sont indépendants les uns des autres, comme le sont les différentes pièces d'un verticille simple; au contraire, les organes qui résultent d'un dédoublement forment un seul ensemble.

Où on le trouve.

Le dédoublement est rare chez les calices; les corolles et les étamines en offrent de nombreux exemples. A peine existe-t-il deux ou trois plantes chez lesquelles on peut soupçonner que s'est dédoublé le verticille des carpelles.

Le dédoublement tantôt signe de vigueur, et tantôt simple déplacement de forces vitales.

Puisque le phénomène dont il s'agit augmente le nombre des organes, il est évidemment, comme la multiplication, un signe de vigueur. On l'observe dans une grande partie des genres de la famille des Caryophyllées; mais, dans ces mêmes genres, des espèces faibles et délicates, telles que le *Spergula pentandra* et le *Cerastium pentandrum*, n'en présentent aucune trace. Cependant, si le dédoublement est toujours une marque d'énergie dans l'organe dédoublé, il n'est souvent, pour la fleur tout entière, qu'un déplacement de ses forces; car, tandis qu'un verticille se dédouble, le suivant, dans une foule de cas, avorte soit entièrement, soit en partie.

Il peut s'opérer au-dessus du réceptacle.

Ce n'est pas toujours au point où les organes s'échappent du réceptacle que le dédoublement s'opère. Souvent il a lieu seulement après que l'organe s'est montré parfaitement simple dans une longueur plus ou moins considérable. C'est ainsi que, dans la partition, la tige de la Tulipe s'élève d'abord au-dessus du sol tout à fait indivise, avant de se bifurquer pour former deux tiges et donner naissance à deux fleurs. Les deux grandes étamines des Crucifères, qui, comme nous le verrons plus tard, sont le résultat d'un dédoublement, sortent parfaitement distinctes du réceptacle de la fleur, mais dans le genre *Sterigma* qui appartient à cette même famille la division ou la partition ne s'opère qu'au-dessus de la moitié du filament. La plupart des étamines polyadelphes, toutes peut-être, sont le résultat de dédoublements qui se sont opérés au-dessus du réceptacle.

Le dédoublement tantôt collatéral et tantôt parallèle.

Il ne faut pas croire que le dédoublement se fasse toujours de la même manière; tantôt les organes qui en résultent s'étendent dans un même plan, et tantôt ils se montrent sur deux ou plusieurs plans opposés. Dans le premier cas, on dit qu'il est collatéral (*diremptio collateralis*); dans le second, on le nomme parallèle (*diremptio parallela*). Celui-ci double, triple ou quadruple le verticille; le premier augmente le nombre de ses parties. C'est ainsi que les stipules, qui ne sont que des dédoublements de la feuille (p. 191), sont tantôt placées sur ses côtés et tantôt devant elle.

Résultats des deux sortes de dédoublements.

Quand les organes dédoublés sont collatéraux, ils sont assez généralement semblables. Les deux étamines des Crucifères, résultat d'un dédoublement collatéral, sont également longues et également grêles.

Lorsqu'au contraire le dédoublement est parallèle, les parties qui se trouvent placées sur le plan le plus intérieur, ou si l'on veut, le plus voisin de l'ovaire, se montrent presque toujours avec des altérations plus ou moins sensibles, et très-souvent même elles prennent la forme des pièces du verticille qui doit se présenter après elles dans l'ordre symétrique. Ainsi, que le dédoublement parallèle s'opère chez les pétales, l'organe placé sur le plan intérieur sera une expansion pétaloïde, moins vigoureuse que celle du rang extérieur, ou une étamine fertile, ou un filet stérile plus ou moins déguisé, ou même une simple glande; que l'étamine se dédouble parallèlement, elle fournira une écaille, un filet stérile ou un corps glanduleux. On donne au dédoublement les noms de pétaloïde, staminal, glandulaire, suivant que l'organe intérieur, résultat de la partition, se présente sous la forme d'un pétale plus ou moins altéré, d'une étamine ou d'une glande (*diremptio petaloidea, staminea, glandularis*). Mais ici on aurait peut-être encore plus de peine qu'ailleurs à établir des distinctions bien rigoureuses; car l'organe intérieur qui résulte du dédoublement d'un pétale peut présenter toutes les formes intermédiaires entre celle du pétale véritable et celle d'un filet staminal privé de son anthère ou celle d'une glande.

Vous savez déjà que du dédoublement il ne résulte pas toujours uniquement deux organes (p. 618); souvent il en résulte trois, cinq ou un plus grand nombre. Quand les étamines se dédoublent, il n'est pas rare qu'il en paraisse un faisceau à la place où, dans l'ordre rigoureusement symétrique, il ne devrait y en avoir qu'une. Lorsque le dédoublement s'opère chez un pétale, et qu'il est parallèle, on voit assez fréquemment devant lui un groupe d'étamines pressées; ailleurs, en face du pétale, on trouve une expansion pétaloïde plus ou moins développée, et, sur un troisième plan, une étamine; ailleurs encore l'organe du second plan se dédouble lui-même latéralement, et alors un seul dédoublement en comprend réellement deux, le parallèle d'abord, puis le collatéral dans l'organe le plus intérieur. Chez le genre *Loasa*, on trouve dix pétales; devant cinq d'entre eux

Les deux sortes de dédoublement peuvent se rencontrer ensemble.

est un faisceau d'étamines, et devant les cinq autres sont deux longs filets stériles, qui naissent du même plan et sont collatéraux.

Il est à remarquer que, lorsque dans un dédoublement parallèle l'organe du second plan se dédouble latéralement à son tour, ou, si l'on veut, lorsque devant un organe il s'en trouve deux autres collatéraux et semblables entre eux, comme dans le *Loasa lateritia* (ex. H. P.), ceux-ci répondent rarement au milieu du premier; mais chacun d'eux se trouve placé devant une des moitiés de l'organe extérieur et semble un dédoublement spécial de cette même moitié.

Je vous ai fait observer que dans le dédoublement parallèle l'organe intérieur était assez généralement moins développé que l'extérieur. Nous retrouvons là une conséquence de cette loi qui veut que les organes s'altèrent d'autant plus qu'ils se rapprochent davantage du centre de la fleur, ou, si l'on veut, qu'ils s'élèvent sur son réceptacle; mais, en même temps, il est impossible, dans une foule de cas, de ne pas voir dans cette altération une de ces mesures providentielles que la nature a su prendre pour la conservation de l'espèce. En effet, comme je vous l'ai dit, le dédoublement n'est, chez bien des fleurs, qu'un déplacement de forces vitales, et tandis qu'un des verticilles se dédouble, le suivant ne se développe point; si, dans ce cas, les pétales, par exemple, se dédoublaient en d'autres pétales, il est clair qu'il n'y aurait pas de fécondation; mais il n'en est pas ainsi : quand le verticille normal et symétrique des organes mâles vient à manquer, c'est toujours en étamines que se dédoublent les pétales; la fécondation peut s'opérer, et l'observateur superficiel ne s'aperçoit même pas qu'il manque quelque chose à la fleur. Le verticille staminal, qui, dans l'ordre rigoureusement symétrique, devrait, chez les Primulacées et chez les Myrsinées, alterner avec leurs péta-

Le dédoublement avec altération mesure providentielle pour la conservation de l'espèce.

les, ne s'est point développé; il est remplacé par des étamines opposées à ces mêmes pétales, c'est-à-dire par un dédoublement staminal. Quand se développe le verticille normal d'étamines, dont chacune alterne avec deux des pièces de la corolle, le dédoublement staminal cesse d'être indispensable et n'a plus la même constance.

Le botaniste étranger aux principes que je vous ai exposés sur la nature du dédoublement pourra croire la symétrie entièrement bouleversée, lorsqu'il verra, chez une fleur, l'opposition au lieu de l'alternance, ou bien lorsqu'il comptera, dans un verticille quelconque, un nombre d'organes double ou triple de celui des parties du précédent verticille. Mais pour peu que l'on ait étudié le phénomène dont nous venons de nous occuper, on comprendra 1° qu'avec l'opposition il y aura nécessairement dédoublement parallèle; 2° qu'il y a dédoublement collatéral, lorsqu'à l'intervalle qui existe entre deux pièces d'un verticille quelconque on trouvera qu'il en correspond deux ou trois du verticille supérieur. Dans l'étude de l'arrangement symétrique, les organes qui résultent d'un dédoublement ne peuvent compter que pour un seul; par conséquent, le dédoublement ne trouble la symétrie qu'en apparence et aux yeux de l'observateur inattentif. Qu'entre deux pétales, par exemple, il naisse une étamine unique ou un groupe d'étamines, il y aura également alternance, et cette disposition sera évidemment aussi peu intervertie, quand nous trouverons entre deux folioles calicinales un pétale et une étamine rapprochés et opposés l'un à l'autre, que quand nous verrons un seul pétale. Une plate-bande de Reines-Marguerites, plantée en quinconce, ne perdrait absolument rien de sa symétrie, si, dans quelques-unes des places qui semblent devoir être occupées par un seul pied, nous en mettions deux, trois, ou même davantage.

Dédoublement parallèle quand il y a opposition au lieu d'alternance, dédoublement collatéral lorsque entre deux pièces d'un verticille il en correspond deux ou plusieurs autres d'un autre verticille.

Différence entre la fleur symétrique sans dédoublement et la fleur symétrique avec dédoublement.

Entre une fleur symétrique sans dédoublement et une fleur symétrique avec dédoublement, il n'y aura de différence que dans le nombre des parties. Si, pour revenir à la comparaison que je vous faisais tout à l'heure, nous tracions deux quinconces parfaitement semblables, pour y planter des pieds de quelque espèce cultivée, et qu'aux places où, dans l'un des quinconces, nous n'avons mis qu'un seul individu, nous en missions deux dans le second quinconce, ils seraient également symétriques, mais l'un des deux comprendrait un nombre de pieds double de celui qui serait contenu dans l'autre.

Les étamines du verticille rigoureusement staminal peuvent se confondre dans un même cercle avec celles qui résultent d'un dédoublement et se souder avec elles.

Nous avons vu (p. 614), par l'exemple du genre *Bocagea*, que, dans la multiplication, deux verticilles alternes entre eux pouvaient être assez rapprochés pour paraître n'en former qu'un seul. Lorsqu'un verticille simple d'étamines alternes avec les pétales se développe, et qu'en même temps chacun de ces derniers se dédouble parallèlement en un organe mâle, les étamines du verticille rigoureusement symétrique semblent aussi se confondre, dans un même cercle, avec celles qui résultent du dédoublement, quoique ces dernières soient réellement insérées sur un plan moins rapproché de l'ovaire. Ainsi, dans une foule de Géraniées (1) et de Caryophyllées, on trouve, avec cinq folioles au calice et une corolle de cinq pétales, dix étamines qui semblent former un cercle unique; mais cinq de ces dernières, parfaitement symétriques, alternent avec les pétales, tandis que les cinq autres, opposées à ceux-ci, en sont de simples dédoublements. Il y a plus : le rapprochement des deux ordres d'étamines est souvent tel, qu'elles se soudent plus ou moins les unes avec les autres.

(1) Sous ce nom doivent être compris, comme je l'ai démontré et comme l'a confirmé M. A. Richard, les *Geranium*, les *Oxalis*, les *Linum*, les *Tropæolum* et autres genres analogues.

Lorsqu'un verticille, unique en apparence, se forme ainsi, et du verticille d'étamines réellement symétriques et de celles qui résultent d'un dédoublement des pétales, on peut assez généralement distinguer ces dernières, parce qu'elles sont ou plus petites, ou plus grêles, souvent réduites à un simple filet, comme chez les *Erodium*, ou même à des dents membraneuses, comme chez les *Linum*.

Comment décider si un cercle d'étamines est formé par deux verticilles multiples ou par un verticille simple d'étamines entremêlées d'autres étamines, résultant d'un dédoublement.

On demandera peut-être comment, lorsque nous verrons un cercle d'étamines dont le nombre sera double de celui des pétales ou des parties du calice, nous pourrons décider si ce cercle est formé par le rapprochement de deux verticilles multiples, ou bien par un verticille simple et symétrique dont les pièces seraient entremêlées d'étamines résultant du dédoublement des pétales. La question n'est point sans difficulté; cependant l'observation tend à me prouver, 1° qu'avec un calice ou une corolle, ou des carpelles multiples, les étamines, plus nombreuses que les pièces d'un des verticilles simples de la fleur qui les contient, sont le résultat d'une multiplication : nous en avons eu un exemple dans les *Magnolia*; 2° qu'elles résultent encore d'une multiplication, lorsqu'elles ont pris naissance dans une fleur où d'ailleurs aucun verticille n'est multiplié, mais qui est celle d'une espèce appartenant à une famille chez laquelle les multiplications sont fréquentes : l'*Eranthis hyemalis* et l'*Helleborus niger* en sont des exemples; 3° que l'augmentation du nombre des étamines peut être le résultat d'un dédoublement dans les plantes à étamines périgynes, quoique le calice y soit multiple : ex. *Loasa, Diplusodon*; 4° qu'il n'existe pas de verticilles multiples d'étamines, quand les autres verticilles sont simples ou incomplets, mais qu'alors l'augmentation est le résultat d'un dédoublement : ainsi il y aurait dédoublement et non multiplication chez les Géraniées, les Ochnacées, les Caryophyllées.

L'augmentation du nombre des étamines chez les fleurs à corolle et à calice simples peut être produite par deux sortes de dédoublements.

Dans les plantes très-nombreuses qui se rapportent à cette dernière catégorie, l'augmentation du nombre des étamines n'est pas toujours due au même genre de dédoublement. Tantôt elle résulte de celui des étamines elles-mêmes; tantôt, ce qui est le plus ordinaire, elle est produite par un dédoublement staminal de la corolle; c'est-à-dire que, dans le premier cas, les étamines appartiennent toutes au même verticille, celui qui normalement doit fournir les organes mâles, et, dans le second, elles appartiennent à deux verticilles différents, celui des pétales et le verticille normalement staminal.

Quand l'augmentation procédera d'un dédoublement collatéral des étamines elles-mêmes, il sera bien facile de ne pas la confondre avec celle que produirait la multiplication, car ce genre de dédoublement ne saurait amener aucune opposition. Mais il en résultera qu'au lieu d'une seule étamine, on en pourra trouver deux ou plusieurs entre deux pétales; tandis que, dans un cercle d'étamines formé de deux verticilles multiples confondus, ces organes seraient nécessairement placés alternativement devant et entre les pétales. Chez les *Polygala*, on trouve, avec trois pétales, huit étamines soudées en un tube commun; que l'on coupe ce tube horizontalement dans une grande espèce, on verra que les étamines y sont disposées par paires, et que chaque paire est opposée à une des folioles calicinales.

Lorsqu'au contraire c'est à un dédoublement parallèle et staminal de la corolle qu'est due l'augmentation, il est bien clair que les étamines qui résultent du dédoublement et sont opposées aux pétales doivent être insérées sur un plan un peu moins avancé, quoiqu'en apparence elles soient insérées dans le même cercle que celles qui forment le verticille rigoureusement staminal. Dans la fleur strictement symétrique, la corolle est insérée sur un plan moins éloigné de l'ovaire que le calice, et les étamines sur un plan moins éloigné que la corolle; si celle-ci éprouve un dédoublement parallèle, les organes intérieurs, résultat de ce dédoublement, ne seront pas, sans doute, aussi éloignés que les extérieurs du véritable verticille des étamines, mais celui-ci n'en sera pas moins un peu plus avancé que les pièces dédoublées; et, par conséquent, si le dédoublement a fait naître des étamines au rang intérieur, ces étamines opposées aux pétales seront plus reculées que les étamines alternes. Il n'en serait pas ainsi dans le cas où nous aurions, par multiplication, un nombre d'étamines double de celui des pétales; alors ce serait, au contraire, les étamines opposées aux pétales qui se trouveraient les plus voisines des carpelles: dans le *Bocagea*, en effet, nous avons par multiplication, comme je vous l'ai dit, six étamines et deux verticilles de trois pétales; trois des étamines alternent avec le second rang de pétales, plus voisines que lui des ovaires; trois autres étamines encore plus rapprochées du gynécée alternent avec les premières et ce sont nécessairement elles qui se montrent opposées au second rang de pétales, puisqu'elles alternent avec les premières étamines. En résumé, lorsqu'il y a, par multiplication, un nombre d'étamines double de celui du rang de pétales immédiatement extérieur, les étamines opposées à ces pétales doivent être insérées sur un plan plus rapproché du gynécée que les étamines alternes; quand, au contraire, les étamines sont, par dédoublement, en nombre double de celui des pétales, les opposées doivent se trouver plus éloignées du gynécée que les alternes. J'ai établi (p. 625) qu'il n'existait pas de verticille multiple d'étamines, quand tous les autres verticilles étaient simples, et qu'alors l'augmentation était le résultat d'un dédoublement. Si ce principe est vrai, dans les Caryophyllées, par exemple, où avec dix étamines nous avons cinq folioles calicinales, cinq pétales et trois à cinq feuilles carpellaires, les cinq étamines opposées aux pétales doivent être insérées sur un plan moins voisin du gynécée que les étamines alternes; or voici ce qui s'observe dans le *Silene Italica*, plante de la famille dont il s'agit : on voit chez cette espèce un long gynophore à dix côtes, dont cinq fournissent à leur sommet cinq étamines solitaires, tandis que les cinq autres côtes alternes avec les premières fournissent tout à la fois un pétale et une étamine opposée au pétale; lorsqu'on regarde la fleur sans la disséquer, les dix étamines semblent placées dans un même cercle; mais, avec quelque attention, on reconnaîtra que les cinq solitaires et alternes sont soudées à leur base en une sorte d'anneau, que les cinq opposées aux pétales se trouvent en dehors de l'anneau, et que, par conséquent, elle naissent sur un plan moins rapproché du gynécée que les alternes. Cet exemple, en nous montrant que les étamines opposées sont, dans les Caryophyllées, insérées sur un plan moins avancé que les autres, nous prouve assez que l'augmentation des étamines est due à un dédoublement, quand aucun des autres verticilles n'est multiple. Le même exemple nous prouverait aussi, si cela était nécessaire, la réalité du dédoublement : le gynophore du *Silene Italica* est à dix côtes; cinq d'entre elles produisent un organe unique; les cinq autres, alternes avec les premières, en produisent deux.

Soudure des organes dédoublés les uns avec les autres.

Puisque des parties qui appartiennent à des verticilles de nature entièrement différente sont susceptibles de se souder entre elles, à plus forte raison les organes dédoublés peuvent-ils adhérer les uns aux autres. Chez les Caryophyllées et le *Pelletiera*, les étamines résultant du dédoublement parallèle des pétales sont, à leur base, soudées avec ceux-ci, et, dans les *Simaba*, l'écaille produite par le dédoublement de l'étamine est soudée avec elle.

La facilité avec laquelle les organes qui résultent d'un dédoublement parallèle se soudent entre eux nous révèle la nature des parties que, dans certaines plantes, on voit s'élever de la face des pétales, et que l'on nomme écailles, lamelles (*squamæ, lamellæ*) dans les pétales distincts, couronne (*corona*) dans la corolle monopétale. Nous avons vu qu'un organe appendiculaire ne pouvait naître que d'un axe; ainsi, lorsqu'une partie se détache latéralement de quelque organe qui n'appartient pas au système axile, on doit croire qu'il y a soudure depuis l'axe jusqu'au point où les deux parties deviennent libres et distinctes : personne ne pense que l'inflorescence du Tilleul naît d'une bractée, ni que les cinq étamines opposées aux pétales d'un Œillet soient produites par eux. De même que ces cinq dernières étamines, dédoublement parallèle des pétales auxquels elles sont opposées, se soudent avec eux, de même l'organe intérieur dédoublé, quand il se montre sous une forme pétaloïde, peut se souder avec l'organe extérieur; et alors, au premier coup d'œil, il semble ne prendre naissance qu'au point où il devient libre. Les lamelles de la corolle du *Silene Italica* manquent très-souvent, et, dans ce cas, la forme des pétales n'éprouve aucune altération, ce qui prouve bien clairement que la lamelle ne forme point une partie constituante du pétale lui-même, comme serait, par exemple, le palais des *Antirrhinum*. Les pétales onguiculés des Résédas offrent, à leur sommet, des franges élégantes, et au-dessous d'elles, du côté intérieur, une sorte d'écaille concave : avec un peu d'attention, on reconnaît bientôt que les franges continuent l'onglet, et que, par conséquent, elles forment avec lui le véritable pétale; l'écaille est donc un corps surajouté; mais, pour peu qu'on expose à un jour favorable les pétales du *Reseda lutea*, on se convaincra que cette même écaille, loin de commencer au point où elle devient libre, prend

Nature des parties nommées dans la corolle, écailles, lamelles et couronne.

naissance sur le réceptacle floral avec le pétale lui-même, et l'on distinguera, sur l'onglet formé des deux corps soudés, les limites de l'un et de l'autre.

Au sommet de l'onglet des pétales des *Ranunculus* est une petite écaille qui laisse souvent une étroite cavité entre elle et le pétale : il est évident que cette écaille est un dédoublement du pétale, dédoublement qui, après avoir épaissi par la soudure l'onglet de ce dernier, devient plus ou moins libre à l'extrémité supérieure, et forme ainsi une sorte de petite lèvre ; dans les *Helleborus*, l'organe intérieur s'allonge davantage, par compensation l'extérieur se raccourcit, et tous deux, soudés par leurs bords, dans une grande partie de leur longueur, mais libres au sommet, forment un cornet à deux lèvres (1).

Quand il existe une lamelle au sommet de l'onglet des *Lychnis* et des *Cucubalus*, une petite dépression se fait voir en dehors, au point qui correspond à celui où, du côté de l'ovaire, la lamelle devient libre ; mais, comme cette dépression s'arrête bientôt, et ne s'étend pas dans toute la partie libre et fort mince de l'organe inférieurement soudé, elle est occasionnée, sans doute, par le changement de direction qué va prendre, en devenant distinct, l'organe dédoublé. Il n'en est pas ainsi chez les Borraginées. Comme l'a fait observer M. Link, les écailles proéminentes (*fornices*) qui, dans ces plantes, se montrent opposées aux pétales sont concaves en dedans, et par conséquent on ne doit voir en elles aucun dédoublement, mais le simple résultat d'une déviation de la substance du pétale, déviation absolument analogue à celle d'où résulte le palais des *Utricularia* et des *Antirrhinum* : les écailles

(1) Le pétale dit unilabié des *Trollius* n'offre aucun dédoublement ; mais il est épais, d'une consistance un peu glanduleuse, et, dans une cavité qu'on peut assimiler à celle des pièces de l'enveloppe florale des Fritillaires, il sécrète du nectar.

du *Cynoglossum Omphalodes*, L., par exemple, entièrement creuses à l'intérieur, simulent d'une manière parfaite le palais bilobé d'une foule de Scrophularinées et de Lentibulariées, et comme lui, elles protégent, en les cachant, les organes sexuels.

Si nous reconnaissons une écaille pour le résultat d'un dédoublement parallèle, c'est lorsqu'elle est opposée au pétale; mais, quand des écailles alternent avec les pétales, il est bien clair qu'elles occupent la place que doivent normalement occuper les étamines, qu'elles forment le troisième verticille de la fleur, qu'elles sont des étamines avortées ou métamorphosées. Nous avons vu, par l'exemple des Myrsinées et des Primulacées, que le verticille des étamines pouvait ne pas se développer quand s'opérait un dédoublement staminal de la corolle; mais, comme si la nature, tout en cachant ses mystères, avait voulu fournir à l'observateur attentif le moyen de les découvrir, elle nous fait retrouver, dans certaines plantes, l'indication de ce qui manque chez d'autres : ainsi il n'existe dans les *Cyclamen* que des étamines opposées aux pétales; chez le *Samolus*, qui, comme le *Cyclamen*, appartient aux Primulacées, je trouve, en outre, des écailles alternes avec les parties de la corolle; ces écailles se trouvent à la place où l'on voit ordinairement les étamines; donc ce sont des étamines avortées ou, pour mieux dire, réduites à leurs filets; donc encore, les étamines opposées du *Cyclamen* n'appartiennent pas au verticille staminal. Dans la famille des Sapotées, qui n'est point sans rapports avec les Primulacées, et qui offre, comme ces dernières, des pétales dédoublés en étamines, je trouve le verticille alterne et normalement staminal entièrement supprimé chez le *Chrysophyllum*; je trouve à sa place de simples filets chez le *Lucuma obovatum*; des étamines fertiles rendent le troisième verticille de l'*Inocarpus* parfaitement normal, et il est métamorphosé en véritables pétales chez le *Bumelia*; tant est mobile l'organisation végétale!

Nature de la crête chez les *Polygala*.

Si nous ne pouvons prendre des écailles alternes avec les pétales pour le résultat d'un dédoublement, à plus forte raison ne considérerons-nous point comme tel la crête élégante (*crista*) qui, dans la fleur irrégulière d'un grand nombre de *Polygala*, surmonte le plus grand des pétales, appelé carène (*carina*). Cette crête est une partie intégrante du pétale, et l'on peut démontrer, par des intermédiaires, qu'elle est l'analogue du lobe moyen de la carène trilobée des *Polygala* sans crête.

Nature des éperons.

Ce n'est pas non plus à un dédoublement que l'on doit attribuer les éperons de certains pétales. Nous savons que les organes appendiculaires de toute nature peuvent se prolonger au-dessous de leur point d'attache; les feuilles sessiles d'une foule de *Rumex* et de *Polygonum*, descendant plus bas que ce point, deviennent sagittées; fixées par leur milieu et libres d'ailleurs, les bractées d'une foule d'Utriculaires (*bracteæ, squamæ medio affixæ*) ressemblent à certains insectes : de même, divers pétales se prolongent au-dessous du point qui leur a donné naissance, puis reprenant la direction la plus ordinaire, ils se redressent, et l'éperon se forme par la soudure des bords de la partie descendante et de ceux de la partie redressée. Dans le *Viola tricolor*, d'autres Violettes, et même les *Linaria*, etc., le pétale éperonné ne présente aucune partie qui soit exactement analogue aux pétales ordinaires; car, au lieu de s'élever à sa naissance, il descend, et la lame, large et étalée, qui contribue à former la corolle, est l'extrémité de la partie qui, après être descendue, s'est ensuite redressée.

§ IV. — *De la symétrie déguisée par les adhérences.*

Dans son beau livre, intitulé *Théorie élémentaire*, M. de Candolle a démontré, par la comparaison et par le raisonnement, la réalité des soudures chez les organes floraux. On peut abuser, sans doute, des principes qu'il a posés; on peut, sans doute, pour appuyer de vaines hypothèses, recourir à des soudures imaginaires; mais le botaniste qui connaît les lois de la symétrie et s'est accoutumé à comparer entre eux les organes des végétaux n'aura aucune peine à distinguer la vérité des jeux stériles et décevants de l'esprit. Au reste, l'observation directe a entièrement confirmé les idées théoriques de M. de Candolle : grâce à MM. Guillard, et surtout à M. Schleiden, nous savons, comme je vous l'ai déjà dit, qu'un calice monophylle a présenté, dans l'origine, des folioles distinctes; que la corolle monopétale se composait, primitivement, de pétales séparés; que des étamines monadelphes ou diadelphes ont été parfaitement libres; qu'un carpelle entièrement clos a eu ses bords écartés, et enfin que des verticilles, soudés les uns avec les autres, ont commencé par être sans adhérence.

Réalité des soudures entre les organes de la fleur.

Dans le plus grand nombre de cas, la soudure des organes ne déguise, en aucune manière, leur symétrie. Que les pièces de chaque verticille se soudent entre elles, que des verticilles se soudent ensuite les uns avec les autres, on retrouvera l'alternance dans les portions d'organes qui seront restées libres. Cependant il y a des cas où, au premier abord, on pourrait la méconnaître.

La symétrie n'est généralement point déguisée par la soudure.

Quand deux verticilles alternes d'organes semblables sont dus à la multiplication et qu'ils se soudent ensemble,

Elle l'est par la soudure des verticilles multiples ; ils semblent en former un seul, et alors on peut s'étonner de trouver, soit à la corolle, soit au calice, un nombre de parties double de celui des pièces du verticille qui suit ou qui précède; mais, comme vous le savez déjà (p. 615), l'on découvre bientôt la vérité, quand on appelle l'analogie à son secours, et qu'on examine la disposition relative des pièces dans la portion qui est restée libre. Je reviendrai ici sur des exemples que je vous ai déjà cités ailleurs. Le *Lythrum Salicaria* a un calice à douze dents avec une corolle composée de six pétales; mais, de ces douze dents, six extérieures et alternes indiquent assez deux calices, chacun de six folioles, soudés l'un avec l'autre. La fleur du *Rollinia* nous offre un calice à trois folioles, une corolle monopétale à six lobes, et par conséquent, en apparence, une absence complète de symétrie; mais nous savons que les autres Anonées ont une corolle formée de deux verticilles de trois pétales chacun, et comme nous voyons que, dans celle du *Rollinia*, trois des six lobes sont extérieurs, et que trois intérieurs alternent avec les premiers, nous devons conclure que cette même corolle se compose de deux verticilles soudés entre eux.

La symétrie est bien mieux voilée encore par l'inégalité des soudures. Il n'est personne qui, trouvant deux folioles libres au calice des *Ulex* (*f.* 265) et cinq pétales à leur corolle, ne considère, au premier coup d'œil, la fleur de ces plantes comme étant asymétrique; mais, avec un peu d'attention, on reconnaîtra bientôt, par le nombre des dents de l'une des folioles apparentes (*V.* p. 362), qu'elle comprend réellement deux folioles organiques soudées ensemble; on reconnaîtra de la même manière que l'autre foliole en comprend trois, et que, par conséquent, l'alternance est seulement déguisée. L'*Acanthus mollis* semblerait encore bien plus asymétrique; car, avec une corolle dont la lèvre

par l'inégalité des soudures.

inférieure est unique et à trois lobes, il présente un calice à quatre divisions, l'une postérieure fort grande, deux intermédiaires fort petites, et une antérieure : la division postérieure du calice, étant imparinerviée, ne comprend évidemment qu'une foliole, mais l'antérieure, bilobée et parinerviée, en comprend nécessairement deux, et par conséquent nous avons en tout cinq folioles ; quant à la corolle, nous découvrons bientôt que la lèvre supérieure y est remplacée par deux petites dents, qui ne sont autre chose que l'indication de deux pétales ; ainsi nous avons encore, dans cette plante, un calice et une corolle, tous deux à cinq parties ; le lobe moyen de la lèvre de la corolle alterne avec les deux lobes de la division antérieure du calice, les deux latéraux avec les deux divisions calicinales intermédiaires, enfin les deux dents qui remplacent la lèvre supérieure alternent avec la grande division postérieure. En même temps qu'un calice à cinq pièces, nous trouvons, dans plusieurs Labiées, une corolle dont la lèvre inférieure est à trois folioles et la supérieure parfaitement entière; mais cette dernière lèvre parinerviée est évidemment composée de deux pétales, qui, chez d'autres espèces, se montrent distincts dans une longueur plus ou moins sensible, et qui alternent symétriquement avec les folioles du calice ; donc nous avons, dans les Labiées à lèvre supérieure entière, un calice et une corolle dont les parties sont en nombre égal ; le milieu de la lèvre supérieure nous indique une des limites de ses pétales organiques, et nous reconnaissons qu'ici encore l'alternance s'est conservée d'une manière parfaite. On pourrait croire que, dans plusieurs Papilionacées, il n'y a que quatre pétales pour cinq folioles au calice, si l'on ne faisait attention que l'un des quatre pétales, la carène, réunit deux onglets, et que, par conséquent, il se compose de deux pétales organiques soudés seulement à leur partie supérieure; observation que l'analogie vient confirmer bientôt, puisque, dans une foule d'autres Papilionacées, nous trouvons la carène évidemment formée de deux pétales distincts et parfaitement alternes avec les folioles calicinales.

En certains cas de soudure, la symétrie indiquée par la seule analogie.

Dans les exemples que je viens de vous citer, on peut, avec quelque attention, découvrir la vérité; mais il est des cas où l'analogie seule nous la révèle. Lorsque, par exemple, nous voyons avec cinq pétales, comme dans le *Vaccinium Myrtillus* et plusieurs Ombellifères, un calice monophylle parfaitement entier, rien ne nous indique qu'il y ait alternance entre la corolle et les folioles organiques qui composent le calice; mais nous devons croire que cette alternance existe, parce qu'elle est générale dans les autres plantes. Je trouve, dans une foule de Labiées, un calice à deux lèvres, la supérieure composée de trois folioles soudées seulement depuis la base jusqu'à une certaine hauteur, et l'inférieure formée de deux autres folioles soudées de la même manière: quand, ensuite, je vois, dans les *Scutellaria*, deux lèvres parfaitement entières, je dois naturellement dire que, dans la supérieure, trois folioles se sont entièrement soudées, et que le même genre de soudure s'est opéré à la lèvre inférieure entre deux folioles.

§ V. — *La symétrie intervertie par des défauts de développement.*

Je vous ai montré que la symétrie pouvait être masquée par la multiplication, le dédoublement et l'adhérence: les défauts de développement peuvent seuls l'intervertir.

Nous savons que tous les organes n'atteignent pas le

même degré d'expansion, qu'il en est qui restent réduits à des espèces de moignons ou même à des glandes; de là il n'y a plus qu'un pas à faire pour arriver à la suppression totale. Elle peut aller jusqu'à faire disparaître un, deux, trois, quatre verticilles ou davantage, et même à réduire la fleur à la plus simple expression possible, c'est-à-dire à un seul organe.

Suppression d'un ou plusieurs verticilles tout entiers.

Quand un verticille tout entier manque de se développer, il est bien clair qu'il n'y a plus d'alternance, que l'opposition en prend la place, et que, par conséquent, la symétrie disparaît. En effet, les pétales alternent avec les folioles du calice, et les étamines alternent avec les pétales; supprimons ceux-ci, nous aurons des étamines opposées aux folioles calicinales.

Si, au contraire, deux verticilles ont manqué de se développer, nous aurons une fleur incomplète, mais elle restera symétrique. Que je retranche le second verticille, par exemple, le troisième, qui se présentera après le second, se trouvera, comme je viens de vous le dire, nécessairement opposé au premier; mais que je supprime aussi le troisième qui, alterne avec le second, était opposé au premier, je retrouverai l'alternance entre ce premier et le quatrième. Les deux projections suivantes vous donneront une idée de ces deux cas :

Suppression d'un verticille;

Étamines,	—		—		—		—		—
Corolle,		0		0		0		0	0
Calice,	—		—		—		—		—

Suppression de deux verticilles;

Pièces du premier disque,		—		—		—		—		—
Étamines,	0		0		0		0		0	
Corolle,		0		0		0		0		0
Calice,	—		—		—		—		—	

Souvent ce n'est ni un ni deux verticilles qui ont manqué

de se développer, mais seulement une ou plusieurs des pièces d'un même verticille. Alors deux choses peuvent arriver : ou les pièces restantes conservent leur position, ou, prenant celle des pièces supprimées, elles se partagent, par portions égales, la place destinée au verticille entier. Dans le premier cas, nous avons un reste de symétrie, mais nous n'avons plus de régularité, puisqu'il n'y a pas une égale distance entre toutes les pièces du verticille; dans le second cas, il n'y a plus vestige de symétrie, mais il y a une parfaite régularité, si, comme cela arrive le plus souvent, à l'égalité des intervalles se joint encore la similitude des formes.

Suppression d'une ou plusieurs des pièces d'un même verticille.

Les deux cas peuvent également se présenter dans le verticille des pétales, ceux des étamines et des pièces du disque. Avec un calice à cinq folioles, nous voyons, dans le *Pelletiera,* trois pétales qui rayonnent de la manière la plus régulière; les cinq folioles calicinales et les cinq pétales des *Hypericum* accompagnent souvent trois faisceaux d'étamines placés à distance égale les uns des autres; enfin, dans le genre *Vinca*, où le calice et la corolle sont à cinq parties, le disque n'offre que deux glandes qui se font face. D'un autre côté, chez les *Polygala*, nous n'avons que trois pétales, qui alternent symétriquement avec les folioles calicinales voisines; mais ensuite l'alternance et la symétrie restent interrompues.

Pour peu qu'il y ait, dans un verticille incomplet, quelque reste de symétrie, n'existât-elle que pour une seule pièce, il est clair que, continuant l'alternance par la pensée, nous pouvons facilement déterminer la place qu'auraient occupée les pièces qui manquent, si elles s'étaient développées. Des cinq folioles calicinales des *Polygala*, deux sont inférieures; deux, appelées ailes, sont intermédiaires, et la cinquième est supérieure : ayant reconnu, M. Moquin et moi, que la carène ou le grand pétale inférieur alternait avec les deux folioles inférieures du calice, et que les deux autres pétales alternaient avec la supérieure et les ailes, nous avons dit que, si les deux pétales absents venaient à se développer, ils se trouveraient nécessairement entre les ailes et les folioles inférieures : M. Roeper a remarqué que quelques espèces avaient deux pétales de plus que les autres; ces pétales se sont trouvés à la place que nous leur avions assignée d'avance.

Nous venons de voir que, quand le défaut de développement avait lieu, soit dans la corolle, soit dans le verticille staminal, il pouvait y avoir symétrie, ou, si l'on veut, alternance pour les parties restantes, ou bien qu'elles pouvaient s'arranger régulièrement entre elles, abstraction faite de toute symétrie; c'est ce dernier cas qui, seul, se présente dans le verticille des carpelles. Si ce verticille, pour être symétrique, doit être composé de cinq pièces, et qu'il se trouve réduit à deux, elles seront toujours opposées face à face; qu'il soit réduit à trois ou à quatre, elles rayonneront toujours avec régularité.

Il est à remarquer que, lorsque le verticille des carpelles se trouve réduit à deux pièces, et que, par conséquent, on a, comme je viens de vous le dire, deux carpelles opposés l'un à l'autre, une nouvelle symétrie se manifeste. Alors, en effet, si la corolle se compose de quatre pièces, les deux carpelles seront opposés à deux d'entre elles; si elle se compose de cinq pétales, un des carpelles sera opposé à l'un de ces derniers et le second sera alterne avec deux autres pétales, ou, ce qui revient au même, puisque les verticilles alternent, un des carpelles sera opposé à l'un des pétales, et le second le sera à l'une des folioles calicinales; enfin, dans une corolle pentapétale irrégulière où quatre des pétales sont semblables par paire et le cinquième dissemblable, un des deux carpelles se trouvera opposé à ce dernier.

Terminologie relative à la symétrie.

Dans tout ce qui précède, je me suis servi de circonlocutions pour indiquer le nombre des pièces de chaque verticille, aussi bien que l'égalité ou l'inégalité du nombre dans les différents verticilles considérés les uns par rapport aux autres; mais, comme toutes les parties de la science, celle qui traite de la symétrie emploie quelques expressions qui lui sont propres, et qui dispensent celui qui décrit de répéter sans cesse les mêmes périphrases. On dit qu'une fleur est dimère, trimère, tétramère, pentamère (*flos dimerus, trimerus, tetramerus, decapentamerus, icosimerus, triacontamerus, etc.*), suivant que, dans son ensemble, elle comprend deux, trois, quatre, cinq, quinze, vingt ou trente pièces, etc. Les mêmes expressions s'appliquent à chaque verticille isolé, qui peut être dimère, trimère, tétramère, pentamère, hexamère, etc. (*verticillus dimerus, trimerus, tetramerus, etc.*). Un verticille est complet (*completus*) quand il comprend le nombre de parties exigé par la symétrie; il est incomplet (*incompletus*) lorsqu'il ne présente pas ce nombre. On appelle fermé ou clos (*vertic. clausus*) celui dont les pièces rayonnent avec une régularité parfaite, et ouvert (*apertus*) celui qui n'embrasse pas la circonférence tout entière du réceptacle. Quand deux, trois ou un plus grand nombre de verticilles sont composés d'un nombre égal de parties, on dit qu'ils sont isarithmes (*vertic. isarithmi*); lorsqu'ils ne présentent pas un nombre semblable de pièces, on les dit anisarithmes (*vertic. anisarithmi*).

Vous me comprendrez à présent, si je vous dis, 1° que la symétrie existe nécessairement entre des verticilles complets et superposés, et qu'ils sont toujours clos (ex. le calice et la corolle de la Rose); 2° que les verticilles incomplets dérangent inévitablement la symétrie, mais qu'ils peuvent être fermés ou ouverts : fermés, lorsque les parties développées se sont arrangées régulièrement aux dépens de la place de celles qui ne se sont pas montrées (ex. : les étamines de plusieurs Hypéricinées); ouverts, quand chacune des parties existantes a conservé sa place, et que celle des parties absentes est restée vide (ex. : les pétales du *Polygala*, et de plusieurs Vochysiées (1), les étamines des Labiées, etc.); 3° que des verticilles isarithmes sont symétriques, puisqu'ils alternent nécessairement entre eux (ex. : le calice, la corolle et le verticille staminal de la Violette, également composés de cinq pièces); 4° que des verticilles anisarithmes sont asymétriques, puisqu'ils ne peuvent offrir une complète alternance; 5° qu'il peut y

Principes généraux.

(1) Que l'on attribue la formation de la famille des Vochysiées à ceux qui ont substitué à ce nom celui de Vochysiacées ou celui de Vochyées, cela est parfaitement indifférent; mais je me dois à moi-même de faire quelques observations sur la synonymie de cette famille, telle qu'on la trouve établie dans le *Prodromus regni vegetabilis*. Comme, après avoir cité le mémoire où j'ai exposé les caractères des Vochysiées, M. de Candolle ajoute ces mots : *Vochysianæ Juss. herb.*, on pourrait s'imaginer que M. de Jussieu avait établi cette famille dans son herbier, avant que j'en eusse publié les caractères; mais, s'il en avait été ainsi, je n'aurais certainement pas manqué de le faire connaître. La vérité est que ni M. de Jussieu, ni moi, n'avions aucune idée de ce groupe avant que je partisse pour l'Amérique. Au commencement de 1819, j'envoyai de Rio-Janeiro, à MM. les professeurs du jardin des plantes de Paris, mon travail intitulé *Mémoire sur la nouvelle famille des Vochysiées*, et il fut imprimé en 1820, dans le vol. VI des *Mémoires du muséum d'histoire naturelle*. A mon retour en France, Jussieu m'annonça qu'il avait entièrement adopté la famille dont il s'agit; et, si, contrairement aux lois que M. de Candolle avait établies, avec tant de logique, dans sa belle *Théorie élémentaire*, ce dernier savant a cité un nom manuscrit perdu dans un herbier, ce n'est incontestablement que par respect pour la mémoire de Jussieu, respect partagé par tous ceux qui ont connu ce botaniste illustre, et qui peut leur rendre précieux jusqu'aux mots les plus insignifiants échappés à sa plume.

avoir un reste de symétrie entre deux verticilles anisarithmes, mais qu'alors il faudra nécessairement que celui qui sera incomplet soit ouvert, ou que tous les deux le soient, si tous deux sont incomplets (ex. : la corolle et les étamines des Labiées, la corolle et les étamines du *Polygala*); 6° qu'il n'y aura aucun vestige de symétrie entre deux verticilles anisarithmes, s'ils sont également fermés.

Comme le nombre cinq est le plus commun dans les verticilles floraux des dicotylédones, on pourrait s'imaginer qu'ils sont restés incomplets, lorsqu'ils n'offrent que quatre, trois ou deux parties; mais, quand nous voyons dans l'*OEnothera*, par exemple, un calice et une corolle également composés de quatre pièces, que ces verticilles sont fermés, et que rien n'a troublé l'alternance; quand nous voyons la même chose pour tous les verticilles dimères des *Circœa*, etc., tout nous autorise à affirmer qu'il n'y a, dans les fleurs de ces plantes, aucune suppression. Ces fleurs ont, sans doute, une ou plusieurs parties de moins à leurs verticilles que celles où se montre le nombre cinq; mais les verticilles des unes et des autres sont également complets, et nous devons conclure que, si le plus souvent, les verticilles des dicotylédones sont pentamères, il peut y en avoir, dans la même classe, d'également complets, d'également symétriques, à deux, trois et à quatre parties.

Fleurs des dicotylédones pouvant être parfaitement symétriques quand leurs verticilles sont dimères, trimères ou tétramères.

En terminant ce paragraphe, je crois devoir vous faire connaître les raisons qui m'ont décidé à choisir les expressions dont je me suis servi, quand j'ai voulu vous indiquer qu'un verticille était resté incomplet. Lorsque nous voyons l'étamine, qui, dans les *Verbascum*, se trouve placée entre les deux pétales supérieurs, réduite, chez les *Chelone*, à un simple filet, nous devons dire qu'elle a avorté; nous nous servirons avec raison des mêmes termes, quand nous trouverons, toujours à la même place, une sorte de moignon,

Dans quels cas on doit employer le mot avortement.

comme dans les Scrofulaires : ne semblerait-il pas que nous sommes autorisés à admettre qu'il y a encore avortement chez les espèces où, entre les deux pétales supérieurs, nous avons un espace vide? L'analogie peut, sans doute, nous faire soupçonner que, dans le bouton très-jeune de ces mêmes espèces, il existait un rudiment de l'étamine qui manque, et qu'avec des verres plus forts nous l'eussions découvert; mais il n'en est pas moins vrai que ce rudiment dont nous supposons l'existence nous ne le voyons pas, et que nous apercevons sans peine celui de l'étamine du *Chelone* ou du *Scrofularia nodosa* : voilà donc deux faits essentiellement différents, et, par conséquent, il est clair que nous ne devons pas nous servir du même mot pour les rendre. Dans notre langue, celui d'avortement est consacré par un long usage pour indiquer un commencement de développement accessible à nos sens; donc il ne faut pas l'employer, quand nous ne voyons aucune apparence de production. Le double sens que nous attribuerions au mot avortement, si nous nous en servions pour désigner tout à la fois un développement imparfait et la supposition purement théorique d'un développement qui ne s'est manifesté en aucune manière, pourrait évidemment nous conduire aux plus graves erreurs.

§ VI. — *Combinaison des causes qui déguisent ou intervertissent la symétrie.*

Il ne faut pas croire que les quatre phénomènes qui cachent ou détruisent la symétrie, savoir la multiplication, le dédoublement, la soudure et le défaut de développement, se rencontrent toujours isolés; il est beaucoup plus ordinaire de les trouver combinés deux à deux, trois à trois, et l'on peut même les voir réunis tous les quatre dans une seule fleur. Sans tenir compte du double disque qu'il est permis de considérer comme étant peu essentiel, nous trouverons que, dans les Renonculacées, la multiplication, presque constante chez les étamines, peut encore se combiner avec un défaut de développement dans le verticille des pétales et celui des carpelles; que les Salicariées offrent tout à la fois multiplication et soudure chez le calice, dédoublement dans les étamines, suppression dans le gynécée; les Polygalées, suppression dans la corolle et le gynécée, et tout à la fois suppression et dédoublement dans les étamines; les *Asclepias*, multiplication dans leur corolle et dédoublement dans le second rang de pétales, etc. Sans l'étude des combinaisons, souvent très-compliquées, qui déguisent la symétrie, les fleurs les plus communes seraient souvent pour nous de véritables énigmes.

Exemples des combinaisons formées par les diverses causes qui déguisent ou altèrent la symétrie.

Je vais vous en donner deux exemples.

Aucune fleur ne semble, au premier abord, moins symétrique que celle des Fumeterres *(Fumaria)*, qui nous offre un calice à deux folioles, quatre pétales et six étamines réunies en deux faisceaux triangulaires. Mais nous savons déjà (V. p. 612) que la corolle de ces plantes est formée de deux verticilles dipétales, dont le supérieur alterne avec l'inférieur, comme celui-ci avec le calice; et par conséquent, jusqu'ici, nous avons évidemment une symétrie parfaite. Quant aux organes mâles, ils forment aussi deux verticilles: l'un de deux étamines biloculaires, alternes avec les pétales du verticille supérieur et opposées à ceux du verticille inférieur; l'autre de quatre étamines qui, produites par un dédoublement collatéral et toutes à une loge, alternent deux par deux avec les étamines à anthères biloculaires: de l'extrême rapprochement des deux verticilles staminaux, il résulte une soudure plus ou moins prononcée entre chacune

Explication de la fleur de la Fumeterre.

des deux étamines du verticille inférieur et les deux plus voisines du verticille supérieur, et conséquemment tout l'ensemble de la fleur, jusqu'à l'ovaire exclusivement, n'est pas moins symétrique que ses verticilles supérieurs, ainsi que vous le fera sentir la projection suivante :

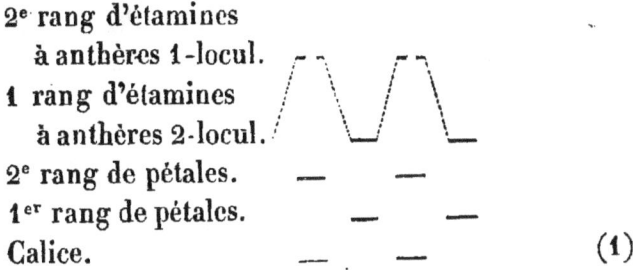

2e rang d'étamines
à anthères 1-locul.
1 rang d'étamines
à anthères 2-locul.
2e rang de pétales.
1er rang de pétales.
Calice.

(1)

Il n'est personne qui, à la simple inspection de la Ficaire (*F. ranunculoides*), ne fût tenté de regarder comme entièrement asymétrique la fleur de cette plante où, avec un calice à trois folioles, on voit le plus communément sept, huit ou neuf pétales ; et cependant il n'existe pas d'espèces où la symétrie se soit conservée d'une manière plus parfaite. Les pétales, si nous nous bornons à les examiner quand ils sont étalés, semblent tous placés dans le même cercle ; mais, pour peu que nous jetions un coup d'œil sur la fleur lorsqu'elle n'est pas ouverte, ce qui arrive constamment à certaines heures du jour, nous reconnaîtrons que trois pétales un peu plus grands que les autres, parfaitement

Explication de la fleur de la Ficaire.

(1) La vérité de la plupart des faits que j'indique ici a été démontrée avec détail par M. Moquin et par moi dans notre *Deuxième mémoire sur la famille des Polygalées* (*Mém. mus.*, vol. XIX) et notre *Mémoire sur la symétrie des Capparidées* (*Ann. sc. nat.*, 1re *série*, vol. XX, 324). Nous faisons voir de plus, dans le dernier de ces écrits, qu'il est indispensable de réunir les Fumariées aux Papavéracées ; opinion qui a été adoptée depuis, d'abord par M. Bernhardi, ensuite par MM. Endlicher et Lindley. Ce dernier savant a aussi reconnu tout récemment que les quatre étamines à anthères uniloculaires des Fumariées ne peuvent, comme nous l'avions dit, être comptées que pour deux.

alternes avec les folioles du calice, forment un rang extérieur, et que, par conséquent, la corolle est formée de deux verticilles par multiplication. Le second verticille est, à la vérité, presque toujours composé de plus de trois pétales ; mais, dans les intervalles où entre deux des pétales du rang inférieur nous devrions naturellement n'en trouver qu'un au rang supérieur, nous en avons souvent deux ; par conséquent, il y a ici un dédoublement collatéral, et, comme nous le savons (p. 623), ce genre de phénomène ne détruit nullement la symétrie. Que nous ayons en tout sept, huit ou neuf pétales, le premier rang sera toujours de trois; donc, avec un ensemble de sept, par exemple, il y en aura quatre au rang intérieur, et, dans ce cas, voici ce qui arrivera : deux de ces quatre pétales alterneront un par un avec les extérieurs, tandis qu'au troisième intervalle il en correspondra deux ; si nous avons huit pétales, deux alterneront par paire avec les extérieurs, et le cinquième alternera tout seul. La projection suivante vous donnera une idée de cette dernière combinaison, qui est la plus ordinaire.

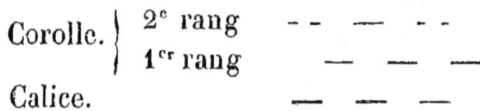

Corolle.	2e rang	- - — - -
	1er rang	— — —
Calice.		— — —

Non-seulement ce genre de recherches est un des plus satisfaisants pour notre esprit ; mais il peut contribuer puissamment à rectifier nos idées sur les affinités des plantes. Ainsi nous devons reconnaître qu'après avoir fait sortir la Ficaire du genre *Ranunculus*, on aurait dû encore la placer auprès des Anémones, puisqu'elle a, comme ces dernières, le nombre trois pour type et une corolle double, dont le second verticille offre, de même que les *Anemone Hepatica*, *palmata*, *decapetala*, des dédoublements collatéraux.

Par une combinaison fort singulière, quelques-uns des phénomènes que je vous ai fait connaître peuvent, en agissant chacun d'une manière différente, substituer à la symétrie véritable une symétrie apparente et trompeuse : le *Reseda luteola* nous en fournira un exemple. Avec un calice à quatre folioles, la fleur de cette plante présente quatre pétales, et semble, par conséquent, tout à fait symétrique ; mais, comme nous savons que les nombres cinq et six caractérisent généralement les verticilles floraux des Résédas, nous avons déjà quelque raison pour regarder avec attention les deux verticilles simplement tétramères de l'espèce exceptionnelle dont il s'agit. Un intervalle plus large nous indique bientôt la suppression d'une foliole calicinale entre les deux folioles actuellement supérieures, et le nombre pair de nervures du grand pétale également supérieur nous montre qu'il est formé de deux pétales soudés : par conséquent, il y a ici tout à la fois défaut de développement et adhérence ; le défaut de développement a détruit la symétrie véritable, l'adhérence l'a rétablie en apparence en formant, des deux pétales qui deviennent alternes avec la foliole supprimée, un pétale unique correspondant à tout l'intervalle que l'on voit entre les deux folioles actuellement supérieures. L'organisation de la fleur du *Reseda luteola* peut être représentée par la projection suivante :

Une symétrie apparente substituée à la véritable.

Cor. — † — — — —
Cal. — 0 — — — (1).

(1) J'admets ici le signe † comme indiquant l'adhérence, 0 la suppression.

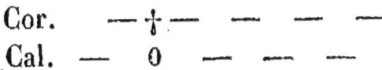

§ VII. — *Symétrie des organes de la fleur avec les parties les plus voisines.*

Puisque les organes de la végétation sont disposés avec une parfaite symétrie, que la fleur naît entre ces organes et l'axe qui les porte, enfin qu'elle-même a ses parties symétriquement rangées, il est bien évident que ces dernières observeront un ordre fixe relativement à la bractée dont l'aisselle les a protégées et à l'axe qui fait face à cette bractée.

Ce genre de symétrie n'est pas facile à reconnaître dans les plantes à fleurs régulières, parce que celles-ci ne nous offrent pas des termes bien fixes de comparaison. Il n'en est pas de même des fleurs irrégulières, surtout quand elles forment des grappes ou autres inflorescences analogues. Pour ne pas m'étendre au delà des bornes que je me suis prescrites, je n'examinerai la symétrie relative que dans ces inflorescences et chez les fleurs irrégulières.

Lorsque ces dernières, dans la grappe ou l'épi, ont cinq pétales, c'est-à-dire quatre égaux par paire et un cinquième plus grand ou plus petit, la bractée, sauf les torsions qui peuvent avoir lieu dans le pédicelle ou l'ovaire, est toujours opposée au pétale dissemblable, quelle que puisse être sa place, qu'il soit le plus grand ou le plus petit; qu'il soit supérieur ou le plus voisin de l'axe, comme dans les Papilionacées; qu'il soit inférieur, comme dans la Digitale ou le *Reseda alba*.

Symétrie des organes de la fleur irrégulière avec l'axe et la bractée.

D'un autre côté, puisque l'axe fait face à la bractée, il est bien évident qu'il aura la même position qu'elle, par rapport au pétale dissemblable, qu'il lui fera également face, ou, si l'on veut, qu'il lui sera opposé. Le pétale dissemblable ne peut se trouver qu'à la partie inférieure ou à la partie supérieure de la fleur (V. p. 415); s'il est à la partie inférieure, deux pétales semblables et collatéraux se trouveront à la partie supérieure, comme dans la Digitale; si, au contraire, il est à la partie supérieure, deux pétales égaux se verront à la partie inférieure, comme dans les Papilionacées; et, dans les deux cas, il fera toujours face à l'intervalle qui existera soit entre les deux pétales supérieurs, soit entre les deux inférieurs; mais, puisque l'axe est opposé au pétale dissemblable, il est bien clair qu'il sera également opposé à l'intervalle qui sépare les pétales collatéraux, supérieurs ou inférieurs. Quand le pétale dissemblable est inférieur, il existe, comme nous venons de le voir, deux pétales égaux et supérieurs, et, d'après tout ce que je viens de vous dire, l'axe alternera avec eux; si le même pétale est supérieur, l'axe lui sera opposé. De tout ceci, il faut conclure qu'une ligne qui traverserait le milieu de la bractée passerait ensuite entre deux folioles calicinales si le pétale dissemblable est inférieur, qu'elle traverserait ce pétale, passerait entre les deux pétales supérieurs et traverserait la foliole calicinale supérieure, puis le milieu de l'axe; et que si, au contraire, le pétale dissemblable est supérieur, la même ligne, après avoir traversé la bractée et une foliole calicinale, passerait entre deux pétales, traverserait le pétale dissemblable et passerait entre les deux folioles calicinales supérieures. Nous savons que, dans la fleur pentapétale à ovaire biloculaire, un des carpelles est opposé à une foliole calicinale et l'autre à un pétale; or, quand cette fleur est irrégulière, le pétale auquel est opposé le carpelle est le dissemblable; par conséquent, la ligne qui traverserait ce dernier traverserait aussi les deux carpelles, puisqu'ils se font face. Pour faire mieux comprendre ce qui précède, j'indique ici, par des lignes, la position respective des parties de la fleur, par rapport à la bractée, dans le cas où le pétale dissemblable est le supérieur, et dans celui où il est l'inférieur :

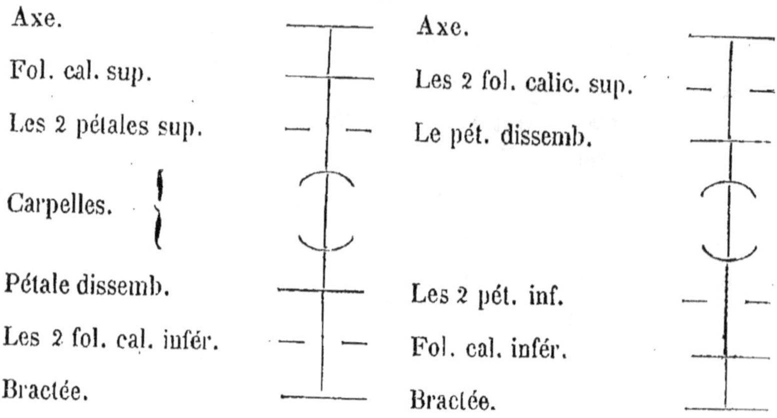

Quand la fleur irrégulière est tétrapétale, la bractée est opposée aux deux pétales, l'un supérieur, l'autre inférieur ; quand elle est hexapétale, il y a, au contraire, une double alternance.

§ VIII. — *Symétrie des familles.*

Ce qu'on entend par la symétrie des familles.

Jusqu'ici je vous ai entretenus de la symétrie commune à toutes les plantes ; mais souvent les botanistes ont pris le mot symétrie dans un sens beaucoup plus limité, et l'ont, en quelque sorte, spécialisé. Accoutumés à voir, chez les familles naturelles, une disposition respective à peu près toujours la même, des suppressions toujours semblables, des multiplications qui se reproduisent dans chaque genre et dans chaque espèce, ils ont indiqué, pour chaque groupe, une symétrie particulière. Cette symétrie ne comprend pas précisément tous les caractères de la famille, mais ceux qui ont rapport au nombre et à l'arrangement des parties combinées avec la régularité ou l'irrégularité, l'absence ou la présence des soudures. Ainsi un calice monophylle et une corolle monopétale à quatre ou cinq parties semblables, quatre ou cinq étamines opposées aux pièces de la corolle, quatre ou cinq carpelles constituent la symétrie des Primulacées; nous trouvons celle des Lentibulariées dans un calice à cinq folioles, une corolle irrégulière à cinq pétales, deux étamines opposées au pétale dissemblable et deux carpelles; celle des Jasminées nous présente, avec deux étamines, quatre ou quelquefois cinq parties chez des enveloppes régulières; celle des Labiées nous offre deux enveloppes florales irrégulières à cinq parties soudées, quatre étamines, la place de la cinquième entièrement vide, et enfin un ovaire gynobasique à quatre parties, etc.

D'après ce qui précède, on voit que la symétrie des familles peut être basée sur l'absence même de la symétrie véritable. Le développement incomplet du verticille staminal des Jasminées et des Labiées détruit, chez ces plantes, la symétrie fondamentale, et c'est ce défaut de développement qui constitue surtout leur symétrie particulière. L'ordre primitif ne se voit point dans ces mêmes plantes; mais l'espèce de désordre qui le remplace devient ordre, à nos yeux, par la fréquence avec laquelle il se répète.

Ce qu'on doit penser des déviations de la symétrie des familles.

Il ne faut pas croire que la symétrie de chaque famille se retrouve sans déviation aucune dans toutes les plantes qui en font partie; ce n'est point ainsi que procède la nature. Les organes des végétaux se nuancent entre eux : souvent aussi les familles se nuancent entre elles par des dégradations insensibles. Tel genre s'écartera un peu du type; tel autre s'en éloignera davantage, et nous arriverons ainsi par degrés à un type tout à fait différent. Nous avons vu que la symétrie fondamentale pouvait, sans être détruite, se montrer déguisée de diverses manières; il en est de même de celle des familles, et la découvrir au milieu des métamorphoses et des déviations qui la cachent est un des exercices les plus séduisants pour l'organographe, comme de retrouver la symétrie fondamentale au milieu des multiplications, des dédoublements et des soudures.

Si les familles étaient des arrangements systématiques, nous serions obligés d'en former une nouvelle, toutes les fois que les caractères d'aucune de celles que nous connaissons ne se retrouvent bien exactement dans une plante quelconque ; mais ces groupes existent indépendamment de nos classifications arbitraires, et, quand nous ne verrons que des déviations légères, des dégradations insensibles, nous n'irons pas indiquer des lacunes. Sans peine nous retrouverons les Papavéracées dans les *Fumaria* et les *Corydalis,* et nous ne séparerons point ces diverses plantes. Nous saurons également rattacher le *Krameria* aux Polygalées, le *Lecythis* aux Myrtes, l'*Ulmus* aux Orties, l'Olivier au Frêne et au Jasmin, et la Cuscute aux Convolvulacées. Nous ne formerons pas une famille distincte des genres *Teucrium* et *Ajuga,* qui, pourtant, n'ont point l'ovaire gynobasique des autres Labiées, et, par la même raison, nous laisserons parmi les Borraginées le genre *Heliotropium.* Nous laisserons aussi le *Samolus* parmi les Primulacées et le *Vaccinium* chez les Éricacées, quoique ces deux genres aient l'ovaire adhérent, et que les *Primula* et les *Erica* présentent un ovaire libre. Nous sentirons que diviser sans cesse, c'est ne montrer que des différences, que c'est les exagérer et faire disparaître les rapports dont l'étude constitue principalement la science. Avec Antoine-Laurent de Jussieu, nous donnerons le nom de *genera affinia* aux genres qui diffèrent trop d'une famille pour pouvoir y entrer, et qui ne s'en écartent cependant point suffisamment pour qu'on doive en former des groupes entièrement distincts ; quand un genre nous paraîtra participer à peu près également de deux familles voisines, nous l'indiquerons, à l'exemple de Brown, sous le titre de *genus inter-*

medium ; enfin, si nous avons à tracer les caractères d'une famille naturelle, nous pourrons, comme Lindley, noter, à la suite de ses caractères, les plantes que nous rangerons dans la famille elle-même, mais qui nous auront offert quelques anomalies. Si, lorsque Antoine-Laurent de Jussieu vit dans le *Lopezia* cinq pétales avec quatre folioles calicinales et une seule étamine, il se fût contenté d'élever ce genre au rang des familles, qu'il n'eût point, par de savantes recherches, démontré qu'un des pétales était une étamine métamorphosée, et que le *Lopezia* se rattache essentiellement à la symétrie des Onagraires, nous aurions un nom de plus, mais nous ne posséderions pas un travail digne d'être offert aux botanistes comme un modèle. Au lieu de faire toujours des coupes nouvelles, toujours de nouveaux noms, reconnaissons plutôt, avec MM. Achille Richard et Adolphe Brongniart, que plus les découvertes se multiplient, moins il reste de lacunes et moins, par conséquent, nous avons de raisons pour désunir.

CHAPITRE XXXII.

FRUIT.

Je vous ai montré l'organe femelle tel qu'il est dans la fleur, et même quelque temps après l'émission du pollen; nous allons actuellement l'étudier à l'apogée du développement, à l'état de fruit, état après lequel il n'y a plus rien à attendre, si ce n'est la destruction.

Le fruit (*fructus*) est un ovaire qui, après avoir été fécondé, a parcouru toutes les phases de la maturation, et renferme des semences capables de germer.

§ I. — *De la composition du fruit.*

D'après la définition que je viens de vous donner, il est clair qu'en vous faisant connaître la composition organique de l'ovaire je vous ai fait connaître aussi celle du fruit.

Nous devons donc nécessairement retrouver dans ce dernier une ou plusieurs feuilles carpellaires et un ou plusieurs cordons, continuation de l'axe central. Comme l'ovaire, le fruit peut présenter un, deux, trois, quatre, cinq ou un plus grand nombre de carpelles; comme chez l'ovaire, ces carpelles peuvent être libres ou soudés dans une étendue plus ou moins considérable, et, par conséquent, nous pouvons avoir des fruits partites, fendus, à plusieurs têtes, ou bien monocéphales (*fructus partitus, fissus, polycephalus, monocephalus*); nous pouvons en avoir à deux, trois, quatre, cinq ou plusieurs coques; à deux, trois, quatre, cinq ou plusieurs lobes; à deux, trois, quatre, cinq ou plusieurs côtes (*fr. di-tri-quadri-quinque-multicoccus, bi-tri-quadri-quinque-multilobus, bi-tri-quadri-quinque-multi-costatus*) (V. p. 469-478). Le fruit, résultat d'un carpelle, sera toujours à une seule loge, tel qu'était, dans l'origine, ce carpelle lui-même; celui qui résultera de plusieurs feuilles presque étalées et seulement soudées bords à bords offrira aussi une loge unique; nous aurons plusieurs loges, si les feuilles repliées vers l'axe floral forment, par le moyen de leurs parties rentrantes soudées deux à deux, des cloisons destinées à partager la cavité intérieure (*fr. uniloculаris, multilocularis*) (V. p. 471, 472, 481, 482). Comme dans l'ovaire, nous aurons, chez le fruit, un placenta central libre, lorsqu'une loge unique sera traversée par un axe séminifère sans communication aucune avec les parois des feuilles carpellaires; quand les graines émaneront d'une columelle centrale à laquelle seront venues s'unir les feuilles repliées, nous aurons des placentas axiles; nous en aurons de pariétaux, lorsque, dans une loge unique, les cordons séminifères iront se glisser le long des feuilles carpellaires étalées (*placenta centralis, libera; placentæ axiles; pl. parietales*) (V. p. 483-487). De ce qui précède il résulte que si, décrivant une plante, on a fait connaître avec soin la

La composition du fruit analogue à celle de l'ovaire, sauf les changements amenés par la maturation.

composition de l'ovaire, on pourra se dispenser d'indiquer, dans le fruit, autre chose que les changements amenés par la maturation.

Moyens de distinguer le fruit de la graine.

Puisque tout fruit a commencé par être un ovaire, et que tout ovaire se termine par un ou plusieurs styles, un ou plusieurs stigmates, un fruit doit nécessairement porter, sinon un style entier, du moins les vestiges de cette portion d'organe. L'existence d'un style ou de sa base peut donc servir à faire distinguer un fruit d'une semence ou des portions de la plante auxquelles on donne improprement le nom de fruit dans le langage usuel. Je reconnaîtrai que la Châtaigne, malgré sa ressemblance extérieure avec la semence du Marronnier d'Inde (*Æsculus Hippocastanum*), est un fruit véritable, parce qu'elle porte des styles; et, d'un autre côté, je n'hésiterai pas à dire que son enveloppe épineuse n'appartient réellement pas au fruit, puisque ce n'est pas sur elle que les styles sont placés. Si, dans quelques cas, je pouvais concevoir des doutes, je prendrais pour pierre de touche la définition que je vous ai donnée du fruit, et je remonterais à la fleur, pour m'assurer si la partie sur la nature de laquelle je n'ose prononcer a été originairement un ovaire. En procédant de cette manière, je n'aurais aucune peine à reconnaître que, dans la fleur des *Anacardium*, la *Noix* était l'ovaire et la *Pomme* un pédoncule (V. p. 251); que la Fraise, au milieu des organes floraux, formait le sommet du réceptacle chargé des véritables ovaires pressés les uns contre les autres; enfin que le *Cynorrhodon* ou le prétendu fruit du Rosier sauvage (*Rosa canina*) n'a jamais été autre chose que le tube du calice qui, jeune encore, recouvrait les ovaires, et qui, charnu et d'un jaune-rouge, enveloppe les fuits mûrs.

Sommet, base et axe du fruit.

Le style indiquait le sommet organique de l'ovaire; il indique également celui du fruit (*fructus apex*).

La base (*basis*) de ce dernier est son point d'attache, ou, pour parler d'une manière plus rigoureusement exacte, c'est l'endroit du réceptacle ou axe floral d'où partent les feuilles carpellaires quand le fruit est libre, celui d'où naissent les folioles calicinales lorsqu'il est adhérent. Quant à l'axe du fruit, il se trouve naturellement formé par la columelle qui, continuant le réceptacle de la fleur, s'étend de la base au sommet du fruit; et, si elle n'existe pas, on suppose, pour la commodité des descriptions, un axe rationnel qui remplirait les mêmes conditions qu'elle.

Comme vous le savez déjà (p. 519), il arrive quelquefois que, même dans la fleur, une partie considérable du jeune fruit s'élève au-dessus du style, alors très-voisin du point d'attache (ex. *Alchemilla vulgaris, f.* 386); et quelquefois aussi, par une inégalité très-sensible d'accroissement, le style, d'abord à peu près terminal, se trouve, lors de maturité, plus ou moins rapproché de la base du fruit (ex. *Anacardium occidentale* (*f.* 168, 169), ou *curatellæfolium*): il est bien clair que, dans ces deux cas, une ligne perpendiculaire à cette base ne traverserait pas le style, c'est-à-dire le véritable sommet du fruit. Quand il en est ainsi, on admet, afin de se rendre plus intelligible, deux sortes de sommets, le sommet organique et le géométrique (*apex organicus; apex geometricus*).

Cicatricule stylaire; hile carpique.

Pour désigner la marque que le style, en se détruisant, laisse au sommet du fruit, on a imaginé les expressions de cicatricule stylaire (*cicatricula stylaris*), et l'on a proposé celles de hile carpique (*hilum carpicum*), pour indiquer la cicatrice basilaire due au point d'attache. Jusqu'ici ces expressions n'ont point été admises; cependant il est certains fruits, tels que le Melon et la Citrouille, où la trace du style est assez sensible pour mériter quelque attention; et, d'un autre côté, il n'est personne qui n'ait remarqué la cicatrice très-large qui se trouve à la base de la Noisette, de la Châtaigne, de la Faîne et du Gland.

Soudure du calice avec le fruit.

Quand le calice est soudé avec l'ovaire, la soudure se continue dans le fruit, et il arrive même quelquefois qu'après avoir été libre dans l'origine, le calice, devenant charnu pendant la maturation, contracte quelque adhérence avec le fruit qui, comme lui, se remplit de sucs. En général, on ne saurait reconnaître les limites des deux parties soudées; cependant il est quelques fruits, tels que la Poire et la Pomme, où elles se laissent distinguer sans peine. Tantôt la partie supérieure et libre du calice, ou, si l'on veut, son limbe, persiste au sommet du fruit et y forme une sorte de couronne; tantôt elle se détache, laissant autour du sommet une cicatrice annulaire. Quand le limbe persiste, il peut se dessécher ou bien offrir une consistance plus ou moins charnue, si le fruit lui-même s'est rempli de sucs. Souvent l'espace qui, chez l'ovaire, se trouvait entre le limbe du calice adhérent et le style, s'élargit à peine pendant la maturation; et quelquefois, au contraire, il acquiert une très-grande largeur, comme dans la Nèfle. Il peut arriver aussi que l'accroissement s'opère en hauteur, et, comme la partie adhérente et inférieure ne prend pas toujours un développement égal à celui du sommet libre, le fruit, chez quelques plantes, n'est que semi-adhérent, tandis que l'adhérence de l'ovaire était presque complète.

§ II. — *Ce qui distingue le fruit simple, le fruit composé et le multiple.*

On a beaucoup disserté pour savoir quand il résulte d'une fleur un seul ou plusieurs fruits. Les doutes viennent presque uniquement de ce qu'on n'a pas eu assez souvent recours à la comparaison, et de ce que la terminologie botanique, si souvent surchargée de mots inutiles, est malheureusement ici fort incomplète. Nous possédons un mot pour désigner isolément chaque pièce du second verticille de la fleur, celui de pétale, et un autre pour indiquer l'ensemble des pièces du même verticille, celui de corolle; nous disons enfin que la corolle est monopétale quand les pièces sont soudées, et qu'elle est polypétale quand les pièces sont libres : au contraire, par une bizarrerie assez étrange, quand nous arrivons au dernier verticille développé autant qu'il peut l'être, nous n'avons plus que l'expression de fruit pour désigner et la pièce isolée et l'ensemble des pièces soudées entre elles. Mais supposons un instant que, pour peindre, dans le second verticille de la fleur, deux choses si différentes, le seul mot pétale puisse être employé; alors, sans aucun doute, nous appellerions pétale simple la pièce isolée, pétale composé ce que nous nommons à présent corolle monopétale, et pétale multiple la corolle polypétale : nous conformant à l'analogie la plus rigoureuse, nous allons maintenant appliquer au fruit ces diverses expressions modifiées légèrement. S'il résulte d'une fleur un fruit qui soit le développement d'une seule feuille carpellaire, il nous offrira évidemment l'analogue du pétale isolé, ce sera un fruit simple (*fructus simplex*, ex. *Cytisus austriacus*, *f.* 413). Le fruit qui aura pour origine plusieurs feuilles carpellaires soudées ensemble, soit bords à bords, soit par les côtés rentrants, représentera la corolle monopétale, et, par conséquent, nous l'appellerons un fruit composé (*fructus compositus*, ex. *Euphorbia helioscopia*, *f.* 414). Enfin, quand nous trouverons, dans une fleur, le fruit simple répété plusieurs fois sans aucune soudure, nous y verrons l'analogue de la corolle polypétale, et nous dirons que le fruit est multiple (*fructus multiplex*, ex. *Ranunculus acris*, *f.* 415).

Fruit simple; composé; multiple.

Fruit composé ou multiple symétrique;

Je ne dois pas omettre de vous faire observer que les fruits multiples et les fruits composés peuvent l'être de trois manières différentes; ils sont symétriques (*fructus compositus, fructus multiplex symetricus*) quand le nombre de leurs feuilles carpellaires est le même que celui des folioles calicinales et des pétales; asymétriques par défaut de développement ou diminution (*ex defectu asymetricus*), lorsque le nombre des feuilles carpellaires est moindre que celui des pétales; asymétriques par multiplication ou augmentation (*ex excessu asymetricus*), quand ce même nombre est plus considérable.

asymétrique par diminution ou par augmentation.

Ainsi le fruit des Légumineuses (*f.* 413) ou du *Delphinium Ajacis* (*f.* 416) sera simple, parce qu'il provient d'une feuille carpellaire unique; celui des *Primula*, des *Vaccinium*, des *Œnothera*, ayant ses feuilles carpellaires soudées entre elles et en nombre égal à celui des pétales et des folioles du calice, sera composé symétrique; nous aurons, dans la Digitale et la Carotte, un fruit composé asymétrique par défaut de développement, parce qu'avec cinq pétales nous ne trouvons, dans ces plantes, que deux feuilles carpellaires; les carpelles extrêmement nombreux de l'*Anona palustris*, pour ainsi dire confondus en une seule masse, formeront un fruit composé asymétrique par augmentation; pour résultat de la fleur du *Sedum album*, nous avons cinq capsules qui, en quelque sorte, répètent cinq fois celle du *Delphinium Ajacis*, et qui formeront un fruit multiple symétrique, parce qu'elles sont libres et en nombre égal à celui des pièces de la corolle et du calice; la fleur à cinq pétales de l'*Agrimonia Eupatoria* nous amène deux carpelles distincts, ce sera un fruit multiple asymétrique par défaut de développement; nous trouvons, au contraire, dans la Renoncule (*f.* 415) et l'*Adonis*, un grand nombre de carpelles distincts, ce sera un fruit multiple asymétrique par augmentation.

Le fruit régu-

Je ne veux point omettre de vous dire qu'ici encore il

est essentiel de ne pas confondre la régularité avec la symétrie. Tout fruit simple est, comme l'ovaire qui l'a précédé, plus ou moins irrégulier (p. 498), parce qu'il provient d'une feuille carpellaire dont les deux moitiés sont repliées sur elles-mêmes, et que chaque moitié de la feuille la plus régulière ne saurait l'être elle-même. Comme l'ovaire composé, le fruit qui l'est également peut être régulier quand il est formé de plusieurs feuilles carpellaires égales entre elles, et irrégulier quand il l'est de feuilles dissemblables. L'irrégularité augmente souvent d'une manière très-sensible pendant la maturation, comme les genres *Anacardium* (*f.* 169) et *Antirrhinum* nous en fournissent des exemples; mais je doute qu'une régularité parfaite passe jamais à l'irrégularité, si ce n'est par des avortements accidentels. Je ne crois pas non plus qu'il arrive qu'un fruit symétrique soit constamment irrégulier: mais la symétrie et l'irrégularité ne s'excluent pas nécessairement; car la régularité consiste principalement, comme vous le savez, dans la similitude des parties d'un même verticille, et la symétrie dans une égalité parfaite de nombre entre les pièces des différents verticilles, caractères qui n'impliquent aucune contradiction. Je vous ai dit (p. 639) que si, dans une corolle asymétrique, les pétales peuvent garder la place qui leur appartient, les pièces d'un verticille carpellaire asymétrique ne conservent, au contraire, aucun reste de symétrie relativement aux verticilles inférieurs, mais qu'elles s'arrangent de manière à être symétriques les unes par rapport aux autres: le fruit ressemble, à cet égard, parfaitement à l'ovaire, à moins que quelque avortement accidentel ne fasse disparaître plus ou moins un ou plusieurs des carpelles originaires.

lier; le fruit irrégulier.

Comparaison du fruit régulier avec le fruit symétrique.

Aux distinctions que nous avons établies, dans le fruit composé, entre le régulier et l'irrégulier, le symétrique et

Quand il y a dans un fruit deux ou plusieurs carpelles, ou bien deux ou plusieurs feuilles carpellaires.

l'asymétrique, nous pouvons encore en ajouter une qui tient à des considérations qui, pour être délicates, n'ont pas moins de solidité. Vous savez (p. 492) que le pistil simple ou carpelle ne se compose pas seulement de la feuille carpellaire, mais encore d'un cordon séminifère, continuation de l'axe, qui se soude avec la feuille; vous savez encore que nous ne pouvons considérer le carpelle comme répété qu'autant que nous trouvons deux ou plusieurs fois le double système, axile et appendiculaire; mais, quand nous avons des feuilles simplement soudées bords à bords et une seule cavité traversée par un axe simple, ou bien encore, lorsque, dans une loge unique, formée par deux ou plusieurs feuilles carpellaires, nous ne voyons qu'un cordon naissant au fond de la loge et terminé par une graine, nous ne pouvons pas dire qu'il existe deux carpelles; car, s'il y a alors répétition du système appendiculaire, il n'y a point répétition du système axile. Ainsi il existe deux carpelles dans la Digitale ou le Panais (*Digitalis, Pastinaca*), parce que le fruit de ces plantes nous offre deux feuilles et autant de cordons séminifères dont chacun correspond à une des feuilles; dans le *Primula*, au contraire, il y a plusieurs feuilles carpellaires, mais il n'y a pas plusieurs carpelles, parce qu'avec cinq feuilles il n'existe dans une loge qu'un axe central; dans le *Chenopodium* ou le *Statice* il n'y a pas non plus de carpelle multiple, puisqu'avec deux et cinq feuilles soudées bords à bords nous ne voyons qu'un cordon terminé par une graine, et qui, continuation directe de l'axe, naît du fond d'une loge unique. Dans ce dernier cas, nous avons un fruit composé, puisqu'il nous offre plus d'une feuille dans son ensemble, mais pourtant il sera moins composé que celui où nous trouvons deux carpelles parfaitement complets.

A présent que nous savons d'une manière bien précise ce

qui distingue entre eux le fruit simple, le composé et le multiple, nous pouvons, sans beaucoup de peine, reconnaître à laquelle de ces trois classes de fruits appartiennent ceux qui, au premier abord, feraient naître quelque doute dans notre esprit. Dans la fleur à cinq pétales soudée des *Asclepias*, nous trouvions deux pistils adhérents par les stigmates; mais, si l'organe destiné à recevoir le pollen forme une des parties les plus essentielles de l'ovaire, il ne doit plus rien être pour le fruit; or, chez les *Asclepias*, il n'existe même pas à l'époque de la maturité; nous y trouvons deux feuilles carpellaires, non-seulement distinctes, mais encore divergentes, accompagnées chacune de leurs cordons; donc, nous n'avons ici ni un fruit simple, ni un fruit composé, mais un fruit multiple asymétrique. Dans les Ombellifères nous trouvons un pistil composé de deux carpelles complets, et, à la maturité, nous avons également un fruit composé; mais bientôt chaque feuille carpellaire se détache des cordons séminifères surmontés des styles, et, s'isolant avec la semence qu'elle renferme, elle simule une graine nue; si donc, avec Louis-Claude Richard, nous définissons l'akène (*akenium*) *un fruit indéhiscent et monosperme, qui n'adhère pas à la semence*, la prétendue graine nue des Ombellifères ne sera pas un akène, car un fruit, akène ou autre, doit nécessairement offrir la base du style et au moins un cordon séminifère : cette prétendue graine sera une partie incomplète d'un fruit composé; par conséquent, Koch et d'autres botanistes ont bien fait de l'appeler méricarpe (*mericarpium*), mot par lequel il faut entendre toute portion de fruit contenant une graine. Nous devons voir aussi des méricarpes dans les prétendues graines nues des Labiées et des Borraginées; car, lorsqu'à la maturité elles se détachent du gynobase, elles ne nous offrent absolument que la semence véritable dans son enveloppe carpellaire, et,

Ce qu'est le fruit des *Asclepias*.

Ce qu'est celui des Ombellifères.

Méricarpe.

Les prétendues graines nues des Labiées et des Borraginées.

au milieu du réceptacle floral, nous trouvons isolé le gynobase ou axe central séminifère terminé par la base du style; par conséquent encore, si nous donnons les noms de cariopse (*cariopsis*) ou de noix (*nux*) à des fruits complets, nous ne devons appliquer ni ces noms ni celui d'akène aux prétendues graines nues des Labiées, qui sont si peu des carpelles véritables que, rapprochées, elles ne formeront qu'un fruit bien réellement incomplet, puisqu'il serait sans axe séminifère et sans style.

Les prétendues baies des Ochnacées.

L'ovaire des Ochnacées ne diffère pas, dans son ensemble, de celui des Labiées, et, de même que le leur, il se change en un fruit composé gynobasique; mais, au lieu de se diviser à la maturité, ce fruit, devenu charnu, continue à former un seul tout; cependant, si, abstraction faite du gynobase, on voulait donner un nom particulier à chacune des coques succulentes des Ochnacées qui renferment une graine, il ne faudrait pas que ce fût celui de baie, car, ainsi que nous le verrons plus tard, une baie est un fruit complet, et l'espèce de coque dont il s'agit offre uniquement, comme le méricarpe des Ombellifères, une feuille carpellaire avec sa graine (1). Si nous voulions étendre davantage la comparaison, nous trouverions que les portions libres du fruit d'une Labiée sont encore plus éloignées d'être des carpelles complets que les coques charnues des Ochnacées, car ces dernières, correspondant par leur nombre à celui des pétales et des folioles calicinales, sont formées évidemment par une feuille carpellaire tout entière, tandis que chaque portion de fruit, dans les Labiées, n'est réellement, comme vous le savez déjà (p. 552), qu'une simple moitié de feuille.

Le fruit simple, le composé et le multiple nuancés entre eux.

Je vous ai fait connaître ce qui caractérise le fruit simple, le composé et le multiple. Mais vous savez que le fruit à

(1) J'ai donc eu tort d'indiquer sous le nom de baie, dans mes divers ouvrages descriptifs, les méricarpes du *Gomphia*.

plusieurs feuilles carpellaires et à placenta central libre tend à rapprocher le fruit simple de celui qui est décidément formé de plusieurs carpelles. Le composé et le multiple se nuancent beaucoup mieux encore, car, chez les carpelles provenant d'une même fleur, on peut trouver tous les degrés possibles d'adhérence, depuis celle qui se montre parfaitement complète jusqu'à la soudure à peine sensible qui ne s'étend pas au-dessus de la base des carpelles. Les pistils des *Rubus* sont parfaitement libres; mais, pendant la maturation, ils contractent, à la partie inférieure, une légère adhérence, et, par conséquent, on pourrait hésiter avant de se décider à dire que, dans ce cas, il y a un fruit composé ou bien un fruit multiple. C'est ainsi que des nuances tendent à faire disparaître toutes les distinctions que nous sommes forcés d'admettre.

§ III. — *Des diverses parties du fruit.*

Outre les placentas (1) et les cordons ombilicaux, sur lesquels je vous ai déjà donné des détails en vous entretenant

(1) Pendant que j'achève l'impression de cet ouvrage, on me remet un cahier des *Annales des sciences naturelles* (vol. XII, p. 373, 2me série), où se trouve la traduction d'un morceau de M. Schleiden sur *la signification morphologique du placenta.* J'y vois que l'opinion de ce savant est exactement conforme à celle que j'ai émise sur le même sujet dans mon *Deuxième mémoire sur la famille des Résédacées*, imprimé par extrait dans le *Compte rendu de l'Académie des sciences* du 11 janvier 1836, et ensuite publié en entier à Montpellier, au commencement de 1837. Partagées depuis longtemps par M. Dunal, mes idées que je reproduis ici dans le chapitre intitulé *Pistil* doivent avoir à mes yeux un nouveau degré de certitude, à présent qu'elles sont confirmées par un observateur aussi habile que M. Schleiden.

de l'ovaire, et la graine dont je vous parlerai bientôt, on distingue encore dans le fruit le péricarpe et les cloisons.

Péricarpe. Le péricarpe (*pericarpium*) est la partie du fruit qui détermine sa forme, qui limite sa cavité intérieure quand il n'en existe qu'une, et qui, conjointement avec les cloisons, limite ses cavités lorsqu'il y en a plusieurs ; c'est la partie qui renferme les semences et leur sert, pour ainsi dire, de boîte.

De même que la graine seule ne saurait constituer un fruit, de même aussi l'on doit regarder comme un fruit incomplet (*fructus incompletus*) le péricarpe dont les semences se sont échappées, et celui où la culture les a fait avorter.

Quand le fruit est simple, le péricarpe est formé par la feuille carpellaire tout entière ; il se compose de plusieurs feuilles carpellaires également entières, quand ces feuilles, seulement soudées bords à bords, laissent entre elles une cavité unique ; enfin il nous présente des parties moyennes de feuilles soudées entre elles, quand les bords des feuilles rentrent en dedans pour se porter vers l'axe, soit réel, soit rationnel. Ce sont, dans ce dernier cas, les portions rentrantes des feuilles qui forment les cloisons complètes ou incomplètes (*dissepimenta completa, incompleta*, V. p. 472, 482).

Le péricarpe est sec ou plus ou moins charnu (*pericarpium siccum, carnosum*). Dans le premier cas, il peut être membraneux, avoir la consistance du papier ou du parchemin, être coriace, crustacé, osseux, ligneux, subéreux ou fibreux (*p. membranaceum, carthaceum, pergamenum, coriaceum, crustaceum, osseum, lignosum, suberosum, fibrosum*). Dans le second cas, il sera ou charnu dans l'acception rigoureuse du mot (*carnosum*), ou succulent (*succulentum*), c'est-à-dire gorgé de sucs. Entre les péricarpes secs et charnus, on trouve toutes les nuances possibles, et l'on n'en rencontre pas moins entre les diverses modifications de péricarpes charnus et de péricarpes secs. Il y a plus encore : le même péricarpe est souvent charnu dans une partie de son épaisseur, et ligneux ou osseux à la partie intérieure.

Quand ceci arrive, tantôt la substance charnue et la substance ligneuse se partagent à peu près l'épaisseur du péricarpe ; tantôt la seconde est plus épaisse que la première ; tantôt, au contraire, la portion intérieure et ligneuse se montre la plus mince. Quelquefois même celle-ci offre si peu d'épaisseur, que, si l'on n'a suivi les développements successifs de l'ovaire, on la confondra aisément avec les téguments propres de la graine ; et quelquefois aussi la partie charnue sera tellement mince qu'elle pourra facilement passer inaperçue. De très-habiles botanistes ont cru qu'une enveloppe coriace et menue, que l'on trouve dans chacun des fruits à peine soudés entre eux, qui composent la Framboise et la Mûre sauvage (*Rubus idæus*, *fruticosus*, *cæsius*), appartenait à la semence ; et ce sont de véritables noyaux, comme ceux de la Pêche ou de la Cerise. D'un autre côté, quand on persisterait, contre toute analogie, à faire de chacun des méricarpes des Labiées un fruit distinct, ce ne serait point le nom de cariopse ou de noix qu'il faudrait, dans tous les cas possibles, donner à ces prétendus fruits, car les cariopses et les noix ont été définis comme des fruits secs, et, à l'extérieur des méricarpes d'une foule de Labiées, on trouve une petite couche charnue, qu'avec la pointe d'une aiguille on détache, sans beaucoup de peine, de la partie sous-jacente toujours sèche.

Ce qu'on doit penser des mots épicarpe, sarcocarpe, endocarpe.

Un profond botaniste, Louis-Claude Richard, a distingué, dans tout péricarpe, l'épiderme extérieur, l'épiderme intérieur et la substance comprise entre les deux ; à la première il donne le nom d'épicarpe (*epicarpium*), à la seconde celui d'endocarpe (*endocarpium*), et il appelle la substance intermédiaire sarcocarpe (*sarcocarpium*), mot auquel d'autres ont substitué celui de mésocarpe (*mesocarpium*). Depuis, on a fait dans la feuille des distinctions analogues, et c'est avec raison, car l'épicarpe répond exactement à l'épiderme de la face inférieure de la feuille, l'endocarpe à celui de la face supérieure et le sarcocarpe au mésophylle (*mesophyllum*) des physiologistes modernes. Mais, si les mots endocarpe, sarcocarpe et épicarpe peuvent ne pas être sans utilité pour l'anatomie végétale, il n'en est pas moins vrai que leur désinence, l'une des plus contraires à l'harmonie de notre langue, les rend d'un usage excessivement difficile, et quand même ils ne laisseraient rien à désirer sous ce rapport, il serait encore, comme on va le voir, extrêmement peu commode de s'en servir, du moins dans la botanique descriptive. Louis-Claude Richard avait parfaitement reconnu que l'endocarpe et l'épicarpe ne pouvaient être que des membranes, et qu'il y avait, dans la partie comprise entre elles, une continuité vasculaire parfaite; ainsi il disait du noyau de la Prune ou de l'Abricot que c'était l'endocarpe épaissie par une portion extérieure du sarcocarpe (*Anal. fr.* 15); cependant on a bientôt senti que cette définition ne pouvait revenir sans cesse dans les descriptions, et quand on a trouvé dans un fruit, sous l'épiderme extérieur, d'abord une portion charnue, puis une autre dure et ligneuse, on a indiqué celle-ci tout entière sous le nom d'endocarpe et l'autre sous le nom de sarcocarpe. Mais ces deux mots, ainsi détournés de leur signification primitive, n'ont alors été que les synonymes de deux autres beaucoup plus anciens, qui n'ont rien de barbare, et qu'emploient également les savants et les hommes les moins

Chair, noyau. instruits, ceux de chair et de noyau (*caro*, *putamen*). Ce sont donc ces expressions que nous devons conserver dans la botanique descriptive, et nous aurons soin d'en bannir celles qui ne feraient que les remplacer exactement sans présenter plus d'avantage.

La nature du péricarpe indiquée dans l'ovaire.

Un ovaire très-épais peut quelquefois, comme celui des Graminées, se changer en un péricarpe excessivement mince ; mais, le plus souvent, c'est le contraire qui arrive, et d'un ovaire épais résulte communément un fruit entièrement charnu ou un fruit à noyau. Le botaniste exercé s'y méprendra rarement ; il parviendra même à reconnaître, à l'inspection de la coupe de l'ovaire, si le fruit doit être charnu dans toute son épaisseur, ou s'il le sera à l'extérieur seulement. Dans ce dernier cas, un tissu plus compacte indique qu'un noyau doit un jour entourer la semence ; j'ai même distingué, dans la substance de l'ovaire du *Caryocar brasiliensis*, le commencement de ces pointes nombreuses qui doivent un jour hérisser le noyau.

La chair du péricarpe adhérente au noyau ou séparable.

Cette portion du péricarpe peut, lors de la maturité, adhérer à la chair ou s'en séparer sans aucune peine. Mais, dans tous les cas, le tissu vasculaire du sarcocarpe (Rich.) est, chez l'ovaire, parfaitement continu, et, quand les noyaux les plus faciles à détacher sont percés de trous, nous voyons encore, à la maturité, des faisceaux de fibres pénétrer de la chair dans ces petits enfoncements.

Le péricarpe soudé avec la graine.

Vous savez que l'ovaire présente une ou plusieurs cavités dans lesquelles un ou plusieurs ovules sont attachés seulement par l'ombilic. Il est bien clair que, lorsqu'il existe plusieurs ovules, le péricarpe ne saurait contracter adhérence avec eux ; mais, quand il n'y en a qu'un dans un carpelle ou pistil simple, celui-ci, pendant la maturation, peut se souder peu à peu avec lui, comme cela arrive chez la plupart des Graminées. Ainsi, de même que nous avons des calices qui adhèrent au péricarpe, nous pouvons avoir aussi des péricarpes qui adhèrent à la semence. Dans ce cas, Linné disait que celle-ci était nue (*semen nudum*). Ce même caractère il l'attribuait à une foule de fruits uniloculaires et monospermes où le péricarpe ne se distingue pas au premier abord, et il allait même jusqu'à considérer comme des graines nues des portions de fruits où l'on ne trouve qu'une semence. A l'époque où l'immortel Suédois enseignait de telles erreurs, on s'était peu livré à la dissection de l'ovaire; aujourd'hui que nous connaissons parfaitement cette partie de la plante, nous savons que tout ovule s'est développé dans une feuille carpellaire; or l'ovule devient une graine, et, par conséquent, il n'y a point de graine nue. Les Conifères seules présentent, selon Brown, une exception à cette règle (V. p. 482).

Cloisons vraies. Quoique nous distinguions les cloisons (*dissepimenta*) du péricarpe, elles en sont réellement une partie intégrante, puisque, dans un fruit à plusieurs cloisons, chaque feuille fournit tout à la fois une portion de péricarpe et deux moitiés de cloison prises dans l'épaisseur.

Si l'on voulait se borner à peindre les apparences, on pourrait dire que les cloisons sont des lames qui s'étendent dans l'intérieur du péricarpe d'un point de sa circonférence à un autre point, ou de sa circonférence au centre, et qui, par conséquent, divisent sa cavité intérieure en deux ou plusieurs loges. Mais cette définition serait nécessairement défectueuse, puisqu'elle s'appliquerait à des choses qui, comme vous le savez, sont tout à fait différentes, les vraies et les fausses cloisons (V. p. 472). Louis-Claude Richard distinguait parfaitement les premières des secondes, lorsqu'il indiquait celles-là comme étant formées de deux processus lamelliformes de l'endocarpe, soudés par un prolongement fort mince du sarcocarpe. Cependant cette manière de s'exprimer, d'ailleurs un peu obscure, laisse encore beaucoup à désirer; car elle supposerait que le péricarpe dans lequel on trouve une ou plusieurs cloisons est un tout parfaitement simple, lorsqu'au contraire, comme la corolle monopétale, il se compose d'un certain nombre de pièces adhérentes entre elles. Une lame qui rentre dans la cavité du péricarpe et est formée par la partie soudée de deux feuilles carpellaires contiguës, voilà ce qu'est, dans le fruit comme dans l'ovaire, la cloison véritable.

Comme le péricarpe lui-même, les cloisons varient pour la consistance, et peuvent ressembler à du papier ou à du parchemin, être membraneuses ou coriaces, crustacées, osseuses, ligneuses ou charnues (*dissepimenta chartacea, pergamena, membranacea, coriacea, crustacea, ossea, lignosa, carnosa*).

Fruit pluriloculaire à plusieurs noyaux; fruit à un seul noyau pluriloculaire.

Ainsi que le péricarpe, elles peuvent aussi, dans leur épaisseur, offrir des couches de nature fort différente, l'une intermédiaire charnue et les deux latérales ligneuses. Dans ce cas, deux couches ligneuses ou osseuses sont continues chacune avec une partie semblable du péricarpe; chaque loge du fruit se trouve formée immédiatement par une enveloppe osseuse ou ligneuse, ou, pour mieux dire, par un noyau, et l'on a dans le fruit autant de noyaux que de loges. Chaque noyau tout entier appartient évidemment alors à une même feuille carpellaire, et la couche charnue, intermédiaire entre deux noyaux, dépend des deux feuilles voisines. Dans une Cerise, le noyau est formé par toute la partie intérieure d'un carpelle unique; soudons ensemble cinq Cerises, nous aurons un fruit à cinq noyaux, résultant chacun d'une Cerise, et la partie charnue intermédiaire appartiendra en commun à deux Cerises voisines. Telle est l'image parfaite de tout fruit à plusieurs noyaux.

Supposons à présent que la partie charnue qui se trouverait entre les noyaux des cinq Cerises soudées s'ossifiât et se confondît avec eux-mêmes, on aurait un noyau unique à cinq cloisons et autant de loges. C'est là ce qui a lieu réellement toutes les fois que les cloisons sont complétement ligneuses ou osseuses.

Comme le péricarpe est formé par des parties de feuilles carpellaires parfaitement simples, il semblerait qu'il doit être moins épais que les cloisons, résultat de l'union de deux portions de feuilles soudées entre elles. Il n'en est cependant pas ainsi : les cloisons, quoique doubles, sont presque toujours plus minces que le péricarpe, ce qui tient certainement à ce que celui-ci tout extérieur peut se développer librement, tandis que les cloisons, privées d'air et de lumière, resserrées dans un espace très-étroit, restent, pour ainsi dire étiolées (V. p. 503). Non-seulement les cloisons sont ordinairement plus minces que le péricarpe; mais encore elles ont souvent une consistance moins solide; ainsi elles pourront n'être que coriaces quand le péricarpe sera ligneux, ou membraneuses lorsqu'il sera crustacé. Elles ont même quelquefois si peu de consistance, qu'elles disparaissent dès le premier âge de la fleur (*dissep. fugacia, evanida*), ainsi que cela arrive chez les Caryophyllées uniloculaires; ailleurs, comme dans la Châtaigne, elles ne peuvent résister à une graine qui, se développant toute seule, les repousse contre la paroi du fruit; ailleurs, comme chez les Plantains, elles se séparent du péricarpe avec la plus grande facilité, et restant attachées à la columelle, elles se trouvent, pour ainsi dire, cachées entre les placentas axiles, qui alors semblent n'en faire qu'un seul libre et central.

Les cloisons plus minces que le péricarpe.

Je n'ai pas besoin de vous dire que tout ce qui précède s'applique non-seulement aux cloisons complètes, celles qui s'avancent jusqu'au centre du fruit, mais aussi en grande partie aux incomplètes qui n'arrivent pas à ce point.

Quant aux fausses cloisons (*dissep. spuria*, V. p. 472), on les retrouve dans le fruit telles qu'on les avait vues dans l'ovaire, à moins que des avortements ou des destructions ne les aient modifiées ou fait disparaître. D'un autre côté, il est aussi des cloisons fausses qui ne se développent que pendant la maturation, et je suis fort tenté de croire que, dans ce nombre, il faut mettre toutes celles qui partagent le fruit transversalement (*dissepimenta horizontalia, transversa*, V. p. 472). L'ovaire simple des *Cassia* et des *Coronilla* offre une cavité unique et des parois parfaitement libres; tandis qu'il mûrit, du tissu cellulaire s'étend horizontalement entre les graines, et ainsi se forment des cloisons transversales. Cloisons fausses.

Dans les fruits fort variables du *Raphanus sativus* nous trouvons souvent, avec des lacunes irrégulières, des logettes qui, superposées à intervalles inégaux, renferment une seule graine : l'ovaire, dans l'origine, avait présenté, comme celui de toutes les Crucifères, deux loges longitudinales séparées par un diaphragme ou fausse cloison (V. p. 494) et des ovules rangés dans chaque loge sur les deux bords du diaphragme; pendant la maturation, un grand nombre d'ovules ont avorté, et en même temps le parenchyme du péricarpe (sarcocarpe, Rich.) s'est étendu en un tissu lâche et spongieux; les ovules fécondés se sont, pour ainsi dire, moulé, au milieu de ce tissu, des logettes arrondies; dans les espaces où ont avorté d'autres ovules, le même tissu a repoussé son propre épiderme intérieur (endocarpe, Rich.) contre la cloison; des soudures se sont opérées entre celle-ci et les deux épidermes opposés, les logettes se sont trouvées fermées en dessus et en dessous; et, d'un autre côté, dans le tissu lâche et fugace se sont formées, par déchirement ou oblitération, des lacunes irrégulières.

Après vous avoir donné des exemples de cloisons transversales et par conséquent fausses, dont le développement ne s'opère qu'après la fécondation, je pourrais vous en citer quelques-uns de cloisons longitudinales, qui, dans l'origine, n'existaient pas davantage. Je vous ai déjà dit (p. 496) de quelle manière se forment celles du *Glaucium corniculatum;* je me bornerai à vous faire connaître ce qui se passe chez le *Nigella Damascena.* On s'étonne de voir dans cette plante un double rang de loges, cinq intérieures où se trouvent les semences, et cinq autres vides qui circonscrivent les premières : les extérieures n'existaient point dans l'ovaire ; mais, pendant la maturation, l'épiderme continu qui revêt, dans chaque loge, et le péricarpe et les deux cloisons (endocarpe, Rich.), ne prend pas, à beaucoup près, le même accroissement que le parenchyme sous-jacent ; il se sépare de ce dernier, et ne reste attaché qu'à la partie des cloisons la plus voisine de l'axe : sa séparation n'a pas toujours été aussi complète ; il a été quelque temps retenu par la nervure moyenne ou suture dorsale de la feuille carpellaire, et l'on a eu d'abord trois loges pour une seule ; mais bientôt la suture l'a laissé aller à son tour, et c'est alors que l'on a vu paraître des loges simplement doubles dont les extérieures se trouvent pratiquées entre le péricarpe et son épiderme intérieur.

Sutures.

Vous ayant fait connaître avec détail le péricarpe et les cloisons, je dois revenir sur les sutures, dont je vous ai à peine dit quelques mots (p. 480), en vous entretenant des pistils, et sans lesquelles il n'y aurait ni ovaires ni fruits.

Vous savez déjà que, dans le carpelle ou pistil simple, on distingue deux sutures : la dorsale ou extérieure et la ventrale ou intérieure (*sutura dorsalis seu exterior, sutura ventralis s. interior*). La dorsale n'est autre chose que la nervure moyenne de la feuille carpellaire ; la ventrale est formée par la rencontre des bords de la même feuille. Puisque, à moins d'une torsion dont on a quelques exemples, la partie moyenne de la feuille carpellaire regarde le côté opposé à l'axe floral, c'est aussi vers le dehors que doit être tournée la suture dorsale ou extérieure, et de là les noms qui lui ont été appliqués. Par la même raison, la suture résultant de la rencontre des bords de la feuille sera la plus voisine de l'axe, ce qui lui a valu les noms d'intérieure ou de ventrale. Celle-ci doit exister toujours, puisque la soudure des bords de la feuille carpellaire tient à l'essence même du carpelle. Quant à la suture dorsale, il arrive souvent qu'on ne l'aperçoit pas, soit qu'elle n'existe réellement point, soit qu'elle se cache, pour ainsi dire, dans le tissu cellulaire du carpelle, comme les nervures de certaines feuilles grasses disparaissent au milieu d'un parenchyme succulent et charnu. Lorsque la nervure dorsale se laisse apercevoir, c'est, le plus souvent, sous la forme d'une côte plus ou moins proéminente; mais aussi quelquefois elle est indiquée par une sorte de sillon, deux genres de caractères que nous offre également la nervure moyenne des feuilles véritables. Deux proéminences plus ou moins distinctes sont assez généralement l'indice de la suture ventrale : on la reconnaît chez la Prune, la Cerise, l'Abricot et la Pêche à ce sillon qui contribue à donner à ces fruits une forme si agréable.

Lorsque plusieurs carpelles se sont soudés pour produire un ovaire composé et plus tard un fruit qui l'est également, les sutures ventrales doivent nécessairement se trouver comprises dans la columelle et ne peuvent plus paraître à l'extérieur. Mais si chacun des carpelles qui entrent dans la composition de l'ovaire ou du fruit a une suture dorsale, on comptera, à l'extérieur du péricarpe, autant de ces sutures que l'ovaire ou le fruit comprendra de carpelles, et une suture dorsale correspondra nécessairement au milieu de chaque loge.

Il ne faudrait pas s'imaginer, d'après ce qui précède, que, dans tous les cas, il existe, chez un fruit ou un ovaire composé, autant de sutures dorsales que de carpelles. L'*Antirrhinum majus* est une preuve du contraire, puisque l'un de ses carpelles offre une suture dorsale, tandis que l'autre en est entièrement dépourvu.

Ce ne sont pas seulement des sutures dorsales que nous pouvons voir à l'extérieur d'un ovaire ou d'un fruit composé; nous en trouvons encore d'autres que l'on a appelées, improprement peut-être, sutures pariétales (*suturæ parietales*). Celles-ci sont formées par la rencontre des carpelles; c'est la ligne où, à l'extérieur, commence leur soudure. Les sutures pariétales sont d'autant plus faciles à reconnaître que les carpelles se montrent soudés dans une moindre étendue; d'un autre côté, la soudure peut être assez complète pour que les carpelles ne laissent pas entre eux l'intervalle le plus léger, et alors disparaîtront les sutures pariétales.

Nous pouvons ne voir, à l'extérieur d'un péricarpe, aucune suture; jamais nous n'en verrons à la fois de plus de deux espèces. Si le péricarpe est formé par un carpelle unique, il peut offrir une suture dorsale et une ventrale; mais il n'en offrira pas de pariétales, puisque celles-ci sont le résultat de la rencontre de deux carpelles. Si, au contraire, le péricarpe se compose des portions extérieures de plusieurs carpelles soudés, nous y pourrions trouver des sutures dorsales et des pariétales, mais point de ventrales, car alors ces dernières occupent l'axe du fruit qui, au dehors, ne peut s'apercevoir.

Les sutures pariétales sont nécessairement en nombre égal à celui des carpelles, des cloisons et des placentas, et par conséquent, lorsque avec elles les dorsales sont au complet, le péricarpe présente, dans son contour, un nombre de sutures double de celui des placentas, des cloisons et des carpelles.

Quand le placenta est central et que les feuilles carpellaires étalées sont soudées bords à bords, comme les douves d'une cuve, il est bien clair qu'il ne peut y avoir de sutures ventrales, mais seulement des dorsales et des pariétales. Ainsi les deux bords d'une feuille carpellaire peuvent former une suture ventrale ou deux moitiés de pariétale. Ce sont les sutures peu visibles de l'ovaire à une seule loge et à placenta central des *Anagallis* qui ont été prises autrefois pour des vaisseaux conducteurs.

Quand les feuilles carpellaires sont soudées bords à bords, on n'a plus de cloisons pour faire connaître le nombre de ces feuilles ; dans ce cas, il peut, jusqu'à un certain point, être indiqué par celui des sutures. Mais il ne faut pas oublier que souvent elles disparaissent ou qu'il en disparaît une partie, et par conséquent il est bon de s'aider ici de toutes les analogies que l'habitude de l'observation peut offrir.

Un calice soudé avec le fruit doit nécessairement cacher les sutures des feuilles carpellaires. On pourrait, à la vérité, prendre, au premier abord, pour des sutures les lignes que l'on voit sur certains fruits adhérents, tels que celui du *Ribes Uva crispa* (Groseille à maquereau) ; mais, dans ces fruits, ce ne sont point des sutures que nous apercevons, ce sont les nervures des folioles du calice.

On a proposé de désigner l'absence ou le nombre des sutures dans les fruits par les expressions latines d'*esuturatus, uni-bi-tri-multisuturatus ;* mais jusqu'ici ces termes ont été peu employés.

Après avoir parlé du péricarpe et des cloisons, je vous

Placentas.

entretiendrais de la nature du placenta et des modifications qu'il peut offrir, si je ne l'avais déjà fait avec détail, en traitant du pistil. Je me bornerai à vous indiquer en peu de mots les changements qu'il éprouve pendant le cours de la maturation.

Chez les fruits entièrement secs ou ceux à noyau, il se dessèche peu à peu, se racornit, s'ossifie ou s'oblitère; au contraire, chez les fruits tout à fait charnus, il se tuméfie et se gorge de sucs. Dans ce dernier cas, sa substance est ordinairement plus molle, plus délicate que celle du péricarpe lui-même, et très-souvent les semences y sont comme plongées ou même elles le sont entièrement (*semina nidulantia*). Chez la Tomate (*Solanum Lycopersicum*), le placenta offre une consistance gélatineuse; les graines s'y trouvent, pour ainsi dire, enveloppées, et il est d'un rouge plus foncé que les cloisons. Le péricarpe de la Goyave (*Psidium Guaiava*) est pâteux, et peu succulent; c'est au placenta qu'est due toute la bonté de ce fruit.

Pulpe.

On désigne sous le nom spécial de pulpe (*pulpa*) la substance des placentas charnus, et l'on a étendu ce nom à toutes les expansions ou sécrétions plus ou moins molles et succulentes qui peuvent se trouver dans les loges, et ne font point immédiatement partie du péricarpe ou des cloisons.

Si l'on s'accorde à prendre le mot pulpe dans un sens aussi large, il est bien clair qu'il faudra l'appliquer à la substance succulente de l'Orange et du Citron. Elle est due, en effet, à des glandes allongées qui, nées de la surface interne du péricarpe, ont grandi peu à peu, se sont gorgées de sucs, se sont prolongées horizontalement vers l'axe et ont fini par ne plus laisser aucun espace entre elles, par occuper tout l'intérieur du fruit et envelopper les graines.

§ IV. — *Des dimensions, de la forme, de la surface et de la couleur des fruits.*

Tout ce qui précède montre que les fruits diffèrent singulièrement entre eux par leur consistance et leur composition; on ne remarque pas moins de différences dans leurs dimensions, leur forme, leur surface et leur couleur.

Dimensions des fruits.

Ils offrent à peu près toutes les dimensions, depuis une demi-ligne jusqu'à deux pieds de diamètre. On trouve quelques rapports entre la grandeur des fleurs et la grosseur des fruits; des corolles aussi larges que celles des Cucurbitacées, des *Laplacea*, des *Lecythis* n'ont jamais précédé des fruits aussi petits que ceux des Graminées, des *Amaranthus* ou des *Alchemilla*; mais, dans de certaines limites, ces rapports cessent entièrement; ainsi nous avons des *Œnothera* dont la fleur est aussi grande que celle du *Cucurbita Pepo*, et le fruit de ce dernier peut offrir bien des centaines de fois le volume de celui des *Œnothera*. Si nous choisissions dans le règne végétal un certain nombre d'espèces, nous pourrions établir quelque proportion entre la grandeur de leurs tiges et le volume de leurs fruits : ce sont de grands arbres qui produisent le Coco des Maldives, le Boulet-de-canon et la Marmite-de-singe (*Lodoicea Maldivica, Lecythis Ollaria, Couroupita Gujanensis*); ce sont de bien petites plantes que l'*Alchemilla Aphanes*, le *Brayera*, le *Chamagrostis minima*, le *Pelletiera verna*, dont les fruits sont à peine visibles à l'œil nu; mais, si nous prenons l'ensemble du règne végétal, ces rapports ne nous paraîtront, pour ainsi dire, plus que des exceptions; la comparaison du Gland fourni par le plus majestueux de nos arbres avec la Citrouille qu'a fait naître une herbe faible et rampante est devenue proverbiale; sur des Bambous de soixante pieds de haut se montrent des fruits bien moins gros que ceux du Maïs ou du *Coix Lacryma*, et le Saule donne des capsules beaucoup plus petites que celles de la Clandestine (*Lathræa Clandestina*), qui végète humblement sur ses racines.

Forme. Le fruit peut être globuleux, ovoïde, en forme de poire, turbiné ou en toupie, oblong, cylindrique, linéaire, subulé (*fructus globosus, ovatus, pyriformis, turbinatus, oblongus, cylindricus, linearis, subulatus*); il peut être comprimé, c'est-à-dire aplati sur les côtés, déprimé ou aplati de haut en bas, réniforme ou en rein (*fr. compressus, depressus, reniformis*). Certains fruits sont arrondis dans leurs contours; d'autres offrent trois, quatre, cinq et six angles; d'autres présentent des renflements de distance en distance; quelques-uns sont moniliformes, c'est-à-dire rétrécis par intervalles à la manière d'un chapelet; d'autres enfin donnent l'image d'une vessie plus ou moins distendue (*fr. teres, tri-quadri-quinque-sexangularis, torulosus, moniliformis, vesiculosus*). Il existe des fruits parfaitement droits; d'autres sont arqués; quelques-uns imitent la faucille, d'autres un vermisseau qui rampe; il en est qui se tordent en spirale et d'autres qui, dans leur courbure plusieurs fois répétée, prennent la forme d'un limaçon (*fr. rectus, arcuatus, falcatus, vermicularis, spiralis, cochleatus*).

Un fruit peut être, soit à sa base, soit à son sommet, échancré, tronqué, arrondi, obtus, aigu, acuminé; enfin il peut offrir une dépression plus ou moins sensible, c'est-à-dire être ombiliqué (*fr. basi seu apice emarginatus, truncatus, rotundus, obtusus, acutus, acuminatus, umbilicatus*).

Surface. La surface du fruit est tantôt lisse, tantôt ponctuée, c'est-à-dire marquée de petits points, soit enfoncés, soit proéminents; elle est tuberculeuse ou relevée de tubercules, ridée, en réseau ou, comme disent les botanistes, réticulée; quelquefois on la trouve striée, c'est-à-dire marquée de lignes très-fines alternativement enfoncées et proéminentes, et quelquefois aussi elle est sillonnée ou creusée de sillons parallèles; elle peut être seulement rude au toucher, ou bien enfin elle se montre garnie de pointes molles ou roides (*fr. teres, punctatus, tuberculosus, verrucosus, rugosus, reticulatus, striatus, sulcatus, scaber, muricatus, echinatus*).

Crêtes; cornes; ailes.

Quelquefois, pendant la maturation, des crêtes (V. p. 584) entières, dentées ou déchiquetées, se développent sur la surface du fruit (*cristæ; fr. cristatus*). Dans quelques cas, on y voit paraître des pointes dures et épaisses, et l'on dit, suivant le nombre de ces pointes, que le fruit est à deux, trois ou quatre cornes (*cornua; fr. bi-tri-quadricornis*). Beaucoup plus souvent enfin il naît à l'extérieur du péricarpe une ou plusieurs membranes assez larges qui ressemblent à des ailes, et auxquelles on donne effectivement ce nom (*alæ; fr. alatus*). Dans ce dernier cas, le botaniste descripteur doit indiquer si ces expansions n'occupent que le sommet ou les côtés du fruit, ou si elles en font le tour, si enfin il n'y en a qu'une, ou bien s'il s'en trouve un plus grand nombre (*fr. apice, lateribus alatus, unialatus, bialatus seu dipterus, trialatus s. tripterus, quadrialatus s. tetrapterus*).

Couronne; aigrette; bec; queue.

Avec les expansions dont je viens de vous entretenir et qui émanent, sans aucun doute, du péricarpe ou du calice soudé avec lui, il ne faut pas confondre certaines parties que le fruit supporte, mais qui ne lui appartiennent réellement pas, et souvent modifient son aspect, savoir, les couronnes, les aigrettes, les becs et les queues (*corona, pappus, rostrum, cauda*). La couronne (*corona*) ne se trouve que chez les fruits adhérents; c'est le limbe du calice qui persiste et contribue quelquefois d'une manière remarquable à l'ornement du fruit, comme le montrent la Nèfle et surtout la Grenade (*Mespilus germanica*, *Punica Granatum*). Quand le limbe persistant d'un calice se trouve réduit à de simples nervures, ainsi que cela arrive chez les Composées, les Valérianes et les Scabieuses, il ressemble souvent à une sorte de plumet, et il prend, comme vous savez (V. p. 364), le nom d'aigrette (*pappus*). Quant aux becs et aux queues, ce n'est plus au calice qu'ils sont dus, mais au style qui, pendant la maturation, s'est allongé et qui persiste. Lorsque cette portion d'organe a seulement acquis une longueur médiocre, qu'elle est roide, dure et ne porte pas de poils, du moins fort sensibles, on a un bec (*rostrum*); lorsqu'au contraire le style a atteint, pendant la maturation, une longueur très-grande, qu'il est resté sans roideur, et offre sur sa surface des poils soyeux, à peu près disposés comme les barbes d'une plume; il prend le nom de queue (*cauda*). Le fruit de la Rave (*Raphanus sativus*) a un bec; celui de la Clématite (*Clematis Vitalba*) a une queue. Les mots couronne, queue et bec, sont, au reste, peu usités; mais souvent on emploie en latin les adjectifs qui les représentent, *coronatus*, *rostratus*, *caudatus*.

Couleur des fruits.

Je vous ai parlé des formes que le fruit est susceptible de prendre et des caractères divers que sa surface peut offrir; à présent je vous dirai quelques mots des couleurs dont il se peint. La feuille nous présente une image assez sensible de ce qui se passe chez lui, sous ce rapport. Desséchée, elle est roussâtre; mais qu'elle tombe mûre, pour ainsi dire, sans pourtant être sèche, nous la verrons jaune et souvent d'un beau pourpre, sans parler d'une foule de nuances intermédiaires. De même les fruits secs ont généralement des couleurs ternes; ils sont grisâtres, pâles, bruns, noirs ou roussâtres; les charnus, au contraire, prennent souvent les teintes les plus brillantes : les uns sont d'un beau jaune doré, d'autres sont rouges ; il y en a de blancs, de bleus, de verts, de violets, de pourpre noir, etc. C'est le blanc et le bleu qui paraissent être, chez les fruits, les couleurs les plus rares. Souvent des teintes différentes embellissent le même péricarpe, ordinairement entremêlées sans aucun ordre, mais quelquefois disposées avec une agréable symétrie, comme une certaine variété de Poire (la Culotte-de-Suisse) et plusieurs Cucurbitacées en offrent des exemples. Sans que ses qualités éprouvent le moindre changement, la même sorte de fruit peut présenter diverses couleurs ; le blanc jaunâtre et le rouge, comme la Groseille (*Ribes rubrum*) ; le vert et le pourpre noir, comme le Raisin (*Vitis vinifera*); le vert, le pourpre et le jaune, comme la Prune (*Prunus domestica*), etc. Ce qu'il y a d'assez remarquable, c'est que les parties voisines du fruit qui se remplissent de sucs pendant la maturation peuvent aussi se colorer, soit que le fruit reste sec, comme dans l'*Anacardium occidentale*, le Fraisier ou la Rose sauvage (*Fragaria vesca*, *Rosa canina*), soit que lui-même devienne charnu comme celui de la Mûre (*Morus nigra*).

Odeur.

La plupart des fruits sont inodores ; chez ceux qui ont quelque odeur, elle est l'annonce de leurs qualités. Un fruit comestible a une odeur agréable ; un fruit à odeur vireuse n'est point comestible.

§ V. — *Des induvies.*

Parties qui protégent le fruit pendant la maturation.

Je vous ai dit que, dans une foule de plantes, les parties de la fleur, sans adhérer à l'ovaire, persistaient autour de lui et le protégeaient pendant la maturation. Ces parties ne sont pas les seules qui jouent un rôle aussi important. Il a souvent été confié à diverses sortes d'involucres chez certaines plantes dont le calice est adhérent, et l'on trouve même des involucres autour de plusieurs fruits libres.

Durée de ces parties.

La durée des parties persistantes n'est pas toujours la même : tantôt le fruit s'en sépare à l'époque de la maturité, et tantôt elles l'accompagnent jusqu'au moment de la destruction.

On a donné le nom d'induvies (*induviæ*) aux parties qui, étrangères au fruit, se trouvent autour de lui au temps de la maturité ; le fruit, accompagné d'organes qui ne lui

Fruit induvié.

appartiennent réellement pas, a été appelé induvié (*fr. induviatus*), et, par opposition, on a dit d'un fruit qu'il était nu (*f. nudus*), quand, par la chute de l'involucre et des parties de la fleur, il reste entièrement découvert ; enfin, pour préciser si ses induvies, quand il en a, sont formées par l'involucre ou les parties de la fleur, on a proposé les expressions d'involucré et de couvert (*fr. involucratus, tectus*). Cette terminologie est loin, sans doute, d'être défectueuse, cependant elle a été peu suivie jusqu'à présent ; les botanistes ont coutume de dire simplement, dans leurs descriptions, si les involucres et les parties de la fleur sont tombantes, caduques ou persistantes (*deciduus, caducus, persistens*).

Quand c'est un involucre qui persiste ; tantôt il enveloppe un seul fruit, comme le calicule chez la Scabieuse, la

Dans quel cas les induvies contiennent plusieurs fruits.

cupule chez le Gland, les glumes chez un grand nombre de Graminées ; tantôt il en enveloppe plusieurs, comme le fourreau épineux des Châtaignes et le péricline à deux fruits des *Xanthium*, qui imite si bien un simple péricarpe.

Quels organes servent le plus souvent d'induvies.

Le calice sert d'induvies beaucoup plus souvent que l'involucre. Ordinairement il persiste seul ; mais on le voit aussi persister avec la corolle et les étamines, ou bien la corolle tombe, et les organes mâles restent autour du fruit avec l'enveloppe calicinale.

Ce n'est pas toujours dans leur intégrité que le calice et la corolle persistent autour du fruit. Chez la Rose sauvage (*Rosa canina*), le limbe du calice se dessèche et se détruit, tandis que son tube persiste; dans le *Mirabilis Jalapa* la base de la corolle est seule persistante.

Dimensions respectives de ces parties et du péricarpe.

La partie qui persiste, soit involucre, soit calice, peut ne pas s'élever au-dessus de la base du fruit; elle peut atteindre le quart, la moitié, les deux tiers de ce dernier; elle peut l'égaler et le cacher entièrement, ou même le dépasser d'une manière très-sensible, comme cela arrive chez les *Physalis*.

Coloration des induvies.

Quelquefois les organes qui servent d'induvies changent, pendant la maturation, de consistance et de couleur, et finissent par imiter un véritable péricarpe ou même une semence. Le calice du *Blitum virgatum* devient rouge et charnu; chez l'*Hippophae rhamnoides*, un péricarpe mince et membraneux est recouvert par l'enveloppe calicinale succulente et d'un rouge safrané; la base endurcie de la corolle du *Mirabilis Jalapa*, soudée avec le fruit, ressemble à une graine.

§ VI. — *De la déhiscence.*

La semence a mûri et n'a plus besoin de protection; tantôt le péricarpe s'ouvre pour qu'elle s'échappe; tantôt il la laisse libre par sa propre destruction, ou bien encore, persistant autour d'elle en tout ou en partie, il n'est plus qu'une enveloppe analogue aux téguments de la graine et qui cède aux efforts de l'embryon germant.

Ce qu'est la déhiscence; fruits déhiscents, fruits indéhiscents.

Il est clair, d'après ceci, que nous pourrons distinguer les fruits en déhiscents et indéhiscents (*fructus dehiscens*, *indehiscens*), ceux qui s'ouvrent et ceux qui ne s'ouvrent pas. L'acte par lequel s'opère dans les premiers la séparation des parties a été désigné sous le nom de déhiscence (*dehiscentia*).

A quelles époques de la vie du fruit s'opère la déhiscence.

L'ouverture des fruits coïncide ordinairement avec la maturité des semences et la parfaite sécheresse des péricarpes. Cependant il est à cette règle des exceptions. Chez les Résédas, les feuilles carpellaires sont, dans le jeune âge de la fleur, simplement rapprochées à leur partie supérieure; un peu plus tard, mais toujours dans la corolle, l'ovaire s'ouvre à son sommet et laisse voir les ovules rangés le long de leurs placentas. D'un autre côté, les péricarpes du Pourpier, de la Balsamine, de l'*Ornithogalum nutans* laissent échapper des graines mûres, lorsqu'ils sont encore fort loin d'être secs.

Quels fruits restent indéhiscents.

Les fruits destinés à s'ouvrir se contractent en se desséchant, et par conséquent leurs parties doivent nécessairement se séparer aux endroits où il y a le moins d'adhérence. Dans les fruits charnus, où toute la périphérie du péricarpe est également gorgée de sucs, une telle contraction ne saurait avoir lieu, et ils restent indéhiscents. Les péricarpes secs, d'un tissu très-serré, que ce tissu soit ligneux, osseux ou membraneux, se montrent aussi indéhiscents, et ce sont surtout ceux à une seule loge et à une seule graine qui présentent cette coïncidence de la nature de tissu dont il s'agit avec l'indéhiscence.

Quand le fruit est adhérent au calice, il faut, pour que la déhiscence s'opère, qu'il y ait ouverture non-seulement dans le péricarpe, mais encore dans l'enveloppe calicinale. Malgré cette double difficulté, il n'y a, proportion gardée, guère moins de fruits déhiscents parmi ceux qui adhèrent au calice que parmi ceux qui sont libres.

La déhiscence des fruits simples.

L'ouverture des fruits est loin de s'opérer d'une manière uniforme. Pour vous faire mieux comprendre la déhiscence dans les fruits composés, je commencerai par vous montrer comment elle s'effectue chez les fruits simples, ou, ce qui revient au même, dans chacun des carpelles isolés des fruits multiples.

Le raisonnement porte naturellement à croire que, lorsqu'un fruit simple vient à s'ouvrir, c'est dans le milieu de la soudure ventrale ; car, formée par la soudure des deux bords de la feuille carpellaire, cette suture semble devoir offrir moins d'adhérence que tous les autres points du péricarpe. Ici l'observation est souvent d'accord avec la théorie, puisque la déhiscence partage bien réellement par le milieu la suture ventrale et les placentas du fruit simple du *Delphinium Ajacis* (*f.* 416), du *D. Consolida* et d'une foule de carpelles qui, chez les fruits multiples, répètent le fruit simple du *Delphinium Ajacis*.

Cependant il n'en est pas toujours ainsi. Quelques circonstances peuvent rendre l'adhérence des bords de la feuille carpellaire tellement forte que la séparation soit impossible.

Dans ce cas, c'est naturellement par le milieu de la suture dorsale ou la nervure moyenne de la feuille que s'opérera la déhiscence ; car là seulement se trouvent des fibres longitudinales qui peuvent se disjoindre facilement, tandis que le tissu cellulaire voisin n'admettrait qu'un déchirement. Une partie des carpelles du *Magnolia grandiflora* (*f.* 417) nous offrent un exemple de ce mode de déhiscence.

Mais, pour prendre une idée des deux modes, il n'est pas même nécessaire de recourir à des plantes différentes : nous les trouvons réunis dans une foule de Légumineuses (ex. *Cytisus austriacus*, *f.* 418) chez lesquelles la feuille carpellaire unique, partagée longitudinalement par le milieu de ses deux sutures, présente deux panneaux plus ou moins distincts.

Soit dans le fruit simple, soit dans le fruit composé, on Valves.

donne le nom de valves (*valvæ, valvulæ*) aux panneaux qui, séparés ainsi par la déhiscence, reformeraient le péricarpe par un rapprochement nouveau. Les Légumineuses dont je viens de vous entretenir ont deux valves (*f.* 418), le *Delphinium Ajacis* (*f.* 416) n'en a qu'une. On dit qu'un fruit est bivalve, trivalve, etc., multivalve (*fr. bi-tri-multivalvis*), suivant que, par la déhiscence, il se sépare en deux, trois, quatre, cinq, ou un plus grand nombre de panneaux. Quand la déhiscence est incomplète (*dehisc. incompleta*), et que les valves ne s'étendent que jusqu'à la moitié, au tiers, au quart de la longueur du fruit, on se sert, dans le langage technique, des expressions latines de *fructus semi-bi-tri-quadri-quinquevalvis, usque ad medium, ad tertiam, quartam partem bi-tri-quadri-quinquevalvis*. Si enfin la séparation est peu sensible, on n'emploie plus le mot valve, on lui substitue celui de dents (*dentes*), qui peint parfaitement ce que l'on voit alors (ex. *Cerastium, Lychnis*).

Dents.

Déhiscence des fruits composés.

Formé de plusieurs fruits simples, le composé à plusieurs loges, celui dont je vous entretiendrai à présent, doit nécessairement avoir des rapports, pour la déhiscence, avec le fruit simple isolé. Cependant on conçoit sans peine que, dans le composé multiloculaire, les sutures ventrales étant soudées ensemble au centre du fruit, la déhiscence ne puisse commencer par elles uniquement.

Déhiscence septicide.

Nous devons naturellement penser que, chez ces fruits, la déhiscence amènera la disjonction des carpelles qui les ont formés, et c'est réellement ce qui arrive dans une foule de cas. Souvent, en effet, la séparation s'opère longitudinalement dans le milieu de l'épaisseur des cloisons; mais ce milieu est, comme vous le savez, la limite des deux carpelles voisins; donc, par la disjonction, les carpelles doivent devenir distincts de soudés qu'ils étaient auparavant (ex. une foule de Scrofularinées, *le Rhododendrum ponti-*

cum, l'*Hypericum humifusum*, le *Colchicum autumnale*, *f.* 419, *etc.*).

Il est évident qu'ici chaque carpelle sera une valve, ou, si, pour être plus exacts, nous entendons seulement par valves les parties qui paraissent en dehors dans le péricarpe avant la déhiscence, chaque valve sera le milieu d'une feuille carpellaire.

La déhiscence dont il s'agit a été désignée sous le nom de septicide (*dehisc. septicida*), parce qu'il en résulte un partage dans l'épaisseur de chaque cloison.

Ce n'est pas exactement de la même manière que s'effectue toujours la déhiscence septicide; elle est susceptible de diverses modifications. Quelquefois les carpelles se séparent tout à fait, emportant chacun ses cordons pistillaires; d'autres fois, se séparant encore entièrement, les feuilles carpellaires laissent au centre du fruit leurs cordons soudés en forme de colonne; d'autres fois enfin elles abandonnent, en se détachant, une portion d'elles-mêmes plus ou moins considérable. Ailleurs les carpelles ne se séparent plus entièrement; ils restent encore unis tantôt à la base seulement, tantôt jusqu'à moitié, jusqu'aux deux tiers, jusqu'aux trois quarts; et, dans ces cas divers, la columelle chargée des placentas ne se sépare des portions rentrantes des feuilles carpellaires que dans la partie où la disjonction s'effectue.

Déhiscence loculicide.

Nous avons vu que chez les carpelles du fruit multiple, qui ne sont autre chose que des répétitions du fruit simple, la déhiscence ne s'opérait pas toujours de la manière la plus naturelle, c'est-à-dire par la suture ventrale : la déhiscence qui semble la plus naturelle dans le fruit composé est certainement celle qui disjoint les carpelles, et il s'en faut aussi qu'elle soit parfaitement constante. Souvent les carpelles voisins se sont tellement soudés entre eux pour former les cloisons, qu'ils ne peuvent se désunir; alors il arrive ce que nous avons vu dans le fruit multiple du *Magnolia grandiflora* (*f.* 417), où souvent la suture ventrale ne s'ouvre point et où la déhiscence s'opère par la suture dorsale. Comme chaque feuille carpellaire est en ce cas divisée dans son milieu, et que les cloisons qui unissent les feuilles ne se divisent point, il est bien clair que chaque moitié de feuille doit se trouver jointe par une cloison à la moitié de la feuille voisine; par conséquent, si le fruit s'ouvre en cinq valves, par exemple, chacune se trouvera formée de deux demi-feuilles, et la cloison qui les unit répondra nécessairement au milieu de la valve. Si nous remontons à l'origine, nous ne verrons ici, comme je viens de vous le dire, que deux moitiés de feuilles collées deux à deux par leur partie rentrante; si nous nous bornons aux apparences, nous dirons que les valves portent la cloison dans leur milieu, ou, si l'on veut, que les cloisons tombent perpendiculairement sur le milieu des valves, comme le pivot du T sur la barre transversale (ex. le *Syringa vulgaris*, le *Monotropa hypopithys*, le *Pyrola minor*, le *Parnassia palustris*, le *Lilium Martagon*, *f.* 420, *etc.*).

Cette déhiscence a été appelée loculicide (*dehiscentia loculicida*), parce qu'elle s'opère dans le milieu des loges et qu'elle les divise pour ainsi dire en deux. Par les mots septicide et loculicide on ne peint réellement que des apparences; et, il faut le dire, elles ont été au moins aussi bien peintes lorsque, sans s'occuper de l'acte même de la déhiscence, on n'a cherché qu'à en indiquer les résultats, en disant que tantôt les valves rentraient en dedans, et que tantôt elles portaient les cloisons dans leur milieu (*valvulæ marginibus introflexæ; valv. medio septiferæ*).

La déhiscence loculicide est susceptible d'une foule de modifications diverses, et ces modifications correspondent à peu près à celles qu'éprouve la septicide. Tantôt, en effet, dans la première de ces déhiscences, le fruit se désunit entièrement, et tantôt il ne se sépare que dans une partie de sa longueur. Quelquefois les valves se forment, et cependant les cloisons restent unies à la columelle ; quelquefois, au contraire, elles entraînent, en se séparant, non-seulement les cloisons, mais encore, avec elles, les cordons pistillaires, et il ne reste plus rien au centre du fruit (*f.* 420); plus souvent les cloisons se détachent des cordons qui restent soudés entre eux et présentent la forme d'une colonne; souvent aussi une partie plus ou moins considérable de la cloison reste attachée à la colonne ou columelle qui alors semble ailée; celle-ci enfin peut retenir la cloison tout entière, et la valve ne porter rien dans son milieu. Ces diverses séparations s'opèrent dans toute la longueur du fruit, lorsque les valves se désunissent entièrement; elles s'effectuent seulement dans une partie de cette longueur, si la déhiscence n'est que partielle.

On a dit que la déhiscence était septifrage (*dehisc. septifraga*), quand les cloisons se détachent du milieu des valves pour rester fixées au placenta; mais cette expression a été peu employée jusqu'à présent, et ne devait pas l'être; car, ainsi que je viens de vous le montrer, la déhiscence septifrage n'est qu'une modification de la loculicide, et elle se lie par des nuances insensibles à toutes les autres modifications de cette même déhiscence. Ce qu'on doit penser de la déhiscence dite septifrage.

Je vous ai fait voir que, dans la déhiscence septicide, les carpelles du fruit composé pouvaient se séparer entièrement les uns des autres sans rien laisser au centre du fruit de ce qui les constitue. Il est bien évident qu'alors chacun d'eux représente exactement le carpelle simple, et par conséquent il peut, comme celui-ci, s'ouvrir ou rester indéhiscent. Il y a plus : lors même que les carpelles qui forment le fruit composé abandonneraient, par la déhiscence, leurs cordons soudés alors en forme de colonne, et que par conséquent ils sont ouverts du côté du centre, ils peuvent s'ouvrir encore à la circonférence par la suture dorsale. Ainsi nous pouvons dans le même fruit avoir tout à la fois les deux modes de déhiscence, la septicide et la loculicide, ex. *Digitalis purpurea.* Dans ce cas, il y aura nécessairement un nombre de valves double de celui des carpelles, des cloisons et des placentas, tandis que, dans la déhiscence simplement septicide ou la loculicide, le nombre sera toujours égal.

La déhiscence septicide et la déhiscence loculicide dans un même fruit.

Vous savez qu'un fruit composé (V. p. 477, 655) a deux, trois, quatre ou cinq coques (*fr. di-tri-quadri-quinquecoccus*), quand les carpelles dont il est formé, soit deux, soit trois, soit quatre ou un plus grand nombre, ne sont soudés que par une étroite portion de leur partie ventrale, et que par conséquent les cloisons sont extrêmement étroites. Dans ces fruits, chaque coque, lors de la maturité, se sépare de sa voisine, et tantôt il ne reste rien au centre du fruit, tantôt il y reste une columelle. On a hésité quelquefois pour savoir quel était ce mode de déhiscence, surtout lorsqu'il n'existe que deux coques. Mais puisque, en se séparant, les coques deviennent distinctes, et qu'elles ne portent, dans leur milieu, ni cloisons ni vestige de cloisons, il est bien clair que la déhiscence est ici septicide. Je vais passer à quelques exemples. Chez les Ombellifères dont le fruit est comprimé latéralement (*fr. a latere compressus*) (V. p. 497) et où l'on trouve deux carpelles soudés dans une faible largeur, de manière à former une cloison très-étroite, on a bien réellement deux coques; lors de la déhiscence, la cloison se sépare dans le milieu de son épaisseur, et les deux cordons pistillaires formant une columelle divisée au sommet deviennent libres : c'est bien là une déhiscence septicide. Si nous étudions l'ovaire de nos Rubiacées indigènes, les *Galium* et les *Asperula,* par exemple, nous y trouvons deux carpelles

La déhiscence chez les fruits à plusieurs coques.

soudés de manière à former une cloison extrêmement étroite, et par conséquent deux coques et deux loges ; nous voyons dans chacune de ces dernières un placenta large et globuleux, et nous remarquons qu'un ovule en forme de calotte est attaché à ce placenta par tous les points de sa surface concave ; pendant la maturation les deux ovules contractent adhérence avec le péricarpe et avec la cloison, le placenta finit par s'oblitérer en laissant un large trou au milieu de chaque graine adhérente, la cloison se sépare dans son épaisseur, chacune de ses moitiés n'offre qu'une membrane faible et fugace qui bouche l'ouverture que le placenta a laissée dans la graine, et bientôt la membrane elle-même se détruit plus ou moins à son tour : ici nous avons évidemment encore une déhiscence septicide. Cette déhiscence serait à peu près celle des Labiées et des Boraginées, puisque la séparation, chez ces plantes, se fait entre les loges.

Jusqu'ici nous avons uniquement considéré la déhiscence dans les fruits composés multiloculaires ; nous allons voir à présent ce qu'elle est dans ceux qui, également composés, ne présentent qu'une loge. Il est bien clair que, chez ces derniers, la déhiscence s'opère seulement à la périphérie du fruit, puisque c'est là qu'est le péricarpe tout entier. Tantôt celui-ci se divise plus ou moins profondément entre les feuilles carpellaires ; tantôt il se partage par le milieu des sutures dorsales ; tantôt, enfin, il y a tout à la fois disjonction entre les feuilles et les sutures.

La déhiscence dans les fruits composés uniloculaires ;

Dans les ovaires composés uniloculaires à placentas pariétaux, c'est généralement, comme vous le savez (V. p. 481 et suiv.), sur le bord des feuilles carpellaires que se trouvent les graines ; donc, chez les fruits qui succèdent à ces ovaires, lorsque la déhiscence se fait par le milieu des placentas de manière à laisser les graines sur le bord des valves, elle s'opère réellement entre les feuilles, et alors chaque valve com-

dans ceux à placentas pariétaux ;

prend une feuille tout entière (ex. *Swertia perennis*, *f.* 421). Par la même raison, quand nous trouvons les placentas sur le milieu des valves, il est évident que la déhiscence s'est effectuée par le milieu des sutures dorsales, que les feuilles sont restées unies par leurs bords, que chaque valve est formée de deux moitiés de feuilles carpellaires, et chaque placenta par conséquent de deux moitiés de placentas marginaux (ex. *Viola Rothomagensis*, *f.* 422). Lorsque la séparation s'effectue chez les fruits uniloculaires à placentas pariétaux par le milieu de ces derniers, ou, si l'on veut, entre les feuilles carpellaires, elle doit nécessairement être l'analogue de la déhiscence septicide des fruits multiloculaires, car cette déhiscence sépare aussi les feuilles carpellaires les unes des autres. D'un autre côté, par la déhiscence loculicide des fruits à plusieurs loges, chaque feuille, comme vous savez, se partage en deux dans le milieu de la suture dorsale; or c'est là ce qui arrive également chez les fruits uniloculaires, quand les valves portent les placentas dans leur milieu; donc ici nous avons l'analogue de la déhiscence loculicide. Nous dirons en deux mots, pour nous résumer, que les deux déhiscences, la septicide et la loculicide, se trouvent représentées dans les fruits uniloculaires à placentas pariétaux, la première par ceux de ces fruits chez lesquels on voit les graines sur le bord des valves, la seconde par ceux qui nous montrent les semences sur le milieu de leurs valves.

dans ceux à placenta central.

Dans les fruits uniloculaires à placenta central, nous n'avons plus de graines sur les valves pour nous indiquer la nature de ces dernières; mais, si nous voulons la connaître, nous pourrons avoir recours à la position des valves et des folioles calicinales : en effet, nous savons que les carpelles, opposés aux pétales, alternent avec les pièces du calice; si la déhiscence est l'analogue de la septicide, c'est-à-dire si la valve comprend une feuille carpellaire tout entière, elle alternera avec les pièces du calice, et, dans le cas contraire, elle sera opposée. Que les valves du fruit uniloculaire à placenta central libre se trouvent égales en nombre aux folioles du calice, la déhiscence sera l'analogue, soit de la septicide, soit de la loculicide; qu'il existe un nombre double de valves, il y aura séparation entre les feuilles carpellaires et aussi entre leurs sutures, et alors la déhiscence sera l'analogue tout à la fois de la loculicide et de la septicide.

Le plus ou moins de profondeur des valves dans les fruits composés uniloculaires.

Le plus ou moins de profondeur des valves s'indique dans les fruits uniloculaires de la même manière que chez ceux à plusieurs loges; mais, quand le placenta est central, le péricarpe offre, beaucoup plus souvent que celui des fruits multiloculaires, au lieu de valves, des dents qui forment une sorte de couronne autour d'un trou terminal; ex. plusieurs Primulacées, plusieurs Caryophyllées.

Valves se séparant de bas en haut.

Que la déhiscence s'opère par le milieu des loges ou dans l'épaisseur des cloisons, les valves se séparent le plus souvent de haut en bas. Le contraire, cependant, arrive chez un assez bon nombre de fruits, comme le prouvent les Crucifères (*f.* 373), les *Chelidonium* (*f.* 372), les Géraniées, le beau genre *Lavoisiera* et d'autres Melastomées, etc.

La déhiscence loculicide et la déhiscence septicide, que quelques auteurs comprennent sous le nom générique de valvaire (*dehisc. valvaris*), sont celles qui se montrent le plus ordinairement; tous les fruits, néanmoins, ne sont pas soumis à l'une ou à l'autre; quelques-uns obéissent à des mécanismes qui ne diffèrent pas moins entre eux qu'ils ne diffèrent de ceux que je vous ai fait connaître jusqu'à présent.

Déhiscence transversale.

Je vous ai montré que certains calices articulés dans leur propre substance se séparaient horizontalement en deux pièces; je vous ai fait voir la même singularité dans quelques corolles : nous la retrouvons dans plusieurs péricarpes, tels que ceux des Mourons, des Plantains et de la plupart des Amarantes (*Anagallis*, ex. *A. arvensis*, *f.* 423, *Plantago*, *Amaranthus*). On dit des fruits chez lesquels s'observe cette déhiscence, qu'ils s'ouvrent transversalement ou en boîte à savonnette (*fructus circumscissus*), et la déhiscence elle-même prend le nom de transversale (*dehisc. transversalis*). Lorsque le calice est soudé avec le fruit, que ce dernier reste libre à sa partie supérieure, et que la déhiscence s'opère transversalement au-dessus du point où l'enveloppe calicinale cesse d'adhérer, la portion libre et supérieure du péricarpe forme sur l'inférieure une sorte de couvercle, et alors on dit que le fruit est operculé (*fr. operculatus*, ex. *Couratari*, *Lecythis*).

A la déhiscence transversale doit être rapportée celle de certains fruits simples qui se séparent en autant de pièces qu'ils contiennent de semences (*Legumina in articulos dehiscentia*), tels que ceux des *Coronilla* et des *Hedysarum*. Chaque pièce ou article semblerait représenter ici deux des folioles d'une feuille composée.

Déhiscences dites apicilaire, latérale, basilaire.

Outre la déhiscence transversale, on a encore distingué celle qui s'opère par des trous ou des pores (*dehisc. a poris, a foraminibus*), et l'on a dit qu'elle pouvait être apicilaire, latérale, basilaire (*apicilaris*, *lateralis*, *basilaris*), suivant que les ouvertures se formaient au sommet, sur les côtés ou à la base du fruit. Mais, ainsi que vous allez le voir, on a confondu ici des choses fort différentes, comme on en a distingué d'autres qui ont entre elles la plus grande analogie. Dans les Saxifrages (*Saxifraga*, ex. *S. umbrosa*, *f.* 423), les deux carpelles soudés inférieurement sont libres à la partie supérieure, ou, si l'on veut, le fruit est à deux têtes (*capsula dicephala*) ; lors de la maturité, la suture ventrale se partage dans l'une et dans l'autre tête, s'arrêtant au point où la cloison commence ; et, comme les deux têtes se sont étalées, les deux ouvertures se confondent pour en former une seule, qui est allongée et semble terminale : ici la déhiscence s'est opérée dans la partie libre de chaque carpelle de la même façon qu'elle s'effectue chez les carpelles des fruits multiples, et si les deux têtes étaient restées droites, au lieu de s'étaler, on n'aurait pas eu un trou unique et terminal. Comme dans les fruits des Saxifrages, nous trouvons au sommet de ceux d'une foule de Caryophyllées une ouverture que l'on a également rapportée à la déhiscence apicilaire; mais, ainsi que nous l'avons déjà vu (V. p. 688), elle n'est réellement que le résultat d'une déhiscence valvaire qui a très-peu de profondeur. Les fruits du *Jasione montana* et du *Campanula hederacea* présentent aussi une ouverture terminale; cependant il s'en faut bien qu'elle ait la même origine que le trou apicilaire des Caryophyllées : dans la première de ces plantes, le *Jasione montana*, l'axe central ou columelle se compose de deux faisceaux vasculaires, et, dans la seconde, il se compose de trois; lors de la maturité, ces faisceaux endurcis s'écartent à leur sommet du centre vers la circonférence; ils repoussent vers le limbe du calice adhérent toute la partie du péricarpe qui se trouve entre eux et ce même limbe, et donnent ainsi naissance au trou apicilaire par lequel les semences s'échappent. Dans les *Phyteuma spicata* et *orbicularis*, les *Campanula glomerata*, *rotundifolia*, et *Trachelium*, nous ne voyons plus de trou terminal, mais le fruit nous offre des ouvertures latérales rapprochées de sa base et toujours en nombre égal à celui des cloisons : ces dernières sont formées, en tout ou en partie, d'une nervure très-forte; quand les graines ont atteint la maturité, les deux ou trois nervures s'éloignent avec élasticité de l'axe central, se courbant de bas en haut, elles emportent avec elles la partie du péricarpe qu'elles rencontrent, et, de cette manière, elles produisent un nombre de déchirures égal au leur. Ce n'est plus à la base du fruit, c'est immédiatement au-dessous de son sommet que se trouvent les trois ouvertures du *Prismatocarpus Speculum*, et cependant elles sont dues au même mécanisme que les trous formés à la base du péricarpe des autres Campanulacées dont je vous ai entretenus tout à l'heure; la seule différence consiste en ce que les nervures auxquelles est due la déhiscence, ne descendant guère au-dessous de la sixième partie du péricarpe, ne sauraient former de déchirure que dans le voisinage de son sommet. Nous avons donc, dans le *Prismatocarpus*, des trous dits latéraux produits par la même cause que les trous basilaires du *Campanula glomerata*; à présent je vais vous montrer des ouvertures latérales qui ont une tout autre origine que celles du *Prismatocarpus Speculum*. Dans les *Antirrhinum* la déhiscence n'est ni loculicide ni septicide (ex. *A. majus*, *f.* 425); elle s'opère par deux ou trois petits trous ou pores dont l'un se forme un peu au-dessous du sommet de la feuille carpellaire supérieure, et l'autre ou les deux autres dans la feuille inférieure; il est à observer que ces pores ne sont point, comme on pourrait le croire, le résultat d'une déchirure irrégulière; une ligne circulaire les indiquait déjà, avant la maturité des carpelles, dans le tissu cellulaire de ces derniers, et par conséquent ils sont le résultat d'une organisation essentiellement providentielle dont le seul but est la déhiscence. On désigne aussi les *Papaver* comme ayant des trous latéraux (*f.* 392); mais ces trous ne paraissent tels que parce qu'ils se forment au-dessous d'un style persistant, pelté, et par conséquent d'une forme insolite. Si le style se détachait, nous ne verrions plus ici qu'une déhiscence valvaire très-peu profonde, qui, s'opérant entre les placentas d'un fruit uniloculaire, est analogue à la septicide. Dans tous les exemples que je viens de vous citer, nous avons, cela est incontestable, une ou plusieurs ouvertures de peu de largeur; mais si, ne tenant aucun compte des circonstances si différentes qui ont amené ce caractère, nous voulions sérieusement grouper, d'après lui seul, les fruits qui nous l'offrent, nous retournerions véritablement à l'enfance de l'histoire naturelle; nous nous ôterions le droit de blâmer ceux qui prennent pour un péricarpe le calice de la Rose ou le pédoncule de l'*Anacardium*, et prétendent que le Figuier donne des fruits sans avoir eu des fleurs.

Nous venons de voir tout à l'heure, dans les fruits du *Prismatocarpus Speculum*, des *Phyteuma spicata* et *orbicularis*, etc., de véritables déhiscences; mais, dues chacune à une cause uniforme, elles s'opèrent avec une régularité constante. Dans d'autres fruits qui ont été appelés ruptiles (*fr. ruptiles*), la déhiscence se fait par un déchirement tout à fait irrégulier (*dehisc. a ruptura*), par exemple celui des *Talauma*, dont le péricarpe se sépare en plaques épaisses et sans forme arrêtée. Chez les *Linaria*, où les cloisons sont soudées intimement et où le péricarpe fort mince est également ruptile, il conserve pourtant quelque régularité, car c'est du haut en bas qu'il se fend en lanières, et du moins, dans certaines espèces, le nombre de ces lanières paraît être constant. Fruits ruptiles.

§ VII. — *Classification des fruits.*

D'après tout ce qui précède, il est clair qu'il existe entre les fruits un nombre prodigieux de différences, et pourtant je suis loin de vous les avoir signalées toutes. Néanmoins, au milieu de tant de modifications diverses, un certain nombre de formes se reproduisent assez souvent pour pouvoir fixer d'une manière plus spéciale l'attention de ceux qui ont l'habitude d'observer. Les anciens avaient même appliqué à plusieurs d'entre elles des expressions qui faisaient partie du langage vulgaire, telles que *bacca*, *siliqua*, *legumen* et *pomum*. On retrouve ces expressions et d'autres encore dans les écrits des botanistes qui ont précédé l'introduction du système sexuel, et si, en réalité, les fruits auxquels elles étaient appliquées diffèrent souvent beaucoup les uns des autres, il n'en est pas moins vrai que quelque caractère commun, tout léger qu'il peut être, tend à les rapprocher.

Classification de Linné.

Linnæus fut le premier qui groupa les fruits avec art et méthode; et, quoique sa classification laisse beaucoup à désirer, elle porte cependant l'empreinte des qualités qui distinguaient si éminemment le génie immortel de son auteur, la précision et la clarté. Je vais vous les citer ici textuellement :

Capsule (*capsula*) : fruit creux s'ouvrant d'une manière déterminée.

Silique (*siliqua*) : deux valves; des semences attachées aux deux sutures.

Légume (*legumen*) : deux valves; semences attachées à une seule des deux sutures.

Follicule (*folliculus*) (1) : péricarpe à une valve, s'ouvrant longitudinalement d'un seul côté et se détachant des semences.

Drupe (*drupa*) : fruit charnu, sans valves, contenant un noyau.

Pomme (*pomum*) : charnue, sans valves, contenant une capsule.

Baie (*bacca*) : charnue, sans valves, contenant des semences nues.

Strobile (*strobilus*) : chaton changé en péricarpe.

Elle est adoptée par Jussieu.

Jussieu respecta la terminologie de Linné avec le même scrupule qu'il respecta ses genres, et pourtant son livre pro-

(1) Linné avait d'abord indiqué ce fruit sous le nom de *conceptaculum* auquel il a ensuite renoncé.

duisit une révolution non-seulement dans la botanique, mais encore dans les autres branches de l'histoire naturelle; tant il est vrai que la science n'est point dans les mots, ni dans les divisions mille fois subdivisées.

Classification de Gaertner.

A l'époque où Jussieu publiait son *Genera plantarum* (1789), Gaertner s'occupait d'une manière spéciale de l'étude des fruits et faisait paraître sur la carpologie (1788-91) un ouvrage que l'on doit regarder comme un chef-d'œuvre d'observation et surtout de patience. Gaertner, dans cet ouvrage, développe la plupart des définitions de Linné, et ajoute quelques fruits à ceux qu'avait admis l'immortel Suédois. Voici ceux que l'on trouve indiqués dans son livre :

1. Capsule (*capsula*) : péricarpe membraneux ou ligneux, quelquefois indéhiscent, mais s'ouvrant le plus souvent en plusieurs valves. Ses variétés sont :

a. Utricule (*utriculus*) : capsule mince, transparente, uniloculaire indéhiscente et à une seule semence ; ex. *Chenopodium, Atriplex, Adonis.*

b. Samare (*samara*) : capsule indéhiscente, ailée, à une ou deux loges ; ex. *Ulmus, Acer, Banisteria.*

c. Follicule (*folliculus*) : capsule double, membraneuse ou coriace, dont chaque moitié, à une loge et à une valve, s'ouvre du côté intérieur, présentant ses semences ou sur les deux bords de sa suture ou sur un réceptacle commun aux deux bords ; ex. *Asclepias, Vinca.*

2. Noix (*nux*) : péricarpe dur, indéhiscent, ou n'étant point divisé en plus de deux valves ; ex. *Nelumbium, Borago, Anacardium.*

3. Coque (*coccum*) : péricarpe composé de pièces sèches et élastiques (*cocculi*) ; ex. *Diosma, Dictamnus, Euphorbia.*

4. Drupe (*drupa*) : péricarpe indéhiscent, ayant une écorce variable, mais d'une substance fort différente de

celle d'un noyau intérieur et osseux; ex. *Lantana, Prunus, Coccos*.

5. Baie (*bacca*) : tout péricarpe plus ou moins mou, qui ne s'ouvre point en valves régulières et ne contient pas un noyau unique qui lui soit adhérent.

La baie comprend les variétés suivantes :

a. Grain (*acinus*) : baie molle, succulente, un peu transparente, uniloculaire, contenant une ou deux semences dures, telles que les grains de Raisins, de Groseilles, etc.

b. Pomme (*pomum*) : baie succulente ou charnue, à deux ou plusieurs loges dont les cloisons cartacées ou osseuses adhèrent à l'axe; ex. la Poire, le Coing, etc.

c. Pepon (*pepo*) : baie charnue, dont les semences sont éloignées de l'axe et attachées à la paroi du péricarpe; ex. Concombre, Passiflore.

6. Légume (*legumen*): péricarpe membraneux ou coriace, le plus souvent oblong, bordé d'une suture longitudinale, et dans lequel les semences sont attachées d'un seul côté aux bords des valves; ex. les fruits des Légumineuses.

7. Silique, silicule (*siliqua, silicula*) : péricarpe sec, le plus souvent bivalve, qui des deux côtés contient des semences attachées à un réceptacle filiforme interposé entre les valves; les fruits des Crucifères.

La terminologie de Gaertner a été consacrée non-seulement par son propre ouvrage, mais encore par ceux de plusieurs autres auteurs; cependant il faut convenir que ses définitions n'ont pas toute la clarté désirable, et que ne remontant point à la composition primitive des fruits, il a souvent confondu les choses les plus différentes, comme aussi il en a distingué qui ont entre elles les plus grands rapports.

Pendant longtemps on avait cru, comme vous savez (p. 670), qu'il existait un grand nombre de semences sans péricarpe; mais jusqu'alors on avait fait peu d'attention à la structure intérieure de l'ovaire; on s'en occupa enfin, et l'on reconnut qu'aucune semence n'était nue. Alors on se crut obligé de donner des noms aux péricarpes que l'on avait pris pour des graines sans enveloppe, et l'illustre Louis-Claude Richard proposa (1808) ceux d'akène (*akenium*) et de caryopse (*caryopsis*). Pour lui l'akène est *un fruit sec ou sans chair notable, indéhiscent, monosperme, dont la graine n'adhère pas au péricarpe;* le caryopse est *un fruit également sec, indéhiscent et monosperme, mais dont la semence est adhérente.*

L'akène et le caryopse de L.-C. Richard.

A cette époque, les botanistes portaient généralement leur attention sur le fruit et la semence, que, pendant de très-longues années, on n'avait pas étudiés avec assez de soin. A peu près dans le même moment (1813), MM. Mirbel et Devaux s'occupaient à grouper les fruits en classes, en ordres et en genres; mais ils n'adoptèrent point des principes semblables, et l'on eut deux classifications comme deux nomenclatures entièrement différentes. Linné avait admis 7 espèces de fruits; Gaertner en avait porté le nombre à 13, en y comprenant les variétés; M. Mirbel proposa 21 genres de fruits, et M. Desvaux 45; beaucoup plus récemment (1835), M. Dumortier en a compté 33, et enfin M. Lindley 36.

Classifications postérieures à celle de Gaertner.

Sans se livrer, comme ces savants botanistes, à une étude approfondie des péricarpes et des semences, tous ceux qui ont écrit des livres élémentaires se sont pourtant vus dans la nécessité de dire quelque chose des fruits. Il en est peu qui aient exactement suivi leurs prédécesseurs, et une foule de combinaisons différentes ont été proposées et rejetées tour à tour. Quelques auteurs ont eu l'heureuse idée de remonter à l'organisation primitive; mais, fort souvent, dans les exemples qu'ils ont cités, ils

La confusion s'introduit dans la classification des fruits.

ont confondu ce qu'en principe ils avaient distingué d'abord ; d'autres, voyant que la maturation amenait les ovaires les moins analogues à devenir des fruits presque semblables, n'ont eu égard qu'à la structure du fruit parfaitement mûr ; tel observateur a attaché une grande importance à l'adhérence du calice, tel autre a fait peu de cas de ce caractère ; les choses les plus différentes ont été rapprochées, et aux mêmes choses on a donné des noms entièrement différents. La noix a été tour à tour un noyau, une partie de fruit, un fruit simple et monosperme, adhérent ou non adhérent à la graine, un fruit composé uniloculaire et à une seule semence, un fruit composé pluriloculaire polysperme adhérent ou non adhérent au calice. Ce qui, pour Louis-Claude Richard, distinguait le caryopse de l'akène, c'était l'adhérence du péricarpe à la semence ; d'autres auteurs, voyant que l'on trouve tous les intermédiaires possibles entre l'adhérence la plus intime et l'absence de toute soudure, n'ont tenu aucun compte de ce caractère, et conservant néanmoins les noms de caryopse et d'akène, ils ont donné le premier à tout fruit indéhiscent et monosperme qui n'est point soudé avec le calice, et celui d'akène aux fruits qui présentent les mêmes caractères, mais n'adhèrent point à l'enveloppe calicinale ; de simples portions de fruits ont été tantôt des akènes et tantôt des caryopses ; enfin, quoique Richard eût défini l'akène comme un fruit monosperme et par conséquent uniloculaire, quelques savants ont admis des akènes à deux loges. On pourrait multiplier presque à l'infini les exemples de ce genre ; je me contenterai de dire, en deux mots, que la classification des fruits est arrivée à un degré de confusion que n'a encore atteint aucune des parties de la science. Gardons-nous bien cependant de blâmer les auteurs qui se sont livrés à ce genre de travail ; il est résulté de leurs recherches une foule d'observations importantes, et leurs essais eussent-ils servi uniquement à démontrer que les caractères des fruits se nuancent si bien entre eux, que cette partie de la plante échappe à une classification rigoureuse, ce serait encore un service qui aurait été rendu à la science, car toute vérité, de quelque nature qu'elle soit, contribue à l'épurer et à l'agrandir.

M. Link a fait observer autrefois que, puisqu'on ne donne des noms particuliers qu'aux parties bien distinctes ou, tout au plus, à des verticilles d'organes de même nature, il est peu rationnel de désigner, par des termes spéciaux, les diverses modifications que présentent les fruits. Cette remarque est de la plus parfaite justesse; cependant on a attaché à certaines formes des expressions si généralement admises qu'on ne peut plus les rejeter aujourd'hui. Il faut convenir d'ailleurs que ces expressions, capsule, légume, silique, drupe et baie, étant destinées à rappeler les caractères les plus communs, ont l'avantage extrême d'empêcher le retour fastidieux des mêmes périphrases.

Définition des principales sortes de fruits.

On peut définir le Légume (*legumen*) un fruit simple et sec qui s'ouvre en deux valves par le milieu des deux sutures.

Le Drupe (*drupa*) est un fruit simple ou composé qui, charnu à l'extérieur, présente intérieurement un ou plusieurs noyaux uniloculaires ou à plusieurs loges.

La Baie (*bacca*) est un fruit succulent, simple ou composé, dans lequel il n'existe pas de noyau.

La Capsule (*capsula*) un fruit composé sec, à une ou plusieurs loges, et déhiscent.

La Silique (*siliqua*) un fruit sec et biloculaire où les semences sont attachées, dans chaque loge, sur les deux bords d'une fausse cloison, et qui s'ouvre en deux valves.

Comme l'a très-bien montré Louis-Claude Richard, le fruit doit être étudié dans l'ovaire; là on parvient à décou-

Règles qui paraissent devoir être suivies dans l'étude et la description des fruits.

vrir sa véritable structure. Le botaniste qui décrit doit donc nous faire connaître, avec le plus grand soin, le fruit naissant tel qu'il est dans la fleur; il ne lui restera plus ensuite qu'à nous indiquer les changements survenus pendant la durée de la maturation. Il nous dira d'abord si l'ovaire est libre ou adhérent au calice, s'il est simple, composé ou multiple, si, étant multiple ou composé, il est symétrique ou asymétrique, et si enfin il est asymétrique par augmentation ou par retranchement; il nous dira si ses feuilles carpellaires sont étalées ou rentrent en dedans, et par conséquent combien il a de loges, où sont situés ses placentas, combien il renferme d'ovules et de quelle manière ils sont attachés; puis, passant au fruit parfait, il nous apprendra quels changements il a éprouvés pendant la maturation, si quelques avortements n'ont pas déguisé sa structure primitive, s'il est devenu sec ou charnu, s'il s'ouvre ou s'il reste indéhiscent. Quand il pourra lui appliquer une des définitions que je viens de vous donner, il l'appellera un légume, une baie, une capsule, etc.; si nos définitions ne cadrent pas d'une manière parfaite avec les caractères qu'il aura sous les yeux, il modifiera ces mêmes noms par des épithètes, si enfin aucun des noms précités n'est applicable, il décrira le fruit dans toutes ses parties, sans le désigner par aucune dénomination spéciale.

Ne croyez pas, cependant, que je prétende proscrire absolument tout nom de fruit autre que ceux dont je viens de vous donner la liste extrêmement courte. Celui qui décrit une famille ou un genre chez lesquels le péricarpe présente quelque uniformité, surtout dans ses caractères primitifs, peut, en la définissant avec précision, appliquer à ce fruit une des dénominations le plus généralement admises, sauf à indiquer ensuite, dans la description de chaque espèce, les modifications plus ou moins notables qui se rencontrent sans cesse. Ainsi, pour éviter des répétitions fatigantes, on peut, sans inconvénient, appeler pépon le fruit de toutes les Cucurbitacées, akène celui des Composées, caryopse des Graminées, noix de toutes les Cypéracées. Mais il n'en est pas moins vrai que l'on aura des pépons et des caryopses fort différents les uns des autres, parce que, si l'organisation primitive a été assez généralement la même, les résultats amenés par la maturation ont souvent fort peu de ressemblance; le pépon du *Cucurbita Pepo* ne ressemble guère à celui du *Momordica Elaterium*, L., du *Bryonia dioica* ou de l'*Elisea*; et, si le caryopse de la plupart des Graminées adhère fortement à la graine, il existe pourtant des espèces chez lesquelles la soudure est si faible que L.-C. Richard, pour être conséquent avec lui-même, appelait leurs fruits des akènes. Au reste, la marche que j'indique ici est celle que tous les botanistes ont suivie pour les Crucifères et les Légumineuses. Dans chacune de ces familles, l'ovaire a une organisation semblable, mais les fruits sont loin d'offrir une pareille homogénéité; car nous avons des légumes indéhiscents et monospermes qui, par conséquent, présentent tous les caractères des akènes de Richard; nous avons aussi des siliques qui, par avortement, oblitération et défaut de déhiscence, deviennent de véritables akènes, et cependant il n'est personne qui n'ait appelé ces fruits des légumes et des siliques, en modifiant ces mots par les épithètes convenables. Au reste, nous devons le dire, pour apprendre à bien décrire les fruits, c'est moins à des livres didactiques et élémentaires qu'il faut recourir qu'aux ouvrages où ils ont été le mieux décrits. Quand on veut savoir une langue, il ne faut pas tant l'étudier dans les grammaires que dans les écrits où elle a été maniée avec le plus d'habileté et de savoir.

§ VIII. — *De la disposition des fruits.*

Résultat des fleurs, les fruits présentent généralement la même disposition qu'elles. Cependant il peut arriver que des avortements plus ou moins nombreux viennent modifier l'arrangement primitif. Ainsi tant de fleurs avortent dans le thyrse élégant du Marronnier d'Inde, que ses fruits n'offrent plus guère qu'une grappe extrêmement lâche.

Fruits distincts; fruits agrégés.

Quand les fruits ne sont pas très-rapprochés, on les dit épars, séparés, distincts (*fr. sparsi*, *distincti*, *discreti*); lorsqu'au contraire ils se pressent les uns contre les autres, on les appelle agrégés (*fr. aggregati*).

Point de limites entre eux.

Dans ce dernier cas, le rapprochement est quelquefois tel, qu'il en résulte une soudure, comme le *Lonicera Xylosteum*, L., et d'autres espèces voisines nous en offrent des exemples. Chez le Mûrier (*Morus nigra*), les ovaires sont originairement libres; mais, pendant la maturation, les calices, devenus charnus, se soudent inférieurement avec le fruit, et ceux des fleurs voisines se soudent aussi entre eux. Ailleurs, comme dans l'Ananas (*Bromelia Ananas*), la soudure va plus loin encore, car elle comprend, avec les fruits et les calices, les bractées elles-mêmes. On peut presque toujours dire avec certitude quand il y a soudure; par conséquent, on aurait peu d'embarras à décider si des fruits sont agrégés, dans le cas où la soudure constituerait seule l'agrégation; mais il n'en est pas ainsi; on ne s'est pas borné à considérer comme agrégés des fruits plus ou moins soudés ensemble, on a aussi admis parmi les agrégés d'autres fruits encore qui ne sont que rapprochés. D'après ceci, on conçoit qu'il ne saurait y avoir de limites fixes entre les fruits distincts et les agrégés, et par conséquent que ces dénominations deviennent tout à fait arbitraires et conventionnelles. Tout le monde est convenu d'appeler agrégés les fruits des Conifères composés de la graine et d'une écaille qui n'est, suivant R. Brown, que la feuille carpellaire étalée, et l'on appelle généralement ces fruits cône ou strobile (*strobilus*, ex. *Pinus maritima*, *f.* 426); mais, si les fruits de l'Aune, du Bouleau, du Houblon (*Alnus glutinosa*, *Betula alba*, *Humulus Lupulus*, *f.* 215) sont loin de présenter les mêmes caractères organiques que les cônes des Pins, ils offrent, du moins, le même aspect, et l'on ne sait si l'on doit les appeler des cônes. Les fruits de l'*Urtica pilulifera* et d'une foule d'*Arum* ne sont pas moins rapprochés que ceux du Figuier (*Ficus Carica*, *f.* 212) ou du *Dorstenia*, *f.* 210, et c'est de ces derniers seulement que l'on a dit qu'ils étaient agrégés. Ces contradictions semblent témoigner contre les botanistes; mais elles ne sont que le résultat nécessaire de l'embarras où les mettent sans cesse les nuances délicates par lesquelles la nature semble avoir voulu si souvent fondre entre eux tous les êtres. Comme je vous l'ai dit tout à l'heure, on aurait eu un peu moins de difficulté pour déterminer quand des fruits sont agrégés, si l'on n'eût donné ce nom qu'à ceux qui sont plus ou moins soudés; mais alors même on ne serait arrivé à rien de bien tranché; il aurait fallu appeler agrégés les fruits soudés et charnus du Genévrier (*Juniperus communis*); on trouve quelque soudure dans d'autres Conifères à fruits secs, ce seraient encore des fruits agrégés; comment ensuite refuser ce nom aux cônes de l'*Abies excelsa* ou du *Pinus sylvestris*, où il n'existe pourtant aucune soudure?

Impossibilité de classer les fruits agrégés.

On a voulu classer les fruits agrégés comme on avait classé les fruits distincts, mais l'embarras de trouver des limites entre les uns et les autres rend cette classification presque impossible, et, d'un autre côté, le petit nombre de fruits agrégés signalés jusqu'à présent la rend à peu près inutile. D'ailleurs les fruits auxquels a été appliqué le nom d'agrégés présentent, pour la plupart, tant de différences entre eux, qu'à l'exception des cônes, il vaut mieux décrire chacun en particulier d'une manière complète que les désigner par des noms que, dans chaque espèce, il faudrait encore modifier par de très-longues phrases.

Ressemblance extérieure de certains fruits agrégés avec des fruits simples.

Plusieurs fruits distincts ont pour l'aspect une ressemblance frappante avec certains groupes de fruits agrégés. La Figue, où une multitude de ces fruits sont contenus dans un involucre commun, présente l'image d'une Poire; le fruit multiple du *Rubus fruticosus* ressemble tellement aux fruits agrégés du Mûrier, qu'on le nomme vulgairement Mûre sauvage; enfin l'on croirait voir le strobile d'une Conifère dans les fruits multiples de plusieurs *Anona*, du Tulipier (*Liriodendrum Tulipifera*) et des *Magnolia*. Mais, si ces ressemblances extérieures, qui peuvent tromper les personnes étrangères à la science, frappent un instant le botaniste, elles ne sauraient lui faire illusion; ayant suivi les développements successifs de la plante, il saura toujours quand un fruit est multiple et quand des fruits sont agrégés : le premier, quelle que soit sa forme, est le résultat d'une fleur unique, les seconds celui d'une inflorescence tout entière.

§ IX. — *Valeur des caractères tirés du fruit.*

Plus de valeur dans les caractères tirés de l'ovaire que dans ceux tirés des fruits.

Puisque des ovaires organisés de la manière la plus uniforme, tels que ceux des Crucifères, amènent fort souvent des fruits très-différents entre eux, il est bien évident que les caractères tirés des fruits ont beaucoup moins de valeur que ceux qui nous sont fournis par l'ovaire.

Cette vérité n'a peut-être pas été toujours assez sentie,

et, il faut bien le dire, il en est résulté pour la science des inconvénients graves. Pendant longtemps, vous le savez déjà, les botanistes avaient négligé l'étude du fruit ; tout à coup ils s'y livrèrent avec ardeur, et leurs laborieuses recherches les conduisirent à une foule d'observations pleines d'intérêt. Mais, comme l'a dit un écrivain célèbre (1), les choses les plus importantes à nos yeux sont toujours celles dont nous nous occupons le plus ; les premiers disciples de Linné semblaient ne voir dans les plantes que des étamines, on n'y vit plus que des fruits. On crut devoir séparer de ses congénères toute plante qui, avec une structure primitive semblable à la leur, présentait quelque différence dans ses péricarpes parvenus à la maturité ; les associations génériques formées par le génie de Linné, consacrées par celui de Jussieu, furent lacérées, et l'on retomba dans tous les défauts qui avaient été si longtemps reprochés aux auteurs systématiques. Profitons avec reconnaissance des découvertes des carpologistes ; mais n'oublions pas qu'un caractère n'a de valeur véritable qu'autant qu'il coïncide avec d'autres caractères, et qu'un genre, comme l'a très-bien dit M. Kunth, n'est point naturel quand il est fondé sur une différence unique.

L'absence ou la présence des poils, des glandes et des efflorescences n'a pas beaucoup plus de valeur chez les fruits que chez les feuilles, et ne doit servir qu'à faire distinguer les variétés et tout au plus les espèces. Personne ne s'est encore avisé de faire un genre du *Rubus cœsius*, dont le fruit diffère de celui d'une foule d'autres *Rubus* par la poussière glauque dont il est couvert ; et si Antoine-Laurent de Jussieu a séparé l'Abricotier et les Cerisiers (*Armeniaca*, *Cerasus*) du genre *Prunus*, L., en s'appuyant, pour les se-

(1) Voltaire.

conds, sur l'absence de la poussière glauque, et pour le premier, sur l'existence d'un duvet cotonneux, il a reconnu, en même temps, que ces différents arbres étaient réellement congénères, et il a voulu seulement, comme il le dit lui-même, mettre, dans cette circonstance, le langage scientifique en harmonie avec les dénominations vulgaires.

Les caractères tirés de la forme extérieure ont sans doute plus de valeur que ceux qui sont fournis par la présence ou l'absence des poils ou des glandes; mais les changements très-multipliés que la culture amène dans la configuration de certains fruits prouvent suffisamment que cette valeur est encore bien faible. A la vérité, les modernes ont cru devoir séparer les Pommiers des Poiriers à cause de la forme du fruit; mais ici encore on n'a eu certainement d'autre but que de se rapprocher du langage ordinaire, et d'éviter le reproche si longtemps fait aux botanistes de nommer Poire ce que tout le monde appelle Pomme.

Une foule de familles naturelles présentent en nombre à peu près égal des péricarpes secs et d'autres charnus, et, parmi celles où l'on trouve le plus ordinairement des capsules, il en est bien peu qui, dans quelques espèces, n'offrent pas des drupes ou des baies, comme aussi il en est peu qui, au milieu d'un grand nombre de plantes à fruits charnus, n'en comprennent pas quelques-unes à fruits entièrement secs. De là il faut naturellement conclure que l'on ne saurait tirer de la consistance du péricarpe des caractères de famille bien solides : elle fournit, au contraire, d'assez bons caractères génériques ; mais, quand deux espèces ne diffèrent entre elles que par un péricarpe sec ou charnu, épais ou membraneux, il faut presque toujours éviter d'en faire deux genres, à moins qu'ayant adopté une classification artificielle uniquement fondée sur le fruit, on ne veuille être bien rigoureusement conséquent avec soi-même.

L'indéhiscence se rencontre, sans exception, dans plusieurs familles très-naturelles, telles que les Graminées, les Cypéracées, les Chénopodées, les Polygonées, les Composées, et elle y a, par conséquent, une très-grande importance : la déhiscence en a aussi beaucoup dans certaines familles où elle est constante ; mais, dans une foule d'autres, elle n'offre plus la même valeur, parce qu'on trouve tout à la fois, chez elles, des espèces déhiscentes et d'autres indéhiscentes.

Antoine-Laurent de Jussieu attachait une importance très-grande au mode de déhiscence, et il avait séparé sa famille des Rosages de celle des Bruyères et ses Scrofulariées de ses Pédiculaires, parce que, dans celles-ci, comme dans les Bruyères, la déhiscence est loculicide, tandis qu'elle se montre septicide dans les deux autres groupes. Mais il serait véritablement bien étrange de faire sortir de la famille des Bruyères, uniquement parce qu'il n'a pas une déhiscence loculicide, le *Menziesia*, qui offre d'ailleurs, avec les plantes de cette famille, une si parfaite ressemblance ; et, d'un autre côté, si l'on voulait conserver, à cause de la déhiscence, les Pédiculaires et les Scrofulariées, il faudrait partager un des genres les plus naturels, les Véroniques (*Veronica*), car, à lui seul, il réunit des espèces loculicides et d'autres septicides (1). Ces deux modes de déhiscence ne doivent réellement servir qu'à faire distinguer les genres, et encore, comme on vient de le voir par l'exemple des Véroniques, ne peuvent-ils toujours remplir parfaitement ce but. Dans certains cas où la déhiscence est septicide, la feuille carpellaire se fend encore plus ou moins par le milieu de la nervure moyenne : si l'on adoptait le

(1) Les Rosages et les Bruyères de Jussieu doivent être réunis sous le nom d'Éricacées, ses Scrofulariées et ses Pédiculaires sous celui de Scrofularinées.

genre *Remijia*, formé, d'après ce faible caractère, aux dépens des *Cinchona*, il faudrait aussi séparer le *Veronica Anagallis* des autres Véroniques, puisque cette espèce présente dans sa déhiscence la même nuance que le *Cinchona ferruginea*, dont on a fait le *Remijia* (1). La déhiscence par pores n'a pas non plus une bien grande valeur, puisque nous la trouvons chez le *Linaria Elatine*, qu'on ne peut éloigner des autres *Linaria*, dont la capsule s'ouvre par déchirement. Moins rare que la déhiscence par pores, la transversale a généralement plus d'importance ; cependant elle mérite également peu d'attention quand elle se présente isolée. L'*Amaranthus Blitum*, comme l'a reconnu M. Pelletier-Sautelet, reste indéhiscent ; nous ne serons certainement pas tenté de l'éloigner, pour cette seule raison, de l'*Amaranthus sylvestris*, avec lequel il a tant de ressemblance qu'on les a longtemps confondus, et dont le fruit cependant, comme celui de tous les autres *Amaranthus*, s'ouvre transversalement.

(1) Ce genre doit d'autant moins être admis que sa formation tend aussi à obscurcir un point fort important de géographie botanique.

CHAPITRE XXXIII.

GRAINE.

Partie essentielle du fruit, la graine ou semence (*semen*) est l'ovule qui, après avoir été fécondé, a mûri et peut, par la germination, donner naissance à une plante nou velle. Définition de la semence.

La semence se compose de l'amande (*nucleus*) et d'une ou plusieurs enveloppes (*integumenta, f.* 436 *b.*) qui revêtent cette dernière. L'amande est formée tantôt par le seul embryon, plante à l'état rudimentaire, et tantôt par l'embryon (*même f. d.*) et le périsperme (*même f. c.*), corps charnu, farineux ou corné, qui entoure plus ou moins l'embryon ou est entouré par lui.

Pour être parfaite, une semence n'a pas besoin de périsperme; mais l'embryon sans tégument n'est point une semence; des téguments et un périsperme sans embryon n'offriraient qu'une graine imparfaite (*sem. incompletum*).

La semence est le dernier terme de la végétation de la plante mère ; en elle commence une végétation nouvelle qui, loin de continuer la première, procède en sens inverse. Tous les organes protecteurs que nous avons jusqu'ici passés en revue, les écailles, les stipules, les calices, la corolle, les carpelles garantissent, du moins immédiatement, des organes qui appartiennent à la même plante qu'eux : dans la graine, les organes protecteurs, c'est-à-dire les enveloppes, appartiennent à une plante, la partie protégée ou l'embryon est une autre plante.

En vous entretenant de la jeune graine ou l'ovule, je vous ai fait connaître ses rapports avec le péricarpe qui l'entoure, et surtout la manière dont elle est attachée. Déjà presque toujours altérés à la suite de la fécondation, ces rapports cessent à la maturité, puisque, le plus souvent alors, la graine se détache et sort du péricarpe (1). Je n'ai donc plus qu'à vous la montrer isolée du reste du fruit, sauf à vous indiquer les différences qu'elle présente lorsqu'elle vient à se souder avec les feuilles carpellaires. Je vous parlerai

(1) Lorsqu'on n'a pu observer la position de l'ovule dans l'ovaire, et qu'on veut y suppléer en indiquant celle qu'ont eue les graines dans le péricarpe, avant qu'elles se détachassent du placenta, on se sert des expressions que nous avons employées pour l'ovule, et on les applique de la même manière. Ainsi on dit d'une semence attachée au fond d'une loge unique qu'elle est dressée (*semen erectum*); on dit qu'une graine est inverse (*s. inversum*) quand elle est fixée immédiatement au-dessous du style, et que son sommet regarde la base du fruit; une semence attachée à un placenta axile ou pariétal, et dont le sommet est tourné vers celui du péricarpe, est ascendante. (*s. ascendens*); celle qui naît de l'un ou de l'autre de ces deux placentas, et qui, par son sommet, regarde la base du fruit, est suspendue (*s. suspensum*); enfin une graine est dite péritrope (*semen peritropum*) quand son point d'attache correspond au milieu de son grand diamètre.

d'abord de ses caractères extérieurs, et successivement ensuite des parties qui la composent.

§ I. — *Des caractères extérieurs de la graine.*

Dimensions.

Les semences peuvent offrir toutes les dimensions depuis un quart de ligne, ou même moins, jusqu'à un pied environ. Les plus petites sont généralement fournies par des herbes, les plus grandes par des arbres; mais, dans des limites moyennes, des semences de dimensions semblables peuvent être également produites par des plantes herbacées et des espèces ligneuses. C'est parmi celles qui adhèrent au péricarpe qu'on trouve les plus volumineuses, comme la famille des Palmiers nous en offre tant d'exemples. Quand un fruit ne contient qu'une semence, les dimensions de cette dernière sont toujours en rapport avec celles du péricarpe; mais de très-petites graines, si elles sont nombreuses, peuvent se trouver dans un péricarpe assez gros, ainsi que cela a lieu pour le *Papaver somniferum*. Une même loge offre quelquefois des graines plus petites que les autres; ce sont surtout celles qui, nées au sommet et à la base du placenta, ont eu moins d'espace pour se développer; mais toutes celles où l'embryon n'avorte pas, les plus menues comme les plus grosses, sont également propres à perpétuer l'espèce.

Forme.

Les graines sont le plus communément globuleuses, ovoïdes ou réniformes (*sem. globosa*, *ovoidea s. ovata*, *reniformia*); mais on en trouve aussi d'oblongues, de cylindriques, de turbinées ou en toupie (*sem. oblonga*, *cylindrica*, *turbinata*); elles peuvent être rectilignes, plus ou moins courbées et même repliées (*sem. recta s. rectilinea*, *curvata*, *replicata*); plus ou moins aplaties, lenticulaires ou anguleuses (*complanata*, *lenticularia*, *angularia*). Quelques-unes ressemblent à de la sciure de bois, d'autres à certains insectes; enfin il existe une foule de formes intermédiaires qui tendent à nuancer celles que je viens de vous indiquer.

Souvent nous trouvons, dans un même fruit, dans une même loge, des semences de forme différente; c'est le résultat d'une pression inégale exercée par le péricarpe, ou que les graines elles-mêmes ont exercée les unes sur les autres.

Bords. Quand les semences sont aplaties, leurs bords se montrent quelquefois saillants et épais (*semina margine elevata*); d'autres fois ils sont membraneux (*sem. margine membranacea*), et, dans quelques cas, la membrane marginale se déchire plus ou moins (*sem. margine lacera*).

Ailes. Chez certaines semences, l'expansion membraneuse prend une largeur très-sensible; alors on lui donne le nom d'aile (*ala*), et l'on appelle ailées (*s. alata*) les graines pourvues d'ailes. Il ne faut pas croire que de telles expansions soient particulières aux semences aplaties; on en trouve également sur celles qui sont plus ou moins arrondies dans leurs contours. Tantôt l'aile environne toute la semence (*sem. peripterata*), tantôt elle part d'un seul point; le plus souvent il n'en existe qu'une, quelquefois on en compte trois (*sem. unilata*, *trialata*).

Surface. La surface des graines est loin d'offrir toujours les mêmes caractères; elle peut être lisse, ridée, striée, sillonnée, présenter une sorte de réseau, des points enfoncés, des fossettes plus ou moins profondes, des espèces d'alvéoles, des papilles, des tubercules, des pointes plus ou moins prononcées (*sem. lævia, rugosa, striata, sulcata, reticulata, excavato-punctata, scrobiculata, foveolata, alveolata, papillosa, tuberculata, muricata, aculeata*).

Comme la plupart des parties du végétal, les graines peuvent être glabres ou velues; tantôt des poils les revêtent entièrement, tantôt on n'en voit que sur quelques points de leur surface : lorsque, dans ce dernier cas, ils forment une sorte de touffe, on leur donne le nom de chevelure (*coma*), et l'on appelle chevelues les graines qui présentent ce caractère (*sem. comosa*). Voici quelques exemples de diverses sortes de chevelures : chez les *Epilobium*, les ovules ascendants portent déjà dans la fleur, au point diamétralement opposé au hile, un bouquet de longs poils blancs et simples, qui continuent à se développer pendant la maturation ; l'ovule des Tamariscinées (1) est parfaitement glabre, mais, à son Chevelure.

(1) Comme il y a toujours quelque chose de puéril dans les réclamations qui ont pour objet l'antériorité, je n'avais point songé à revendiquer le faible honneur d'avoir constitué la famille des Tamariscinées; mais, m'occupant dernièrement de cette famille, je me suis aperçu que M. de Candolle, dans son *Prodromus*, et, d'après lui, plusieurs botanistes célèbres non-seulement attachaient au groupe des Tamariscinées un autre nom que le mien, mais qu'ils indiquaient mon travail sur les *Tamarix* comme étant de l'année 1816, tandis qu'un autre travail relatif au même sujet et resté manuscrit jusqu'en 1825 aurait été présenté à l'Institut en 1815. Ici il est évident qu'il ne s'agit plus d'une question de priorité. Si j'avais publié en 1816, sans le citer, ce qui avait été lu à l'Institut en 1815, je me serais laissé aller à une préoccupation singulière; mais je n'ai rien de semblable à me reprocher. Mon *Mémoire sur les plantes auxquelles on attribue un placenta central libre*, où je traite des *Tamarix*, imprimé seulement en 1816 à cause des lenteurs qu'éprouvaient alors les publications du muséum d'histoire naturelle, avait été lu à l'Institut le 20 septembre 1813, comme le prouvent les registres de cette société savante; dans leur rapport, inscrit tout entier sur les mêmes registres en la date du 28 mars 1824, MM. de Jussieu et Palisot de Beauvois disent expressément : « Le *Tamarix* est un autre « genre placé avec doute dans les Portulacées et qui doit s'en éloigner...; « selon M. Saint-Hilaire il doit définitivement devenir le type d'un « ordre nouveau; » enfin, dans l'extrait de mon mémoire imprimé au *Bulletin de la Société philomathique*, sous la date de janvier 1815, signé Brisseau-Mirbel et indiqué comme emprunté à une séance de l'Institut, de 1814, on lit ce qui suit : « ..... L'auteur pense, au reste, que

sommet, il existe un petit tubercule qui bientôt s'allonge et se garnit de poils horizontaux ; on ne voit non plus aucun poil sur l'ovule des *Asclepias*, mais la chevelure ne se développe pas sur un prolongement particulier de la graine, elle prend naissance sur celle-ci même, à un point qui regarde le sommet du péricarpe, et dont le hile se trouve, suivant les espèces, plus ou moins rapproché. Il est bien clair qu'avec la chevelure il ne faut pas confondre l'aigrette (*pappus*), qui, comme vous le savez (V. p. 364), n'est autre chose qu'un limbe calicinal réduit à de simples nervures.

Couleur.

Très-souvent les semences sont mates ; assez souvent aussi l'on en voit de luisantes : leur couleur, généralement foncée, n'est jamais ou presque jamais en rapport avec celle de la corolle. La plupart d'entre elles sont rousses, brunes, grises ou noires ; quelques-unes cependant ont des teintes très-vives ; on en trouve plus rarement de blanches et surtout de verdâtres ; le *Lysimachia vulgaris* m'en a offert de jaunâtres tirant sur la couleur de chair ; je n'en ai jamais vu de bleues ni de roses, du moins à l'extérieur. La couleur des graines est généralement constante dans la même espèce ; cependant la culture parvient quelquefois à la faire varier, et même sans amener dans la plante aucun autre changement notable.

Chez un grand nombre de semences, on distingue, au premier coup d'œil, une cicatrice, souvent un peu enfoncée,

« le *Tamarix* est destiné à être le type d'une nouvelle famille à laquelle « on pourra donner le nom de Tamariscinées, et il prouve déjà, par « la comparaison des *Tamarix germanica* et *gallica*, qu'il y a plus « de différence entre ces deux espèces qu'entre une foule de genres « généralement adoptés. » D'après le registre des procès-verbaux de l'Institut, le travail cité par M. de Candolle comme antérieur au mien a été lu dans la séance du 7 août 1815 sous le titre de *Note sur une nouvelle famille de botanique appelée Tamariscinée.*

rarement proéminente, ordinairement mate et d'une couleur pâle, quelquefois d'une teinte obscure; c'est le point par lequel l'ovule était attaché soit au cordon ombilical ou funicule, soit immédiatement au placenta ; en un mot, c'est le hile (*hilum*, *umbilicus*, p. 538 ; *f.* 429 a, 430 a). Au centre de cette cicatrice ou vers l'un de ses côtés, on aperçoit un ou plusieurs trous fort petits, auxquels on a donné le nom peu usité d'omphalode (*omphalodium*), et qui indiquent le passage des vaisseaux du funicule dans la graine. Suivant les genres et les espèces, on peut voir le hile sur tous les points de cette dernière; mais c'est principalement à l'extrémité la plus amincie qu'on l'observe dans les semences allongées. Pour faire connaître plus facilement la direction de l'embryon et donner une idée exacte de la graine prise dans son ensemble, le botaniste descripteur doit, lorsqu'elle est plus ou moins oblongue, indiquer, par rapport à son grand diamètre, la place du hile, et dire, quand elle est aplatie, si c'est dans son bord ou sur un de ses côtés que se trouve la cicatrice (*hilum ad extremitatem seminis angustiorem situm; hilum marginale, in medio seminis facie situm, etc.*). Quelquefois le tégument forme, autour de cette dernière, un bord assez élevé; plus souvent sa surface est, à cet endroit, aussi égale qu'ailleurs. Le hile peut présenter la forme d'un croissant ou d'un cœur, être linéaire, oblong, orbiculaire (*hilum lunulatum, cordatum, lineare, oblongum, orbiculare, etc.*). Quelquefois très-large chez les grosses semences, il est souvent, au contraire, fort difficile à distinguer chez celles qui sont petites; dans ces dernières, il n'est pas extrêmement rare qu'on reconnaisse sa place à la présence d'une petite pointe qui ne saurait être qu'un reste du funicule ou du moins des vaisseaux qui le traversaient.

Hile.

Omphalode.

Après avoir parlé du hile, je vous dirai quelque chose de

Chalaze ; raphé. la chalaze (*chalaza*), qui, lorsqu'elle existe, se trouve communément vers le point de la semence diamétralement opposé au hile. C'est tantôt une proéminence plus ou moins sensible, tantôt une sorte de mamelon entouré d'une dépression circulaire, tantôt une simple tache, plus ou moins obscure, qui ne se présente point comme une cicatrice, mais qu'on aperçoit dans le tissu du tégument, et dont les limites sont ordinairement mal déterminées. De la chalaze vers le hile descend, dans le tégument, une ligne plus ou moins obscure, plus ou moins large, quelquefois un peu proéminente; c'est le raphé (*raphe*). Avec une chalaze, il existe nécessairement un raphé, mais il n'est pas toujours visible à l'extérieur.

Dans l'ovule, la chalaze était, comme vous le savez (p. 539), le point où l'enveloppe intérieure naît de l'axe; c'était, en quelque sorte, un hile interne; par conséquent, chez les semences qui résultent d'un ovule décidément orthotrope ou d'un ovule normalement campulitrope, et dans lesquelles le hile et la chalaze n'ont jamais cessé d'être l'une au-dessus de l'autre dans un même plan, tous les deux doivent se trouver confondus (*f.* 395, 396), et là nous ne trouverons pas de chalaze proprement dite, distincte du hile. Nous aurons, au contraire, une chalaze dans les graines qui proviennent d'un ovule anatrope, puisque la cicatrice à laquelle on y applique le nom de hile n'est pas le point où le funicule a donné naissance à l'ovule, mais celui où, après avoir été soudé depuis le hile et la chalaze véritable jusqu'à l'extrémité opposée de la graine, il est devenu libre (*f.* 397). Si, comme je l'ai déjà fait (p. 544), nous comparons la graine provenant d'un ovule anatrope à une fleur penchée sur un pédoncule plus long qu'elle, et que nous supposions ce pédoncule soudé avec l'enveloppe florale dans toute la longueur de cette dernière, le point d'attache du pédoncule sur le calice sera la chalaze, celui où ce même pédoncule deviendra libre sera le hile, le pédoncule dans la partie soudée sera le raphé : que la fleur n'eût pas été penchée, nous n'aurions eu que le point d'attache du pédoncule sur le calice, comme nous n'avons pas de chalaze proprement dite, distincte de l'ombilic, dans la graine qui succède à l'ovule orthotrope. De tout ceci, il résulte réellement que, dans les graines où nous voyons une chalaze, celle-ci provient non-seulement de la chalaze proprement dite, mais encore du véritable hile ; que la chalaze peut être le point où, dans la graine anatrope, les vaisseaux du funicule ont originairement pénétré dans l'ovule, celui où il a pris naissance ; enfin, que la cicatrice, qu'ici nous appelons hile, n'est, à proprement parler, qu'un hile secondaire, un hile artificiel. Ce qui montre que la chalaze de la graine mûre ne doit point être considérée comme le simple résultat de la chalaze de l'ovule, si, chez ce dernier, nous appliquons le nom de chalaze seulement au point d'attache de l'enveloppe intérieure, c'est que les Renonculacées, qui, suivant Schleiden, offrent à leur ovule une enveloppe unique, montrent pourtant une chalaze sur leur graine.

En vous disant que les semences résultant des ovules orthotropes ou des campulitropes ne pouvaient point avoir de chalaze, j'ai eu soin d'ajouter qu'il fallait que les caractères de ces derniers ne s'écartassent pas du véritable type ; en effet, lorsqu'un ovule campulitrope a commencé par se développer comme un ovule anatrope, ou que des inégalités d'accroissement plus ou moins sensibles ont eu lieu dans l'ovule orthotrope, nous pouvons encore avoir sur la graine une chalaze plus ou moins éloignée du hile. Chez les Renonculacées, qui sont, comme je vous l'ai dit, anatropes, la chalaze est généralement située à l'extrémité de la graine opposée au hile ; dans plusieurs espèces de *Ranunculus*, au contraire, je l'ai trouvée très-rapprochée de cette cicatrice; il est impossible que cette différence ne soit pas aussi le résultat de quelque inégalité d'accroissement.

Micropyle. Avec le hile et la chalaze, ou simplement avec le hile quand la chalaze n'existe pas, on peut encore trouver sur la graine un point blanchâtre ou une très-petite fente, qu'on nomme le micropyle (*micropyle*). Ce n'est autre chose que le dernier reste de ces ouvertures qui, à l'époque des premiers développements de l'ovule, se sont montrées fort grandes à l'extrémité des téguments, et que plusieurs botanistes appellent, chez les graines naissantes, endostome et exostome, tandis que d'autres leur donnent déjà les noms de micropyle intérieur et de micropyle extérieur (V. p. 539). Tantôt le micropyle nous offre encore, chez la graine, une faible ouverture mal fermée par un tissu lâche; tantôt l'ouverture n'existe plus, les téguments se sont entièrement rejoints à leur sommet, mais, à cet endroit, ils sont d'une contexture moins serrée et moins ferme. Le micropyle répond presque toujours au point de la semence où, originairement, se trouvait l'extrémité du nucelle : dans les graines qui résultent d'un ovule décidément orthotrope (*f.* 395), ce point est diamétralement opposé au hile, puisque, chez ces graines, le hile, la chalaze et le bout du nucelle sont restés dans un même axe parfaitement droit, ex. *Daphne Mezereum*; au contraire, dans les semences qui proviennent d'ovules anatropes ou campulitropes (*f.* 397, 396), chez lesquels se sont opérées des courbures de diverses espèces, le micropyle doit nécessairement se trouver rapproché du hile, ex. *Polychnemum arvense*.

Des excroissances charnues ou calleuses se montrent quelquefois sur les graines, tantôt à un point, tantôt à un autre, suivant les genres et les espèces. On leur a donné des noms différents selon leur consistance et la place qu'elles occupent; mais, comme elles sont loin de se rencontrer toujours, je crois que, pour ne pas surcharger la terminologie, les botanistes descripteurs peuvent simplement les indiquer sous les noms de caroncules, de callosités, de tubercules (*caruncula*, *callus*, *tuberculum*), en disant quelle est leur nature, leur forme et surtout l'endroit où elles se sont développées. Les caroncules, de forme très-variée, que l'on voit souvent au-dessus du hile dans les semences suspendues, celles, par exemple, des *Euphorbia*, des *Polygala*, des *Ricinus* (ex. *R. inermis*, *f.* 427), ne sont autre chose que les bords épaissis et proéminents du micropyle, bords qui, dans l'origine, formaient un entonnoir, et se sont rapprochés peu à peu par des accroissements successifs; ainsi, dans les semences dont il s'agit, ce n'est pas ailleurs que dans la caroncule elle-même qu'il faut chercher le micropyle. Comme ce dernier, chez les graines mûres ou presque mûres du *Ricinus inermis*, se voit au dos de la caroncule (*f.* 428; *a. micropyle*), c'est-à-dire le côté de celle-ci qui, dans le fruit (*f.* 427), regarde l'extérieur du péricarpe, on ne comprend point, au premier abord, comment la fécondation a pu s'opérer; mais, pour peu qu'on étudie les développements successifs de l'ovule, on se convaincra qu'originairement ce même micropyle se trouvait du côté qui regarde la columelle, et que là il a pu se trouver facilement en contact avec le tube pollinique. Excroissances

On a tâché de déterminer le sommet et la base des semences d'après leur position dans le péricarpe; mais comme, à l'époque de la maturité, elles se trouvent le plus souvent détachées du fruit, et que d'ailleurs, dans une même loge, leur situation n'est pas constamment semblable, c'est évidemment chez elles-mêmes, indépendamment des parties qui les ont environnées, que l'on doit chercher leur base et leur sommet. La base organique d'une semence est évidemment le point Base, sommet de la graine.

où elle a commencé, celui par lequel elle était attachée au funicule; mais, comme cette base est indiquée par le hile dans les graines orthotropes et les campulitropes, tandis qu'elle l'est par la chalaze chez les anatropes, il est bon, dans la botanique pratique, de choisir un point plus fixe, et de considérer, avec la plupart des descripteurs, le hile comme étant constamment la base (*basis*) de la semence. Quant au sommet, si, en réalité, il est indiqué par le micropyle, nous devons cependant admettre aussi, pour les descriptions, un sommet arbitraire; car le micropyle n'est pas toujours visible, et souvent il se confond avec le hile, ou du moins il en est extrêmement rapproché : le sommet (*apex*) que nous admettrons, avec M. de Candolle, sera l'extrémité d'un axe idéal, droit ou courbe, qui, partant du milieu du hile, parcourrait la semence dans toute sa longueur.

C'est ainsi que doivent, pour la plus grande clarté, être considérés le sommet et la base de la graine; mais, comme tous les carpologistes ne sont pas d'accord sur ce point, il est bon, avant de consulter un ouvrage descriptif, de s'assurer du sens que l'auteur a attaché aux mots dont il s'agit.

Sa face; son dos.

Si l'on ne peut indiquer, d'une manière précise, le sommet et la base de la semence par sa position dans le péricarpe, ses côtés, du moins, ou, comme disent les botanistes, son dos et sa face (*facies*, *dorsum*) sont susceptibles d'être parfaitement distingués à l'aide de cette position. Une telle distinction serait sans but quand la graine, solitaire dans le fruit, est dressée ou inverse, ou bien encore lorsque son grand diamètre se trouve, dans un fruit polysperme, perpendiculaire au placenta ; mais souvent il est fort utile de déterminer le dos et la face des semences, lorsqu'elles sont suspendues, ascendantes ou péritropes (V. p. 545, 716), et qu'en même temps leur grand diamètre et le placenta sont parallèles. Dans ce cas, la face de la graine est le côté qui regarde le placenta, et le dos est le côté opposé. Lorsque le hile se trouve sur l'une des surfaces larges d'une semence décidément aplatie, nous n'avons pas besoin de voir celle-ci dans le fruit pour dire quel est son dos et quelle est sa face : le côté qui portera le hile sera nécessairement la face, puisque c'est lui qui aura été appliqué contre le placenta.

Dans la semence aplatie, la jonction des deux surfaces larges sera le bord (*margo*), et quand le hile se trouvera dans le bord, il ne pourra plus y avoir ni dos ni face, mais seulement des côtés (*latera*); car la face, chez la graine plate, suppose nécessairement que le hile est situé sur l'une des deux surfaces élargies. Une graine aplatie, où cette cicatrice est ainsi placée, prend le nom de comprimée (*sem. compressum*, ex. *Cytisus Austriacus*, *f.* 429, *a hile*); on donne, au contraire, celui de déprimée (*sem. depressum*, ex. *Plantago Chilensis*, H. P., *f.* 430, *a hile*) à la semence qui a un dos et une face, celle qui porte le hile sur une de ses surfaces larges. Son bord; ses côtés

§ II. — *Des téguments.*

On a pensé un moment que l'enveloppe de la graine n'était autre chose qu'une feuille qui protégeait l'embryon, comme la feuille véritable cache, à son aisselle, le bourgeon naissant; dans le tégument, que l'on croyait toujours unique, on distinguait, de même que dans les feuilles caulinaires, deux épidermes et une substance intermédiaire; on avait désigné ces trois parties par des noms différents, ceux de test, de mésosperme et d'endoplèvre (*testa*, *mesospermum*, *endoplevra*), et, suivant que la graine présentait réellement un, deux ou trois téguments, on disait que sa feuille s'était conservée dans son intégrité, ou qu'un ou deux des épidermes s'étaient séparés de la substance intermédiaire. Cette théorie était ingénieuse, sans doute ; mais nous ne pouvons l'admettre aujourd'hui, connaissant, jusque dans les moindres détails, les différentes parties qui, dans l'origine, ont composé la graine. Si ces parties ne subissaient aucune altération, nous aurions, dans la semence complète, à l'extérieur, un tégument qui répondrait à la primine, et, à l'intérieur, un autre tégument qui serait la secondine ; mais il n'en est pas ainsi. Les observations de M. de Mirbel et de M. Schleiden nous montrent que souvent, pendant la maturation, tous les téguments se confondent en un seul, et que, souvent aussi, un seul tégument se divise en plusieurs lames. Je vous citerai un seul exemple de ces singulières métamorphoses : sur le tégument crustacé et d'une couleur obscure de la graine des Euphorbes se trouve une couche blanche et pâteuse, qui est d'une extrême ténuité, et que l'on peut gratter avec la pointe d'une aiguille ; un peu avant la maturation, cette couche était succulente et semblait faire partie du tégument crustacé, comme la chair adhérente de certains fruits ne forme qu'un seul corps avec le noyau ; M. Schleiden a reconnu que cette même couche avait originairement formé, à elle seule, le tégument extérieur de l'ovule. D'après tout ceci, il est clair que, lorsqu'on n'a pu suivre les développements successifs d'une graine et qu'on veut la décrire, il faut indiquer le nombre et la nature de ses enveloppes, indépendamment de ce qu'elles ont pu être dans l'origine et des changements qu'elles ont pu subir. On doit surtout ne donner comme téguments que les lames naturellement séparées les unes des autres, et non celles dont on obtiendrait la disjonction d'une manière artificielle, ou bien encore celles que, d'après telle ou telle hypothèse, on supposerait avoir été primitivement distinctes.

Comment on doit considérer les téguments de la graine.

Très-souvent on ne trouve qu'une enveloppe dans la semence; assez souvent aussi elle en présente deux, bien plus rarement elle en offre trois. Selon les théories qu'ils avaient cru devoir adopter, les auteurs ont donné à ces enveloppes une foule de noms différents : celui de test (*testa*) a été souvent admis pour indiquer le tégument quand il est unique, ou l'extérieur quand il y en a deux ; et, pour désigner, dans ce dernier cas, le tégument intérieur, on a employé le mot endoplèvre (*endoplevra*). Il n'y a pas, sans doute, de graves inconvénients à se servir de ces expressions; mais, conformément à ce que je vous ai dit plus haut, je crois qu'afin d'éviter toute confusion il faut bien mieux encore faire connaître simplement si l'enveloppe est unique ou double (*integumentum simplex, duplex*), et décrire successivement celles qui existent, en les désignant, quand il y en a plusieurs, par les noms de tégument extérieur et tégument intérieur (*integumentum exterius, int. interius*). Je n'ai pas besoin de vous dire que, quand il arrive qu'il y a trois enveloppes, c'est-à-dire que le tégument est triple (*int. triplex*), un des trois téguments devient l'intermédiaire (*int. intermedium*). Leurs noms.

Le tégument intérieur, généralement mince, membraneux et transparent (*int. interius membranaceum*), enveloppe exactement l'amande. L'extérieur est, le plus communément, crustacé, osseux, subéreux ou coriace (*int. exterius crustaceum, osseum, suberosum*); c'est à lui que la semence doit sa couleur ; c'est lui qui limite ses contours. Quelquefois, comme dans le *Parnassia palustris*, les *Drosera rotundifolia* et *Anglica*, le *Monotropa hypopithys*, etc., l'amande, recouverte d'un tégument, n'occupe qu'une très-petite partie d'une enveloppe extérieure trois ou quatre fois plus grande qu'elle, et semble même y flotter; cette enveloppe n'est autre chose que le tégument extérieur, dont le tissu interne, fort lâche, s'est plus ou moins oblitéré. Leur consistance.

Quand il existe un tégument unique, il peut être crustacé, coriace, etc.; mais, très-souvent aussi, il est membraneux et même d'une consistance extrêmement mince. Quelquefois la couleur du tégument simple est fort différente à l'extérieur de ce qu'elle est en dedans; ainsi le tégument unique du *Comarum palustre*, blanc en dehors, est, à l'intérieur, d'une couleur purpurine.

Comme vous le savez par l'exemple des Euphorbes, le même tégument peut offrir des couches de différente nature. Cette diversité de substance n'autorise pas plus à faire plusieurs téguments d'un seul, qu'on ne serait autorisé à indiquer, dans la Cerise ou la Pêche, deux péricarpes, parce que ces fruits sont charnus à l'extérieur et osseux en dedans. Lors donc qu'un tégument nous offrira des couches de consistance diverse, mais qui ne se sépareront pas d'elles-mêmes en lames bien distinctes, nous les décrirons, sans doute, mais sans les rapporter à des enveloppes différentes. Ainsi nous dirons que le tégument du *Magnolia grandiflora*, rouge et charnu à l'extérieur, est crustacé et jaunâtre en dedans; nous dirons que les Légumineuses ont un tégument corné en dedans, crustacé en dehors, et dont la partie cornée est susceptible de devenir gélatineuse par l'humectation, etc.

Ce qu'on doit penser des graines dites sans tégument.

On a assuré autrefois que quelques graines présentaient une simple amande dépourvue de téguments; mais je crois que, pour celles que l'on citait, les semences des Graminées, du *Mirabilis Jalapa*, des *Avicennia*, des observations incomplètes avaient conduit à un résultat erroné. Ainsi l'on a dit que l'*Avicennia* n'avait point de téguments, parce que souvent on voit, sur les rivages des mers tropicales, des embryons de cette plante ballottés par les flots et alors parfaitement nus; mais, à cette époque, leur germination est déjà très-avancée; elle a commencé dans l'ovaire, et c'est dans celui-ci même que la plante naissante s'est débarrassée de son tégument (V. mon *Second mém. sur les pl. auxquelles on attribue un placenta libre* dans les *Mém. du muséum*, vol. VI, p. 253). Je suis bien loin, néanmoins, de soutenir que jamais il n'existe de graines sans enveloppe propre ; il m'a été impossible d'en découvrir une dans le *Veronica hederæfolia ;* son embryon m'a paru uniquement protégé par le périsperme. Exception.

§ III. — *Périsperme.*

Comme j'ai déjà eu occasion de vous le dire, tout ce que nous trouvons sous le tégument propre de la semence constitue l'amande (*nucleus*) ; et celle-ci se compose ou du seul embryon ou de l'embryon et du périsperme (*perispermum*), que l'on a souvent aussi nommé albumen et quelquefois endosperme (*albumen, endospermum*).

Le périsperme est un corps de structure cellulaire qui est plus ou moins en contact avec l'embryon, mais qui n'a jamais avec lui de communication vasculaire. Ce qu'est le périsperme.

Quand l'embryon s'est approprié toutes les matières liquides qui s'étaient réunies dans le sac embryonnaire, il n'existe pas de périsperme ; mais lorsqu'au contraire il n'en a absorbé qu'une partie, le reste se concrète, et c'est alors que nous avons un périsperme. Les plus habiles observateurs ont aussi, en différents cas, retrouvé, dans le périsperme, le tissu cellulaire du sac embryonnaire et du nucelle.

On détermine la base et le sommet du périsperme de la même manière que ceux de la graine elle-même. Sa base répond à l'ombilic, son sommet au point opposé. Son sommet; sa base.

Il s'en faut que le périsperme soit toujours de la même nature. Il est, le plus souvent, charnu, corné, ou farineux;

quelquefois on le trouve cartilagineux, coriace, osseux ou même pierreux; quelquefois, au contraire, il offre une consistance caséeuse, ou bien il se présente comme une sorte de

Sa consistance.

mucilage (*perispermum carnosum, corneum, farinosum, cartilagineum, coriaceum, osseum, lapideum, caseosum, mucilaginosum*). Un périsperme charnu est tantôt plus ou moins succulent et tantôt presque sec; très-souvent on y trouve une huile plus ou moins abondante. Celui du Coco (*Cocos nucifera*) ne se concrète qu'à la circonférence de la graine qui, comme vous savez, est énorme, et il se présente au centre comme un lait d'un goût très-agréable.

Sa couleur.

Le plus ordinairement blanc ou blanchâtre, le périsperme est, dans quelques cas, jaunâtre, vert, grisâtre, rougeâtre ou d'un brun pâle; celui du *Rhinanthus Crista galli*, roux quand la semence est sèche, devient noir lorsqu'elle est humectée.

Son volume.

Tantôt cette substance forme, à elle seule, une grande partie de la graine, tantôt elle est extrêmement mince, et quelquefois même on a beaucoup de peine à la distinguer d'un tégument véritable. On peut établir qu'en général le périsperme est d'autant plus grand que l'embryon est plus petit; et l'embryon, au contraire, a d'autant plus de volume que le périsperme est moins abondant.

Les divisions qu'il offre quelquefois.

Le plus généralement, celui-ci offre une seule masse continue; mais, dans quelques Rubiacées, il se présente sous la forme de grumeaux détachés les uns des autres (*per. grumosum*). Dans le *Daphne Mezereum* on trouve quatre lames d'un périsperme charnu, extrêmement minces, deux appliquées sur les commissures des cotylédons et les deux autres placées à égale distance des premières. Sans être complétement divisé, un périsperme offre quelquefois deux ou quatre fentes, assez souvent un sillon, plus rarement des lobes; celui des Anonacées montre extérieurement un très grand nombre de rides transversales, entre lesquelles vont se cacher des expansions qui s'échappent d'un tégument unique.

Dans un petit nombre de plantes, telles que les *Nymphæa*, les *Piper*, les *Saururus*, on trouve deux périspermes qui ne sont pas toujours de même nature. Selon MM. Brown et Mirbel, le tissu cellulaire du nucelle a formé le premier, et le second l'a été par celui du sac embryonnaire. Deux périspermes dans quelques plantes.

§ IV. — *De l'Embryon.*

L'embryon (*embryo*) ne doit point être considéré comme une portion de la plante chez laquelle il a pris naissance; c'est un individu nouveau qui est encore à l'état rudimentaire, mais qui, appartenant à la même espèce que le végétal dont il est la dernière production, présentera un jour les mêmes caractères. Ce qu'est l'embryon.

Puisque l'embryon (ex. *Melochia graminifolia*, *f.* 435) est déjà une plante, il doit nécessairement, comme toutes les plantes, offrir, à l'état complet, la réunion du système axile et du système appendiculaire. Ce dernier est représenté, chez lui, par les cotylédons (*cotyledones*, *f.* 435, a), qui sont ses premières feuilles; quant à l'axe qui porte les cotylédons et qu'on a nommé blastème (*blastema*), il s'étend plus ou moins au-dessus et au-dessous d'eux, couronné par la gemmule ou plumule (*gemmula*, *plumula*), premier bourgeon terminal de la plante naissante. Quoique l'on appelle généralement radicule (*radicula*, *f.* 435, b) toute la partie de l'axe qui se trouve au-dessous des cotylédons, des auteurs, comme nous l'avons vu, l'ont rapportée au système ascendant, la considérant comme un premier entrenœud chargé, à son sommet, des premières feuilles; il est incontestable que, dans une foule de plantes, particulière- Ses parties.

ment dans le Haricot, une partie de la radicule s'élève au-dessus du sol, à l'époque de la germination, et que, par conséquent, cette partie appartient au système supérieur; cependant comme, avant que la plante germe, il est impossible, ou presque toujours impossible, d'indiquer le point de l'axe au-dessus duquel il y aura ascension, je crois que, dans la botanique pratique, on peut employer, avec tous les descripteurs, le mot radicule dans le sens où il a été consacré par eux (V. plus bas le chap. XXXV). Mais si, lorsque l'embryon est encore dans la graine, nous ne pouvons déterminer, avec une entière certitude, tout ce qui, chez lui, appartient au système ascendant, c'est-à-dire à la tigelle ou tige naissante (*caudiculus*), nous assurerons du moins que la partie qui porte les cotylédons appartient à cette tigelle, et que celle-ci se prolonge au-dessus d'eux, comme axe de la plumule : des cotylédons sont des feuilles; or des feuilles ne sauraient naître que de la tige ou des rameaux qui la répètent.

Embryons sans cotylédons.

Il ne faut pas croire que tous les embryons nous présentent la réunion des deux systèmes, l'axile et l'appendiculaire. Il en est quelques-uns qui se montrent réduits au seul axe, non-seulement chez les plantes que leur structure, la nervation de leurs feuilles et le nombre de leurs organes floraux placent nécessairement parmi les monocotylédones, mais encore chez des espèces qu'on ne peut décidément séparer des dicotylédones. L'embryon de la Cuscute (ex. *Cuscuta Europæa*, *f.* 431) se présente, même parfaitement mûr, comme un petit vermisseau; on n'a pas non plus trouvé d'appendices chez les Orchidées, dans l'*Orobanche ramosa*, l'*Utricularia vulgaris*, le *Dracontium polyphyllum*, etc.; il m'a aussi été impossible de découvrir autre chose dans le *Ficaria ranunculoides* qu'une petite masse homogène et arrondie. Comme, à la première époque de son développement, tout embryon n'offre qu'un axe, il est bien évident que celui qui, dans la graine mûre, se montre encore sans appendices, et qui n'en prend que par la germination, est moins développé que ceux qui en ont déjà dans la semence; en un mot, qu'il est, pour ainsi dire, resté à la première époque de son existence.

Qu'on ne croie pas non plus que, parmi les embryons infiniment plus nombreux qui se montrent pourvus d'appendices, tous atteignent le même degré de développement. Dans les plantes que les caractères des feuilles et des fleurs nous font, au premier abord, reconnaître pour des dicotylédones, nous voyons deux cotylédons opposés, ordinairement appliqués l'un contre l'autre, mais parfaitement libres (*f.* 435) et entre lesquels nous apercevons le plus souvent une gemmule. Chez la plupart des monocotylédones, au contraire, nous trouvons un embryon qui, au premier coup d'œil, nous semble homogène, comme s'il n'avait point de cotylédons (ex. *Cocos nucifera*, *f.* 432); c'est par la dissection seulement qu'au fond d'une très-petite cavité nous découvrons une gemmule, et l'analogie seule nous montre un cotylédon dans la partie qui engaîne cette même gemmule, comme elle nous fait voir une radicule dans celle qui est inférieure au cotylédon. Ici nous avons évidemment un embryon moins développé que celui des dicotylédones; mais ces dernières sont, à l'état adulte, des plantes plus élevées dans l'ordre des développements que les monocotylédones; il n'est pas étonnant que la différence se montre aussi chez les embryons, puisque ceux-ci sont déjà des plantes.

Embryons des dicotylédones; embr. des monocotylédones.

Au reste, ce cotylédon unique, qui nous semble former autour de la plumule une gaîne parfaitement close, a d'abord été ouvert, comme le carpelle, fermé dans la fleur, s'étalait dans le bouton naissant. A l'aide d'un fort microscope M. de Jussieu fils a retrouvé, chez une foule d'embryons (ex. *Pothos maxima*, *f.* 433, empruntée à M. de J.),

Le cotylédon des monocotylédones originairement ouvert.

quelque trace de la séparation primitive; une simple loupe nous montre dans les *Arum maculatum*, *Italicum* et *Dracunculus* une longue fente formée par les bords de la feuille cotylédonaire qui n'ont pu se rejoindre; dans l'Aroïde brésilien, que j'appelle *Musopsis*, et que les habitants du pays nomment *Banana do Brejo* (la Banane des marais), le cotylédon est parfaitement étalé, et nous le trouvons tel dans la plupart des Graminées (ex. *Triticum sativum*, *f.* 434, a) où il se présente comme une sorte de bouclier. Quelques naturalistes, voyant, chez les embryons de certaines monocotylédones, de très-grosses radicules qui forment une sorte d'expansion latérale, en ont conclu que le cotylédon des Graminées était aussi une simple expansion de la radicule ou de la tigelle, dans le cas où nous n'admettrions point de radicule; mais il est évident que, si nous ne voulons pas que le bouclier charnu des Graminées soit un cotylédon, il ne faudra pas non plus considérer comme tel celui du *Musopsis*; la partie latéralement fendue qui, dans l'*Arum maculatum* ou le *Dracunculus*, cache la plumule ne serait pas non plus un cotylédon, et nous finirions par n'en voir dans aucune des plantes que nous appelons aujourd'hui monocotylédones. Il est très-vrai que, chez plusieurs de ces plantes, l'embryon, imparfaitement développé, nous laisse des doutes sur la nature de ses parties; mais pourquoi distinguerions-nous ce que la nature semble avoir voulu confondre? partout nous rencontrons des organes mixtes; nous ne savons si les appendices de la tige de diverses monocotylédones sont des limbes sans feuille ou des feuilles sans limbe; quelquefois nous distinguons mal un involucre d'un calice; il existe, dans l'*Utricularia pallens*, des organes que nous pouvons également prendre pour des racines, des feuilles ou des rameaux, etc.; faut-il nous étonner de ne point

Réflexions sur le cotylédon des graminées et des monocotylédones à grosse radicule.

rencontrer de limites bien précises entre des parties qui ne sont pour ainsi dire qu'ébauchées? L'embryon d'un Palmier brésilien m'a offert, dans la graine, la forme d'un pain de sucre couché sur son arête; à l'un des points de la base, voisin de la circonférence, se trouve, dans une cavité presque superficielle, une petite gemmule; il est bien clair que la partie sur laquelle est immédiatement appuyée cette dernière appartient à la radicule, et que la paroi de la cavité qui la renferme appartient au cotylédon; mais, dans la masse continue et homogène qui s'étend au delà, tout à la fois, de la cavité et de la base de la plumule pour former le cône, que devons-nous attribuer à la radicule et au cotylédon? il est impossible de le dire; c'est une expansion latérale de ces deux parties entièrement confondues.

Nous devons d'abord examiner, dans l'embryon, sa direction propre, sa position dans le périsperme et celle qu'il offre relativement à l'ensemble de la graine; ensuite nous étudierons en particulier les parties qui le composent, ses cotylédons, sa radicule et sa plumule. Mais, avant de nous livrer à ces différentes recherches, il faut que nous fixions les deux points qui seront pour nous son sommet et sa base (*apex*, *basis*). Il est évident que nous devons voir cette dernière dans l'extrémité de la radicule; quant au sommet organique, il est bien certainement celui de la gemmule, puisque le bourgeon terminal de toute plante en est le point le plus élevé; mais, comme les cotylédons ne s'étalent point, qu'ils sont redressés, qu'ils dépassent la plumule et la cachent, ce sera leur extrémité supérieure que nous conviendrons de considérer comme celle de l'embryon lui-même.

Sommet de l'embryon; sa base.

Celui-ci, quand la graine est sans périsperme, a ordinairement la même forme qu'elle (*embryo semini conformis*); et, en général, au contraire, il ressemble d'autant moins à la semence, que le périsperme est plus volumineux. On

Sa forme.

trouve, le plus souvent, des embryons ovoïdes, cylindriques ou en massue; mais il y en a aussi de globuleux, de lenticulaires, de cordiformes, etc. (*embryo ovatus, cylindricus, clavatus, globosus, lenticularis, cordatus*). Ce sont, en général, les embryons à un seul cotylédon qui présentent les formes les plus singulières; on en voit qui ont celle d'un fuseau, d'une pyramide, d'un fil, d'une patère, d'un champignon, etc., d'autres qui, très amincis à une extrémité, se renflent à l'extrémité opposée, d'autres qui s'épaississent aux deux bouts et se rétrécissent vers le milieu, etc. (*embr. fusiformis, pyramidatus, filiformis, patelliformis, fungiformis, hinc incrassatus inde valde attenuatus, utrinque incrassatus, etc.*).

Tantôt l'embryon est parfaitement droit, tantôt il est plus ou moins arqué; il peut former des zigzags ou un demi-cercle, devenir annulaire, représenter le chiffre 6, décrire deux ou plusieurs tours de spirale, enfin se pelotonner comme une boule (*embr. rectus, curvatus, arcuatus, flexuosus, semicircularis, annularis, spiralis, in orbem contractus*). Souvent sa radicule se replie sur ses cotylédons, quand il y en a deux, et cela peut avoir lieu de deux manières différentes : ou elle s'applique sur la commissure, et, dans ce cas, on dit qu'ils sont accombants et qu'elle est latérale (*cotyledones accumbentes, radicula lateralis*); ou bien c'est sur le dos de l'un des cotylédons qu'elle s'applique, et alors ceux-ci sont incombants et elle est dorsale (*cotyl. incumbentes, radic. dorsalis*).

Sa direction propre.

L'embryon est ordinairement blanc; cependant celui de l'*Ervum tetraspermum* et de plusieurs autres espèces a une couleur jaunâtre; on trouve des embryons d'un jaune doré dans l'*Onobrychis sativa* et le *Lathyrus Nissolia*, de verdâtres dans l'*Impatiens Balsamina*, le *Salsola Kali*, le *Viola canina*, de verts dans le *Pistacia Terebinthus*, le *Viscum album*, diverses Myrtées, de violets dans le *Theobroma Cacao*; celui du *Gomphia olivæformis* est agréablement bigarré de vert et de pourpre.

Quand il existe un périsperme, l'embryon peut être niché dans l'intérieur de cette substance, ou bien il est placé en dehors et, par conséquent, en contact avec elle par une partie seulement de sa superficie ; dans le premier cas, on dit qu'il est inclus (*embryo inclusus*), et, dans le second, qu'il est extérieur (*embr. exterior*). Lorsqu'il est inclus, on le trouve, le plus ordinairement, placé dans l'axe du périsperme, s'il est allongé (*embr. axilis*), et seulement dans sa base, s'il est court (*basilaris*); beaucoup plus rarement il est situé vers le sommet de la semence ou vers quelque point de la circonférence (*apicilaris*, *excentricus*). Un embryon extérieur peut entourer le périsperme comme un anneau, ainsi que cela a lieu chez la plupart des Caryophyllées et des Chénopodées (*embr. periphæricus*), ou bien être seulement appliqué contre un seul côté de ce même corps (*embr. lateralis*), comme chez les *Rumex*; dans le *Drosophyllum*, le *Dionæa muscipula*, le *Drosera spiralis*, etc., il est simplement appliqué, par son sommet, contre la base du périsperme, il l'est, par sa base, dans plusieurs Cypéracées. Lorsque l'embryon est inclus, il arrive assez souvent que sa radicule reste libre en tout ou en partie ; dans l'*Hippophae rhamnoides*, au contraire, les cotylédons sont parfaitement libres, et la radicule est cachée dans une lame très-mince de périsperme, qui forme autour d'elle comme une sorte de petite gaîne.

Sa position par rapport au périsperme ;

Quoique la position de l'embryon dans le périsperme soit loin d'être sans importance, celle qu'il offre par rapport à l'ensemble de la graine en a bien davantage encore, puisqu'elle est le résultat nécessaire de la direction de l'ovule, et qu'elle a une grande constance dans les familles les plus naturelles. Quand l'embryon a sa radicule tournée vers le hile, ou, si l'on veut, sa base tournée vers celle de la semence, et que ses cotylédons regardent le point opposé, on dit qu'il

par rapport à l'ensemble de la graine.

est dirigé dans le même sens que la graine ou qu'il est dre (*embr. erectus*, ex. *Melochia graminifolia*, *f.* 436); il est, contraire, inverse (*embr. inversus*, ex. *Urtica dioica*, *f.* 437 lorsque ses cotylédons regardent le hile (*même f.* a) et sa ra cule le sommet de la graine. Un embryon peut aussi avoir s deux bouts dirigés vers le hile, comme dans la plupart d Légumineuses et des Caryophyllées, et alors on le nomme ar phitrope (*embr. amphitropus*, ex. *Chenopodium album*, L., 438 a *hile*). Enfin on trouve d'autres embryons dont l'une ni l'autre extrémité; c'est-à-dire la radicule et l cotylédons, ne regardent la base de la semence; ceux- ont été nommés hétérotropes (*embr. heterotropus*, *f.* 439 440), expression qui, comme la précédente, est for peu usitée. Il est bien clair que ces derniers embryons tout en conservant leur caractère principal, sont suscep tibles cependant d'avoir des positions très-différentes; e effet, celui qui se montre transversal (*embr. transversus*) c'est-à-dire parallèle au plan du hile, comme chez les Plan tains et les Primulacées (ex. *Glaux maritima*, *f.* 439) n'aura ni sa radicule ni ses cotylédons tournés vers cette ci-catrice (a), ou, si l'on veut, sera hétérotrope, et un embryon oblique par rapport au hile, comme dans les Graminées (ex. grain du *Triticum sativum*, coupé longitudinalement, *f.* 440; a, direction du *hile*; b, *périsperme*; c, *embryon*), pourra également ne se diriger vers cette même cicatrice ni par l'une ni par l'autre de ses extrémités. Si un embryon peut être oblique et hétérotrope, il pourra aussi ne point être hétérotrope et cependant rester oblique; alors il aboutira au hile ou sera tourné vers ce dernier, en formant avec lui un angle aigu, différant alors de l'embryon vraiment dressé, en ce que celui-ci tombe perpendiculairement sur la cicatrice.

D'après ce que nous venons de voir, l'embryon est susceptible de prendre dans la graine quatre positions principales: il est dressé, inverse, amphitrope ou hétérotrope. Je vais vous montrer à présent que ces positions résultent, comme je vous l'ai déjà fait pressentir, de la direction primitive de l'ovule. Quand l'embryon est inverse (*f.* 437), il a ses cotylédons tournés vers le hile (a), et sa radicule dirigée vers le point opposé (b); mais celle-ci aboutit généralement au micropyle; donc la graine chez laquelle l'embryon est inverse a son micropyle diamétralement opposé au hile; or il en est seulement ainsi dans les graines qui résultent d'un ovule orthotrope (*comparer les f.* 395 et 437); par conséquent, toutes les fois que nous trouverons le hile et le micropyle aux deux extrémités d'une graine, nous pourrons, sans la disséquer, dire que son embryon est inverse et *vice versâ*. Si, au contraire, la radicule est tournée vers le hile (*f.* 436, a), tandis que les cotylédons regardent l'extrémité opposée (embryon dressé), c'est que le micropyle se sera fort rapproché du hile; mais ces circonstances ne peuvent se rencontrer que dans le cas où le cordon ombilical se sera soudé avec l'ovule, sans que celui-ci se soit courbé; or tels sont les caractères de la graine résultant de l'ovule anatrope (*comparer les f.* 397 et 436); ainsi, toutes les fois que l'embryon sera dressé, nous dirons avec assurance que c'est dans un ovule anatrope qu'il a pris naissance, et quand, d'un autre côté, nous verrons chez une graine, sans aucune apparence de courbure, le hile et le micropyle fort rapprochés, nous pourrons prédire, presque avec autant de certitude, que l'embryon y est dressé. Lorsque ce dernier est courbé et que ses deux extrémités aboutissent au hile, ou, si l'on veut, lorsqu'il est amphitrope, il est bien évident que le micropyle sera très-rapproché de la cicatrice, puisque généralement la radicule n'abandonne pas le micropyle; mais une graine chez laquelle ce dernier s'est rapproché du hile en se courbant est le résultat d'un ovule campulitrope (*comparer les f.* 396 et 438); donc nous pourrons dire qu'à cette sorte d'ovule a dû né-

Origine des diverses positions de l'embryon dans la graine.

cessairement succéder la graine où l'embryon courbé a ses deux extrémités dirigées vers le hile; et réciproquement nous dirons d'une graine dont le hile et le micropyle se touchent, et qui nous offre des marques de courbure, qu'elle renferme un embryon amphitrope. En jugeant, d'après l'extérieur, qu'une semence ne peut contenir aucun des trois embryons, le dressé, l'inverse et l'amphitrope, nous conclurons naturellement que celui qu'elle renferme est hétérotrope; c'est-à-dire qu'il n'a aucune de ses extrémités tournée vers le hile, position due, d'après M. Mirbel, à l'inégalité des accroissements; mais si, lorsque l'embryon hétérotrope est oblique par rapport au hile, nous n'avons, le plus souvent, que des moyens d'exclusion pour arriver, sans dissection, à la connaissance de sa position; si nous ne pouvons pas non plus toujours dire, à l'aspect de la graine, quand l'embryon hétérotrope est parallèle au hile, du moins l'assurerons-nous dans les deux cas les plus ordinaires : chez une graine déprimée, celle qui, étant aplatie, a le hile sur sa face, le parallélisme existera toujours (ex. les Plantains, *f.* 430), et l'expérience m'a appris qu'il existe aussi chez la graine anguleuse, quand son côté extérieur est convexe et parallèle au hile (ex. une foule de Primulacées et de Myrsinées, *f.* 439).

Position de l'embryon par rapport au fruit.

Louis-Claude Richard a prouvé, il y a déjà longtemps, que la position de l'ovule ou de la graine devait être déterminée par rapport au péricarpe, et que celle de l'embryon devait l'être par rapport à la graine; et, en effet, chez les fruits à semences nombreuses, l'embryon, placé de même dans toutes, n'a souvent pas, chez toutes, une position semblable relativement au fruit. Cependant, comme cette dernière ne varie pas de même lorsque le péricarpe ne contient qu'un très-petit nombre de graines, on pourrait, sans inconvénient, dire alors, avec quelques botanistes, que la radicule est supère (*rad. supera*), quand, prolongée, elle s'élèverait au-dessus du sommet du fruit; infère, quand elle descendrait au-dessous de sa base (*infera*); centripète (*centripeta*) si elle regarde son axe; centrifuge, sa circonférence (*centrifuga*). Mais nous n'avons pas besoin d'indiquer la position de la radicule par rapport au fruit; nous l'avons déterminée d'une manière implicite, en faisant connaître celle de l'ovule dans l'ovaire, puis celle de l'embryon dans la semence. En effet, lorsque nous décrivons l'ovule comme suspendu ou bien inverse, ce qui signifie un hile regardant le sommet du péricarpe, et que nous ajoutons ensuite que la radicule est tournée vers le hile, c'est absolument comme si nous disions que, prolongée, celle-ci s'élèverait au-dessus du stigmate; annoncer, au contraire, un ovule ascendant ou dressé avec la radicule dirigée vers le hile, c'est désigner assez une radicule infère; des cotylédons tournés vers la cicatrice dans une graine inverse ou suspendue indiqueront une radicule également infère, et, avec la même position, ils indiqueront la radicule comme étant supère dans la graine dressée ou ascendante; qu'une graine soit péritrope sur son placenta axile, sa radicule, si elle regarde l'ombilic, sera évidemment centripète; si elle regarde la partie extérieure de la loge, elle sera centrifuge; enfin le contraire arrivera lorsque le placenta sera pariétal.

Après vous avoir exposé les principaux caractères de l'embryon considéré dans son ensemble, je passe à l'examen de ses différentes parties en commençant par les cotylédons (*cotyledones*).

Ceux-ci, comme vous le savez, sont généralement solitaires ou au nombre de deux; cependant, chez quelques plantes telles que les *Ceratophyllum*, et diverses Conifères, on trouve jusqu'à douze cotylédons, toujours disposés en verticille. Malgré cet excès de développement, ces mêmes

Nombre des cotylédons.

plantes, loin de pouvoir être rangées parmi celles qui sont très-élevées dans le règne végétal, se rapprochent plus qu'une foule d'autres des monocotylédones ; de même que ces dernières réclament, au commencement de leur série, les Graminées qui, du côté opposé à leur véritable cotylédon, nous en offrent un second dans cette écaille rudimentaire connue des botanistes sous le nom d'épiblaste (*epiblastus*, *f.* 434 d); tant il est vrai que les végétaux les plus dissemblables ont encore quelques rapports entre eux.

Leur consistance.

Les cotylédons sont ordinairement charnus, planes à leur face, convexes en dehors; mais souvent aussi, et surtout quand le périsperme est très-volumineux, on les trouve planes sur les deux surfaces, et, dans ce dernier cas il n'est pas rare que des nervures plus ou moins prononcées s'y dessinent comme sur les feuilles caulinaires.

Leur surface.

Chez la graine, les cotylédons ne sont jamais velus; mais quand les feuilles de la tige offrent dans leur tissu des glandes vésiculaires, comme chez les Myrtées, on peut souvent en retrouver sur les cotylédons.

Cotylédons sessiles, pétiolés, réduits au pétiole.

Ces petites feuilles peuvent, comme celles de la tige, être ou sessiles, ou réduites à un simple pétiole, ou bien encore être pourvues tout à la fois d'un pétiole et d'une lame. Nous savons que les premières feuilles caulinaires d'un grand nombre de monocotylédones ne sont que des pétioles sans lame qui forment une gaîne; quand nous voyons une gaîne dans l'embryon des mêmes plantes, nous devons naturellement conclure que ce n'est autre chose non plus qu'un simple pétiole; l'analogie nous montrera aussi un pétiole dans le cotylédon étalé des Gramens (*f.* 434, a), et nous serons frappés de la parfaite ressemblance de forme que ce cotylédon présente, dans des dimensions infiniment plus petites, avec les écailles sans lame d'une foule de Bambous (V. p. 146). Chez les dicotylédones, M. Bernhardi nous a aussi montré des cotylédons réduits à des pétioles, et il nous a fait voir que, se soudant quelquefois, ces derniers pouvaient faire croire que l'embryon est resté sans appendices. La plupart des embryons nous offrent, au contraire, une lame parfaitement sessile; chez quelques-uns on trouve tout à la fois la lame et le pétiole.

Rarement, comme dans plusieurs *Delphinium*, deux cotylédons opposés restent écartés l'un de l'autre; le plus ordinairement ils sont extrêmement rapprochés et embrassent entre eux la gemmule; quelquefois même, comme certaines feuilles opposées, ils se soudent et se confondent (*cotyl. conferruminatæ*) : ceux de la Capucine, fort écartés dans le jeune âge, se rapprochent par des accroissements successifs, et finissent par ne former qu'une masse compacte. Les cotylédons du Marronnier d'Inde se soudent également, et souvent aussi on trouve dans la Châtaigne des cotylédons soudés. Le même caractère s'est présenté à moi dans un *Swartzia*, chez une foule d'*Eugenia*, et j'ai même vu, dans ce dernier genre, les cotylédons soudés non-seulement entre eux, mais encore avec la radicule. On a quelquefois donné le nom de pseudo-monocotylédones ou de macrocéphales aux embryons dont les cotylédons sont ainsi confondus en une masse unique (*embr. pseudomonocotyledoneus, macrocephalus*). Cette masse, en particulier, a reçu le nom de corps cotylédonaire (*corpus cotyledoneum*), mot par lequel on a aussi désigné quelquefois l'ensemble des deux cotylédons séparés, ou bien le cotylédon unique des monocotylédones.

Soudure des cotylédons.

Corps cotylédonaire.

Deux cotylédons opposés se montrent généralement égaux entre eux; cependant, lorsque l'un, extérieur, plié dans le milieu de sa longueur, embrasse le second également plié, il n'est pas rare que ce dernier soit un peu plus petit; dans le *Gaura canescens*, où l'un des deux est, en grande partie, en-

Égalité et inégalité des cotylédons.

veloppé par les bords de l'autre, le premier n'atteint pas tout à fait les mêmes dimensions. Il peut aussi y avoir inégalité sans qu'il existe de plis; ainsi, dans le *Cycas*, un des cotylédons est un peu plus court que l'autre; chez les *Epilobium roseum* et *montanum* l'un des deux est convexe en dehors, l'autre est plane des deux côtés; enfin on arrive à trouver, dans le *Trapa natans* et le *Sorocca*, des cotylédons tellement dissemblables, qu'au premier abord on croirait que ces plantes n'ont qu'un cotylédon.

Leurs plis. Tantôt les cotylédons ne présentent aucun pli (*f.* 435); tantôt ils sont pliés ensemble de diverses manières; ils peuvent l'être, dans leur longueur, de façon que l'un extérieur embrasse l'autre intérieur (*cotyl. conduplicatæ*); étant encore pliés longitudinalement, ils peuvent se croiser, de sorte que la moitié de l'un est reçue entre les deux moitiés de l'autre (*equitantes s. obvolutæ*); ils sont quelquefois roulés en spirale du sommet à la base ou d'un bord vers l'autre (*circinatæ, convolutæ*), et, enfin, l'on en trouve qui sont plissés à peu près comme un éventail ou chiffonnés irrégulièrement (*plicatæ, corrugatæ*).

Dans celles des monocotylédones où le cotylédon, clos ou à peu près clos, est continu avec la radicule, il serait assez inutile de décrire sa forme, quand on a indiqué celle de l'embryon tout entier et qu'on a fait connaître la place de la gemmule. Mais, chez les dicotylédones, la forme des cotylédons est trop bien arrêtée pour qu'on doive la négliger.

Leurs divisions. Comme la division est, dans les organes appendiculaires, un symptôme d'énergie, il n'est pas étonnant que les cotylédons, appendices si faibles encore, offrent si rarement

Leur forme. des découpures; cependant on en trouve quelques-uns d'échancrés, de lobés, de pinnatifides et même de partites (*cotyl. emarginatæ, lobatæ, pinnatifidæ, partitæ*); le Tilleul a des cotylédons à cinq lobes, et, ce qui est fort singulier, ses feuilles ne sont que dentées. Quand les cotylédons sont entiers, on les trouve, le plus souvent, linéaires, oblongs, ovales ou lancéolés; mais il en est aussi d'orbiculaires, de réniformes; quelques-uns offrent la figure d'un cœur, d'autres celle d'une faux, etc. (*cotyl. lineares, oblongæ, ovatæ, lanceolatæ, orbiculares, reniformes, cordatæ, falcatæ*, etc.). Quelquefois les feuilles de la tige offrent deux oreillettes qui descendent au-dessous du point d'attache; le même caractère se voit chez les cotylédons (*cotyl. basi auriculatæ*); mais, ce qu'il y a de remarquable, c'est qu'avec des cotylédons auriculés on trouve des feuilles qui ne le sont pas, comme la Capucine et le *Clinopodum vulgare* nous en offrent des exemples : les oreillettes, quand elles existent, embrassent ordinairement la radicule et la tiennent serrée comme dans une sorte de gaîne.

Une lame de périsperme entre les cotylédons et la radicule.

Quand les cotylédons se replient sur la radicule, une lame de périsperme, comme dans l'*Helianthemum guttatum* et l'*Holosteum umbellatum*, s'interpose quelquefois entre eux. Chez l'*Astragalus Glyciphyllos*, où il n'existe pas de périsperme, c'est une expansion de la partie cornée et intérieure du tégument qui se glisse entre les cotylédons et la radicule.

La radicule cachée dans une gaîne offerte par le tégument.

Celle-ci (*radicula*), chez quelques semences sans périsperme, va se nicher dans une petite gaîne que lui offre la substance du tégument; le Marronnier d'Inde, l'*Onobrychis sativa*, le *Medicago Lupulina*, le *Trifolium subterraneum*, etc., nous fournissent des exemples de ce singulier caractère. Le *Corispermum hyssopifolium* présente une radicule qui s'enfonce dans le tégument, et la gaîne de celui-ci s'en est formé une autre dans le péricarpe.

Unité de la radicule.

Tandis qu'une foule de plantes nous offrent deux cotylédons, que quelques-unes en ont même un plus grand nombre, il n'existe jamais plus d'une radicule; ces tubercules, que nous voyons vers la base de celle d'une foule de Graminées, ne sont que le rudiment de racines secondaires.

Longueur relative des cotylédons et de la radicule.

Tantôt la radicule égale les cotylédons en longueur, tantôt elle est plus longue qu'eux, tantôt, enfin, elle est plus courte. Dans quelques espèces on la trouve réduite à une sorte de tubercule, à un véritable rudiment.

Celle des dicotylédones se montre assez rarement plus grosse que les cotylédons; mais il arrive très-fréquemment que, chez les monocotylédones, on trouve une radicule beaucoup plus volumineuse que le cotylédon unique. Comme les embryons monocotylédones à très-grosse radicule, ou, suivant la manière de s'exprimer de quelques botanistes, les embryons macropodes (*embr. macropodus*) sont dépourvus de périsperme, ce qui n'a pas lieu pour les autres embryons de la même classe, on doit croire que l'énorme radicule a absorbé la substance qui, ailleurs, s'est concrétée en périsperme.

Embryons macropodes.

Cotylédons plus larges que la radicule ou continus avec elle.

Souvent les cotylédons et la radicule sont parfaitement continus, et, dans les dicotylédones, la commissure des premiers indique seule, alors, les limites de la seconde; mais il n'en est pas toujours ainsi : il existe une foule de plantes chez lesquelles les cotylédons débordent la radicule.

Forme de la radicule.

Celle-ci est loin d'offrir des modifications de forme aussi nombreuses que les cotylédons; elle est, le plus souvent, cylindrique ou conique; mais on trouve aussi des radicules ovoïdes, globuleuses, filiformes, et d'autres qui représentent un fuseau ou une massue : celle du *Lathyrus Nissolia* est aplatie et triangulaire (*rad. cylindrica, conica, ovata, globosa, filiformis, fusiformis, clavata, complanato-triangularis*). Une radicule peut être, à ses extrémités, aiguë ou obtuse (*rad. acuta, obtusa*); elle peut y être extrêmement épaissie ou y offrir un petit mamelon (*apice valde incrassata, apice tuberculata*).

Quant à la gemmule (*gemmula*), elle n'est pas toujours visible avant l'époque de la germination ; mais, dans un très-grand nombre de plantes, on la distingue parfaitement aussitôt que l'embryon est formé; on peut même voir, aussi bien chez elle que dans le bourgeon, de quelle manière sont disposées les feuilles naissantes ; celles d'une foule de gemmules sont pliées dans leur milieu ; la gemmule de la Capucine a les siennes roulées en spirale dans leur longueur ; la première feuille de la gemmule des Graminées (*f.* 434, c) est parfaitement close ; chez l'*Arum Dracunculus*, la feuille inférieure est opposée à la fente du corps cotylédonaire, et la seconde l'est au milieu de ce corps. Quelques détails sur la gemmule.

§ V. — *Des graines soudées avec le péricarpe.*

Nous avons vu le fruit se souder avec le calice ; la graine peut aussi se souder avec le fruit, et plusieurs plantes nous offrent la triple adhérence de l'enveloppe calicinale, du péricarpe et de la semence. L'unité de l'ovaire est une condition essentielle de sa soudure avec le calice ; de même il ne saurait y avoir de soudure, du moins complète, entre plusieurs graines et la paroi de leur loge. Comme j'ai déjà eu occasion de vous le dire (p. 704), l'adhérence ne se montre point partout au même degré ; dans certains cas, on peut désunir les parties sans aucune peine ; ailleurs l'humectation devient nécessaire, ailleurs la séparation est absolument impossible. La graine plus ou moins soudée avec le péricarpe.

Il est bien clair que, quand la graine est adhérente, sa forme est celle du péricarpe ; ainsi il suffit de décrire celui-ci pour avoir une idée exacte de la première.

Sur les fruits des Graminées soudés à la graine, on voit une marque brune, communément linéaire, à laquelle on a cru devoir donner un nom, celui de spile (*spilus*); cette tache n'est autre chose que le hile d'une graine sessile attachée originairement à l'ovaire dans une partie notable de sa longueur, hile que l'on aperçoit à travers le péricarpe extrêmement mince.

Spile.

§ VI. — *De l'arille.*

Sur certaines semences, en dehors de leur tégument, on voit une enveloppe plus ou moins incomplète, charnue ou membraneuse, qui naît immédiatement du cordon ombilical, et que l'on appelle arille (*arillus*).

Pendant longtemps on avait donné ce nom à toutes les parties qu'on trouvait sur la graine, et dont l'origine n'était pas bien connue, à des caroncules, des portions intérieures de péricarpe, des parties de tégument, des téguments entiers, etc. Louis-Claude Richard, que l'on retrouve toujours quand il est question de carpologie, fut le premier qui offrit aux botanistes une définition rigoureuse de l'arille; malheureusement ils ne la méditèrent pas assez, et s'ils n'appliquèrent plus le nom d'arille à des portions de péricarpe, ils ne cessèrent point d'appeler ainsi les téguments qui présentaient des caractères tant soit peu insolites. Les découvertes des modernes ne permettent pas d'admettre aujourd'hui, sans la modifier, la définition de Louis-Claude Richard; mais, en combinant ses observations avec celles de MM. Robert Brown et Pelletier d'Orléans, on lui substituera celle-ci : l'arille est une expansion du cordon ombilical, inférieure au hile, qui se développe

Définition de l'arille.

postérieurement à la fécondation, et demeure ouverte à son sommet. M'étant servi de cette définition comme d'une pierre de touche, j'arrivai, il y a déjà longtemps, à exclure du nombre des arilles et à rapporter au tégument l'enveloppe parfaitement close qui se sépare avec élasticité de la graine même des *Oxalis*; on persista, malgré mes observations, à en faire un arille, et depuis, M. Schleiden, par l'accroissement successif de l'ovule des Oxalidées, a reconnu que cette même enveloppe élastique n'était pas autre chose que l'épiderme modifié du tégument. M. Moquin et moi, nous avions dit aussi, il y a plusieurs années, que la caroncule des *Polygala*, ne naissant point sur le cordon ombilical, ne pouvait être un arille; je me suis convaincu récemment, par l'observation directe, que cette caroncule est, comme celle des Ricins (V. p. 725), le résultat de l'épaississement des bords du micropyle. Nous savons déjà que la couche mince et blanchâtre qui recouvre le tégument des Euphorbes n'a rien de commun avec l'arille, et, d'après ma définition, je crois pouvoir en dire autant de l'enveloppe extérieure et lâche, mais entièrement close, des graines du *Drosera rotundifolia* et du *Parnassia palustris*, de la couche charnue et également close qui se trouve à l'extérieur de la graine du *Punica* et des *Ribes*, etc.

Arille très-développé.

Il est très-vrai que, sur la semence de l'*Evonymus Europæus*, on voit une enveloppe charnue qui la cache entièrement et qui pourtant est un arille; mais, avec la plus légère attention, on pourra se convaincre que cette enveloppe, tout en dépassant la graine, est ouverte à son sommet.

Arille rudimentaire.

Bien loin de prendre une si grande extension, l'arille rudimentaire, chez beaucoup de plantes, s'y présente au-dessous de l'ombilic comme une sorte de tubercule charnu, plus ou moins développé, d'une couleur toujours différente de celle de la graine. Si, dans cet état, on l'a souvent confondu avec les caroncules dont je vous ai déjà entretenus (p. 725), c'est que l'on a beaucoup trop oublié que celles-ci naissent de différents points du tégument, tandis que toute expansion d'une nature arillaire, quelles que soient ses dimensions, émane du cordon ombilical.

Louis-Claude Richard a cru qu'il n'y avait pas d'arille chez les monopétales. Quoiqu'on ne saisisse nullement la raison d'une telle coïncidence, ce ne serait point un motif pour en nier la réalité; car il existe, chez les végétaux, une foule d'autres coïncidences qu'on ne peut contester et dont on ne saurait rendre compte; mais très-probablement on doit considérer comme étant de la nature de l'arille ce crochet qui termine le cordon ombilical des Acanthées et embrasse un des côtés de la semence, crochet dont il n'existait, dans l'origine, qu'un simple rudiment, et qui s'est développé après l'émission du pollen.

S'il existe un arille chez les monopétales.

Je viens de vous faire connaître les différents caractères de l'arille; nous savons qu'il émane du cordon ombilical ou funicule, il ne nous sera pas difficile de découvrir sa véritable nature. Le funicule est le commencement d'un axe qui, comme tous les autres axes, donne naissance à des appendices; il a d'abord produit la secondine, au-dessous de celle-ci il a produit la primine, et, un peu plus tard, l'arille naît au-dessous de la primine. Après ce dernier, finit la végétation de la plante mère; il en est la dernière production ou, si l'on veut, la dernière feuille. Il est à remarquer qu'au lieu de procéder de bas en haut, c'est, au contraire, de haut en bas qu'ici la végétation procède, puisque les productions les plus élevées sur l'axe paraissent les premières; mais cette singularité ne saurait détruire les rapports que toutes ont avec des feuilles. Si nous ne les considérions point comme des feuilles, à quoi les assimilerions-nous? Dirions nous que ce sont des expansions latérales du

Nature de l'arille.

Réflexions sur l'ordre du développement des appendices du funicule.

cordon? mais on pourrait employer ces mêmes termes pour désigner des feuilles véritables ; et, quand même ils signifieraient autre chose, ne semble-t-il pas également étrange de voir une végétation rétrograde, qu'il en résulte des expansions latérales, ou qu'il en résulte des feuilles ? Je dois, d'ailleurs, me hâter de vous le dire, il semble permis de soupçonner que, chez d'autres parties bien certainement appendiculaires, la végétation procède dans le même ordre que chez les productions du funicule. Les belles figures publiées par MM. Scheiden et Vogel nous montrent, tout à fait au premier âge, la corolle des *Lupinus* bien plus développée que le calice ; n'est-il pas vraisemblable que, s'il avait été possible de remonter à une époque de développement encore plus reculée, on eût vu le calice commencer après les pétales?

§ VII. — *De la valeur des caractères tirés de la semence.*

Aucune partie de la plante n'offre des caractères aussi importants que la graine; mais il ne faut pas croire que tous ceux qu'elle fournit aient une valeur égale.

Vous savez déjà que la couleur qui, le plus souvent, est constante dans la même espèce peut pourtant varier, sans qu'aucun autre caractère varie avec elle. Chez les espèces dont les graines sont solitaires ou peu pressées dans le péricarpe, la forme reste généralement la même; quand, au contraire, les semences se serrent les unes contre les autres, celles d'une même loge n'ont pas toujours, comme je vous l'ai dit, des contours exactement semblables. Mais, lorsqu'on veut négliger quelques caractères de détail, l'ensemble de

Valeur des caractères extérieurs de la graine;

certaines formes prend une grande valeur, car il est nécessairement le résultat des premiers développements de l'ovule et l'annonce de la situation de l'embryon : une graine allongée ne peut contenir un embryon périphérique; dans une graine aplatie, orbiculaire ou réniforme, dont le hile est marginal, l'embryon sera replié sur lui-même; vous savez déjà (p. 742) qu'on doit trouver un embryon transversal dans la graine déprimée et celle qui, étant anguleuse, a le côté extérieur convexe parallèle au hile. Les caractères de la surface ont, en général, beaucoup de constance dans les genres vraiment naturels.

de ceux des téguments;

Le nombre des téguments, constant, chez l'ovule, dans une même famille, peut, chez la graine, ne pas être le même dans des genres fort voisins. La consistance de ces enveloppes ne varie pas dans certaines familles fort naturelles; mais, chez d'autres, elle n'a plus qu'une valeur générique, et je crois que ce serait une division entièrement systématique que celle qui se fonderait uniquement sur la nature du tégument.

du périsperme;

Dans plusieurs familles naturelles, l'absence du périsperme est parfaitement constante; lorsque cette substance est très-volumineuse dans une espèce, il est aussi à peu près sûr qu'on la retrouvera dans toutes celles du même groupe, mais on n'a pas la même certitude quand elle se montre extrêmement mince. Quant à la nature du périsperme, elle est la même, à quelques légères différences près, dans les familles vraiment naturelles.

de l'embryon.

Nous venons de voir que le périsperme fournissait des caractères dignes de toute l'attention des botanistes, ceux que présente l'embryon doivent l'exciter à un bien plus haut degré. Si sa forme a peu de valeur, sa grandeur, considérée relativement à celle du périsperme, en a déjà beaucoup, et sa position en offre bien davantage encore, parce qu'elle est le résultat nécessaire des développements successifs de l'ovule, développements dont les différentes modifications ont une grande constance dans les familles les plus naturelles. Il ne faudrait pourtant pas croire que cette position est invariable ; j'ai montré, il y a déjà longtemps (*Pl. rem.*, p. 327), que le *Dianthus prolifer* avait un embryon droit et hétérotrope, tandis que les Caryophyllées, famille à laquelle appartient cette espèce, ont généralement un embryon périphérique, dont les deux extrémités regardent le hile ; j'ai fait voir que le *Veronica hederæfolia* avait un embryon transversal, pendant que les autres Véroniques en ont un dressé ; que, chez le *Pilocarpus*, l'embryon était également transversal, tandis que celui des autres Rutacées avait sa radicule généralement tournée vers le hile, etc. La position relative de cette dernière et des cotylédons pourrait servir à diviser en genres, d'une manière systématique, des familles très-naturelles ; mais, parmi tous les caractères qui conduiraient à ce but, c'est le dernier qu'il faudrait choisir, parce qu'il est le moins facile à observer. De tous ceux qu'offre l'embryon, le plus important est, sans aucun doute, le nombre des cotylédons, parce que ce nombre, un d'un côté, deux ou plusieurs de l'autre, coïncide avec une foule d'autres caractères extrêmement importants, la structure intérieure, la nervation, le port, le nombre des parties des verticilles floraux, etc. Mais, je vous l'ai dit, il n'est pas un caractère, quelque constant qu'il soit, qui n'offre pourtant quelques exceptions : le nombre des cotylédons a aussi les siennes ; nous avons vu (p. 734) qu'il existe des plantes sans cotylédons, qu'on ne saurait séparer des dicotylédones; quelques autres, de la même classe, n'ont qu'un cotylédon ; et, de trois espèces de la même famille, très-voisines les unes des autres, l'*Utricularia vulgaris*, le *Pinguicula vulgaris*, le *Pinguicula Lusitanica*, la première a un embryon sans cotylédon, la seconde un cotylédon unique (1), la troisième deux cotylédons.

(1) J'avais pris dans cette plante les bords du cotylédon pour la commissure de deux cotylédons soudés ensemble du côté opposé ; mais M. Tréviranus a montré jusqu'à la dernière évidence que le cotylédon était bien réellement unique.

CHAPITRE XXXIV.

DISSÉMINATION.

Ce n'est point assez que les semences aient mûri; il faut encore, pour multiplier l'espèce, qu'elles se répandent sur la terre. Nous savons par quels moyens merveilleux la nature a su rendre facile la communication du stigmate avec le pollen; les précautions qu'elle a prises pour assurer la dispersion des graines ou la dissémination (*disseminatio*) ne sont pas moins admirables.

Dissémination des graines contenues dans les fruits charnus;

Quand le fruit mûr est succulent, il ne tarde guère à se désorganiser; ses parties se séparent, ses graines, devenues libres, s'étalent sur la terre, et, dans les débris du péricarpe, elles trouvent un engrais qui, sans doute, favorise leur germination. Les choses ne se passent cependant pas toujours de cette manière. Chez plusieurs *Memor-*

dica, les semences, ne pouvant plus être contenues dans le péricarpe charnu, agissent sur lui avec effort et le déchirent pour s'ouvrir un passage. Pendant la maturation, la pulpe centrale de la baie, également charnue, du *M. Elaterium* se fond en eau, tandis que la partie extérieure du péricarpe reste compacte; le pédoncule articulé avec celui-ci s'en détache, un trou se forme, et l'eau centrale ainsi que les semences qu'elle contient, trop longtemps resserrées dans un petit espace, s'échappent avec une extrême élasticité.

Qu'un fruit sec soit déhiscent et que ses valves se séparent dans toute leur longueur, les graines tomberont d'elles-mêmes, sans un secours étranger; elles ne se disperseront point quand la déhiscence ne sera que partielle, mais alors le vent le plus léger, agitant le péricarpe entr'ouvert, suffira pour les en faire sortir. Souvent une merveilleuse élasticité accompagne la déhiscence et favorise encore la dispersion des graines; tantôt c'est dans le péricarpe tout entier qu'elle se manifeste, tantôt c'est uniquement dans une de ses parties, et tantôt ce n'est plus que chez la graine. Les valves de la Balsamine se roulent tout à coup sur elles-mêmes et, s'élançant, elles entraînent les semences avec elles; la couche intérieure du péricarpe des Diosmées, détachée brusquement de la couche extérieure, emporte les semences; chez les *Oxalis*, la séparation se fait dans l'épaisseur du tégument, et la couche interne qui recouvre l'embryon, s'échappant avec élasticité, va tomber loin de la plante mère; la capsule de la Pensée (*Viola tricolor*) s'ouvre en trois valves qui portent les semences dans leur milieu et présentent la forme d'une nacelle; après avoir été étalés, les bords de ces valves se rapprochent peu à peu et pressent les semences qui, dépourvues de toute aspérité, glissent, s'échappent et se dispersent.

dans les fruits indéhiscents.

Quand les fruits ne s'ouvrent pas, tantôt ils sont pourvus d'ailes qui permettent aux vents de les transporter au loin ; tantôt des pointes hérissent leur surface, ils s'accrochent aux poils des animaux et aux vêtements de l'homme, et vont souvent propager l'espèce à laquelle ils appartiennent à des distances énormes du lieu où ils ont été produits. Les aigrettes des Valérianes et des Composées soutiennent dans l'air les fruits de ces plantes ; après avoir parcouru des espaces considérables, ils tombent sur la terre, et bientôt, au milieu des végétaux du pays où ils se sont arrêtés, on voit paraître de nouvelles espèces. L'*Erigeron Canadense*, apporté d'Amérique, comme moyen d'emballage, s'est, à l'aide de ses aigrettes, répandu dans toute l'Europe avec la plus étonnante rapidité : l'abbé Delarbre écrivait, en 1800, qu'il n'en avait encore observé qu'un pied dans toute l'Auvergne ; en 1805 ou 1806, M. de Salvert et moi nous trouvions cette espèce, pour ainsi dire, à chaque pas dans les champs de la Limagne.

Comment se dispersent les fruits secs indéhiscents.

Ce ne sont pas seulement les fruits qui sont pourvus de pointes accrochantes, d'ailes ou de plumets, les mêmes moyens de dissémination ont été accordés aux graines elles-mêmes ; je vous ai déjà parlé des chevelures qui couronnent les semences des *Epilobium*, des *Tamarix*, des *Asclepias* ; celles de plusieurs Vochysiées, des Pins, de plusieurs Apocinées, de nombreuses Bignonées portent des ailes ; des aspérités s'élèvent sur la surface des semences du *Cimifuga fœtida*, du *Stellaria Holostea*, du *Physostemon rotundifolium*, du *Silene noctiflora*, etc. Enfin la même espèce peut quelquefois, pour se répandre, trouver des ressources et dans son fruit et dans sa graine.

La dissémination favorisée par la structure des graines.

Quand il n'existe ni ailes, ni pointes, ni aigrettes, d'autres moyens de dissémination viennent y suppléer. Dans nos climats, c'est en général en automne que la maturation s'achève, et alors les vents règnent avec violence; les graines et les fruits indéhiscents ont d'ordinaire peu de volume; des tourbillons les séparent de la plante mère, les transportent d'un lieu dans un autre, les élèvent à de très-grandes hauteurs, et quelquefois nous voyons, presque au faîte de nos édifices, des herbes, des arbrisseaux croître dans les fentes des pierres, où le temps a réuni quelques rares parcelles de terre végétale. Des Giroflées jaunes croissaient en abondance sur une corniche extrêmement haute; on craignit que leurs racines n'entretinssent, dans la muraille, une humidité nuisible; les Giroflées furent soigneusement arrachées, et l'on construisit un toit incliné sur la corniche; j'y vis d'abord croître quelques Lichens, puis quelques Mousses, un pied de *Sedum album* y parut à son tour, et aujourd'hui le toit offre, en été, un tapis de fleurs blanches, qui se pressent les unes contre les autres.

Aidée par les vents;

Les rivières, les torrents et les fleuves sont encore, pour les fruits et les graines, un moyen puissant de dispersion. Les dernières, lorsqu'elles sont mûres, tombent, le plus ordinairement, au fond de l'eau; mais, souvent aussi, elles présentent des appendices remplis d'air, qui leur permettent de nager sur le liquide, et, quand elles ne se soutiennent pas à sa surface, elles peuvent être entraînées, comme le sable, par la rapidité du courant. Bien loin de la source des grandes rivières, on trouve souvent sur leurs bords, dans les contrées les moins élevées, des espèces qui appartiennent à de très-hautes montagnes. L'*Avicennia*, arbre de rivage qui ne craint point l'eau de la mer, y laisse tomber ses embryons qui ont commencé à germer dans le péricarpe; le flot les enlève, et va les déposer sur d'autres plages.

par les eaux;

Cependant, si les graines, exposées, comme elles sont, aux chances les plus multipliées de destruction, ne reparaissaient pas, tous les ans, en nombre aussi considérable, une foule d'espèces disparaîtraient bien certainement de la surface du globe. Mais comment, par exemple, quelques fruits d'Orme n'échapperaient-ils pas, lorsqu'un seul arbre de cette espèce peut, dans une saison, produire plus de cinq cent mille fruits? Comment pourrait s'éteindre le *Papaver somniferum*, dont un seul pied a fourni trois mille graines? Partout sont répandus les germes d'une foule de végétaux, et ils n'attendent, pour se développer, que des circonstances favorables. On trouve des plantes au sein des vastes mers, dans les antres les plus profonds, sur le sommet des plus hautes montagnes, et s'il veut conserver le fruit de ses travaux, l'homme est forcé de lutter sans cesse contre la puissance de la végétation. Sans les soins les plus assidus nous verrions les Chardons envahir nos guérets, une foule de mauvaises herbes s'approprier les sucs réservés à nos Vignes, la Renouée des oiseaux couvrir de ses tiges couchées les allées de nos jardins, et le Lierre faire pénétrer ses racines innombrables entre les pierres de nos murailles. On avait à peine construit un quai dans la plus populeuse de nos villes que déjà des Gramens croissaient entre les pavés inclinés, sous les pieds des travailleurs; j'ai compté plus de trente sortes de plantes dans une rue de l'un des faubourgs de Montpellier; et, malgré les efforts qu'on fait pour les détruire, près de vingt espèces reparaissent, chaque année, sur les murs d'une des îles dont se compose la capitale de la France. J'ai vu naguère une Ronce orgueilleuse marier ses longues tiges aux pilastres du grand balcon de Versailles; quelques années de négligence et de barbarie avaient suffi pour lui assurer ce triomphe.

par la multiplicité des semences;

Si les animaux dévorent une foule de graines, ils contribuent puissamment à en répandre d'autres. Les chevaux et les mulets mangent les tiges et les feuilles des plantes, et, n'en pouvant toujours digérer les semences, ils les rendent intactes et prêtes à germer. Les oiseaux disséminent de la même manière les graines et les noyaux des fruits charnus dont ils se sont nourris, et, sans eux, le Gui, qui ne végète que sur le bois, borné à un seul arbre, serait bientôt détruit. Il n'est pas rare qu'on voie les corbeaux emporter dans leur bec les fruits dont ils veulent faire leur nourriture ; soit maladresse, soit frayeur, ils les laissent tomber, et de nouvelles plantes ne tardent pas à paraître. Les rats, les loirs, et d'autres mammifères du même ordre font sous la terre des magasins de fruits pour l'arrière-saison ; mais obligés souvent de prendre la fuite, ils abandonnent leurs provisions, et les graines qu'ils avaient réunies germent quand le printemps ramène la chaleur. C'est ainsi que par une admirable providence les animaux ressèment eux-mêmes les plantes qui leur fournissent des aliments.

par les animaux;

Mais de tous les êtres organisés il n'en est aucun qui contribue autant que l'homme à répandre les plantes et à les multiplier. Par ses soins une foule d'espèces qu'il fait servir à sa nourriture se sont étendues dans des espaces immenses, et le moindre de nos jardins offre des végétaux de l'Inde, de la Chine, de l'Égypte et de la Nouvelle-Hollande. Mais, sans parler de ceux que nous cultivons avec tant de peine et d'ardeur, il en est une multitude que nous disséminons sans le vouloir, et souvent même contre notre volonté. En semant nos Céréales nous semons aussi, chaque année, le Bluet et le Coquelicot, non moins étrangers qu'elles, et des espèces qui contribuent à la destruction de nos murailles se sont originairement échappées de nos parterres. Avec nos effets et nos marchandises nous avons transporté dans les quatre parties du monde une foule de plantes européennes, et quelques-unes se sont tellement multipliées que bien loin de leur patrie elles semblent aujourd'hui être indigènes. Auprès de quelques-unes des villes

par l'homme.

le la province brésilienne de Minas Geraes, on retrouve une le nos Menthes, notre Verveine, le *Poa annua*, le *Verbascum Blattaria*, l'Ortie, un de nos *Xanthium*, etc.; jusque dans la ville de Saint-Paul croissent le *Marrubium commune* et le *Conium maculatum*; on voit communément dans les rues les moins fréquentées de Porto Allegre le Mouron des oiseaux, le *Rumex pulcher*, l'Herbe à Robert, etc.; autour de Sainte-Thérèse se sont naturalisés la Violette, la Bourrache et le Fenouil, etc.; auprès de Montevideo on retrouve partout nos Mauves, nos *Anthemis*, et un de nos *Erysimum*; les chemins voisins de cette ville sont bordés de deux larges bandes de fleurs d'un bleu pourpre, celles de l'*Echium Italicum*; enfin notre Cardon couvre aujourd'hui des espaces immenses, monument indestructible des discordes civiles qui agitent encore cette belle contrée et l'ont ravie aux soins de l'agriculture.

Si l'on ne rencontre point, sur le bord de nos chemins, dans nos champs et dans nos vergers, autant d'espèces américaines qu'on en trouve dans le nouveau monde qui appartiennent à la France et à l'Espagne, c'est qu'excepté le Maïs, aucune plante de grande culture se propageant par des graines n'a été transportée de l'Amérique dans nos contrées; c'est parce que chez nous les mauvaises herbes ne peuvent échapper à la vigilance du cultivateur, à moins que leur introduction ne remonte à une époque où la population était moins nombreuse, et qu'elles ne soient devenues, pour ainsi dire, indigènes; c'est parce qu'enfin les dessécheurs de plantes arrachent avec un empressement jaloux tout brin d'herbe qui n'a point encore frappé leurs regards. Chaque année, les semences de quelques plantes exotiques se détachent des laines que l'on a transportées de l'Afrique et de l'Asie et que l'on fait sécher sur la terre au port Juvénal, près de la ville de Montpellier; ces graines lèvent, mais à peine si deux ou trois espèces se sont naturalisées dans les alentours, parce que les jeunes pieds n'ont pas plutôt paru que les botanistes les enlèvent pour les placer dans leurs jardins ou leurs herbiers.

Les espèces que l'homme, à son insu, répand avec le plus de promptitude sont celles qui trouvent, dans les lieux habités par lui, des conditions assurées d'existence ; que, par hasard, et ce hasard doit se représenter sans cesse, nous transportions une graine de l'une de ces espèces près de nos maisons ou des murs de nos enclos, elle y lèvera et donnera naissance, à son tour, à d'autres graines qui pourront se disperser avec la même facilité. Les plantes, compagnes de l'homme, qu'on me pardonne ces expressions, s'attachent, pour ainsi dire, à ses pas, elles le suivent partout, et continuent à végéter quelque temps encore dans les campagnes qu'il a abandonnées. Lorsque je traversais en Amérique les déserts voisins de la province de Goyaz, j'aperçus avec étonnement, dans un pâturage uniquement fréquenté par les bêtes fauves, quelques-uns de ces végétaux qui ne croissent ordinairement qu'autour de nos habitations ; mais bientôt des débris cachés sous l'herbe m'indiquèrent assez qu'une chétive demeure s'était élevée jadis dans ce lieu solitaire.

Partout où l'homme construit une chaumière la végétation primitive (1) disparaît bientôt. A l'exception de quelques landes stériles, de quelques sommets très-élevés, il n'est peut-être pas en Angleterre, en Allemagne, en France, un seul coin de terre qui n'ait été bouleversé et où une foule d'espèces n'aient fait place à un petit nombre d'autres, presque toujours exotiques, répétées mille et mille fois par la culture. J'ai vu dans le nouveau monde d'immenses es-

(1) Par végétation primitive j'ai indiqué, dans mes ouvrages, celle qui n'a été modifiée par aucun des travaux de l'homme.

paces qui offrent encore la végétation riche et variée des premiers âges; mais, si ces belles contrées peuvent échapper aux dangers qui les menacent, leur population, aujourd'hui si peu nombreuse, augmentera avec rapidité; où il n'existe que d'humbles hameaux s'élèveront des cités florissantes, les arbres gigantesques des forêts vierges tomberont sous la hache du cultivateur, et les savanes elles-mêmes seront creusées par la bêche ou sillonnées par la charrue. Alors il ne restera rien, là, comme en Europe, de la végétation primitive, et les écrits où je me suis efforcé de la peindre (1) ne seront plus que des monuments historiques.

(1) *Histoire des plantes les plus remarquables du Brésil et du Paraguay. — Plantes usuelles des Brésiliens. — Flora Brasiliæ meridionalis. — Tableau de la végétation dans la province de Minas Geraes.*

CHAPITRE XXXV.

GERMINATION.

C'est en vain que les graines *se* seront répandues sur la terre, elles ne reproduiront pas l'espèce à laquelle elles appartiennent, si elles ne germent point.

Définition de la germination.

On entend par germination (*germinatio*) la série des développements qu'éprouve l'embryon, depuis l'instant où il sort de l'engourdissement dans lequel il était chez la semence, jusqu'à celui où, dégagé de ses enveloppes, il puise sa nourriture dans l'atmosphère et dans le sol.

Ses agents.

L'air, la chaleur et l'humidité sont les agents indispensables de la germination. Sans eux, les graines finiraient par se détruire, après avoir perdu la faculté germinative.

Des graines placées dans les mêmes circonstances conservent cette faculté pendant un temps plus ou moins long, suivant l'espèce à laquelle elles appartiennent. Celles qui sont fort petites ont, en général, besoin d'être semées promptement; d'autres peuvent lever après un nombre d'années très-considérable. Il est permis de concevoir des doutes sur l'authenticité de ces semences que des Arabes prétendent avoir été trouvées dans les tombeaux de l'ancienne Thèbes, et qui germent comme celles de la dernière récolte; mais tout le monde sait qu'après cent ans environ on a fait germer à Paris des Haricots tirés de l'herbier de Tournefort; des personnes dignes de foi assurent qu'elles ont vu germer d'autres Haricots qui n'avaient pas moins de trente, quarante ans, ou même davantage, et il est à ma connaissance que des graines de Melon, laissées pendant vingt années dans la poche d'un vêtement, ont ensuite aussi bien levé que celles de l'année précédente. Ce sont les graines des Cucurbitacées et des Légumineuses qui, en général, conservent le plus longtemps la faculté de germer.

Combien de temps les semences conservent la faculté de germer.

Des semences que l'on a privées d'air, en les enterrant à une grande profondeur, peuvent encore lever après un temps très-considérable, quand on les débarrasse du poids dont elles étaient chargées. Des graines de *Datura Stramonium*, qui avaient été recouvertes d'une couche de terre fort épaisse, germèrent, selon Duhamel, au bout d'environ vingt-cinq ans, lorsqu'elles n'étaient plus qu'à quelques lignes de la surface du sol. Quelquefois, dans les terres fraîchement remuées des jardins de botanique, on voit avec étonnement reparaître des espèces cultivées autrefois, et qu'on avait perdues depuis une époque extrêmement éloignée. M. Pelletier habitait une maison bâtie sur l'emplacement d'un ancien jardin; après un intervalle de temps qu'on ne peut évaluer à moins d'un demi-siècle, il fit enlever le carrelis du rez-de-chaussée avec les terres qui se trouvaient immédiatement au-dessous, et bientôt il vit une Noix germer dans la partie du sol qui était restée intacte, et qu'on avait couverte de gros cailloux.

Les graines de quelques espèces, principalement celles de ces arbres qui croissent sur les plages fangeuses des contrées équinoxiales, les *Avicennia*, les *Rhizophora*, les *Conocarpus*, germent dans le fruit même (V. p. 760); ou, pour mieux dire, il n'y a point, chez ces espèces, de germination véritable, puisque la germination suppose un temps d'arrêt; leur embryon ne cesse de se développer depuis l'instant où sa formation commence jusqu'à celui où il devient une plante adulte. Chez les autres végétaux, au contraire, une interruption a lieu, et, comme vous savez, la germination seule y met un terme; mais il ne faut pas croire que cette interruption arrive toujours à la même époque de la vie de l'embryon; il est plus ou moins formé quand la graine parvient à la maturité, et, toutes choses égales d'ailleurs, il doit mettre d'autant plus de temps à germer qu'il est moins avancé dans ses développements. Un embryon vert, déjà nourri dans l'ovule de cette substance qui ailleurs se concrète en périsperme, se développera promptement si un tégument trop dur ou trop épais n'y vient point mettre obstacle (ex. *Salsola Kali*). Au contraire, il faudra s'attendre à voir germer avec lenteur une graine dont l'embryon petit et de couleur blanchâtre est enveloppé d'un périsperme dur et volumineux. Il est très vrai que les semences des Graminées germent avec une grande promptitude, quoiqu'elles contiennent un périsperme; mais on ne doit pas oublier que leur embryon, extrêmement développé, est simplement appliqué contre ce corps.

Temps que les graines mettent à germer.

Dans des circonstances différentes, des graines appartenant à la même espèce, ne germent point avec une égale promptitude; ainsi une chaleur plus ou moins intense pourra accélérer ou ralentir la germination; du blé semé en Suède, le 20 avril, mit à lever seize à dix-huit jours; le 4 juin, il ne fallut pas plus de six ou sept jours pour obtenir des grains en germination, et, à l'aide d'une chaleur artificielle de vingt à vingt-cinq degrés centigr., on a fait germer en dix-huit heures du froment et de l'orge.

Graines germant toujours dans la même saison.

Il est à remarquer que diverses graines germent toujours dans la même saison, quoiqu'en d'autres temps les circonstances semblent n'être pas moins favorables à leur développement. Des influences atmosphériques qui échappent à nos moyens d'observation sont certainement la cause de ce phénomène; mais, si nous ne pouvons en rendre raison, il nous explique du moins pourquoi tant de plantes annuelles fleurissent constamment soit au retour de l'été, soit plus souvent encore à celui du printemps.

Phénomènes qui accompagnent la germination.

Quand une semence est placée dans les circonstances indispensables à sa germination, elle absorbe l'eau qui l'environne et par le hile et par la surface de son tégument; de celui-ci le fluide parvient au périsperme, ou, quand il n'en existe pas, aux cotylédons; la fécule contenue soit dans ces derniers, soit dans le périsperme, prend l'apparence d'une sorte d'émulsion, et bientôt elle se transforme en une liqueur sucrée. Cependant la graine s'est renflée à mesure que l'eau s'insinuait dans les parties qui la composent, et quelquefois elle arrive à acquérir un volume double de celui qu'elle avait avant la germination; le plus souvent les téguments se déchirent, ou il s'en détache régulièrement une petite portion (l'embriotége, *embriotegium*, de quelques botanistes), et la radicule, nourrie des substances que lui ont fournies le périsperme et les cotylédons, s'ouvre un passage à travers l'ouverture du tégument, quand elle existe, ou, dans le cas contraire, à travers le hile. Cette espèce de polarité que je vous ai montrée chez la plante adulte (p. 27) domine déjà d'une manière irrésistible l'embryon qui commence à germer; quelque position que l'on donne à une graine, la radicule tend à s'enfoncer dans le sol, et la plumule, au contraire, s'élève vers le ciel.

Quand la radicule commence à croître, sa couche extérieure, ou, si je puis m'exprimer ainsi, son écorce ne suit pas toujours les développements de la partie intérieure; celle-ci alors s'ouvre un passage à travers la première, elle ne tarde pas à la dépasser, et elle semble être sortie d'une espèce de gaine. C'est cette dernière que l'on a nommée coléorhize (*coleorhiza*). Pour distinguer les deux grandes classes qui se partagent les végétaux phanérogames, on a proposé de substituer au nombre des cotylédons l'absence ou la présence de la coléorhize; mais, comme on ne peut séparer des Graminées qui en ont une un grand nombre de plantes où l'on n'en voit aucun vestige, et que, d'un autre côté, la Capucine, pourvue d'une coléorhize, ne saurait être éloignée d'autres végétaux qui n'en présentent point, il est clair qu'on ne doit pas adopter la division des plantes en endorhizes et exorhizes (*plantæ endorhizæ, exorhizæ*), c'est-à-dire munies ou dépourvues d'une coléorhize.

Coléorhize.

Ce qu'on doit penser de la division des plantes en endorhizes et en exorhizes.

Vous savez que les feuilles ne commencent point les entre-nœuds, mais qu'elles les terminent; or les cotylédons ne sont autre chose que des feuilles; par conséquent, dans la portion d'axe que nous appelons la radicule, il doit exister un certain intervalle qui sera l'entre-nœud auquel les cotylédons appartiennent, ou, pour mieux dire, le premier entre-nœud de la tige. Cet entre-nœud, que nous ne saurions, comme je vous l'ai fait voir, distinguer de la radicule véritable avant l'époque de la germination, peut, tandis qu'elle s'opère, s'allonger d'une manière sensible, ou bien rester toujours à peu près rudimentaire. Dans le premier cas, les cotylédons sont portés au-dessus du sol, et l'on dit qu'ils sont épigés (*cotyl. epigææ*), comme ceux du Haricot, de la Rave ou du Tilleul; dans le second, ils restent cachés sous la terre, et on les appelle hypogés (*hypogææ*), tels que ceux des Graminées, du Chêne et de la Capucine. Cotylédons épigés; cotylédons hypogés.

Quand les cotylédons épigés sont au nombre de deux, ils s'étalent au-dessus de la terre après s'être dégagés des téguments séminaux; bientôt ils prennent une couleur verte, et souvent ils se chargent de poils quand les feuilles de la tige doivent en être couvertes. La plumule se développe, ses feuilles se déroulent, les entre-nœuds s'allongent; nous n'avons plus d'embryon, nous avons une plante qui, comme sa mère, va se couvrir de fleurs et produira ensuite des fruits et des semences. Germination des plantes à cotylédons épigés.

Si l'espèce qui germe est monocotylédone, et que son cotylédon soit épigé, il s'allonge d'une manière souvent très-sensible; la plumule prend de l'accroissement; bientôt le cotylédon ne peut plus la contenir dans la cavité où elle était renfermée depuis qu'elle a pris naissance; elle s'ouvre un passage à l'endroit où l'on découvrait dans la graine une très-petite fente, et elle vient se développer au dehors, favorisée par l'air atmosphérique et par la lumière.

Pendant la germination, les cotylédons hypogés d'une plante dicotylédone augmentent un peu de volume; mais ils ne verdissent pas et restent soudés ou appliqués l'un contre l'autre sous les téguments séminaux. Pour donner passage à la gemmule qu'ils tenaient embrassée, ils s'écartent à leur base, ou bien, comme dans le Chêne et la Capucine, leurs pétioles, prenant un accroissement très-sensible, éloignent le limbe, ou, si l'on veut, les cotylédons proprement dits, de la gemmule, et celle-ci, devenue libre, s'allonge et achève de se développer quand elle paraît au-dessus du sol. Celle des plantes à cotylédons hypogés.

Chez les Graminées à cotylédon également hypogé, la gemmule s'élève peu à peu vers le ciel ; sa première feuille, réduite à n'être qu'une gaîne parfaitement close, croît, se distend, s'amincit, se fend à son sommet, et les feuilles complètes qu'elle tenait renfermées s'échappent à travers l'ouverture.

Quelques phénomènes de plus dans la germination de l'embryon incomplet que dans celle de l'embryon complet.

Lorsque l'embryon n'a point atteint, dans la graine, le degré ordinaire de développement, il est clair qu'il doit se compléter pendant la germination, et celle-ci alors présente quelques phénomènes de plus, comme cela arrive pour les Orchidées, plusieurs *Corydalis*, le *Bunium Bulbocastanum*, etc. Que des soudures se soient effectuées chez la jeune plante pendant que la graine murissait, il y aura, durant la germination, des séparations, des déchirures ou des développements insolites. Que la radicule reste rudimentaire, comme chez les Nymphéacées, on verra des racines accessoires paraître au-dessus des cotylédons. Uniforme dans ses résultats, la germination présente des différences de détail plus ou moins sensibles, suivant les classes, les familles et même les espèces ; mais il est à remarquer que les phénomènes qui l'accompagnent sont toujours, dans chaque plante, en harmonie avec sa structure ; ils tendent à la conservation de l'individu, comme ceux qui accompagnent la fructification ont pour but providentiel la conservation de l'espèce (1).

(1) Le botaniste que, dans ce chapitre, j'appelle simplement M. Pelletier, est le même qu'ailleurs j'ai désigné sous les noms de Pelletier d'Orléans ou Pelletier-Sautelet, à qui j'ai dédié cet ouvrage, qui fut le compagnon de mes premières études botanique, qu'aujourd'hui encore je me plais à consulter, et qui, sur un autre théâtre, aurait certainement fait faire à la science d'importants progrès.

CHAPITRE XXXVI.

BOTANIQUE COMPARÉE ; CLASSIFICATION.

En passant en revue les différents organes des végétaux, j'ai tâché de vous donner une idée juste de leur véritable nature ; mais j'aurais fait, pour y parvenir, d'inutiles efforts, si je n'avais eu sans cesse recours à la comparaison. Il n'a point été donné à l'homme d'embrasser d'un coup d'œil les êtres qui l'entourent ; il faut, pour ainsi dire, qu'il les étudie un à un ; il faut même qu'il porte successivement, sur toutes leurs parties, un regard scrutateur ; mais s'il se borne à ces recherches, en quelque sorte préliminaires, il ne connaîtra jamais le plan de la nature. Pour parvenir à en apercevoir au moins quelque partie, on a besoin de revenir, à chaque pas, sur ceux que l'on a déjà faits, de rap-

Nécessité de la comparaison.

procher l'être que l'on étudie de ceux que l'on a étudiés d'abord, et de chercher à se les expliquer en les comparant entre eux. Lente et pénible au commencement, cette marche deviendra bientôt facile et prompte; l'horizon s'agrandira rapidement aux yeux de l'observateur, et souvent un seul regard suffira pour lui faire concevoir ce que, sans la comparaison, il n'aurait jamais compris, même après les investigations les plus longues et les plus minutieuses.

Celui qui se livre spécialement à l'étude du règne végétal doit comparer entre elles les parties d'une même plante ; il doit comparer le même organe dans les différents végétaux ; et enfin, pour mieux concevoir l'ensemble de ces derniers, il les rapprochera les uns des autres.

§ I. — *De la comparaison des parties d'une même plante.*

Résumé de la comparaison des parties d'une même plante.

C'est par la comparaison des parties d'un même végétal que nous sommes arrivés à nous convaincre que ses organes appendiculaires sont tous des modifications plus ou moins sensibles d'un seul type. Peu d'espèces isolées nous eussent conduits à l'idée complète des métamorphoses; mais, lorsque nous avons vu, dans une plante, les cotylédons se nuancer, par des dégradations insensibles, avec les feuilles les plus développées ; ailleurs, celles-ci se fondre avec les bractées ; ailleurs encore, les bractées se marier avec le calice ; dans une autre espèce, celui-ci ne point offrir de limite entre lui et les pétales, ou ces derniers n'en présenter aucune entre eux et les étamines ; lorsqu'en s'ouvrant les carpelles du *Sterculia platanifolia* ont étalé à nos yeux leur forme lancéolée, nous n'avons pu nous empêcher de reconnaître, chez ces différents organes, la feuille plus ou moins déguisée. La comparaison nous a aussi montré la tige dans le rameau, dans le pédoncule, le réceptacle de la fleur, le cordon ombilical, et toutes ces parties n'ont plus été pour nous que des axes plus raccourcis ou plus allongés.

§ II. — *De la comparaison du même organe dans les diverses plantes.*

La comparaison des mêmes organes en différents végétaux nous a aussi révélé une parfaite identité sous les déguisements les plus trompeurs. La Pomme de terre s'est offerte à nos yeux comme l'extrémité d'un rameau, la prétendue feuille du *Xylophylla* comme une branche aplatie, la racine du *Menianthes* ou du *Primula* comme une tige, et leurs prétendues tiges comme des pédoncules.

Nous avons trouvé des glandes vasculaires, des épines, et des vrilles dans une foule de plantes; mais si, étant détachées, l'épine des *Berberis* et celle des *Robinia* ont pu nous paraître identiques, nous nous sommes convaincus, par la comparaison, que la première remplaçait une feuille, la seconde une stipule. Nous avons été conduits à admettre que, suivant les espèces, la plupart des organes pouvaient se transformer soit en épines, soit en vrilles, soit en glandes; enfin nous avons reconnu que la place de ces organes métamorphosés indiquait leur nature primitive; que, par conséquent, l'épine du *Mespilus Oxyacantha* et celle d'un *Robinia*, quoique à peu près semblables dans leur texture, ne se montreront jamais toutes deux également ni sous la forme d'une stipule, ni sous la forme d'une branche; mais qu'en certaines circonstances la première pourrait s'étendre en rameaux, parce qu'on la trouve à l'aisselle d'une feuille, et la se-

Résumé de la comparaison du même organe en diverses plantes.

conde se développer en stipule, parce qu'elle se voit sur le côté des feuilles.

Ce que sont les prétendues feuilles de l'Asperge et du *Ruscus Hypoglossum*, les épines des *Ulex* et les vrilles de la Vigne.

Sachant que ce n'est point la forme d'un organe quelconque, mais sa position qui détermine sa véritable nature, vous pourrez facilement découvrir la vérité dans une foule de circonstances où, pour l'homme étranger à l'étude de la morphologie, elle resterait cachée sous un voile impénétrable. Vous verrez, par exemple, les organes appendiculaires de l'Asperge dans les écailles scarieuses qui sont symétriquement rangées sur sa tige, et ces parties délicates et en aiguilles qu'on appelle vulgairement des feuilles seront pour vous des rameaux avortés, parce qu'elles se trouvent à l'aisselle des écailles. Vous direz que les épines des *Ulex* sont, les unes leurs feuilles, les autres leurs rameaux et leurs ramules, parce que ce ne sont pas seulement les parties axillaires et anguleuses, mais les extérieures planes qui se terminent par une pointe acérée. Si l'on vous demande ce que représente cette languette foliacée qui s'élève presque perpendiculaire sur la feuille lancéolée du *Ruscus Hypoglossum*, vous répondrez que la prétendue feuille est un rameau, puisqu'elle naît à l'aisselle d'une longue écaille, que la languette droite, émanant du rameau, doit être une feuille, et qu'il y a d'autant moins de doute sur ce point qu'entre la languette et le rameau aplati se trouve l'inflorescence. Au premier coup d'œil, vous reconnaîtrez dans la vrille de la Vigne l'axe d'une grappe de raisin, parce que souvent quelques grains de raisin s'y développent encore en dépit de la métamorphose; comme les vrilles et les grappes sont opposées aux feuilles, vous verrez dans les premières aussi bien que dans les secondes des extrémités d'axes, et vous concevrez que, si ces axes, en quelque sorte entés les uns sur les autres, étaient fort raccourcis et ne portaient qu'une fleur terminale, on aurait dans la Vigne des grappes scorpioïdes (V. p. 320 et suiv.). Qu'on vous présente une feuille d'Utriculaire chargée de ses vésicules (*vesiculæ*) qui l'aident à se soutenir dans l'eau, vous direz d'abord que ce sont des divisions de la feuille; mais, si je vous montre des vésicules sur les racines de quelques espèces qui naissent dans un sable humide, vous ne verrez plus en elles que des modifications de poils, parce que des poils naissent seuls tout à la fois sur des feuilles et des racines.

Terminologie propre à faire reconnaître la nature de certains organes.

Si même, sans vous présenter aucune plante, on se contentait de vous dire, en se servant de la terminologie proposée par quelques botanistes, que l'épine du *Berberis* et la vrille du *Lathyrus Aphaca* sont foliaires (*foliaris*), vous concevriez qu'elles remplacent des feuilles; si l'on vous disait que l'épine du *Mespilus Oxyacantha* est ramulaire (*ramularis*), vous comprendriez qu'elle doit être formée par un rameau ou par son extrémité; si l'on ajoutait que la vrille des *Passiflora* et l'épine de l'*Alyssum spinosum* sont pédonculaires (*peduncularis*), vous jugeriez qu'elles remplacent un pédoncule. Qu'on vous parle de la vrille stipulaire du *Sicyos* et des épines également stipulaires (*stipularis*) des *Capparis*, vous vous les représenterez sur les côtés d'une feuille. En vous disant que la vrille est oppositifoliée (*oppositifolius*) dans les *Cissus*, on vous donnera l'idée d'une extrémité d'axe mal développé. Si l'on vous parlait des glandes des Cerisiers et des vrilles des *Smilax*, les unes et les autres également pétiolaires (*petiolaris*), vous concevriez aussitôt l'idée de segments avortés appartenant à une feuille, etc.

Intermédiaire entre les glandes vasculaires, les vrilles et les épines.

Il serait bien extraordinaire, soit dit en passant, que les mêmes organes pouvant revêtir les trois différentes formes dont je viens de vous entretenir spécialement, il n'existât entre ces formes aucun intermédiaire; mais il n'en est réellement pas ainsi. Il existe chez un grand nombre de *Passiflora* des glandes pétiolaires ; nous trouvons de très-courtes vrilles sur le pétiole du *Passiflora ligularis* ; les épines raméales du *Nauclea aculeata* contournées en spirales participent de la vrille véritable.

Nature du calice extérieur des Malvacées.

Lorsque je vous ai parlé (p. 372) des folioles dites calice extérieur (*calyx exterior*) chez les Malvacées, je ne vous ai point fait connaître leur véritable nature, parce que, ne vous ayant pas alors entretenus de la symétrie de la fleur, je ne pouvais disposer de tous les éléments que la comparaison peut nous fournir. Mais nous savons à présent que, quand un calice ou une corolle est multiple, le rang extérieur alterne avec l'intérieur ; or je ne trouve rien de semblable chez le calice extérieur des Malvacées ; donc ce prétendu calice n'est formé que par des bractées ; c'est un véritable calicule (*caliculus*), comme celui de l'Œillet, et tel est le nom qu'il doit recevoir. Par une raison absolument semblable le calice extérieur des Scabieuses doit prendre aussi le nom de calicule.

Celle des grandes feuilles calicinales des *Potentilla*, des *Fragaria* et des *Geum*.

Je vous ai prouvé (p. 370) que les folioles calicinales les plus petites des *Potentilla*, du *Fragaria*, des *Geum* n'étaient autre chose que des stipules. La symétrie nous démontre aussi que c'est dans les grandes folioles qu'il faut voir les véritables feuilles du calice, puisque ce sont elles qui alternent avec les pétales.

§ III. — *De la comparaison des plantes considérées dans leur ensemble ; des principes de la classification.*

Nous venons de voir que la comparaison pouvait seule nous éclairer sur la véritable nature des organes qui se présentent chez telle ou telle plante avec des formes insolites. En comparant les végétaux dans leur ensemble, nous arriverons à des résultats bien plus importants encore.

Plus de soixante mille espèces de végétaux ont été décrites. Sans classification, nous ne pourrions, comme je vous l'ai déjà dit (p. 5), arriver au nom et peut-être même à une connaissance parfaite de la plante dont nous voulons nous occuper d'une manière spéciale; or classer c'est séparer des êtres quelconques d'après une ou plusieurs différences, c'est en rapprocher d'autres d'après certaines ressemblances, opération qui sera nécessairement précédée d'une comparaison.

La classification résultant de la comparaison.

Si nous voulons nous contenter de savoir le nom des plantes, nous pourrons nous borner à l'étude d'un petit nombre de signes distinctifs ou *caractères* (*character*), c'est-à-dire avoir recours à un de ces modes de classification que l'on a appelés *système, méthode artificielle* (*systema, methodus artificialis*); la comparaison, alors, aura d'étroites limites. Si, au contraire, nous avons pour but non-seulement de nommer les plantes, mais encore de les bien connaître et de trouver la place que leurs rapports doivent leur assigner, notre comparaison s'étendra à toutes leurs parties, nous classerons d'après la *méthode naturelle* (*methodus naturalis*).

Méthode artificielle : méthode naturelle.

Cette dernière classification serait facile, si tous les caractères avaient une valeur égale; dans ce cas, elle se réduirait à la simple addition de ceux qui se ressemblent : deux plantes qui auraient, par exemple, dix caractères communs devraient être plus rapprochées l'une de l'autre que d'une troisième qui ne présenterait que six ou sept des mêmes caractères. Mais il n'en est pas ainsi : souvent deux ou trois signes distinctifs, d'un certain ordre, ont bien plus d'importance et méritent, par conséquent, bien plus d'attention qu'un plus grand nombre d'autres d'un ordre différent.

De deux graines prises dans le même fruit, l'une pourra produire des fleurs bleues et l'autre des fleurs blanches; par conséquent, une telle différence aura peu de valeur et pourra seulement caractériser des variétés (*varietas*), nom que l'on donne *à toutes les déviations accidentelles et peu graves du type de l'espèce, c'est-à-dire de son état le plus habituel.* Si nous semons, dans un lieu sec, les graines d'une plante qui se plaît dans les endroits humides et se montre ordinairement glabre, nous pourrons avoir des individus chargés de poils; ce sera encore là un caractère de variété et, par conséquent, de peu d'importance.

La variété et ses caractères.

Un commençant, auquel je présenterai le *Ranunculus gramineus*, sera certainement frappé de l'aspect des feuilles longues et étroites de cette plante, et, toutes les fois qu'avec des feuilles semblables il retrouvera l'inflorescence et les fleurs de la même plante, le nom de *R. gramineus* viendra s'offrir à sa mémoire. S'il sème les graines du végétal dont il s'agit dans des terrains différents et qu'il répète plusieurs fois le même semis, il pourra obtenir des fleurs plus grandes ou plus petites, plus ou moins nombreuses, d'un jaune plus foncé ou plus pâle ; mais, quand même, avec sa plante, il en aurait semé une foule d'autres, il saura toujours la distinguer à la forme de ses feuilles. Puisque ce caractère se retrouve constamment et résiste à toutes les influences, il aura évidemment, à lui seul, plus de valeur que n'en ont, du moins dans certains cas, mêmes réunies, des différences de couleur et l'absence ou la présence des poils ; ce sera un caractère d'espèce (*species*), dénomination par laquelle on désigne *une réunion de plantes qui ont entre elles tant de ressemblance que l'on peut supposer qu'elles proviennent toutes originairement du même individu.*

L'espèce et ses caractères.

En faisant connaître à mon élève le *Ranunculus gramineus*, je ne me serai pas borné à attirer son attention sur la forme des feuilles, je lui aurai montré les différentes parties de la fleur. Qu'il rencontre les *Ranunculus acris* et *chærophyllus*, il ne sera certainement pas tenté de les confondre avec le *R. gramineus*, dont ils n'ont pas les feuilles; mais, au premier abord, il les reconnaîtra pour des *Ranunculus*, parce qu'ils ont tous deux, comme le *gramineus*, un calice à cinq folioles, cinq pétales munis d'une petite écaille, de nombreuses étamines hypogynes à anthères extrorses et de nombreux pistils. Ces divers caractères auront donc évidemment beaucoup plus d'importance pour la classification que ceux tirés de la forme des feuilles, puisque ceux-ci ne peuvent servir qu'à nous faire distinguer isolément chacune des trois espèces de Renoncule, tandis que les autres nous aident à les grouper; en un mot, si les premiers sont des caractères d'espèces, les seconds sont des caractères de genres (*genus*), *réunions d'espèces qui ont entre elles une ressemblance manifeste, principalement dans les organes de la fructification.* Le genre et ses caractères.

Que notre élève trouve en fleur, dans le même coin de terre, un Jasmin, une Campanule, un Rosier, plusieurs espèces de Renoncule, une Adonide, une Anémone, et qu'il cherche à rapprocher ces plantes d'après leurs rapports, il n'aura d'abord aucune peine à reconnaître que les diverses Renoncules appartiennent au même genre; puis il ne tardera pas à s'apercevoir que le Jasmin, par sa corolle monopétale chargée de deux étamines, la Campanule, par la sienne également monopétale, ses cinq étamines, son ovaire soudé avec le calice, s'éloignent beaucoup du genre *Ranunculus*; la Rose, qui offre une corolle polypétale, des étamines nombreuses et des pistils également nombreux, se rapprochera bien davantage des plantes que nous prenons ici pour objet de comparaison; mais l'analogie sera bien plus grande entre elles, l'Adonide et l'Anémone, qui présentent non-seulement, comme la Rose, une corolle polypétale et un grand nombre d'étamines et de pistils, mais encore une insertion hypogyne, tandis que celle de la Rose est décidé- La famille et ses caractères.

ment périgyne; un examen attentif fera reconnaître à notre élève, dans l'Adonide et l'Anémone, plusieurs autres caractères qu'il avait déjà vus dans la Renoncule, tels que des feuilles alternes et sans stipules, des anthères continues tournées en dehors; et il dira que, si ces plantes ne sont pas des Renoncules, du moins elles se rapprochent beaucoup de ces dernières, qu'elles sont presque des Renoncules. Les caractères qui tendent à rattacher ainsi les Adonides et les Anémones aux Renoncules auront évidemment bien plus d'importance pour la classification que ceux qui groupent les espèces, puisqu'ils rapprochent les genres, et qu'ils sont communs à un nombre de plantes bien plus considérable que les caractères génériques; ce sont, en un mot, des caractères de familles (*familia*), *associations qui sont pour les genres ce que ces derniers sont pour les espèces.*

La classe et ses caractères.

L'absence ou la présence d'une corolle, la soudure ou la séparation des pétales, combinées avec les deux modes d'insertion, l'hypogyne et la périgyne, nous fourniront des caractères de classes (*classis*) dont la valeur sera encore plus grande que celle des signes distinctifs de familles.

L'embranchement et ses caractères.

Enfin dans l'existence d'un ou deux cotylédons nous trouverons un caractère presque invariable, qui nour servira à partager les plantes phanérogames en deux grands embranchements.

La valeur d'un caractère d'autant plus grande qu'il a plus de constance.

De l'exposé qui précède et n'est réellement autre chose que celui des principes puisés par Jussieu dans la nature elle-même, il résulte clairement qu'un caractère a d'autant plus de valeur qu'il se lie invariablement à un plus grand nombre d'organisations, ou, en d'autres termes, qu'il a plus de *constance*.

Mais on sentira aisément que, s'il était possible qu'un caractère de cette nature restât entièrement isolé, il perdrait à peu près toute sa force. Que signifierait, en effet, la présence d'un ou deux cotylédons, si ces caractères ne se rattachaient à rien de fixe; si, avec un cotylédon, par exemple, nous pouvions rencontrer tantôt la structure que nous sommes accoutumés à voir chez les monocotylédones, et tantôt celle que nous observons dans les plantes à deux cotylédons? Mais il n'en est pas ainsi. Quand on me dit qu'une plante n'a qu'un cotylédon, je me la représente avec une structure intérieure différente de celle des plantes à deux cotylédons, avec une racine multiple, des feuilles simples et à nervures parallèles, une tige sans rameaux, des verticilles floraux composés de trois parties, et, enfin, une certaine apparence de faiblesse et de flaccidité; qu'on m'indique une espèce comme étant dicotylédone, elle s'offrira aussitôt à mon imagination pleine de force et de vigueur, ornée de branches nombreuses, couverte de feuilles dont les nervures, ramifiées diversement, peuvent se répandre dans des découpures plus ou moins répétées, chargée, enfin, de fleurs chez lesquelles domine le nombre cinq. Il y a plus : ces degrés si différents de développement et de vigueur me sont déjà indiqués, dans l'embryon lui-même, par la présence d'un ou deux cotylédons ; le nœud qui ne produit qu'une feuille ou un cotylédon a évidemment moins d'énergie que celui qui en produit deux; chez les plantes à deux cotylédons, ceux-ci ont les bords libres, et ils ne font que se presser contre la gemmule qui reste également libre; au contraire, dans l'embryon monocotylédone, le cotylédon unique a ses bords le plus souvent soudés, il forme une petite gaîne autour de la gemmule, celle-ci n'est pas toujours très-développée, enfin toutes les parties semblent être confuses et mal dessinées. Ce n'est donc pas seulement parce que l'existence d'un ou deux cotylédons divise l'ensemble des phanérogames en deux groupes que l'un et l'autre caractère ont une grande importance; c'est parce qu'ils coïncident avec une foule

Importance de la coïncidence des caractères.

d'autres caractères, c'est parce qu'ils sont, en quelque sorte, les symboles abrégés de deux systèmes d'organisation entièrement différents.

Les caractères qui viennent après ceux dont je viens de vous entretenir n'impliquent pas sans doute une aussi vaste coïncidence; mais pourtant il suffit de les énoncer pour que nous nous en rappelions d'autres qui ne sont point sans valeur. Qu'on me désigne une plante dicotylédone comme ayant une corolle monopétale hypogyne, je dirai qu'elle n'a point de stipules, que ses étamines sont probablement en nombre déterminé, qu'elles sont probablement insérées sur la corolle, et que l'ovaire est libre et unique. Quatre étamines et un ovaire gynobasique feront naître en moi l'idée de la coexistence d'une corolle monopétale irrégulière, d'une tige carrée, de feuilles opposées, celle enfin de tous les caractères propres aux Labiées.

Ce que je viens de vous dire doit évidemment vous faire conclure que, si la constance d'un caractère lui donne une grande valeur, il n'en doit pas moins à sa *coïncidence* avec d'autres caractères. Vous conclurez encore que celle-ci est d'autant plus étendue, souvent même d'autant plus précise, que le caractère qui l'entraîne est plus constant; de sorte qu'en réalité les deux conditions de la valeur marchent à peu près sur une même ligne.

La constance et la coïncidence marchant à peu près sur la même ligne.

Il suffit d'indiquer seul le caractère qui a le plus de valeur, la présence d'un cotylédon unique ou celle de deux cotylédons, pour réveiller l'idée des coïncidences les plus importantes; mais il n'en est pas de même quand un caractère est plus faible; alors il faut l'indiquer avec deux ou plusieurs autres; isolés, ils ne rappelleront plus que des coïncidences vagues, et qui ne nous conduiraient à aucune connaissance réelle. Qu'on me dise, par exemple, qu'une plante a des étamines périgynes, je ne saurai pas même si

Un seul caractère de premier ordre suffisant pour indiquer des coïncidences importantes; plusieurs de second ordre nécessaires pour remplir le même objet.

elle est monocotylédone ou dicotylédone; et, quand on ajouterait qu'elle a deux cotylédons, je ne pourrais affirmer si elle est apétale, si sa corolle est soudée ou formée de pétales libres. Un caractère de peu d'importance, isolé ou presque isolé, indique quelquefois, il est vrai, des coïncidences très-importantes; mais c'est précisément à cause de son peu de valeur intrinsèque et de son extrême spécialité; comme je réveillerais bien mieux l'idée des qualités morales et physiques d'un homme en le désignant par une marque particulière, une difformité, par exemple, qu'en faisant son signalement avec plus de détail.

Un caractère isolé de peu de valeur pouvant, par sa spécialité, indiquer des coïncidences importantes.

Peut-être me demanderez-vous pourquoi, lorsqu'il existe des coïncidences d'une grande valeur, je donne la préférence à tel ou tel caractère pour être l'expression de la coexistence générale, pourquoi, par exemple, je dis qu'une plante est monocotylédone au lieu de l'indiquer comme rectinerviée. Aucun caractère, vous le savez, pas même la présence d'un ou deux cotylédons, n'est d'une constance inaltérable; mais il est naturel que, quand nous voulons représenter l'ensemble des coïncidences, nous choisissions le caractère le moins inconstant; or, dans bien des cas, une plante monocotylédone n'a pas ses feuilles sillonnées par des nervures droites et parallèles, et, dans d'autres cas, ses verticilles floraux sont au nombre de deux; l'unité de cotylédon, au contraire, ne fait presque jamais défaut; donc elle doit, de préférence, désigner la structure générale à laquelle elle se montre attachée, pour ainsi dire, avec une fidélité inviolable. Si, après avoir caractérisé les embranchements par le nombre des cotylédons, nous indiquons les classes par le mode d'insertion, l'absence ou la présence des pétales, leur soudure ou leur séparation, c'est encore la même raison qui nous y détermine, c'est qu'au milieu des caractères avec lesquels ils coïncident, ceux que je viens d'é-

Pourquoi on préfère un caractère à un autre dans l'indication des coïncidences.

numérer montrent certainement le moins d'inconstance.

Je vous ai fait connaître ce qui constitue la valeur des caractères sur lesquels repose la classification naturelle; mais je ne dois pas vous dissimuler que quelques auteurs, insistant peu ou n'insistant point du tout sur la coïncidence, ont placé cette même valeur dans la constance combinée avec l'importance physiologique des divers organes. Malheureusement cette importance est loin de nous être connue avec une parfaite certitude, et, comme l'ont très-bien fait observer MM. de Candolle père et fils, des fonctions identiques sont souvent partagées par des organes fort différents. Ceux de la nutrition, suivant la remarque très-juste des mêmes botanistes, ont plus d'importance que ceux de la reproduction, puisque, sans eux, ces derniers n'existeraient point; d'ailleurs ils ne sont pas moins reproducteurs que les autres, et ils le sont même avec plus de fidélité, car ce n'est pas seulement l'espèce, mais la variété qu'ils perpétuent; cependant, depuis un très-grand nombre d'années, les botanistes s'accordent à baser leurs classifications sur les diverses parties du fruit et de la fleur. Pourquoi cette préférence? premièrement parce que les parties de la fleur, ayant à remplir des fonctions fort différentes, doivent nécessairement nous fournir des moyens de distinction plus faciles que les organes de la végétation nuancés par des dégradations insensibles; en second lieu, parce que chaque catégorie d'organes floraux offre, en général, plus de constance dans ses caractères que n'en ont dans les leurs les parties affectées à la végétation. Ce serait à tort qu'on voudrait voir dans cette constance la preuve d'une importance physiologique supérieure à celle des organes de la nutrition; elle est le simple résultat d'une contraction extrême; les parties sont d'autant moins susceptibles de diversité qu'elles occupent moins d'espace; quand elles s'é-

Quelle valeur a pour la classification l'importance physiologique des organes.

tendent et se divisent, elles peuvent le faire de cent manières différentes, elles n'en ont qu'une de rester entières.

Quelle valeur ont pour la classification les caractères tirés de l'embryon.

On a dit que l'embryon avait bien plus d'importance que les diverses parties de la plante, et de ce principe on a cru pouvoir conclure que les caractères fournis par lui devaient passer en première ligne. L'embryon ne saurait être comparé à aucun organe isolé, puisqu'en lui se montrent réunis le système supérieur, l'appendiculaire et le descendant, puisqu'il est, en un mot, une plante tout entière. Nous avons vu que le nombre de ses cotylédons était l'expression abrégée de sa structure; mais, d'ailleurs, nous devons dire de tous ses autres caractères ce que nous avons dit de ceux de la plante développée; leur importance pour la classification est en raison directe de leur constance. Plus contracté que la plante adulte, l'embryon pourra, sans doute, nous présenter dans ses organes moins d'instabilité qu'elle n'en offre dans les siens (V. p. 786); mais nous n'établirons point, *à priori*, que tous ses caractères doivent être constants, parce que c'est lui qui les fournit; nous les éprouverons comme ceux de la plante développée, et, quand un caractère présenté par l'embryon manquera de constance, nous cesserons d'y attacher quelque valeur. Sachant que la position du végétal rudimentaire dans la semence en a généralement une très-grande, je m'étais imaginé, après avoir vu, dans quelques *Helianthemum*, une radicule et des cotylédons qui n'aboutissent pas au hile, que ce caractère devait appartenir au genre tout entier; des dissections faites avec soin ont prouvé que la direction de l'embryon était fort différente dans des espèces d'*Helianthemum* très-voisines; dès lors, je dois m'empresser de reconnaître que cette direction n'a ici qu'une valeur spécifique comme les caractères tirés de la tige ou des feuilles.

Toutes les fois que des exemples du même genre nous seront fournis non-seulement par des caractères propres à l'embryon, mais encore par ceux que peuvent offrir le périsperme, les téguments séminaux ou le fruit, il faudra évidemment que nous appliquions les mêmes principes. Des différences isolées et sans aucune constance n'auront à nos yeux qu'une importance spécifique, qu'elles nous soient offertes par le fruit, les feuilles, la graine ou les pétales ; et nous nous garderons de séparer deux espèces certainement congénères, uniquement parce qu'elles n'auront pas soit la même consistance dans leur fruit, soit une déhiscence exactement semblable, soit enfin des embryons formés sur le même modèle.

Des caractères isolés et sans constance n'offrent qu'une valeur spécifique, à quelque partie qu'ils soient empruntés.

Les botanistes se sont accordés à répéter que le même caractère n'offrait point une égale valeur dans toutes les familles, et que tel signe distinctif, qui ordinairement en a une très-faible, pouvait quelquefois s'élever à l'un des premiers rangs ; c'est assez reconnaître la vérité des principes que je vous ai exposés. S'il fallait fonder les classifications sur l'importance intrinsèque et physiologique des caractères, nous ne serions point forcés d'attacher, suivant les circonstances, une valeur différente au même caractère. Peut-être demandera-t-on s'il ne serait pas possible que la valeur physiologique d'un caractère augmentât réellement avec sa constance, si, par exemple, la forme des poils, uniforme chez les *Malpighia*, et la présence des glandes sur leur calice n'auraient pas, dans ces plantes, une importance de fonctions qu'elles n'ont point ailleurs ; je suis bien loin de le nier, mais je ne saurais l'affirmer non plus, parce que rien, jusqu'ici, n'est venu me le démontrer.

Le même caractère pouvant avoir une valeur différente en diverses familles.

Il est incontestable que, dans certains cas, nous sommes obligés de fonder nos divisions uniquement ou presque uniquement sur des caractères tirés du fruit ou de la graine ; mais c'est parce qu'alors aucun autre ne nous est offert, et qu'il faut, pour la commodité de l'étude, que quelquefois nous fassions des coupes, lors même que la nature semble les désavouer. M. Mirbel a parfaitement distingué les *familles en groupe* chez lesquelles les espèces ont, dans toutes leurs parties, une extrême ressemblance, et les *familles par enchaînement*, celles où les genres, ne réunissant pas un très-grand nombre de caractères communs, présentent néanmoins une série de plantes dont la liaison est évidente. Les premières ne sont que de très-grands genres ; mais, pour faire arriver celui qui étudie à la détermination de l'espèce, il faut que nous divisions ces genres artificiellement, cherchant des coupes dans les parties dont les caractères n'ont pas une très-grande constance et offrent, par conséquent, en réalité, une médiocre valeur. Ce seront, par exemple, les fruits dans les Malpighiées, les calices et les corolles dans les Labiées, les glumes et les paillettes dans les Graminées, etc. Mais, puisque les divisions de cette nature sont artificielles, c'est-à-dire plus ou moins arbitraires, il est évident que nous devons choisir, entre les moyens de les former, ceux qui sont les plus faciles, et nous ne baserons pas nos coupes sur les graines quand nous pourrons trouver des caractères dans le fruit ou les pétales, ni sur la forme du périsperme, quand l'involucre ou le péricarpe pourra nous en fournir. L'élève commence ordinairement ses études par la détermination des espèces, mais il est incapable de se livrer à des dissections difficiles ; d'un autre côté, le botaniste déjà consommé aimera mieux faire des observations nouvelles que de vérifier péniblement celles d'autrui ; l'un et l'autre, si nous ne leur offrons que des moyens de distinction trop lents et trop difficiles, seront obligés de se contenter de la tradition, et la tradition, il faut le dire, est le tombeau de la

Dans quel cas on est forcé de fonder des divisions sur des caractères isolés.

Utilité de choisir les plus faciles.

véritable science. Mieux vaut encore connaître parfaitement les feuilles, les involucres ou les pédoncules des plantes que de se borner à en savoir empiriquement le nom.

Gardons-nous cependant de blâmer, dans tous les cas, les auteurs qui ont fondé des genres sur la graine et le fruit, lorsqu'il se présentait des moyens de division moins difficiles. Dans un grand nombre de plantes, certains caractères ont été fort longtemps négligés ; si les botanistes qui, les premiers, les ont découverts, se fussent contentés de les indiquer dans des descriptions spécifiques, le résultat de leurs recherches eût passé inaperçu ; il fallait donc qu'ils imaginassent quelque artifice pour fixer notre attention sur les organes qui avaient fait l'objet spécial de leurs observations ; ce but ils ne pouvaient guère l'atteindre qu'en attachant des noms génériques à leurs découvertes ; mais des genres ainsi formés, bien différents de ces associations si naturelles proposées par les Linné, les Jussieu, les Kunth, etc., ne doivent être considérés que comme transitoires (*genus temporarium*) ; on peut, comme je l'ai dit ailleurs, les comparer à ces médailles qui rappellent certains événements remarquables, mais ne sont pas destinées à avoir cours.

Genres provisoires

Peut-être demanderez-vous s'il ne faut pas, comme en zoologie, désigner par les termes de *subordination de caractères* les degrés de valeur si différents, qui nous sont offerts, par les signes distinctifs des végétaux. Pourvu qu'on indique bien clairement le sens que l'on attache aux mots dont on se sert, il importe assez peu que l'on donne la préférence aux uns plutôt qu'aux autres ; mais, si nous voulons nous en tenir à la signification ordinaire des mots, nous n'emploierons pas ici ceux dont il s'agit. Le mot subordination, en effet, implique tout à la fois l'idée de la hiérarchie et celle de la dépendance. Cette dernière existe certainement

Si les différents degrés de valeur offerts par les caractères doivent être désignés par l'expression de *subordination*.

dans certains cas ; ainsi la périgynie, qui sans doute peut se rencontrer avec un ovaire libre, est ailleurs la conséquence nécessaire de l'adhérence de l'ovaire, ou, si l'on veut, elle est subordonnée à cette adhérence, comme celle de l'ovaire l'est à son unité ; mais, dans des cas bien plus nombreux, nous ne voyons réellement que des coïncidences dont nous ne pouvons nous rendre compte. Quatre étamines didynames, un ovaire gynobasique, une corolle irrégulière sont des caractères qui se rencontrent dans les diverses espèces de Labiées ; et nous ne saurions découvrir quel est celui des trois qui est subordonné aux deux autres, ni même si cette subordination existe. Dans la hiérarchie sociale, un homme peut occuper un rang bien moins élevé qu'un autre, et cependant ne dépendre de lui en aucune manière.

Quelles sont les plantes les plus élevées dans l'ordre des développements.

La connaissance que nous avons acquise de la symétrie végétale et les principes de botanique comparée ou, si l'on veut, de classification, que je viens de vous exposer, me conduisent naturellement à l'examen d'une question importante, celle de savoir quels sont, dans l'ordre des développements, les végétaux les plus élevés. L'espèce à laquelle il ne manque aucune partie est évidemment plus développée que celle où nous en trouverons quelques-unes de moins ; celle où nous observerons des parties de plus que nous n'en voyons ordinairement sera encore plus développée que la première ; et, lorsque les organes seront soudés, confondus les uns avec les autres, le développement sera évidemment moindre que quand ils se montreront parfaitement libres. Ainsi une plante sera d'autant plus élevée dans l'ordre des développements qu'elle offrira moins de suppressions, moins de soudures et plus de multiplications. M. de Candolle, voulant commencer sa série linéaire par les plantes les plus parfaites, a donc eu raison de placer à la tête de cette série les Renonculacées, les Magnoliées, les Anonées, chez lesquelles on trouve, avec le plus grand nombre possible de multiplications, des étamines et des pétales hypogynes, c'est-à-dire entièrement libres.

A ces plantes succéderont naturellement, dans la série, celles qui, sans multiplication, nous offrent pourtant, comme elles, des étamines hypogynes et des pétales distincts. Mais on peut se demander si, quand nous arriverons aux soudures et aux suppressions, il faudra que nous tenions plus de compte des premières que des secondes. Cette question rentre dans celles que nous avons déjà traitées, et peut se décider par la coïncidence plus ou moins étendue, plus ou moins importante des caractères. Si nous mettions l'insertion au premier rang, il faudrait épuiser d'abord toutes les plantes à étamines hypogynes, puis passer à toutes les périgynes, et ainsi les polypétales se trouveraient entremêlées de monopétales et d'apétales; mais il n'est pas un botaniste qui n'ait reconnu que les polypétales et les monopétales forment deux groupes bien distincts, unis chacun par des coïncidences particulières; il n'en est pas un qui n'admette que les polypétales périgynes sont réellement plus élevées, dans la série des développements, que les monopétales hypogynes, chez lesquelles on ne trouve jamais de stipules, qui offrent rarement des feuilles composées, rarement un grand nombre d'étamines, et dont les carpelles sont toujours soudés les uns avec les autres. Après les monopétales viendront nécessairement les apétales, non-seulement parce qu'elles présentent un verticille de moins, savoir, la corolle, mais parce qu'avec ce défaut de développement coïncident d'autres signes d'un manque d'énergie plus sensible encore, l'absence de stipules latérales, des feuilles qui jamais ne sont composées, des étamines en petit nombre, des feuilles carpellaires soudées entre elles, et, ce qui est fort remarquable, presque toujours un système axile terminé de la manière la plus simple, c'est-à-dire par un seul ovule (V. p. 546). De tout ceci, il résulte que, dans les dicotylédones, nous ne devons mettre l'insertion qu'en seconde ligne, c'est-à-dire après la séparation des pétales, leur soudure et leur absence.

L'ordre que je viens d'indiquer est encore celui de la méthode de Jussieu, à laquelle nous sommes forcés de revenir toujours sous quelque face que nous considérions les rapports naturels. Jussieu a mieux fait qu'il ne croyait lui-même, car il semble avoir eu l'idée de former sa division en polypétales, monopétales et apétales, uniquement pour multiplier les coupes; et en réalité il en a établi de bien plus naturelles que s'il n'avait eu égard qu'aux insertions.

Impossibilité de former une série linéaire parfaitement naturelle.

Je ne vous dissimulerai cependant point que, dans les détails, la formation d'une série linéaire, fondée sur une augmentation graduée des développements, présente des difficultés pour ainsi dire insurmontables. Cette série n'existe réellement point dans la nature. Si nous en apercevons quelques fragments, ailleurs nous ne voyons que des groupes, ailleurs nous voyons les entre-croisements les plus étranges, ailleurs de vastes lacunes. Cependant, comme il faut nécessairement que nous admettions dans nos livres une série linéaire, nous travaillerons sans cesse à la rendre la moins imparfaite possible; nous saurons sacrifier des rapports souvent fort importants pour en conserver d'autres, et ceux que la série ne pourra exprimer, nous les indiquerons soigneusement dans des notes. De toutes les monopétales, par exemple, les moins développées sont incontestablement les Composées, puisque leur inflorescence est aussi contractée qu'elle peut l'être, que leurs bractées sont réduites à n'offrir que des paillettes membraneuses ou que même elles disparaissent, que leur calice est avorté, leur corolle périgyne, leur ovaire adhérent, leur ovule unique, et que souvent il leur manque un ou plusieurs verticilles; et cependant nous sommes à peu près forcés de ne point les placer auprès des apétales, afin de ménager une foule d'autres rapports.

Il est tellement impossible d'établir une série parfaitement graduée que, dès les premiers pas, nous nous trouvons obligés de laisser, à côté des espèces le plus richement organisées, d'autres espèces où se présentent des suppressions nombreuses; ainsi, au milieu des Renonculacées à cinq pétales et à ovaires indéfinis, nous laissons le *Delphinium Ajacis* à un seul pétale, à un seul carpelle; pourquoi cela? parce que, malgré les suppressions que présente cette espèce, il n'est pas une famille où elle puisse trouver une place plus convenable que chez les Renonculacées, pas un genre dans lequel nous puissions mieux la faire entrer que chez les *Delphinium*. Si au milieu de plusieurs familles de polypétales périgynes nous jetons une foule d'apétales, c'est que, malgré leur défaut de corolle, ces apétales présentent évidemment les caractères des polypétales périgynes, et qu'elles n'offrent aucun des autres défauts de développement qui, comme je viens de vous le montrer, nous sont offerts en si grand nombre par les véritables apétales d'Antoine-Laurent de Jussieu.

Dans une foule de cas, il faut bien le dire, un tact délicat, une grande habitude d'observer, nous aideront mieux que toutes les règles à disposer les plantes d'après leurs véritables rapports, et quoi que nous fassions il y aura toujours dans nos arrangements beaucoup d'empirisme.

La comparaison des plantes avec le type, moyen de diminuer l'empirisme qui règne dans la science des rapports.

Cependant nous pouvons faire disparaître quelque chose de cet empirisme, même dans les détails, nous pouvons donner plus de précision à la science des rapports, si nous voulons recourir à un moyen dont j'ai déjà eu l'occasion de vous entretenir (p. 19). Il consiste à comparer avec le type que je vous ai tracé (p. 605) les plantes sur lesquelles nous aurons conçu quelques doutes, et à rapprocher les unes des autres celles qui offriront le plus de ressemblance avec ce type, ou qui s'en écarteront le plus. Un exemple pris parmi les moins compliqués achèvera, je l'espère, de me faire comprendre.

Dans les deux genres *Micranthemum* et *Pinguicula* nous trouvons une corolle monopétale, hypogyne, irrégulière, à cinq parties, deux étamines et un ovaire uniloculaire dont le centre est occupé par un placenta libre. Ce dernier caractère réveille en nous l'idée des Primulacées, tandis que l'irrégularité de la corolle et un nombre d'étamines moindre que celui des parties de cette dernière nous rappellent les Scrofularinées; mais nos deux genres ont-ils plus de rapports avec la première des deux familles qu'avec la seconde; en offrent-ils plus avec la seconde qu'avec la première, ou, enfin, l'un d'eux en aura-t-il plus avec les Primulacées qu'avec les Scrofularinées? Avant de répondre à ces questions, je rapproche du type général le type particulier de chacune des deux familles, afin d'acquérir une idée exacte de l'une et de l'autre; et j'établis les projections suivantes : Exemple du *Micranthemum* et du *Pinguicula*.

Type général.

Calice — — — — —
Corolle — — — — —
Étamines — — — — —
1er disque — — — — —
2e disque — — — — —

Primulacées.

Calice	—		—		—		—		—	
Corolle		—		—		—		—		—
Dédoublement staminal de la corolle.		⋮		⋮		⋮		⋮		⋮
Étamines	0		0		0		0		0	
1er disque		0		0		0		0		0
2e disque	0		0		0		0		0	

Scrofularinées.

Calice	—		—		—		—		—	
Corolle		—		—		—		—		—
Étamines	—		—		0		—		—	
1er disque		0		0		0		0		0
2e disque	0		0		0		0		0	

La comparaison me montre que les deux disques manquent également dans les deux familles (1), que le verticille staminal manque aussi chez les Primulacées, et que les organes mâles y sont fournis par un dédoublement staminal de la corolle (V. p. 662), tandis qu'au contraire il existe dans les Scrofularinées un véritable verticille d'étamines dont une ne s'est point développée. A présent que nous connaissons bien les deux familles, nous allons rapprocher de leur type propre la projection des genres *Pinguicula* et *Micranthemum*, dont nous aurons préalablement examiné les parties avec le plus grand soin sous le rapport de leur position respective.

(1) Un des deux disques existe dans divers genres de Scrofularinées.

Pinguicula.

Calice	—		—		—		—		—	
Corolle		—		—		—		—		—
Dédoublement staminal de la corolle.		⋮ 0		⋮ 0		⋮ 0		⋮ 0		⋮ - -
Étamines	0		0		0		0		0	
1er disque		0		0		0		0		0
2e disque	0		0		0		0		0	

Micranthemum.

Calice	—		—		—		—		—	
Corolle		—		—		—		—		—
Étamines	—		0		0		0		—	
1er disque		0		0		0		0		0
2e disque	0		0		0		0		0	

Ces projections nous montrent que les deux étamines du *Pinguicula* résultent du dédoublement de l'un des pétales, tandis que celles du *Micranthemum* sont les restes d'un véritable verticille staminal réduit à n'avoir que deux pièces. Donc, pour ce qui regarde les étamines, le genre *Pinguicula* offre plus de rapports avec les Primulacées qu'avec les Scrofularinées, et le *Micranthemum* en a davantage avec les dernières. Cette circonstance doit me rappeler que les *Limosella*, genre de Scrofularinées, n'offrent de cloison qu'à la partie inférieure de leur ovaire (V. p. 502), et que leurs deux placentas réunis en simulent un seul à la partie supérieure; j'examine avec soin un grand nombre d'ovaires de *Micranthemum*, et chez quelques-uns je découvre à la base de leur cavité les débris d'une cloison qui achèvent de me démontrer que ce genre doit bien plutôt être rapporté aux Scrofularinées qu'aux Primulacées.

Vous remarquerez que les comparaisons que nous avons

Utilité de la comparaison des plantes avec le type pour la connaissance de la composition de la fleur.

faites avec le type ne nous ont conduits au résultat désiré qu'en nous faisant passer par la connaissance la plus exacte des organes floraux des diverses plantes comparées ; donc, indépendamment de toute idée de rapports, une comparaison semblable aura l'avantage de nous éclairer sur la structure des fleurs dont la composition aura pu, au premier abord, nous paraître bizarre et insolite. Je vous citerai seulement deux plantes très-remarquables, le *Sauvagesia erecta* et le *Reseda lutea*; pour abréger, je n'entrerai point ici dans le détail des multiplications, des dédoublements, ou des suppressions qui peuvent s'être opérées dans les différents verticilles, et je me contenterai de vous présenter le tableau suivant :

Type.	*S. erecta.*	*Reseda lutea.*
Calice.	Calice.	Calice.
Corolle.	Corolle.	Corolle.
Étamines.	Ét. stériles.	Disque.
1er disque.	Corolle intérieure.	Étamines.
2e disque.	Étamines fertiles.	0
Carpelles.	Carpelles.	Carpelles.

Par ce tableau nous voyons que, dans le *Reseda lutea*, les étamines ont pris la place du disque et le disque celle des étamines. Il nous montre aussi que, chez le *Sauvagesia erecta*, il n'existe que des étamines stériles là où, dans le type, nous en avons de fertiles; que la plante reprend ensuite une énergie nouvelle; qu'à l'endroit où nous ne trouvons ordinairement que les organes avortés du premier disque se montre une corolle, et qu'à celle du second disque s'élèvent des étamines fertiles sans lesquelles il ne pourrait y avoir de fécondation, sans lesquelles, en un mot, l'espèce serait bientôt anéantie.

Ce qui a lieu dans les deux espèces que nous venons de soumettre à notre examen nous fait voir combien est versatile l'organisation végétale : mais c'est principalement chez le *Reseda lutea* que nous trouvons une preuve de cette mobilité ; car nous n'y observons pas seulement des développements plus marqués, mais encore un changement de place bien complet entre des organes de deux ordres entièrement différents.

Ne croyez pas, au reste, que ce phénomène soit particulier au *Reseda lutea ;* on l'observe chez d'autres espèces, et il a reçu le nom de *déplacement d'organes* (*organorum metathesis*). Il contribue à cette diversité qui répand tant de beauté dans le règne végétal, et, si nous ne pouvons expliquer pourquoi il s'opère dans telle circonstance plutôt que dans telle autre, du moins, comme vous venez de le voir, la botanique comparée peut-elle nous le faire reconnaître sans peine. Si je ne vous en ai point entretenus en vous parlant de la symétrie, c'est qu'en réalité il ne saurait la troubler ni la déguiser en aucune manière. Ce n'est pas la nature des organes, mais leur position respective qui constitue la symétrie, et qu'un verticille se compose d'étamines, de pétales ou de glandes, il sera toujours symétrique si ces pièces alternent avec celles du verticille qui précède.

Si la série linéaire doit commencer ou finir par les plantes les plus élevées dans l'ordre des développements.

Je vous ai fait connaître de quelle manière doit être formée, au moins dans les points principaux, la série linéaire. Nous avons encore une question à examiner. Devons-nous, à l'exemple de Jussieu, commencer cette série par les plantes les plus imparfaites, ou faut-il, comme M. de Candolle, la commencer par celles qui sont le plus élevées dans l'ordre des développements ? Il est incontestable que nous ne saurions nous former une idée juste d'un corps qui a éprouvé quelques suppressions, si nous ne l'avons vu dans son intégrité, ou, du moins, si nous n'avons vu sans aucune suppression quelque corps analogue. Les botanistes d'un pays où il n'existerait que des Graminées ou des *Polygala* pourraient, sans doute, décrire les caractères de leurs fleurs, mais ils ne sauraient s'expliquer la véritable structure de ces mêmes fleurs, ils n'en comprendraient point la symétrie. Nous mettrons donc les plantes les plus complètes à la tête de la série, puisque celles-là seules peuvent nous expliquer les autres; ce sera procéder du connu à l'inconnu, marche que l'on suit dans toutes les sciences. Le pâtre, qui connaît seulement sa cabane, ne verra, dans de nobles ruines, que d'informes amas de pierres; mais un architecte habile, qui aura soigneusement observé une foule de constructions diverses, aura à peine jeté les yeux sur ces restes dédaignés de l'ignorant, qu'il se représentera l'édifice auquel ils ont appartenu, qu'il pourra même nous tracer le plan de cet édifice.

CHAPITRE XXXVII.

ENVELOPPES FLORALES DES MONOCOTYLÉDONES.

Je vous ai dit que le nombre trois était celui qui se rencontrait le plus souvent dans les verticilles floraux des monocotylédones (p. 42); mais vous avez dû remarquer que, toutes les fois que j'ai eu à vous entretenir du calice et de la corolle, j'ai toujours pris parmi les dicotylédones les exemples que je vous ai cités. Je ne pouvais vous donner une idée juste de la nature ambiguë des enveloppes florales chez les plantes à un seul cotylédon, avant que vous connussiez le calice et la corolle, généralement bien distincts, des dicotylédones, et que je vous eusse exposé les lois de la symétrie ainsi que les principes de la botanique comparée.

§ Ier. — *Des enveloppes des monocotylédones, quand elles sont symétriques.*

La similitude des six pièces qui, dans la fleur symétrique des monocotylédones, se trouvent au-dessous des organes sexuels et l'uniformité de leur coloration ont fait croire aux botanistes, pendant bien longtemps, que l'enveloppe florale de ces plantes était simple et unique. Jussieu, d'après des théories que l'on a été forcé de ne point admettre, considérait l'enveloppe florale de toutes les monocotylédones comme un calice. Linné, plus exact en ce point, admettait un calice et une corolle, quand il voyait bien clairement deux verticilles, l'un extérieur, de couleur verte et d'une consistance assez ferme, l'autre intérieur, blanc, rose ou bleu, d'une contexture plus délicate; lorsque les six pièces sont également vertes, elles ne formaient plus, pour lui, qu'un calice, et c'était une corolle quand toutes présentent une autre couleur.

Deux verticilles au-dessous des organes sexuels des monocotylédones.

Pour peu que l'on jette un regard attentif sur la fleur symétrique des monocotylédones, on ne pourra s'empêcher de reconnaître que, malgré l'uniformité si fréquente des couleurs et la similitude des formes, cette fleur se compose de trois pièces extérieures et de trois intérieures placées entre les premières; or des pièces disposées sur deux rangs et alternes entre elles forment deux verticilles; donc les six parties que nous voyons dans les monocotylédones n'appartiennent pas à une enveloppe unique, elles en constituent réellement deux, comme, au reste, la plupart des botanistes s'accordent aujourd'hui à le reconnaître.

Ici se présente une question importante. Les deux verticilles des monocotylédones doivent-ils être assimilés, l'un au calice et l'autre à la corolle des dicotylédones? tous les deux sont-ils de la nature du calice ou se rapprochent-ils également de celle de la corolle?

Si les monocotylédones ressemblaient toutes aux *Tradescantia* et aux *Alisma*, la question serait facile à résoudre. Chez ces plantes et d'autres qui leur sont analogues, on trouve, en effet, un verticille extérieur dont les trois pièces sont vertes, assez fermes, parfaitement contiguës, et un autre interne, composé de parties colorées et très-délicates. Ici il est impossible de ne pas reconnaître tous les caractères des deux verticilles des dicotylédones, et nous devons proclamer l'existence d'un calice et d'une corolle (*calyx, corolla*).

Un calice et une corolle dans plusieurs monocotylédones.

Il s'en faut bien, cependant, qu'il en soit toujours ainsi. Une foule de monocotylédones présentent deux verticilles dont les pièces sont également colorées en rouge, en blanc, en jaune, etc., et ont une contexture également délicate. On ne refusera certainement pas le nom de corolle à l'intérieur; mais, si l'extérieur lui ressemble exactement, ce doit, sans aucun doute, être aussi une corolle; nous ne faisons pas de distinction entre deux feuilles semblables, quoique l'une soit plus élevée et l'autre moins élevée sur la tige. D'ailleurs, le verticille extérieur présente un caractère qui ne se rencontre jamais chez les véritables calices; ses parties, dès la base, laissent entre elles un intervalle plus ou moins sensible, qui resterait vide s'il n'était recouvert par les pièces alternes du verticille supérieur; et nous savons qu'au contraire les parties d'un calice véritable sont toujours, du moins à leur origine, rapprochées et contiguës. Mais ce caractère, qui n'existe jamais chez les calices, appartient essentiellement, comme je vous l'ai dit (p. 613), aux verticilles des corolles multiples; donc nous devons assimiler à ces corolles les deux verticilles des monocotylédones à fleurs colorées, c'est-à-dire celles qui pré-

Une corolle multiple chez les monocotylédones à fleurs colorées.

sentent une autre couleur que le vert. Ces deux verticilles seraient la corolle multiple (*corolla multiplex*) et trimère des Anonées, dépouillée du calice qui l'accompagne.

Intermédiaire entre le calice et la corolle d'un côté, et de l'autre un double calice ou une double corolle.

D'autres monocotylédones, telles que les Joncs, offrent pour enveloppes six pièces à peu près également vertes. Les trois extérieures forment un calice, puisqu'elles sont contiguës, mais les intérieures ne le sont point, ou du moins le sont d'une manière obscure; par conséquent, nous aurions une sorte d'intermédiaire entre le calice et la corolle d'un côté, et, de l'autre, un double calice ou même une double corolle.

Vous savez que la nature ne procède jamais que par transition; ici vous en avez encore la preuve : on dirait presque qu'elle a voulu s'essayer dans les monocotylédones, plantes imparfaites, à former le calice et la corolle, généralement bien tranchés, des dicotylédones.

Des botanistes, qui n'admettaient qu'une enveloppe florale chez les premières de ces plantes, avaient pourtant reconnu que cette enveloppe ne pouvait être bien exactement assimilée ni à un calice ni à une corolle, et ils avaient imaginé des expressions particulières pour la désigner. Les uns proposaient le mot périanthe (*perianthium*), que Linné prenait dans un sens plus général, d'autres le mot périgone (*perigonium*), d'autres, enfin, périgynande (*perigynandum*), ou péristème (*peristemum*). Mais, puisque toutes ces expressions étaient destinées à indiquer une enveloppe unique, il est évident que nous ne pouvons nous en servir, lorsque nous reconnaissons qu'il existe deux enveloppes. Ce qu'il y a de mieux à faire, ce n'est pas d'introduire dans la science de nouveaux mots, qu'il faudrait nécessairement beaucoup multiplier, puisque nous avons des nuances nombreuses à représenter; c'est de peindre ce qui est à l'aide des expressions admises par tout le monde. Ainsi, quand nous aurons

Par quels noms on doit désigner les enveloppes florales des monocotylédones.

évidemment un calice et une corolle, comme dans les *Alisma*, nous dirons que l'enveloppe florale se compose de deux verticilles, l'extérieur calicinal et l'intérieur pétaloïde (*calycinus*, *petaloideus*); dans la Tulipe, les deux verticilles seront indiqués comme pétaloïdes ; dans le Jonc, l'extérieur sera calicinal, l'intérieur presque calicinal (*subcalycinus*).

§ II. — *Des multiplications, dédoublements, soudures et défauts de développement dans les monocotylédones.*

Pour me faire comprendre plus facilement, je n'ai voulu vous entretenir d'abord que des monocotylédones dont les deux verticilles floraux sont parfaitement symétriques et composés de pièces libres. Mais, dans le vaste embranchement qui nous occupe, nous retrouvons réellement tous les phénomènes qui, chez les dicotylédones, déguisent ou altèrent la symétrie, savoir, comme je vous l'ai dit, la multiplication, le dédoublement, la soudure et le défaut de développement (V. p. 608 et suiv.). Je commencerai par vous entretenir de la soudure.

Il est incontestable que, si les monocotylédones nous offraient toutes, comme les *Muscari*, une enveloppe en grelot à cinq dents fort petites, nous arriverions difficilement à l'idée d'y trouver deux verticilles; mais, en prenant une série d'espèces, nous voyons l'adhérence se former par degrés, et, lorsqu'elle est presque complète, nous parvenons, au moyen de l'analogie, à reconnaître encore la structure qu'elle déguise. Chez quelques *Allium*, les deux verticilles seraient libres, si des étamines monadelphes ne venaient se coller, pour ainsi dire, sur leur base; ailleurs une légère adhérence se montre à la partie inférieure des diverses par- Soudure.

ties; ailleurs la soudure s'étend davantage, mais on reconnaît parfaitement encore la limite des deux verticilles; peu à peu ces limites disparaissent entièrement dans l'espace soudé, mais les deux rangs de pièces se reconnaissent au-dessus de la soudure, aussi bien que s'il n'y avait plus bas aucune adhérence; s'étendant toujours, la soudure ne laisse plus de libres que des lobes ou des dents; néanmoins, dans la préfloraison, nous voyons toujours trois parties extérieures et trois intérieures; enfin, en quelques cas rares, la préfloraison elle-même ne saurait nous faire distinguer les deux rangs l'un de l'autre, et il faut que nous ayons recours à l'analogie. La soudure de deux verticilles contigus n'a rien, au reste, qui doive nous étonner; les parties, quoique superposées, peuvent se rapprocher assez pour se coller, pour se fondre, et rien, comme je vous l'ai dit, n'est plus commun dans les verticilles staminaux des dicotylédones (V. p. 624). Je comparais tout à l'heure les deux enveloppes florales des monocotylédones à la corolle multiple des Anonées; dans le *Rollinia*, les deux verticilles se soudent, comme vous savez (p. 634), et forment une corolle monopétale dont la préfloraison nous montre évidemment les trois pièces extérieures et les trois intérieures : c'est là ce qui arrive chez les *Muscari*.

Non-seulement les deux verticilles peuvent se souder entre eux, mais encore ils se soudent avec l'ovaire, ce qui, comme vous savez, a aussi lieu fort souvent chez les dicotylédones; mais, en général, chez les monocotylédones à ovaire adhérent, la soudure des pièces entre elles ne s'étend pas assez haut pour qu'à la partie supérieure on ne puisse les distinguer avec une facilité extrême (ex. *Narcissus, Galanthus*, *Iris*).

Il n'est pas extraordinaire que, chez des plantes peu élevées dans l'ordre des développements, nous trouvions plus de soudures que de multiplications ; cependant les monocotylédones ne sont point étrangères au dernier de ces phénomènes. Nous avons des ovaires multiples dans les *Alisma*, des étamines multiples dans la Sagittaire (*Sagittaria*), des verticilles floraux quadruples dans les Narcisses. Multiplication.

Il est indispensable que j'entre dans quelques explications pour vous faire comprendre ce qui a lieu dans ces dernières plantes. Non-seulement nous voyons chez elles deux verticilles de trois pièces, complets et symétriques, soudés à leur base avec l'ovaire et libres au-dessus de ce dernier ; mais elles nous offrent encore une couronne (*corona*) parfaitement fermée, soudée tout à fait à sa partie inférieure avec celle des pièces des enveloppes florales. La première idée qui se présente, c'est d'assimiler cette couronne à celle des *Silene* (V. p. 629), et de la considérer comme formée par des dédoublements pétaloïdes qu'auraient formés les pièces des enveloppes florales et qui se seraient soudés ensemble. Cette conjecture ne saurait être infirmée, sans doute, par les *Narcissus poeticus* et *Pseudo-Narcissus*, car leur couronne, composée de parties intimement soudées, n'offre à son sommet qu'un grand nombre de petites dents, dont plusieurs appartiennent évidemment à la même pièce. Mais tous les Narcisses ne nous présentent pas de semblables caractères : souvent les parties qui ont formé leur couronne ne sont point, à beaucoup près, soudées dans une aussi grande longueur que chez le *N. Pseudo-Narcissus*, et alors on voit, à l'extrémité supérieure de cette même couronne, six lobes plus ou moins prononcés. Si ces lobes provenaient du dédoublement des pièces des deux verticilles floraux, ils seraient opposés à ces dernières ; mais ils alternent avec elles ; par conséquent, ils sont le résultat d'une multiplication, car le dédoublement, comme vous savez, amène constamment l'opposition, tandis que la multiplication amène l'alternance. La couronne Couronne des Narcisses.

des Narcisses est donc composée, comme l'enveloppe qui la précède, de deux verticilles dont l'un alterne avec le verticille intérieur de cette même enveloppe, tandis que l'autre alterne avec le premier ; et, très-rapprochés, soudés intimement, les deux verticilles ont, ainsi que ceux du *Rollinia* (p. 634), formé une sorte d'enveloppe monopétale.

Dédoublement.

La corolle se dédouble bien évidemment en étamines dans quelques espèces de monocotylédones, par exemple, dans l'*Alisma Plantago,* où devant chaque moitié des trois pétales se trouve un organe mâle, et où, par conséquent, il est absolument impossible de supposer aucune alternance (V. p. 622); mais je ne saurais citer chez les plantes à un cotylédon un seul exemple du dédoublement d'un pétale en une autre expansion pétaloïde.

Quant aux suppressions, on pense bien qu'elles ne doivent pas être rares chez des plantes aussi peu élevées que les monocotylédones dans l'ordre des développements. On peut voir un des six pétales manquer complétement ; ailleurs c'est un verticille tout entier qui disparaît ; chez quelques Cypéracées les enveloppes florales sont réduites à de simples soies dont on ne saurait découvrir la symétrie, et qu'il faut peut-être, comme les aigrettes des Composées, assimiler à des nervures sans parenchyme ; enfin, dans plusieurs genres, dans des familles même disparaissent tout à fait les enveloppes florales.

Explication de la fleur des Graminées.

Passer en revue chacun des groupes qui nous présentent des défauts de développement, ce serait sortir des limites que je me suis tracées, et m'écarter du plan de cet ouvrage ; mais, comme je vous ai déjà entretenus de la fleur des Graminées, j'achèverai de vous la faire connaître ; elle nous fournira tout à la fois un exemple de soudure et un exemple de suppression. Je vous ai dit (p. 210, 288 et suiv.)

que l'épillet uniflore des plantes dont il s'agit se composait de deux folioles extérieures et alternes qu'on appelle la glume (*gluma*), puis de deux paillettes (*paleæ*), l'une inférieure, l'autre supérieure, alterne avec la première; de deux paléoles (*paleolæ*) unilatérales très-délicates, et enfin des organes sexuels (*f.* 196; — *id.* 197, *où les parties ont été artificiellement écartées les unes des autres*); j'ai ajouté que l'épillet multiflore (*f.* 198; — *id.* 199, *où les parties ont été artificiellement écartées les unes des autres*) était l'uniflore répété un certain nombre de fois, mais sans sa glume, le long d'un axe qui porte à sa base une glume universelle. Dans les deux sortes d'épillets la glume (aa *f.* 196 *et* 197; bb *f.* 199) n'est autre chose, comme vous savez (V. p. 210), qu'une réunion de bractées; voyons à présent ce qu'il faut penser des paléoles et des paillettes. Des deux dernières l'inférieure offre une nervation impaire, et ne saurait être qu'une foliole simple; mais, dans la supérieure parinerviée, nous devons, avec Robert Brown, voir deux folioles soudées l'une avec l'autre (V. p. 192); et, par conséquent, nous avons réellement ici trois folioles, c'est-à-dire une enveloppe extérieure telle qu'on en trouve ordinairement chez les monocotylédones. Dans la position des deux paléoles qui, comme je l'ai dit, sont collatérales, nous trouvons un caractère qui appartient à toute paire de folioles faisant partie d'un verticille quelconque; l'alternance des paléoles avec la paillette extérieure est, en particulier, le caractère qu'offre chaque pièce d'un verticille relativement à celles du verticille inférieur; et il y aurait évidemment une alternance complète, s'il existait une troisième paléole à la place que les deux autres existantes laissent vide; donc, les deux paléoles sont le reste d'un verticille supérieur qui alterne avec un autre verticille inférieur. En résumé, les paillettes et les paléoles des Graminées forment leurs enveloppes florales; les premières sont l'enveloppe inférieure chez laquelle deux folioles se trouvent soudées; les paléoles sont l'enveloppe supérieure réduite à deux folioles. Au reste, ce que l'étude des positions respectives, les analogies et le raisonnement démontrent si bien, l'est encore par l'observation directe; en effet, M. Schleiden a reconnu dans le bouton très-jeune des Graminées deux verticilles de pièces égales et parfaitement libres, et il a vu que les trois supérieures étaient alternes avec les inférieures.

Je vous ai fait retrouver les lois de la symétrie dans la fleur des Graminées, telle qu'elle se présente le plus souvent aux yeux de l'observateur; chez certaines plantes de cette famille, les soudures et les défauts de développement sont bien plus sensibles encore, mais il nous sera toujours facile de nous en rendre compte pour peu que nous prenions pour objet de comparaison la structure ordinaire que nous connaissons actuellement si bien. Ainsi, quand nous n'aurons qu'une paillette imparinerviée, nous dirons qu'à l'enveloppe florale inférieure, deux pièces ont fait défaut. Qu'il existe une seule paléole au milieu de laquelle correspondra une des étamines, nous reconnaîtrons cette paléole comme étant formée de deux paléoles soudées : quand celles-ci restent distinctes, comme cela a lieu ordinairement, une des étamines alterne avec elles; si elles viennent à se souder, l'organe mâle se trouvera nécessairement placé devant le milieu de l'organe composé, résultat de l'adhérence. (*Un coup d'œil jeté sur la fig.* 199 *suffira pour faire comprendre ce que je dis ici.*)

§ III. — *De l'origine des étamines chez les monocotylédones; de l'ovaire des mêmes plantes.*

Si je m'arrêtais après vous avoir fait connaître la nature et la disposition respective des enveloppes florales chez les monocotylédones, vous n'auriez qu'une idée très-incomplète de la fleur de ces plantes, puisqu'au-dessus de leurs enveloppes elles offrent encore des étamines et des carpelles. Il me sera impossible, je dois l'avouer, de ne laisser dans votre esprit aucun doute sur l'origine des organes mâles et leur véritable position; mais il est bon que vous sachiez quelles lacunes existent encore dans la science pour que vous tâchiez de les remplir.

Les monocotylédones les plus complètes ont, généralement, six étamines, comme elles ont six pièces à leurs enveloppes réunies, et chacune des étamines se voit devant une des six pièces. Les botanistes, qui n'admettaient qu'un calice ou une corolle chez les monocotylédones, devaient nécessairement dire que les étamines étaient opposées aux folioles calicinales ou aux pétales; mais, comme il existe deux enveloppes, il est réellement possible ou que chaque étamine soit opposée à une des pièces de l'une et l'autre enveloppe, qu'elle en soit une dépendance, un dédoublement, ou bien qu'il existe deux verticilles de trois étamines chaque, dont le second alterne avec le premier, qui alternerait lui-même avec l'enveloppe florale supérieure. Il est incontestable que, chez les Graminées, dont les étamines sont hypogynes, celle qui se voit devant la paillette extérieure en est si peu un dédoublement, que souvent elle s'en trouve éloignée d'une manière très-sensible; par conséquent, ici, les organes

Alternance des étamines avec l'enveloppe florale supérieure chez les Graminées.

mâles forment un verticille distinct, parfaitement indépendant des enveloppes florales et alterne avec l'enveloppe supérieure, c'est-à-dire avec les paléoles. Mais, comme dans l'*Alisma Plantago* et autres plantes analogues qui offrent une insertion périgyne, les étamines sont certainement, ainsi que nous l'avons vu (p. 808), le résultat d'un dédoublement des pétales, on est en droit de demander s'il n'en serait pas de même dans toutes les monocotylédones à insertion également périgyne, c'est-à-dire dans les Liliacées, les Asparagées, les Amaryllidées, les Orchidées, les Iridiées, etc. Chez les monocotylédones les développements sont généralement si incomplets, les soudures confondent tellement les différents organes, que, sur le point de botanique dont il s'agit, il m'a été absolument impossible, par l'observation directe, de reconnaître la vérité avec une entière certitude. La difficulté est d'autant plus grande que, dans les monocotylédones, les deux enveloppes florales ne sont pas toujours, comme je vous l'ai dit (p. 803), exactement superposées; mais qu'entre les pièces de l'enveloppe extérieure il existe, le plus souvent, un intervalle que remplit le milieu des pièces de l'enveloppe supérieure, que, par conséquent, les verticilles sont réellement bien moins distincts que chez les dicotylédones, et que tous les rapprochements doivent nécessairement être très-intimes. Mais, quand les moyens d'observation nous manquent, nous avons, du moins, la ressource de recourir au raisonnement et à l'analogie. Il n'est guère vraisemblable que, dans des plantes bien plus imparfaites que les dicotylédones, nous trouvions deux verticilles staminaux continuant l'alternance des enveloppes florales, lorsque ce caractère ne se rencontre chez les dicotylédones que dans un petit nombre d'espèces qui appartiennent aux familles les plus élevées dans l'ordre des développements. Nous devons plutôt, ce me semble, croire que

Dédoublement incontestable des pétales en étamines dans l'*Alisma Plantago*.

les monocotylédones périgynes n'ont pas, comme les Primulacées, de véritables verticilles staminaux ; mais que ce verticille est remplacé, chez elles, par le dédoublement en étamines des pièces d'une des enveloppes ou plus souvent de toutes les deux ; genre de phénomène qui n'indique pas, ainsi que vous le savez, la même énergie que la multiplication.

Quant au verticille des carpelles, il est, chez les monocotylédones, beaucoup plus souvent symétrique, proportion gardée, que chez les dicotylédones, c'est-à-dire qu'il offre plus ordinairement un nombre de pièces égal à celui des parties de chacune des enveloppes. Cependant on trouve, comme vous savez, des carpelles asymétriques par multiplication dans les Alismacées ; et les Graminées nous offrent de nombreux exemples d'un verticille asymétrique par la suppression de deux carpelles. Ainsi que dans plusieurs Chénopodées, nous avons aussi, sans cordons pistillaires, dans les Cypéracées, trois feuilles carpellaires, ou deux par défaut de développement, avec un seul ovule attaché au fond de la loge, et qui n'est autre chose que l'extrémité de l'axe (V. p. 546).

§ IV. — *Des rapports des monocotylédones entre elles.*

A présent que nous avons su retrouver les lois de la symétrie dans la fleur des monocotylédones, autant, du moins, que le permet l'état de la science, nous n'aurons plus autant de peine à démêler les rapports, trop souvent méconnus, de ces plantes entre elles, et à déterminer le degré de développement qu'il a été donné à chaque famille de pouvoir atteindre.

Nous devons évidemment appliquer aux monocotylédones en particulier ce que nous avons dit des végétaux en général : celles-là seront les moins imparfaites qui présenteront le plus de multiplications, le moins de soudures et de suppressions. Or il n'est bien certainement pas de famille monocotylédone qui réunisse ces conditions à un plus haut degré que les Alismacées, puisque, chez elles, nous trouvons un calice et une corolle bien caractérisés, de nombreux ovaires et quelquefois des étamines en très-grand nombre. Mais il ne faut pas s'imaginer que ce soit avec les dicotylédones les moins complètes que ces plantes ont le plus de rapports; elles se rapprochent, au contraire, des dicotylédones les plus parfaites bien plus que de toutes les autres, et il faut même une grande habitude d'observer les plantes pour ne pas, au premier abord, prendre pour des Alismacées les *Cazalea*, qui font partie des Renonculacées et sont très-voisins du genre *Ranunculus*. Cependant, quand nous placerions dans la série linéaire les Alismacées à la tête des monocotylédones, elles se trouveraient nécessairement séparées des Renonculacées par toutes les autres familles dicotylédones, puisque ce sont les Renonculacées qui doivent commencer la catégorie des végétaux à deux cotylédons ; tant il est vrai que, malgré tous nos efforts, nous ne formerons jamais une série linéaire qui ne nous offre les imperfections les plus choquantes.

Quelles monocotylédones sont les plus élevées dans l'ordre des développements.

Mais, bien loin de rapprocher les Alismacées, au moins, des dicotylédones les plus imparfaites, les botanistes ont coutume de placer entre celles-ci et les premières une longue suite de familles monocotylédones ; ce sont les Orchidées qu'ils rangent ordinairement près des dicotylédones, frappés de l'éclat brillant des fleurs de cette famille et obéissant encore à quelques idées systématiques qui s'étaient glissées dans l'ouvrage immortel d'Antoine-Laurent de Jussieu. Il est incontestable, pourtant, que les Orchidées sont moins élevées, dans l'ordre des développements, que les Graminées qu'on a le plus éloignées des végétaux à deux cotylédons. Nous trouvons, à la vérité, une pièce de moins à l'une des enveloppes florales des Graminées, et il n'en manque aucune à celles des Orchidées; mais, chez ces dernières, l'embryon est resté, pour ainsi dire, informe, tous les verticilles sont soudés à leur base, celui des étamines est réduit à une seule, et l'adhérence va jusqu'à la confondre avec le style; dans les Graminées, au contraire, non-seulement la structure de la tige se rapproche singulièrement de celle de l'axe des dicotylédones, non-seulement l'embryon est plus développé que chez les autres plantes à un cotylédon, mais encore les verticilles sont distincts et écartés les uns des autres, et les étamines ainsi que les pistils sont parfaitement libres. Cependant, bien loin de ranger les Graminées dans le voisinage des dicotylédones, c'est auprès des cryptogames que Jussieu, et, après lui, une foule de botanistes ont cru devoir les placer; et, auprès d'elles, ils ont mis des plantes qui, nous devons l'avouer, ont à peu près le même aspect qu'elles, qui ont des étamines également hypogynes, et qui, en même temps, ne présentent aucune enveloppe florale. Mais, chez ces dernières, l'hypogynie est la conséquence nécessaire de la suppression des enveloppes, car les étamines ne sauraient être périgynes, c'est-à-dire soudées avec le calice ou la corolle, lorsque ceux-ci n'existent pas; dans les Graminées, au contraire, il pourrait y avoir périgynie, puisque ces plantes sont pourvues d'enveloppes, et, par conséquent, l'hypogynie est, chez elles, un symptôme d'énergie vitale. Ainsi l'hypogynie, conséquence nécessaire d'un défaut de développement dans les premières des plantes qui nous occupent, signe d'énergie dans les Graminées, ne peut former un lien entre ces différents végétaux. Tout ce qui précède suffit pour nous montrer la nécessité de faire des efforts pour disposer les familles des monocotylédones dans un ordre autre que celui qui a été proposé par Antoine-Laurent de Jussieu ; mais je ne dois pas vous dissimuler qu'une série linéaire est encore plus difficile à former chez les plantes à un seul cotylédon que chez les dicotylédones elles-mêmes, tant leurs rapports se croisent, tant leurs développements sont imparfaits, tant on a de peine, dans une foule de cas, à reconnaître leur symétrie trop bien déguisée (1).

(1) Je dois dire ici que j'ai puisé, dans l'une des conversations si intéressantes de M. Dunal, la première idée de considérer les étamines des monocotylédones périgynes comme le résultat d'un dédoublement.

CHAPITRE XXXVIII.

ANOMALIES VÉGÉTALES.

Je vous ai montré jusqu'ici les plantes telles qu'elles s'offrent à nous dans leur état habituel. Je vais à présent vous entretenir des anomalies végétales.

§ Ier. — *Des anomalies végétales considérées en général.*

Sous ce nom on désigne toute différence organique accidentelle qui éloigne un individu de la structure propre à son espèce. Définition de l'anomalie.

Avec des différences de cette nature il faut bien se garder de confondre la maladie ou des effets produits par elle.

L'anomalie est une modification qui s'est opérée dans la formation ou le développement des organes, indé- Différence entre l'anomalie et les résultats produits par la maladie.

pendamment de toute influence sur la santé; d'où la possibilité d'un être anomal jouissant d'une santé parfaite. La maladie, au contraire, trouble la santé, indépendamment de toute modification insolite; d'où la possibilité d'un individu malade sans altération appréciable. C'est pendant la formation ou le développement des organes que survient l'anomalie; la maladie arrive après ce développement ou cette formation. L'une change la direction de ce qui allait se faire, l'autre modifie ce qui est déjà fait.

Comment on doit considérer les anomalies.

Les anomalies végétales ne sont pas, comme on l'a dit si souvent autrefois, des jeux de la nature, des désordres bizarres dus à des causes fortuites. Ce sont des modifications particulières dont l'explication peut toujours être ramenée à des principes communs, simples corollaires des lois les plus générales de l'organisation.

L'anomalie est un autre arrangement qui a ses limites et ses règles; elle nous offre quelquefois la transition d'un ordre habituel à un ordre nouveau, et quelquefois le mélange de tous les deux.

Il ne faut point chercher ses caractères en dehors de l'organisation végétale; ils sont étrangers seulement à l'espèce affectée. Les phénomènes anomaux offerts par certains individus se rencontrent à l'état normal dans d'autres végétaux, et entre deux fleurs, l'une monstrueuse, l'autre normale, il n'y a souvent d'autre différence qu'un état accidentel chez la première et un état habituel chez la seconde. La monstruosité peut donc être considérée comme l'application insolite à un individu, ou à un ensemble d'organes de la structure normale d'un autre ensemble d'organes ou d'un autre individu; c'est une organisation transposée. Par conséquent, les lois de la *tératologie* ou la connaissance des monstruosités (*teratologia*) sont les mêmes que celles de l'organographie.

Les horticulteurs ont toujours fait des efforts pour conserver certaines monstruosités végétales, qui sont pour nous des objets d'agrément ou d'utilité ; mais, pendant très-longtemps, les botanistes ont négligé l'étude des anomalies ; ils affectaient de dédaigner ces dernières, et les plus célèbres d'entre eux regardaient les monstres végétaux comme des êtres qui dégradaient la nature et n'offraient aucun intérêt pour la science. Le petit nombre de faits tératologiques que l'on trouve dans les ouvrages des savants des deux derniers siècles avaient été observés sans but et sont décrits sans aucune liaison.

C'est à peine depuis une quarantaine d'années que ces faits ont été recueillis avec avidité et rapprochés avec discernement. La philosophie n'a plus négligé les monstruosités végétales. On a recherché les causes d'un état uniquement remarquable parce qu'il est insolite, les dispositions qui le favorisent, les obstacles qui l'empêchent de se produire ; on a cessé d'appeler contre nature ce qui n'était que contre l'habitude ; on a reconnu que l'étude de l'ordre monstrueux, s'il est permis de s'exprimer ainsi, conduisait souvent à une connaissance plus approfondie de l'ordre habituel ; enfin on a senti combien la tératologie était utile au naturaliste non-seulement pour l'amener à déterminer, d'une manière plus précise, les lois de l'organisme, mais encore pour l'éclairer sur les rapports naturels des plantes.

Deux sortes d'anomalies, les variétés et les monstruosités.

Les anomalies offertes par les végétaux peuvent être légères ou graves.

J'ai déjà eu occasion de vous parler des premières (p. 779) ; elles sont, en général, simples; elles ne produisent point de difformités et ne mettent aucun obstacle à l'exercice des fonctions. C'est pour elles que l'usage a consacré le nom de variété (*varietas*).

Les anomalies graves sont plus ou moins complexes ; elles

déterminent des difformités plus ou moins sensibles et rendent l'exercice des fonctions difficile ou même impossible. On les nomme spécialement des monstruosités (*monstrositas*).

Je vous entretiendrai successivement des unes et des autres.

§ II. — *Des variétés.*

Fort souvent les caractères qui constituent les variétés se montrent après la naissance du végétal ; quelquefois plusieurs années se passent avant qu'on les voie paraître ; dans d'autres cas, elles subsistent pendant toute la durée de l'individu, et il est même des circonstances où elles deviennent héréditaires.

Durée des variétés.

Leur origine.

Les variétés semblent dépendre beaucoup moins des dispositions organiques que de certaines influences étrangères au végétal ; aussi peuvent-elles devenir plus ou moins sensibles, suivant la puissance ou la faiblesse, la persévérance ou la disparition des agents extérieurs qui les ont fait naître.

La culture exerce une très-grande influence sur la production des variétés et sur le maintien ou l'extension de leurs caractères ; elle peut aussi, dans certaines circonstances, affaiblir considérablement ces derniers et même les faire disparaître.

Une autre cause qui amène des variétés, c'est le croisement. Je n'ai pas besoin de vous dire que les caractères de celles qui sont dues à cette cause doivent nécessairement se montrer dès l'instant où naît le végétal.

Quand la multiplication peut propager une variété, c'est presque toujours à l'aide de la greffe ou par le moyen de boutures, de tubercules ou de marcottes.

Trois sortes de variétés.

Les physiologistes ont distingué trois sortes de variétés, d'après le degré de persévérance qu'elles peuvent offrir et la manière dont elles sont susceptibles de se multiplier. On a nommé variations (*variatio*) toutes déviations du type spécifique qui, étant produites par des agents extérieurs tels que les différences de climat, la nature du sol, l'ombre ou la lumière, cessent d'exister quand ces influences disparaissent. On a appelé variétés proprement dites (*varietas vera*) toutes les déviations qui se conservent malgré l'absence des modifications que je viens de vous indiquer et qui se propagent par marcotte et par bouture. Enfin on a désigné sous le nom de races (*stirpes*) les déviations qui se maintiennent sous des influences différentes et se propagent par des graines.

Les variations, les variétés proprement dites et les races diffèrent de l'état normal ou par leur coloration, ou par leur consistance, ou par leur taille, ou bien, enfin, par la présence ou l'absence des organes accessoires (1).

(1) Les variétés ont été classées comme il suit par M. Moquin-Tandon.

	CLASSES.	
VARIÉTÉS DE	1° COLORATION	Diminution ou disparition.
		Apparition ou augmentation.
		Changement.
	2° VILLOSITÉ.	Diminution ou disparition.
		Apparition ou augmentation.
	3° CONSISTANCE.	Diminution.
		Augmentation.
	4° TAILLE.	Diminution.
		Augmentation.

§ III. — *Des monstruosités.*

Les monstruosités naissent ordinairement soit avec l'individu lui-même, soit avec l'une de ses parties ; elles demeurent les mêmes au milieu des changements qu'éprouvent les agents extérieurs ; elles peuvent augmenter avec l'âge, mais il est bien rare qu'elles deviennent moins complexes ; il est plus rare encore qu'elles se propagent (1).

Durée des monstruosités.

La durée des monstruosités est tantôt limitée et tantôt permanente, suivant qu'elles se montrent dans des organes qui se détachent un peu plus tôt, un peu plus tard (ex. feuilles, pétales), ou dans des parties qui persistent (ex. tiges, rameaux). Après la floraison, un Cerisier ou un Myrte à fleurs doubles ne présenteront aucune trace de leur

(1) M. Moquin-Tandon a classé les monstruosités de la manière suivante.

	CLASSES.			ORDRES.
MONSTRUOSITÉS DE	1° VOLUME.	Diminution.		1° *Atrophie.*
		Augmentation.		2° *Hypertrophie.*
	2° FORME.	Altération. . .	irrégulière. .	3° *Déformation.*
			régulière. . .	4° *Pélorie.*
		Changement d'un organe dans un autre.		5° *Métamorphose.*
	3° DISPOSITION.	Connexion. . .	Union. . . .	6° *Soudure.*
			Désunion. . .	7° *Séparation.*
		Situation.		8° *Déplacement.*
	4° NOMBRE.	Diminution.		9° *Avortement.*
		Augmentation.		10° *Multiplication.*

état d'anomalie ; mais un rameau fascié (V. p. 127) conservera, à toutes les époques de son existence, l'hypertrophie monstrueuse qui le dilate et l'aplatit.

Certaines déviations reparaissent quelquefois d'une manière périodique. Il existe des arbres qui donnent, chaque année, des étamines dilatées ou des fruits atrophiés. Dans d'autres cas, les monstruosités se présentent deux fois, trois fois, et disparaissent sans retour. On a vu des plantes qui, transplantées dans un autre sol ou sous d'autres climats, ont donné, la première année, des fleurs sans corolle ou sans pistils, et sont revenues, l'année suivante, à leur état normal. Périodicité de quelques-unes.

Des monstruosités peuvent se montrer dans tout le végétal, ou bien elles sont limitées à l'un de ses rameaux, à l'une de ses fleurs, ou même à un seul de ses organes. La tige et les branches de certains Euphorbes sont quelquefois également fasciées, tandis que, dans la plupart des végétaux ligneux, il n'y a d'aplatie qu'une branche isolée. Chez un grand nombre de Rosiers toutes les fleurs sont doubles ; chez d'autres, il n'y a de doubles que celles d'une de leurs branches. Tantôt la fleur du *Papaver somniferum* devient double ou semi-double, et tantôt une seule de ses étamines se métamorphose en pétale (1). Les monstruosités générales ou partielles.

Je vous ai dit que l'examen des monstruosités nous dévoilait souvent les mystères les plus cachés de l'organisation végétale ; cependant je ne vous dissimulerai pas que, pour s'éclairer des lumières qui peuvent résulter de l'observation d'une structure anomale, il est indispensable d'avoir fait de Avec quelle précaution on doit tirer des conséquences des faits anomaux.

(1) Tout ce qui précède est extrait d'un ouvrage qui va bientôt paraître à la librairie de M. Loss, rue Hautefeuille, sous le titre d'*Éléments de Tératologie végétale*, *ou histoire abrégée des anomalies de l'organisation dans les végétaux*, par M. Moquin-Tandon.

la morphologie une profonde étude ; sans cette condition, les monstruosités favoriseraient également tous les rêves de l'imagination, et, comme disait M. Henri de Cassini, on verrait en elles tout ce qu'on voudrait y voir. Aussi, lorsqu'on cherche dans un fait anomal des preuves en faveur de telle ou telle théorie, faut-il être sans cesse sur ses gardes pour éloigner les causes si nombreuses d'illusion et d'erreur. Qui ne croirait, par exemple, que, lorsque des sucs plus abondants ou plus rares métamorphosent un verticille, il prendra les formes de celui qui précède ou de celui qui suit? Cependant il n'en est pas toujours ainsi : l'augmentation ou la diminution ne se font point constamment sentir dans une proportion graduée : un verticille métamorphosé revêt quelquefois les formes d'un autre verticille éloigné de lui par des intermédiaires, ou bien il présente à la fois dans ses divers organes les formes qu'affectent habituellement les parties de plusieurs verticilles. Les monstruosités ont leurs déguisements comme l'état habituel ; et si, par exemple, on voulait expliquer la fleur des Labiées, celle des Primulacées ou des Crucifères par certaines monstruosités, sans appeler à son secours les analogies et les principes auxquels nous a conduits l'étude de la symétrie végétale, on courrait le risque de donner une idée erronée de ces différentes familles.

CHAPITRE XXXIX.

CRYPTOGAMES (1).

Jusqu'ici je vous ai entretenus seulement des plantes phanérogames, celles qui présentent des étamines et des pistils bien caractérisés; mais, comme j'ai déjà eu l'occasion de vous le dire (p. 41), il en est une foule d'autres chez

(1) Je dois ce chapitre presque tout entier à l'extrême obligeance de M. W.-P. Schimper, l'un des plus habiles cryptogamistes dont la France s'honore; j'en ai seulement modifié la rédaction, afin que l'ouvrage que j'offre au public conservât partout le même caractère. Qu'il me soit permis de remercier M. Schimper et d'adresser aussi quelques remercîments à M. le docteur Montagne, qui, aux plus vastes connaissances en cryptogamie, réunit une complaisance à toute épreuve, et qui a bien voulu m'aider de ses conseils.

lesquelles nous chercherions vainement ces organes, et qui, pourtant, peuvent aussi se reproduire et se multiplier; ce sont les cryptogames (*plantæ cryptogamicæ*), autrement appelées agames, inembryonnées, acotylédones ou cellulaires.

Il ne faut pas croire qu'aucun lien n'unisse ces végétaux aux phanérogames. Les Marsiléacées forment un passage entre les autres cryptogames et les Aroïdes, plantes monocotylédones; les Cycadées participent à la fois des caractères des dicotylédones, des monocotylédones et des cryptogames (V. p. 43); enfin, si, parmi ces dernières, il en est une foule qui offrent un tissu purement cellulaire, nous ne trouvons, non plus, que des cellules dans celui des *Lemna* et des *Najas*, végétaux qu'il faut ranger nécessairement parmi les phanérogames.

Caractères qui distinguent les cryptogames des phanérogames.

Cependant, quoique les cryptogames ne se présentent point absolument isolées au milieu du règne végétal, on peut les distinguer sans peine des plantes phanérogames, non-seulement par leurs organes reproducteurs, fort différents des étamines et des pistils véritables, mais encore par leurs graines qui n'offrent ni la même structure interne, ni le même mode de développement que celles des phanérogames. Ces graines ne sont point, dans le jeune âge, des ovules attachés à un placenta, et organisés pour recevoir, d'un tube pollinique, la fécondation indispensable; ce sont des espèces de coagulations qui se forment dans des cellules ou même à leur surface, et qui elles-mêmes finissent par constituer des cellules. Ici rien ne ressemble à un embryon véritable ni à ses diverses parties; par la germination se développent une ou plusieurs cellules qui remplacent le corps cotylédonaire dont on ne voit aucune trace, et sont, pour la jeune plante, les premiers organes de la nutrition.

Quelques naturalistes ont divisé les plantes dont il s'agit en cryptogames proprement dites, dont les organes générateurs sont trop petits pour être vus à l'œil nu, et en agames chez lesquelles ces mêmes organes manquent ou n'ont point encore été découverts; mais il est évident que cette classification ne saurait être adoptée, car elle rapprocherait les formes les plus différentes, et réunirait dans un seul groupe les Champignons, les Fougères et les Algues. D'autres botanistes ont partagé en vasculaires et en cellulaires les plantes cryptogames; cette division a, sans doute, bien moins d'inconvénients que la précédente; cependant je ne dois point vous dissimuler que le tissu vasculaire disparaît des différents groupes de plantes cryptogames, par des dégradations insensibles, et que certains observateurs ont cru découvrir quelques indices de vaisseaux dans un assez grand nombre d'espèces réputées cellulaires. Les cryptogames, il faut bien le dire, montrent entre elles si peu d'analogie qu'il est indispensable de les partager en plusieurs classes modelées, en quelque sorte, sur des types différents, indépendantes les unes des autres, fondées non-seulement sur la structure interne, mais encore sur la manière de fructifier, et susceptibles enfin d'être subdivisées en familles naturelles. Au reste, mon but n'est point ici de classer les cryptogames, mais de vous faire connaître leurs différents organes; et, pour ne pas m'écarter de la marche que j'ai suivie en vous parlant des phanérogames, je commencerai par les racines.

Comment on a classé les cryptogames.

§ I. — *Des racines.*

Des racines fibreuses et des racines capillaires (*radices fibrillosæ, rad. capillares*) sont les seules que l'on observe dans les plantes cryptogames. Les premières appartiennent aux cryptogames vasculaires, les secondes aux cellulaires. Les unes et les autres, comme celles des phanérogames, ne produisent ni bourgeons ni feuilles.

Caractères généraux.

Nous savons que des racines accessoires peuvent naître, chez les phanérogames, des différentes parties de la plante; il en est de même d'un grand nombre de cryptogames dont le tronc, les rameaux et les feuilles sont également susceptibles de se couvrir de radicelles.

Racines accessoires.

Dans quelques Mousses, les *Sphagnum*, les *Calymperes*, les *Leucobryum*, les racines n'existent que dans le jeune âge. Quand ces plantes ont atteint un certain degré de développement et qu'elles forment des gazons compactes, leurs racines disparaissent souvent d'une manière complète.

Racines qui n'existent que dans le jeune âge.

Chez un grand nombre d'autres cryptogames, les Nostochinées, les Conferves, par exemple, le système radicellaire manque entièrement; ces plantes restent libres et se nourrissent par toute leur surface.

Absence de système radicellaire.

Outre les deux sortes de racines véritables que je vous ai indiquées plus haut, les fibreuses et les capillaires, on trouve encore, chez les Lichens, les Algues, etc., des expansions extrêmement délicates qui offrent la même couleur que la plante à laquelle elles appartiennent et qui servent bien moins à la nourrir qu'à la fixer aux corps voisins. Ces expansions ont été nommées fibrilles, ou racines cramponnantes (*fibrillæ, rad. adligantes, fixuræ*).

Racines cramponnantes.

§ II. — *Des tiges.*

La tige des cryptogames se montre sous les formes les plus variées, souvent les plus bizarres, et, dans une foule de cas, elle n'a qu'une faible analogie avec cette partie du végétal que l'on appelle tige dans les phanérogames. Cependant on retrouve dans les Fougères le véritable stipe (*stipes*) des monocotylédones, comme l'on retrouve la tige proprement dite (*caulis*), chez les autres cryptogames vasculaires et chez les cellulaires à expansions foliacées parfaitement distinctes (les Mousses).

Le stipe et la tige proprement dite chez les cryptogames.

Quand les expansions latérales des cryptogames cellulaires ne diffèrent point des véritables feuilles, on appelle tige feuillée celle qui les a produites (*caulis foliosus*). Lorsqu'au contraire les feuilles restent soudées non-seulement les unes avec les autres, mais encore avec la tige elle-même, et que celle-ci ne paraît plus au milieu des parties confondues que comme une sorte de nervure, on donne à tout l'ensemble le nom de fronde (*frons*). La fronde, dont nous trouvons l'analogue parmi les phanérogames chez certaines Cactées aplaties, caractérise un grand nombre de Mousses hépatiques, telles que les Marchantiées, les Ricciées, les Anthocérotées, etc.

Tige feuillée.

Fronde.

Dans les cryptogames vasculaires la tige peut être verticale, comme chez les Fougères arborescentes, ou horizontales, comme chez d'autres plantes de la même famille. Rarement elle est souterraine, ainsi que cela a lieu dans les Prêles (*Equisetum*). Il est arrivé à ces dernières la même chose qu'à une foule de phanérogames (V. p. 179, 106); on a presque toujours pris pour une racine leur tige rampante, cachée sous la terre. Mais, quand on compare cette racine prétendue avec les tiges secondaires ou rameaux qui naissent d'elle pour s'élever au-dessus du sol, il est facile de reconnaître qu'elle porte, de même que ces derniers, des organes appendiculaires en forme de gaîne, qu'elle est articulée comme eux, et qu'elle n'en diffère réellement que par le milieu dans lequel elle végète. Je ne dois point omettre de vous dire que sur

Tige verticale, horizontale.

Tige souterraine des Prêles.

Tubercules des Prêles. les tiges souterraines des Prêles on remarque des productions tuberculeuses assez singulières (*tubera*) qui ne se retrouvent dans aucune autre famille de cryptogames. Comme ces tubercules naissent aux mêmes endroits que les rameaux, qu'ils sont terminés par une petite couronne dentée qui est évidemment l'analogue des gaînes de la tige et des branches, et que d'eux enfin il peut naître d'autres tubercules semblables à eux-mêmes, il est bien évident qu'on doit les considérer comme des rameaux, imparfaitement développés, qui se sont épaissis.

Quoique appelés dans le voisinage des Algues confervoïdes par leur organisation purement cellulaire, les *Chara*, plantes submergées, nous offrent cependant une tige dont les caractères extérieurs ont la plus grande analogie avec

Tige des *Chara*. ceux des Prêles ou Équisétacées. Cette tige, en effet, est articulée comme celle de ces dernières et garnie de radicules à ses articulations. Si on la suit de haut en bas, on voit ses rameaux diminuer successivement de longueur et enfin disparaître. Les racines, qui sont capillaires, se terminent par un faisceau de radicelles extrêmement déliées.

Parmi les cryptogames cellulaires, ce sont incontestablement les Mousses feuillées qui ressemblent le plus aux phanérogames par leur tige, car celle-ci est garnie ré-

Tige des Mousses. gulièrement de feuilles disposées en spirale, et des radicelles capillaires l'ont, dans l'origine, fixée au sol. Extrêmement variable pour la longueur, cette tige s'aperçoit à peine dans quelques *Phascum* et les *Buxbaumia*, tandis que souvent elle atteint plusieurs pieds dans les *Fontinalis* et les *Spiridens*. Son épaisseur est peu sensible et reste toujours la même depuis la base de la plante jusqu'à l'extrémité supérieure. Sa consistance est plus ou moins coriace, rarement succulente, généralement plus tenace que celle des feuilles. Tantôt cette même tige est droite ou ascendante, tantôt elle est couchée, ou bien encore elle rampe sur le sol, fixée dans toute sa longueur ou seulement par sa base. Chez les espèces annuelles elle reste ordinairement simple, et la fructification met un terme à son existence. Chez les espèces vivaces, la fructification appartient ou au premier degré de végétation, ou au second, ou au troisième. Dans le premier de ces trois cas, la tige doit nécessairement porter à son sommet les organes de la fructification, et par conséquent elle est déterminée (V. p. 95); mais elle donne naissance à des pousses latérales qui, émettant des radicelles de leur base, peuvent croître et former de nouveaux pieds, tandis que la tige mère, après avoir végété sans prendre d'accroissement, finit par se détruire (ex. les Orthotrichées, les Bryacées, les Trichostomées) : ici nous retrouvons une végétation semblable à celle des plantes phanérogames dont les rameaux souterrains à leur base sont déterminés, celle, par exemple, de la Tulipe et de l'*Euphorbia dulcis* (V. p. 115 et 111). Chez les Mousses, dont la fructification appartient au second degré de végétation, la tige principale est indéterminée (V. p. 95) et les rameaux sont couronnés par les fruits; mode de végéter qui trouve son analogue dans l'inflorescence axillaire des tiges indéterminées des dicotylédones. Dans le groupe des Hypnées on rencontre un assez grand nombre d'espèces chez lesquelles les rameaux primaires sont indéterminés comme la tige elle-même; c'est sur des rameaux secondaires que naissent les fruits qui, par conséquent, appartiennent à la troisième génération, comme la fleur des Ombelles chez les phanérogames.

Ainsi que je vous l'ai dit plus haut, la tige des Mousses hépatiques est souvent soudée, confondue avec les feuilles; et, dans les Marchantiées et les Ricciées, elle présente l'aspect de la tige appelée thalloïde, propre aux Lichens et à une partie des Champignons et des Algues. Tige des Hépatiques.

Thallus.

Cette tige thalloïde ou thallus (*thallus*), plus éloignée encore des tiges proprement dites que celle des Hépatiques, se distingue de cette dernière, parce qu'elle offre une plus grande irrégularité, et qu'elle ne porte jamais ni feuilles vertes détachées ni véritables radicelles. Les organes qui la fixent au sol sont des radicelles fausses (V. p. 828); et quand sa surface est garnie d'expansions foliacées, celles-ci sont toujours disposées sans ordre, ce qui, vous le savez, n'a jamais lieu pour les feuilles véritables. Dans les Fucoïdées, comme dans les Lichens ramifiés, il n'existe qu'un thallus; mais sa ressemblance avec les tiges proprement dites est souvent si grande qu'elle pourrait tromper l'observateur inattentif.

Tige des Champignons.

Dans un grand nombre de Champignons la tige est représentée par un tissu filamenteux, qui tantôt est souterrain, tantôt se voit à la surface des corps, et auquel on a donné le nom de *mycelium* dans les *Hymenomycetes, etc.*, et celui de *stroma* dans les *Pyrenomycetes*. On croyait jadis que chez les Champignons dont le fruit, tel que celui du Champignon de couches (*Agaricus campestris*), est porté par un pied ou pédicule (*stipes*) le tissu filamenteux était une sorte de racine et le pédicule une tige; mais des recherches récentes ont prouvé que l'on devait voir dans ce tissu un thallus sur lequel le fruit prend naissance, comme cela a lieu dans les Lichens.

§ III. — *Des feuilles.*

Feuilles des cryptogames vasculaires.

Les feuilles des cryptogames vasculaires ont une organisation semblable à celles des phanérogames, et sont, ainsi qu'elles, disposées en spirale.

Comme les feuilles des Fougères portent les fruits, on a cru qu'elles étaient soudées avec des rameaux qui, d'après l'analogie, devraient se trouver à leur aisselle; on les a donc distinguées des feuilles véritables et on les a appelées frondes (*frons*), désignant leur pétiole sous le nom de stipe (*stipes*); mais l'anatomie a démontré que la supposition dont il s'agit était dépourvue de fondement, et nous en trouvons encore la preuve dans les caractères extérieurs. Si, en effet, les feuilles des Fougères étaient soudées avec un rameau axillaire, celui-ci rendrait nécessairement convexe, du côté de la tige, leur axe ou nervure moyenne (*rachis*); mais ce n'est point une convexité que présente cette nervure, du moins à sa partie supérieure; c'est, au contraire, une rainure assez profonde. Les feuilles des Fougères ont une grande ressemblance avec celles des Palmiers; elles en ont encore davantage avec celles des Cycadées, qui, comme elles, sont roulées en crosse dans leur jeune âge. des Fougères;

Les Lycopodiacées montrent par leurs feuilles une analogie très-remarquable d'un côté avec les Conifères et de l'autre avec les Mousses; on pourrait prendre un rameau de *Lycopodium complanatum* pour une branche de *Juniperus Sabina*, et les *L. rupestre* et *filiforme* pour certains *Hypnum*. Dans quelques Lycopodes les feuilles semblent distiques, mais elles ne le sont réellement pas; car, avec celles qui se montrent étalées et placées sur deux rangs, il en existe d'autres beaucoup plus petites serrées contre la tige, disposition que l'on retrouve chez les cryptogames cellulaires dans le genre *Jungermannia* de la famille des Hépatiques. des Lycopodiacées;

Dans les Équisétacées les feuilles ne sont autre chose que ces dents qui, soudées à leur base, en manière de gaîne, terminent chaque articulation pour entourer la partie inférieure de l'articulation suivante; ou, si l'on veut, la des Équisétacées;

gaîne des Équisétacées est formée par la soudure d'un verticille de feuilles, continuation immédiate de la membrane extérieure de la tige. Ces mêmes dents ou feuilles ont une consistance tout à la fois membraneuse et coriace, et ne sont jamais vertes. Dans une même espèce, les gaînes de la tige offrent un nombre de feuilles assez généralement invariable; mais les gaînes des rameaux ne comprennent jamais autant de feuilles que celles de la tige.

des Marsiléacées; Chez les Marsiléacées, famille pourtant fort naturelle, les feuilles varient, suivant les genres, d'une manière remarquable. Celles des *Pilularia* donnent à ces plantes une ressemblance frappante avec certains Joncs; mais, dans le jeune âge, elles sont roulées en crosse comme celles des Fougères. Si, à leur naissance, les feuilles des *Marsilea* n'étaient également roulées, et qu'elles ne fussent pas composées de quatre folioles, on pourrait les prendre aisément pour des feuilles de Trèfle. Celles de l'*Isoetes*, autre Marsiléacée, rappellent les feuilles de certaines monocotylédones à tige bulbeuse; elles s'élargissent également à leur base pour former une sorte d'oignon, et ne sont enroulées à aucune époque de leur existence. L'enroulement se retrouve dans les *Salvinia* dont les feuilles opposées ou presque opposées n'ont d'analogie bien frappante avec celles d'aucune phanérogame.

des cryptogames cellulaires; Si les feuilles ne manquent jamais chez les cryptogames vasculaires, nous ne trouvons, parmi les cellulaires, que les Mousses qui en offrent de bien régulièrement développées, car celles des *Chara* sont réduites à de simples filets composés d'une seule série de cellules.

des Mousses; Dans la plupart des Mousses proprement dites, les feuilles sont traversées par une nervure moyenne (*costa*) parfaitement simple, qui tantôt n'atteint pas leur sommet, tantôt arrive jusqu'à lui, et tantôt le dépasse pour former une pointe ou un poil. Les feuilles de quelques espèces d'*Hypnum*, de *Leskea*, de *Hookeria*, etc., sont pourvues de deux nervures; mais ordinairement celles-ci restent fort courtes. Chez toutes les Mousses connues, les feuilles sont sessiles et simples; souvent on en trouve de décurrentes; presque toujours elles sont régulières ou formées de deux moitiés parfaitement semblables; toujours elles alternent entre elles et sont disposées en spirale. Les dispositions géométriques les plus ordinaires sont 1/2, 1/3, 2/5, 3/8, 5/13; il est plus rare de trouver 8/21; 13/34 ne se rencontre que dans un très petit nombre d'espèces. Fort souvent on voit la disposition des feuilles changer sur le même pied, et la spire n'a pas plus de constance dans sa direction, car, lorsqu'elle tourne à gauche sur la tige, elle tourne à droite sur les rameaux et *vice versâ*. Comme je vous l'ai déjà dit, les tiges de certaines espèces présentent deux sortes de feuilles, les unes plus grandes, les autres plus petites.

Outre les feuilles normalement développées, on remarque dans quelques *Hypnum* de petites feuilles accessoires disposées irrégulièrement sur la tige. Leur position montre assez que ce ne sont ni des bractées ni des stipules, et par conséquent nous devons les considérer comme des excroissances amorphes intermédiaires, pour ainsi dire, entre les feuilles et les radicelles.

Sous le rapport des feuilles, les Hépatiques présentent entre elles les plus grandes différences. Dans les unes, ces organes se montrent régulièrement développés (*Hepaticæ foliosæ*, *Jungermanneæ*); dans les autres, ils forment un seul tout avec la tige et les rameaux, et ces parties confondues ont, comme je vous l'ai déjà dit (p. 832), l'aspect d'un thallus; cependant il est à observer que c'est toujours sur la nervure qui représente la tige (V. p. 829) et jamais sur l'expansion foliacée que les fructifications pren-

des Hépatiques.

nent naissance. Les Hépatiques à feuilles soudées n'offrent jamais que la disposition distique ou 1/2 ; les Hépatiques feuillées nous présentent la disposition 1/2 chez les espèces qui n'ont qu'une sorte de feuilles (*Jungermanniæ examphigastriatæ*), et la disposition 1/3 chez celles dont les feuilles sont de deux sortes (*Jungermanniæ amphigastriatæ*). Il est assez remarquable que chez les Hépatiques on n'ait rencontré jusqu'ici que des feuilles disposées sur deux ou trois rangs, tandis que chez les Mousses véritables la disposition de ces mêmes organes varie presque à l'infini. Les feuilles des Hépatiques offrent beaucoup moins de régularité que celles des Mousses proprement dites, et, dans les *amphigastriatæ*, la troisième série se compose toujours d'organes appendiculaires plus petits, souvent rudimentaires, que, dans bien des cas, on a de la peine à apercevoir.

§ IV. — *Des fleurs.*

Il serait impossible de vous faire connaître dans un tableau général les organes qui servent à la reproduction des plantes cryptogames; ils présentent de si grandes différences dans les diverses familles, qu'il faut nécessairement les suivre dans chacune d'elles, et, à moins de rester extrêmement superficiel, je ne pourrais me livrer à un tel travail sans dépasser les limites que me prescrit la nature de cet ouvrage. Je me bornerai donc à vous donner des détails sur la fleur et les fruits des Mousses et des Hépatiques, les seules cryptogames chez lesquelles les organes de la floraison soient régulièrement développés, celles qui, sous ce rapport, s'éloignent le moins des végétaux d'un ordre supérieur.

La fleur des Mousses proprement dites se compose d'un involucre et des organes sexuels. Ceux-ci sont mâles ou femelles ; les mâles portent le nom d'anthéridies ou spermaphores (*antheridia*), et les femelles celui d'archégones, de pistils ou commencements de fruit (*archegonia, germina*). Parties de la fleur des Mousses.

Les feuilles de l'involucre (*folia involucralia*) entourent les organes sexuels ; elles forment un bourgeon presque clos, composé de plusieurs cycles, et diffèrent toujours des feuilles caulinaires par la grandeur et par la forme. Selon que, dans les espèces monoïques et dioïques, elles environnent les organes mâles ou femelles, on leur donne les noms de feuilles périgoniales (*folia perigonialia*) ou de feuilles périchétiales (*f. perichætialia*). Un involucre formé de ces dernières, et qui, par conséquent, entoure des organes femelles, prend le nom de périchèse (*perichætium*); celui qui se compose de feuilles périgoniales et enveloppe des anthéridies s'appelle périgone (*perigonium*). Les feuilles périchétiales se distinguent par une forme allongée, et toutes, ou au moins une partie d'entre elles, continuent à prendre de l'accroissement après la fécondation, tandis que les feuilles périgoniales restent stationnaires. Involucre.

Les anthéridies remplissent, chez les Mousses, les mêmes fonctions que les anthères, ou plutôt le pollen dans les phanérogames. Ce sont de petits sacs formés d'une membrane cellulaire parfaitement simple, qui ont une forme ordinairement ovale ou oblongue, rarement sphérique, et qui contiennent une substance mucilagineuse (*fovilla*). Il est impossible de dire quels rapports morphologiques les anthéridies ont avec les feuilles, car il n'existe point entre ces deux sortes d'organes d'intermédiaires qui tendent à les nuancer, et on n'a jamais vu les anthéridies prendre la forme des feuilles, ni celles-ci se métamorphoser en anthé- Anthéridies.

ridies. Quand ces dernières ont atteint le degré de développement nécessaire, elles se déchirent au sommet, et à l'instant même la substance mucilagineuse s'échappe brusquement.

Sous la lentille du microscope, cette substance se montre formée d'un grand nombre de petits globules transparents dont l'intérieur est occupé par une fibre roulée en cercle et semblable à un spermatozoaire. Quelques botanistes ont même cru reconnaître dans cette fibre des mouvements spontanés, et considèrent la *fovilla* des Mousses comme étant composée d'animalcules. Quoi qu'il en soit, il est bien évident que nous ne pouvons assimiler le contenu des anthéridies à celui de l'anthère des phanérogames; les premières, en effet, renferment immédiatement la *fovilla*, et, par conséquent, elles ont bien plus de rapports avec un grain de pollen isolé qu'avec l'ensemble d'une anthère.

Archégones. Quant aux pistils ou archégones, ils se présentent, à leur naissance, sous une forme cylindrique, et sont arrondis au sommet; mais bientôt ils se renflent vers leur base, deviennent ovoïdes et prennent à peu près l'apparence du pistil des phanérogames. La couche extérieure (*epigonium*) de la partie renflée ou l'ovaire, sous laquelle on distingue une masse qui a reçu le nom de noyau (*nucleus germinis*), finit par devenir une sorte d'involucre intérieur que quelques-uns ont comparé à une corolle; et au-dessus du noyau, commencement du fruit, s'élève un prolongement qui, analogue au style des plantes d'un ordre supérieur, se dilate à son extrémité pour former une expansion semblable à un stigmate. L'ouverture terminale de cette espèce de stigmate paraît communiquer avec le jeune fruit, à l'aide d'un canal ménagé entre les deux rangs de cellules qui constituent le style.

Comme chez les végétaux phanérogames, tantôt les

deux sexes sont réunis dans le même involucre et les fleurs sont hermaphrodites (*flores hermaphroditi*) ; tantôt les organes mâles se trouvent dans d'autres involucres que les femelles, mais pourtant sur le même pied, et la plante est monoïque (*pl. monoica*) ; tantôt enfin les fleurs mâles naissent sur d'autres pieds que les femelles, et alors la plante est dioïque (*dioica*). Les fleurs femelles peuvent être terminales (*Musci acrocarpi*) ou naître à l'aisselle des feuilles et, par conséquent, être latérales (*M. pleurocarpi*). Les fleurs mâles sont également terminales ou latérales et se montrent ordinairement plus nombreuses que les femelles.

Mousses hermaphrodites, monoïques, dioïques, acrocarpes, pleurocarpes.

Le nombre des organes générateurs varie non-seulement dans les fleurs de la même espèce, mais encore dans celles du même pied. Chez certaines espèces on en trouve très-peu ; chez d'autres, on les compte par centaines. Mais, quel que soit le nombre des archégones, il s'en développe rarement plus d'un ou deux ; c'est dans quelques espèces seulement que le même périchèse entoure de cinq jusqu'à vingt fruits.

Nombre des organes sexuels.

Outre les organes essentiels que je viens de vous faire connaître, on en trouve encore, dans beaucoup de Mousses, d'autres qui ne sont qu'accessoires et que l'on nomme paraphyses (*paraphyses*, *fila succulenta*). Ce sont des filaments qui entourent les organes générateurs ou se trouvent mêlés parmi eux sans aucun ordre. Quelques botanistes ont considéré les paraphyses comme les pétales de la fleur des Mousses ; mais cette opinion semble peu fondée, car les pétales véritables ne se voient jamais au milieu des étamines ou des pistils.

Paraphyses.

Après vous avoir entretenus de la fleur des Mousses proprement dites, je vous dirai quelques mots de celle des Hépatiques. Chez ces dernières, les organes sexuels ne se distinguent de ceux des Mousses que par leurs dimensions et par

Fleur des Hépatiques.

leur forme; mais il n'en est pas de même des involucres, qui, le plus souvent, offrent des différences très-notables. Si, dans quelques espèces, on voit, comme dans les Mousses, un involucre composé de pièces parfaitement distinctes, le plus souvent les feuilles involucrales se soudent et forment une sorte de calice monophylle (*calyx*), qui peut être membraneux ou charnu, uni ou plissé, glabre ou couvert de poils.

§ V. — *Des fruits.*

Comme celui des phanérogames, le fruit, toujours capsulaire, des Mousses prend, après la fécondation, un accroissement très-sensible; il est bientôt élevé par un pédicelle (*pedicellus*, *pedunculus*) au-dessus du périchèse; il mûrit et finit par laisser échapper les corps reproducteurs qu'il tenait renfermés.

Parties du fruit des Mousses.

Les capsules des Mousses les plus complètes se présentent sous la forme d'une urne que recouvre à son sommet une sorte de coiffe et que soutient un pédicelle entouré à la base par une espèce de gaîne ou vaginule (*vaginula*).

Vaginule.

Celle-ci, qui a fait donner aux Mousses feuillées le nom de vaginulées (*Musci vaginulati*, *plantæ vaginulatæ*) est un corps charnu, ovale ou oblong, glabre ou couvert de poils, qui ne porte jamais de feuilles. Comme ce corps offre fréquemment à sa surface des pistils avortés, on doit le considérer comme le réceptacle prolongé de la fleur. La vaginule est souvent couronnée par une membrane engaînante comme elle et d'une consistance fort tendre. Ce prolongement n'est autre chose que la base de l'involucre immédiat de l'ovaire ou *epigonium*, dont la partie supérieure recouvre la capsule sous le nom de coiffe. Toute vaginule ainsi surmontée d'une membrane porte les noms d'*ochrea*, de *vaginula adauctrix* ou *vaginula membranifera*.

La coiffe (*calyptra*), enveloppe immédiate de l'ovaire, se détache du réceptacle, lorsque, après la fécondation, le pédicelle, qui commence à se former, soulève le jeune fruit. Cette enveloppe, toujours membraneuse, quoique séparée du réceptacle, est souvent susceptible encore d'un développement plus ou moins considérable; souvent aussi elle acquiert les dimensions qu'elle doit atteindre, avant même que la capsule se soit entièrement formée; ailleurs elle reste si petite, que l'accroissement de l'urne l'a bientôt forcée à se fendre; enfin, dans quelques espèces, telles que l'*Archidium phascoides* et tous les *Sphagnum*, elle ne se détache pas régulièrement du réceptacle, mais elle se déchire en lambeaux aussitôt que l'ovaire commence à se gonfler, ce qui a lieu aussi chez toutes les Hépatiques. Dans un assez grand nombre de Mousses, et surtout dans celles où la vaginule est couverte de poils, la coiffe l'est également (ex. *Orthotrichum, Polytrichum, Lasia*); il me paraît difficile de déterminer bien exactement la nature de ces poils; mais, ce qu'il y a de certain, c'est qu'ils ne doivent pas être pris pour des paraphyses desséchées, car ils n'offrent ni la position ni la structure de ces organes accessoires. Coiffe.

La capsule ou urne (*capsula, urna, theca*) est la partie principale du fruit. Un faisceau cellulaire qui s'élève depuis le pédicelle jusqu'au sommet de l'urne lui sert d'axe et porte le nom de columelle (*columella*). Quelques botanistes ont cru retrouver le placenta des phanérogames dans la columelle; mais elle ne remplit nullement les mêmes fonctions, car les graines ou sporules des Mousses ne se développent point sur un placenta; elles se forment dans des cellules mères de la même façon que les grains de pollen. Capsule. Columelle.

La membrane extérieure qui constitue la capsule proprement dite se compose d'un nombre plus ou moins grand de couches cellulaires, dont l'extérieure, colorée en brun ou en jaune, est coriace et ordinairement compacte, tandis que les intérieures offrent un tissu pâle et très-lâche. Entière et close dans toutes les Mousses astomes (*Musci astomi*), la capsule, dans les autres Mousses, se trouve partagée en deux par une articulation transversale. La partie supérieure, qui, à la maturité du fruit, se détache de l'inférieure, et qui, toujours plus petite, prend le nom d'opercule (*operculum*), se montre tantôt hémisphérique, tantôt conique, et offre souvent à son sommet un bec plus ou moins allongé (*op. rostellatum*). Quant à la partie inférieure, c'est elle qui, à proprement parler, doit porter le nom d'urne et qui renferme les corps reproducteurs ou sporules (*sporulæ*), auxquels la chute de l'opercule laisse une libre issue.

Mousses astomes.

Opercule.

Sporules.

L'urne est, à son orifice (*stoma*), tantôt nue et tantôt couronnée par une rangée de dents dont la réunion forme ce qu'on appelle le péristome extérieur (*peristomium exterius*). Comme, après la chute de l'opercule, ce péristome se voit en dehors et semble, au premier aspect, de niveau avec la partie de la capsule qui lui est inférieure, on pourrait croire qu'il en est la continuation ; mais il n'en saurait être ainsi, puisque c'est l'opercule qui, comme je viens de vous le dire, continue réellement la capsule et en forme la partie la plus élevée. Le péristome extérieur, placé sur un plan moins éloigné de la columelle que la capsule elle-même, naît de la membrane qui revêt intérieurement la couche cellulaire intérieure de cette dernière ; c'est, en quelque sorte, un second opercule qui se montre plus ou moins complet, ou que la résorption d'une partie de son tissu rend plus ou moins rudimentaire. Cet opercule interne se

Péristome extérieur.

fend ordinairement, du sommet à la base, en lanières étroites et parfaitement régulières, que l'on appelle dents (*dentes*). Le nombre fondamental des dents du péristome est 4. Dans le genre *Tetraphis*, il reste parfaitement simple; il est multiplié par 2 dans l'*Octoblepharum*; par 4 dans les *Splachnum*, les *Grimmia*, les *Orthotrichum*, etc.; par 8 dans les *Trichostomum*, les *Barbula*, etc.; par 16 enfin dans les *Polytrichum*; on ne connaît aucune Mousse dont le péristome ait plus de 64 dents.

Au-dessous de l'opercule, l'orifice de l'urne est souvent encore garni d'un organe auquel sa forme a fait donner le nom d'anneau (*annulus*, *fimbria*), et qui se compose d'une ou plusieurs rangées de cellules. L'anneau est naturellement simple, lorsqu'il se trouve formé d'un seul rang de cellules; il est, au contraire, composé quand il en offre plusieurs. Dans ce dernier cas, les cellules supérieures sont recouvertes par l'opercule, et se logent dans une rainure circulaire pratiquée intérieurement à la base de ce dernier. Avant la maturité, l'anneau lie étroitement l'opercule à l'urne, et c'est lui qui, après la maturité, contribue le plus puissamment à les séparer. Les cellules qui le constituent, étant très-hygroscopiques, s'imbibent rapidement d'humidité; elles se gonflent, et, faisant effort sur l'opercule, elles le forcent à se détacher de l'urne. Pour peu que l'on expose à l'humidité la capsule parfaitement mûre d'un *Bryum*, d'un *Hypnum* ou de toute autre Mousse pourvue d'un anneau, on se convaincra sans peine de la réalité des fonctions que nous venons d'attribuer à cet organe; on verra l'opercule se détacher, l'anneau se rouler avec élasticité ou se séparer en cellules isolées et l'opercule lancé par le mouvement qui lui a été communiqué. L'anneau est indispensable dans les espèces où le péristome est lié à l'opercule par des rudiments de tissu cellulaire, et

Anneau.

là il existe toujours; nouvelle preuve de l'accord parfait que l'auteur de la nature a voulu établir entre les différentes parties de tous les êtres.

Dans la capsule extérieure ou urne que je viens de vous faire connaître, il en existe une seconde, qui renferme immédiatement les sporules ou organes de la reproduction, et qui se trouve unie à la capsule extérieure à l'aide d'un tissu lâche ou de filaments articulés et transversaux. Cette capsule intérieure, qu'on peut se représenter comme une sorte de sac membraneux, a reçu le nom de sporange ou sac sporophore (*sporangium, sporangidium*). Le sporange peut rester entier comme la capsule des Mousses astomes, celles qui ne se partagent point transversalement, ou bien il peut être ouvert à son sommet. Dans ce dernier cas, il est garni d'un péristome chez les Mousses qui déjà en ont un extérieur, et chez les autres Mousses son orifice reste le plus souvent nu. Le péristome du sporange ou péristome intérieur (*peristomium interius*) a moins de consistance que l'extérieur, et le nombre de ses dents, auxquelles on donne les noms spéciaux de cils ou processus (*cilia, processus*), varie seulement de 8 à 16. Entre les cils principaux qui se présentent toujours en nombre invariable et alternent constamment avec les dents du péristome extérieur, il se trouve fort souvent des cils accessoires ou intermédiaires (*cilia interjecta, ciliola*), dont le nombre n'est pas déterminé.

Sporange.

Péristome intérieur.

Puisque le sporange n'est réellement qu'une capsule intérieure, son sommet, représenté par le péristome interne, doit être analogue à l'opercule de l'urne ou capsule extérieure, et par conséquent la forme véritablement normale de ce péristome est celle du segment transversal d'un œuf, ou, pour mieux dire, celle de l'opercule de l'urne ou capsule extérieure. Cette forme s'observe réellement dans plusieurs Mousses; chez les Buxbaumiacées, le sporange se continue jusque dans l'opercule de l'urne sans se déchirer à sa partie supérieure ; dans les *Hymenostomum*, il s'élève aussi au-dessus de l'urne, rongé seulement à son extrémité.

Quand ni l'urne ni le sporange ne sont garnis d'un péristome, on appelle le fruit gymnostome (*caps. gymnostoma;* ex. le genre *Gymnostomum*). Lorsqu'il n'existe de péristome qu'à la capsule extérieure, on dit que le fruit a un péristome simple et extérieur (*perist. simplex exterius*). Il est fort rare que la capsule extérieure soit dégarnie de péristome et qu'il en existe un au sommet du sporange ; mais, quand cela arrive, on indique le fruit comme ayant un péristome simple et interne (*perist. simplex interius*). Si enfin l'urne et le sporange sont tous les deux couronnés par des dents, on dit que le fruit a un péristome double (*capsula diploperistoma*).

Terminologie destinée à indiquer l'absence, la présence et le nombre des péristomes.

La columelle, comme nous l'avons vu, est formée par un faisceau cellulaire qui occupe l'axe de la capsule et autour duquel sont rangées les sporules, mais sans y être attachées. Quand l'opercule se détache, il emporte avec lui la partie supérieure de la columelle, brisée à la hauteur de l'orifice de l'urne ; dans quelques espèces cependant (ex. les *Splachnum*), cet axe se détache à son sommet de l'intérieur de l'opercule, et il reste entier, s'élevant au-dessus de l'orifice de l'urne. Dans les *Polytrichum* le sommet de la columelle se dilate et s'étend horizontalement en une membrane cellulaire qui ferme l'urne et qu'à tort l'on a considérée comme un péristome interne.

Ce que devient la columelle quand la coiffe se détache.

L'espace qui existe entre le sporange et la columelle se trouve primitivement rempli par un tissu cellulaire très-lâche qui lui-même contient une masse granuleuse. A mesure que la maturation s'opère, on voit dans chaque cellule se développer quatre grains qui finissent par la remplir, d'où lui vient le nom de cellule mère. A l'époque de la maturité, toutes les cellules se trouvent résorbées, et l'on

Formation des sporules.

n'en découvre plus que des fragments dispersés parmi les sporules, qui alors se trouvent entièrement libres. C'est absolument de la même façon que se forment dans les anthères les grains de pollen, qui, de plus, ont des formes analogues aux sporules des Mousses et la même composition chimique.

Comme j'ai déjà eu occasion de vous le dire, en vous entretenant des cryptogames en général, les corps reproducteurs de ces plantes se distinguent des graines des phanérogames en ce qu'ils n'ont ni embryons ni cotylédons véritables. Les sporules des Mousses ne font nullement exception à cette règle. Quand ces sporules se développent, il s'en échappe des filaments confervoïdes, articulés, extrêmement délicats, qui, d'abord simples, se ramifient bientôt et portent la première nourriture à la nouvelle plante. Celle-ci, s'étant formée peu à peu sous le tégument de la sporule, se présente d'abord comme un bourgeon composé de deux ou trois feuilles, et de ce bourgeon s'élève bientôt la jeune tige feuillée, tandis que du côté inférieur descendent des radicelles capillaires et articulées. Les filaments qui ont tenu lieu de cotylédons à la Mousse naissante subsistent encore longtemps après qu'elle s'est entièrement développée, et quelquefois même on les retrouve pendant toute la durée de la plante. Les fonctions qu'ils remplissent leur ont fait donner le nom de faux cotylédons (*pseudo-cotyledones*), auquel on a voulu, dans ces derniers temps, substituer celui de proembryon (*proembryo*). Au moment où ces filets s'échappent de la sporule, ils ressemblent assez exactement aux tubes polliniques, quand ceux-ci sortent de la poussière fécondante pour s'enfoncer dans le stigmate. Cette circonstance ajoute encore à l'analogie des sporules avec le pollen ; elle tendrait à confirmer la doctrine de M. Schleiden sur la fécondation, et, si la vérité de cette doctrine était bien démontrée, les

Développement des sporules.

cryptogames se trouveraient rattachées aux phanérogames par des liens plus intimes.

Je vous ai démontré d'une manière évidente que le fruit des phanérogames était le résultat de la métamorphose d'une ou plusieurs feuilles; mais jusqu'ici aucune observation morphologique ne nous a conduits à expliquer d'une manière très-satisfaisante la composition de la capsule des Mousses. Cependant les botanistes feront bien, peut-être, d'examiner si, après avoir considéré le pédicelle et la columelle comme une continuation de la tige, il ne faudrait pas, à peu près comme l'a fait M. Lindley, assimiler la coiffe à une réunion de feuilles qui se sépareraient horizontalement de leur propre base de la même manière que le calice du *Datura Stramonium* ou de l'*Escholtzia* (V. p. 350, 374); si l'urne proprement dite chargée de stomates ne serait pas une seconde réunion de feuilles qui tantôt resteraient unies et tantôt se sépareraient au-dessus de leur milieu pour former un opercule semblable à celui du *Calyptranthes* et de l'*Eucalyptus* (V. p. 350); si dans la membrane interne de l'urne, couronnée par le péristome, il ne faudrait pas voir une autre réunion de feuilles soudées originairement avec les premières; si les dents du péristome ne seraient pas la partie supérieure des feuilles devenues libres; si enfin le sporange ne doit point être assimilé à un autre assemblage de feuilles dont le tissu, à l'exception de l'épiderme inférieur, se serait transformé en sporules, comme le tissu intermédiaire des pétales se transforme en pollen. Considérations morphologiques.

La capsule des Hépatiques se distingue de celle des Mousses proprement dites en ce qu'elle n'est formée que d'une membrane simple qui renferme immédiatement les sporules. Elle n'est jamais non plus pourvue d'un opercule; mais, lors de la maturité, la membrane capsulaire se déchire presque toujours régulièrement en quatre lanières ou Capsule des Hépatiques.

valves (*valvæ*) qui se roulent en arrière, et c'est entre les valves que s'échappent les sporules. Outre ces dernières, qui sont parfaitement analogues à celles des Mousses, on trouve dans les capsules des Hépatiques une quantité plus ou moins grande de tubes parfaitement clos dans l'intérieur desquels on découvre une fibre spirale. Ces tubes, qui portent le nom d'élatères (*elateres*), remplissent des fonctions analogues à celles de l'anneau dans les Mousses proprement dites; par leur élasticité ils contribuent non-seulement à la séparation des valves capsulaires, mais encore à la dissémination des sporules auxquelles ils sont mêlés et qu'ils lancent au dehors.

Comme je vous l'ai annoncé, je ne m'étendrai pas davantage sur les cryptogames; les détails dans lesquels je suis entré suffiront pour vous faire voir que l'auteur de la nature n'a pas déployé dans ces humbles plantes moins de puissance et de sagesse que dans les arbres les plus majestueux, et qu'elles sont également dignes des recherches des naturalistes et de leur admiration.

Autant que ma faiblesse me le permettait, j'ai passé en revue et vous ai expliqué les divers phénomènes que présente la structure extérieure des végétaux; ma tâche est remplie. Mais, ne nous le dissimulons point, nous ne connaissons que l'écorce des choses; une foule de mystères sont encore à expliquer. Je m'incline et je m'écrie avec Linné : EUM *expergefactus transeuntem a tergo vidi et obstupui! Legi aliquot Ejus vestigia per creata rerum in quibus omnibus, etiam in minimis, ut fere nullis, quæ vis! quanta sapientia! quam* inextricabilis *perfectio!*

EXPLICATION RAISONNÉE

DES FIGURES.

I. *Fig.* 1, bords d'une foliole calicinale de l'*Hypericum montanum* chargés de glandes vraies et pédicellées, simples expansions de l'épiderme ; — *fig.* 2, pétiole du *Passiflora alata*, portant quatre glandes vasculaires, en forme de burette, que leur position nous fait reconnaître pour des folioles rudimentaires.

II. *Fig.* 3, poil simple unicellulé, 4 simple pluricellulé ; — *fig.* 5 à 11, poils rameux, 5 en navette, 6 fourchu, 7 dichotome, 8 en goupillon, 9 glochidé, 10 en étoile, 11 en bouclier.

III. *Fig.* 12, tige du *Rubus fruticosus*, munie d'aiguillons, organes superficiels qu'on peut détacher sans endommager le bois; — *fig.* 13, tige du *Rubus glandulosus*, offrant tous les passages possibles entre le poil simple et l'aiguillon le plus robuste, et montrant qu'il n'existe qu'un seul organe superficiel plus ou moins modifié; — *fig.* 14, tige du *Prunus spinosa* chargée d'épines, qui, bien différentes des aiguillons, tiennent au tissu intime de la plante et sont des rameaux avortés.

IV. *Fig.* 15, racine à base unique du *Senecio vulgaris*; — *fig.* 16 et 17, racines à base multiple, fibreuses dans le *Poa annua* 16, fasciculées dans le *Ficaria ranunculoides* 17.

V. *Fig.* 18, tronc du *Robinia Pseudacacia*; — *fig.* 19, tige du *Cheiranthus maritimus*, L.; — *fig.* 20, chaume du *Kœhleria villosa*; — *fig.* 21, stipe d'un Palmier.

VI. *Fig.* 22, tige souterraine et indéterminée du *Primula officinalis*, détruite à son extrémité la plus ancienne (racine mordue), offrant à sa surface la cicatrice des feuilles qui n'existent plus, chargée vers son extrémité de feuilles vivantes et d'une hampe fleurie et axillaire, terminée enfin par un bourgeon qui doit la perpétuer; — *fig.* 23, tige du *Menianthes trifoliata*, végétant au fond de l'eau et offrant à peu près les mêmes caractères que celle du *Primula officinalis*; — *fig.* 24, tige souterraine et indéterminée du *Scirpus palustris*, différant de celle du *Primula officinalis*, en ce que ses feuilles, réduites à la consistance d'écailles, restent sous le sol; les prétendues tiges de cette plante, terminées par un épi, sont, comme la hampe du *P. officinalis*, des pédoncules axillaires; — *fig.* 25, *Scirpus multicaulis*; il se distingue du *S. palustris* uniquement parce que les entre-nœuds de sa tige souterraine et indéterminée sont extrêmement courts, et que, par cette raison, ses pédoncules ou prétendues tiges se trouvent fort rapprochés; — *fig.* 26, tige souterraine du *Carex divisa*, formée de pousses ou rameaux déterminés, nés les uns des autres en quatre années différentes, l'un de quatre ans en partie détruit, le second de trois ans qui terminé par un épi se desséchera après la floraison, le troisième de deux qui n'est pas encore arrivé à l'époque où il doit fleurir, et enfin les bourgeons de l'année ; —*fig.* 27, tige souterraine de l'*Euphorbia dulcis*, formée d'une succession de rameaux déterminés et annuels, tous desséchés et plus ou moins détruits, à l'exception du dernier qui est en fleurs et porte à sa base le bourgeon destiné à le remplacer.

VII. *Fig.* 28, tiges volubiles, *a* celle du *Convolvulus sepium*, tournant de gauche à droite, *b* celle de l'*Humulus Lupulus*, tournant de droite à gauche.

VIII. *Fig.* 29, la bulbe indéterminée et tuniquée du *Narcissus Tazetta*, coupée dans sa longueur et montrant au sommet d'un plateau conique le bourgeon terminal destiné à continuer la plante, à côté de lui la gaîne qui contient les fleurs de l'année, puis les tuniques concentriques ; —*fig.* 30, bulbe indéterminée et tuniquée du *Galanthus nivalis*, qui, sous des tuniques extérieures desséchées, en offre trois fraîches, dont deux extérieures embrassantes et l'intérieure semi-embrassante, puis une gaîne et deux feuilles entre lesquelles est la hampe fleurie : que nous coupions cette bulbe horizontalement, *fig.* 31, nous trouverons autour du bourgeon central et de la hampe latérale une enveloppe semi-embrassante qui est la base de la feuille intérieure, ensuite la base tout à fait embrassante de la feuille extérieure et enfin la base également embrassante de la gaîne ; or nous avons deux tuniques fraîches embrassantes et une semi-embrassante ; donc celles-ci ne sont que la base des feuilles de l'année précédente, et, dans les tuniques desséchées, nous devons voir la base de celles d'une troisième année plus ancienne; —*fig.* 32, bulbe écailleuse du *Lilium candidum*; —*fig.* 33, bulbe superposée du *Crocus sativus*.

IX. Les tubercules terminés par une fibre radicale, comme dans l'*Orchis bifolia*, *fig.* 35, et par plusieurs, comme dans l'*O. odoratissima*, *fig.* 36, prouvent que ceux qui sont parfaitement arrondis, chez l'*Orchis Morio*, *fig.* 34, et autres espèces analogues, sont des racines épaissies dont l'extrémité a avorté.

X. Le pétiole, à peine embrassant à sa base dans le *Ranunculus Monspeliacus, fig.* 37, le devient entièrement dans l'*Angelica Razulii, fig.* 38, et n'est plus rétréci qu'au sommet ; — le rétrécissement diminue encore chez le *Bambusa arundinacea, fig.* 39, et la partie qui lui est inférieure, serrée contre la tige, engaîne entièrement cette dernière ; — tout le pétiole n'est plus qu'une gaîne dans le *Poa annua, fig.* 40, et la plupart des autres Graminées.

XI. Le pétiole du *Lathyrus sylvestris, fig.* 41, est ailé à droite et à gauche ; — les deux ailes s'élargissent dans l'Oranger, *fig.* 42 ; — elles sont plus larges encore chez le *Dionæa Muscipula, fig.* 43, et le limbe s'y rapetisse dans la même proportion ; — encore très-grandes dans le *Sarracenia, fig.* 44, les ailes s'y soudent par leurs bords pour former une sorte d'urne allongée que couronne un limbe fort petit, imitant un couvercle ; — supposons à présent qu'au-dessous de cette urne le pétiole se prolonge dégarni d'ailes pour en reprendre à sa base qui ne soient pas soudées, nous aurons la feuille singulière du *Nepenthes, fig.* 45.

XII. Le *Pimpinella magna, fig.* 46, et d'autres Ombellifères offrent, au milieu de la tige, des feuilles dont la lame découpée est portée par un pétiole rétréci au sommet et élargi à la base ; au-dessus de ces feuilles nous en voyons d'autres où le rétrécissement est moins sensible et où la lame est beaucoup plus simple ; enfin il en existe, dans le voisinage des fleurs, qui sont réduites au seul pétiole : lorsque nous ne trouvons que des feuilles semblables à ces dernières dans les *Buplevrum*, qui appartiennent aussi aux Ombellifères, et en particulier dans le *B. Pyrenaicum, fig.* 47, nous devons évidemment dire que, chez ces feuilles, la lame a disparu et qu'elles n'ont que le pétiole.

XIII. Les tiges de diverses Cypéracées, celles, par exemple, du *Carex extensa*, *fig.* 48, produisent, à l'apogée de leur vigueur, des feuilles dont le pétiole, en forme de gaîne, se termine par une lame étalée; au-dessous de ces feuilles d'autres offrent seulement l'ébauche d'une lame, et plus bas encore nous n'avons plus que le pétiole engaînant : quand, chez certaines espèces de la même famille, telles que le *Scirpus palustris*, *fig.* 49, nous ne voyons d'autres organes appendiculaires que des gaînes, il est clair que nous devons les regarder comme des pétioles dont la lame ne s'est pas développée.

XIV. Les feuilles de la plupart des Mimosées, par exemple de l'*Acacia eburnea*, *fig.* 50, se composent d'un très-grand nombre de folioles; — il existe des folioles semblables au sommet des pétioles linéaires et élargis des feuilles inférieures de l'*Acacia heterophylla*, *fig.* 51, et quand ensuite, au-dessus de ces feuilles, nous ne trouvons que des lames linéaires sans folioles, nous devons dire évidemment que ce sont des pétioles; — dans les feuilles simples et linéaires d'une foule d'Acacies de la Nouvelle-Hollande, telles que l'*Acacia fragrans*, *fig.* 52, nous ne verrons donc non plus que des pétioles, et les feuilles du *Lathyrus Nissolia*, *fig.* 53, linéaires et entières seront aussi pour nous des pétioles sans lame.

XV. Organes appendiculaires réduits à l'état d'écailles, dans un *Orobanche*, *fig.* 54, le *Lathræa clandestina*, *fig.* 55, et l'*Asparagus acutifolius*, *fig.* 56.

XVI. Feuille rectinerviée dans l'*Amaryllis vittata*, *fig.* 57; curvinerviée dans le *Melastoma cornifolia*, 58; penninerviée chez le *Fagus sylvatica*, 59; triplinerviée dans le *Melastoma multiflora*, 60; digitinerviée chez le *Tropæolum majus*, 61.

XVII. Feuilles disséquées du *Ranunculus aquatilis*, *fig.* 62, et de l'*Hydrogeton fenestralis*, 63.

XVIII. La feuille entière penninerviée, celle, par exemple, du *Viburnum Tinus*, *fig.* 64, se découpant par degré, devient successivement dentée comme celle du *Phillyrea latifolia*, *fig*. 65, lobée comme celle de l'*Erodium malacoides*, *fig*. 66, pinnatifide celle du *Cichorium Intybus*, *fig*. 67, pinnatipartite, du *Sisymbrium vimineum*, *fig*. 68, pinnatiséquée, du *Tagetes erecta*, *fig*. 69, composée, du *Colutea arborescens*, 70, bipennée, du *Gleditschia triacanthos*, 71.

XIX. La feuille ailée de l'*Onobrychis supina*, *fig*. 72, se termine par une foliole aussi bien développée que les autres; — dans l'*Orobus tuberosus*, *fig*. 73, la foliole terminale est réduite à une courte nervure presque dépourvue de parenchyme; — chez le *Lathyrus Tingitanus*, *fig*. 74, les trois dernières folioles n'offrent que leur nervure, ou, en termes techniques, la feuille se termine par une vrille trifide; — tout parenchyme disparaît dans le *Lathyrus Aphaca*, *fig*. 75, la feuille entière n'est plus qu'une vrille, mais, par compensation, les stipules se développent outre mesure; — dans les *Smilax* en général, et en particulier le *Smilax aspera*, *fig*. 76, ce n'est pas au sommet du pétiole, mais sur les côtés, audessous d'une feuille, que se trouvent les vrilles; donc, au lieu de représenter, dans ces plantes, une foliole terminale comme chez les Légumineuses, ce sont des folioles latérales qu'elles représentent.

XX. La tige de l'*Ononis Natrix*, *fig*. 77, produit à sa base des feuilles trifoliolées; celles de son sommet paraissent simples, mais comme elles sont semblables à la foliole terminale des feuilles inférieures, et qu'il existe une articulation entre elles et leur pétiole, ce qui n'arrive jamais aux feuilles vraiment simples, il est clair que ce sont des feuilles à trois folioles dont les deux latérales n'ont pu se développer faute d'une énergie suffisante, ou, pour mieux dire, ce sont des feuilles unifoliolées; — toutes celles de l'*Ononis variegata*, *fig*. 78, seront aussi unifoliolées, et, dans l'Oranger, *fig*. 79, nous en verrons encore de même nature, puisque leur limbe est articulé avec le pétiole ; — enfin la feuille du *Sarcophyllum carnosum*, *fig.* 80, qui présente une sorte de cylindre pointu, articulé aux deux tiers de sa longueur, sera nécessairement le pétiole d'une feuille composée dont le limbe est réduit à l'axe ou nervure moyenne.

XXI. *Fig.* 81, feuilles opposées du *Phlomis fruticosa*, unies à leur base par une petite bride ; cette bride devient bien plus sensible dans le *Dipsacus laciniatus*, *fig.* 82 ; — les feuilles connées du *Crassula perfoliata*, *fig.* 83, sont à peine distinctes l'une de l'autre ; — la feuille perfoliée du *Bupleurum rotundifolium*, *fig.* 84, est un pétiole périphérique étalé et sans lame.

XXII. Les stipules latérales sont réduites dans le *Noblevillea Gestasiana*, ASH., *fig.* 85, à n'être que des glandes vasculaires ; — elles se développent un peu plus dans le *Lathyrus Nissolia*, *fig.* 86 ; — un peu plus encore chez le *Vicia variegata*, *fig.* 87 ; dans le *Lathyrus pratensis*, *fig.* 88, elles ont déjà une grandeur très-sensible ; — celles du *Dorcynium suffruticosum*, *fig.* 89, sont semblables aux folioles de ses feuilles trifoliolées ; — celles du *Viola tricolor*, *fig.* 90, semblent être les découpures d'une feuille tripartite ; — celles enfin du *Rubia tinctorum*, *fig.* 91, ne diffèrent pas des feuilles elles-mêmes.

XXIII. *Fig.* 92, stipules latérales du *Capparis spinosa* métamorphosées en épine ; — *Fig.* 93, celle du *Cucumis Colocynthis* solitaire et métamorphosée en vrille.

XXIV. *Fig.* 94, stipules du Charme latérales et parfaitement libres ; — 95, celles du *Rubus collinus*, soudées à leur base avec le pétiole ; — 96, celles du *Rosa centifolia*, adhérentes à la même partie dans presque toute leur longueur.

XXV. *Fig.* 97, stipules latérales des feuilles opposées de l'*Erodium malacoides*, soudées à leur base et simulant une gaîne fendue au sommet ; — 98, celles des feuilles également opposées du *Spermacoce rubrum*, entièrement soudées et formant une gaîne complète.

XXVI. La stipule axillaire, parfaitement libre dans le *Drosera graminifolia*, *fig.* 100, se soude avec la base du pétiole chez le *Drosera Anglica*, *fig.* 99; — dans ces plantes elle n'occupe qu'une petite partie de la circonférence de la tige, elle devient périphérique chez le *Ficus elastica*, *fig.* 101, et y recouvre le bourgeon; — libre chez cette dernière espèce, elle se soude avec le pétiole dans le *Polygonum lapathifolium*, *fig.* 102; — celle du *Melianthus major*, *fig.* 103, étant parinerviée et bifide au sommet se compose évidemment de deux stipules soudées, et il en est probablement de même de toutes les stipules axillaires.

XXVII. En général, la feuille se trouve placée à l'extérieur et la stipule axillaire entre elle et la tige; dans plusieurs *Astragalus* et, en particulier, l'*Astragalus Onobrychis*, *fig.* 104, c'est la feuille qui est plus rapprochée de la tige que la stipule.

XXVIII. A l'aisselle du pétiole du *Potamogeton natans*, *fig.* 105, il existe une stipule axillaire, membraneuse et embrassante; — soudée avec le pétiole ou gaîne du *Poa trivialis*, *fig.* 107, et des autres Graminées, mais, libre tout à fait à son extrémité supérieure, une semblable stipule forme, dans sa partie libre, ce qu'on appelle une ligule; — la réalité de cette soudure est démontrée jusqu'à la dernière évidence par le *Lamarkia aurea*, *fig.* 106, où la ligule continue une partie inférieure et membraneuse qui dépasse la gaîne et sur laquelle se voit sans peine la limite de cette dernière.

XXIX. *Fig.* 108, tige du *Salvia clandestina*, portant, avec des feuilles opposées, des bractées qui le sont également; — *fig.* 109, tige du *Polygala distans*, qui, vers son milieu, donne naissance à des feuilles verticillées, et, à son sommet épuisé, n'en produit plus que d'opposées et d'alternes; — *fig.* 110, tige de l'*Euphorbia segetalis*, dont les feuilles alternes deviennent verticillées par l'extrême raccourcissement des entre-nœuds, lorsque la plante appauvrie a perdu sa vigueur ; —*fig.* 111, feuilles du *Campanula Erinus*, qui, alternes à la partie inférieure de la tige, sont opposées à son sommet, parce que les entre-nœuds n'ont plus assez d'énergie pour s'étendre d'une manière sensible.

XXX. Une fleur, celle, par exemple, de l'*Erica multiflora*, *fig.* 112, peut être accompagnée de trois bractées verticillées, lorsque la plante entière a des feuilles disposées en verticilles ; — il existe aussi trois bractées dans le *Gaylussacia Pseudovaccinium*, *fig.* 113, mais l'une appartient évidemment à la tige et les deux autres au pédoncule ; — chez le *Polygala vulgaris*, *fig.* 114, les trois bractées se rapprochent par le raccourcissement très-sensible du pédoncule ; — ce dernier se raccourcit davantage encore dans l'*Iresine celosioides*, *fig.* 115, et, au premier coup d'œil, les trois bractées, nées réellement de deux axes, semblent partir ensemble du même point.

XXXI. Bractées réunies en calicule dans le *Dianthus Monspeliacus*, *fig.* 116 ; en cupule dans le Chêne, *fig.* 117; en péricline dans le *Centaurea collina*, *fig.* 118 ; en involucre dans l'*Euphorbia serrata*, *fig.* 119 : entre ces diverses enveloppes il existe une foule d'intermédiaires qui échappent à nos définitions ; ainsi l'involucre du *Passiflora alata*, *fig.* 120, mérite ce nom, parce qu'il est placé à quelque distance du calice, et en même temps il ne renferme qu'une fleur comme les calicules.

XXXII. Le *Tagetes patula*, *fig.* 121, et le *Corylus Avellana*, *fig.* 122, ont des enveloppes qui, formées d'un seul rang de bractées verticales soudées ensemble, sont parfaitement semblables dans leurs caractères principaux ; c'est donc à tort que, consultant des analogies étrangères à ces enveloppes elles-mêmes, on a appelé la première péricline et la seconde cupule.

XXXIII. L'involucre polyphylle dans l'*Astrantia major*,

fig. 123, devient monophylle dans le *Bupleurum stellatum*, *fig.* 124, par la soudure de ses parties ; — avec l'involucre monophylle il faut se garder de confondre celui qui, comme dans l'*Æthusa Cynapium*, *fig.* 125, est réduit, par un défaut de développement, à une seule foliole.

XXXIV. *Fig.* 126, spathe univalve de l'*Arum maculatum*; — *fig.* 127, spathe bivalve de l'*Allium oleraceum*.

XXXV. *Fig.* 128, bourgeons écailleux et sessiles du Lilas, *a* le terminal continuation de la tige, *b* les latéraux opposés appartenant à une seconde génération, rudiments de rameaux ; — 129, bourgeon du Platane renfermé dans la base du pétiole ; — 130, bourgeons nus du *Viburnum Lantana* ; — 131, bourgeons dits pétiolés de l'Aune, dans lesquels l'axe ne commence à produire des organes appendiculaires que beaucoup au-dessus de sa base.

XXXVI. Dans le *Cactus Opuntia*, *fig.* 132, la tige et les rameaux s'aplatissent; chez le *Ruscus aculeatus*, *fig.* 133, les derniers rameaux sont seuls aplatis ; ceux-ci, dans cet état, ressemblent exactement à des feuilles ; mais ce qui prouve qu'ils n'ont de ces organes que l'apparence, c'est qu'ils naissent à l'aisselle de feuilles avortées et portent des fleurs; — bien loin de se dilater, le rameau, chez quelques plantes, comme le *Mespilus Germanica*, *fig.* 134, reste grêle, s'effile, donne à peine naissance à des bourgeons avortés, et devient une épine.

XXXVII. *Fig.* 136, tige à feuilles opposées du *Mirabilis Jalapa*, chez laquelle n'avortent ni le bourgeon terminal ni les latéraux, et qui, par conséquent, est trichotome ; — *fig.* 135, tige à feuilles opposées du *Valerianella olitoria*, où avorte le bourgeon terminal, et qui est nécessairement dichotome ; — *fig.* 137, exemple de fausse dichotomie dans le *Geum urbanum*, où la tige est forcée de s'incliner pour céder une partie de sa place au rameau usurpateur, accompagné d'une feuille comme

ous les rameaux : dans ces trois figures, l'ordre des générations st indiqué par des numéros.

XXXVIII. *Fig.* 139, individu naissant et à une seule tige lu *Veronica hederæfolia ; fig.* 138, le même individu devenu n apparence multicaule par le développement des rameaux nférieurs d'une grosseur à peu près égale à la sienne.

XXXIX. *Fig.* 140, coulant du Fraisier ; — *fig.* 141, propa-ule du *Sempervivum tectorum ;* — *fig.* 142, jet de l'*Ajuga rep-ans ;* — *fig.* 143, Pommes de terre, extrémités renflées des ameaux souterrains du *Solanum tuberosum.*

XL. *Fig.* 144, turion du *Pæonia biloba ;* — *fig.* 145, *soboles* du *Carex divisa.*

XLI. *Fig.* 146, caïeux du *Hyacinthus orientalis ;* — *fig.* 147, bulbilles du *Lilium bulbiferum*, nés à des aisselles de feuilles.

XLII. Les pédoncules sont des rameaux raccourcis réduits à ne porter que des verticilles floraux, par exemple, dans le *Lysimachia Nummularia, fig.* 148 ; — c'est donc à tort que l'on appelle pédoncules terminaux des extrémités de tige nues et chargées de fleurs, comme chez le *Daucus Carota*, *fig.* 149, ou même des extrémités nues et fleuries de rameaux feuillés, comme le *Pyrethrum Parthenium*, *fig.* 150, en fournit souvent des exemples.

XLIII. Le nom de hampe, qui a fait naître de nombreuses confusions, doit être réservé aux pédoncules des tiges souterraines ou très-raccourcies, par exemple à ceux du *Primula Sinensis*, *fig.* 151, et l'on doit dire des tiges déterminées qui ne portent pas d'organes appendiculaires entre les feuilles radicales et les fleurs, ex. *Pterotheca Nemausensis*, *fig.* 152, qu'elles sont nues dans cet intervalle : très-souvent cette dernière plante offre tout à la fois de véritables hampes et une tige fleurie, qui, excepté à sa base, est nue dans toute sa longueur.

XLIV et XLV. *Fig.* 153, pédoncule supra-axillaire du *Menispermum Canadense*, résultat du développement de l'un des deux bourgeons qui naissent constamment au-dessus de la feuille, et dont l'inférieur avorte toujours; —*fig.* 154, pédoncule pétiolaire du *Thesium bracteatum*, qui, soudé avec le pétiole, semble sortir de cette portion d'organe; — *fig.* 155, péd. épiphylle du *Tilia Europæa* adhérant, dans une grande partie de sa longueur, au limbe de la bractée; —*fig.* 156, péd. épiphylle du *Ruscus aculeatus*, né d'un rameau aplati qui a l'apparence d'une feuille; —*fig.* 157, péd. marginaux du *Xylophylla speciosa*, produits par les bords des rameaux aplatis; —*fig.* 158, tige du *Spartium junceum*, montrant que dans cette plante, comme la plupart des autres, les fleurs peuvent appartenir à une seconde génération, tandis que, chez le *Ruscus aculeatus*, *fig.* 156, et le *Xylophylla speciosa*, *fig.* 157, elles appartiennent au moins à la troisième, étant toujours produites par des rameaux aplatis, nés d'une tige ou d'un rameau de forme ordinaire; — *fig.* 159, pédoncule oppositifolié du *Solanum Dulcamara*, qui n'est point un pédoncule véritable, mais le sommet avorté d'une tige dont un rameau axillaire très-vigoureux a usurpé la place; —*fig.* 160, pédoncule oppositifolié du *Cuphea arenarioides*; la *fig.* 161 représentant un individu de cette espèce (*C. arenarioides*, var. *muscosa*), sans aucun rameau et avec une fleur terminale, montre clairement que le prétendu pédoncule oppositifolié est une extrémité de tige; —*fig.* 162, pédoncule alaire du *Stellaria Holostea*, sommité de tige réduite à porter une fleur et dépassée par deux rameaux latéraux et divergents, nés de deux feuilles opposées; —*fig.* 163, pédoncule interfoliacé de l'*Arenaria lateriflora*; mêmes caractères que pour le pédoncule alaire, avec cette différence que l'un des rameaux latéraux ne s'est point développé, que l'autre a pris une position presque verticale, et que, par conséquent, l'extrémité avortée de la tige mère, faux pédoncule, se trouve fort rapprochée de ce dernier.

XLVI. *Fig.* 164, pédoncules du *Trifolium subterraneum*

se courbant après la floraison pour enfouir dans la terre les calices persistants et les fruits ; — *fig.* 165, ceux du *Linaria Cymbalaria* s'allongeant d'une manière très-sensible, afin d'aller cacher les capsules qui les terminent dans les trous des murailles ; — *fig.* 166, celui du *Cyclamen Europæum*, roulé en spirale après la floraison ; — *fig.* 167, ceux des fleurs femelles du *Vallisneria spiralis*, qui, tordus avant l'épanouissement des boutons, se déroulent pour porter les fleurs à la surface de l'eau et se tordent une seconde fois après la fécondation.

XLVII. *Fig.* 169, pédoncule de l'*Anacardium occidentale*, épaissi, gorgé de sucs et terminé par le fruit ou Noix d'acajou beaucoup moins large que lui ; la *fig.* 168 montre ce qu'il était encore, quelque temps après la chute de la corolle ; — *fig.* 170, pédoncules de l'*Alyssum spinosum* dont les inférieurs, par l'avortement des organes floraux, se sont métamorphosés en épines ; — *fig.* 171, celui de l'*Urvillea glabra* qu'un avortement semblable a réduit à l'état de vrille.

XLVIII. *Fig.* 172, pédoncule articulé de l'*Asparagus officinalis* ; — si l'on dépouillait artificiellement de ses feuilles la tige du *Dianthus articulatus*, *fig.* 173, on verrait à chacun de ses nœuds une articulation semblable ; donc chez l'*Asparagus officinalis* l'articulation indique la place d'organes qui ne se sont pas développés.

XLIX. *Fig.* 174, tige uniflore et sans rameau, du *Tulipa Gesneriana*, exemple de l'inflorescence la plus simple, celle qui est déterminée et appartient tout entière au premier degré de végétation ; — *fig.* 175, rameaux uniflores et à fleur terminale du *Dianthus Monspeliacus*, offrant chacun la répétition de l'inflorescence du *Tulipa Gesneriana* ; — inflorescence indéterminée et appartenant au second degré de végétation dans le *Veronica agrestis*, *fig.* 176, dont les fleurs sont axillaires, dans la grappe du *Convallaria majalis*, *fig.* 177, où les feuilles à l'aisselle desquelles sont nées les fleurs se sont métamorphosées en bractées, dans l'épi du *Plantago major*, *fig.* 178, qui ne diffère d'une grappe que par l'extrême raccourcissement des pédoncules, dans le capitule du *Dipsacus pilosus*, *fig.* 179, épi refoul é sur lui-même, dans l'ombelle simple de l'*Allium angulosum*, *fig.* 180, grappe refoulée sur elle-même; — *fig.* 183, inflorescence appartenant au troisième degré de végétation dans l'ombelle du *Cachrys lævigata*, chez laquelle des rameaux, nés à l'aisselle de bractées réunies en involucre, produisent à leur sommet d'autres rameaux qui partent du même point, arrivent à la même hauteur et se terminent par une fleur; — *fig.* 182, corymbe du *Mespilus Oxyacantha*, où les pédoncules naissent de points différents pour porter les fleurs à peu près à une hauteur semblable; *fig.* 181, panicule du *Comesperma Kunthiana*, grappe ramifiée: ces deux inflorescences appartiennent à un degré de végétation qui n'est pas fixe, mais qui est toujours au moins le troisième; — inflorescence déterminée et à plusieurs degrés dans la cyme du *Lychnis Flos cuculi*, *fig.* 184, où la fleur terminale de la tige est dépassée par les rameaux nés à l'aisselle de deux feuilles placées à la base de cette même tige, comme celle des rameaux l'est elle-même par d'autres rameaux; même inflorescence dans le fascicule du *Dianthus Carthusianorum*, *fig.* 185, qui diffère seulement d'une cyme en ce que les rameaux très-raccourcis n'élèvent pas leurs fleurs au-dessus de celle de la tige.

L. *Fig.* 186, fleurs verticillées du *Convallaria verticillata*, résultat du développement complet de bourgeons nés à l'aisselle de feuilles également verticillées; — *fig.* 187, fleurs du *Vinca rosea*, qui, avec des feuilles opposées, sont alternes, parce que le bourgeon axillaire d'une des deux feuilles avorte constamment et avec une alternance régulière.

LI. *Fig.* 188, feuilles du *Jasminum officinale*, offrant à leur aisselle deux rameaux fleuris, résultat d'autant de bourgeons axillaires; — *fig.* 189, feuilles supérieures du *Rumex Acetosella*, qui, dans son aisselle, présente deux rameaux dont le plus petit a produit un demi-verticille de fleurs.

LII. *Fig.* 190, fleurs du *Lamium album*, sessiles et disposées en faux verticilles (*verticillastrum*, Bentham) ; — dans le *Melissa Calamintha*, autre Labiée, *fig.* 191, il existe des cymes axillaires bien caractérisées, où la fleur qui termine le pédoncule et tient le milieu entre les autres s'épanouit la première ; c'est aussi la fleur moyenne qui commence la floraison du *Lamium album*, par conséquent nous devons considérer les faux verticilles de cette plante et ceux de tant d'autres espèces de la même famille comme des cymes dont les pédoncules ne se sont point développés.

LIII. Chez un grand nombre de Crucifères, par exemple, le *Sisymbrium obtusangulum*, *fig.* 192, les fleurs semblent d'abord disposées en corymbe ; mais, à mesure que la plante se développe, les entre-nœuds s'allongent, les fleurs supérieures s'éloignent des inférieures, et l'on ne tarde pas à voir, comme l'indique la *fig.* 193, que l'inflorescence est une véritable grappe qui originairement était très-contractée.

LIV. *Fig.* 194, chaton du *Corylus Avellana* ; — *fig.* 195, spadix de l'*Arum maculatum*.

LV. *Fig.* 196, épillet uniflore de l'*Agrostis alba* ; *fig.* 197, le même épillet dont les parties sont représentées comme étant écartées les unes des autres pour qu'on puisse mieux reconnaître leur position respective, *aa* la glume composée de deux folioles, *bb* les deux paillettes, *c* les deux paléoles, *d* les organes sexuels : la glume est un involucre composé de deux bractées, les paillettes constituent le verticille floral inférieur dont deux pièces soudées forment la paillette supérieure parinerviée, enfin les deux paléoles sont le verticille supérieur réduit à deux folioles et où la place de la troisième est restée vide ; — *fig.* 198, épillet multiflore du *Bromus mollis* ; *fig.* 199, le même épillet dont les parties ont été artificiellement écartées les unes des autres pour qu'on pût reconnaître qu'il se compose d'une réunion d'épillets uniflores, disposés, sans leur glume, le long d'un axe commun, lequel porte à sa base une glume générale, *aa* l'axe commun des fleurs, *bb* la glume, *cc* les fleurs ou épillets uniflores sans glume particulière : la comparaison des *fig.* 196 et 197 avec les *fig.* 198 et 199 nous fait voir un seul degré de végétation dans l'épillet uniflore et deux dans l'épillet multiflore.

LVI. *Fig.* 200, l'épi du *Triticum repens*, composé d'épillets multiflores rangés le long d'un axe commun; *fig.* 201, un de ces épillets représenté seulement avec sa glume et ses axes, et placé sur l'axe commun : cette deuxième figure, montrant trois degrés de végétation dans l'épi des Graminées, nous prouve que cet épi n'est pas l'analogue de celui des autres plantes où les fleurs appartiennent toujours au second degré (V. LX et XLIX); —*fig.* 202, épi du *Lolium perenne; fig.* 203, le même épi représenté seulement avec des axes et des glumes, *a* axe commun, *b* glumes des épillets latéraux, *c* axes des mêmes épillets latéraux, *d* axes de chacune des fleurs des épillets latéraux : cette figure nous fait voir que l'axe de l'épillet terminal est la continuation de l'axe commun de l'épi, et que, par conséquent, les fleurs de cet épillet appartiennent au second degré de végétation, tandis que, dans les épillets latéraux dont l'axe particulier est un rameau de l'axe commun, les fleurs appartiennent au troisième degré; la même figure montre aussi que la glume univalve des épillets étant produite par l'axe commun, il existe dans l'ensemble de ces épillets des productions de trois degrés de végétation, savoir cette même glume, l'axe de l'épillet, enfin l'axe de chaque fleur et ses appendices.

LVII. Le réceptacle des fleurs du capitule grêle, cylindrique, analogue à l'axe d'un épi, dans l'*Anthemis mixta*, *fig.* 204, devient successivement oblong chez l'*Anthemis incrassata*, *fig.* 205, conique dans l'*Anthemis maritima*, *fig.* 206, convexe dans l'*Anthemis Triumfetti*, *fig.* 207, plane chez le *Centaurea nigra*, *fig.* 208, concave dans le *Carlina vulgaris*, *fig.* 209.

LVIII. *Fig.* 210, réceptacle cupuliforme du *Dorstenia Bra-*

siliensis; supposons-le imparfaitement plié sur lui-même, nous aurons celui du *Mithridatea quadrifida*, *fig.* 211, qui reste un peu ouvert; rapprochons complétement les bords de ce dernier, nous formerons une Figue, *fig.* 212; et, si nous pouvions élever le réceptacle du *Dorstenia* et lui faire gagner en hauteur ce qu'il perdrait en largeur, nous verrions paraître une inflorescence analogue à celle du *Morus alba*, *fig.* 213, et même du Houblon, *fig.* 214 et 215; donc toutes ces inflorescences, en apparence si différentes, n'offrent entre elles que des nuances.

LIX. La cyme du *Lychnis Coronaria*, *fig.* 216, est une inflorescence vraiment dichotomique, où l'axe principal, terminé par une fleur, se trouve bientôt dépassé par deux rameaux qui, nés à l'aisselle de deux feuilles opposées, appartiennent l'un et l'autre à une seconde évolution, et se bifurquent de la même façon que l'axe primaire; la cyme du *Sedum acre*, *fig.* 217, présente une fausse dichotomie dont une branche est l'extrémité de la tige, tandis que l'autre, née à l'aisselle d'une des feuilles alternes, est un rameau qui, ayant pris autant d'énergie que la tige, l'a forcée à s'incliner; la cyme du *Sambucus nigra*, *fig.* 218, nous offre un axe primaire *a*, qui produit plusieurs étages de rameaux *b*, ramifiés eux-mêmes *c*, et qui se continue jusqu'au sommet de l'inflorescence; donc, sous le nom de cyme, on a indiqué des dispositions florales fort différentes.

LX. *Fig.* 219, inflorescence terminale du *Veronica spicata*, appartenant à l'axe primaire et ne lui permettant pas de se développer davantage; —*fig.* 220, inflorescence axillaire du *Veronica Beccabunga* appartenant à une seconde évolution et n'arrêtant que le développement des rameaux ou des pédoncules.

LXI. Dans le *Nemophila phaseloides*, *fig.* 223, le sommet de la tige est évidemment réduit à un long pédoncule uniflore opposé à une grande feuille et forcé à l'obliquité par un rameau usurpateur né à l'aisselle de la même feuille; à une distance assez considérable, un nouveau rameau oblige aussi le premier à s'incliner et usurpe sa place; une suite de rameaux naissent ainsi les uns des autres, toujours de plus en plus raccourcis, et une grappe scorpioïde se forme; quand je trouve, comme dans le *Myosotis arvensis*, *fig.* 221, 222, une grappe semblable, sans aucune fleur inférieure portée par un long pédoncule, je dois dire que c'est une suite d'autant de petits axes entés les uns sur les autres qu'il existe de fleurs; — les grappes scorpioïdes, dans un même genre, souvent dans une même espèce, se combinent de diverses manières; le *M. arvensis*, dans la *fig.* 221, offre une grappe terminale et plusieurs grappes axillaires, et la même plante dans la *fig.* 222 présente une cyme dont une branche est la tige et l'autre un rameau; — dans l'inflorescence dichotomique du *Silene paradoxa*, *fig.* 224, en réalité analogue à celle du *Lychnis Coronaria*, *fig.* 216, un des deux rameaux inférieurs est plus court que l'autre; des deux rameaux qui viennent immédiatement au-dessus, il y en a un qui reste plus court encore; plus haut, l'un des deux disparaît toujours, et il se forme un faux épi composé d'autant d'axes qu'il y a de fleurs, et dont chacun, accompagné à sa base de deux bractées, est le reste d'une dichotomie; je verrai une inflorescence semblable dans tous les épis de Caryophyllées, lors même que, dès la base de l'épi, un des deux rameaux aura manqué de se développer.

LXII. La corolle du *Jasminum fruticans*, *fig.* 226, composée d'un tube et d'un limbe beaucoup plus large que lui, doit indispensablement former dans le bouton, *fig.* 225, une massue dont la partie inférieure sera représentée par le tube, et la supérieure par le limbe; — les pétales linéaires et obtus de l'Oranger, *fig.* 228, étant rapprochés, ne peuvent former qu'un bouton cylindrique et obtus, *fig.* 227; — le grand pétale ou étendard du *Coronilla glauca*, 230, plié dans le bouton pour envelopper les autres pétales, donne nécessairement à ce dernier la figure d'un croissant.

LXIII. Exemples de la direction propre dans la préfloraison

des folioles caliciuales du *Clematis Viticella*, *fig*. 231, 232; de la corolle du *Papaver Rhœas*, 233; de celle du *Seseli tortuosum*, 234, 235; du *Campanula Trachelium*, 236, 237.

LXIV. Exemples de la direction relative des organes dans la préfloraison : *Fig*. 238, 239, préfloraison valvaire de l'*Hibiscus liliiflorus*; — *fig*. 240, 241, préfloraison tordue du *Linum Narbonense*; — *fig*. 242, 243, quinconciale des *Cistus*; — *fig*. 244, 245, cochléaire du *Salvia lamiifolia*: — les *fig*. 239, 241, 242, 243 représentent la coupe horizontale des organes dans les diverses préfloraisons.

LXV. Trois folioles sont placées immédiatement au-dessous de la corolle dans le *Ficaria ranunculoides*, *fig*. 246; un peu plus bas, dans l'*Anemone Hepatica*, *fig*. 247; à une grande distance dans l'*A. Pulsatilla*, *fig*. 248, et encore à une grande distance dans l'*A. narcissiflora*, *fig*. 249, où une fleur naît à l'aisselle de chacune; si, dans ce dernier, nous considérions les trois folioles comme un involucre, il faudrait nécessairement faire un involucre de celles des *A. Pulsatilla* et *Hepatica*, et nous arriverions à appeler involucre les trois folioles du *Ficaria ranunculoides* que tout le monde, avec raison, regarde comme un calice; disons donc que, dans toutes ces plantes, si voisines les unes des autres, il existe trois folioles calicinales plus ou moins éloignées des pétales, et que des bourgeons peuvent quelquefois se développer à l'aisselle de folioles de cette nature, comme à celle des bractées et des feuilles caulinaires.

LXVI. Les deux folioles extérieures du calice du *Rosa centifolia*, *fig*. 250, sont élargies, lancéolées et garnies à droite et à gauche de petits appendices foliacés; ces appendices, sauf la différence de grandeur, sont exactement semblables aux folioles des feuilles caulinaires disposées le long d'une côte moyenne; donc la partie élargie et lancéolée à laquelle ils tiennent doit être considérée comme une côte dilatée; par conséquent, les deux folioles intérieures où nous ne voyons que cette partie élargie sont des feuilles réduites à la côte moyenne, et nous devons en dire autant de toutes les folioles du *Rosa Bengalensis*, *fig.* 251, qui se montrent sous la forme de lanières dilatées sans appendices ou folioles latérales.

LXVII. Les cinq folioles calicinales, libres dans le *Ranunculus Monspeliacus*, *fig.* 252 (calice polyphylle), sont soudées à leur base dans les *Phlox*, *fig.* 253 (calice quinquépartite); jusqu'à la moitié ou un peu moins dans le *Silene conica*, *fig.* 254 (cal. quinquéfide); presque jusqu'au sommet dans le *Silene Italica*, *fig.* 255 (calice quinquédenté).

LXVIII. Le calice est régulier dans les *fig.* 252, 253, 254, 255 (V. LXVII), parce que ses folioles sont semblables, et que la soudure arrive à la même hauteur; il est encore régulier dans le *Marrubium commune*, *fig.* 257, et les Potentilles, *fig.* 258, où les parties sont dissemblables, mais en nombre pair, et où cinq parties plus petites, égales entre elles, alternent avec cinq grandes égales entre elles; — il est irrégulier, mais d'une irrégularité secondaire, dans l'*OEnothera grandiflora*, *fig.* 259, où il se présente moins soudé entre deux folioles qu'entre les autres, et où toutes les folioles sont d'ailleurs parfaitement semblables; l'irrégularité est bien plus réelle chez le *Trifolium rubens*, *fig.* 256, dont une foliole est plus longue que les autres; elle va plus loin encore dans les calices dits bilabiés ou à deux lèvres, tels que celui du *Melissa Nepeta*, *fig.* 260, chez lequel deux folioles d'un côté et trois de l'autre, fort différentes des premières, sont soudées dans une longueur plus considérable que les deux lèvres ne le sont entre elles.

LXIX. Explication de la composition de quelques calices de forme insolite : Le *Scutellaria galericulata*, plante labiée, *fig.* 261, a un calice à deux lèvres entières; de la comparaison de ce calice avec celui du *Melissa Nepeta*, *fig.* 260, autre Labiée, il faudra évidemment conclure que sa lèvre supérieure se compose de deux folioles entièrement soudées entre elles et l'inférieure de trois folioles soudées de la même manière. — Le calice de l'*Origanum Majorana*, *fig.* 262, a la forme d'une bractée ; mais celui de l'*O. vulgare*, *fig.* 264, est à deux lèvres comme dans une foule d'autres Labiées ; chez l'*O. Dictamnus*, *fig.* 263, toutes les folioles se sont soudées d'un côté ; cependant la soudure a eu lieu entre deux des folioles, seulement jusqu'à moitié, et le calice forme une sorte de cornet ; que de ce même côté elle n'eût pas eu lieu du tout, nous aurions eu le calice en forme de bractée de l'*O. Majorana.* — Le calice de l'*Ulex nanus*, *fig.* 265, plante du groupe des Papilionacées, offre deux folioles distinctes et semblables, tandis que les autres Papilionacées ont un calice tubuleux bilabié dont la lèvre supérieure est à deux divisions et l'inférieure à trois ; mais nous remarquons deux dents à l'une des folioles de l'*Ulex nanus* et trois à l'autre; donc la première correspond à la lèvre supérieure des Papilionacées ordinaires, et l'autre à la lèvre inférieure : ce sont des lèvres qui ne se sont pas soudées entre elles, et les deux folioles de la supérieure doivent être bien plus grandes que les trois de l'inférieure, puisque, soudées, elles présentent un ensemble égal à celui que forment les dernières également soudées.

LXX. Le calice des Composées réduit à n'être qu'une aigrette formée de paillettes membraneuses chez le *Catananche cærulea*, *fig.* 266 (*pappus paleaceus*) ; de nervures rameuses dans le *Carduus Monspessulanus*, *fig.* 267 (*pappus plumosus*, aigrette plumeuse) ; de nervures simples dans l'*Eupatorium cannabinum*, *fig.* 268 (*pappus pilosus*, aigrette poilue) ; d'un petit nombre de soies roides dans le *Bidens bipinnata*, *fig.* 269 (*pappus aristatus*) ; — l'aigrette plumeuse du *Centranthus ruber*, *fig.* 271, est roulée sur elle-même, *fig.* 270, tant que la corolle n'est pas tombée.

LXXI. Un pétale est une feuille altérée ; nous avons des pétales sessiles et des feuilles sessiles, ex. le pétale du *Rosa Bengalensis*, *fig.* 272, et la feuille du *Phillyrea latifolia*, *fig.* 273 ; — nous avons des pétales onguiculés, c'est-à-dire pétiolés et des feuilles pétiolées, ex. le pétale de l'*Arabis Al-*

pina, *fig.* 274, et la feuille du *Pyrola chlorantha*, *fig.* 275.

LXXII. *Fig.* 276, pétale régulier du *Camellia Japonica*; *fig.* 277, pétale irrégulier de l'*Orobus vernus* (l'une des deux ailes); —*fig.* 278, corolle régulière du *Cheiranthus Cheiri*, composée de pétales réguliers et égaux entre eux; *fig.* 279, corolle irrégulière du *Pelargonium cordifolium*, formée de pétales réguliers et dissemblables; *fig.* 281, corolle régulière du *Fugosia sulfurea*, composée de pétales irréguliers, *fig.* 280, mais semblables.

LXXIII. *Fig.* 282, corolle du *Convolvulus Cantabrica* à l'état normal; *fig.* 283, monstruosité de la même corolle dans laquelle les pétales ne s'étaient soudés que tout à fait à leur base.

LXXIV. Les pétales soudés à leur base seulement forment une corolle partite dans l'*Anagallis fruticosa*, *fig.* 284; — soudés environ jusqu'à moitié, ils en font une fendue chez le *Campanula limoselloides*, *fig.* 285; — soudés presque jusqu'au sommet, ils en forment une dentée dans le *Gaylussacia centunculifolia*, *fig.* 286.

LXXV. La corolle monopétale n'est qu'une corolle polypétale dont les pièces se sont soudées; que les pétales de la corolle rosacée du *Potentilla verna*, *fig.* 287, contractent à leur base une légère adhérence, nous aurons une corolle en roue analogue à celle de l'*Anagallis fruticosa*, *fig.* 288; — les pétales de la corolle caryophyllée du *Silene Italica*, *fig.* 289, soudés par leurs onglets, produiraient une corolle hypocratériforme, comme dans le *Primula elatior*, *fig.* 290; — en soudant les pétales libres de l'*Oxalis bipartita*, *fig.* 291, nous formerons une corolle campanulée à peu près semblable à celle du *Campanula Trachelium*, *fig.* 292.

LXXVI. *Fig.* 293, corolle bilabiée du *Rosmarinus officinalis*, où deux pétales d'un côté et trois de l'autre sont plus soudés que les deux groupes ne le sont entre eux; —*fig.* 296, corolle personnée du *Linaria triphylla*, qui diffère de la bilabiée uniquement parce que l'entrée du tube est fermée par un palais, saillie de la lèvre inférieure ; —*fig.* 294, corolle du *Teucrium brevifolium*, *fig.* 295, corolle du *Lobelia fulgens*, chez lesquelles les deux pétales supérieurs sont plus soudés avec les trois inférieurs qu'ils ne le sont entre eux.

LXXVII. *Fig.* 248, capitule flosculeux de l'*Ageratum conyzoides*; *fig.* 299, un fleuron détaché de ce capitule;—*fig.* 300, capitule radié du *Bellis perennis* ; *fig.* 299, un demi-fleuron détaché de ce même capitule.

LXXVIII. *Fig.* 301, étamine isolée du *Pilocarpus pauciflorus* (pétale entièrement métamorphosé), vue de face ; —*fig.* 302, la même vue du côté du dos ; —*fig.* 303, les dix étamines monadelphes de l'*Oxalis confertissima* ; —*fig.* 304, les dix étamines diadelphes de l'*Amicia glandulosa* ; —*fig.* 305, étamines polyadelphes du *Melaleuca hypericifolia* (peut-être chaque groupe terminal est-il, dans cette plante, le résultat d'un dédoublement).

LXXIX. *Fig.* 306, étamine de l'*Allium sativum* dont le filet est à trois pointes, une des deux latérales roulée en vrille ; —*fig.* 307, filet éperonné de l'étamine du *Rosmarinus officinalis* ; —*fig.* 308, filet fourchu de l'étamine du *Prunella grandiflora* ; —*fig.* 309, une écaille placée devant l'étamine dans le *Simaba ferruginea* ; —*fig.* 310, une écaille placée derrière l'étamine ou à son dos dans le *Borago officinalis*.

LXXX. *Fig.* 311, filet du *Davilla flexuosa*, continu avec l'anthère ; —*fig.* 312, filet du *Caryocar Brasiliense* attaché au dos de l'anthère ; —*fig.* 313, filet du *Tulipa Gesneriana* attaché au fond d'un trou ménagé dans la base du connectif.

LXXXI. *Fig.* 314, le connectif de l'étamine du *Ticorea febrifuga*, prolongé à sa base ; *fig.* 315, prolongement de même nature dans le *Melastoma heterophylla* (dans cette plante et la précédente la partie supérieure de la lame du pétale s'est seule métamorphosée en anthère); —*fig.* 316, connectif du *Xylopia grandiflora*, prolongé au sommet et tronqué; —*fig.* 317, étamine du *Noisettia Roquefeuillana* dont le connectif est prolongé au sommet en une large membrane et le filet en un long éperon (dans cette espèce la partie inférieure de la lame du pétale s'est seule métamorphosée en anthère).

LXXXII. Exemples d'anthères uniloculaires dans le *Polygala corisoides*, *fig.* 318, et dans le *Gomphrena macrocephala*, *fig.* 319.

LXXXIII. *Fig.* 320, anthère extrorse du *Cazalea ascendens*.

LXXXIV. *Fig.* 321, anthère du *Gomphia glaucescens*, s'ouvrant au sommet par deux pores; — *fig.* 322, anthère du *Berberis glaucescens* dont la valve antérieure, lors de la déhiscence, se détache avec élasticité de la base au sommet; — *fig.* 323, anthère à quatre loges du *Persea gratissima*, où chacune des loges s'ouvre comme celles du *Berberis glaucescens*.

LXXXV. *Fig.* 324, étamines de l'*Erodium geoides*, alternes avec des corps aplatis, qui, parfaitement semblables aux filets des étamines voisines, ne sont évidemment eux-mêmes que des filets dont les anthères ont avorté; —*fig.* 325, androphore du *Buttneria celtoides* dont les cinq filets stériles soudés avec les cinq fertiles ont pris un aspect pétaloïde.

LXXXVI. Exemples de diverses formes de grains de pollen: *Fig.* 326, grain sans plis et sans pores du *Jatropha panduræfolia*; — *fig.* 327, grain chargé de plis longitudinaux du *Sherardia arvensis*; — *fig.* 328, grain du *Salsola scoparia*, parsemé de pores.

LXXXVII. *Fig.* 329, pollen de l'*Orchis militaris* réuni en masses céracées; — *fig.* 330, pollen de l'*Asclepias phytolaccoides* réuni en masses céracées.

LXXXVIII. Souvent, dans les Roses doubles, on voit des pétales qui, s'étant contractés à leur base, *fig.* 331, offrent un onglet surmonté d'une lame; celle-ci se contracte également d'un côté, et, dans la substance de sa moitié chiffonnée, se forme une matière jaune qui n'est autre chose que du pollen; de cet exemple il résulte clairement que le filet de l'étamine est l'onglet du pétale, que l'anthère est sa lame, que le pollen résulte d'une métamorphose de la substance comprise entre les deux surfaces de cette dernière, enfin que le connectif est la côte moyenne non métamorphosée; — même à l'état habituel, l'organe fécondant du *Canna Indica*, *fig.* 332, se montre pétale d'un côté et anthère à une loge du côté opposé; — les étamines du *Bocagea viridis*, *fig.* 333, ne diffèrent nullement des pétales sessiles par leur forme; mais, au-dessus de leur milieu, la substance intérieure s'est, sur deux lignes fort courtes, changée en pollen; — dans le *Viscum album*, *fig.* 334, la substance de tout le pétale se métamorphose par intervalles en poussière fécondante, de manière à faire paraître alvéolée la surface supérieure du pétale; — chez le *Castrea falcata*, *fig.* 335, une très-petite portion de la substance du pétale s'est changée en pollen, et celui-ci se trouve niché dans un petit trou qui existe au sommet de chacune des trois parties de la corolle.

LXXXIX. Toutes les formes propres aux feuilles et aux pétales, même les plus singulières, se retrouvent dans les étamines : la forme de ces dernières chez le *Melissa grandiflora*, *fig.* 336, et le *Thymus Patavinus*, *fig.* 337, rappelle celle des feuilles de l'*Hedysarum Vespertilionis*, *fig.* 338; — les étamines du *Stemodia trifoliata*, *fig.* 339, et du *Salvia pratensis*, *fig.* 340, sont, en quelque sorte, la miniature des feuilles de l'*Aristolochia bilobata*, *fig.* 341.

XC. Le disque se montre sous la forme de pétales dans l'*Helicteres Sacarolha*, *fig.* 342 et 343, *a* véritable corolle, *b* gynophore (réceptacle prolongé), *c* pièces pétaloïdes du disque; — il est réduit à l'état de glandes chez le *Cheiranthus Cheiri*, *fig.* 344; — les glandes se soudent pour former une cupule dans le *Ticorea jasminiflora* , *fig.* 345 , mais leur partie supérieure est encore libre ; — la soudure est complète et la cupule entière chez l'*Almeidea rubra*, *fig.* 346 ; — la cupule du *Pæonia Moutan*, *fig.* 347, s'élève bien plus haut que celle de l'*Almeidea rubra* et enveloppe les ovaires ; — au lieu de prendre une direction droite, le disque du *Cobæa scandens*, *fig.* 348, s'étale horizontalement ; — celui du *Melampyrum cristatum*, *fig.* 349, est réduit à une pièce unique par le défaut de développement des quatre autres pièces.

XCI. Le réceptacle , prolongement de l'axe ou pédoncule, ne montre dans le *Cleome pentaphylla* , *fig.* 350 , aucun intervalle appréciable entre le calice et les pétales , il offre ensuite un long entre-nœud (gynophore) entre ceux-ci et les étamines , et un autre entre ces derniers et l'ovaire; — dans le *Lychnis Viscaria* , *fig.* 351 , il n'y a plus qu'un entre-nœud sensible , et il sépare le calice des verticilles supérieurs ; — l'entre-nœud , encore unique , se trouve chez le *Simaba ferruginea* , *fig.* 352, entre les étamines et l'ovaire ; — dans l'*Astragalus bidentatus*, *fig.* 353 , c'est entre les étamines et l'ovaire qu'on observe l'entre-nœud ; — chez le *Cazalea ascendens* , *fig.* 354, il n'existe aucun entre-nœud appréciable ou gynophore , mais le réceptacle s'est allongé pour pouvoir porter les ovaires très-nombreux ; — dans le *Bocagea viridis* , *fig.* 355 , tout l'axe floral s'est déprimé et forme , comme dans la plupart des fleurs , un réceptacle plan.

XCII. *Fig.* 356 , fleur du *Crassula rubens* , composée de cinq verticilles pentamères, qui alternent les uns avec les autres , et sont composés chacun de cinq pièces, savoir : le calice , la corolle , les étamines , le disque formé de glandes , et les carpelles, qui sont parfaitement libres et distincts ; un de ces derniers a été coupé horizontalement pour montrer que les ovules sont attachés dans celui des angles de l'ovaire qui regarde l'axe de la fleur ; — dans le *Nigella arvensis*, *fig.* 357 , les carpelles sont soudés inférieurement , mais le sommet des ovaires et les styles restent libres (ovaire pentacéphale , styles libres); — les carpelles de l'*Agrostemma Githago*, *fig.* 358, sont soudés jusqu'au sommet des ovaires, et les seuls styles ne le sont pas (ovaire unique, styles libres); — dans le *Fritillaria Meleagris*, *fig.* 362, la soudure s'est étendue jusqu'à la moitié des styles ou un peu plus; — chez le *Scilla amœna*, *fig.* 363, elle est parvenue jusqu'au sommet des styles. — Ce n'est pas seulement dans le sens de la longueur que, parcourant une série d'espèces, on voit la soudure s'étendre par degrés : s'opérant de la même façon dans le sens de la largeur, elle ne forme que des lobes dans le *Sida aurantiaca*, *fig.* 359, et le *Fritillaria Meleagris*, *fig.* 362 (ovaire quinquélobé, trilobé); tandis qu'elle rend l'ovaire parfaitement entier chez l'*Agrostemma Githago*, *fig.* 358, et l'*Arbutus densiflora*, *fig.* 360.

XCIII. Lorsque, dans un verticille de carpelles, tous ne se développent pas, ceux qui restent s'arrangent régulièrement entre eux aux dépens de la place qu'auraient occupée les autres; ainsi les deux carpelles du *Verbascum nigrum*, *fig.* 364, sont opposés; dans un verticille carpellaire réduit à l'unité, le carpelle unique, celui, par exemple, du *Delphinium Consolida*, *fig.* 365, devient central.

XCIV. Lors de sa maturité, le carpelle du *Sterculia platanifolia*, *fig.* 366, montre, en s'ouvrant, qu'il n'est autre chose qu'une feuille lancéolée; — dans la fleur double du Merisier des jardins (*Prunus avium flore pleno*), *fig.* 367, on trouve deux ou trois petites feuilles, qui, dentées sur les bords, comme celles de la tige, sont pliées par le milieu, sans être soudées, et dont la nervure moyenne, longuement prolongée, se termine par une glande; ces feuilles en miniature, qui, chez des fleurs très-vigoureuses, remplacent le carpelle fermé des fleurs de la plante à l'état sauvage, nous montrent évidemment que ce carpelle est une feuille métamorphosée dont les bords se sont soudés et dont la nervure moyenne se prolonge, le plus généralement du moins (V. CXVI), pour former le style.

XCV. Chez un grand nombre de plantes, telles que l'*Hy-*

pericum linoides, *fig.* 368, les carpelles soudés entre eux ne se ferment pas entièrement, et il n'existe que des cloisons incomplètes; — dans d'autres espèces, le *Passiflora gratissima*, *fig.* 369, par exemple, les carpelles, entièrement étalés, ne sont plus soudés que bord à bord; il n'existe qu'une loge et toute apparence de cloison disparaît.

XCVI. Le fruit mûr de l'*Asclepias nigra*, *fig.* 370, montre que le carpelle se compose non-seulement de la feuille carpellaire, mais encore d'un prolongement de l'axe ou cordon pistillaire qui seul donne naissance aux ovules; — le fruit à plusieurs carpelles de l'*Argemone Mexicana*, *fig.* 371, nous fournit une preuve évidente de la même vérité, puisque, après la séparation des feuilles carpellaires, les semences restent fixées aux cordelettes; ce fruit fait voir aussi que les cordons pistillaires, qui suivent une direction parfaitement droite quand les placentas sont centraux ou axiles, peuvent se courber et se diriger vers la circonférence pour produire des placentas pariétaux; — ce changement de direction est évident chez le *Chelidonium majus*, *fig.* 372, où l'axe se divise en deux branches séminifères sur lesquelles on voit la limite de toute la feuille carpellaire, et qui se réunissent au sommet formant ainsi le style; — même organisation dans le fruit des Crucifères, tel que celui du *Cardamine chenopodifolia*, *fig.* 373; le diaphragme ou fausse cloison est analogue, dans ce fruit, au tissu qui unit les deux bords du carpelle fermé; — les *fig.* 371, 372, 373 montrent que, si les styles sont en général formés par le prolongement de la nervure moyenne de la feuille carpellaire, ils peuvent l'être aussi par le seul prolongement des cordons pistillaires.

XCVII. *Fig.* 374, ovaire comprimé latéralement du *Conium moschatum*; — *fig.* 375, ovaire comprimé par le dos du *Ferula Tolucensis*.

XCVIII. Dans l'*Elisea Brasiliensis*, ASH., dont la *fig.* 376 nous offre la coupe horizontale, les bords de la feuille carpellaire unique, rentrant fortement en dedans, s'avancent presque jusqu'à la nervure moyenne pour se recourber de nouveau vers le côté opposé ; — si l'on suppose que ce carpelle soit répété trois fois, on aura à peu près l'ovaire du *Cucurbita Pepo*, dont la *fig.* 377 montre la coupe : de tout ceci il faut conclure que les Cucurbitacées n'ont ni des placentas pariétaux ni des placentas suspendus au sommet d'une loge unique (1), mais bien réellement trois loges et des placentas axiles prolongés vers la circonférence du fruit.

XCIX. *Fig.* 378, un carpelle détaché artificiellement de l'ovaire tricarpellé du *Lavradia elegantissima*, qui, uniloculaire à sa partie supérieure, est, inférieurement, triloculaire ; cette singularité est due à ce que chaque feuille carpellaire a trois lobes, et que les latéraux inférieurs se soudent par leurs bords, tandis que l'intermédiaire supérieur, moins large qu'eux, reste entièrement déployé ; trois feuilles trilobées d'*Anemone Hèpatica*, *fig.* 379, dont les lobes latéraux se seraient soudés et dont on composerait un seul ensemble, nous offriraient l'analogue de l'ovaire du *Lavradia elegantissima*.

C. *Fig.* 380, coupe horizontale du fruit bicarpellé du *Datura Stramonium*, *a a*, cloison vraie formée par les bords rentrants des deux feuilles carpellaires, bords qui, après avoir été soudés, se séparent pour se recourber à leur extrémité chargée des placentas ; *b b* processus de la côte moyenne des feuilles carpellaires, s'avançant jusqu'à la cloison vraie pour

(1) Si j'ai été conduit à soutenir cette opinion dans mon Mémoire sur les *Cucurbitacées* et les *Passiflorées* (*Mémoire du Muséum*, vol. v), c'est que j'avais commencé l'examen des plantes de la famille par les petites espèces où les véritables cloisons disparaissent, en tout ou en partie, au milieu d'une pulpe aqueuse, et où l'on aperçoit seulement cette portion des feuilles carpellaires qui s'avance de l'axe vers la circonférence, formant ainsi de fausses cloisons incomplètes. De ceci il résulte que les botanistes doivent rejeter la partie théorique de mon Mémoire, mais ils peuvent admettre les faits qui sont décrits avec soin et exactitude.

se souder non-seulement avec elle, mais encore avec les portions rentrantes et séminifères des feuilles carpellaires, qui alors semblent émaner d'eux.

CI. *Fig.* 381, coupe longitudinale du *Gomphia nana*, montrant les portions d'ovaire, les ovules et le style attachés sur un réceptacle déprimé ou gynobase.

CII. Placenta central du *Samolus Valerandi*, *fig.* 382 ; du *Lychnis dioica*, *fig.* 383 ; du *Portulacca pilosa*, 384; du *Cuphea viscosissima*, *fig.* 385 : tous ont, avant l'émission du pollen, une communication avec l'intérieur du style, mais ensuite ils deviennent libres par la rupture du filet ou des filets qui les terminent et qui pénétraient dans le style.

CIII. *Fig.* 386, style basilaire de l'*Alchemilla vulgaris*.

CIV. *Fig.* 387, stigmate complet terminal du *Mirabilis Jalapa* ; *fig.* 388, stigmates superficiels terminaux du *Lamium Garganicum*, *a*, la seule surface stigmatique ; *fig.* 389, stigmate superficiel latéral de l'*Anemone Hepatica* ; — comme un style est l'extrémité d'une feuille carpellaire, et que chaque loge d'un ovaire pluriloculaire est formée par une feuille, il doit y avoir un nombre égal de feuilles, de loges et de styles, mais ces derniers, par exemple, ceux de l'*Euphorbia segetalis*, *fig.* 390, peuvent se diviser, et alors chaque branche porte un stigmate ; si nous repliions sur lui-même le pétale, bifurqué au sommet du *Guazuma*, *fig.* 391, nous aurions l'image de ce qui a lieu dans l'*Euphorbia segetalis* ; — l'espèce de bouclier qui termine l'ovaire du *Papaver orientale*, *fig.* 392, est un style, les rayons de glandes qui se trouvent sur la surface de ce style sont seuls stigmatiques, et comme ces rayons terminent les placentas et qu'ils sont indépendants des feuilles carpellaires, il est bien clair qu'ici, comme dans les Crucifères, le style et les stigmates appartiennent au système axile et non au système appendiculaire ; — chaque style de l'*Iris Susiana*, *fig.* 393, est formé par une sorte de pétale trifide dont les bords se soudent et dont la division intermédiaire, beaucoup plus courte que les autres, se trouve en dehors ; la face *a* de cette division est seule stigmatique.

CV. *Fig.* 394, placenta du bouton très-jeune du *Cucumis Anguria* chargé des ovules naissants ; —*fig.* 395, ovule orthotrope du *Tradescantia Virginiana* chez lequel la primine ou tégument extérieur *b*, la secondine ou tégument intérieur *c* et le nucelle *d* pourraient être traversés par un axe rectiligne, *a* le hile ou point d'attache de l'ovule, *e* ouverture de la primine ou exostome, *f* ouverture de la secondine ou endostome ; — *fig.* 396, ovule campulitrope ou couché sur lui-même du *Cheiranthus Cheiri*, *b* primine, *d* nucelle ; — *fig.* 397, ovule anatrope de l'*Aristolochia Clematitis* chez lequel le cordon ombilical *a* est soudé avec la primine *b*, en *e* l'exostome et l'endostome très-rapprochés, par suite des accroissements successifs ; —*fig.* 398, coupe longitudinale de l'ovule orthotrope déjà assez avancé, du *Myrica Pensylvanica*, *a* cordon ombilical, *b* primine et secondine confondues ensemble, *c* sac embryonnaire, *d* embryon naissant.

CVI. Ovule dressé dans l'*Urtica urens*, *fig.* 399 ; ascendant chez le *Cardiospermum anomalum*, *fig.* 401 ; suspendu dans le *Krameria grandiflora*, *fig.* 402 ; inverse dans le *Viburnum Tinus*, *fig.* 403 ; péritrope dans le *Caryocar Brasiliense*, *fig.* 404; — si l'on compare l'ovule récliné du *Plumbago Zeylanica*, *fig.* 400, avec l'ovule dressé de l'*Urtica urens*, *fig.* 399, on verra qu'il lui est analogue, avec cette différence qu'au lieu d'être sessile ou à peu près sessile, il est soutenu par un long funicule qui part du fond de la loge ; — *fig.* 405, deux ovules, l'un descendant, l'autre suspendu, dans une des loges de l'ovaire de l'*Almeida lilacina*.

CVII. L'ovaire uniloculaire irrégulier est toujours formé d'une seule feuille carpellaire, comme le *Pisum sativum*, *fig.* 406, en fournit un exemple; — l'ovaire uniloculaire régulier doit nécessairement être composé de plusieurs feuilles, ainsi que le prouve le *Chenopodium murale*, *fig.* 407, et le nombre des styles, s'ils ne sont pas entièrement soudés, indique celui des feuilles ; — l'ovaire uniloculaire, irrégulier et par conséquent unicarpellé, ne saurait avoir qu'un style organique, par exemple, celui du *Ficus Carica*, *fig.* 408 ; mais, comme tout organe appendiculaire ou toutes les parties terminales d'un organe appendiculaire, ce style peut se diviser, ainsi que cela arrive souvent dans la plante qui vient d'être citée, le *Ficus Carica*, *fig.* 409.

CVIII. Un ovaire uniloculaire, régulier, à deux feuilles, deux styles et deux cordons pistillaires, contient nécessairement plusieurs ovules pariétaux attachés aux cordons qui sont opposés; dans le fruit du *Fumaria Vaillantii*, bicarpellé et à deux cordons, on ne trouve, à la vérité, qu'une semence, mais chez l'ovaire jeune, *fig.* 410, il existe quatre ovules pariétaux, dont trois avortent très-promptement; — dans un ovaire bicarpellé et à deux styles, il peut y avoir, comme chez l'*Ulmus campestris*, *fig.* 411, un ovule unique, quand le cordon pistillaire est également unique, quoiqu'au sommet il puisse se diviser en deux branches.

CIX. *Fig.* 406′, tubes polliniques pénétrant dans le tissu du stigmate de l'*Antirrhinum majus*.

CX. *Fig.* 407′, deux verticilles, les étamines et la corolle, soudés ensemble chez le *Vinca major* (étamines insérées sur la corolle); —*fig.* 408′, quatre verticilles, le calice, les pétales, les étamines et le disque soudés ensemble chez l'*Amygdalus Persica* (pétales, étamines et disque périgynes, ovaire libre); — *fig.* 410′, tous les verticilles floraux, au nombre de quatre, le calice, la corolle, les étamines et l'ovaire, soudés dans le *Viburnum Tinus* (calice adhérent, corolle et étamines périgynes); —*fig.* 409′, tous les verticilles floraux, au nombre de cinq, le calice, la corolle, les étamines, le disque et l'ovaire, soudés ensemble dans le *Gaylussacia Pseudovaccinium*, où, en outre, le disque reste adhérent au sommet de l'ovaire, après que les autres verticilles sont devenus libres calice adhérent, corolle et étamines périgynes, disque épigyne); — *fig.* 411′, coupe longitudinale de la fleur du *Combretum Bugi*, dans laquelle les pétales et les étamines sont périgynes et où le calice adhérent se rétrécit au-dessus de l'ovaire; — *fig.* 412, calice du *Taraxacum officinale*, offrant un rétrécissement extrêmement long, au-dessous de son limbe réduit à des nervures ramifiées qui sont dépourvues de parenchyme (aigrette plumeuse stipitée).

CXI. Fruit simple et, par conséquent, asymétrique par diminution, dans le *Cytisus Austriacus*, *fig.* 413; composé, asymétrique par diminution dans l'*Euphorbia helioscopia*, *fig.* 414; multiple, asymétrique par augmentation dans le *Ranunculus acris*, *fig.* 415.

CXII. *Fig.* 416, fruit du *Delphinium Ajacis*, s'ouvrant par la suture ventrale; — *fig.* 417, fruits du *Magnolia grandiflora*, chez lesquels la déhiscence s'opère dans le milieu de la suture dorsale; — *fig.* 418, légume du *Cytisus Austriacus* où la déhiscence se fait à la fois par les deux sutures.

CXIII. *Fig.* 419, capsule du *Colchicum autumnale* offrant un exemple de la déhiscence septicide, celle qui s'opère par le milieu des cloisons et sépare les carpelles; — *fig.* 420, capsule du *Lilium Martagon*, chez laquelle la déhiscence est loculicide, c'est-à-dire que, s'opérant dans le milieu des sutures dorsales, elle laisse les cloisons intactes, et que chaque valve se trouve ainsi composée de deux moitiés de feuilles; — *fig.* 421, capsule uniloculaire du *Swertia perennis*, dont la déhiscence, s'opérant par le milieu des placentas pariétaux, rend à chaque carpelle ce qui lui appartient, et est, par conséquent, l'analogue de la loculicide; — *fig.* 422, capsule du *Viola Rothomagensis*, dont les valves portent les placentas dans leur milieu, et dont la déhiscence est l'analogue de la loculicide, puisque ces mêmes valves se sont formées par la séparation des nervures moyennes des trois feuilles, et que chacune d'elles est composée de deux moitiés de feuilles; — *fig.* 423, capsule de l'*Ana-*

gallis arvensis, s'ouvrant transversalement ; — *fig.* 424, capsule du *Saxifraga umbrosa*, dont les deux carpelles, soudés inférieurement, forment au sommet deux têtes libres qui, s'étalant lors de la déhiscence, confondent en un seul trou leurs ouvertures ventrales ; — *fig.* 425, capsule de *l'Antirrhinum majus*, chez laquelle la déhiscence s'opère par trois trous à peu près terminaux.

CXIV. *Fig.* 426, cône du *Pinus maritima*, fruit agrégé composé d'un grand nombre de fruits organiques : les écailles de ce cône ont été numérotées pour qu'on pût étudier leur disposition géométrique ; les lignes vertes indiquent les spirales par 13, les lignes jaunes celles par 8, les rouges les séries d'écailles qui se correspondent en lignes à peu près droites.

CXV. *Fig.* 427, coupe verticale de la capsule du *Ricinus inermis*, montrant la graine suspendue chargée d'une caroncule ; — *fig.* 428, la même graine détachée et vue du côté du dos, offrant en *a* son micropyle dont la caroncule n'était originairement que le bord épaissi et que des accroissements inégaux ont rendu dorsal.

CXVI. *Fig.* 429, graine comprimée du *Cytisus Austriacus*, ayant le hile *a* dans son bord ; — *fig.* 430, graine déprimée du *Plantago Chilensis*, dont le hile *a* se trouve sur la face.

CXVII. L'embryon est loin d'atteindre toujours le même degré de développement ; celui du *Cuscuta Europæa*, *fig.* 431, ne présente qu'un axe sans appendices ; celui d'un grand nombre de plantes, par exemple, du *Cocos nucifera*, *fig.* 432, n'a qu'un cotylédon qui enveloppe la gemmule ; les Graminées, par exemple, le *Triticum sativum*, *fig.* 434, offrent, avec un grand cotylédon *a*, le rudiment d'un second *d* (l'épiblaste) ; chez une foule d'autres végétaux, tels que le *Melochia graminifolia*, *fig.* 435, on trouve deux cotylédons *a* égaux, libres et parfaitement distincts de la radicule *b* ; — le cotylédon fermé et engaînant des monocotylédones était originairement libre, et, avec quelque attention, on retrouve chez l'embryon, même mûr, des traces de la séparation primitive comme dans le *Pothos maximus*, *fig.* 433 ; le cotylédon reste toujours étalé dans la plupart des Graminées, ex. le *Triticum sativum*, *fig.* 434, *a* le cotylédon, *b* le radicule, *c* la gemmule dont la première feuille est parfaitement close, *d* rudiment d'un second cotylédon (épiblaste).

CXVIII. *Fig.* 436, coupe longitudinale de la graine du *Melochia graminifolia*, *b* le tégument, *c* le périsperme, *d* l'embryon droit dont la radicule est tournée vers le hile *a* (embryon orthotrope) ; — *fig.* 437, graine de l'*Urtica dioica* où l'embryon droit a ses cotylédons dirigés vers le hile *a*, et sa radicule *b* tournée du côté opposé (embryon antitrope) ; — *fig.* 438, graine du *Chenopodium album*, chez laquelle l'embryon et les cotylédons aboutissent au hile *a* ; — *fig.* 439, graine du *Glaux maritima*, dont l'embryon, parallèle au hile *a*, n'a ni l'une ni l'autre extrémité tournée vers ce dernier (embryon hétérotrope, transversal) ; — *fig.* 440, fruit du *Triticum sativum*, offrant un embryon dont ni l'une ni l'autre extrémité n'aboutit au hile sans que pourtant il soit transversal, *a* direction du hile, *b* périsperme, *c* embryon (embryon hétérotrope, non transversal).

TABLE

DES TERMES TECHNIQUES.

En cherchant les pages indiquées à la suite de chaque mot, on pourra se servir de cette table comme d'un dictionnaire de botanique (1).

(1) Les termes écrits en lettres italiques sont ceux qui paraissent ne pas devoir être adoptés.

TABLE DES NOMS DE PLANTES

CITÉS DANS CET OUVRAGE.

(Les noms écrits en lettres italiques sont ceux des classes, des familles, des tribus et des genres ; un astérisque désigne les noms qui paraissent ne pas devoir être adoptés (1).)

(1) Lorsque cherchant le nom latin d'une plante, on ne le trouvera pas à la page indiquée sur cette liste, on voudra bien chercher sur cette même page le nom français correspondant.

LISTE DES PRINCIPAUX OUVRAGES

QUE L'AUTEUR A PLUS OU MOINS CONSULTÉS

PENDANT LA RÉDACTION DE CET OUVRAGE.

Adanson, Familles des plantes, 2 vol. in-8. Paris, 1763.

Agardh (C.-A.), Lehrbuch der Botanik 1te Abtheilung, in-8. Kopenhagen, 1831 ; 2e Abtheilung, in-8. Greifswald, 1832.

Bartling (F.-F.), Ordines plantarum, 1 vol. in-8. Gottingæ, 1830.

Bernhardi, Über die merkwürdigsten Verschiedenheiten des entwickelten Pflanzenembryo. (Linnæa, 7tes Bd.)

Bischoff (Gottlieb Wilhelm), Handbuch der botanischen Terminologie, in-4, Nürnberg, 1830-1834.

— Worterbuch der beschreibenden Botanik, 1 Bd in-8. Stuttgart, 1839.

Brongniart (Adolphe), Mémoire sur la génération et le développement de l'embryon dans les végétaux phanérogames. (Annales des sciences naturelles, 1re série, vol. XIII)

— Mémoire sur l'insertion relative des diverses pièces de chaque verticille floral. (Annales des sciences naturelles, 1re série, vol. XXIII.)

Bravais (L. et A.), Essai sur la disposition des feuilles curvisériées. (Annales des sciences naturelles, 1837.)

Brotero (Félix Avellar), Compendio de Botanica, 2 vol. in-8. Paris, 1788.

Brown (Robert) Prodromus Floræ Novæ Hollandiæ. Londini, 1810.

— Supplementum primum Prodromi Floræ Novæ Hollandiæ exhibens Proteaceas, etc., 1 vol. in-8. Londini, 1830.

— Characters and description of Kingia, etc. (in voyage of Discovery undertaken to complete the survey of the western coast of New-Holland, 2 vol. in-8. London, 1826).

— Observations on the structure and affinities of the mor remarkable plants collected by the late Walter Oud ney, etc., in-4. London, 1826.

— Observations on the organs and mode of fecondation in Or chideæ and Asclepiadeæ, in-4. London, 1833. (Fror the Transactions of the Linnean Society.)

— Vermischte botanische Schriften, in Verbindung mit eini gen Freunden ins Deutsche übersetzt von C. G. Nee von Esenbeck. 5 vol. in-8, Leipzig, Nürnberg, 1825 1834.

Candolle (Alph. de), Introduction à l'étude de la botanique, 2 vol. in-8 avec pl. Paris, 1835.

Candolle (A.-P. de), Regni vegetabilis systema naturale, 2 vol in-8. Parisiis, 1818-1821.

— Prodromus systematis naturalis regni vegetabilis, 7 vol Parisiis, 1824-39.

— Théorie élémentaire de la botanique, 2e édition, 1 vol. in-8 Paris, 1819.

— Organographie végétale, 2 vol. in-8 avec pl. Paris, 1827.

— Physiologie végétale, 3 vol. in-8. Paris, 1832.

Cassini (Henri), Opuscules phytologiques, 3 vol. in-8. Paris, 1826-34.

Decaisne (J.), Recherches sur la Garance, in-4. Bruxelles, 1837.

Desvaux, Recherches sur les appareils du nectar ou du nectaire dans les fleurs. (Mémoires de la Société linnéenne de Paris, vol. v.)

Duhamel du Monceau, La Physique des arbres, 2 vol. in-8. Paris, 1758.

Dunal (M.-F.), Considérations sur la nature et les rapports de quelques-uns des organes de la fleur, 1 vol. in-4. Montpellier, 1829.

— Considérations sur les organes floraux colorés ou glanduleux, in-4. Montpellier, 1829.

Dutrochet (M.-H.), Mémoires pour servir à l'histoire anatomique et physiologique des végétaux et des animaux, 2 vol. avec planches. Paris, 1837.

Endlicher (St.), Grundzüge einer neuen Theorie der Pflanzenzeugung, in-8. Wien, 1838.

Engelmann (G.), De Antholysi prodromus, in-8. Francofurti ad Mœnum, 1832.

Gay (M.-J.), Fragment d'une monographie des vraies Buttnériacées. (Mémoires du muséum d'histoire naturelle, vol. x.)

Goethe (J.-W. von), Versuch die Metamorphose der Pflanzen zu erklaren, in-8. Gotha, 1790.

— Œuvres d'histoire naturelle, traduites par C.-F. Martins, 1 vol. in-8, avec un atlas par Turpin. Paris, 1837.

Guillard (A.), Sur la formation et le développement des organes floraux, in-4. Lyon, 1835.

Jaeger (G.-F.), Ueber die Missbildungen der Gewachse, 1 vol. in-8. Stuttgart, 1814.

Jussieu (Ad. de), Mémoire sur les embryons monocotylédonés. (Annales des sciences naturelles, 2e série, vol. XI.)

— (A.-L.), Genera plantarum, 1 vol. in-8. Parisiis, 1789.

— Principes de la méthode naturelle des végétaux. (Vol. XXX du Dictionnaire des sciences naturelles.)

Koch (Guil.-Dan.-Jos.), Synopsis Floræ Germanicæ et Helveticæ. 1 vol. in-8. Francofurti, 1837.

Kunth (K.-S.), Handbuch der Botanik, in-8. Berlin, 1831.

— Anleitung zur Kenntniss sammtlicher in der Pharmacopoea Borussica angeführten officinellen Gewachse, in-8. Berlin, 1834.

Kurr (J.-G.), Untersuchungen über die Bedeutung der Nektarien, in-8, Stuttgart, 1833.

Lamarck et *de Candolle*, Flore française, 3e édition, 4 vol. in-8. Paris, 1805.

Lessing (Chr.-Fr.), De Synanthereis herbarii Berolinensis dissertatio prima. (Linnæa, 4tes Bd. Berlin, 1829.)

Lindley (John), An introduction to botany, 1 vol. in-8. London, 1832.

— *Id.* second edition. London, 1835.

— An outline of the first principles of botany, in-16. London, 1831.

— A key to structural, physiological and systematic botany, 1 vol. in-8. London, 1835.

— A natural system of botany, 2d edition, 1 vol. in-8. London, 1836.

Link (H.-F.), Elementa philosophiæ botanicæ, 1 vol. in-8. Berolini, 1824.

— Id. editio altera, 2 vol. in-8. Berolini, 1837.

Linne (Caroli a), Philosophia botanica, ed. secunda, 1 vol. in-8. Berolini, 1780.

Linne (Caroli a) Genera plantarum, ed. VIII curante J.-C.-U. Schreber, 2 vol. in-8. Francofurti ad Moenum, 1789-91.

— Systema vegetabilium, ed. decima quarta, 1 vol. in-8. Gottingæ, 1784.

— Amœnitates academicæ, ed. tertia, curante J.-C.-D. Schreber, 10 vol. 1787-90.

Loiseleur-Deslongchamps, Flora Gallica, edit. secunda, 2 vol. in-8. Parisiis, 1828.

Martins (H.) et *Bravais* (A.), Résumé des travaux de MM. Schimper et Braun, in-8. Paris, 1838.

Martius (C.-F.-P. de), Nova genera et species plantarum, 3 vol. in-4. Monachi, 1824.

Mertens et *Koch*, Deutschland's Flora, 4 Baende in-8. Franckfurt am Main, 1823-1833.

Mirbel, Éléments de physiologie végétale et de botanique, 2 vol. in-8 avec pl. Paris, 1815.

— Nouvelles recherches sur la structure et les développements de l'ovule végétal, avec les additions, 1828-1830. (Mémoires de l'Académie des sciences de Paris.)

— Recherches anatomiques sur le Marchantia polymorpha pour servir à l'histoire du tissu cellulaire, de l'épiderme et des stomates. (Mémoires de l'Académie des sciences, vol. XIII, 1835.)

— Remarques sur l'affinité des Papavéracées avec les Crucifères. (Annales des sciences naturelles, 1re série, vol. VI.)

— Mémoire sur l'organisation des péricarpes. (Annales des sciences naturelles, 1re série, vol. VI.)

— et *Brongniart* (Ad.), Remarques sur une lettre de M. Wyddler, relative à la formation de l'embryon. (Compte rendu des séances de l'Académie des sciences, 29 octobre 1838.)

— et *Spach*, Notes pour servir à l'histoire de l'embryogénie végétale. (Compte rendu des séances de l'Académie des sciences, 18 mars 1839.)

Mohl (Hugo), Sur la structure et les formes des grains de pollen. (Annales des sciences naturelles, 2e série, vol. III.)

— Recherches sur les lenticelles. (Annales des sciences naturelles, 2e série, vol. X.)

Moquin-Tandon, Essai sur les dédoublements, in-4. Montpellier 1826.

— Considérations sur les irrégularités de la corolle, dans les dicotylédones. (Annales des sciences naturelles, novembre 1832.)

Moulins (Charles du), Essai sur les Orobanches qui croissent à Langais. (Annales des sciences naturelles, 2e série, vol. III.)

Nees ab Esenbeck (Th.-Fr.-Lud.) et *Spenner* (Frid.-Carol.-Leop.),

— Genera plantarum Floræ Germanicæ, fasc. I-XVIII, in-8. Bonniæ.

Persoon (C.-H.), Synopsis plantarum, 2 vol. in-16. Parisiis, 1805.

Richard (Achille), Nouveaux éléments de botanique, 6e éd., 1 vol. in-8. Paris, 1838.

Richard (Louis-Claude), Dictionnaire élémentaire de botanique, par Bulliard, revu et presque entièrement refondu, 1 vol. in-8. Paris, 1802.

— Analyse du fruit. 1 vol. in-12. Paris, 1808.

— Chapitres 11 et 12 dans les Nouveaux éléments de botanique, 1re éd. Paris, 1819.

Roeper (J.), Observations sur la nature des fleurs et des inflorescences. (Mélanges de botanique, par N.-C. Seringe. Genève, 1826.)

— A.-P. de Candolle's Pflanzenphysiologie, aus dem Franzosischen übersetzt und mit Anmerkungen versehen, 2 Bande in-8. Stuttgart, 1833-1835.

— Enumeratio Euphorbiarum quæ in Germaniâ et Pannoniâ gignuntur, in-4. Gottingæ, 1824.

— De organis plantarum, in-4. Basiliæ, 1828.

S.-Hilaire (Auguste de), Histoire des plantes les plus remarquables du Brésil et du Paraguay, 1 vol. in-4. Paris, 1824.

— Plantes usuelles des Brasiliens, in-4. Paris, 1824.

— Voyage dans les provinces de Rio de Janeiro et de Minas Geraes, 2 vol. in-8. Paris, 1830.

— Voyage dans le District des Diamants et sur le littoral du Brésil, 2 vol. in-8. Paris, 1833.

— Notice sur soixante-dix espèces de plantes phanérogames. (Bulletin des sciences d'Orléans, vol. 1, 1810.)

— Mémoire sur la formation de l'embryon du Tropæolum et sa germination. (Annales du muséum d'histoire naturelle, vol. XVIII.)

— Mémoire sur les plantes auxquelles on attribue un placenta central libre, in-4. Paris, 1816 (ou dans les Mémoires du muséum d'histoire naturelle, vol. II.)

S.-Hilaire (Auguste de). Second mémoire sur es plantes auxquelle on attribue un placenta central libre. (Mémoires du muséum d'histoire naturelle, vol. IV.)

— Mémoire sur les Cucurbitacées, les Passiflorées et le nouveau groupe des Nhandirobées. (Mémoires du muséum d'histoire naturelle, vol. V.)

— Observations sur le genre Anacardium et les nouvelles espèces qu'on doit y faire entrer. (Annales des sciences naturelles, vol. XXIV.)

— Tableau géographique de la végétation primitive dans la province de Minas Geraes. (Nouvelles Annales des voyages, vol. III.)

— Premier Mémoire sur les Résédacées. (Annales de la Société des sciences d'Orléans, vol. XIII.)

— Deuxième mémoire sur les Résédacées, in-4. Montpellier, 1837.

— et *Gérard* (Frédéric de), Monographie des Primulacées et des Lentibulariées du Brésil méridional. (Mémoire de la Société des sciences d'Orléans, vol. II.)

— et *Moquin--Tandon,* Premier Mémoire sur la famille des Polygalées. (Mémoires du muséum d'histoire naturelle, vol. XVII.)

Salvert (Dutour de), Description d'une Digitale particulière. (Journal de botanique, par Desvaux, vol. II.)

Schkuhr (Christian), Botanisches Handbuch, 4 Bande in-8, mit Kupfertafeln. Leipzig, 1808.

Schleiden (M.-J.), Einihe Blicke auf die Entwicklungsgeschichte des vegetabilisches Organismus bey der Phanerogamen. (Wiegmann's Archiv der Naturgeschichte ; dritter Jahrgang, erster Band. Berlin, 1837.)

— Über Bildung und Entstehung des Embryo's bei den Phanerogamen. (Nova acta physico-medica Academiæ naturæ curiosorum, vol. XI.)

— und *Vogel* (Th.), Beitrage und Entwickelungsgeschichte der Blüthentheile bei den Leguminosen. (Nova acta physico-medica academiæ naturæ curiosorum, vol. XI.)

Seringe et *Guillard,* Essai de formules botaniques, in-4. Paris, 1835.

Smith (J.-E.), An introduction tho the study of botany, seventh edition corrected by W. Jackson Hooker, 1 vol. in-8. London, 1833.

Soyer-Willemet, Mémoire sur le nectaire. (Mémoires de la Société Linnéenne de Paris, vol. v.)

Sprengel (Christian-Kourad), Das entdeckte Geheimniss der Natur in der Bau und in der Befruchtung der Blumen, in-4, mit Kupfertafeln. Berlin, 1793.

Tournefort (Pitton de), Institutiones rei herbariæ, 3 vol. in-4. Parisiis, 1717-19.

Treviranus (Ludolph-Christian), Physiologie der Gewachse, 2 Bande in-8. Bonn, 1835-1838.

Tristan (J. de), Mémoire sur les bulbes. (Journal de physique, vol. LIX.)

— Mémoire sur les développements des bourgeons. (Journal de physique, vol. LXXVI.)

— Mémoire sur le genre Pinus de Linné. (Annales du Muséum d'histoire naturelle, vol. XVI.)

— Mémoire sur les organes caulinaires des Asperges. (Bulletin des sciences physiques d'Orléans, vol. VI.)

Turpin (P.-J.-F.), Essai d'une iconographie élémentaire et philosophique des végétaux, in-8 et in-4. Paris, 1820.

— Mémoire sur l'organisation des tubercules du Solanum tuberosum et de l'Helianthus tuberosus. (Mémoires du muséum d'histoire naturelle, vol. XIX.)

— Mémoire sur le tubercule de la Rave et du Radis. (Annales des sciences naturelles, 1re série, vol. XXI.)

Vaucher (J.-P.), Histoire physiologique des plantes d'Europe, 1 vol. in-8. Genève, 1830.

Voigt (F.-S.), System des Botanik, 1 Bd in-12. Iena, 1808.

Willdenow (C.-L.), Species plantarum, 5 vol. in-8. Berol., 1797-1810.

— Grundriss der Krauterkunde, 2te Ausgabe, 1 Bd in-12. Berlin, 1798.

Wydler, Recherches sur la formation de l'ovule et de l'embryon des Scrofulaires. (Bibliothèque universelle de Genève, octobre 1838.)

CORRECTIONS ET ADDITIONS (1).

Au verso de la Dédicace, Manichfaltigkeit, lisez Manigfaltigkeit.

Page 13, l 18, *Connubium Floræ*, l. *Connubia Florum*.
37, 9, analyse, l. analogie
49, 15, *equinoxiales*, l. *æquinoxiales*.
60, 16, *fumetariæ*, l. *fimetariæ*.
70, 3, (*Prunus spinosa*), l. (*Prunus spinosa*, fig. 14).
73, 21, *glandulosus*, l. *eglandulosus*.
81, 9, longueur; elles ne sont, l. longueur, elles ne sont.
85, 11, tubéreuses, l. tuberculeuses.
id., 22 et p. 122, l. 15, *Ficaria Ranunculus*, l. *Ficaria ranunculoides*.
97, 16, l'emportent, l. l'emporte.
107, 19, p. 112, l. 18, p. 775, l. 12, *Menianthes*, l. *Menyanthes*.
119, 25, p. 317, l. 10 et p. 335, l. 4, *Lilium candidissimum*, l. *Lilium candidum*.
121, 28, (fig. 141), l. (fig. 143).
129, 16, et 739 l. 16, *periphæricus*, l. *periphericus*.
141, 24 et 25, *effacez distillatoria*.
144, 20, dilation, l. dilatation.
146, 7, une large écaille sans limbe, l. une large écaille.
151, 16, *Melastoma multiflora*, Rich, l. *Melastoma multiflora*, Desr.
156, 13, le bord inférieur et le milieu du dos, l. le bord inférieur est le milieu du dos.

(1) Pour l'intelligence de certaines phrases, il est indispensable de consulter ces corrections.

175, 33, *Stapœlia*, l. *Stapelia*.
179, 16 et 17, courtes tiges, l. courte tige.
188, 2, *Geranium malacoides*, l. *Erodium malacoides*.
200, 26, les bractées deviennent alternes ou opposées, l. les bractées deviennent verticillées ou opposées.
202, 4, *Camelia*, l. *Camellia*.
216, 21, fig. 129, l. fig. 128.
227, 28, sur cette dernière, l. sur la tige.
229, 2, Zoffengen, l. Zoffingen.
249, 12 et 13, *Cuphea muscosa*, l. *Cuphea arenarioides*.
250, 2 et 3, pédoncules intrafoliacés ou intrapétiolaires, l. pédoncules interfoliacés ou interpétiolaires; l. 8 et 11, intrafoliacé, l. interfoliacé.
258, 3, derniers, l. dernières.
259, 1, *celles*, l. *celle*.
267, 2, lignes rouges, l. lignes jaunes.
278, 1, *Ligustrum commune*, l. *Ligustrum vulgare*.
id., 11 et p. 302, l. 1, *Cachris*, l. *Cachrys*
289, 17 et 18, Or, comme une réunion d'épillets attachés à un axe commun forme l'épi des Graminées (ex. *Triticum pungens*, fig. 200, 201), cette inflorescence n'est point l'analogue, l. Or, comme c'est une réunion d'épillets multiflores attachés à un axe commun qui forme le plus souvent l'épi des Graminées (ex. *Triticum pungens*, fig. 200, 201), cette inflorescence n'est point alors l'analogue.
296, 11, *Anthemis Triumfetti* au, l. *Anthemis Triumfetti* All.
302, 23, elle est un peu garnie, l. elle est peu garnie.
305, 15, *Supprimez* sans jamais dépasser l'axe primaire.
309, 11, *Sambucus; Ebulus* (*Sambucus nigra*, (fig. 218), l. *Sambucus Ebulus*, *Sambucus nigra* (fig. 218).
317, 23, *Orchis fulva*, l. *Orchis fusca*.
319, 32, intrafoliacées, l. interfoliacées.
320, 2, *intrafoliacea seu intrapetiolaris*, l. *interfoliacea seu interpetiolaris*.
id., 13, intrafoliacée ou intrapétiolaire, l. interfoliacée ou interpétiolaire.
321, 1, d'usurpation, l. d'usurpations.
id., 17, *Nemophylla*, l. *Nemophila*.

328, 4, à leur fleur, l. à la fleur (*flos*).
330, 1, *supprimez* le Populage (*caltha*) est une fleur incomplète, parce qu'il n'a qu'une corolle.
331, 9, quelques intervalles, l. quelque intervalle.
id, 15, de diviser les verticilles, l. de diviser, indépendamment du calice, les verticilles.
338, 27, (fig. 230), l. (fig. 231).
339, 1, (fig. 236), l. (fig. 235).
340, 25, quelque temps encore, l. quelque temps même.
348, 24, (fig. 239, 240), l. (fig. 240, 241).
351, 6, le calice n'est, l. le calice (*calyx*) n'est.
352, 28, (fig. 249), l. (fig. 248).
id., 29, (fig. 248), l. (fig. 249).
354, 17 et 12, *Helleborus*, l. *Eranthis*.
365, 19, *Chamelaucium*, l. *Chamælaucium*.
366, 9, fig. 226), l. (fig. 227).
378, 1, la corolle, dans, l. la corolle (*corolla*) dans.
379, *A cette page, entre l'avant-dernier et le dernier alinéa, commençant par* Les pétales, *doit être transporté le titre du premier alinéa,* § I. — Des pétales isolés, *qui se trouve à la page* 382.
381, 16, (p. 181), l. (p. 151)
383, 4, (*pet. sessila*), l. *pet. sessilia*.
384, 8, *Ceonanthus*, l. *Ceanothus*.
386, 26, Borraginées, l. Onagraires.
387, 20, *Fagosia*, l. *Fugosia*.
392, 32, *effacez* terminale et.
398, 10, *Melitis*, l. *Melittis*.
id., 19, plane; mais dans, l. plane, mais dans.
id., 20, (*lobi laterales reflexi*), le lobe, l. *lobi laterales reflexi*); le lobe.
406, 31, peut offrir des fleurs, l. peut offrir, sur des pieds différents, des fleurs.
414, 10, *Chelonia*, l. *Chelone*.
id., 16, régulières, l. irrégulières.
416, 1, la place la plus voisine, l. la place la moins voisine.
419, 9, (p. 343), l. (p. 347).
423, 21, *Hemerocalis*, l. *Hemerocallis*.
427, 5, *Marantha*, l. *Maranta*.
441, 5 et 6, du filet au bord, l. du filet aux deux bords.

443, 16, *effacez* comme je vous l'ai dit.
453, 22 et 23, des pétales entièrement soudés dans les Marcgraviées, l. des pétales entièrement soudés dans le *Marcgravia*.
id., 26, des anthères, l. des étamines.
458, 4, nectaire, l. disque.
id., 32, *Citrus Aurantiacum*, l. *Citrus Aurantium*.
465, 6, *antrophorum*, l. *anthophorum*.
473, 32, *Simarouba*, l. *Simaba*.
474, 21 et 22, *supprimez :* ils sont rangés du même côté de la fleur et.
490, 2, la colonne du placenta, l. la colonne ou placenta.
492, 10, puisqu'elle, l. puisqu'il.
498, 1, capillaire, l. carpellaire.
502, 20, à ce genre, l. à ces genres.
528, 29, fig. 488, l. 388.
538, 13 et 14, *chorda pistillaris*, l. *chorda umbilicalis*.
540, 25, *Aristolochia Clematis*, l. *Aristolochia Clematitis*.
542, 13, (fig 396), l. (fig. 398).
548, 14, *Hippocastanum*, l. *Æsculus*.
551, 19, cinq loges, l. trois loges.
id., 21, cinq styles, l. trois styles.
556, 25, l'ovaire irrégulier, l. l'ovaire uniloculaire irrégulier.
id., 26 et 27, *effacez* uniloculaire.
id., 29, sommet de l'ovaire, il, l. sommet de l'ovaire régulier, il.
564, 17, vers grossissants, l. verres grossissants.
576, 23, *Sypho*, l. *Sipho*.
596, 22, au delà des folioles pour former, l. au delà de la base des folioles pour fermer.
609, 2, la même chose se répète, l. la même se répète.
610, 3 et 4, formaient une nombreuse série, l. formaient, comme je vous l'ai déjà dit, de l'*Helleborus niger* (p. 608), une nombreuse série.
625, 27 et 28, quoique le calice y soit multiple, l. quoique la corolle et le calice y soient multiples.
id., 28 et suiv., qu'il n'existe pas de verticilles multiples d'étamines, quand les autres verticilles sont simples ou incomplets, mais qu'alors l'augmentation est le résultat d'un dédoublement, l. qu'il n'existe pas de

verticilles multiples d'étamines, mais que l'augmentation est le résultat d'un dédoublement, quand la plante appartient à une famille où le calice et la corolle ne se multiplient jamais.

645, 4, supérieurs, l. inférieurs.

id., 31, Benhardi, l. Bernhardi.

669, 16, *Caryocar Brasiliensis*, l. *Caryocar Brasiliense*.

670, 12 et 13. Les Conifères seules présentent, l. les Conifères et les Cycadées seules présentent.

681, 7, *teres*, l. *lævis*.

694, 28 et 29, si nous voulons la connaître, nous pourrons, l. si nous voulons la connaître, et que le fruit soit symétrique, nous pourrons.

696, 28, (fig. 423), l. (fig. 424).

699, 10, de véritables déhiscences; mais dues chacune à une cause uniforme, elles s'opèrent avec une régularité constante, l. des déhiscences, à la vérité insolites, mais qui sont dues chacune à une cause uniforme et s'opèrent avec une régularité constante

718, 23, *unilata*, l. *unialata*.

721, 20, *in medio*, l. *in mediâ*.

724, 28 et 29, *Polychnemum*, l. *Polycnemum*.

747, 12, *Clinopodum*, l. *Clinopodium*.

id., 18 et 19, entre eux, l. entre cette dernière et eux.

769, 30, l'embriotége, *embriotegium*, l. l'embryotége, *embryotegium*.

796, 20, (V. p. 662), l. (V. p. 622).

823, 16, certains, l. certaines.

829, 25, *Supprimez* 179.

Imprimerie BOUCHARD-HUZARD, rue de l'Éperon, 7.

TABLE DES CHAPITRES

CONTENUS DANS CE VOLUME.

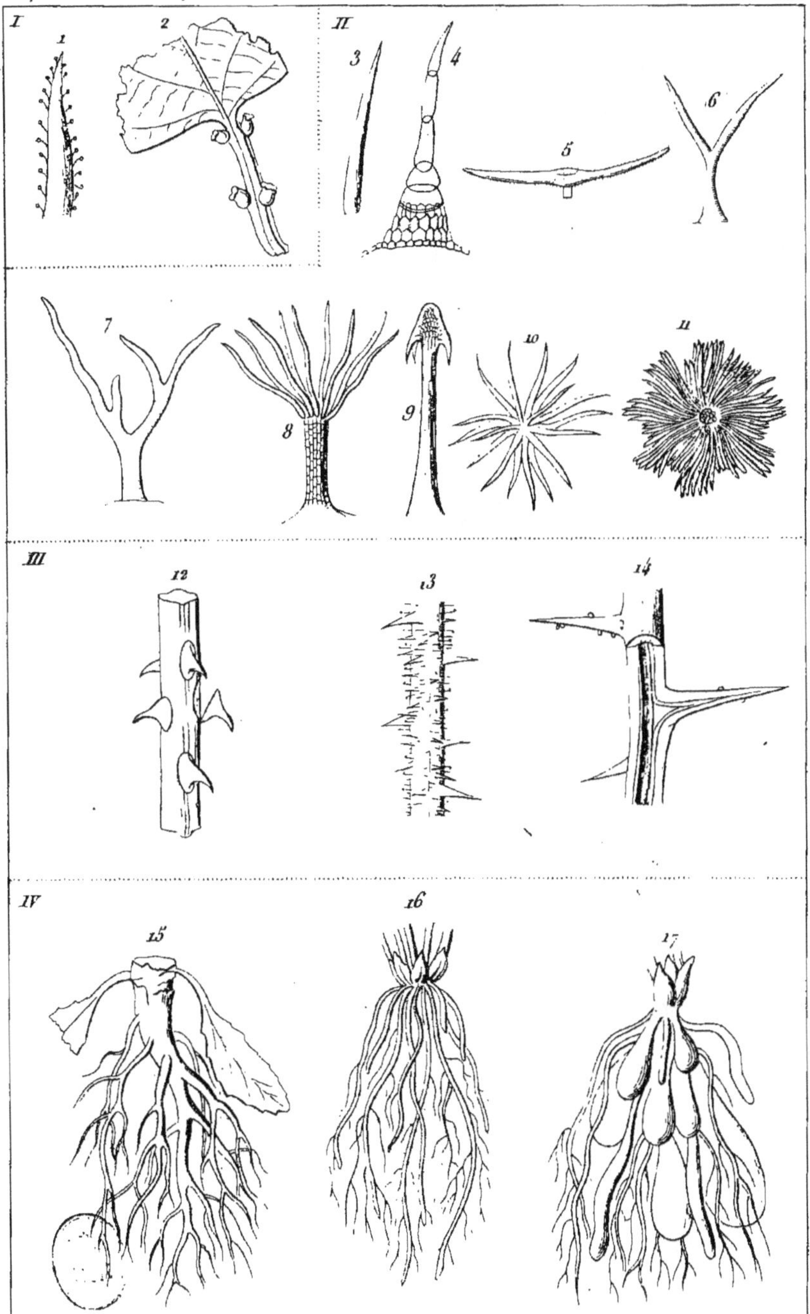

S. A. Nodé del. J. Loss, Editeur. Corbié sc.

Glandes, Poils, Aiguillons, Racines.

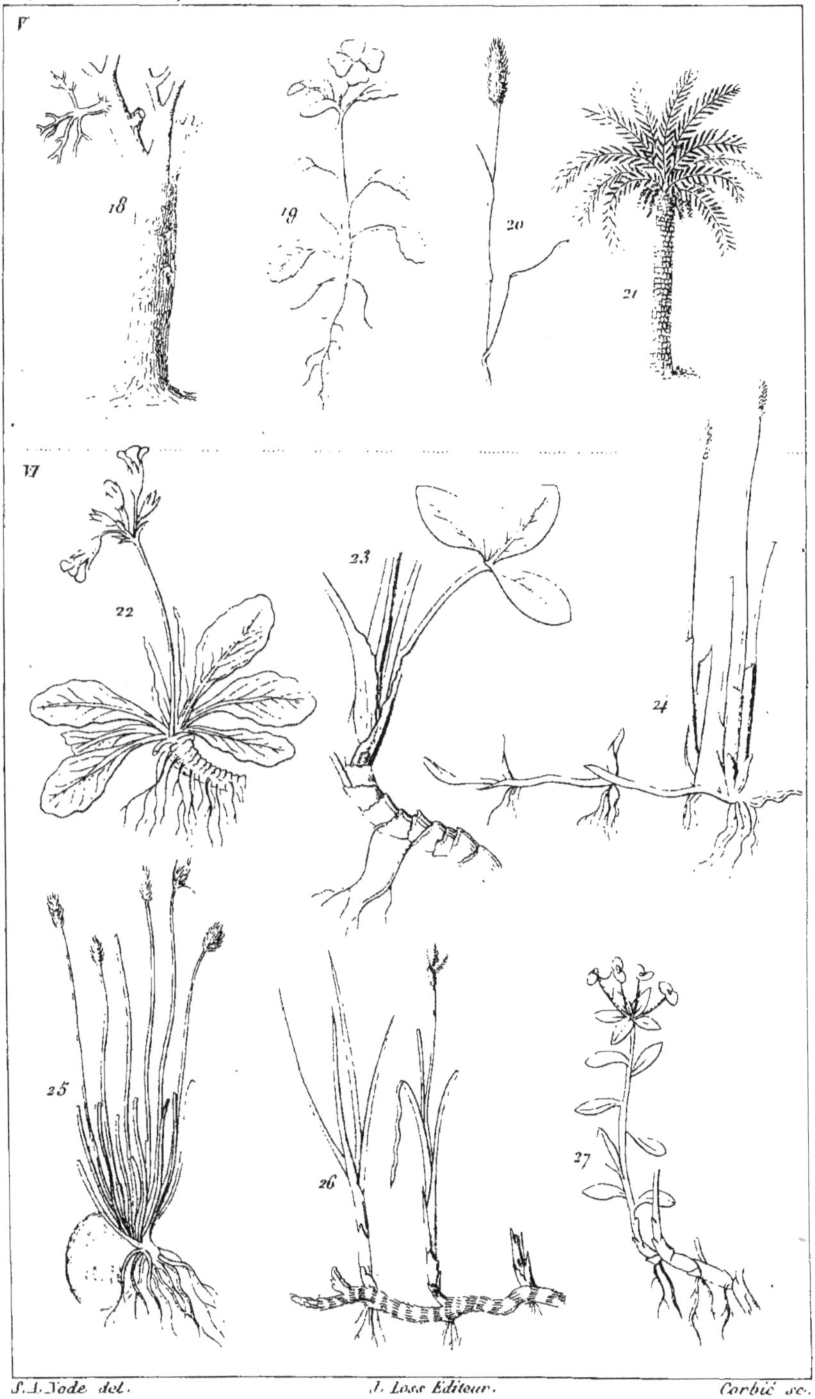

S. A. Node del. *J. Loss Editeur.* *Corbié sc.*

Sieyes.

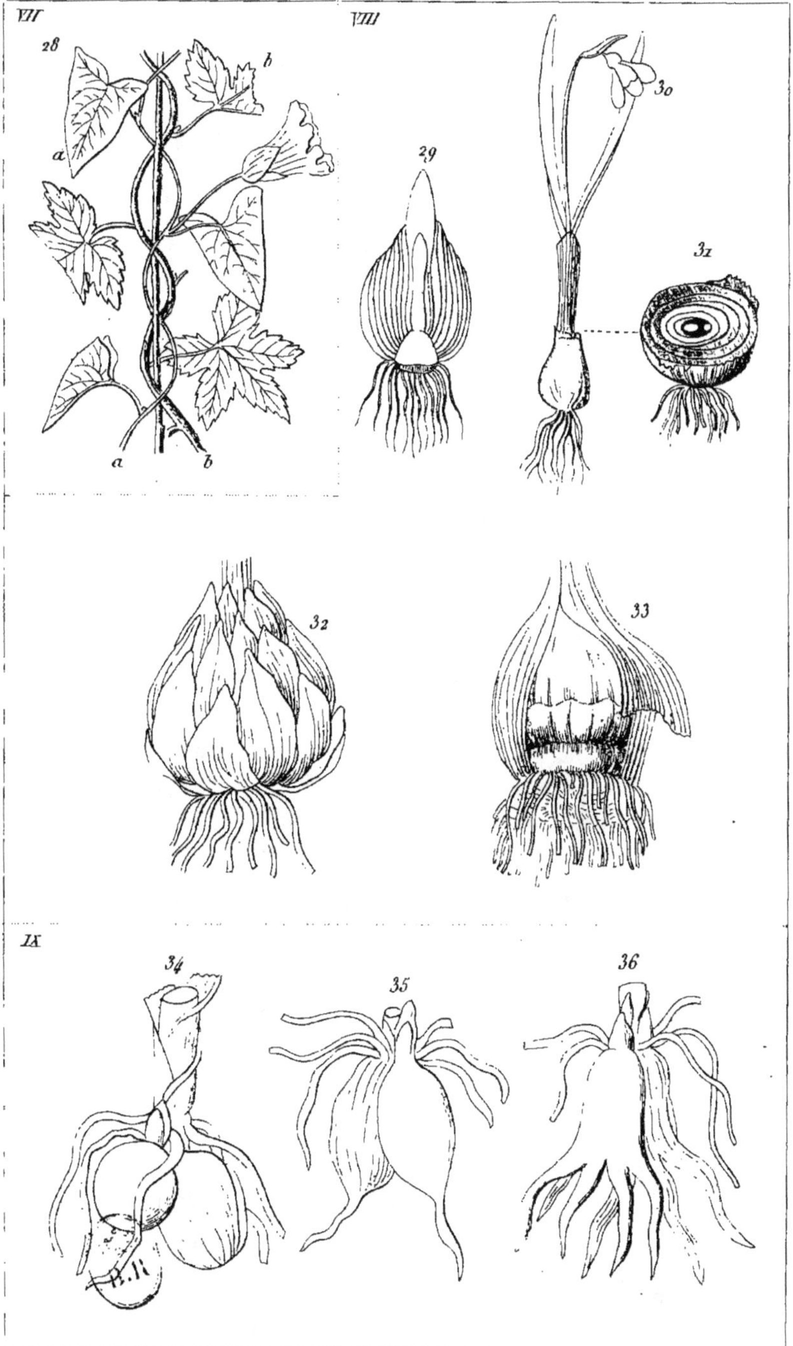

S. A. Node del. — *J. Losse Editeur.* — *Corbié sc.*

Tiges. Bulbes. Tubercules.

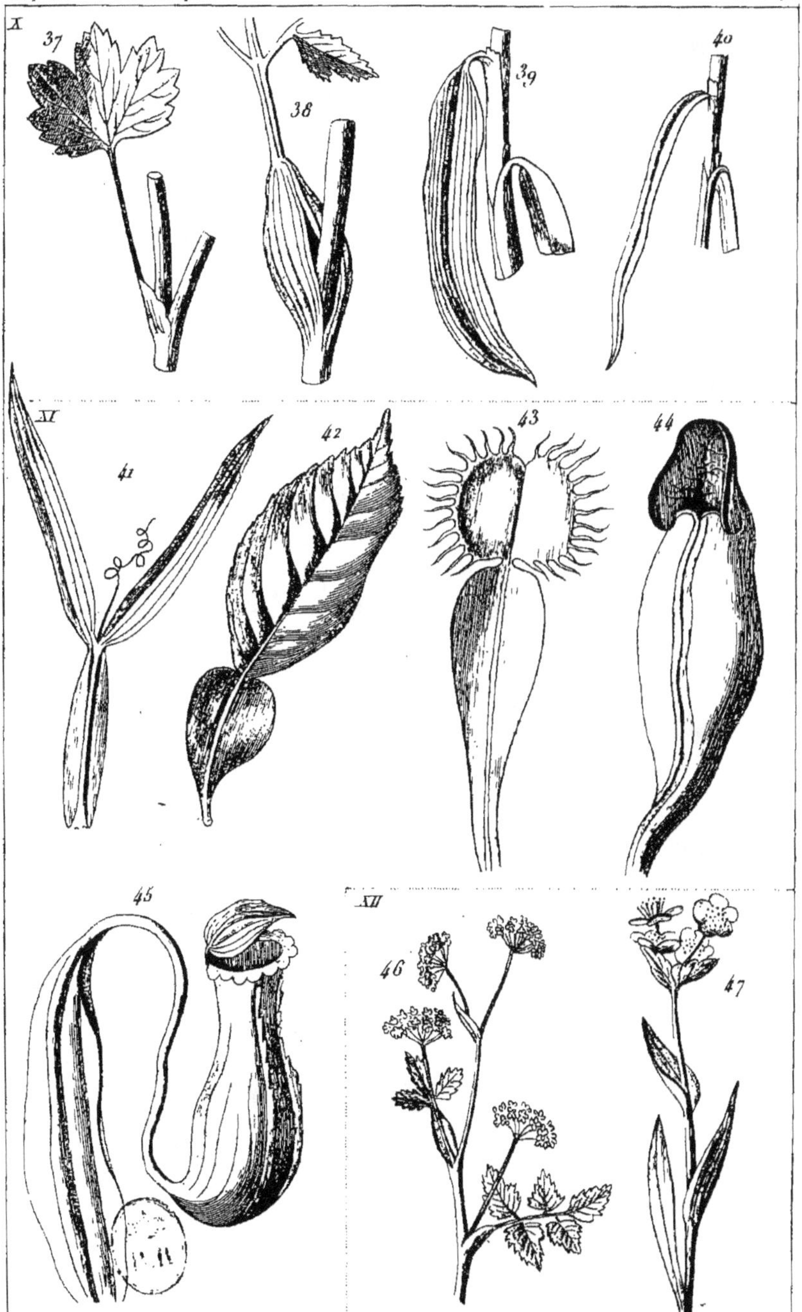

S. A. Node del. *J. Loss Editeur* *Corbié sc.*

Feuilles.

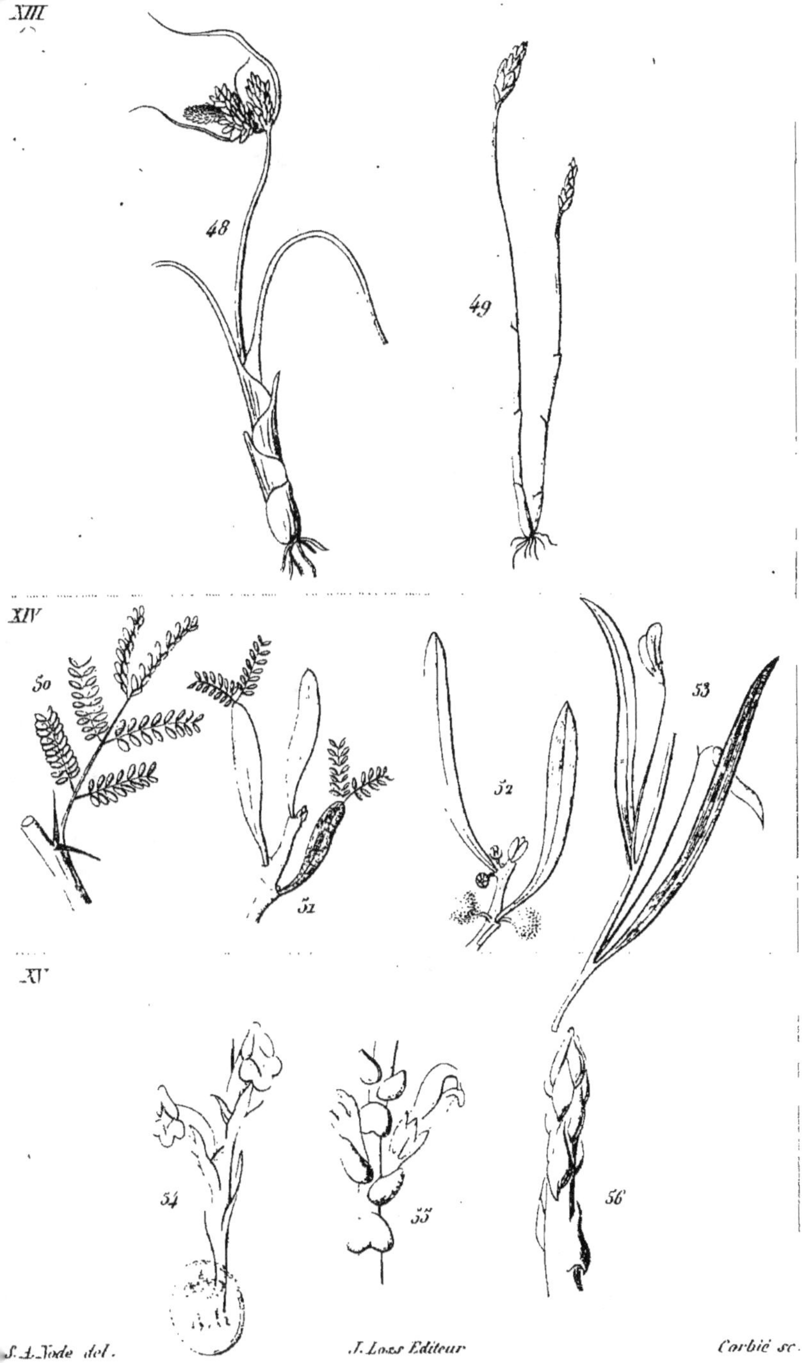

S. A. Node del. J. Loss Editeur Corbié sc.

Feuilles.

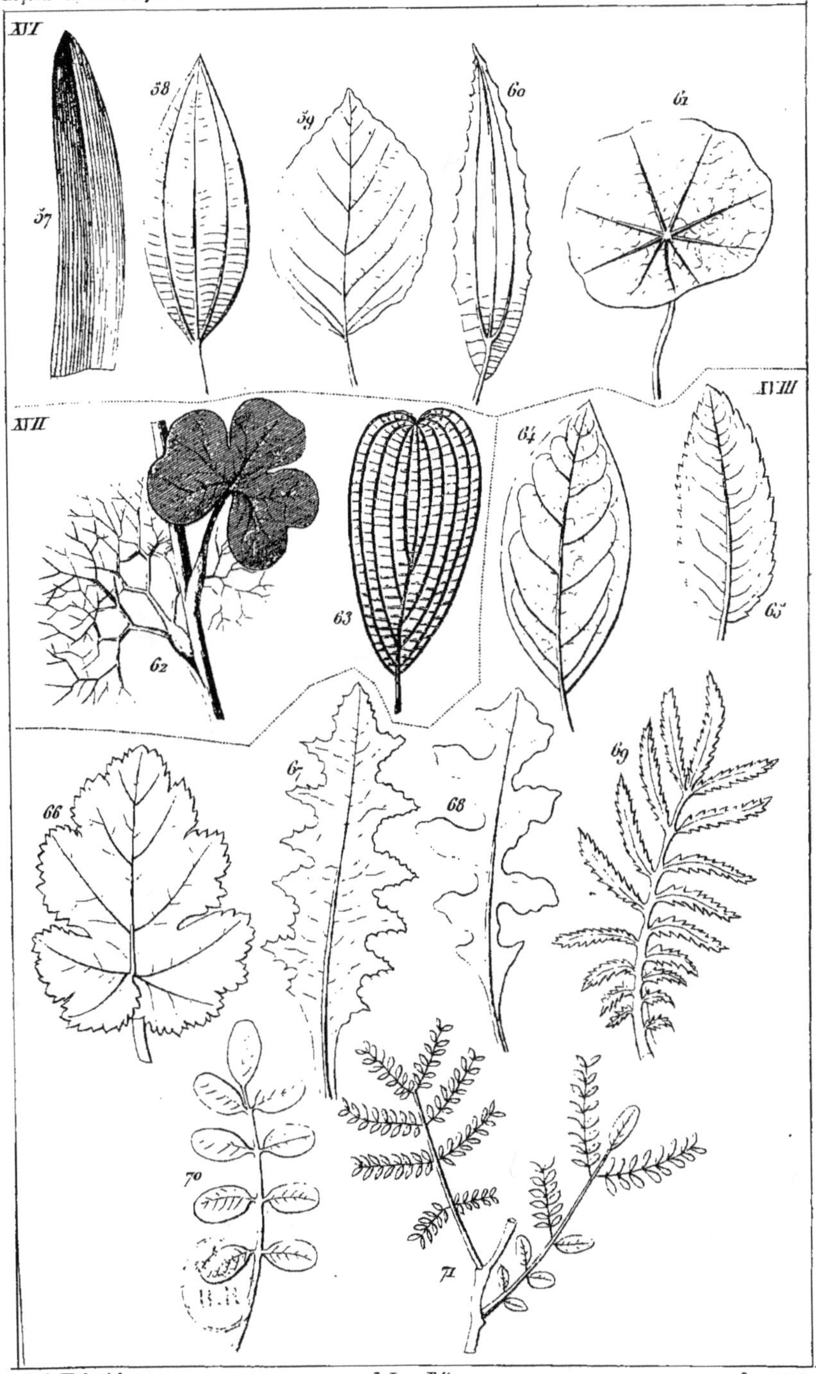

S. A. Node del. J. Loss Editeur Breton sc.

Feuilles

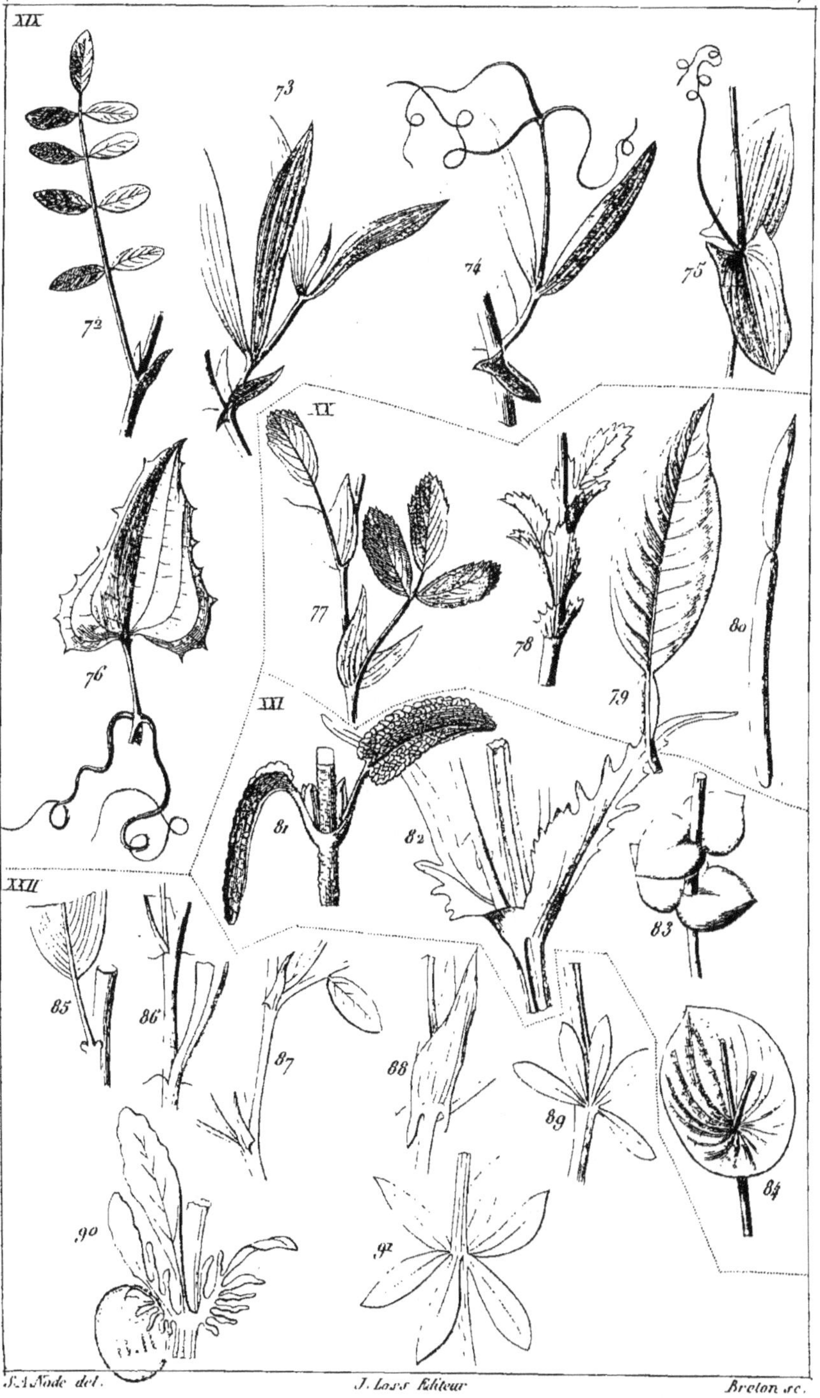

S. A. Nade del. J. Loss Editeur Breton sc.

Feuilles. Stipules.

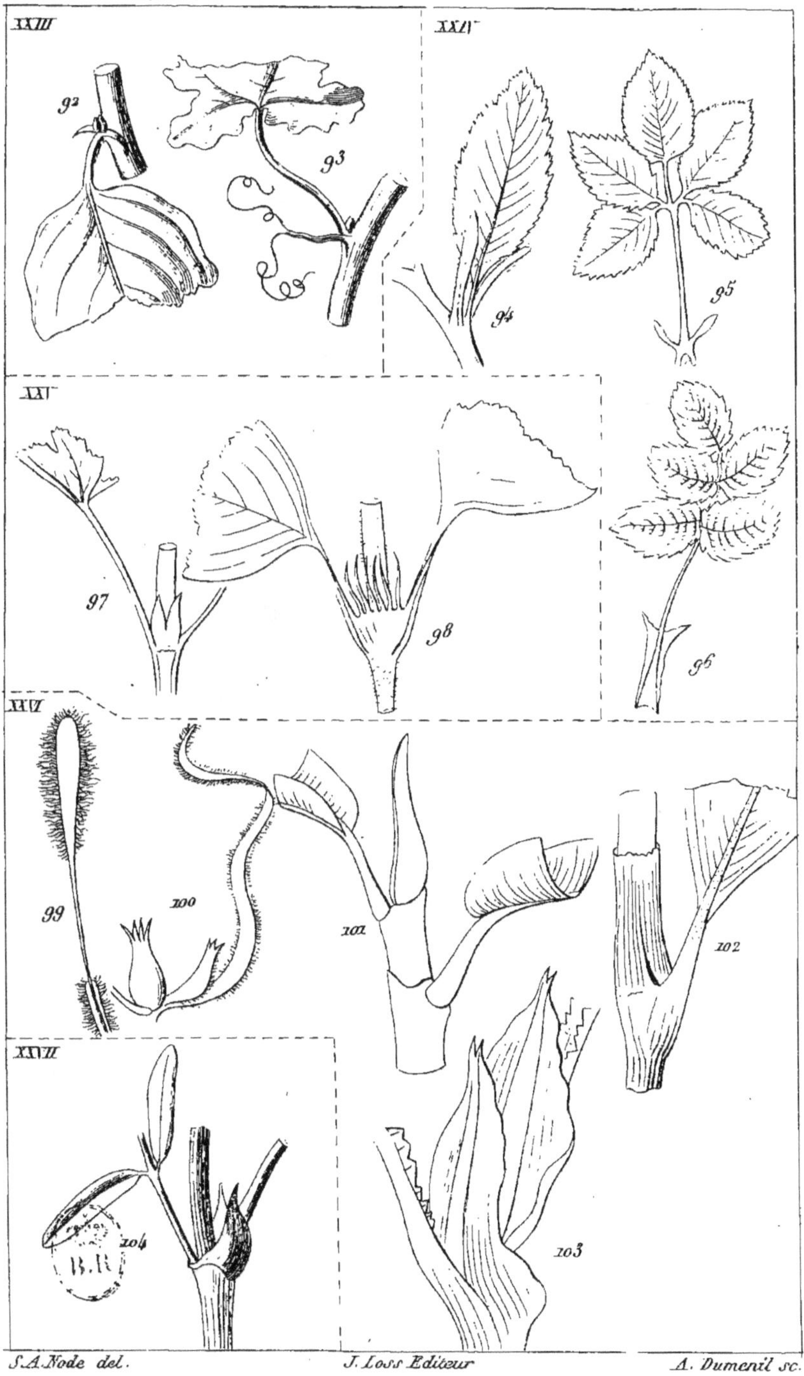

S.A. Node del. J. Loss Editeur A. Dumenil sc.

Stipules

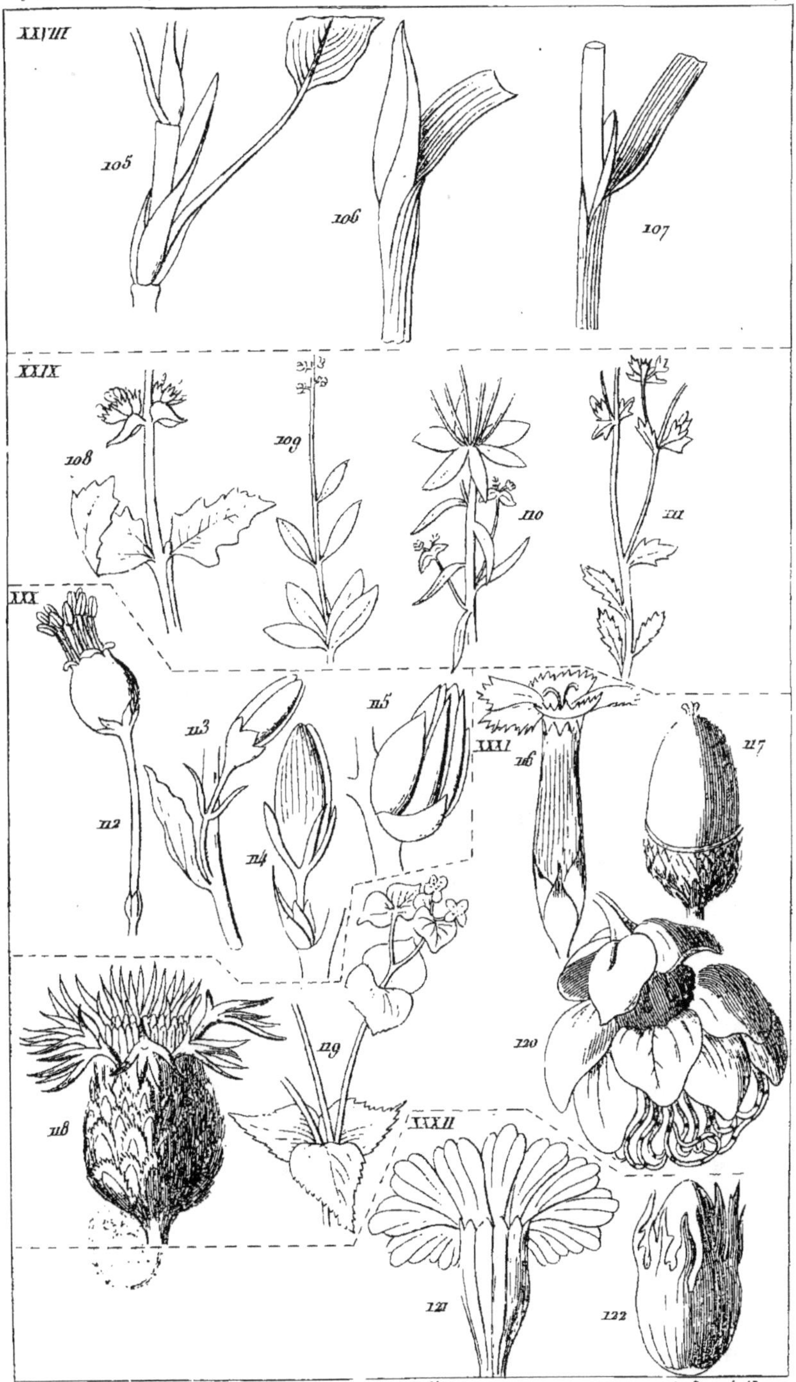

J.A. Node del. J. Loss Editeur A. Duménil sc.

Stipules. Bractées.

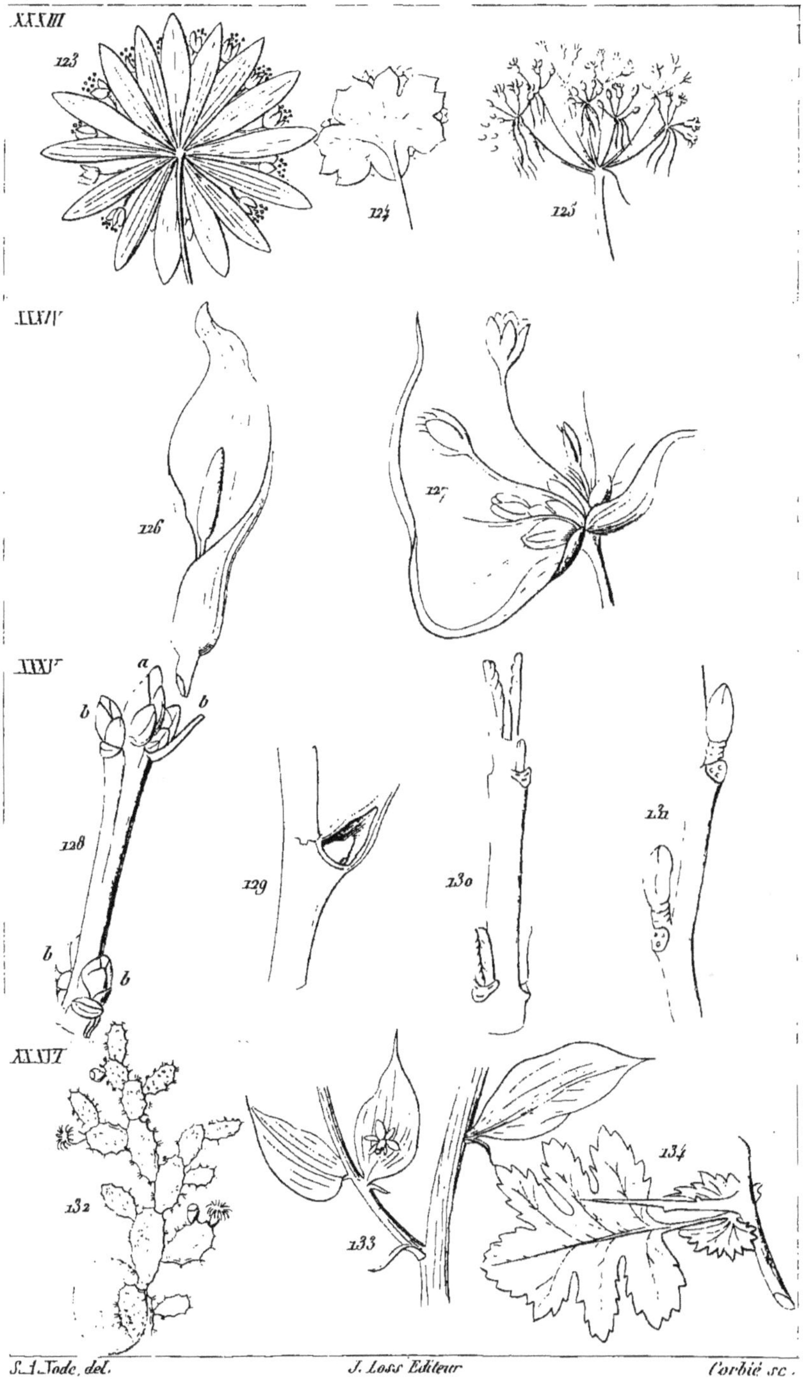

S. A. Tode, del. *J. Loss Editeur* *Corbié sc.*

Bractées. Bourgeons. Rameaux.

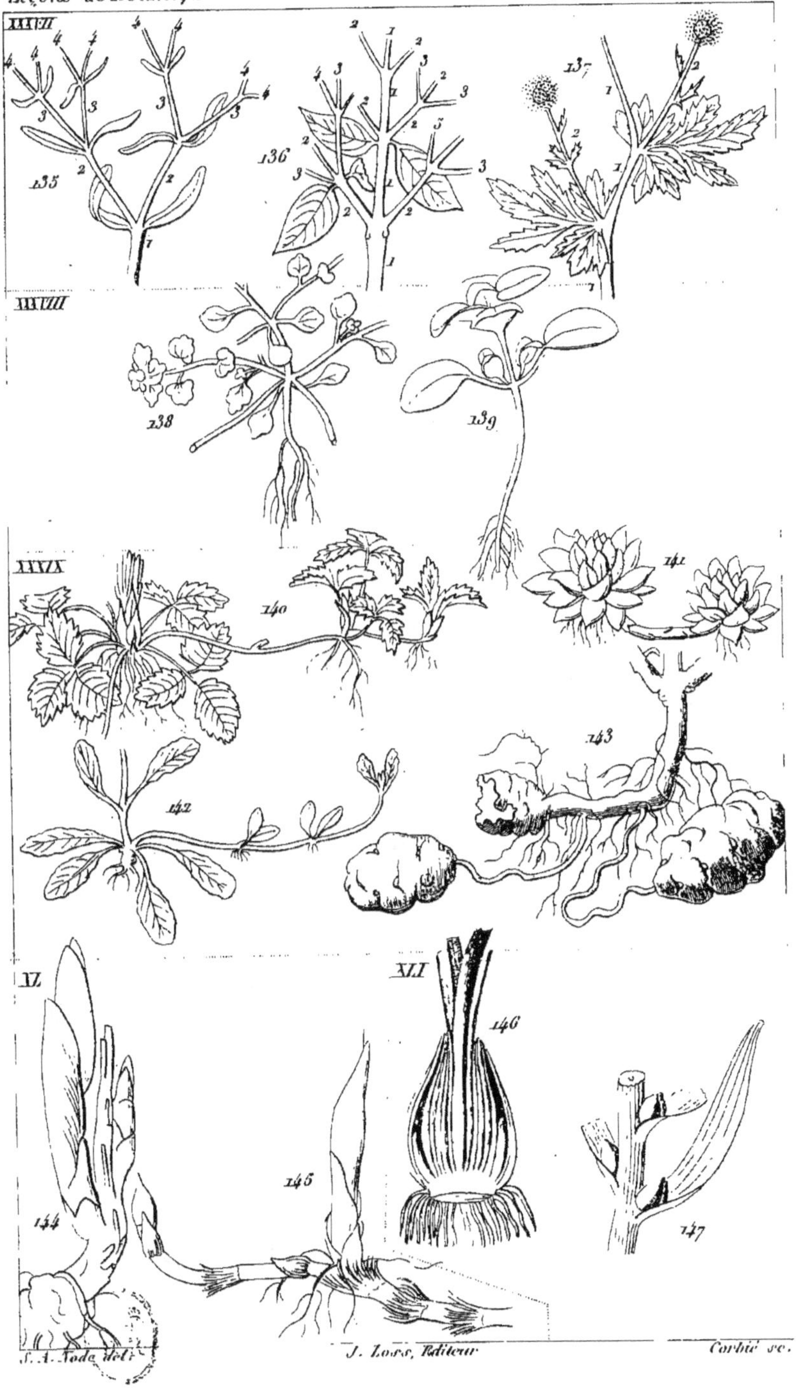

S. A. Node del.

J. Loss, Éditeur

Corbié sc.

Rameaux.

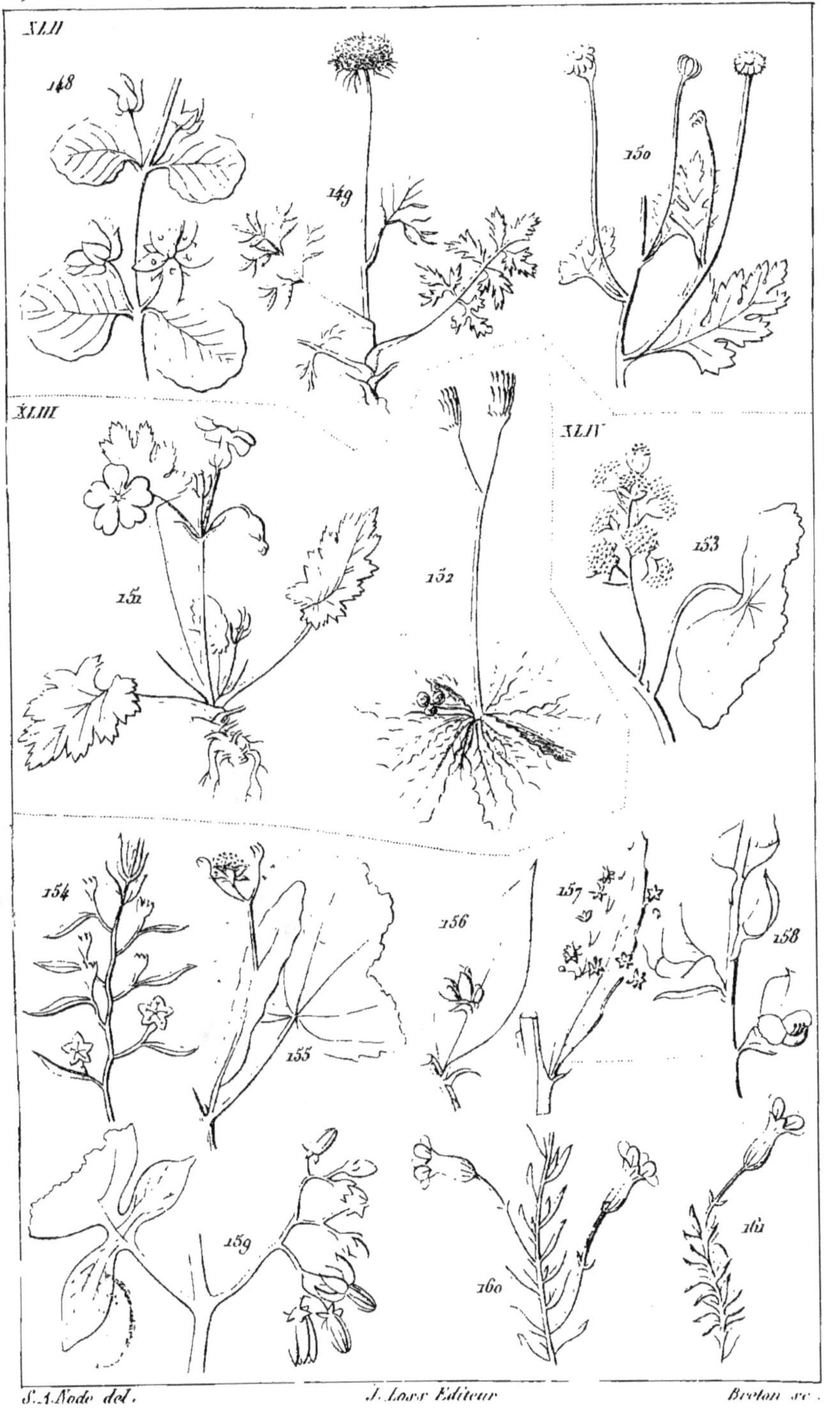

S. A. Nodé del. J. Loss Editeur Breton sc.

Pédonculés.

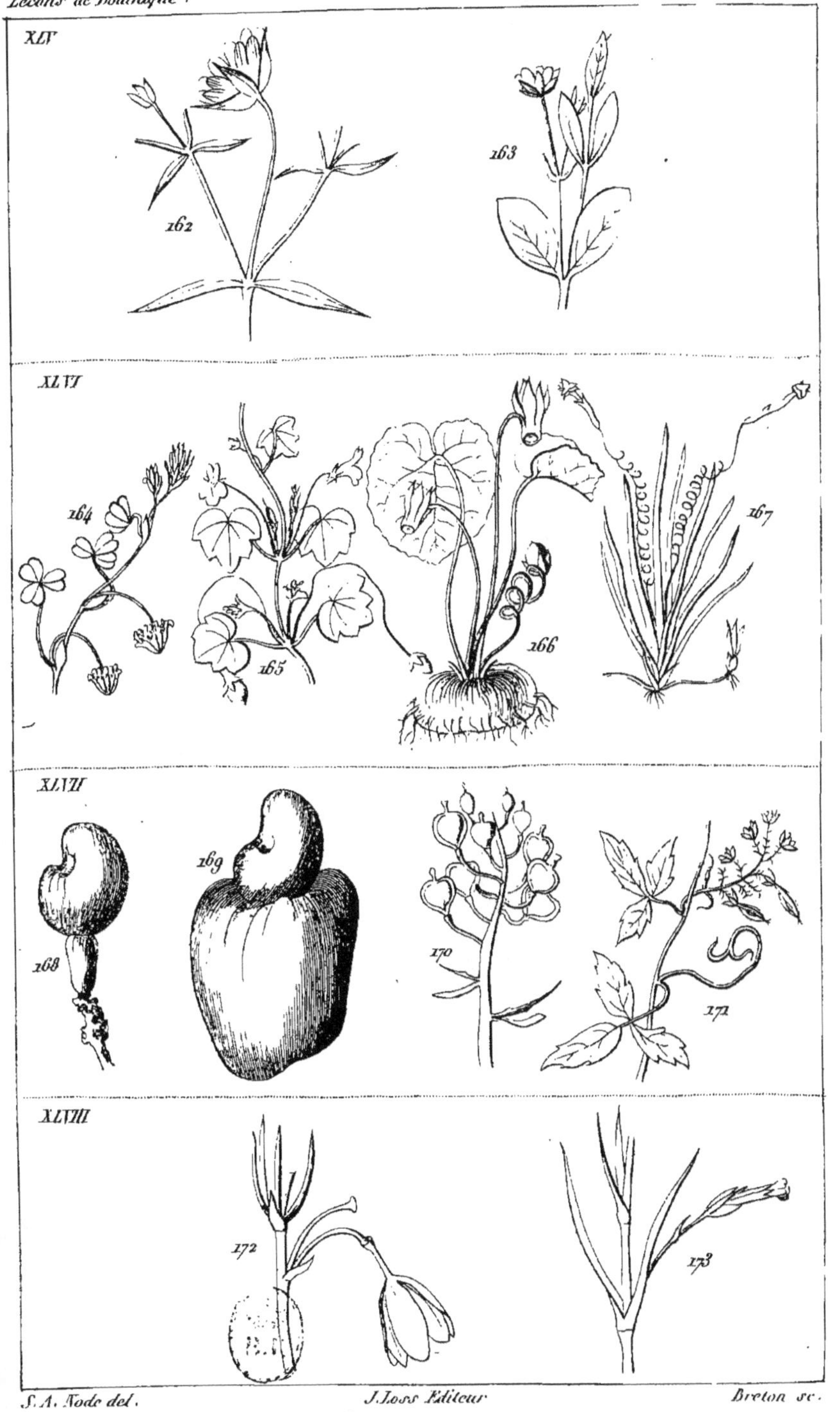

S. A. Node del. J. Loss Editeur Breton sc.

Pédoncules.

J. A. Node del. *J. Loss Editeur.* *Corbié sc.*

Inflorescences.

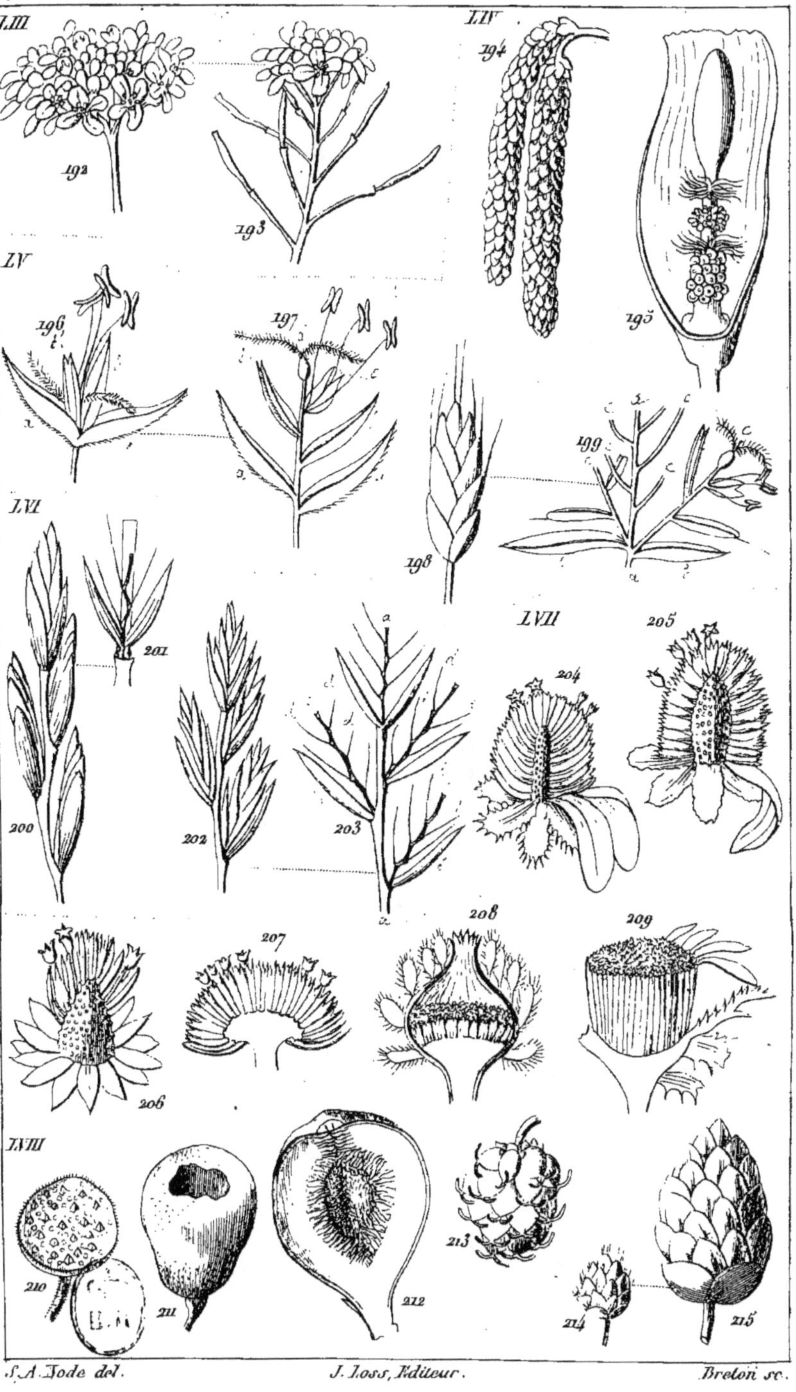

S. A. Jode del. J. Loss, Editeur. Breton sc.

Inflorescence.

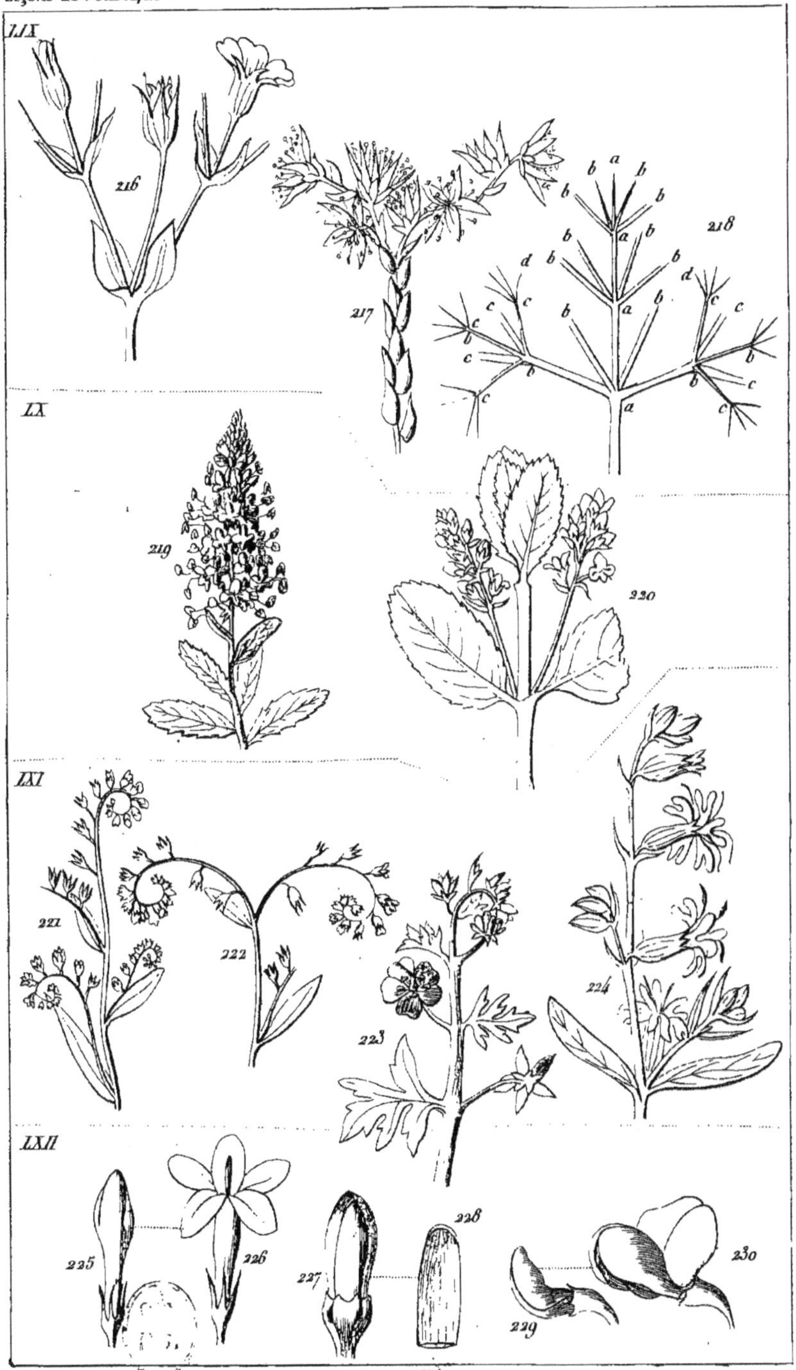

S. A. Node del. J. Loss, Editeur. Breton sc.

Inflorescence.

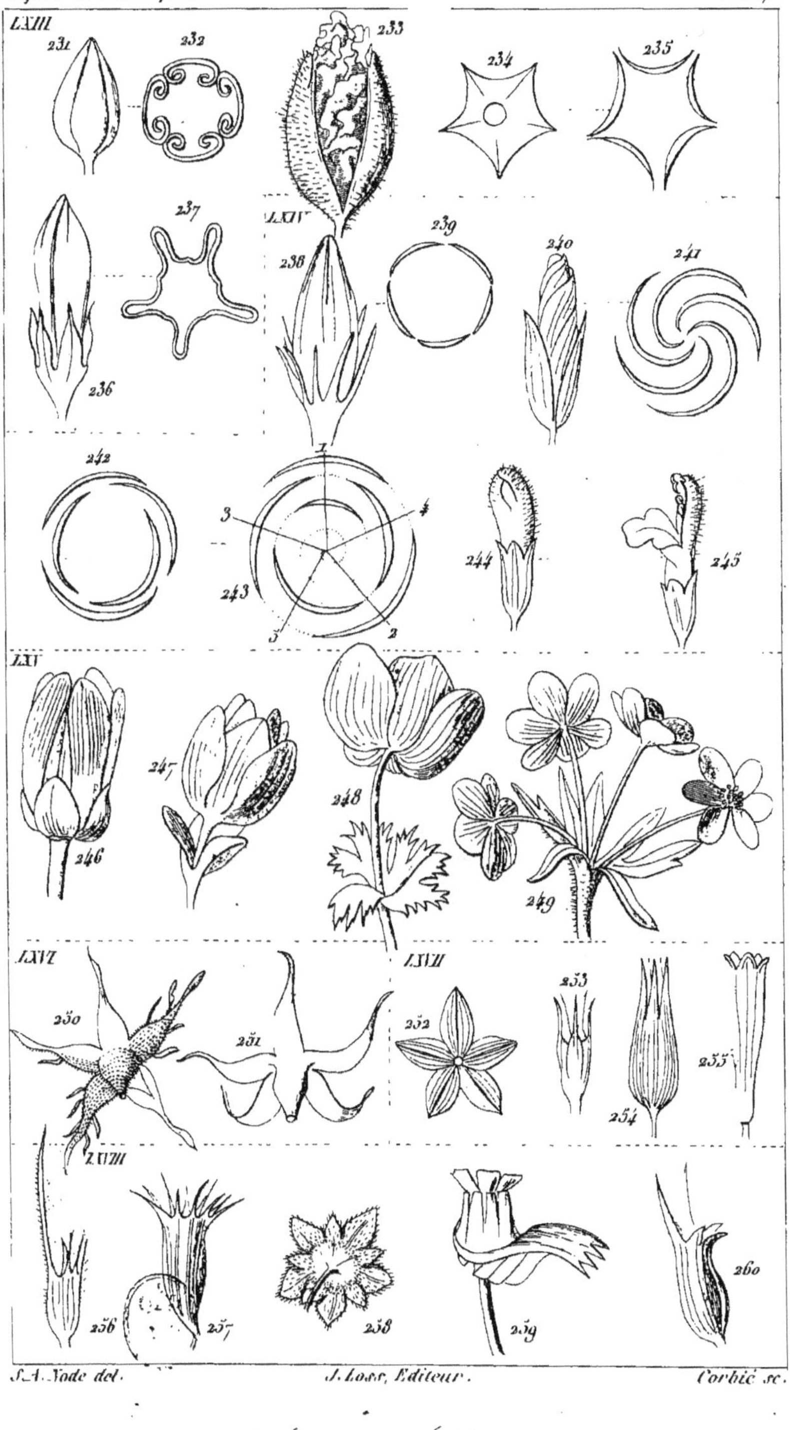

S. A. Node del. J. Loss, Editeur. Corbié sc.

Boutons, Calices.

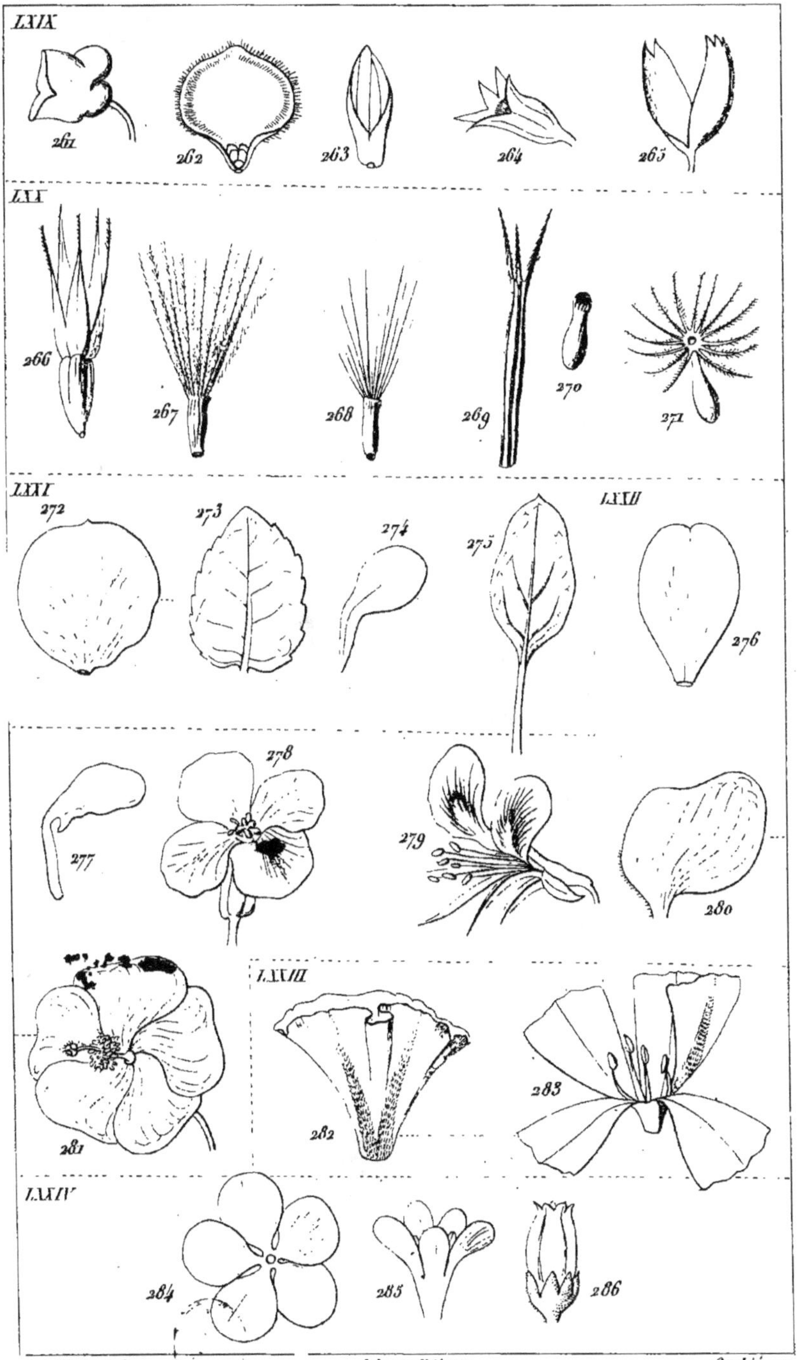

S. A. Node del. J. Loss Editeur. Corbié sc.

Calices. Corolles.

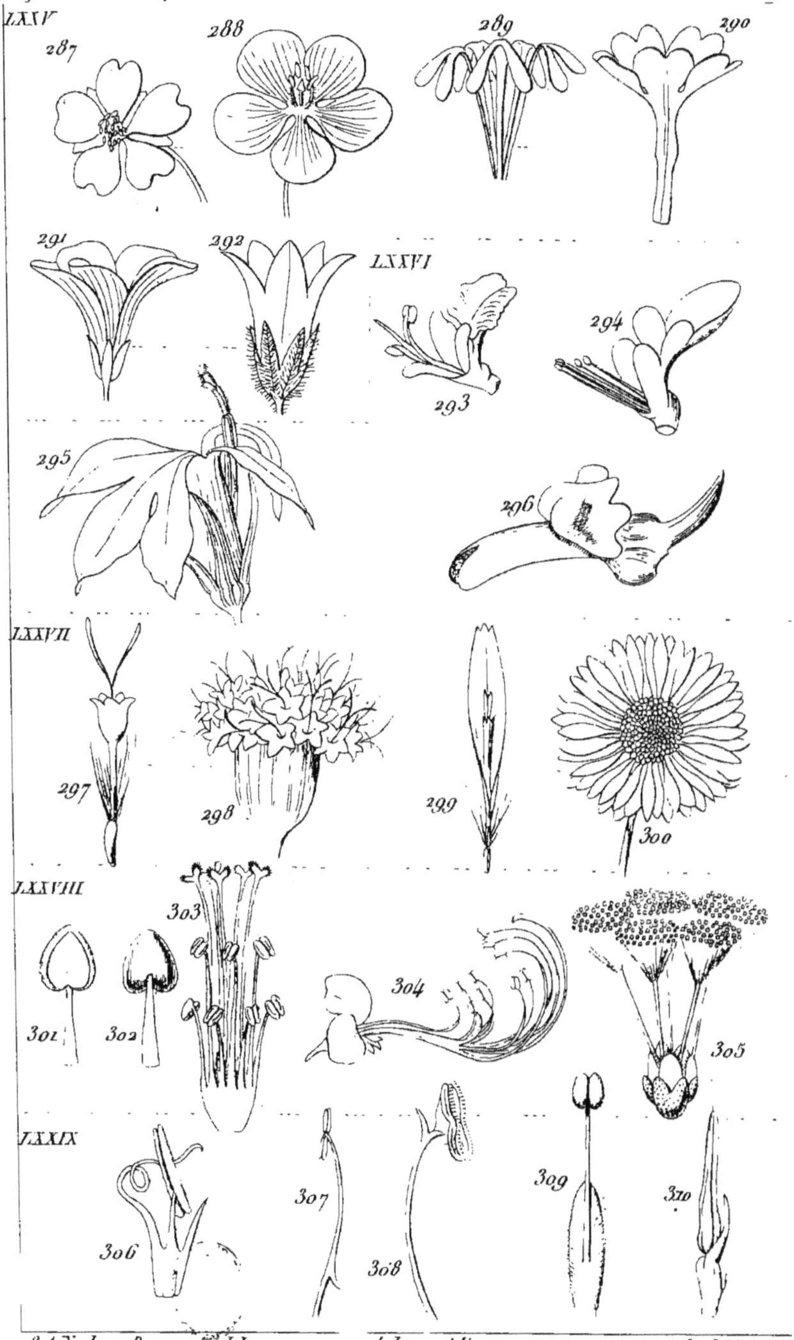

S. A. Node a Borromée del. J. Loss éditeur Corbié sc.

Corolles. Étamines.

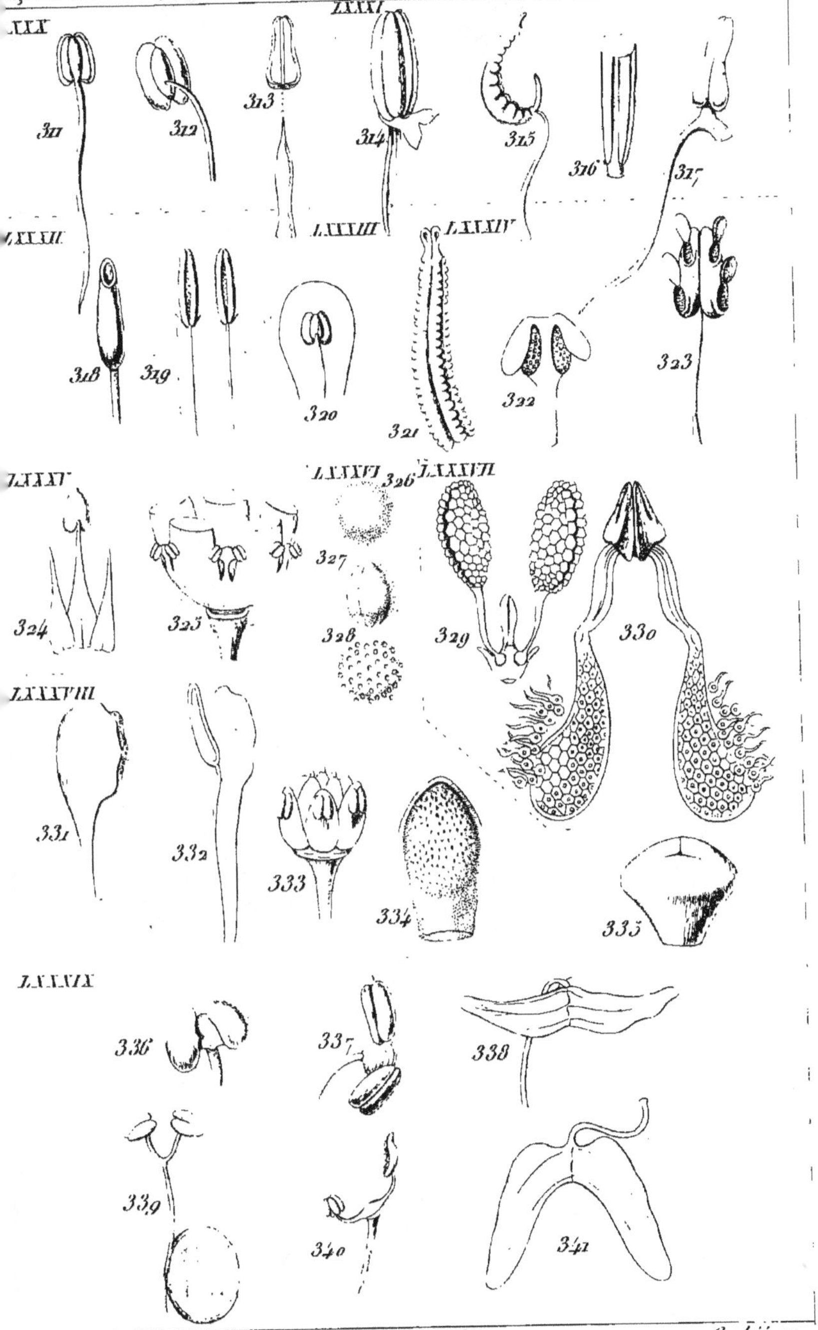

Borromée del. J. Loss éditeur Corbié sc.

Étamines

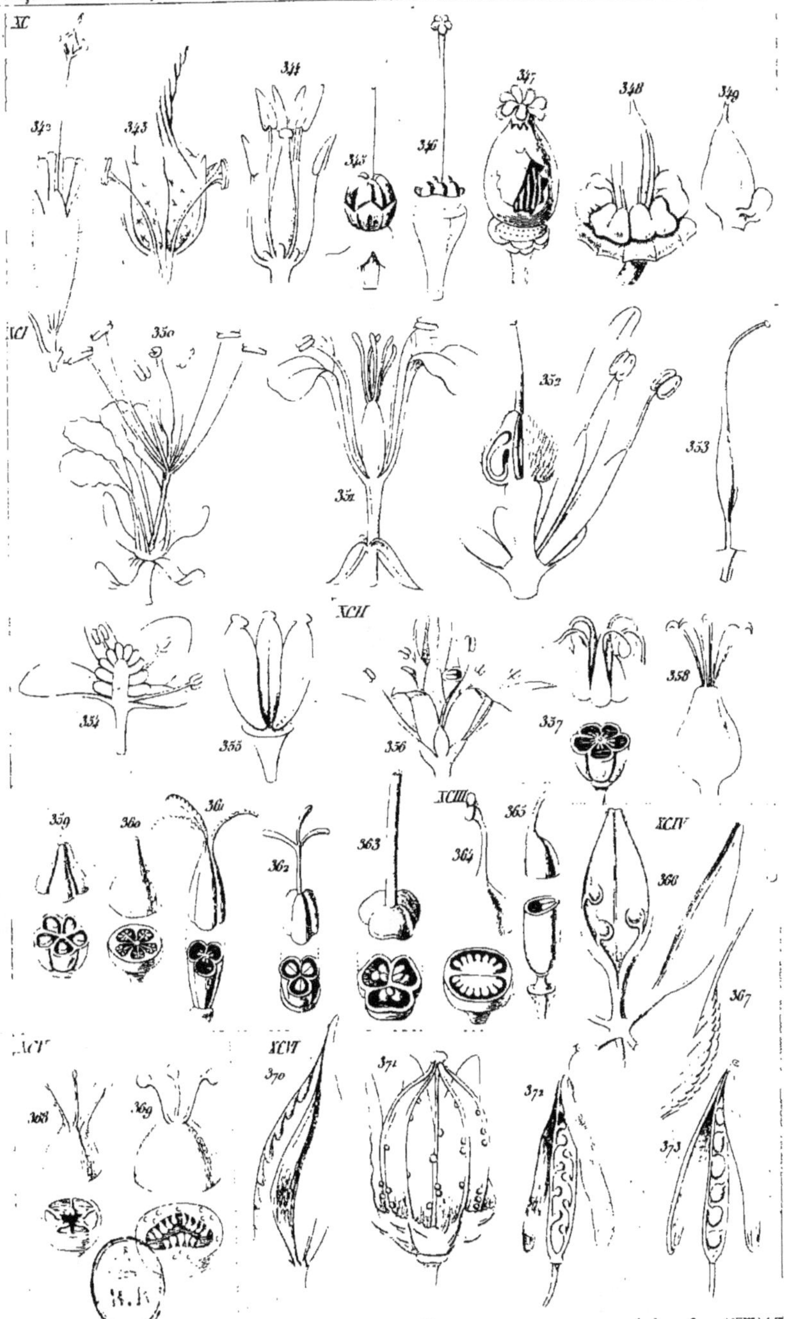

Borromée del. J. Loss Editeur Corbié sc.

Disque. Réceptacle. Pistils.

Folliau imp.

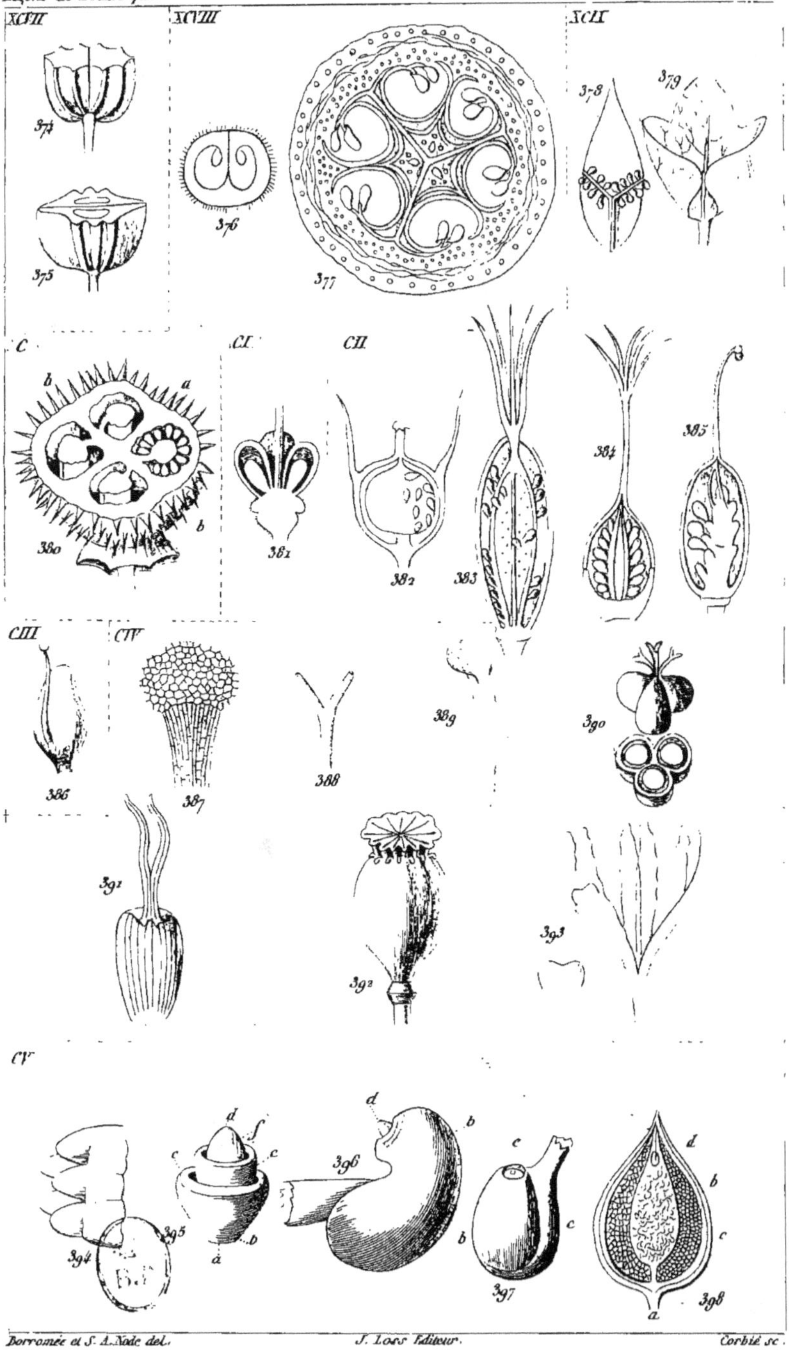

Borromée et S. A. Node del. J. Loss Editeur. Corbié sc.

Pistils, Ovules.

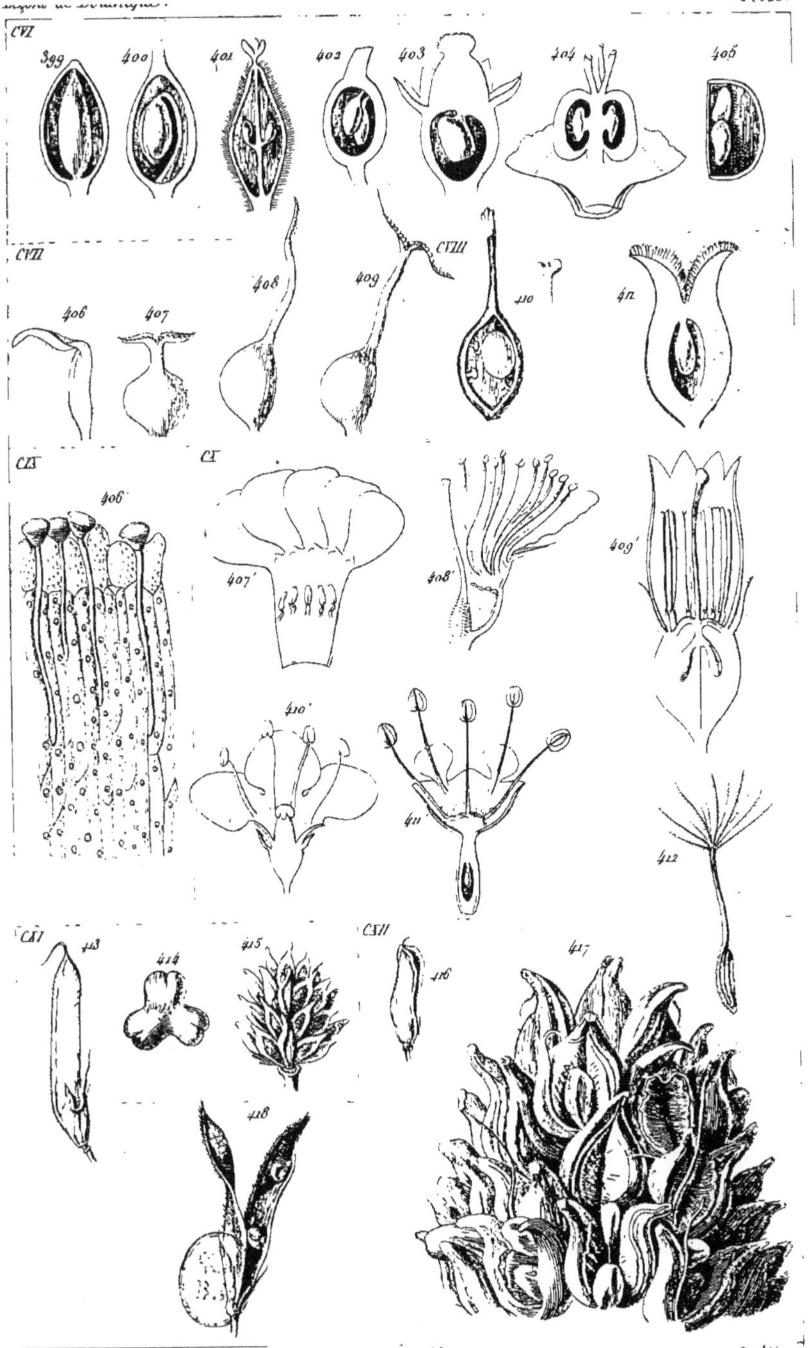

S. A. Node et A. Jacquemart. J. Loss Editeur Corbié, sc.

Ovules, Fécondation, Insertion, Fruits.

Falliau imp.

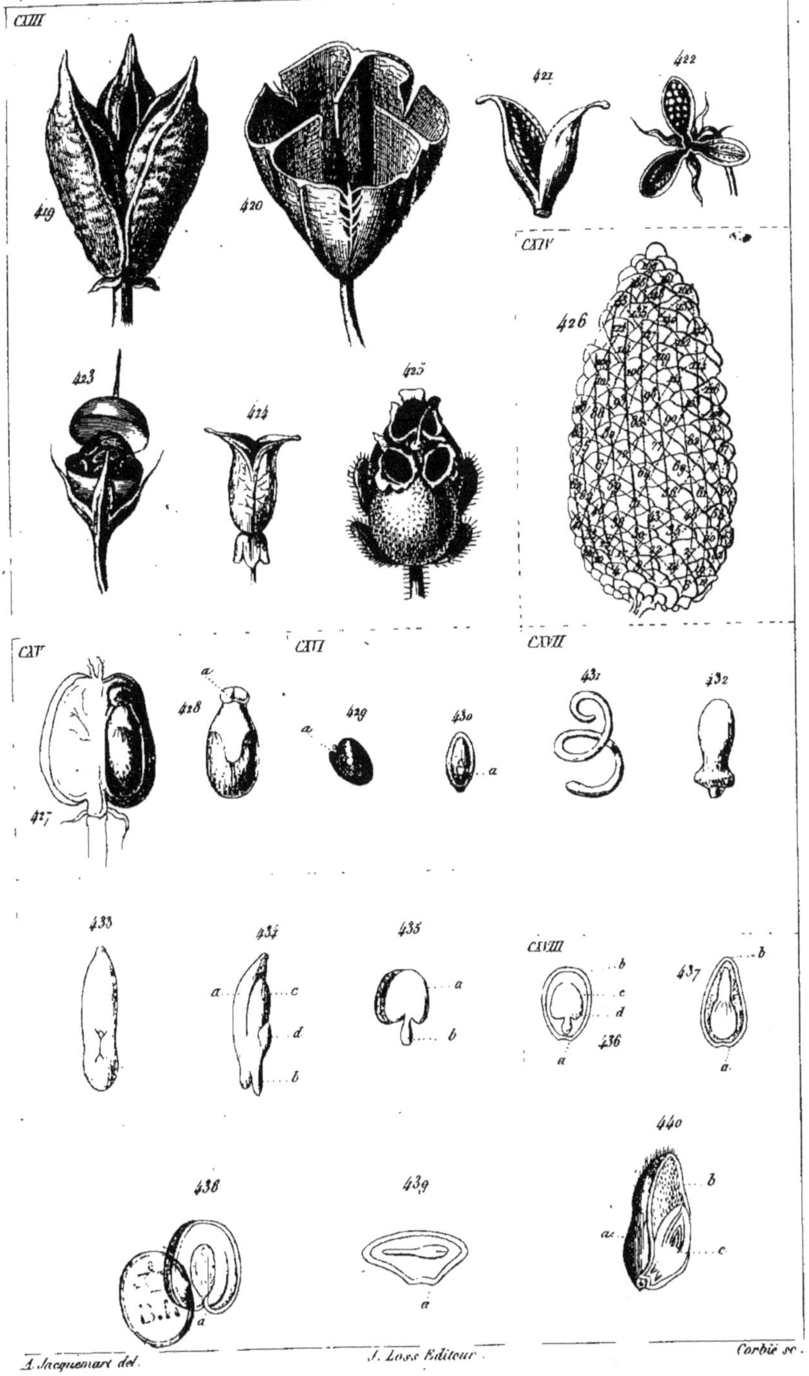

A. Jacquemart del. J. Losse Editeur. Corbié sc.

Fruits, Graines.